2024年版

第二種電気工事士
学科試験
標準解答集

オーム社 編

Ohmsha

第1編

学科試験の要点整理

第2編

過去20回の

学科試験問題と解答・解説

令和5年度～平成29年度

第３編

第二種電気工事士試験に必要な 電気設備技術基準・解釈／構内電気設備の配線用図記号

（JIS C 0303）

コラム

表紙デザイン：萩原弦一郎（256）　https://www.256inc.co.jp/
表紙イラスト：百舌まめも　https://twitter.com/mozumamemo

電気技術者の第一歩は
第二種電気工事士の資格取得から

第二種電気工事士の国家試験資格制度は，私たちの住む住宅や店舗などの電気工作物に代表される低圧（交流600V以下）の一般用電気工作物の電気工事の作業に従事するために不可欠なものです．昭和35年に電気工事士法が制定されてスタートした資格試験（国家試験）であり，毎年全国で10万人以上の受験申込者があります．また，電気技術者の登竜門の役割を果たしている国家試験であることから，工業高校の電気関係学科の学生もほとんどが挑戦し，多くの方々が合格して自信をつけている最初の国家試験でもあります．

第二種電気工事士試験は，経済産業省から指定された一般財団法人 電気技術者試験センターが試験事務機関となって，まず第一次試験である「学科試験」と，その合格者もしくは免除者が受ける「技能試験」に分けて実施されています．学科試験を合格突破するには，過去に出題された問題を繰り返し解くことが早道といわれています．

令和6年度の試験は，上期試験と下期試験で実施される予定です．本書は，過去20回分の学科試験問題と解答・解説を収録するとともに，本書1冊でも合格できるように，「第１編 学科試験の要点整理」等を付加し，充実を図りました．なお，平成28年度，平成27年度の問題と解答・解説のPDFをWebサイト上で公開していますので，参照したい場合は，以下のURLまたはQRコードよりダウンロードの上，ご確認下さい．

また，本書のダウンロード特典として113種類の鑑別写真と説明を掲載したPDF「2024年版 第二種電気工事士学科試験標準解答集 スマホ用鑑別写真」を用意しました．本書と併せて活用いただけますと幸いです（入手方法の詳細は表紙の裏面をご覧下さい）．

20回分の問題に挑戦され，見事合格されることが本書編集部の願いであります．十分にご活用下さい．学科試験の合格突破をお祈り申し上げます．

オーム社

https://www.ohmsha.co.jp/book/9784274231384/

第 1 編

学科試験の要点整理

学科試験問題は，一般問題30問，配線図20問の計50問が出題され，試験時間は2時間です．

その内容は，学科試験の科目と範囲に示されているように，「1．電気に関する基礎理論」から「7．一般用電気工作物等の保安に関する法令」までの中から出題されます．

本編は，学科試験に必要とされる重要ポイントのみを，整理してまとめたものです．過去問題を解く前・後に，基礎知識の総整理としてお役立て下さい．

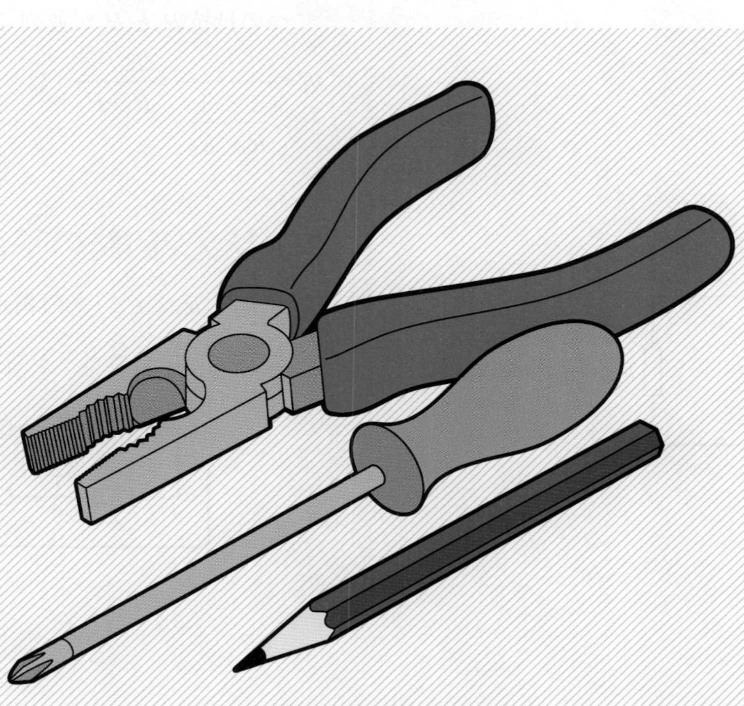

1

一般問題

過去の問題を解く前に，現時点での知識の整理・チェックに，さらに試験直前での確認に利用して下さい．ここでは，1〜6の各科目ごとに，重要な公式や数値・計算式をまとめてみました．

1 電気に関する基礎理論

❶ 電線の抵抗

● **電線の抵抗**

$$R = \rho \frac{l}{A} \text{〔}\Omega\text{〕} \quad A = \frac{\pi D^2}{4} \text{〔mm}^2\text{〕}$$

電線の抵抗

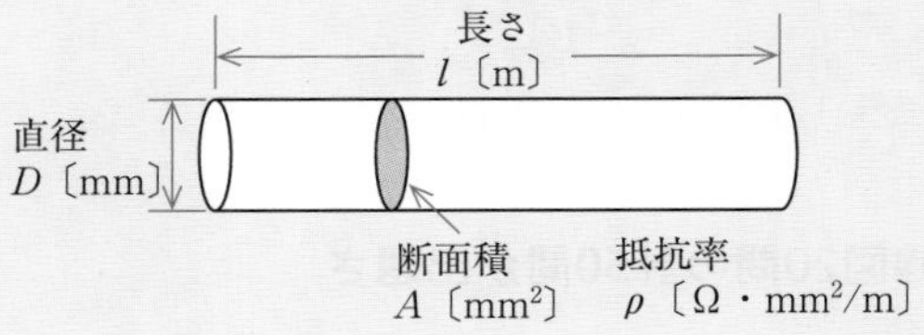

● **主な導体の抵抗率**

銀＜銅＜アルミニウム＜鉄

❷ オームの法則

$$I = \frac{V}{R} \text{〔A〕}$$

$$V = IR \text{〔V〕}$$

$$R = \frac{V}{I} \text{〔}\Omega\text{〕}$$

オームの法則

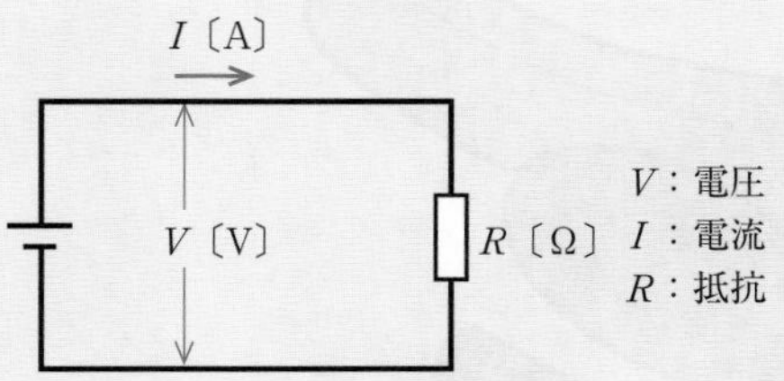

❸ 合成抵抗

● **直列接続**

$$R = R_1 + R_2 + R_3 \text{〔}\Omega\text{〕}$$

抵抗の直列接続

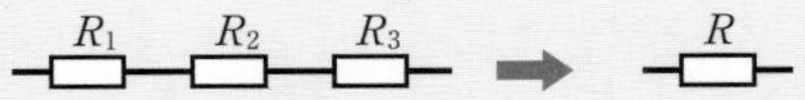

● **並列接続**

$$R = \frac{1}{\frac{1}{R_1} + \frac{1}{R_2} + \frac{1}{R_3}} \text{〔}\Omega\text{〕}$$

抵抗の並列接続

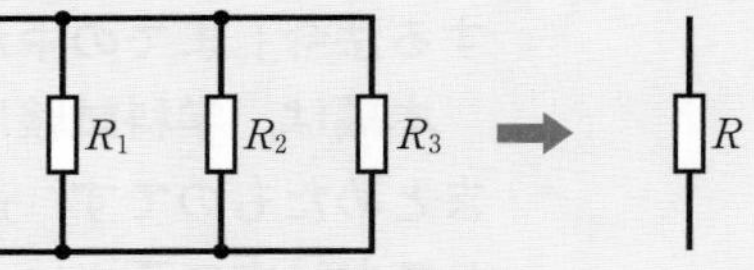

二つの抵抗R_1とR_2が並列の場合

$$R = \frac{1}{\frac{1}{R_1} + \frac{1}{R_2}} = \frac{R_1 R_2}{R_1 + R_2} \text{〔}\Omega\text{〕}$$

❹ ブリッジ回路の平衡条件

$R_1 \times R_4 = R_2 \times R_3$（Ⓥの指示　$V = 0$）

ブリッジ回路

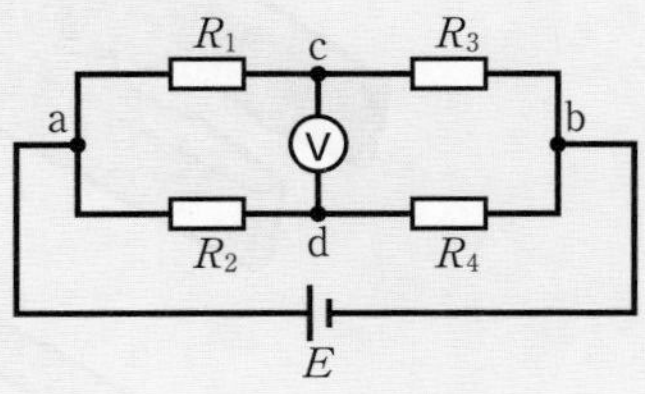

❺ 電力・電力量・熱量

- **電　力**

$P=VI=I^2R=\dfrac{V^2}{R}$〔W〕

- **電力量**

$W=Pt$〔kW·h〕

P：電力〔kW〕　t：使用時間〔h〕

- **熱　量**

1〔W·s〕＝1〔J〕

1〔kW·h〕＝3 600〔kJ〕

P〔kW〕の電熱器をt〔h〕使用した場合の発熱量Q〔kJ〕

$Q=3\,600Pt$〔kJ〕

❻ 単相交流回路

- **抵抗と誘導性リアクタンスの直列回路**

電　圧　$V=\sqrt{V_R{}^2+V_L{}^2}$〔V〕

インピーダンス　$Z=\sqrt{R^2+X_L{}^2}$〔Ω〕

電　流　$I=\dfrac{V}{Z}=\dfrac{V}{\sqrt{R^2+X_L{}^2}}$〔A〕

力　率　$\cos\theta=\dfrac{R}{Z}=\dfrac{V_R}{V}$

電　力　$P=VI\cos\theta=I^2R=V_RI$〔W〕

$R-X_L$ 直列回路

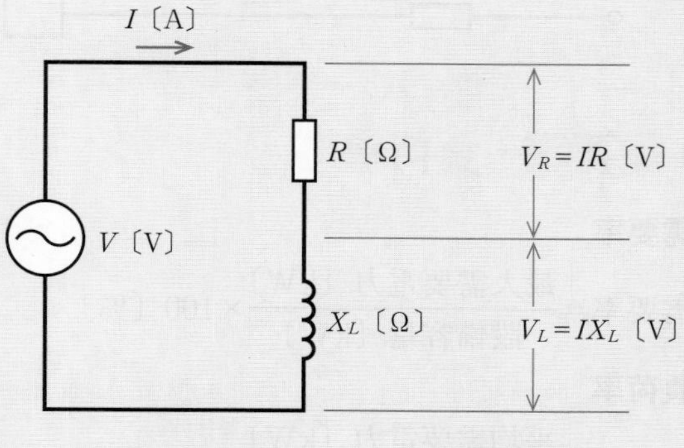

- **抵抗と誘導性リアクタンスの並列回路**

$I_R=\dfrac{V}{R}$〔A〕　$I_L=\dfrac{V}{X_L}$〔A〕

全電流　$I=\sqrt{I_R{}^2+I_L{}^2}$〔A〕

力　率　$\cos\theta=\dfrac{I_R}{I}=\dfrac{I_R}{\sqrt{I_R{}^2+I_L{}^2}}$

電　力　$P=VI\cos\theta=I_R{}^2R=\dfrac{V^2}{R}=VI_R$〔W〕

$R-X_L$ 並列回路

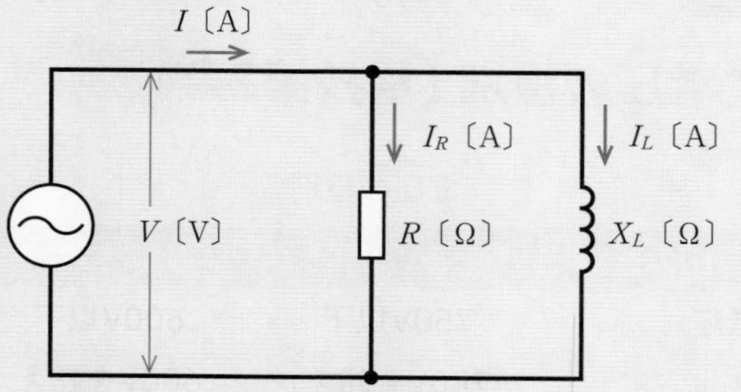

❼ 三相交流回路

- **Y結線（星形結線）**

線間電圧＝$\sqrt{3}$×相電圧　$V_l=\sqrt{3}\,V$〔V〕

相電圧＝$\dfrac{\text{線間電圧}}{\sqrt{3}}$　$V=\dfrac{V_l}{\sqrt{3}}$〔V〕

線電流＝相電流　$I_l=I$〔A〕

電　力　$P=\sqrt{3}\,V_lI_l\cos\theta=3I^2R$〔W〕

Y結線

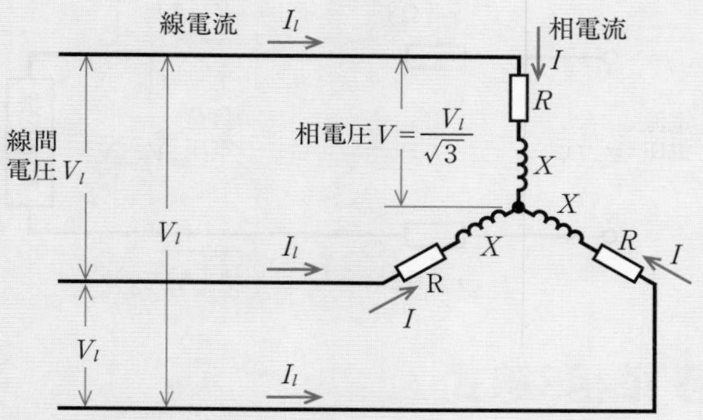

- **△結線（三角形結線）**

線間電圧＝相電圧　$V_l=V$〔V〕

線電流＝$\sqrt{3}$×相電流　$I_l=\sqrt{3}\,I$〔A〕

相電流＝$\dfrac{\text{線電流}}{\sqrt{3}}$　$I=\dfrac{I_l}{\sqrt{3}}$〔A〕

電　力　$P=\sqrt{3}\,V_lI_l\cos\theta=3I^2R$〔W〕

△結線

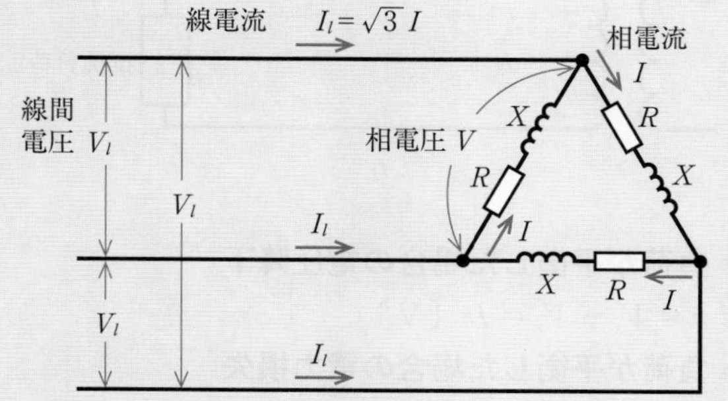

2 配電理論・配線設計

❶ 電圧の種別（電技第2条）

電圧の種別

電圧の種別	直　流	交　流
低圧	750V以下	600V以下
高圧	750Vを超え 7 000V以下	600Vを超え 7 000V以下
特別高圧	7 000Vを超えるもの	

❷ 単相2線式

- **電圧降下**

$v = V_s - V_r = 2Ir$〔V〕

- **電力損失**

$P_l = 2I^2r$〔W〕

単相2線式

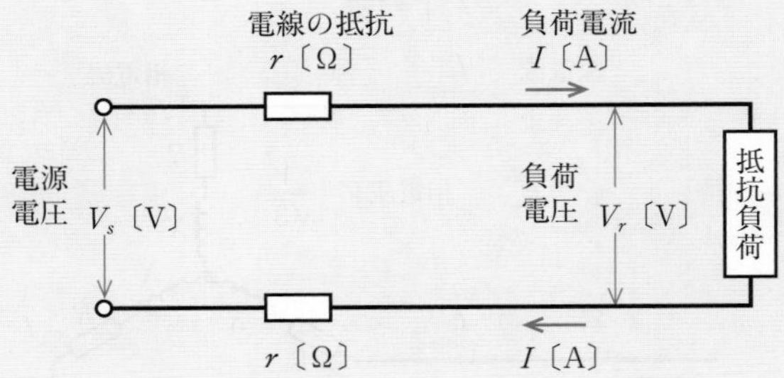

❸ 単相3線式

- **中性線に流れる電流**

$I_N = I_1 - I_2$〔A〕

中性線に流れる電流

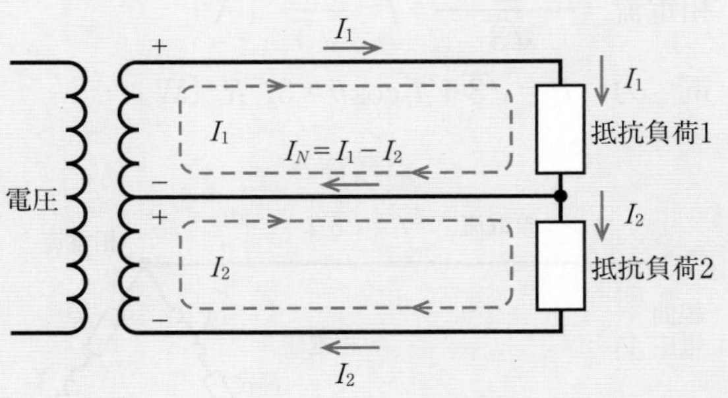

- **負荷が平衡した場合の電圧降下**

$v = V_s - V_r = Ir$〔V〕

- **負荷が平衡した場合の電力損失**

$P_l = 2I^2r$〔W〕

単相3線式（負荷が平衡した場合）

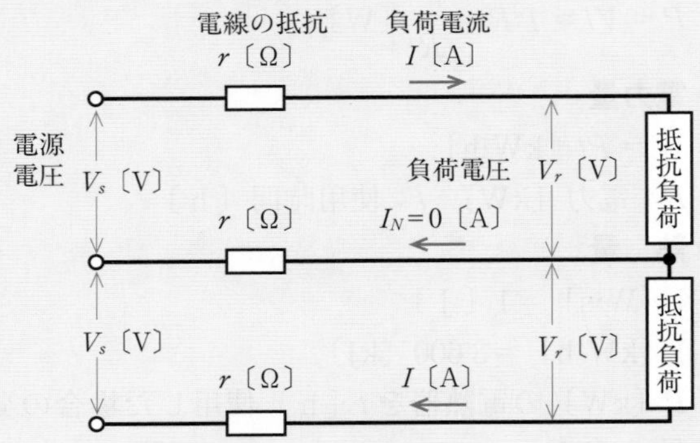

❹ 三相3線式

- **電圧降下**

$v = V_s - V_r = \sqrt{3}\,Ir$〔V〕

- **電力損失**

$P_l = 3I^2r$〔W〕

三相3線式

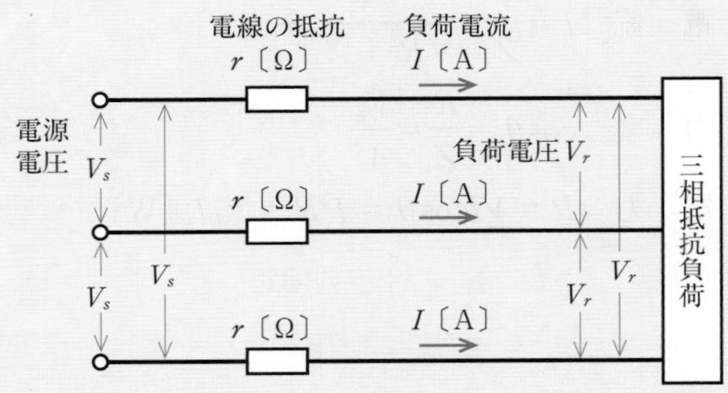

❺ 需要率・負荷率

- **需要率**

$$需要率 = \frac{最大需要電力〔kW〕}{設備容量〔kW〕} \times 100〔\%〕$$

- **負荷率**

$$負荷率 = \frac{平均需要電力〔kW〕}{最大需要電力〔kW〕} \times 100〔\%〕$$

❻ 過電流遮断器（電技解釈第33条）

- **低圧用ヒューズ**

1 定格電流の1.1倍の電流で溶断しないこと．

2 次表の時間内に溶断すること．

ヒューズの溶断時間

定格電流	溶断時間〔分〕	
	定格電流の1.6倍	定格電流の2倍
30A以下	60	2
30Aを超え60A以下	60	4

- **配線用遮断器**

1 定格電流の1倍の電流で動作しないこと.

2 下表の時間内に動作すること.

配線用遮断器の動作時間

定格電流	動作時間〔分〕	
	定格電流の1.25倍	定格電流の2倍
30A以下	60	2
30Aを超え50A以下	60	4

7 絶縁電線等の許容電流（電技解釈第146条）

- **600Vビニル絶縁電線の許容電流**

（周囲温度30℃以下）

単線〔mm〕	許容電流〔A〕	より線〔mm^2〕	許容電流〔A〕
1.6	27	2	27
2.0	35	3.5	37
2.6	48	5.5	49

- **600Vビニル絶縁電線を金属管等に収める場合の許容電流**

許容電流＝600Vビニル絶縁電線の許容電流
×電流減少係数

※内線規程により，小数点以下1位を7捨8入する.

電流減少係数

同一管内の電線数	電流減少係数
3本以下	0.70
4本	0.63
5〜6本	0.56
7〜15本	0.49
16〜40本	0.43
41〜60本	0.39
61本以上	0.34

- **コードの許容電流**

コードの許容電流

断面積〔mm^2〕	許容電流〔A〕
0.75	7
1.25	12
2	17

8 屋内幹線の施設（電技解釈第148条）

屋内幹線

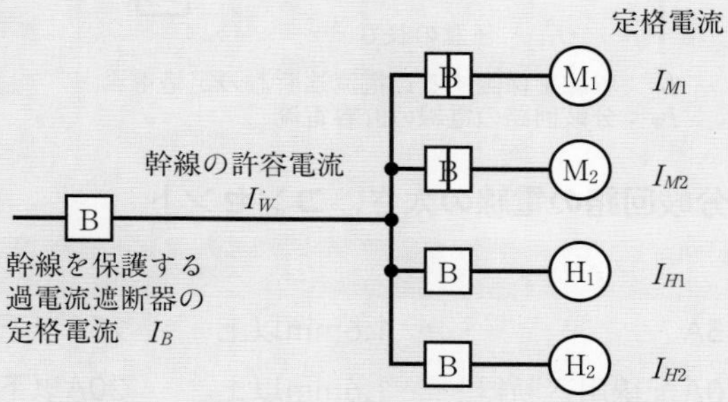

電動機の定格電流I_Mの合計

$I_M = I_{M1} + I_{M2}$

その他の負荷の定格電流I_Hの合計

$I_H = I_{H1} + I_{H2}$

- **幹線の許容電流**

1 $I_M \leqq I_H$の場合

$I_W \geqq I_M + I_H$

2 $I_M > I_H$の場合で，$I_M \leqq 50$〔A〕のとき

$I_W \geqq 1.25 I_M + I_H$

3 $I_M > I_H$の場合で，$I_M > 50$〔A〕のとき

$I_W \geqq 1.1 I_M + I_H$

- **幹線を保護する過電流遮断器の定格電流**

1 原則

$I_B \leqq I_W$

2 電動機がある場合

$I_B \leqq 3 I_M + I_H$

$I_B \leqq 2.5 I_W$

❾ 分岐回路の施設（電技解釈第149条）

● 分岐回路の開閉器及び過電流遮断器の施設

分岐回路の施設

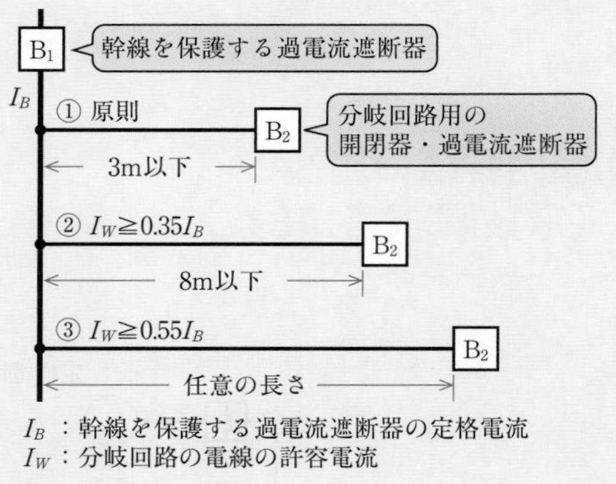

● 分岐回路の電線の太さ，コンセント

分岐回路の種類	電線の太さ	コンセント
15A	1.6mm以上	15A以下
20A配線用遮断器	1.6mm以上	20A以下
20Aヒューズ	2.0mm以上	20A
30A	2.6mm（5.5mm^2）以上	20A以上 30A以下
40A	8mm^{2}以上	30A以上 40A以下
50A	14mm^{2}以上	40A以上 50A以下

（注）20Aヒューズ分岐回路及び30A分岐回路は，定格電流が20A未満のプラグが接続できるものを除く．

❿ 電動機の過負荷保護（電技解釈第153条）

屋内に施設する電動機には，過負荷などにより焼損する過電流を生じた場合に自動的にこれを阻止し，又は警報を出す装置を設けなければならない．

● 省略することができる場合

1 電動機を運転中，常時，取扱者が監視できる位置に施設する場合
2 電動機の構造上又は電動機の負荷の性質上，電動機を焼損するおそれのある過電流を生ずるおそれがない場合
3 電動機が単相のものであって，その電源側に施設する過電流遮断器の定格電流が15A（配線用遮断器にあっては20A）以下の場合
4 電動機の出力が0.2kW以下の場合

⓫ 漏電遮断器の施設（電技解釈第36条）

金属製外箱を有する使用電圧が60Vを超える低圧の機械器具に接続する電路には，漏電遮断器を施設しなければならない．

● 漏電遮断器を省略できる場合（主なもの）

1 機械器具に簡易接触防護措置を施す場合
2 機械器具を乾燥した場所に施設する場合
3 対地電圧が150V以下の機械器具を水気のある場所以外の場所に施設する場合
4 電気用品安全法の適用を受ける2重絶縁構造の機械器具を施設する場合
5 機械器具に施されたC種接地工事又はD種接地工事の接地抵抗値が3Ω以下の場合
6 電源側に絶縁変圧器（機械器具側の線間電圧が300V以下）を施設し，機械器具側を非接地とする場合
7 機械器具内に電気用品安全法の適用を受ける漏電遮断器を取り付け，かつ，電源引出部が損傷を受けるおそれがないように施設する場合

⓬ 住宅の屋内電路の対地電圧の制限（電技解釈第143条）

住宅の屋内電路の対地電圧は，150V以下にしなければならない．

定格消費電力が2kW以上の電気機械器具及びこれに電気を供給する屋内配線を次により施設する場合は，対地電圧を300V以下にできる．

1 屋内配線は，当該電気機械器具のみに電気を供給するものであること．
2 使用電圧は300V以下であること．
3 屋内配線には，簡易接触防護措置を施すこと．
4 電気機械器具には，簡易接触防護措置を施すこと．

次のいずれかに該当する場合は省略できる．

- 簡易接触防護措置を施さない部分が，絶縁性のある材料で堅ろうに作られたもの

である場合
- 乾燥した木製の床その他これに類する絶縁性のものの上でのみ取り扱うように施設する場合

5 電気機械器具は，屋内配線と直接接続して施設すること．

6 専用の開閉器及び過電流遮断器を施設すること．ただし，過電流遮断器が開閉機能を有するものである場合は，過電流遮断器のみとすることができる．

7 電気機械器具に電気を供給する電路には，漏電遮断器を施設すること．

3 電気機器，配線器具と工事材料・工具

❶ 三相誘導電動機

● 同期速度

$$N_S = \frac{120f}{p} \text{〔min}^{-1}\text{〕}$$

f ：周波数〔Hz〕 p ：極　数

● 回転方向の変更

3線のうち2線の結線を入れ替える．

● 始動電流

じか入れ始動の始動電流は，定格電流の4～8倍程度の大きな電流が流れる．

● スターデルタ始動

スターデルタ始動器を用いて，始動時に電動機の巻線をスター（Y）結線にし，運転時にデルタ（△）結線にする．

始動電流がじか入れ始動に比べて1/3になるが，始動時の回転力（トルク）も1/3になり，始動時間が長くなる．

スターデルタ（Y－△）始動法

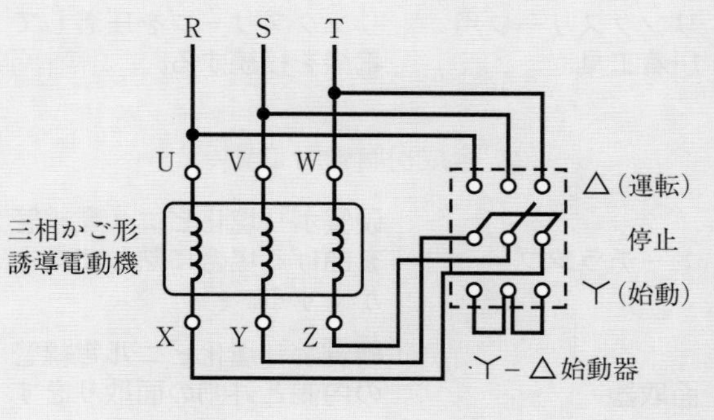

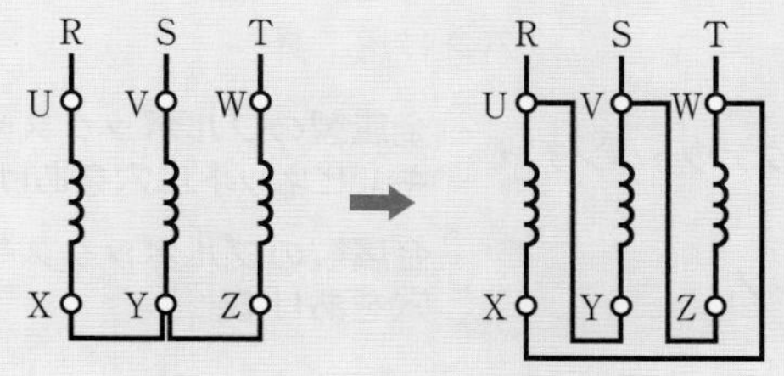

❷ 照明器具

● 光　源

光源の特徴

光　源	特　徴
蛍光ランプ	発光効率が高く，寿命が長い．
水銀ランプ	発光効率が高く，寿命が長い．大容量のものが作れる．
ナトリウムランプ	発光効率が非常に高い．トンネル内や霧が濃い場所に適する．
LEDランプ	発光効率が非常に高く，寿命が非常に長い．

● 蛍光灯

蛍光灯点灯回路

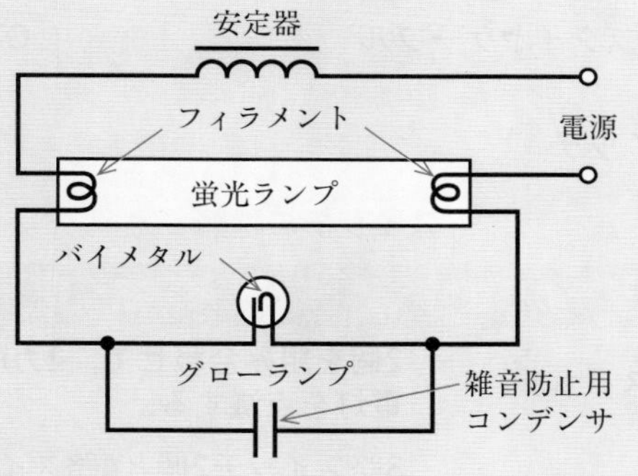

蛍光灯部品の働き

部　品	働　き
グローランプ	フィラメントを加熱する． 安定器から高電圧を発生させる．
安定器	高電圧を発生する． 蛍光ランプに流れる放電電流を一定に保つ．
雑音防止用コンデンサ	蛍光ランプが発生した高調波電流を吸収して外部に漏れないようにする．

❸ 電気工事用材料・配線器具・工具等

● 電　線

絶縁電線の記号

名　称	記　号
600V ビニル絶縁電線	IV
600V2種ビニル絶縁電線	HIV
600V 耐燃性ポリエチレン絶縁電線	EM-IE/F
引込用ビニル絶縁電線	DV
屋外用ビニル絶縁電線	OW

● ケーブル

ケーブルの記号

名　称	記　号
600V ビニル絶縁ビニルシースケーブル平形	VVF
600V ビニル絶縁ビニルシースケーブル丸形	VVR
600V ポリエチレン絶縁耐燃性ポリエチレンシースケーブル平形	EM-EEF/F
600V 架橋ポリエチレン絶縁ビニルシースケーブル	CV
MI ケーブル	MI
キャブタイヤケーブル	CT

● スイッチ

スイッチの種類

スイッチの種類	用　途
3路スイッチ	2個を組み合わせて，2カ所で電灯を点滅する．
4路スイッチ	3路スイッチ2個と4路スイッチを組み合わせて，3カ所以上で電灯を点滅する．

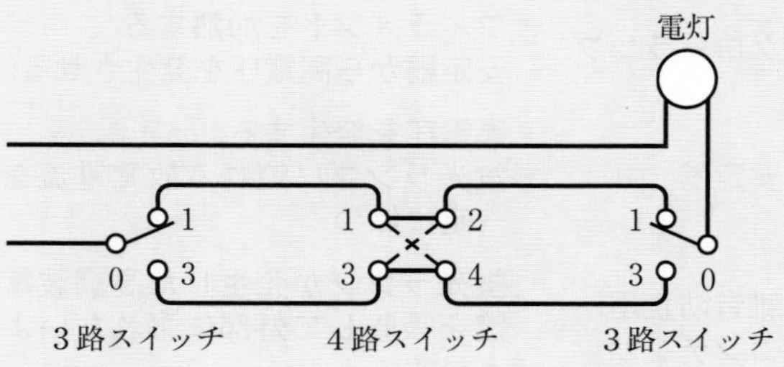

● コンセントの極配置

定格電圧	定格電流	一　般	接地極付
単相 125V	15A		
	20A	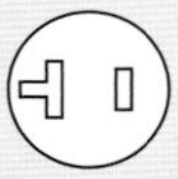	
単相 250V	15A	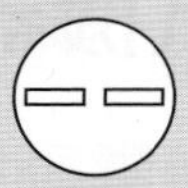	
	20A		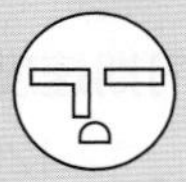
三相 250V	15A 20A		

● 工　具

金属管用工具

金切りのこ	金属管を切断する．
やすり	切断した管端を仕上げる．
リーマ	金属管の管端内側の面取りをする．
クリックボール	リーマを取り付けて回転させる．
パイプベンダ	金属管を曲げる．

電線接続用工具

ワイヤストリッパ	絶縁電線の被覆をはぎ取る．
リングスリーブ用圧着工具	リングスリーブを圧着して電線を接続する．

合成樹脂管用工具

トーチランプ	硬質ポリ塩化ビニル電線管を曲げる場合に熱して柔らかくする．
面取器	硬質ポリ塩化ビニル電線管の内側と外側の面取りをする．

穴あけ用工具

ノックアウトパンチャ	金属製のプルボックスやキャビネットに穴をあける．
ホルソ	金属製のプルボックス等に穴をあける．

4 電気工事の施工方法

❶ 施設場所と工事の種類（電技解釈第156条）

施設場所と工事の種類

施設場所 / 工事の種類	展開した場所点検できる隠ぺい場所		点検できない隠ぺい場所	
	乾燥した場所	その他の場所	乾燥した場所	その他の場所
金属管工事	◎	◎	◎	◎
合成樹脂管工事（CD管を除く）	◎	◎	◎	◎
ケーブル工事	◎	◎	◎	◎
がいし引き工事	◎	◎		
金属ダクト工事	◎			
金属線ぴ工事	○			
ライティングダクト工事	○			

◎は600V以下．　○は300V以下．

※表内の「その他の場所」は，湿気の多い場所又は水気のある場所を指す．

❷ メタルラス等との絶縁（電技解釈第145条）

金属管等が，メタルラス張り，ワイヤラス張り又は金属板張りの壁を貫通する場合は，メタルラス等を十分に切り開き，絶縁管に収めてメタルラス等と電気的に接続しないようにする．

❸ 低圧屋内配線と弱電流電線等との接近・交差（電技解釈第167条）

低圧屋内配線と弱電流電線等とは，接触しないように施設する．

絶縁電線を用いたがいし引き配線とは，10cm以上離す．

❹ 電線の接続（電技解釈第12条）

1 電線の電気抵抗を増加させない．
2 電線の引張強さを20％以上減少させない．
3 接続部分には，接続管その他の器具を使用するか，ろう付けする．
4 絶縁電線の絶縁物と同等以上の絶縁効力のあるもので十分に被覆する．
5 コード相互，キャブタイヤケーブル相互，ケーブル相互又はこれらのもの相互を接続する場合は，コード接続器，接続箱等を使用する（$8mm^2$以上のキャブタイヤケーブル相互を所定の方法で接続する場合を除く）．

❺ C種・D種接地工事（電技解釈第17条）

接地抵抗と接地線の太さ

種類	接地抵抗値		接地線の太さ
C種接地工事	10Ω以下	地絡を生じた場合に，0.5秒以内に自動的に電路を遮断する装置を施設した場合は500Ω以下	直径1.6mm以上の軟銅線（移動して使用する電気機械器具の接地線で多心コード又はキャブタイヤケーブルの1心を使用する場合は$0.75mm^2$以上）
D種接地工事	100Ω以下		

❻ 機械器具の金属製外箱等の接地（電技解釈第29条）

- **接地工事を省略できる場合（主なもの）**

1 交流の対地電圧が150V以下の機械器具を乾燥した場所に施設する場合
2 低圧用の機械器具を乾燥した木製の床や絶縁性の物の上で取り扱うように施設する場合
3 電気用品安全法の適用を受ける2重絶縁の構造の機械器具を施設する場合
4 電源側に絶縁変圧器（2次側線間電圧が300V以下，容量が3kV･A以下）を施設し，負荷側の電路を接地しない場合
5 水気のある場所以外の場所に施設する低圧用の機械器具に電気を供給する電路に，電気用品安全法の適用を受ける漏電遮断器（定格感度電流が15mA以下，動作時間が0.1秒以下の電流動作型）を施設する場合

機械器具の接地工事

機械器具の区分	接地工事
300V 以下の低圧用	D 種接地工事
300V を超える低圧用	C 種接地工事

❼ 金属管工事（電技解釈第159条）

- **電　線**
  1 絶縁電線（OW 線を除く）であること．
  2 より線又は直径3.2mm 以下の単線であること（短小な管に収めるものを除く）．
  3 金属管内では，電線に接続点を設けないこと．
- **電磁的平衡**
  1回路の電線全部を同一管内に収める．
- **支持点間の距離**
  2m 以下とすることが望ましい（内線規程）．
- **管の屈曲**
  1 内側の曲げ半径は管内径の6倍以上とする．
  2 アウトレットボックスやその他のボックス間の金属管には，3カ所を超える直角の屈曲箇所を設けない．
- **接地工事**
  使用電圧が300V 以下：D 種接地工事
  ≪省略できる場合≫
  1 管の長さが4m 以下のものを乾燥した場所に施設する場合
  2 対地電圧が150V 以下の場合で，管の長さが8m 以下のものに，簡易接触防護措置を施すとき又は乾燥した場所に施設するとき
  使用電圧が300V を超える：C 種接地工事
  ≪D 種接地工事にできる場合≫
  接触防護措置を施す場合

❽ 金属可とう電線管工事（電技解釈第160条）

- **電　線**
  1 絶縁電線（OW 線を除く）であること．
  2 より線又は直径3.2mm 以下の単心のものであること．
  3 電線管内では，電線に接続点を設けないこと．
- **2種金属製可とう電線管の曲げ半径**
  1 管の内側曲げ半径は管の内径の6倍以上
  2 露出場所又は点検できる隠ぺい場所で，管の取り外しができる場合，管の内側曲げ半径は管の内径の3倍以上

❾ 合成樹脂管工事（電技解釈第158条）

- **電　線**
  1 絶縁電線（OW 線を除く）であること．
  2 より線又は直径3.2mm 以下の単線であること（短小な管に収めるものを除く）．
  3 合成樹脂管内では，電線に接続点を設けないこと．
- **支持点間の距離**
  1.5m 以下
- **管相互の接続**
  1 硬質ポリ塩化ビニル電線管相互を直接接続する場合は，下図による．

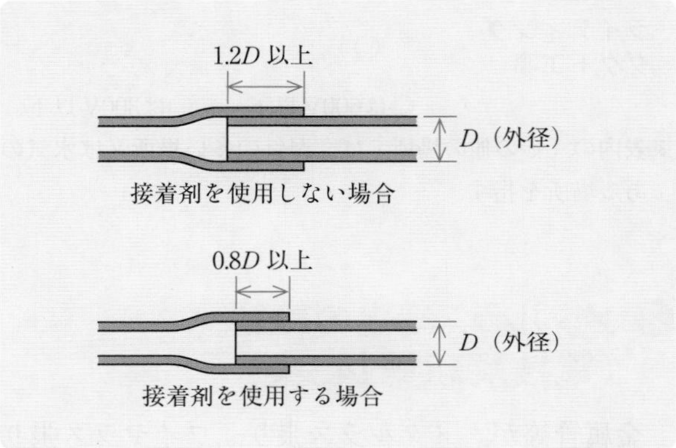

  2 合成樹脂製可とう管及び CD 管は，直接接続してはならない．

❿ ケーブル工事（電技解釈第164条）

- **ケーブルの支持点間**
  1 造営材の下面又は側面に施設：2m 以下
  2 接触防護措置を施した場所で垂直に施設：6m 以下
- **ケーブルの屈曲**
  内側の曲げ半径は，ケーブルの仕上がり外径の6倍（単心は8倍）以上とする．
- **電線の接続**
  1 ケーブル相互の接続は，原則としてアウトレットボックス，ジョイントボックスなどの内部で行う．

2 ねじ式の端子金具をもつジョイントボックスで接続する場合は，露出場所で点検できるようにする．

● **ケーブルの防護**

重量物の圧力や著しい機械的衝撃を受けるおそれがある箇所に施設するケーブルには，防護装置を設ける．直埋用ケーブル等以外のケーブルをコンクリートに直接埋め込んではならない（打設時に重量物の圧力又は著しい機械的衝撃を受けるおそれがある場所とみなされる）．

⑪ 金属線ぴ工事（電技解釈第161条）

● **配　線**

1 絶縁電線（OW線を除く）であること．
2 線ぴ内では，電線に接続点を設けないこと（2種金属製線ぴを使用して電線を分岐し，接続点を容易に点検できるようにするとともに，D種接地工事を施す場合を除く）．

● **接地工事**

D種接地工事

≪省略できる場合≫

1 線ぴの長さが4m以下
2 対地電圧が150V以下の場合で，電線を収める線ぴの長さが8m以下のものに，簡易接触防護措置を施すとき又は乾燥した場所に施設するとき．

⑫ 金属ダクト工事（電技解釈第162条）

● **電　線**

1 絶縁電線（OW線を除く）であること．
2 ダクト内では，接続点を設けないこと（電線を分岐する場合において，接続点が容易に点検できるときを除く）．
3 金属ダクトに収める電線の絶縁被覆を含む断面積の総和は，ダクトの内部断面積の20％以下であること（制御回路等の配線は50％以下とすることができる）．

● **支持点間の距離**

3m以下（取扱者以外の者が出入りできないように措置した場所において，垂直に取り付ける場合は6m以下）

● **接地工事**

1 使用電圧が300V以下の場合
D種接地工事
2 使用電圧が300Vを超える場合
C種接地工事（接触防護措置を施す場合は，D種接地工事にできる）

⑬ ライティングダクト工事（電技解釈第165条）

● **施設方法**

1 支持点間の距離は2m以下．
2 開口部の向きは下向きが原則．
3 終端部は閉そくする．
4 造営材を貫通して施設してはならない．

● **接地工事**

D種接地工事

≪省略できる場合≫

1 合成樹脂等の絶縁物で金属製部分を被覆したダクト．
2 対地電圧が150V以下で，ダクトの長さが4m以下．

● **漏電遮断器の施設**

ダクトの導体に電気を供給する電路には，漏電遮断器を施設すること．ただし，ダクトに簡易接触防護措置を施す場合は，省略できる．

⑭ ショウウィンドー内の配線工事（電技解釈第172条）

乾燥した場所に施設し，内部を乾燥した状態で使用するショウウインドー又はショウケース内の使用電圧が300V以下の配線は，外部から見えやすい箇所に限り，コード又はキャブタイヤケーブルを造営材に接触して施設することができる．

● **施設方法**

1 電線の断面積は，0.75mm^{2}以上であること．
2 電線の取付間隔は，1m以下であること．
3 低圧屋内配線との接続は，差込接続器等を使用する．

⑮ 特殊場所の工事（電技解釈第175～177条）

特殊場所の工事

特殊場所の種類	工事の種類
爆燃性粉じんの存在する場所（マグネシウム，アルミニウム等）	金属管工事（薄鋼電線管以上の強度を有するもの） ケーブル工事（防護装置に収めて施設）
可燃性ガス等の存在する場所（プロパンガス等）	
可燃性粉じんの存在する場所（小麦粉，でん粉等）	金属管工事（薄鋼電線管以上の強度を有するもの） ケーブル工事（防護装置に収めて施設） 合成樹脂管工事（厚さ2mm未満の合成樹脂製電線管，CD管を除く）
危険物等の存在する場所（石油等）	

⑯ 小勢力回路（電技解釈第181条）

- **使用電圧**

60V以下

- **使用電線**

直径0.8mm以上の軟銅線（ケーブルを除く）

⑰ 地中電線路（電技解釈第120条）

- **使用電線**

ケーブルを使用する．

- **埋設深さ（直接埋設式）**

1 車両その他の重量物の圧力を受けるおそれがある場所では，1.2m以上

2 その他の場所では，0.6m以上

5 検査方法

❶ 電気計器の種類・使用方法

- **電気計器**

1 分類・記号

電気計器の記号・使用回路

種類	記号	使用回路
永久磁石 可動コイル形		直流
可動鉄片形		交流
整流形	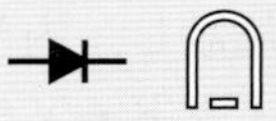	交流
誘導形	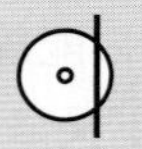	交流

2 置き方の記号

計器の置き方の記号

記号	目盛板の置き方
	鉛直（垂直）
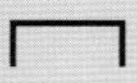	水平

❷ 電圧計・電流計・電力計の接続

1 電圧計は測定する負荷と並列に，電流計は測定する負荷と直列に接続する．

2 電力計は，電流コイルを負荷と直列に，電圧コイルを負荷と並列に接続する．

計器の接続

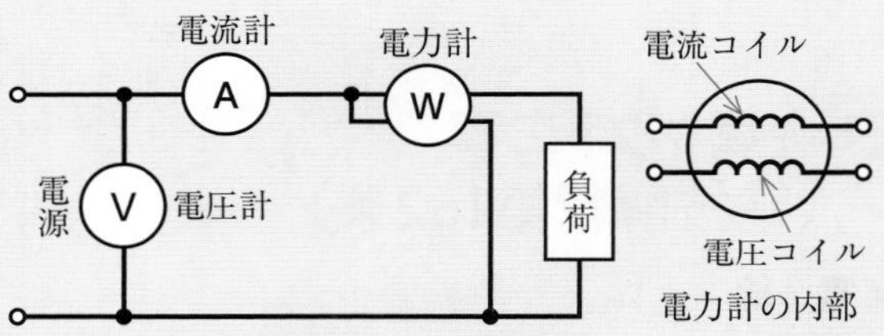

❸ クランプ形計器

クランプ形計器の使用方法

負荷電流の測定　　漏れ電流の測定

❹ 絶縁抵抗の測定（電技第58条・解釈第14条）

● **屋内配線の絶縁抵抗**

開閉器又は過電流遮断器で区切るごとの電路で，次の絶縁抵抗値以上でなければならない．

絶縁抵抗値

電路の使用電圧の区分		絶縁抵抗値
300V以下	対地電圧が150V以下	0.1MΩ
	その他の場合	0.2MΩ
300Vを超えるもの		0.4MΩ

※絶縁抵抗測定が困難な場合は，漏えい電流が1mA以下とする．

● **測定方法**

1 電線相互間の絶縁抵抗測定

電線相互間の測定

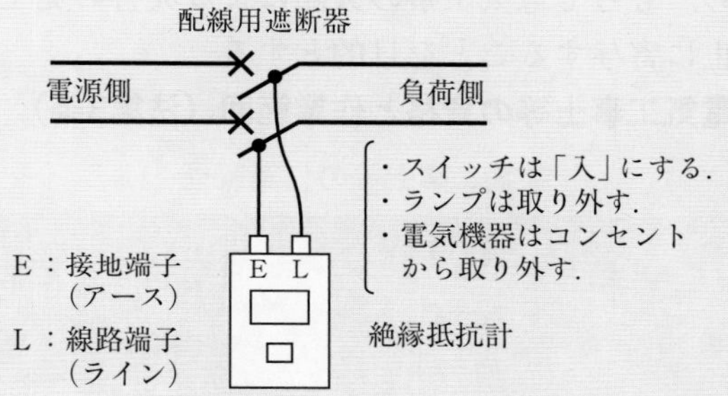

2 電路と大地間の絶縁抵抗測定

電路と大地間の測定

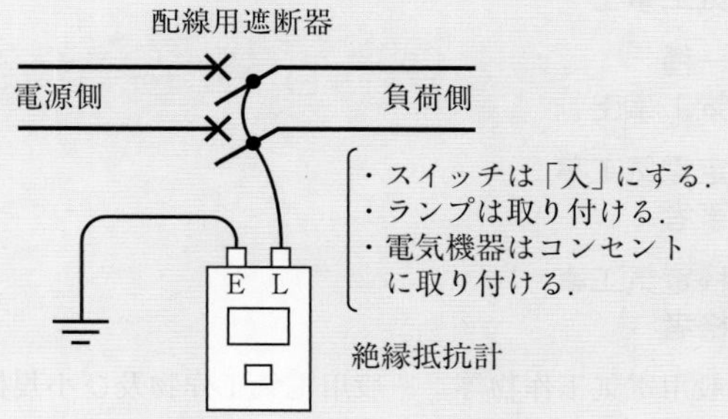

3 電気機器の絶縁抵抗測定

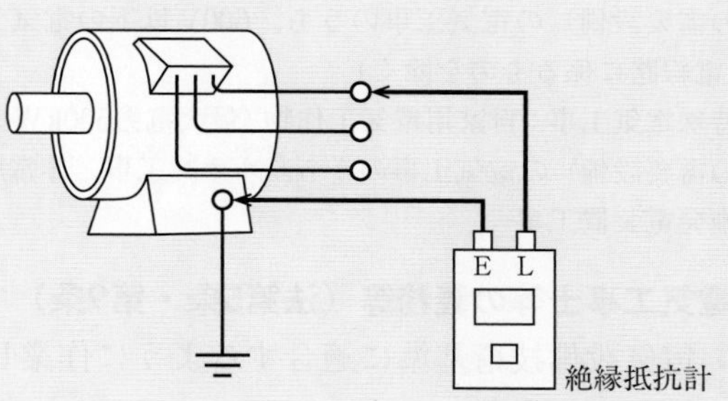

❺ 接地抵抗の測定

接地抵抗の測定

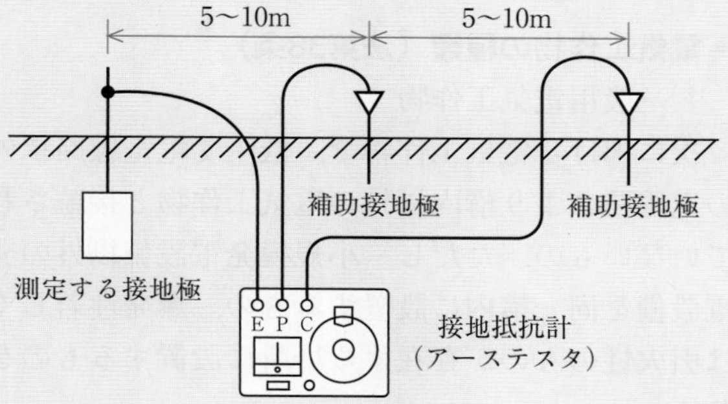

❻ 検査器具の用途

検査器具	用　途
回路計	交流・直流電圧の測定 抵抗の測定 導通試験
絶縁抵抗計	絶縁抵抗の測定
接地抵抗計	接地抵抗の測定
クランプ形電流計	負荷電流の測定
クランプ形漏れ電流計	漏れ電流の測定
検電器	充電の有無 極性（接地側・非接地側）の確認
検相器	三相交流回路の相順の確認
回転計	電動機の回転速度の測定

❼ 竣工検査

順序	検査項目	内　容
1	目視点検	施設状況を点検する．
2	絶縁抵抗測定	絶縁抵抗値を測定する．
3	接地抵抗測定	接地抵抗値を測定する．
4	導通試験	配線が正しく行われているかを試験する．
5	通電試験	配線に電圧を加えて，正常に点灯したり動作するかを確認する．

※絶縁抵抗測定と接地抵抗測定の順序が入れ替わってもよい．

6 保安に関する法令

❶ 電気事業法

● 電気工作物の種類(法第38条)

1 一般用電気工作物

次に掲げる電気工作物で，低圧受電電線路以外の電線路により構内以外の電気工作物と接続されていないもの．ただし，小規模発電設備以外の発電設備を同一構内に設置するもの，爆発性若しくは引火性のものが存在する場所に設置するものを除く．

小出力発電設備(600V以下)	出　力
太陽電池発電設備	50kW未満
水力発電設備	20kW未満
風力発電設備	
内燃力発電設備	10kW未満
燃料電池発電設備	
スターリングエンジン発電設備	
発電設備の出力の合計	50kW未満

イ．低圧で受電して，電気を使用するための電気工作物

ロ．小規模発電設備であって次に該当するもの

太陽電池発電設備	10kW未満
水力発電設備	20kW未満
内燃力発電設備	10kW未満
燃料電池発電設備	
スターリングエンジン発電設備	

2 小規模事業用電気工作物

次の小規模発電設備であって，低圧受電電線路以外の電線路により構内以外の電気工作物と接続されていないもの．ただし，小規模発電設備以外の発電設備を同一構内に設置するもの，爆発性若しくは引火性のものが存在する場所に設置するものを除く．

太陽電池発電設備	10kW以上50kW未満
風力発電設備	20kW未満

3 自家用電気工作物(小規模事業用電気工作物を除く)

次に該当するものは，自家用電気工作物になる．

イ．600Vを超える電圧で受電するもの

ロ．小規模発電設備以外の発電設備を設置しているもの

ハ．低圧受電電線路以外の電線路により構内以外の電気工作物と接続されているもの

ニ．火薬類製造所，石炭坑

● 一般用電気工作物の調査(法第57条)

電線路維持運用者は，一般用電気工作物の設置・変更の工事が完成したとき及び定期的に(原則として4年に1回以上)調査を行わなければならない．

❷ 電気工事士法

● 目　的(法第1条)

電気工事の作業に従事する者の資格及び義務を定め，もって電気工事の欠陥による災害の発生の防止に寄与することを目的とする．

● 電気工事士等の資格と作業範囲(法第3条)

電気工事士等の作業範囲

資格＼電気工作物	一般用電気工作物等	自家用電気工作物(最大電力500kW未満の需要設備)		
			簡易電気工事	特殊電気工事
第二種電気工事士	○			
第一種電気工事士	○	○	○	
認定電気工事従事者			○	
特種電気工事資格者				○

- 一般用電気工作物等：一般用電気工作物及び小規模事業用電気工作物
- 簡易電気工事：自家用電気工作物(最大電力500kW未満の需要設備)の電気工事のうち，600V以下の電気工事(電線路に係るものを除く)
- 特殊電気工事：自家用電気工作物(最大電力500kW未満の需要設備)の電気工事のうち，ネオン工事，非常用予備発電装置工事

● 電気工事士等の義務等(法第5条・第9条)

1 電気設備技術基準に適合するように作業しなければならない．

2 電気工事の作業に従事するときは，電気工事士免状等を携帯していなければならない.

3 都道府県知事は，電気工事士等に対して，電気工事の業務に関して報告させることができる.

- **電気工事士免状の交付，再交付，書き換え（法第4条，施行令第4条・第5条）**

1 免状は，都道府県知事が交付する.

2 免状を汚したり，破ったり，紛失したときには，免状を交付した都道府県知事に再交付を申請することができる.

3 免状の記載事項に変更を生じたときには，免状を交付した都道府県知事に書き換えを申請しなければならない.

（免状の記載事項）

- 免状の種類
- 免状の交付番号及び交付年月日
- 氏名及び生年月日

- **電気工事士でなければできない作業（施行規則第2条）**

P.16を参照

- **電気工事士でなくてもできる軽微な工事（施行令第1条）**

P.16を参照

❸ 電気工事業法（電気工事業の業務の適正化に関する法律）

- **目　的（法第1条）**

電気工事業を営む者の登録等及びその業務の規制を行うことにより，その業務の適正な実施を確保し，もって一般用電気工作物等及び自家用電気工作物の保安の確保に資することを目的とする.

- **登　録（法第3条）**

電気工事業を営もうとする者は，登録を受けなければならない（登録電気工事業者という）.

1 登録先

1の都道府県に営業所　　　：都道府県知事
2以上の都道府県に営業所：経済産業大臣

2 登録の有効期間　　　　：5年間

- **主任電気工事士の設置（法第19条）**

登録電気工事業者は，一般用電気工作物等に係る電気工事（一般用電気工事）の業務を行う営業所ごとに，主任電気工事士を置かなければならない.

≪主任電気工事士の条件≫

1 第一種電気工事士

2 第二種電気工事士で免状取得後3年以上の実務経験を有するもの

- **器具の備付け（法第24条，施行規則第11条）**

一般用電気工事のみの業務を行う営業所は，下記の器具を備え付けなければならない.

1 絶縁抵抗計

2 接地抵抗計

3 回路計（抵抗と交流電圧を測定できるもの）

- **標識の掲示（法第25条，施行規則第12条）**

登録電気工事業者は，営業所及び電気工事の施工場所ごとに，標識を掲示しなければならない.

- **帳簿の備付け（法第26条，施行規則第13条）**

電気工事業者は，営業所ごとに帳簿を備え，5年間保存しなければならない.

❹ 電気用品安全法

- **目　的（法第1条）**

電気用品の製造，販売等を規制するとともに，電気用品の安全性の確保につき民間事業者の自主的な活動を促進することにより，電気用品による危険及び障害の発生を防止することを目的とする.

- **電気用品の種類（法第2条，施行規則第2条）**

1 特定電気用品

構造又は使用方法等からみて特に危険又は障害の発生するおそれが多い電気用品

2 特定電気用品以外の電気用品

- **表示（法第10条，施行規則第17条）**

1 特定電気用品

PSE 又は〈PS〉E

2 特定電気用品以外の電気用品

PSE 又は（PS）E

- **販売の制限（法第27条）**

所定の表示が付されているものでなければ，電気用品を販売し，又は販売の目的で陳列してはならない.

- **使用の制限（法第28条）**

電気事業者，自家用電気工作物を設置する者，電気工事士等は，所定の表示が付されているものでなければ，電気用品を電気工作物の設置又は変更の工事に使用してはならない.

電気工事士でなければできない作業と電気工事士でなくてもできる軽微な工事（一般用電気工作物等）

電気工事士でなければできない作業（施行規則第2条）	電気工事士でなくてもできる軽微な工事（施行令第1条）
1　電線相互を接続する作業（電気さくの電線を接続するものを除く） 2　がいしに電線（電気さくの電線及びそれに接続する電線を除く．3，4及び8において同じ）を取り付け，又はこれを取り外す作業 3　電線を直接造営材その他の物件（がいしを除く）に取り付け，又はこれを取り外す作業 4　電線管，線ぴ，ダクトその他これらに類する物に電線を収める作業 5　配線器具を造営材その他の物件に取り付け，若しくはこれを取り外し，又はこれに電線を接続する作業（露出型点滅器又は露出型コンセントを取り換える作業を除く） 6　電線管を曲げ，若しくはねじ切りし，又は電線管相互若しくは電線管とボックスその他の附属品とを接続する作業 7　金属製のボックスを造営材その他の物件に取り付け，又はこれを取り外す作業 8　電線，電線管，線ぴ，ダクトその他これらに類する物が造営材を貫通する部分に金属製の防護装置を取り付け，又はこれを取り外す作業 9　金属製の電線管，線ぴ，ダクトその他これらに類する物又はこれらの附属品を，建造物のメタルラス張り，ワイヤラス張り又は金属板張りの部分に取り付け，又はこれを取り外す作業 10 配電盤を造営材に取り付け，又はこれを取り外す作業 11 接地線（電気さくを使用するためのものを除く）を一般用電気工作物等（電圧600V以下で使用する電気機器を除く）に取り付け，若しくはこれを取り外し，接地線相互若しくは接地線と接地極（電気さくを使用するためのものを除く）とを接続し，又は接地極を地面に埋設する作業 12 電圧600Vを超えて使用する電気機器（電気さく用電源装置を除く）に電線を接続する作業	1　電圧600V以下で使用する差込み接続器，ねじ込み接続器，ソケット，ローゼットその他の接続器又は電圧600V以下で使用するナイフスイッチ,カットアウトスイッチ，スナップスイッチその他の開閉器にコード又はキャブタイヤケーブルを接続する工事 2　電圧600V以下で使用する電気機器（配線器具を除く）又は電圧600V以下で使用する蓄電池の端子に電線（コード，キャブタイヤケーブル及びケーブルを含む）をねじ止めする工事 3　電圧600V以下で使用する電力量計若しくは電流制限器又はヒューズを取り付け，又は取り外す工事 4　電鈴，インターホン，火災感知器，豆電球その他これらに類する施設に使用する小型変圧器（二次電圧が36V以下のものに限る）の二次側の配線工事 5　電線を支持する柱，腕木その他これらに類する工作物を設置し，又は変更する工事 6　地中電線用の暗渠《あんきょ》又は管を設置し，又は変更する工事

特定電気用品と特定電気用品以外の電気用品

特定電気用品の主なもの	特定電気用品以外の電気用品の主なもの
〔電線〕 100V以上600V以下 ● 絶縁電線（100mm^{2}以下） 合成樹脂絶縁電線 ゴム絶縁電線 ● ケーブル（22mm^{2}以下，線心7本以下） ● コード ● キャブタイヤケーブル （100mm^{2}以下，線心7本以下） 〔ヒューズ〕 100V以上300V以下 ● 温度ヒューズ，その他のヒューズ （1A以上200A以下） 〔配線器具〕 100V以上300V以下 ● 点滅器（定格電流が30A以下） タンブラスイッチ，タイムスイッチ ● 開閉器（定格電流が100A以下） 箱開閉器，配線用遮断器，漏電遮断器， フロートスイッチ ● 接続器（50A以下，極数5以下） 差込み接続器，ジョイントボックス 〔小形単相変圧器及び放電灯用安定器〕 100V以上300V以下，50Hz又は60Hz ● 小形単相変圧器（定格容量500V・A以下） 家庭電気機器用変圧器， 電子応用機械器具用変圧器 ● 放電灯用安定器（放電灯管の合計が500W以下） 蛍光灯用安定器，水銀灯用安定器 〔電熱器具〕 100V以上300V以下，10kW以下 ● 電気便座 ● 電気温水器 〔電動力応用機械器具〕 100V以上300V以下，50Hz又は60Hz ● 電気ポンプ（定格消費電力が1.5kW以下） ● 冷蔵用又は冷凍用のショーケース （300W以下の冷却装置） 〔携帯発電機〕 30V以上300V以下	〔電線及び電気温床線〕 ● 絶縁電線（100mm^{2}以下） 蛍光灯電線，ネオン電線 ● ケーブル（100V以上600V以下， 22mm^{2}を超え100mm^{2}以下，線心7本以下） ● 電気温床線 〔電線管及びその附属品等〕 ● 電線管 （可とう電線管を含み，内径が120mm以下） ● フロアダクト（幅が100mm以下） ● 線ぴ（幅が50mm以下） ● 電線管類の附属品（レジューサを除く） ● ケーブル配線用スイッチボックス 〔ヒューズ〕 100V以上300V以下，1A以上200A以下 ● 筒形ヒューズ，栓形ヒューズ 〔配線器具〕 100V以上300V以下 ● リモートコントロールリレー（30A以下） ● 開閉器（100A以下） カバー付ナイフスイッチ，電磁開閉器 ● ライティングダクト及び附属品 〔小形単相変圧器，放電灯用安定器〕 100V以上300V以下，50Hz又は60Hz ● 小形単相変圧器（500V・A以下） ベル用変圧器，リモートコントロールリレー 用変圧器，ネオン変圧器 ● 放電灯用安定器（500W以下） ナトリウム灯用安定器，殺菌灯用安定器 〔小形交流電動機〕 100V以上300V以下，50Hz又は60Hz ● 単相電動機 ● かご形三相誘導電動機（3kW以下） 〔電熱器具〕 100V以上300V以下，10kW以下 ● 電気カーペット，電気ストーブ 〔電動力応用機械器具〕 100V以上300V以下，50Hz又は60Hz ● 換気扇（300W以下） ● 電気ドリル（1kW以下） 〔光源及び光源応用機械器具〕 100V以上300V以下，50Hz又は60Hz ● 白熱電球（一般用照明電球） ● LEDランプ（1W以上，一口金のもの） ● 蛍光ランプ（40W以下） ● 白熱電灯器具及び放電灯器具 〔電子応用機械器具〕 100V以上300V以下，50Hz又は60Hz ● インターホン，電子レンジ 〔その他の交流用電気機械器具〕 100V以上300V以下，50Hz又は60Hz ● 調光器（1kW以下）

2

電気工事用材料・配線器具・工具・測定器等

写真集（名称と用途）

一般問題と配線図で，「電気工事用材料」「配線器具」「工具」「測定器」等の写真が示され，その用途や名称について出題されます．過去に鑑別問題として出題されたものを中心にして，今後出題が予想されるものを含めて示します．

1

電気工事用材料

❶ アウトレットボックス

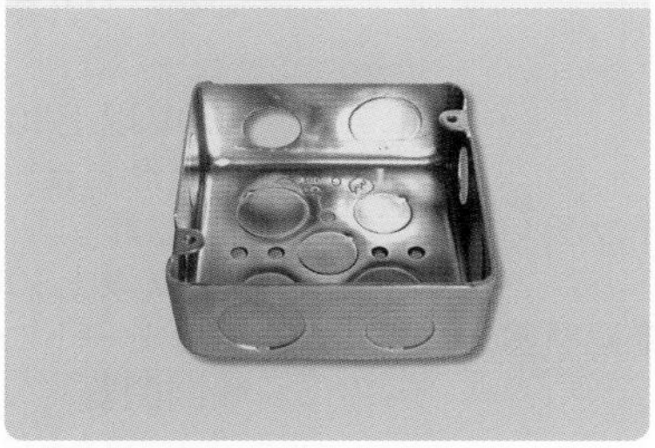

金属管工事で電線を接続したり，電灯やコンセントを取り付けるのに用いる．

❷ コンクリートボックス

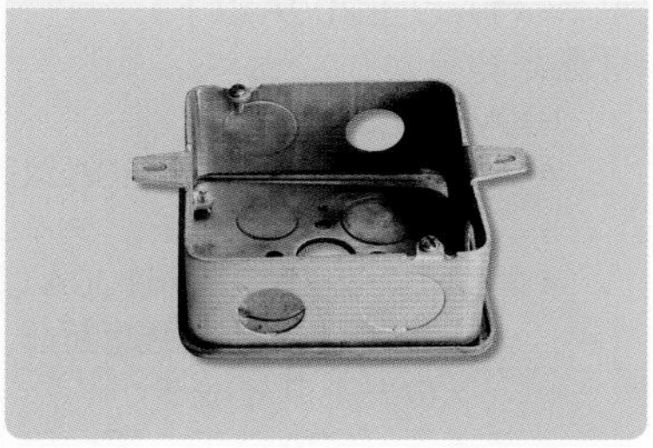

コンクリートに埋め込んで，管の交差場所や電灯等を取り付けるのに用いる．八角形もある．

❸ プルボックス

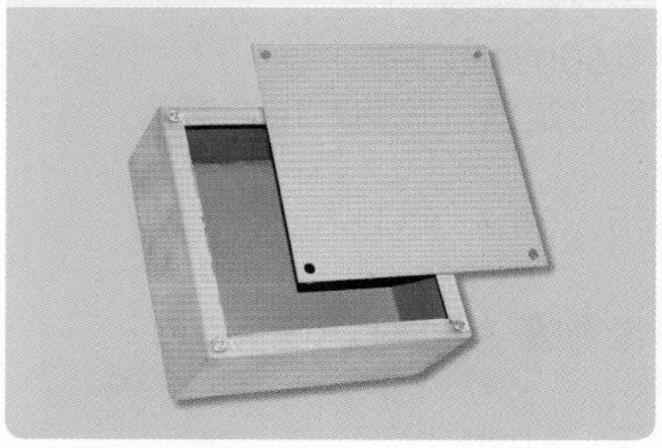

多数の金属管が集合する箇所で使用し，電線を接続したり引き入れを容易にする．

❹ 埋込スイッチボックス

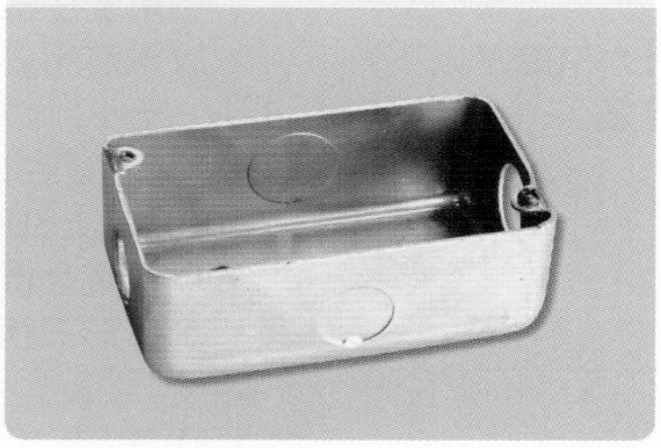

埋込金属管工事でスイッチやコンセントを取り付けるのに用いる．

❺ 露出スイッチボックス

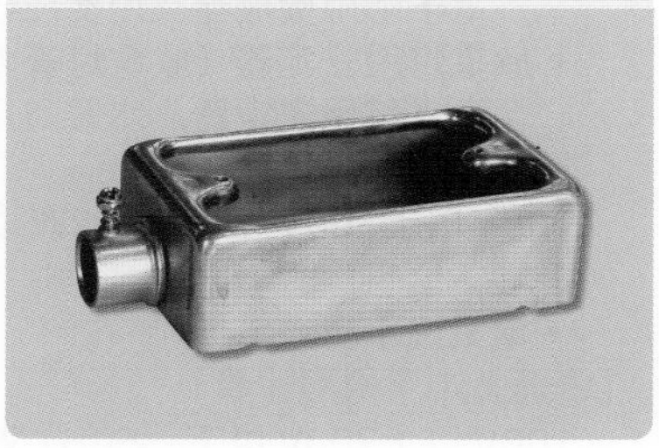

露出金属管工事でスイッチやコンセントを取り付けるのに用いる．写真は，ねじなし電線管用である．

❻ ぬりしろカバー

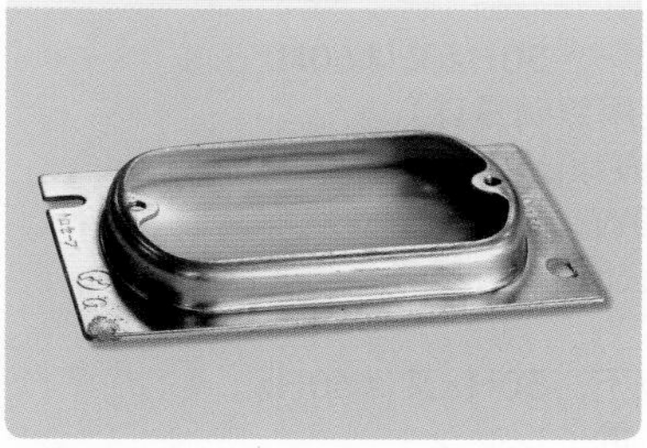

埋込用のボックス表面に取り付け，埋込連用取付枠等を取り付ける．

❼ ロックナット

薄鋼電線管とボックスを接続する場合に，ボックスの内外から締め付けるのに用いる．

❽ ねじなしボックスコネクタ

ねじなし電線管をボックスに接続するのに用いる．

⑨ リングレジューサ

ボックスのノックアウトの径が管の径より大きい場合に用いる．2個を一組として使用する．

⑩ 絶縁ブッシング

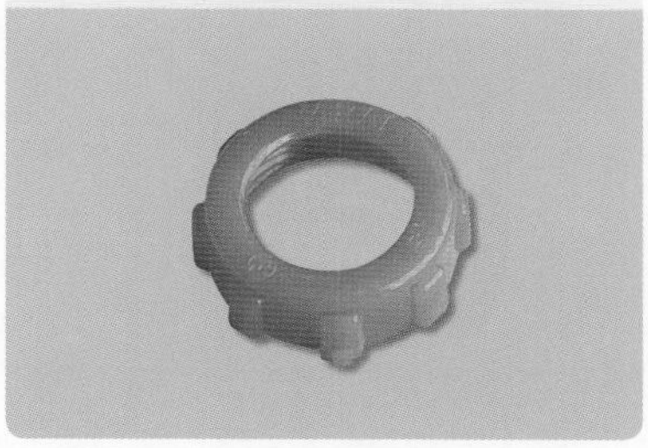

金属管やボックスコネクタの端に取り付けて，電線の絶縁被覆を保護する．

⑪ カップリング

薄鋼電線管相互を接続するのに用いる．

⑫ ねじなしカップリング

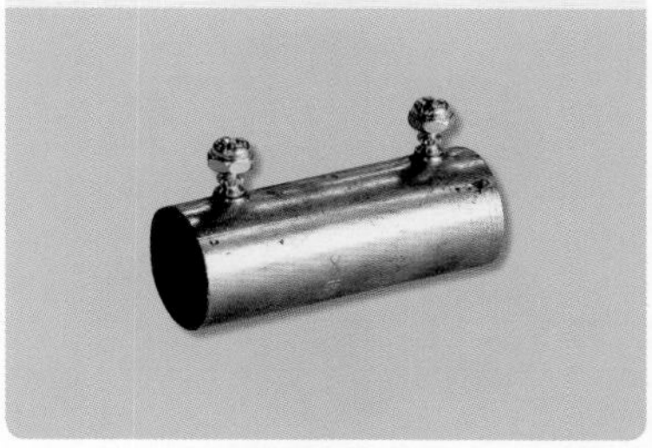

ねじなし電線管相互を接続するのに用いる．

⑬ ユニオンカップリング

両方とも回すことのできない薄鋼電線管相互の接続に用いる．

⑭ ノーマルベンド

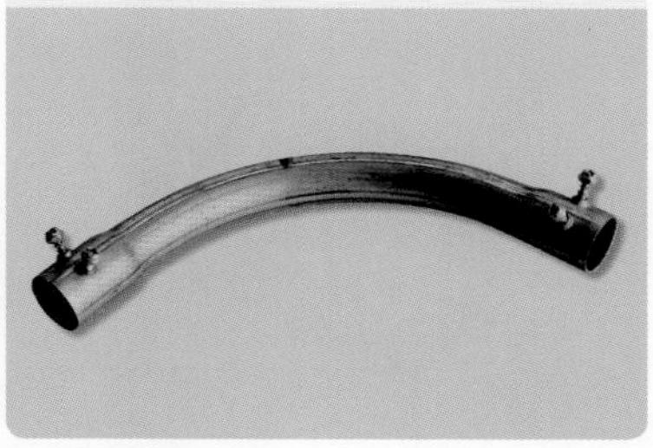

金属管が直角に曲がる箇所に使用する．写真は，ねじなし電線管用である．

⑮ ユニバーサル

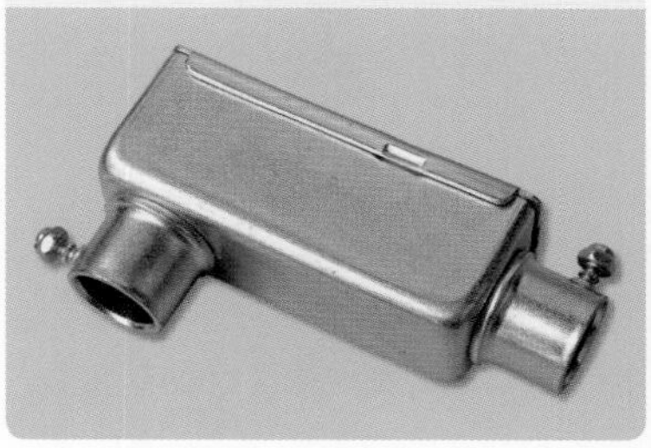

露出金属管工事で，柱等を直角に曲がる箇所に用いる．写真は，ねじなし電線管用である．

⑯ エントランスキャップ

屋外の金属管の垂直・水平配管の端に取り付けて，雨水の浸入を防ぐ．

⑰ ターミナルキャップ

屋外の金属管の水平配管の端に取り付けて，雨水の浸入を防ぐ．

⑱ フィクスチュアスタッド

コンクリートボックス等の底面に取り付け，重い電気機器を取り付けるのに用いる．

⑲ パイラック

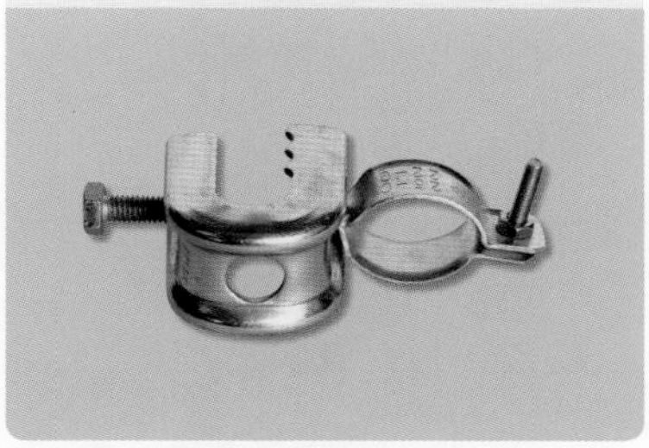

金属管を鉄骨等に固定するのに用いる．

⑳ カールプラグ

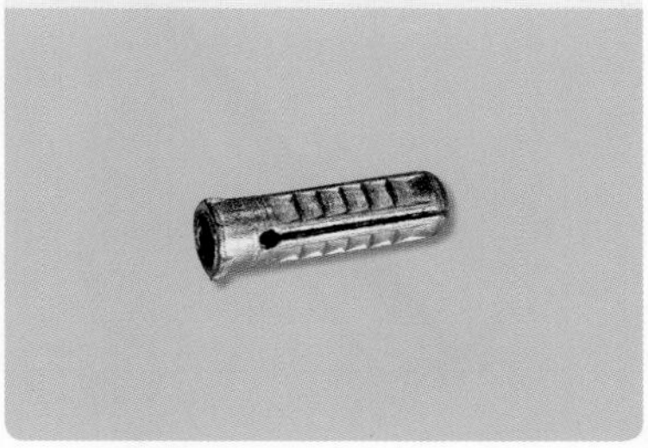

サドルやボックス等をコンクリート面に木ねじで取り付けるのに用いる．

㉑ 2種金属製可とう電線管

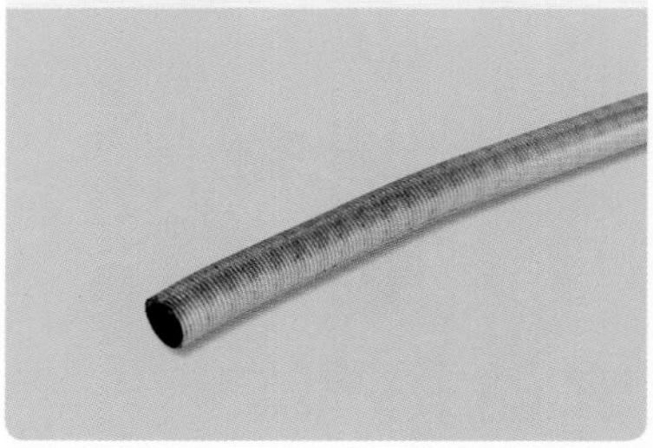

可とう性を有し，金属管と同様に使用できる．プリカチューブともいう．

㉒ コンビネーションカップリング

2種金属製可とう電線管と金属管とを接続するのに用いる．写真は，ねじなし電線管用である．

㉓ 合成樹脂製可とう電線管（PF管）

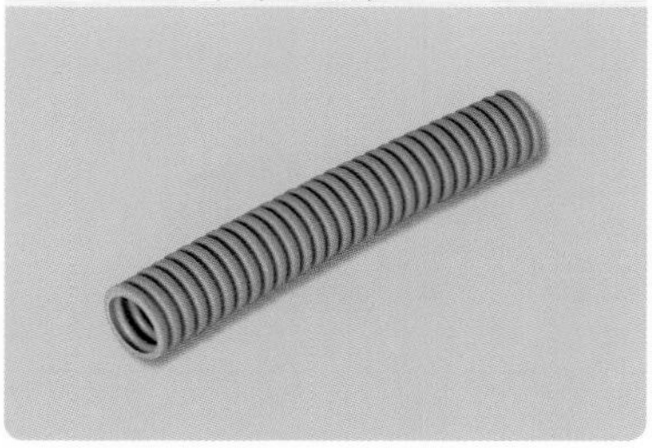

可とう性があり，コンクリートに埋設したり露出場所に使用できる．

㉔ PF管用ボックスコネクタ

合成樹脂製可とう電線管（PF管）をボックスに接続するのに用いる．

㉕ PF管用カップリング

PF管相互を接続するのに用いる．

㉖ PF管用サドル

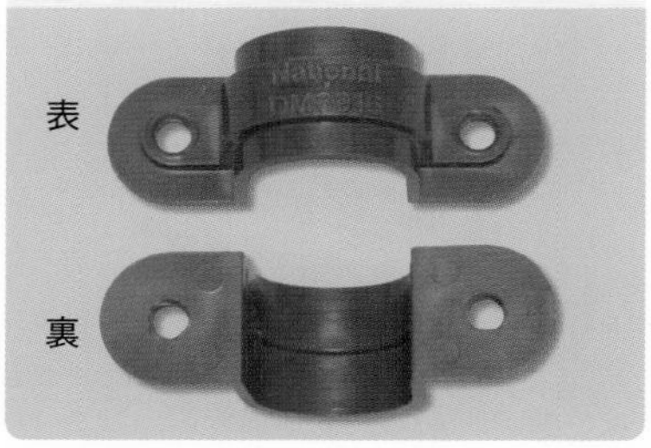

PF管を支持固定するサドルで，裏側に突起がある．

㉗ PF管用露出スイッチボックス

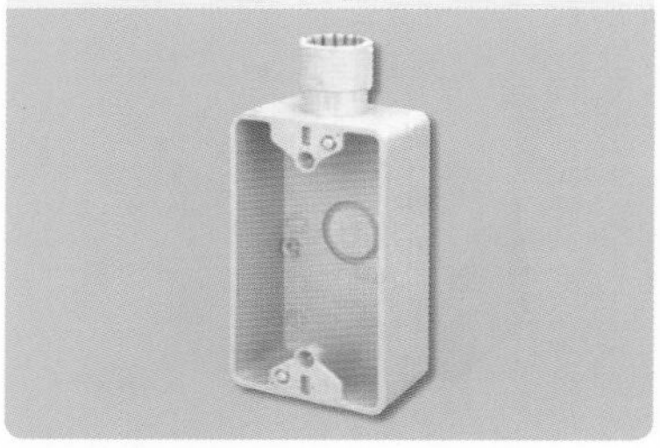

合成樹脂製可とう電線管（PF管）の露出配管工事で，スイッチやコンセントを取り付ける．

㉘ 合成樹脂製可とう電線管（CD管）

コンクリートに埋め込んで使用する．展開した場所や，点検できる隠ぺい場所では使用できない．

㉙ TSカップリング

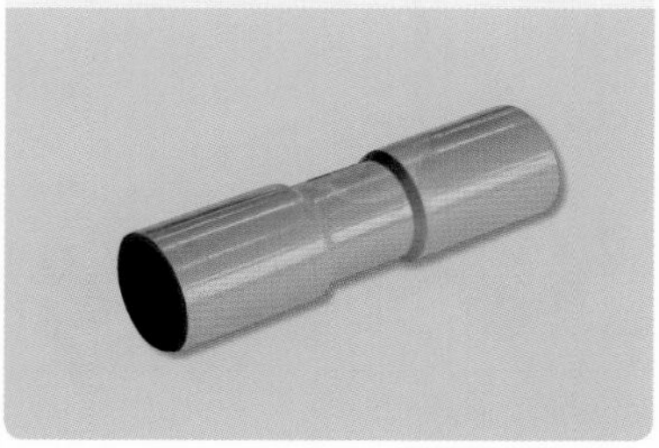

硬質ポリ塩化ビニル電線管相互を接続するのに用いる．

㉚ ライティングダクト

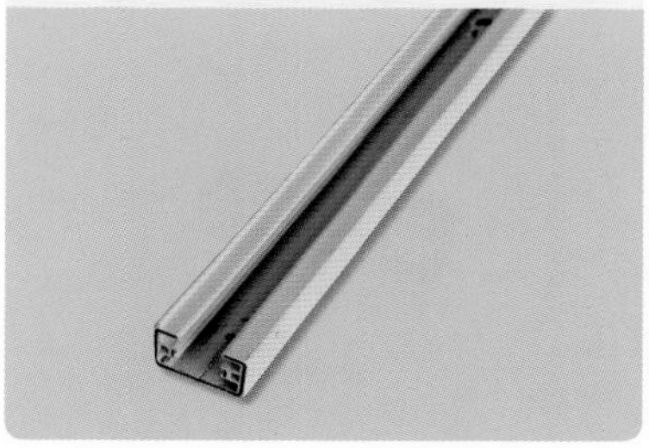

本体に導体が組み込まれ，照明器具等を任意の位置で取り付けて使用できる．

㉛ 1種金属製線ぴ

幅が4cm未満で，壁に固定して絶縁電線を収める．

㉜ 2種金属製線ぴ

幅が4cm以上5cm以下で，天井に吊して，絶縁電線を収めたり照明器具等を取り付ける．

㉝ ケーブルラック

ケーブルを支持固定するのに用いる.

㉞ 合成樹脂製埋込スイッチボックス

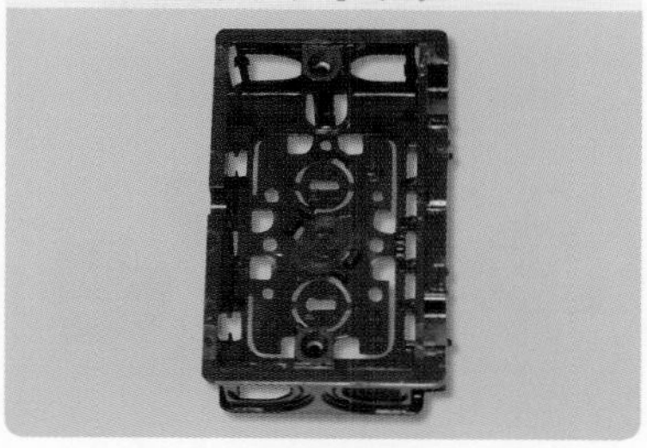

住宅のケーブル工事で，スイッチやコンセントを取り付けるのに用いる.

㉟ VVF用ジョイントボックス

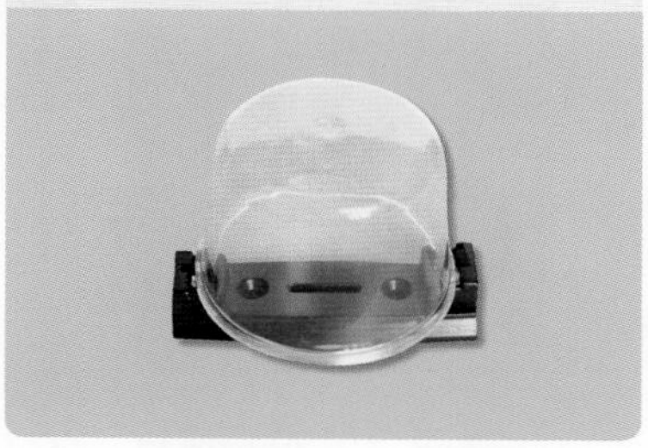

VVFケーブルを接続する箇所に用いる．ベースとカバーからできている.

㊱ リングスリーブ

ボックス内で絶縁電線相互を圧着接続する．小・中・大のサイズがある.

㊲ 差込形コネクタ

ボックス内で絶縁電線相互を接続するのに用い，電線の心線を差し込んで接続する.

㊳ ねじ込み形コネクタ

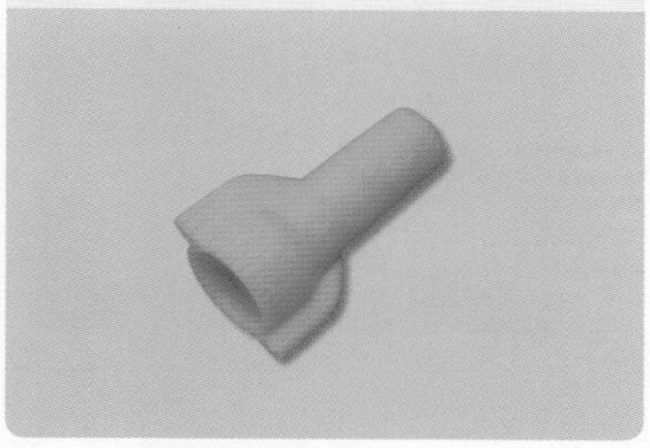

ボックス内で絶縁電線相互を接続する場合に用い，電線の心線をねじ込んで接続する.

㊴ 裸圧着端子

専用の圧着工具で電線の心線を圧着して取り付け，機器の端子に接続する.

㊵ 引き留めがいし

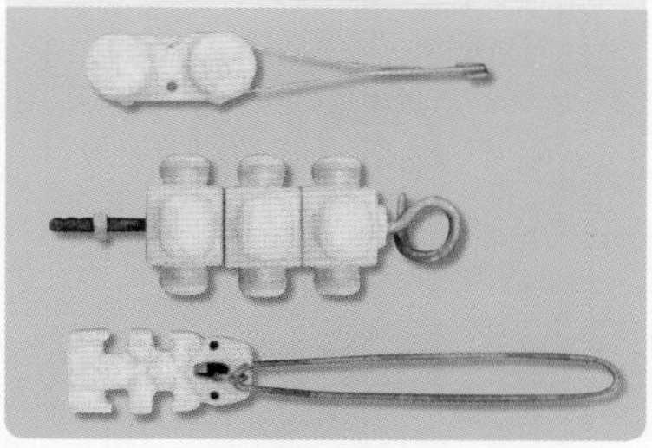

引込用ビニル絶縁電線（DV線）を引き留めるのに用いる．電気事業者によって形が異なる.

㊶ 600Vポリエチレン絶縁耐燃性ポリエチレンシースケーブル平形

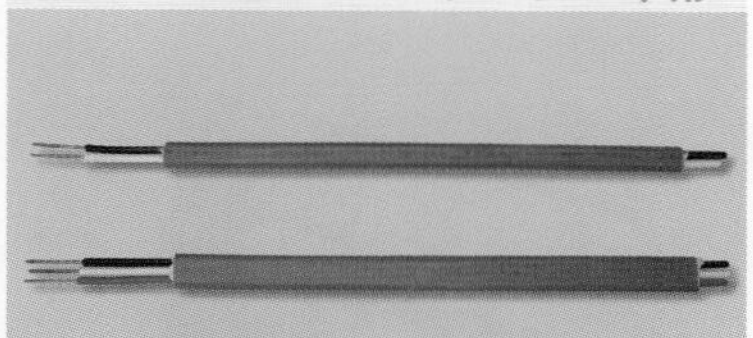

シースに「EM 600V EEF/Fタイシガイセン <PS>E ○○社 TAINEN 2007」が記されている

耐燃性を有し，リサイクルに対応しやすく，焼却時に有害なガスが発生しない.

2 配線器具・電気機器

❶ 引掛シーリング（丸形）

天井下面に取り付ける．高荷重・耐熱形で，直付け照明器具を取り付けることができる.

❷ 防雨形コンセント

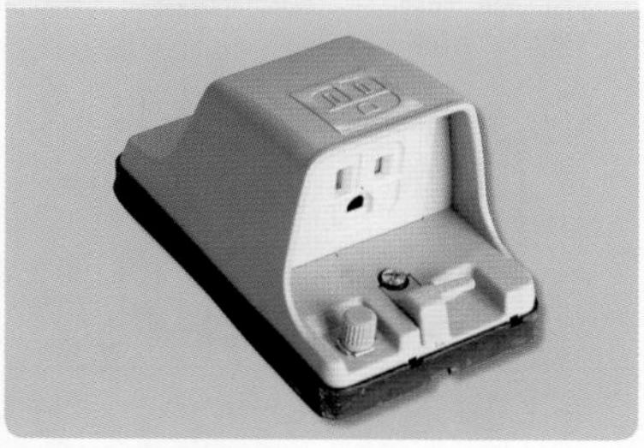

雨水のかかる場所のコンセントとして用いる.

❸ フロアコンセント

事務所等の床面に施設するコンセントとして用いる．

❹ 線付防水ソケット

屋内外で臨時配線用の電球受口に使用する．

❺ 点灯管

予熱始動式蛍光灯の点灯管として用いる．グロースタータ，グロースイッチ，グローランプともいう．

❻ 蛍光灯用安定器

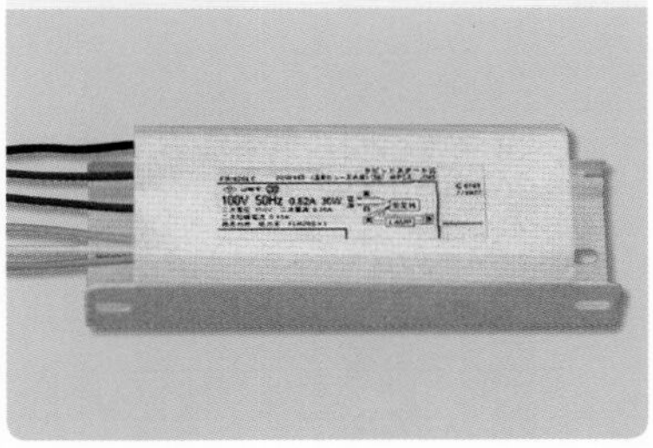

蛍光灯の放電を安定させるのに用いる．

❼ 熱線式自動スイッチ

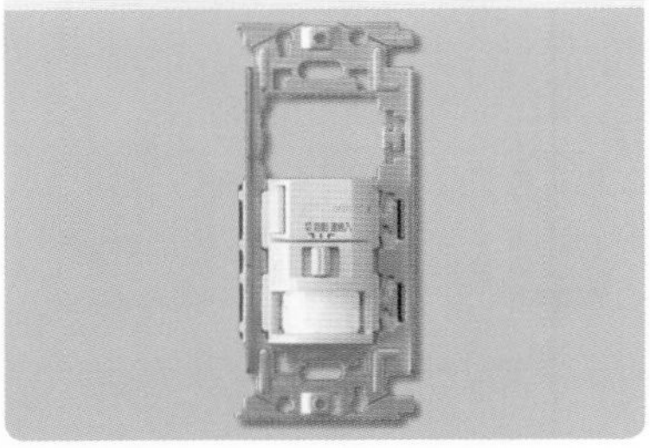

人の接近による自動点滅器に用いる．

❽ 自動点滅器

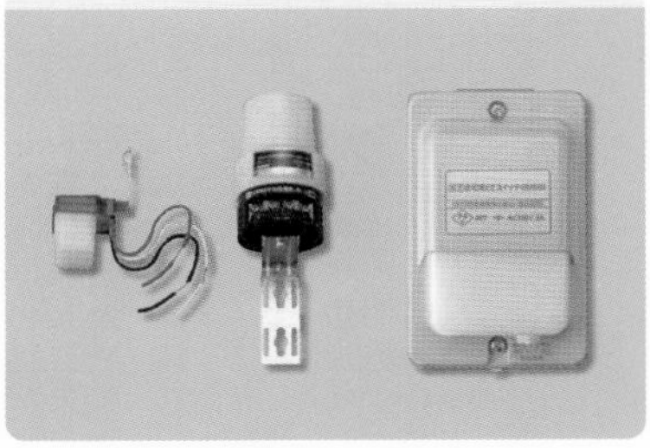

屋外灯等を自動的に点滅させるのに用いる．暗くなると自動的に点灯し，明るくなると消灯する．

❾ 調光器

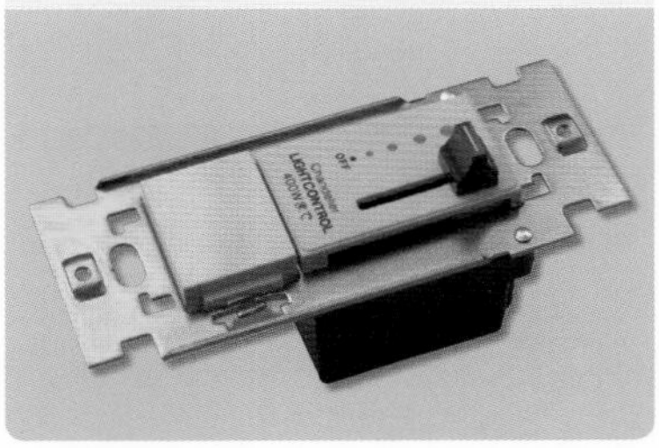

白熱灯の明るさを無段階に調節するのに用いる．

❿ タイムスイッチ

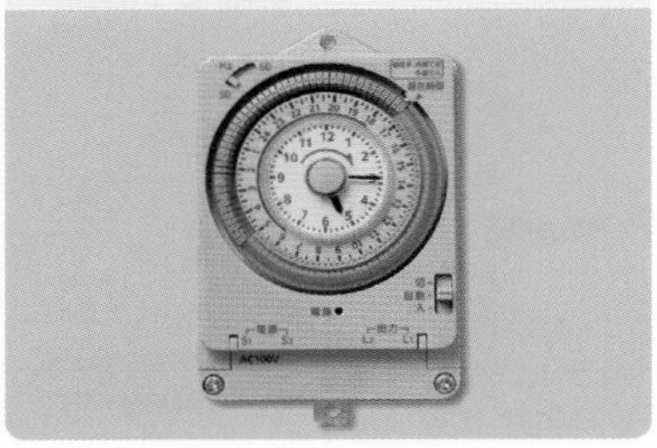

設定した時間に電灯を自動的に点滅させたり，電気機器を運転・停止させるのに用いる．

⓫ リモコントランス

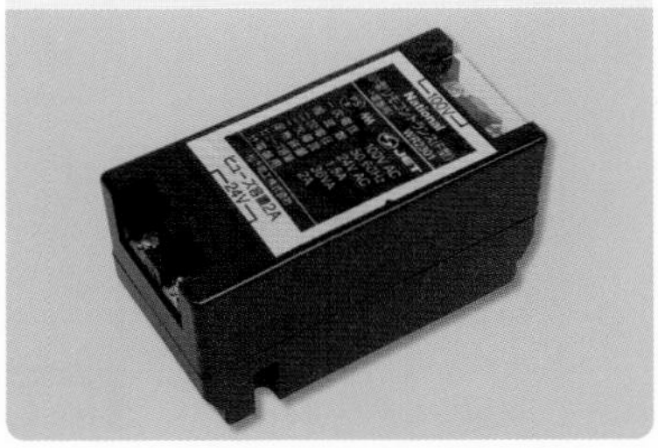

リモコン配線の単相小形変圧器として用いる．写真は，一次側が100V，二次側が24Vのものである．

⓬ リモコンスイッチ

リモコン配線の点滅スイッチとして用いる．消灯時は緑色ランプが，点灯時は赤色ランプが点灯する．

⓭ リモコンリレー

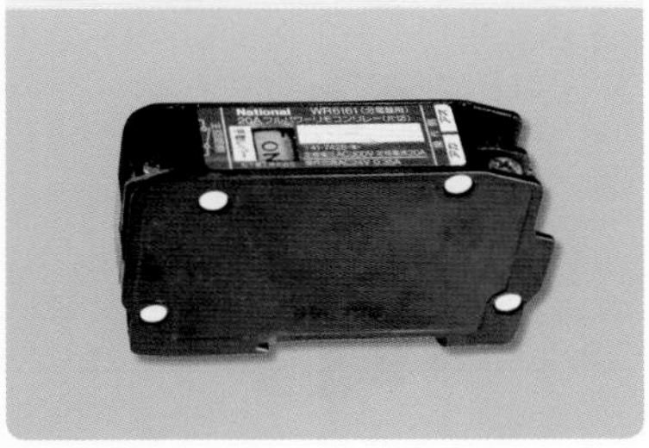

リモコン配線のリレーとして使用する．リモコンスイッチによって，入切りを操作する．

⓮ 箱開閉器

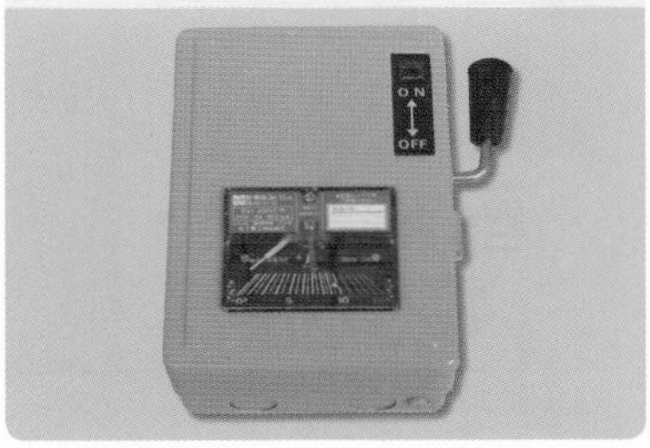

電動機の手元開閉器として用いる．

⑮ 低圧進相コンデンサ

力率を改善するのに使用する．写真は，口出線のあるもので，30μFの容量表示がある．

⑯ 電磁開閉器

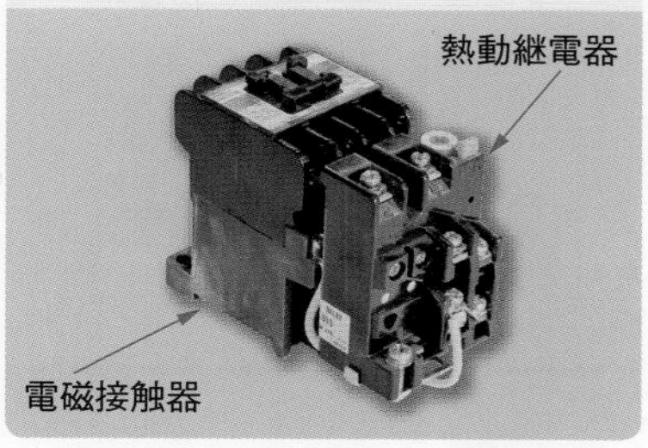

電動機を運転・停止する開閉器で，電磁接触器と熱動継電器を組み合わせている．

⑰ 配線用遮断器（2極）

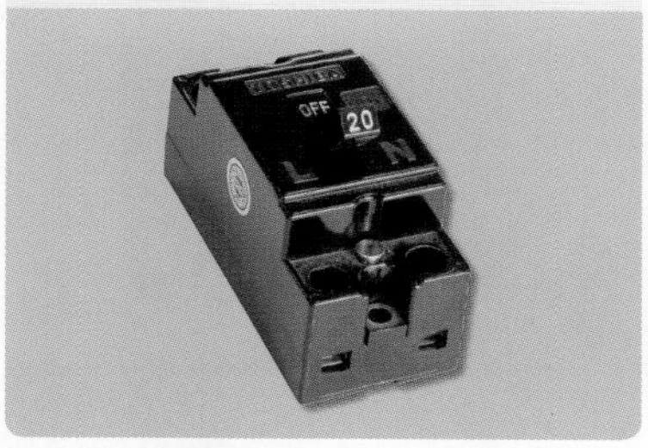

過電流や短絡電流が流れた場合に自動的に回路を遮断する．

⑱ 配線用遮断器（3極）

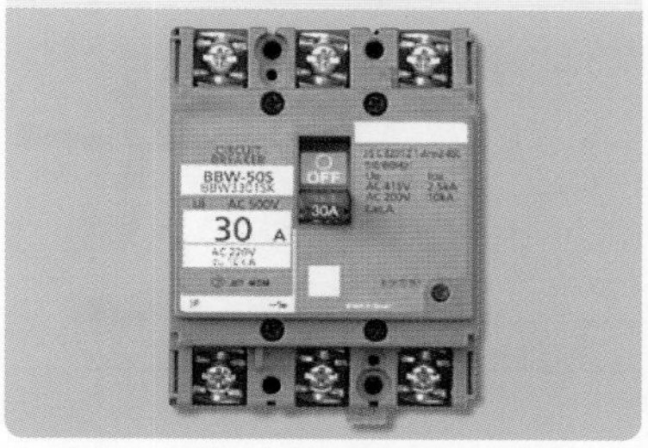

過電流や短絡電流が流れた場合に自動的に回路を遮断する．

⑲ 配線用遮断器（電動機保護兼用）

モータブレーカの機能を兼用した配線用遮断器で，電動機の過負荷を保護する．

⑳ 漏電遮断器（過電流保護付）

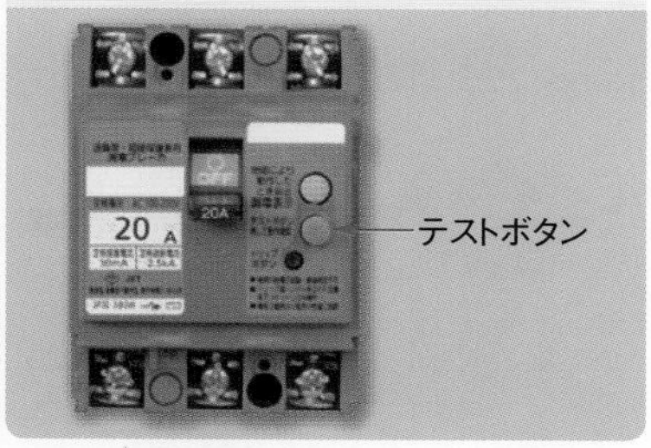

地絡電流・過電流を検出して回路を遮断する．動作を確認するテストボタンがある．

㉑ 単３中性線欠相保護付漏電遮断器（過負荷保護付）

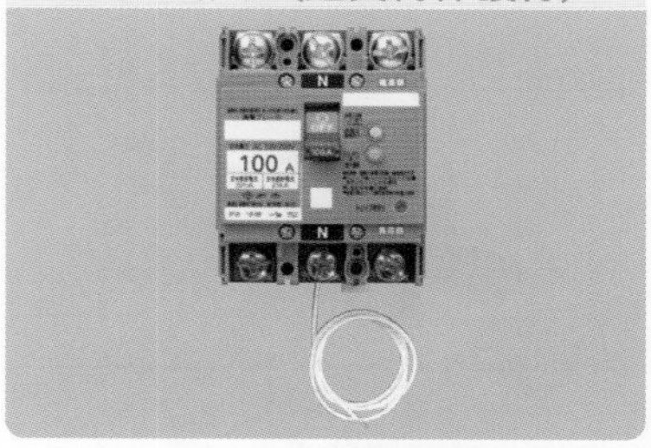

単相３線式で，中性線が断線した場合や地絡電流・過電流が流れた場合に回路を遮断する．

㉒ 誘導灯

非常時の避難経路を表示する．

㉓ 漏電火災警報器

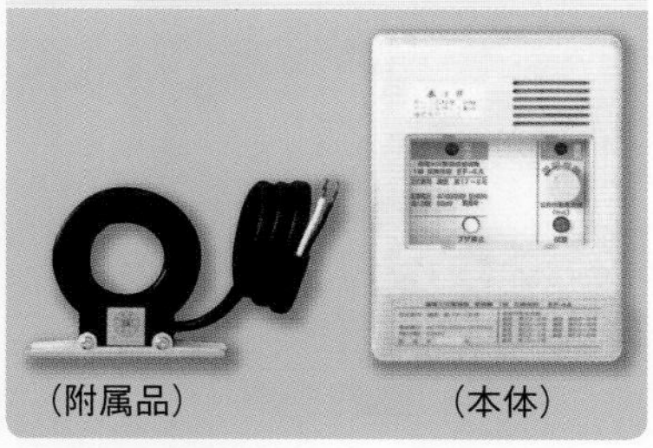

地絡電流を検出して，警報を発するのに用いる．左側は零相変流器で，地絡電流を検出する．

3 工　具

❶ パイプバイス

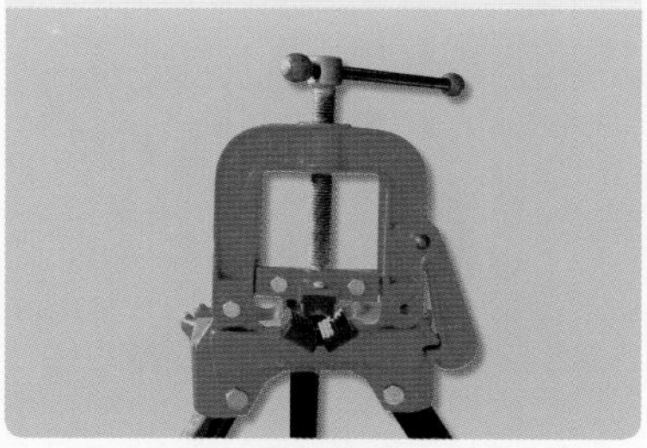

金属管の切断や管端にねじを切るときに固定するのに用いる．

❷ 金切りのこ

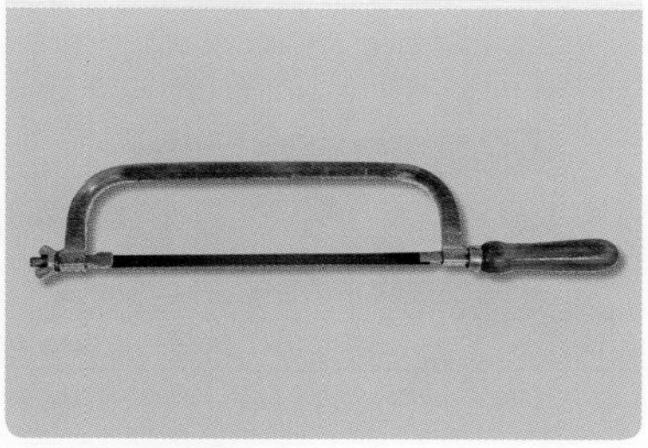

金属管や硬質ポリ塩化ビニル電線管の切断に用いる．

❸ クリックボール

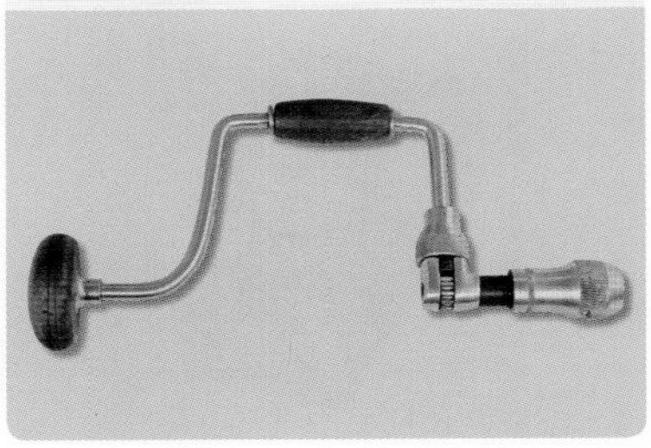

先端にリーマを取り付けて金属管の面取りをしたり，羽根きりを取り付けて木板に穴をあけるのに用いる．

❹ リーマ

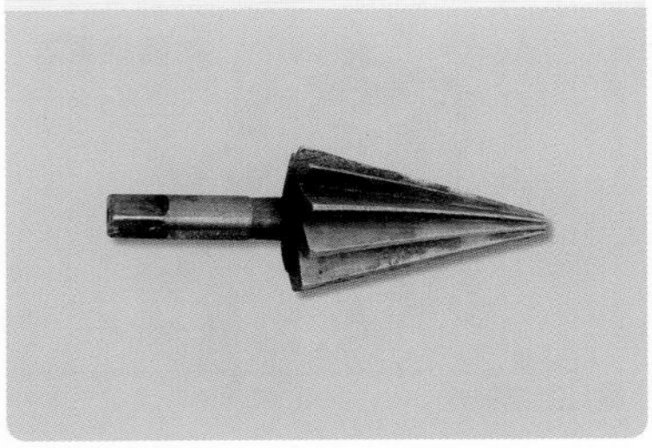

クリックボールの先端に取り付けて，金属管の内側の面取りをするのに用いる．

❺ ヤスリ

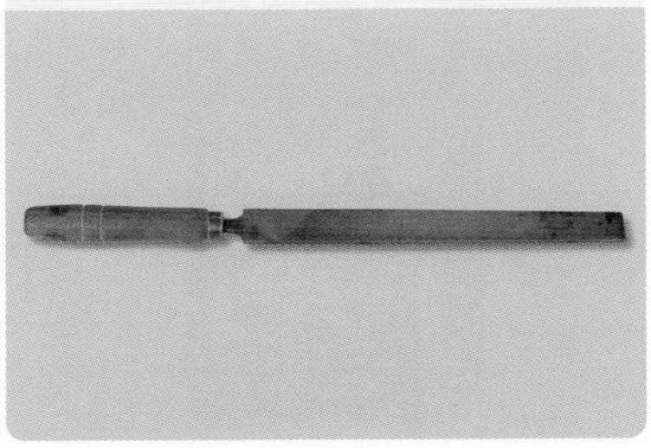

金属管のバリ等を取り除いたり，切断面の仕上げに用いる．

❻ リード型ねじ切り器

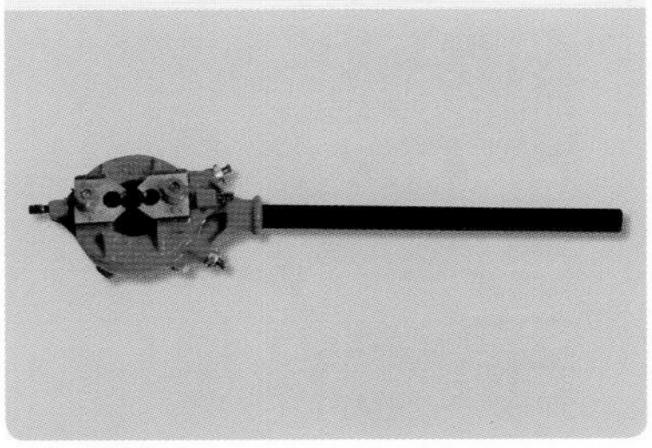

薄鋼電線管にねじを切るのに用いる．

❼ パイプベンダ

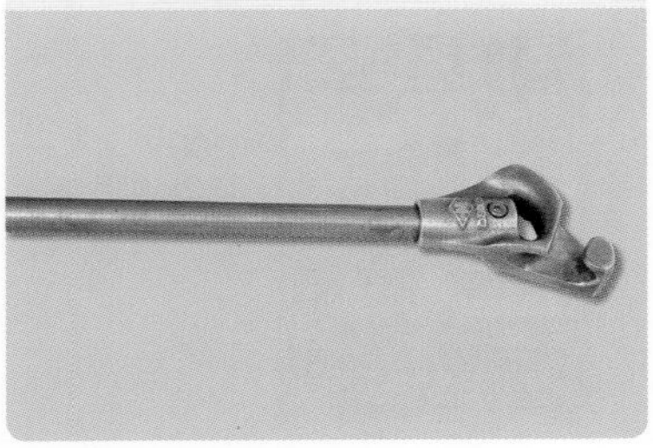

金属管を曲げるのに用いる．

❽ 油圧式パイプベンダ

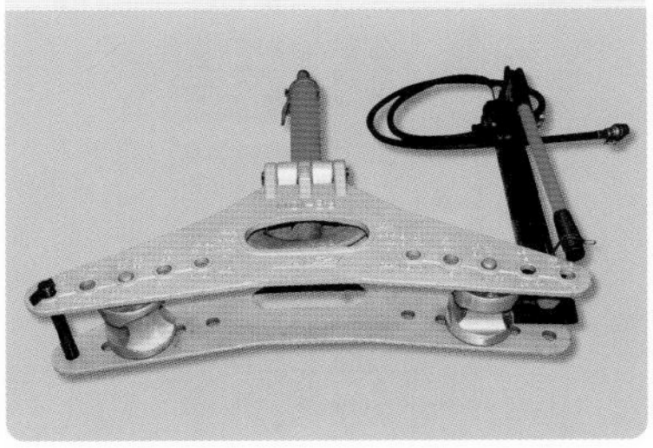

油圧を利用し，太い金属管を曲げるのに用いる．

❾ 呼び線挿入器

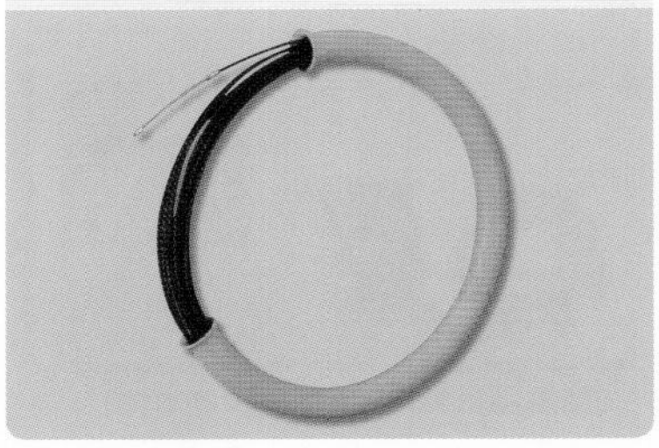

電線管に電線を通線するのに用いる．通線器ともいう．

❿ ノックアウトパンチャ

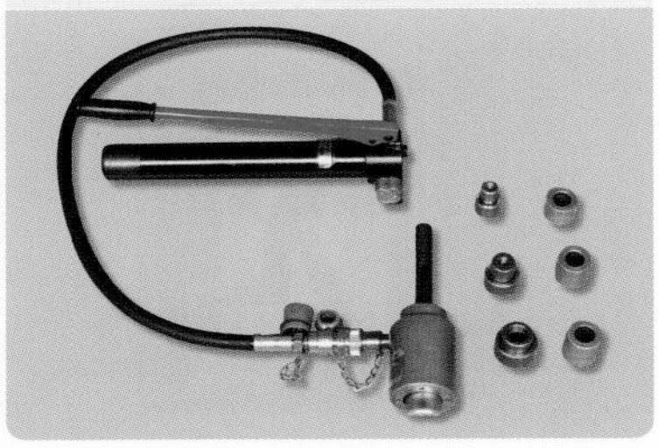

油圧を利用し，金属製のボックス等に電線管用の穴をあけるのに用いる．

⓫ ホルソ

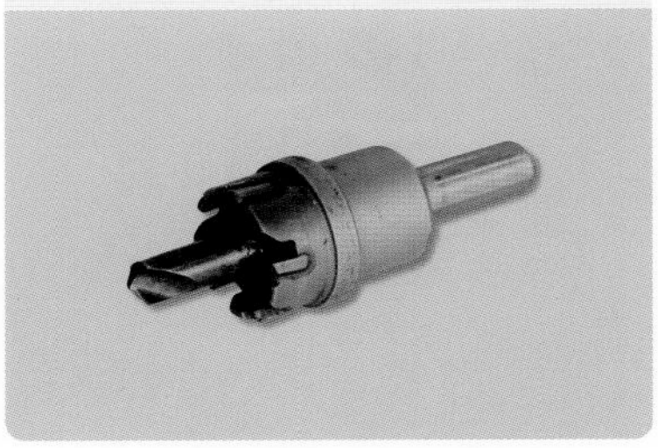

ドリルに取り付けて，金属製のボックス等に電線管用の穴をあけるのに用いる．

⓬ 合成樹脂管用カッタ

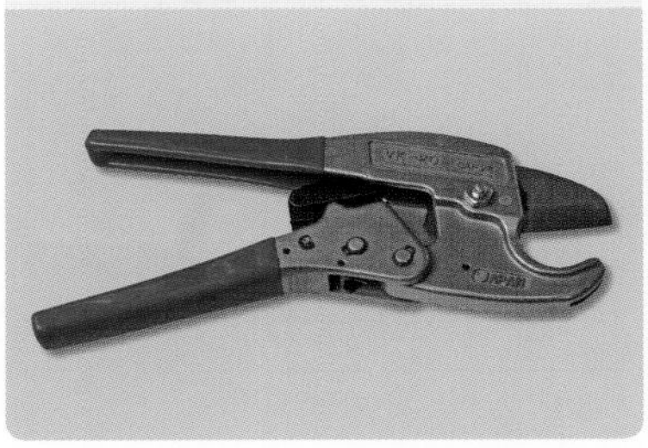

硬質ポリ塩化ビニル電線管を切断するのに用いる．塩ビカッタともいう．

⓭ 面取器

硬質ポリ塩化ビニル電線管の切断面の面取りに用いる．管の内側と外側の面取りができる．

⓮ ガストーチランプ

硬質ポリ塩化ビニル電線管を加熱し，曲げたり管相互を接続するのに用いる．

⑮ 木工用ドリルビット

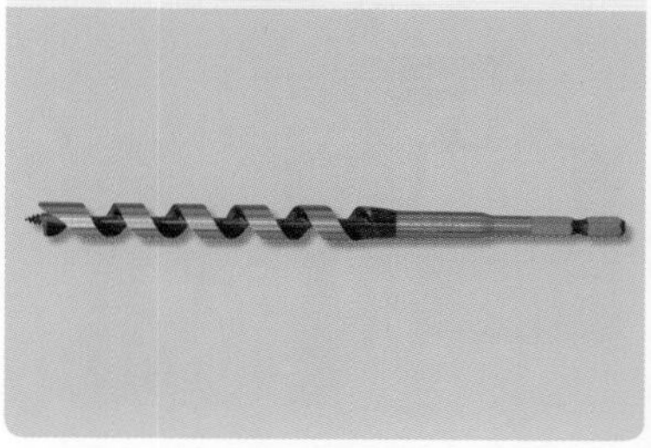

ドリルに取り付けて木材に穴をあけるのに用いる．形状によって，ショートビット，兼用ビット等と呼ぶ．

⑯ 振動ドリル

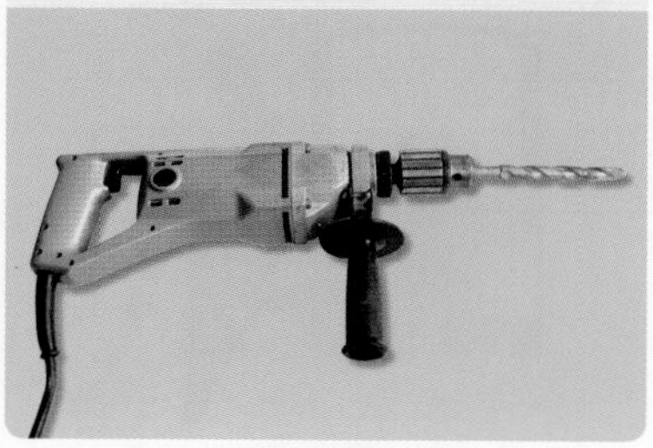

回転すると同時に振動するドリルで，コンクリートに穴をあけるのに用いる．

⑰ 高速切断機

金属管や鋼材を切断するのに用いる．高速カッタともいう．

⑱ ボルトクリッパ

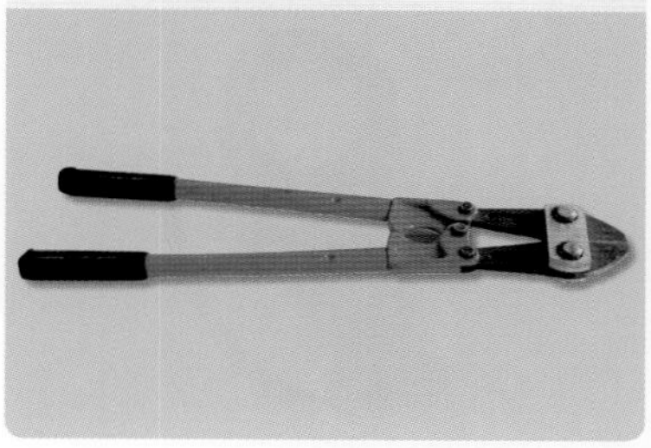

メッセンジャワイヤ，電線等を切断するのに用いる．先端の刃は，まっすぐになっている．

⑲ ケーブルカッタ

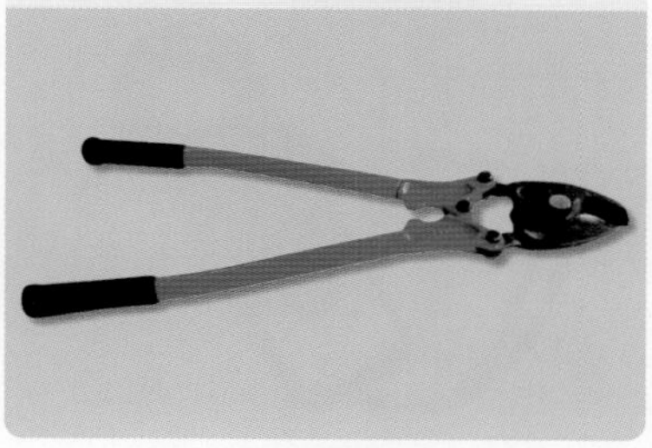

ケーブルや太い電線を切断するのに用いる．先端の刃に丸みがある．

⑳ ケーブルストリッパ

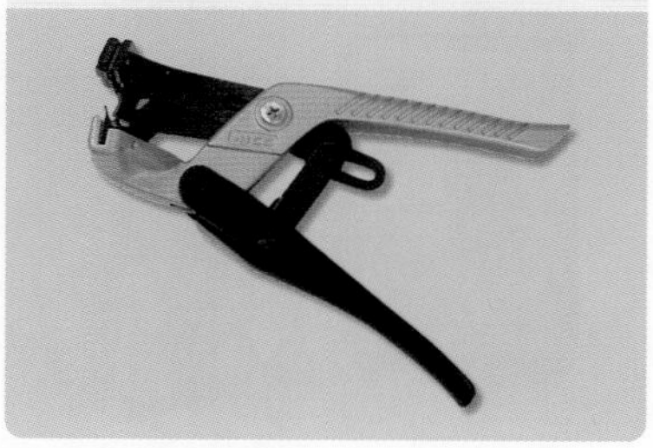

VVFケーブルの外装のはぎ取りや，絶縁被覆をはぎ取って心線を出すのに用いる．

㉑ リングスリーブ用圧着工具

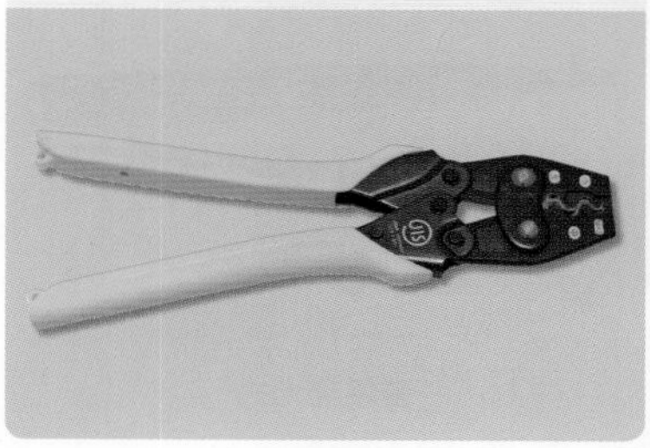

リングスリーブを圧着するのに用いる．柄の部分が黄色である．

㉒ 裸圧着端子・スリーブ用圧着工具

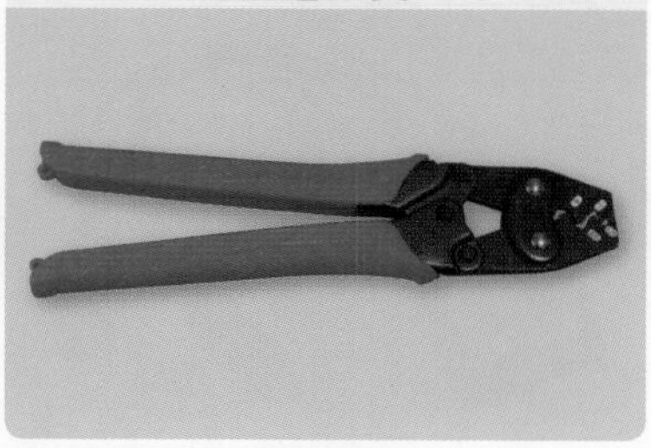

裸圧着端子に電線を圧着接続したり，細い電線をP形スリーブ等で圧着接続するのに用いる．

㉓ 手動油圧式圧着器

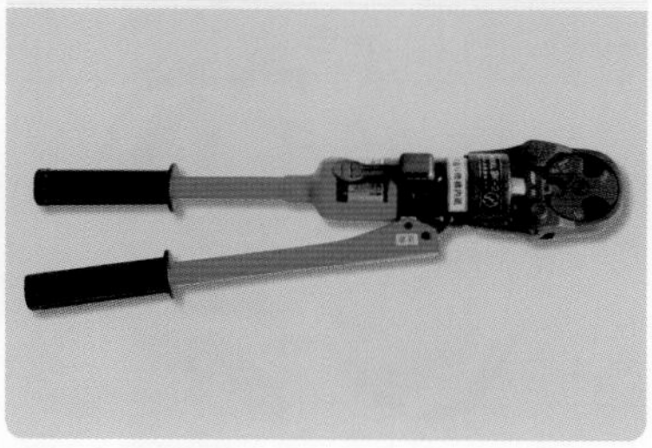

油圧を利用し，太い電線の圧着接続に用いる．非対称なダイスによって接続部を変形させる．

㉔ 手動油圧式圧縮器

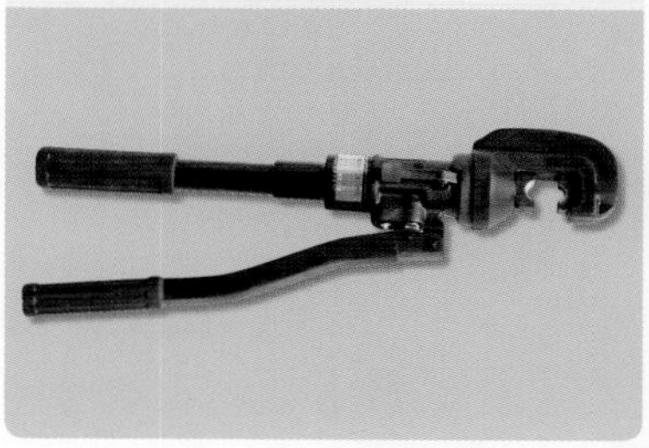

T（C）形コネクタの圧縮接続に使用する．対称なダイスによって接続部を変形させる．

㉕ 張線器

電線やメッセンジャワイヤのたるみを取るのに用いる．

㉖ レーザー墨出し器

器具等を取り付けるための基準線を投影するために用いる．

4

測定器

❶ 絶縁抵抗計

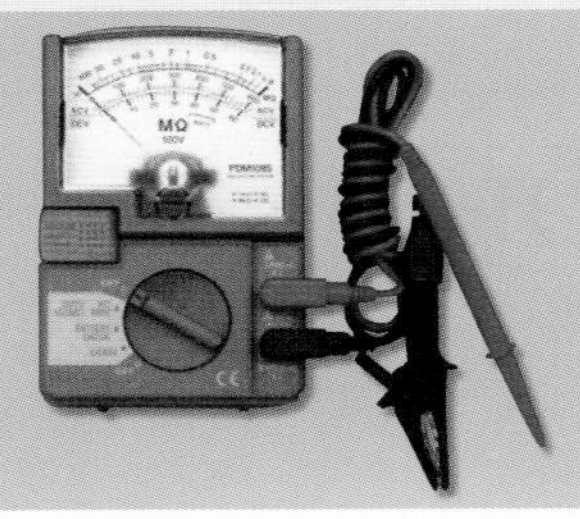

絶縁抵抗を測定するのに用いる．目盛盤にＭΩの記号が付いている．

❷ 接地抵抗計

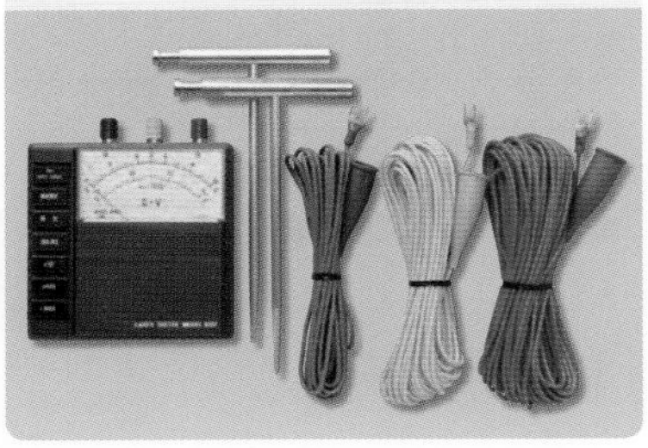

接地抵抗を測定するのに用いる．補助接地極2本とコード線が付いている．

❸ 回路計

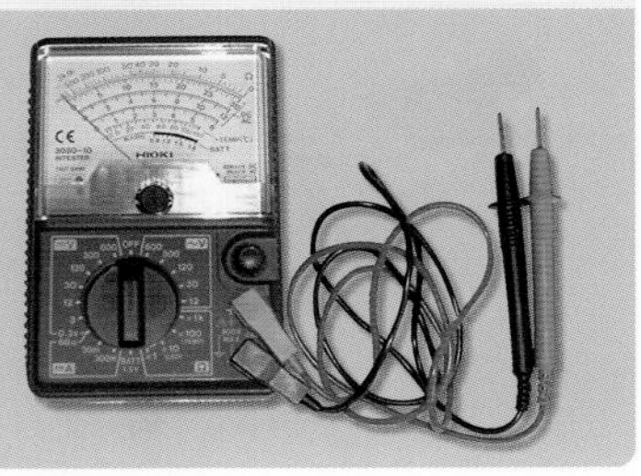

回路の電圧や抵抗の測定，導通状態を調べるのに用いる．

❹ クランプ形電流計

通電されている電線の電流を測定するのに用いる．

❺ クランプ形漏れ電流計

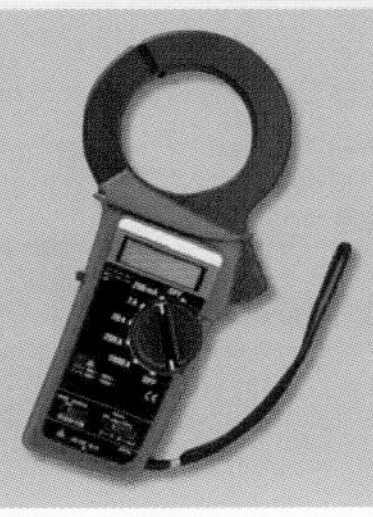

配線や電気機器による漏れ電流を測定するのに用いる．

❻ 検相器（回転式）

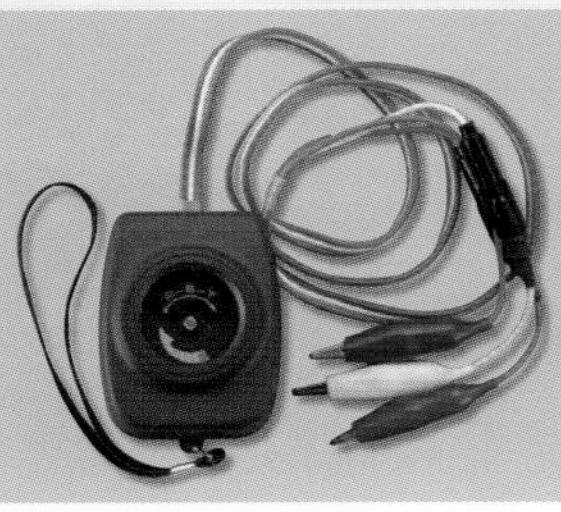

三相回路の相順を調べるのに用いる．円盤の回転方向で表示する．

❼ 検相器（ランプ式）

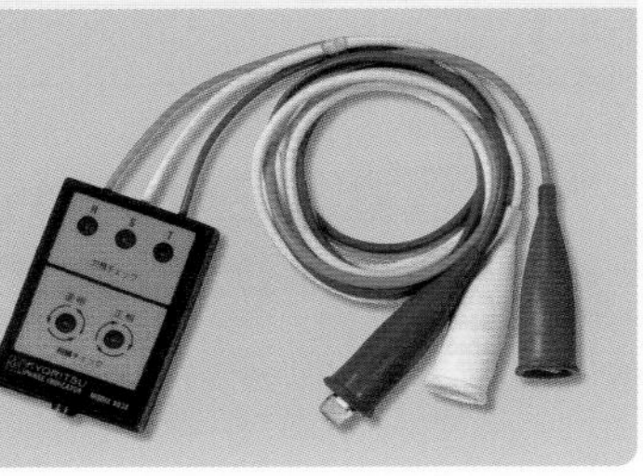

三相回路の相順を調べるのに用いる．ランプの点灯によって表示する．

❽ 低圧検電器

ネオン式

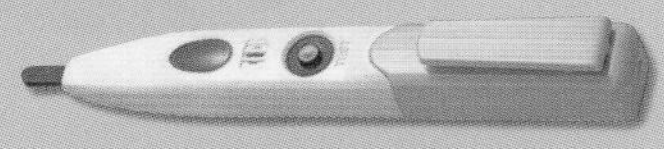

音響発光式

低圧電気回路の充電の有無を調べるのに用いる．

❾ 照度計

照度の測定に用いる．

❿ 回転計

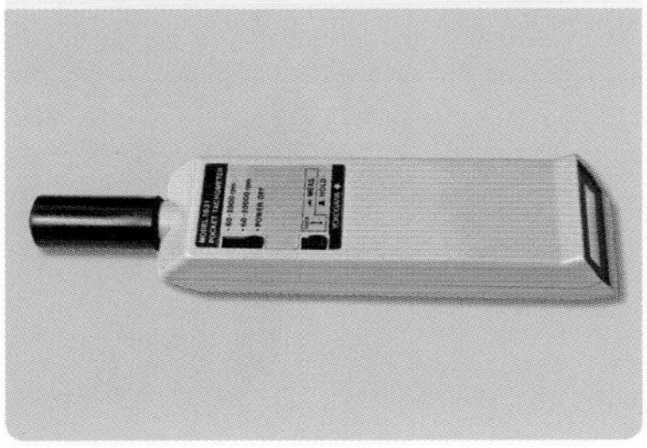

電動機の回転速度の測定に用いる．

3

配線図問題1
―基本知識―

1 図 記 号

配線図問題によく出る図記号

名 称	図記号	名 称	図記号
天井隠ぺい配線		電熱器	H
床隠ぺい配線		換気扇	壁付 天井付
露出配線		ルームエアコン屋外ユニット	RC O
地中配線		ルームエアコン屋内ユニット	RC I
ケーブル	1.6-3C	小形変圧器	T
ねじなし電線管	1.6(E19)	壁付白熱灯	
硬質ポリ塩化ビニル電線管	1.6(VE16)	ペンダント	
合成樹脂製可とう電線管（PF管）	1.6(PF16)	シーリング（天井直付）	CL
ライティングダクト	LD	シャンデリヤ	CH
立上り，引下げ	立上り 引下げ	埋込器具	DL
プルボックス		引掛シーリング	角 丸
ジョイントボックス		屋外灯	
VVF用ジョイントボックス		水銀灯	H
D種接地工事	E_D	蛍光灯（ボックス付）	
受電点		壁付蛍光灯	
電動機	M	誘導灯	蛍光灯 白熱灯
コンデンサ		壁付コンセント	

名　称	図記号	名　称	図記号
フロアコンセント		リモコンリレー	▲
天井付コンセント		リモコンセレクタスイッチ	
二重床用コンセント		電流計付開閉器	S
2口，3口コンセント	2　3	配線用遮断器	B
抜け止め形コンセント	LK	モータブレーカ	B M　B
接地極付コンセント	E	過負荷保護付漏電遮断器	BE　E 2P 30AF 15A 30mA
接地極付接地端子付コンセント	EET	電磁開閉器用押しボタン	◉B　確認表示灯付 ◉BL
防雨形コンセント	WP	圧力スイッチ	◉P
単極スイッチ	●	フロートスイッチ	◉F
3路スイッチ	●3	フロートレススイッチ電極	◉LF
4路スイッチ	●4	タイムスイッチ	TS
プルスイッチ	●P	箱入り，フード付電力量計	Wh
確認表示灯内蔵スイッチ	●L	分電盤	
位置表示灯内蔵スイッチ	●H	制御盤	
自動点滅器	●A	配電盤	
調光器		壁付押しボタン	
リモコンスイッチ	●R	チャイム	

電線の記号

記号	電線の種類
IV	600V ビニル絶縁電線
DV	引込用ビニル絶縁電線
VVF	600V ビニル絶縁ビニルシースケーブル（平形）
VVR	600V ビニル絶縁ビニルシースケーブル（丸形）
CV	600V 架橋ポリエチレン絶縁ビニルシースケーブル
EM-EEF	600V ポリエチレン絶縁耐燃性ポリエチレンシースケーブル平形

管類の記号

記号	配管の種類
E	鋼製電線管（ねじなし電線管）
PF	合成樹脂製可とう電線管（PF 管）
CD	合成樹脂製可とう電線管（CD 管）
F2	2種金属製可とう電線管
MM1	1種金属線ぴ
MM2	2種金属線ぴ
VE	硬質ポリ塩化ビニル電線管
HIVE	耐衝撃性硬質ポリ塩化ビニル電線管
FEP	波付硬質合成樹脂管

2 電灯配線

❶ 基本回路

単線図　　複線図

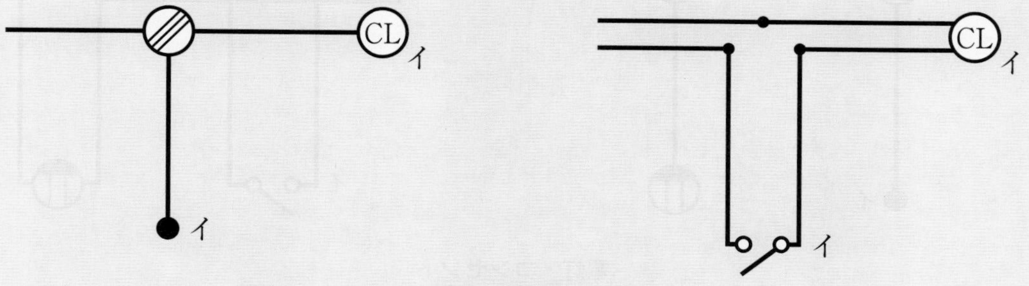

スイッチ1個で1灯点滅

単線図　　複線図

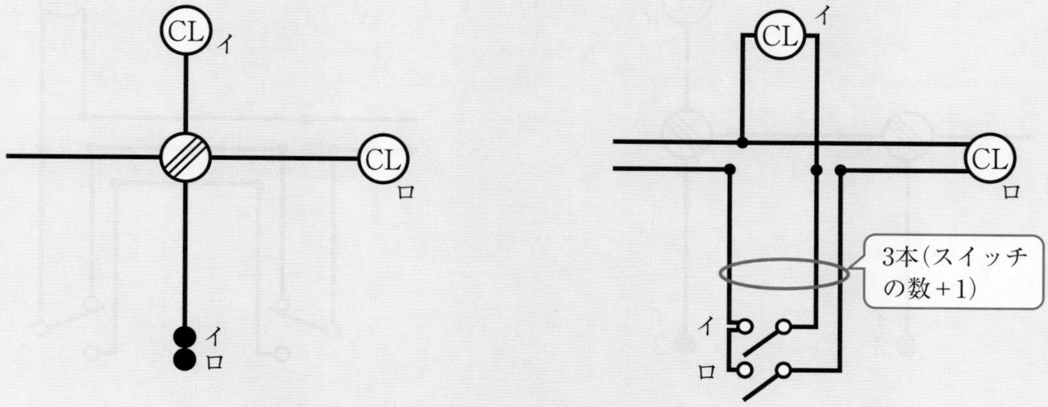

スイッチ2個で2灯点滅

単線図　　複線図

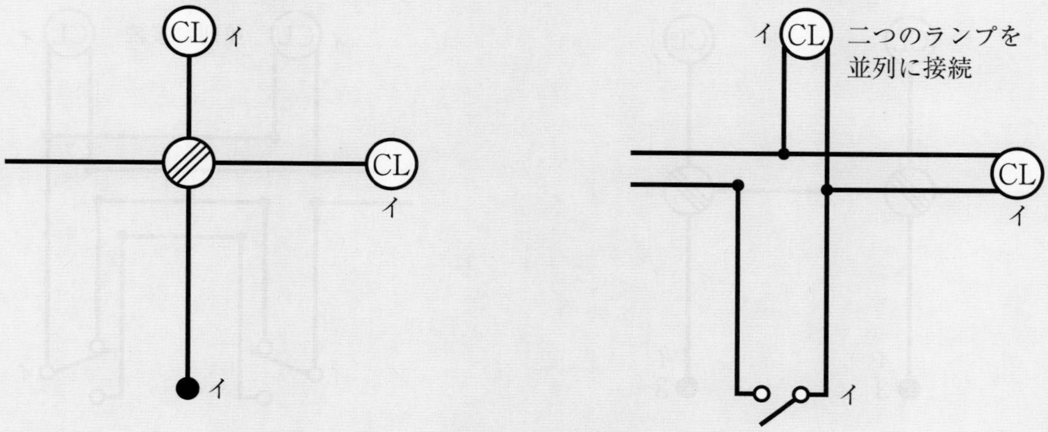

スイッチ1個で2灯点滅

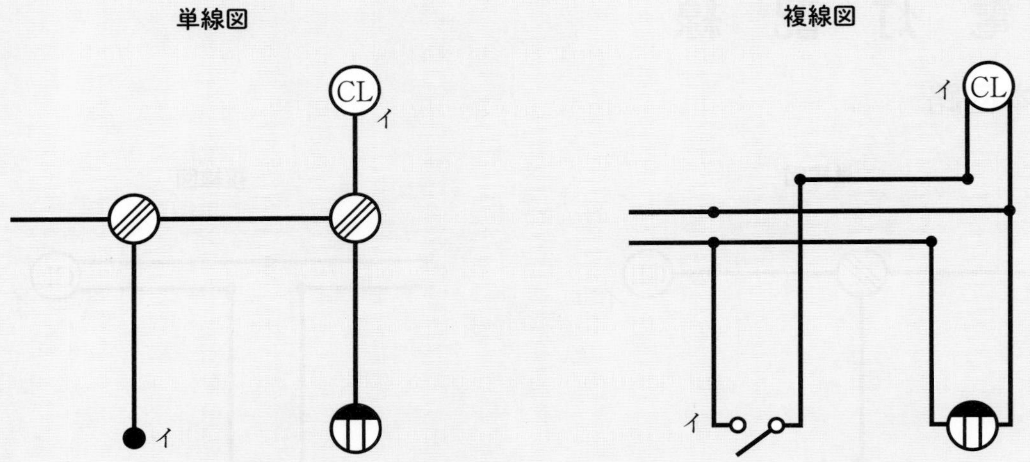

電灯・コンセント

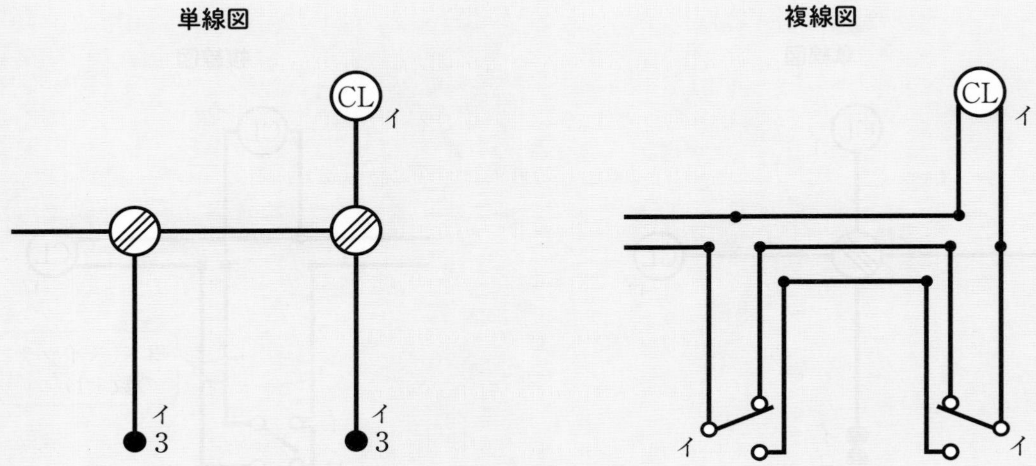

3路スイッチで1灯点滅

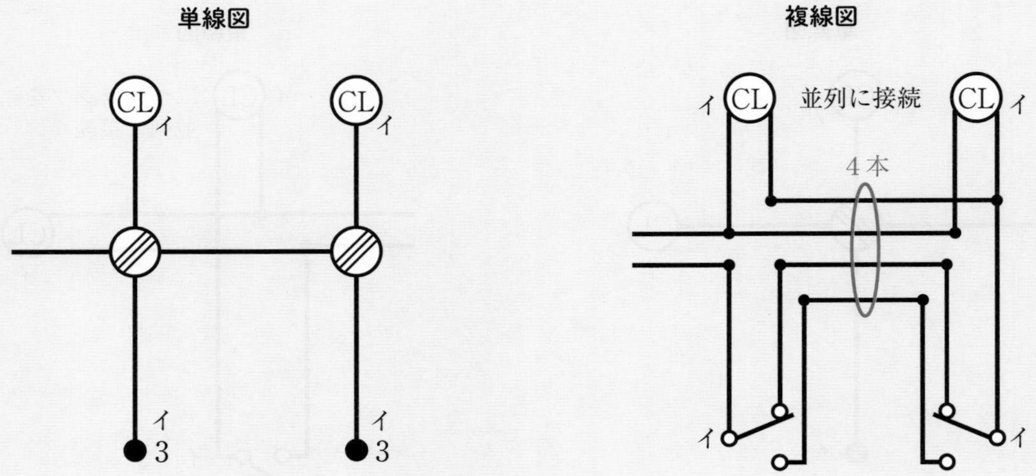

3路スイッチで2灯点滅

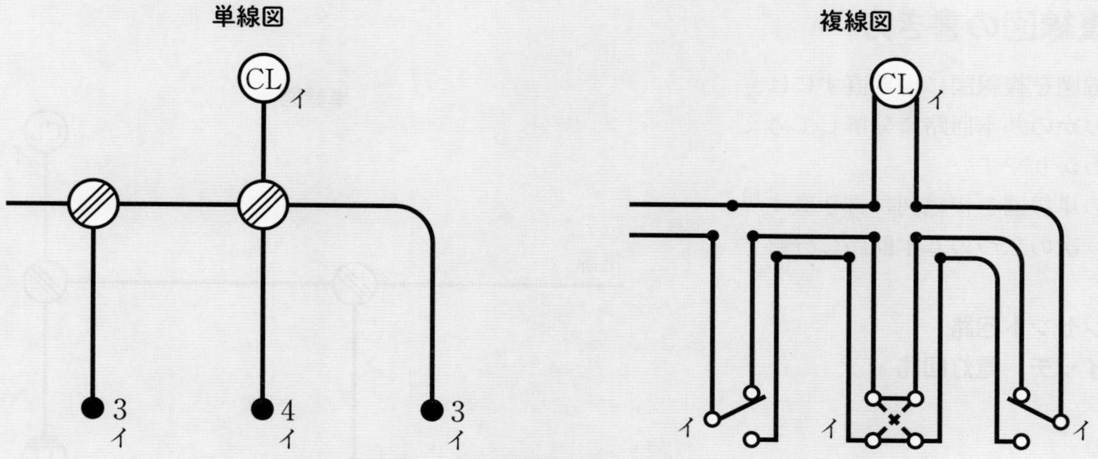

3路スイッチと4路スイッチで1灯点滅

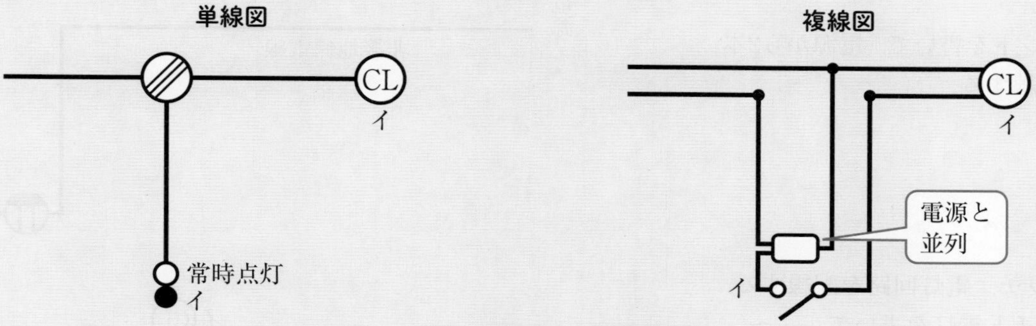

パイロットランプ常時点灯

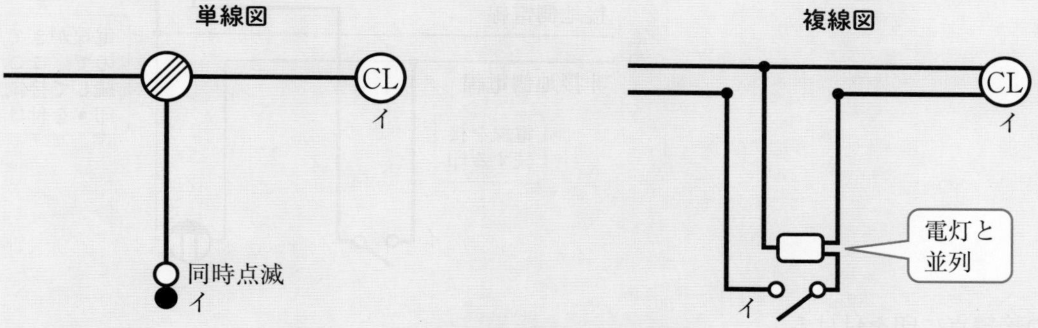

パイロットランプ同時点滅

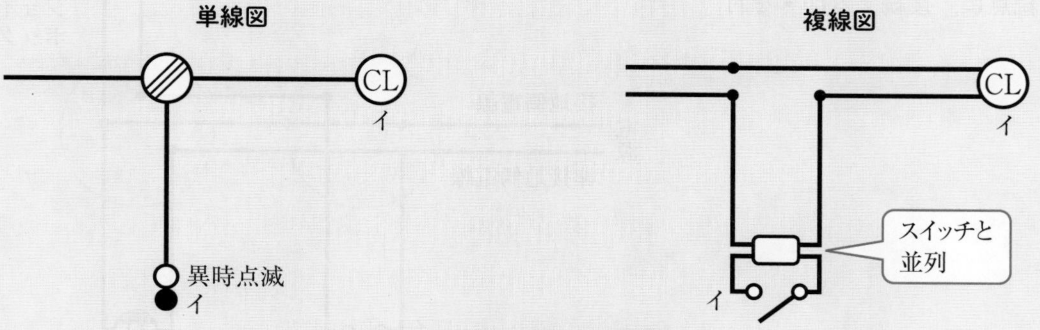

パイロットランプ異時点滅

❷ 複線図の書き方

単線図を複線図に書き直すには，いくつかの基本回路に分解して考えるとわかりやすい．

右の単線図を複線図に書き直す場合は，次の二つの基本回路に分解する．

- **コンセント回路**
- **スイッチ，電灯回路**

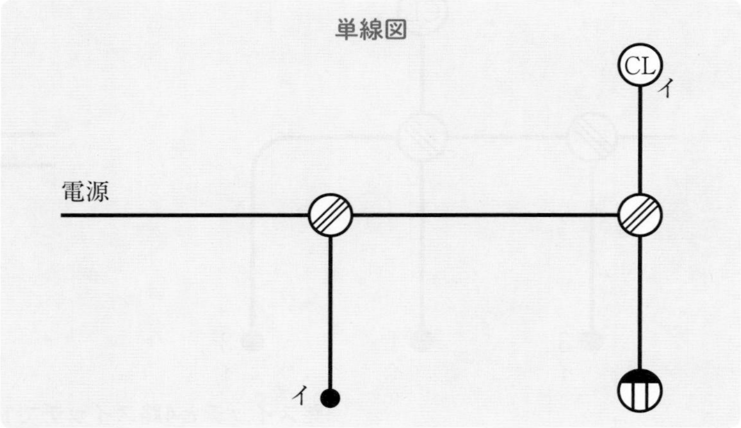

① 電源からコンセントの配線をする．

コンセントを書いて，電源から2本の線を配線する．

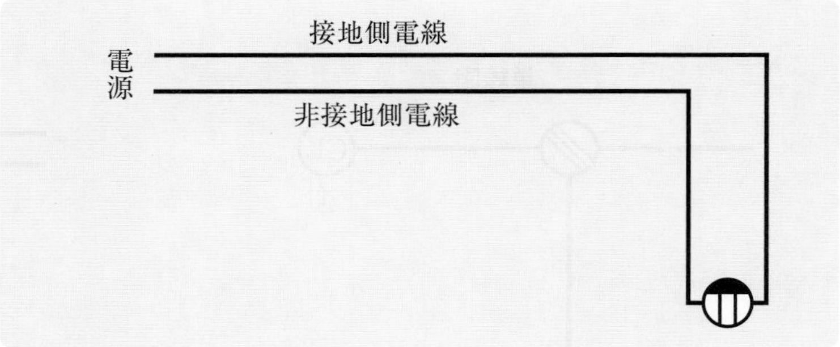

② スイッチ，電灯回路を配線する．

スイッチと電灯を書いて，①～⑤の順序で配線をする．

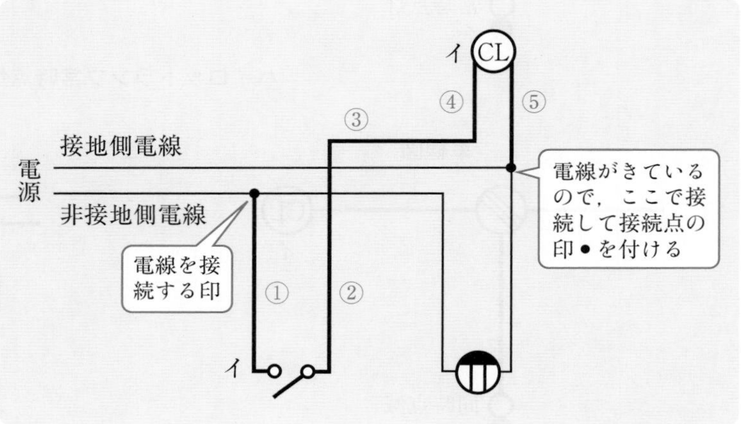

③ 電線の接続点に印を付ける．

最後に，ジョイントボックス内の電線の接続点に，接続する印•を付ける．

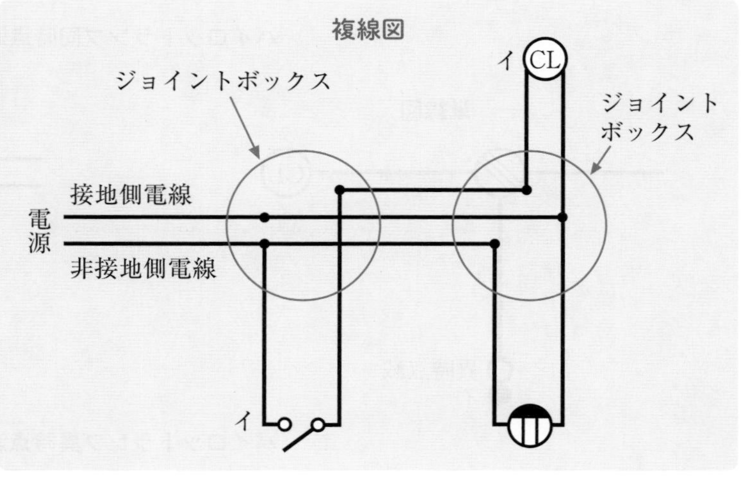

❸ 電線本数

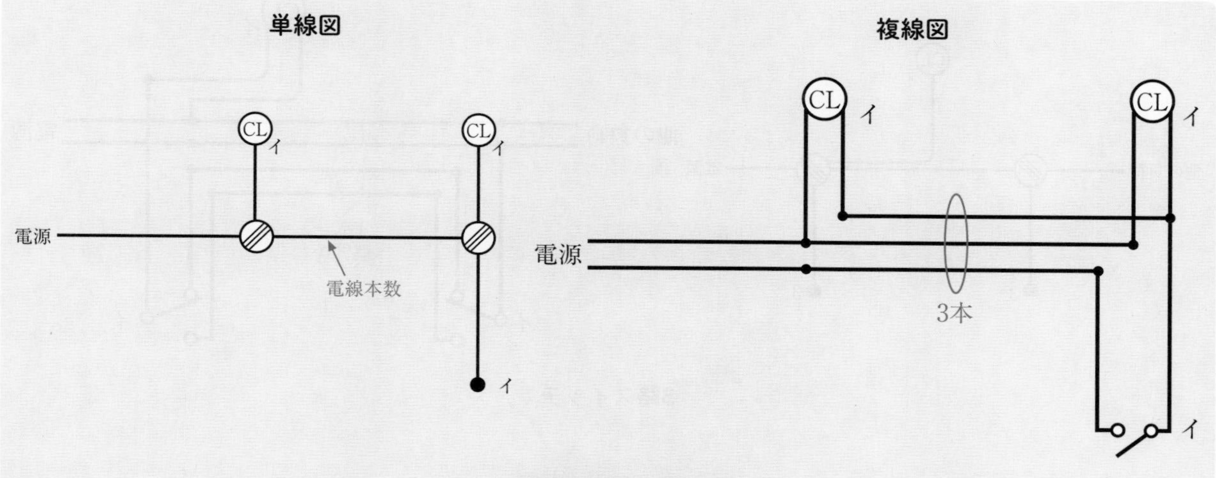

単極スイッチ1個

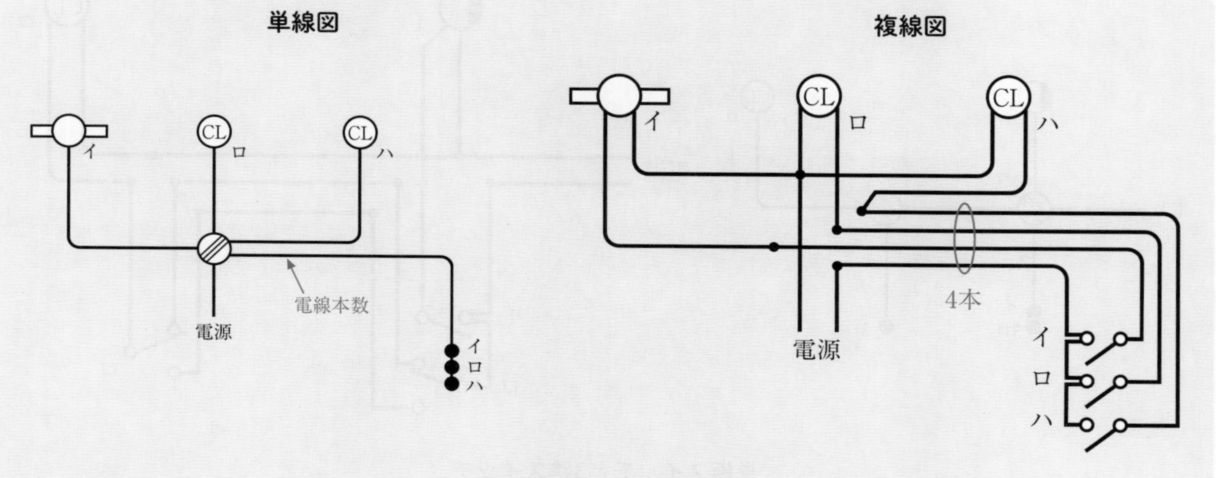

単極スイッチ3個（1）

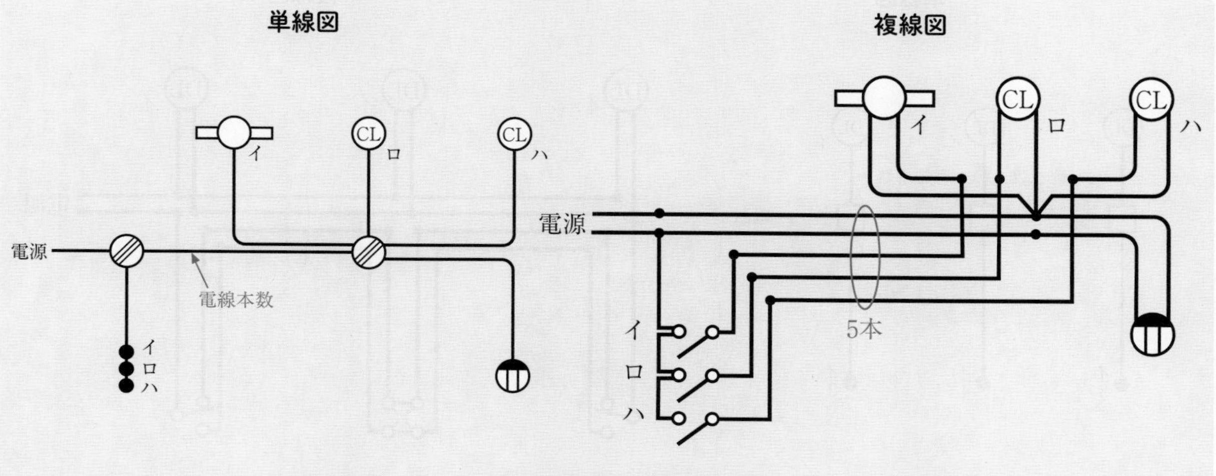

単極スイッチ3個（2）

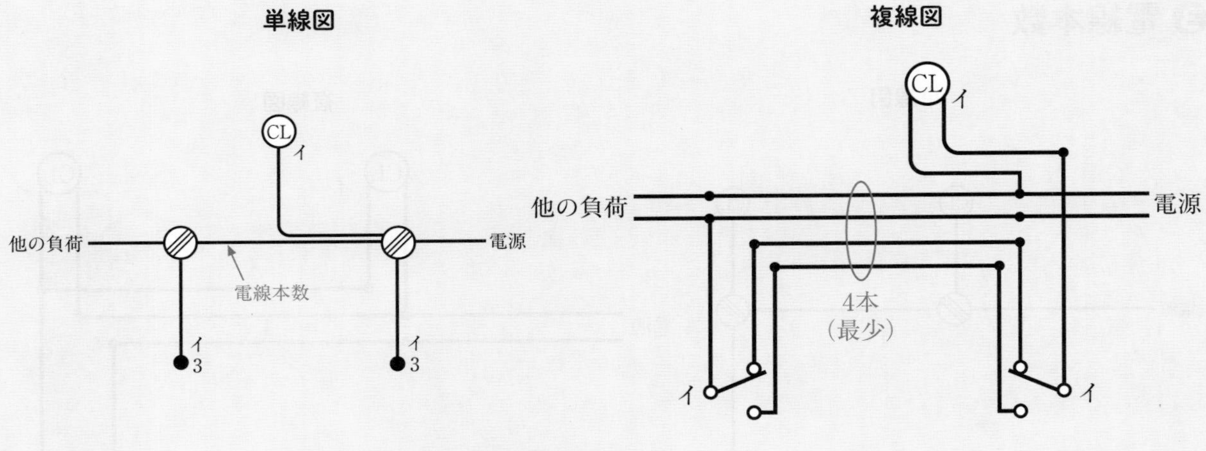

3路スイッチ

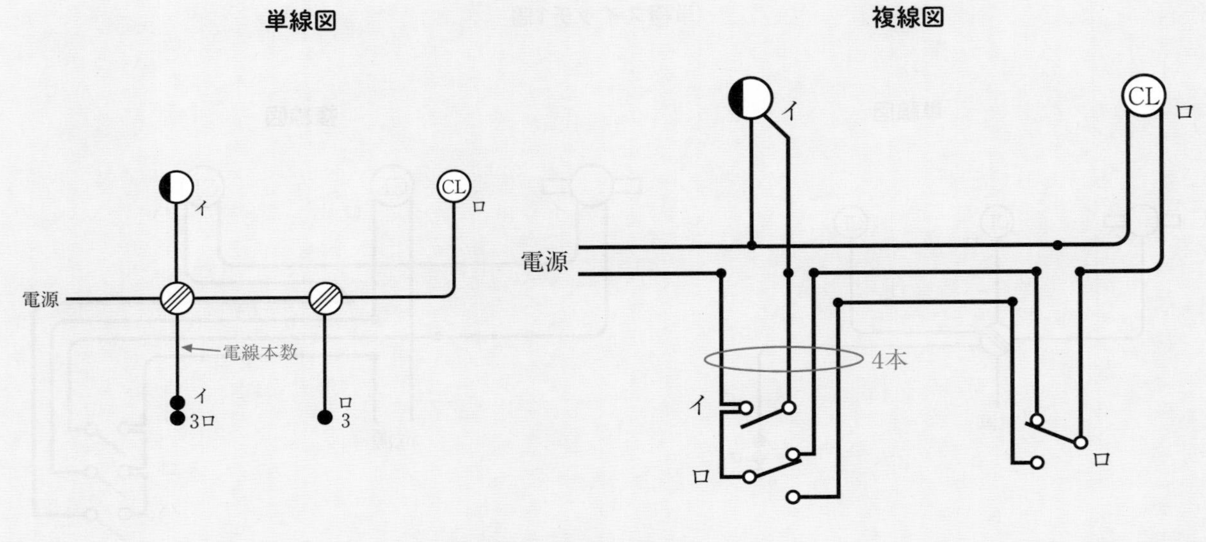

単極スイッチと3路スイッチ

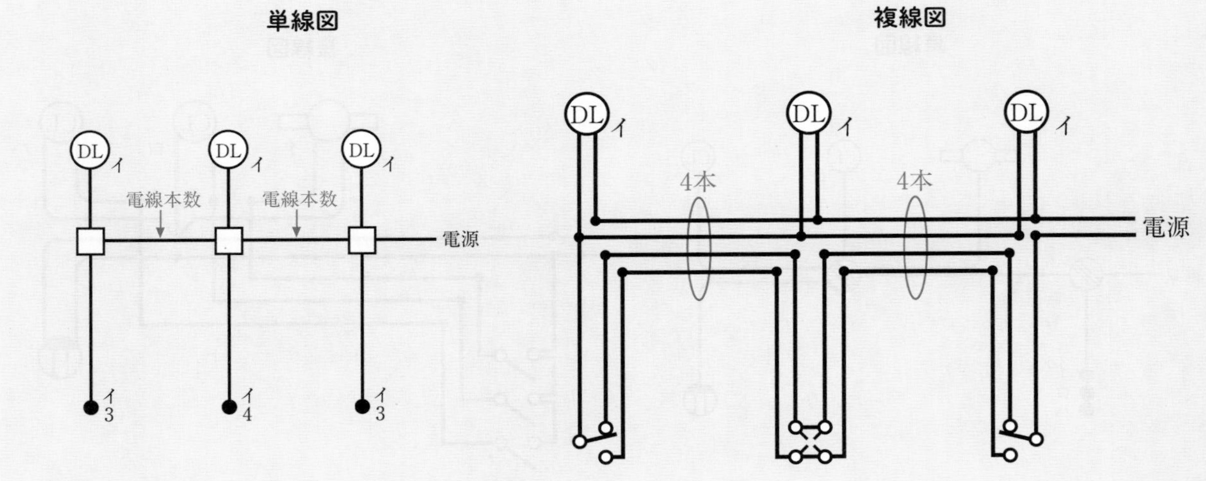

4路スイッチ

3 動力配線・電気温水器配線

❶ 動力配線

● モータブレーカを使用した回路

モータブレーカ

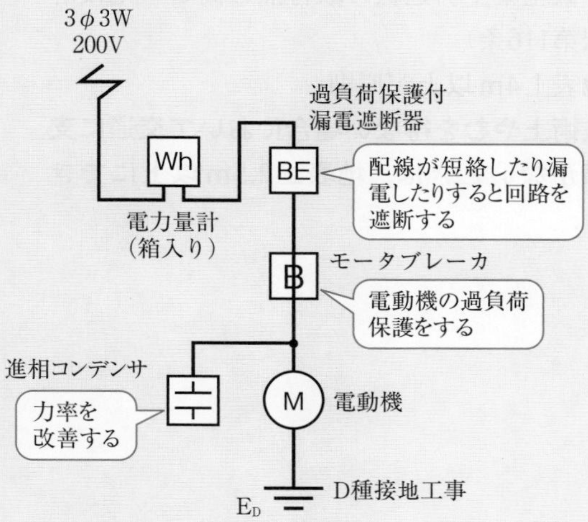

● 箱開閉器を使用した配線

箱開閉器

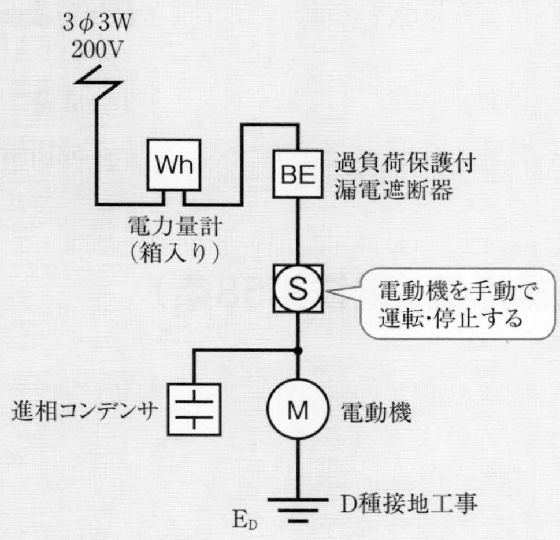

❷ 電気温水器配線

● 電気温水器配線

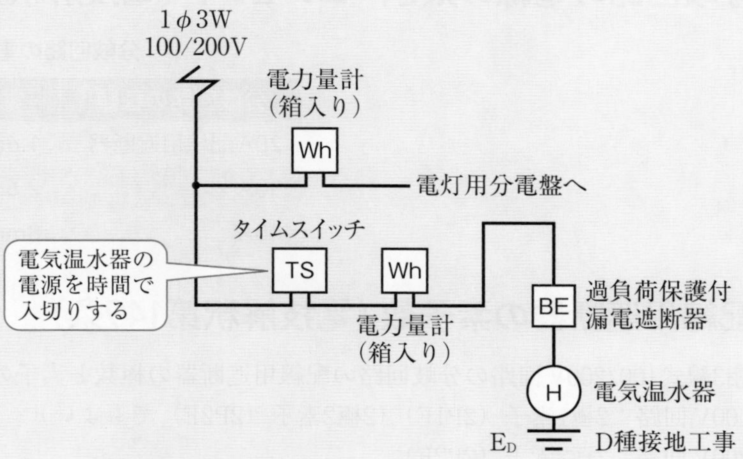

4 電気設備技術基準・解釈

❶ 引込線・引込口配線

① 低圧架空引込線の取付点の高さ（電技解釈第116条）

- 地表上**4m以上**が原則.
- **技術上やむを得ない場合において交通に支障がないときは，地表上2.5m以上**にできる.

引込線・引込口配線

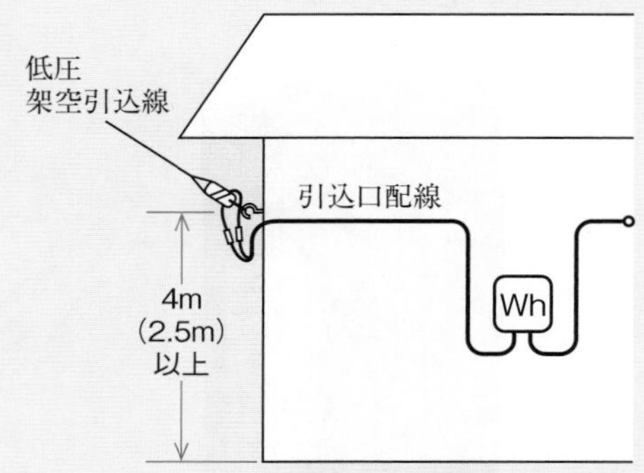

② 引込口配線の工事の種類（電技解釈第110条）

引込口配線の工事の種類

工事の種類	条　件
がいし引き工事	露出した場所
金属管工事	木造以外に限る
合成樹脂管工事	
ケーブル工事	外装が金属製のケーブルは，木造以外に限る

❷ 絶縁抵抗（電技第58条）

絶縁抵抗値

電路の使用電圧の区分		絶縁抵抗値
300V以下	対地電圧が150V以下	0.1MΩ以上
	その他の場合	0.2MΩ以上
300Vを超える		0.4MΩ以上

❸ 分岐回路の電線の太さ，コンセント（電技解釈第149条）

分岐回路の電線の太さ，コンセント

分岐回路の種類	電線の太さ	コンセントの定格電圧
20A配線用遮断器	1.6mm以上	20A以下
30A	2.6mm以上	20A以上30A以下
40A	$8mm^2$以上	30A以上40A以下

❹ 配線用遮断器の素子数（電技解釈第149条）

単相3線式100/200V回路の分岐回路の配線用遮断器の極数と素子の数は次による.

100V回路：2極1素子（2P1E）（2極2素子（2P2E）でもよい）

200V回路：2極2素子（2P2E）

❺ 引込口の開閉器の省略（電技解釈第147条）

使用電圧が300V以下で，他の屋内電路（定格電流が15A以下の過電流遮断器又は定格電流が15Aを超え20A以下の配線用遮断器で保護されているものに限る）に接続する**長さが15m以下**の電路から電気の供給を受けるものは，引込口に近いところに施設する開閉器を省略できる．

引込口の開閉器の省略

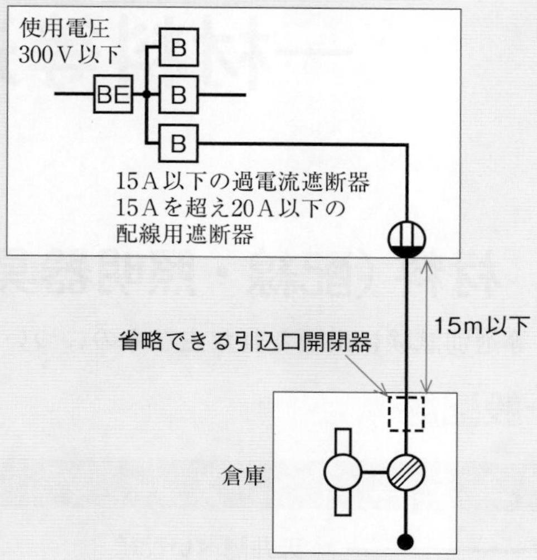

❻ 屋外配線の施設（電技解釈第166条）

屋外配線の長さが屋内電路の分岐点から**8m以下**の場合において，屋内電路用の過電流遮断器の定格電流が15A（配線用遮断器は20A）以下のときは，開閉器及び過電流遮断器を屋内電路用のものと兼用することができる．

屋外配線の施設

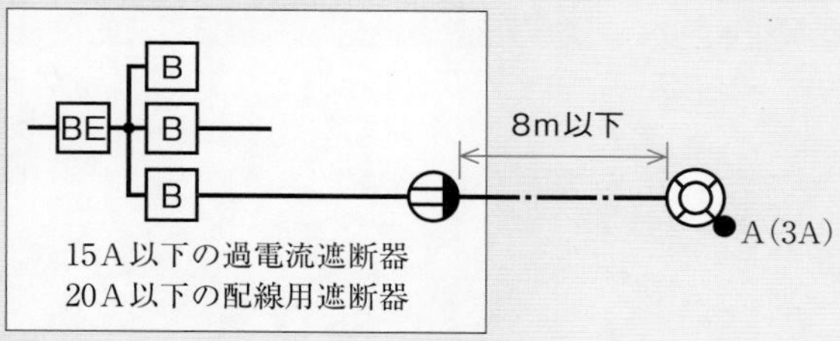

❼ 配線の太さ（電技解釈第146，170，181条）

低圧屋内配線：**直径1.6mm以上の軟銅線**
小勢力回路　：**直径0.8mm以上の軟銅線**（ケーブルを除く）
電球線　　　：**断面積0.75mm²以上のゴムコード，ゴムキャブタイヤコード等**（ビニルコード，ビニルキャブタイヤコードは使用できない）

❽ 地中配線の埋設深さ（電技解釈第120条等）

ケーブルを使用して，直接埋設式により施設する場合
重量物の圧力を受ける場合　：**1.2m以上**
重量物の圧力を受けない場合：**0.6m以上**

❾ D種接地工事（電技解釈第17条）

接地線の太さ：**1.6mm以上の軟銅線**
接地抵抗値　：**100Ω以下**（地絡を生じた場合に0.5秒以内に動作する漏電遮断器を施設した場合は**500Ω以下**）

4

配線図問題2
—材料等選別の要点—

1 材料（配線・照明器具・配線器具等）と図記号

材料等選別試験に出題された主なものについて，図記号と名称，写真，用途をまとめたものです．

❶ 一般配線

図記号	名　称	用　途・備　考
――――――――	天井隠ぺい配線	
― ― ― ― ― ― ―	床隠ぺい配線	
- - - - - - - - - - - -	露出配線	
――-――-――	床面露出配線	二重床内配線
――-・――-・――	地中配線	ケーブル埋設材料 （トラフ） 直接埋設式でケーブルを収める．  （防護管） 管路式でケーブルを収める．  （ケーブル標識シート） ケーブルが埋設されていることを表示する． 

❷ 照明器具

図記号	写　真	名　称	用　途・備　考
CL	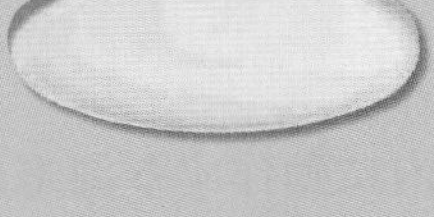	シーリングライト	天井直付照明器具 （白熱灯）

		防湿形 シーリングライト	天井直付照明器具（白熱灯）で，浴室などの湿気の多い場所に使用する．
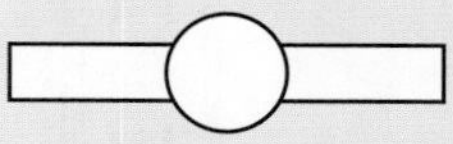	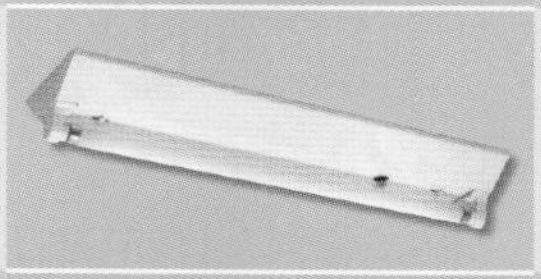	蛍光灯	ボックス付 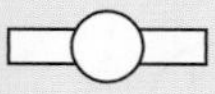 ボックスなし 
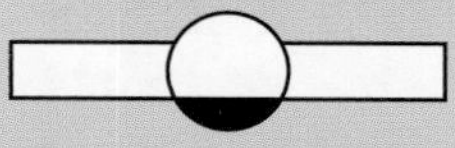		蛍光灯	壁付蛍光灯器具 （ブラケット）
		ダウンライト	天井埋込照明器具 
	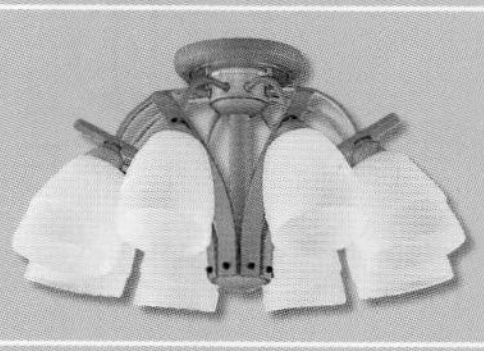	シャンデリヤ	
	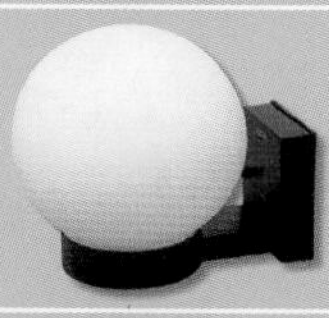	防雨形壁付照明器具	雨水のかかる場所に取り付ける照明器具で，WP（Water Proof）は防雨形を表す．
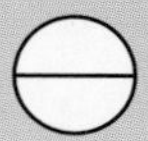	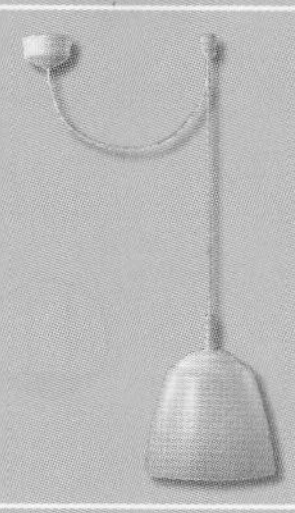	コードペンダント	コードペンダント形の照明器具 （白熱灯）
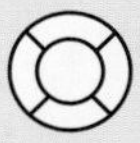		屋外灯	
	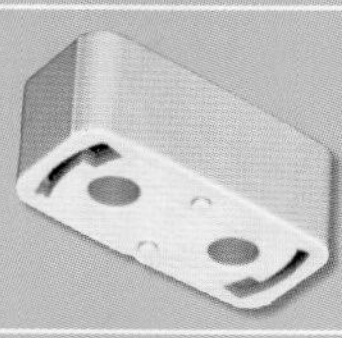	引掛シーリング （角形）	天井下面に取り付けて，照明器具を施設するために用いる．
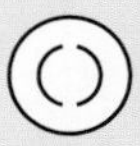	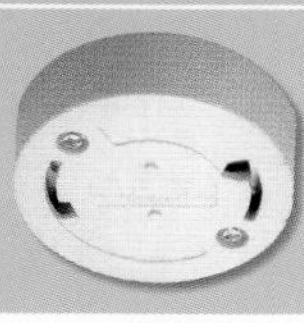	引掛シーリング （丸形）	天井下面に取り付けて，照明器具を施設するために用いる．

❸ コンセント

図記号	写　真	名　称	用　途・備　考
		15A125Vコンセント	 2 15A125V2口 コンセント 
 20A		20A125Vコンセント	 20A 20A専用 
 E		15A125V接地極付 コンセント	 2 E 15A125V接地極付 2口コンセント 
 E 20A		20A125V接地極付 コンセント	
 ET	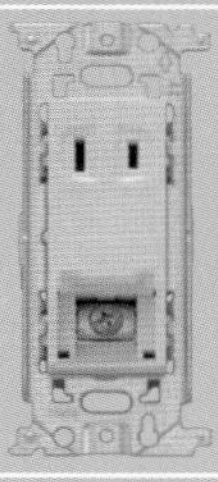	15A125V接地端子付 コンセント	 2 ET 15A125V接地端子付 2口コンセント 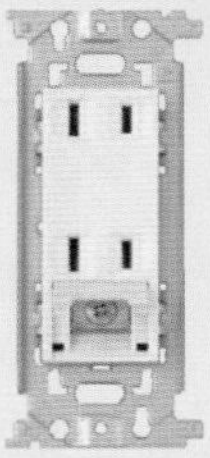
 EET		15A125V接地極付 接地端子付コンセント	 2 EET 15A125V接地極付 接地端子付2口 コンセント 
 EET 20A		20A125V接地極付 接地端子付コンセント	

E 250V		15A250V 接地極付 コンセント	E 20A250V 20A250V 接地極付 コンセント 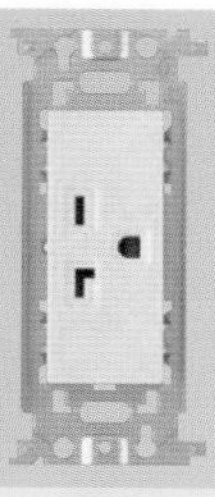
LK		15A125V 抜け止め形 コンセント	2 E LK 15A125V 接地極付 抜け止め形2口 コンセント 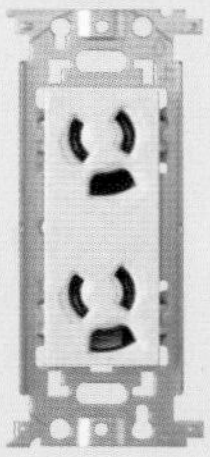
2 EL	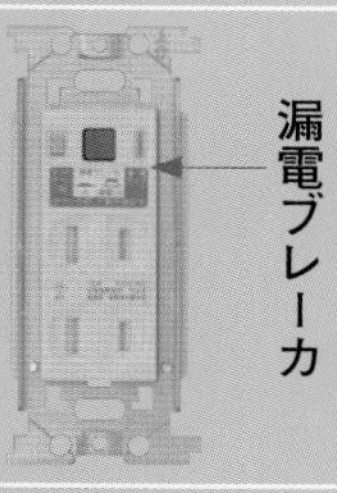	15A125V 漏電遮断 器付２口コンセント	ELが漏電遮断器付を示す． 漏電遮断器が内蔵されたコンセントで，漏電が発生するとコンセントからの電源を遮断する．
E 3P 250V		3極15A250V 接地極 付コンセント	三相200V 用の接地極付コンセント
2 LK EET WP	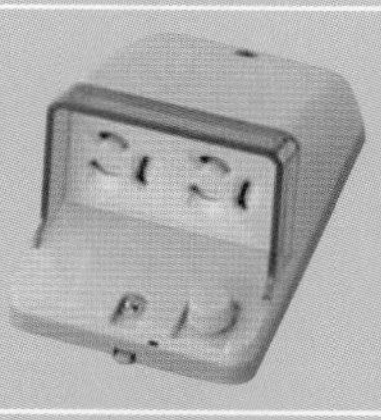	防雨形コンセント	雨水のかかる場所に取り付けるコンセントで，WP（Water Proof）が防雨形，LKが抜け止め形，EETが接地極付接地端子付を示す．
2 ▲		フロアコンセント	床面に取り付けるコンセントで，▲が床面に取り付けることを示す．

❹ スイッチ等

図記号	写真	名称	用途・備考
● 一般形 ◆ ワイドハンドル形	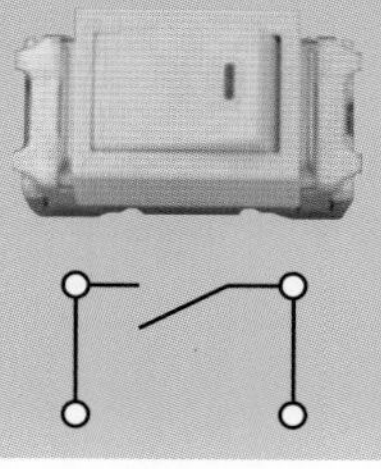	単極スイッチ	電灯を点滅する単極スイッチで，片切スイッチ，タンブラスイッチとも呼ばれる．

●2P	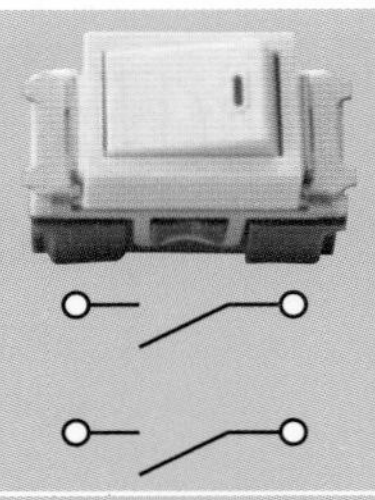	2極スイッチ	単相3線式からの200Vを電源にした回路の点滅に使用される．両切りスイッチとも呼ばれている．
●3	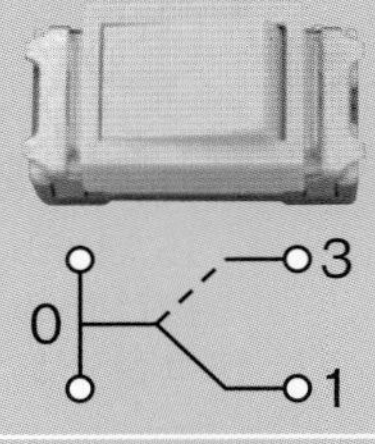	3路スイッチ	電灯を2箇所から任意で点滅する場合に用いる．
●4	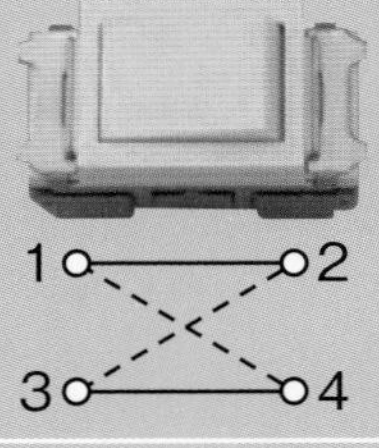	4路スイッチ	3路スイッチと組み合わせて，電灯を3箇所以上から任意で点滅する場合に用いる．
●H	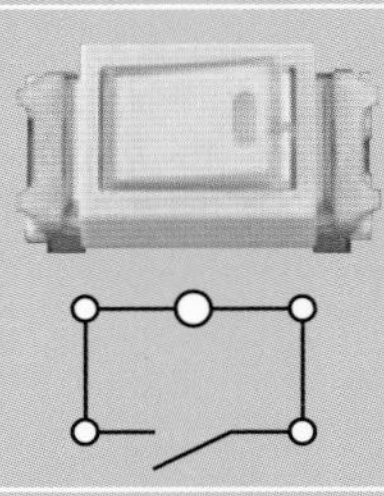	位置表示灯内蔵スイッチ	内蔵されているパイロットランプがOFFで点灯することにより，暗くなってもスイッチの位置を確認することができる．H（Here）は位置表示灯内蔵を表す．
●L	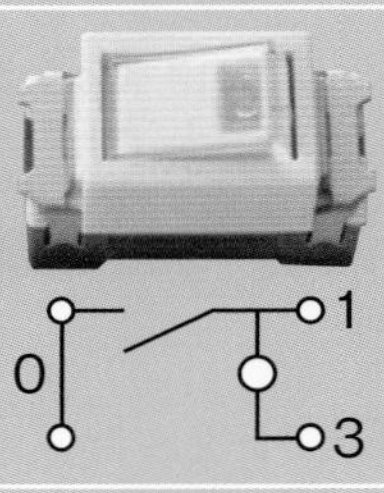	確認表示灯内蔵スイッチ	内蔵されているパイロットランプの点灯により，換気扇等の動作確認ができる．L（Load）は確認表示灯内蔵を表す．
●D	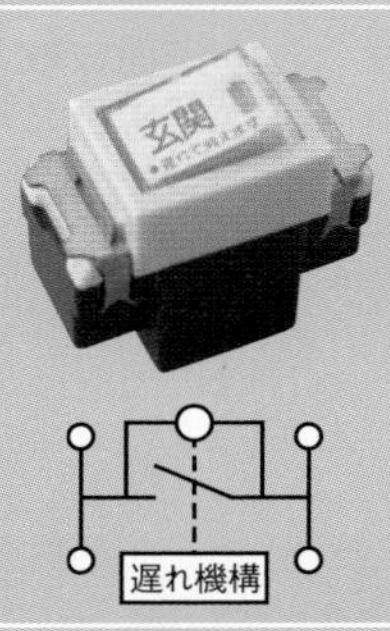	遅延スイッチ	操作部を「切」にした後，遅れて「切」の動作をするスイッチで，浴室等の換気扇と組み合わせて使用したり，玄関のスイッチとして使用する．D（Delay）が遅延動作を示す．
●RAS	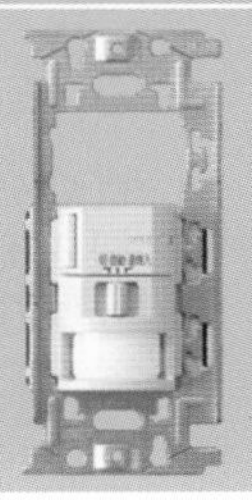	熱線式自動スイッチ	人体の体温を検知して自動的に開閉する．玄関等に使用される．

○		パイロットランプ（確認表示灯）	スイッチと組み合わせて，電源の表示，器具の動作状態，スイッチの位置を表すのに用いる．
●R		リモコンスイッチ	リモコン配線で，リモコンリレーを操作するのに用いる．
 3	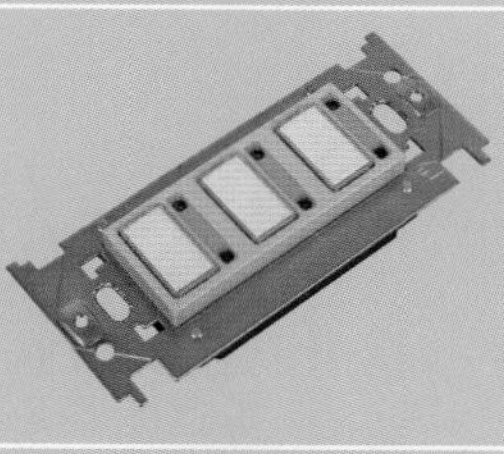	リモコンセレクタスイッチ	リモコンスイッチを集合して取り付けたもので，点滅回路数を傍記する．
	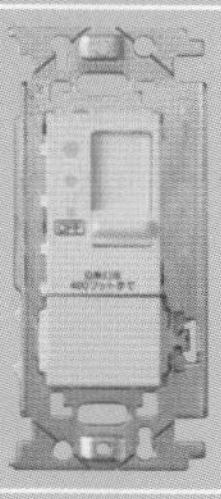	調光器	白熱灯の明るさの調整に用いる．
●A		自動点滅器	外灯などを周囲の明暗により自動的に点滅させる場合に用いる．

❺ その他の配線器具等

図記号	写　真	名　称	用　途・備　考
TS		タイムスイッチ	設定した時間に，電灯を自動的に点滅させたり，電熱器等を入切りさせる．
B 20A		配線用遮断器	過電流や短絡電流が流れた場合に回路を遮断する． 100V 分岐回路　2極1素子（2P1E） 100V 分岐回路　2極2素子（2P2E） 200V 分岐回路　2極2素子（2P2E）

BE		過負荷保護付 漏電遮断器（主幹用）	漏電または過電流を検出して，回路を遮断する．動作確認用のテストボタンがある．
BE		過負荷保護付 漏電遮断器 （分岐回路用）	100V 分岐回路　2極1素子（2P1E） 100V 分岐回路　2極2素子（2P2E） 200V 分岐回路　2極2素子（2P2E）
		分電盤	引込口装置である過負荷保護付漏電遮断器と分岐回路用の配線用遮断器が収められている．
Ⓢ	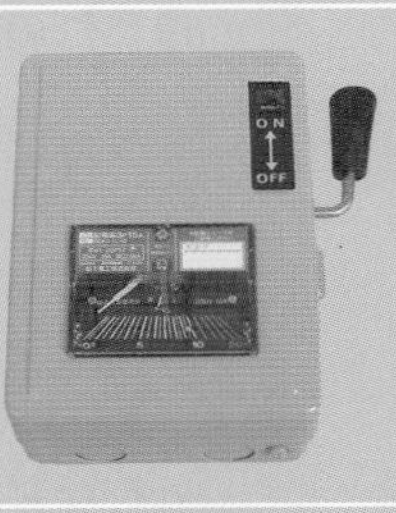	箱開閉器	電熱器や電動機の運転・停止の開閉器として用いる． ○が電流計付を示す．
S → 制御配線		電磁開閉器	電磁開閉器は，電磁開閉器用押しボタン等で操作するので，制御線が接続される．
◉B		電磁開閉器用 押しボタン	確認表示灯付 ◉BL 
◉F		フロートスイッチ	浮きの中に接点が収めてあるスイッチで，液面制御を行うのに使用する．

		フロートレス スイッチ電極	電極数を傍記する． 
		換気扇（壁付）	
		換気扇（天井付）	
	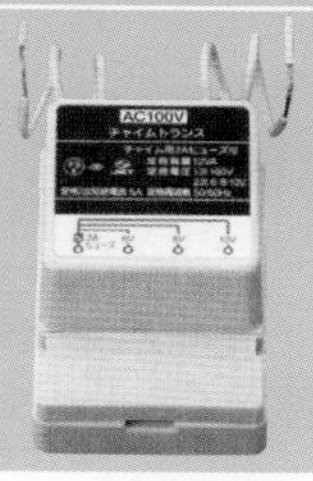	小形変圧器	写真はチャイム用の変圧器である．

❻ ボックス

図記号	写 真	名 称	用 途・備 考
		VVF用 ジョイントボックス	VVFケーブルを接続する箇所に用いる．
		ジョイントボックス （アウトレットボックス）	金属管工事等で電線を接続したり，電灯やコンセントを取り付けるために用いる．
		プルボックス	多数の金属管が集中する箇所や，太い金属管の配管で使用し，電線を接続したり引き入れを容易にする．

2 各種工事に使用される材料と工具

材料等選別試験に出題された主な工事について，各工事ごとに必要な材料と工具の名称，写真，用途をまとめたものです．選別に当たっては配線図から露出配線や隠ぺい配線等の配線方法を読み取る必要がありますので，注意して下さい．なお，「1材料と図記号」（P.38～45）で説明したものや各種工事で重複して使用する材料・工具については，用途の説明を省略しています．また，ドライバやペンチ，電工ナイフ等の基本的な工具は掲載を省略しています．

❶ 金属管（薄鋼電線管）工事

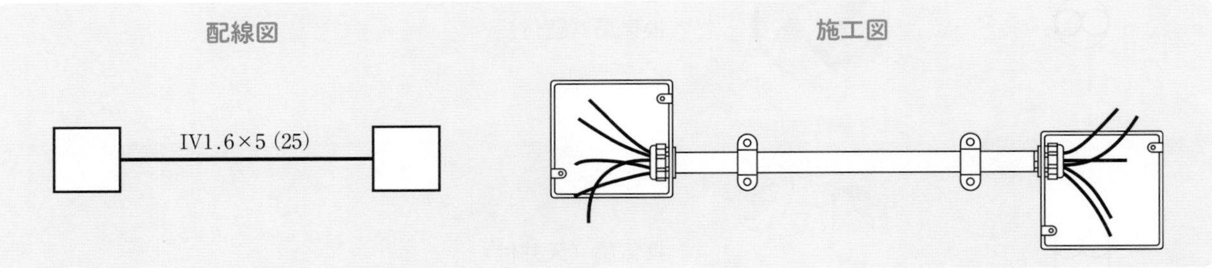

● **工事内容：** 太さ25mmの薄鋼電線管とアウトレットボックスを接続し，1.6mmの600Vビニル絶縁電線（IV）を5本布設する．ただし，接地工事は省略．

材料

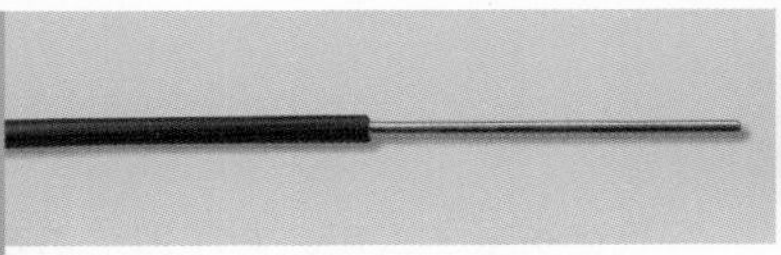
600Vビニル絶縁電線（1.6mm）

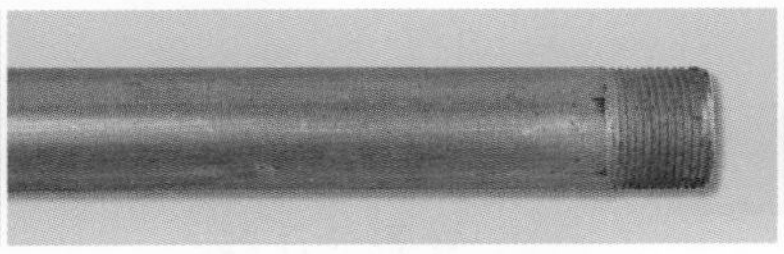
25mm薄鋼電線管

ロックナット（25mm用）
薄鋼電線管とボックスを接続する場合に，ボックスの内外から締め付けるために用いる．

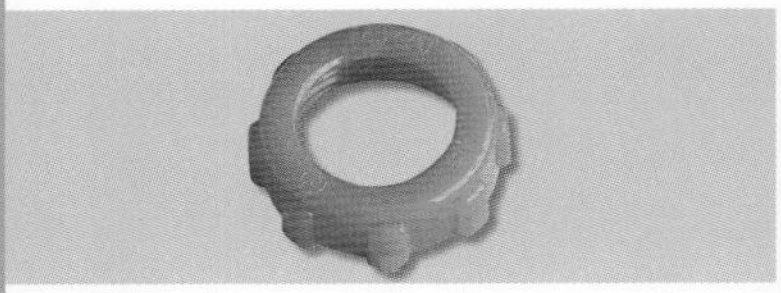
絶縁ブッシング（25mm用）
薄鋼電線管やボックスコネクタの端に取り付けて，電線の絶縁被覆を保護する．

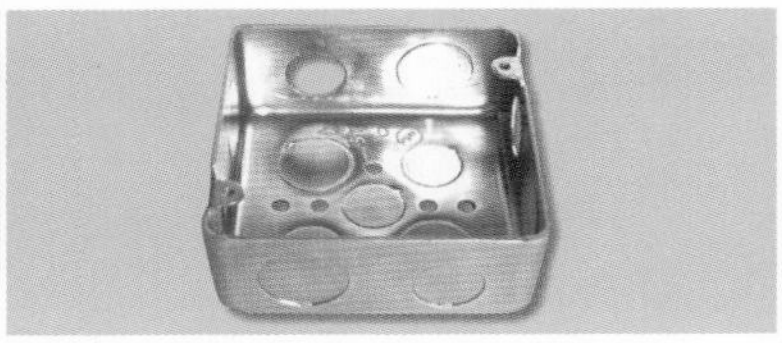
アウトレットボックス

サドル（25mm用）
金属管を造営材に固定するのに用いる．

主な工具

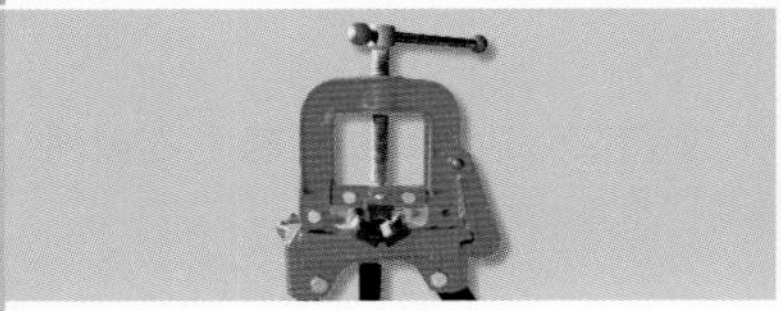
パイプバイス
金属管の切断やねじを切るときに，金属管を固定するのに用いる．

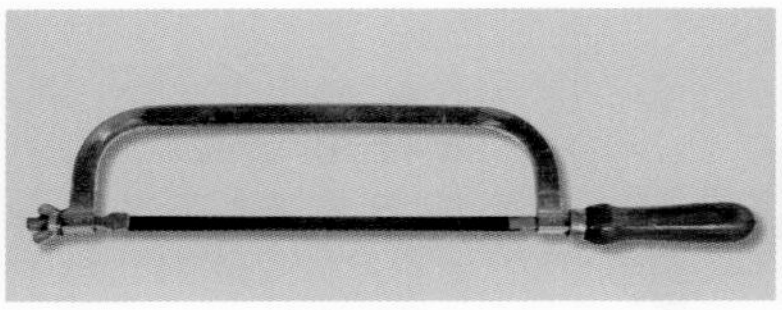
金切りのこ
金属管の切断に用いる．

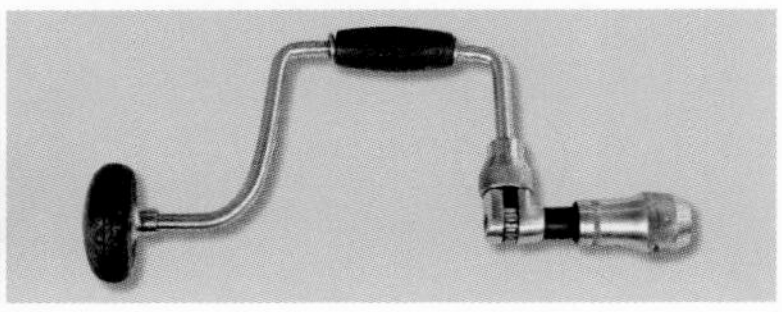
クリックボール
リーマを取り付けて，金属管の面取りをするのに用いる．

リーマ
クリックボールに取り付けて，金属管の内側の面取りをする．

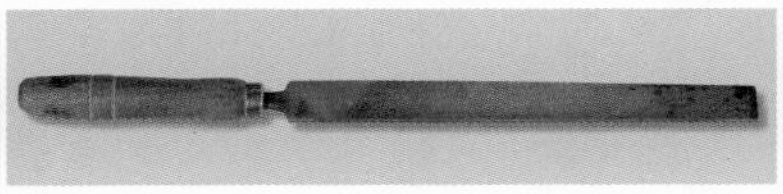
やすり
金属管のバリを取り除いたり，切断面の仕上げに用いる．

ねじ切り器
金属管（薄鋼電線管）にねじを切るのに用いる．

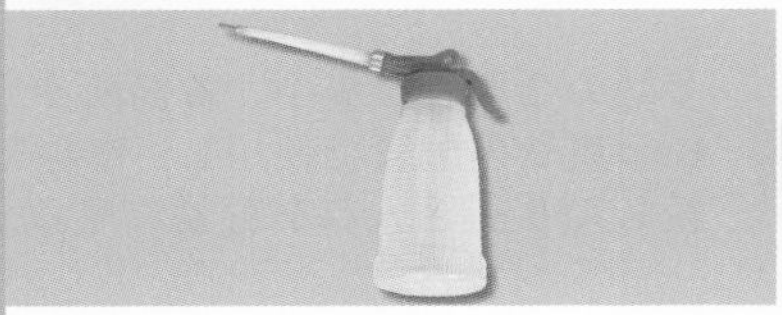
油差し
金属管のねじを切る場合や切断する場合に用いる．

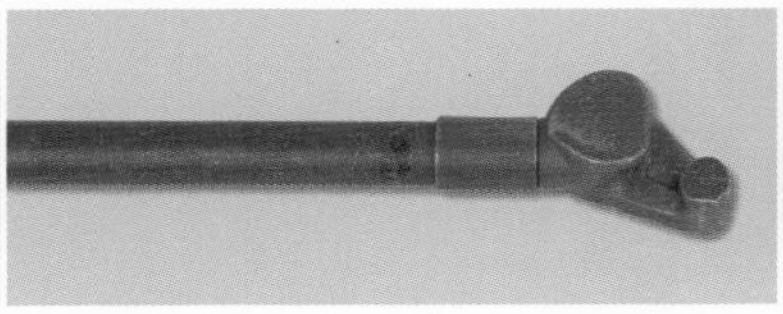
パイプベンダ（25mm用）
金属管を曲げるのに用いる．

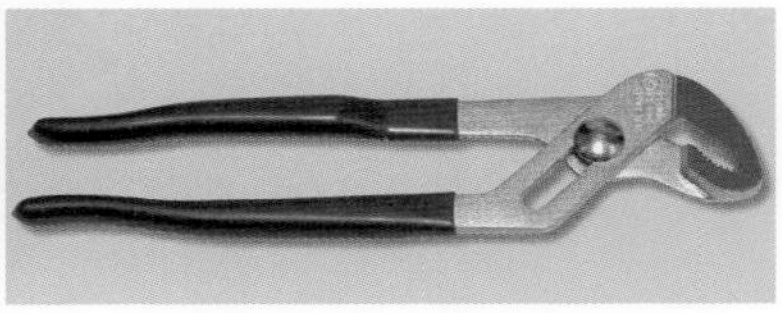
ウォータポンププライヤ
ロックナット等を締め付けるのに用いる．

❷ 金属管（ねじなし電線管）工事

配線図

施工図

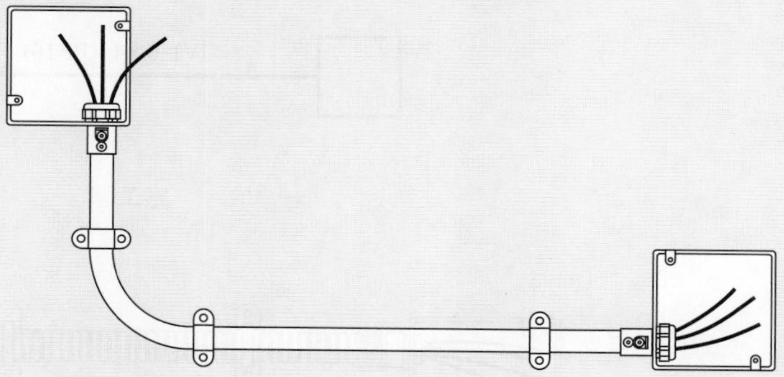

● **工事内容：**太さ19mmのねじなし電線管とアウトレットボックスを接続し，1.6mmの600Vビニル絶縁電線（IV）を3本布設する．ただし，接地工事は省略．

材料

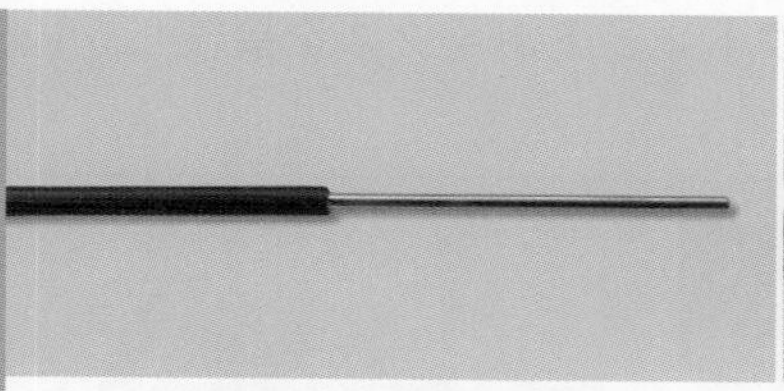

600Vビニル絶縁電線（1.6mm）

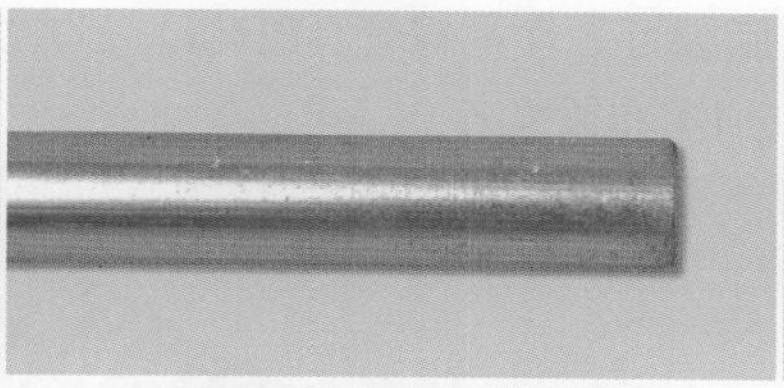

19mmねじなし電線管

ねじなしボックスコネクタ（19mm用）

ねじなし電線管をボックスに接続するのに用いる．

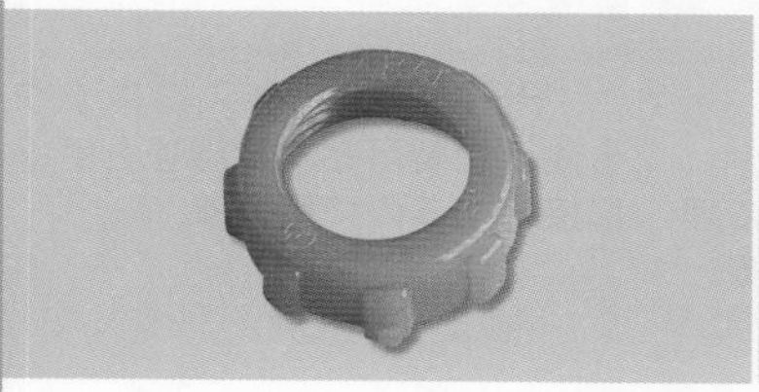

絶縁ブッシング（19mm用）

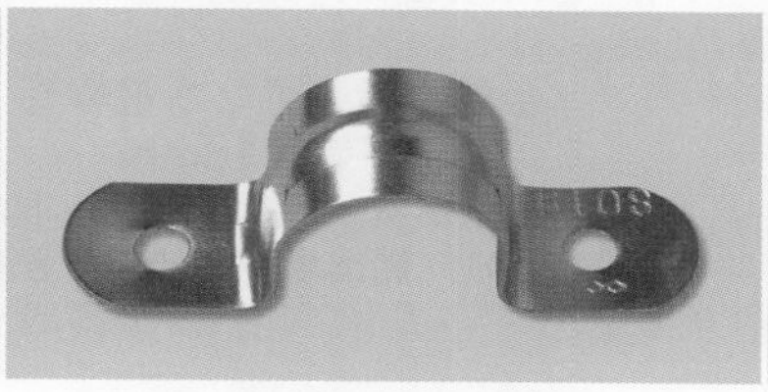

サドル（19mm用）

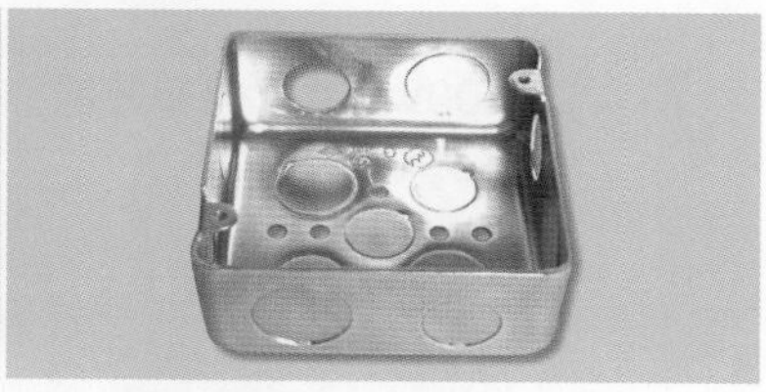

アウトレットボックス

主な工具

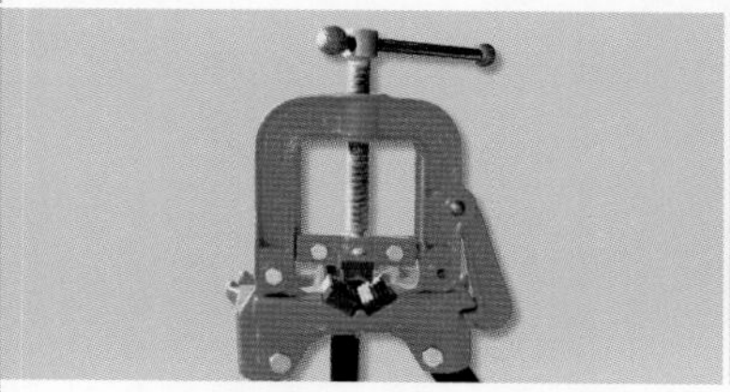

パイプバイス

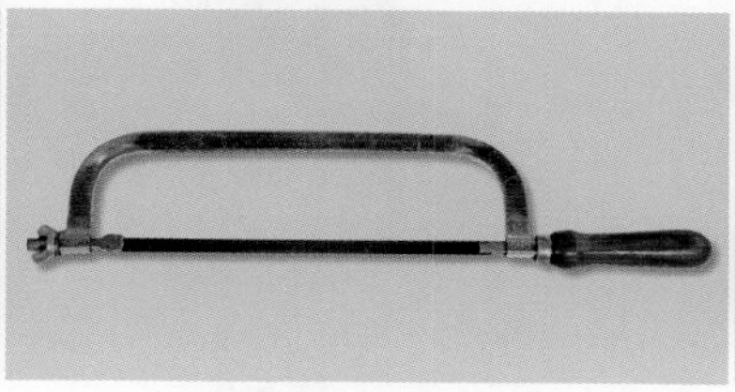

金切りのこ

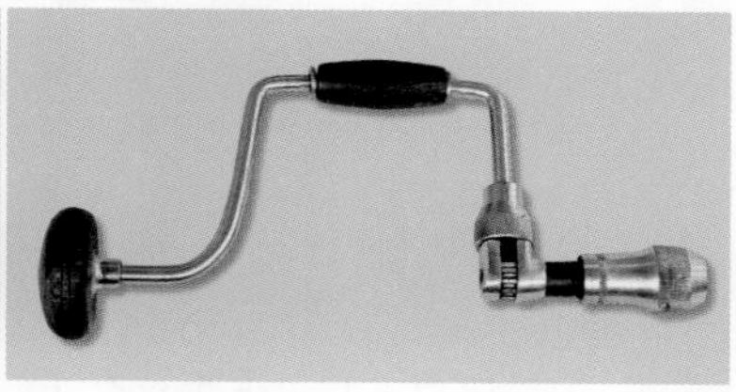

クリックボール

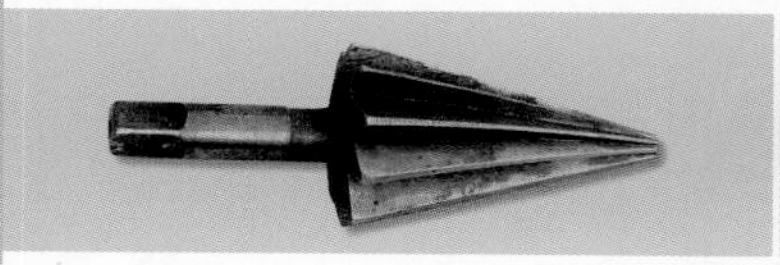

リーマ

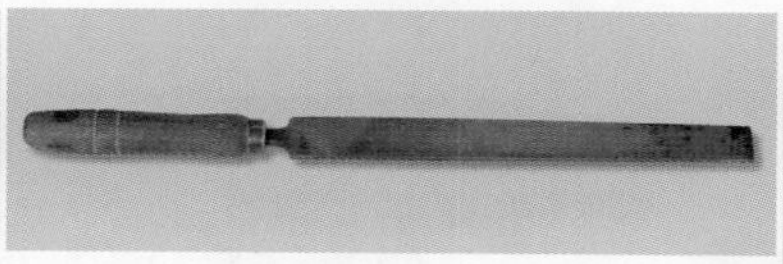

やすり

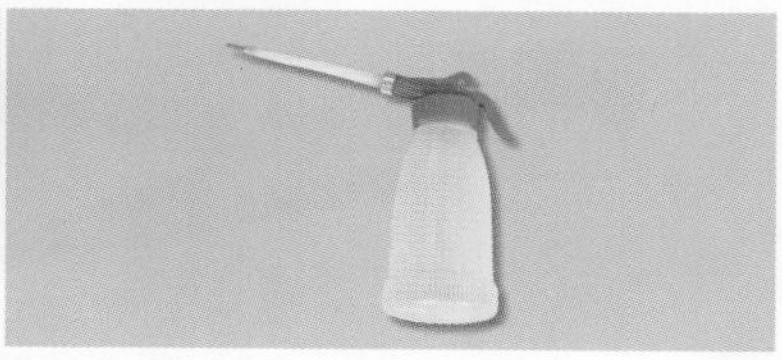

油差し

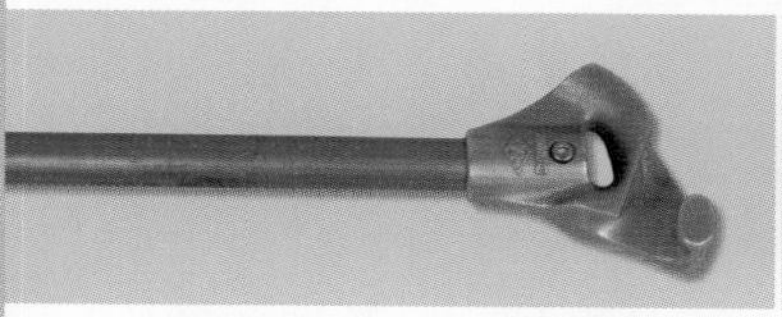

パイプベンダ（19mm用）

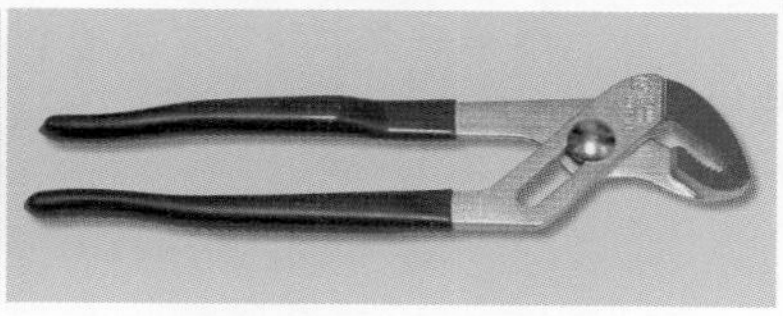

ウォータポンププライヤ

❸ 合成樹脂管（合成樹脂製可とう電線管：PF管）工事

配線図

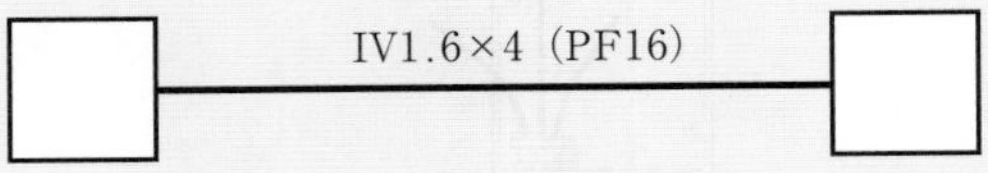

施工図

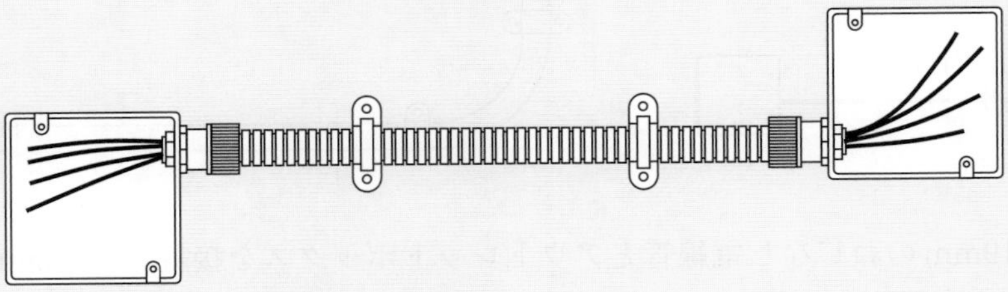

● **工事内容：** 太さ16mmの合成樹脂製可とう電線管（PF管）とアウトレットボックスを接続し，1.6mmの600Vビニル絶縁電線（IV）を4本布設する．

材料

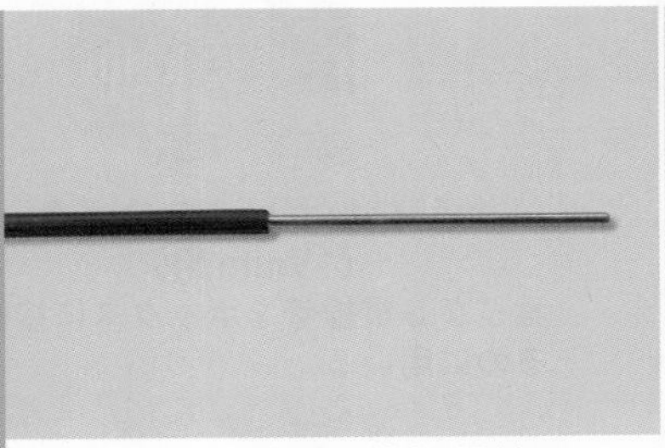

600Vビニル絶縁電線（1.6mm）

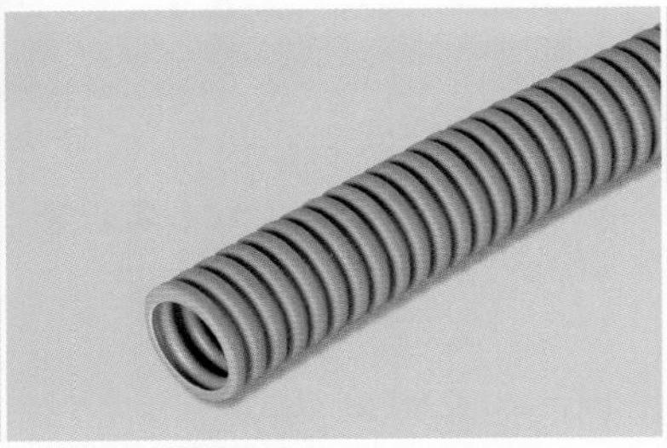

合成樹脂製可とう電線管（PF管）16mm
可とう性があり，コンクリートに埋設したり，露出場所に使用できる．

PF管用ボックスコネクタ
合成樹脂製可とう電線管をボックスに接続するのに用いる．

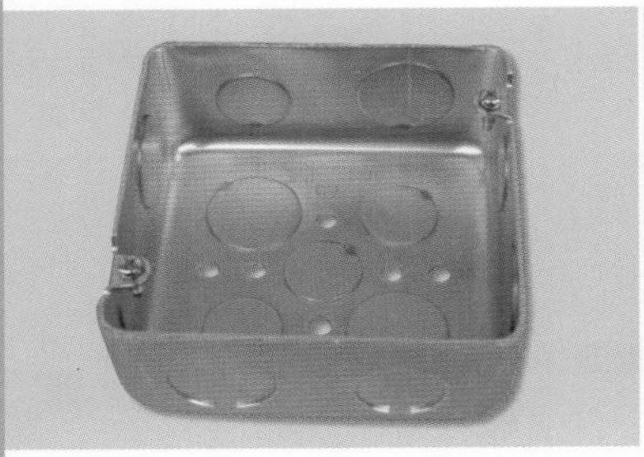

アウトレットボックス

サドル

主な工具

樹脂フレキシブル管カッタ
PF管やCD管を切断するときに用いる．

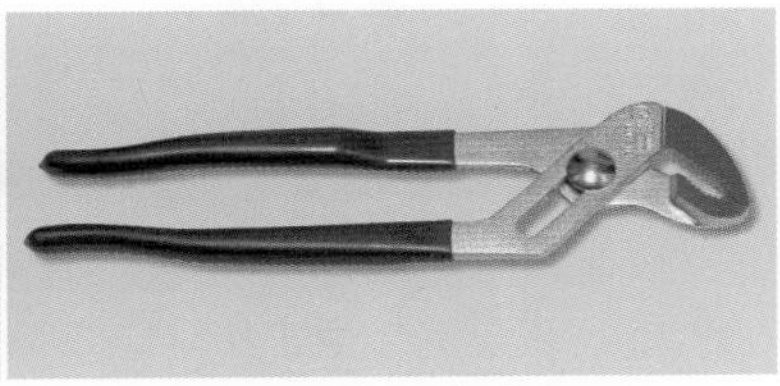

ウォータポンププライヤ

❹ 合成樹脂管（硬質ポリ塩化ビニル電線管：VE管）工事

● **工事内容**

太さ16mmの硬質ポリ塩化ビニル電線管（VE管）とアウトレットボックス及びスイッチボックスを接続し，コンセント2個を取り付け，1.6mmの600Vビニル絶縁電線（IV）を2本布設する．

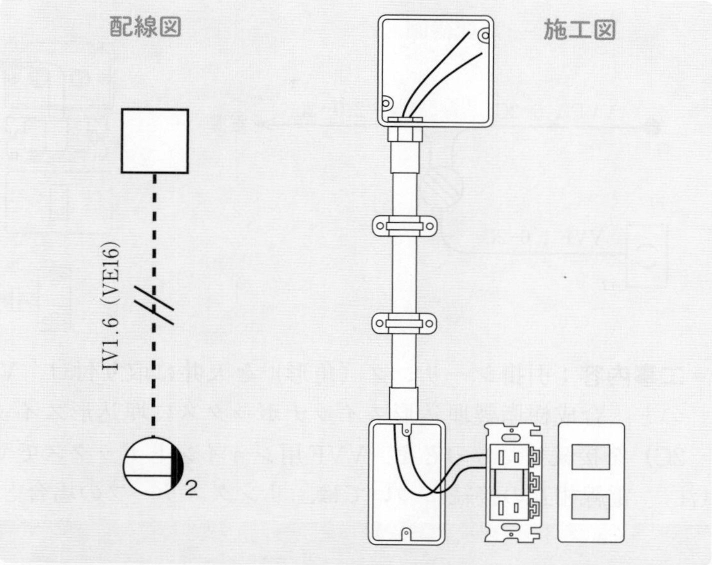

材料

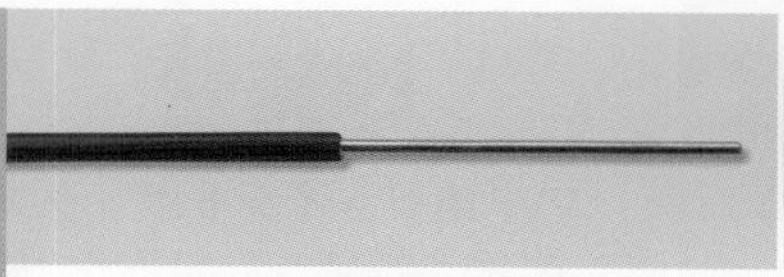
600Vビニル絶縁電線（1.6mm）

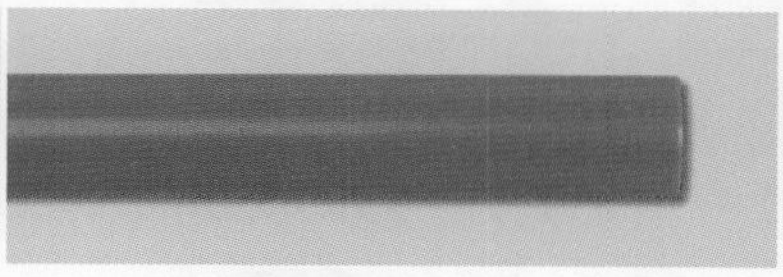
16mm硬質ポリ塩化ビニル電線管

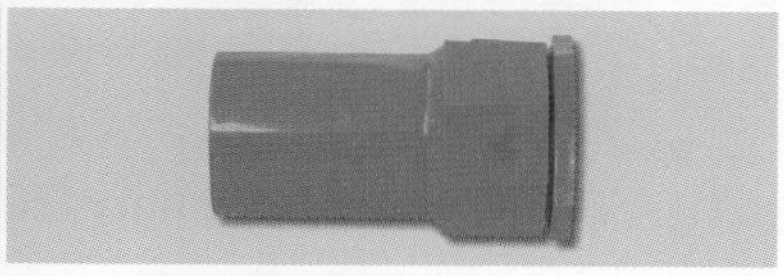
2号コネクタ

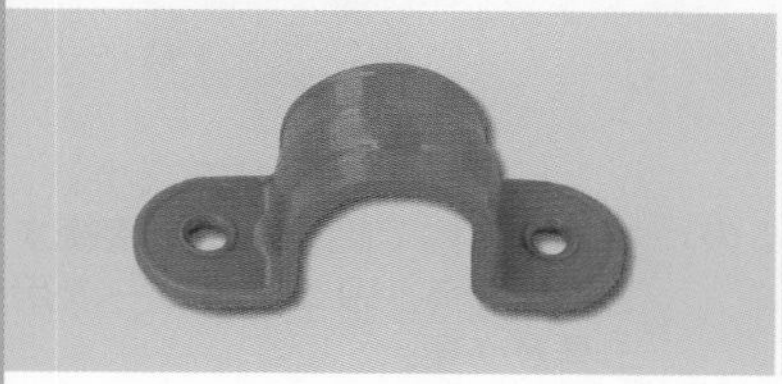
サドル
硬質ポリ塩化ビニル電線管を造営材に固定する．

アウトレットボックス
電線を接続したり照明器具等を取り付けるのに用いる．

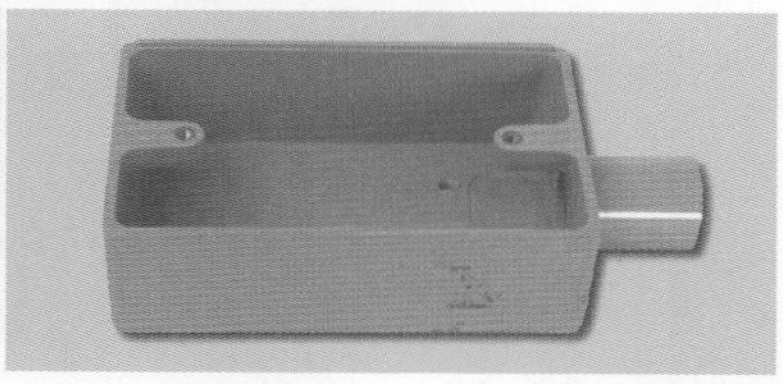
スイッチボックス（合成樹脂製）
スイッチやコンセントを取り付けるのに用いる．

埋込連用取付枠
スイッチボックスにコンセント等を取り付けるときに用いる．

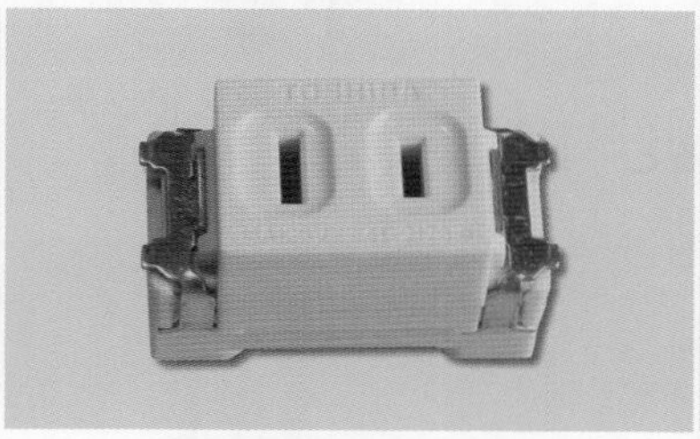
埋込形コンセント
15A125V

2個用プレート
取り付けたスイッチやコンセントのカバーとして用いる．

主な工具

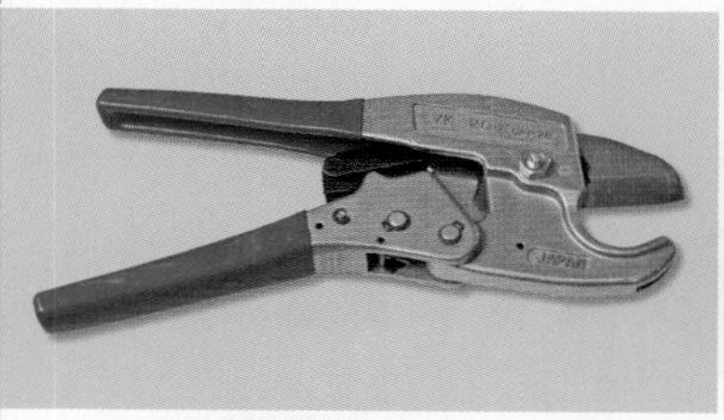
合成樹脂管用カッタ
硬質ポリ塩化ビニル電線管を切断するのに用いる．

面取器
硬質ポリ塩化ビニル電線管の切断面の面取りに用いる．

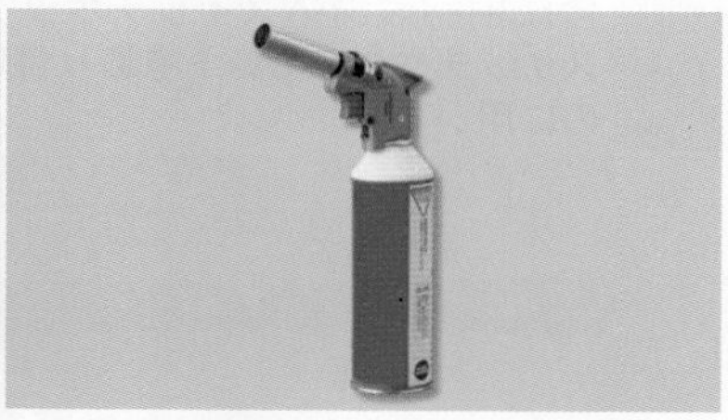
ガストーチランプ
硬質ポリ塩化ビニル電線管を加熱して曲げるとき等に用いる．

❺ ケーブル工事

配線図

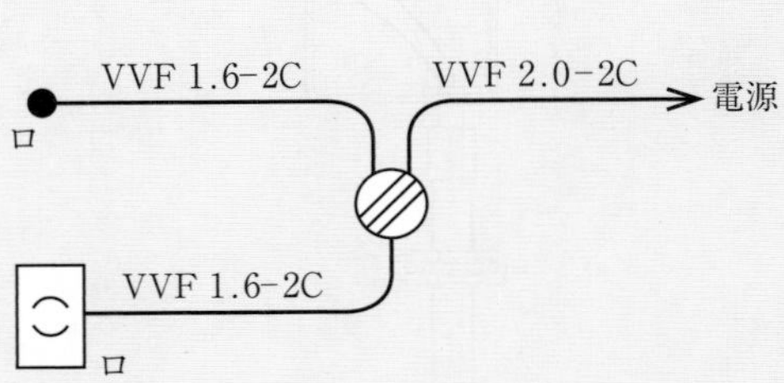

施工図

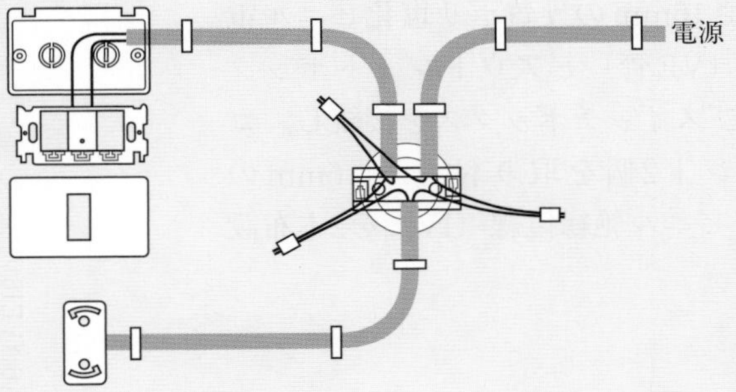

- **工事内容：**引掛シーリング（角形）を天井に取り付け，VVFケーブル（1.6mm−2C）を接続したものと，合成樹脂製埋込形スイッチボックスに埋込形スイッチを取り付け，VVFケーブル（1.6mm−2C）を接続したものとを，VVF用ジョイントボックスでVVFケーブル（2.0mm−2C）と接続する．

（注）　電線相互の接続については，リングスリーブの場合と差込形コネクタの場合がある．

材料

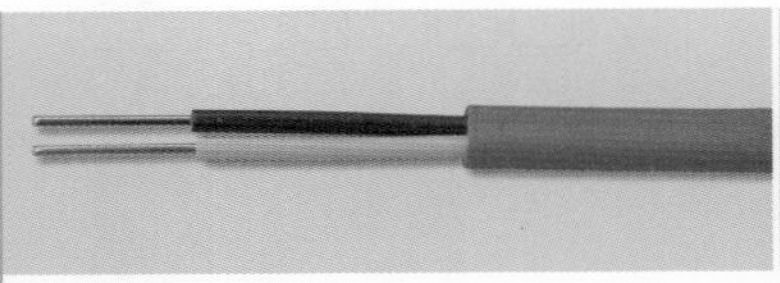

VVFケーブル（1.6mm－2C）

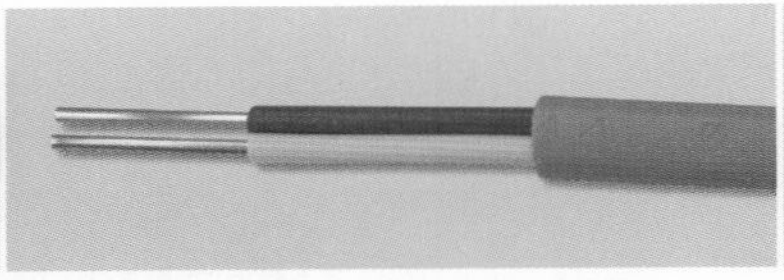

VVFケーブル（2.0mm－2C）

VVF用ジョイントボックス

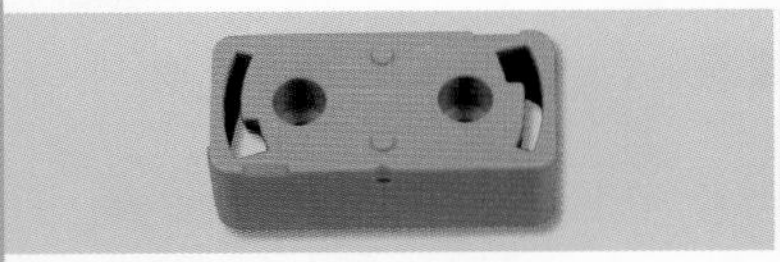

引掛シーリング（角形）
コードペンダントを吊り下げるときに用いる．

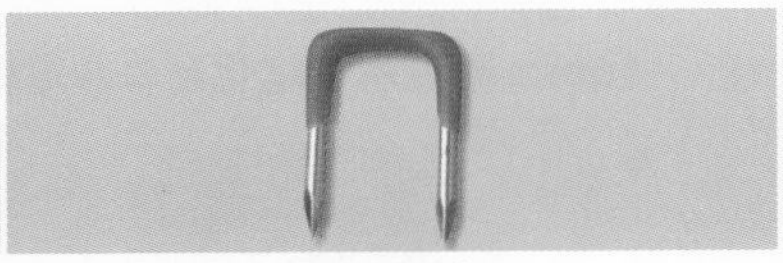

ステープル
VVFケーブルを造営材に固定するのに用いる．

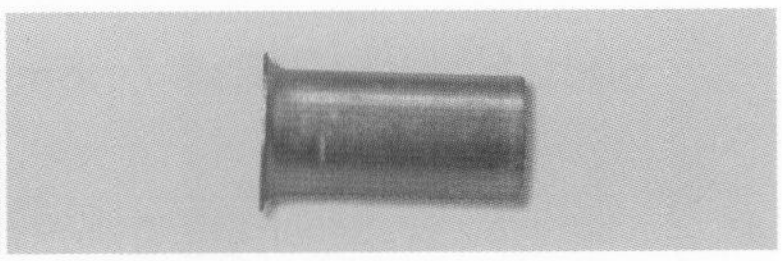

リングスリーブ（小）
ボックス内で絶縁電線を接続するときに用いる．リングスリーブ用圧着工具が必要．

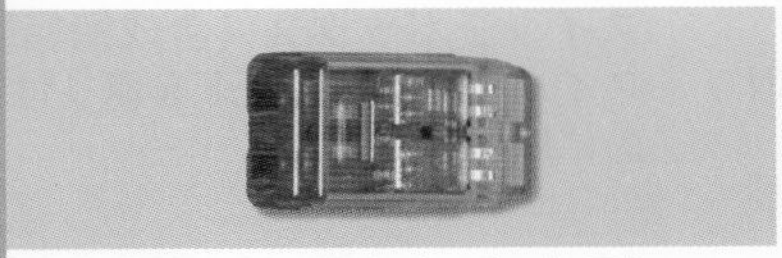

差込形コネクタ（2本用）
ボックス内で絶縁電線を接続するときに用いる．圧着工具は不要．

埋込形単極スイッチ
15A

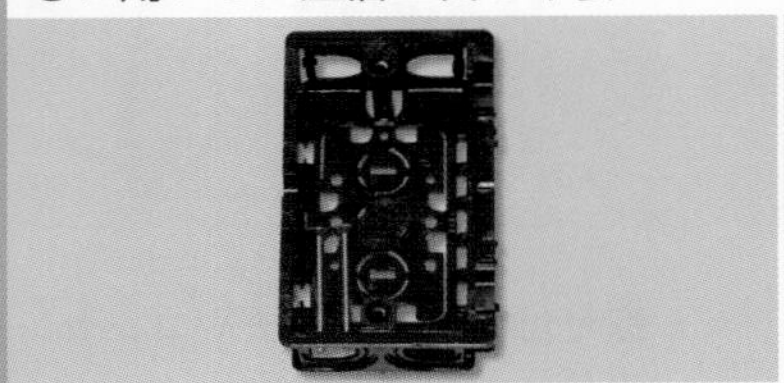

合成樹脂製埋込スイッチボックス
スイッチやコンセントを取り付けるのに用いる．

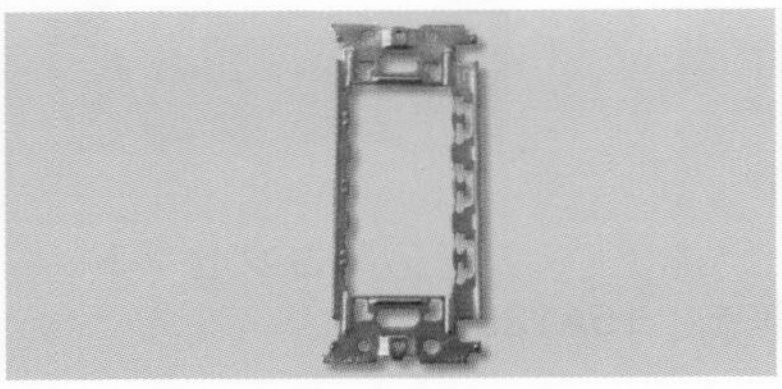

埋込連用取付枠

1個用プレート

主な工具

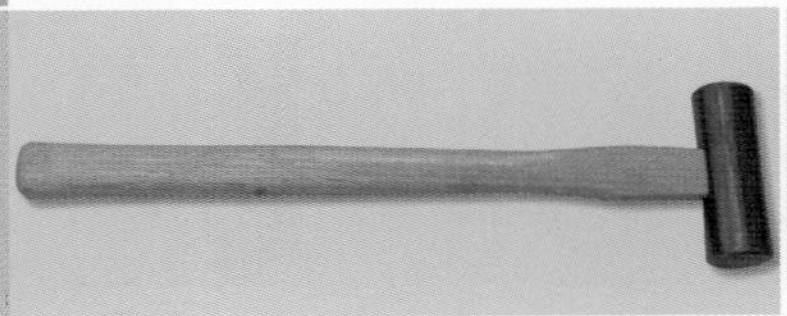

金づち
ケーブルのくせとりやステープルの打ち込みに用いる．

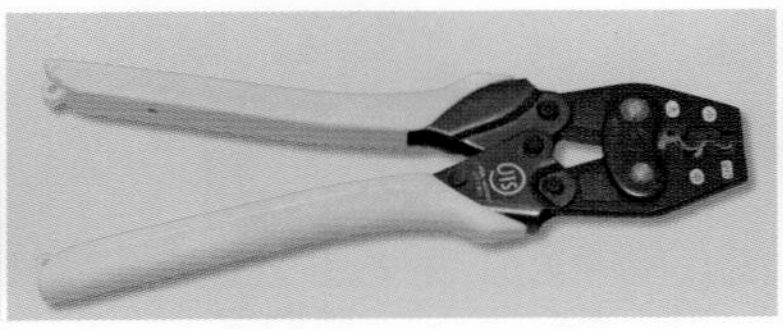

リングスリーブ用圧着工具
リングスリーブを圧着するのに用いる．柄が黄色のものを使用する．

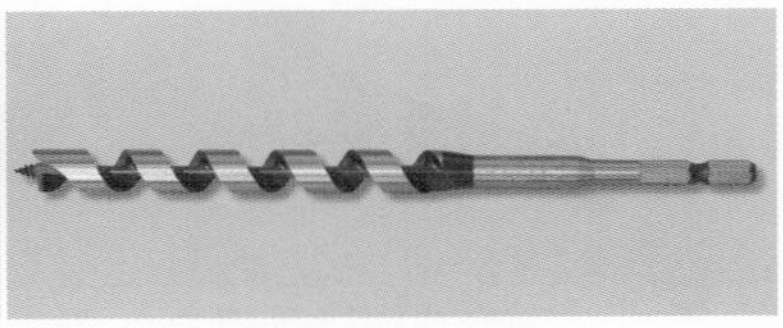

木工用ドリルビット
天井等の木材に穴をあけるときに用いる．

3 リングスリーブによる圧着接続

❶ リングスリーブの種類と圧着工具

リングスリーブによる圧着接続は，終端接続としてVVF用ジョイントボックスやアウトレットボックス内などで行います．

リングスリーブには，小スリーブ，中スリーブ，大スリーブの3種類があります．

リングスリーブ

リングスリーブは，専用の圧着工具で圧着します．リングスリーブ用圧着工具は，JIS C 9711：1997によって，握り部分の色が黄色のものと定められています．

リングスリーブ用圧着工具

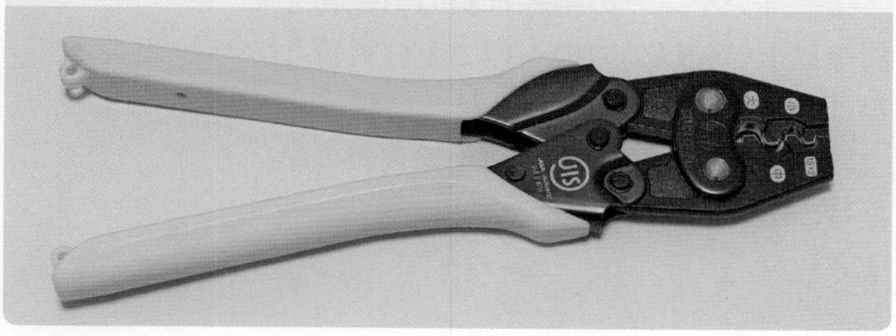

❷ リングスリーブの選択と圧着マーク

リングスリーブの種類によって，接続できる電線の組み合わせは，JIS C 2806によって定められています．

1.6mm，2.0mmの電線を接続する場合，**1.6mmを2本接続する場合の圧着マークは○で，その他の場合はリングスリーブのサイズの圧着マークで圧着します．**

<table>
<tr><th colspan="2" rowspan="2">電線の太さ・本数</th><th rowspan="2">リングスリーブ</th><th colspan="2">圧着工具</th></tr>
<tr><th>ダイス</th><th>圧着マーク</th></tr>
<tr><td rowspan="2">1.6mm</td><td>2本</td><td>小</td><td>1.6×2</td><td>○</td></tr>
<tr><td>3～4本</td><td rowspan="4">小</td><td rowspan="4">小</td><td rowspan="4">小</td></tr>
<tr><td>2.0mm</td><td>2本</td></tr>
<tr><td colspan="2">2.0mm 1本
＋1.6mm 1～2本</td></tr>
<tr><td>1.6mm</td><td>5～6本</td><td rowspan="4">中</td><td rowspan="4">中</td><td rowspan="4">中</td></tr>
<tr><td>2.0mm</td><td>3～4本</td></tr>
<tr><td colspan="2">2.0mm 1本
＋1.6mm 3～5本</td></tr>
<tr><td colspan="2">2.0mm 2本
＋1.6mm 1～3本</td></tr>
</table>

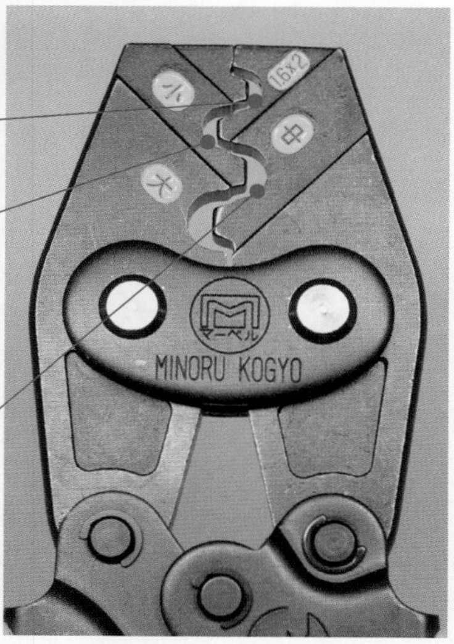

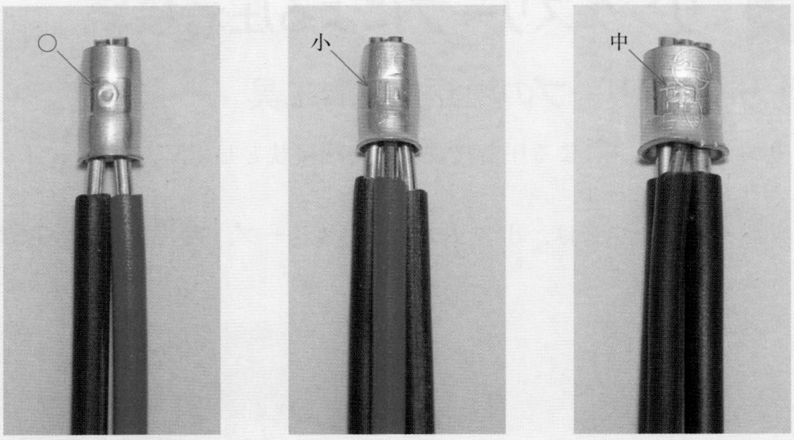

1.6mm 2本　　1.6mm 3本　　2.0mm 2本＋1.6mm 1本

❸ 絶縁処理

リングスリーブで圧着接続したら，絶縁テープを巻くか絶縁キャップを用いて絶縁処理を行う必要があります．

接続部分を，その絶縁電線の絶縁物と同等以上の絶縁効力のもので十分被覆しなければなりません．

IV1.6mmとIV2.0mmの絶縁被覆の厚さは，0.8mmです．

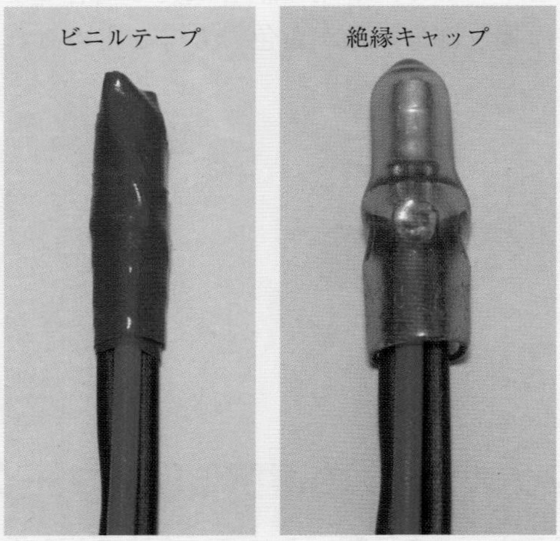

絶縁テープによる被覆の処理方法の例が，内線規程1335-7（電線の接続）で次のように示されています．

絶縁テープの種類	黒色粘着性ポリエチレン絶縁テープを用いる場合	ビニルテープを用いる場合
テープの巻き方	黒色粘着性ポリエチレン絶縁テープを半幅以上重ねて1回以上巻く（2層以上）	ビニルテープを半幅以上重ねて2回以上巻く（4層以上）

〔備考1〕テープの巻き回数は，上表を最低とし，電線の太さに応じて増加すること．

〔備考2〕自己融着性絶縁テープを使用する場合は，黒色粘着性ポリエチレン絶縁テープを用いる場合と同様にテープを巻き，かつその上に保護テープを半幅以上重ねて１回以上巻くこと．

〔備考3〕テープの巻き回数は，次のものを用いたときに対応するもので，これより薄いものを用いたときは，重ねの幅又は巻き回数を増やし，層数を増やすこと．

- 黒色粘着性ポリエチレン絶縁テープ：約0.5mm
- 自己融着性絶縁テープ：約0.5mm（引張って巻くため約0.3mmを想定）
- 保護テープ：約0.2mm
- 電気絶縁用ポリ塩化ビニル粘着テープ（ビニルテープ）：約0.2mm

※なお，電気工事士技能試験では，圧着接続部分の絶縁処理の作業は省略されています．

第2編

過去20回の 学科試験問題 と 解答・解説

令和5年度～平成29年度

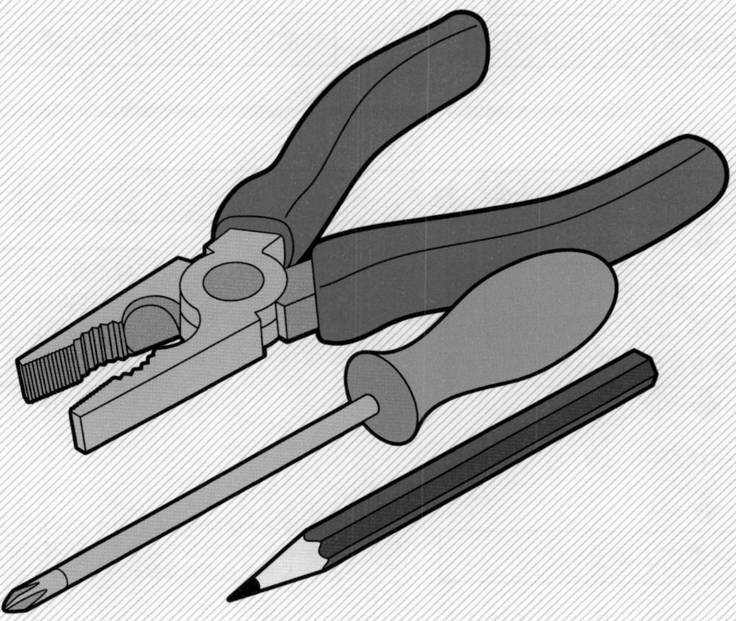

■第二種電気工事士の資格の取得手続きの流れ

上期試験，下期試験の両方の受験申込みが可能です．

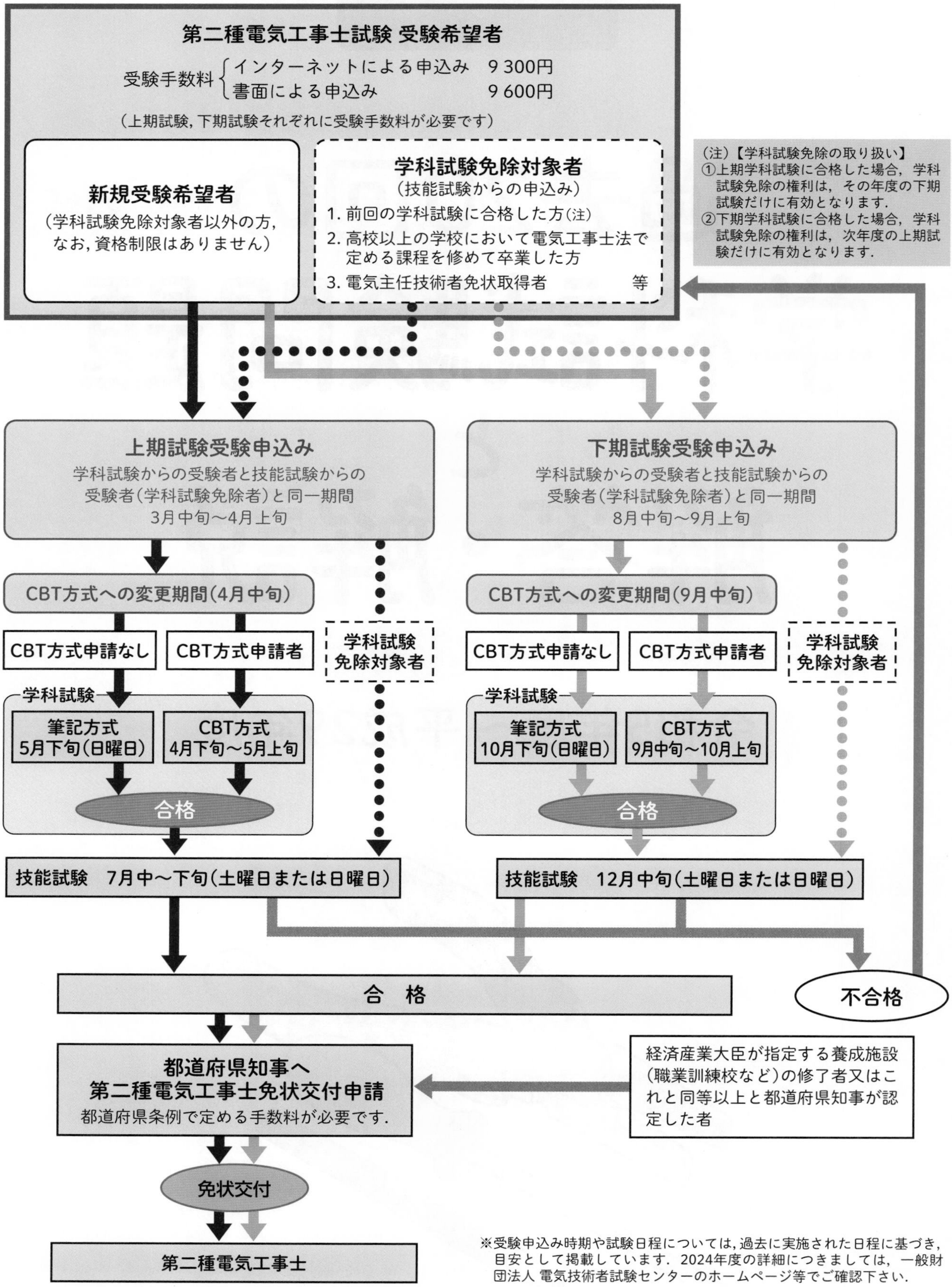

※受験申込み時期や試験日程については，過去に実施された日程に基づき，目安として掲載しています．2024年度の詳細につきましては，一般財団法人 電気技術者試験センターのホームページ等でご確認下さい．

令和５年度
（上期）

学科試験
問題と解答・解説

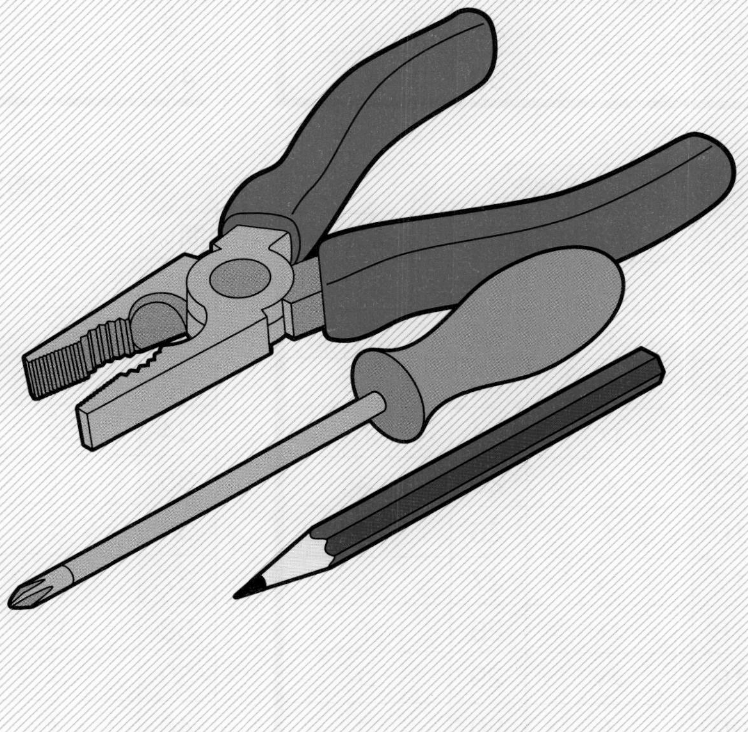

●本ページはこのようにしてご利用下さい．

「問い１」からの問題を問くうえで，この「解答表」が見えて困る場合には，このページを折り返してご利用して下さい．

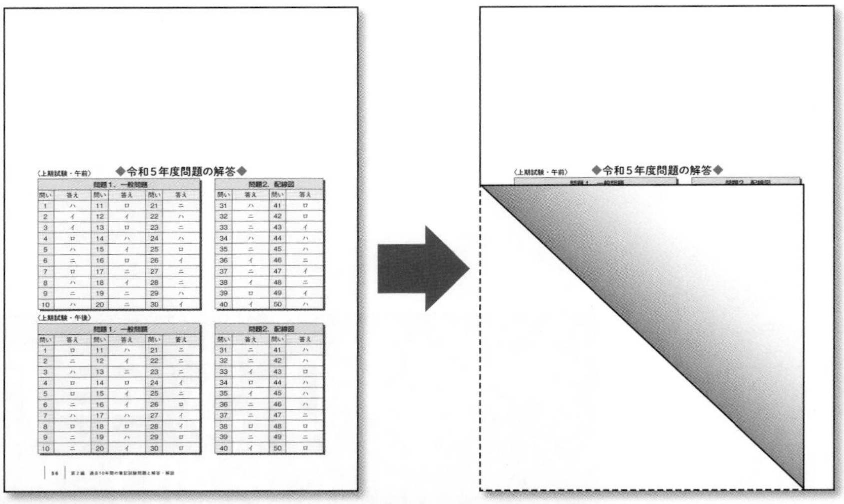

〈上期試験・午前〉

◆令和５年度（上期）問題の解答◆

問題１．一般問題					
問い	答え	問い	答え	問い	答え
1	ハ	11	ロ	21	ニ
2	イ	12	イ	22	ハ
3	イ	13	ロ	23	ニ
4	ロ	14	ハ	24	ハ
5	ハ	15	イ	25	ロ
6	ニ	16	ロ	26	イ
7	ロ	17	ニ	27	ニ
8	ハ	18	イ	28	ニ
9	ニ	19	ニ	29	ハ
10	ハ	20	ニ	30	イ

問題2．配線図			
問い	答え	問い	答え
31	ハ	41	ロ
32	ニ	42	ロ
33	ニ	43	イ
34	ハ	44	ハ
35	ニ	45	ハ
36	イ	46	ニ
37	ニ	47	イ
38	イ	48	ニ
39	ロ	49	イ
40	イ	50	ハ

〈上期試験・午後〉

問題１．一般問題					
問い	答え	問い	答え	問い	答え
1	ロ	11	ハ	21	ニ
2	ニ	12	イ	22	ニ
3	ハ	13	ニ	23	ニ
4	ロ	14	ロ	24	イ
5	ロ	15	イ	25	ニ
6	ニ	16	イ	26	ロ
7	ハ	17	ハ	27	イ
8	ロ	18	ロ	28	イ
9	ニ	19	ハ	29	ロ
10	ニ	20	イ	30	ロ

問題2．配線図			
問い	答え	問い	答え
31	ニ	41	ハ
32	ニ	42	ハ
33	イ	43	ロ
34	ロ	44	ハ
35	イ	45	ハ
36	ニ	46	ハ
37	ニ	47	ニ
38	ロ	48	ロ
39	ニ	49	ニ
40	イ	50	ロ

問題１．一般問題（問題数 30，配点は１問当たり２点）

【注】本問題の計算で $\sqrt{2}$，$\sqrt{3}$ 及び円周率 π を使用する場合の数値は次によること。 $\sqrt{2}=1.41$ ， $\sqrt{3}=1.73$ ， $\pi=3.14$

次の各問いには４通りの答え（**イ**，**ロ**，**ハ**，**ニ**）が書いてある。それぞれの問いに対して答えを１つ選びなさい。

なお，選択肢が数値の場合は最も近い値を選びなさい。

<table>
<tr><th></th><th>問い</th><th colspan="4">答え</th></tr>
<tr><td>1</td><td>図のような回路で，スイッチSを閉じたとき，a-b端子間の電圧［V］は。

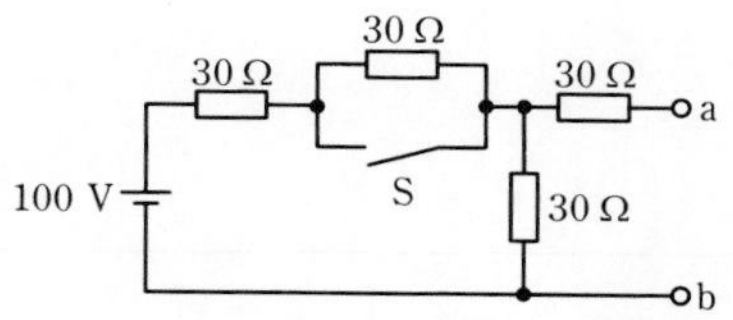

</td><td>イ．30</td><td>ロ．40</td><td>ハ．50</td><td>ニ．60</td></tr>
<tr><td>2</td><td>抵抗率 ρ［Ω・m］，直径 D［mm］，長さ L［m］の導線の電気抵抗［Ω］を表す式は。</td><td>イ．$\frac{4\rho L}{\pi D^2}\times 10^6$</td><td>ロ．$\frac{\rho L^2}{\pi D^2}\times 10^6$</td><td>ハ．$\frac{4\rho L}{\pi D}\times 10^6$</td><td>ニ．$\frac{4\rho L^2}{\pi D}\times 10^6$</td></tr>
<tr><td>3</td><td>抵抗に 100 V の電圧を２時間 30 分加えたとき，電力量が 4 kW・h であった。抵抗に流れる電流［A］は。</td><td>イ．16</td><td>ロ．24</td><td>ハ．32</td><td>ニ．40</td></tr>
<tr><td>4</td><td>図のような回路で，抵抗 R に流れる電流が 4 A，リアクタンス X に流れる電流が 3 A であるとき，この回路の消費電力［W］は。

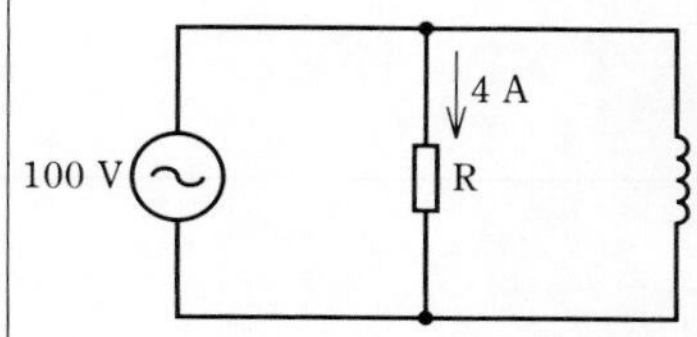

</td><td>イ．300</td><td>ロ．400</td><td>ハ．500</td><td>ニ．700</td></tr>
<tr><td>5</td><td>図のような三相３線式回路の全消費電力［kW］は。

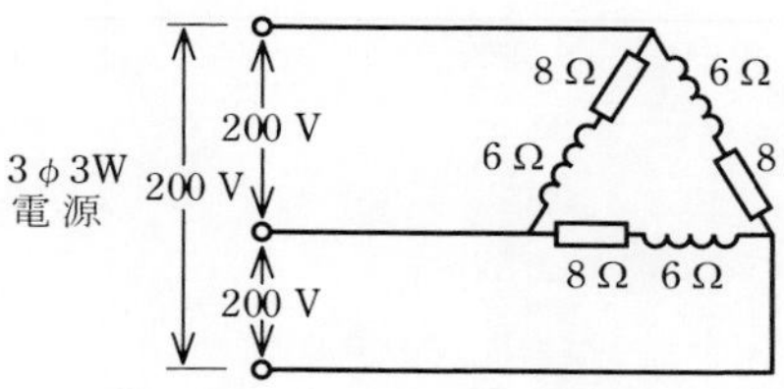

</td><td>イ．2.4</td><td>ロ．4.8</td><td>ハ．9.6</td><td>ニ．19.2</td></tr>
</table>

	問　い	答　え
6	図のような三相3線式回路で，電線1線当たりの抵抗が0.15 Ω，線電流が10 Aのとき，この配線の電力損失［W］は。 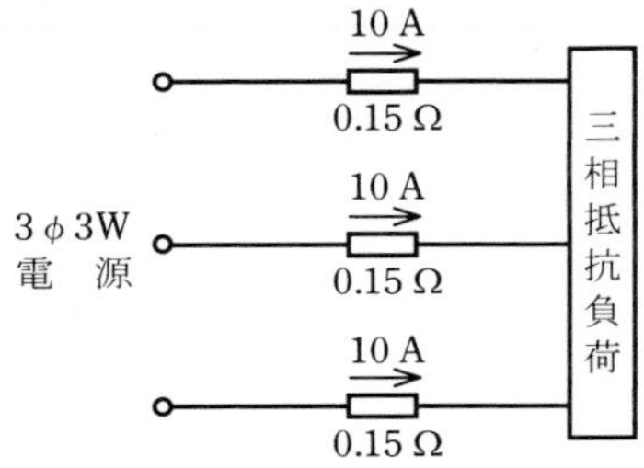	イ．15　ロ．26　ハ．30　ニ．45
7	図1のような単相2線式回路を，図2のような単相3線式回路に変更した場合，配線の電力損失はどうなるか。 ただし，負荷電圧は100 V一定で，負荷A，負荷Bはともに消費電力1 kWの抵抗負荷で，電線の抵抗は1線当たり0.2 Ωとする。 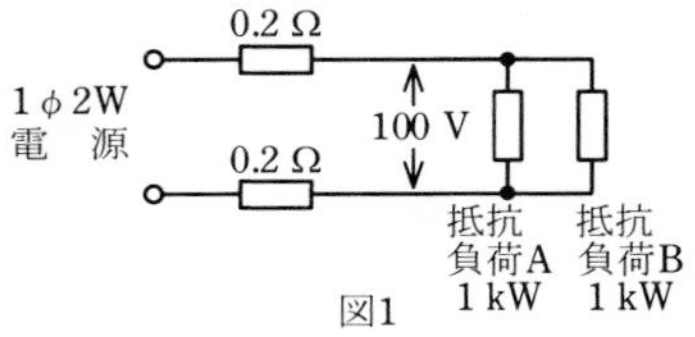 図1 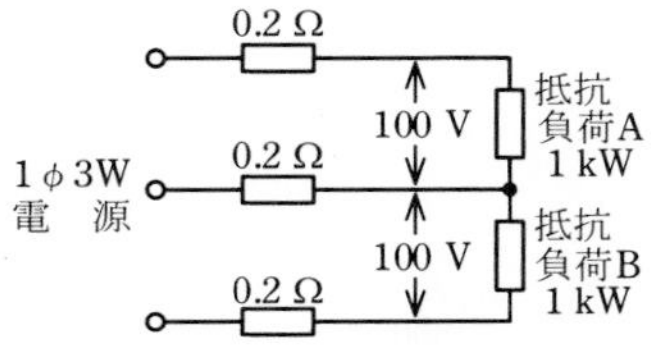 図2	イ．0になる。 ロ．小さくなる。 ハ．変わらない。 ニ．大きくなる。
8	合成樹脂製可とう電線管(PF管)による低圧屋内配線工事で，管内に断面積5.5 mm^{2}の600Vビニル絶縁電線(軟銅線)7本を収めて施設した場合，電線1本当たりの許容電流［A］は。 ただし，周囲温度は30 ℃以下，電流減少係数は0.49とする。	イ．13　ロ．17　ハ．24　ニ．29
9	図のように定格電流60 Aの過電流遮断器で保護された低圧屋内幹線から分岐して，10 mの位置に過電流遮断器を施設するとき，a−b間の電線の許容電流の最小値［A］は。 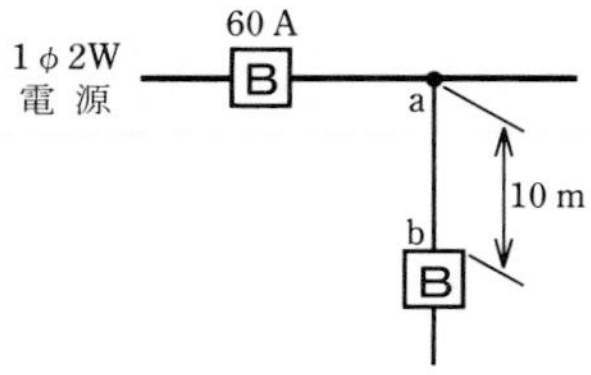	イ．15　ロ．21　ハ．27　ニ．33

	問い	答え
10	低圧屋内配線の分岐回路の設計で，配線用遮断器，分岐回路の電線の太さ及びコンセントの組合せとして，**適切なものは。** ただし，分岐点から配線用遮断器までは3 m，配線用遮断器からコンセントまでは8 mとし，電線の数値は分岐回路の電線（軟銅線）の太さを示す。 また，コンセントは兼用コンセントではないものとする。	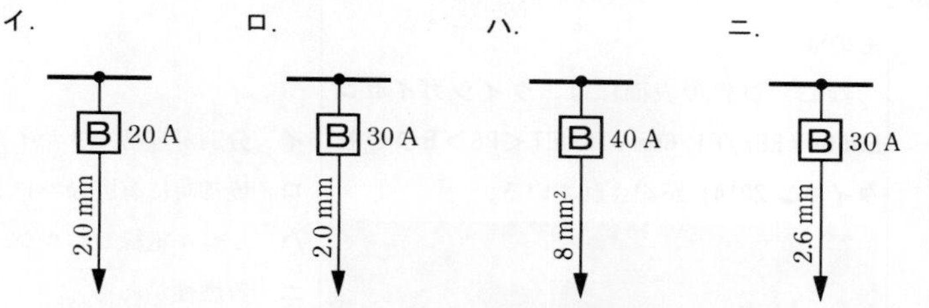 イ．定格電流 30 Aのコンセント 1個 ロ．定格電流 30 Aのコンセント 1個 ハ．定格電流 30 Aのコンセント 1個 ニ．定格電流 15 Aのコンセント 2個
11	多数の金属管が集合する場所等で，通線を容易にするために用いられるものは。	イ．分電盤 ロ．プルボックス ハ．フィクスチュアスタッド ニ．スイッチボックス
12	絶縁物の最高許容温度が最も高いものは。	イ．600V 架橋ポリエチレン絶縁ビニルシースケーブル(CV) ロ．600V 二種ビニル絶縁電線(HIV) ハ．600V ビニル絶縁ビニルシースケーブル丸形(VVR) ニ．600V ビニル絶縁電線(IV)
13	コンクリート壁に金属管を取り付けるときに用いる材料及び工具の組合せとして，**適切なものは。**	イ．カールプラグ　ステープル　ホルソ　ハンマ ロ．サドル　振動ドリル　カールプラグ　木ねじ ハ．たがね　コンクリート釘　ハンマ　ステープル ニ．ボルト　ホルソ　振動ドリル　サドル
14	定格周波数60 Hz，極数4の低圧三相かご形誘導電動機の同期速度［min^{-1}］は。	イ．1 200　ロ．1 500　ハ．1 800　ニ．3 000
15	組み合わせて使用する機器で，その組合せが明らかに**誤っているものは。**	イ．ネオン変圧器と高圧水銀灯 ロ．光電式自動点滅器と庭園灯 ハ．零相変流器と漏電警報器 ニ．スターデルタ始動装置と一般用低圧三相かご形誘導電動機

	問い	答え
16	写真に示す材料の特徴として，**誤っているものは。** なお，材料の表面には「**タイシガイセン EM600V EEF/F1.6mm JIS JET＜PS＞E○○社 タイネン 2014**」が記されている。 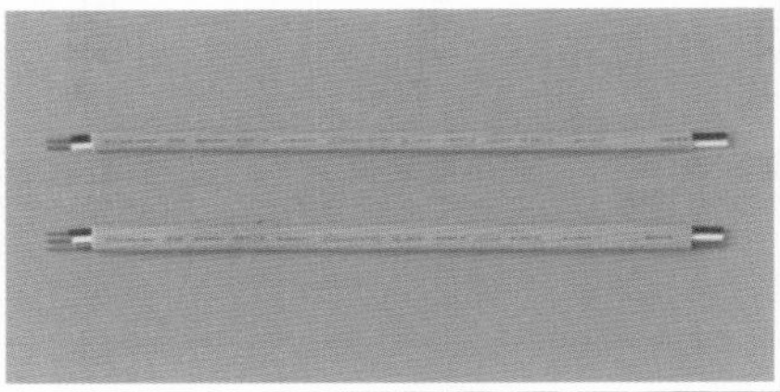	**イ．** 分別が容易でリサイクル性がよい。 **ロ．** 焼却時に有害なハロゲン系ガスが発生する。 **ハ．** ビニル絶縁ビニルシースケーブルと比べ絶縁物の最高許容温度が高い。 **ニ．** 難燃性がある。
17	写真に示す器具の用途は。 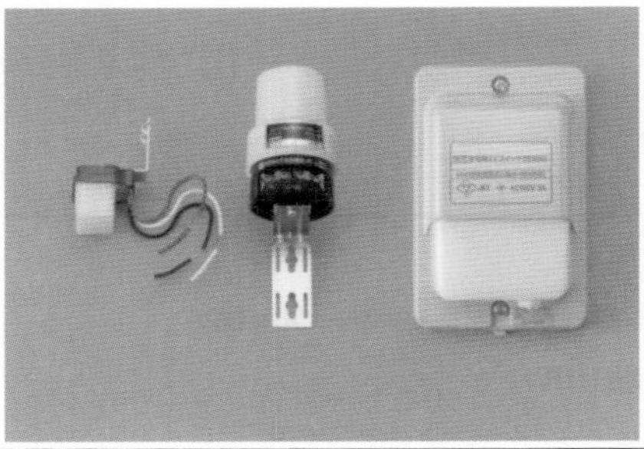	**イ．** LED 電球の明るさを調節するのに用いる。 **ロ．** 人の接近による自動点滅に用いる。 **ハ．** 蛍光灯の力率改善に用いる。 **ニ．** 周囲の明るさに応じて屋外灯などを自動点滅させるのに用いる。
18	写真に示す工具の用途は。 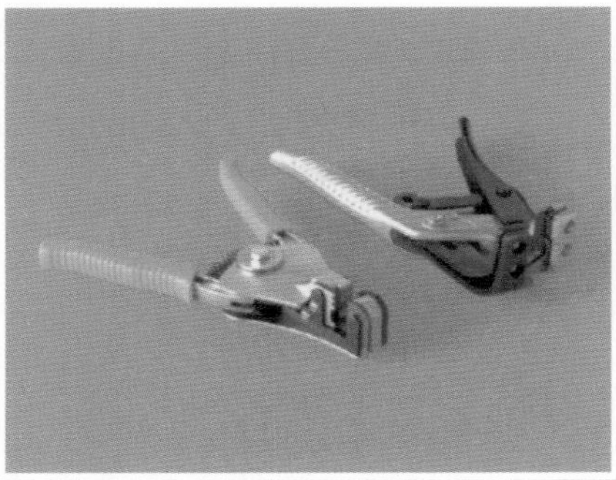	**イ．** VVF ケーブルの外装や絶縁被覆をはぎ取るのに用いる。 **ロ．** CV ケーブル（低圧用）の外装や絶縁被覆をはぎ取るのに用いる。 **ハ．** VVR ケーブルの外装や絶縁被覆をはぎ取るのに用いる。 **ニ．** VFF コード（ビニル平形コード）の絶縁被覆をはぎ取るのに用いる。
19	単相 100 V の屋内配線工事における絶縁電線相互の接続で，**不適切なものは。**	**イ．** 絶縁電線の絶縁物と同等以上の絶縁効力のあるもので十分被覆した。 **ロ．** 電線の引張強さが 15 %減少した。 **ハ．** 差込形コネクタによる終端接続で，ビニルテープによる絶縁は行わなかった。 **ニ．** 電線の電気抵抗が 5 %増加した。
20	低圧屋内配線工事（臨時配線工事の場合を除く）で，600V ビニル絶縁ビニルシースケーブルを用いたケーブル工事の施工方法として，**適切なものは。**	**イ．** 接触防護措置を施した場所で，造営材の側面に沿って垂直に取り付け，その支持点間の距離を 8 m とした。 **ロ．** 金属製遮へい層のない電話用弱電流電線と共に同一の合成樹脂管に収めた。 **ハ．** 建物のコンクリート壁の中に直接埋設した。 **ニ．** 丸形ケーブルを，屈曲部の内側の半径をケーブル外径の 8 倍にして曲げた。

	問い	答え
21	住宅(一般用電気工作物)に系統連系型の発電設備(出力 5.5 kW)を，図のように，太陽電池，パワーコンディショナ，漏電遮断器(分電盤内)，商用電源側の順に接続する場合，取り付ける漏電遮断器の種類として，**最も適切なものは**。 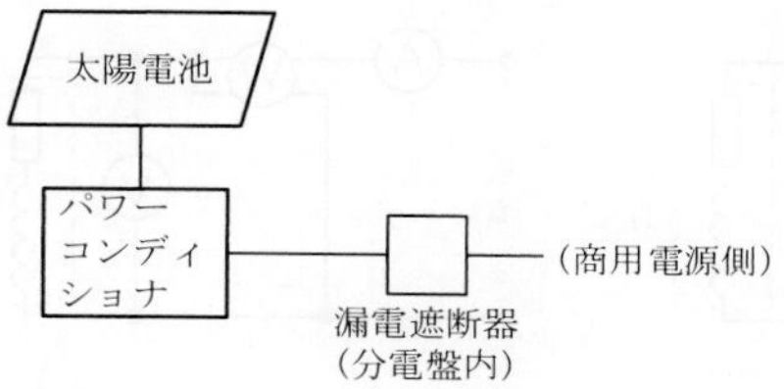 	**イ**．漏電遮断器(過負荷保護なし) **ロ**．漏電遮断器(過負荷保護付) **ハ**．漏電遮断器(過負荷保護付　高感度形) **ニ**．漏電遮断器(過負荷保護付　逆接続可能型)
22	床に固定した定格電圧 200 V，定格出力 1.5 kW の三相誘導電動機の鉄台に接地工事をする場合，接地線(軟銅線)の太さと接地抵抗値の組合せで，**不適切なものは**。 ただし，漏電遮断器を設置しないものとする。	**イ**．直径 1.6 mm，10 Ω **ロ**．直径 2.0 mm，50 Ω **ハ**．公称断面積 0.75 mm^2，5 Ω **ニ**．直径 2.6 mm，75 Ω
23	低圧屋内配線の金属可とう電線管(使用する電線管は 2 種金属製可とう電線管とする)工事で，**不適切なものは**。	**イ**．管の内側の曲げ半径を管の内径の 6 倍以上とした。 **ロ**．管内に 600V ビニル絶縁電線を収めた。 **ハ**．管とボックスとの接続にストレートボックスコネクタを使用した。 **ニ**．管と金属管(鋼製電線管)との接続に TS カップリングを使用した。
24	回路計(テスタ)に関する記述として，**正しいものは**。	**イ**．ディジタル式は電池を内蔵しているが，アナログ式は電池を必要としない。 **ロ**．電路と大地間の抵抗測定を行った。その測定値は電路の絶縁抵抗値として使用してよい。 **ハ**．交流又は直流電圧を測定する場合は，あらかじめ想定される値の直近上位のレンジを選定して使用する。 **ニ**．抵抗を測定する場合の回路計の端子における出力電圧は，交流電圧である。
25	低圧屋内配線の電路と大地間の絶縁抵抗を測定した。「電気設備に関する技術基準を定める省令」に**適合していないものは**。	**イ**．単相 3 線式 100/200 V の使用電圧 200 V 空調回路の絶縁抵抗を測定したところ 0.16 MΩであった。 **ロ**．三相 3 線式の使用電圧 200 V(対地電圧 200 V)電動機回路の絶縁抵抗を測定したところ 0.18 MΩであった。 **ハ**．単相 2 線式の使用電圧 100 V 屋外庭園灯回路の絶縁抵抗を測定したところ 0.12 MΩであった。 **ニ**．単相 2 線式の使用電圧 100 V 屋内配線の絶縁抵抗を，分電盤で各回路を一括して測定したところ，1.5 MΩであったので個別分岐回路の測定を省略した。
26	使用電圧100 Vの低圧電路に，地絡が生じた場合0.1秒で自動的に電路を遮断する装置が施してある。この電路の屋外にD種接地工事が必要な自動販売機がある。その接地抵抗値a[Ω]と電路の絶縁抵抗値b[MΩ]の組合せとして，「電気設備に関する技術基準を定める省令」及び「電気設備の技術基準の解釈」に**適合していないものは**。	**イ**．a　600 b　2.0 **ロ**．a　500 b　1.0 **ハ**．a　100 b　0.2 **ニ**．a　10 b　0.1

	問い	答え
27	単相交流電源から負荷に至る回路において，電圧計，電流計，電力計の結線方法として，**正しいものは。**	イ．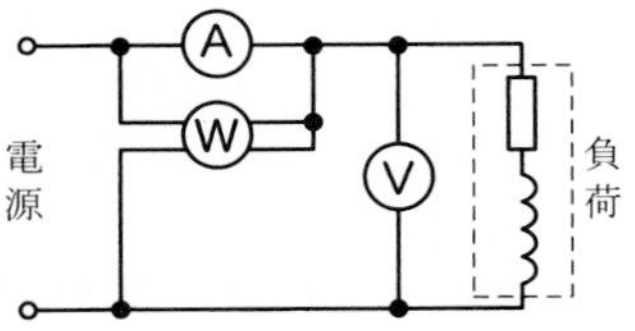 ロ．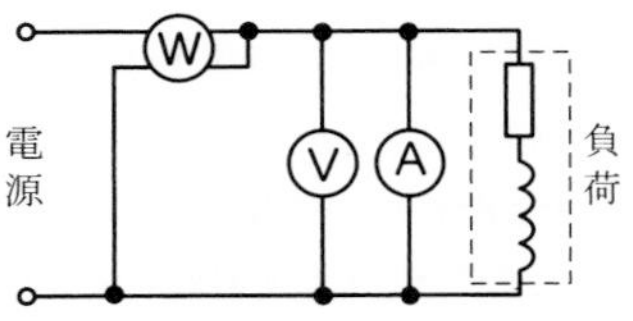 ハ．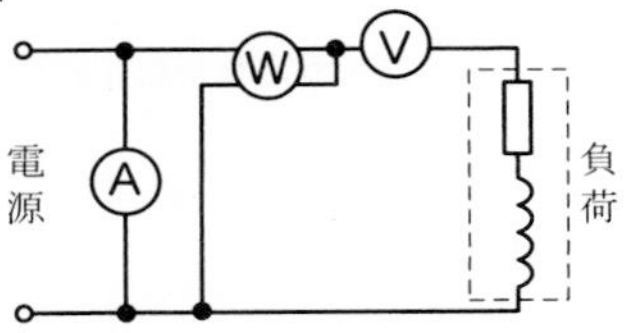 ニ．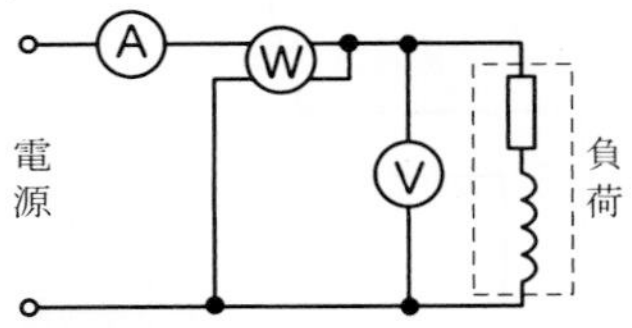
28	「電気工事士法」において，第二種電気工事士であっても**従事できない作業は。**	イ．一般用電気工作物の配線器具に電線を接続する作業 ロ．一般用電気工作物に接地線を取り付ける作業 ハ．自家用電気工作物(最大電力 500 kW 未満の需要設備)の地中電線用の管を設置する作業 ニ．自家用電気工作物(最大電力 500 kW 未満の需要設備)の低圧部分の電線相互を接続する作業
29	「電気用品安全法」の適用を受ける電気用品に関する記述として，**誤っているものは。**	イ．の記号は，電気用品のうち「特定電気用品以外の電気用品」を示す。 ロ．の記号は，電気用品のうち「特定電気用品」を示す。 ハ．<PS>E の記号は，電気用品のうち輸入した「特定電気用品以外の電気用品」を示す。 ニ．電気工事士は，「電気用品安全法」に定められた所定の表示が付されているものでなければ，電気用品を電気工作物の設置又は変更の工事に使用してはならない。
30	「電気設備に関する技術基準を定める省令」における電路の保護対策について記述したものである。次の空欄(A)及び(B)の組合せとして，**正しいものは。** 電路の (A) には，過電流による過熱焼損から電線及び電気機械器具を保護し，かつ，火災の発生を防止できるよう，過電流遮断器を施設しなければならない。 また，電路には， (B) が生じた場合に，電線若しくは電気機械器具の損傷，感電又は火災のおそれがないよう， (B) 遮断器の施設その他の適切な措置を講じなければならない。ただし，電気機械器具を乾燥した場所に施設する等 (B) による危険のおそれがない場合は，この限りでない。	イ．(A) 必要な箇所　(B) 地絡 ロ．(A) すべての分岐回路　(B) 過電流 ハ．(A) 必要な箇所　(B) 過電流 ニ．(A) すべての分岐回路　(B) 地絡

問題2．配線図 (問題数 20，配点は1問当たり 2 点)

※図は６６頁参照

図は，木造1階建住宅の配線図である。この図に関する次の各問いには4通りの答え（**イ**，**ロ**，**ハ**，**ニ**）が書いてある。それぞれの問いに対して，答えを1つ選びなさい。

【注意】 1．屋内配線の工事は，特記のある場合を除き 600V ビニル絶縁ビニルシースケーブル平形（VVF）を用いたケーブル工事である。
2．屋内配線等の電線の本数，電線の太さ，その他，問いに直接関係のない部分等は省略又は簡略化してある。
3．漏電遮断器は，定格感度電流 30 mA，動作時間 0.1 秒以内のものを使用している。
4．選択肢（答え）の写真にあるコンセント及び点滅器は，「JIS C 0303：2000 構内電気設備の配線用図記号」で示す「一般形」である。
5．分電盤の外箱は合成樹脂製である。
6．ジョイントボックスを経由する電線は，すべて接続箇所を設けている。
7．3路スイッチの記号「0」の端子には，電源側又は負荷側の電線を結線する。

問い		答え
31	①で示す図記号の名称は。	**イ**．白熱灯　**ロ**．通路誘導灯　**ハ**．確認表示灯　**ニ**．位置表示灯
32	②で示す図記号の名称は。	**イ**．一般形点滅器　**ロ**．一般形調光器　**ハ**．ワイド形調光器　**ニ**．ワイドハンドル形点滅器
33	③で示す器具の接地工事における接地抵抗の許容される最大値［Ω］は。	**イ**．10　**ロ**．100　**ハ**．300　**ニ**．500
34	④の部分の最少電線本数(心線数)は。	**イ**．2　**ロ**．3　**ハ**．4　**ニ**．5
35	⑤で示す図記号の名称は。	**イ**．プルボックス　**ロ**．VVF 用ジョイントボックス　**ハ**．ジャンクションボックス　**ニ**．ジョイントボックス
36	⑥で示す部分の電路と大地間の絶縁抵抗として，許容される最小値［MΩ］は。	**イ**．0.1　**ロ**．0.2　**ハ**．0.3　**ニ**．0.4
37	⑦で示す図記号の名称は。	**イ**．タイマ付スイッチ　**ロ**．遅延スイッチ　**ハ**．自動点滅器　**ニ**．熱線式自動スイッチ
38	⑧で示す部分の小勢力回路で使用できる電線(軟銅線)の最小太さの直径［mm］は。	**イ**．0.8　**ロ**．1.2　**ハ**．1.6　**ニ**．2.0
39	⑨で示す部分の配線工事で用いる管の種類は。	**イ**．硬質ポリ塩化ビニル電線管 **ロ**．波付硬質合成樹脂管 **ハ**．耐衝撃性硬質ポリ塩化ビニル電線管 **ニ**．耐衝撃性硬質ポリ塩化ビニル管
40	⑩で示す部分の工事方法で**施工できない**工事方法は。	**イ**．金属管工事　**ロ**．合成樹脂管工事　**ハ**．がいし引き工事　**ニ**．ケーブル工事

（次頁へ続く）

	問い	イ.	ロ.	ハ.	ニ.
41	⑪で示すボックス内の接続をすべて差込形コネクタとする場合，使用する差込形コネクタの種類と最少個数の組合せで，**正しいものは。** ただし，使用する電線はすべてVVF1.6とする。	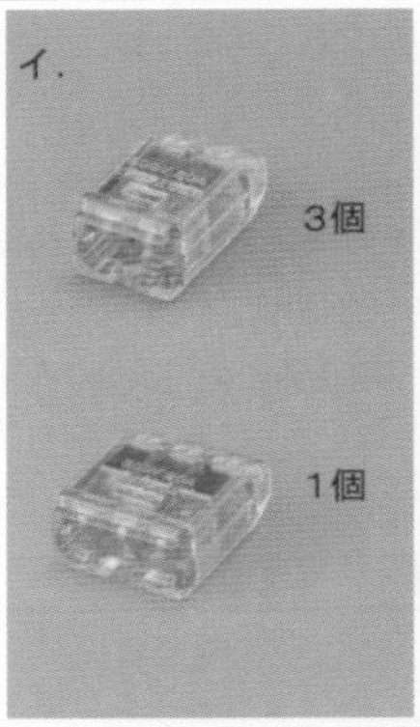 3個 1個	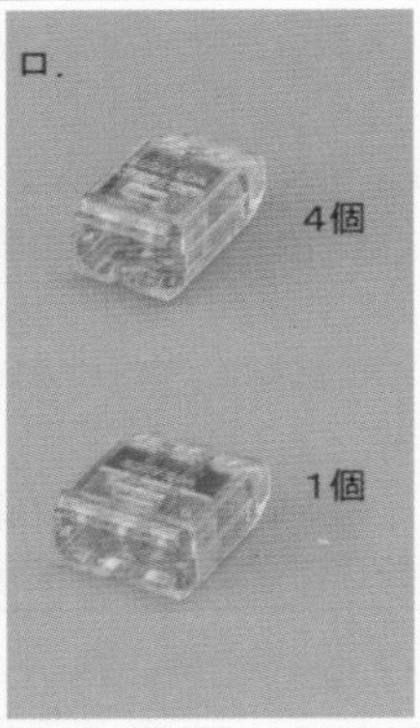 4個 1個	 4個	 5個
42	⑫で示すボックス内の接続をすべて圧着接続とする場合，使用するリングスリーブの種類と最少個数の組合せで，**正しいものは。** ただし，使用する電線はすべてVVF1.6とする。	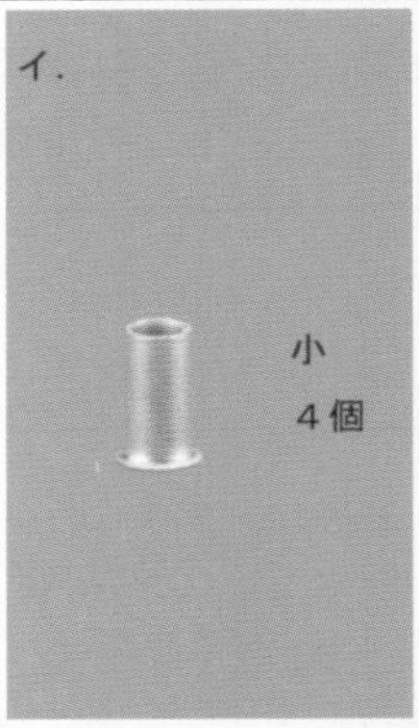 小 4個	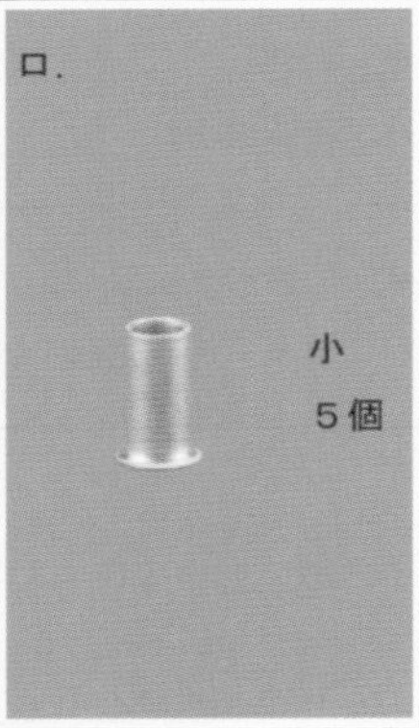 小 5個	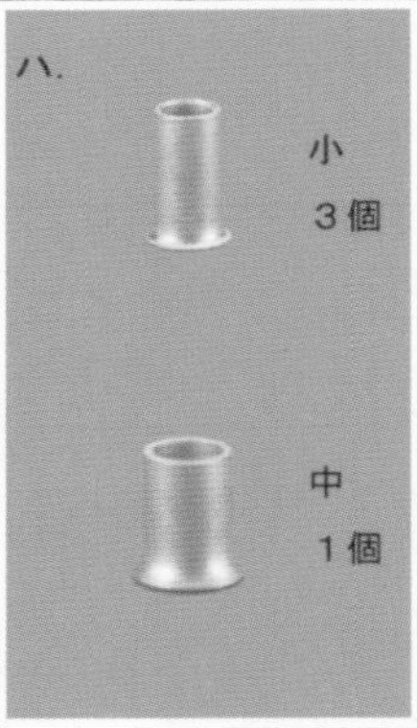 小 3個 中 1個	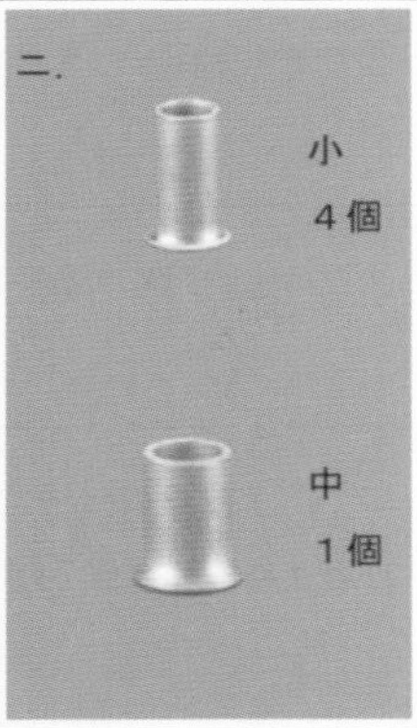 小 4個 中 1個
43	⑬で示す点滅器の取付け工事に使用する材料として，**適切なものは。**		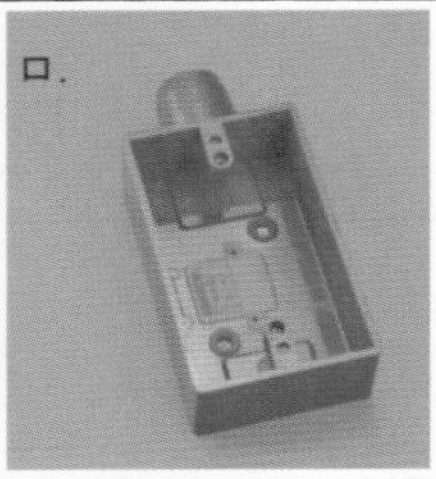	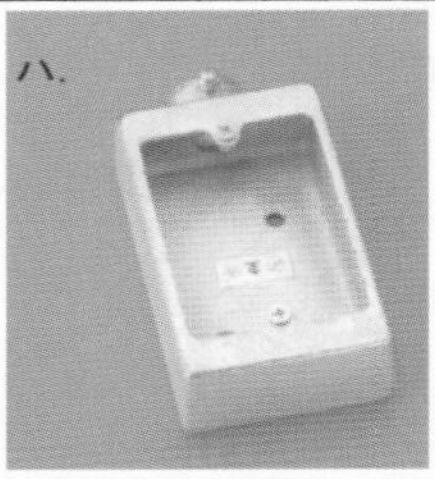	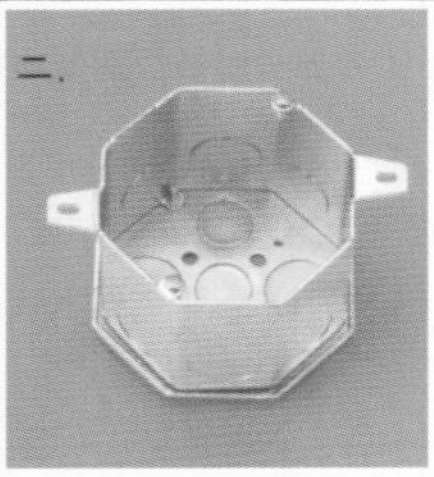
44	⑭で示す図記号の機器は。	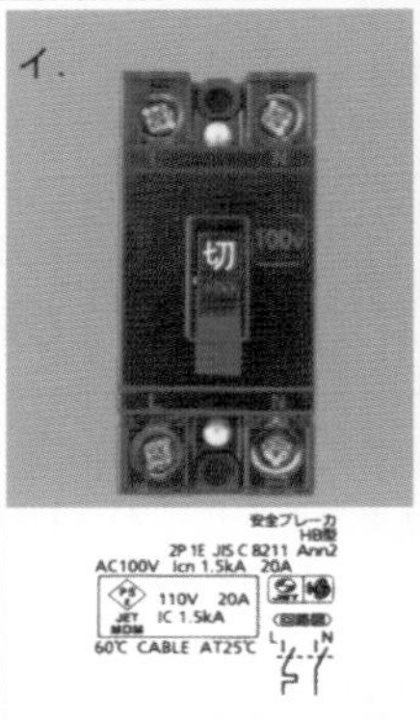	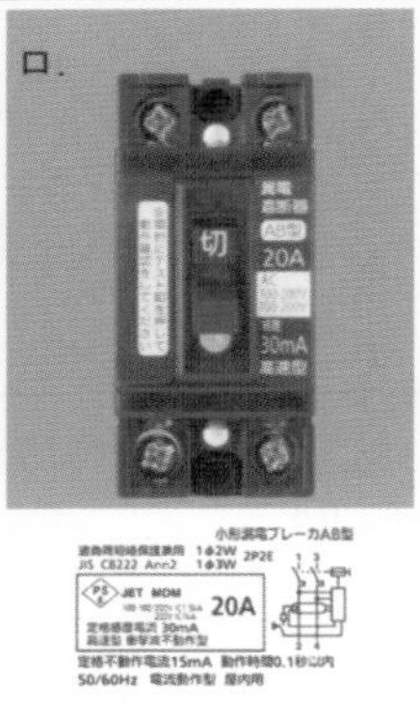	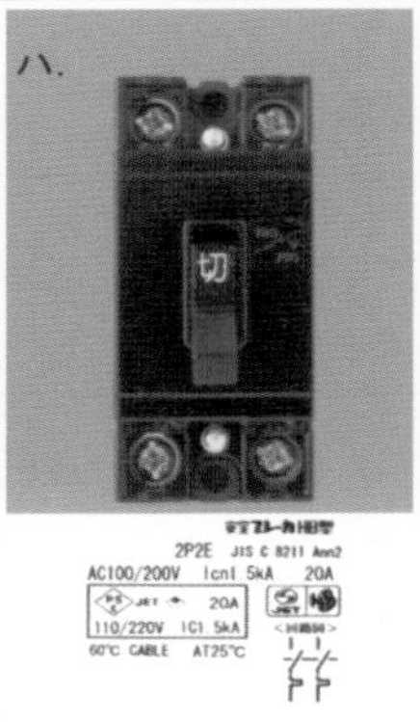	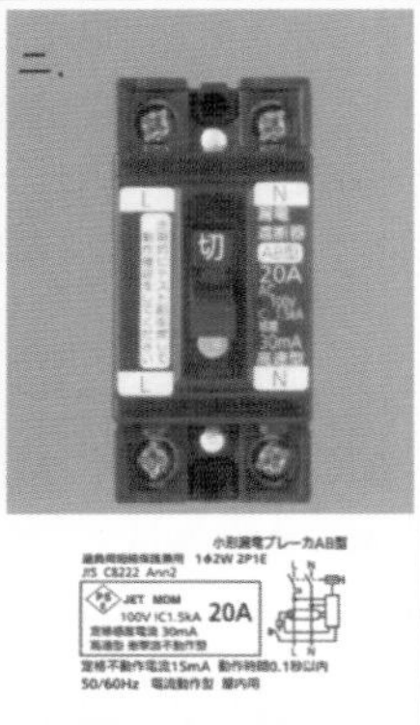
45	⑮で示す部分の配線を器具の裏面から見たものである。**正しいものは。** ただし，電線の色別は，白色は電源からの接地側電線，黒色は電源からの非接地側電線，赤色は負荷に結線する電線とする。	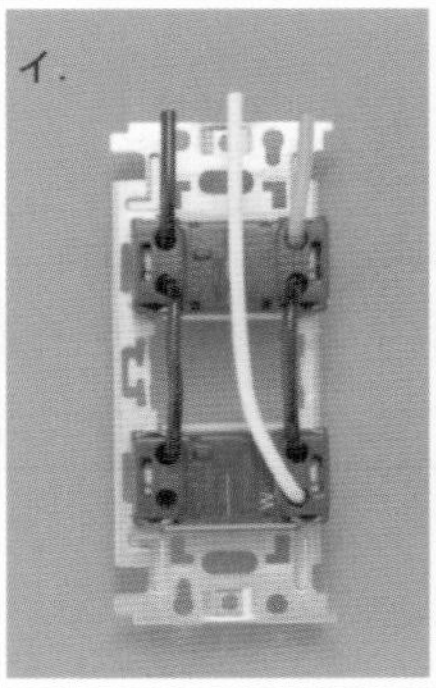	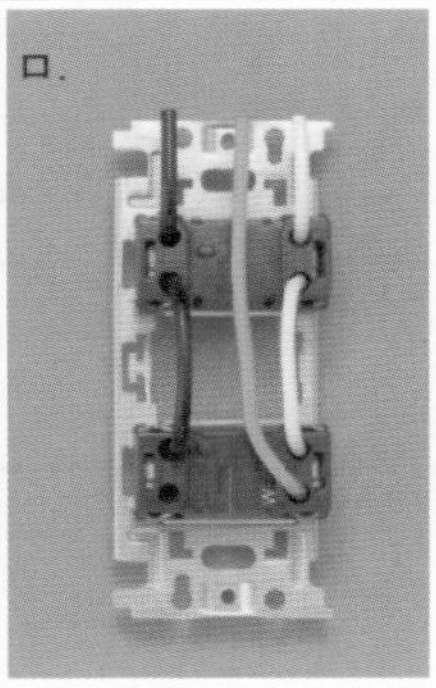	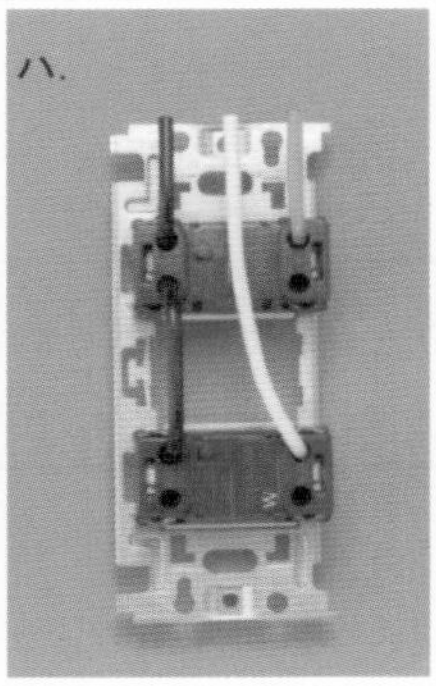	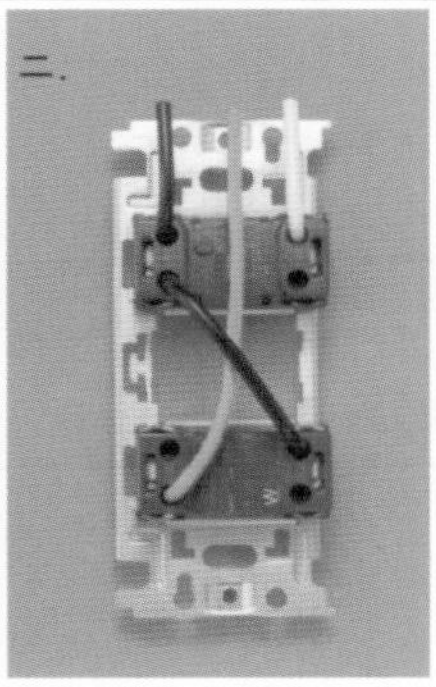

問い		答え
46	⑯で示す部分に使用するケーブルで, **適切なものは**。	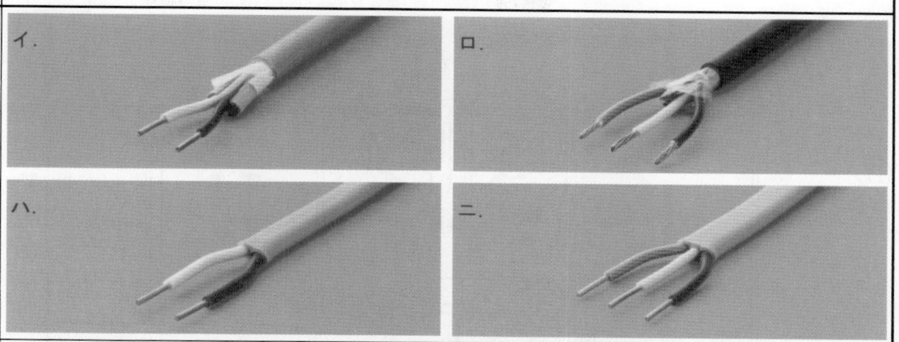
47	⑰で示すボックス内の接続をリングスリーブで圧着接続した場合のリングスリーブの種類, 個数及び圧着接続後の刻印との組合せで, **正しいものは**。 ただし, 使用する電線はすべてVVF1.6とする。 また, 写真に示す**リングスリーブ中央の**○, 小, 中は刻印を表す。	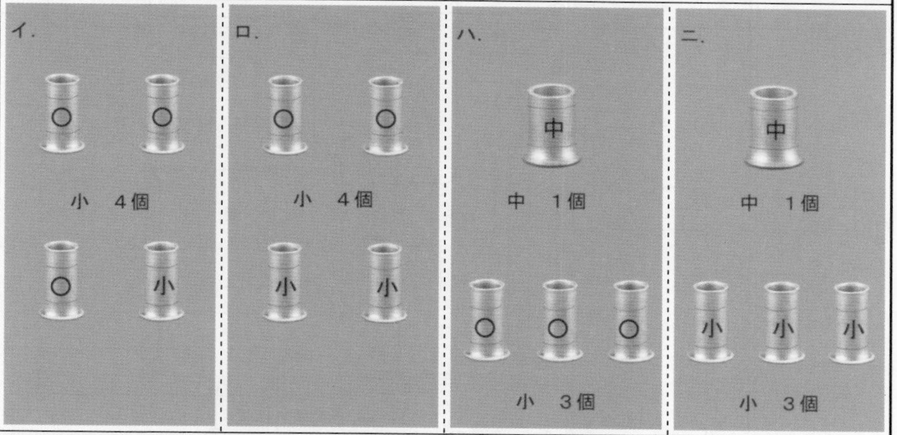
48	この配線図で, **使用しているコンセント**は。	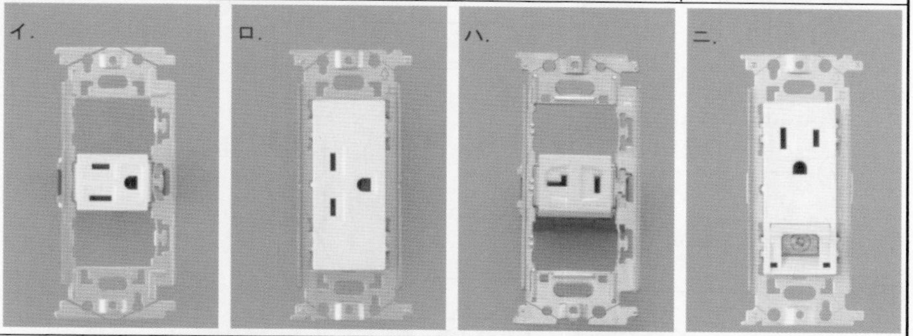
49	この配線図で**使用していないスイッチ**は。 ただし, 写真下の図は, 接点の構成を示す。	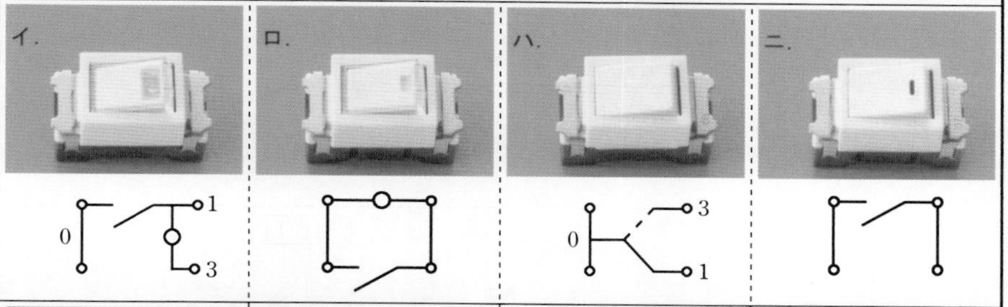
50	この配線図の施工に関して, 一般的に使用するものの組合せで, **不適切なものは**。	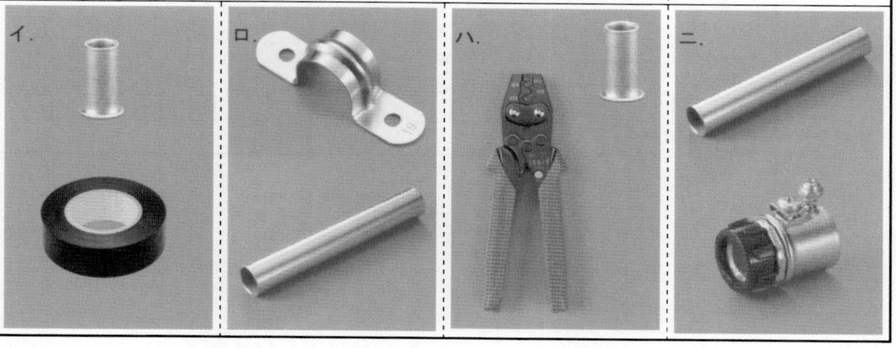

図面を引き抜いてご覧ください

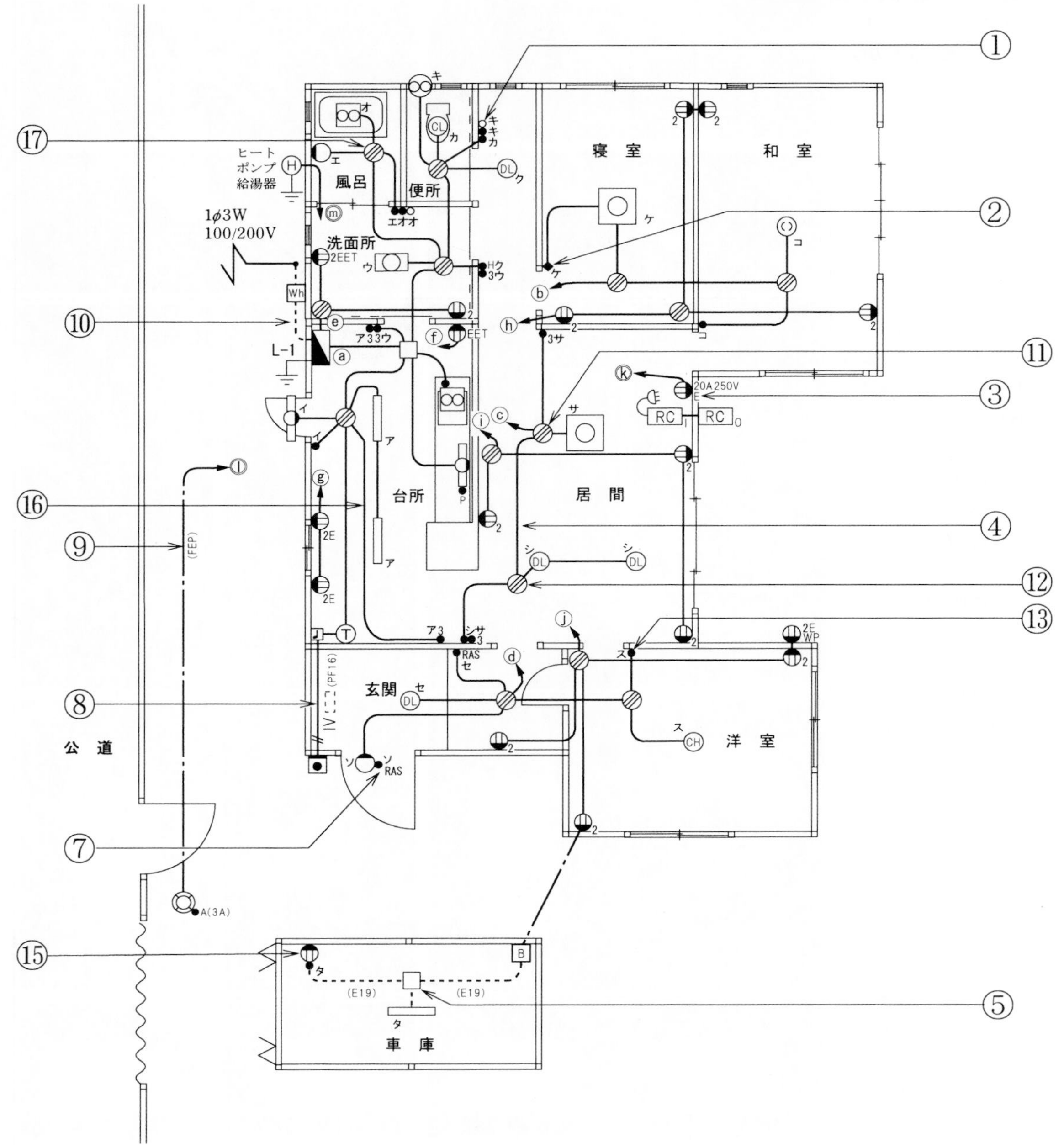

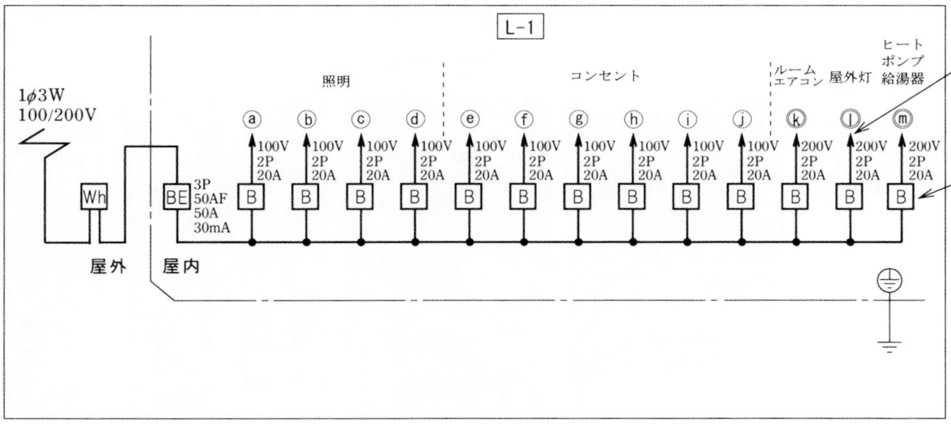

解答と解説

〔問題 1〕一般問題の解答

1　ハ．50

スイッチSを閉じたときの回路は，**第1図**のようになる．

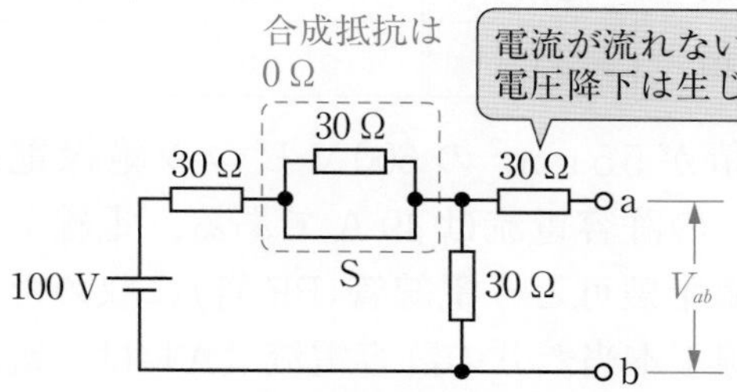

第1図

スイッチSを閉じると，電線の抵抗0Ωと抵抗30Ωの合成抵抗は，次のように0Ωとなる．

$$R=\frac{0\times30}{0+30}=\frac{0}{30}=0〔\Omega〕$$

また，端子aに接続されている抵抗30Ωには電流が流れないので，電圧降下は生じない．

これらのことから，a－b端子間の電圧V_{ab}は，**第2図**の回路で求めることができる．

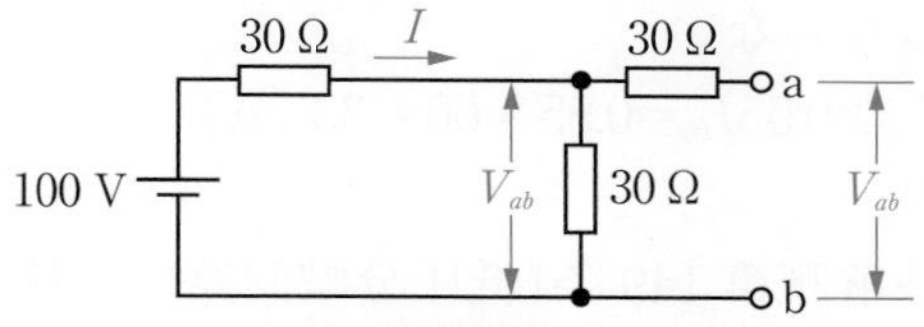

第2図

回路に流れる電流I〔A〕は，

$$I=\frac{100}{30+30}=\frac{100}{60}〔\mathrm{A}〕$$

a－b端子間の電圧V_{ab}〔V〕は，

$$V_{ab}=I\times30=\frac{100}{60}\times30=50〔\mathrm{V}〕$$

2　イ．$\dfrac{4\rho L}{\pi D^2}\times10^6$

導線の電気抵抗を求める場合，抵抗率がρ〔Ω·m〕で示されたときは，長さを〔m〕，断面積を〔m²〕の単位で計算しなければならない．

第3図において，直径D〔mm〕は$D\times10^{-3}$〔m〕であるから，断面積A〔m²〕は，

$$A=\frac{\pi\times(D\times10^{-3})^2}{4}=\frac{\pi D^2\times10^{-6}}{4}〔\mathrm{m^2}〕$$

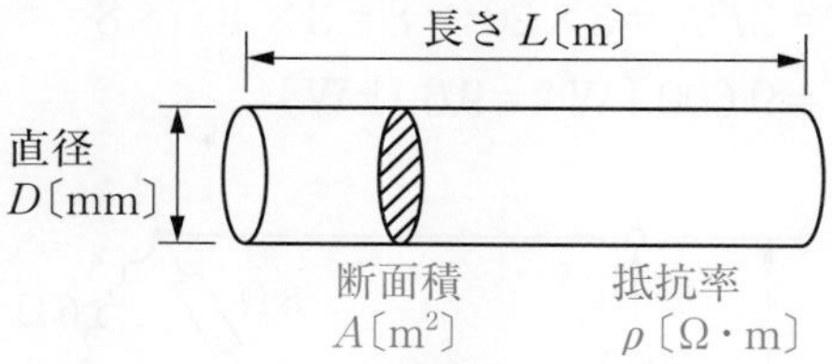

第3図

したがって，電気抵抗R〔Ω〕は次式で表される．

$$R=\rho\frac{L}{A}=\frac{\rho L}{\dfrac{\pi D^2\times10^{-6}}{4}}=\rho L\times\frac{4}{\pi D^2\times10^{-6}}$$

$$=\frac{4\rho L}{\pi D^2}\times10^6〔\Omega〕$$

3　イ．16

電力量W〔kW·h〕は，電力P〔kW〕と使用時間t〔h〕の積である．

2時間30分は，時間t〔h〕に換算すると，

$$t=2+\frac{30}{60}=2+0.5=2.5〔\mathrm{h}〕$$

電力P〔kW〕（〔W〕）は，

$$W=Pt〔\mathrm{kW\cdot h}〕$$

$$4=P\times2.5$$

$$P=\frac{4}{2.5}=1.6〔\mathrm{kW}〕=1\,600〔\mathrm{W}〕$$

抵抗に流れるI〔A〕電流は，

$$P=VI〔\mathrm{W}〕$$

$$I=\frac{P}{V}=\frac{1\,600}{100}=16〔\mathrm{A}〕$$

4　ロ．400

電力を消費するのは，抵抗Rだけである．この回路の消費電力P〔W〕は，

$$P=VI_R=100\times4=400〔\mathrm{W}〕$$

5　ハ．9.6

交流回路において，電力を消費するのは抵抗だけである．△結線の全消費電力は，1つの抵抗で消費する電力を3倍することによって求めることができる．

第4図において，1相のインピーダンスZ〔Ω〕は，

$$Z=\sqrt{8^2+6^2}=\sqrt{64+36}=\sqrt{100}=10〔\Omega〕$$

8Ωの抵抗に流れる電流I〔A〕は，

$$I=\frac{200}{Z}=\frac{200}{10}=20〔A〕$$

したがって，全消費電力 P〔kW〕は，

$$P=3I^2R=3\times20^2\times8=3\times400\times8$$
$$=9\,600〔W〕=9.6〔kW〕$$

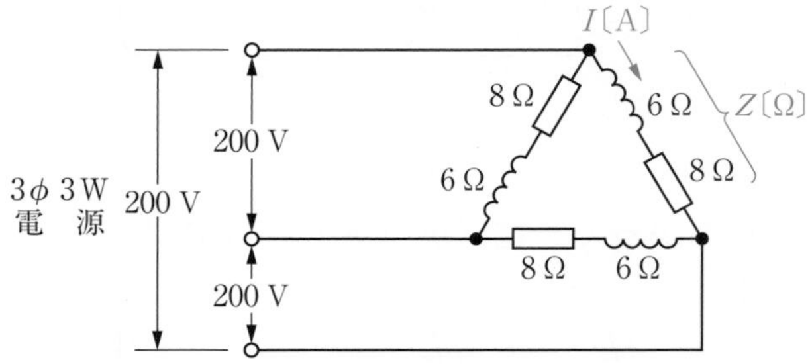

第 4 図

6　ニ．45

すべての電線に流れる電流が等しい三相 3 線式回路の配線の電力損失 P_l〔W〕は，電線 1 本当たりの損失の 3 倍になる．

$$P_l=3I^2r=3\times10^2\times0.15=300\times0.15=45〔W〕$$

7　ロ．小さくなる．

負荷電圧 100 V で，消費電力 1 kW の抵抗負荷に流れる電流 I〔A〕は，

$$I=\frac{P}{V}=\frac{1\,000}{100}=10〔A〕$$

単相 2 線式回路の配線の電力損失 P_1〔W〕は，

$$P_1=2I_1{}^2r=2\times20^2\times0.2=160〔W〕$$

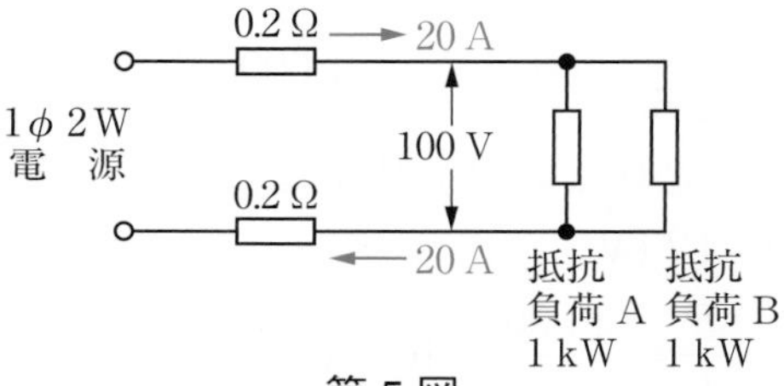

第 5 図

単相 3 線式回路の配線の電力損失 P_2〔W〕は，

$$P_2=2I_2{}^2r=2\times10^2\times0.2=40〔W〕$$

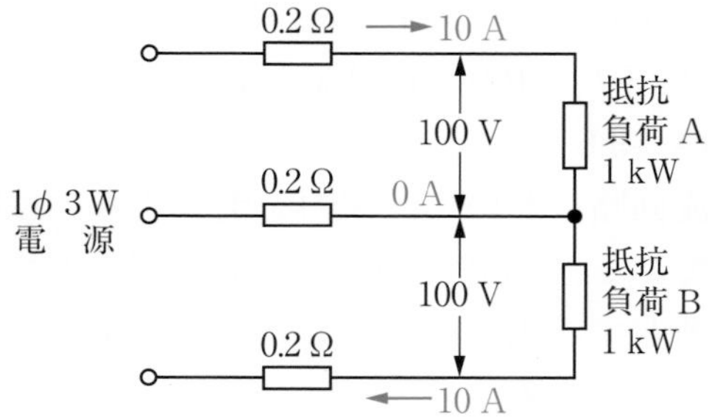

第 6 図

したがって，単相 3 線式回路に変更した場合，配線の電力損失は小さくなる．

8　ハ．24

電技解釈第 146 条（低圧配線に使用する電線）による．

600 V ビニル絶縁電線（IV）の許容電流は，周囲温度 30℃以下で，**第 1 表**のとおりである．

第 1 表　600 V ビニル絶縁電線の許容電流

電線の太さ	許容電流	電線の太さ	許容電流
1.6 mm	27 A	3.5 mm^2	37 A
2.0 mm	35 A	5.5 mm^2	49 A

断面積が 5.5 mm^2 の 600 V ビニル絶縁電線（軟銅線）の許容電流は 49 A である．電線 7 本を合成樹脂製可とう電線管（PF 管）に収めた場合の電線 1 本当たりの許容電流〔A〕は，電流減少係数が 0.49 であるから，

$$49\times0.49=24.01\rightarrow24\ \mathrm{A}$$

（小数点以下 1 位を 7 捨 8 入）

9　ニ．33

電技解釈第 149 条（低圧分岐回路等の施設）による．

a-b 間の長さが 8 m を超えているので，a-b 間の電線の許容電流 I_W〔A〕は，幹線を保護する過電流遮断器の定格電流の 0.55 倍以上でなければならない．

$$I_W\geqq0.55I_B=0.55\times60=33〔A〕$$

10　ハ．

電技解釈第 149 条（低圧分岐回路等の施設）による．

配線用遮断器の定格電流，電線の太さ，コンセントの定格電流の組み合わせは，**第 2 表**のようにしなければならない．

第 2 表　分岐回路

配線用遮断器の定格電流	電線の太さ（軟銅線）	コンセントの定格電流
20 A	1.6 mm 以上	20 A 以下
30 A	2.6 mm（5.5 mm^2）以上	20 A 以上 30 A 以下
40 A	8 mm^2 以上	30 A 以上 40 A 以下
50 A	14 mm^2 以上	40 A 以上 50 A 以下

（注）配線用遮断器の定格電流が 30 A の場合，定格電流が 20 A 未満の差込みプラグが接続できるものを除く．

ハの分岐回路は，40 A 配線用遮断器の分岐回路で，電線の太さ及び接続されたコンセントの定格電流は適切である．

イは，30 A のコンセントは接続できない．ロは，2.0 mm の電線は接続できない．ニは，定格電流 15 A のコンセントは接続できない．

11 ロ．プルボックス

プルボックスは，多数の金属管や太い金属管が集合する場所で，通線を容易にするために用いられる．

12 イ．600 V 架橋ポリエチレン絶縁ビニルシースケーブル（CV）

電技解釈第 146 条（低圧配線に使用する電線），内線規程 1340-1（絶縁電線などの許容電流）による．

600 V 架橋ポリエチレン絶縁ビニルシースケーブル（CV）の絶縁材料に使用されている架橋ポリエチレンの最高許容温度は，90℃で最も高い．

13 ロ．サドル　振動ドリル　カールプラグ　木ねじ

コンクリート壁に金属管を取り付けるには，まず，振動ドリルでコンクリート壁にカールプラグを埋め込むための穴をあける．次に，カールプラグを穴に埋め込む．続いて，ドライバで木ねじをカールプラグにねじ込んでサドルを固定する（**第 7 図**）．

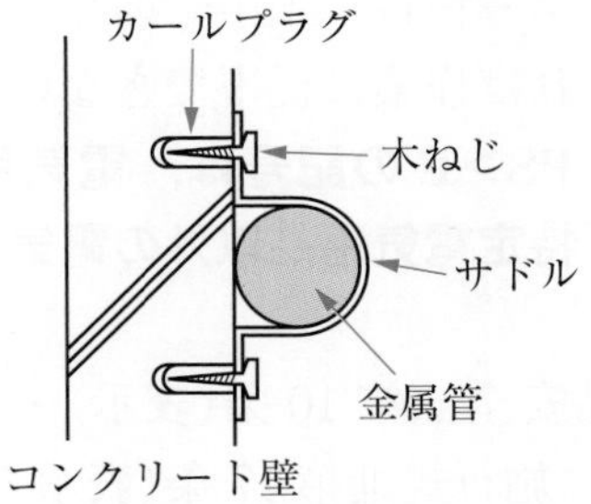

第 7 図

14 ハ．1 800

三相かご形誘導電動機の同期速度 N_s〔min^{-1}〕は，電源の周波数を f〔Hz〕，極数を p〔極〕とすると，

$$N_s=\frac{120f}{p}=\frac{120\times 60}{4}=1\,800\ 〔\mathrm{min}^{-1}〕$$

15 イ．ネオン変圧器と高圧水銀灯

ネオン変圧器はネオン放電灯を放電させるものであり，高圧水銀灯には安定器が使用される．

16 ロ．焼却時に有害なハロゲン系ガスが発生する．

写真に示す材料は，600 V ポリエチレン絶縁耐燃性ポリエチレンシースケーブル平形である．絶縁材料及びシースに使用されているポリエチレンは，焼却時に有害なハロゲン系ガスが発生しない．

17 ニ．周囲の明るさに応じて屋外灯などを自動点滅させるのに用いる．

写真に示す器具は，自動点滅器である．

18 イ．VVF ケーブルの外装や絶縁被覆をはぎ取るのに用いる．

ケーブルストリッパで，VVF ケーブルや EM-EEF ケーブルの外装と絶縁被覆をはぎ取ることができる．

19 ニ．電線の電気抵抗が 5 %増加した．

電技解釈第 12 条（電線の接続法）による．

電線を接続する場合には，電気抵抗を増加させてはならない．

20 ニ．丸形ケーブルを，屈曲部の内側の半径をケーブル外径の 8 倍にして曲げた．

電技解釈第 164 条（ケーブル工事）・第 167 条（低圧配線と弱電流電線等又は管との接近又は交差），内線規程 3165-4（ケーブルの屈曲）による．

600 V ビニル絶縁ビニルシースケーブルの屈曲部の内側の半径は，多心・単心より合わせの場合は仕上がり外径の 6 倍以上，単心の場合は仕上がり外径の 8 倍以上で，ニは適切である．

接触防護措置を施した場所で，造営材の側面に沿って垂直に取り付ける場合，支持点間の距離は 6 m 以下としなければならない．C 種接地工事を施した金属製遮へい層を有する電話用弱電流電線でなければ，低圧屋内配線のケーブルと同一の電線管に収めてはならない．臨時配線工事の場合を除いて，600 V ビニル絶縁ビニルシースケーブルを，コンクリート壁に直接埋設してはならない．

21 ニ．漏電遮断器（過負荷保護付　逆接続可能型）

内線規程 3594-4（太陽光発電設備の配線）による．

太陽光発電設備に至る回路に漏電遮断器を施設する場合は，漏電遮断器が「切」の状態で負荷側に電圧がかかっても故障するおそれのないもの（逆接続可能型など）でなければならない．

22　ハ．公称断面積 0.75 mm^2，5 Ω

電技解釈第 17 条（接地工事の種類及び施設方法）・第 29 条（機械器具の金属製外箱等の接地）による．

定格電圧が 200 V であることから，接地工事の種類は D 種接地工事である．接地線（軟銅線）の太さは，直径 1.6 mm 以上でなければならない．直径 1.6 mm の断面積は 2 mm^2 で，それより細い公称断面積 0.75 mm^2 の接地線（軟銅線）は使用できない．漏電遮断器を設置しないので，接地抵抗値は 100 Ω 以下でなければならない．

23　ニ．管と金属管（鋼製電線管）との接続に TS カップリングを使用した．

電技解釈第 160 条（金属可とう電線管工事），内線規程 3120 節（金属製可とう電線管配線）による．

TS カップリングは，硬質ポリ塩化ビニル電線管相互を接続するものである．

24　ハ．交流又は直流電圧を測定する場合は，あらかじめ想定される値の直近上位のレンジを選定して使用する．

回路計で電圧を測定する場合，測定するレンジより大きな電圧を加えると，内部の抵抗を焼損したり指針が振り切れたりする．想定される値の直近上位のレンジを選定して測定しなければならない．

25　ロ．三相 3 線式の使用電圧 200 V（対地電圧 200 V）電動機回路の絶縁抵抗を測定したところ 0.18 MΩ であった．

電技第 58 条（低圧の電路の絶縁性能）による．

三相 3 線式の使用電圧 200 V（対地電圧 200 V）電動機回路の絶縁抵抗値は，0.2 MΩ 以上でなければならない．

低圧電路の絶縁抵抗は，開閉器又は過電流遮断器で区切ることのできる電路ごとに，**第 3 表**の値以上でなければならない．

第 3 表　低圧の電路の絶縁性能

電路の使用電圧の区分		絶縁抵抗値
300 V 以下	対地電圧が 150 V 以下の場合	0.1 MΩ
	その他の場合	0.2 MΩ
300 V を超えるもの		0.4 MΩ

26　イ．a 600　b 2.0

電技第 58 条（低圧電路の絶縁性能），電技解釈第 17 条（接地工事の種類及び施設方法）による．

D 種接地工事の接地抵抗値は 100 Ω 以下であるが，地絡が生じた場合に 0.5 秒以内に電路を自動的に遮断する装置を施設するときは，500 Ω 以下にすることができる．

絶縁抵抗値は，使用電圧が 300 V 以下で対地電圧が 150 V 以下の場合，0.1 MΩ 以上でなければならない．

27　ニ．

電圧計は負荷と並列に，電流計は負荷と直列に接続する．電力計は，電圧コイルを負荷と並列に接続し，電流コイルは負荷と直列に接続する．

28　ニ．自家用電気工作物（最大電力 500 kW 未満の需要設備）の低圧部分の電線相互を接続する作業

電気工事士法第 2 条（用語の定義）・第 3 条（電気工事士等），施行令第 1 条（軽微な工事），施行規則第 2 条（軽微な作業）・第 2 条の 3（簡易電気工事）による．

自家用電気工作物（最大電力 500 kW 未満の需要設備）の低圧部分の電線相互を接続する作業は，簡易電気工事に該当する．簡易電気工事は，認定電気工事従事者認定証の交付を受けている者又は第一種電気工事士の免状を受けている者でなければ作業に従事できない．

29　ハ．＜PS＞E の記号は，電気用品のうち輸入した「特定電気用品以外の電気用品」を示す．

電気用品安全法第 10 条（表示）・第 28 条（使用の制限），施行規則第 17 条（表示の方法）による．

＜PS＞E の記号は，電気用品のうち「特定電気用品」を示す．

30　イ．（A）必要な箇所　（B）地絡

電技第 14 条（過電流からの電線及び電気機械具の保護対策）・第 15 条（地絡に対する保護対策）による．

「電気設備に関する技術基準を定める省令」における電路の保護対策について，次のように定められている．

第 14 条(過電流からの電線及び電気機械器具の保護対策)

電路の必要な箇所には，過電流による過熱焼損から電線及び電気機械器具を保護し，かつ，火災の発生を防止できるよう，過電流遮断器を施設しなければならない．

第 15 条(地絡に対する保護対策)

電路には，地絡が生じた場合に，電線若しくは電気機械器具の損傷，感電又は火災のおそれがないよう，地絡遮断器の施設その他の適切な措置を講じなければならない．ただし，電気機械器具を乾燥した場所に施設する等地絡による危険のおそれがない場合は，この限りでない．

問題 2. 配線図の解答

31 ハ. 確認表示灯

図記号○は，確認表示灯(パイロットランプ)を表す．

32 ニ. ワイドハンドル形点滅器

図記号◆は，ワイドハンドル形点滅器(**第 8 図**)を表す．

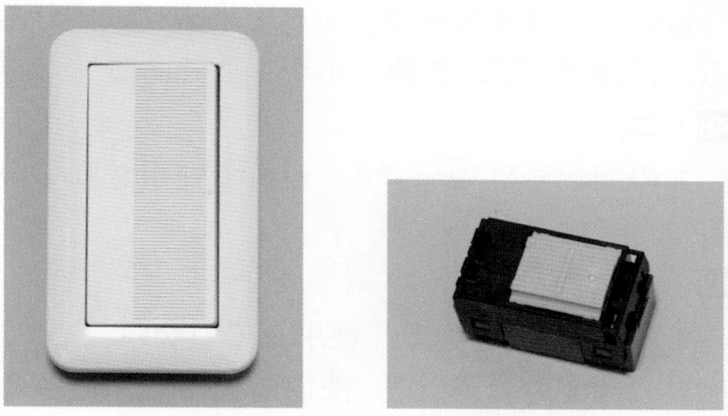

第 8 図　ワイドハンドル形点滅器

33 ニ. 500

電技解釈第 17 条(接地工事の種類及び施設方法)・第 29 条(機械器具の金属製外箱等の接地)による．

③はコンセントの接地極の接地である．使用電圧が 300 V 以下の機械器具が接地されるので，接地工事の種類は，D 種接地工事である．

分電盤(L-1)に動作時間 0.1 秒以内の漏電遮断器が施設してあるので，接地抵抗値は 500 Ω 以下にすればよい．

34 ハ. 4

④の複線図は**第 9 図**のようになり，最少電線本数(心線数)は 4 本である．

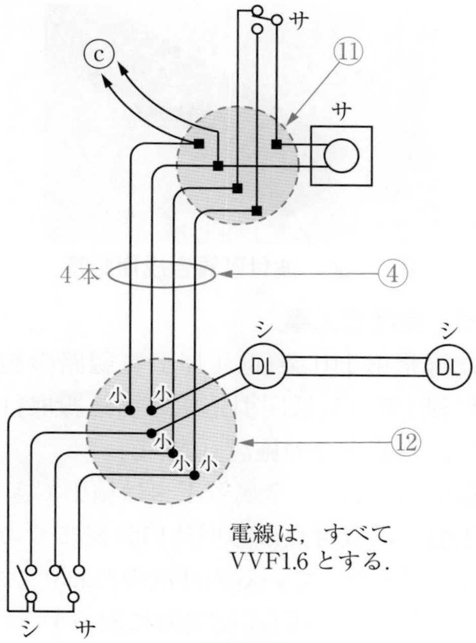

第 9 図

35 ニ. ジョイントボックス

図記号□は，ジョイントボックス(アウトレットボックス)を表す．

36 イ. 0.1

電技第 58 条(低圧の電路の絶縁性能)による．

使用電圧 300 V 以下で対地電圧 150 V 以下なので，絶縁抵抗値は 0.1 MΩ 以上である．

37 ニ. 熱線式自動スイッチ

図記号$●_{RAS}$は，人の接近によって点滅する熱線式自動スイッチ(**第 10 図**)である．

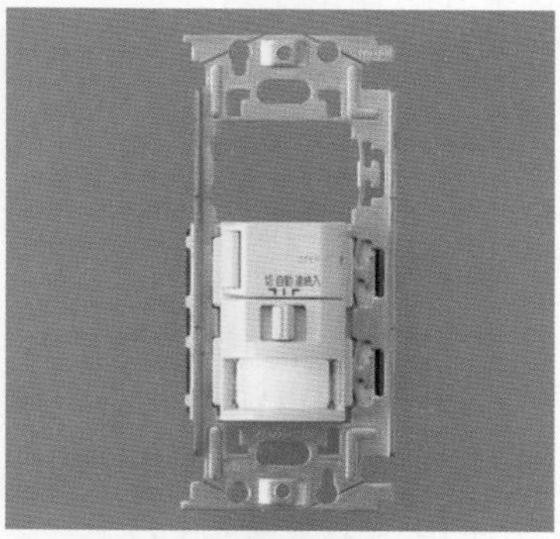

第 10 図　熱線式自動スイッチ

38 イ. 0.8

電技解釈第 181 条(小勢力回路の施設)による．

小勢力回路の電線(軟銅線)は，ケーブルの場合を除いて，最小太さは直径 0.8 mm である．

39 ロ. 波付硬質合成樹脂管

(FEP)は，波付硬質合成樹脂管(**第 11 図**)を表す．

第 11 図　波付硬質合成樹脂管

40　イ．金属管工事

電技解釈第 110 条(低圧屋側電線路の施設)，内線規程 1370-5(低圧引込線の引込線取付点から引込口装置までの施設)による．

木造であるから，金属管工事は施工できない．

低圧引込線取付点から引込口装置までの工事として，認められているのは次のとおりである．

①がいし引き工事(露出場所に限る)

②金属管工事(木造以外の造営物に限る)

③合成樹脂管工事

④ケーブル工事(シースが金属製の場合は木造以外の造営物に限る)

41　ロ．

⑪で示すボックス内の接続は，**第 9 図**のようになる．

・2 本用：4 個　　・3 本用：1 個

42　ロ．

⑫で示すボック内の接続は，**第 9 図**のようになる．電線 1.6 mm の 2 本の接続が 5 箇所で，小スリーブを 5 個使用する．

43　イ．

⑬で示す点滅器は，VVF ケーブル工事で樹脂製の埋込スイッチボックスを使用して，壁に埋め込んで施工する．

44　ハ．

内線規程 1360-7(過電流遮断器の極)による．

図記号 B は配線用遮断器である．200 V の分岐回路に使用されているので，2 極 2 素子(2P2E)のものでなければならない．

45　ハ．

⑮部分の配線は，**第 12 図**のようになる．

46　ニ．

⑯で示す部分は，3 路スイッチへの配線で，VVF ケーブル 3 心である．

47　イ．

⑰で示すボックス内の接続は，**第 13 図**のようになる．

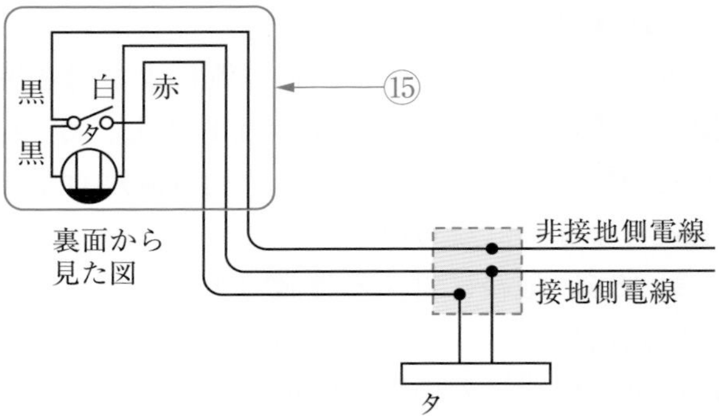

第 12 図

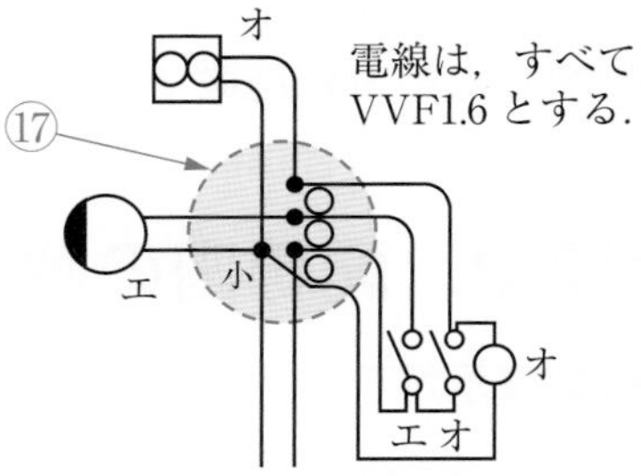

第 13 図

小スリーブは，電線 1.6 mm を 4 本まで接続できる．小スリーブの刻印は，電線 1.6 mm 2 本の接続は○で，他の接続は小である．

接続箇所は 4 箇所で，すべて小スリーブである．刻印は，○が 3 個，小が 1 個である．

48　ニ．

ニの図記号は◒$_{\mathrm{EET}}$で，台所で使用されている．

49　イ．

イの図記号は●$_{\mathrm{L}}$で，使用していない．

ロの図記号は●$_{\mathrm{H}}$で，洗面所入口で使用されている．ハの図記号は●$_{3}$で，居間や台所及び洗面所で使用されている．ニの図記号は●で，洋室や和室等で使用されている．

50　ハ．

リングスリーブの圧着用工具は，柄の部分の色が黄色の専用の工具(**第 14 図**)でなければならない．

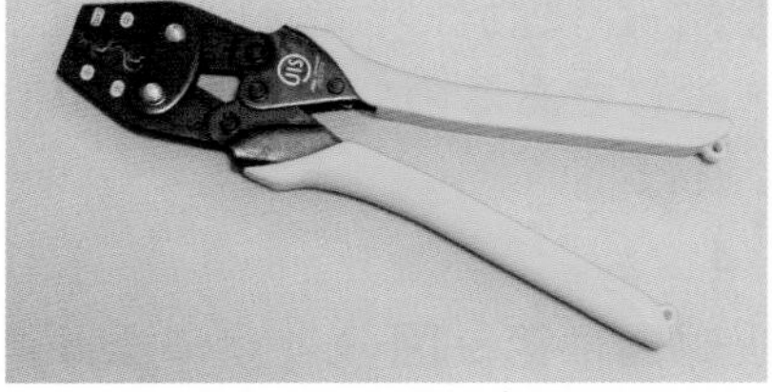

第 14 図　リングスリーブ用圧着工具

問題1．一般問題（問題数 30，配点は1問当たり2点）

【注】本問題の計算で $\sqrt{2}$，$\sqrt{3}$ 及び円周率 π を使用する場合の数値は次によること。 $\sqrt{2}=1.41$ ，$\sqrt{3}=1.73$ ，$\pi=3.14$

次の各問いには4通りの答え（イ，ロ，ハ，ニ）が書いてある。それぞれの問いに対して答えを1つ選びなさい。

なお，選択肢が数値の場合は最も近い値を選びなさい。

	問い	答え			
1	図のような回路で，端子 a－b 間の合成抵抗［Ω］は。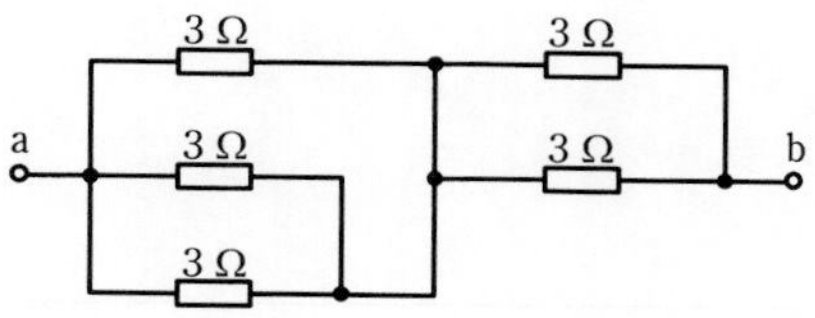	イ．1.1	ロ．2.5	ハ．6	ニ．15
2	A，B 2 本の同材質の銅線がある。A は直径 1.6 mm，長さ 100 m，B は直径 3.2 mm，長さ 50 m である。A の抵抗は B の抵抗の何倍か。	イ．1	ロ．2	ハ．4	ニ．8
3	抵抗に 15 A の電流を 1 時間 30 分流したとき，電力量が 4.5 kW・h であった。抵抗に加えた電圧［V］は。	イ．24	ロ．100	ハ．200	ニ．400
4	単相交流回路で 200 V の電圧を力率 90 ％の負荷に加えたとき，15 A の電流が流れた。負荷の消費電力［kW］は。	イ．2.4	ロ．2.7	ハ．3.0	ニ．3.3
5	図のような三相 3 線式回路に流れる電流 I［A］は。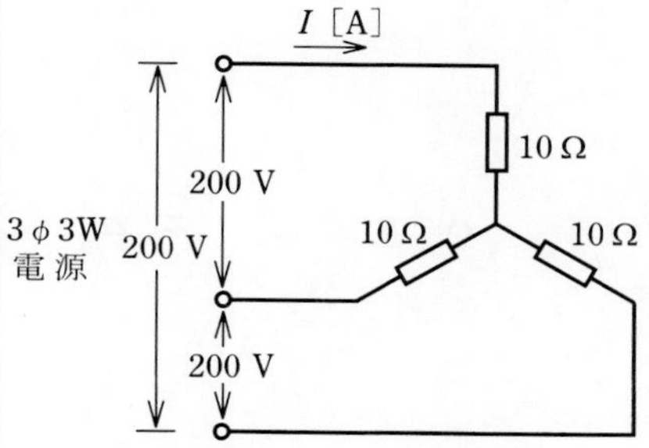	イ．8.3	ロ．11.6	ハ．14.3	ニ．20.0

<table>
<tr><th></th><th>問い</th><th colspan="4">答え</th></tr>
<tr><td>6</td><td>図のような単相2線式回路において，d–d′間の電圧が 100 V のとき a–a′間の電圧［V］は。
ただし，r_1，r_2及びr_3は電線の電気抵抗［Ω］とする。
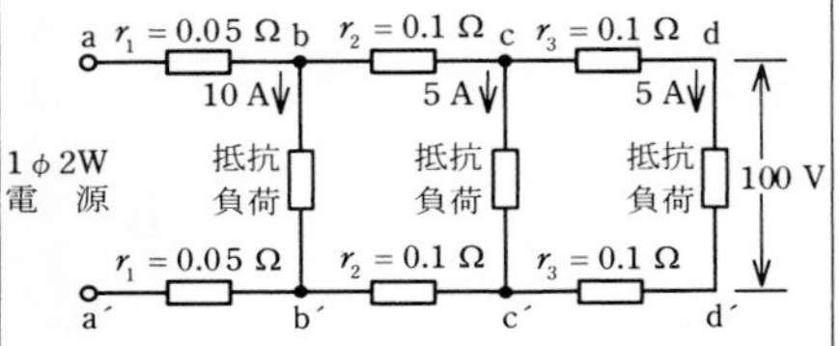
</td><td>イ．102</td><td>ロ．103</td><td>ハ．104</td><td>ニ．105</td></tr>
<tr><td>7</td><td>図のような単相3線式回路で，電線1線当たりの抵抗が r［Ω］，負荷電流が I［A］，中性線に流れる電流が 0 A のとき，電圧降下 $(V_s - V_r)$［V］を示す式は。
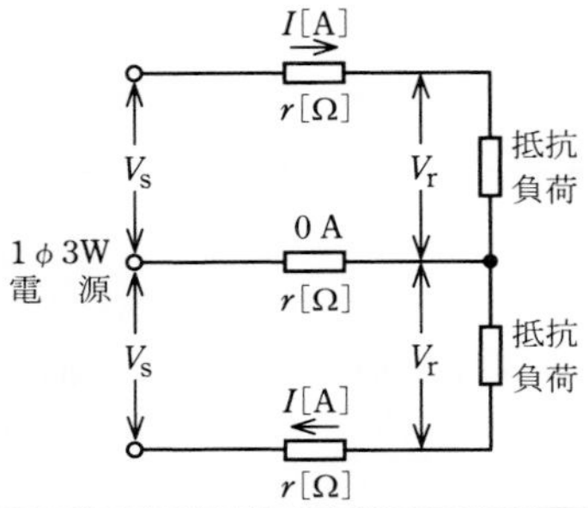
</td><td>イ．$2rI$</td><td>ロ．$3rI$</td><td>ハ．rI</td><td>ニ．$\sqrt{3}rI$</td></tr>
<tr><td>8</td><td>低圧屋内配線工事に使用する 600 V ビニル絶縁ビニルシースケーブル丸形(軟銅線)，導体の直径 2.0 mm，3心の許容電流［A］は。
ただし，周囲温度は 30 ℃以下，電流減少係数は 0.70 とする。</td><td>イ．19</td><td>ロ．24</td><td>ハ．33</td><td>ニ．35</td></tr>
<tr><td>9</td><td>図のように定格電流 40 A の過電流遮断器で保護された低圧屋内幹線から分岐して，10 m の位置に過電流遮断器を施設するとき，a–b 間の電線の許容電流の最小値［A］は。
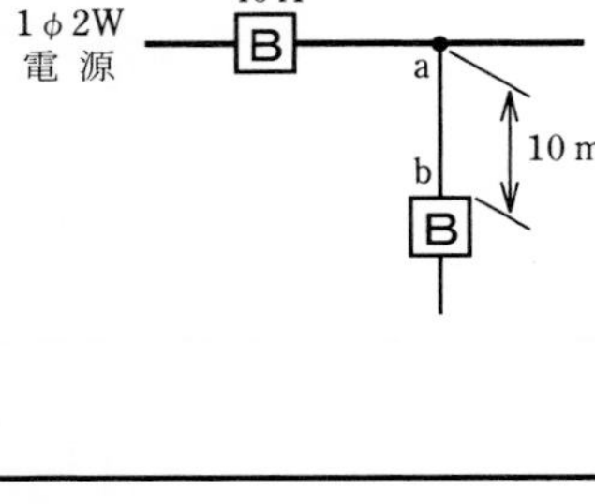
</td><td>イ．10</td><td>ロ．14</td><td>ハ．18</td><td>ニ．22</td></tr>
</table>

	問い	答え
10	低圧屋内配線の分岐回路の設計で，配線用遮断器，分岐回路の電線の太さ及びコンセントの組合せとして，**適切なものは。** ただし，分岐点から配線用遮断器までは3 m，配線用遮断器からコンセントまでは8 mとし，電線の数値は分岐回路の電線(軟銅線)の太さを示す。 また，コンセントは兼用コンセントではないものとする。	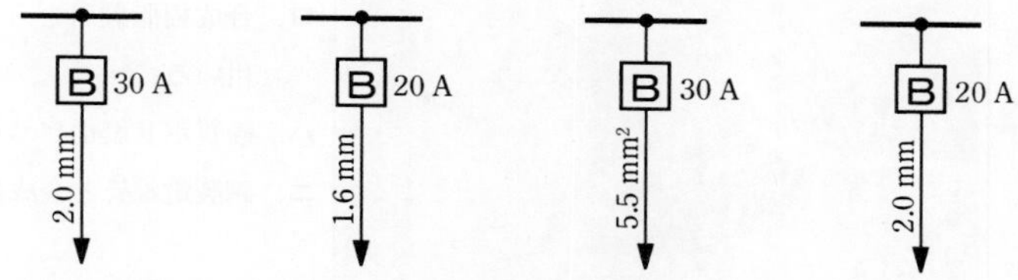 イ．定格電流30 Aのコンセント1個 ロ．定格電流30 Aのコンセント2個 ハ．定格電流15 Aのコンセント2個 ニ．定格電流20 Aのコンセント1個
11	アウトレットボックス(金属製)の使用方法として，**不適切なものは。**	イ．金属管工事で電線の引き入れを容易にするのに用いる。 ロ．金属管工事で電線相互を接続する部分に用いる。 ハ．配線用遮断器を集合して設置するのに用いる。 ニ．照明器具などを取り付ける部分で電線を引き出す場合に用いる。
12	使用電圧が300 V以下の屋内に施設する器具であって，付属する移動電線にビニルコードが**使用できるものは。**	イ．電気扇風機 ロ．電気こたつ ハ．電気こんろ ニ．電気トースター
13	電気工事の作業と使用する工具の組合せとして，**誤っているものは。**	イ．金属製キャビネットに穴をあける作業とノックアウトパンチャ ロ．木造天井板に電線管を通す穴をあける作業と羽根ぎり ハ．電線，メッセンジャワイヤ等のたるみを取る作業と張線器 ニ．薄鋼電線管を切断する作業とプリカナイフ
14	一般用低圧三相かご形誘導電動機に関する記述で，**誤っているものは。**	イ．負荷が増加すると回転速度はやや低下する。 ロ．全電圧始動(じか入れ)での始動電流は全負荷電流の2倍程度である。 ハ．電源の周波数が60 Hzから50 Hzに変わると回転速度が低下する。 ニ．3本の結線のうちいずれか2本を入れ替えると逆回転する。
15	直管LEDランプに関する記述として，**誤っているものは。**	イ．すべての蛍光灯照明器具にそのまま使用できる。 ロ．同じ明るさの蛍光灯と比較して消費電力が小さい。 ハ．制御装置が内蔵されているものと内蔵されていないものとがある。 ニ．蛍光灯に比べて寿命が長い。

問い		答え

16　写真に示す材料の用途は。

イ．合成樹脂製可とう電線管相互を接続するのに用いる。
ロ．合成樹脂製可とう電線管と硬質ポリ塩化ビニル電線管とを接続するのに用いる。
ハ．硬質ポリ塩化ビニル電線管相互を接続するのに用いる。
ニ．鋼製電線管と合成樹脂製可とう電線管とを接続するのに用いる。

17　写真に示す器具の名称は。

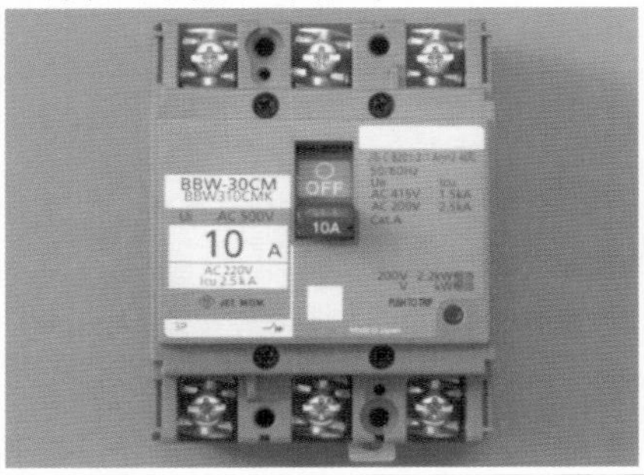

イ．漏電警報器
ロ．電磁開閉器
ハ．配線用遮断器(電動機保護兼用)
ニ．漏電遮断器

18　写真に示す工具の用途は。

イ．金属管切り口の面取りに使用する。
ロ．鉄板の穴あけに使用する。
ハ．木柱の穴あけに使用する。
ニ．コンクリート壁の穴あけに使用する。

19　低圧屋内配線工事で，600V ビニル絶縁電線(軟銅線)をリングスリーブ用圧着工具とリングスリーブ E 形を用いて終端接続を行った。接続する電線に適合するリングスリーブの種類と圧着マーク(刻印)の組合せで，**不適切なものは。**

イ．直径 1.6 mm 2 本の接続に，小スリーブを使用して圧着マークを**○**にした。
ロ．直径 1.6 mm 1 本と直径 2.0 mm 1 本の接続に，小スリーブを使用して圧着マークを**小**にした。
ハ．直径 1.6 mm 4 本の接続に，中スリーブを使用して圧着マークを**中**にした。
ニ．直径 1.6 mm 1 本と直径 2.0 mm 2 本の接続に，中スリーブを使用して圧着マークを**中**にした。

20　次表は使用電圧 100 V の屋内配線の施設場所による工事の種類を示す表である。表中の a～f のうち，**「施設できない工事」を全て選んだ組合せとして，正しいものは。**

施設場所の区分	工事の種類		
	金属線ぴ工事	金属ダクト工事	ライティングダクト工事
展開した場所で湿気の多い場所	a	b	c
点検できる隠ぺい場所で乾燥した場所	d	e	f

イ．a，b，c
ロ．a，c
ハ．b，e
ニ．d，e，f

	問い	答え
21	単相 3 線式 100/200 V 屋内配線の住宅用分電盤の工事を施工した。**不適切なものは。**	**イ**．ルームエアコン（単相 200 V）の分岐回路に 2 極 2 素子の配線用遮断器を取り付けた。 **ロ**．電熱器（単相 100 V）の分岐回路に 2 極 2 素子の配線用遮断器を取り付けた。 **ハ**．主開閉器の中性極に銅バーを取り付けた。 **ニ**．電灯専用（単相 100 V）の分岐回路に 2 極 1 素子の配線用遮断器を取り付け，素子のある極に中性線を結線した。
22	機械器具の金属製外箱に施すD種接地工事に関する記述で，**不適切なものは。**	**イ**．一次側 200 V，二次側 100 V，3 kV·A の絶縁変圧器（二次側非接地）の二次側電路に電動丸のこぎりを接続し，接地を施さないで使用した。 **ロ**．三相 200 V 定格出力 0.75 kW 電動機外箱の接地線に直径 1.6 mm の IV 電線（軟銅線）を使用した。 **ハ**．単相 100 V 移動式の電気ドリル（一重絶縁）の接地線として多心コードの断面積 0.75 mm^2 の 1 心を使用した。 **ニ**．単相 100 V 定格出力 0.4 kW の電動機を水気のある場所に設置し，定格感度電流 15 mA，動作時間 0.1 秒の電流動作型漏電遮断器を取り付けたので，接地工事を省略した。
23	図に示す雨線外に施設する金属管工事の末端Ⓐ又はⒷ部分に使用するものとして，**不適切なものは。** 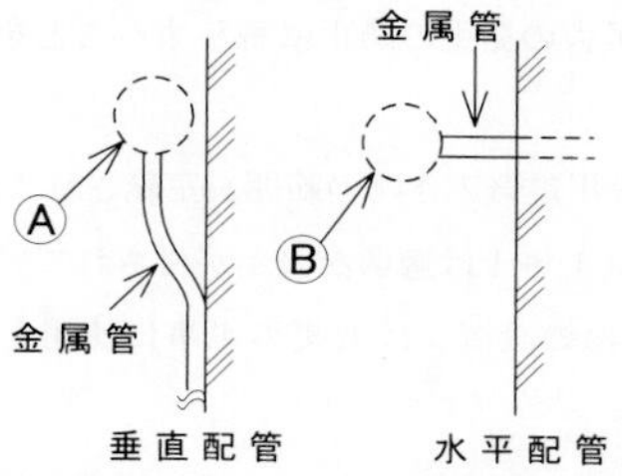	**イ**．Ⓐ部分にエントランスキャップを使用した。 **ロ**．Ⓑ部分にターミナルキャップを使用した。 **ハ**．Ⓑ部分にエントランスキャップを使用した。 **ニ**．Ⓐ部分にターミナルキャップを使用した。
24	一般用電気工作物の竣工（新増設）検査に関する記述として，**誤っているものは。**	**イ**．検査は点検，通電試験（試送電），測定及び試験の順に実施する。 **ロ**．点検は目視により配線設備や電気機械器具の施工状態が「電気設備に関する技術基準を定める省令」などに適合しているか確認する。 **ハ**．通電試験（試送電）は，配線や機器について，通電後正常に使用できるかどうか確認する。 **ニ**．測定及び試験では，絶縁抵抗計，接地抵抗計，回路計などを利用して測定し，「電気設備に関する技術基準を定める省令」などに適合していることを確認する。
25	図のような単相3線式回路で，開閉器を閉じて機器Aの両端の電圧を測定したところ150 V を示した。この原因として，**考えられるものは。** 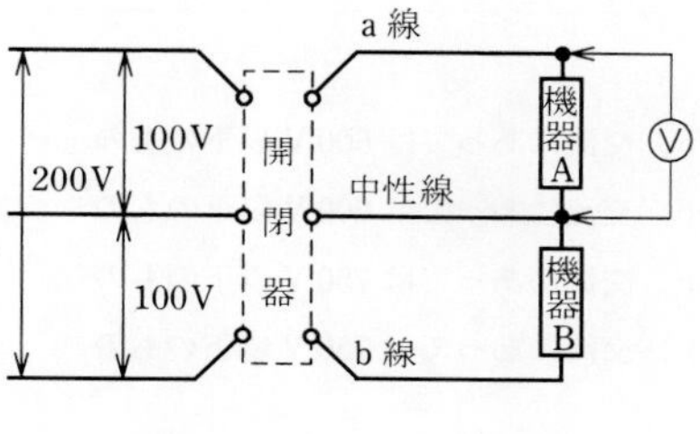	**イ**．機器Aの内部で断線している。 **ロ**．a 線が断線している。 **ハ**．b 線が断線している。 **ニ**．中性線が断線している。

	問　い	答　え
26	接地抵抗計(電池式)に関する記述として，**誤っているものは**。	**イ**．接地抵抗計には，ディジタル形と指針形(アナログ形)がある。 **ロ**．接地抵抗計の出力端子における電圧は，直流電圧である。 **ハ**．接地抵抗測定の前には，接地抵抗計の電池が有効であることを確認する。 **ニ**．接地抵抗測定の前には，地電圧が許容値以下であることを確認する。
27	漏れ電流計(クランプ形)に関する記述として，**誤っているものは**。	**イ**．漏れ電流計(クランプ形)の方が一般的な負荷電流測定用のクランプ形電流計より感度が低い。 **ロ**．接地線を開放することなく，漏れ電流が測定できる。 **ハ**．漏れ電流専用のものとレンジ切換えで負荷電流も測定できるものもある。 **ニ**．漏れ電流計には増幅回路が内蔵され，［mA］単位で測定できる。
28	次の記述は，電気工作物の保安に関する法令について記述したものである。**誤っているものは**。	**イ**．「電気工事士法」は，電気工事の作業に従事する者の資格及び権利を定め，もって電気工事の欠陥による災害の発生の防止に寄与することを目的としている。 **ロ**．「電気事業法」において，一般用電気工作物の範囲が定義されている。 **ハ**．「電気用品安全法」では，電気工事士は適切な表示が付されているものでなければ電気用品を電気工作物の設置又は変更の工事に使用してはならないと定めている。 **ニ**．「電気設備に関する技術基準を定める省令」において，電気設備は感電，火災その他人体に危害を及ぼし，又は物件に損傷を与えるおそれがないよう施設しなければならないと定めている。
29	「電気用品安全法」における電気用品に関する記述として，**誤っているものは**。	**イ**．電気用品の製造又は輸入の事業を行う者は，「電気用品安全法」に規定する義務を履行したときに，経済産業省令で定める方式による表示を付すことができる。 **ロ**．特定電気用品には(PS/E)または(PS)Eの表示が付されている。 **ハ**．電気用品の販売の事業を行う者は，経済産業大臣の承認を受けた場合等を除き，法令に定める表示のない電気用品を販売してはならない。 **ニ**．電気工事士は，「電気用品安全法」に規定する表示の付されていない電気用品を電気工作物の設置又は変更の工事に使用してはならない。
30	「電気設備に関する技術基準を定める省令」における電圧の低圧区分の組合せで，**正しいものは**。	**イ**．直流にあっては 600 V 以下，交流にあっては 600 V 以下のもの **ロ**．直流にあっては 750 V 以下，交流にあっては 600 V 以下のもの **ハ**．直流にあっては 600 V 以下，交流にあっては 750 V 以下のもの **ニ**．直流にあっては 750 V 以下，交流にあっては 750 V 以下のもの

問題２．配線図（問題数 20，配点は１問当たり２点）

※図は８２頁参照

図は，木造３階建住宅の配線図である。この図に関する次の各問いには４通りの答え（イ，ロ，ハ，ニ）が書いてある。それぞれの問いに対して，答えを１つ選びなさい。

【注意】
1．屋内配線の工事は，特記のある場合を除き 600V ビニル絶縁ビニルシースケーブル平形（VVF）を用いたケーブル工事である。
2．屋内配線等の電線の本数，電線の太さ，その他，問いに直接関係のない部分等は省略又は簡略化してある。
3．漏電遮断器は，定格感度電流 30 mA，動作時間 0.1 秒以内のものを使用している。
4．選択肢（答え）の写真にあるコンセント及び点滅器は，「JIS C 0303：2000 構内電気設備の配線用図記号」で示す「一般形」である。
5．図においては，必要なジョイントボックスがすべて示されているとは限らないが，ジョイントボックスを経由する電線は，すべて接続箇所を設けている。
6．３路スイッチの記号「0」の端子には，電源側又は負荷側の電線を結線する。

問い		答え
31	①で示す図記号の名称は。	イ．プルボックス ロ．VVF 用ジョイントボックス ハ．ジャンクションボックス ニ．ジョイントボックス
32	②で示す図記号の器具の名称は。	イ．一般形点滅器 ロ．一般形調光器 ハ．ワイド形調光器 ニ．ワイドハンドル形点滅器
33	③で示す部分の工事の種類として，**正しいものは。**	イ．ケーブル工事（CVT） ロ．金属線ぴ工事 ハ．金属ダクト工事 ニ．金属管工事
34	④で示す部分に施設する機器は。	イ．３極２素子配線用遮断器（中性線欠相保護付） ロ．３極２素子漏電遮断器（過負荷保護付，中性線欠相保護付） ハ．３極３素子配線用遮断器 ニ．２極２素子漏電遮断器（過負荷保護付）
35	⑤で示す部分の電路と大地間の絶縁抵抗として，許容される最小値［MΩ］は。	イ．0.1　ロ．0.2　ハ．0.4　ニ．1.0
36	⑥で示す部分に照明器具としてペンダントを取り付けたい。図記号は。	イ．　ロ．　ハ．　ニ．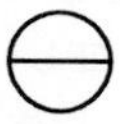
37	⑦で示す部分の接地工事の種類及びその接地抵抗の許容される最大値［Ω］の組合せとして，**正しいものは。**	イ．A 種接地工事　10 Ω ロ．A 種接地工事　100 Ω ハ．D 種接地工事　100 Ω ニ．D 種接地工事　500 Ω
38	⑧で示す部分の最少電線本数（心線数）は。	イ．2　ロ．3　ハ．4　ニ．5
39	⑨で示す部分の小勢力回路で使用できる電圧の最大値［V］は。	イ．24　ロ．30　ハ．40　ニ．60
40	⑩で示す部分の配線工事で用いる管の種類は。	イ．波付硬質合成樹脂管 ロ．硬質ポリ塩化ビニル電線管 ハ．耐衝撃性硬質ポリ塩化ビニル電線管 ニ．耐衝撃性硬質ポリ塩化ビニル管

（次頁へ続く）

問　い		答　え			
41	⑪で示す部分の配線を器具の裏面から見たものである。**正しいものは。** ただし，電線の色別は，白色は電源からの接地側電線，黒色は電源からの非接地側電線とする。	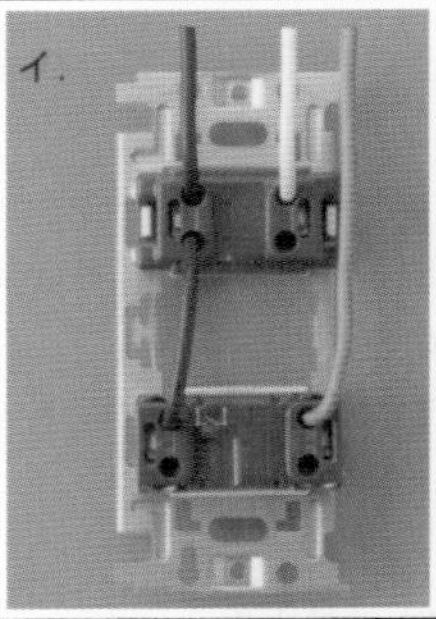	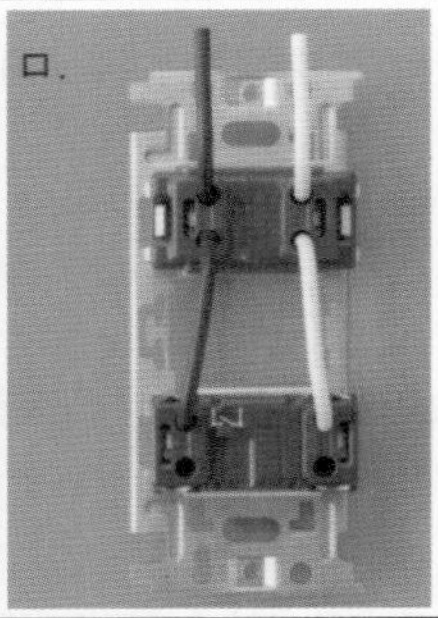	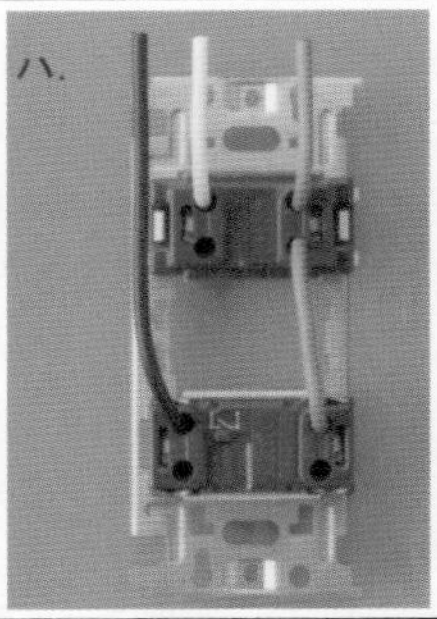	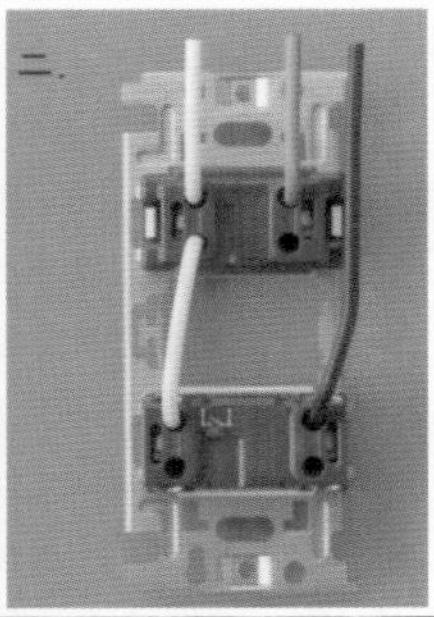
42	⑫で示す部分の配線工事に必要なケーブルは。 ただし，心線数は最少とする。	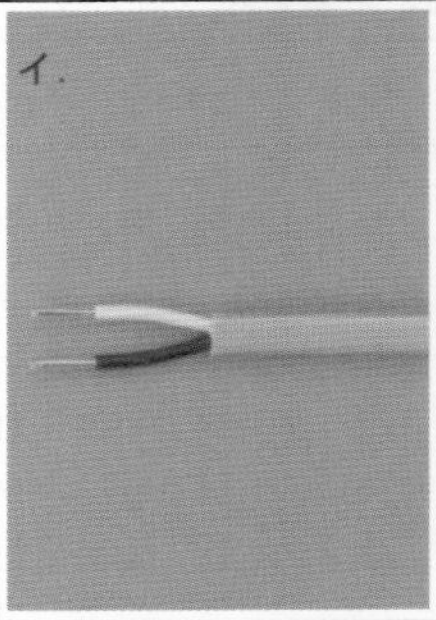	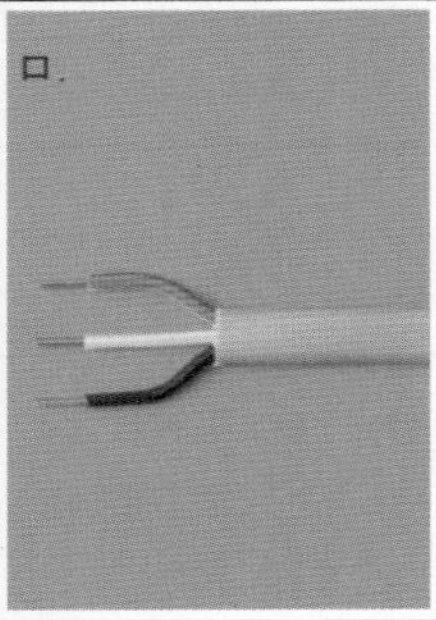	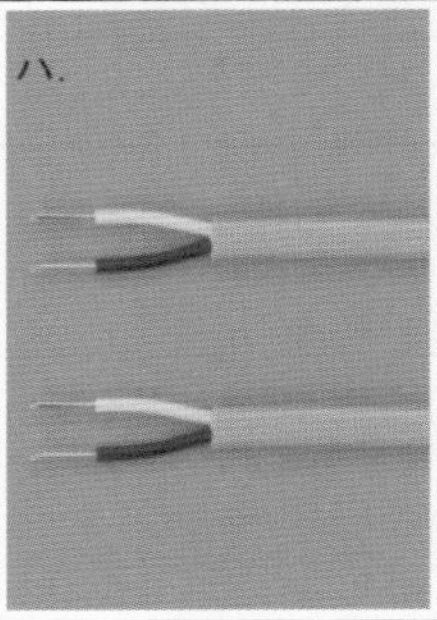	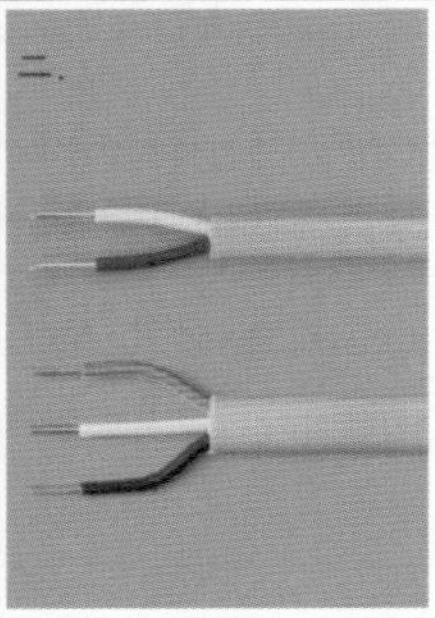
43	⑬で示す図記号の器具は。	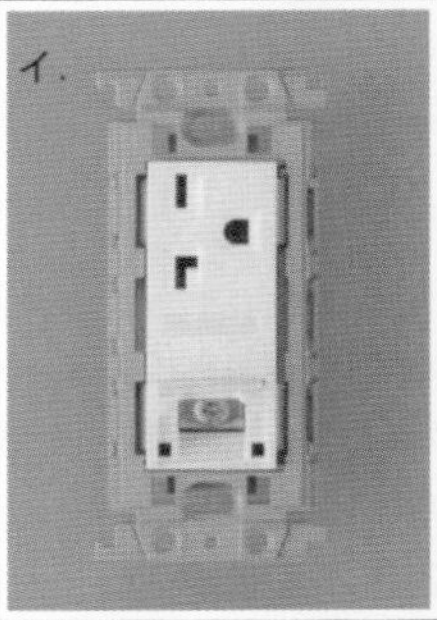	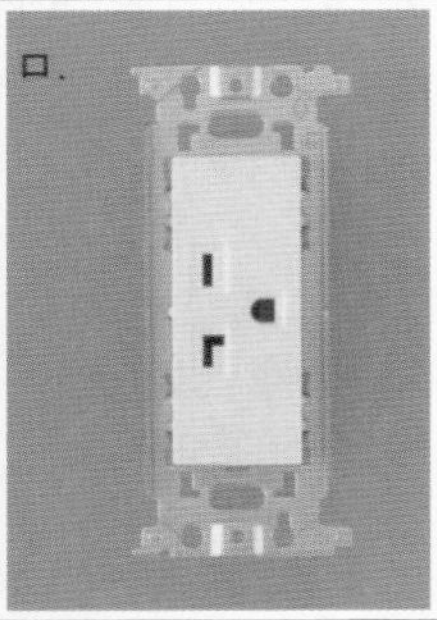	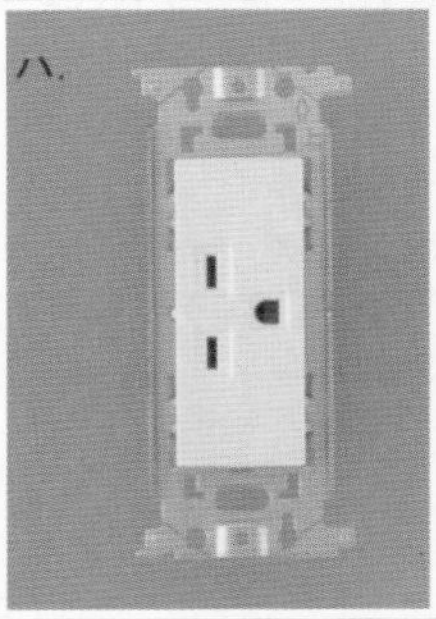	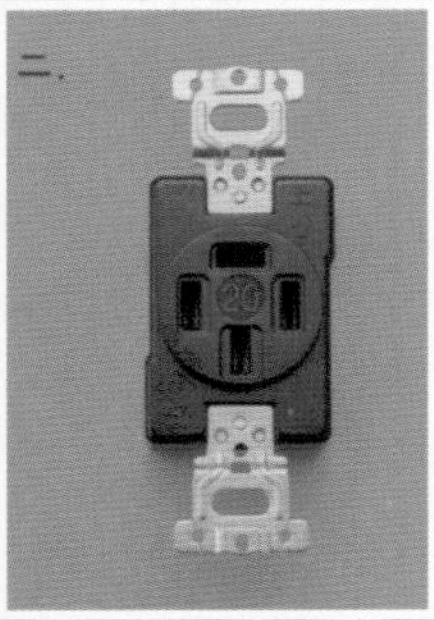
44	⑭で示すボックス内の接続をすべて圧着接続とする場合，使用するリングスリーブの種類と最少個数の組合せで，**正しいものは。** ただし，使用する電線は特記のないものはVVF1.6とする。			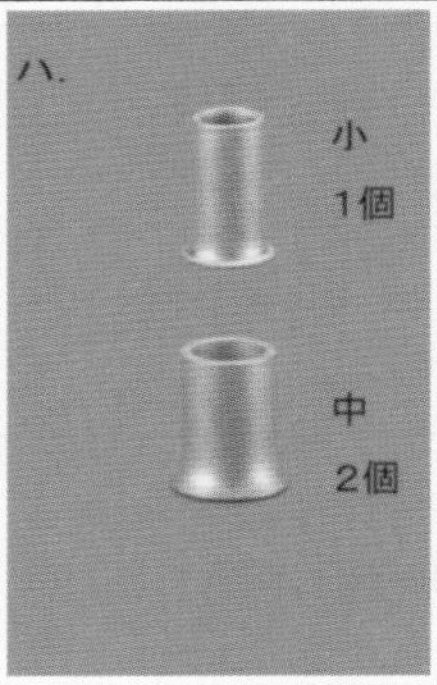	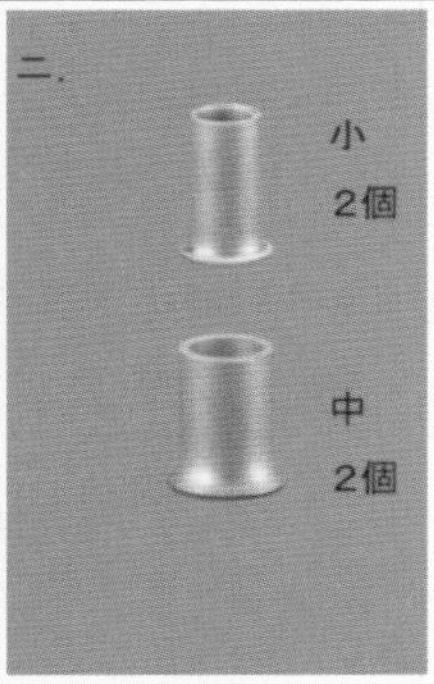
45	⑮で示すボックス内の接続をリングスリーブで圧着接続した場合のリングスリーブの種類，個数及び圧着接続後の刻印との組合せで，**正しいものは。** ただし，使用する電線はすべてVVF1.6とする。 また，写真に示す**リングスリーブ中央の○，小**は刻印を表す。			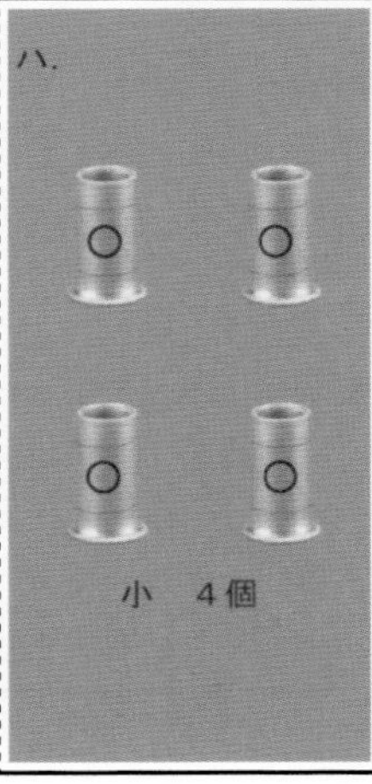	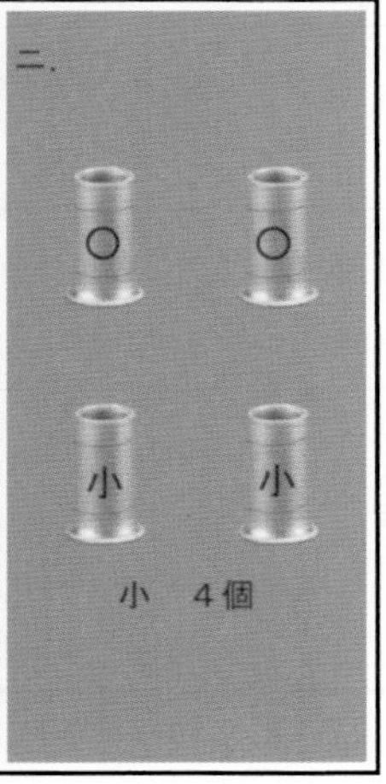

<table>
<tr><th colspan="2">問　い</th><th colspan="4">答　え</th></tr>
<tr><td>46</td><td>⑯で示す図記号の機器は。</td>
<td>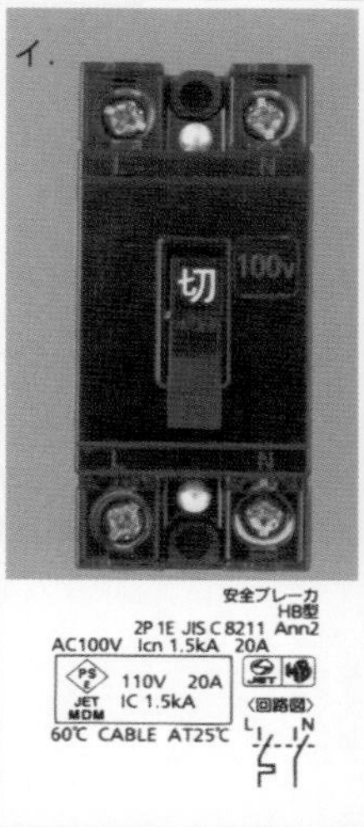</td>
<td>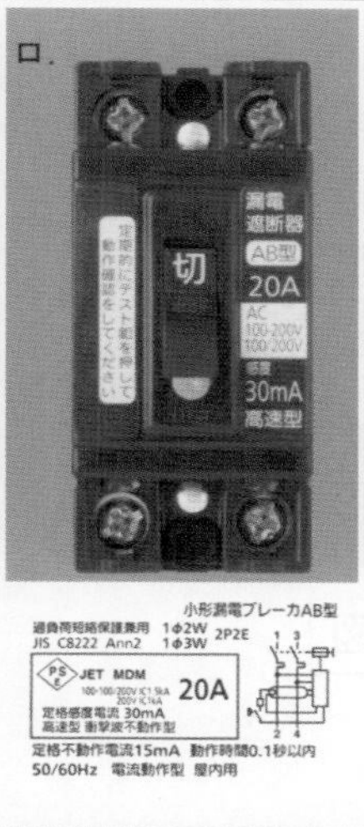</td>
<td>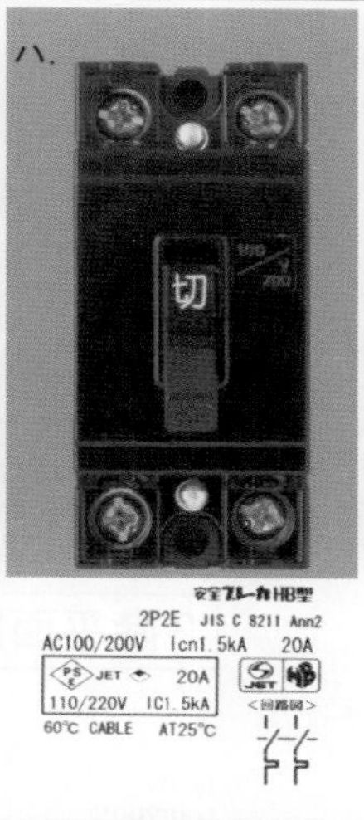</td>
<td>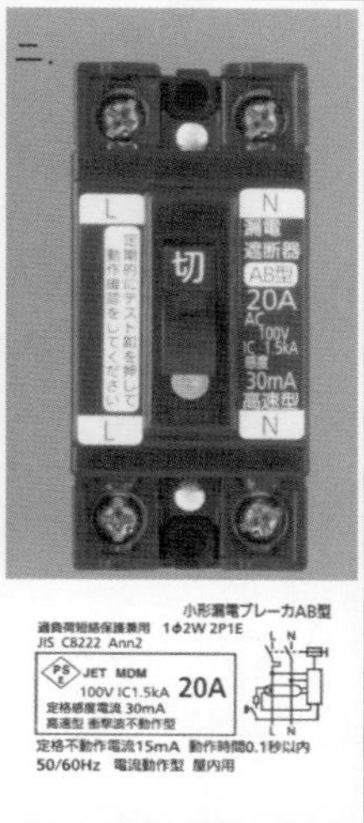</td></tr>
<tr><td>47</td><td>⑰で示すボックス内の接続をすべて差込形コネクタとする場合，使用する差込形コネクタの種類と最少個数の組合せで，正しいものは。ただし，使用する電線はすべてVVF1.6とする。</td>
<td>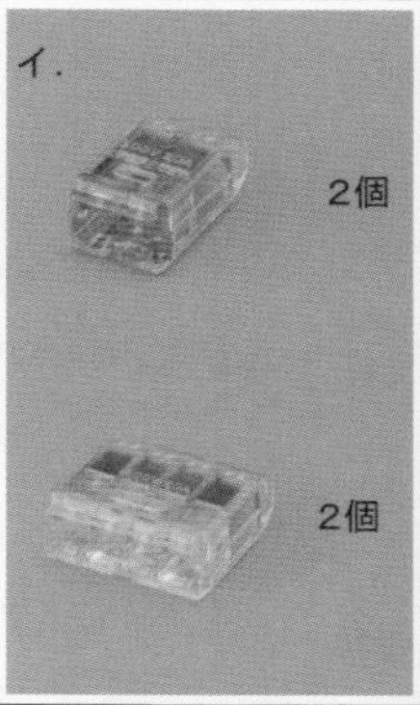</td>
<td></td>
<td>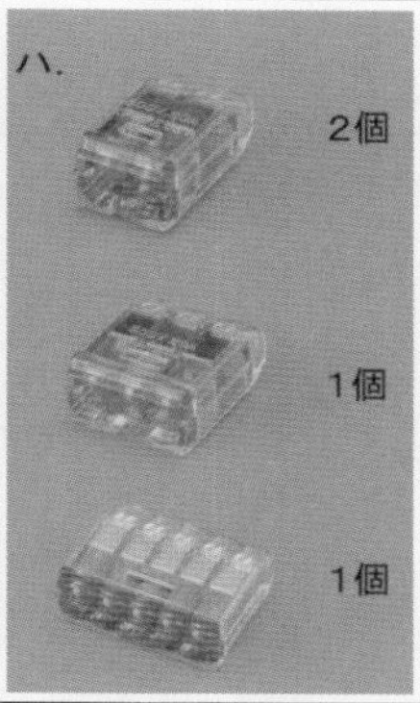</td>
<td>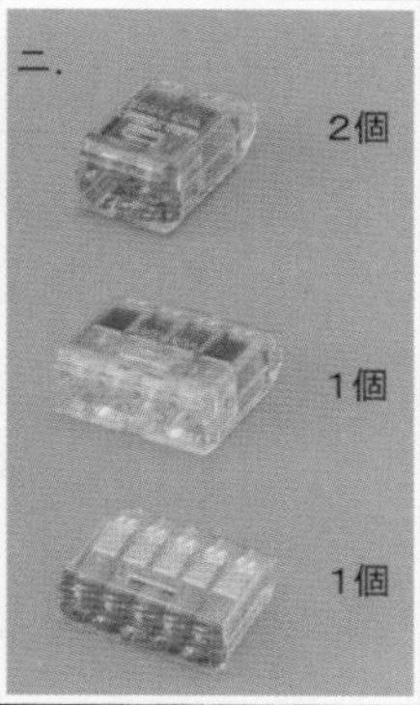</td></tr>
<tr><td>48</td><td>この配線図の図記号から，この工事で使用されていないスイッチは。
ただし，写真下の図は，接点の構成を示す。</td>
<td>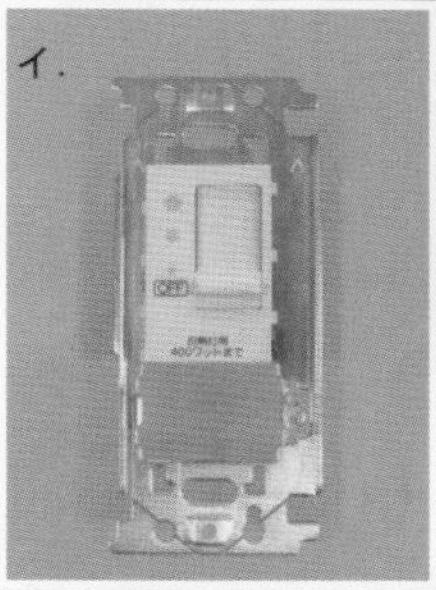</td>
<td>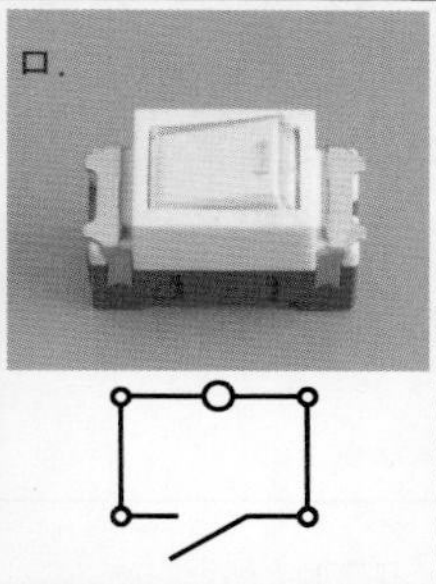</td>
<td>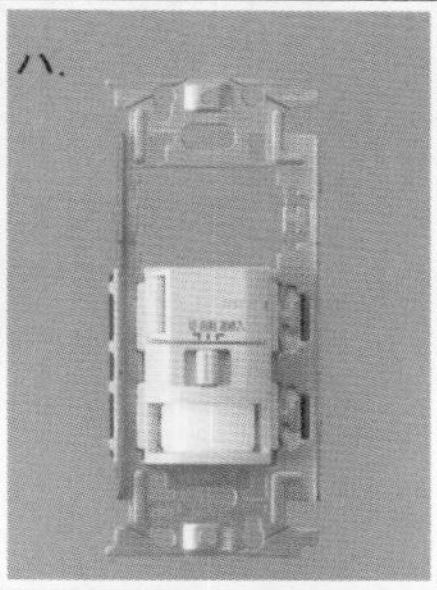</td>
<td>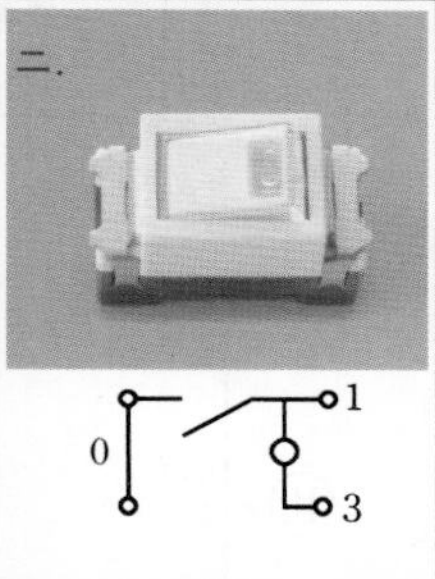</td></tr>
<tr><td>49</td><td>この配線図の施工で，使用されていないものは。</td>
<td>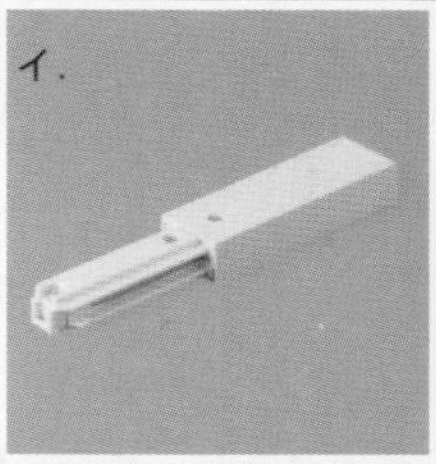</td>
<td></td>
<td>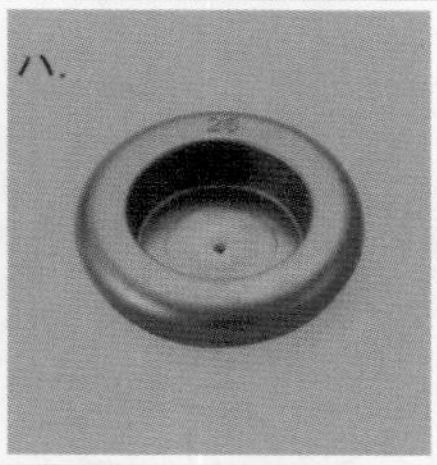</td>
<td>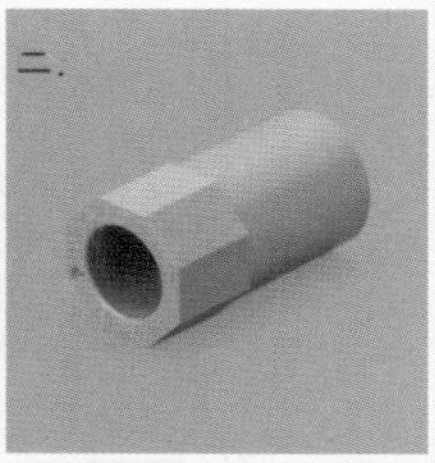</td></tr>
<tr><td>50</td><td>この配線図の施工に関して，一般的に使用されることのない工具は。</td>
<td>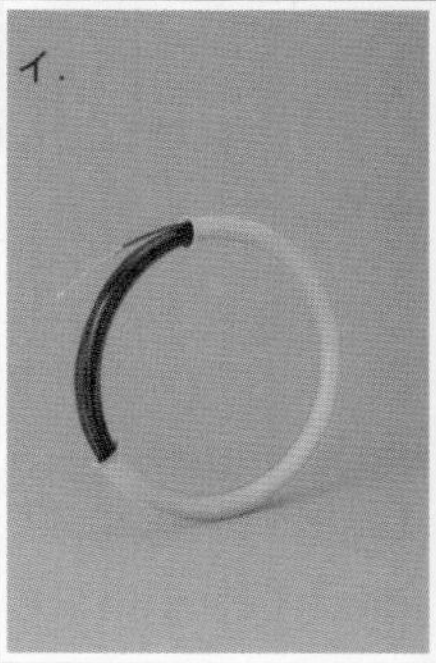</td>
<td>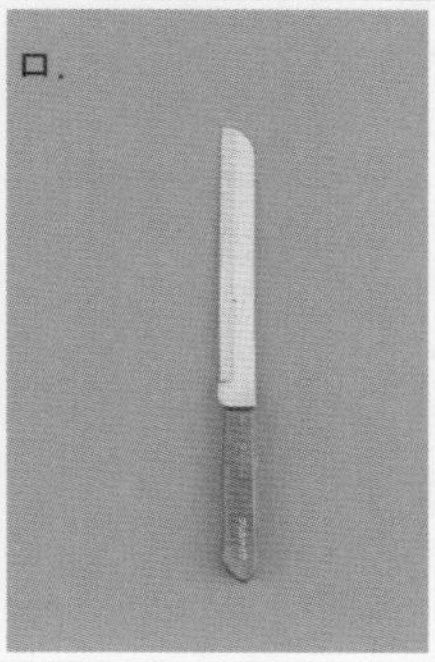</td>
<td>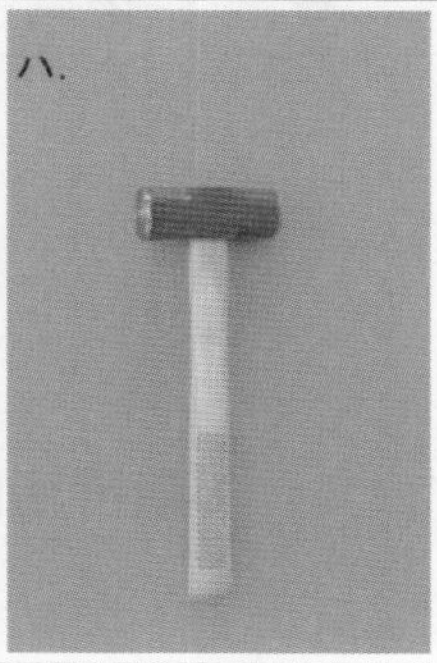</td>
<td>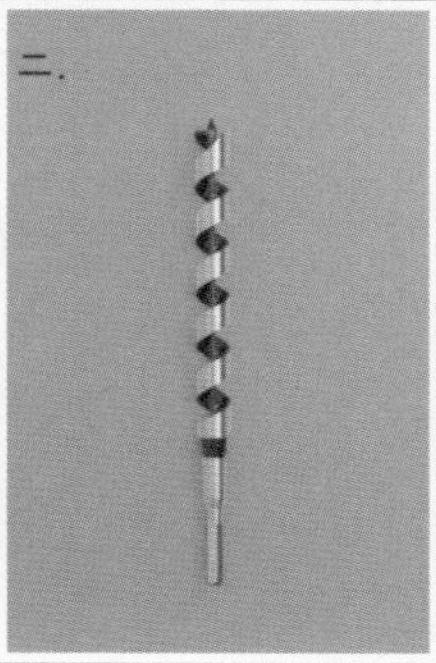</td></tr>
</table>

図面を引き抜いてご覧ください

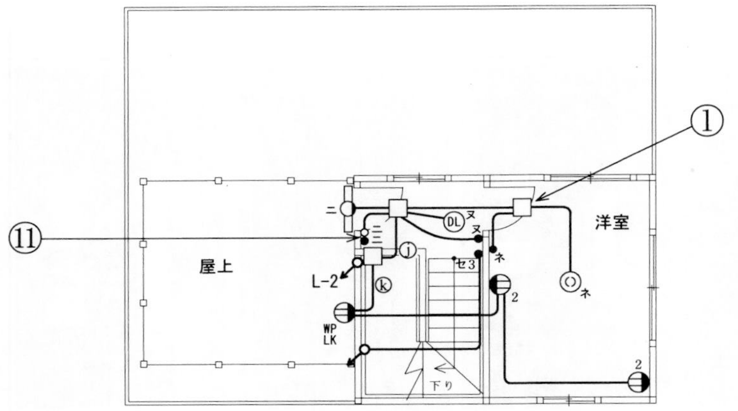

3階平面図

凡例
ⓐ～ⓚ 印は単相100V回路
Ⓐ～Ⓑ 印は単相200V回路
◢ は電灯分電盤

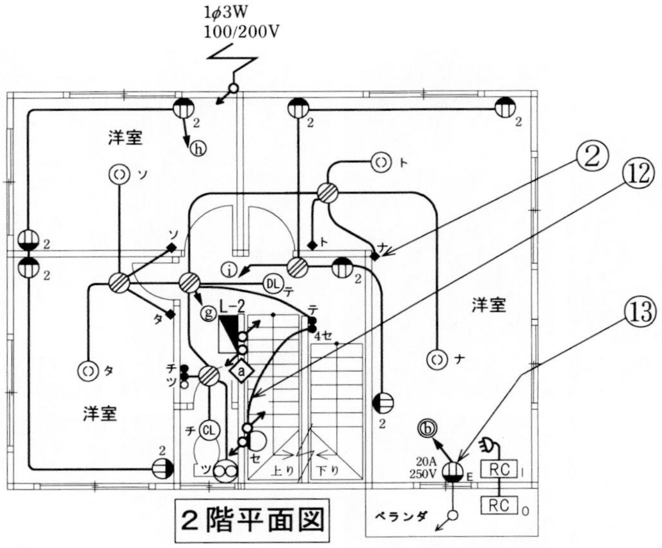

2階平面図

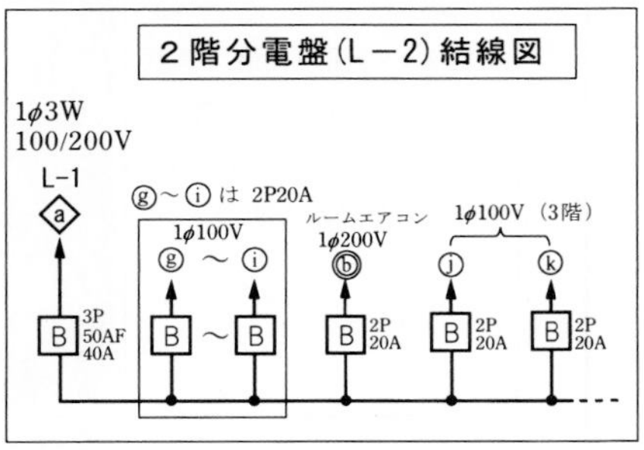

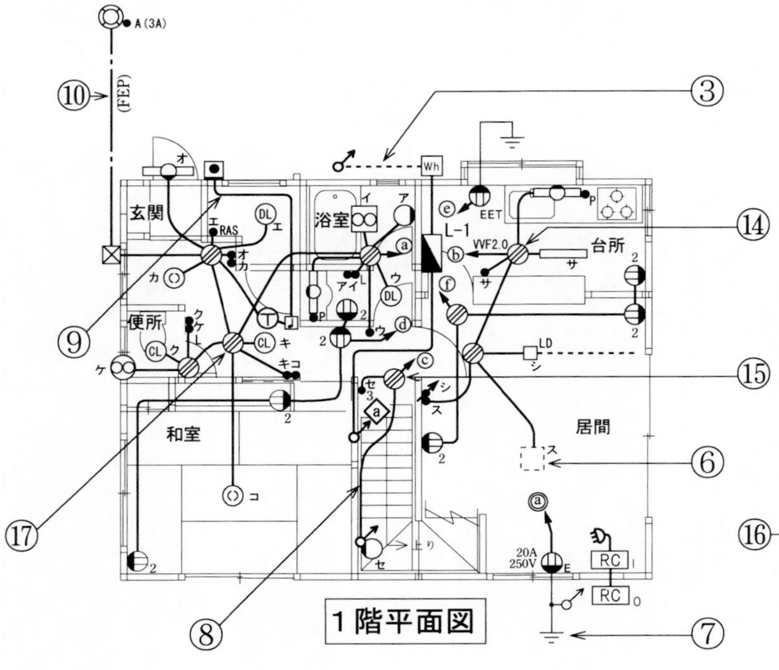

1階平面図

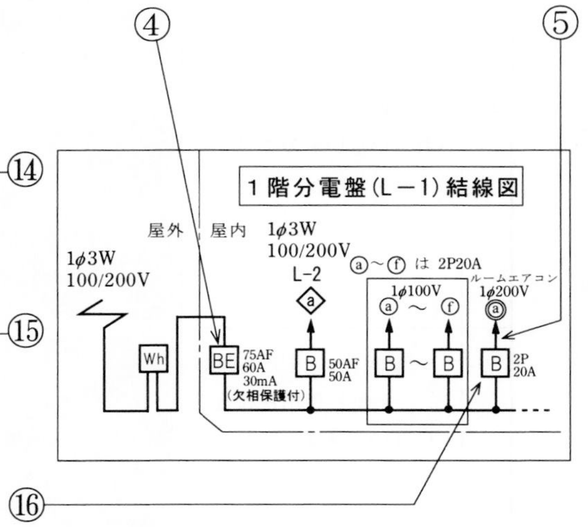

解答と解説

〔問題 1〕一般問題の解答

1 ロ. 2.5

問題の図を書き変えると，**第 1 図**のようになる．

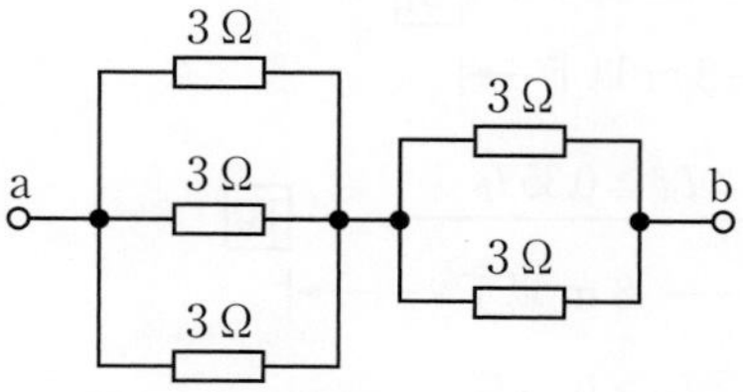

第 1 図

3 Ω 3 個の並列接続の合成抵抗は，

$$\frac{1}{\frac{1}{3}+\frac{1}{3}+\frac{1}{3}}=\frac{1}{\frac{3}{3}}=\frac{1}{1}=1\,〔\Omega〕$$

3 Ω 2 個の並列接続の合成抵抗は，

$$\frac{1}{\frac{1}{3}+\frac{1}{3}}=\frac{1}{\frac{2}{3}}=1\times\frac{3}{2}=1.5\,〔\Omega〕$$

このように，同じ抵抗を 2 個並列に接続すると 1/2 になり，3 個並列に接続すると 1/3 になる．

a-b 間の合成抵抗 R_{ab}〔Ω〕は，1 Ω と 1.5 Ω の直列接続になるので，

$$R_{ab}=1+1.5=2.5\,〔\Omega〕$$

2 ニ. 8

第 2 図において，銅線 A の断面積 A_A〔mm²〕と，銅線 B の断面積 A_B〔mm²〕は，それぞれの直径を D_A〔mm〕，D_B〔mm〕とすると，

$$A_A=\frac{\pi D_A{}^2}{4}=\frac{3.14\times1.6^2}{4}\fallingdotseq 2\,〔\mathrm{mm}^2〕$$

$$A_B=\frac{\pi D_B{}^2}{4}=\frac{3.14\times3.2^2}{4}\fallingdotseq 8\,〔\mathrm{mm}^2〕$$

銅線の抵抗率を ρ〔Ω·mm²/m〕とすると，銅線 A の抵抗 R_A〔Ω〕は，

$$R_A=\rho\frac{l_A}{A_A}=\rho\times\frac{100}{2}=50\rho\,〔\Omega〕$$

銅線 B の抵抗 R_B〔Ω〕は，

$$R_B=\frac{\rho l_B}{A_B}=\rho\times\frac{50}{8}=\frac{50\rho}{8}\,〔\Omega〕$$

したがって，

$$\frac{R_A}{R_B}=\frac{50\rho}{\frac{50\rho}{8}}=50\rho\times\frac{8}{50\rho}=8$$

銅線 A の抵抗は，銅線 B の抵抗の 8 倍である．

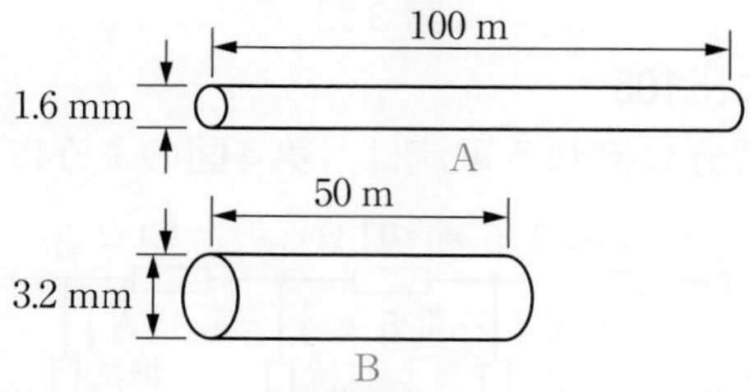

第 2 図

3 ハ. 200

電力量 W〔kW·h〕は，電力 P〔kW〕と使用時間 t〔h〕の積である．

1 時間 30 分を時間 t〔h〕に換算すると，

$$t=1+\frac{30}{60}=1+0.5=1.5\,〔\mathrm{h}〕$$

電力 P〔kW〕（〔W〕）は，

$$W=Pt\,〔\mathrm{kW\cdot h}〕$$

$$P=\frac{W}{t}=\frac{4.5}{1.5}=3\,〔\mathrm{kW}〕$$

$$=3\,000\,〔\mathrm{W}〕$$

抵抗に加えた電圧 V〔V〕は，

$$P=VI\,〔\mathrm{W}〕$$

$$V=\frac{P}{I}=\frac{3\,000}{15}=200\,〔\mathrm{V}〕$$

4 ロ. 2.7

負荷の消費電力 P〔kW〕は，

$$P=VI\cos\theta=200\times15\times0.9$$

$$=2\,700\,〔\mathrm{W}〕$$

$$=2.7\,〔\mathrm{kW}〕$$

5 ロ. 11.6

第 3 図で，1 相の抵抗 10 Ω に加わる電圧 V〔V〕は，

$$V=\frac{200}{\sqrt{3}}\,〔\mathrm{V}〕$$

したがって，流れる電流 I〔A〕は，

$$I=\frac{\frac{200}{\sqrt{3}}}{10}=\frac{200}{10\sqrt{3}}=\frac{20}{\sqrt{3}}=\frac{20}{1.73}\fallingdotseq 11.6\,〔\mathrm{A}〕$$

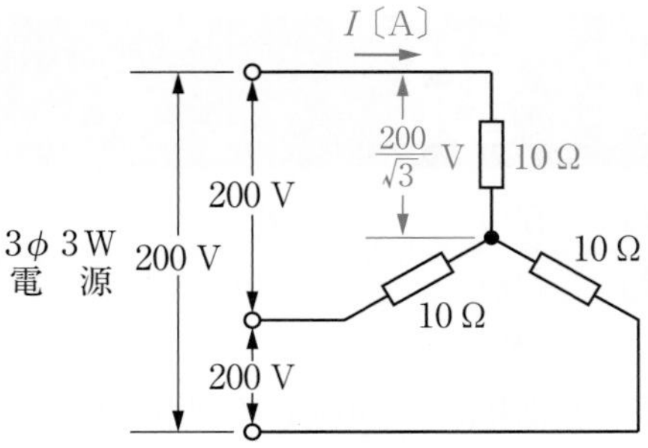

第３図

6　**ニ．105**

各部分に流れる電流は，**第４図**のようになる．

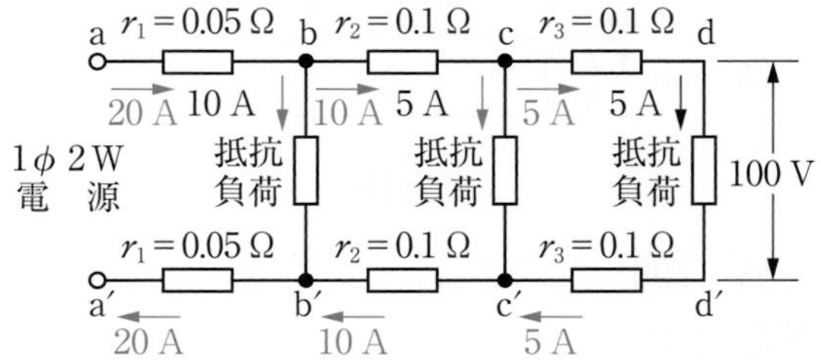

第４図

a-a′ 間から d-d′ 間の電圧降下 v〔V〕は，

$$v = 2\times 20\times 0.05 + 2\times 10\times 0.1 + 2\times 5\times 0.1$$
$$= 2+2+1 = 5〔V〕$$

a-a′ 間の電圧 $V_{aa'}$〔V〕は，

$$V_{aa'} = 100 + 5 = 105〔V〕$$

7　**ハ．rI**

中性線に電流が流れないので，中性線には電圧降下を生じない．電圧降下（$V_s - V_r$）〔V〕は，電線１本分である．

$$V_s - V_r = rI〔V〕$$

8　**ロ．24**

電技解釈第 146 条（低圧配線に使用する電線）による．

600 V ビニル絶縁ビニルシースケーブル丸形には，600 V ビニル絶縁電線が使用されている．

導体の直径が 2.0 mm の 600 V ビニル絶縁電線の許容電流は，周囲温度 30 ℃以下で 35 A である．電流減少係数が 0.7 なので，許容電流は，

許容電流 = 35 × 0.7 = 24.5→24〔A〕

（小数点以下１位を７捨８入）

9　**ニ．22**

電技解釈第 149 条（低圧分岐回路等の施設）による．

低圧幹線から分岐して，8 m を超えた位置に過電流遮断器を施設するとき，分岐する電線の許容電流は，低圧幹線を保護する過電流遮断器の定格電流の 0.55 倍以上のものでなければならない（**第５図**）．許容電流の最小値を I_W〔A〕とすると，

$$I_W = 40 \times 0.55 = 22〔A〕$$

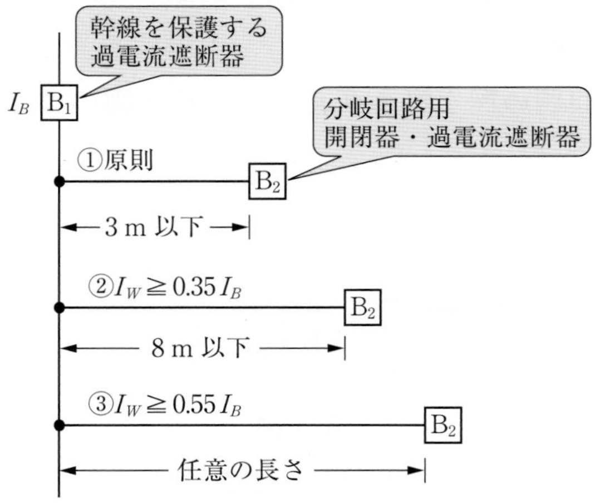

I_B：幹線を保護する過電流遮断器の定格電流
I_W：分岐回路の電線の許容電流

第５図

10　**ニ．**

電技解釈第 149 条（低圧分岐回路等の施設）による．

配線用遮断器の定格電流，電線の太さ，コンセントの定格電流の組み合わせは，**第１表**のようにしなければならない．

第１表　分岐回路

配線用遮断器の定格電流	電線の太さ（軟銅線）	コンセントの定格電流
20 A 以下	1.6 mm 以上	20 A 以下
30 A	2.6 mm（5.5 mm²）以上	20 A 以上 30 A 以下
40 A	8 mm² 以上	30 A 以上 40 A 以下
50 A	14 mm² 以上	40 A 以上 50 A 以下

（注）配線用遮断器の定格電流が 30 A の場合，定格電流が 20 A 未満の差込みプラグが接続できるものを除く．

イは，2.6 mm（5.5 mm²）以上の太さの電線を使用しなければならない．ロは，定格電流 20 A 以下のコンセントを施設しなければならない．ハは，定格電流 20 A 以上 30 A 以下のコンセントを施設しなければならない．

11　**ハ．配線用遮断器を集合して設置するのに用いる．**

アウトレットボックスは，配線用遮断器を集合して設置するのに用いることはない．

12　イ．電気扇風機

電技解釈第 171 条(移動電線の施設)による．

ビニルコードを移動電線として使用する場合は，電気を熱として利用しない電気扇風機や電気スタンドなどの電気機械器具に限られる．

13　ニ．薄鋼電線管を切断する作業とプリカナイフ

プリカナイフ(**第６図**)は，２種金属製可とう電線管(プリカチューブ)を切断する作業に使用する．

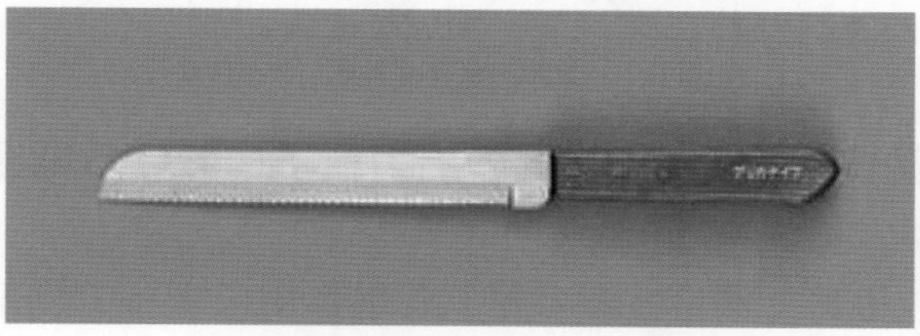

第６図　プリカナイフ

14　ロ．全電圧始動(じか入れ)での始動電流は全負荷電流の 2 倍程度である．

全電圧始動(じか入れ)での始動電流は，全負荷電流の 4～8 倍程度である．

15　イ．すべての蛍光灯照明器具にそのまま使用できる．

蛍光灯照明器具には，そのまま直管 LED ランプを使用できない場合もある．

予熱始動形蛍光灯器具は，グローランプを外して直管 LED ランプを使用できる場合と，グローランプを他の部品と交換して直管 LED ランプを使用できる場合とがある．

ラピッドスタート形や高周波点灯形(インバータ式)の照明器具は，既存の安定器を取り外し，直管 LED ランプと直結する配線工事が必要な場合がある．

16　イ．合成樹脂製可とう電線管相互を接続するのに用いる．

写真に示す材料は，合成樹脂製可とう電線管(PF 管)用のカップリングである．

17　ハ．配線用遮断器(電動機保護兼用)

電動機の過負荷保護を兼用した配線用遮断器で，適合する電動機の定格(200 V 2.2 kW 相当)が，右下に表示されている(**第７図**)．

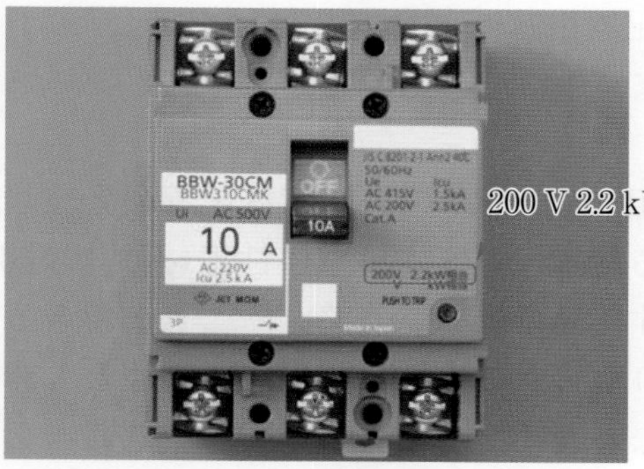

200 V 2.2 kW 相当

第７図

18　ロ．鉄板の穴あけに使用する．

ホルソで，電気ドリルに取り付けて，鉄板や金属製のボックスに電線管を接続する穴をあける工具である．

19　ハ．直径 1.6 mm 4 本の接続に，中スリーブを使用して圧着マークを中にした．

直径 1.6 mm 4 本の接続では，小スリーブを使用して圧着マークを小にしなければならない．

リングスリーブの電線の組合せと圧着マークは，**第２表**による．

第２表　リングスリーブによる接続

スリーブ	電線の組合せ			圧着マーク
	1.6 mm	2.0 mm	異なる組合せ	
小	2	—	—	○
	3～4	2	2.0 mm×1 +1.6 mm×1～2	小
中	5～6	3～4	2.0 mm×1 +1.6 mm×3～5 2.0 mm×2 +1.6 mm×1～3	中

20　イ．a，b，c

電技解釈第 156 条(低圧屋内配線の施設場所による工事の種類)による．

金属線ぴ工事，金属ダクト工事，ライティングダクト工事は，展開した場所又は点検できる隠ぺい場所であって，乾燥した場所に限って施設できる．

21　ニ．電灯専用(単相 100 V)の分岐回路に 2 極 1 素子の配線用遮断器を取り付け，素子のある極に中性線を結線した．

電技解釈第 148 条(低圧幹線の施設)，内線規程 1360-7(過電流遮断器の極)による．

電灯専用(単相 100 V)の分岐回路に 2 極 1 素

子の配線用遮断器を取り付けた場合，素子のない極に中性線（接地側電線）を結線しなければならない．

単相3線式100/200 V屋内配線の分岐回路に用いる配線用遮断器は，中性線（接地側電線）に結線する極の素子を省略することができる．単相200 Vの分岐回路は，いずれの極とも非接地側となるため2極2素子の配線用遮断器を取り付けなければならない．単相100 V回路では，2極1素子又は2極2素子の配線用遮断器を取り付けることができる．

22　ニ．単相100 V定格出力0.4 kWの電動機を水気のある場所に設置し，定格感度電流15 mA，動作時間0.1秒の電流動作型漏電遮断器を取り付けたので，接地工事を省略した．

電技解釈第17条（接地工事の種類及び施設方法）・第29条（機械器具の金属製外箱等の接地）による．

水気のある場所では，定格感度電流15 mA以下，動作時間0.1秒以下の電流動作型漏電遮断器を取り付けても接地工事は省略できない．

23　ニ．Ⓐ部分にターミナルキャップを使用した．

内線規程3110-15（雨線外の配管）による．

雨線外とは雨のかかる場所をいい，雨線外における垂直配管の上端には，エントランスキャップ（**第8図**）を使用しなければならない．

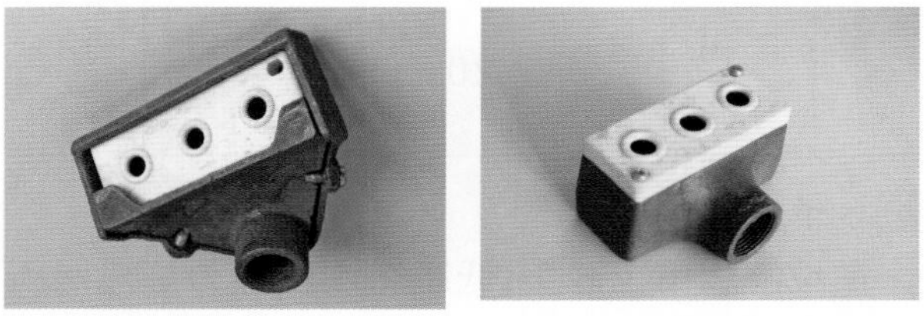

エントランスキャップ　　ターミナルキャップ

第8図

24　イ．検査は点検，通電試験（試送電），測定及び試験の順に実施する．

通電試験（試送電）は，点検，測定及び試験によって配線に誤り等がないことを確認した後に実施する．

25　ニ．中性線が断線している．

中性線が断線した場合は，**第9図**のようになり，機器Aと機器Bが直列に接続された状態で200 Vが加わる．機器Aと機器Bに加わる電圧は，負荷の抵抗値に比例し，機器Aの抵抗値が機器Bより大きい場合は，100 Vを超えた電圧が加わる．

a線が断線した場合は，機器Aの両端に電圧は加わらない．b線が断線した場合は，機器Aの両端に加わる電圧は100 Vになる．

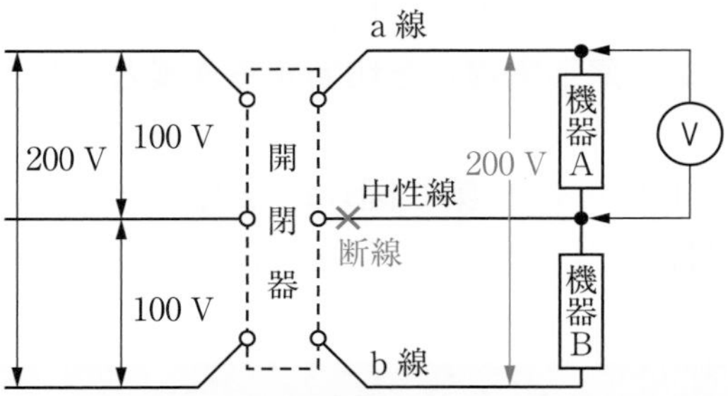

第9図　中性線が断線した場合

26　ロ．接地抵抗計の出力端子における電圧は，直流電圧である．

直流で測定すると電気化学作用によって誤差を生ずるため，接地抵抗計の出力端子の電圧は交流電圧である．

27　イ．漏れ電流計（クランプ形）の方が一般的な負荷電流測定用のクランプ形電流計より感度が低い．

漏れ電流計（クランプ形）（**第10図**）は〔mA〕単位で測定でき，一般的な負荷電流測定用のクランプ形電流計より感度が高い．

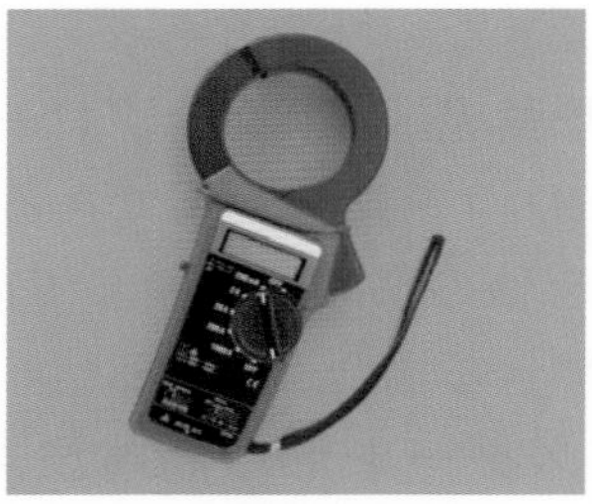

第10図　漏れ電流計（クランプ形）

28　イ．「電気工事士法」は，電気工事の作業に従事する者の資格及び権利を定め，もって電気工事の欠陥による災害の発生の防止に寄与することを目的としている．

電気工事士法第1条（目的）による．

「電気工事士法」は，電気工事の作業に従事する者の資格及び義務を定め，もって電気工事の欠陥による災害の発生の防止に寄与することを目的としている．

29　ロ．特定電気用品には(PS/E)または(PS)Eの表示が付されている．

電気用品安全法第10条(表示)・第27条(販売の制限)・第28条(使用の制限)，施行規則第17条(表示の方法)による．

特定電気用品には，PSE 又は<PS>E の表示が付されている．特定電気用品以外の電気用品には，PSE 又は(PS)E の表示が付されている．

30 ロ．直流にあっては750 V以下，交流にあっては600 V以下のもの

電技第2条(電圧の種別等)による．

電圧は**第3表**のように低圧，高圧，特別高圧の3種に区分されている．

第3表　電圧の種別

種　別	直　流	交　流
低　圧	750 V以下	600 V以下
高圧	低圧を超え7 000 V以下	
特別高圧	7 000 Vを超えるもの	

〔問題2〕配線図の解答

31 ニ．ジョイントボックス

図記号□は，ジョイントボックス(アウトレットボックス)を示す．

32 ニ．ワイドハンドル形点滅器

図記号◆は，ワイドハンドル形点滅器を示す．

33 イ．ケーブル工事(CVT)

電技解釈第110条(低圧屋側電線路の施設)，内線規程1370-5(低圧引込線の引込線取付点から引込口装置までの施設)による．

引込線取付点から引込口装置までの工事は，次のいずれかによらなければならない．

①がいし引き工事(露出場所に限る)

②金属管工事(木造以外の造営物に限る)

③合成樹脂管工事

④ケーブル工事(シースが金属製の場合は木造以外の造営物に限る)

34 ロ．3極2素子漏電遮断器(過負荷保護付，中性線欠相保護付)

内線規程1360-12(電線を保護する配線用遮断器の過電流素子及び開閉部の数)による．

④で示す機器の図記号[BE]は，漏電遮断器(過負荷保護付)を表し，(欠相保護付)と傍記されているので，中性線欠相保護付のものである．

単相3線式(中性点接地)に施設する配線用遮断器は，素子を施設する極は中性極を除く他の極に1個ずつとされている．

35 イ．0.1

電技第58条(低圧の電路の絶縁性能)による．

⑤で示す電路は，電源が1ϕ3W 100/200 Vであるので，使用電圧が300 V以下で対地電圧が150 V以下に該当する．したがって，電路と大地間の絶縁抵抗として，許容される最小値は0.1 MΩである．

36 ニ．

イはシーリング(天井直付)，ロはシャンデリヤ，ハは屋外灯を表す．

37 ニ．D種接地工事500 Ω

電技解釈第17条(接地工事の種類及び施設方法)・第29条(機械器具の金属製外箱等の接地)による．

使用電圧が300 V以下の機械器具の接地工事の種類は，D種接地工事である．

1階分電盤(L-1)に動作時間0.1秒以内の漏電遮断器が施設してあるので，接地抵抗値は500 Ω以下にすればよい．

38 ロ．3

⑧で示す配線の複線図は，**第11図**のようになる．

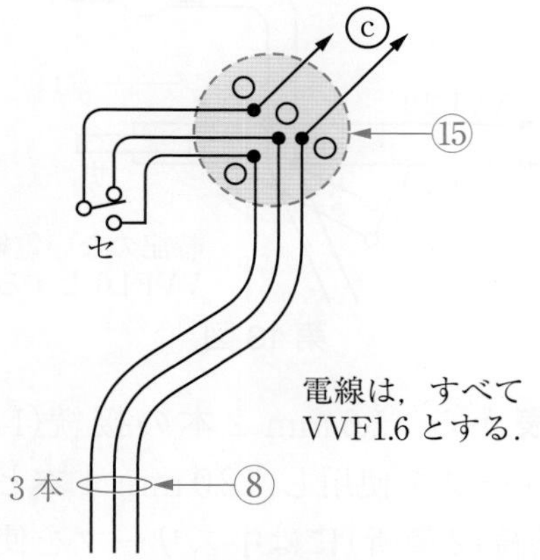

第11図

39 ニ．60

電技解釈第181条(小勢力回路の施設)により，小勢力回路の最大使用電圧は60 Vである．

40 イ．波付硬質合成樹脂管

(FEP)と示されているので，波付硬質合成樹脂管である．

41　ハ.

スイッチ，パイロットランプ，蛍光灯に「ニ」と示されているので，スイッチ「ニ」によってパイロットランプと蛍光灯が同時に点滅することを表している．この複線図は，**第 12 図**のようになる．

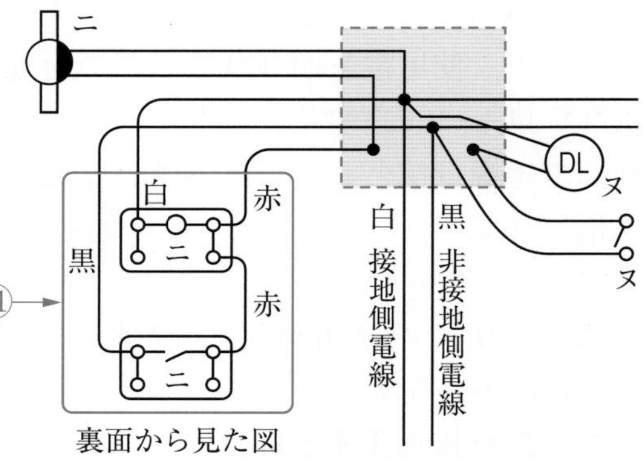

第 12 図

42　ハ.

4 路スイッチへの配線で 4 本の電線を必要とするので，VVF ケーブル 2 心を 2 本使用する．

43　ロ.

⑬で示す図記号 $^{20A}_{250V}$⊕$_E$ は，2 極 20 A 250 V 接地極付コンセントを表す．

44　ハ.

⑭で示す VVF 用ジョイントボックス内の接続は，**第 13 図**のようになる．

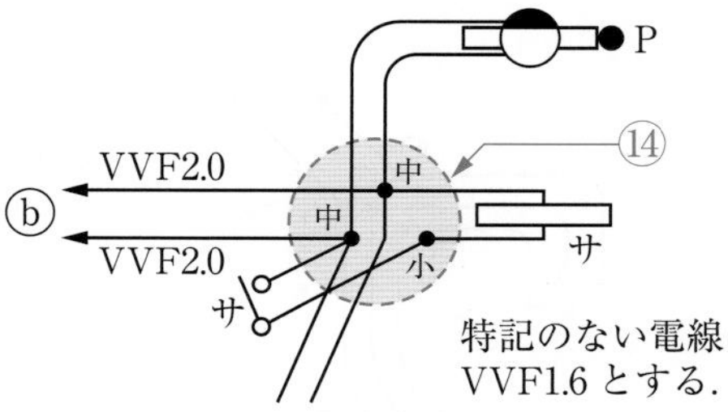

第 13 図

第 2 表から，1.6 mm 2 本の接続（1 箇所）には小スリーブを使用し，2.0 mm 1 本と 1.6 mm 3 本の接続（2 箇所）には中スリーブを使用する．

45　ハ.

⑮で示す VVF 用ジョイントボックス内の接続は，**第 11 図**のようになる．

電線 1.6 mm の 2 本接続が 4 箇所で，**第 2 表**から，すべて小スリーブを使用し，刻印はすべて◯である．

46　ハ.

内線規程 1360-7（過電流遮断器の極）による．

⑯で示す図記号 B$^{2P}_{20A}$ の機器は配線用遮断器で，1 ϕ 2W 200 V 回路に使用するので 2 極 2 素子（2P2E）でなければならない．

47　ニ.

⑰で示す VVF 用ジョイントボックス内の接続は，**第 14 図**のようになる．

・2 本用：2 個
・4 本用：1 個
・5 本用：1 個

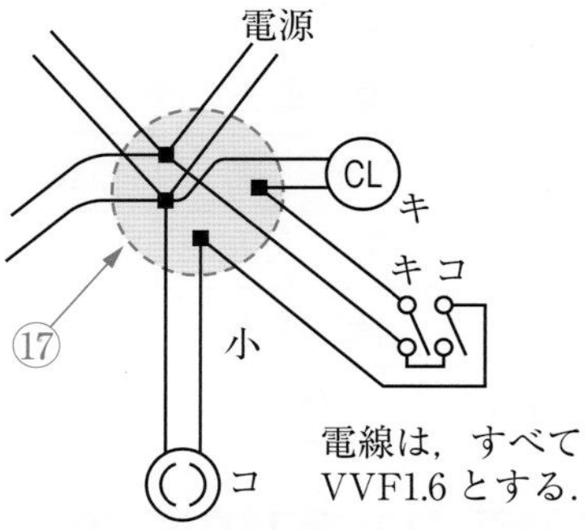

第 14 図

48　ロ.

ロは位置表示灯内蔵スイッチで，図記号は ●$_H$ であり，この工事で使用されていない．

イは調光器で，図記号は ●↗ であり，居間に使用されている．ハは熱線式自動スイッチで，図記号は ●$_{RAS}$ であり，玄関に使用されている．ニは確認表示灯内蔵スイッチで，図記号は ●$_L$ であり，浴室の入口等に使用されている．

49　ニ.

ニは硬質ポリ塩化ビニル電線管をボックスに接続する 2 号コネクタで，この配線図の施工では使用されていない．

イはフィードインボックスで，ライティングダクトに電源を供給するために使用されている．ロは FEP 管用コネクタで，波付硬質合成樹脂管（FEP）をプルボックスに接続するのに使用されている．ハはゴムブッシングで，VVF ケーブルをジョイントボックス（アウトレットボックス）のノックアウトに通すのに使用されている．

50　ロ.

ロは 2 種金属製可とう電線管を切断するプリカナイフで，この配線図では 2 種金属製可とう電線管は使用していない．

令和５年度
（下期）

学科試験
問題と解答・解説

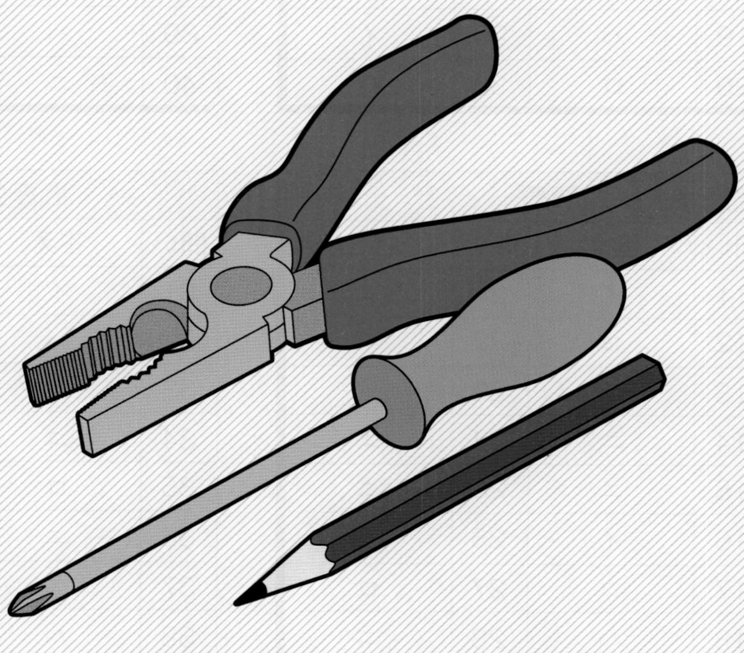

◆令和５年度（下期）問題の解答◆

〈下期試験・午前〉

問題１．一般問題					
問い	答え	問い	答え	問い	答え
1	ロ	11	イ	21	ニ
2	イ	12	ハ	22	イ
3	ロ	13	ニ	23	ロ
4	ハ	14	イ	24	ハ
5	ハ	15	ハ	25	ハ
6	ロ	16	ハ	26	イ
7	ロ	17	ニ	27	ハ
8	ロ	18	イ	28	イ
9	ニ	19	ハ	29	イ
10	ニ	20	ロ	30	ハ

問題２．配線図			
問い	答え	問い	答え
31	ロ	41	ニ
32	イ	42	ロ
33	ハ	43	イ
34	ロ	44	イ
35	イ	45	ハ
36	ニ	46	イ
37	ハ	47	ニ
38	イ	48	イ
39	ハ	49	ニ
40	ニ	50	ロ

〈下期試験・午後〉

問題１．一般問題					
問い	答え	問い	答え	問い	答え
1	ロ	11	イ	21	ロ
2	イ	12	ロ	22	ハ
3	イ	13	イ	23	イ
4	ロ	14	ニ	24	ニ
5	ハ	15	ニ	25	ニ
6	ニ	16	イ	26	イ
7	ハ	17	ロ	27	ロ
8	ロ	18	ハ	28	ニ
9	ニ	19	ハ	29	ロ
10	ロ	20	ロ	30	ハ

問題２．配線図			
問い	答え	問い	答え
31	イ	41	ロ
32	ハ	42	ハ
33	イ	43	イ
34	ニ	44	ニ
35	ロ	45	ハ
36	ニ	46	ロ
37	ニ	47	ロ
38	ハ	48	ロ
39	ニ	49	ニ
40	ロ	50	イ

問題1．一般問題 (問題数30，配点は1問当たり2点)

【注】本問題の計算で $\sqrt{2}$，$\sqrt{3}$ 及び円周率 π を使用する場合の数値は次によること。 $\sqrt{2}=1.41$ ，$\sqrt{3}=1.73$ ，$\pi=3.14$

次の各問いには4通りの答え（イ，ロ，ハ，ニ）が書いてある。それぞれの問いに対して答えを1つ選びなさい。

なお，選択肢が数値の場合は最も近い値を選びなさい。

<table>
<tr><th colspan="2">問　い</th><th colspan="4">答　え</th></tr>
<tr><td>1</td><td>図のような直流回路で，a−b間の電圧［V］は。
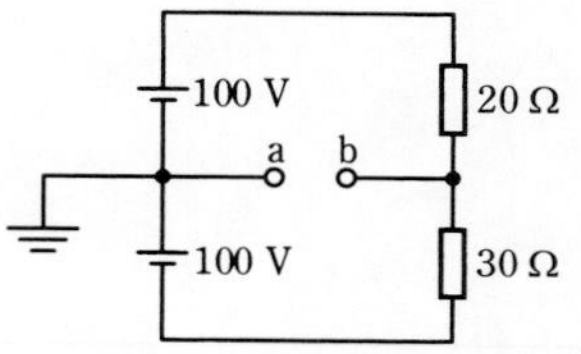
</td><td>イ．10</td><td>ロ．20</td><td>ハ．30</td><td>ニ．40</td></tr>
<tr><td>2</td><td>A，B 2本の同材質の銅線がある。Aは直径1.6 mm，長さ20 m，Bは直径3.2 mm，長さ40 mである。Aの抵抗はBの抵抗の何倍か。</td><td>イ．2</td><td>ロ．3</td><td>ハ．4</td><td>ニ．5</td></tr>
<tr><td>3</td><td>消費電力が400 Wの電熱器を1時間20分使用した時の発熱量［kJ］は。</td><td>イ．960</td><td>ロ．1 920</td><td>ハ．2 400</td><td>ニ．2 700</td></tr>
<tr><td>4</td><td>図のような交流回路で，電源電圧102 V，抵抗の両端の電圧が90 V，リアクタンスの両端の電圧が48 Vであるとき，負荷の力率［%］は。
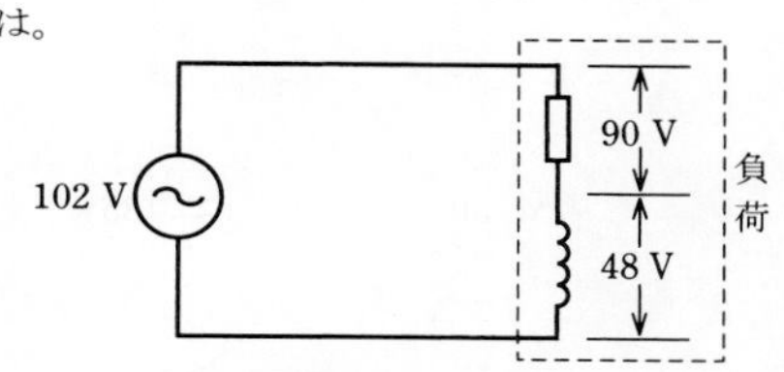
</td><td>イ．47</td><td>ロ．69</td><td>ハ．88</td><td>ニ．96</td></tr>
<tr><td>5</td><td>図のような電源電圧 E［V］の三相3線式回路で，図中の×印点で断線した場合，断線後のa−c間の抵抗 R［Ω］に流れる電流 I［A］を示す式は。
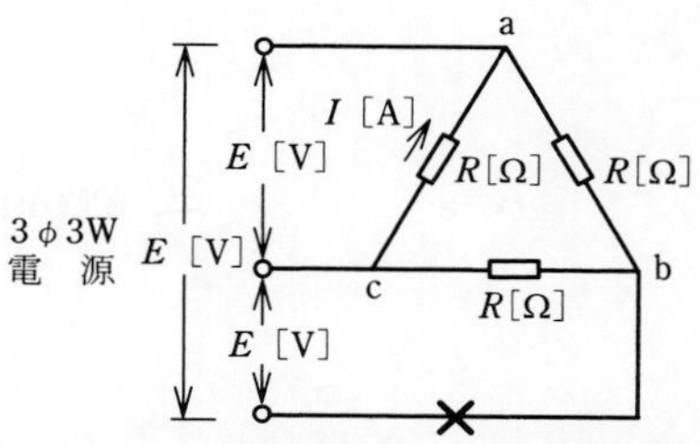
</td><td>イ．$\dfrac{E}{2R}$</td><td>ロ．$\dfrac{E}{\sqrt{3}R}$</td><td>ハ．$\dfrac{E}{R}$</td><td>ニ．$\dfrac{3E}{2R}$</td></tr>
</table>

問い		答え			
6	図のような単相2線式回路で，c–c'間の電圧が100 Vのとき，a–a'間の電圧［V］は。 ただし，r_1及びr_2は電線の電気抵抗［Ω］とする。 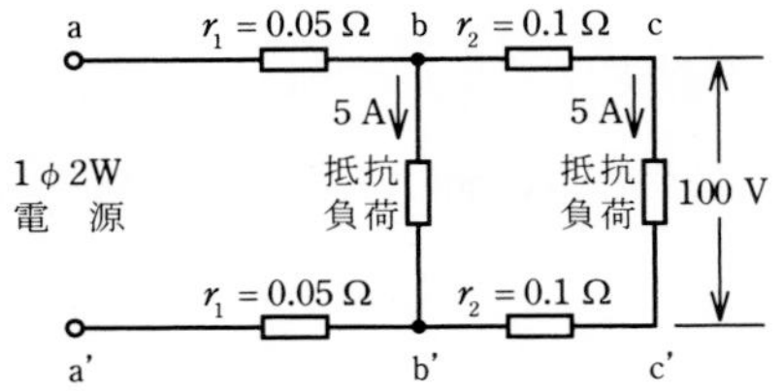 	イ．101	ロ．102	ハ．103	ニ．104
7	図のような単相3線式回路で，負荷A，負荷Bはともに消費電力800 Wの抵抗負荷である。負荷電圧がともに100 Vであるとき，この配線の電力損失［W］は。 ただし，電線1線当たりの抵抗は0.5 Ωとする。 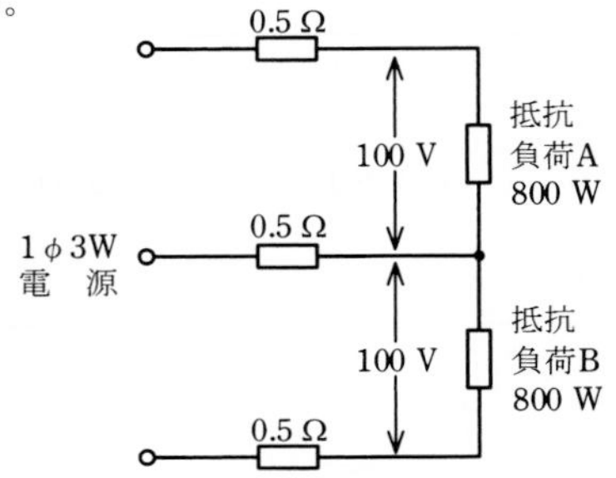 	イ．32	ロ．64	ハ．96	ニ．128
8	金属管による低圧屋内配線工事で，管内に直径2.0 mmの600Vビニル絶縁電線（軟銅線）4本を収めて施設した場合，電線1本当たりの許容電流［A］は。 ただし，周囲温度は30 ℃以下，電流減少係数は0.63とする。	イ．17	ロ．22	ハ．30	ニ．35
9	図のように定格電流50 Aの配線用遮断器で保護された低圧屋内幹線からVVRケーブル太さ$8\ mm^2$（許容電流42 A）で低圧屋内電路を分岐する場合，a–b間の長さの最大値［m］は。 ただし，低圧屋内幹線に接続される負荷は，電灯負荷とする。 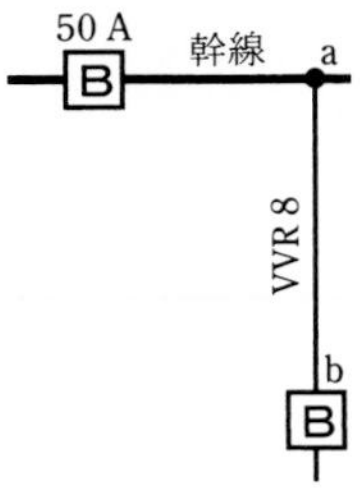 	イ．3	ロ．5	ハ．8	ニ．制限なし

	問い	答え
10	低圧屋内配線の分岐回路の設計で，配線用遮断器，分岐回路の電線の太さ及びコンセントの組合せとして，**適切なものは。** ただし，分岐点から配線用遮断器までは3 m，配線用遮断器からコンセントまでは8 mとし，電線の数値は分岐回路の電線（軟銅線）の太さを示す。 また，コンセントは兼用コンセントではないものとする。	イ.　ロ.　ハ.　ニ. 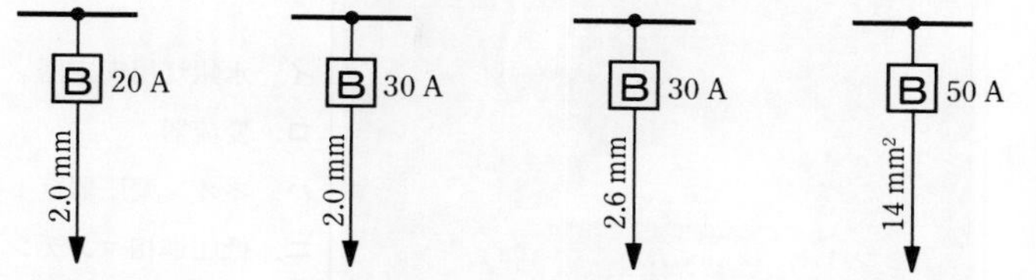 イ. 定格電流 30 Aのコンセント 1個 ロ. 定格電流 20 Aのコンセント 2個 ハ. 定格電流 15 Aのコンセント 1個 ニ. 定格電流 50 Aのコンセント 1個
11	プルボックスの主な使用目的は。	イ. 多数の金属管が集合する場所等で，電線の引き入れを容易にするために用いる。 ロ. 多数の開閉器類を集合して設置するために用いる。 ハ. 埋込みの金属管工事で，スイッチやコンセントを取り付けるために用いる。 ニ. 天井に比較的重い照明器具を取り付けるために用いる。
12	耐熱性が最も優れているものは。	イ. 600V 二種ビニル絶縁電線 ロ. 600V ビニル絶縁電線 ハ. MI ケーブル ニ. 600V ビニル絶縁ビニルシースケーブル
13	ねじなし電線管の曲げ加工に使用する工具は。	イ. トーチランプ ロ. ディスクグラインダ ハ. パイプレンチ ニ. パイプベンダ
14	必要に応じ，スターデルタ始動を行う電動機は。	イ. 一般用三相かご形誘導電動機 ロ. 三相巻線形誘導電動機 ハ. 直流分巻電動機 ニ. 単相誘導電動機
15	低圧電路に使用する定格電流30 Aの配線用遮断器に37.5 Aの電流が継続して流れたとき，この配線用遮断器が自動的に動作しなければならない時間［分］の限度（最大の時間）は。	イ. 2　ロ. 4　ハ. 60　ニ. 120
16	写真に示す材料の名称は。 	イ. 銅線用裸圧着スリーブ ロ. 銅管端子 ハ. 銅線用裸圧着端子 ニ. ねじ込み形コネクタ

<table>
<tr><th colspan="2">問い</th><th>答え</th></tr>
<tr><td>17</td><td>写真に示す機器の名称は。
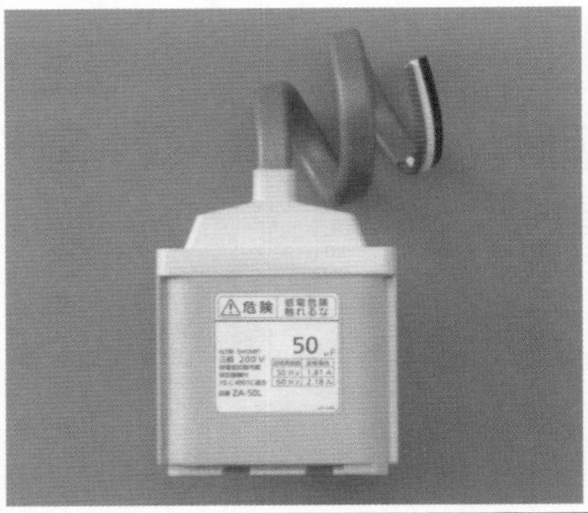</td><td>イ．水銀灯用安定器
ロ．変流器
ハ．ネオン変圧器
ニ．低圧進相コンデンサ</td></tr>
<tr><td>18</td><td>写真に示す工具の電気工事における用途は。
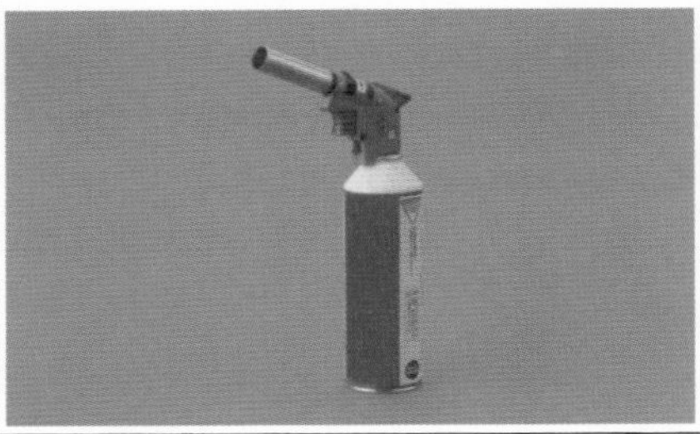</td><td>イ．硬質ポリ塩化ビニル電線管の曲げ加工に用いる。
ロ．金属管(鋼製電線管)の曲げ加工に用いる。
ハ．合成樹脂製可とう電線管の曲げ加工に用いる。
ニ．ライティングダクトの曲げ加工に用いる。</td></tr>
<tr><td>19</td><td>600V ビニル絶縁ビニルシースケーブル平形1.6 mmを使用した低圧屋内配線工事で，絶縁電線相互の終端接続部分の絶縁処理として，不適切なものは。
ただし，ビニルテープはJISに定める厚さ約0.2 mmの電気絶縁用ポリ塩化ビニル粘着テープとする。</td><td>イ．リングスリーブ(E形)により接続し，接続部分をビニルテープで半幅以上重ねて3回(6層)巻いた。
ロ．リングスリーブ(E形)により接続し，接続部分を黒色粘着性ポリエチレン絶縁テープ(厚さ約0.5 mm)で半幅以上重ねて3回(6層)巻いた。
ハ．リングスリーブ(E形)により接続し，接続部分を自己融着性絶縁テープ(厚さ約0.5 mm)で半幅以上重ねて1回(2層)巻いた。
ニ．差込形コネクタにより接続し，接続部分をビニルテープで巻かなかった。</td></tr>
<tr><td>20</td><td>次表は使用電圧 100 V の屋内配線の施設場所による工事の種類を示す表である。表中のa～fのうち，「施設できる工事」を全て選んだ組合せとして，正しいものは。
<table>
<tr><th rowspan="2">施設場所の区分</th><th colspan="3">工事の種類</th></tr>
<tr><th>金属ダクト工事</th><th>合成樹脂管工事(CD管を除く)</th><th>セルラダクト工事</th></tr>
<tr><td>展開した場所で乾燥した場所</td><td>a</td><td>b</td><td>c</td></tr>
<tr><td>点検できる隠ぺい場所で乾燥した場所</td><td>d</td><td>e</td><td>f</td></tr>
</table></td><td>イ．a，f
ロ．a，b，d，e，f
ハ．b，d，e
ニ．d，e，f</td></tr>
</table>

	問い	答え
21	低圧屋内配線の図記号と，それに対する施工方法の組合せとして，**正しいものは。**	イ．------///------ IV1.6（E19）　厚鋼電線管で天井隠ぺい配線。 ロ．――――///―――― IV1.6（PF16）　硬質ポリ塩化ビニル電線管で露出配線。 ハ．――――///―――― IV1.6（16）　合成樹脂製可とう電線管で天井隠ぺい配線。 ニ．------///------ IV1.6（F2 17）　2 種金属製可とう電線管で露出配線。
22	D 種接地工事を**省略できないものは。** ただし，電路には定格感度電流30 mA，動作時間が0.1 秒以下の電流動作型の漏電遮断器が取り付けられているものとする。	イ．乾燥したコンクリートの床に施設する三相 200 V（対地電圧 200 V）誘導電動機の鉄台 ロ．乾燥した木製の床の上で取り扱うように施設する三相 200 V（対地電圧 200 V）空気圧縮機の金属製外箱部分 ハ．乾燥した場所に施設する単相 3 線式 100/200 V（対地電圧 100 V）配線の電線を収めた長さ 7 m の金属管 ニ．乾燥した場所に施設する三相 200 V（対地電圧 200 V）動力配線の電線を収めた長さ 3 m の金属管
23	低圧屋内配線の合成樹脂管工事で，合成樹脂管（合成樹脂製可とう電線管及び CD 管を除く）を造営材の面に沿って取り付ける場合，管の支持点間の距離の最大値［m］は。	イ．1　　ロ．1.5　　ハ．2　　ニ．2.5
24	低圧検電器に関する記述として，**誤っているものは。**	イ．低圧検電器では，接触式と非接触式のものがある。 ロ．音響発光式には電池が必要であるが，ネオン式には不要である。 ハ．使用電圧 100V のコンセントの接地側極では検知するが，非接地側極では検知しない。 ニ．電路の充電の有無を確認するには，当該電路の全ての電線について検電することが必要である。
25	使用電圧が低圧の電路において，絶縁抵抗測定が困難であったため，使用電圧が加わった状態で漏えい電流により絶縁性能を確認した。「電気設備の技術基準の解釈」に定める，絶縁性能を有していると判断できる漏えい電流の最大値［mA］は。	イ．0.1　　ロ．0.2　　ハ．1　　ニ．2

	問　い	答　え
26	使用電圧 100 V の低圧電路に，地絡が生じた場合 0.1 秒で自動的に電路を遮断する装置が施してある。この電路の屋外に D 種接地工事が必要な自動販売機がある。その接地抵抗値 a[Ω]と電路の絶縁抵抗値 b[MΩ]の組合せとして，「電気設備に関する技術基準を定める省令」及び「電気設備の技術基準の解釈」に**適合していないものは**。	イ．a　600　b　2.0 ロ．a　450　b　1.0 ハ．a　200　b　0.2 ニ．a　50　b　0.1
27	アナログ計器とディジタル計器の特徴に関する記述として，**誤っているものは**。	イ．アナログ計器は永久磁石可動コイル形計器のように，電磁力等で指針を動かし，振れ角でスケールから値を読み取る。 ロ．ディジタル計器は測定入力端子に加えられた交流電圧などのアナログ波形を入力変換回路で直流電圧に変換し，次に A-D 変換回路に送り，直流電圧の大きさに応じたディジタル量に変換し，測定値が表示される。 ハ．電圧測定では，アナログ計器は入力抵抗が高いので被測定回路に影響を与えにくいが，ディジタル計器は入力抵抗が低いので被測定回路に影響を与えやすい。 ニ．アナログ計器は変化の度合いを読み取りやすく，測定量を直感的に判断できる利点を持つが，読み取り誤差を生じやすい。
28	「電気工事士法」において，第二種電気工事士免状の交付を受けている者であっても**従事できない**電気工事の作業は。	イ．自家用電気工作物(最大電力 500 kW 未満の需要設備)の低圧部分の電線相互を接続する作業 ロ．自家用電気工作物(最大電力 500 kW 未満の需要設備)の地中電線用の管を設置する作業 ハ．一般用電気工作物の接地工事の作業 ニ．一般用電気工作物のネオン工事の作業
29	「電気用品安全法」の適用を受ける次の電気用品のうち，特定電気用品は。	イ．定格電流 20 Aの漏電遮断器 ロ．消費電力 30 Wの換気扇 ハ．外径 19 mmの金属製電線管 ニ．消費電力 40 W の蛍光ランプ
30	「電気設備に関する技術基準を定める省令」における電圧の低圧区分の組合せで，**正しいものは**。	イ．直流 600 V 以下，交流 750 V 以下 ロ．直流 600 V 以下，交流 600 V 以下 ハ．直流 750 V 以下，交流 600 V 以下 ニ．直流 750 V 以下，交流 300 V 以下

問題2．配線図 (問題数 20，配点は1問当たり 2 点)

※図は 100 頁参照

図は，木造2階建住宅及び車庫の配線図である。この図に関する次の各問いには4通りの答え（イ，ロ，ハ，ニ）が書いてある。それぞれの問いに対して，答えを1つ選びなさい。

【注意】 1．屋内配線の工事は，特記のある場合を除き 600V ビニル絶縁ビニルシースケーブル平形（VVF）を用いたケーブル工事である。
2．屋内配線等の電線の本数，電線の太さ，その他，問いに直接関係のない部分等は省略又は簡略化してある。
3．漏電遮断器は，定格感度電流 30 mA，動作時間 0.1 秒以内のものを使用している。
4．選択肢（答え）の写真にあるコンセント及び点滅器は，「JIS C 0303：2000 構内電気設備の配線用図記号」で示す「一般形」である。
5．分電盤の外箱は合成樹脂製である。
6．ジョイントボックスを経由する電線は，すべて接続箇所を設けている。
7．3路スイッチの記号「0」の端子には，電源側又は負荷側の電線を結線する。

問い		答え
31	①で示す部分の最少電線本数(心線数)は。	イ．2　ロ．3　ハ．4　ニ．5
32	②で示す部分の図記号の傍記表示「WP」の意味は。	イ．防雨形　ロ．防爆形　ハ．屋外形　ニ．防滴形
33	③で示す図記号の器具の種類は。	イ．熱線式自動スイッチ　ロ．タイマ付スイッチ ハ．遅延スイッチ　ニ．キースイッチ
34	④で示す部分の小勢力回路で使用できる電線(軟銅線)の導体の最小直径［mm］は。	イ．0.5　ロ．0.8　ハ．1.2　ニ．1.6
35	⑤で示す部分の電路と大地間の絶縁抵抗として，許容される最小値［MΩ］は。	イ．0.1　ロ．0.2　ハ．0.4　ニ．1.0
36	⑥で示す部分の接地工事の種類及びその接地抵抗の許容される最大値［Ω］の組合せとして，**正しいものは**。	イ．C 種接地工事　10 Ω ロ．C 種接地工事　50 Ω ハ．D 種接地工事　100 Ω ニ．D 種接地工事　500 Ω
37	⑦で示す部分に使用できるものは。	イ．ゴム絶縁丸打コード ロ．引込用ビニル絶縁電線 ハ．架橋ポリエチレン絶縁ビニルシースケーブル ニ．屋外用ビニル絶縁電線
38	⑧で示す部分の配線で(E19)とあるのは。	イ．外径 19 mm のねじなし電線管である。 ロ．内径 19 mm のねじなし電線管である。 ハ．外径 19 mm の薄鋼電線管である。 ニ．内径 19 mm の薄鋼電線管である。
39	⑨で示す引込口開閉器が省略できる場合の，住宅と車庫との間の電路の長さの最大値［m］は。	イ．8　ロ．10　ハ．15　ニ．20
40	⑩で示す部分の配線工事で用いる管の種類は。	イ．耐衝撃性硬質ポリ塩化ビニル電線管 ロ．波付硬質合成樹脂管 ハ．硬質ポリ塩化ビニル電線管 ニ．合成樹脂製可とう電線管

	問い	答え			
41	⑪で示すボックス内の接続をリングスリーブで圧着接続した場合のリングスリーブの種類，個数及び圧着接続後の刻印との組合せで，**正しいものは。** ただし，使用する電線は特記のないものはVVF1.6とする。 また，写真に示す**リングスリーブ中央の○，小，中**は刻印を表す。	イ．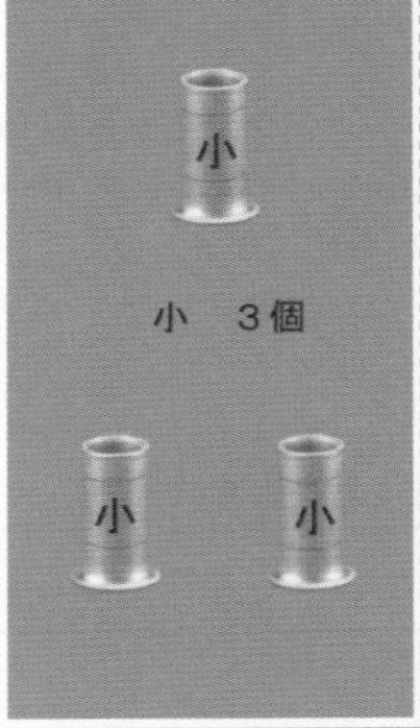	ロ．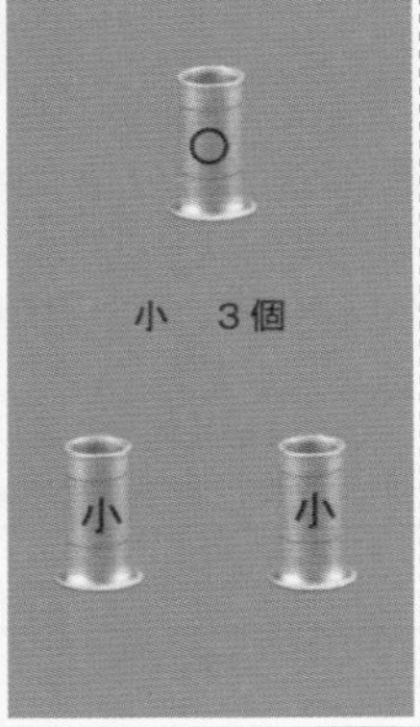	ハ．	ニ．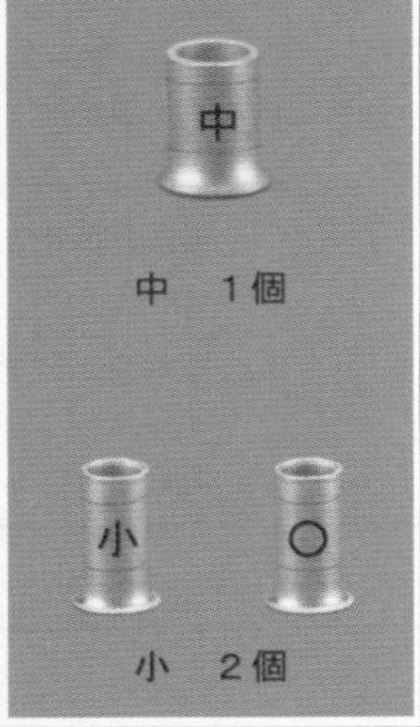
42	⑫で示す部分の配線工事に必要なケーブルは。 ただし，心線数は最少とする。	イ．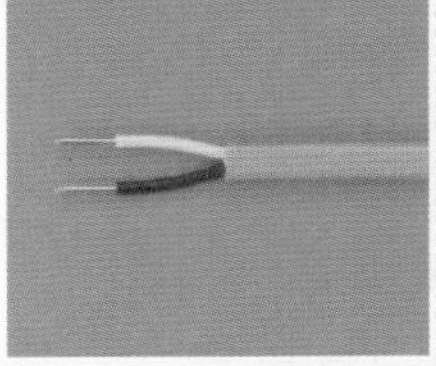	ロ．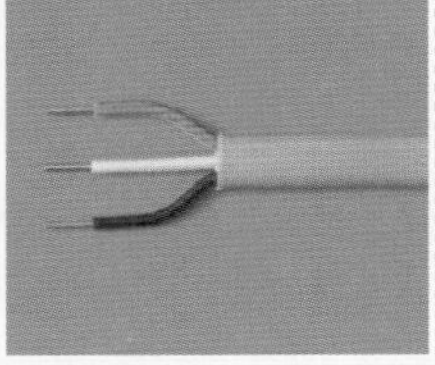	ハ．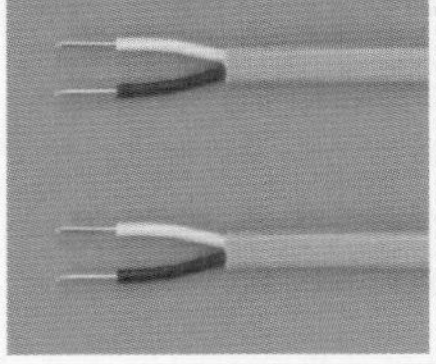	ニ．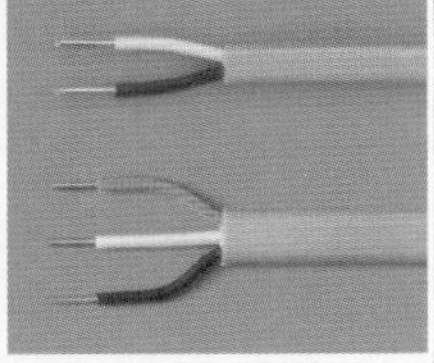
43	⑬で示すボックス内の接続をすべて差込形コネクタとする場合，使用する差込形コネクタの種類と最少個数の組合せで，**正しいものは。** ただし，使用する電線はすべてVVF1.6とする。	イ．	ロ．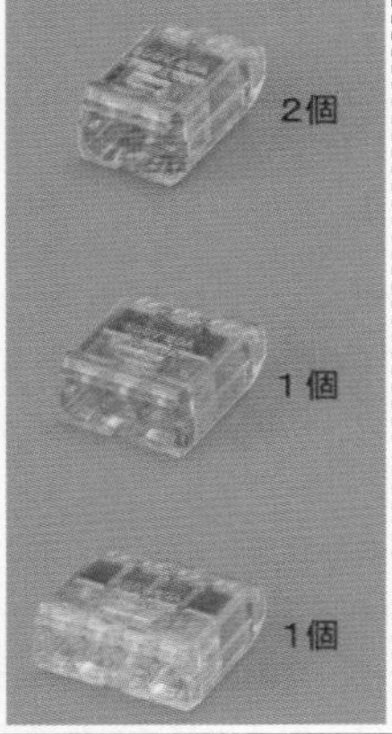	ハ．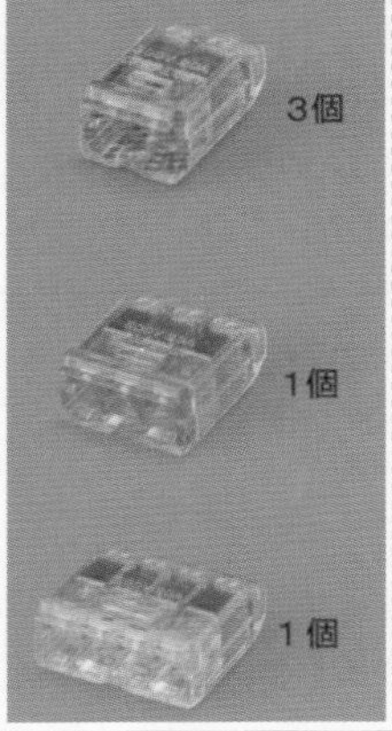	ニ．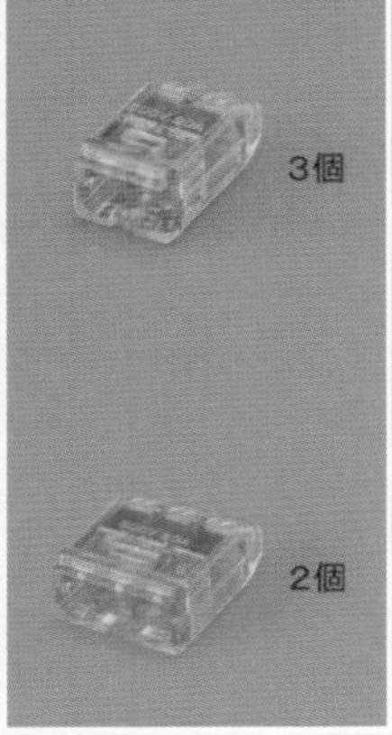
44	⑭で示す図記号の器具は。	イ．	ロ．	ハ．	ニ．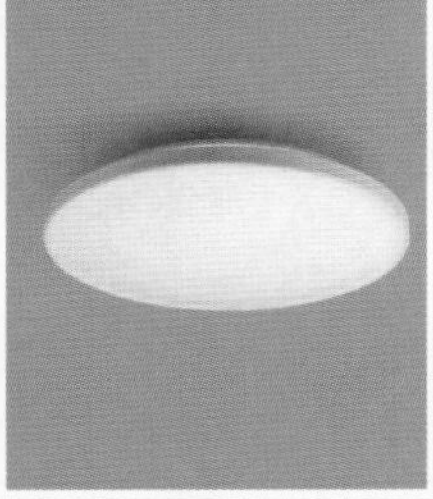
45	⑮で示す部分に取り付ける機器は。	イ．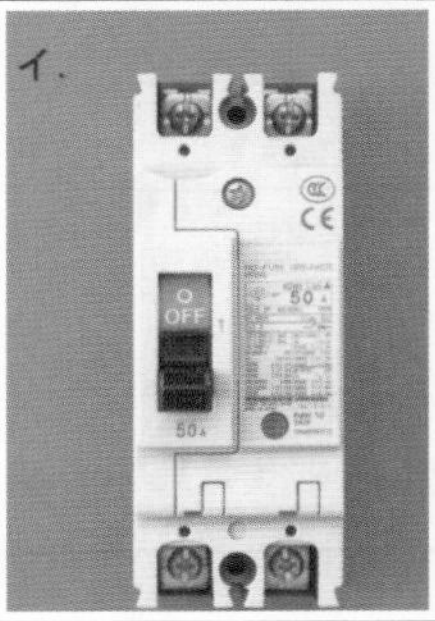	ロ．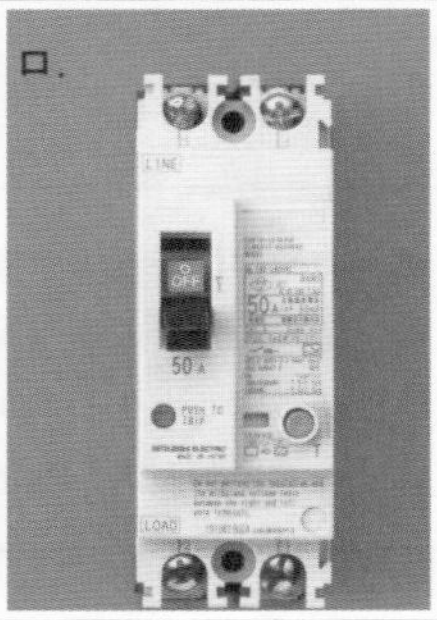	ハ．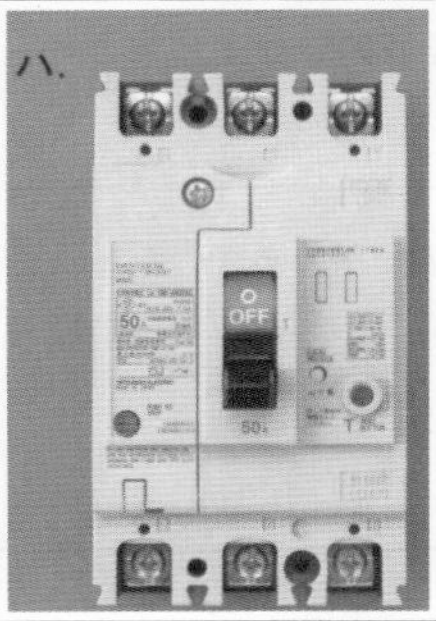	ニ．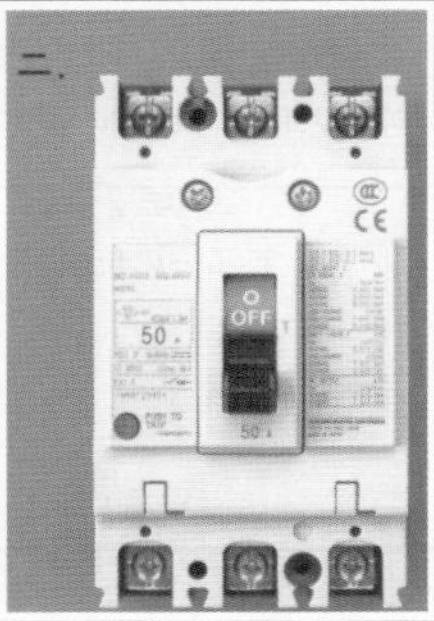

	問い	答え			
46	⑯で示す図記号のものは。	イ.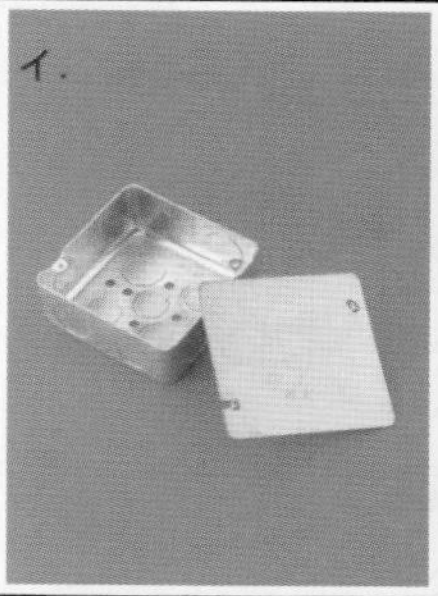	ロ.	ハ.	ニ.
47	⑰で示す部分の配線工事で，一般的に**使用されることのない工具は。**	イ.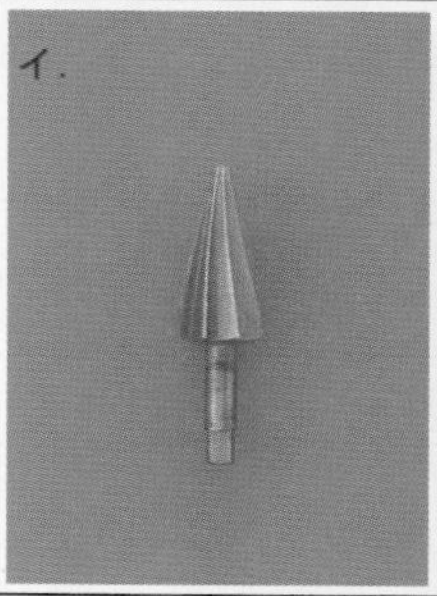	ロ.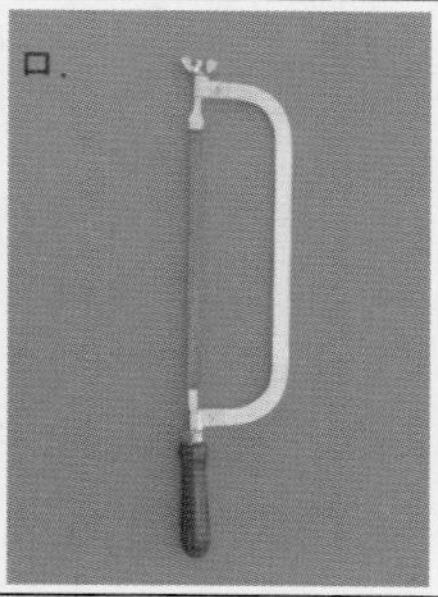	ハ.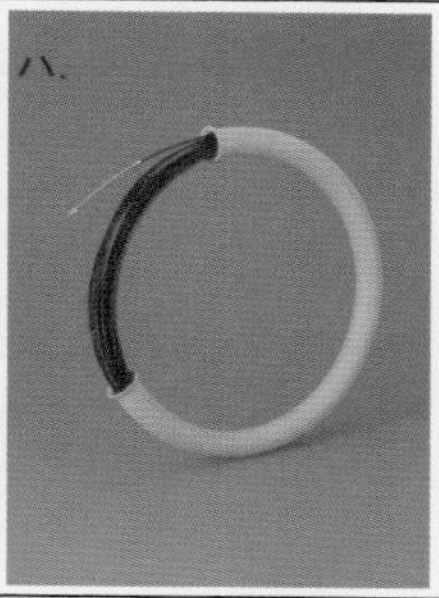	ニ.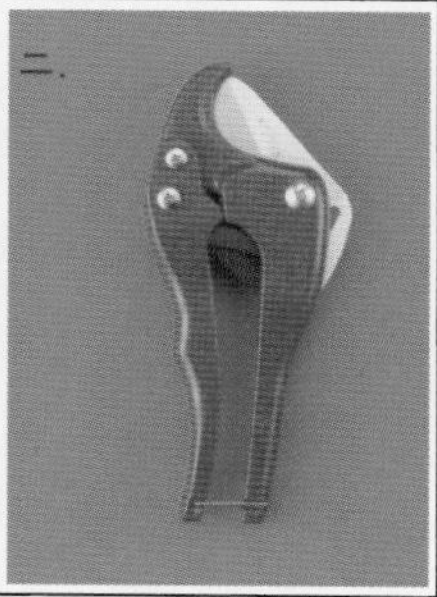
48	⑱で示すボックス内の接続をすべて圧着接続とする場合，使用するリングスリーブの種類と最少個数の組合せで，**正しいものは。** ただし，使用する電線は特記のないものは VVF1.6 とする。	イ.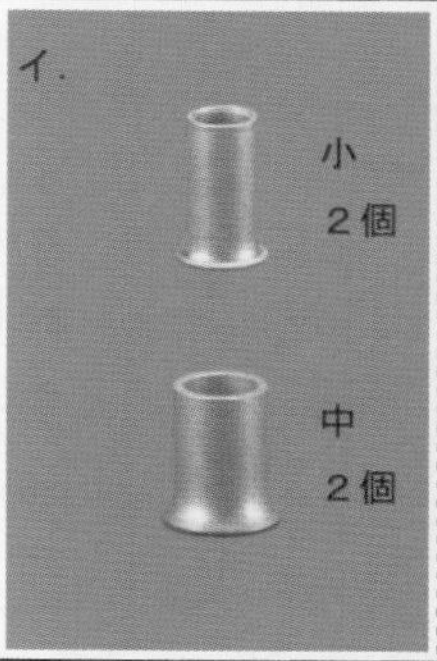	ロ.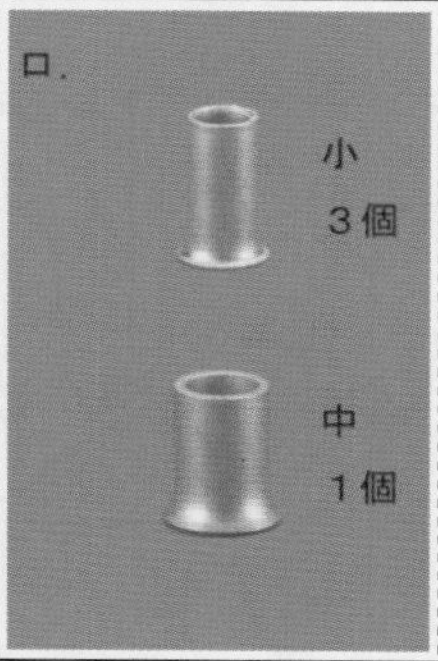	ハ.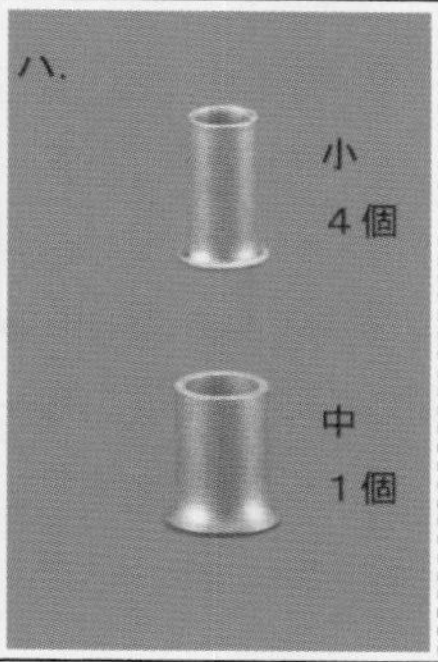	ニ.
49	この配線図の図記号で，**使用されていない**コンセントは。	イ.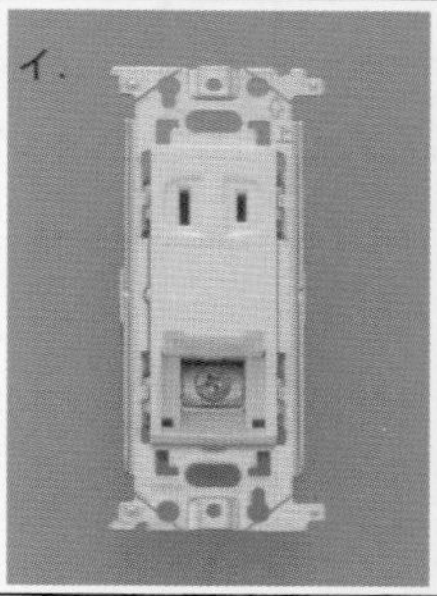	ロ.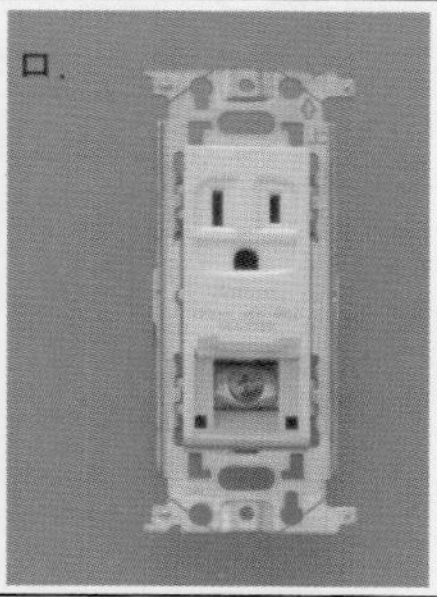	ハ.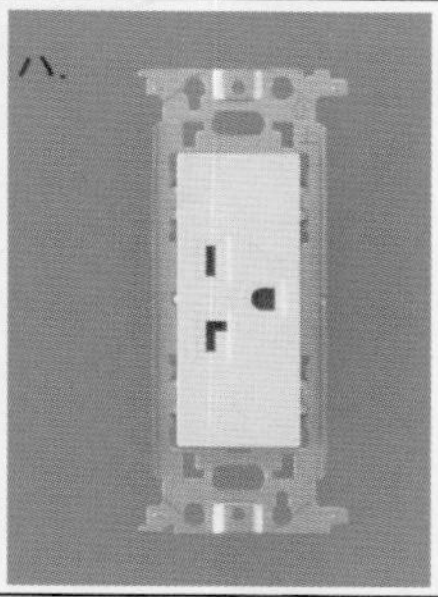	ニ.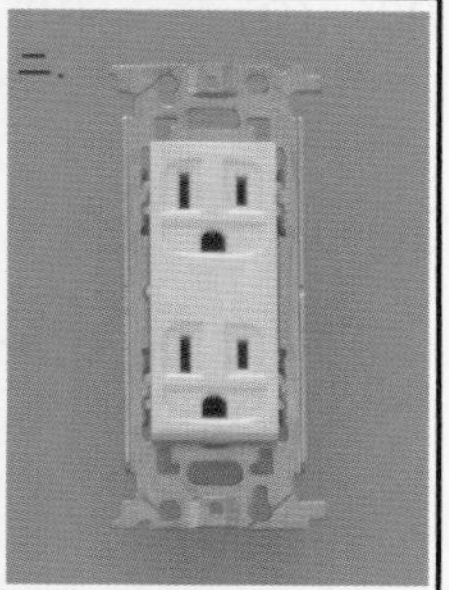
50	この配線図の施工に関して，使用するものの組合せで，**誤っているものは。**	イ.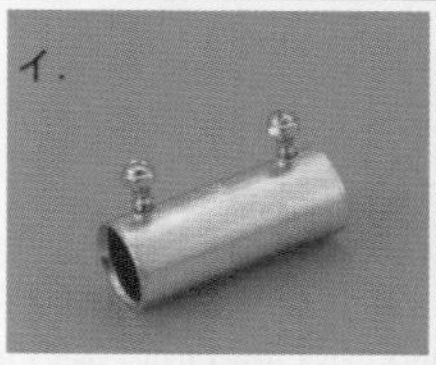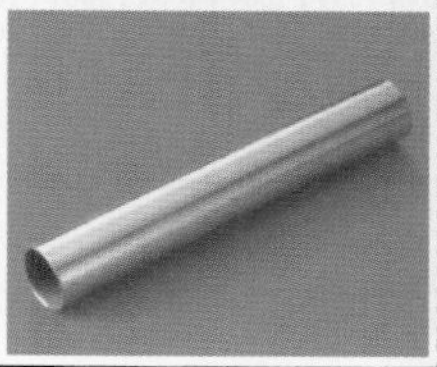	ロ.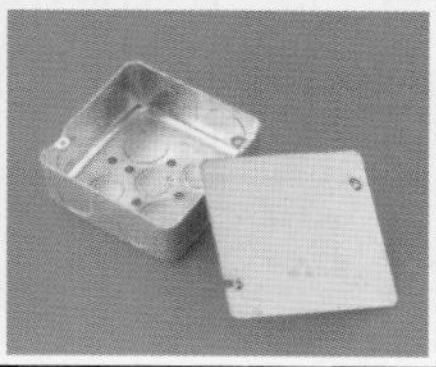	ハ.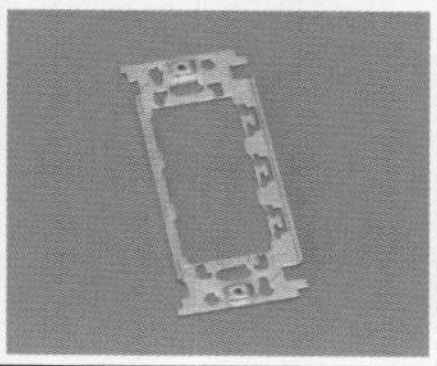	ニ.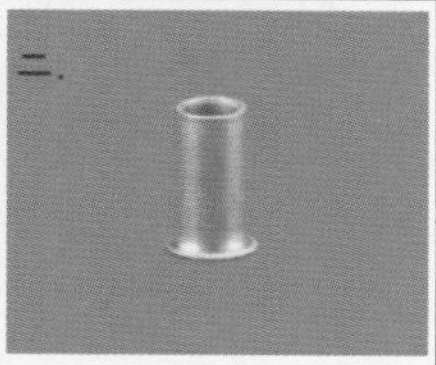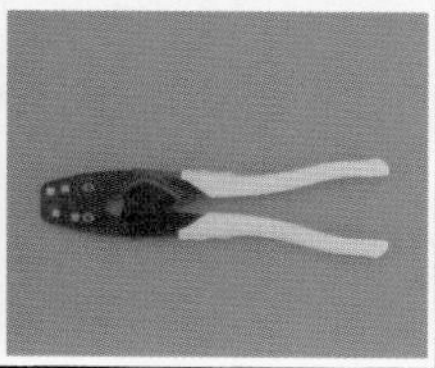

図面を引き抜いてご覧ください

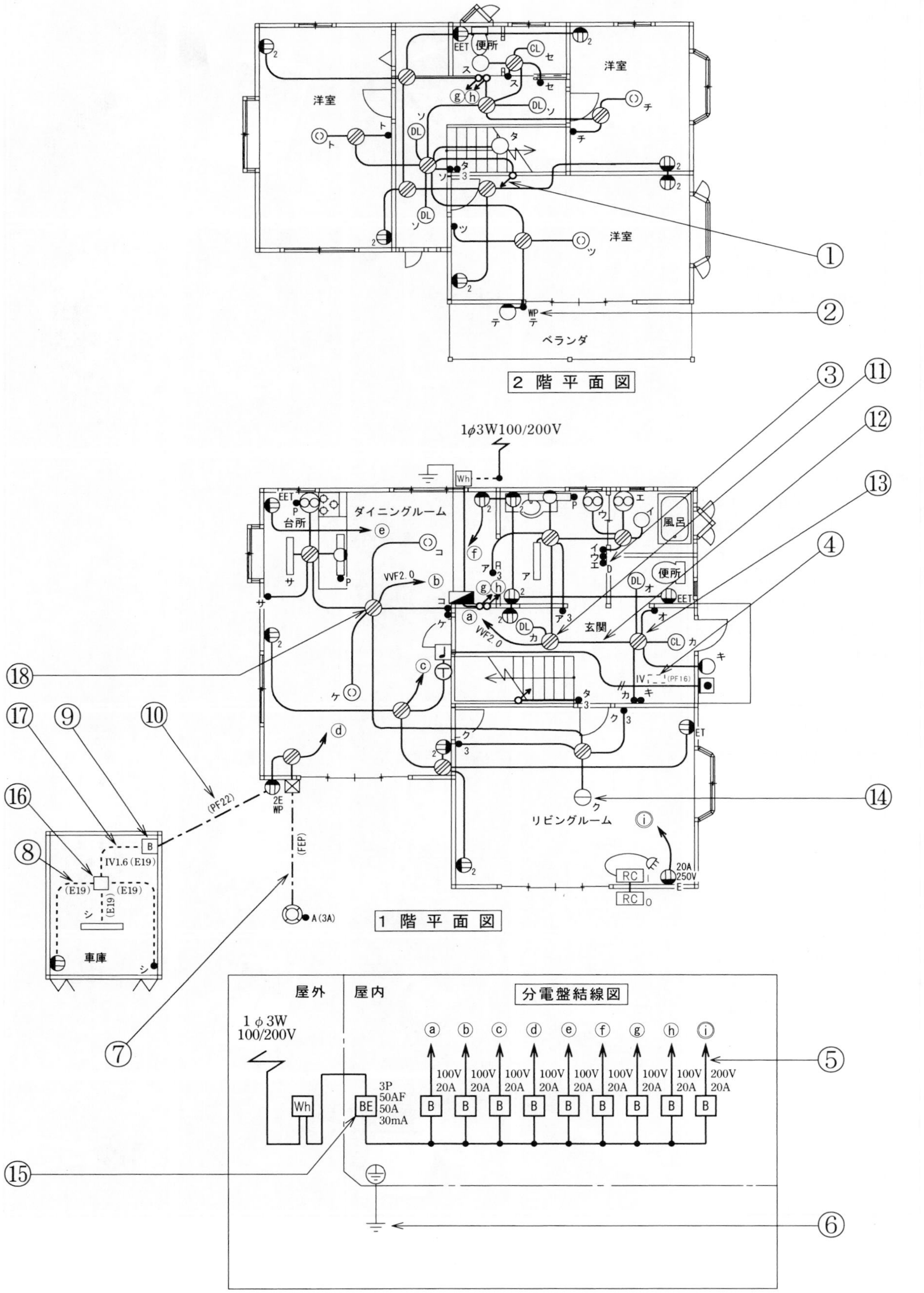

解答と解説

問題 1．一般問題の解答

1 ロ．20

第1図において，回路に流れる電流I〔A〕は，

$$I=\frac{100+100}{20+30}=\frac{200}{50}=4\text{〔A〕}$$

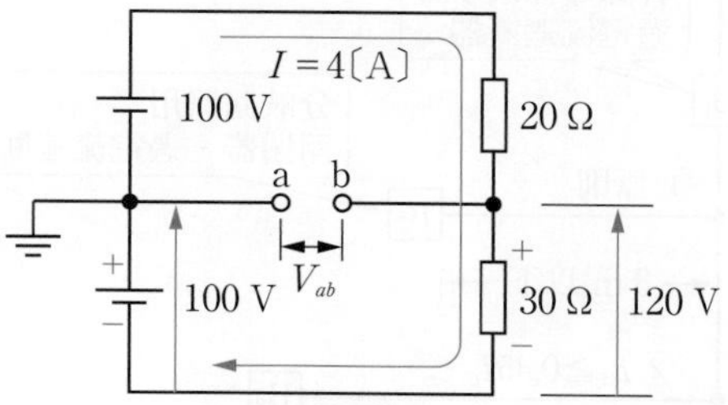

第1図

30 Ωに加わる電圧は，

$4\times30=120$〔V〕

a-b 間の電圧 V_{ab}〔V〕は，電池の電圧と 30 Ωに加わる電圧の極性に注意して，

$V_{ab}=120-100=20$〔V〕

1 イ．2

第2図において銅線Aの断面積A_A〔mm^2〕は，

$$A_A=\frac{\pi\times1.6^2}{4}\fallingdotseq2\text{〔mm}^2\text{〕}$$

銅線 B の断面積 A_B〔mm^2〕は，

$$A_B=\frac{\pi\times3.2^2}{4}\fallingdotseq8\text{〔mm}^2\text{〕}$$

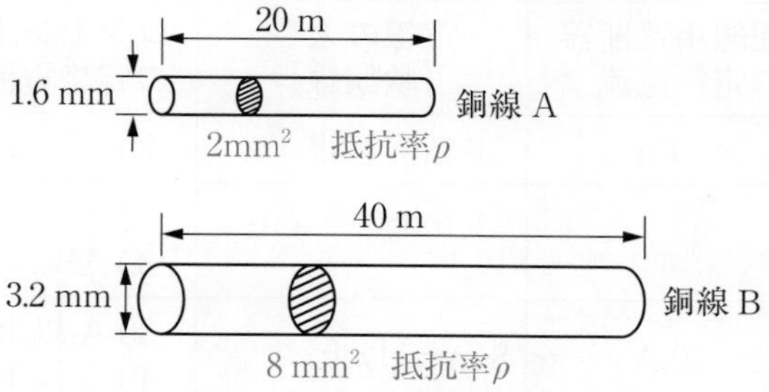

第２図

銅線の抵抗率を，ρ〔Ω·mm^2/m〕とする．

銅線 A の抵抗 R_A〔Ω〕は，

$$R_A=\rho\times\frac{20}{2}=10\rho\text{〔Ω〕}$$

銅線 B の抵抗 R_B〔Ω〕は，

$$R_B=\rho\times\frac{40}{8}=5\rho\text{〔Ω〕}$$

したがって，

$$\frac{R_A}{R_B}=\frac{10\rho}{5\rho}=2$$

となって，A の抵抗は B の抵抗の 2 倍になる．

3 ロ．1 920

電力 P〔kW〕は，

$P=400$〔W〕$=0.4$〔kW〕

使用時間 t〔h〕は，

$$t=1+\frac{20}{60}=1+\frac{1}{3}=\frac{4}{3}\text{〔h〕}$$

使用電力量 W〔kW·h〕は，

$$W=Pt=0.4\times\frac{4}{3}\text{〔kW·h〕}$$

電力量 1 kW·h を熱量に換算すると，3 600 kJ になるから，発熱量 Q〔kJ〕は，

$$Q=3\,600Pt=3\,600\times0.4\times\frac{4}{3}=1\,920\text{〔kJ〕}$$

4 ハ．88

抵抗とリアクタンスが直列に接続された回路の力率 $\cos\theta$〔%〕は，回路全体の電圧を V〔V〕，抵抗に加わる電圧を V_R〔V〕とすると，次の式で求められる．

$$\cos\theta=\frac{V_R}{V}\times100\text{〔%〕}$$

したがって，力率 $\cos\theta$〔%〕は，

$$\cos\theta=\frac{90}{102}\times100\fallingdotseq88\text{〔%〕}$$

5 ハ．$\dfrac{E}{R}$

三相 3 線式回路で，✕印点で断線しても a-c 間の抵抗 R〔Ω〕に加わる電圧は，断線前と同じ電圧 E〔V〕である．

したがって，断線後の a-c 間の抵抗 R〔Ω〕に流れる電流 I〔A〕は，

$$I=\frac{E}{R}\text{〔A〕}$$

6 ロ．102

第３図において，a-a′間と b-b′間の電圧降下 v_1〔V〕は，

$v_1=2I_1r_1=2\times10\times0.05=1$〔V〕

b-b′間と c-c′間の電圧降下 v_2〔V〕は，

$$v_2 = 2I_2r_2 = 2\times5\times0.1 = 1〔\mathrm{V}〕$$

全体の電圧降下 v〔V〕は，

$$v = v_1 + v_2 = 1 + 1 = 2〔\mathrm{V}〕$$

a-a′間の電圧 $V_{aa'}$〔V〕は，

$$V_{aa'} = 100 + v = 100 + 2 = 102〔\mathrm{V}〕$$

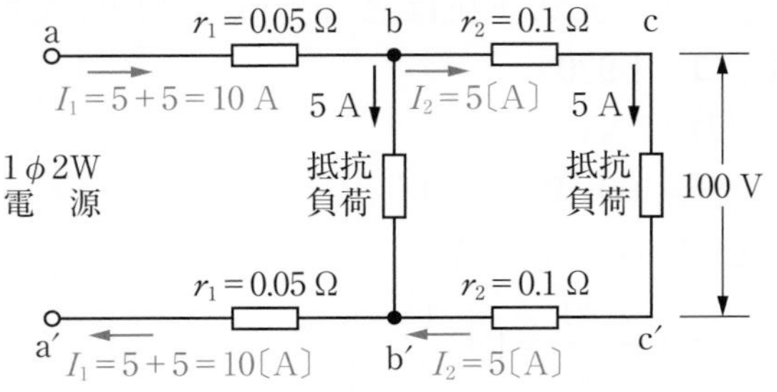

第３図

7　ロ．64

第４図において，消費電力 800 W の抵抗負荷に流れる電流 I〔A〕は，

$$I = \frac{P}{V} = \frac{800}{100} = 8〔\mathrm{A}〕$$

負荷が平衡しているので，中性線には電流が流れなく，電力損失を生じない．配線の電力損失 P_l〔W〕は，

$$P_l = 2I^2r = 2\times8^2\times0.5 = 64〔\mathrm{W}〕$$

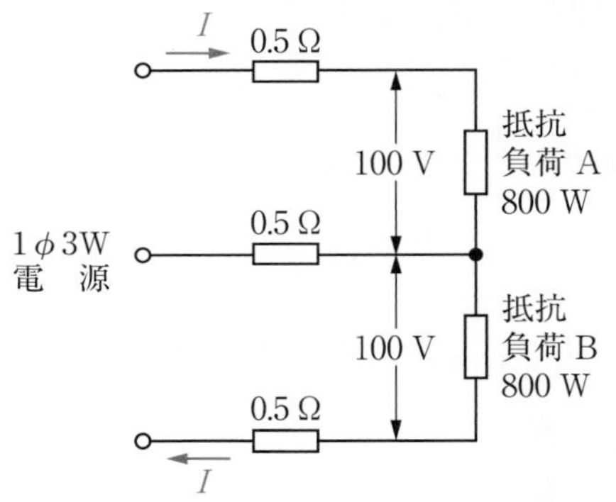

第４図

8　ロ．22

電技解釈第 146 条（低圧配線に使用する電線）による．

直径 2.0 mm の 600 V ビニル絶縁電線（軟銅線）の許容電流は 35 A である．この電線 4 本を金属管に収めた場合，電線 1 本当たりの許容電流は，電流減少係数が 0.63 であるから，

$$35\times0.63 = 22.05 \rightarrow 22\ \mathrm{A}$$

（小数点以下 1 位を 7 捨 8 入）

9　ニ．制限無し

電技解釈第 149 条（低圧分岐回路等の施設）による．

分岐する電路の許容電流（42 A）が，幹線を保護する過電流遮断器の定格電流（50 A）の 0.55 倍以上（42/50 = 0.84）なので，a-b 間の長さに制限がない．

低圧分岐回路には，**第５図**のように過電流遮断器及び開閉器を施設しなければならない．

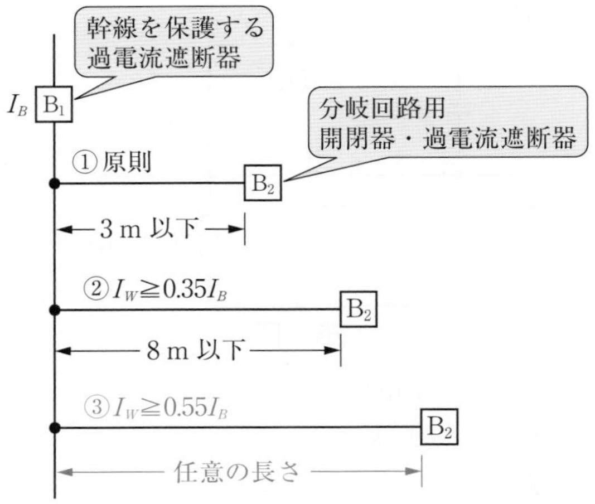

I_B：幹線を保護する過電流遮断器の定格電流
I_W：分岐回路の電線の許容電流

第５図

10　ニ．

電技解釈第 149 条（低圧分岐回路等の施設）による．

配線用遮断器，電線の太さ，コンセントの組み合わせは**第１表**のようにしなければならない．

第１表　分岐回路

配線用遮断器の定格電流	電線の太さ（軟銅線）	コンセントの定格電流
20 A	1.6 mm 以上	20 A 以下
30 A	2.6 mm（5.5 mm²）以上	20 A 以上 30 A 以下
40 A	8 mm² 以上	30 A 以上 40 A 以下
50 A	14 mm² 以上	40 A 以上 50 A 以下

（注）配線用遮断器の定格電流が 30 A の場合，定格電流が 20 A 未満の差込みプラグが接続できるものを除く．

表から，ニの分岐回路が適切である．

イは，20 A 配線用遮断器の分岐回路であり，定格電流 30 A のコンセントは接続できない．

ロは，30 A 配線用遮断器の分岐回路であり，

2.0 mm の電線は接続できない．ハは，30 A 配線用遮断器の分岐回路であり，定格電流 15 A のコンセントは接続できない．

11　イ．多数の金属管が集合する場所等で，電線の引き入れを容易にするために用いる．

プルボックスは，アウトレットボックスで対応できない多数の金属管が集合する場所や太い金属管を配管する場所等に用いられる．

また，電線の引き入れを容易にするためや電線を接続したりするのに用いる．

12　ハ．MI ケーブル

MI ケーブルは，外装に金属が使用され，酸化マグネシウムなどの無機質の絶縁体が充填されているケーブルで，約 1 000℃まで使用できる．

13　ニ．パイプベンダ

金属管の曲げ加工に使用する工具は，パイプベンダ(**第 6 図**)である．

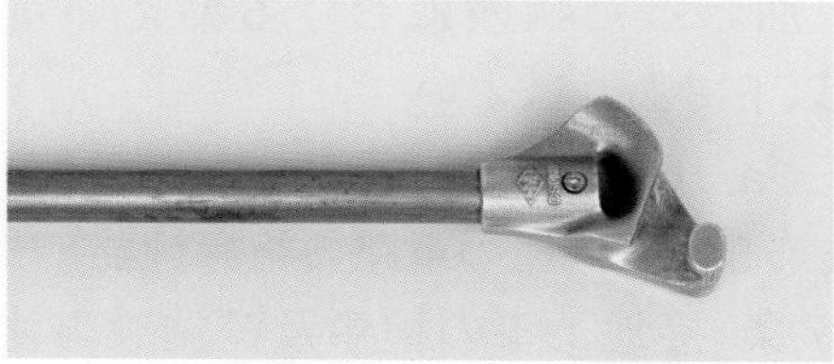

第 6 図　パイプベンダ

14　イ．一般用三相かご形誘導電動機

容量の大きい三相かご形誘導電動機は，始動電流を抑制するために，**第 7 図**に示すようなスターデルタ始動器を用いる．スターデルタ始動器によって，巻線を丫結線にして始動し，始動電流が減少したところで△結線に切り換えて運転状態にする．

15　ハ．60

電技解釈第 33 条(低圧電路に施設する過電流遮断器の性能等)による．

定格電流 30 A の配線用遮断器には，定格電流の 37.5/30＝1.25 倍の電流が流れる．

定格電流が 50 A 以下の配線用遮断器に，定格電流の 1.25 倍の電流を通じた場合は，60 分以内に自動的に動作しなければならない．

16　ハ．銅線用裸圧着端子

写真の材料は，銅線用裸圧着端子である．専用の圧着工具で電線に銅線用裸圧着端子を圧着接続して，電気機械器具の端子に結線する．

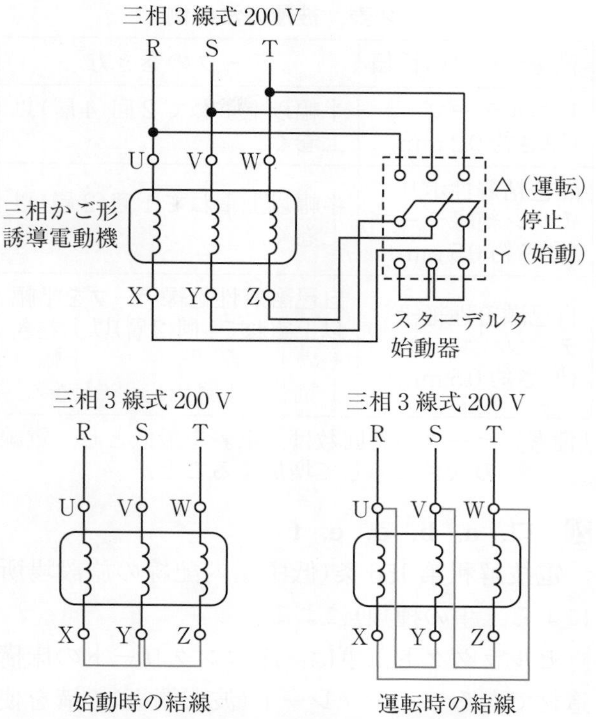

第 7 図　スターデルタ始動法

17　ニ．低圧進相コンデンサ

写真に示す機器は，電動機の力率改善に用いる低圧進相コンデンサである．

18　イ．硬質ポリ塩化ビニル電線管の曲げ加工に用いる．

ガストーチランプで，硬質ポリ塩化ビニル電線管の曲げ加工する場合や直接接続する場合に，加熱して柔らかくするのに用いる．

19　ハ．リングスリーブ(E 形)により接続し，接続部分を自己融着性絶縁テープ(厚さ約 0.5 mm)で半幅以上重ねて 1 回(2 層)巻いた．

電技解釈第 12 条(電線の接続法)，内線規程 1335-7(電線の接続)による．

リングスリーブによって接続した場合は，接続部分を絶縁電線の絶縁物と同等以上の絶縁効力のあるもので十分に被覆しなければならない．

600 V ビニル絶縁ビニルシースケーブル平形 1.6 mm の絶縁電線の被覆の厚さは 0.8 mm である．絶縁テープは，厚さが 0.8 mm 以上になるように巻かなければならない．ハは，保護テープを巻いていないので誤りである．

内線規程では，絶縁テープによる低圧絶縁電線の被覆の方法の例を，**第 2 表**のように示している．

第２表　被覆方法の例

絶縁テープの種類	テープの巻き方
ビニルテープ（厚さ約 0.2 mm）	半幅以上重ねて２回（4 層）以上巻く．
黒色粘着性ポリエチレン絶縁テープ（厚さ約 0.5 mm）	半幅以上重ねて１回（2 層）以上巻く．
自己融着性絶縁テープ（厚さ約 0.5 mm）	自己融着性絶縁テープを半幅以上重ねて1回(2層)以上巻き，その上に保護テープを半幅以上重ねて1回(2層)以上巻く．

〔備考〕テープの巻回数は，上表を最低とし，電線の太さに応じて増加すること．

20　ロ．a，b，d，e，f

電技解釈第 156 条（低圧屋内配線の施設場所による工事の種類）による．

セルラダクト工事は，床コンクリートの床構造材であるデッキプレート（波形鋼板）の溝を使用して配線する工事である．使用電圧が 300 V 以下で，点検できる隠ぺい場所又は点検できない隠ぺい場所の乾燥した場所に限って施設できる．

21　ニ．------///------（IV1.6（F2 17））２種金属製可とう電線管で露出配線．

------///------（IV1.6（E19））はねじなし電線管で露出配線，———///———（IV1.6（PF16））は合成樹脂製可とう電線管で天井隠ぺい配線，———///———（IV1.6（16））は厚鋼電線管で天井隠ぺい配線を表す．

22　イ．乾燥したコンクリートの床に施設する三相 200 V（対地電圧 200 V）誘導電動機の鉄台

電技解釈第 29 条（機械器具の金属製外箱等の接地）・第 159 条（金属管工事）による．

対地電圧が 150 V を超える場合，絶縁性のものの上で取り扱うようにすればＤ種接地工事を省略できるが，コンクリートの床は絶縁性のものとみなされないので，Ｄ種接地工事を省略できない．

23　ロ．1.5

電技解釈第 158 条（合成樹脂管工事）による．

合成樹脂管の支持点間の距離は 1.5 m 以下としなければならない．なお，内線規程 3115-6（管及び附属品の連結及び支持）において，合成樹脂製可とう電線管の場合は，支持点間の距離を１m 以下とするのがよいとされている．

24　ハ．使用電圧 100 V のコンセントの接地側極では検知するが，非接地側極では検知しない．

検電器（第８図）は，使用電圧 100 V のコンセントの接地側極では検知しないが，非接地側極では検知する．

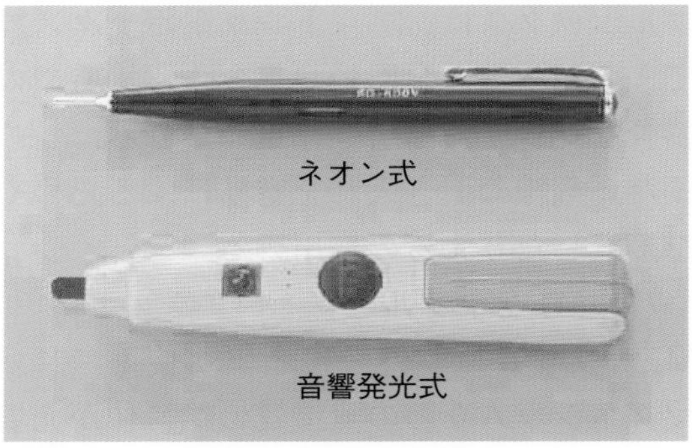

第８図　検電器

25　ハ．1

電技解釈第 14 条（低圧電路の絶縁性能）による．

絶縁抵抗測定が困難な場合においては，使用電圧が加わった状態における漏えい電流が，1 mA 以下であればよい．

26　イ．a．600　b．2.0

電技第 58 条（低圧の電路の絶縁性能），電技解釈第 17 条（接地工事の種類及び施設方法）・第 29 条（機械器具の金属製外箱等の接地）による．

接地工事がＤ種接地工事であり，地絡が生じた場合 0.5 秒以内で自動的に電路を遮断する装置が施してあるので，接地抵抗値は 500 Ω 以下である．

使用電圧 100 V の電路は，「使用電圧が 300 V 以下で対地電圧が 150 V 以下」に該当するので，絶縁抵抗値は 0.1 MΩ 以上あればよい．

27　ハ．電圧測定では，アナログ計器は入力抵抗が高いので被測定回路に影響を与えにくいが，ディジタル計器は入力抵抗が低いので被測定回路に影響を与えやすい．

電圧測定では，アナログ計器は入力抵抗が低いので被測定回路に影響を与えやすく，ディジタル計器は入力抵抗が高いので被測定回路に影響を与えにくい．

28　イ．自家用電気工作物（最大電力 500 kW 未満の需要設備）の低圧部分の電線相互を接続する作業

電気工事士法第２条（用語の定義）・第３条（電

気工事士等)，施行令第１条(軽微な工事)，施行規則第２条(軽微な作業)・第２条の３(簡易電気工事)による．

自家用電気工作物(最大電力 500 kW 未満の需要設備)の低圧部分の電線相互を接続する作業は，簡易電気工事に該当する．認定電気工事従事者認定証の交付を受けている者又は第一種電気工事士の免状を受けている者でなければ従事できない．

29　イ．定格電流 20 A の漏電遮断器

電気用品安全法施行令第１条の２(特定電気用品)による．

定格電流 100 A 以下の漏電遮断器は特定電気用品であるから，イは特定電気用品である．

ロ，ハ，ニはいずれも特定電気用品以外の電気用品である．

30　ハ．直流 750 V 以下，交流 600 V 以下

電技第２条(電圧の種別等)による．

電圧は**第３表**のように低圧，高圧，特別高圧の３種に区分されている．

第３表　電圧の種別

種　別	直　流	交　流
低　圧	750 V 以下	600 V 以下
高　圧	低圧を超え 7 000 V 以下	
特別高圧	7 000 V を超えるもの	

問題２．配線図の解答

31　ロ．3

①で示す部分の電線は，１階の３路スイッチに結線するもので，最少電線本数は３本である．

32　イ．防雨形

「WP」は，雨がかかるところでも使用できる防雨形(water proof)であることを表す．

33　ハ．遅延スイッチ

図記号●$_D$は，操作部を「切」にした後，遅れて「切」の動作をするスイッチで，浴室等の換気扇と組み合わせて使用する．

34　ロ．0.8

電技解釈第 181 条(小勢力回路の施設)による．

小勢力回路に使用できる電線は，ケーブルである場合を除き，直径 0.8 mm 以上の軟銅線又はこれと同等以上の強さ及び太さのものである．

35　イ．0.1

電技第 58 条(低圧の電路の絶縁性能)による．

⑤で示す回路ⓘは，使用電圧が 200 V で，対地電圧が 100 V である．電路と大地間の絶縁抵抗値として，許容される最小値は 0.1 MΩ である．

低圧電路の絶縁抵抗は，開閉器又は過電流遮断器で区切ることのできる電路ごとに，**第４表**の値以上でなければならない．

第４表　低圧の電路の絶縁性能

電路の使用電圧の区分		絶縁抵抗値
300 V 以下	対地電圧が 150 V 以下の場合	0.1 MΩ
	その他の場合	0.2 MΩ
300 V を超えるもの		0.4 MΩ

36　ニ．D 種接地工事　500 Ω

電技解釈第 17 条(接地工事の種類及び施設方法)・第 29 条(機械器具の金属製外箱等の接地)による．

分電盤の外箱が合成樹脂製であり，分岐回路に接続されるコンセントの接地線を接続する接地端子の接地である．

使用電圧が 300 V 以下であり，接地工事の種類は D 種接地工事になる．電源に動作時間が 0.1 秒以内の漏電遮断器が施設してあるので，接地抵抗値は 500 Ω 以下となる．

37　ハ．架橋ポリエチレン絶縁ビニルシースケーブル

電技解釈第 120 条(地中電線路の施設)，内線規程 3165-1(施設方法)による．

地中電線には，ケーブルを使用しなければならない．

38　イ．外径 19 mm のねじなし電線管である．

(E19)で，E はねじなし電線管を表し，19 は管の外径が 19 mm であることを表す．

ねじなし電線管の呼び径は，管の外形に近い奇数で表す．

39　ハ．15

電技解釈第 147 条(低圧屋内電路の引込口における開閉器の省略)による．

引込口開閉器を省略できるのは，住宅と車庫との間の電路の長さが 15 m 以下である．

40　ニ．合成樹脂製可とう電線管

(PF22)と表示されているので，合成樹脂製可とう電線管(PF管)である．

41　ニ．

⑪で示すボックス内の接続は，**第9図**になる．

リングスリーブの選定及び刻印は，**第5表**による．

第5表　リングスリーブの選定及び刻印

スリーブ	電線の組み合わせ〔mm〕			刻印
	1.6	2.0	異なる場合	
小	2	—	—	○
	3～4	2	2.0×1＋1.6×1～2	小
中	5～6	3～4	2.0×1＋1.6×3～5 2.0×2＋1.6×1～3	中

使用するリングスリーブとその刻印は次のようになる．

・2.0 mm×1＋1.6 mm×3
　　＝中スリーブ(刻印中)

・2.0 mm×1＋1.6 mm×2
　　＝小スリーブ(刻印小)

・1.6 mm×2＝小スリーブ(刻印○)

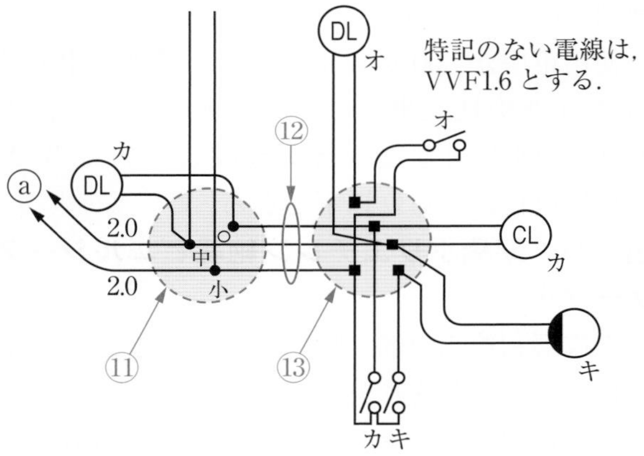

第9図

42　ロ．

⑫で示す部分の配線は**第9図**になり，VVF1.6-3Cを必要とする．

43　イ．

⑬で示すボックス内の接続は**第9図**になり，差込形コネクタの種類と最少個数の組み合わせは次のようになる．

・2本用：2個

・3本用：2個

・4本用：1個

44　イ．

図記号⊖は，ペンダントを表す．

45　ハ．

⑮で示す機器は，3極，定格電流50 A，定格感度電流30 mAの漏電遮断器(過負荷保護付)である．

46　イ．

図記号□は，ジョイントボックス(アウトレットボックス)を表す．

47　ニ．

⑰で示す部分の配線工事は，ねじなし電線管による金属管工事で，ニの合成樹脂管用カッタ(塩ビカッタ)は使用しない．

48　イ．

⑱で示すボックス内の接続は**第10図**になり，使用するスリーブの組み合わせは，**第5表**から次のようになる．

・1.6 mm×2　　　　　　　＝小スリーブ　2個

・2.0 mm×1＋1.6 mm×3＝中スリーブ　1個

・2.0 mm×1＋1.6 mm×4＝中スリーブ　1個

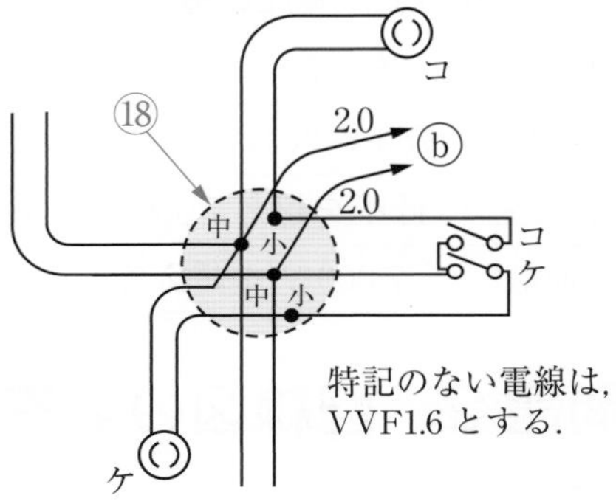

第10図

49　ニ．

ニの図記号は$\ominus^{2}_{E}$で，使用されていない．

イの図記号は$\ominus_{ET}$で，1階のリビングルームに使用されている．ロの図記号は$\ominus_{EET}$で，1階の台所や1階と2階の便所に使用されている．ハの図記号は$\ominus^{20A\,250V}_{E}$で，1階のリビングルームのルームエアコンのコンセントとして使用されている．

50　ロ．

ロは金属可とう電線管工事で，2種金属製可とう電線管を金属製のボックスに接続するのに使用するストレートボックスコネクタで，この配線図の施工には使用しない．

問題1．一般問題（問題数30，配点は1問当たり2点）

【注】本問題の計算で $\sqrt{2}$，$\sqrt{3}$ 及び円周率 π を使用する場合の数値は次によること。 $\sqrt{2}=1.41$ ， $\sqrt{3}=1.73$ ， $\pi=3.14$

次の各問いには4通りの答え（**イ**，**ロ**，**ハ**，**ニ**）が書いてある。それぞれの問いに対して答えを1つ選びなさい。

なお，選択肢が数値の場合は最も近い値を選びなさい。

	問　い	答　え			
1	図のような回路で，8 Ωの抵抗での消費電力［W］は。 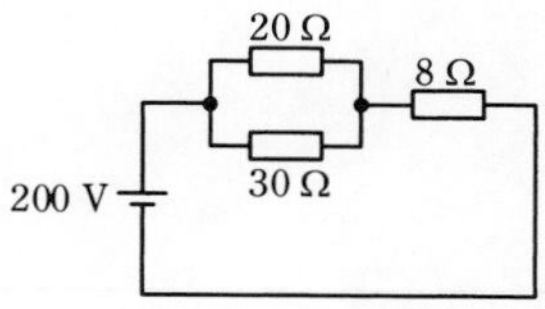 	イ．200	ロ．800	ハ．1200	ニ．2000
2	抵抗率 ρ ［Ω・m］，直径 D ［mm］，長さ L ［m］の導線の電気抵抗［Ω］を表す式は。	イ．$\frac{4\rho L}{\pi D^2}\times10^6$	ロ．$\frac{\rho L^2}{\pi D^2}\times10^6$	ハ．$\frac{4\rho L}{\pi D}\times10^6$	ニ．$\frac{4\rho L^2}{\pi D}\times10^6$
3	電線の接続不良により，接続点の接触抵抗が0.2 Ωとなった。この電線に10 Aの電流が流れると，接続点から1時間に発生する熱量［kJ］は。 ただし，接触抵抗の値は変化しないものとする。	イ．72	ロ．144	ハ．288	ニ．576
4	図のような抵抗とリアクタンスとが直列に接続された回路の消費電力［W］は。  	イ．600	ロ．800	ハ．1 000	ニ．1 250
5	図のような三相負荷に三相交流電圧を加えたとき，各線に20 Aの電流が流れた。線間電圧 E ［V］は。 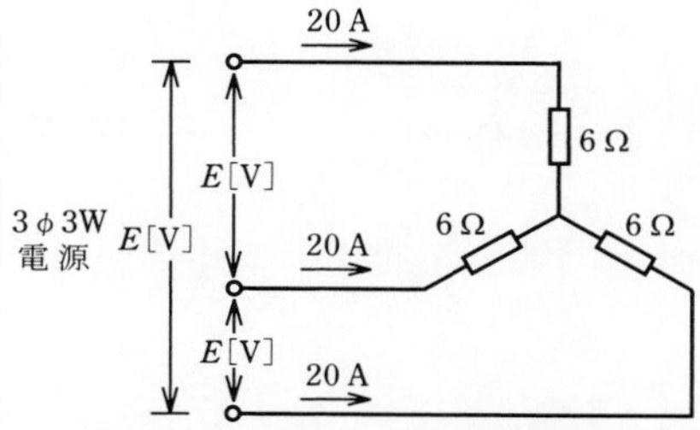 	イ．120	ロ．173	ハ．208	ニ．240

<table>
<tr><th colspan="2">問　い</th><th colspan="4">答　え</th></tr>
<tr><td>6</td><td>図のような三相3線式回路で，電線1線当たりの抵抗値が 0.15 Ω，線電流が 10 A のとき，この配線の電力損失［W］は。
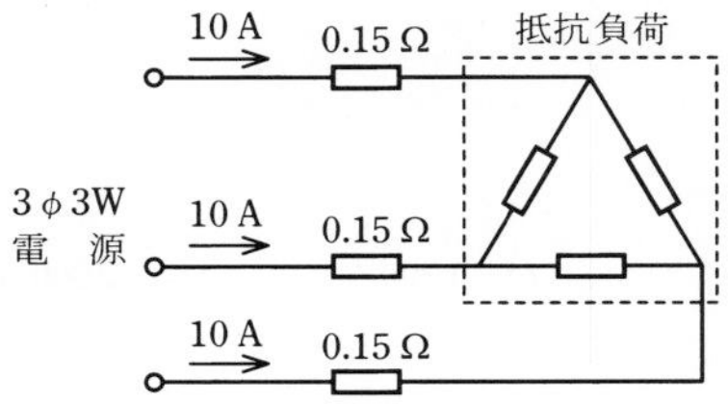
</td><td>イ．2.6</td><td>ロ．15</td><td>ハ．26</td><td>ニ．45</td></tr>
<tr><td>7</td><td>図のような単相3線式回路（電源電圧 210/105 V）において，抵抗負荷 A 20 Ω，B 10 Ω を使用中に，図中の✕印点 P で中性線が断線した。断線後の抵抗負荷 A に加わる電圧［V］は。
ただし，断線によって負荷の抵抗値は変化せず，どの配線用遮断器も動作しなかったものとする。
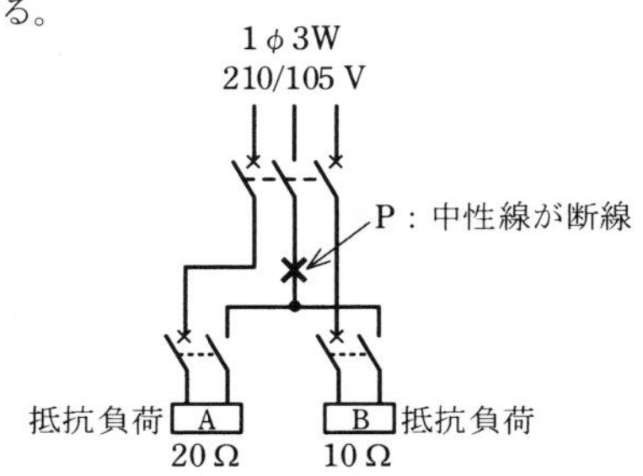
</td><td>イ．70</td><td>ロ．105</td><td>ハ．140</td><td>ニ．210</td></tr>
<tr><td>8</td><td>金属管による低圧屋内配線工事で，管内に断面積 $3.5\ \mathrm{mm}^2$ の 600V ビニル絶縁電線（軟銅線）4本を収めて施設した場合，電線1本当たりの許容電流［A］は。
ただし，周囲温度は30℃以下，電流減少係数は0.63とする。</td><td>イ．19</td><td>ロ．23</td><td>ハ．31</td><td>ニ．49</td></tr>
<tr><td>9</td><td>図のように定格電流 50 A の配線用遮断器で保護された低圧屋内幹線から VVR ケーブル太さ $8\ \mathrm{mm}^2$（許容電流 42 A）で低圧屋内電路を分岐する場合，a−b 間の長さの最大値［m］は。
ただし，低圧屋内幹線に接続される負荷は，電灯負荷とする。
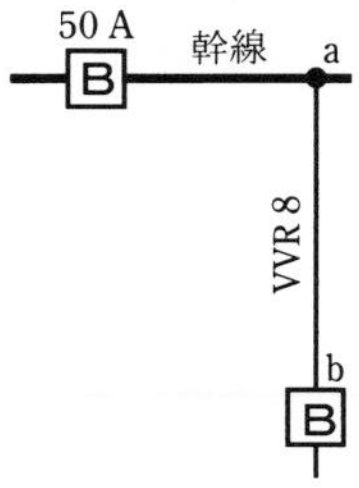
</td><td>イ．3</td><td>ロ．5</td><td>ハ．8</td><td>ニ．制限なし</td></tr>
</table>

問い		答え
10	低圧屋内配線の分岐回路の設計で，配線用遮断器の定格電流とコンセントの組合せとして，**不適切なものは**。	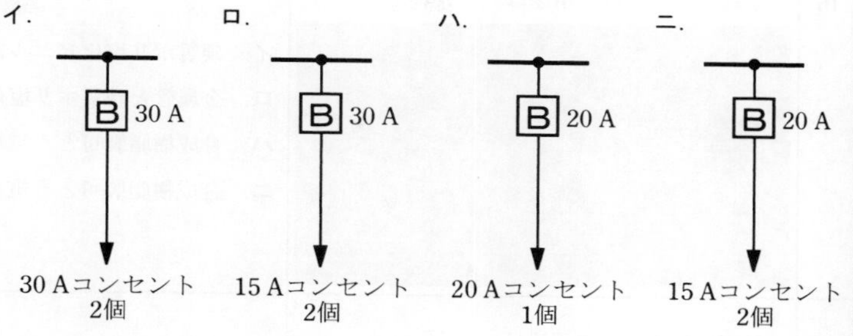
11	プルボックスの主な使用目的は。	イ．多数の金属管が集合する場所等で，電線の引き入れを容易にするために用いる。 ロ．多数の開閉器類を集合して設置するために用いる。 ハ．埋込みの金属管工事で，スイッチやコンセントを取り付けるために用いる。 ニ．天井に比較的重い照明器具を取り付けるために用いる。
12	600V ポリエチレン絶縁耐燃性ポリエチレンシースケーブルの特徴として，**誤っているものは**。	イ．分別が容易でリサイクル性がよい。 ロ．焼却時に有害なハロゲン系ガスが発生する。 ハ．ビニル絶縁ビニルシースケーブルと比べ絶縁物の最高許容温度が高い。 ニ．難燃性がある。
13	ノックアウトパンチャの用途で，**適切なものは**。	イ．金属製キャビネットに穴を開けるのに用いる。 ロ．太い電線を圧着接続する場合に用いる。 ハ．コンクリート壁に穴を開けるのに用いる。 ニ．太い電線管を曲げるのに用いる。
14	三相誘導電動機が周波数50 Hzの電源で無負荷運転されている。この電動機を周波数60 Hzの電源で無負荷運転した場合の回転の状態は。	イ．回転速度は変化しない。 ロ．回転しない。 ハ．回転速度が減少する。 ニ．回転速度が増加する。
15	漏電遮断器に関する記述として，**誤っているものは**。	イ．高速形漏電遮断器は，定格感度電流における動作時間が 0.1 秒以内である。 ロ．漏電遮断器には，漏電電流を模擬したテスト装置がある。 ハ．漏電遮断器は，零相変流器によって地絡電流を検出する。 ニ．高感度形漏電遮断器は，定格感度電流が 1 000 mA 以下である。

問　い		答　え
16	写真に示す材料の用途は。 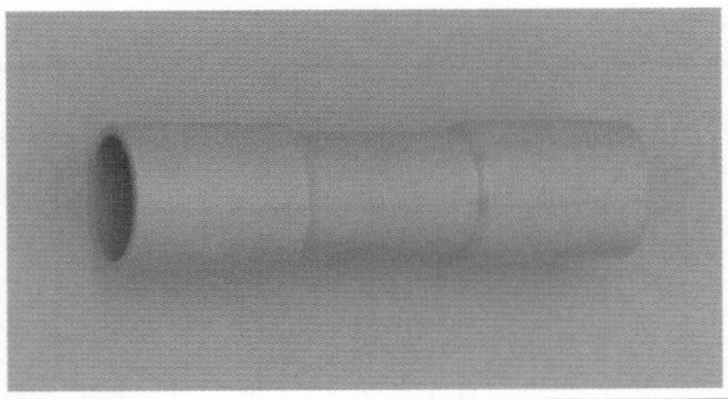	イ．硬質ポリ塩化ビニル電線管相互を接続するのに用いる。 ロ．金属管と硬質ポリ塩化ビニル電線管とを接続するのに用いる。 ハ．合成樹脂製可とう電線管相互を接続するのに用いる。 ニ．合成樹脂製可とう電線管と CD 管とを接続するのに用いる。
17	写真に示す器具の用途は。 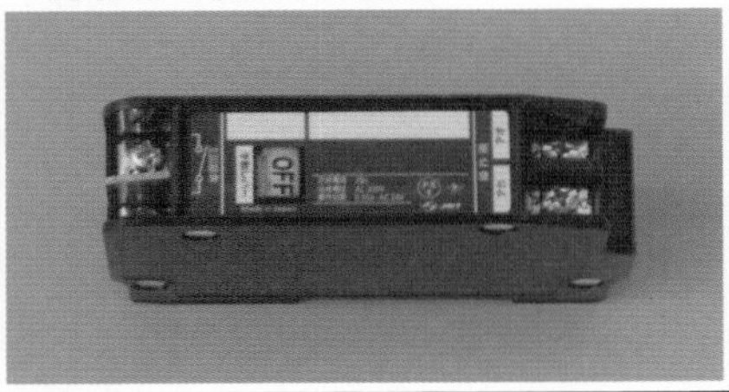 	イ．リモコン配線の操作電源変圧器として用いる。 ロ．リモコン配線のリレーとして用いる。 ハ．リモコンリレー操作用のセレクタスイッチとして用いる。 ニ．リモコン用調光スイッチとして用いる。
18	写真に示す工具の用途は。 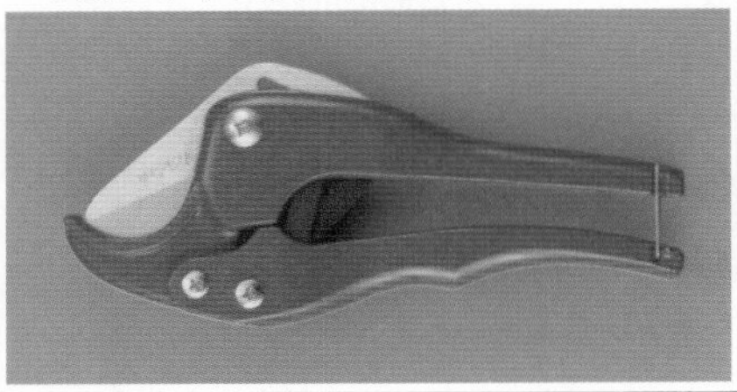	イ．金属管の切断に使用する。 ロ．ライティングダクトの切断に使用する。 ハ．硬質ポリ塩化ビニル電線管の切断に使用する。 ニ．金属線ぴの切断に使用する。
19	600V ビニル絶縁ビニルシースケーブル平形 1.6 mm を使用した低圧屋内配線工事で，絶縁電線相互の終端接続部分の絶縁処理として，**不適切なものは。** ただし，ビニルテープは JIS に定める厚さ約 0.2 mm の電気絶縁用ポリ塩化ビニル粘着テープとする。	イ．リングスリーブにより接続し，接続部分を自己融着性絶縁テープ(厚さ約 0.5 mm)で半幅以上重ねて 1 回(2 層)巻き，更に保護テープ(厚さ約 0.2 mm)を半幅以上重ねて 1 回(2 層)巻いた。 ロ．リングスリーブにより接続し，接続部分を黒色粘着性ポリエチレン絶縁テープ(厚さ約 0.5 mm)で半幅以上重ねて 2 回(4 層)巻いた。 ハ．リングスリーブにより接続し，接続部分をビニルテープで半幅以上重ねて 1 回(2 層)巻いた。 ニ．差込形コネクタにより接続し，接続部分をビニルテープで巻かなかった。
20	使用電圧 100 V の低圧屋内配線工事で，**不適切なものは。**	イ．乾燥した場所にある乾燥したショウウィンドー内で，絶縁性のある造営材に，断面積 $0.75\,\mathrm{mm}^2$ のビニル平形コードを 1 m の間隔で，外部から見えやすい箇所にその被覆を損傷しないように適当な留め具により取り付けた。 ロ．展開した場所に施設するケーブル工事で，2 種キャブタイヤケーブルを造営材の側面に沿って取り付け，このケーブルの支持点間の距離を 1.5 m とした。 ハ．合成樹脂管工事で，合成樹脂管(合成樹脂製可とう電線管及び CD 管を除く)を造営材の側面に沿って取り付け，この管の支持点間の距離を 1.5 m とした。 ニ．ライティングダクト工事で，造営材の下面に堅ろうに取り付け，このダクトの支持点間の距離を 2 m とした。

	問　い	答　え
21	店舗付き住宅の屋内に三相3線式200 V，定格消費電力2.5 kWのルームエアコンを施設した。このルームエアコンに電気を供給する電路の工事方法として，**適切なものは**。 ただし，配線は接触防護措置を施し，ルームエアコン外箱等の人が触れるおそれがある部分は絶縁性のある材料で堅ろうに作られているものとする。	イ．専用の過電流遮断器を施設し，合成樹脂管工事で配線し，コンセントを使用してルームエアコンと接続した。 ロ．専用の漏電遮断器(過負荷保護付)を施設し，ケーブル工事で配線し，ルームエアコンと直接接続した。 ハ．専用の配線用遮断器を施設し，金属管工事で配線し，コンセントを使用してルームエアコンと接続した。 ニ．専用の開閉器のみを施設し，金属管工事で配線し，ルームエアコンと直接接続した。
22	特殊場所とその場所に施工する低圧屋内配線工事の組合せで，**不適切なものは**。	イ．プロパンガスを他の小さな容器に小分けする可燃性ガスのある場所 厚鋼電線管で保護した600Vビニル絶縁ビニルシースケーブルを用いたケーブル工事 ロ．小麦粉をふるい分けする可燃性粉じんのある場所 硬質ポリ塩化ビニル電線管VE28を使用した合成樹脂管工事 ハ．石油を貯蔵する危険物の存在する場所 金属線ぴ工事 ニ．自動車修理工場の吹き付け塗装作業を行う可燃性ガスのある場所 厚鋼電線管を使用した金属管工事
23	硬質ポリ塩化ビニル電線管による合成樹脂管工事として，**不適切なものは**。	イ．管の支持点間の距離は2 mとした。 ロ．管相互及び管とボックスとの接続で，専用の接着剤を使用し，管の差込み深さを管の外径の0.9倍とした。 ハ．湿気の多い場所に施設した管とボックスとの接続箇所に，防湿装置を施した。 ニ．三相200 V配線で，簡易接触防護措置を施した場所に施設した管と接続する金属製プルボックスに，D種接地工事を施した。
24	アナログ式回路計(電池内蔵)の回路抵抗測定に関する記述として，**誤っているものは**。	イ．測定レンジをOFFにして，指針が電圧表示の零の位置と一致しているか確認する。 ロ．抵抗測定レンジに切り換える。被測定物の概略値が想定される場合は，測定レンジの倍率を適正なものにする。 ハ．赤と黒の測定端子(テストリード)を短絡し，指針が0 Ωになるよう調整する。 ニ．被測定物に，赤と黒の測定端子(テストリード)を接続し，その時の指示値を読む。なお，測定レンジに倍率表示がある場合は，読んだ指示値を倍率で割って測定値とする。
25	アナログ形絶縁抵抗計(電池内蔵)を用いた絶縁抵抗測定に関する記述として，**誤っているものは**。	イ．絶縁抵抗測定の前には，絶縁抵抗計の電池が有効であることを確認する。 ロ．絶縁抵抗測定の前には，絶縁抵抗測定のレンジに切り替え，測定モードにし，接地端子(E:アース)と線路端子(L:ライン)を短絡し零点を指示することを確認する。 ハ．電子機器が接続された回路の絶縁測定を行う場合は，機器等を損傷させない適正な定格測定電圧を選定する。 ニ．被測定回路に電源電圧が加わっている状態で測定する。

	問い	答え
26	工場の 200 V 三相誘導電動機(対地電圧 200 V)への配線の絶縁抵抗値［MΩ］及びこの電動機の鉄台の接地抵抗値［Ω］を測定した。電気設備技術基準等に適合する測定値の組合せとして，**適切なものは。** ただし，200 V 電路に施設された漏電遮断器の動作時間は 0.1 秒とする。	**イ．** 0.2 MΩ 300 Ω **ロ．** 0.4 MΩ 600 Ω **ハ．** 0.1 MΩ 200 Ω **ニ．** 0.1 MΩ 50 Ω
27	クランプ形電流計に関する記述として，**誤っているものは。**	**イ．** クランプ形電流計を使用すると通電状態のまま電流を測定できる。 **ロ．** クランプ形電流計は交流専用のみであり，直流を測定できるものはない。 **ハ．** クランプ部の形状や大きさにより，測定できる電線の太さや最大電流に制限がある。 **ニ．** クランプ形電流計にはアナログ式とディジタル式がある。
28	「電気工事士法」において，一般用電気工作物の工事又は作業で電気工事士でなければ**従事できないものは。**	**イ．** 電圧 600 V 以下で使用する電動機の端子にキャブタイヤケーブルをねじ止めする。 **ロ．** 火災感知器に使用する小型変圧器(二次電圧が 36 V 以下)二次側の配線をする。 **ハ．** 電線を支持する柱を設置する。 **ニ．** 配電盤を造営材に取り付ける。
29	「電気用品安全法」における電気用品に関する記述として，**誤っているものは。**	**イ．** 電気用品の製造又は輸入の事業を行う者は，「電気用品安全法」に規定する義務を履行したときに，経済産業省令で定める方式による表示を付すことができる。 **ロ．** 特定電気用品には PSE または (PS)E の表示が付されている。 **ハ．** 電気用品の販売の事業を行う者は，経済産業大臣の承認を受けた場合等を除き，法令に定める表示のない電気用品を販売してはならない。 **ニ．** 電気工事士は，「電気用品安全法」に規定する表示の付されていない電気用品を電気工作物の設置又は変更の工事に使用してはならない。
30	「電気設備に関する技術基準を定める省令」において，次の空欄(A)及び(B)の組合せとして，**正しいものは。** 電圧の種別が低圧となるのは，電圧が直流にあっては［(A)］，交流にあっては［(B)］のものである。	**イ．** (A) 600 V 以下 (B) 650 V 以下 **ロ．** (A) 650 V 以下 (B) 750 V 以下 **ハ．** (A) 750 V 以下 (B) 600 V 以下 **ニ．** (A) 750 V 以下 (B) 650 V 以下

問題2．配線図（問題数 20，配点は1問当たり 2 点）　※図は 116 頁参照

図は，鉄骨軽量コンクリート造店舗平屋建の配線図である。この図に関する次の各問いには4通りの答え（イ，ロ，ハ，ニ）が書いてある。それぞれの問いに対して，答えを1つ選びなさい。

【注意】
1．屋内配線の工事は，特記のある場合を除き 600V ビニル絶縁ビニルシースケーブル平形（VVF）を用いたケーブル工事である。
2．屋内配線等の電線の本数，電線の太さ，その他，問いに直接関係のない部分等は省略又は簡略化してある。
3．漏電遮断器は，定格感度電流 30 mA，動作時間 0.1 秒以内のものを使用している。
4．選択肢（答え）の写真にあるコンセント及び点滅器は，「JIS C 0303：2000 構内電気設備の配線用図記号」で示す「一般形」である。
5．ジョイントボックスを経由する電線は，すべて接続箇所を設けている。
6．3路スイッチの記号「0」の端子には，電源側又は負荷側の電線を結線する。

	問　い	答　え
31	①で示す図記号の名称は。	イ．ジョイントボックス　ロ．VVF 用ジョイントボックス ハ．プルボックス　ニ．ジャンクションボックス
32	②で示す部分はルームエアコンの屋内ユニットである。その図記号の傍記表示として，**正しいものは。**	イ．B　ロ．O　ハ．I　ニ．R
33	③で示す部分の最少電線本数（心線数）は。	イ．2　ロ．3　ハ．4　ニ．5
34	④で示す低圧ケーブルの名称は。	イ．引込用ビニル絶縁電線 ロ．600V ビニル絶縁ビニルシースケーブル平形 ハ．600V ビニル絶縁ビニルシースケーブル丸形 ニ．600V 架橋ポリエチレン絶縁ビニルシースケーブル（単心3本のより線）
35	⑤で示す部分の電路と大地間の絶縁抵抗として，許容される最小値［MΩ］は。	イ．0.1　ロ．0.2　ハ．0.4　ニ．1.0
36	⑥で示す部分の接地工事の種類及びその接地抵抗の許容される最大値［Ω］の組合せとして，**正しいものは。**	イ．C 種接地工事　10 Ω　ロ．C 種接地工事　50 Ω ハ．D 種接地工事　100 Ω　ニ．D 種接地工事　500 Ω
37	⑦で示す図記号の名称は。	イ．配線用遮断器　ロ．カットアウトスイッチ ハ．モータブレーカ　ニ．漏電遮断器（過負荷保護付）
38	⑧で示す図記号の名称は。	イ．火災表示灯　ロ．漏電警報器 ハ．リモコンセレクタスイッチ　ニ．表示スイッチ
39	⑨で示す図記号の器具の取り付け場所は。	イ．二重床面　ロ．壁面　ハ．床面　ニ．天井面
40	⑩で示す配線工事で耐衝撃性硬質ポリ塩化ビニル電線管を使用した。その傍記表示は。	イ．FEP　ロ．HIVE　ハ．VE　ニ．CD

	問　い	答　え			
41	⑪で示すボックス内の接続をすべて圧着接続した場合のリングスリーブの種類，個数及び圧着接続後の刻印との組合せで，**正しいものは**。 ただし，使用する電線はすべてVVF1.6とする。 また，写真に示す**リングスリーブ中央の○，小，中**は刻印を表す。	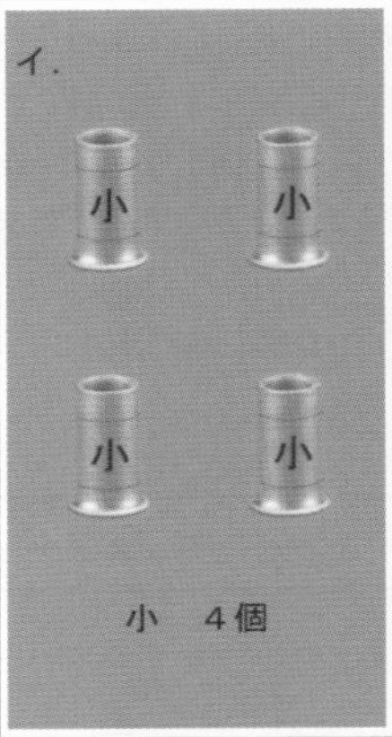	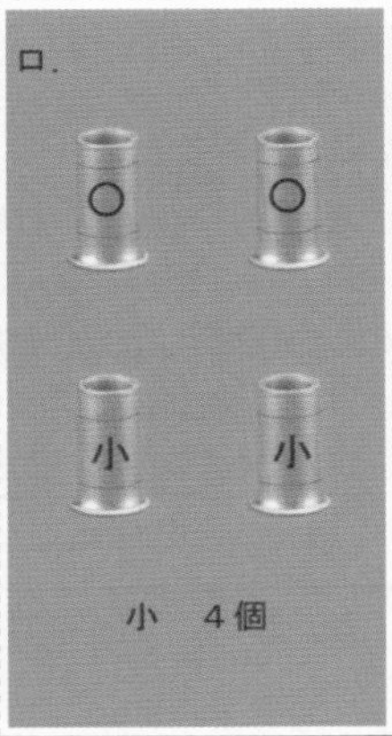		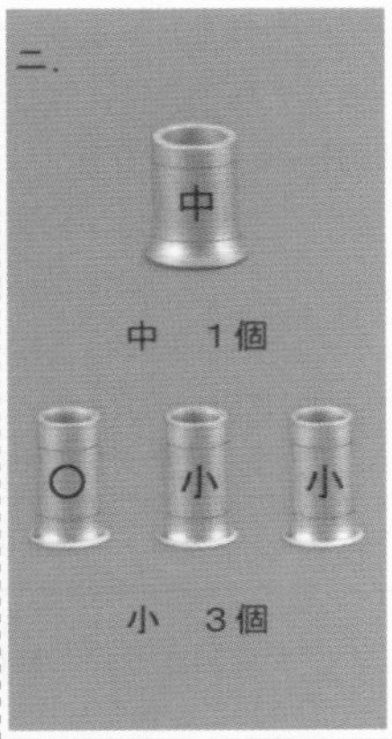
42	⑫で示す部分でDV線を引き留める場合に**使用するものは**。	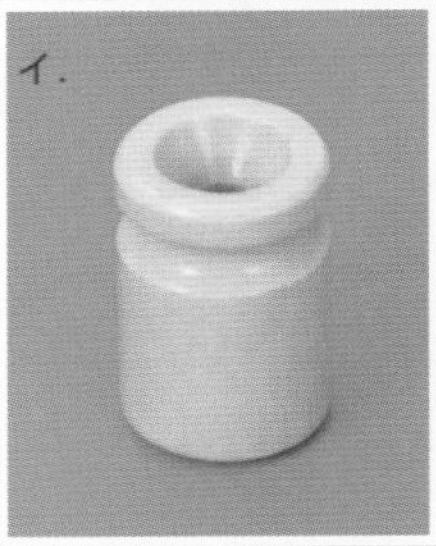	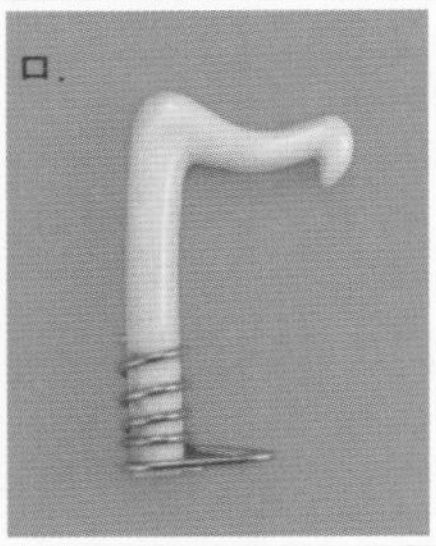	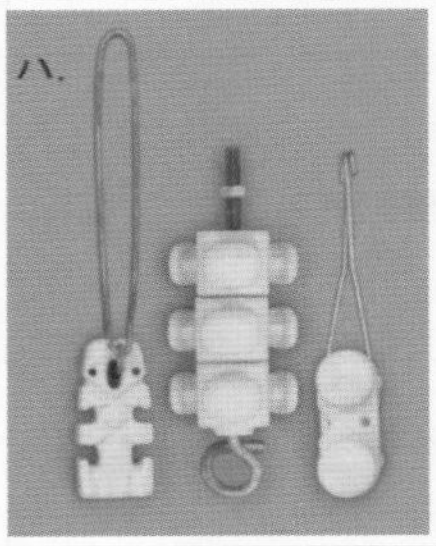	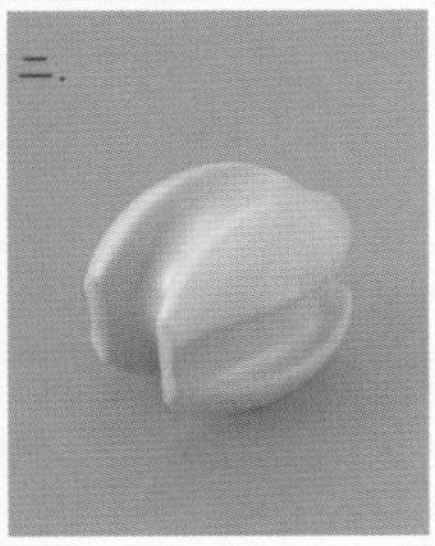
43	⑬で示すボックス内の接続をすべて圧着接続とする場合，使用するリングスリーブの種類と最少個数の組合せで，**正しいものは**。 ただし，使用する電線はすべてVVF1.6とする。	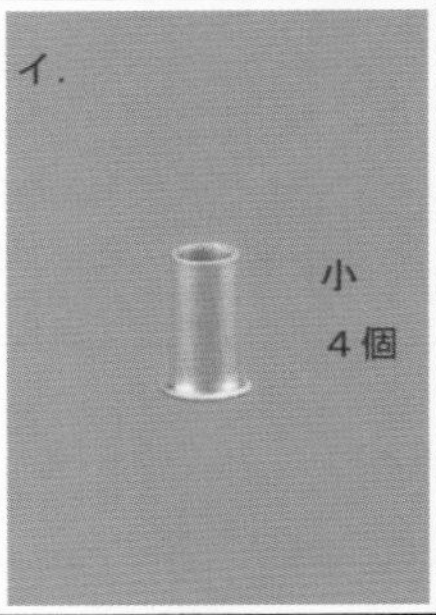	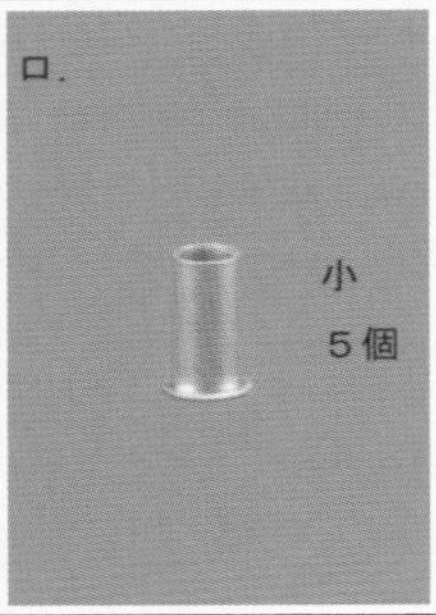	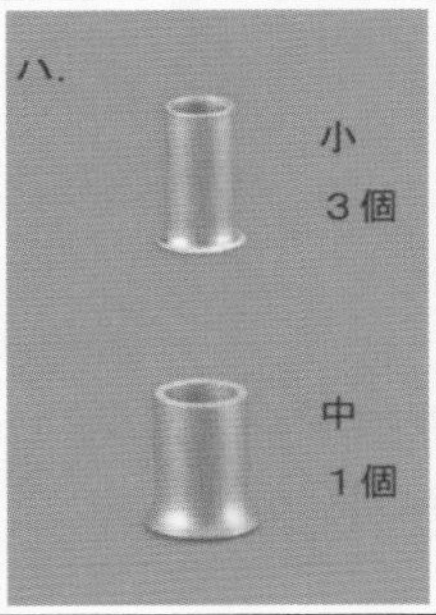	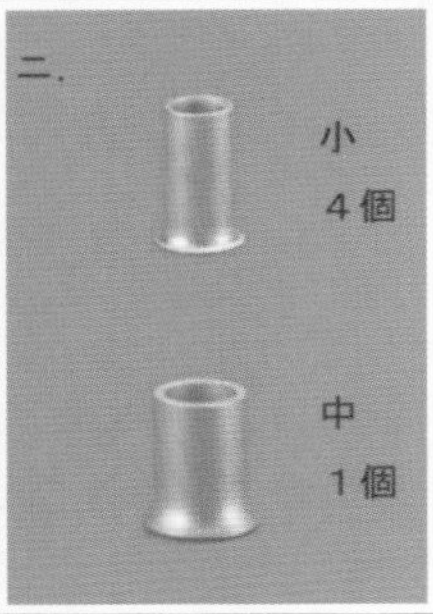
44	⑭で示す図記号の部分に**使用される機器は**。	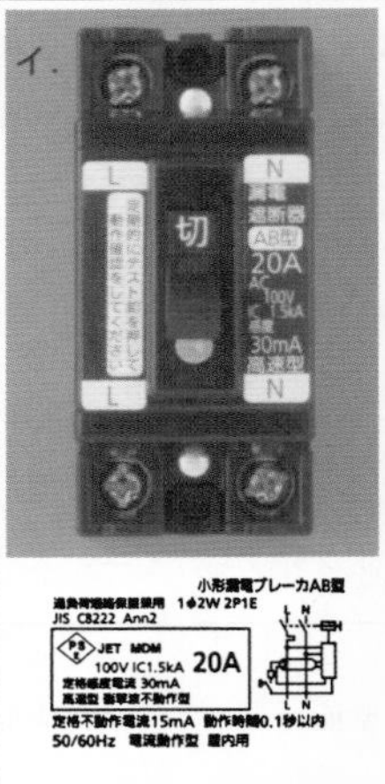	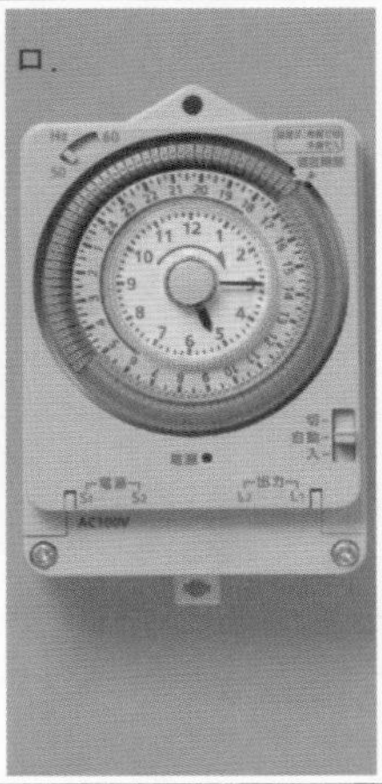	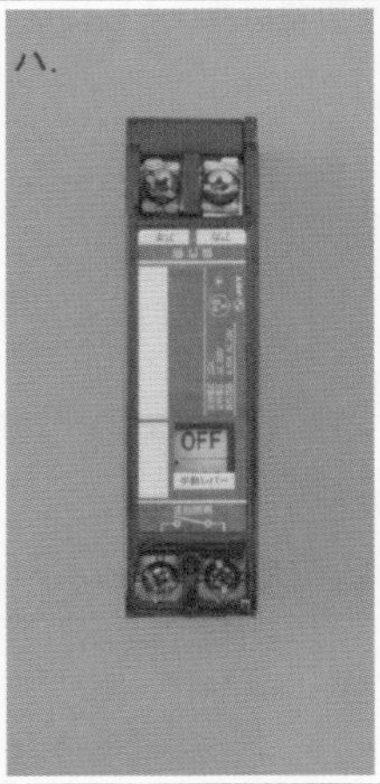	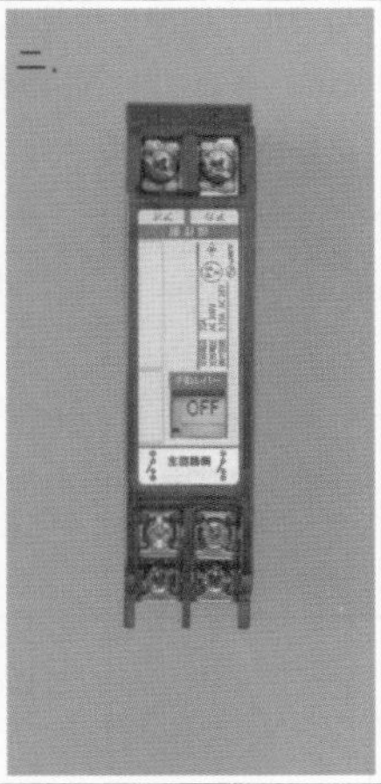
45	⑮で示す屋外部分の接地工事を施すとき，一般的に**使用されることのないものは**。	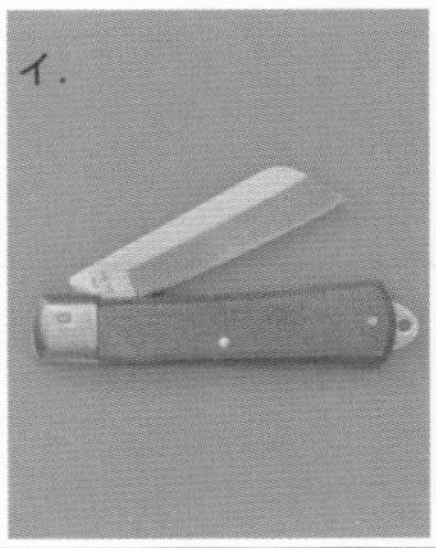	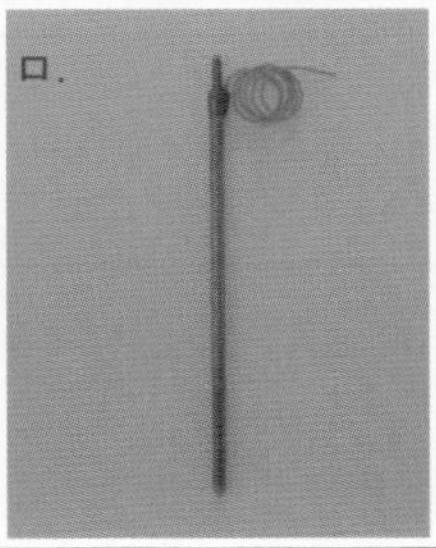	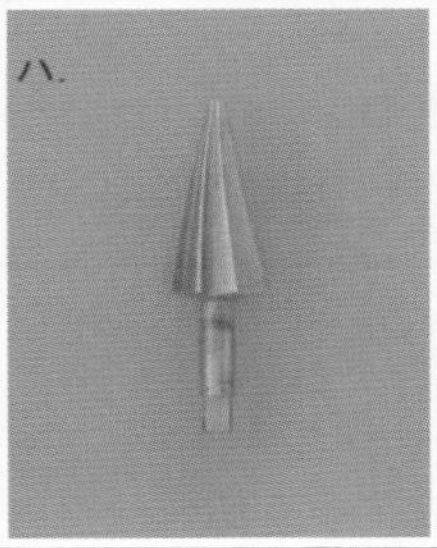	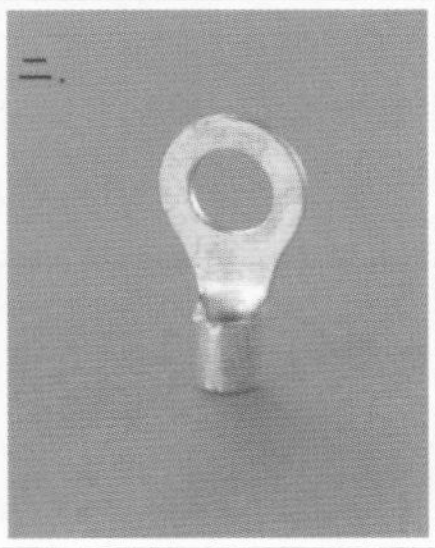

	問い	答え			
46	⑯で示す部分の配線工事に必要なケーブルは。 ただし，心線数は最少とする。	イ. 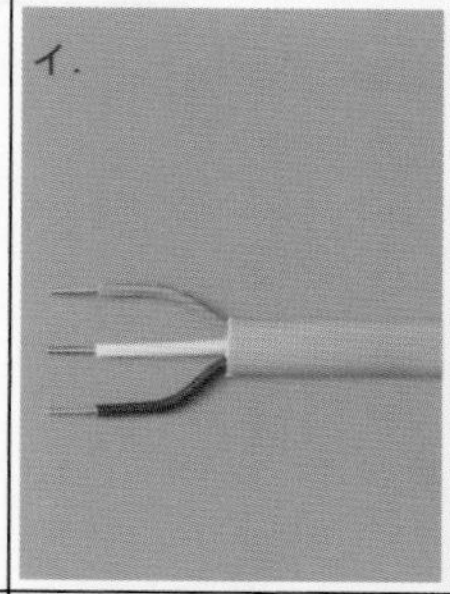	ロ. 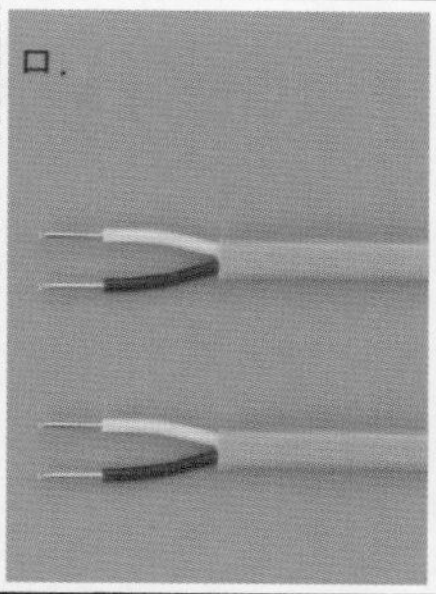	ハ. 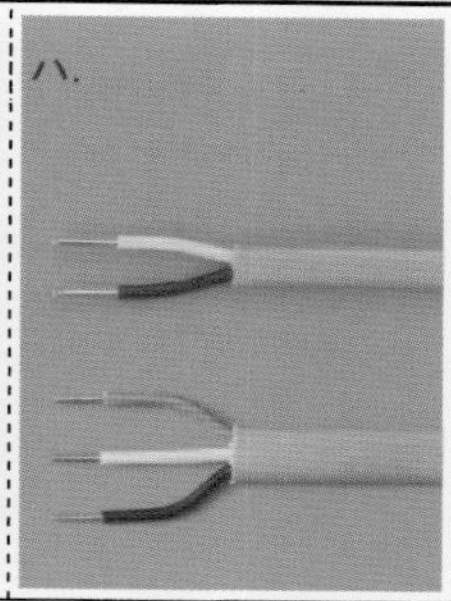	ニ. 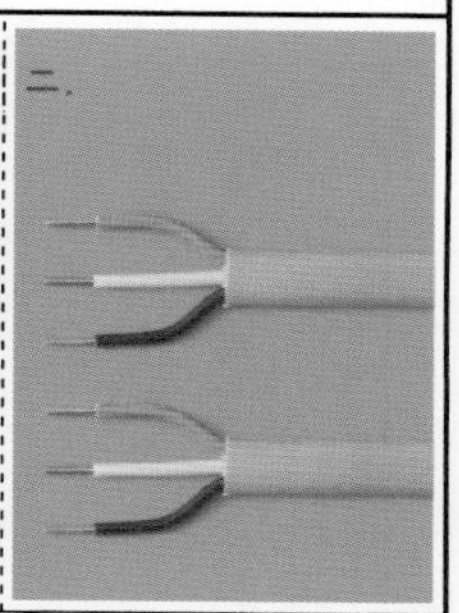
47	⑰で示すボックス内の接続をすべて差込形コネクタとする場合，使用する差込形コネクタの種類と最少個数の組合せで，**正しいものは。** ただし，使用する電線はすべてVVF1.6とする。	イ.  	ロ.  	ハ.  	ニ. 
48	⑱で示す図記号のものは。	イ. 	ロ. 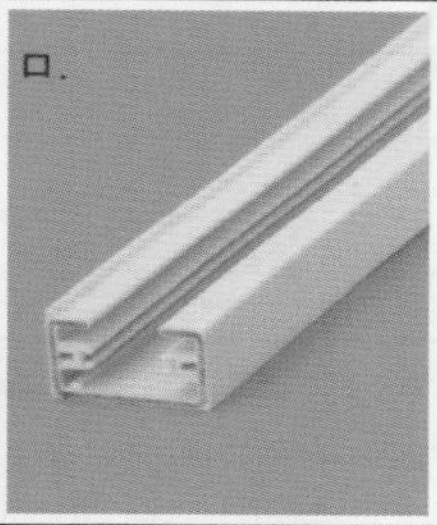	ハ. 	ニ. 
49	この配線図の施工で，**使用されていないものは。** ただし，写真下の図は，接点の構成を示す。	イ. 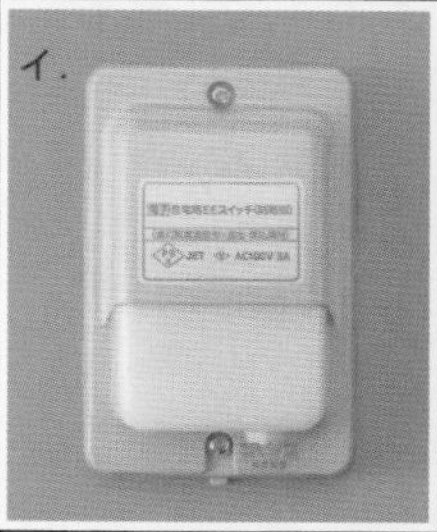	ロ. 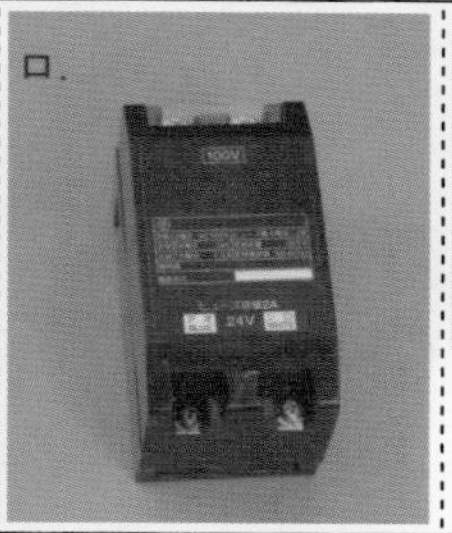	ハ. 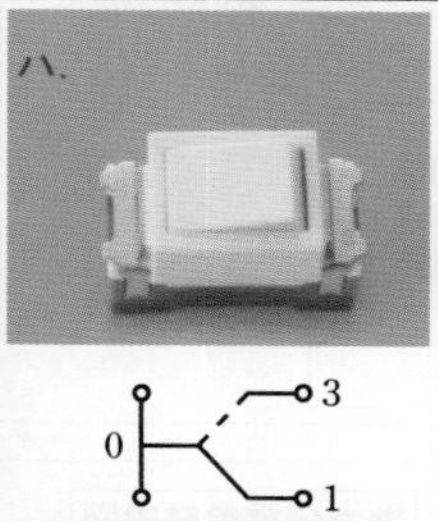 	ニ. 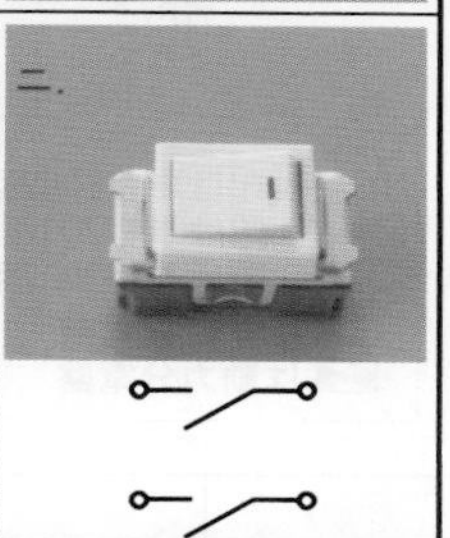
50	この配線図で，**使用されている**コンセントは。	イ. 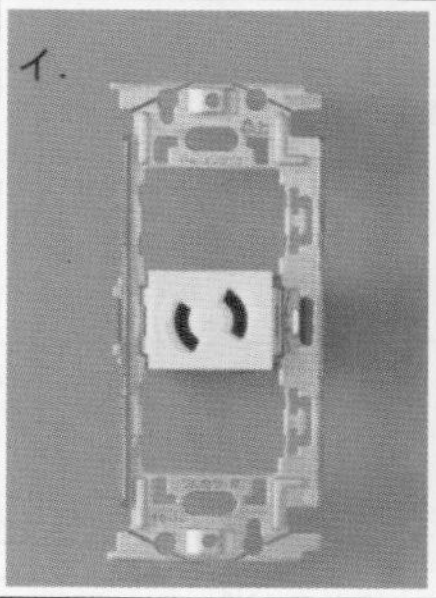	ロ. 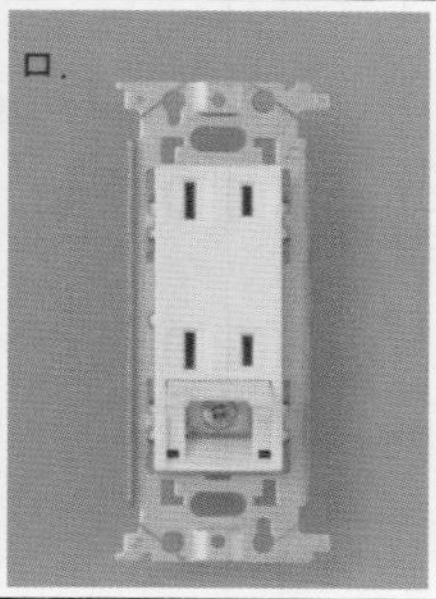	ハ. 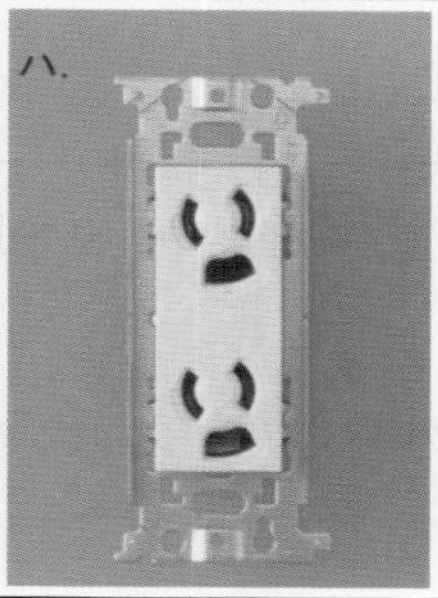	ニ. 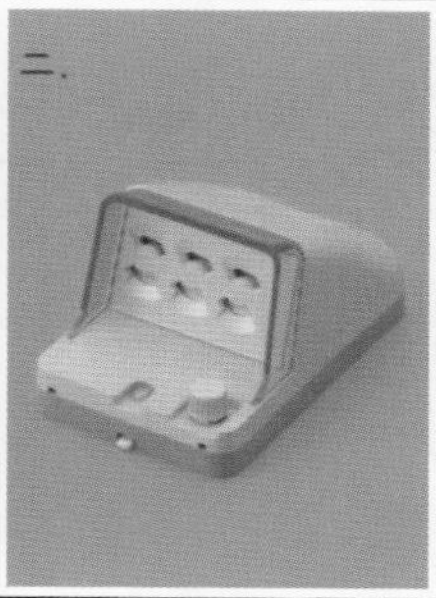

図面を引き抜いてご覧ください

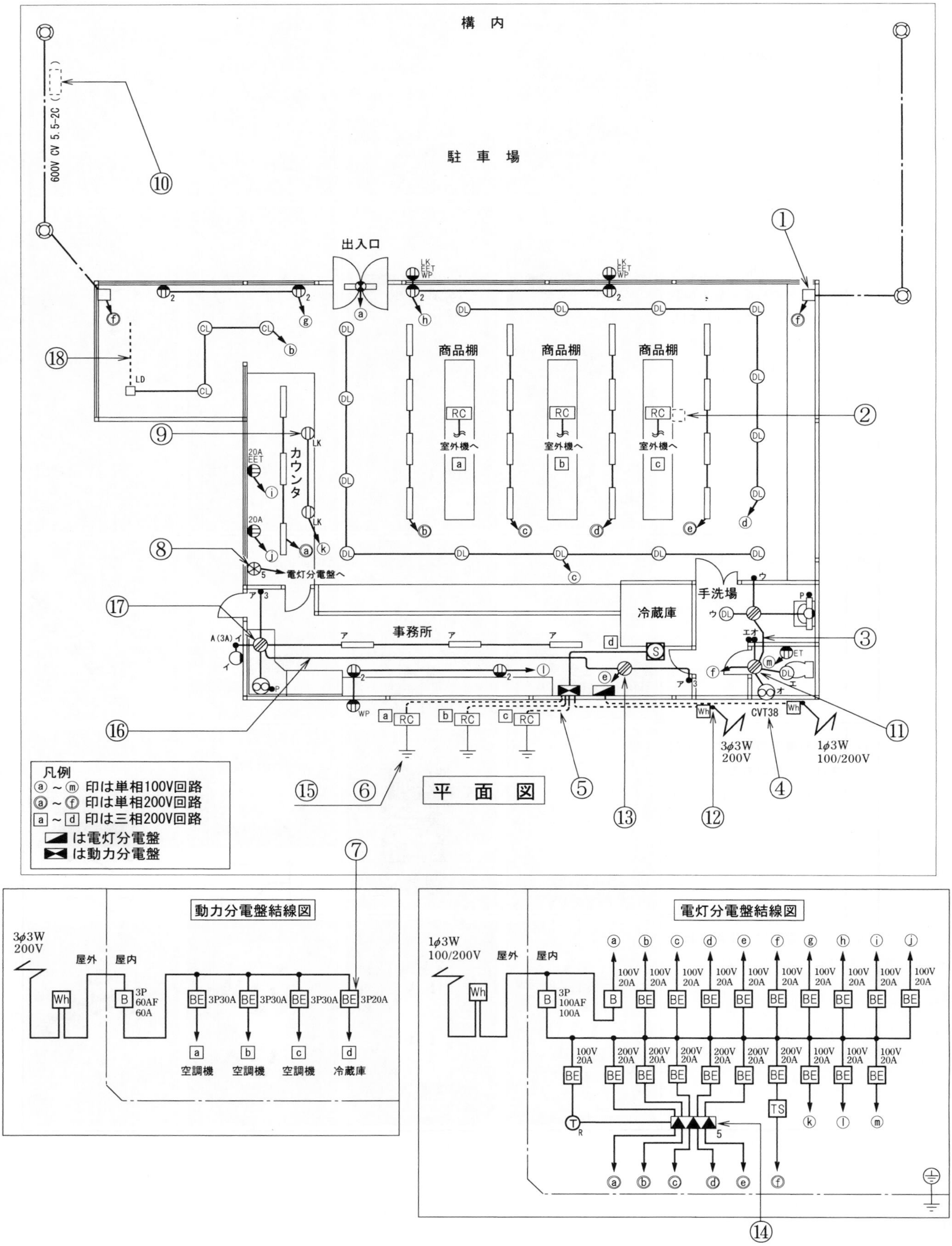

解答と解説

問題 1. 一般問題の解答

1　ロ. 800

第 1 図において，回路全体の合成抵抗 R〔Ω〕は，

$$R=\frac{20\times 30}{20+30}+8=\frac{600}{50}+8=12+8=20\text{〔Ω〕}$$

8 Ω の抵抗に流れる電流 I〔A〕は，

$$I=\frac{V}{R}=\frac{200}{20}=10\text{〔A〕}$$

抵抗 8 Ω での消費電力 P〔W〕は，

$$P=I^2\times 8=10^2\times 8=800\text{〔W〕}$$

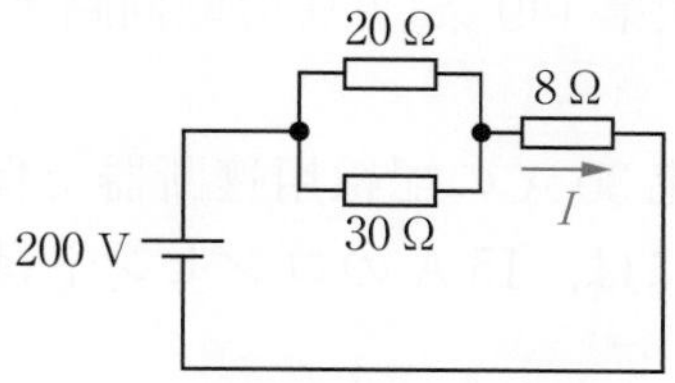

第 1 図

2　イ. $\dfrac{4\rho L}{\pi D^2}\times 10^6$

導線の電気抵抗を求める場合，抵抗率が ρ〔Ω·m〕で示されたときは，長さを〔m〕，断面積を〔m²〕の単位で計算しなければならない.

第 2 図において，直径 D〔mm〕は $D\times 10^{-3}$〔m〕であるから，断面積 A〔m²〕は，

$$A=\frac{\pi\times(D\times 10^{-3})^2}{4}=\frac{\pi D^2\times 10^{-6}}{4}\text{〔m}^2\text{〕}$$

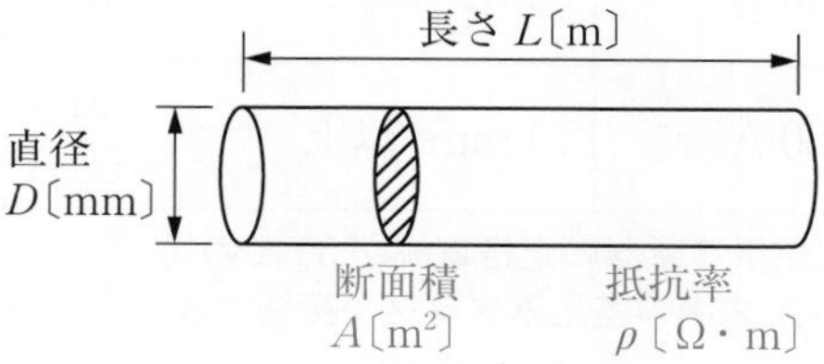

第 2 図

したがって，電気抵抗 R〔Ω〕は次式で表される.

$$R=\rho\frac{L}{A}=\frac{\rho L}{\dfrac{\pi D^2\times 10^{-6}}{4}}=\rho L\times\frac{4}{\pi D^2\times 10^{-6}}$$

$$=\frac{4\rho L}{\pi D^2}\times 10^6\text{〔Ω〕}$$

3　イ. 72

第 3 図において，接続点の接触抵抗による電力 P〔kW〕は，

$$P=I^2R=10^2\times 0.2=20\text{〔W〕}=0.02\text{〔kW〕}$$

1 時間に発生する熱量 Q〔kJ〕は，

$$Q=3\,600Pt=3\,600\times 0.02\times 1=72\text{〔kJ〕}$$

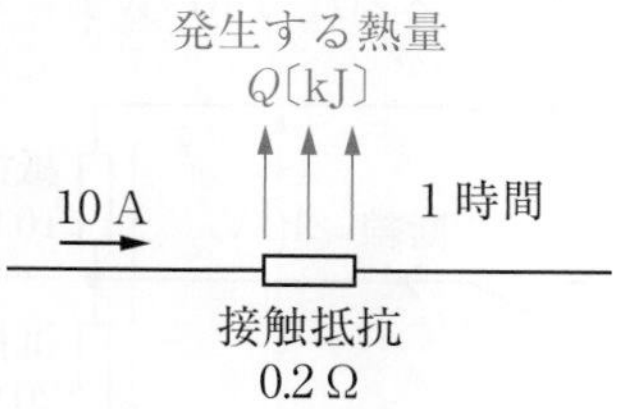

第 3 図

4　ロ. 800

第 4 図において，インピーダンス Z〔Ω〕は，

$$Z=\sqrt{R^2+X_L{}^2}=\sqrt{8^2+6^2}=\sqrt{100}=10\text{〔Ω〕}$$

抵抗 8 Ω に流れる電流 I〔A〕は，

$$I=\frac{V}{Z}=\frac{100}{10}=10\text{〔A〕}$$

回路の消費電力 P〔W〕は，

$$P=I^2R=10^2\times 8=100\times 8=800\text{〔W〕}$$

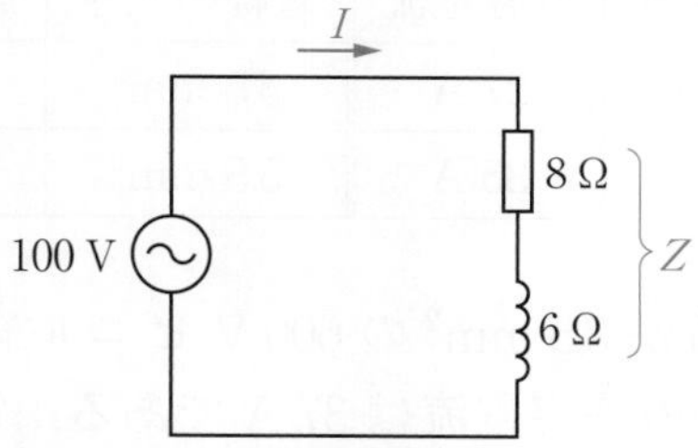

第 4 図

5　ハ. 208

Y 結線において，線間電圧は相電圧の $\sqrt{3}$ 倍になる.

相電圧は $20\times 6=120$〔V〕であり，線間電圧 E〔V〕は次のようになる.

$$E=\sqrt{3}\times 120=1.73\times 120\fallingdotseq 208\text{〔V〕}$$

6　ニ. 45

三相 3 線式回路の電線路の電力損失 P_l〔W〕は，電線 1 本当たりの電力損失 I^2r〔W〕の 3 倍になる.

$$P=3I^2r=3\times 10^2\times 0.15=45\text{〔W〕}$$

7 ハ．140 V

問題の図は，**第 5 図**のように書き直すことができる．

中性線が断線したときに抵抗負荷 A に流れる電流 I〔A〕は，

$$I=\frac{210}{10+20}=\frac{210}{30}=7\text{〔A〕}$$

中性線が断線後の抵抗負荷 A に加わる電圧 V_A〔V〕は，

$$V_A=I\times 20=7\times 20=140\text{〔V〕}$$

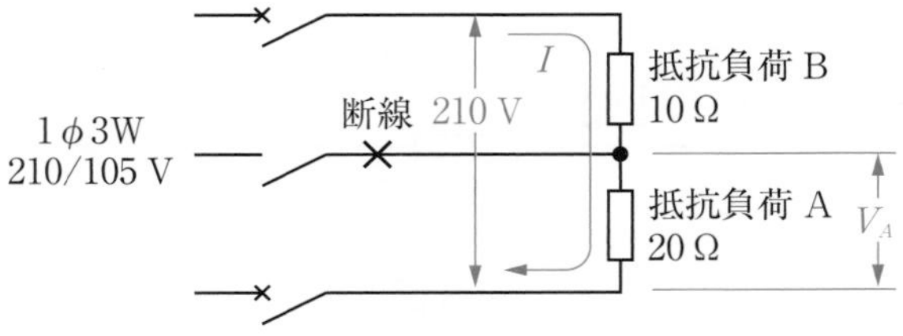

第 5 図

8 ロ．23

電技解釈第 146 条（低圧配線に使用する電線）による．

周囲温度 30℃以下で，600 V ビニル絶縁電線（IV）の許容電流は，**第 1 表**のとおりである．

第 1 表　600 V ビニル絶縁電線の許容電流

電線の太さ	許容電流	電線の太さ	許容電流
1.6 mm	27 A	3.5 mm^2	37 A
2.0 mm	35 A	5.5 mm^2	49 A

断面積が 3.5 mm^2 の 600 V ビニル絶縁電線（軟銅線）の許容電流は 37 A である．電線 4 本を金属管に収めた場合の許容電流は，電流減少係数が 0.63 であるから，

$$37\times 0.63=23.31\rightarrow 23\text{ A}$$

（小数点以下 1 位を 7 捨 8 入）

9 ニ．制限無し

電技解釈第 149 条（低圧分岐回路等の施設）による．

分岐する電路の許容電流（42 A）が，幹線を保護する過電流遮断器の定格電流（50 A）の 0.55 倍以上（42/50＝0.84）なので，a-b 間の長さに制限がない．

低圧分岐回路には，**第 6 図**のように過電流遮断器及び開閉器を施設しなければならない．

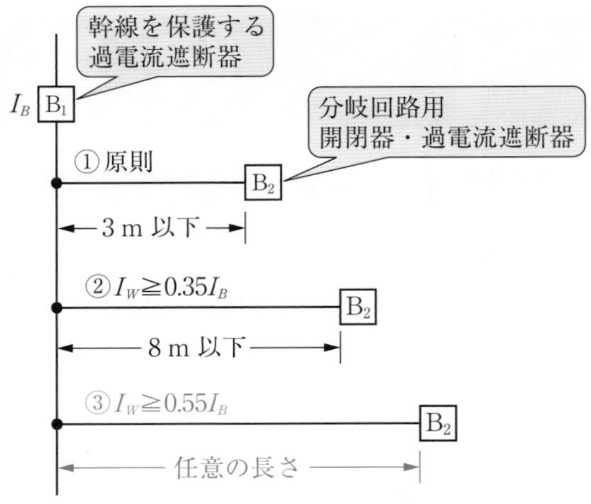

I_B：幹線を保護する過電流遮断器の定格電流
I_W：分岐回路の電線の許容電流

第 6 図

10 ロ．

電技解釈第 149 条（低圧分岐回路等の施設）による．

定格電流 30 A の配線用遮断器で保護される分岐回路には，15 A のコンセントは接続できない．

配線用遮断器で保護される分岐回路では，接続する電線の太さとコンセントの定格電流は**第 2 表**のように施設しなければならない．

第 2 表　分岐回路

配線用遮断器の定格電流	電線の太さ（軟銅線）	コンセントの定格電流
20 A	1.6 mm 以上	20 A 以下
30 A	2.6 mm（5.5 mm^2）以上	20 A 以上 30 A 以下
40 A	8 mm^2 以上	30 A 以上 40 A 以下
50 A	14 mm^2 以上	40 A 以上 50 A 以下

（注）配線用遮断器の定格電流が 30 A の場合，定格電流が 20 A 未満の差込みプラグが接続できるものを除く．

11 イ．多数の金属管が集合する場所等で，電線の引き入れを容易にするために用いる．

プルボックスは，アウトレットボックスで対応できない多数の金属管が集合する場所や太い金属管を配管する場所等に用いられる．

また，電線の引き入れを容易にするためや電線を接続したりするのに用いる．

12 ロ．焼却時に有害なハロゲン系ガスが発生

する．

600 V ポリエチレン絶縁耐燃性ポリエチレンシースケーブルは，燃焼時に有害なハロゲン系ガスを発生しない．

13　イ．金属製キャビネットに穴を開けるのに用いる．

ノックアウトパンチャ（**第７図**）は，油圧の力を利用して金属製のボックス等に穴を開けるのに用いる．

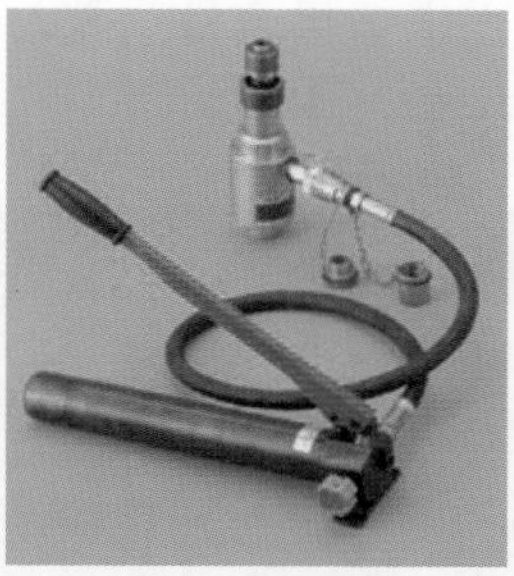

第７図　ノックアウトパンチャ

14　ニ．回転速度が増加する．

三相誘導電動機の同期速度 N_s〔min^{-1}〕は，極数を p，電源の周波数を f〔Hz〕とすると，次式のようになる．

$$N_s = \frac{120f}{p}\ \text{〔}\mathrm{min}^{-1}\text{〕}$$

この式から，三相誘導電動機の同期速度は，電源の周波数に比例する．

無負荷の場合は同期速度に近い値で回転するので，電源の周波数が 50 Hz から 60 Hz に変わると，回転速度が増加する．

15　ニ．高感度形漏電遮断器は，定格感度電流が 1 000 mA 以下である．

JIS C 8201-2-2 による．

高速形漏電遮断器は定格感度電流における動作時間が 0.1 秒以下，高感度形漏電遮断器は定格感度電流が 30 mA 以下の漏電遮断器と分類されている．

16　イ．硬質ポリ塩化ビニル電線管相互を接続するのに用いる．

写真に示す材料は，TS カップリングである．

17　ロ．リモコン配線のリレーとして用いる．

写真に示す器具は，リモコンリレーである．

18　ハ．硬質ポリ塩化ビニル電線管の切断に使用する．

写真に示す工具は，合成樹脂管用カッタ（塩ビカッタ）である．

19　ハ．リングスリーブにより接続し，接続部分をビニルテープで半幅以上重ねて１回（2 層）巻いた．

電技解釈第 12 条（電線の接続法），内線規程 1335-7（電線の接続）による．

リングスリーブによって接続した場合は，接続部分を絶縁電線の絶縁物と同等以上の絶縁効力のあるもので，十分に被覆しなければならない．

600 V ビニル絶縁ビニルシースケーブル平形 1.6 mm の絶縁電線の絶縁被覆の厚さは 0.8 mm である．ビニルテープは厚さが 0.2 mm であり，4 層以上重ねて巻かなければならないので，ハは誤りである．

内線規程では，絶縁テープによる低圧絶縁電線の被覆の方法の例を，**第３表**のように示している．

第３表　被覆方法の例

絶縁テープの種類	テープの巻き方
ビニルテープ（厚さ約 0.2 mm）	半幅以上重ねて２回（4 層）以上巻く．
黒色粘着性ポリエチレン絶縁テープ（厚さ約 0.5 mm）	半幅以上重ねて１回（2 層）以上巻く．
自己融着性絶縁テープ（厚さ約 0.5 mm）	自己融着性絶縁テープを半幅以上重ねて1回（2層）以上巻き，その上に保護テープを半幅以上重ねて1回（2層）以上巻く．

〔備考〕テープの巻回数は，上表を最低とし，電線の太さに応じて増加すること．

20　ロ．展開した場所に施設するケーブル工事で，2 種キャブタイヤケーブルを造営材の側面に沿って取り付け，このケーブルの支持点間の距離を 1.5 m とした．

電技解釈第 158 条（合成樹脂管工事）・第 164 条（ケーブル工事）・第 165 条（特殊な低圧屋内配線工事）・第 172 条（特殊な配線等の施設）による．

キャブタイヤケーブルの支持点間の距離は，1 m 以下としなければならない．

21　ロ．専用の漏電遮断器（過負荷保護付）を施設し，ケーブル工事で配線し，ルームエアコンと直接接続した．

電技解釈第143条(電路の対地電圧の制限)による.

住宅の屋内電路の対地電圧は，150 V 以下にすることが原則であるが，定格消費電力が 2 kW 以上の電気機械器具及びこれのみに電気を供給する屋内配線を，次によって施設する場合は対地電圧を300V以下にすることができる.

(施設方法)

①屋内配線には簡易接触防護措置を施すこと.

②電気機械器具には，簡易接触防護措置を施すこと(簡易接触防護措置を施さない部分が，絶縁性のある材料で堅ろうに作られたものである場合等を除く).

③電気機械器具は，屋内配線と直接接続して施設すること.

④専用の開閉器及び過電流遮断器を施設すること(過電流遮断器が開閉機能を有する場合は，過電流遮断器のみとすることができる).

⑤漏電遮断器を施設すること.

専用の過負荷保護付漏電遮断器を施設した場合は，④及び⑤を満足したことになる.

22 ハ．石油を貯蔵する危険物の存在する場所 金属線ぴ工事

電技解釈第175条(粉じんの多い場所の施設)・第176条(可燃性ガス等の存在する場所の施設)・第177条(危険物等の存在する場所の施設)による.

石油を貯蔵する危険物の存在する場所では，金属線ぴ工事は認められていない(**第4表**).

第4表　特殊な場所の工事

特殊場所の種類	工事の種類
爆燃性粉じん(マグネシウム，アルミニウム等)の存在する場所 可燃性ガス等(プロパンガス, シンナー, ガソリン等)の存在する場所	・金属管工事(薄綱電線管以上の強度を有するもの) ・ケーブル工事(防護装置に収めて施設)
可燃性粉じん(小麦粉，でん粉等)の存在する場所 危険物(石油等)の存在する場所	・金属管工事(薄鋼電線管以上の強度を有するもの) ・ケーブル工事(防護装置に収めて施設) ・合成樹脂管工事(厚さ2 mm 未満の合成樹脂製電線管，CD 管を除く)

23 イ．管の支持点間の距離は 2 m とした.

電技解釈第158条(合成樹脂管工事)による.

管の支持点間の距離は，1.5 m 以下としなければならない.

24 ニ．被測定物に，赤と黒の測定端子(テストリード)を接続し，その時の指示値を読む. なお，測定レンジに倍率表示がある場合は，読んだ指示値を倍率で割って測定値とする.

アナログ式回路計(**第8図**)の抵抗測定レンジに倍率表示がある場合は，読んだ指示値に倍率を乗じて測定値とする.

第8図　アナログ式回路計

25 ニ．被測定回路に電源電圧が加わっている状態で測定する.

アナログ形絶縁抵抗計(**第9図**)で，絶縁抵抗を測定する場合は，被測定回路に電源電圧が加わらない状態で測定する.

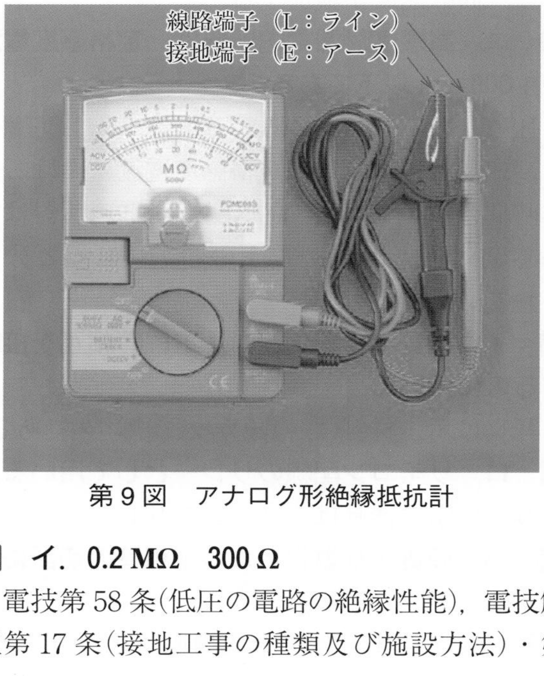

第9図　アナログ形絶縁抵抗計

26 イ．0.2 MΩ　300 Ω

電技第58条(低圧の電路の絶縁性能)，電技解釈第17条(接地工事の種類及び施設方法)・第

29条(機械器具の金属製外箱等の接地)による．

低圧電路の絶縁抵抗は，開閉器又は過電流遮断器で区切ることのできる電路ごとに，**第5表**の値以上でなければならない．

第5表　低圧電路の絶縁性能

電路の使用電圧の区分		絶縁抵抗値
300 V 以下	対地電圧が150 V以下の場合	0.1 MΩ
	その他の場合	0.2 MΩ
300 V を超えるもの		0.4 MΩ

三相3線式200 Vの配線は，使用電圧が200 Vで対地電圧が200 Vであるから，絶縁抵抗値は0.2 MΩ以上となる．

接地工事の種類は，使用電圧が300 V以下であることから，D種接地工事である．施設された漏電遮断器の動作時間が0.5秒以内であるので，接地抵抗値は500 Ω以下になる．

27　ロ．クランプ形電流計は交流専用のみであり，直流を測定できるものはない．

クランプ形電流計は，交流・直流両用のものがある．

28　ニ．配電盤を造営材に取り付ける．

電気工事士法施行令第1条(軽微な工事)による．

イ，ロ，ハはいずれも軽微な工事に該当し，電気工事士でなくても工事ができる．

29　ロ．特定電気用品には，(PS E)または(PS)Eの表示が付されている．

電気用品安全法第10条(表示)・第27条(販売の制限)・第28条(使用の制限)，施行規則第17条(表示の方法)による．

特定電気用品には，◇PS E又は<PS>Eの表示が付されている．特定電気用品以外の電気用品には，(PS E)又は(PS)Eの表示が付されている．

30　ハ．(A)750 V以下　(B)600 V以下

電技第2条(電圧の種別等)による．

電圧の種別が低圧となるのは，電圧が直流にあっては750 V以下，交流にあっては600 V以下のものである．

問題2．配線図の解答

31　イ．ジョイントボックス

図記号□は，ジョイントボックス(アウトレットボックス)を表す．

32　ハ．I

ルームエアコンの室外ユニットの傍記表示には，indoorのIを用いる．屋外ユニットには，outdoorのOを用いる．

33　イ．2

③で示す部分の配線は**第10図**になり，電線最少本数(心線数)は2本である．

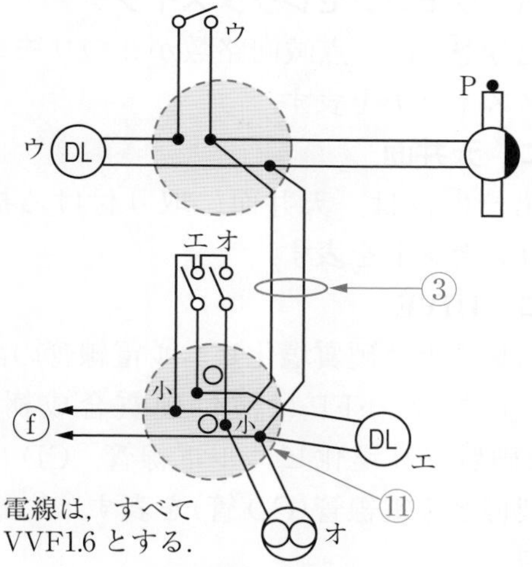

第10図

34　ニ．600 V架橋ポリエチレン絶縁ビニルシースケーブル(単心3本のより線)

CVT38と表示されているので，単心のCVケーブルを3本より合わせた600 V架橋ポリエチレン絶縁ビニルシースケーブル(**第11図**)を表す．

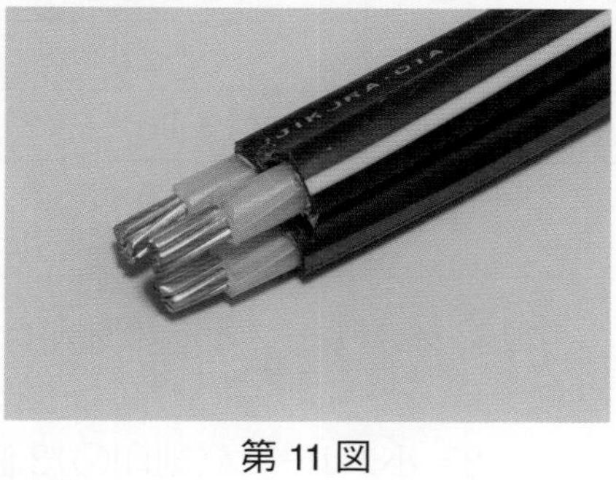
第11図

35　ロ．0.2

⑤で示す c の回路は，3φ3 W 200 Vの電源からの200 V回路である．使用電圧が200 Vで対地電圧が200 Vであるので，**第5表**により絶縁抵抗値は0.2 MΩ以上あればよい．

36　ニ．D種接地工事　500 Ω

電技解釈第17条(接地工事の種類及び施設方法)・第29条(機械器具の金属製外箱等の接地)による．

使用電圧が300 V以下なので，接地工事はD種接地工事になる．D種接地工事の接地抵抗値は，通常100 Ω以下であるが，動作時間0.1秒以内の漏電遮断器が施設してあるので500 Ω以下でよい．

37　ニ．漏電遮断器（過負荷保護付）

図記号 BE は過負荷保護付漏電遮断器を表す．

38　ハ．リモコンセレクタスイッチ

図記号 ⊗$_5$ は，点滅回路数が5のリモコンセレクタスイッチを表す．

39　ニ．天井面

図記号 ◐$_{LK}$ は，天井面に取り付ける抜け止め形コンセントを表す．

40　ロ．HIVE

耐衝撃性ポリ硬質塩化ビニル電線管の記号はHIVEである．FEPは波付硬質合成樹脂管，VEは硬質ポリ塩化ビニル電線管，CDは合成樹脂製可とう電線管（CD管）を表す．

41　ロ．

⑪で示すボックス内の接続は，**第10図**になる．

リングスリーブの選定及び刻印は，**第6表**による．

第6表　リングスリーブの選定及び刻印

スリーブ	電線の組み合わせ〔mm〕			刻印
	1.6	2.0	異なる場合	
小	2	—	—	○
	3～4	2	2.0×1＋1.6×1～2	小
中	5～6	3～4	2.0×1＋1.6×3～5 2.0×2＋1.6×1～3	中

使用するリングスリーブとその刻印は，次のようになる．

・1.6 mm×2＝小スリーブ（刻印○）2箇所
・1.6 mm×3＝小スリーブ（刻印小）1箇所
・1.6 mm×4＝小スリーブ（刻印小）1箇所

42　ハ．

DV線は，ハの引き留めがいしによって引き留める．

43　イ．

⑬で示すボックス内の接続は，**第12図**になる．

接続箇所は4箇所で，**第6表**から小スリーブ4個を使用する．

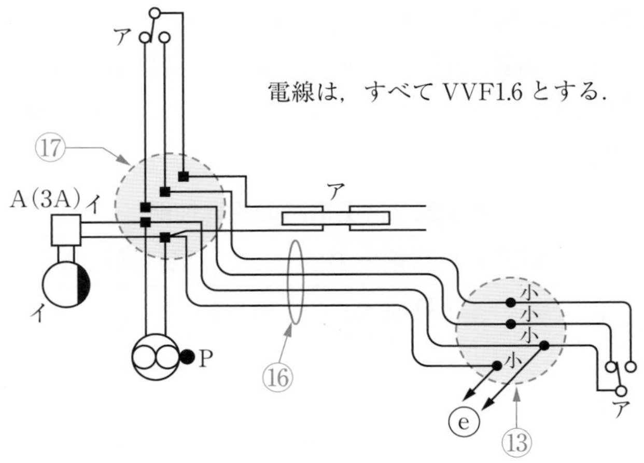

第12図

44　ニ．

図記号 ▲▲▲5 は，5個のリモコンリレーを集合して取り付けることを表す．リモコンリレーで点滅する電灯回路はすべて200 Vであるので，2極のリモコンリレーを使用する．

45　ハ．

ハはリーマで金属管の内側の面取り使用するもので，接地工事には一般的に使用しない．

46　ロ．

⑯で示す部分の配線は**第12図**になり，電線本数は4本である．したがって，VVFケーブル2心を2本使用する．

47　ロ．

⑰で示すボックス内の電線接続は，**第12図**になる．使用する差込形コネクタは，2本用が3個，3本用が1個，4本用が1個になる．

48　ロ．

図記号 ---LD--- のLDは，ライティングダクトを表す．

49　ニ．

ニの図記号は●$_{2P}$（2極スイッチ）で，この配線図の施工では使用されていない．

イの図記号は●$_{A(3A)}$（自動点滅器）で，屋側の「白熱灯イ」の点滅に使用されている．ロの図記号はⓉ$_R$（リモコントランス）で，「電灯分電盤内」に使用されている．ニの図記号は●$_3$（3路スイッチ）で，「事務所」に使用されている．

50　イ．

イの図記号は◐$_{LK}$（抜け止め形コンセント）で，カウンタの天井面に使用されている．

令和４年度（上期）

学科試験 問題と解答・解説

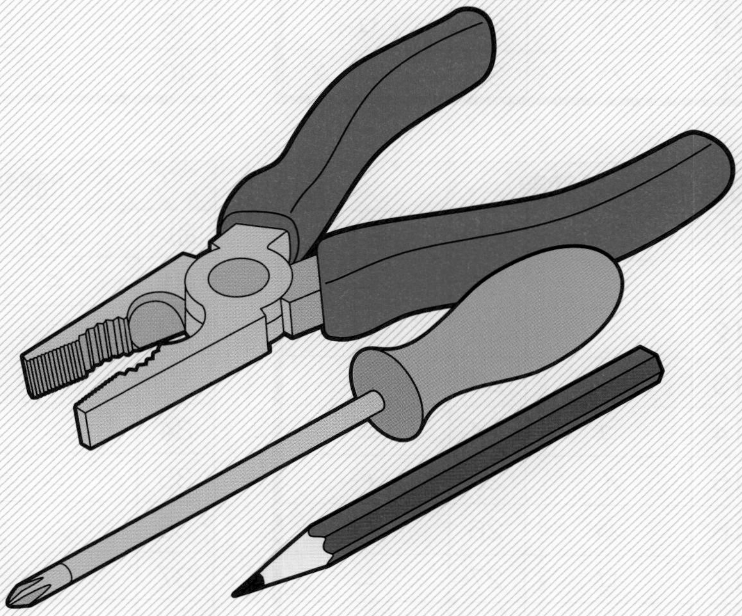

◆令和4年度（上期）問題の解答◆

〈上期試験・午前〉

問題1．一般問題					
問い	答え	問い	答え	問い	答え
1	イ	11	イ	21	ニ
2	イ	12	ロ	22	ハ
3	ハ	13	ハ	23	イ
4	ニ	14	ニ	24	ハ
5	ハ	15	ニ	25	ハ
6	ニ	16	イ	26	ロ
7	ロ	17	ニ	27	イ
8	イ	18	イ	28	イ
9	ロ	19	ハ	29	ロ
10	ニ	20	ハ	30	ロ ※

問題2．配線図			
問い	答え	問い	答え
31	ロ	41	ニ
32	ニ	42	ニ
33	ニ	43	ロ
34	ハ	44	ロ
35	イ	45	ハ
36	ニ	46	ハ
37	ハ	47	ニ
38	ロ	48	ロ
39	ニ	49	イ
40	ロ	50	ニ

〈上期試験・午後〉

問題1．一般問題					
問い	答え	問い	答え	問い	答え
1	ハ	11	ニ	21	ニ
2	イ	12	ハ	22	ハ
3	イ	13	ニ	23	ロ
4	ロ	14	ロ	24	ニ
5	ハ	15	イ	25	ハ
6	イ	16	ハ	26	ハ
7	ハ	17	ロ	27	ニ
8	ロ	18	イ	28	イ
9	ハ	19	ハ	29	ニ
10	ニ	20	ハ	30	ロ ※

問題2．配線図			
問い	答え	問い	答え
31	ニ	41	イ
32	ロ	42	ニ
33	ニ	43	ハ
34	ニ	44	ロ
35	ニ	45	ロ
36	ニ	46	ニ
37	ロ	47	ハ
38	ハ	48	ハ
39	ハ	49	ロ
40	イ	50	ロ

※電気事業法改正（令和５年３月20日施行）以前の「問い」と「解答」です．

問題１．一般問題 (問題数30，配点は１問当たり２点)

【注】本問題の計算で $\sqrt{2}$, $\sqrt{3}$ 及び円周率 π を使用する場合の数値は次によること。$\sqrt{2}=1.41$ ， $\sqrt{3}=1.73$ ， $\pi=3.14$

次の各問いには４通りの答え（イ，ロ，ハ，ニ）が書いてある。それぞれの問いに対して答えを１つ選びなさい。

なお，選択肢が数値の場合は最も近い値を選びなさい。

	問　い	答　え
1	図のような回路で，電流計Ⓐの値が１Ａを示した。このときの電圧計Ⓥの指示値［V］は。 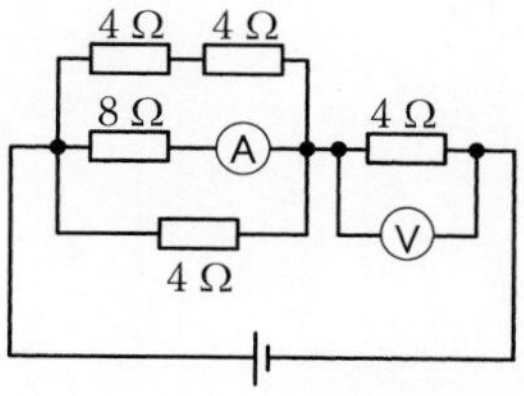	イ．16　ロ．32　ハ．40　ニ．48
2	ビニル絶縁電線（単線）の抵抗又は許容電流に関する記述として，**誤っているものは。**	イ．許容電流は，周囲の温度が上昇すると，大きくなる。 ロ．許容電流は，導体の直径が大きくなると，大きくなる。 ハ．電線の抵抗は，導体の長さに比例する。 ニ．電線の抵抗は，導体の直径の2乗に反比例する。
3	抵抗器に100 Vの電圧を印加したとき，５Ａの電流が流れた。1時間30分の間に抵抗器で発生する熱量［kJ］は。	イ．750　ロ．1 800　ハ．2 700　ニ．5 400
4	図のような交流回路において，抵抗８Ωの両端の電圧 V［V］は。 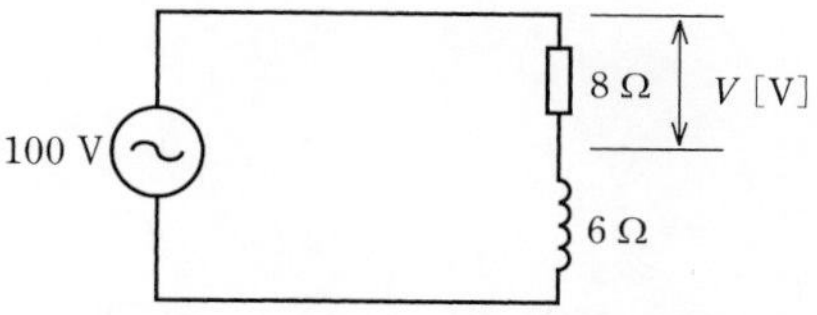	イ．43　ロ．57　ハ．60　ニ．80
5	図のような三相3線式回路の全消費電力［kW］は。 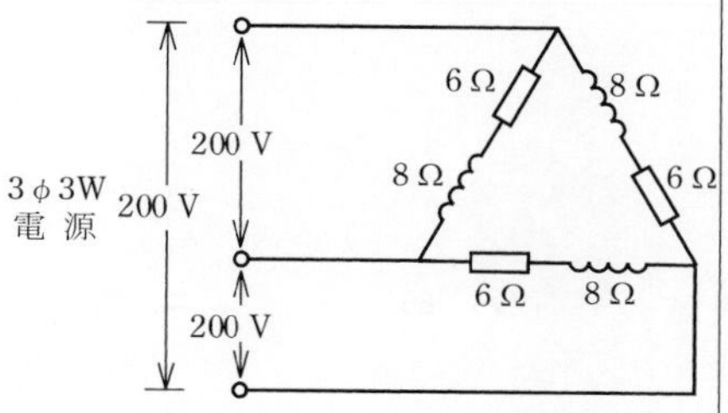	イ．2.4　ロ．4.8　ハ．7.2　ニ．9.6

<table>
<tr><th></th><th>問　い</th><th colspan="4">答　え</th></tr>
<tr><td>6</td><td>図のような三相3線式回路で，電線1線当たりの抵抗が0.15 Ω，線電流が10 Aのとき，この電線路の電力損失［W］は。

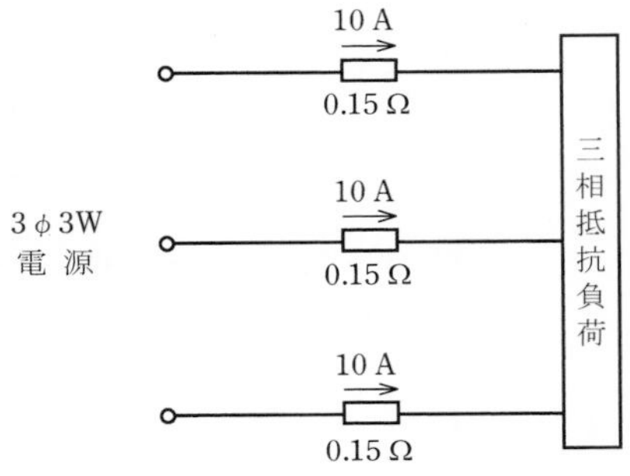
</td><td>イ．15</td><td>ロ．26</td><td>ハ．30</td><td>ニ．45</td></tr>
<tr><td>7</td><td>図のような単相3線式回路において，消費電力1 000 W，200 Wの2つの負荷はともに抵抗負荷である。図中の✕印点で断線した場合，a–b間の電圧［V］は。
ただし，断線によって負荷の抵抗値は変化しないものとする。

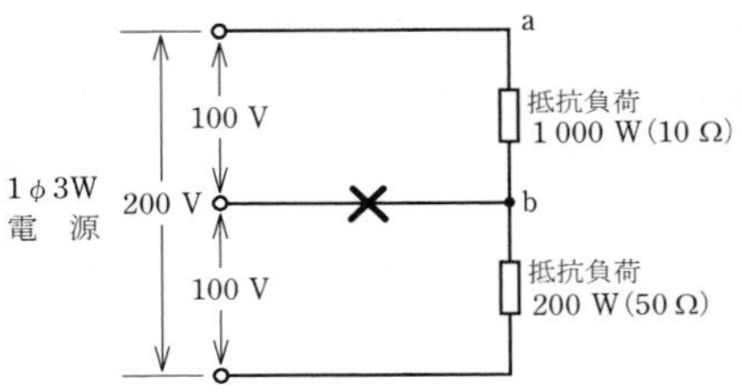
</td><td>イ．17</td><td>ロ．33</td><td>ハ．100</td><td>ニ．167</td></tr>
<tr><td>8</td><td>金属管による低圧屋内配線工事で，管内に直径2.0 mmの600Vビニル絶縁電線(軟銅線)4本を収めて施設した場合，電線1本当たりの許容電流［A］は。
ただし，周囲温度は30 ℃以下，電流減少係数は0.63とする。</td><td>イ．22</td><td>ロ．31</td><td>ハ．35</td><td>ニ．38</td></tr>
<tr><td>9</td><td>定格電流12 Aの電動機5台が接続された単相2線式の低圧屋内幹線がある。この幹線の太さを決定するための根拠となる電流の最小値［A］は。
ただし，需要率は80%とする。</td><td>イ．48</td><td>ロ．60</td><td>ハ．66</td><td>ニ．75</td></tr>
</table>

	問い	答え
10	定格電流30 Aの配線用遮断器で保護される分岐回路の電線（軟銅線）の太さと，接続できるコンセントの図記号の組合せとして，**適切なものは。** ただし，コンセントは兼用コンセントではないものとする。	イ．断面積 5.5 mm^2 2 ロ．断面積 3.5 mm^2 3 ハ．直径 2.0 mm 20 A ニ．断面積 5.5 mm^2 20 A 2
11	低圧の地中配線を直接埋設式により施設する場合に**使用できるものは。**	イ．600V 架橋ポリエチレン絶縁ビニルシースケーブル（CV） ロ．屋外用ビニル絶縁電線（OW） ハ．引込用ビニル絶縁電線（DV） ニ．600V ビニル絶縁電線（IV）
12	600V ポリエチレン絶縁耐燃性ポリエチレンシースケーブル平形（EM-EEF）の絶縁物の最高許容温度［℃］は。	イ．60　ロ．75　ハ．90　ニ．120
13	電気工事の種類と，その工事で使用する工具の組合せとして，**適切なものは。**	イ．金属線ぴ工事とボルトクリッパ ロ．合成樹脂管工事とパイプベンダ ハ．金属管工事とクリックボール ニ．バスダクト工事と圧着ペンチ
14	三相誘導電動機が周波数50 Hzの電源で無負荷運転されている。この電動機を周波数60 Hzの電源で無負荷運転した場合の回転の状態は。	イ．回転速度は変化しない。 ロ．回転しない。 ハ．回転速度が減少する。 ニ．回転速度が増加する。
15	蛍光灯を，同じ消費電力の白熱電灯と比べた場合，**正しいものは。**	イ．力率が良い。 ロ．雑音（電磁雑音）が少ない。 ハ．寿命が短い。 ニ．発光効率が高い。（同じ明るさでは消費電力が少ない）

<table>
<tr><th colspan="2">問　い</th><th>答　え</th></tr>
<tr><td>16</td><td>写真に示す材料の用途は。
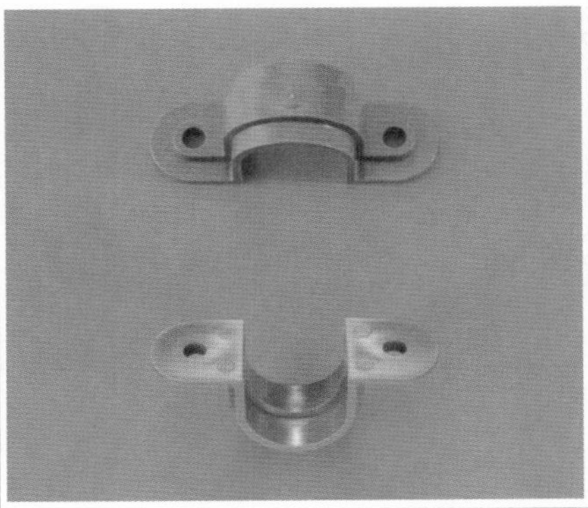</td><td>イ．PF 管を支持するのに用いる。
ロ．照明器具を固定するのに用いる。
ハ．ケーブルを束線するのに用いる。
ニ．金属線ぴを支持するのに用いる。</td></tr>
<tr><td>17</td><td>写真に示す機器の名称は。
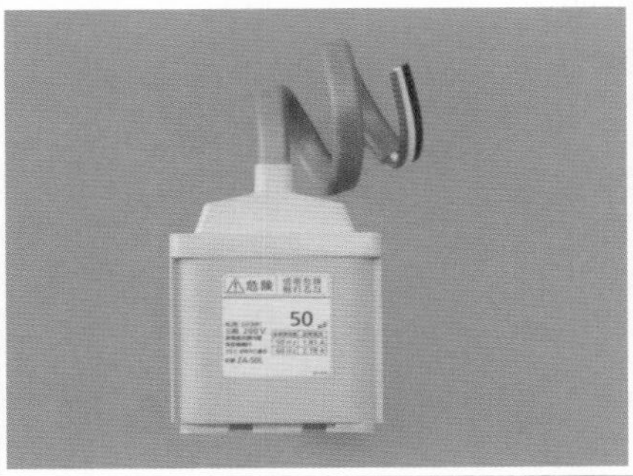
</td><td>イ．水銀灯用安定器
ロ．変流器
ハ．ネオン変圧器
ニ．低圧進相コンデンサ</td></tr>
<tr><td>18</td><td>写真に示す測定器の用途は。
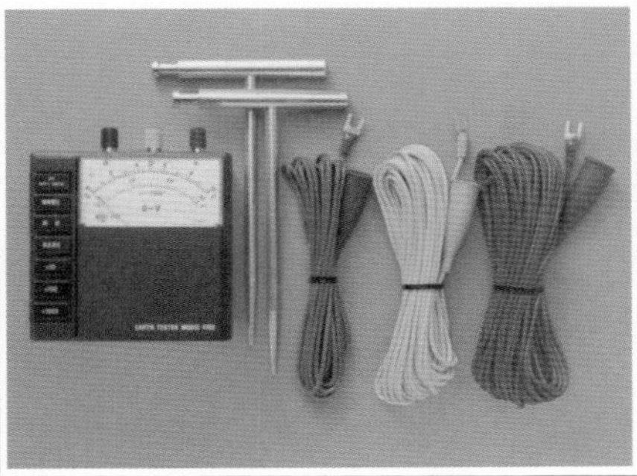</td><td>イ．接地抵抗の測定に用いる。
ロ．絶縁抵抗の測定に用いる。
ハ．電気回路の電圧の測定に用いる。
ニ．周波数の測定に用いる。</td></tr>
<tr><td>19</td><td>単相 100 V の屋内配線工事における絶縁電線相互の接続で，不適切なものは。</td><td>イ．絶縁電線の絶縁物と同等以上の絶縁効力のあるもので十分被覆した。
ロ．電線の引張強さが 15%減少した。
ハ．電線相互を指で強くねじり，その部分を絶縁テープで十分被覆した。
ニ．接続部の電気抵抗が増加しないように接続した。</td></tr>
<tr><td>20</td><td>電気設備の簡易接触防護措置としての最小高さの組合せとして，正しいものは。
ただし，人が通る場所から容易に触れることのない範囲に施設する。
<table><tr><th>屋内で床面からの最小高さ[m]</th><th>屋外で地表面からの最小高さ[m]</th></tr><tr><td>a　1.6</td><td>e　2</td></tr><tr><td>b　1.7</td><td>f　2.1</td></tr><tr><td>c　1.8</td><td>g　2.2</td></tr><tr><td>d　1.9</td><td>h　2.3</td></tr></table></td><td>イ．a，h
ロ．b，g
ハ．c，e
ニ．d，f</td></tr>
</table>

	問い	答え
21	低圧屋内配線の図記号と，それに対する施工方法の組合せとして，**正しいものは。**	イ． 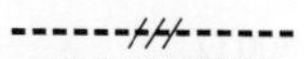 IV1.6（E19） 厚鋼電線管で天井隠ぺい配線。 ロ．  IV1.6（PF16） 硬質ポリ塩化ビニル電線管で露出配線。 ハ． 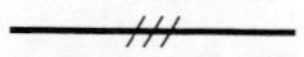 IV1.6（16） 合成樹脂製可とう電線管で天井隠ぺい配線。 ニ． 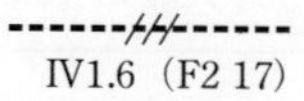 IV1.6（F2 17） 2種金属製可とう電線管で露出配線。
22	機械器具の金属製外箱に施すD種接地工事に関する記述で，**不適切なものは。**	イ．三相200 V電動機外箱の接地線に直径1.6 mmのIV電線を使用した。 ロ．単相100 V移動式の電気ドリル(一重絶縁)の接地線として多心コードの断面積0.75 mm^{2}の1心を使用した。 ハ．単相100 Vの電動機を水気のある場所に設置し，定格感度電流15 mA，動作時間0.1秒の電流動作型漏電遮断器を取り付けたので，接地工事を省略した。 ニ．一次側200 V，二次側100 V，3 kV·Aの絶縁変圧器(二次側非接地)の二次側電路に電動丸のこぎりを接続し，接地を施さないで使用した。
23	硬質ポリ塩化ビニル電線管による合成樹脂管工事として，**不適切なものは。**	イ．管の支持点間の距離は2 mとした。 ロ．管相互及び管とボックスとの接続で，専用の接着剤を使用し，管の差込み深さを管の外径の0.9倍とした。 ハ．湿気の多い場所に施設した管とボックスとの接続箇所に，防湿装置を施した。 ニ．三相200 V配線で，簡易接触防護措置を施した場所に施設した管と接続する金属製プルボックスに，D種接地工事を施した。
24	単相3線式100/200 Vの屋内配線で，絶縁被覆の色が赤色，白色，黒色の3種類の電線が使用されていた。この屋内配線で電線相互間及び電線と大地間の電圧を測定した。その結果としての電圧の組合せで，**適切なものは。** ただし，中性線は白色とする。	イ．黒色線と大地間 100 V 白色線と大地間 200 V 赤色線と大地間 0 V ロ．黒色線と白色線間 100 V 黒色線と大地間 0 V 赤色線と大地間 200 V ハ．赤色線と黒色線間 200 V 白色線と大地間 0 V 黒色線と大地間 100 V ニ．黒色線と白色線間 200 V 黒色線と大地間 100 V 赤色線と大地間 0 V
25	単相3線式100/200 Vの屋内配線において，開閉器又は過電流遮断器で区切ることができる電路ごとの絶縁抵抗の最小値として，「電気設備に関する技術基準を定める省令」に規定されている値［MΩ］の組合せで，**正しいものは。**	イ．電路と大地間 0.2 電線相互間 0.4 ロ．電路と大地間 0.2 電線相互間 0.2 ハ．電路と大地間 0.1 電線相互間 0.1 ニ．電路と大地間 0.1 電線相互間 0.2

	問い	答え
26	工場の200 V三相誘導電動機（対地電圧200 V）への配線の絶縁抵抗値［MΩ］及びこの電動機の鉄台の接地抵抗値［Ω］を測定した。電気設備技術基準等に適合する測定値の組合せとして，**適切なものは**。 ただし，200 V電路に施設された漏電遮断器の動作時間は0.5秒を超えるものとする。	イ．0.4 MΩ 300 Ω ロ．0.3 MΩ 60 Ω ハ．0.15 MΩ 200 Ω ニ．0.1 MΩ 50 Ω
27	直動式指示電気計器の目盛板に図のような記号がある。記号の意味及び測定できる回路で，**正しいものは**。 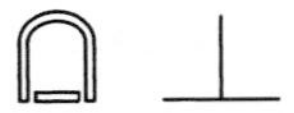	イ．永久磁石可動コイル形で目盛板を鉛直に立てて，直流回路で使用する。 ロ．永久磁石可動コイル形で目盛板を鉛直に立てて，交流回路で使用する。 ハ．可動鉄片形で目盛板を鉛直に立てて，直流回路で使用する。 ニ．可動鉄片形で目盛板を水平に置いて，交流回路で使用する。
28	「電気工事士法」において，一般用電気工作物に係る工事の作業でa，bともに電気工事士でなければ**従事できないものは**。	イ．a：配電盤を造営材に取り付ける。 b：電線管に電線を収める。 ロ．a：地中電線用の管を設置する。 b：定格電圧100 Vの電力量計を取り付ける。 ハ．a：電線を支持する柱を設置する。 b：電線管を曲げる。 ニ．a：接地極を地面に埋設する。 b：定格電圧125 Vの差込み接続器にコードを接続する。
29	「電気用品安全法」における電気用品に関する記述として，**誤っているものは**。	イ．電気用品の製造又は輸入の事業を行う者は，「電気用品安全法」に規定する義務を履行したときに，経済産業省令で定める方式による表示を付すことができる。 ロ．「特定電気用品以外の電気用品」には◇PSEまたは<PS>Eの表示が付されている。 ハ．電気用品の販売の事業を行う者は，経済産業大臣の承認を受けた場合等を除き，法令に定める表示のない電気用品を販売してはならない。 ニ．電気工事士は，「電気用品安全法」に規定する表示の付されていない電気用品を電気工作物の設置又は変更の工事に使用してはならない。
30	一般用電気工作物に関する記述として，**誤っているものは**。	イ．低圧で受電するものは，出力60 kWの太陽電池発電設備を同一構内に施設すると，一般用電気工作物とならない。 ロ．低圧で受電するものは，小出力発電設備を同一構内に施設すると，一般用電気工作物とならない。 ハ．低圧で受電するものであっても，火薬類を製造する事業場など，設置する場所によっては一般用電気工作物とならない。 ニ．高圧で受電するものは，受電電力の容量，需要場所の業種にかかわらず，一般用電気工作物とならない。

問題２．配線図（問題数 20，配点は１問当たり２点）　　※図は１３４頁参照

図は，鉄骨軽量コンクリート造一部２階建工場及び倉庫の配線図である。この図に関する次の各問いには４通りの答え（イ，ロ，ハ，ニ）が書いてある。それぞれの問いに対して，答えを１つ選びなさい。

【注意】１．屋内配線の工事は，特記のある場合を除き電灯回路は 600V ビニル絶縁ビニルシースケーブル平形（VVF)を用いたケーブル工事である。
２．屋内配線等の電線の本数，電線の太さ及び１階工場内の照明等の回路，その他，問いに直接関係のない部分等は省略又は簡略化してある。
３．漏電遮断器は，定格感度電流 30 mA，動作時間 0.1 秒以内のものを使用している。
４．選択肢（答え）の写真にあるコンセント及び点滅器は，「JIS C 0303：2000 構内電気設備の配線用図記号」で示す「一般形」である。
５．ジョイントボックスを経由する電線は，すべて接続箇所を設けている。
６．３路スイッチの記号「0」の端子には，電源側又は負荷側の電線を結線する。

	問　い	答　え
31	①で示す部分の最少電線本数（心線数）は。	イ．3　ロ．4　ハ．5　ニ．6
32	②で示す引込口開閉器の設置は。 ただし，この屋内電路を保護する過負荷保護付漏電遮断器の定格電流は 20 A である。	イ．屋外の電路が地中配線であるから省略できない。 ロ．屋外の電路の長さが 10 m 以上なので省略できない。 ハ．過負荷保護付漏電遮断器の定格電流が 20 A なので省略できない。 ニ．屋外の電路の長さが 15 m 以下なので省略できる。
33	③で示す部分の配線工事で用いる管の種類は。	イ．硬質ポリ塩化ビニル電線管 ロ．耐衝撃性硬質ポリ塩化ビニル電線管 ハ．耐衝撃性硬質ポリ塩化ビニル管 ニ．波付硬質合成樹脂管
34	④で示す図記号の名称は。	イ．フロートスイッチ ロ．圧力スイッチ ハ．電磁開閉器用押しボタン ニ．握り押しボタン
35	⑤で示す引込線取付点の地表上の高さの最低値［m］は。 ただし，引込線は道路を横断せず，技術上やむを得ない場合で交通に支障がないものとする。	イ．2.5　ロ．3.0　ハ．3.5　ニ．4.0
36	⑥で示す部分に施設してはならない過電流遮断装置は。	イ．２極にヒューズを取り付けたカバー付ナイフスイッチ ロ．２極２素子の配線用遮断器 ハ．２極にヒューズを取り付けたカットアウトスイッチ ニ．２極１素子の配線用遮断器
37	⑦で示す部分の接地工事の接地抵抗の最大値と，電線（軟銅線）の最小太さとの組合せで，適切なものは。	イ．100 Ω 2.0 mm　ロ．300 Ω 1.6 mm　ハ．500 Ω 1.6 mm　ニ．600 Ω 2.0 mm
38	⑧で示す部分の電路と大地間の絶縁抵抗として，許容される最小値［MΩ］は。	イ．0.1　ロ．0.2　ハ．0.4　ニ．1.0
39	⑨で示す部分にモータブレーカを取り付けたい。図記号は。	イ．　ロ．　ハ．　ニ．
40	⑩で示すコンセントの極配置（刃受）で，正しいものは。	イ．　ロ．　ハ．　ニ．

	問い	答え			
41	⑪で示すボックス内の接続をすべて圧着接続とする場合，使用するリングスリーブの種類と最少個数の組合せで，**正しいものは**。	イ．	ロ．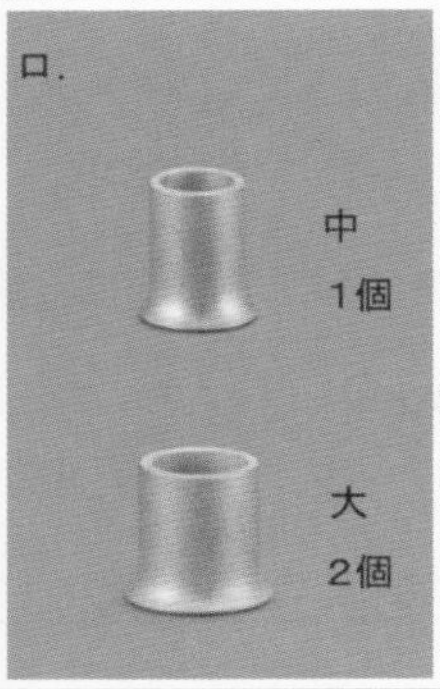	ハ．	ニ．
42	⑫で示すボックス内の接続をすべて差込形コネクタとする場合，使用する差込形コネクタの種類と最少個数の組合せで，**正しいものは**。 ただし，使用する電線はすべてVVF1.6とする。	イ．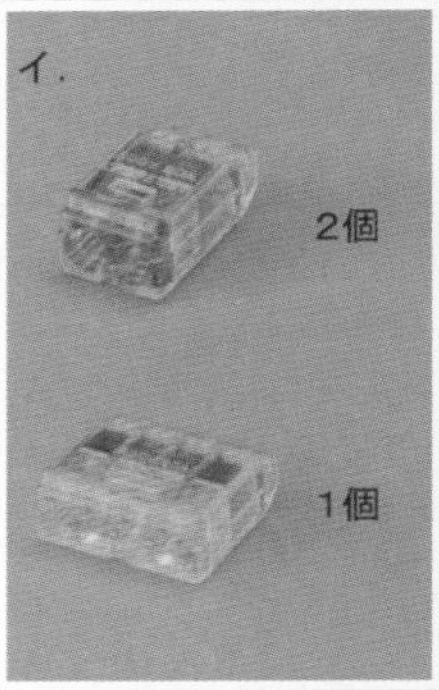	ロ．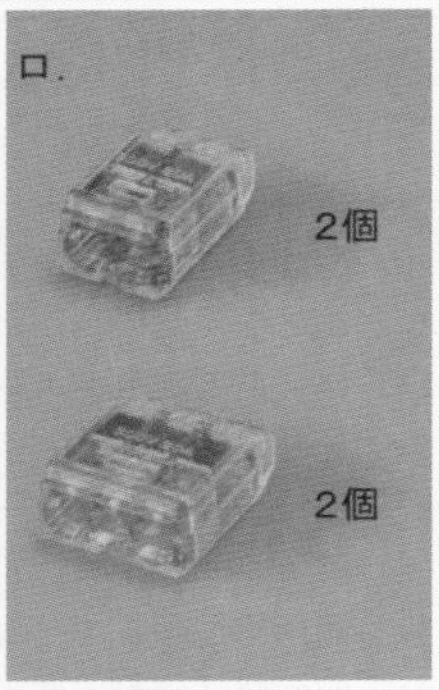	ハ．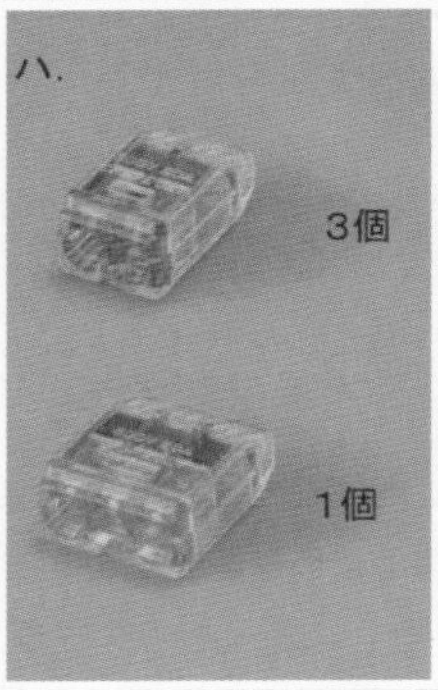	ニ．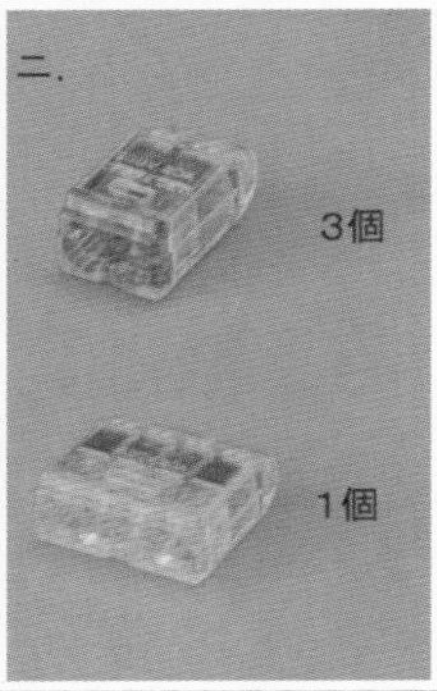
43	⑬で示す点滅器の取付け工事に**使用されないものは**。	イ．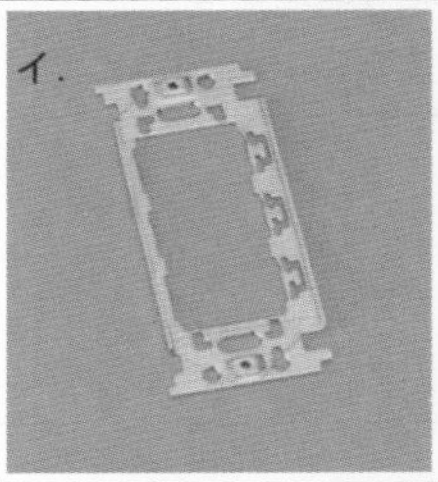	ロ．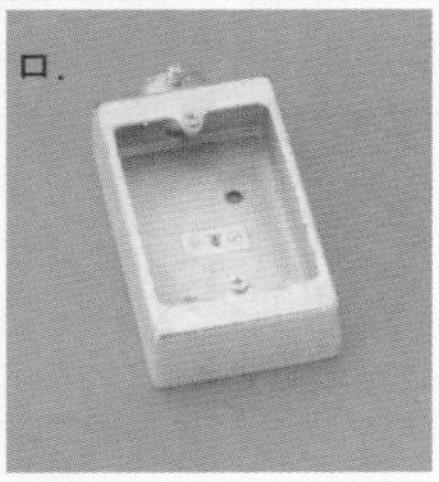	ハ．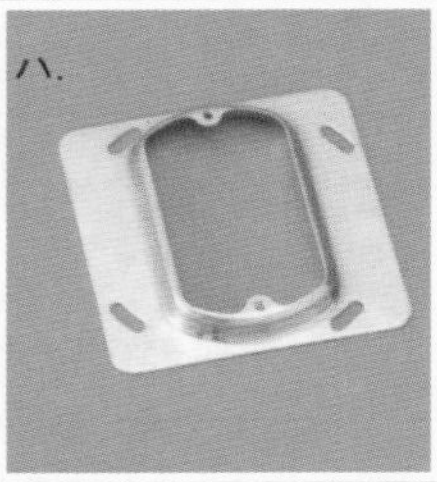	ニ．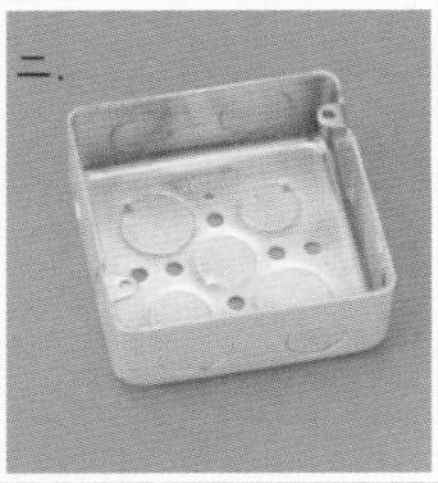
44	⑭で示す部分の配線工事に必要なケーブルは。 ただし，心線数は最少とする。	イ．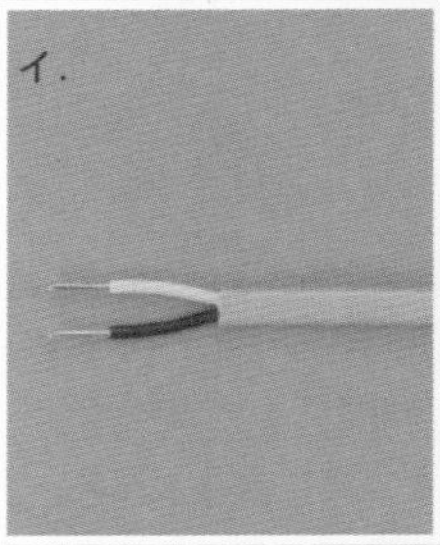	ロ．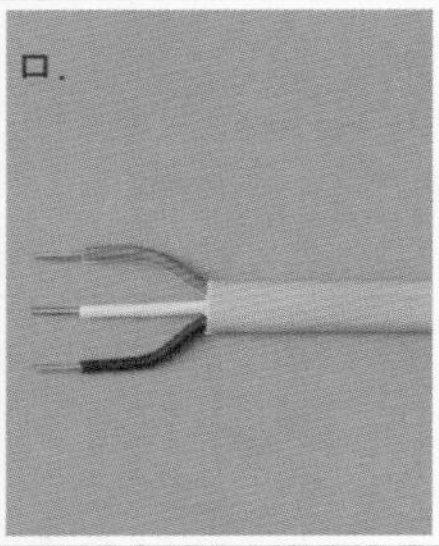	ハ．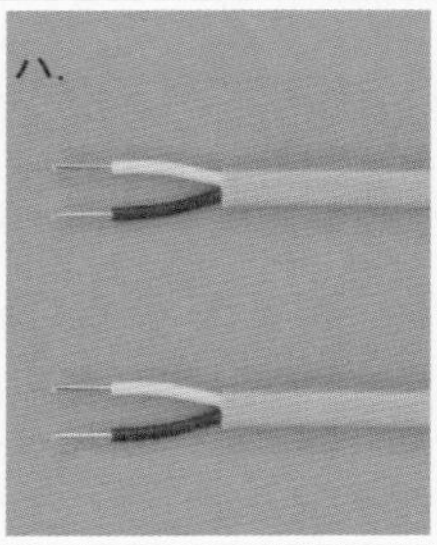	ニ．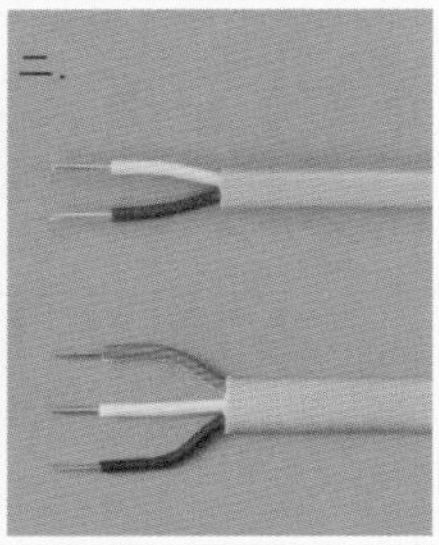
45	⑮で示すボックス内の接続をリングスリーブで圧着接続した場合のリングスリーブの種類，個数及び圧着接続後の刻印との組合せで，**正しいものは**。 ただし，使用する電線はすべてIV1.6とする。 また，写真に示す**リングスリーブ中央の○，小，中**は刻印を表す。	イ．	ロ．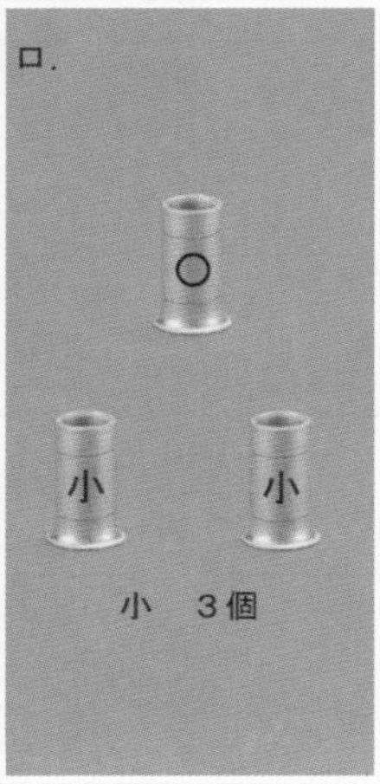	ハ．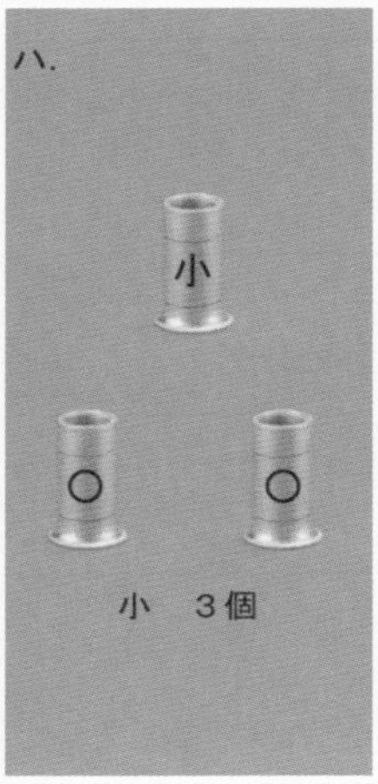	ニ．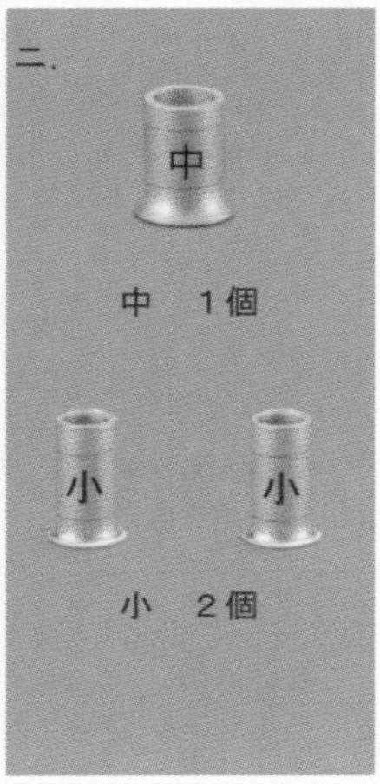

問い		答え			
46	⑯で示す部分の配線を器具の裏面から見たものである。**正しいものは。** ただし，電線の色別は，白色は電源からの接地側電線，黒色は電源からの非接地側電線，赤色は負荷に結線する電線とする。	イ．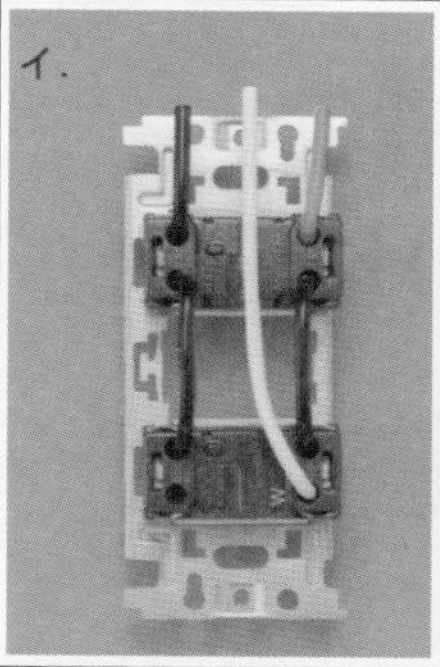	ロ．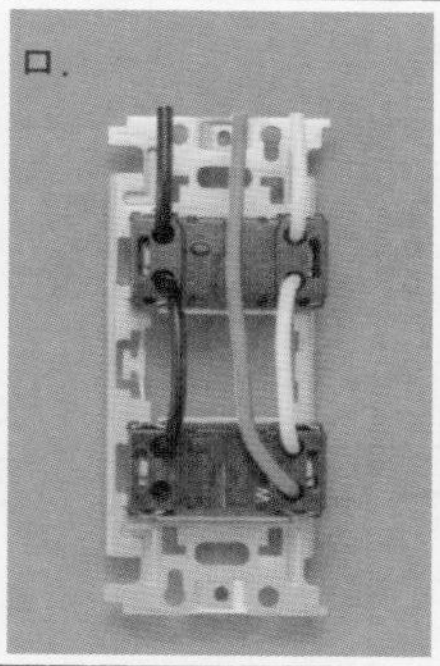	ハ．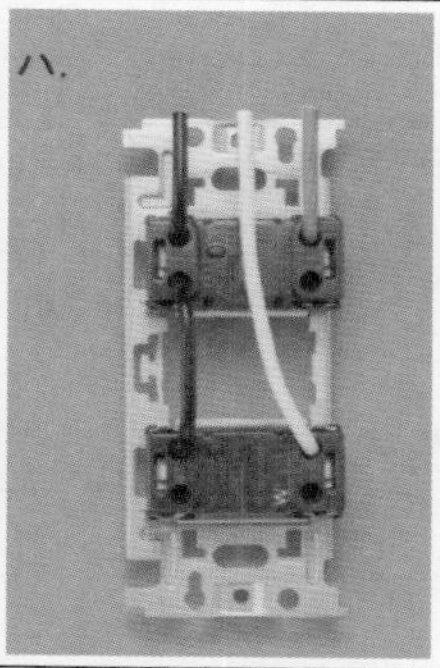	ニ．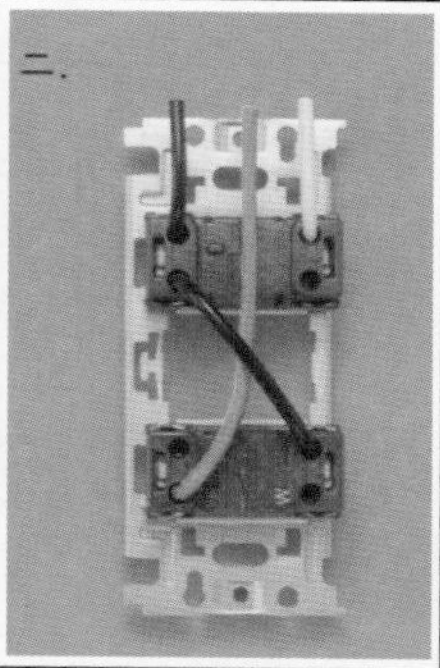
47	⑰で示す電線管相互を接続するために**使用されるものは。**	イ．	ロ．	ハ．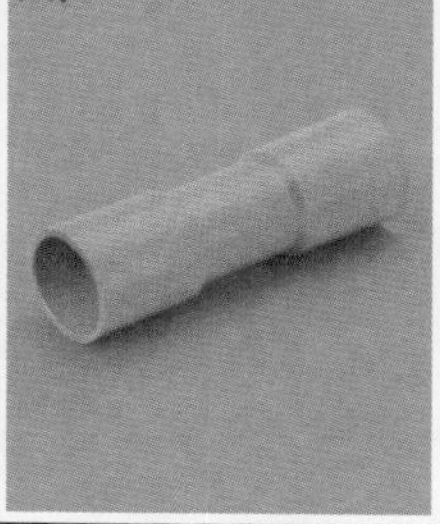	ニ．
48	⑱で示すジョイントボックス内の電線相互の接続作業に用いるものとして，**不適切なものは。**	イ．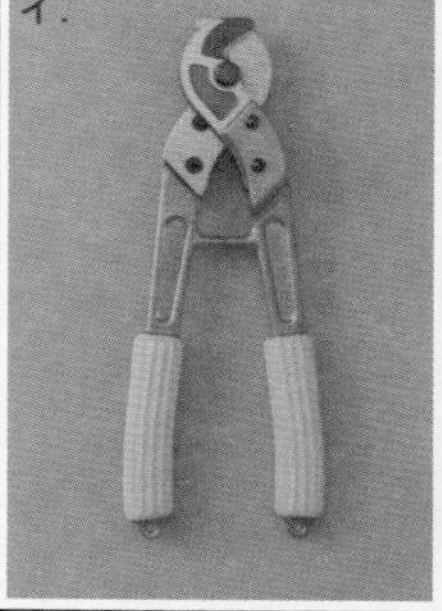	ロ．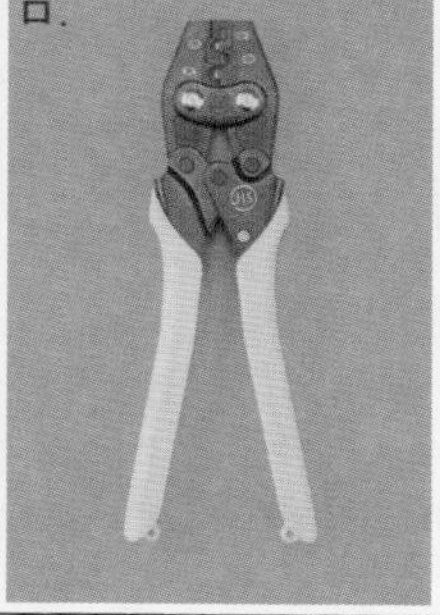	ハ．	ニ．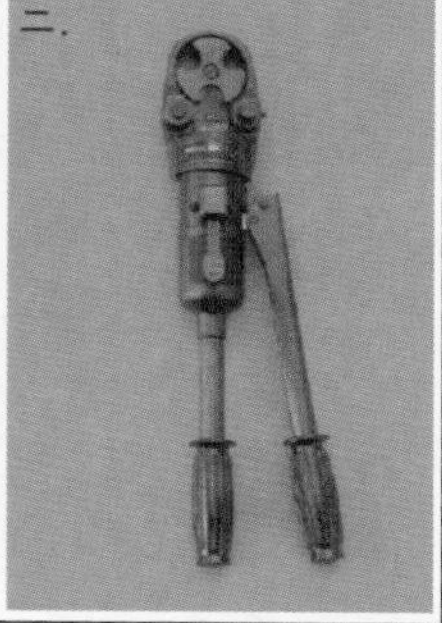
49	⑲で示す図記号の器具は。	イ．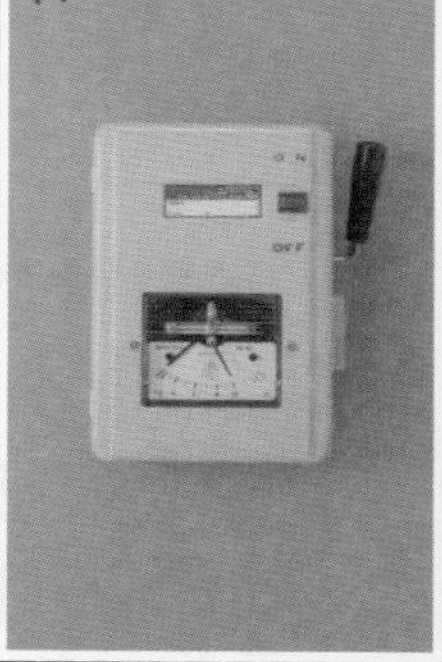	ロ．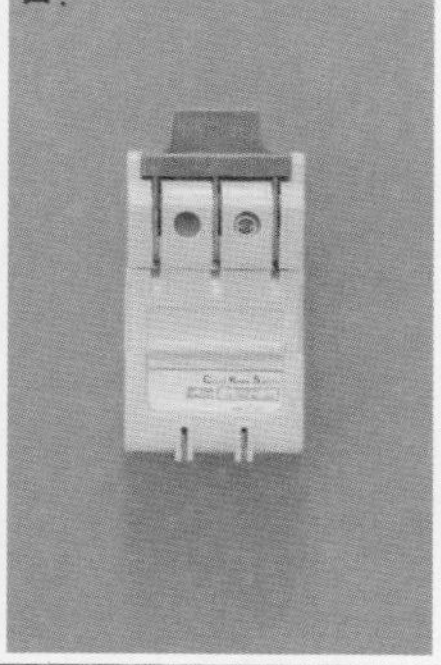	ハ．	ニ．
50	この配線図で，**使用されていない**コンセントは。	イ．	ロ．	ハ．	ニ．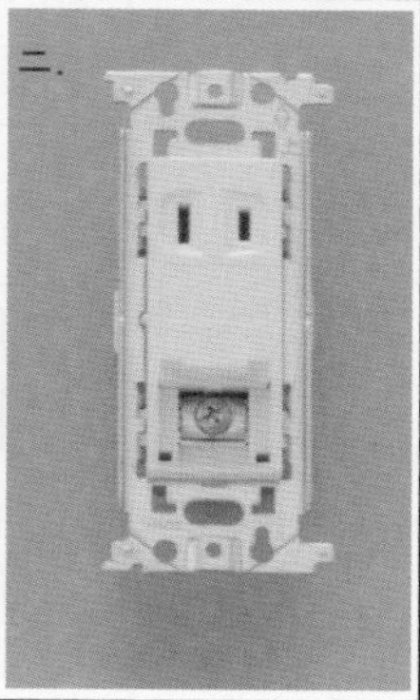

図面を引き抜いてご覧ください

令和4年度(上期・午前)

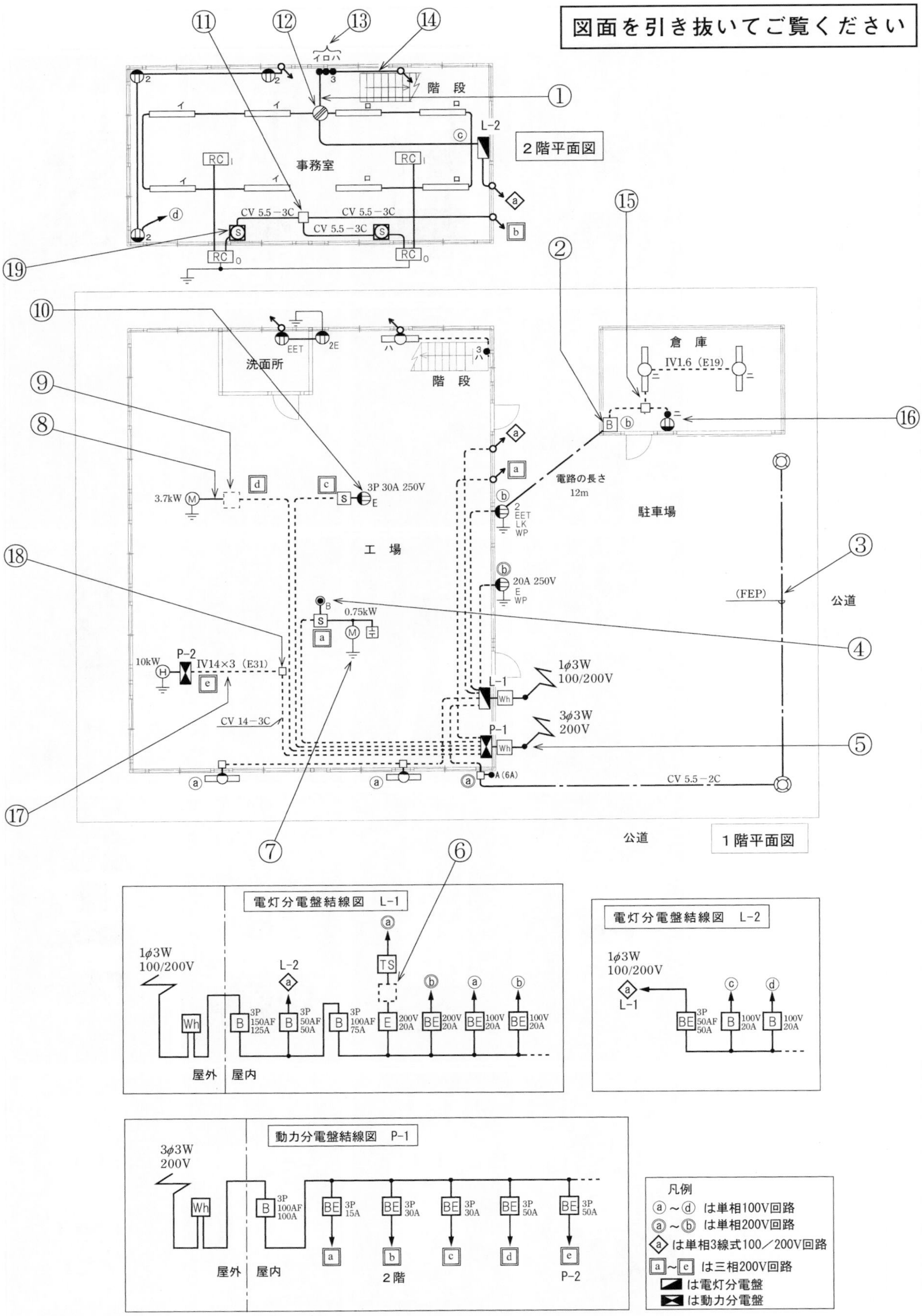

解答と解説

問題１．一般問題の解答

1　イ．16

第１図において，抵抗が直並列に接続された部分の電圧 V_0〔V〕は，8Ωの抵抗に１Aの電流が流れているので，

$V_0 = 1 \times 8 = 8$〔V〕

電流 I_1〔A〕及び電流 I_2〔A〕は，

$$I_1 = \frac{V_0}{4+4} = \frac{8}{8} = 1\text{〔A〕}$$

$$I_2 = \frac{V_0}{4} = \frac{8}{4} = 2\text{〔A〕}$$

回路全体に流れる電流 I〔A〕は，

$I = 1 + I_1 + I_2 = 1 + 1 + 2 = 4$〔A〕

電圧計Ⓥの指示値 V〔V〕は，

$V = I \times 4 = 4 \times 4 = 16$〔V〕

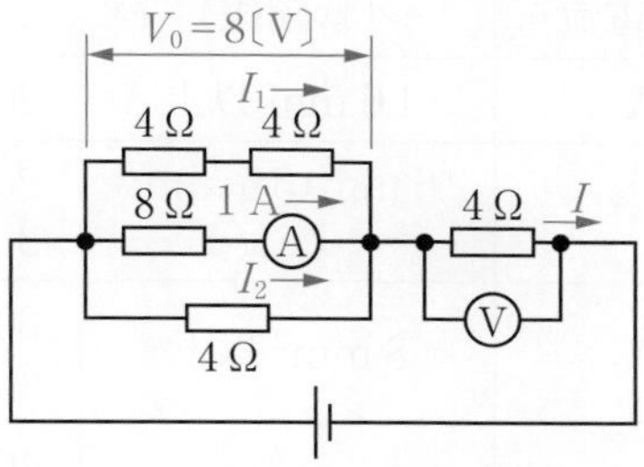

第１図

2　イ．許容電流は，周囲の温度が上昇すると，大きくなる．

絶縁電線は，周囲の温度が高くなると放熱能力が低下して，許容電流が小さくなるので，イは誤りである．

許容電流は，導体の断面積が大きいほど大きくなるので，ロは正しい．

導体の長さを L〔m〕，直径を D〔mm〕，抵抗率を ρ〔Ω·mm²/m〕とすると，電線の抵抗 R〔Ω〕は，次の式で表される．

$$R = \rho\frac{L}{A} = \frac{\rho L}{\frac{\pi D^2}{4}} = \frac{4\rho L}{\pi D^2}\text{〔Ω〕}$$

したがって，電線の抵抗は長さに比例し，直径の２乗に反比例するので，ハ及びニは正しい．

3　ハ．2 700

電力 P〔kW〕は，

$P = VI = 100 \times 5 = 500$〔W〕$= 0.5$〔kW〕

使用時間 t〔h〕は，

$t = 1 + (30/60) = 1 + 0.5 = 1.5$〔h〕

抵抗器で発生する熱量 Q〔kJ〕は，

$Q = 3\,600Pt$〔kJ〕

$= 3\,600 \times 0.5 \times 1.5 = 2\,700$〔kJ〕

4　ニ．80

第２図において，回路のインピーダンス Z〔Ω〕は，

$$Z = \sqrt{R^2 + X_L{}^2} = \sqrt{8^2 + 6^2} = \sqrt{64+36} = \sqrt{100} = 10\text{〔Ω〕}$$

回路に流れる電流 I〔A〕は，

$$I = \frac{V}{Z} = \frac{100}{10} = 10\text{〔A〕}$$

抵抗8Ωの両端の電圧 V〔V〕は，

$V = IR = 10 \times 8 = 80$〔V〕

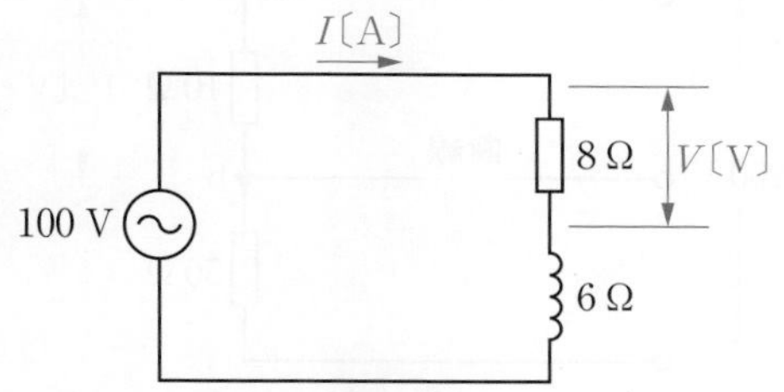

第２図

5　ハ．7.2

交流回路において，電力を消費するのは抵抗だけである．△結線の全消費電力は，１つの抵抗で消費する電力を３倍することによって求めることができる．

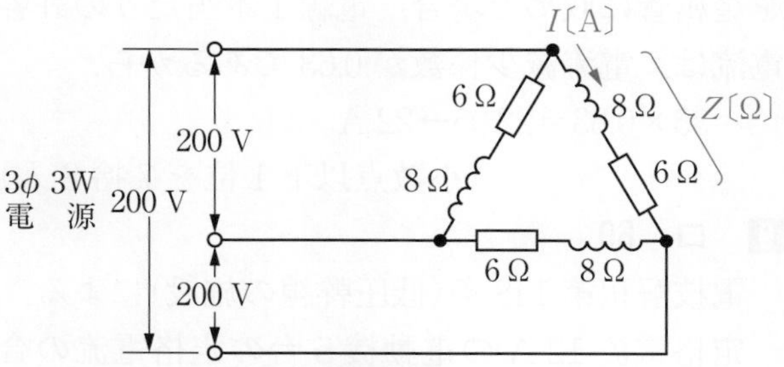

第３図

第3図において，1相のインピーダンス Z〔Ω〕は，

$Z = \sqrt{6^2 + 8^2} = \sqrt{36+64} = \sqrt{100} = 10$〔Ω〕

6Ωの抵抗に流れる電流 I〔A〕は，

$$I=\frac{200}{Z}=\frac{200}{10}=20〔A〕$$

したがって，全消費電力 P〔kW〕は，

$$P=3I^2R=3\times20^2\times6=3\times400\times6$$
$$=7\,200〔W〕=7.2〔kW〕$$

6　ニ．45

すべての電線に流れる電流が等しい三相3線式回路で，電線路の電力損失 P_l〔W〕は，電線1本当たりの損失の3倍になる．

$$P_l=3I^2r=3\times10^2\times0.15=300\times0.15$$
$$=45〔W〕$$

7　ロ．33

断線後(**第4図**)，a-b 間に流れる電流 I〔A〕は，

$$I=\frac{200}{10+50}=\frac{200}{60}〔A〕$$

a-b 間の電圧 V_{ab}〔V〕は，

$$V_{ab}=\frac{200}{60}\times10\fallingdotseq33〔V〕$$

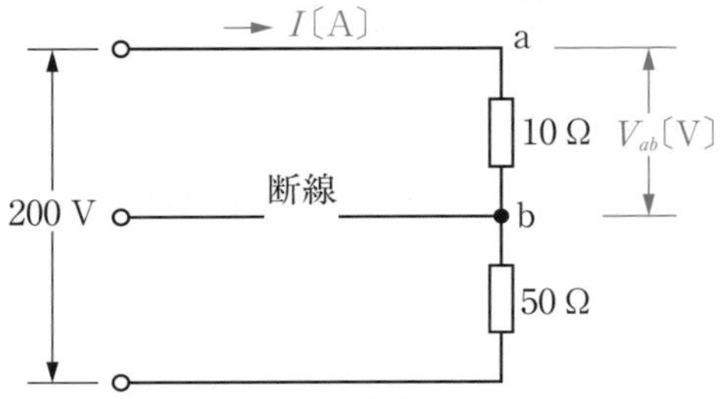

第4図

8　イ．22

電技解釈第146条(低圧配線に使用する電線)による．

直径2.0 mmの600 Vビニル絶縁電線(軟銅線)の許容電流は35 Aである．この電線4本を金属管に収めた場合，電線1本当たりの許容電流は，電流減少係数が0.63であるから，

$$35\times0.63=22.05\rightarrow22\text{ A}$$

(小数点以下1位を7捨8入)

9　ロ．60

電技解釈第148条(低圧幹線の施設)による．

定格電流12 Aの電動機5台の定格電流の合計 I_M〔A〕は，需要率が80%であるから，次のようになる．

$$I_M=12\times5\times0.8=60\times0.8=48〔A〕$$

定格電流の合計 I_M〔A〕が50 A以下なので，幹線の許容電流 I_W〔A〕は，

$$I_W\geqq1.25I_M+I_H=1.25\times48+0=60〔A〕$$

10　ニ．断面積 5.5 mm² ⊖$^{20A}_{2}$

電技解釈第149条(低圧分岐回路等の施設)による．

図記号⊖で，電流が傍記されていない場合は，定格電流15 Aのコンセントを示す．

配線用遮断器，電線の太さ，コンセントの組み合わせは**第1表**のようにしなければならない．

定格電流30 Aの配線用遮断器で保護された分岐回路は，電線の太さは2.6 mm(5.5 mm²)以上でコンセントの定格電流は20 A以上30 A以下であり，ニの組み合せが適切である．

イは，定格電流15 Aのコンセントを接続できない．ロは，断面積3.5 mm²の電線と定格電流15 Aのコンセントを接続できない．ハは，直径2.0 mmの電線を接続できない．

第1表　配線用遮断で保護する分岐回路

配線用遮断器の定格電流	電線の太さ(軟銅線)	コンセントの定格電流
20 A	1.6 mm 以上	20 A 以下
30 A	2.6 mm(5.5 mm²)以上	20 A 以上 30 A 以下
40 A	8 mm² 以上	30 A 以上 40 A 以下
50 A	14 mm² 以上	40 A 以上 50 A 以下

(注) 配線用遮断器の定格電流が30 Aの場合，定格電流が20 A未満の差込みプラグが接続できるものを除く．

11　イ．600 V 架橋ポリエチレン絶縁ビニルシースケーブル(CV)

電技解釈第120条(地中電線路の施設)，内線規程3165-1(施設方法)による．

地中配線に使用できる電線はケーブルに限る．**第5図**に600 V架橋ポリエチレン絶縁ビニルシースケーブル(CV)を示す．

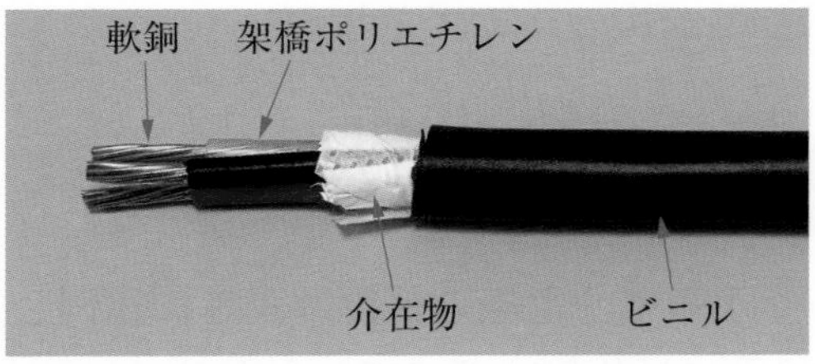

第5図　600 V 架橋ポリエチレン絶縁ビニルシースケーブル(CV)

12　ロ．75

内線規程 1340-1(絶縁電線などの許容電流)の 1340-3 表による．

600 V ポリエチレン絶縁耐燃性ポリエチレンシースケーブル平形(EM-EEF)の絶縁物は，ポリエチレンで，最高許容温度は 75 ℃である．

13　ハ．金属管工事とクリックボール

金属管工事では，リーマをクリックボールに取り付けて．管端の内側の面取りをする(**第6図**)．

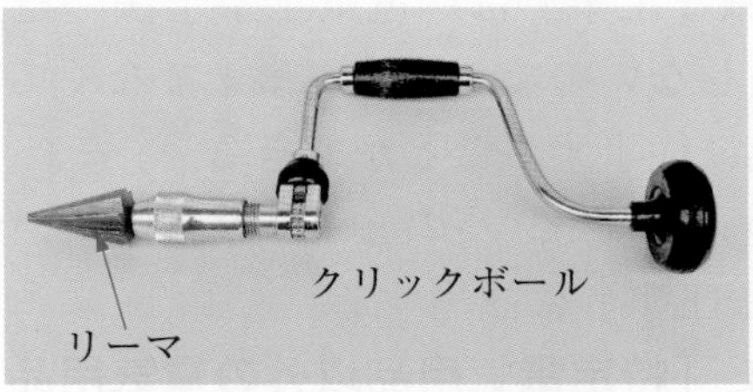

第６図　クリックボールとリーマ

ボルトクリッパは吊りボルトや鉄線等を切断するときに使用する．パイプベンダは金属管を曲げるときに使用する．圧着ペンチは絶縁電線を圧着接続するときに使用する．

14　ニ．回転速度が増加する．

三相誘導電動機の同期速度 N_s〔min^{-1}〕は，極数を p，電源の周波数を f〔Hz〕とすると，次式のようになる．

$$N_s = \frac{120f}{p}〔\mathrm{min}^{-1}〕$$

この式から，三相誘導電動機の同期速度は，電源の周波数に比例する．

無負荷の場合は同期速度に近い値で回転するので，電源の周波数が 50 Hz から 60 Hz に変わると，回転速度が増加する．

15　ニ．発光効率が高い．(同じ明るさでは消費電力が少ない)

蛍光灯の発光効率は白熱灯の約５倍である．

蛍光灯は安定器があるために，白熱電灯より力率が低い．白熱電灯は雑音(電磁雑音)を発生しないが，蛍光灯は発生する．蛍光灯の寿命は，白熱電灯の約６倍である

16　イ．PF 管を支持するのに用いる．

PF 管用のサドルである．サドルの裏側の凸部が PF 管の凹部に入って，PF 管が動かないように固定できる．

17　ニ．低圧進相コンデンサ

写真に示す機器は，電動機の力率改善に用いられる低圧進相コンデンサである．

18　イ．接地抵抗の測定に用いる．

写真の測定器は，接地抵抗計である．

19　ハ．電線相互を指で強くねじり，その部分を絶縁テープで十分被覆した．

電技解釈第 12 条(電線の接続法)による．

電線相互をねじって接続する場合は，接続部分をろう付けしなければならない．

20　ハ．c，e

電技解釈第１条(用語の定義)三十七による．

簡易接触防護措置は，次のいずれかに適合するように施設することをいう．

①設備を，屋内にあっては床上 1.8 m 以上，屋外にあっては地表上２m 以上の高さに，かつ，人が通る場所から容易に触れることのない範囲に施設すること．

②設備に人が接近又は接触しないよう，さく，へい等を設け，又は設備を金属管に収める等の防護措置を施すこと．

21　ニ．IV1.6 (F2 17)　2 種金属製可とう電線管で露出配線．

IV1.6 (E19) はねじなし電線管で露出配線，IV1.6 (PF16) は合成樹脂製可とう電線管で天井隠ぺい配線，IV1.6 (16) は厚鋼電線管で天井隠ぺい配線を表す．

22　ハ．単相 100 V の電動機を水気のある場所に設置し，定格感度電流 15 mA，動作時間 0.1 秒の電流動作型漏電遮断器を取り付けたので，接地工事を省略した．

電技解釈第 17 条(接地工事の種類及び施設方法)・第 29 条(機械器具の金属製外箱等の接地)による．

水気のある場所では，定格感度電流 15 mA 以下，動作時間 0.1 秒以下の電流動作型漏電遮断器を取り付けても接地工事は省略できない．

23　イ．管の支持点間の距離は 2 m とした．

電技解釈第 158 条(合成樹脂管工事)による．

管の支持点間の距離は，1.5 m 以下としなければならない．

24　ハ．赤色線と黒色線間　200 V
白色線と大地間　0 V
黒色線と大地間　100 V

単相３線式 100/200 V 配線は，**第７図**のようになっている．

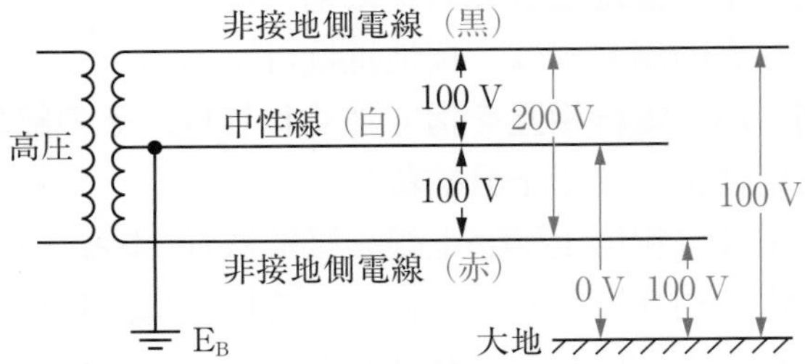

第７図

25 ハ．電路と大地間　0.1
電線相互間　0.1

電技第 58 条(低圧の電路の絶縁性能)による．低圧電路の絶縁抵抗は，開閉器又は過電流遮断器で区切ることのできる電路ごとに，**第２表**の値以上でなければならない．

第２表　低圧の電路の絶縁性能

電路の使用電圧の区分		絶縁抵抗値
300 V 以下	対地電圧が 150 V 以下の場合	0.1 MΩ
	その他の場合	0.2 MΩ
300 V を超えるもの		0.4 MΩ

単相３線式 100/200 V の使用電圧は 200 V で，対地電圧が 100 V であることから，電路と大地間及び電線相互間の絶縁抵抗値は，いずれも 0.1 MΩ 以上あればよい．

26 ロ．0.3 MΩ　60 Ω

電技第 58 条(低圧の電路の絶縁性能)，電技解釈第 17 条(接地工事の種類及び施設方法)・第29条(機械器具の金属製外箱等の接地)による．

低圧電路の絶縁抵抗は，開閉器又は過電流遮断器で区切ることのできる電路ごとに，**第２表**の値以上でなければならない．

三相３線式 200 V の配線は，使用電圧が 300 V 以下で，対地電圧が 150 V を超えるので，絶縁抵抗値は 0.2 MΩ 以上となる．

接地工事の種類は，使用電圧が 300 V 以下であることから，D 種接地工事である．施設された漏電遮断器の動作時間が 0.5 秒を超えるものであるから，接地抵抗値は 100 Ω 以下になる．

27 イ．永久磁石可動コイル形で目盛板を鉛直に立てて，直流回路で使用する．

は，永久磁石可動コイル形を表し，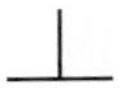は目盛板を鉛直に立てて置くことを示す．永久磁石可動コイル形の計器は，直流回路で使用する．

28 イ．a：配電盤を造営材に取り付ける．
b：電線管に電線を収める．

電気工事士法第２条(用語の定義)・第３条(電気工事士等)，施行令第１条(軽微な工事)，施行規則第２条(軽微な作業)による．

「軽微な工事」は，電気工事士法の電気工事に該当しないので，電気工事士でなくても工事の作業に従事することができる．

ロの a 及び b，ハの a，ニの b は，いずれも「軽微な工事」に該当する．

29 ロ．「特定電気用品以外の電気用品」にはまたは<PS>E の表示が付されている．

電気用品安全法第 10 条(表示)・第 27 条(販売の制限)・第 28 条(使用の制限)，施行規則第 17 条(表示の方式)による．

特定電気用品以外の電気用品には，又は(PS)E の表示が付されている．特定電気用品には，又は<PS>E の表示が付されている．

30 ロ．低圧で受電するものは，小出力発電設備を同一構内に施設すると，一般用電気工作物とならない．

電気事業法第 38 条，施行規則第 48 条(一般用電気工作物の範囲)による．

低圧で受電するものは，小出力発電設備を同一構内に施設しても，一般用電気工作物となる．

一般用電気工作物は，次に該当するものである．

① 600 V 以下(低圧)で受電し，同一の構内で使用するもので，これに接続する小出力発電設備を含む．

②火薬類を製造する事業場，石炭坑を除く．

問題２．配線図の解答

31 ロ．4

①で示す部分の複線図は，**第８図**のようになる．

32 ニ．屋外の電路の長さが 15 m 以下なので省略できる．

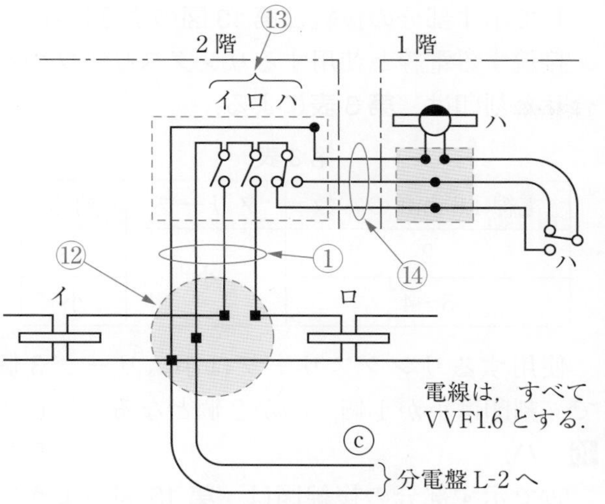

第8図

電技解釈第147条(低圧屋内電路の引込口における開閉器の施設)による.

L-1内のⓑの回路は過負荷保護付漏電遮断器の定格電流が20A以下で，屋外の電路の長さが15m以下なので，②で示す引込口開閉器を省略できる.

33 ニ. 波付硬質合成樹脂管

③で用いる管は(FEP)と表示されているので，波付硬質合成樹脂管(**第9図**)である.

第9図　波付硬質合成樹脂管

34 ハ. 電磁開閉器用押しボタン

図記号◉$_B$は，電磁開閉器用押しボタン(**第10図**)を表す.

第10図　電磁開閉器用押しボタン

35 イ. 2.5

電技解釈第116条(低圧架空引込線等の施設)による.

引込線取付点の地表上の高さは原則として4m以上であるが，技術上やむを得ない場合で交通に支障のないときは2.5m以上にできる.

36 ニ. 2極1素子の配線用遮断器

電技解釈第149条(低圧分岐回路等の施設)，内線規程1360-7(過電流遮断器の極)による.

⑥は，単相3線式100/200Vからの200Vの分岐回路である．両極とも非接地側電線であるから，配線用遮断器を施設する場合は，2極2素子のものでなければならない.

37 ハ. 500Ω　1.6mm

電技解釈第17条(接地工事の種類及び施設方法)・第29条(機械器具の金属製外箱等の接地)による.

⑦で示す接地工事は，使用電圧が300V以下なので，D種接地工事である．接地抵抗値は，電源側に動作時間0.1秒以内の漏電遮断器が施設してあるので，500Ω以下である．接地線(軟銅線)の太さは，1.6mm以上である.

38 ロ. 0.2

電技第58条(低圧の電路の絶縁性能)による.

低圧の電路の電線相互間および電路と大地間の絶縁抵抗値は**第2表**に示す値以上でなければならない.

⑧で示す部分の電路は三相3線式200Vであり，使用電圧が200V，対地電圧が200Vである．したがって，電路と大地間の絶縁抵抗の最小値は0.2MΩである.

39 ニ. $\boxed{B}$

モータブレーカの図記号は，$\boxed{B}$又は$\boxed{B}_M$で表す.

40 ロ.

⑩で示すコンセントは，E 3P 30A 250Vと傍記されているので，三相200V用3極接地極付30A 250Vコンセントである.

三相200V用3極接地極付コンセントの極配

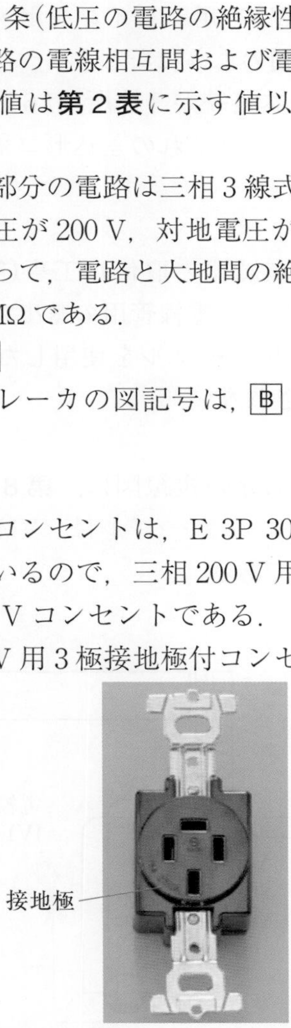

第11図　三相200V用3極接地極付コンセント

置(刃受)は，定格電流にかかわらず**第 11 図**のようになっている．

41　ニ.

⑪で示すジョイントボックス内の接続は，**第 12 図**のように，5.5 mm^2 の電線 3 本を 3 箇所で接続することになる．

5.5 mm^2 の電線をリングスリーブで圧着接続する場合，2 本接続には中スリーブを使用し，3 本接続には大スリーブを使用する．

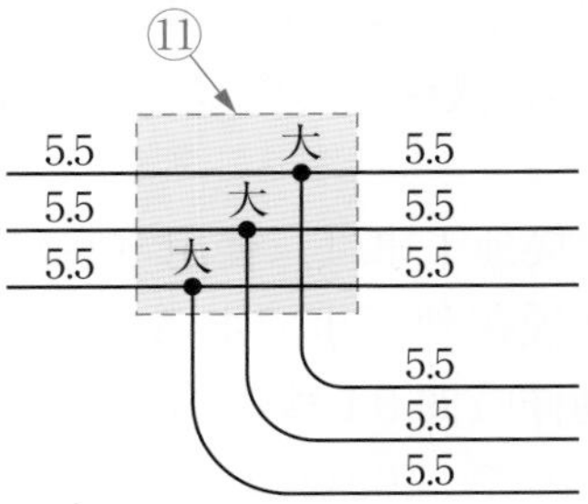

第 12 図

42　ニ.

⑫で示す VVF 用ジョイントボックス内の接続は，**第 8 図**のようになる．

1.6 mm 2 本接続が 3 箇所，1.6 mm 4 本接続が 1 箇所で，それぞれの差込形コネクタが必要になる．

43　ロ.

⑬で示す点滅器の取付け工事(**第 8 図**参照)で，ロのねじなし電線管用の露出スイッチボックスは，VVF ケーブルを使用した隠ぺい配線工事に使用されない．

44　ロ.

⑭で示す部分の複線図は，**第 8 図**のようになる．使用するケーブルは，VVF ケーブル 1.6 mm 3 心である．

45　ハ.

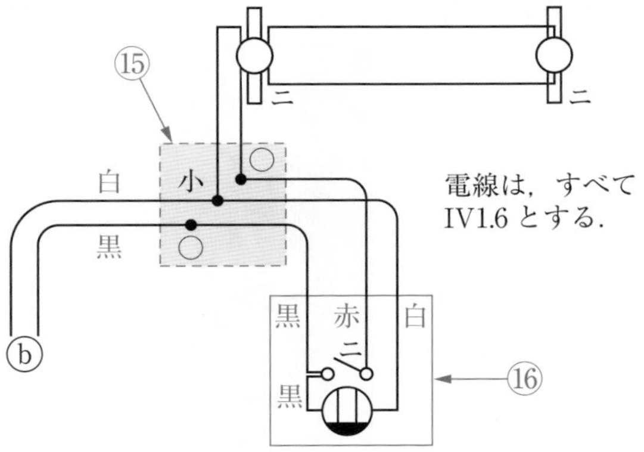

第 13 図

⑮で示す部分の接続は**第 13 図**のようになる．

接続する電線と使用するリングスリーブの組合せと刻印は，**第 3 表**による．

第 3 表

電線 1.6 mm の本数	スリーブ	刻印
2	小	○
3〜4		小

使用するリングスリーブは小スリーブ 3 個で，刻印は小が 1 個，○が 2 個となる．

46　ハ.

⑯で示す部分の複線図は，**第 13 図**のようになり，同じものはハである．

47　ニ.

⑰で示す電線管は(E31)と示されているので，ねじなし電線管である．ねじなし電線管相互を接続するために使用されるカップリングは，ニのねじなしカップリングである．

48　ロ.

⑱で示すジョイントボックス内では，CV14-3C と IV14×3 を接続する．電線 14 mm^2 相互の接続は，ニの油圧式圧着器で P 形スリーブ(**第 14 図**)を圧着するので，ロのリングスリーブ用圧着工具は使用しない．

第 14 図

49　イ.

⑲で示す図記号 S は，電流計付の開閉器を表し，イの電流計付箱開閉器である．

50　ニ.

ニの図記号は $_{\mathrm{ET}}$ で，この配線図で使用されていない．

イの図記号は $^{\mathrm{20A250V}}_{\mathrm{E\ WP}}$ で，工場の駐車場側の屋側に使用されている．

ロの図記号は $_{\mathrm{EET}}$ で，工場の洗面所に使用されている．

ハの図記号は $^{2}_{\mathrm{EET\ LK\ WP}}$ で，工場の駐車場側の屋側に使用されている．

問題1．一般問題（問題数30，配点は1問当たり2点）

【注】本問題の計算で$\sqrt{2}$，$\sqrt{3}$ 及び円周率 π を使用する場合の数値は次によること。 $\sqrt{2}=1.41$ ，$\sqrt{3}=1.73$ ，π＝3.14

次の各問いには4通りの答え（イ，ロ，ハ，ニ）が書いてある。それぞれの問いに対して答えを1つ選びなさい。

なお，選択肢が数値の場合は最も近い値を選びなさい。

<table>
<tr><th></th><th>問　い</th><th>答　え</th></tr>
<tr><td>1</td><td>図のような回路で，スイッチ S を閉じたとき，a–b端子間の電圧［V］は。
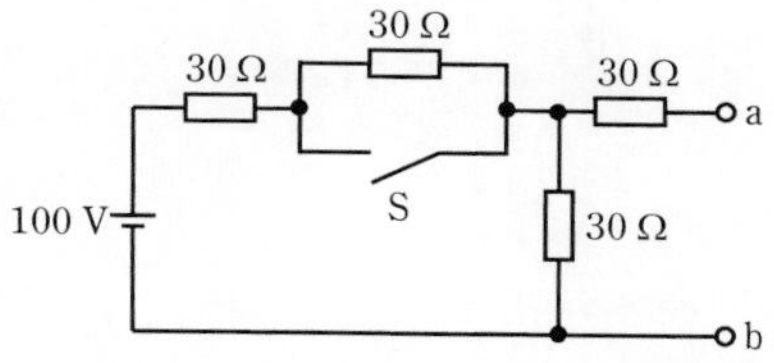
</td><td>イ．30　ロ．40　ハ．50　ニ．60</td></tr>
<tr><td>2</td><td>抵抗率 ρ［Ω・m］，直径 D［mm］，長さ L［m］の導線の電気抵抗［Ω］を表す式は。</td><td>イ．$\frac{4\rho L}{\pi D^2}\times 10^6$　ロ．$\frac{\rho L^2}{\pi D^2}\times 10^6$　ハ．$\frac{4\rho L}{\pi D}\times 10^6$　ニ．$\frac{4\rho L^2}{\pi D}\times 10^6$</td></tr>
<tr><td>3</td><td>電線の接続不良により，接続点の接触抵抗が0.2 Ωとなった。この接続点での電圧降下が2 Vのとき，接続点から1時間に発生する熱量［kJ］は。
ただし，接触抵抗及び電圧降下の値は変化しないものとする。</td><td>イ．72　ロ．144　ハ．288　ニ．576</td></tr>
<tr><td>4</td><td>コイルに100 V，50 Hz の交流電圧を加えたら6 A の電流が流れた。このコイルに100 V，60 Hz の交流電圧を加えたときに流れる電流［A］は。
ただし，コイルの抵抗は無視できるものとする。</td><td>イ．4　ロ．5　ハ．6　ニ．7</td></tr>
<tr><td>5</td><td>図のような三相3線式回路の全消費電力［kW］は。
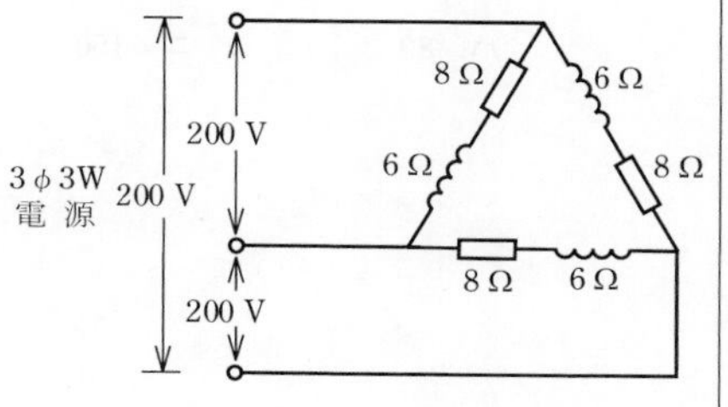
</td><td>イ．2.4　ロ．4.8　ハ．9.6　ニ．19.2</td></tr>
</table>

	問い	答え			
6	図のように，単相2線式電線路で，抵抗負荷A，B，Cにそれぞれ負荷電流10 Aが流れている。 電源電圧が210 Vであるとき抵抗負荷Cの両端電圧 V_C［V］は。 ただし，rは電線の抵抗［Ω］とする。 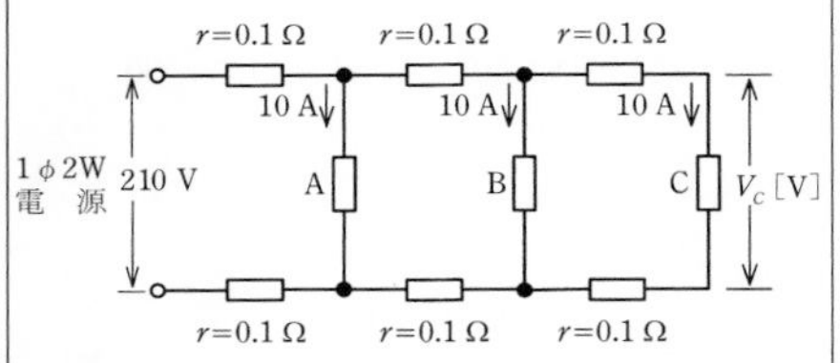	イ．198	ロ．200	ハ．202	ニ．204
7	図のような単相3線式回路において，電線1線当たりの抵抗が0.1 Ωのとき，a–b間の電圧［V］は。 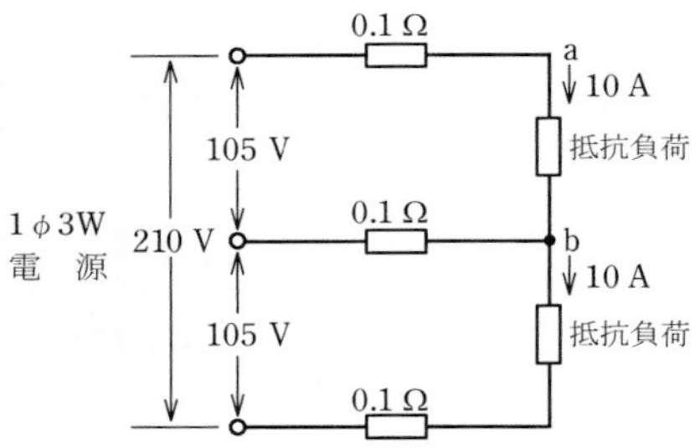	イ．102	ロ．103	ハ．104	ニ．105
8	金属管による低圧屋内配線工事で，管内に直径2.0 mmの600Vビニル絶縁電線(軟銅線)2本を収めて施設した場合，電線1本当たりの許容電流［A］は。 ただし，周囲温度は30 ℃以下，電流減少係数は0.70とする。	イ．19	ロ．24	ハ．27	ニ．35
9	図のように，三相の電動機と電熱器が低圧屋内幹線に接続されている場合，幹線の太さを決める根拠となる電流の最小値［A］は。 ただし，需要率は100%とする。 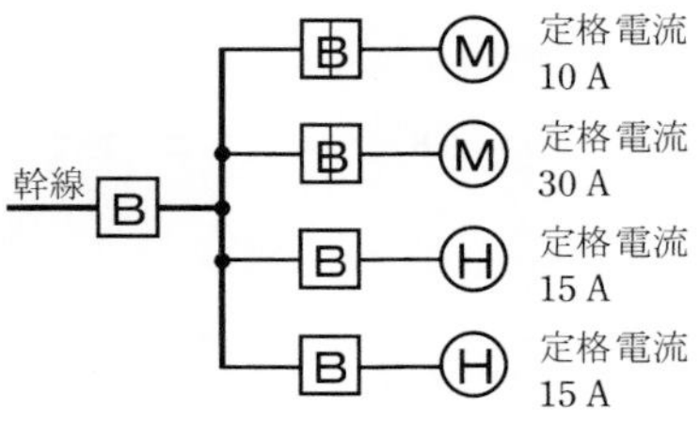	イ．70	ロ．74	ハ．80	ニ．150

	問い	答え
10	低圧屋内配線の分岐回路の設計で，配線用遮断器，分岐回路の電線の太さ及びコンセントの組合せとして，**適切なものは**。 ただし，分岐点から配線用遮断器までは 3 m，配線用遮断器からコンセントまでは 8 mとし，電線の数値は分岐回路の電線(軟銅線)の太さを示す。 また，コンセントは兼用コンセントではないものとする。	イ.　ロ.　ハ.　ニ. 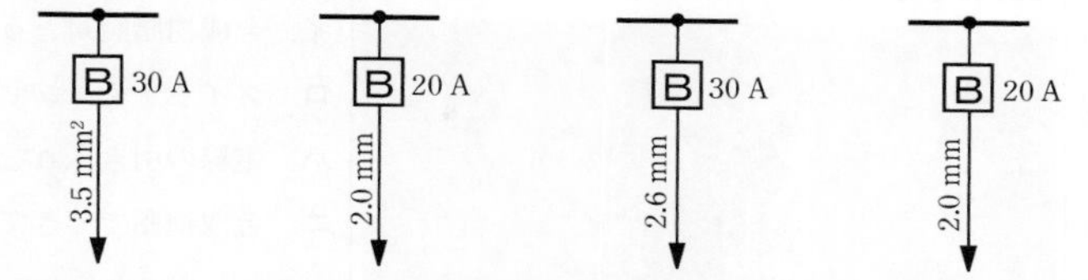 イ. 定格電流 30 Aのコンセント 1個 ロ. 定格電流 30 Aのコンセント 1個 ハ. 定格電流 15 Aのコンセント 2個 ニ. 定格電流 20 Aのコンセント 2個
11	金属管工事において使用されるリングレジューサの使用目的は。	イ．両方とも回すことのできない金属管相互を接続するときに使用する。 ロ．金属管相互を直角に接続するときに使用する。 ハ．金属管の管端に取り付け，引き出す電線の被覆を保護するときに使用する。 ニ．アウトレットボックスのノックアウト(打ち抜き穴)の径が，それに接続する金属管の外径より大きいときに使用する。
12	600V 架橋ポリエチレン絶縁ビニルシースケーブル(CV)の絶縁物の最高許容温度［℃］は。	イ．60　ロ．75　ハ．90　ニ．120
13	電気工事の作業と使用する工具の組合せとして，**誤っているものは**。	イ．金属製キャビネットに穴をあける作業とノックアウトパンチャ ロ．木造天井板に電線管を通す穴をあける作業と羽根ぎり ハ．電線，メッセンジャワイヤ等のたるみを取る作業と張線器 ニ．薄鋼電線管を切断する作業とプリカナイフ
14	三相誘導電動機の始動において，全電圧始動(じか入れ始動)と比較して，スターデルタ始動の特徴として，**正しいものは**。	イ．始動時間が短くなる。 ロ．始動電流が小さくなる。 ハ．始動トルクが大きくなる。 ニ．始動時の巻線に加わる電圧が大きくなる。
15	力率の最も良い電気機械器具は。	イ．電気トースター ロ．電気洗濯機 ハ．電気冷蔵庫 ニ．電球形 LED ランプ(制御装置内蔵形)

問い	答え

16　写真に示す材料についての記述として，**不適切なものは。**

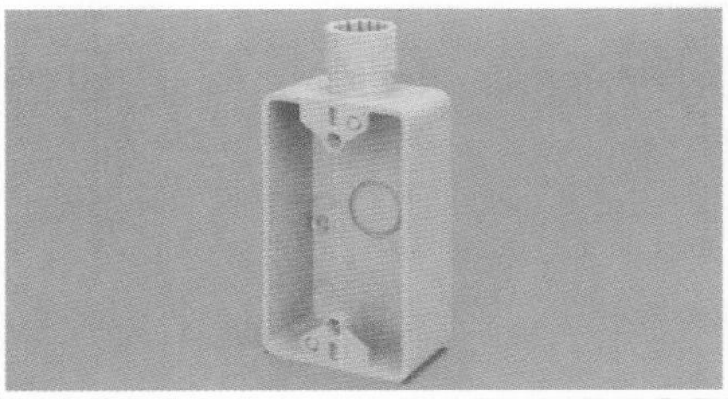

イ．合成樹脂製可とう電線管を接続する。
ロ．スイッチやコンセントを取り付ける。
ハ．電線の引き入れを容易にする。
ニ．合成樹脂でできている。

17　写真に示す器具の名称は。

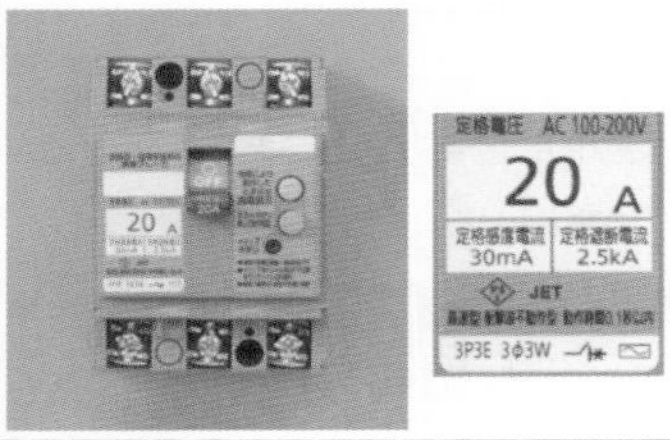

イ．配線用遮断器
ロ．漏電遮断器
ハ．電磁接触器
ニ．漏電警報器

18　写真に示す工具の電気工事における用途は。

イ．硬質ポリ塩化ビニル電線管の曲げ加工に用いる。
ロ．金属管（鋼製電線管）の曲げ加工に用いる。
ハ．合成樹脂製可とう電線管の曲げ加工に用いる。
ニ．ライティングダクトの曲げ加工に用いる。

19　600V ビニル絶縁ビニルシースケーブル平形 1.6 mm を使用した低圧屋内配線工事で，絶縁電線相互の終端接続部分の絶縁処理として，**不適切なものは。**
　ただし，ビニルテープは JIS に定める厚さ約 0.2 mm の電気絶縁用ポリ塩化ビニル粘着テープとする。

イ．リングスリーブ（E 形）により接続し，接続部分をビニルテープで半幅以上重ねて 3 回（6 層）巻いた。
ロ．リングスリーブ（E 形）により接続し，接続部分を黒色粘着性ポリエチレン絶縁テープ（厚さ約 0.5 mm）で半幅以上重ねて 3 回（6 層）巻いた。
ハ．リングスリーブ（E 形）により接続し，接続部分を自己融着性絶縁テープ（厚さ約 0.5 mm）で半幅以上重ねて 1 回（2 層）巻いた。
ニ．差込形コネクタにより接続し，接続部分をビニルテープで巻かなかった。

20　次表は使用電圧 100 V の屋内配線の施設場所による工事の種類を示す表である。
表中の a～f のうち，**「施設できない工事」を全て選んだ組合せとして，正しいものは。**

施設場所の区分	工事の種類		
	金属線ぴ工事	合成樹脂管工事（CD管を除く）	平形保護層工事
展開した場所で乾燥した場所	a	c	e
点検できる隠ぺい場所で乾燥した場所	b	d	f

イ．b
ロ．b，f
ハ．e
ニ．e，f

	問い	答え
21	単相3線式100/200 V屋内配線の住宅用分電盤の工事を施工した。**不適切なものは**。	イ．ルームエアコン（単相200 V）の分岐回路に2極2素子の配線用遮断器を取り付けた。 ロ．電熱器（単相100 V）の分岐回路に2極2素子の配線用遮断器を取り付けた。 ハ．主開閉器の中性極に銅バーを取り付けた。 ニ．電灯専用（単相100 V）の分岐回路に2極1素子の配線用遮断器を取り付け，素子のある極に中性線を結線した。
22	床に固定した定格電圧200 V，定格出力1.5 kWの三相誘導電動機の鉄台に接地工事をする場合，接地線（軟銅線）の太さと接地抵抗値の組合せで，**不適切なものは**。 ただし，漏電遮断器を設置しないものとする。	イ．直径1.6 mm，10 Ω ロ．直径2.0 mm，50 Ω ハ．公称断面積0.75 mm^2，5 Ω ニ．直径2.6 mm，75 Ω
23	低圧屋内配線の合成樹脂管工事で，合成樹脂管（合成樹脂製可とう電線管及びCD管を除く）を造営材の面に沿って取り付ける場合，管の支持点間の距離の最大値［m］は。	イ．1　ロ．1.5　ハ．2　ニ．2.5
24	ネオン式検電器を使用する目的は。	イ．ネオン放電灯の照度を測定する。 ロ．ネオン管灯回路の導通を調べる。 ハ．電路の漏れ電流を測定する。 ニ．電路の充電の有無を確認する。
25	絶縁抵抗測定が困難なので，単相100/200 Vの分電盤の各分岐回路に対し，使用電圧が加わった状態で，クランプ形漏れ電流計を用いて，漏えい電流を測定した。その測定結果は，使用電圧100 VのA回路は0.5 mA，使用電圧200 VのB回路は1.5 mA，使用電圧100 VのC回路は3 mAであった。絶縁性能が「電気設備の技術基準の解釈」に適合している回路は。	イ．すべて適合している。 ロ．A回路とB回路が適合している。 ハ．A回路のみが適合している。 ニ．すべて適合していない。

	問い	答え
26	直読式接地抵抗計(アーステスタ)を使用して直読で，接地抵抗を測定する場合，被測定接地極Eに対する，2つの補助接地極P(電圧用)及びC(電流用)の配置として，**最も適切なものは**。	イ.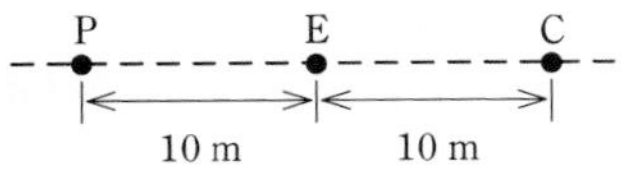 ロ.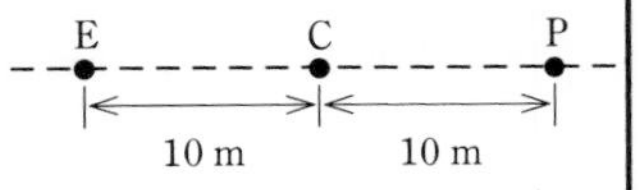 ハ.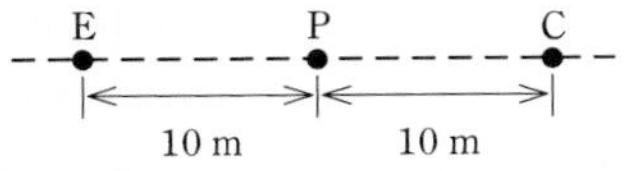 ニ.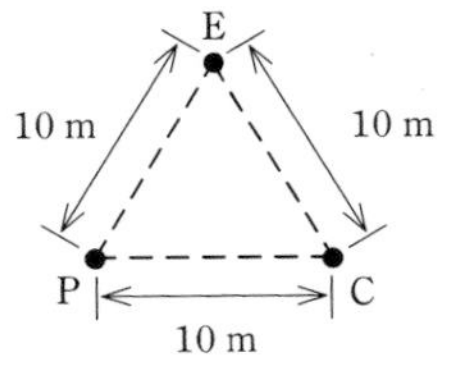
27	図の交流回路は，負荷の電圧，電流，電力を測定する回路である。図中にa，b，cで示す計器の組合せとして，**正しいものは**。 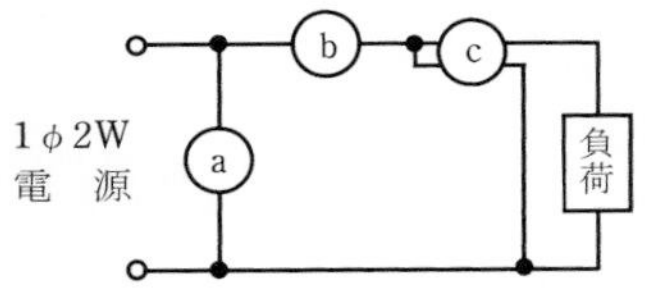	イ．a電流計 b電圧計 c電力計 ロ．a電力計 b電流計 c電圧計 ハ．a電圧計 b電力計 c電流計 ニ．a電圧計 b電流計 c電力計
28	「電気工事士法」において，第二種電気工事士免状の交付を受けている者であっても**従事できない**電気工事の作業は。	イ．自家用電気工作物(最大電力500 kW未満の需要設備)の低圧部分の電線相互を接続する作業 ロ．自家用電気工作物(最大電力500 kW未満の需要設備)の地中電線用の管を設置する作業 ハ．一般用電気工作物の接地工事の作業 ニ．一般用電気工作物のネオン工事の作業
29	「電気用品安全法」の適用を受ける次の電気用品のうち，特定電気用品は。	イ．定格消費電力40 Wの蛍光ランプ ロ．外径19 mmの金属製電線管 ハ．定格消費電力30 Wの換気扇 ニ．定格電流20 Aの配線用遮断器
30	一般用電気工作物に関する記述として，**正しいものは**。 ただし，発電設備は電圧600 V以下とする。	イ．低圧で受電するものは，出力55 kWの太陽電池発電設備を同一構内に施設しても，一般用電気工作物となる。 ロ．低圧で受電するものは，小出力発電設備を同一構内に施設しても，一般用電気工作物となる。 ハ．高圧で受電するものであっても，需要場所の業種によっては，一般用電気工作物になる場合がある。 ニ．高圧で受電するものは，受電電力の容量，需要場所の業種にかかわらず，すべて一般用電気工作物となる。

問題２．配線図（問題数 20，配点は１問当たり ２ 点）　　※図は １５０ 頁参照

図は，木造 2 階建住宅の配線図である。この図に関する次の各問いには４通りの答え（**イ**，**ロ**，**ハ**，**ニ**）が書いてある。それぞれの問いに対して，答えを１つ選びなさい。

【注意】 1．屋内配線の工事は，特記のある場合を除き 600V ビニル絶縁ビニルシースケーブル平形（VVF）を用いたケーブル工事である。
2．屋内配線等の電線の本数，電線の太さ，その他，問いに直接関係のない部分等は省略又は簡略化してある。
3．漏電遮断器は，定格感度電流 30 mA，動作時間 0.1 秒以内のものを使用している。
4．分電盤の外箱は合成樹脂製である。
5．選択肢（答え）の写真にあるコンセント及び点滅器は，「JIS C 0303：2000 構内電気設備の配線用図記号」で示す「一般形」である。
6．図記号で示す一般用照明には LED 照明器具を使用することとし，選択肢（答え）の写真にある照明器具は，すべて LED 照明器具とする。
7．ジョイントボックスを経由する電線は，すべて接続箇所を設けている。
8．３路スイッチの記号「0」の端子には，電源側又は負荷側の電線を結線する。

	問　い	答　え
31	①で示す部分の工事方法として，**適切なものは。**	**イ**．金属管工事 **ロ**．金属可とう電線管工事 **ハ**．金属線ぴ工事 **ニ**．600V ビニル絶縁ビニルシースケーブル丸形を使用したケーブル工事
32	②で示す図記号の器具の種類は。	**イ**．位置表示灯を内蔵する点滅器　**ロ**．確認表示灯を内蔵する点滅器 **ハ**．遅延スイッチ　**ニ**．熱線式自動スイッチ
33	③で示す部分の接地工事の種類及びその接地抵抗の許容される最大値［Ω］の組合せとして，**正しいものは。**	**イ**．C 種接地工事　10 Ω　**ロ**．C 種接地工事　100 Ω **ハ**．D 種接地工事　100 Ω　**ニ**．D 種接地工事　500 Ω
34	④で示す部分は抜け止め形の防雨形コンセントである。その図記号の傍記表示は。	**イ**．L　**ロ**．T　**ハ**．K　**ニ**．LK
35	⑤で示す部分の配線で（PF16）とあるのは。	**イ**．外径 16 mm の硬質ポリ塩化ビニル電線管である。 **ロ**．外径 16 mm の合成樹脂製可とう電線管である。 **ハ**．内径 16 mm の硬質ポリ塩化ビニル電線管である。 **ニ**．内径 16 mm の合成樹脂製可とう電線管である。
36	⑥で示す部分の小勢力回路で使用できる電圧の最大値［V］は。	**イ**．24　**ロ**．30　**ハ**．40　**ニ**．60
37	⑦で示す図記号の名称は。	**イ**．ジョイントボックス **ロ**．VVF 用ジョイントボックス **ハ**．プルボックス **ニ**．ジャンクションボックス
38	⑧で示す部分の最少電線本数（心線数）は。	**イ**．2　**ロ**．3　**ハ**．4　**ニ**．5
39	⑨で示す図記号の名称は。	**イ**．一般形点滅器　**ロ**．一般形調光器 **ハ**．ワイドハンドル形点滅器　**ニ**．ワイド形調光器
40	⑩で示す部分の電路と大地間の絶縁抵抗として，許容される最小値［MΩ］は。	**イ**．0.1　**ロ**．0.2　**ハ**．0.3　**ニ**．0.4

問い		答え			
41	⑪で示す図記号のものは。	イ.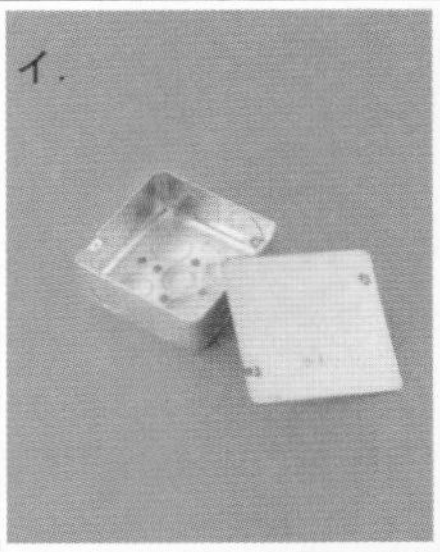	ロ.	ハ.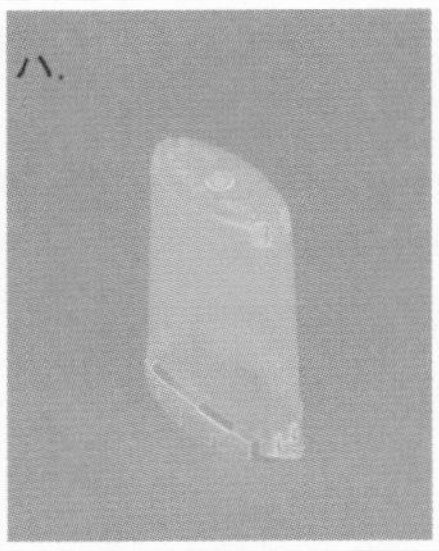	ニ.
42	⑫で示す図記号の器具は。	イ.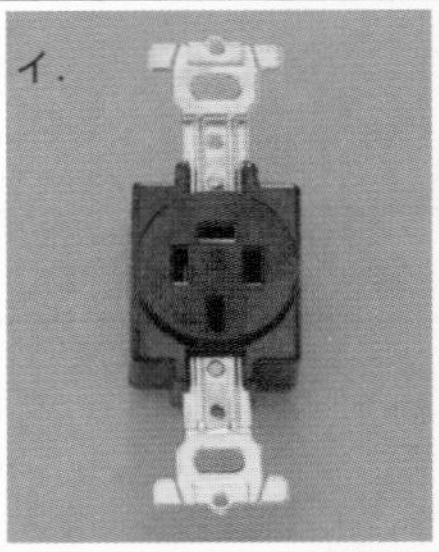	ロ.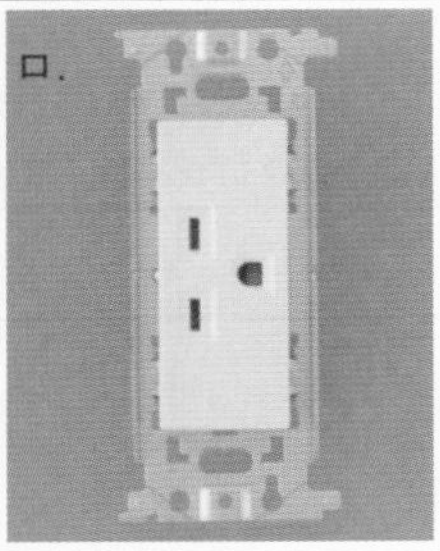	ハ.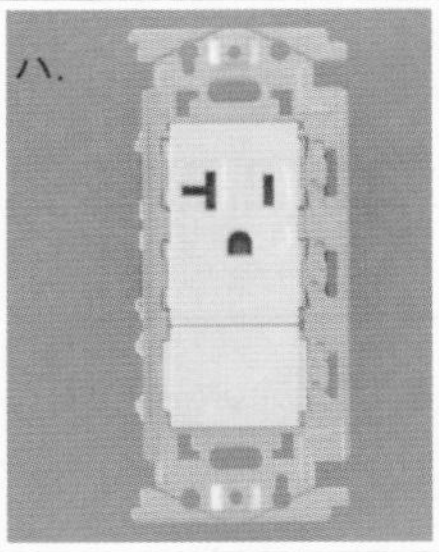	ニ.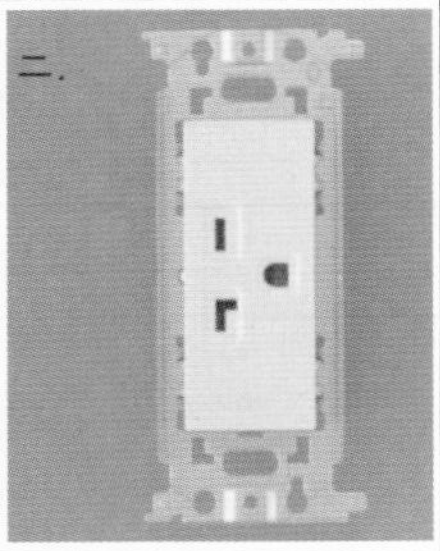
43	⑬で示す図記号の機器は。	イ.	ロ.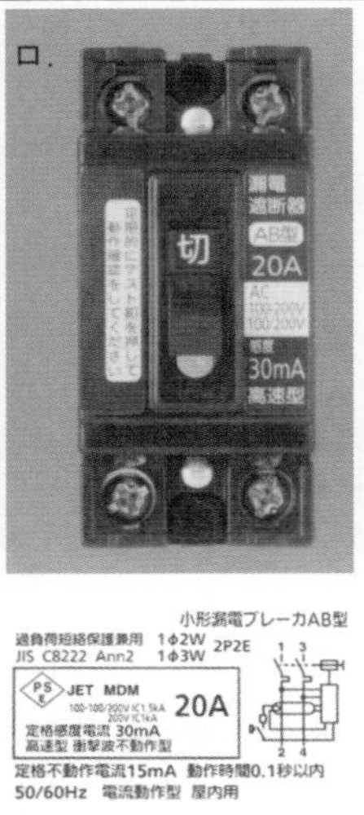	ハ.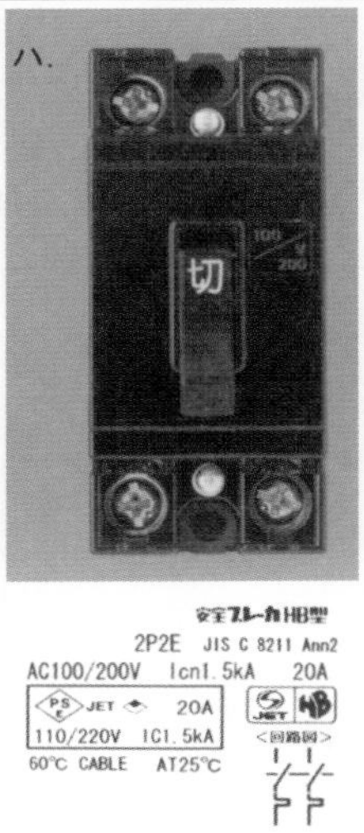	ニ.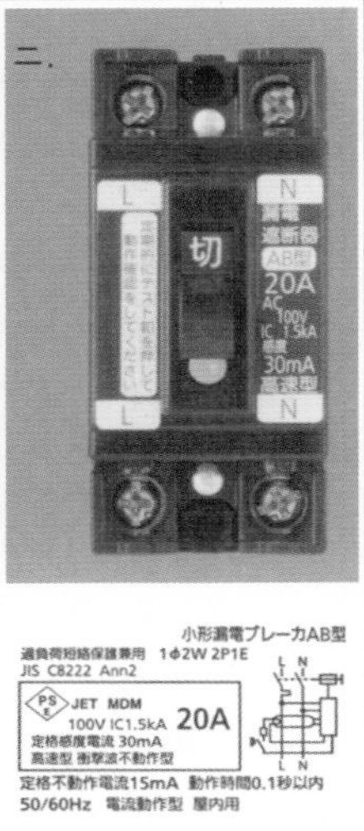
44	⑭で示す部分の配線工事に必要なケーブルは。 ただし，使用するケーブルの心線数は最少とする。	イ.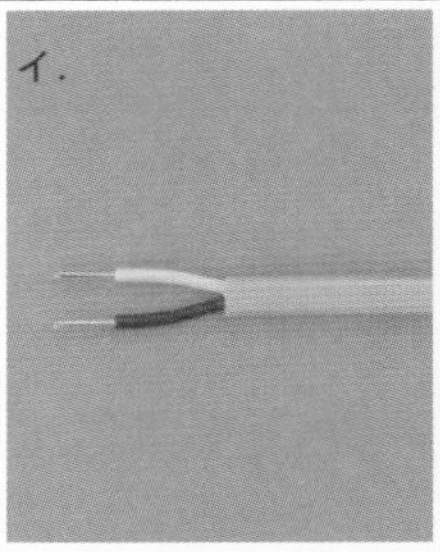	ロ.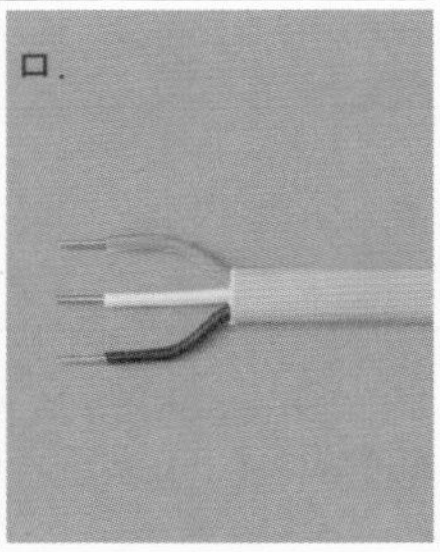	ハ.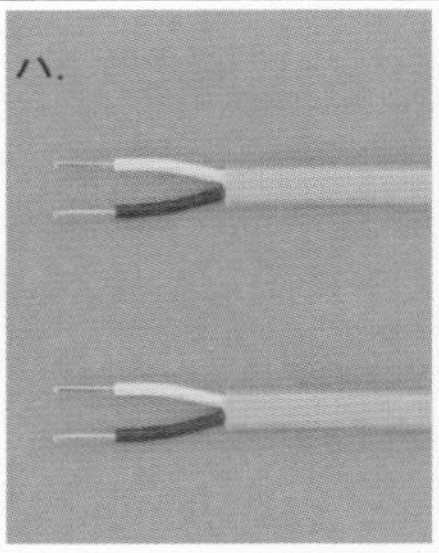	ニ.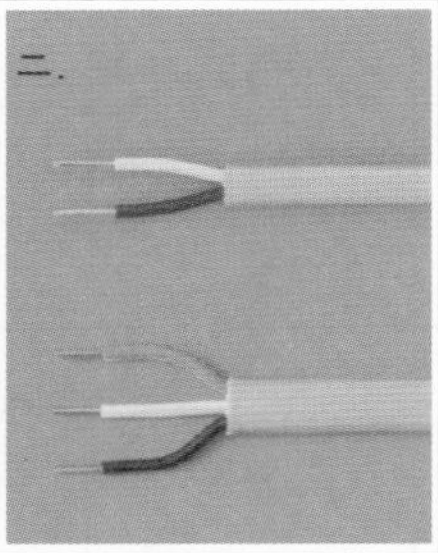
45	⑮で示すボックス内の接続をすべて圧着接続とする場合，使用するリングスリーブの種類と最少個数の組合せで，**正しいものは。** ただし，使用する電線はすべてVVF1.6とする。	イ.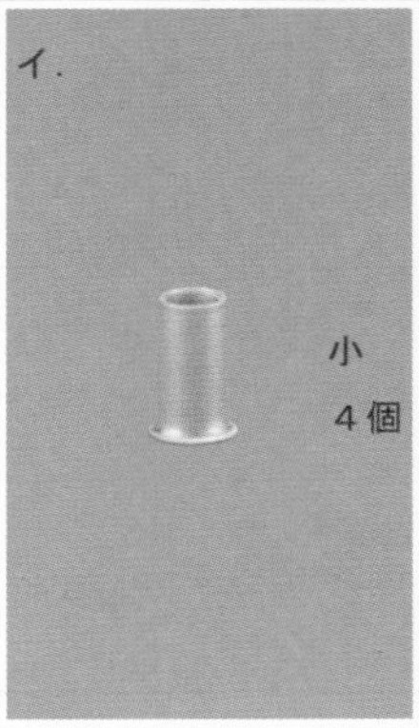	ロ.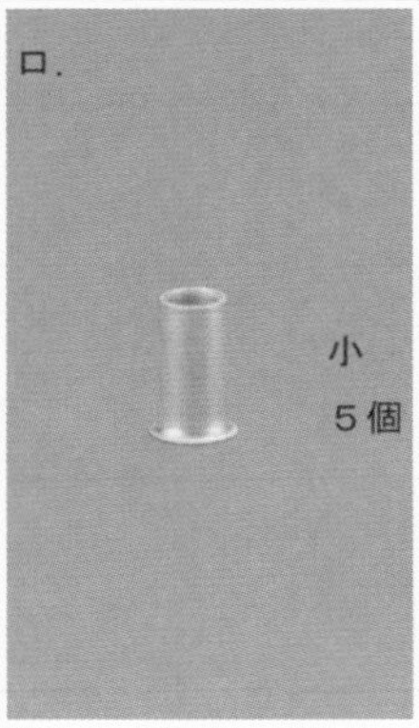	ハ.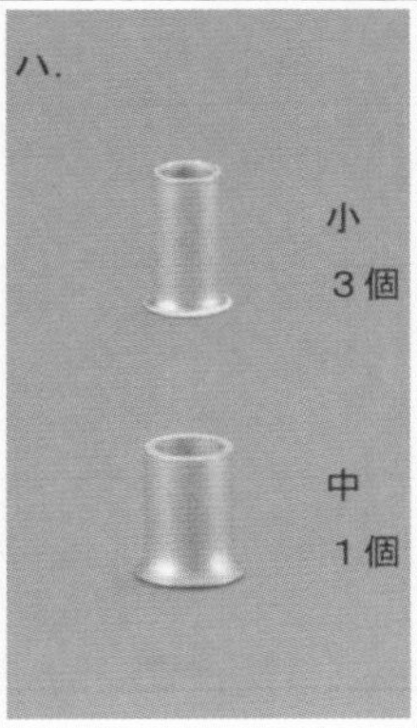	ニ.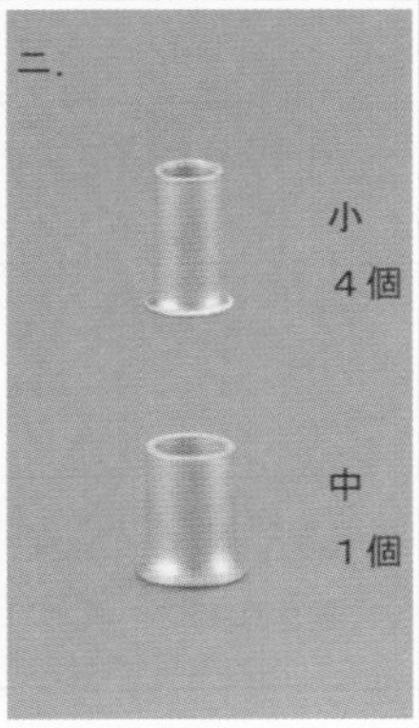

問い		答え			
46	⑯で示すボックス内の接続をすべて差込形コネクタとする場合，使用する差込形コネクタの種類と最少個数の組合せで，**正しいものは**。 ただし，使用する電線はすべてVVF1.6とする。	イ. 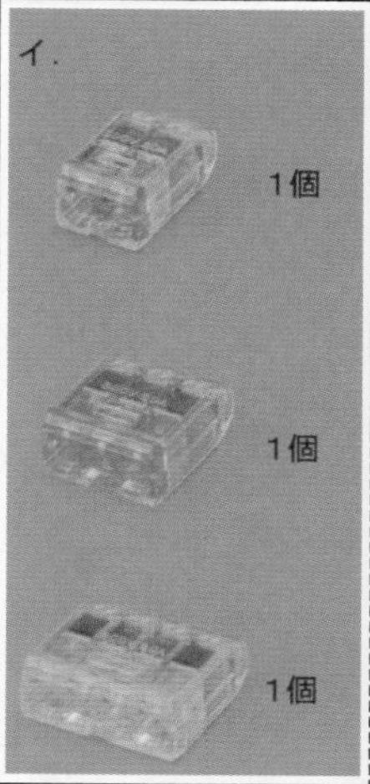	ロ. 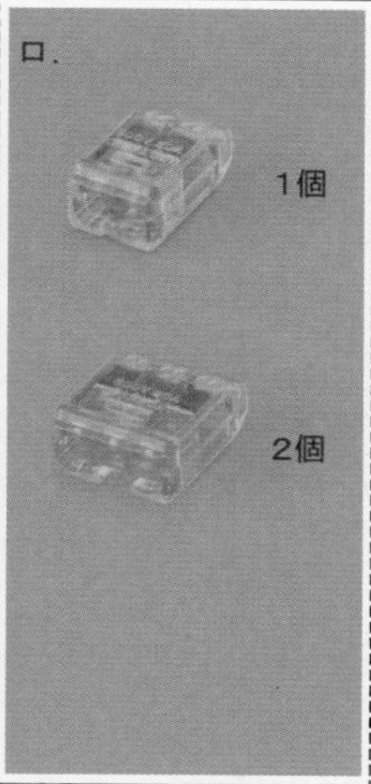	ハ. 	ニ. 
47	⑰で示す部分の配線を器具の裏面から見たものである。**正しいものは**。 ただし，電線の色別は，白色は電源からの接地側電線，黒色は電源からの非接地側電線，赤色は負荷に結線する電線とする。	イ. 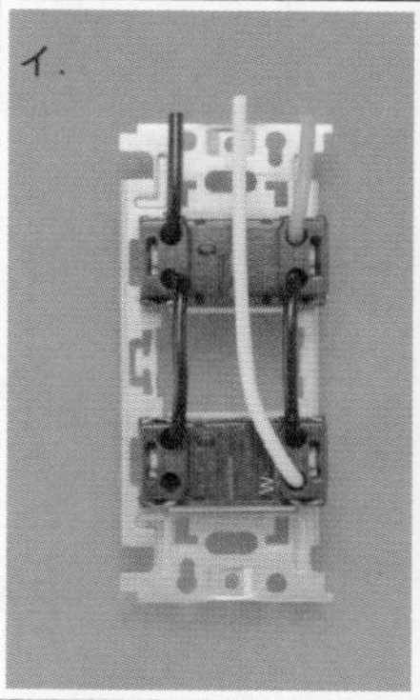	ロ. 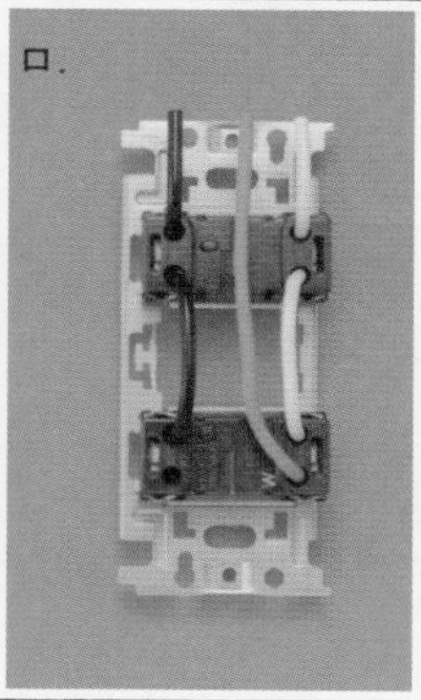	ハ. 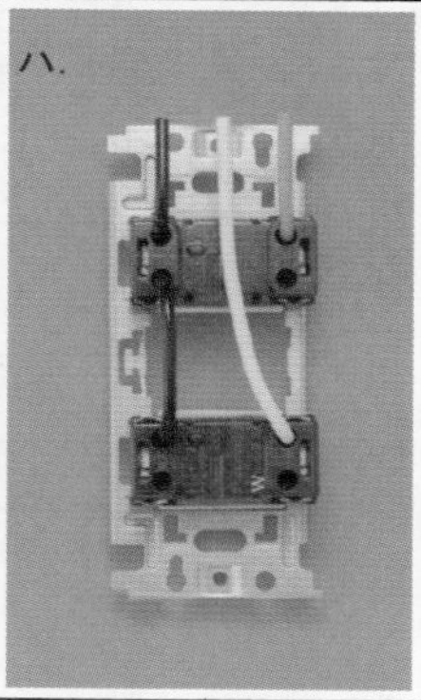	ニ. 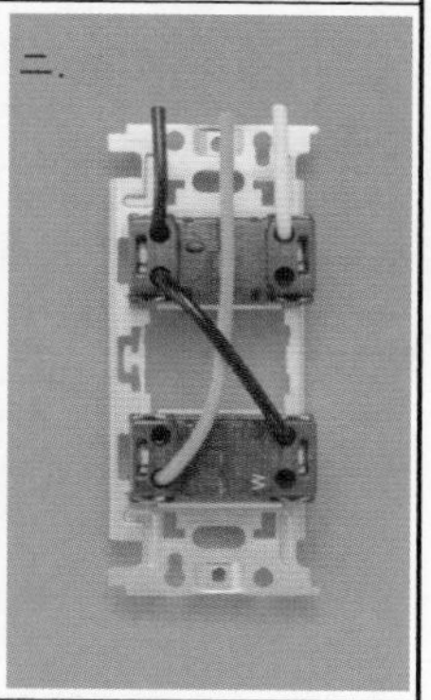
48	⑱で示す図記号の器具は。	イ. 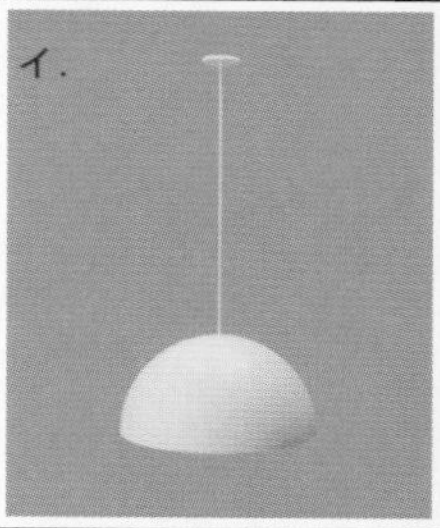	ロ. 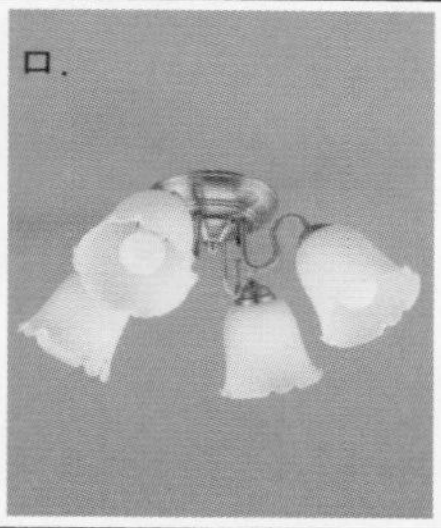	ハ. 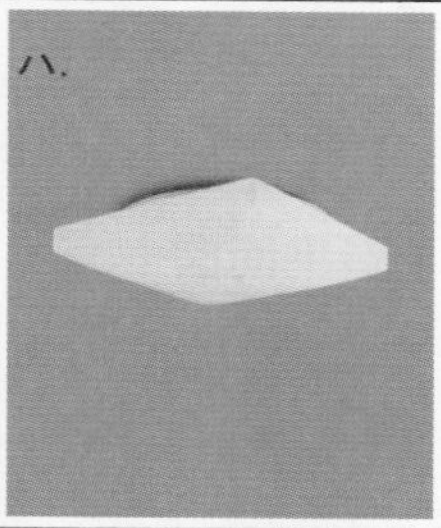	ニ. 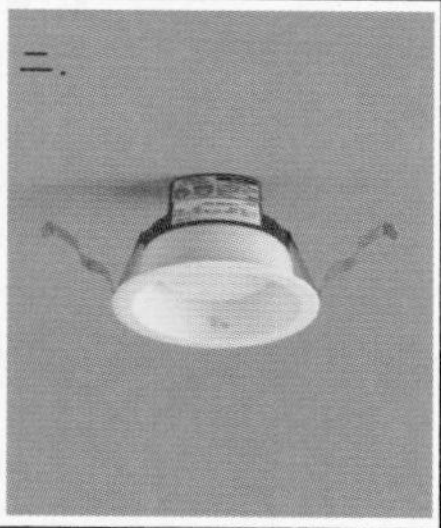
49	この配線図で，**使用されていないスイッチは**。 ただし，写真下の図は，接点の構成を示す。	イ. 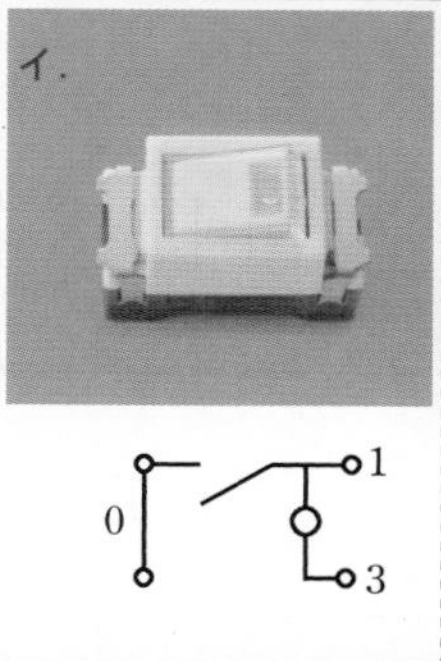	ロ. 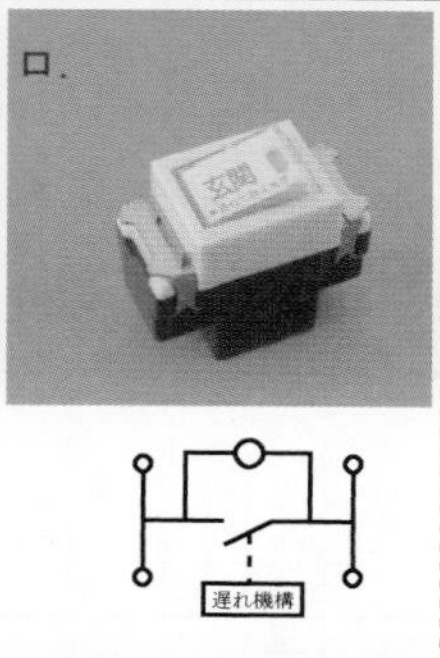	ハ. 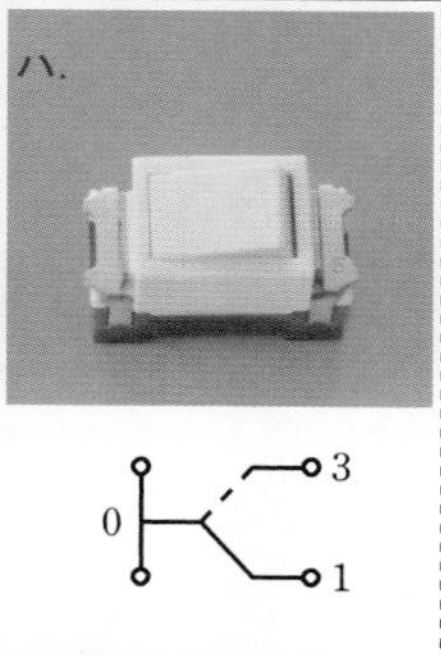	ニ. 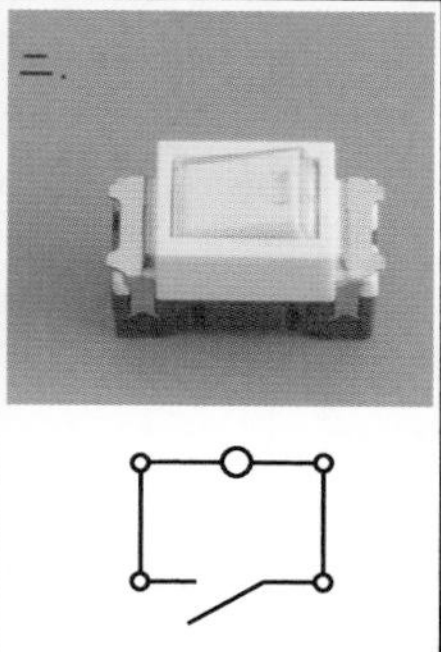
50	この配線図の施工で，一般的に**使用されることのないものは**。	イ. 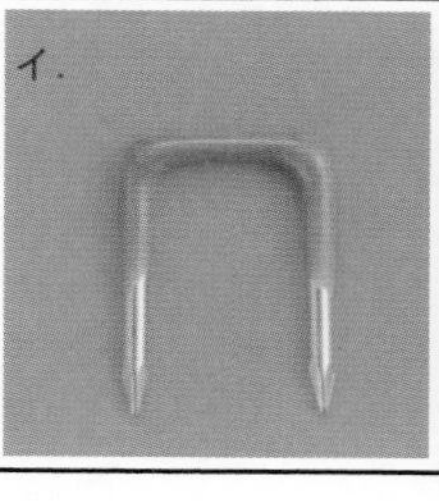	ロ. 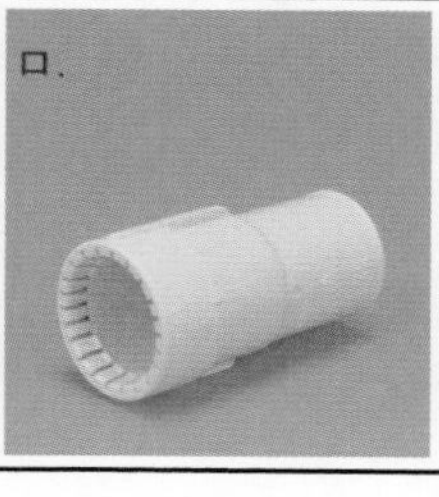	ハ. 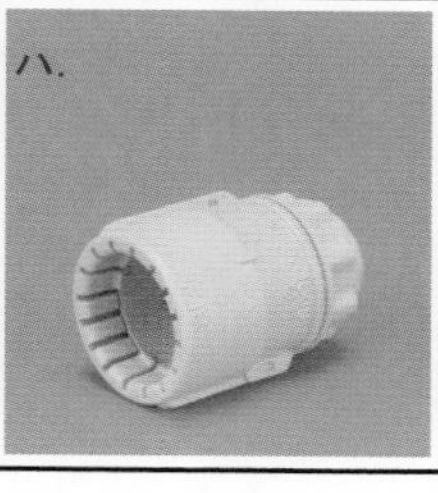	ニ. 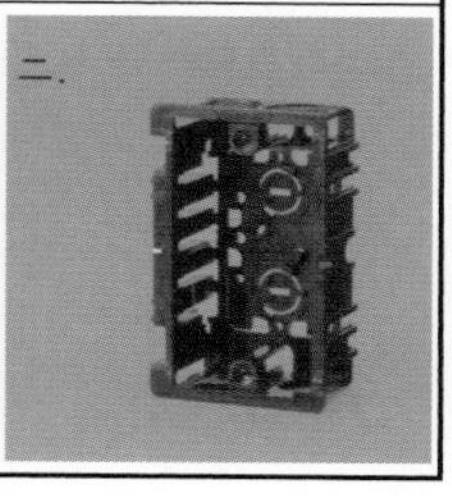

図面を引き抜いてご覧ください

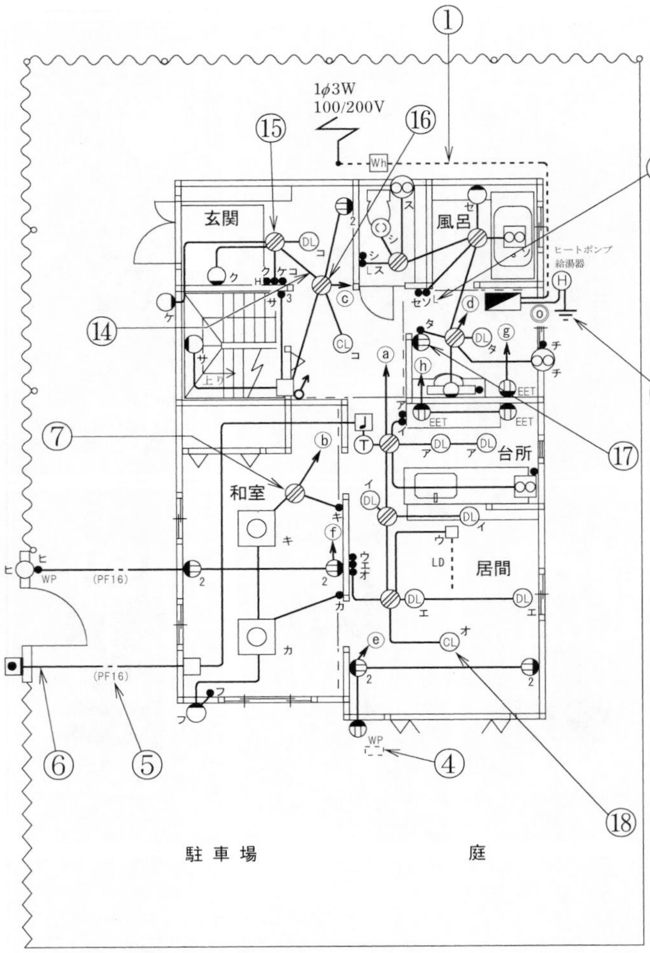

1階平面図

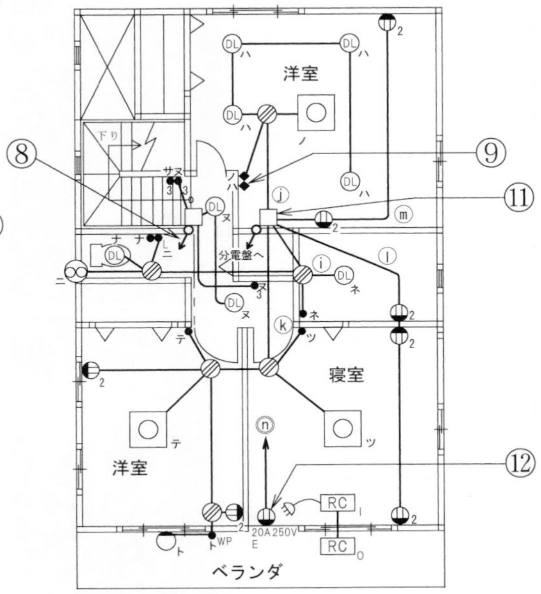

2階平面図

凡例
ⓐ～ⓜ 印は単相100V回路
ⓝ～ⓞ 印は単相200V回路
◢ は電灯分電盤

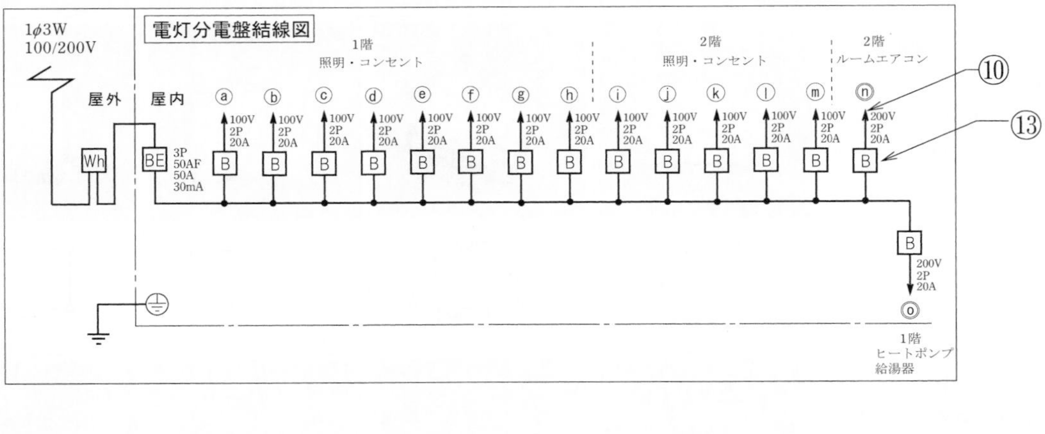

解答と解説

問題 1．一般問題の解答

1　ハ．50

スイッチSを閉じたときの回路は，**第1図**のようになる．

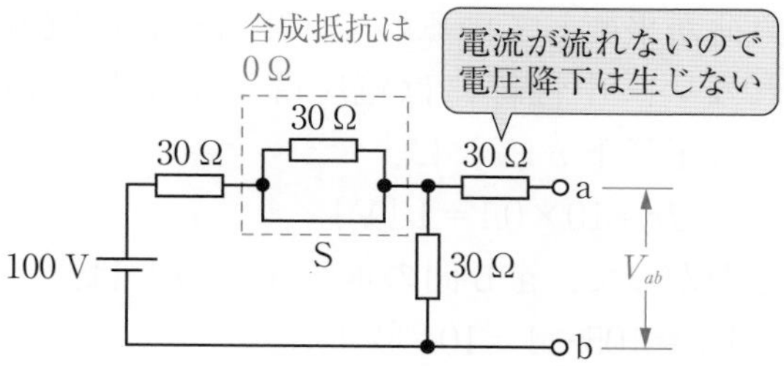

第1図

スイッチSを閉じると，電線の抵抗0 Ωと抵抗30 Ωの合成抵抗は，次のように0 Ωとなる．

$$R=\frac{0\times 30}{0+30}=\frac{0}{30}=0\,〔\Omega〕$$

また，端子aに接続されている抵抗30 Ωには電流が流れないので，電圧降下は生じない．

これらのことから，a-b端子間の電圧 V_{ab} は，**第2図**の回路で求めることができる．

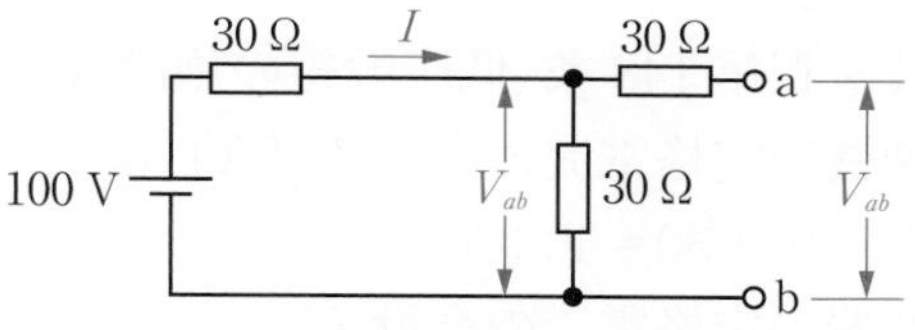

第2図

回路に流れる電流 I〔A〕は，

$$I=\frac{100}{30+30}=\frac{100}{60}\,〔\mathrm{A}〕$$

a-b端子間の電圧 V_{ab}〔V〕は，

$$V_{ab}=I\times 30=\frac{100}{60}\times 30=50\,〔\mathrm{V}〕$$

2　イ．$\frac{4\rho L}{\pi D^2}\times 10^6$

導線の電気抵抗を求める場合，抵抗率が ρ〔Ω·m〕で示されたときは，長さを〔m〕，断面積を〔m²〕の単位で計算しなければならない．

第3図において，直径 D〔mm〕は $D\times 10^{-3}$〔m〕であるから，断面積 A〔m²〕は，

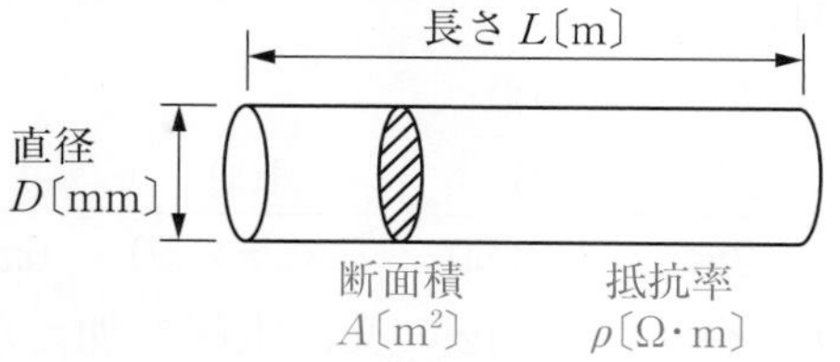

第3図

$$A=\frac{\pi\times(D\times 10^{-3})^2}{4}=\frac{\pi D^2\times 10^{-6}}{4}\,〔\mathrm{m}^2〕$$

したがって，電気抵抗 R〔Ω〕は次式で表される．

$$R=\rho\frac{L}{A}=\frac{\rho L}{\dfrac{\pi D^2\times 10^{-6}}{4}}=\rho L\times\frac{4}{\pi D^2\times 10^{-6}}$$

$$=\frac{4\rho L}{\pi D^2}\times 10^6\,〔\Omega〕$$

3　イ．72

第4図において，接続点の接触抵抗による電力 P〔kW〕は，

$$P=\frac{V^2}{R}=\frac{2^2}{0.2}=\frac{4}{0.2}$$

$$=20\,〔\mathrm{W}〕=0.02\,〔\mathrm{kW}〕$$

1時間に発生する熱量 Q〔kJ〕は，

$$Q=3\,600Pt=3\,600\times 0.02\times 1=72\,〔\mathrm{kJ}〕$$

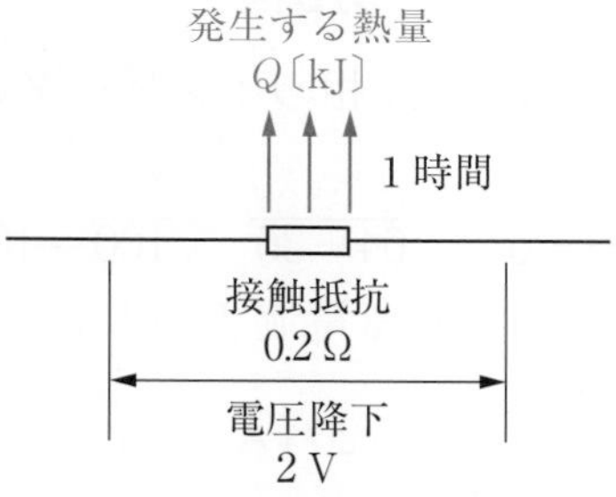

第4図

4　ロ．5

コイルの誘導性リアクタンス X_L〔Ω〕は，コイルの自己インダクタンスを L〔H〕，電源の周波数を f〔Hz〕とすると，次式で表される．

$$X_L=2\pi fL\,〔\Omega〕$$

コイルに100 V，50 Hzの交流電圧を加えたら6 Aの電流が流れたことから，このときの誘導性リアクタンス X_{50}〔Ω〕は，

$$X_{50}=\frac{V}{I_{50}}=\frac{100}{6}\,〔\Omega〕$$

このことから，コイルの自己インダクタンスを L〔H〕は，

$$L=\frac{X_{50}}{2\pi f}=\frac{\frac{100}{6}}{2\pi\times50}=\frac{100}{6\times2\pi\times50}=\frac{1}{6\pi}\,〔\mathrm{H}〕$$

このコイルに 60 Hz の交流電圧を加えたときの誘導性リアクタンス X_{60}〔Ω〕は，

$$X_{60}=2\pi fL=2\pi\times60\times\frac{1}{6\pi}=20\,〔\Omega〕$$

このときコイルに流れる電流 I_{60}〔A〕は，

$$I_{60}=\frac{V}{X_{60}}=\frac{100}{20}=5\,〔\mathrm{A}〕$$

5 ハ．9.6

交流回路において，電力を消費するのは抵抗だけである．△結線の全消費電力は，1つの抵抗で消費する電力を3倍することによって求めることができる．

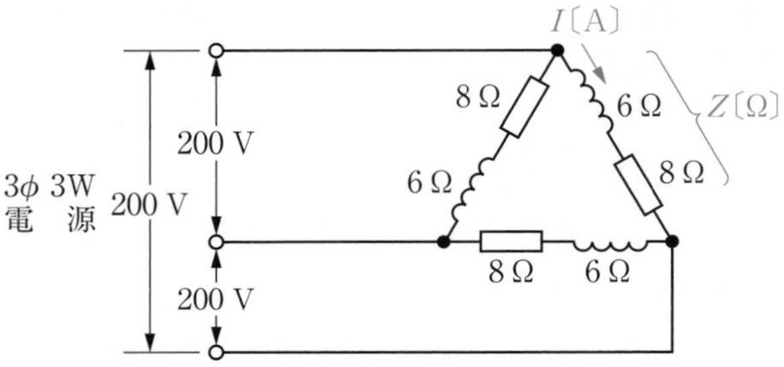

第5図

第5図において，1相のインピーダンス Z〔Ω〕は，

$$Z=\sqrt{8^2+6^2}=\sqrt{64+36}=\sqrt{100}=10\,〔\Omega〕$$

8 Ωの抵抗に流れる電流 I〔A〕は，

$$I=\frac{200}{Z}=\frac{200}{10}=20\,〔\mathrm{A}〕$$

したがって，全消費電力 P〔kW〕は，

$$P=3I^2R=3\times20^2\times8=3\times400\times8$$
$$=9\,600\,〔\mathrm{W}〕=9.6\,〔\mathrm{kW}〕$$

6 イ．198

各部分に流れる電流は，**第6図**のようになる．

電源から抵抗負荷Cまでの電圧降下 v〔V〕は，

$$v=2\times30\times0.1+2\times20\times0.1+2\times10\times0.1$$
$$=6+4+2=12\,〔\mathrm{V}〕$$

抵抗負荷 C の両端電圧 V_C〔V〕は，

$$V_C=210-v=210-12=198\,〔\mathrm{V}〕$$

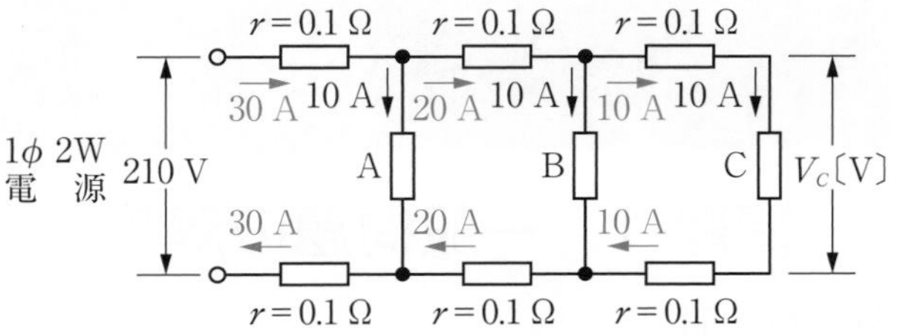

第6図

7 ハ．104

負荷が平衡しているので，中性線には電流が流れない．中性線には電圧降下が生じないので，電圧降下 v〔V〕は，

$$v=Ir=10\times0.1=1\,〔\mathrm{V}〕$$

したがって，a-b 間の電圧 V_{ab}〔V〕は，

$$V_{ab}=105-1=104\,〔\mathrm{V}〕$$

8 ロ．24

電技解釈第 146 条(低圧配線に使用する電線)による．

直径 2.0 mm の 600 V ビニル絶縁電線(軟銅線)の許容電流は 35 A である．この電線 2 本を金属管に収めた場合，電線 1 本当たりの許容電流は，電流減少係数が 0.7 であるから，

$$35\times0.7=24.5\rightarrow24\ \mathrm{A}$$

(小数点以下 1 位を 7 捨 8 入)

9 ハ．80

電技解釈第 148 条(低圧幹線の施設)による．

電動機の定格電流の合計 I_M〔A〕は，

$$I_M=10+30=40\,〔\mathrm{A}〕$$

電熱器の定格電流の合計 I_H〔A〕は，

$$I_H=15+15=30\,〔\mathrm{A}〕$$

$I_M>I_H$，$I_M\leqq50$ に該当するので，幹線の許容電流 I_W〔A〕は，

$$I_W\geqq1.25I_M+I_H$$
$$\geqq1.25\times40+30$$
$$\geqq50+30$$
$$\geqq80\,〔\mathrm{A}〕$$

10 ニ．

電技解釈第 149 条(低圧分岐回路等の施設)による．

配線用遮断器の定格電流，電線の太さ，コンセントの定格電流の組み合わせは，**第1表**のように施設しなければならない．

ニは 20 A 配線用遮断器の分岐回路であり，1.6 mm 以上の電線と定格電流 20 A 以下のコン

セントを接続できるので適切である．

イは30 A配線用遮断器の分岐回路であり，3.5 mm^2 の電線を接続できない．ロは20 A配線用遮断器の分岐回路であり，定格電流30 Aのコンセントを接続できない．ハは30 A配線用遮断器の分岐回路であり，定格電流15 Aのコンセントを接続できない．

第１表　分岐回路

配線用遮断器の定格電流	電線の太さ（軟銅線）	コンセントの定格電流
20 A	1.6 mm 以上	20 A 以下
30 A	2.6 mm（5.5 mm^2）以上	20 A 以上 30 A 以下
40 A	8 mm^2 以上	30 A 以上 40 A 以下
50 A	14 mm^2 以上	40 A 以上 50 A 以下

（注）配線用遮断器の定格電流が30 Aの場合，定格電流が20 A未満の差込みプラグが接続できるものを除く．

11　ニ．アウトレットボックスのノックアウト（打ち抜き穴）の径が，それに接続する金属管の外径より大きいときに使用する．

リングレジューサは，アウトレットボックス等のノックアウトの径が接続する金属管の外径より大きい場合，2枚1組で取り付け，金属管の外径に合った径にする目的で使用される．

12　ハ．90

内線規程1340-1（絶縁電線などの許容電流）の1340-3表による．

600 V架橋ポリエチレン絶縁ビニルシースケーブル（CV）の絶縁物には，架橋ポリエチレンが使用されており，その最高許容温度は90℃である．

13　ニ．薄鋼電線管を切断する作業とプリカナイフ

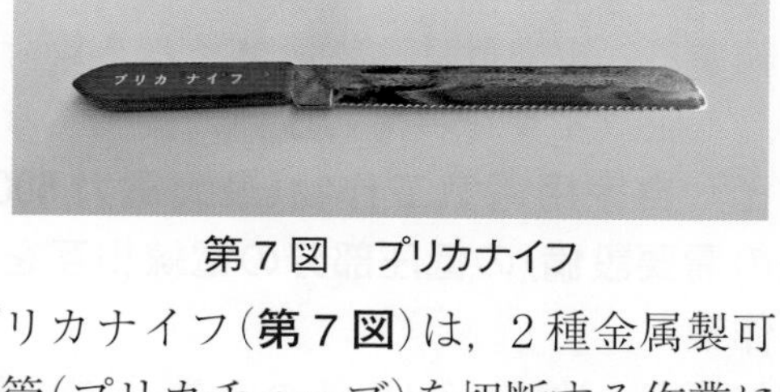

第７図　プリカナイフ

プリカナイフ（**第７図**）は，2種金属製可とう電線管（プリカチューブ）を切断する作業に使用する．

14　ロ．始動電流が小さくなる．

全電圧始動（じか入れ始動）は，始動時に電源の電圧を巻線に加えて始動するもので，始動電流が定格電流の4〜8倍程度になる．

スターデルタ始動は，容量の大きい三相かご形誘導電動機の始動電流を小さくする始動方法である．

スターデルタ始動器を切り換えるので，全電圧始動（じか入れ始動）より始動時間は長くなる．

始動電流は，全電圧始動（じか入れ始動）の1/3倍になり，始動トルクも1/3倍になる．

始動時に電動機の巻線をY結線にするため，巻線に加わる電圧は，全電圧始動（じか入れ始動）の$1/\sqrt{3}$倍になる．

15　イ．電気トースター

電気トースターは，抵抗だけの回路となり，力率が100％で最も高い．

電気洗濯機と電気冷蔵庫は，電動機が使用されているので抵抗とコイルが接続された回路となり，力率は70〜80％程度である．

電球形LED（制御装置内蔵形）は，整流回路に使用されている整流器とコンデンサの影響により，力率が低く60％程度である．

16　ハ．電線の引き入れを容易にする．

写真の材料は，合成樹脂製可とう電線管用の露出スイッチボックスである．合成樹脂でできており，合成樹脂製可とう電線管を接続して，スイッチやコンセントを取り付けるのに使用する．

17　ロ．漏電遮断器

定格感度電流が30 mAの漏電遮断器である．漏電遮断器には，動作を確認するテストボタンがある．

18　イ．硬質ポリ塩化ビニル電線管の曲げ加工に用いる．

ガストーチランプである．

19　ハ．リングスリーブ（E形）により接続し，接続部分を自己融着性絶縁テープ（厚さ約0.5 mm）で半幅以上重ねて1回（2層）巻いた．

電技解釈第12条（電線の接続法），内線規程1335-7（電線の接続）による．

リングスリーブによって接続した場合は，接続部分を絶縁電線の絶縁物と同等以上の絶縁効力のあるもので十分に被覆しなければならない.

内線規程では，絶縁テープによる低圧絶縁電線の被覆の方法の例を，**第２表**のように示している.

第２表　被覆方法の例

絶縁テープの種類	テープの巻き方
ビニルテープ(厚さ約 0.2 mm)	半幅以上重ねて２回(４層)以上巻く.
黒色粘着性ポリエチレン絶縁テープ(厚さ約 0.5 mm)	半幅以上重ねて１回(２層)以上巻く.
自己融着性絶縁テープ(厚さ約 0.5 mm)	自己融着性絶縁テープを半幅以上重ねて1回(2層)以上巻き，その上に保護テープを半幅以上重ねて1回(2層)以上巻く.

〔備考〕テープの巻回数は，上表を最低とし，電線の太さに応じて増加すること.

600 V ビニル絶縁ビニルシースケーブル平形 1.6 mm の絶縁電線の被覆の厚さは 0.8 mm である．絶縁テープは，厚さが 0.8 mm 以上になるように巻かなければならない．ハは，保護テープを巻いていないので誤りである.

20　ハ．e

電技解釈第 156 条(低圧屋内配線の施設場所による工事の種類)・第 165 条(特殊な低圧屋内配線工事)による.

平形保護層工事は，使用電圧が 300 V 以下(対地電圧は 150 V 以下)で，点検できる隠ぺい場所で乾燥した場所に限って施設できる.

21　ニ．電灯専用(単相 100 V)の分岐回路に２極１素子の配線用遮断器を取り付け，素子のある極に中性線を結線した.

電技解釈第 148 条(低圧幹線の施設)，内線規程 1360-7(過電流遮断器の極)による.

単相 100 V 分岐回路に用いる２極１素子の配線用遮断器は，素子のない極に中性線を結線しなければならないので，ニは誤りである.

単相 200 V の分岐回路は，いずれの極も非接地側となるため，２極２素子の配線用遮断器を取り付けなければならない．単相 100 V 分岐回路では，２極１素子又は２極２素子の配線用遮断器を取り付けることができる.

22　ハ．公称断面積 0.75 mm^2，5 Ω

電技解釈第 17 条(接地工事の種類及び施設方法)・第 29 条(機械器具の金属製外箱等の接地)による.

定格電圧が 200 V であることから，接地工事の種類はＤ種接地工事である．接地線(軟銅線)の太さは，直径 1.6 mm 以上でなければならない．直径 1.6 mm の断面積は 2 mm^2 で，それより細い公称断面積 0.75 mm^2 の接地線は使用できない.

漏電遮断器を設置しないので，接地抵抗値は 100 Ω 以下でなければならない.

23　ロ．1.5

電技解釈第 158 条(合成樹脂管工事)による.

硬質ポリ塩化ビニル電線管を，造営材の面に沿って取り付ける場合は，支持点間の距離を 1.5 m 以下にしなければならない.

24　ニ．電路の充電の有無を確認する.

ネオン式検電器は，小さなネオンランプを内蔵している．金属製のクリップを素手で持ち，先端部を充電部に接触すると発光する.

25　ハ．A 回路のみが適合している.

電技解釈第 14 条(低圧電路の絶縁性能)による.

絶縁測定が困難な場合は，使用電圧が加わった状態における漏えい電流が 1 mA 以下であれば，絶縁性能が「電気設備の技術基準の解釈」に適合する.

26　ハ.

直読式接地抵抗計を用いて，接地抵抗を測定する場合，被測定接地極Ｅを端にして，5〜10 m 程度離して補助接地極Ｐ(電圧用)を配置し，同じ方向に 5〜10 m 程度離して補助接地極Ｃ(電流用)を配置する.

27　ニ．a．電圧計　b．電流計　c．電力計

電圧計は負荷と並列に，電流計は負荷と直列に接続する．電力計は，電流コイルを負荷と直列に，電圧コイルを負荷と並列に接続する.

28　イ．自家用電気工作物(最大電力 500 kW 未満の需要設備)の低圧部分の電線相互を接続する作業

電気工事士法第２条(用語の定義)・第３条(電気工事士等)，施行令第１条(軽微な工事)，施

行規則第2条(軽微な作業)・第2条の3(簡易電気工事)による.

自家用電気工作物(最大電力500 kW未満の需要設備)の低圧部分の電線相互を接続する作業は，簡易電気工事に該当する．認定電気工事従事者認定証の交付を受けている者又は第一種電気工事士の免状を受けている者でなければ従事できない.

29　ニ．定格電流20 Aの配線用遮断器

電気用品安全法施行令第1条の2(特定電気用品)による.

定格電流100 A以下の配線用遮断器は特定電気用品の適用を受ける.

30　ロ．低圧で受電するものは，小出力発電設備を同一構内に施設しても，一般用電気工作物となる.

電気事業法第38条，施行規則第48条(一般用電気工作物の範囲)による.

一般用電気工作物は次に該当するものである.

①600 V以下(低圧)で受電し，同一の構内で使用するもので，これに接続する小出力発電設備を含む.

②火薬類を製造する事業場，石炭坑を除く.

太陽電池発電設備は，出力50 kW未満のものが小出力発電設備に該当する．イは，自家用電気工作物になるので誤りである.

高圧で受電するものは，すべて自家用電気工作物となるのでハ及びニは誤りである.

問題2．配線図の解答

31　ニ．600 Vビニル絶縁ビニルシースケーブル丸形を使用したケーブル工事

電技解釈第110条(低圧屋側電線路の施設)，内線規程1370-5(低圧引込線の引込線取付点から引込口装置までの施設)による.

引込線取付点から引込口装置までの配線は，次のいずれかによらなければならない.

①がいし引き配線(露出場所に限る)

②金属管配線(木造以外の造営物に限る)

③合成樹脂管配線

④ケーブル配線(シースが金属製の場合は木造以外の造営物に限る)

木造住宅では金属管工事は禁じられているので，600 Vビニル絶縁ビニルシースケーブル丸形を使用したケーブル工事が適切である.

32　ロ．確認表示灯を内蔵する点滅器

図記号●L は，確認表示灯を内蔵する点滅器を表す.

33　ニ．D種接地工事　500 Ω

電技解釈第17条(接地工事の種類及び施設方法)・第29条(機械器具の金属製外箱等の接地)による.

③の部分の接地工事の種類は，使用電圧が300 V以下の機械器具の接地工事なので，D種接地工事である.

電灯分電盤に動作時間0.1秒以内の漏電遮断器が施設してあるので，接地抵抗値は500 Ω以下にすればよい.

34　ニ．LK

抜け止め形のコンセントの傍記表示は，LKである.

35　ニ．内径16 mmの合成樹脂製可とう電線管である.

PFは合成樹脂製可とう電線管(PF管)表し，管の呼び方は管の内径に近い偶数で表す.

36　ニ．60

電技解釈第181条(小勢力回路の施設)による.

小勢力回路は，最大使用電圧が60 V以下のものである.

37　ロ．VVF用ジョイントボックス

図記号⊘は，VVFケーブルの接続箇所を収めるVVF用ジョイントボックスである.

38　ハ．4

⑧で示す部分の複線図は，**第8図**のように

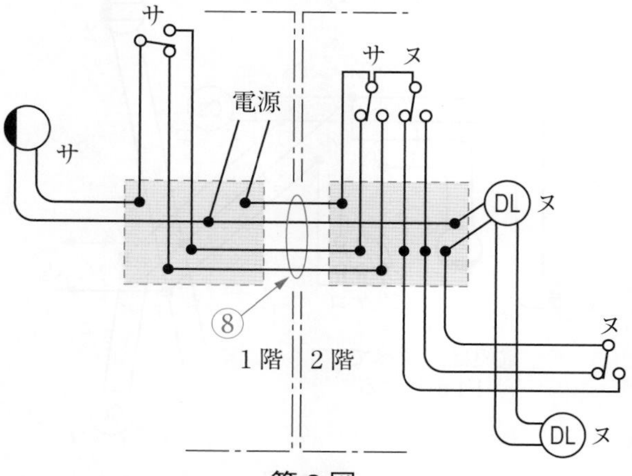

第8図

なる．

39　ハ．ワイドハンドル形点滅器

図記号◆は，ワイドハンドル形点滅器（**第 9 図**）を表す．

第 9 図　ワイドハンドル形点滅器

40　イ．0.1

電技第 58 条（低圧の電路の絶縁性能）による．

⑩で示す電路は，電源が 1ϕ 3 W 100/200 V であるので，使用電圧が 300 V 以下で対地電圧が 150 V 以下に該当する．したがって，電路と大地間の絶縁抵抗として，許容される最小値は 0.1 MΩ である．

41　イ．

図記号□は，ジョイントボックス（アウトレットボックス）を表す．

42　ニ．

図記号◐$^{20A250V}_{E}$は，単相 200 V 用 20 A 250 V 接地極付コンセントである．

43　ハ．

内線規程 1360-7（過電流遮断器の極）による．

図記号[B]は，配線用遮断器である．200 V の分岐回路に使用されているので，2 極 2 素子（2P2E）のものでなければならない．

44　ロ．

⑭で示す部分の複線図は，**第 10 図**のようになる．電線数は 3 本で，ロの VVF1.6 mm 3 心を使用する．

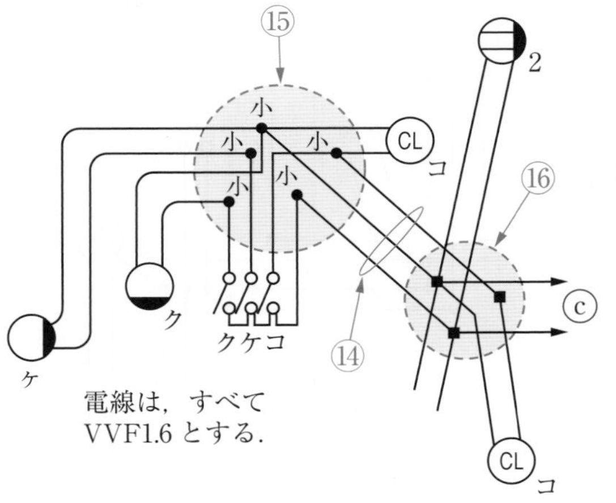

第 10 図

45　ロ．

⑮で示すボックス内の接続は，**第 10 図**のようになる．

小スリーブは，1.6 mm の電線を 4 本まで接続できるので，小スリーブを 5 個使用する．

46　ニ．

⑯で示すボックス内の接続は，**第 10 図**のようになる．

使用するボックスコネクタの種類と最少個数の組合せは，次のようになる．

・2 本用　1 個
・4 本用　1 個
・5 本用　1 個

47　ハ．

⑰で示す部分の複線図は，**第 11 図**のようになる．

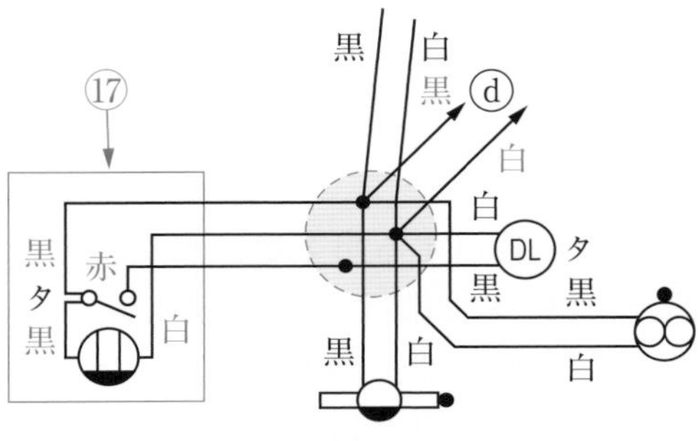

第 11 図

48　ハ．

図記号(CL)の器具は，シーリング（天井直付）である．

49　ロ．

ロの図記号は●$_D$（遅延スイッチ）で，この配線図で使用されていない．イの図記号は●$_L$（確認表示灯内蔵スイッチ）で，1 階，2 階のトイレなどに使用されている．ハの図記号は●$_3$（3 路スイッチ）で，1 階，2 階の階段灯などに使用されている．ニの図記号は●$_H$（位置表示灯内蔵スイッチ）で，玄関灯に使用されている．

50　ロ．

ロは，合成樹脂製可とう電線管（PF 管）と硬質ポリ塩化ビニル電線管（VE 管）とを接続するコンビネーションカップリングであり，この配線図の施工では一般的に使用されない．

令和４年度（下期）

学科試験
問題と解答・解説

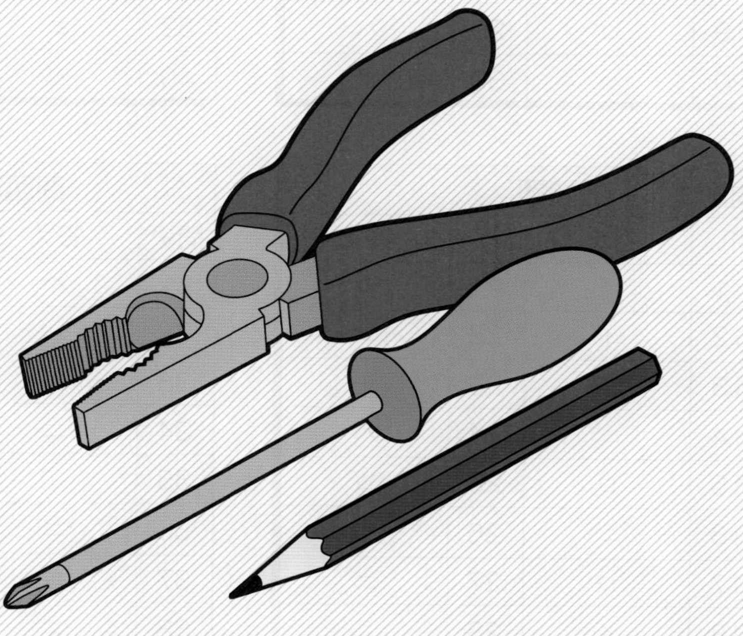

◆令和4年度(下期)問題の解答◆

〈下期試験・午前〉

問題1．一般問題					
問い	答え	問い	答え	問い	答え
1	ハ	11	ロ	21	イ
2	イ	12	イ	22	ハ
3	ハ	13	ハ	23	ロ
4	ハ	14	ハ	24	ハ
5	ハ	15	ニ	25	ロ
6	ハ	16	ニ	26	ロ
7	ハ	17	ニ	27	イ
8	イ	18	イ	28	ロ
9	ニ	19	ロ	29	ハ
10	ロ	20	ハ	30	ロ

問題2．配線図			
問い	答え	問い	答え
31	ハ	41	ハ
32	ハ	42	ニ
33	ハ	43	ロ
34	イ	44	ハ
35	ロ	45	ハ
36	ハ	46	ハ
37	ニ	47	ニ
38	ハ	48	ロ
39	ニ	49	イ
40	ハ	50	イ

〈下期試験・午後〉

問題1．一般問題					
問い	答え	問い	答え	問い	答え
1	イ	11	イ	21	ロ
2	ニ	12	イ	22	ニ
3	ロ	13	ハ	23	イ
4	ロ	14	ニ	24	ハ
5	ロ	15	ロ	25	ロ
6	ハ	16	ニ	26	ハ
7	ハ	17	ロ	27	ニ
8	ロ	18	イ	28	ニ
9	ロ	19	ハ	29	ニ
10	ニ	20	ロ	30	イ ※

問題2．配線図			
問い	答え	問い	答え
31	ハ	41	ロ
32	ハ	42	ロ
33	ハ	43	ロ
34	ニ	44	ロ
35	イ	45	ハ
36	ニ	46	ロ
37	ロ	47	ロ
38	ニ	48	ハ
39	ニ	49	ニ
40	ロ	50	イ

※電気事業法改正(令和５年３月20日施行)以前の「問い」と「解答」です．

問題1．一般問題（問題数30，配点は1問当たり2点）

【注】本問題の計算で $\sqrt{2}$，$\sqrt{3}$ 及び円周率 π を使用する場合の数値は次によること。$\sqrt{2}=1.41$，$\sqrt{3}=1.73$，$\pi=3.14$

次の各問いには4通りの答え（**イ**，**ロ**，**ハ**，**ニ**）が書いてある。それぞれの問いに対して答えを1つ選びなさい。

なお，選択肢が数値の場合は最も近い値を選びなさい。

	問い	答え
1	図のような直流回路に流れる電流 I［A］は。 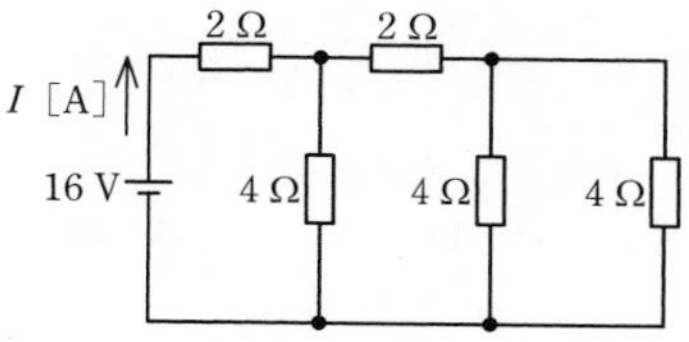	**イ**．1　**ロ**．2　**ハ**．4　**ニ**．8
2	ビニル絶縁電線（単線）の抵抗又は許容電流に関する記述として，**誤っているものは**。	**イ**．許容電流は，周囲の温度が上昇すると，大きくなる。 **ロ**．許容電流は，導体の直径が大きくなると，大きくなる。 **ハ**．電線の抵抗は，導体の長さに比例する。 **ニ**．電線の抵抗は，導体の直径の2乗に反比例する。
3	電熱器により，90 kgの水の温度を20 K上昇させるのに必要な電力量［kW・h］は。 ただし，水の比熱は4.2 kJ/(kg・K)とし，熱効率は100 %とする。	**イ**．0.7　**ロ**．1.4　**ハ**．2.1　**ニ**．2.8
4	図のような交流回路において，抵抗 12 Ω の両端の電圧 V［V］は。 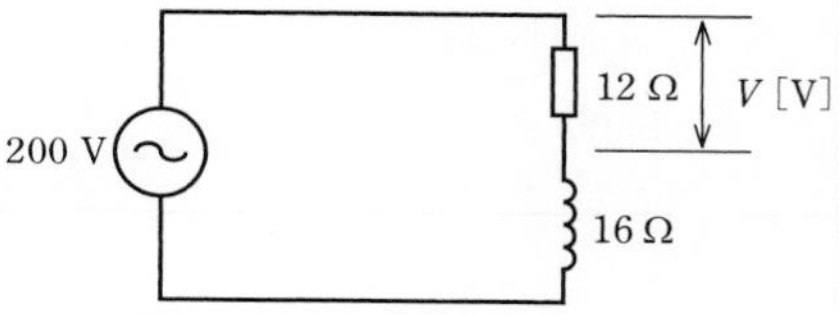	**イ**．86　**ロ**．114　**ハ**．120　**ニ**．160
5	図のような電源電圧 E［V］の三相3線式回路で，図中の×印点で断線した場合，断線後のa-c間の抵抗 R［Ω］に流れる電流 I［A］を示す式は。 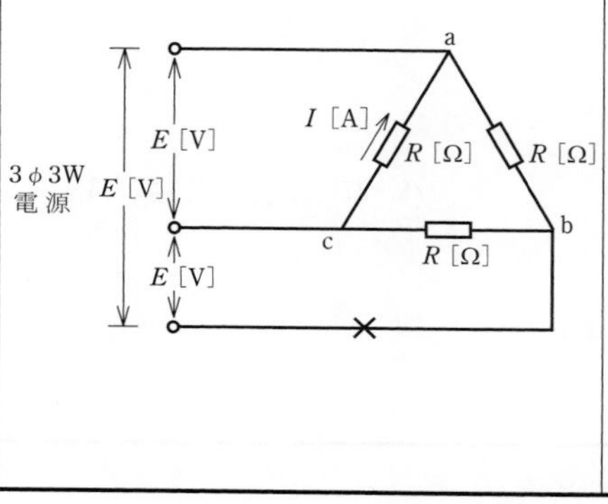	**イ**．$\dfrac{E}{2R}$　**ロ**．$\dfrac{E}{\sqrt{3}R}$　**ハ**．$\dfrac{E}{R}$　**ニ**．$\dfrac{3E}{2R}$

	問い	答え

6　図のような単相 2 線式電線路において，線路の長さは 50 m，負荷電流は 25 A で，抵抗負荷が接続されている。線路の電圧降下 $(V_s - V_r)$ を 4 V 以内にするための電線の最小太さ(断面積)［mm²］は。

ただし，電線の抵抗は表のとおりとする。

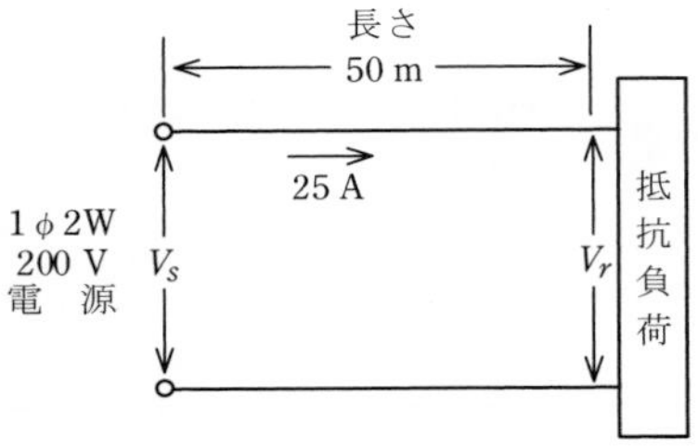

電線の太さ［mm²］	1 km 当たりの導体抵抗［Ω / km］
5.5	3.33
8	2.31
14	1.30
22	0.82

イ．5.5　ロ．8　ハ．14　ニ．22

7　図のような単相 3 線式回路において，電線 1 線当たりの抵抗が 0.1 Ω，抵抗負荷に流れる電流がともに 15 A のとき，この電線路の電力損失［W］は。

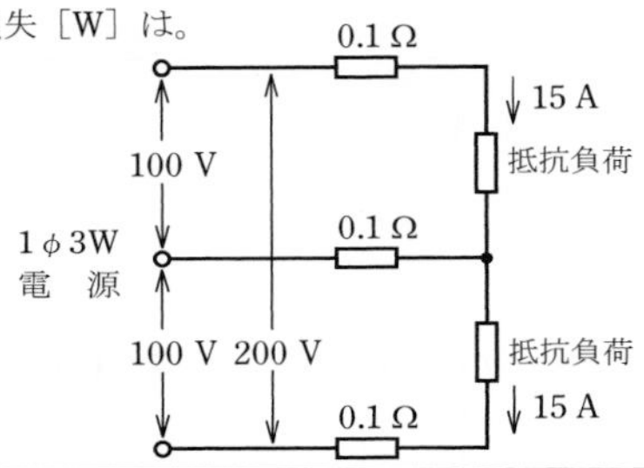

イ．23　ロ．39　ハ．45　ニ．68

8　金属管による低圧屋内配線工事で，管内に直径 1.6 mm の 600V ビニル絶縁電線(軟銅線) 3 本を収めて施設した場合，電線 1 本当たりの許容電流［A］は。

ただし，周囲温度は 30℃以下，電流減少係数は 0.70 とする。

イ．19　ロ．24　ハ．27　ニ．34

9　図のように定格電流 60 A の過電流遮断器で保護された低圧屋内幹線から分岐して，10 m の位置に過電流遮断器を施設するとき，a-b 間の電線の許容電流の最小値［A］は。

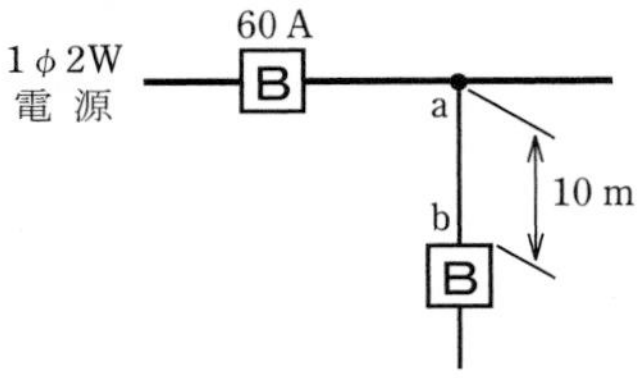

イ．15　ロ．21　ハ．27　ニ．33

問い		答え
10	低圧屋内配線の分岐回路の設計で，配線用遮断器，分岐回路の電線の太さ及びコンセントの組合せとして，**不適切なものは**。 ただし，分岐点から配線用遮断器までは3 m，配線用遮断器からコンセントまでは8 mとし，電線の数値は分岐回路の電線（軟銅線）の太さを示す。 また，コンセントは兼用コンセントではないものとする。	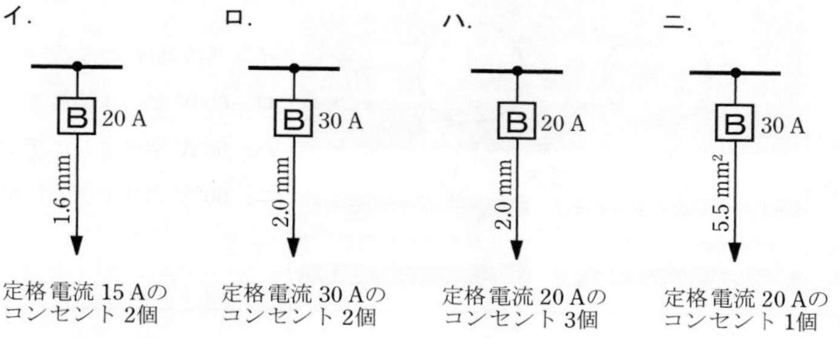
11	合成樹脂管工事に使用される 2号コネクタの使用目的は。	**イ.** 硬質ポリ塩化ビニル電線管相互を接続するのに用いる。 **ロ.** 硬質ポリ塩化ビニル電線管をアウトレットボックス等に接続するのに用いる。 **ハ.** 硬質ポリ塩化ビニル電線管の管端を保護するのに用いる。 **ニ.** 硬質ポリ塩化ビニル電線管と合成樹脂製可とう電線管とを接続するのに用いる。
12	絶縁物の最高許容温度が最も高いものは。	**イ.** 600V 架橋ポリエチレン絶縁ビニルシースケーブル（CV） **ロ.** 600V 二種ビニル絶縁電線（HIV） **ハ.** 600V ビニル絶縁ビニルシースケーブル丸形（VVR） **ニ.** 600V ビニル絶縁電線（IV）
13	電気工事の種類と，その工事で使用する工具の組合せとして，**適切なものは**。	**イ.** 金属線ぴ工事とボルトクリッパ **ロ.** 合成樹脂管工事とパイプベンダ **ハ.** 金属管工事とクリックボール **ニ.** バスダクト工事と圧着ペンチ
14	三相誘導電動機が周波数60 Hzの電源で無負荷運転されている。この電動機を周波数50 Hzの電源で無負荷運転した場合の回転の状態は。	**イ.** 回転速度は変化しない。 **ロ.** 回転しない。 **ハ.** 回転速度が減少する。 **ニ.** 回転速度が増加する。
15	点灯管を用いる蛍光灯と比較して，高周波点灯専用形の蛍光灯の特徴として，**誤っているものは**。	**イ.** ちらつきが少ない。 **ロ.** 発光効率が高い。 **ハ.** インバータが使用されている。 **ニ.** 点灯に要する時間が長い。

<table>
<tr><th></th><th>問　い</th><th>答　え</th></tr>
<tr><td>16</td><td>写真に示す材料の名称は。
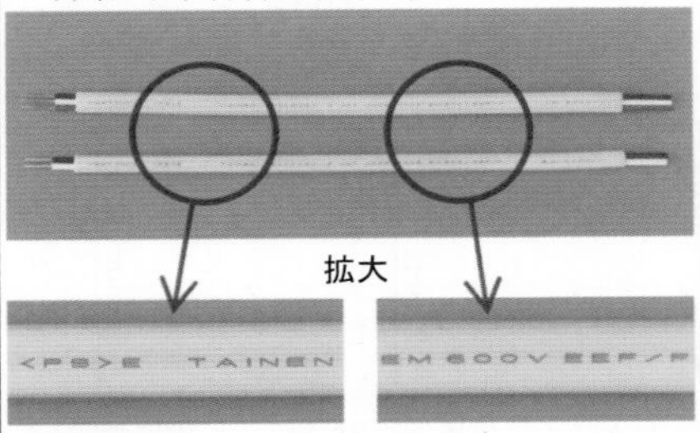
</td><td>イ．無機絶縁ケーブル
ロ．600V ビニル絶縁ビニルシースケーブル平形
ハ．600V 架橋ポリエチレン絶縁ビニルシースケーブル
ニ．600V ポリエチレン絶縁耐燃性ポリエチレンシースケーブル平形</td></tr>
<tr><td>17</td><td>写真に示す機器の名称は。
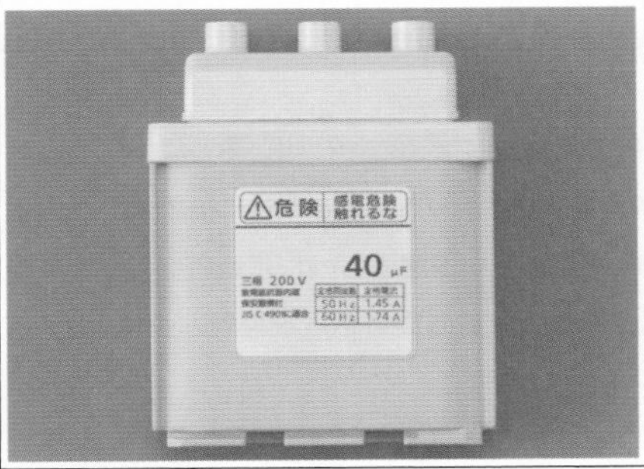
</td><td>イ．水銀灯用安定器
ロ．変流器
ハ．ネオン変圧器
ニ．低圧進相コンデンサ</td></tr>
<tr><td>18</td><td>写真に示す器具の用途は。
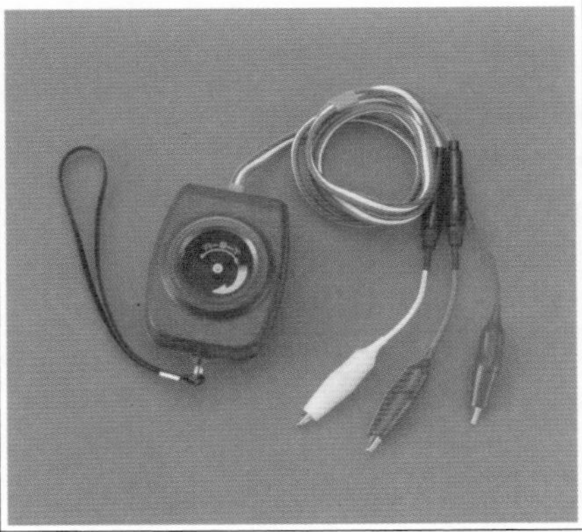</td><td>イ．三相回路の相順を調べるのに用いる。
ロ．三相回路の電圧の測定に用いる。
ハ．三相電動機の回転速度の測定に用いる。
ニ．三相電動機の軸受けの温度の測定に用いる。</td></tr>
<tr><td>19</td><td>単相 100 V の屋内配線工事における絶縁電線相互の接続で，不適切なものは。</td><td>イ．絶縁電線の絶縁物と同等以上の絶縁効力のあるもので十分被覆した。
ロ．電線の電気抵抗が 10%増加した。
ハ．終端部を圧着接続するのにリングスリーブ(E 形)を使用した。
ニ．電線の引張強さが 15%減少した。</td></tr>
<tr><td>20</td><td>同一敷地内の車庫へ使用電圧 100 V の電気を供給するための低圧屋側配線部分の工事として，不適切なものは。</td><td>イ．600V 架橋ポリエチレン絶縁ビニルシースケーブル(CV)によるケーブル工事
ロ．硬質ポリ塩化ビニル電線管(VE)による合成樹脂管工事
ハ．1 種金属製線ぴによる金属線ぴ工事
ニ．600V ビニル絶縁ビニルシースケーブル丸形(VVR)によるケーブル工事</td></tr>
</table>

問い		答え
21	木造住宅の単相3線式 100/200 V 屋内配線工事で，**不適切な工事方法は。** ただし，使用する電線は 600V ビニル絶縁電線，直径 1.6 mm(軟銅線)とする。	**イ**．合成樹脂製可とう電線管(CD 管)を木造の床下や壁の内部及び天井裏に配管した。 **ロ**．合成樹脂製可とう電線管(PF 管)内に通線し，支持点間の距離を 1.0 m で造営材に固定した。 **ハ**．同じ径の硬質ポリ塩化ビニル電線管(VE)2本を TS カップリングで接続した。 **ニ**．金属管を点検できない隠ぺい場所で使用した。
22	特殊場所とその場所に施工する低圧屋内配線工事の組合せで，**不適切なものは。**	**イ**．プロパンガスを他の小さな容器に小分けする可燃性ガスのある場所 厚鋼電線管で保護した 600V ビニル絶縁ビニルシースケーブルを用いたケーブル工事 **ロ**．小麦粉をふるい分けする可燃性粉じんのある場所 硬質ポリ塩化ビニル電線管 VE28 を使用した合成樹脂管工事 **ハ**．石油を貯蔵する危険物の存在する場所 金属線ぴ工事 **ニ**．自動車修理工場の吹き付け塗装作業を行う可燃性ガスのある場所 厚鋼電線管を使用した金属管工事
23	使用電圧 200 V の電動機に接続する部分の金属可とう電線管工事として，**不適切なものは。** ただし，管は2種金属製可とう電線管を使用する。	**イ**．管とボックスとの接続にストレートボックスコネクタを使用した。 **ロ**．管の長さが 6 m であるので，電線管の D 種接地工事を省略した。 **ハ**．管の内側の曲げ半径を管の内径の 6 倍以上とした。 **ニ**．管と金属管(鋼製電線管)との接続にコンビネーションカップリングを使用した。
24	回路計(テスタ)に関する記述として，**正しいものは。**	**イ**．ディジタル式は電池を内蔵しているが，アナログ式は電池を必要としない。 **ロ**．電路と大地間の抵抗測定を行った。その測定値は電路の絶縁抵抗値として使用してよい。 **ハ**．交流又は直流電圧を測定する場合は，あらかじめ想定される値の直近上位のレンジを選定して使用する。 **ニ**．抵抗を測定する場合の回路計の端子における出力電圧は，交流電圧である。
25	低圧屋内配線の電路と大地間の絶縁抵抗を測定した。「電気設備に関する技術基準を定める省令」に**適合していないものは。**	**イ**．単相3線式 100/200 V の使用電圧 200 V 空調回路の絶縁抵抗を測定したところ 0.16 MΩであった。 **ロ**．三相3線式の使用電圧 200 V(対地電圧 200 V)電動機回路の絶縁抵抗を測定したところ 0.18 MΩであった。 **ハ**．単相2線式の使用電圧 100 V 屋外庭園灯回路の絶縁抵抗を測定したところ 0.12 MΩであった。 **ニ**．単相2線式の使用電圧 100 V 屋内配線の絶縁抵抗を，分電盤で各回路を一括して測定したところ，1.5 MΩであったので個別分岐回路の測定を省略した。

	問　い	答　え
26	直読式接地抵抗計（アーステスタ）を使用して直読で接地抵抗を測定する場合，補助接地極（2 箇所）の配置として，**適切なものは。**	**イ．** 被測定接地極を中央にして，左右一直線上に補助接地極を 10 m 程度離して配置する。 **ロ．** 被測定接地極を端とし，一直線上に 2 箇所の補助接地極を順次 10 m 程度離して配置する。 **ハ．** 被測定接地極を端とし，一直線上に 2 箇所の補助接地極を順次 1 m 程度離して配置する。 **ニ．** 被測定接地極と 2 箇所の補助接地極を相互に 5 m 程度離して正三角形に配置する。
27	単相 2 線式 100 V 回路の漏れ電流を，クランプ形漏れ電流計を用いて測定する場合の測定方法として，**正しいものは。** ただし，▬ は接地線を示す。	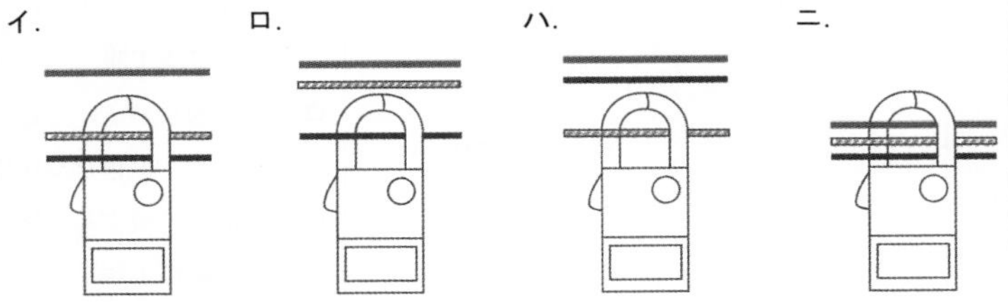
28	電気の保安に関する法令についての記述として，**誤っているものは。**	**イ．**「電気工事士法」は，電気工事の作業に従事する者の資格及び義務を定め，もって電気工事の欠陥による災害の発生の防止に寄与することを目的とする。 **ロ．**「電気設備に関する技術基準を定める省令」は，「電気工事士法」の規定に基づき定められた経済産業省令である。 **ハ．**「電気用品安全法」は，電気用品の製造，販売等を規制するとともに，電気用品の安全性の確保につき民間事業者の自主的な活動を促進することにより，電気用品による危険及び障害の発生を防止することを目的とする。 **ニ．**「電気用品安全法」において，電気工事士は電気工作物の設置又は変更の工事に適正な表示が付されている電気用品の使用を義務づけられている。
29	「電気用品安全法」における電気用品に関する記述として，**誤っているものは。**	**イ．** 電気用品の製造又は輸入の事業を行う者は，「電気用品安全法」に規定する義務を履行したときに，経済産業省令で定める方式による表示を付すことができる。 **ロ．** 特定電気用品は構造又は使用方法その他の使用状況からみて特に危険又は障害の発生するおそれが多い電気用品であって，政令で定めるものである。 **ハ．** 特定電気用品には (PS E) 又は (PS) E の表示が付されている。 **ニ．** 電気工事士は，「電気用品安全法」に規定する表示の付されていない電気用品を電気工作物の設置又は変更の工事に使用してはならない。
30	「電気設備に関する技術基準を定める省令」における電圧の低圧区分の組合せで，**正しいものは。**	**イ．** 直流にあっては 600 V 以下，交流にあっては 600 V 以下のもの **ロ．** 直流にあっては 750 V 以下，交流にあっては 600 V 以下のもの **ハ．** 直流にあっては 600 V 以下，交流にあっては 750 V 以下のもの **ニ．** 直流にあっては 750 V 以下，交流にあっては 750 V 以下のもの

問題２．配線図（問題数 20，配点は１問当たり２点）

※図は１６８頁参照

図は，木造１階建住宅の配線図である。この図に関する次の各問いには４通りの答え（**イ**，**ロ**，**ハ**，**ニ**）が書いてある。それぞれの問いに対して，答えを１つ選びなさい。

【注意】 １．屋内配線の工事は，特記のある場合を除き 600V ビニル絶縁ビニルシースケーブル平形（VVF）を用いたケーブル工事である。
２．屋内配線等の電線の本数，電線の太さ，その他，問いに直接関係のない部分等は省略又は簡略化してある。
３．漏電遮断器は，定格感度電流 30 mA，動作時間 0.1 秒以内のものを使用している。
４．選択肢（答え）の写真にあるコンセント及び点滅器は，「JIS C 0303：2000 構内電気設備の配線用図記号」で示す「一般形」である。
５．分電盤の外箱は合成樹脂製である。
６．ジョイントボックスを経由する電線は，すべて接続箇所を設けている。
７．３路スイッチの記号「0」の端子には，電源側又は負荷側の電線を結線する。

	問い	答え
31	①で示す図記号の名称は。	**イ**．白熱灯　**ロ**．熱線式自動スイッチ **ハ**．確認表示灯　**ニ**．位置表示灯
32	②で示す部分にペンダントを取り付けたい。図記号は。	**イ**．(CH)　**ロ**．(CP)　**ハ**．⊖　**ニ**．(CL)
33	③で示す引込口開閉器が省略できる場合の，住宅と車庫との間の電路の長さの最大値[m]は。	**イ**．5　**ロ**．10　**ハ**．15　**ニ**．20
34	④で示す部分の電路と大地間の絶縁抵抗として，許容される最小値［MΩ］は。	**イ**．0.1　**ロ**．0.2　**ハ**．0.3　**ニ**．0.4
35	⑤の部分で施設する配線用遮断器は。	**イ**．２極１素子　**ロ**．２極２素子 **ハ**．３極２素子　**ニ**．３極３素子
36	⑥で示す図記号の名称は。	**イ**．ジョイントボックス　**ロ**．VVF 用ジョイントボックス **ハ**．プルボックス　**ニ**．ジャンクションボックス
37	⑦で示す部分の小勢力回路で使用できる電圧の最大値［V］は。	**イ**．24　**ロ**．30　**ハ**．40　**ニ**．60
38	⑧で示す部分に波付硬質合成樹脂管を施工したい。その図記号の傍記表示は。	**イ**．PF　**ロ**．HIVE　**ハ**．FEP　**ニ**．HIVP
39	⑨で示す部分の接地工事の種類及びその接地抵抗の許容される最大値［Ω］の組合せとして，**正しいものは**。	**イ**．C 種接地工事　10 Ω **ロ**．C 種接地工事　100 Ω **ハ**．D 種接地工事　100 Ω **ニ**．D 種接地工事　500 Ω
40	⑩で示す部分の最少電線本数（心線数）は。	**イ**．2　**ロ**．3　**ハ**．4　**ニ**．5

問い		答え			
41	⑪で示す点滅器の取付け工事に使用するものは。	イ．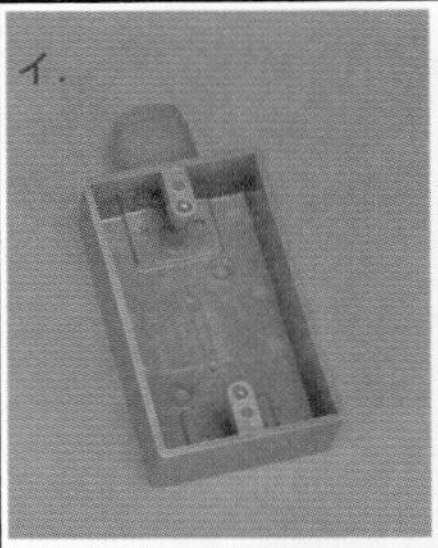	ロ．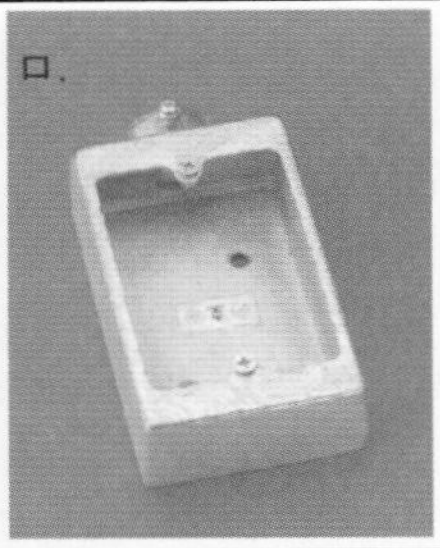	ハ．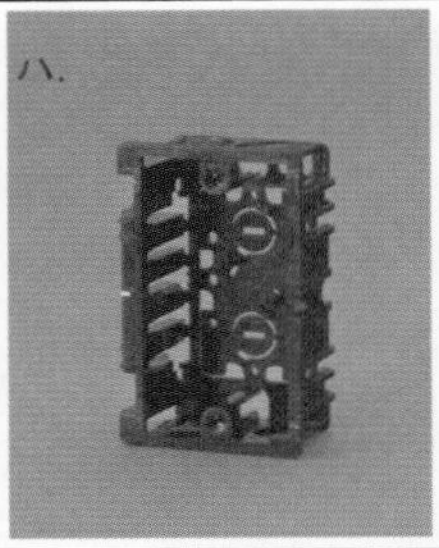	ニ．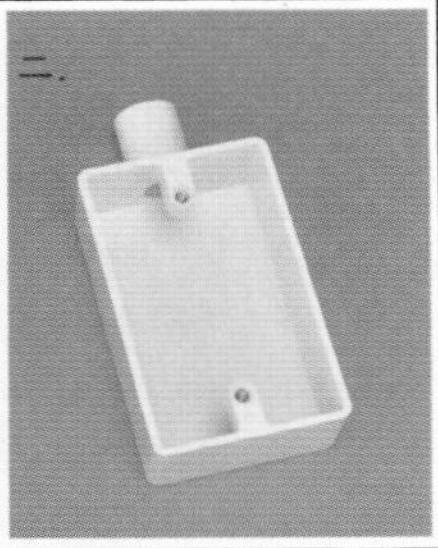
42	⑫で示すボックス内の接続をすべて圧着接続とした場合のリングスリーブの種類，個数及び圧着接続後の刻印の組合せで，**正しいものは。** ただし，使用する電線はすべてVVF1.6とし，傍記RASの器具は2線式とする。また，写真に示す**リングスリーブ中央の○，小，中**は刻印を表す。	イ．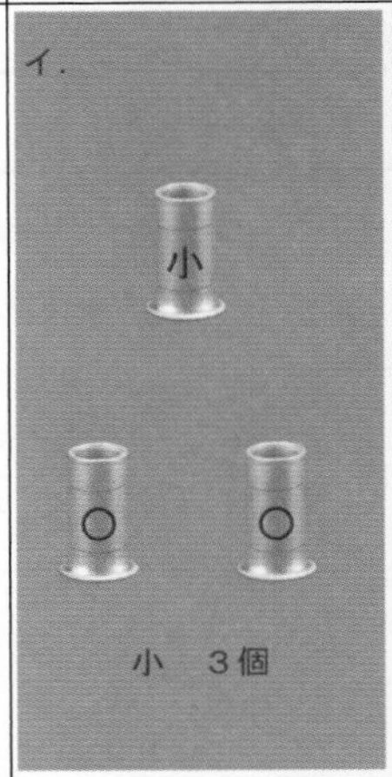	ロ．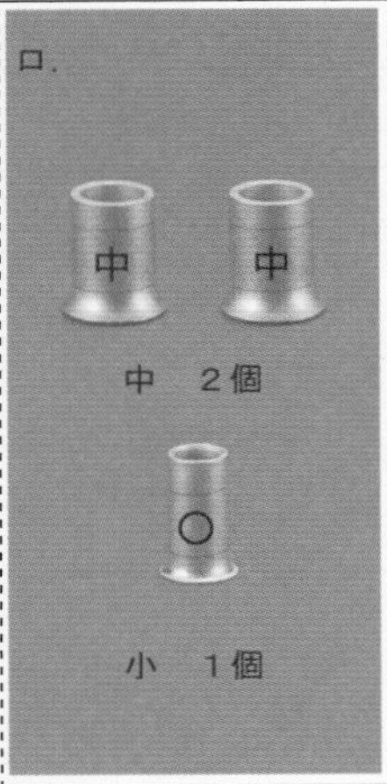	ハ．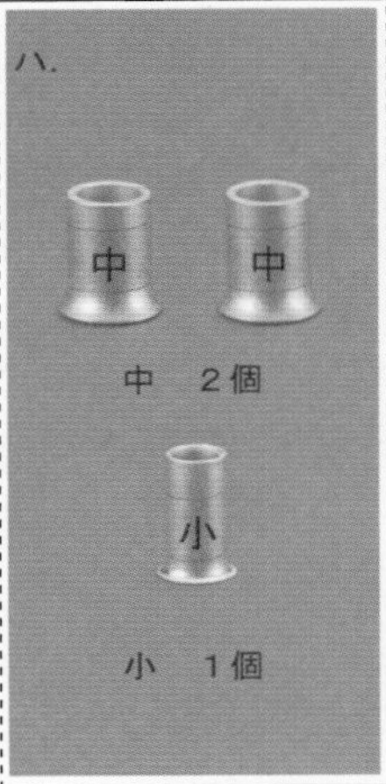	ニ．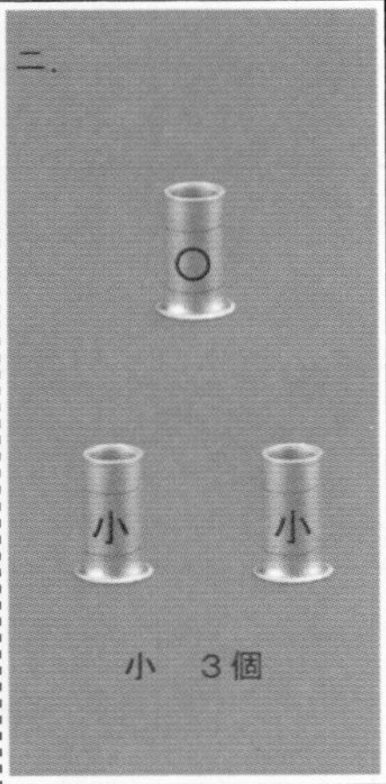
43	⑬で示す回路の負荷電流を測定するものは。	イ．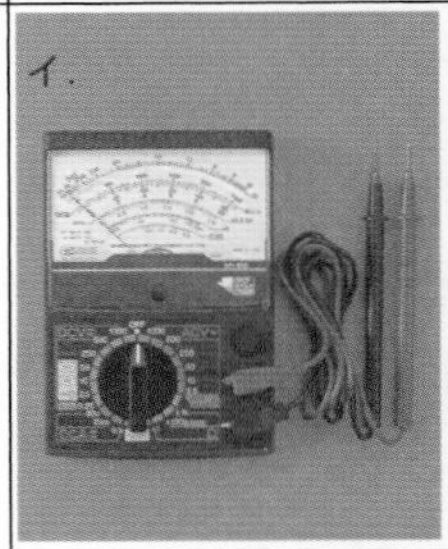	ロ．	ハ．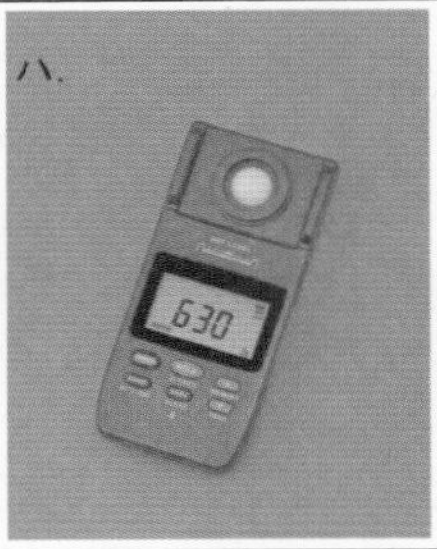	ニ．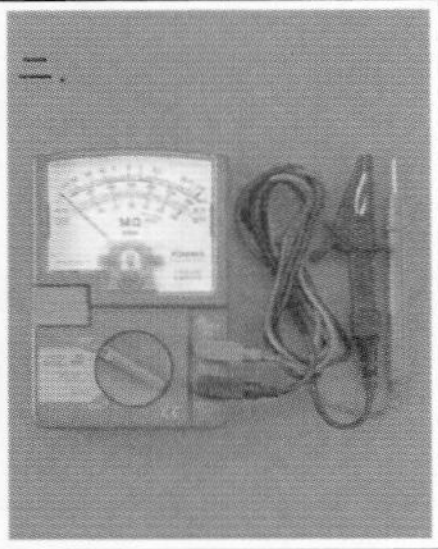
44	⑭で示す部分の配線を器具の裏面から見たものである。**正しいものは。** ただし，電線の色別は，白色は電源からの接地側電線，黒色は電源からの非接地側電線，赤色は負荷に結線する電線とする。	イ．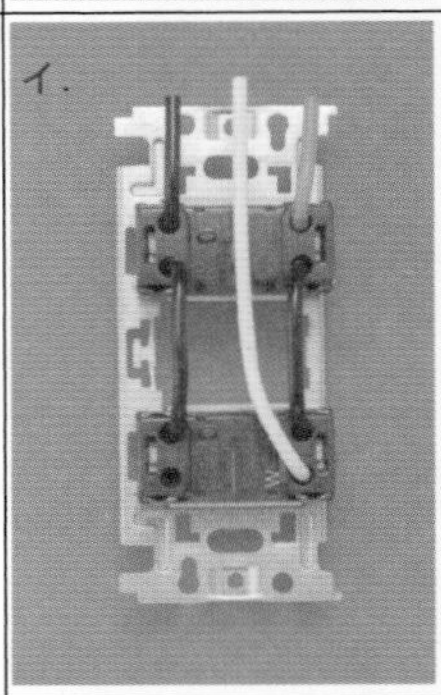	ロ．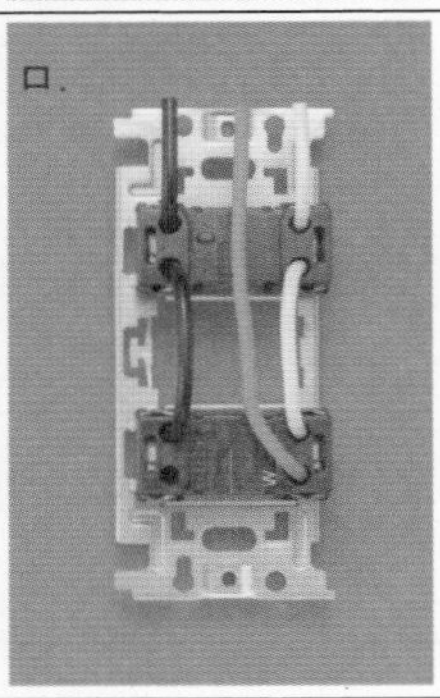	ハ．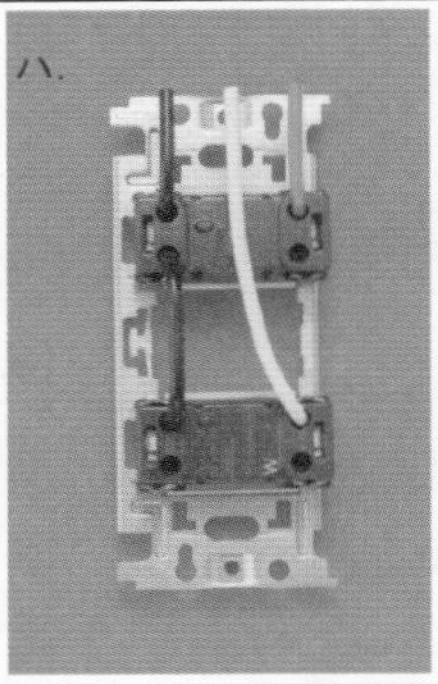	ニ．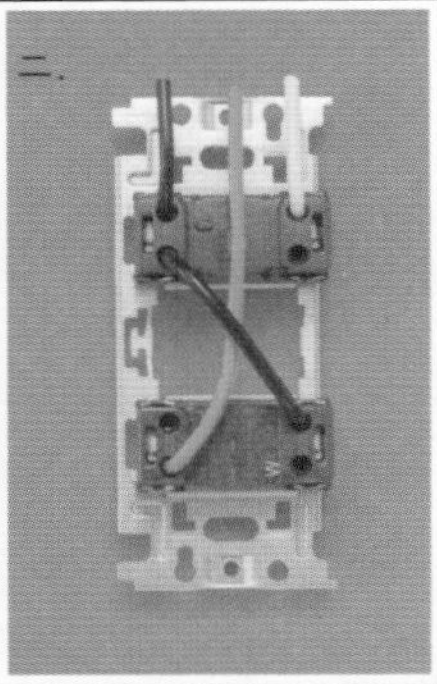
45	⑮で示すボックス内の接続をすべて圧着接続とする場合，使用するリングスリーブの種類と最少個数の組合せで，**正しいものは。** ただし，使用する電線はすべてVVF1.6とする。	イ．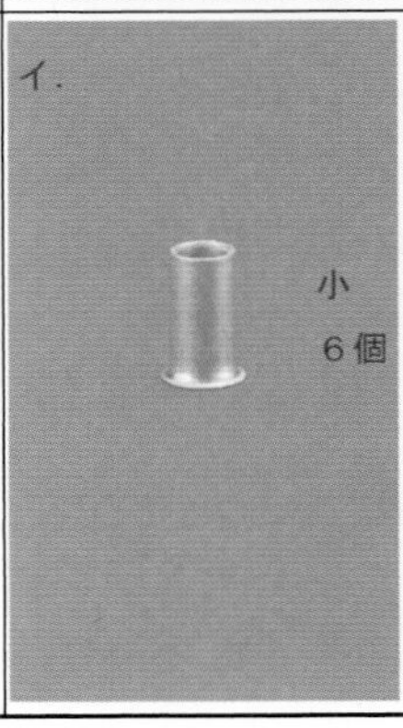	ロ．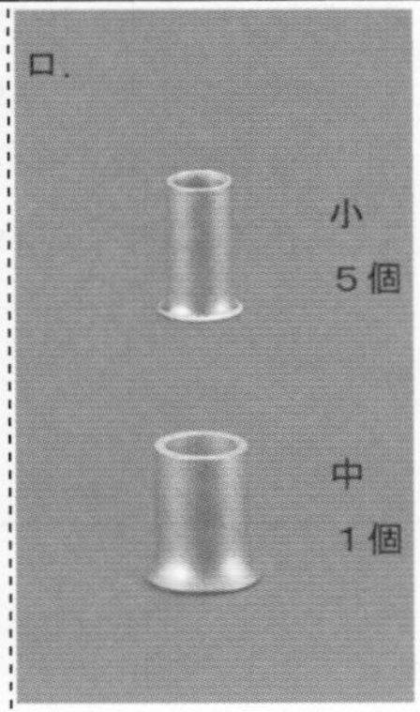	ハ．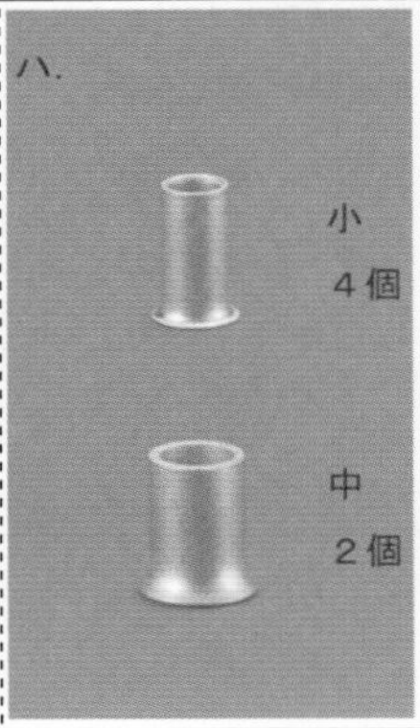	ニ．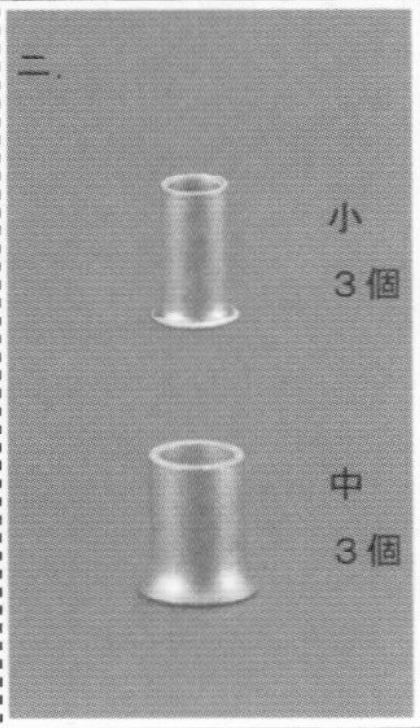

問い		答え			
46	⑯で示す部分の配線工事に必要なケーブルは。 ただし，心線数は最少とする。	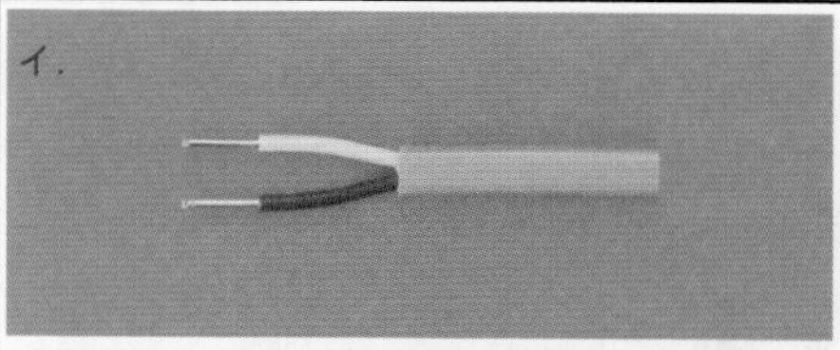	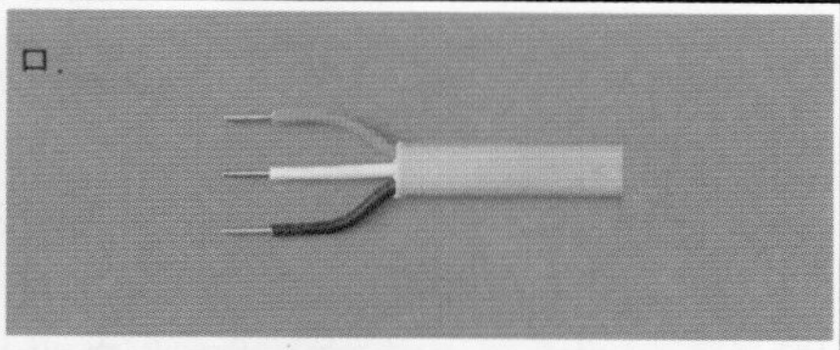	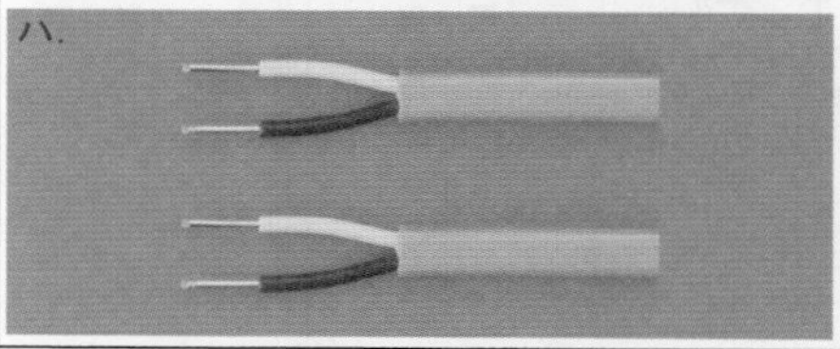	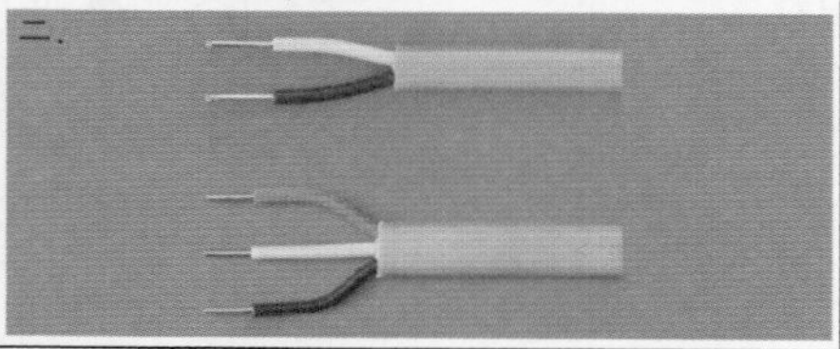
47	⑰で示すボックス内の接続をすべて差込形コネクタとする場合，使用する差込形コネクタの種類と最少個数の組合せで，**正しいものは。** ただし，使用する電線はすべてVVF1.6とする。	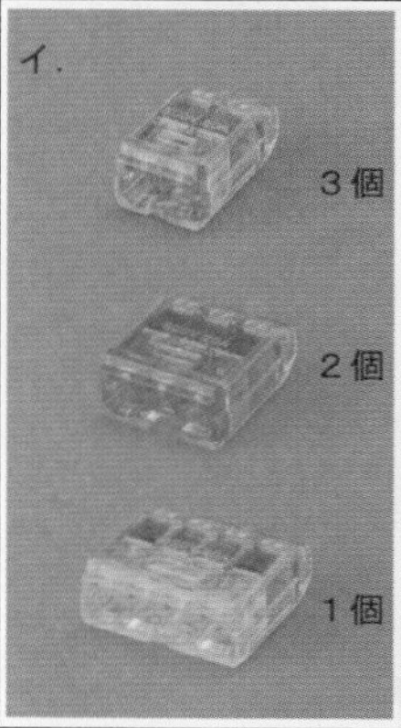	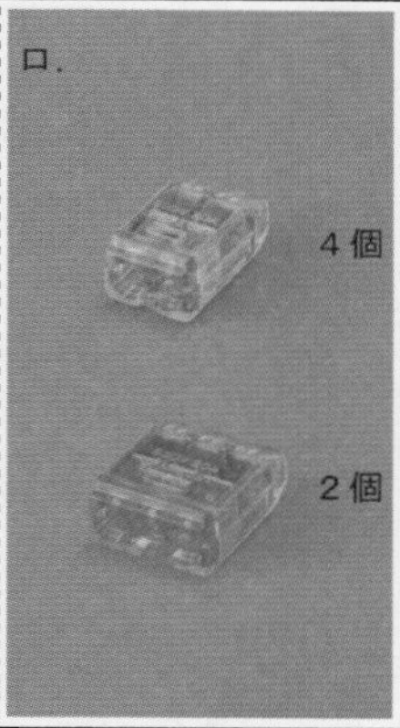	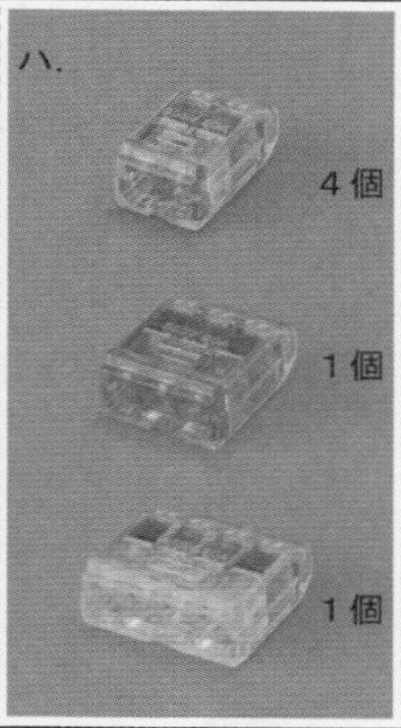	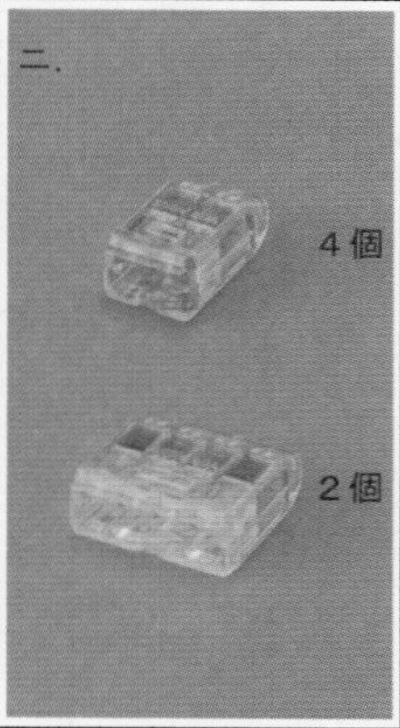
48	この配線図で，**使用されていない**コンセントは。				
49	この配線図で，**使用されていない**スイッチは。 ただし，写真下の図は，接点の構成を示す。	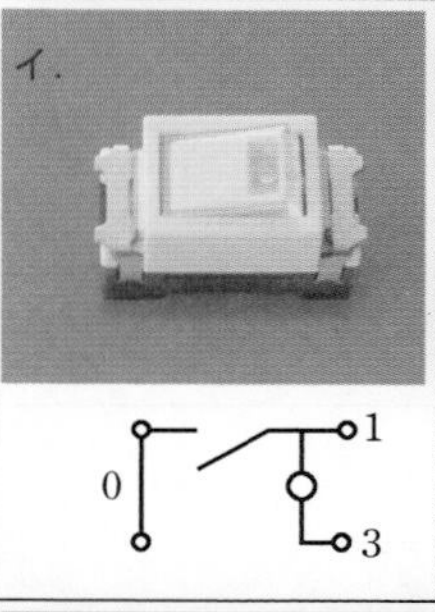	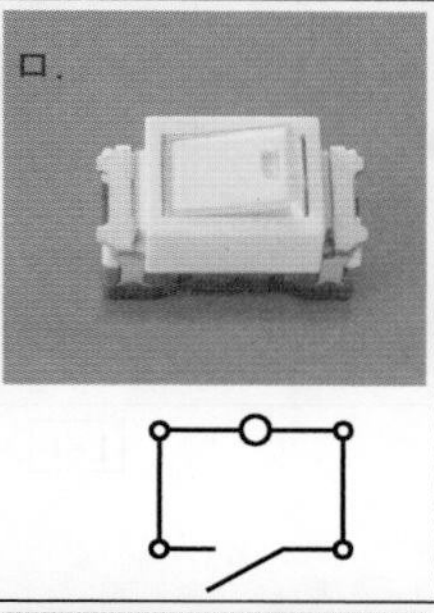	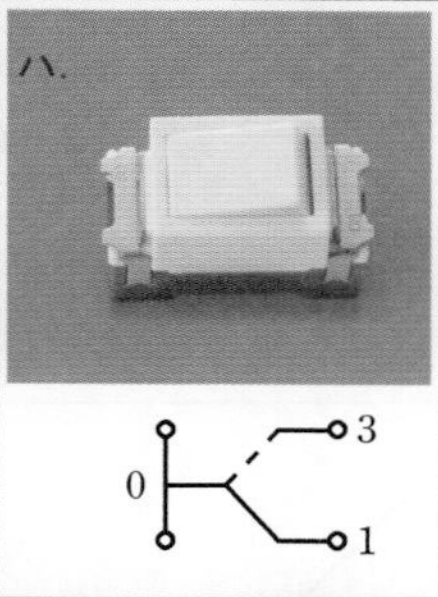	
50	この配線図の施工に関して，一般的に使用するものの組合せで，**不適切なものは。**			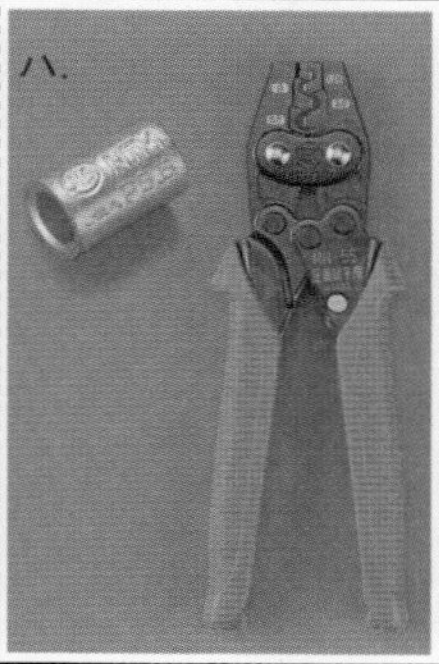	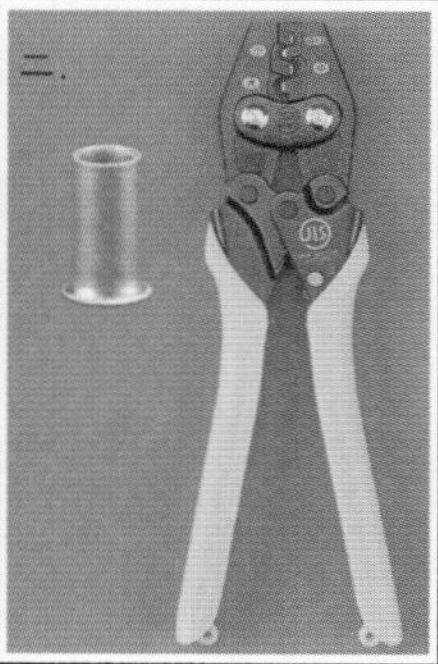

図面を引き抜いてご覧ください

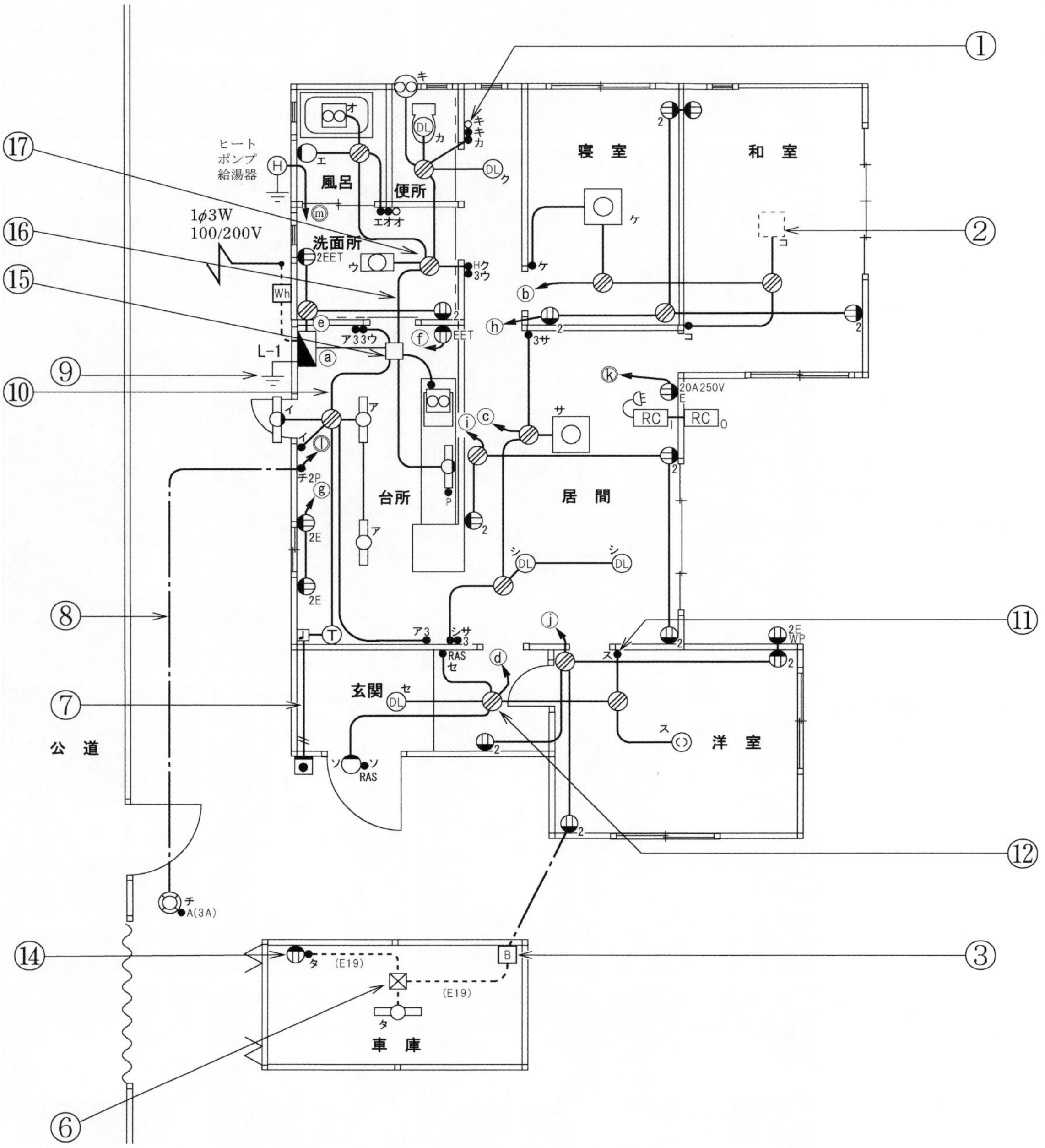

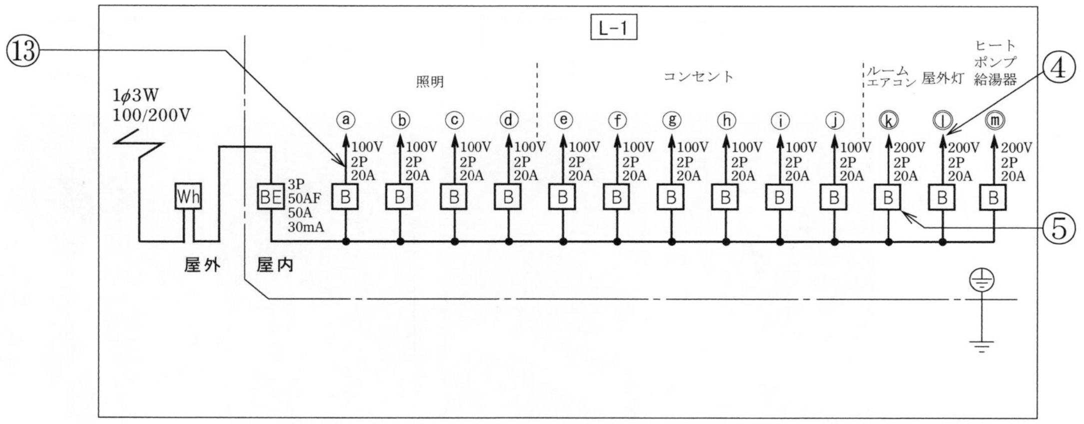

解答と解説

問題 1．一般問題の解答

1　ハ．4

回路全体の合成抵抗 R〔Ω〕は，**第 1 図**のようにして求める．

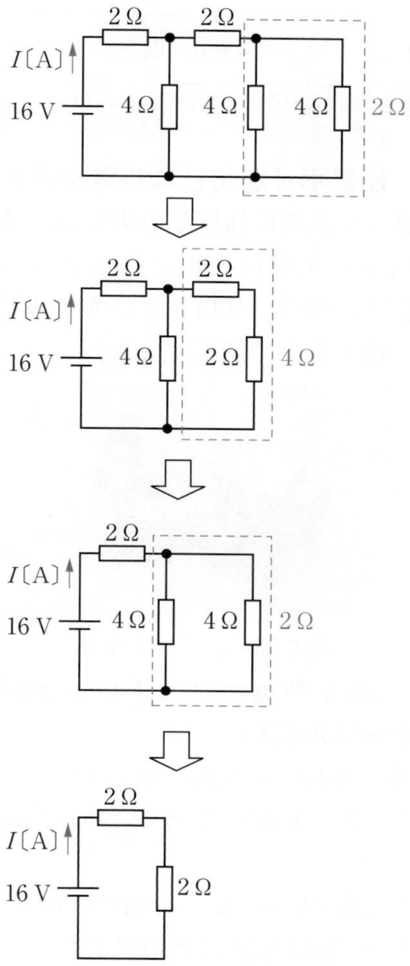

第 1 図

合成抵抗 R〔Ω〕は，

$$R=2+2=4\ 〔\Omega〕$$

回路に流れる電流 I〔A〕は，

$$I=\frac{16}{4}=4\ 〔\mathrm{A}〕$$

2　イ．許容電流は，周囲の温度が上昇すると，大きくなる．

絶縁電線の許容電流は，周囲温度が上昇すると小さくなり，導体の断面積が大きくなると大きくなる．イは誤りで，ロは正しい．

電線の抵抗は，導体の長さに比例し，断面積に反比例する．断面積は直径の 2 乗に比例するので，電線の抵抗は導体の直径の 2 乗に反比例することになる．したがって，ハ及びニは正しい．

3　ハ．2.1

比熱は，1 kg の水が 1 K(ケルビン) 上昇するのに必要な熱量である．比熱が 4.2 kJ/(kg·K) の水 90 kg を，20 K 温度上昇させるのに必要な熱量 Q〔kJ〕は，

$$Q=4.2\times90\times20\ 〔\mathrm{kJ}〕$$

電力量 1 kW·h の熱量は 3 600 kJ であるので，必要な電力量 W〔kW·h〕は，

$$W=\frac{Q}{3\,600}=\frac{4.2\times90\times20}{3\,600}=2.1\ 〔\mathrm{kW\cdot h}〕$$

4　ハ．120

回路のインピーダンス Z〔Ω〕は，

$$Z=\sqrt{12^2+16^2}=\sqrt{144+256}$$
$$=\sqrt{400}=20\ 〔\Omega〕$$

回路に流れる電流 I〔A〕は，

$$I=\frac{E}{Z}=\frac{200}{20}=10\ 〔\mathrm{V}〕$$

抵抗 12 Ω に加わる電圧 V〔V〕は，

$$V=IR=10\times12=120\ 〔\mathrm{V}〕$$

5　ハ．$\boldsymbol{\frac{E}{R}}$

三相 3 線式の電源で，✕印点で断線しても a-c 間の抵抗 R〔Ω〕に加わる電圧は，断線前と同じ電圧 E〔V〕である．

したがって，断線後の a-c 間の抵抗 R〔Ω〕に流れる電流 I〔A〕は，

$$I=\frac{E}{R}\ 〔\mathrm{A}〕$$

6　ハ．14

電線路の電圧降下が 4 V になる電線の抵抗 r〔Ω〕は，

$v=2Ir$〔V〕から，$4=2\times25\times r$

$$r=\frac{4}{50}=0.08\ 〔\Omega〕$$

50 m 当たりの抵抗が 0.08 Ω であるから，電圧降下を 4 V 以下にする 1 km 当たりの抵抗は，

$$\frac{0.08}{50}\times 1\,000 = 1.6 〔\Omega/\mathrm{km}〕$$

以下となる．

したがって，線路の電圧降下を 4 V 以内にするための電線の最小太さは，14 mm^2 である．

7　ハ．45

負荷が平衡しているので，中性線には電流が流れない(**第２図**)．電線路の電力損失は，中性線を除いた２本の電線によって生ずる．

電線路の電力損失 P_l〔W〕は，

$$P_l = 2I^2r = 2\times 15^2\times 0.1 = 45〔\mathrm{W}〕$$

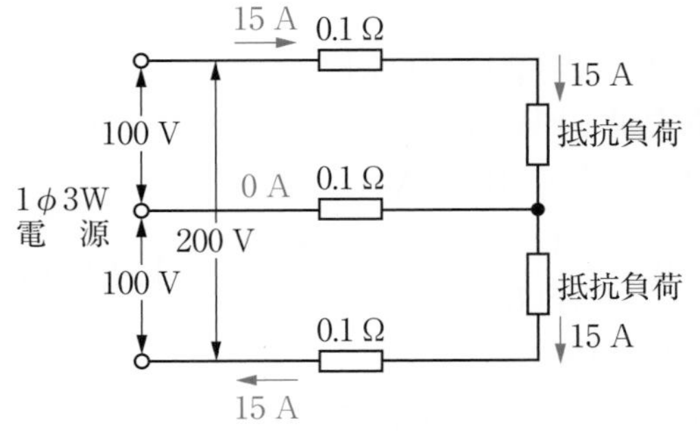

第２図

8　イ．19

電技解釈第 146 条(低圧配線に使用する電線)による．

周囲温度 30℃以下で，直径 1.6 mm の 600 V ビニル絶縁電線(軟銅線)の許容電流は 27 A である．電線３本を金属管に収めた場合の電線１本当たりの許容電流〔A〕は，電流減少係数が 0.7 であるから，

$$27\times 0.7 = 18.9 \to 19〔\mathrm{A}〕$$

(小数点以下１位を７捨８入)

9　ニ．33

電技解釈第 149 条(低圧分岐回路等の施設)による．

a-b 間の長さが 8 m を超えているので，a-b 間の電線の許容電流 I_W〔A〕は，低圧屋内幹線を保護する過電流遮断器の定格電流の 0.55 倍以上でなければならない．

$$I_W \geqq 0.55 I_B = 0.55\times 60 = 33〔\mathrm{A}〕$$

10　ロ．

電技解釈第 149 条(低圧分岐回路等の施設)による．

配線用遮断器，電線の太さ，コンセントの組み合わせは**第１表**のようにしなければならない．

ロは 30 A 配線用遮断器分岐回路であり，2.0 mm の電線は接続できない．

第１表　分岐回路

配線用遮断器の定格電流	電線の太さ(軟銅線)	コンセントの定格電流
20 A	1.6 mm 以上	20 A 以下
30 A	2.6 mm(5.5 mm^2)以上	20 A 以上 30 A 以下
40 A	8 mm^2 以上	30 A 以上 40 A 以下
50 A	14 mm^2 以上	40 A 以上 50 A 以下

(注) 配線用遮断器の定格電流が 30 A の場合，定格電流が 20 A 未満の差込みプラグが接続できるものを除く．

11　ロ．硬質ポリ塩化ビニル電線管をアウトレットボックス等に接続するのに用いる．

合成樹脂管工事に使用される２号コネクタ(**第３図**)は，硬質ポリ塩化ビニル電線管をボックスに接続するのに使用する．

第３図　２号コネクタ

12　イ．600 V 架橋ポリエチレン絶縁ビニルシースケーブル(CV)

電技解釈第146条(低圧配線に使用する電線)，内線規程 1340-1(絶縁電線などの許容電流)による．

600 V 架橋ポリエチレン絶縁ビニルシースケーブル(CV)の絶縁材料に使用されている架橋ポリエチレンの最高許容温度が 90 ℃で，最も高い．

電線に使用されている絶縁物とその最高許容温度は，**第２表**のとおりである．

第２表

電線の種類	絶縁物	最高許容温度
600 V ビニル絶縁電線(IV)	ビニル	60 ℃
600 V ビニル絶縁ビニルシースケーブル丸形(VVR)	ビニル	
600 V 二種ビニル絶縁電線(HIV)	耐熱ビニル	75 ℃
600 V 架橋ポリエチレン絶縁ビニルシースケーブル(CV)	架橋ポリエチレン	90 ℃

13　ハ．金属管工事とクリックボール

クリックボールは，金属管の内側の面取りをする場合に，リーマを取り付けて使用するのでハは正しい（**第４図**）．

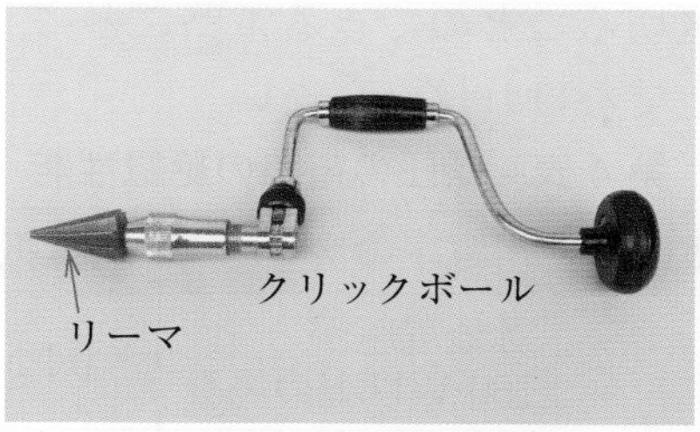

第４図

ボルトクリッパは，鉄線などを切断する工具で，金属線ぴ工事には使用しない．パイプベンダは，金属管を曲げる工具で，合成樹脂管工事には使用しない．圧着ペンチは，電線を圧着接続するときに使用する工具で，バスダクト工事には使用しない．

14　ハ．回転速度が減少する．

三相誘導電動機の同期速度 N_s〔min^{-1}〕は，極数を p，電源の周波数を f〔Hz〕とすると，次式のようになる．

$$N_s=\frac{120f}{p}\ \text{〔min}^{-1}\text{〕}$$

この式から，三相誘導電動機の同期速度は，電源の周波数に比例する．

無負荷の場合は同期速度に近い値で回転するので，電源の周波数が 60 Hz から 50 Hz に変わると，回転速度が減少する．

15　ニ．点灯に要する時間が長い．

高周波点灯専用形の蛍光灯は，インバータ回路で，商用周波数を 20～50 kHz 程度の高周波に変換して蛍光灯を点灯させるものである．

点灯管を用いる蛍光灯と比較して，次のような特徴がある．

①周波数が高いため，ちらつきを感じない．

②ランプの発光効率が高い．

③点灯に要する時間が短く，スイッチを入れてから約１秒で点灯する．

16　ニ．600 V ポリエチレン絶縁耐燃性ポリエチレンシースケーブル平形

拡大したケーブルの写真には，＜PS＞E TAINEN EM 600V EEF/F の文字が見える．

EEF/F の「EE」が絶縁物とシースにポリエチレンを使用していることを，「F」が平形の形状であることを，「/F」が耐燃性であることを示す．

17　ニ．低圧進相コンデンサ

写真の機器は，電動機の力率改善に用いられる低圧進相コンデンサである．

18　イ．三相回路の相順を調べるのに用いる．

写真の器具は回転式の検相器で，三相回路のＲ相・Ｓ相・Ｔ相の相順が正しく配線されているかを調べるものである．

19　ロ．電線の電気抵抗が 10% 増加した．

電技解釈第 12 条（電線の接続法）による．

電線を接続する場合には，電線の電気抵抗を増加させてはならない．

20　ハ．１種金属製線ぴによる金属線ぴ工事

電技解釈第 166 条（低圧の屋側配線又は屋外配線の施設）による．

使用電圧が 300 V 以下で，屋側配線又は屋外配線を展開した場所及び点検できる隠ぺい場所に施設する場合は，がいし引き工事，合成樹脂管工事，金属管工事，金属可とう電線管工事，バスダクト工事，ケーブル工事のいずれかによらなければならない．点検できない隠ぺい場所に施設する場合は，合成樹脂管工事，金属管工事，金属可とう電線管工事，ケーブル工事のいずれかによらなければならない．

21　イ．合成樹脂製可とう電線管（CD 管）を木造の床下や壁の内部及び天井裏に配管した．

電技解釈第 156 条（低圧屋内配線の施設場所による工事の種類）・第 158 条（合成樹脂管工事）による．

CD 管は，次のいずれかによって施設しなければならない．

・直接コンクリートに埋め込んで施設する．

・専用の不燃性又は自消性のある難燃性の管又はダクトに収めて施設する．

したがって，CD 管を木造の床下や壁の内部及び天井裏に配管することはできない．

22　ハ．石油を貯蔵する危険物の存在する場所　金属線ぴ工事

電技解釈第 175 条（粉じんの多い場所の施設）・第 176 条（可燃性ガス等の存在する場所の施設）・第 177 条（危険物等の存在する場所の施設）による．

石油を貯蔵する危険物の存在する場所では，金属線ぴ工事は認められていない．

第３表　特殊な場所の工事

<table>
<tr><th>特殊場所の種類</th><th>工事の種類</th></tr>
<tr><td>爆燃性粉じん(マグネシウム，アルミニウム等)の存在する場所</td><td rowspan="2">・金属管工事(薄鋼電線管以上の強度を有するもの)
・ケーブル工事(防護装置に収めて施設)</td></tr>
<tr><td>可燃性ガス等(プロパンガス，シンナー，ガソリン等)の存在する場所</td></tr>
<tr><td>可燃性粉じん(小麦粉，でん粉等)の存在する場所</td><td rowspan="2">・金属管工事(薄鋼電線管以上の強度を有するもの)
・ケーブル工事(防護装置に収めて施設)
・合成樹脂管工事(厚さ 2 mm 未満の合成樹脂製電線管，CD 管を除く)</td></tr>
<tr><td>危険物(石油等)の存在する場所</td></tr>
</table>

23　ロ．管の長さが 6 m であるので，電線管の D 種接地工事を省略した．

電技解釈第 160 条(金属可とう電線管工事)，内線規程 3120(金属製可とう電線管配線)による．

使用電圧が 300 V 以下の場合は，管に D 種接地工事を施さなければならないが，長さが 4 m 以下の場合は省略できる．ロは 4 m を超えているので，D 種接地工事を省略できない．

管の内側の曲げ半径は，管の内径の 6 倍以上にするのが原則である．管とボックスの接続にはストレートボックスコネクタを用い，管と金属管との接続にはコンビネーションカップリングを使用する．

24　ハ．交流又は直流電圧を測定する場合は，あらかじめ想定される値の直近上位のレンジを選定して使用する．

回路計で電圧を測定する場合，測定するレンジより大きな電圧を加えると，内部の抵抗を焼損したり指針が振り切れたりする．想定される値の直近上位のレンジを選定して測定しなければならない．

25　ロ．三相 3 線式の使用電圧 200 V(対地電圧 200 V)電動機回路の絶縁抵抗を測定したところ 0.18 MΩ であった．

電技第 58 条(低圧の電路の絶縁性能)による．

三相 3 線式の使用電圧 200 V(対地電圧 200 V)電動機回路の絶縁抵抗値は，0.2 MΩ 以上でなければならない．

低圧電路の絶縁抵抗は，開閉器又は過電流遮断器で区切ることのできる電路ごとに，**第４表**の値以上でなければならない．

第４表　低圧の電路の絶縁性能

<table>
<tr><th colspan="2">電路の使用電圧の区分</th><th>絶縁抵抗値</th></tr>
<tr><td rowspan="2">300 V 以下</td><td>対地電圧が 150 V 以下の場合</td><td>0.1 MΩ</td></tr>
<tr><td>その他の場合</td><td>0.2 MΩ</td></tr>
<tr><td colspan="2">300 V を超えるもの</td><td>0.4 MΩ</td></tr>
</table>

26　ロ．被測定接地極を端とし，一直線上に 2 箇所の補助接地極を順次 10 m 程度離して配置する．

接地抵抗を測定する場合には，**第５図**のように被測定接地極を端として，一直線上に 2 箇所の補助接地極を順次 10 m 程度離して配置する．

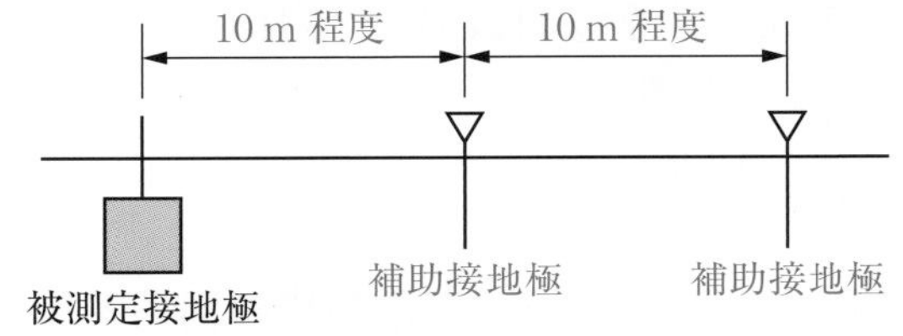

第５図　補助接地極の配置

27　イ．

単相 2 線式 100 V 回路の漏れ電流を，クランプ形漏れ電流計を用いて測定する場合は，接地線を除いた 2 本の電線をクランプ部の中に通す．

28　ロ．「電気設備に関する技術基準を定める省令」は，「電気工事士法」の規定に基づき定められた経済産業省令である．

電気工事士法第 1 条(目的)，電気用品安全法第 1 条(目的)・第 28 条(使用の制限)による．

「電気設備に関する技術基準を定める省令」は，「電気事業法」の規定に基づき定められた経済産業省令である．

29　ハ．特定電気用品には PS E 又は(PS)E の表示が付されている．

電気用品安全法第 2 条(定義)・第 10 条(表示)・第 28 条(使用の制限)，施行規則第 17 条(表示の方法)による．

特定電気用品には PS E 又は<PS>E の表示

が付される．

30 ロ．直流にあっては 750 V 以下，交流にあっては 600 V 以下のもの

電技第 2 条（電圧の種別等）による．

電圧は**第 5 表**のように低圧，高圧，特別高圧の 3 種に区分されている．

第 5 表　電圧の種別

種　別	直　流	交　流
低　圧	750 V 以下	600 V 以下
高　圧	低圧を超え 7 000 V 以下	
特別高圧	7 000 V を超えるもの	

問題 2．配線図の解答

31 ハ．確認表示灯

図記号○は，確認表示灯（パイロットランプ）（**第 6 図**）を表す．

第 6 図　確認表示灯

32 ハ．

ペンダントは，天井から吊り下げる照明器具で，図記号は⊖である．

33 ハ．15

電技解釈第 147 条（低圧屋内電路の引込口における開閉器の施設）による．

引込口開閉器を省略できるのは，住宅と車庫の間の電路の長さが 15 m 以下である．

34 イ．0.1

電技第 58 条（低圧の電路の絶縁性能）による．

④で示す部分は使用電圧 300 V 以下で対地電圧 150 V 以下なので，絶縁抵抗値は 0.1 MΩ 以上である（**第 4 表**）．

35 ロ．2 極 2 素子

電技解釈第 149 条（低圧分岐回路等の施設），内線規程 1360-7（過電流遮断器の極）による．

⑤は単相 3 線式 100/200 V からの単相 200 V 回路で，接地側電線がないので，配線用遮断器は 2 極 2 素子でなければならない．

36 ハ．プルボックス

図記号⊠は，プルボックスを表す．

37 ニ．60

電技解釈第 181 条（小勢力回路の施設）による．

小勢力回路の最大使用電圧は 60 V である．

38 ハ．FEP

波付硬質合成樹脂管（**第 7 図**）の図記号の傍記表示は FEP である．

第 7 図　波付硬質合成樹脂管

39 ニ．D 種接地工事　500 Ω

電技解釈第 17 条（接地工事の種類及び施設方法）・第 29 条（機械器具の金属製外箱等の接地）による．

⑨で示す部分の接地工事は，分岐回路に接続されるコンセントの接地線を接続する接地端子の接地である．使用電圧が 300 V 以下であり，接地工事の種類は D 種接地工事になる．電源に動作時間が 0.1 秒以内の漏電遮断器が施設してあるので，接地抵抗値は 500 Ω 以下となる．

40 ハ．4

⑩で示す部分の複線図は，**第 8 図**のようになり，最少電線本数は 4 本である．

41 ハ．

VVF ケーブルを用いたケーブル工事で，点滅器を取り付けるのに使用するのは，ハの合成樹脂製埋込スイッチボックスである．

42 ニ．

⑫で示すボックス内の接続は，**第 9 図**のようになる．

電線 1.6 mm 相互をリングスリーブで圧着接続する場合，リングスリーブの種類と刻印の組み合わせは**第 6 表**のようになる．

電線 1.6 mm を 2 本接続する場合は，小スリーブを使用して刻印を○にする．電線 1.6 mm を 4 本接続する場合は，小スリーブを使用して刻印を小にする．

第6表

電線1.6 mm	リングスリーブ	刻印
2本	小	○
3～4本	小	小
5～6本	中	中

43 **ロ.**

負荷電流を測定するには，ロのクランプ形電流計を使用する

44 **ハ.**

⑭の配線は，**第10図**のようになる.

45 **ハ.**

⑮で示すボックス内の接続は，**第8図**のようになる．電線1.6 mm 2本の接続箇所が4箇所で，小スリーブを4個使用する．電線1.6 mm 5本の接続と6本の接続が1箇所ずつあるので，中スリーブを2個使用する.

46 **ハ.**

⑯で示す部分の配線は，**第8図**のようになる．電線が4本の場合は，2心のケーブルを2本使用して配線する.

47 **ニ.**

⑰で示すボックス内の接続は，**第8図**のようになる．差込形コネクタは2本接続用を4個，4本接続用を2個使用する.

48 **ロ.**

ロの図記号は◒E 250Vで，この配線図で使用されていない．イの図記号は◒2Eで，台所に使用されている．ハの図記号は◒EETで，台所に使用されている．ニの図記号は◒で，和室と車庫に使用されている.

49 **イ.**

イの図記号は●Lで，この配線図で使用されていない．ロの図記号は●Hで，洗面所入口に使用されている．ハの図記号は●3で，台所，洗面所入口及び居間に使用されている．ニの図記号は●2Pで，屋外灯の点滅用スイッチとして台所に設置されている.

50 **イ.**

ストレートボックスコネクタは，二種金属製可とう電線管をアウトレットボックス等に接続するもので，ねじなし電線管と組み合わせて使用することはない.

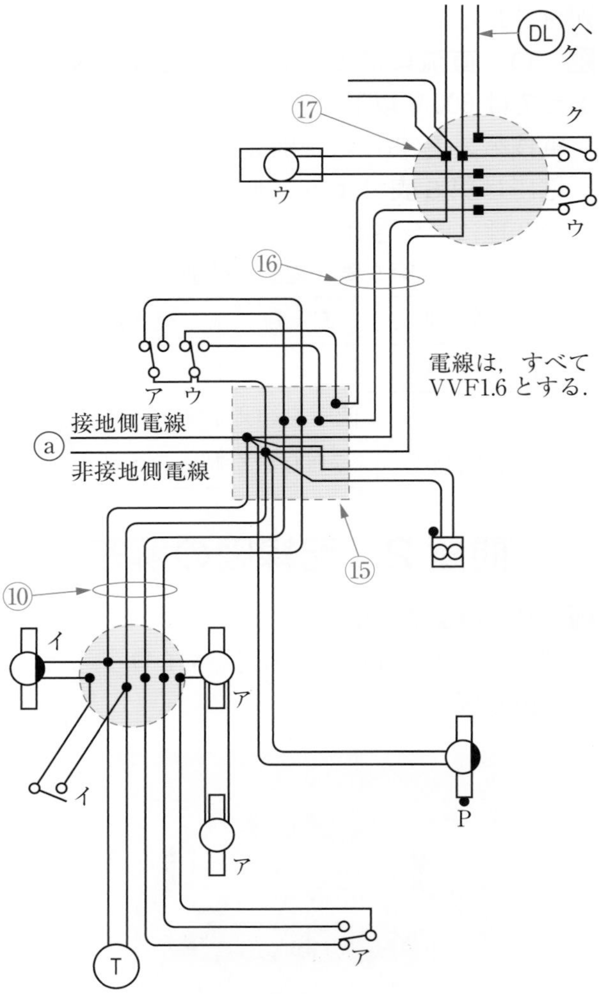

第8図

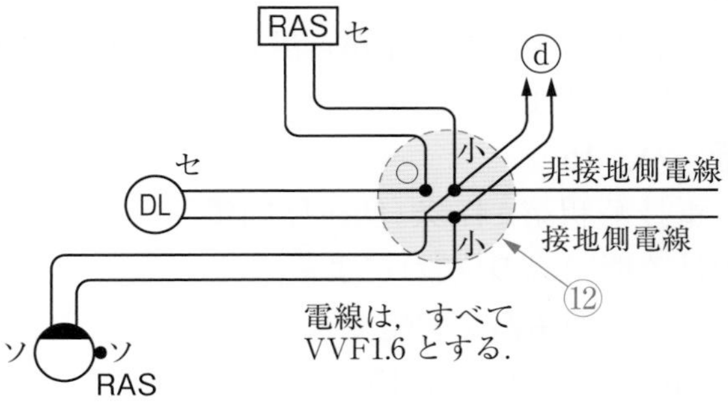

第9図

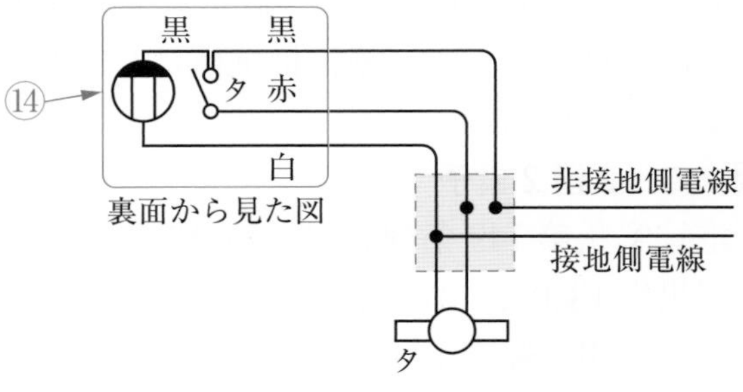

第10図

問題１．一般問題（問題数 30，配点は１問当たり２点）

【注】本問題の計算で $\sqrt{2}$，$\sqrt{3}$ 及び円周率 π を使用する場合の数値は次によること。$\sqrt{2}=1.41$ ，$\sqrt{3}=1.73$ ，π＝3.14

次の各問いには４通りの答え（**イ**，**ロ**，**ハ**，**ニ**）が書いてある。それぞれの問いに対して答えを１つ選びなさい。

なお，選択肢が数値の場合は最も近い値を選びなさい。

	問　い	答　え
1	図のような直流回路で，a–b 間の電圧［V］は。 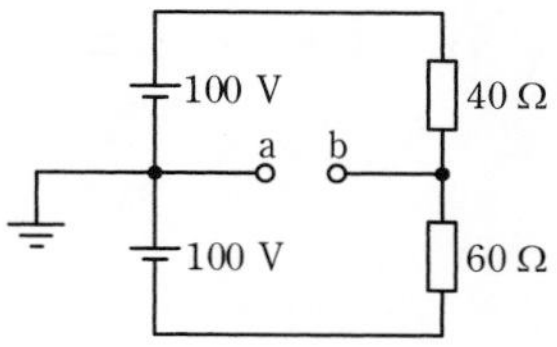 	イ．20　　ロ．30　　ハ．40　　ニ．50
2	抵抗 R［Ω］に電圧 V［V］を加えると，電流 I［A］が流れ，P［W］の電力が消費される場合，抵抗 R［Ω］を示す式として，**誤っているものは**。	イ．$\frac{V}{I}$　　ロ．$\frac{P}{I^2}$　　ハ．$\frac{V^2}{P}$　　ニ．$\frac{PI}{V}$
3	抵抗器に100 Vの電圧を印加したとき，4 Aの電流が流れた。1時間20分の間に抵抗器で発生する熱量［kJ］は。	イ．960　　ロ．1 920　　ハ．2 400　　ニ．2 700
4	図のような交流回路の力率［%］を示す式は。 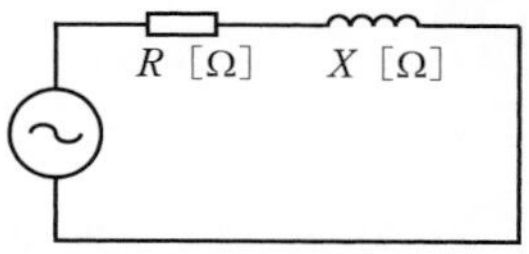 	イ．$\frac{100RX}{R^2+X^2}$　　ロ．$\frac{100R}{\sqrt{R^2+X^2}}$　　ハ．$\frac{100X}{\sqrt{R^2+X^2}}$　　ニ．$\frac{100R}{R+X}$
5	図のような三相3線式回路に流れる電流 I［A］は。 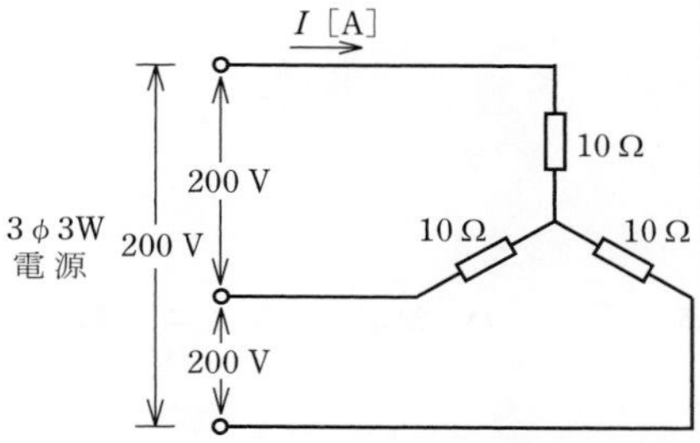 	イ．8.3　　ロ．11.6　　ハ．14.3　　ニ．20.0

	問い	答え			
6	図のように，電線のこう長8 mの配線により，消費電力2 000 Wの抵抗負荷に電力を供給した結果，負荷の両端の電圧は100 Vであった。配線における電圧降下［V］は。 ただし，電線の電気抵抗は長さ1 000 m当たり5.0 Ωとする。 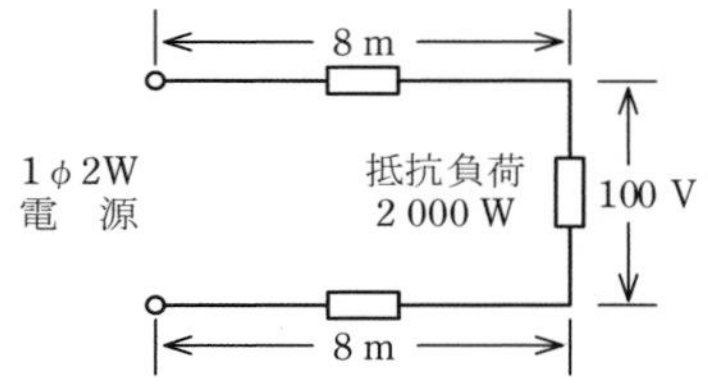 	イ．0.2	ロ．0.8	ハ．1.6	ニ．2.4
7	図のような単相 3 線式回路で，電線 1 線当たりの抵抗が 0.1 Ω，抵抗負荷に流れる電流がともに 20 A のとき，この電線路の電力損失［W］は。 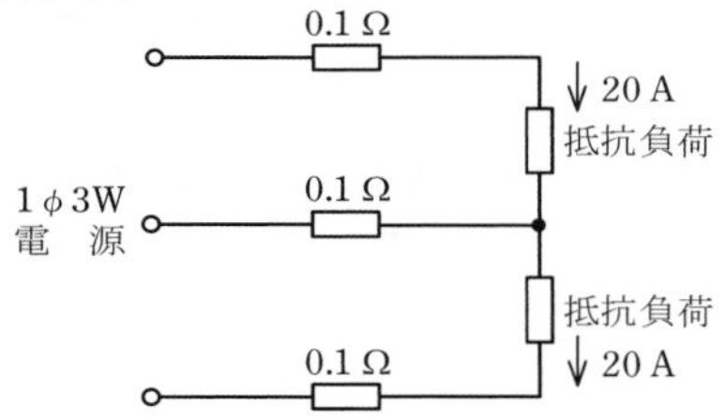 	イ．40	ロ．69	ハ．80	ニ．120
8	金属管による低圧屋内配線工事で，管内に直径 2.0 mm の 600V ビニル絶縁電線（軟銅線）5 本を収めて施設した場合，電線 1 本当たりの許容電流［A］は。 ただし，周囲温度は 30 ℃以下，電流減少係数は 0.56 とする。	イ．15	ロ．19	ハ．27	ニ．35
9	図のように定格電流 50 A の過電流遮断器で保護された低圧屋内幹線から分岐して，7 m の位置に過電流遮断器を施設するとき，a–b 間の電流の許容電流の最小値［A］は。 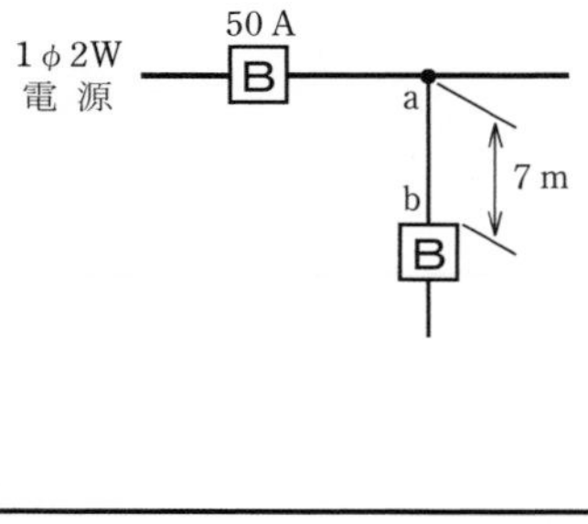 	イ．12.5	ロ．17.5	ハ．22.5	ニ．27.5

	問　い	答　え
10	低圧屋内配線の分岐回路の設計で，配線用遮断器，分岐回路の電線の太さ及びコンセントの組合せとして，**適切なものは**。 ただし，分岐点から配線用遮断器までは 3 m，配線用遮断器からコンセントまでは 8 m とし，電線の数値は分岐回路の電線（軟銅線）の太さを示す。 また，コンセントは兼用コンセントではないものとする。	イ．　ロ．　ハ．　ニ． 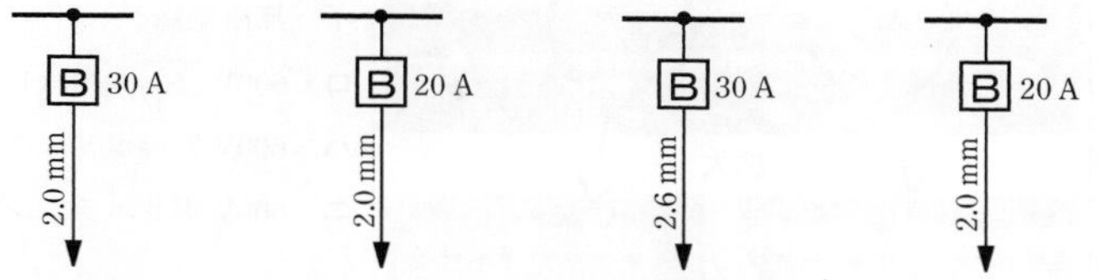 イ．定格電流 20 A の コンセント 2個 ロ．定格電流 30 A の コンセント 1個 ハ．定格電流 15 A の コンセント 2個 ニ．定格電流 20 A の コンセント 2個
11	プルボックスの主な使用目的は。	イ．多数の金属管が集合する場所等で，電線の引き入れを容易にするために用いる。 ロ．多数の開閉器類を集合して設置するために用いる。 ハ．埋込みの金属管工事で，スイッチやコンセントを取り付けるために用いる。 ニ．天井に比較的重い照明器具を取り付けるために用いる。
12	使用電圧が 300 V 以下の屋内に施設する器具であって，付属する移動電線にビニルコードが**使用できるものは**。	イ．電気扇風機 ロ．電気こたつ ハ．電気こんろ ニ．電気トースター
13	電気工事の種類と，その工事で使用する工具の組合せとして，**適切なものは**。	イ．金属線ぴ工事とボルトクリッパ ロ．合成樹脂管工事とパイプベンダ ハ．金属管工事とクリックボール ニ．バスダクト工事と圧着ペンチ
14	三相誘導電動機が周波数50 Hzの電源で無負荷運転されている。この電動機を周波数60 Hzの電源で無負荷運転した場合の回転の状態は。	イ．回転速度は変化しない。 ロ．回転しない。 ハ．回転速度が減少する。 ニ．回転速度が増加する。
15	過電流遮断器として低圧電路に施設する定格電流 40 A のヒューズに 80 A の電流が連続して流れたとき，溶断しなければならない時間［分］の限度（最大の時間）は。 ただし，ヒューズは水平に取り付けられているものとする。	イ．3　　ロ．4　　ハ．6　　ニ．8

問い		答え
16	写真に示す材料の名称は。 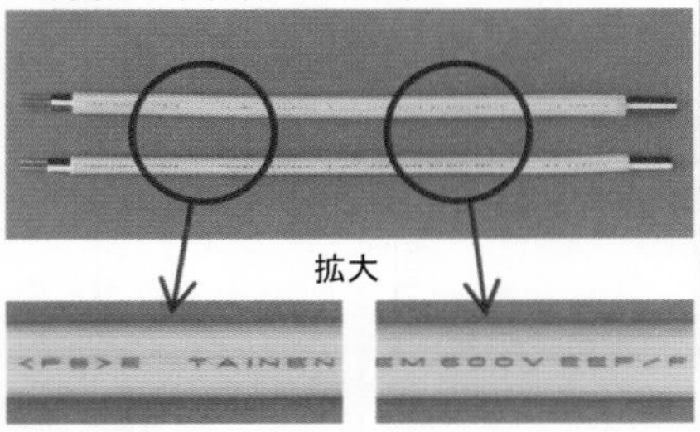 	イ．無機絶縁ケーブル ロ．600V ビニル絶縁ビニルシースケーブル平形 ハ．600V 架橋ポリエチレン絶縁ビニルシースケーブル ニ．600V ポリエチレン絶縁耐燃性ポリエチレンシースケーブル平形
17	写真に示す器具の用途は。 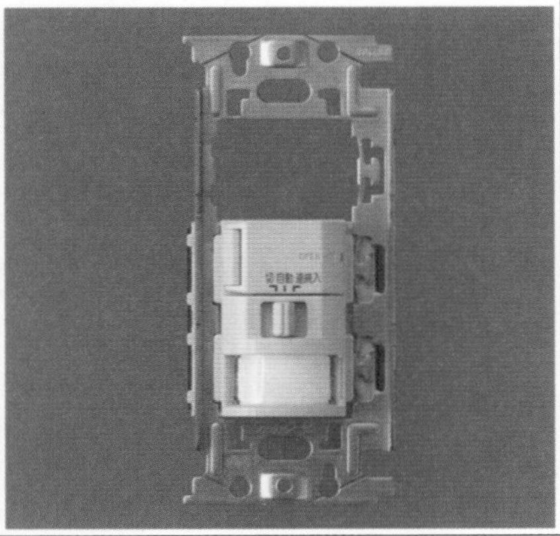	イ．照明器具の明るさを調整するのに用いる。 ロ．人の接近による自動点滅器に用いる。 ハ．蛍光灯の力率改善に用いる。 ニ．周囲の明るさに応じて街路灯などを自動点滅させるのに用いる。
18	写真に示す器具の用途は。 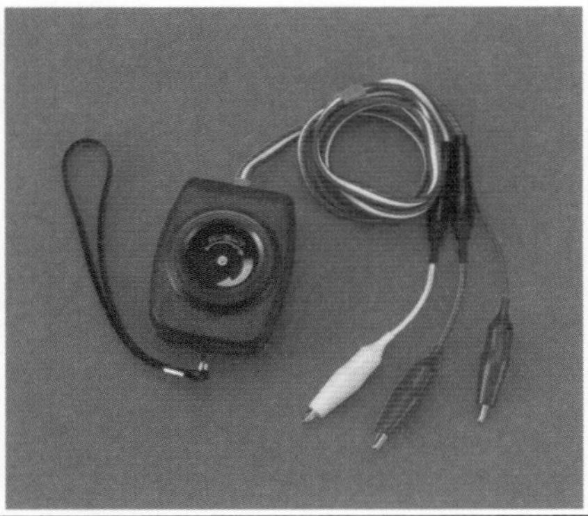	イ．三相回路の相順を調べるのに用いる。 ロ．三相回路の電圧の測定に用いる。 ハ．三相電動機の回転速度の測定に用いる。 ニ．三相電動機の軸受けの温度の測定に用いる。
19	600V ビニル絶縁ビニルシースケーブル平形 1.6 mm を使用した低圧屋内配線工事で，絶縁電線相互の終端接続部分の絶縁処理として，**不適切なものは。** ただし，ビニルテープは JIS に定める厚さ約 0.2mm の電気絶縁用ポリ塩化ビニル粘着テープとする。	イ．リングスリーブにより接続し，接続部分を自己融着性絶縁テープ(厚さ約 0.5 mm)で半幅以上重ねて 1 回(2 層)巻き，更に保護テープ(厚さ約 0.2 mm)を半幅以上重ねて 1 回(2 層)巻いた。 ロ．リングスリーブにより接続し，接続部分を黒色粘着性ポリエチレン絶縁テープ(厚さ約 0.5 mm)で半幅以上重ねて 2 回(4 層)巻いた。 ハ．リングスリーブにより接続し，接続部分をビニルテープで半幅以上重ねて 1 回(2 層)巻いた。 ニ．差込形コネクタにより接続し，接続部分をビニルテープで巻かなかった。

問い		答え

20　次表は使用電圧 100 V の屋内配線の施設場所による工事の種類を示す表である。
表中の a～f のうち，**「施設できない工事」を全て選んだ組合せとして，正しいものは。**

施設場所の区分	工事の種類		
	金属線ぴ工事	金属管工事	金属ダクト工事
点検できる隠ぺい場所で乾燥した場所	a	c	e
展開した場所で湿気の多い場所	b	d	f

イ．a
ロ．b，f
ハ．e
ニ．e，f

21　図に示す一般的な低圧屋内配線の工事で，スイッチボックス部分におけるパイロットランプの異時点滅（負荷が点灯していないときパイロットランプが点灯）回路は。
ただし，ⓐは電源からの非接地側電線（黒色），ⓑは電源からの接地側電線（白色）を示し，負荷には電源からの接地側電線が直接に結線されているものとする。
なお，パイロットランプは 100 V 用を使用する。

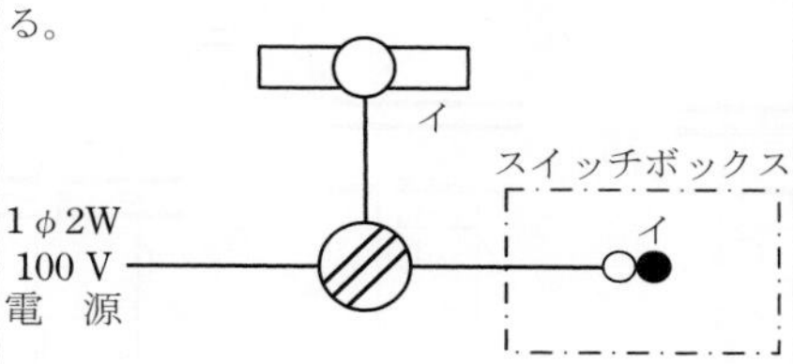

パイロットランプ○ は，異時点滅とする。

イ．

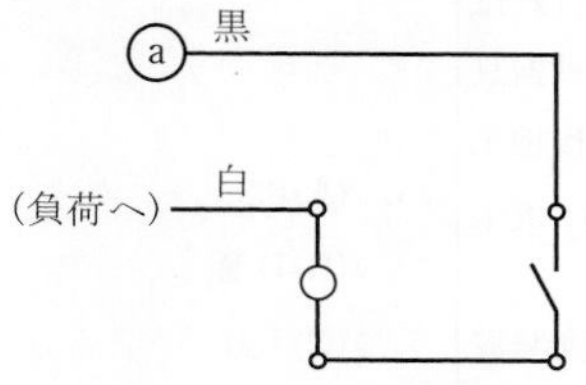

ロ．

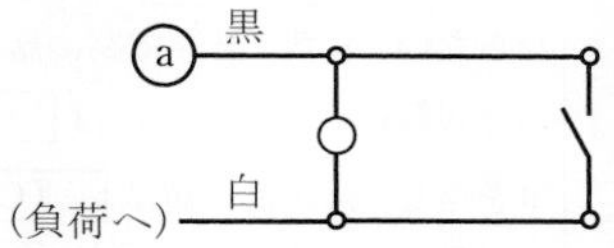

ハ．

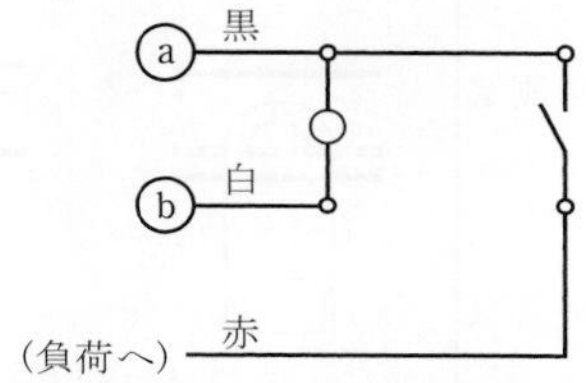

ニ．

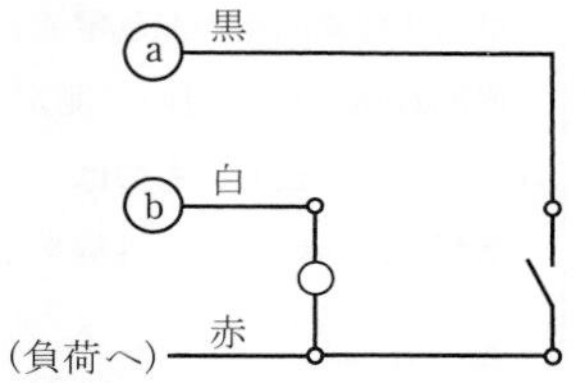

22　D種接地工事を**省略できないものは。**
ただし，電路には定格感度電流 30 mA，定格動作時間 0.1 秒の漏電遮断器が取り付けられているものとする。

イ．乾燥した場所に施設する三相 200 V（対地電圧 200 V）動力配線の電線を収めた長さ 3 m の金属管。
ロ．乾燥した場所に施設する単相 3 線式 100/200 V（対地電圧 100 V）配線の電線を収めた長さ 6 m の金属管。
ハ．乾燥した木製の床の上で取り扱うように施設する三相 200 V（対地電圧 200 V）空気圧縮機の金属製外箱部分。
ニ．乾燥した場所のコンクリートの床に施設する三相 200 V（対地電圧 200 V）誘導電動機の鉄台。

23　低圧屋内配線工事で，600V ビニル絶縁電線を金属管に収めて使用する場合，その電線の許容電流を求めるための電流減少係数に関して，同一管内の電線数と電線の電流減少係数との組合せで，**誤っているものは。**
ただし，周囲温度は 30℃以下とする。

イ．2 本　0.80
ロ．4 本　0.63
ハ．5 本　0.56
ニ．6 本　0.56

24　低圧電路で使用する測定器とその用途の組合せとして，**誤っているものは。**

イ．絶縁抵抗計　と　絶縁不良箇所の確認
ロ．回路計（テスタ）　と　導通の確認
ハ．検相器　と　電動機の回転速度の測定
ニ．検電器　と　電路の充電の有無の確認

	問　い	答　え
25	図のような単相3線式回路で，開閉器を閉じて機器Aの両端の電圧を測定したところ120Vを示した。この原因として，**考えられるものは**。 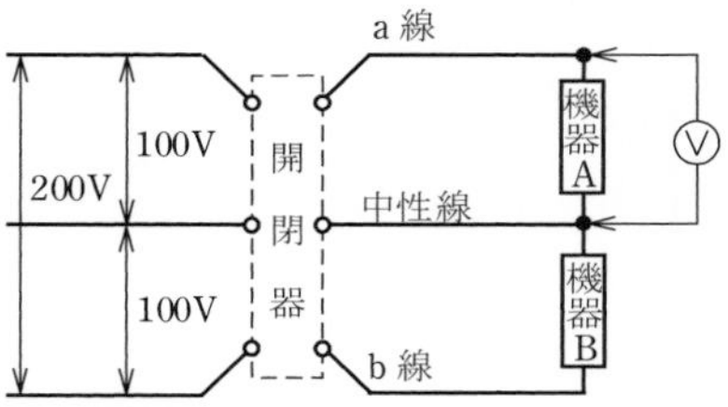 	**イ**．a線が断線している。 **ロ**．中性線が断線している。 **ハ**．b線が断線している。 **ニ**．機器Aの内部で断線している。
26	次の空欄(A)，(B)及び(C)に当てはまる組合せとして，**正しいものは**。 使用電圧が300V以下で対地電圧が150Vを超える低圧の電路の電線相互間及び電路と大地との間の絶縁抵抗は区切ることのできる電路ごとに (A) [MΩ] 以上でなければならない。また，当該電路に施設する機械器具の金属製の台及び外箱には (B) 接地工事を施し，接地抵抗値は (C) [Ω] 以下に施設することが必要である。 ただし，当該電路に施設された地絡遮断装置の動作時間は0.5秒を超えるものとする。	**イ**．(A)0.4　(B)C種　(C)10 **ロ**．(A)0.2　(B)C種　(C)500 **ハ**．(A)0.2　(B)D種　(C)100 **ニ**．(A)0.2　(B)D種　(C)500
27	単相3線式回路の漏れ電流の有無を，クランプ形漏れ電流計を用いて測定する場合の測定方法として，**正しいものは**。 ただし，▨ は中性線を示す。	**イ**．　**ロ**．　**ハ**．　**ニ**． 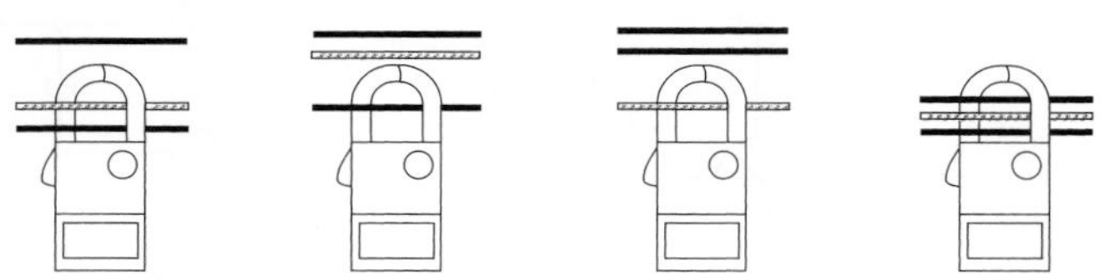
28	「電気工事士法」において，一般用電気工作物の工事又は作業で電気工事士でなければ**従事できないものは**。	**イ**．インターホーンの施設に使用する小型変圧器(二次電圧が36V以下)の二次側の配線をする。 **ロ**．電線を支持する柱，腕木を設置する。 **ハ**．電圧600V以下で使用する電力量計を取り付ける。 **ニ**．電線管とボックスを接続する。
29	「電気用品安全法」の適用を受ける次の電気用品のうち，特定電気用品は。	**イ**．定格消費電力20Wの蛍光ランプ **ロ**．外径19mmの金属製電線管 **ハ**．定格消費電力500Wの電気冷蔵庫 **ニ**．定格電流30Aの漏電遮断器
30	一般用電気工作物に関する記述として，**誤っているものは**	**イ**．低圧で受電するもので，出力60kWの太陽電池発電設備を同一構内に施設するものは，一般用電気工作物となる。 **ロ**．低圧で受電するものは，小出力発電設備を同一構内に施設しても一般用電気工作物となる。 **ハ**．低圧で受電するものであっても，火薬類を製造する事業場など，設置する場所によっては一般用電気工作物とならない。 **ニ**．高圧で受電するものは，受電電力の容量，需要場所の業種にかかわらず，一般用電気工作物とならない。

問題2．配線図（問題数 20，配点は1問当たり 2 点）

※図は 184 頁参照

図は，木造3階建住宅の配線図である。この図に関する次の各問いには4通りの答え（**イ**，**ロ**，**ハ**，**ニ**）が書いてある。それぞれの問いに対して，答えを1つ選びなさい。

【注意】 1．屋内配線の工事は，特記のある場合を除き 600V ビニル絶縁ビニルシースケーブル平形（VVF）を用いたケーブル工事である。
2．屋内配線等の電線の本数，電線の太さ，その他，問いに直接関係のない部分等は省略又は簡略化してある。
3．漏電遮断器は，定格感度電流 30 mA，動作時間 0.1 秒以内のものを使用している。
4．選択肢（答え）の写真にあるコンセント及び点滅器は，「JIS C 0303：2000 構内電気設備の配線用図記号」で示す「一般形」である。
5．ジョイントボックスを経由する電線は，すべて接続箇所を設けている。
6．3路スイッチの記号「0」の端子には，電源側又は負荷側の電線を結線する。

	問　い	答　え
31	①で示す部分にペンダントを取り付けたい。図記号は。	イ．(CH)　ロ．(CP)　ハ．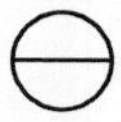　ニ．(CL)
32	②で示す図記号の名称は。	イ．一般形点滅器　ロ．一般形調光器 ハ．ワイドハンドル形点滅器　ニ．ワイド形調光器
33	③で示すコンセントの極配置（刃受）は。	イ．　ロ．　ハ．　ニ．
34	④で示す部分の工事方法として，**適切なものは。**	イ．金属管工事 ロ．金属可とう電線管工事 ハ．金属線ぴ工事 ニ．600V 架橋ポリエチレン絶縁ビニルシースケーブル（単心3本のより線）を使用したケーブル工事
35	⑤で示す部分の電路と大地間の絶縁抵抗として，許容される最小値［MΩ］は。	イ．0.1　ロ．0.2　ハ．0.4　ニ．1.0
36	⑥で示す部分の接地工事の種類及びその接地抵抗の許容される最大値［Ω］の組合せとして，**正しいものは。**	イ．C 種接地工事　10 Ω ロ．C 種接地工事　100 Ω ハ．D 種接地工事　100 Ω ニ．D 種接地工事　500 Ω
37	⑦で示す部分の最少電線本数（心線数）は。	イ．2　ロ．3　ハ．4　ニ．5
38	⑧で示す部分の配線で（PF22）とあるのは。	イ．外径 22 mm の硬質ポリ塩化ビニル電線管である。 ロ．外径 22 mm の合成樹脂製可とう電線管である。 ハ．内径 22 mm の硬質ポリ塩化ビニル電線管である。 ニ．内径 22 mm の合成樹脂製可とう電線管である。
39	⑨で示す部分の小勢力回路で使用できる電圧の最大値［V］は。	イ．24　ロ．30　ハ．40　ニ．60
40	⑩で示す図記号の配線方法は。	イ．天井隠ぺい配線　ロ．床隠ぺい配線 ハ．天井ふところ内配線　ニ．床面露出配線

<table>
<tr><th colspan="2">問　い</th><th>答　え</th></tr>
<tr><td>41</td><td>⑪で示すボックス内の接続をすべて差込形コネクタとする場合，使用する差込形コネクタの種類と最少個数の組合せで，正しいものは。
ただし，使用する電線はすべて VVF1.6 とする。</td><td>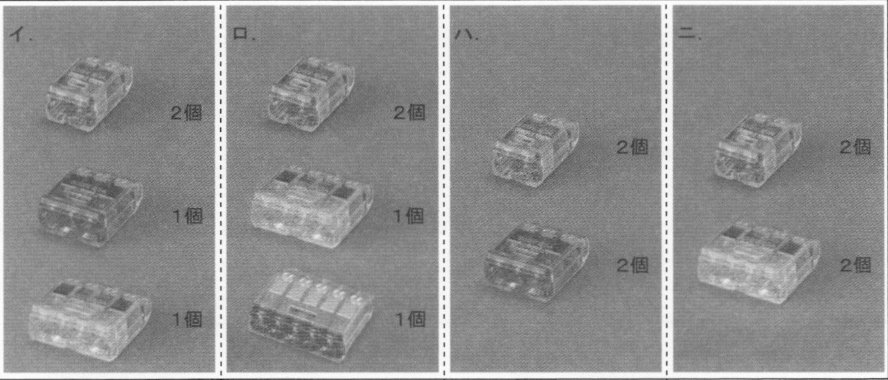
</td></tr>
<tr><td>42</td><td>⑫で示すボックス内の接続をリングスリーブで圧着接続した場合のリングスリーブの種類，個数及び圧着接続後の刻印との組合せで，正しいものは。
ただし，使用する電線はすべて VVF1.6 とする。
また，写真に示すリングスリーブ中央の○，小，中は刻印を表す。</td><td>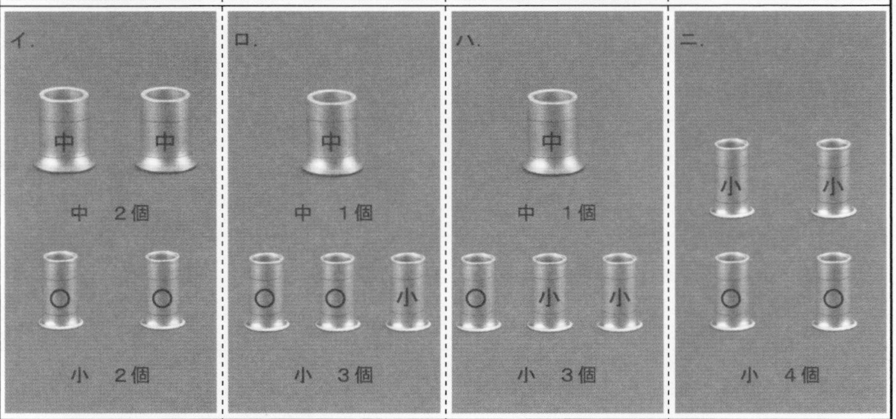
</td></tr>
<tr><td>43</td><td>⑬で示す部分の配線工事に必要なケーブルは。
ただし，使用するケーブルの心線数は最少とする。</td><td>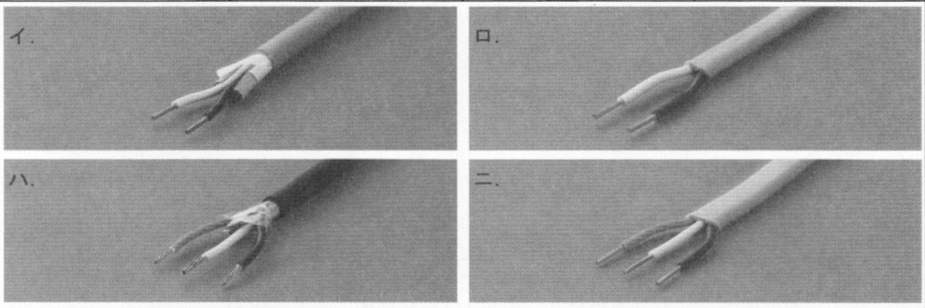
</td></tr>
<tr><td>44</td><td>⑭で示すボックス内の接続をすべて圧着接続とする場合，使用するリングスリーブの種類と最少個数の組合せで，正しいものは。
ただし，使用する電線はすべて VVF1.6 とする。</td><td>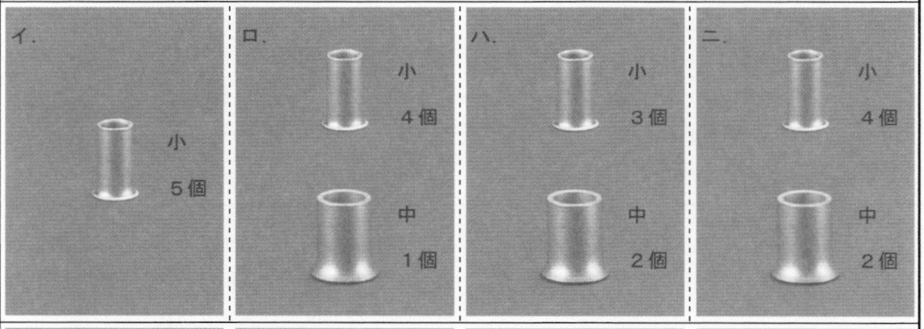
</td></tr>
<tr><td>45</td><td>⑮で示す部分の配線を器具の裏面から見たものである。正しいものは。
ただし，電線の色別は，白色は電源からの接地側電線，黒色は電源からの非接地側電線とする。</td><td>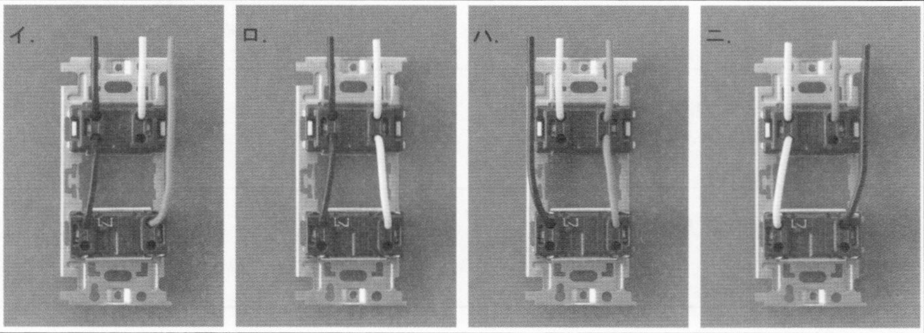
</td></tr>
</table>

問い		答え			
46	この配線図の施工で,一般的に**使用されることのないものは**。	イ. 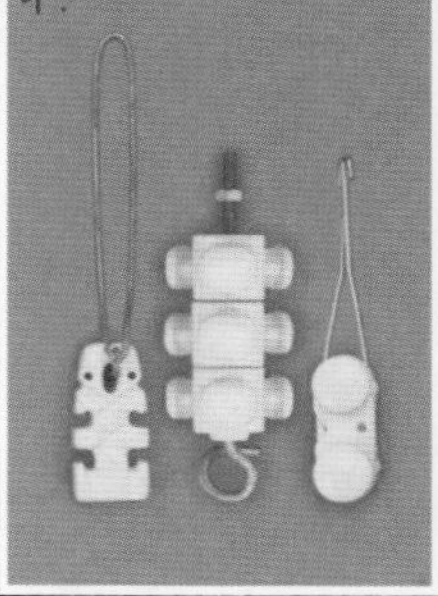	ロ. 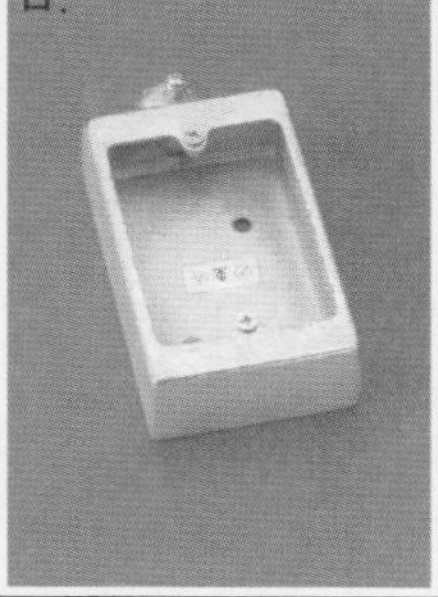	ハ. 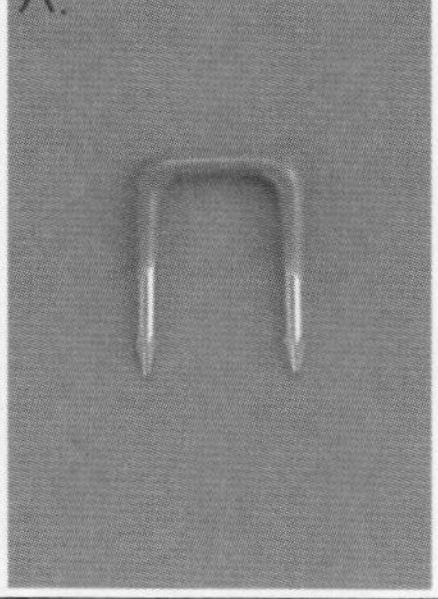	ニ. 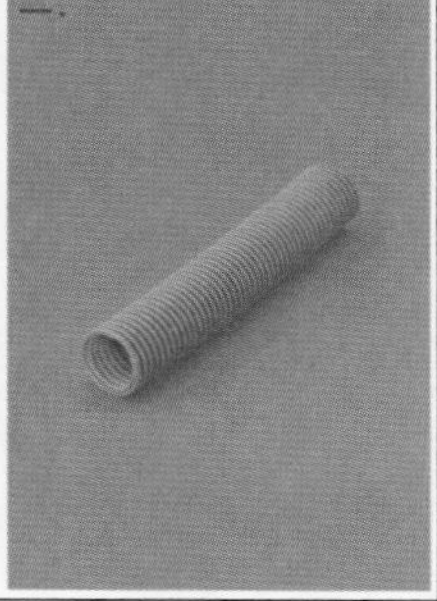
47	この配線図の施工で,一般的に**使用されることのないものは**。	イ. 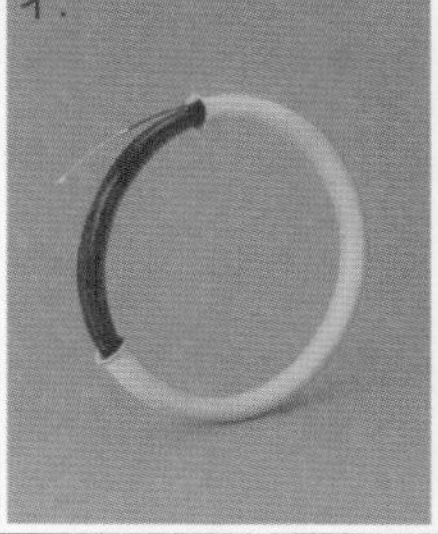	ロ. 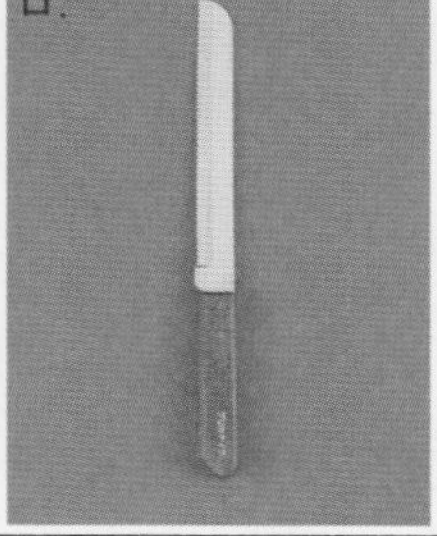	ハ. 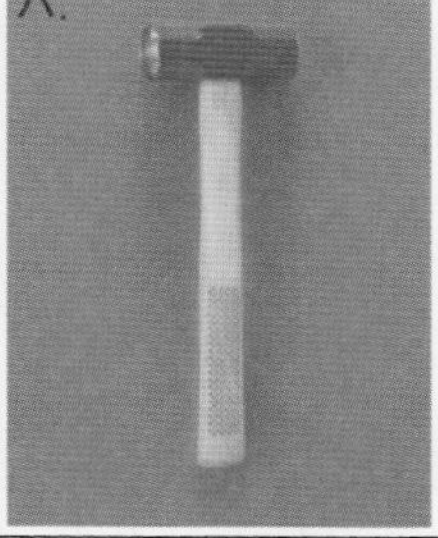	ニ. 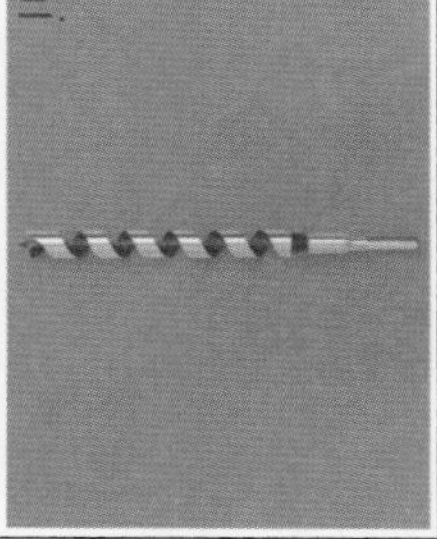
48	この配線図で，**使用されていない**スイッチは。ただし，写真下の図は，接点の構成を示す。	イ.  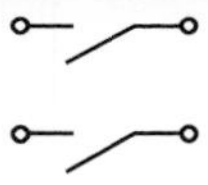	ロ.  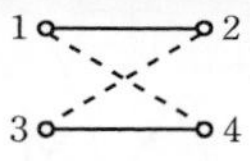	ハ.  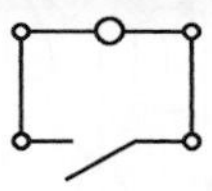	ニ.  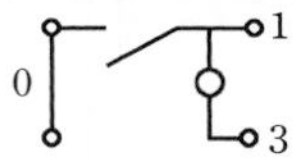
49	この配線図の施工で,一般的に**使用されることのないものは**。	イ. 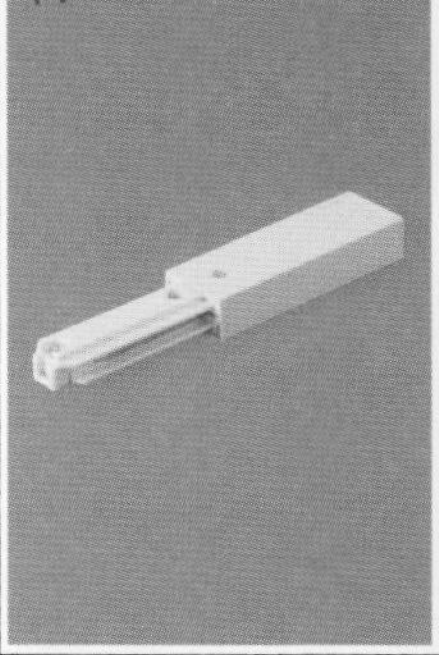	ロ. 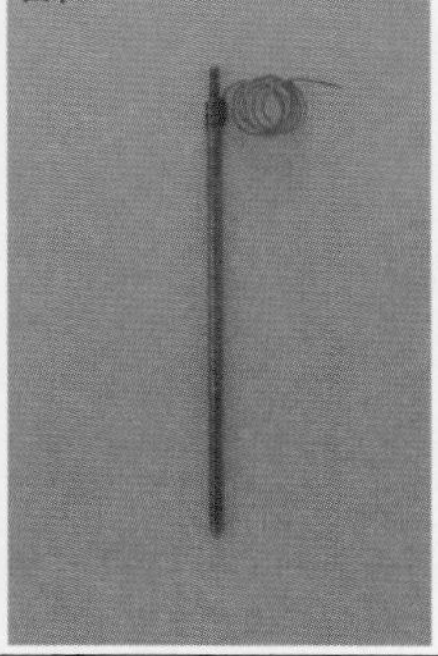	ハ. 	ニ. 
50	この配線図で，使用されているコンセントとその個数の組合せで，**正しいものは**。	イ. 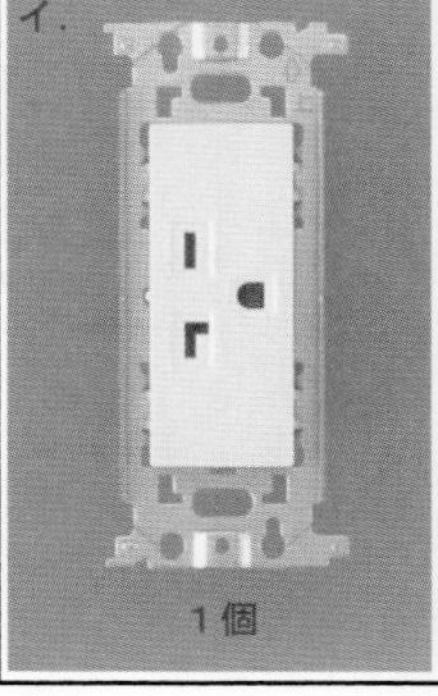 1個	ロ.  2個	ハ.  1個	ニ. 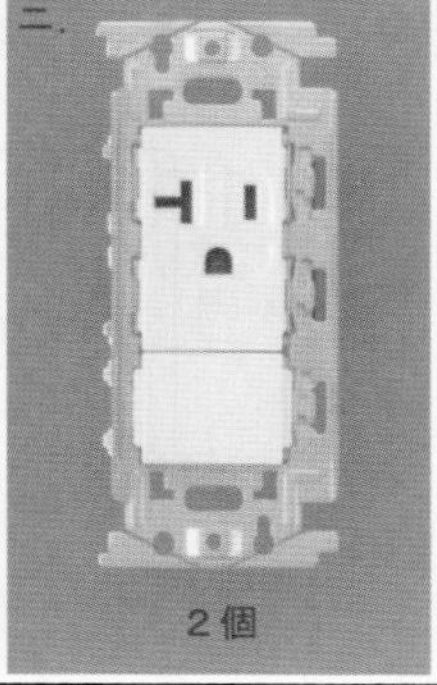 2個

図面を引き抜いてご覧ください

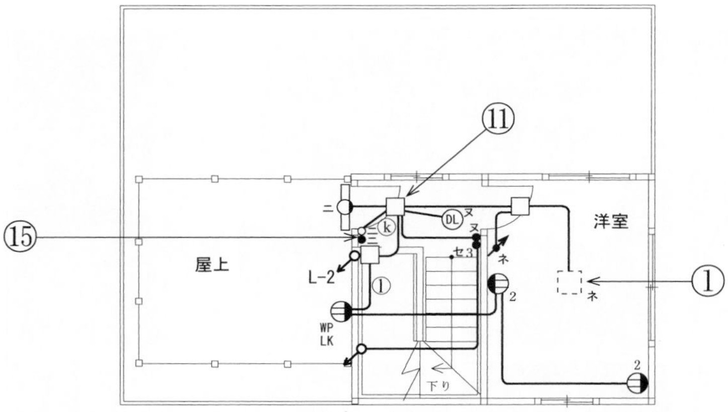

3階平面図

凡例
ⓐ～ⓛ印は単相100V回路
ⓐ～ⓑ印は単相200V回路
◢ は電灯分電盤

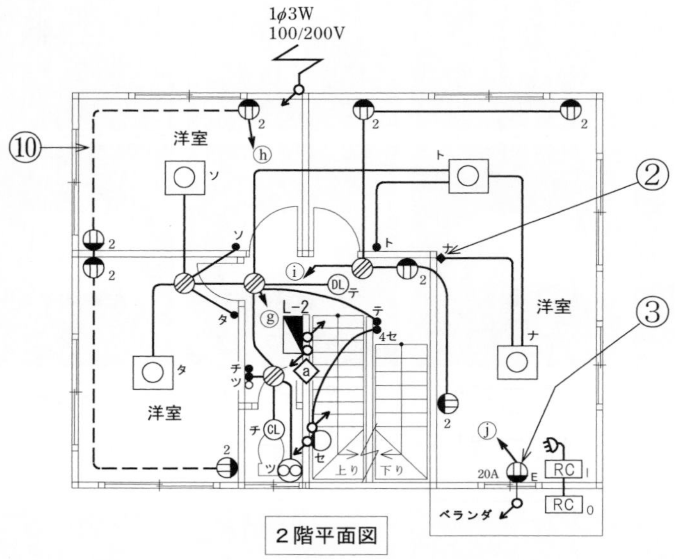

2階平面図

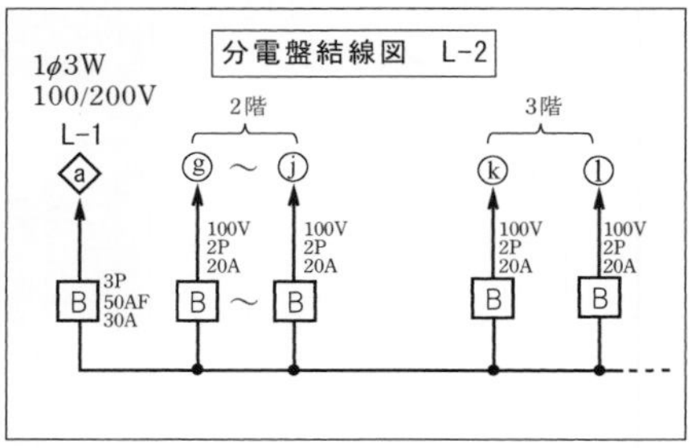

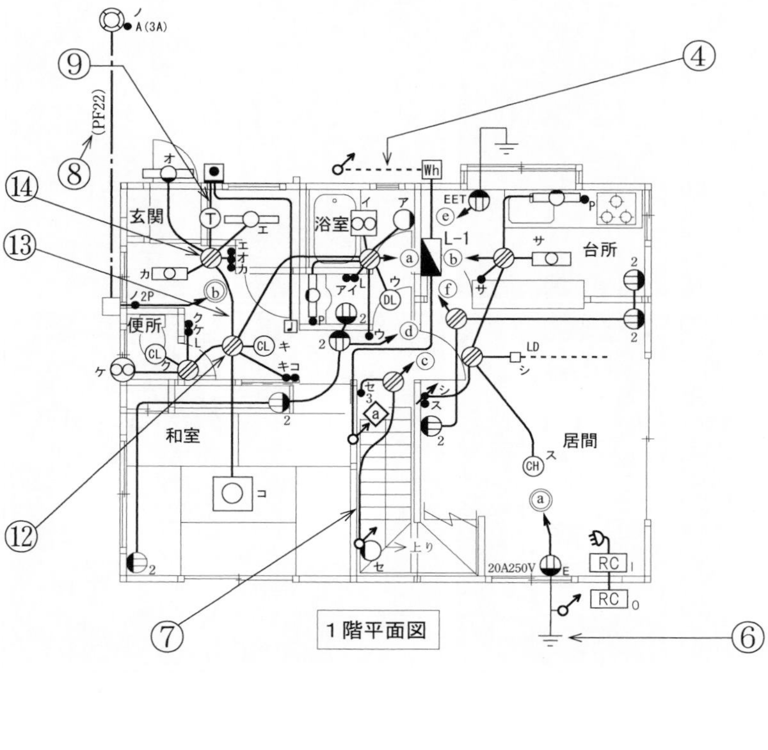

1階平面図

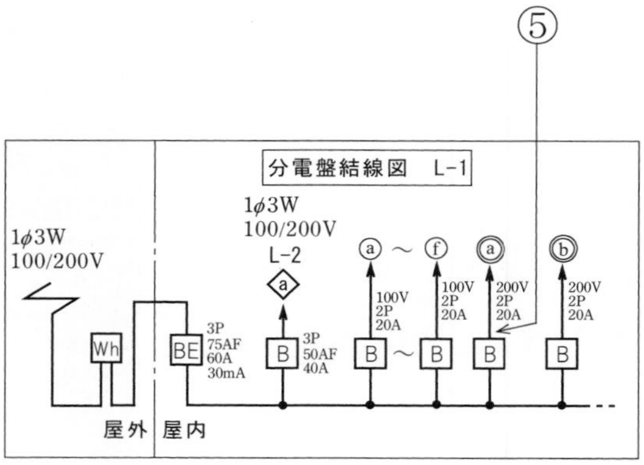

解答と解説

問題 1．一般問題の解答

1　イ．20

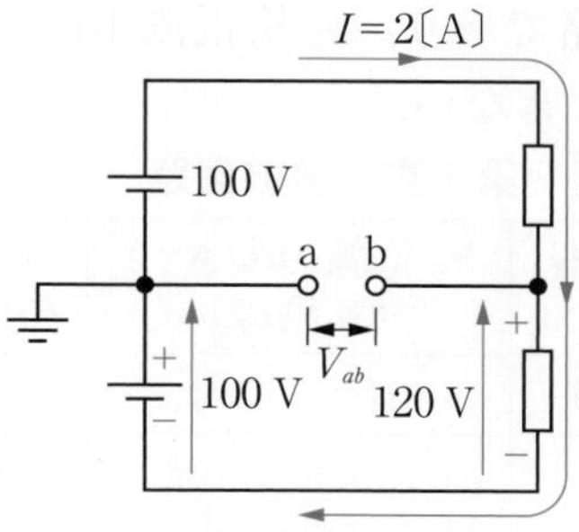

第 1 図

第 1 図において，直列に接続された抵抗 40 Ω と抵抗 60 Ω に流れる電流 I〔A〕は，

$$I=\frac{200}{40+60}=\frac{200}{100}=2\text{〔A〕}$$

抵抗 60 Ω に加わる電圧は，$2\times60=120$〔V〕であり，上側が＋極，下側が－極になる．

電池の電圧 100 V と抵抗 60 Ω に加わる電圧 120 V の極性が同じとなるため，a-b 間の電圧 V_{ab} はその差になる．

$$V_{ab}=120-100=20\text{〔V〕}$$

2　ニ．$\dfrac{PI}{V}$

抵抗 R〔Ω〕に電圧 V〔V〕を加えた場合，流れる電流 I〔A〕，消費される電力 P〔W〕には，次の関係がある．

オームの法則から，

$$R=\frac{V}{I}\text{〔Ω〕}$$

また，電力の式により，

$$P=I^2R\text{〔W〕}\quad\text{から}\quad R=\frac{P}{I^2}\text{〔Ω〕}$$

$$P=\frac{V^2}{R}\text{〔W〕}\quad\text{から}\quad R=\frac{V^2}{P}\text{〔Ω〕}$$

となる．ニの $\dfrac{PI}{V}$ は，抵抗 R〔Ω〕を示す式ではない．

3　ロ．1 920

抵抗器の消費電力 P〔kW〕は，

$$P=VI=100\times4=400\text{〔W〕}=0.4\text{〔kW〕}$$

電力量 1 kW·h は 3 600 kJ になるので，1 時間 20 分の間に発生する熱量 Q〔kJ〕は，

$$Q=3\,600Pt=3\,600\times0.4\times\left(1+\frac{20}{60}\right)$$

$$=1\,440\times\left(1+\frac{1}{3}\right)$$

$$=1\,440+480$$

$$=1\,920\text{〔kJ〕}$$

4　ロ．$\dfrac{100R}{\sqrt{R^2+X^2}}$

抵抗 R〔Ω〕と誘導性リアクタンス X〔Ω〕が直列に接続された回路の力率 $\cos\theta$〔%〕は，次のようになる．

$$\cos\theta=\frac{R}{Z}\times100\text{〔%〕}$$

$$\cos\theta=\frac{R}{\sqrt{R^2+X^2}}\times100=\frac{100R}{\sqrt{R^2+X^2}}\text{〔%〕}$$

5　ロ．11.6

第 2 図で，1 相の抵抗 10 Ω に加わる電圧 V〔V〕は，

$$V=\frac{200}{\sqrt{3}}\text{〔V〕}$$

したがって，流れる電流 I〔A〕は，

$$I=\frac{\frac{200}{\sqrt{3}}}{10}=\frac{200}{10\sqrt{3}}=\frac{20}{\sqrt{3}}=\frac{20}{1.73}\fallingdotseq11.6\text{〔A〕}$$

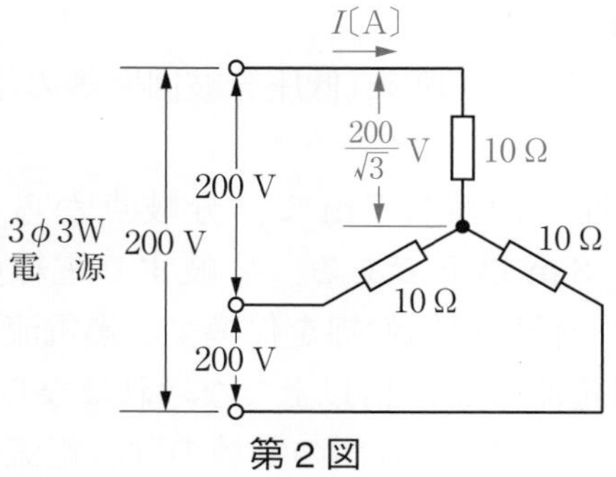

第 2 図

6　ハ．1.6

第 3 図において電線 8 m の電気抵抗 r〔Ω〕は，長さ 1 000 m 当たり 5.0 Ω であるから，

$$r=\frac{5}{1\,000}\times8=0.04\text{〔Ω〕}$$

電線に流れる電流 I〔A〕は，$P=VI\cos\theta$〔W〕

から,

$$I=\frac{P}{V\cos\theta}=\frac{2\,000}{100\times1}=20\,〔\mathrm{A}〕$$

配線における電圧降下 v〔V〕は,

$$v=2Ir=2\times20\times0.04=1.6\,〔\mathrm{V}〕$$

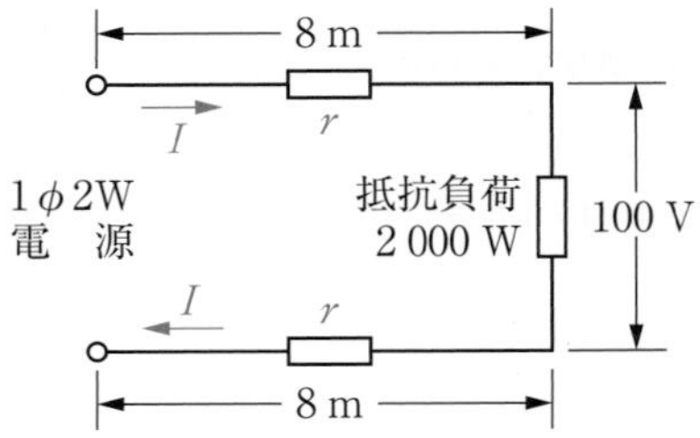

第３図

7 ハ．80

負荷が平衡しており，中性線には電流が流れないので，中性線の電力損失はない．

電線路の電力損失 P_l〔W〕は，中性線を除いた上下の２本の電線に生ずるので，

$$P_l=2I^2r$$
$$=2\times20^2\times0.1=800\times0.1=80\,〔\mathrm{W}〕$$

8 ロ．19

電技解釈第 146 条(低圧配線に使用する電線)による．

周囲温度 30 ℃以下で，直径 2.0 mm の 600 V ビニル絶縁電線(軟銅線)の許容電流は 35 A である．この電線５本を金属管に収めた場合，電線１本当たりの許容電流〔A〕は，電流減少係数が 0.56 であるから，

$35\times0.56=19.6\rightarrow19$ A

(小数点以下１位を７捨８入)

9 ロ．17.5

電技解釈第 149 条(低圧分岐回路等の施設)による．

a-b 間の距離は７m で，分岐点から３m を超えて８m 以下である．分岐する電線の許容電流は，低圧屋内幹線を保護する過電流遮断器の定格電流の 0.35 倍以上でなければならない．

したがって，a-b 間の電線の許容電流の最小値 I_W〔A〕は，

$$I_W=50\times0.35=17.5\,〔\mathrm{A}〕$$

10 ニ．

電技解釈第 149 条(低圧分岐回路等の施設)による．

配線用遮断器の定格電流，電線の太さ，コンセントの定格電流の組み合わせは**第１表**のようにしなければならない．

イは 30 A 配線用遮断器分岐回路であり，2.0 mm の電線は接続できない．ロは 20 A 配線用遮断器分岐回路であり，定格電流 30 A のコンセントは接続できない．ハは 30 A 配線用遮断器分岐回路であり，定格電流 15 A のコンセントは接続できない．

第１表　分岐回路

配線用遮断器の定格電流	電線の太さ(軟銅線)	コンセントの定格電流
20 A	1.6 mm 以上	20 A 以下
30 A	2.6 mm(5.5 mm²)以上	20 A 以上 30 A 以下
40 A	8 mm² 以上	30 A 以上 40 A 以下
50 A	14 mm² 以上	40 A 以上 50 A 以下

(注) 配線用遮断器の定格電流が 30 A の場合，定格電流が 20 A 未満の差込みプラグが接続できるものを除く．

11 イ．多数の金属管が集合する場所等で，電線の引き入れを容易にするために用いる．

プルボックスは，アウトレットボックスで対応できない多数の金属管が集合する場所や太い金属管を配管する場所等に用いられる．

また，電線の引き入れを容易にするためや電線を接続したりするのに用いる．

12 イ．電気扇風機

電技解釈第 171 条(移動電線の施設)による．

ビニルコードを移動電線として使用する場合は，電気を熱として利用しない電気扇風機や電気スタンドなどの電気機械器具に限られる．

13 ハ．金属管工事とクリックボール

クリックボールは，金属管の内側の面取りをする場合に，リーマを取り付けて使用するのでハは適切である．

14 ニ．回転速度が増加する．

三相誘導電動機の同期速度 N_s〔min^{-1}〕は，極数を p，電源の周波数を f〔Hz〕とすると，次式のようになる．

$$N_s=\frac{120f}{p}\,〔\mathrm{min}^{-1}〕$$

この式から，三相誘導電動機の同期速度は，電源の周波数に比例する．

無負荷の場合は同期速度に近い値で回転するので，電源の周波数が 50 Hz から 60 Hz に変わると，回転速度が増加する．

15　ロ．4

電技解釈第 33 条(低圧電路に施設する過電流遮断器の性能等)による．

定格電流が 30 A を超え 60 A 以下のヒューズは，定格電流の 2 倍の電流を通じた場合に，4 分以内に溶断しなければならない．

16　ニ．600 V ポリエチレン絶縁耐燃性ポリエチレンシースケーブル平形

拡大したケーブルの写真には，＜PS＞E TAINEN EM 600V EEF/F の文字が見える．

EEF/F の「EE」が絶縁物とシースにポリエチレンを使用していることを，「F」が平形の形状であることを，「/F」が耐燃性であることを示す．

17　ロ．人の接近による自動点滅器に用いる．

写真の器具は熱線式自動スイッチである．人体の体温を検知して開閉するスイッチで，玄関灯などに使用される．

18　イ．三相回路の相順を調べるのに用いる．

回転式の検相器で，三相回路の R 相・S 相・T 相の相順が正しく配線されているかを調べるものである．

19　ハ．リングスリーブにより接続し，接続部分をビニルテープで半幅以上重ねて 1 回(2 層)巻いた．

電技解釈第 12 条(電線の接続法)，内線規程 1335-7(電線の接続)による．

リングスリーブによって接続した場合は，接続部分を絶縁電線の絶縁物と同等以上の絶縁効力のあるもので，十分に被覆しなければならない．

600 V ビニル絶縁ビニルシースケーブル平形 1.6 mm の絶縁電線の絶縁被覆の厚さは 0.8 mm である．ビニルテープは厚さが 0.2 mm であり，4 層以上重ねて巻かなければならないので，ハは誤りである．

20　ロ．b，f

電技解釈第 156 条(低圧屋内配線の施設場所による工事の種類)による．

使用電圧 100 V の屋内配線工事で，金属線ぴ工事及び金属ダクト工事は，展開した場所及び点検できる隠ぺい場所で，乾燥した場所に限って施設できる．

金属管工事は，施設場所に制限がない．

21　ロ．

異時点滅回路は，**第 4 図**のようにパイロットランプを点滅器と並列に接続する．

点滅器を閉じると電灯が点灯し，パイロットランプは電圧が加わらなくなって消灯する．点滅器を開くと電灯とパイロットランプが直列に接続され，内部抵抗の大きいパイロットランプに電源電圧に近い電圧が加わって，パイロットランプが点灯して電灯は消灯する．

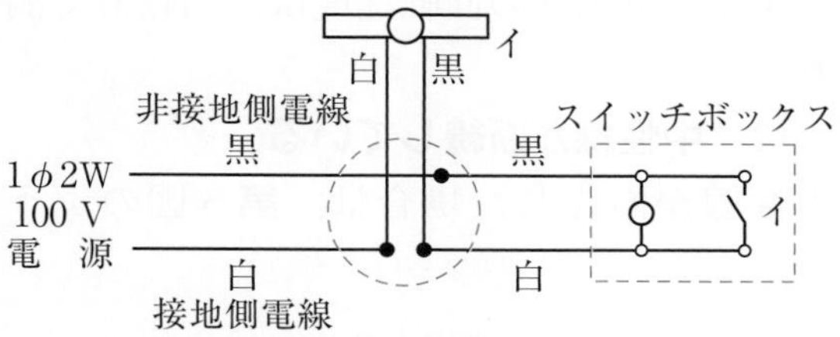

第 4 図　異時点滅回路

22　ニ．乾燥した場所のコンクリートの床に施設する三相 200 V(対地電圧 200 V)誘導電動機の鉄台．

電技解釈第 29 条(機械器具の金属製外箱等の接地)・第 159 条(金属管工事)による．

交流の対地電圧が 150 V を超える機械器具の金属製外箱等の D 種接地工事は，乾燥した木製の床その他これに類する絶縁性のものの上で取り扱うように施設する場合に省略できる．コンクリートの床は，絶縁性のものとみなされないので，この場合は D 種接地工事を省略できない．

金属管工事で，使用電圧が 300 V 以下の場合は，D 種接地工事を施さなければならないが，次の場合は省略することができる．

・管の長さが 4 m 以下のものを乾燥した場所に施設する場合．
・対地電圧が 150 V 以下の場合において，管の長さが 8 m 以下のものに簡易接触防護措置を施すとき又は乾燥した場所に施設するとき．

23　イ．2 本　0.80

電技解釈第 146 条(低圧配線に使用する電線)

による．

同一管内に電線を2本収めた場合の電流減少係数は0.7である．

電流減少係数は，**第2表**のように規定されている．

第2表　電流減少係数

同一管内の電線数	電流減少係数
3以下	0.70
4	0.63
5又は6	0.56

24　ハ．検相器　と　電動機の回転速度の測定

検相器は，三相回路の相順(相回転)の確認に使用する．電動機の回転速度は，回転計で測定する．

25　ロ．中性線が断線している．

中性線が断線した場合は，**第5図**のようになる．

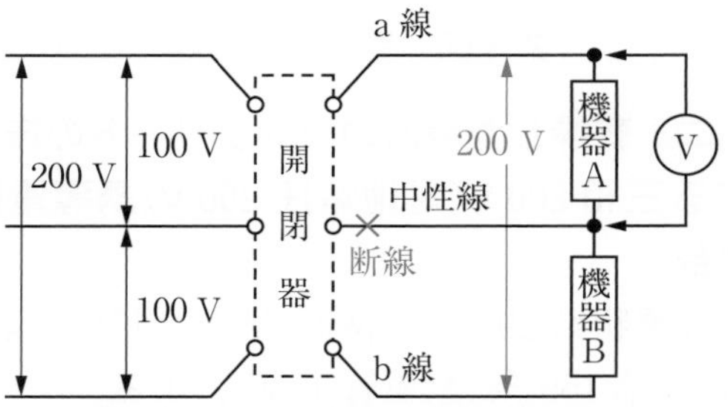

第5図中性線が断線した場合

中性線が断線すると，機器Aと機器Bが直列に接続された状態で200 Vの電圧が加わる．機器Aと機器Bに加わる電圧は，負荷の抵抗値に比例し，機器Aの抵抗値が機器Bより大きい場合は，100 Vを超えた電圧が加わる．

a線が断線した場合は，機器Aの両端に電圧は加わらない．b線が断線した場合は，機器Aの両端に加わる電圧は100 Vになる．機器Aの内部で断線すると，機器Aの両端に加わる電圧は100 Vになる．

26　ハ．(A)0.2　　(B)D種　　(C)100

電技第58条(低圧の電路の絶縁性能)，電技解釈第17条(接地工事の種類)・第29条(機械器具の金属製外箱等の接地)による．

使用電圧が300 V以下で対地電圧が150 Vを超える低圧の電路の電線相互間及び電路と大地との間の絶縁抵抗値は，区切ることのできる電路ごとに0.2 MΩ以上でなければならない．

機械器具の使用電圧が300 V以下の場合は，金属製外箱等にはD種接地工事を施さなければならない．当該電路に施設された地絡遮断装置の動作時間が0.5秒を超える場合の接地抵抗値は100 Ω以下でなければならない．

27　ニ．

クランプ形漏れ電流計を用いて，単相3線式回路の漏れ電流を測定する場合は，中性線を含むすべての電線を，ニのようにクランプ部の中に通さなければならない

28　ニ．電線管とボックスを接続する．

電気工事士法第3条(電気工事士等)，施行令第1条(軽微な工事)，施行規則第2条(軽微な作業)による．

電線管とボックスを接続する作業は，軽微な工事及び軽微な作業に該当しないので，電気工事士でなければ従事できない．

イ，ロ，ハはいずれも軽微な工事に該当し，電気工事士でなくても従事できる．

29　ニ．定格電流30 Aの漏電遮断器

電気用品安全法施行令第1条の2(特定電気用品)による．

漏電遮断器は，定格電圧が100 V以上300 V以下のものであって，定格電流が100 A以下のものが，特定電気用品の適用を受ける．

30　イ．低圧で受電するもので，出力60 kWの太陽電池発電設備を同一構内に施設するものは，一般用電気工作物となる．

電気事業法第38条，施行規則第48条(一般用電気工作物の範囲)による．

出力50 kW以上の太陽電池発電設備は，小出力発電設備に該当しない．低圧で受電するものであっても，出力50 kW以上の太陽電池発電設備を同一構内に施設するものは，自家用電気工作物となる．

一般用電気工作物は，次に該当するものである．

①低圧(600 V以下)で受電し，同一の構内で使用するもので，これに接続する小出力発電設備を含む．

②火薬類を製造する事業場，石炭坑を除く．

問題 2. 配線図の解答

31 **ハ.**

ペンダントは，天井から吊り下げる照明器具で，図記号は⊖である．

32 **ハ. ワイドハンドル形点滅器**

図記号◆は，ワイドハンドル形点滅器(**第 6 図**)を表す．

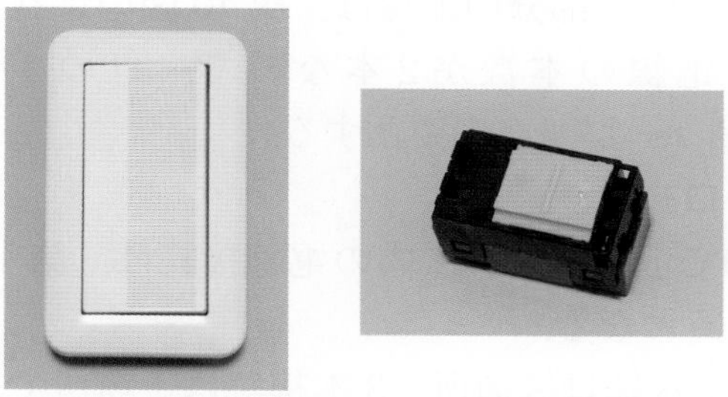

第 6 図　ワイドハンドル形点滅器

33 **ハ.**

図記号 $_{20A}$⊕$_{E}$ のコンセントは，定格電流 20 A，定格電圧 125 V の接地極付コンセント(**第 7 図**)である．

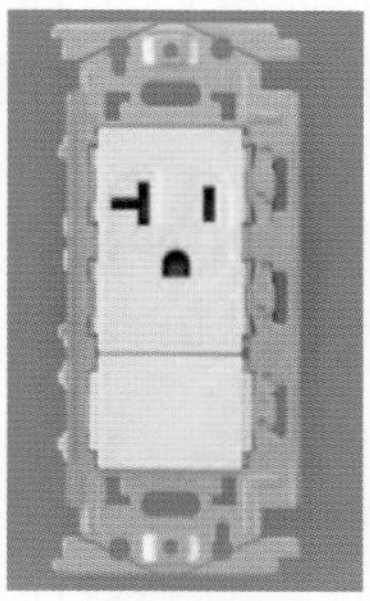

第 7 図

34 **ニ. 600 V 架橋ポリエチレン絶縁ビニルシースケーブル(単心 3 本のより線)を使用したケーブル工事**

電技解釈第 110 条(低圧屋側電線路の施設)，内線規程 1370-5(低圧引込線の引込線取付点から引込口装置までの施設)による．

木造であるから，ニのケーブル工事が適切である．

引込線取付点から引込口装置までの工事は，次のいずれかによらなければならない．

①がいし引き工事(露出した場所に限る)
②金属管工事(木造以外の造営物に限る)
③合成樹脂管工事
④ケーブル工事(シースが金属製の場合は木造以外の造営物に限る)

35 **イ. 0.1**

電技第 58 条(低圧の電路の絶縁性能)による．

⑤で示す電路は，電源が 1ϕ3 W 100/200 V であるので，使用電圧が 300 V 以下で対地電圧が 150 V 以下に該当する．電路と大地間の絶縁抵抗として，許容される最小値は 0.1 MΩ である．

36 **ニ. D 種接地工事 500 Ω**

電技解釈第 17 条(接地工事の種類及び施設方法)・第 29 条(機械器具の金属製外箱等の接地)による．

⑥はコンセントの接地極の接地である．使用電圧が 300 V 以下の機械器具が接地されるので，接地工事の種類は，D 種接地工事である．

1 階分電盤(L-1)に動作時間 0.1 秒以内の漏電遮断器が施設してあるので，接地抵抗値は 500 Ω 以下にすればよい．

37 **ロ. 3**

⑦で示す部分の複線図は，**第 8 図**のようになり，最少電線本数は 3 本である．

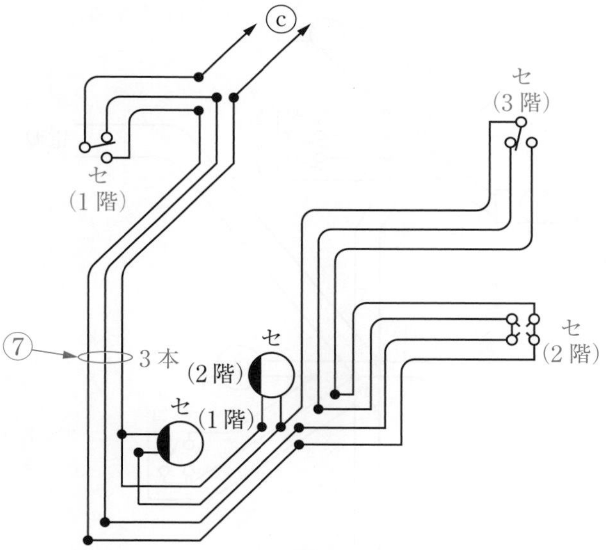

第 8 図

38 **ニ. 内径 22 mm の合成樹脂製可とう電線管である.**

PF は合成樹脂製可とう電線管を表し，22 は管の内径が 22 mm であることを表す．

合成樹脂管の呼び径は，管の内径に近い偶数で表す．

39 **ニ. 60**

電技解釈第 181 条(小勢力回路の施設)によ

り，小勢力回路の最大使用電圧は 60 V である．

40　ロ．床隠ぺい配線

図記号 ‒ ‒ ‒ ‒ ‒ ‒ は床隠ぺい配線を表す．

41　ロ．

⑪で示すボックス内の電線接続は，**第 9 図**のようになる．2 本接続が 2 箇所，4 本接続が 1 箇所，5 本接続が 1 箇所である．

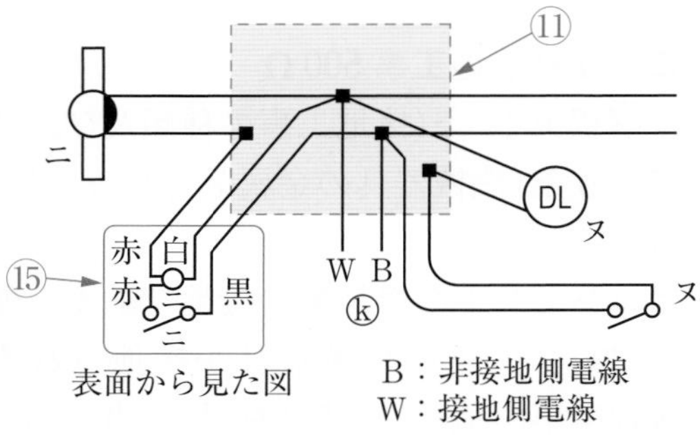

第 9 図

42　ロ．

⑫で示すボックス内の電線接続は，**第 10 図**のようになる．

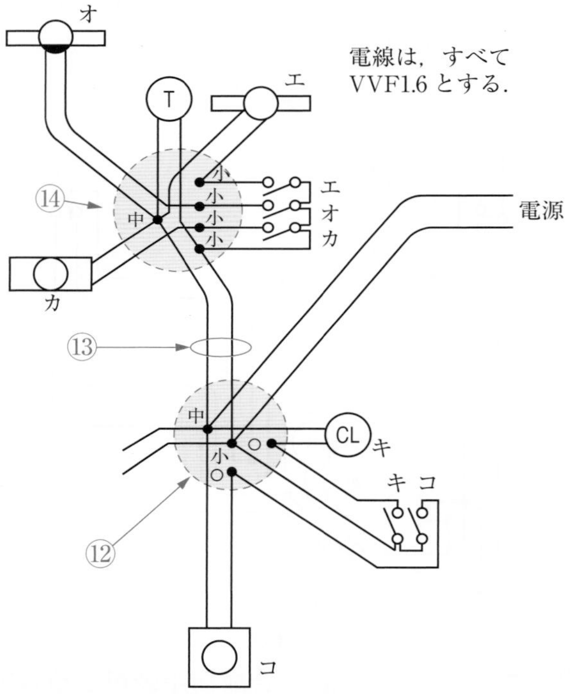

第 10 図

電線 1.6 mm 相互をリングスリーブで圧着接続する場合に，リングスリーブの種類と刻印の組み合わせは，**第 3 表**のようになる．

2 本接続は 2 箇所で，小スリーブを使用して刻印は○とする．4 本接続は 1 箇所で，小スリーブを使用して刻印は小とする．5 本接続は 1 箇所で，中スリーブを使用して刻印は中とする．

第 3 表

電線 1.6 mm	リングスリーブ	刻印
2 本	小	○
3～4 本	小	小
5～6 本	中	中

43　ロ．

⑬で示す部分の配線は，**第 10 図**のようになる．電線の本数が 2 本なので，ロの 2 心の VVF ケーブルを必要とする．

44　ロ．

⑭で示すボックス内の電線接続は，**第 10 図**のようになる．

2 本接続は 3 箇所，3 本接続は 1 箇所で，小スリーブを 4 個使用する．5 本接続は 1 箇所で，中スリーブを使用する．

45　ハ．

⑮で示す部分の接続は，**第 9 図**のようになる．

46　ロ．

金属管工事はないので，ロのねじなし電線管用露出スイッチボックスは使用しない．

47　ロ．

2 種金属製可とう電線管を使用しないので，ロのプリカナイフは使用しない．

48　ハ．

ハは図記号 ●$_{\mathrm{H}}$ で，使用されていない．

イは図記号 ●$_{\mathrm{2P}}$ で，屋外灯の点滅用スイッチとして玄関に設置されている．ロは図記号 ●$_{4}$ で，2 階の階段に使用されている．ニは図記号 ●$_{\mathrm{L}}$ で，便所入口及び浴室入口に換気扇用のスイッチとして使用されている．

49　ニ．

この配線図では，硬質ポリ塩化ビニル電線管を使用した工事はないので，ニの 2 号コネクタは使用されない．

50　イ．

イの図記号は ⏀$^{\mathrm{E}}_{\mathrm{20A250V}}$ で，1 階居間で 1 個使用されているので正しい．

ロの図記号は ⏀$_{\mathrm{EET}}$ で，台所で 1 個使用されている．ハの図記号は ⏀$^{\mathrm{E}}_{\mathrm{250V}}$ で，使用されていない．ニの図記号は ⏀$^{\mathrm{E}}_{\mathrm{20A}}$ で，2 階洋室で 1 個使用されている．

令和3年度
（上期）

学科試験
問題と解答・解説

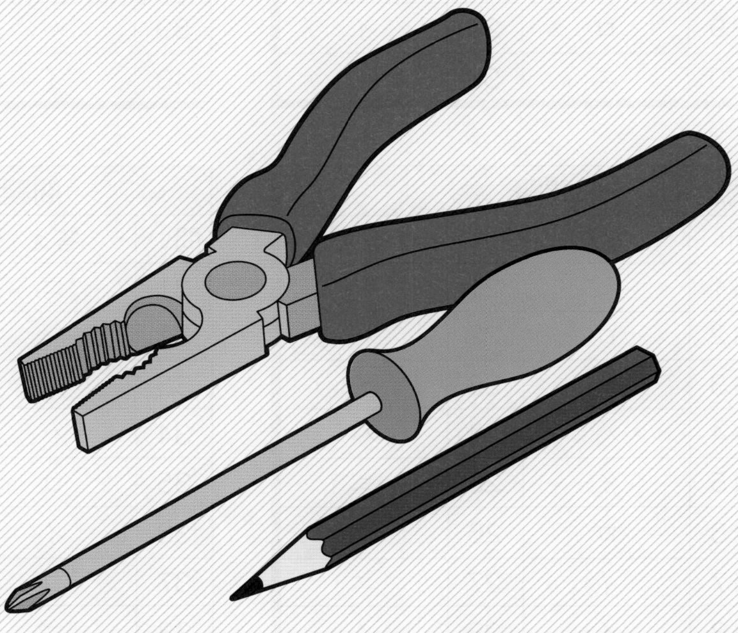

◆令和３年度（上期）問題の解答◆

〈上期試験・午前〉

問題１．一般問題

問い	答え	問い	答え	問い	答え
1	ハ	11	イ	21	ハ
2	イ	12	ハ	22	ロ
3	ハ	13	ハ	23	ニ
4	ロ	14	ロ	24	イ
5	ロ	15	イ	25	ロ
6	ロ	16	ニ	26	ロ
7	ニ	17	ハ	27	ニ
8	ハ	18	イ	28	ロ
9	ハ	19	ロ	29	イ
10	イ	20	ニ	30	イ ※

問題2．配線図

問い	答え	問い	答え
31	イ	41	ハ
32	ニ	42	ロ
33	ロ	43	ニ
34	イ	44	ロ
35	ロ	45	ハ
36	イ	46	ロ
37	ロ	47	ハ
38	イ	48	ロ
39	ハ	49	ニ
40	イ	50	ハ

〈上期試験・午後〉

問題１．一般問題

問い	答え	問い	答え	問い	答え
1	ロ	11	ハ	21	ロ
2	ニ	12	ロ	22	ハ
3	ロ	13	ロ	23	イ
4	ロ	14	ハ	24	ハ
5	ハ	15	イ	25	ニ
6	ロ	16	ロ	26	イ
7	ハ	17	イ	27	ニ
8	イ	18	イ	28	イ
9	ハ	19	ニ	29	イ
10	ロ	20	ハ	30	ロ

問題2．配線図

問い	答え	問い	答え
31	ロ	41	ニ
32	ハ	42	ハ
33	ニ	43	ハ
34	ハ	44	ハ
35	ロ	45	ニ
36	イ	46	ニ
37	ロ	47	ニ
38	ニ	48	イ
39	イ	49	ニ
40	イ	50	ニ

※電気事業法改正（令和５年３月20日施行）以前の「問い」と「解答」です．

問題１．一般問題（問題数 30，配点は１問当たり２点）

【注】本問題の計算で $\sqrt{2}$，$\sqrt{3}$ 及び円周率 π を使用する場合の数値は次によること。$\sqrt{2}=1.41$ ，$\sqrt{3}=1.73$ ，$\pi=3.14$

次の各問いには４通りの答え（イ，ロ，ハ，ニ）が書いてある。それぞれの問いに対して答えを１つ選びなさい。

なお，選択肢が数値の場合は最も近い値を選びなさい。

<table>
<tr><th colspan="2">問　い</th><th colspan="4">答　え</th></tr>
<tr><td>1</td><td>図のような回路で，スイッチSを閉じたとき，a－b 端子間の電圧［V］は。
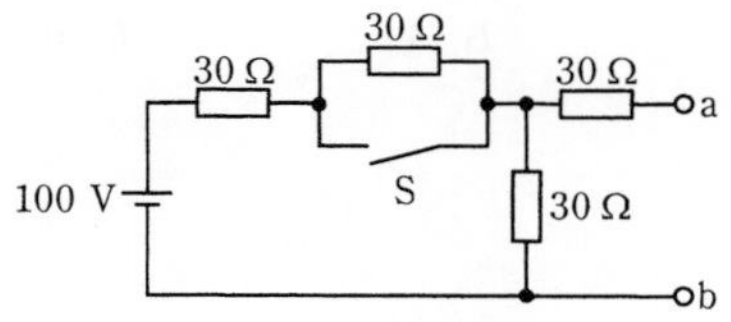</td><td>イ．30</td><td>ロ．40</td><td>ハ．50</td><td>ニ．60</td></tr>
<tr><td>2</td><td>抵抗 R［Ω］に電圧 V［V］を加えると，電流 I［A］が流れ，P［W］の電力が消費される場合，抵抗 R［Ω］を示す式として，誤っているものは。</td><td>イ．$\frac{PI}{V}$</td><td>ロ．$\frac{P}{I^2}$</td><td>ハ．$\frac{V^2}{P}$</td><td>ニ．$\frac{V}{I}$</td></tr>
<tr><td>3</td><td>電線の接続不良により，接続点の接触抵抗が 0.5 Ωとなった。この電線に 20 A の電流が流れると，接続点から１時間に発生する熱量［kJ］は。
ただし，接触抵抗の値は変化しないものとする。</td><td>イ．72</td><td>ロ．144</td><td>ハ．720</td><td>ニ．1 440</td></tr>
<tr><td>4</td><td>図のような抵抗とリアクタンスとが並列に接続された回路の消費電力［W］は。
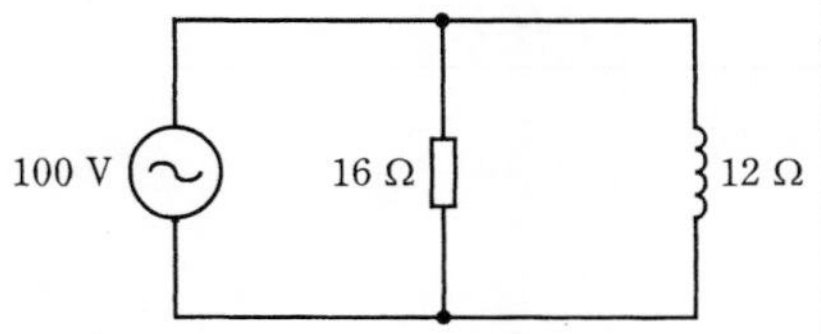</td><td>イ．500</td><td>ロ．625</td><td>ハ．833</td><td>ニ．1 042</td></tr>
<tr><td>5</td><td>図のような三相３線式 200 Vの回路で，c－o 間の抵抗が断線した。断線前と断線後の a－o 間の電圧 V の値［V］の組合せとして，正しいものは。
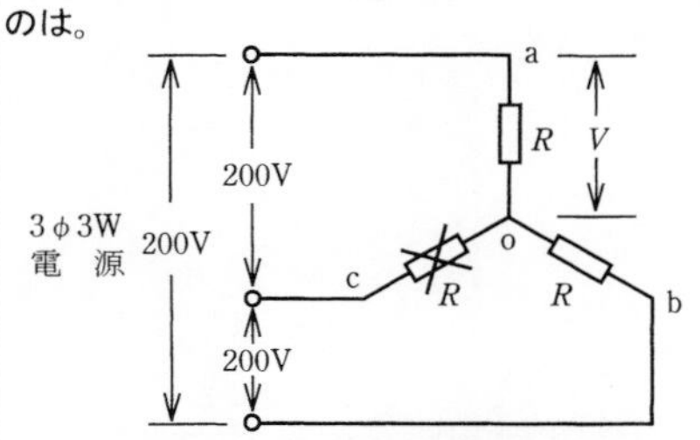</td><td>イ．断線前 116
断線後 116</td><td>ロ．断線前 116
断線後 100</td><td>ハ．断線前 100
断線後 116</td><td>ニ．断線前 100
断線後 100</td></tr>
</table>

	問い	答え
6	図のような単相3線式回路で，スイッチaだけを閉じたときの電流計Ⓐの指示値I_1［A］とスイッチa及びbを閉じたときの電流計Ⓐの指示値I_2［A］の組合せとして，**適切なものは。** ただし，Ⓗは定格電圧100 Vの電熱器である。 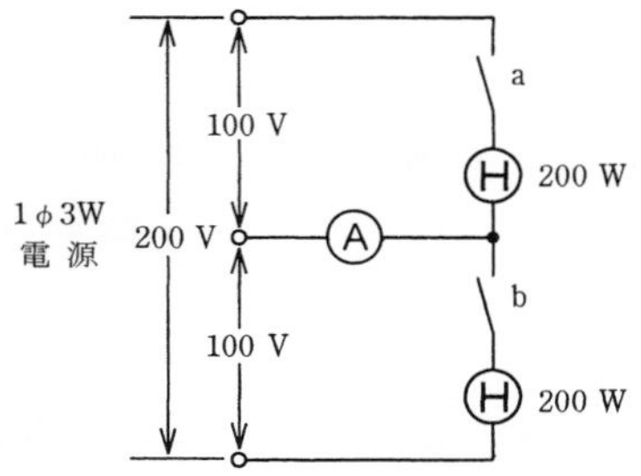	イ．I_1　2 I_2　2 ロ．I_1　2 I_2　0 ハ．I_1　2 I_2　4 ニ．I_1　4 I_2　0
7	図のような三相交流回路において，電線1線当たりの抵抗が0.2 Ω，線電流が15 Aのとき，この電線路の電力損失［W］は。 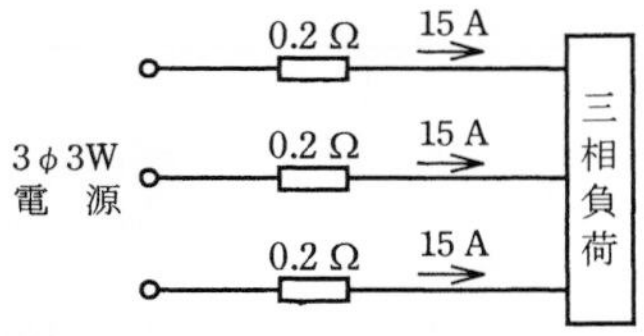	イ．78 ロ．90 ハ．120 ニ．135
8	合成樹脂製可とう電線管(PF管)による低圧屋内配線工事で，管内に断面積5.5 mm^{2}の600Vビニル絶縁電線(軟銅線)7本を収めて施設した場合，電線1本当たりの許容電流［A］は。 ただし，周囲温度は30℃以下，電流減少係数は0.49とする。	イ．13 ロ．17 ハ．24 ニ．29
9	図のような電熱器Ⓗ1台と電動機Ⓜ2台が接続された単相2線式の低圧屋内幹線がある。この幹線の太さを決定する根拠となる電流I_W［A］と幹線に施設しなければならない過電流遮断器の定格電流を決定する根拠となる電流I_B［A］の組合せとして，**適切なものは。** ただし，需要率は100%とする。 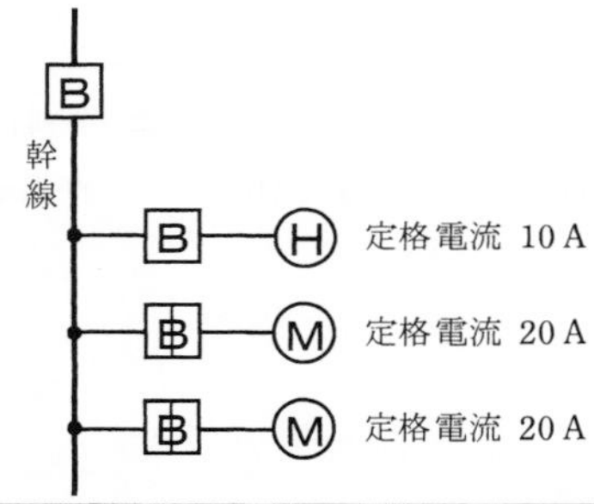	イ．I_W　50 I_B　125 ロ．I_W　50 I_B　130 ハ．I_W　60 I_B　130 ニ．I_W　60 I_B　150

問　い		答　え
10	低圧屋内配線の分岐回路の設計で，配線用遮断器，分岐回路の電線の太さ及びコンセントの組合せとして，**適切なものは。** ただし，分岐点から配線用遮断器までは3 m，配線用遮断器からコンセントまでは8 mとし，電線の数値は分岐回路の電線（軟銅線）の太さを示す。 また，コンセントは兼用コンセントではないものとする。	イ.　ロ.　ハ.　ニ. 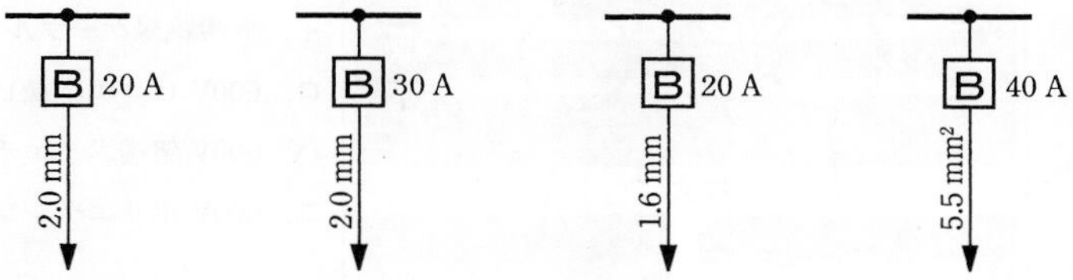 イ. 定格電流 20 Aのコンセント 1個 ロ. 定格電流 30 Aのコンセント 1個 ハ. 定格電流 30 Aのコンセント 1個 ニ. 定格電流 30 Aのコンセント 1個
11	エントランスキャップの使用目的は。	イ．主として垂直な金属管の上端部に取り付けて，雨水の浸入を防止するために使用する。 ロ．コンクリート打ち込み時に金属管内にコンクリートが浸入するのを防止するために使用する。 ハ．金属管工事で管が直角に屈曲する部分に使用する。 ニ．フロアダクトの終端部を閉そくするために使用する。
12	耐熱性が最も優れているものは。	イ．600V 二種ビニル絶縁電線 ロ．600V ビニル絶縁電線 ハ．MI ケーブル ニ．600V ビニル絶縁ビニルシースケーブル
13	電気工事の種類と，その工事に使用する工具との組合せで，**適切なものは。**	イ．合成樹脂管工事とリード型ねじ切り器 ロ．ライティングダクト工事と合成樹脂管用カッタ ハ．金属管工事とパイプベンダ ニ．金属線ぴ工事とボルトクリッパ
14	極数6の三相かご形誘導電動機を周波数60 Hzで使用するとき，最も近い回転速度$[\mathrm{min}^{-1}]$は。	イ．600　ロ．1 200　ハ．1 800　ニ．3 600
15	直管LEDランプに関する記述として，**誤っているものは。**	イ．すべての蛍光灯照明器具にそのまま使用できる。 ロ．同じ明るさの蛍光灯と比較して消費電力が小さい。 ハ．制御装置が内蔵されているものと内蔵されていないものとがある。 ニ．蛍光灯に比べて寿命が長い。

問い	答え

16　写真に示す材料の名称は。

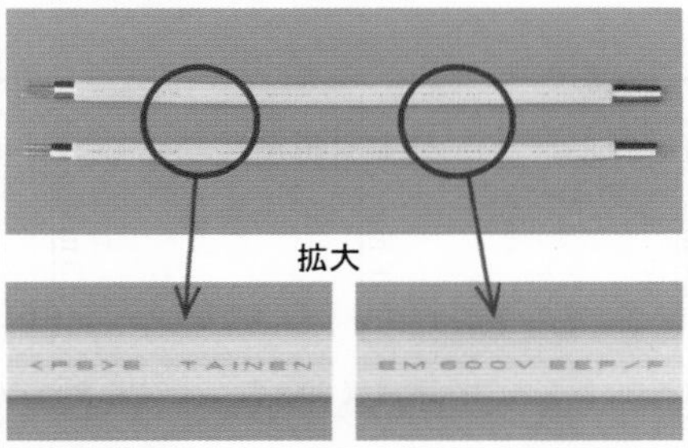

イ．無機絶縁ケーブル

ロ．600V ビニル絶縁ビニルシースケーブル平形

ハ．600V 架橋ポリエチレン絶縁ビニルシースケーブル

ニ．600V ポリエチレン絶縁耐燃性ポリエチレンシースケーブル平形

17　写真に示す器具の名称は。

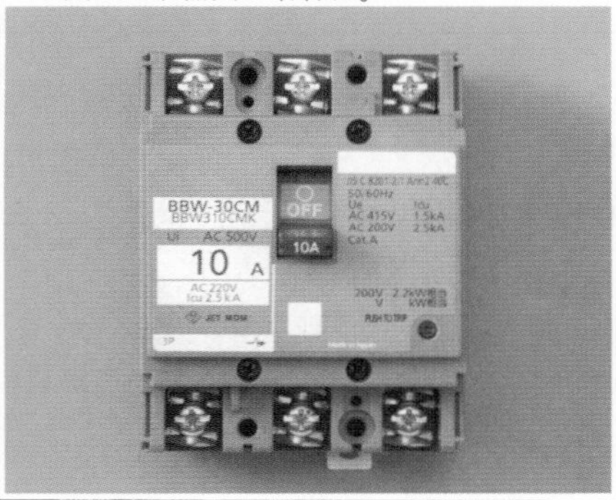

イ．漏電警報器

ロ．電磁開閉器

ハ．配線用遮断器（電動機保護兼用）

ニ．漏電遮断器

18　写真に示す工具の名称は。

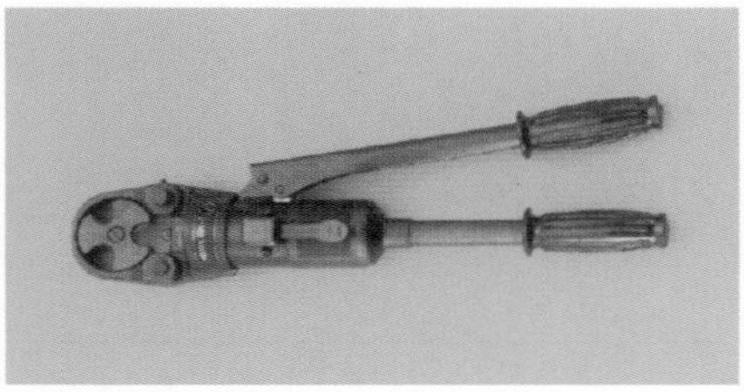

イ．手動油圧式圧着器

ロ．手動油圧式カッタ

ハ．ノックアウトパンチャ（油圧式）

ニ．手動油圧式圧縮器

19　次表は単相100 V屋内配線の施設場所と工事の種類との施工の可否を示す表である。表中のa〜fのうち，**「施設できない」ものを全て選んだ組合せとして，正しいものは。**

施設場所の区分	工事の種類		
	合成樹脂管工事（CD管を除く）	ケーブル工事	ライティングダクト工事
展開した場所で湿気の多い場所	a	c	e
点検できる隠ぺい場所で乾燥した場所	b	d	f

イ．a，f

ロ．eのみ

ハ．bのみ

ニ．e，f

20　低圧屋内配線工事（臨時配線工事の場合を除く）で，600V ビニル絶縁ビニルシースケーブルを用いたケーブル工事の施工方法として，**適切なものは。**

イ．接触防護措置を施した場所で，造営材の側面に沿って垂直に取り付け，その支持点間の距離を8 m とした。

ロ．金属製遮へい層のない電話用弱電流電線と共に同一の合成樹脂管に収めた。

ハ．建物のコンクリート壁の中に直接埋設した。

ニ．丸形ケーブルを，屈曲部の内側の半径をケーブル外径の8倍にして曲げた。

問い	答え

21　金属管工事で金属管とアウトレットボックスとを電気的に接続する方法として，**施工上，最も適切なものは。**

イ．
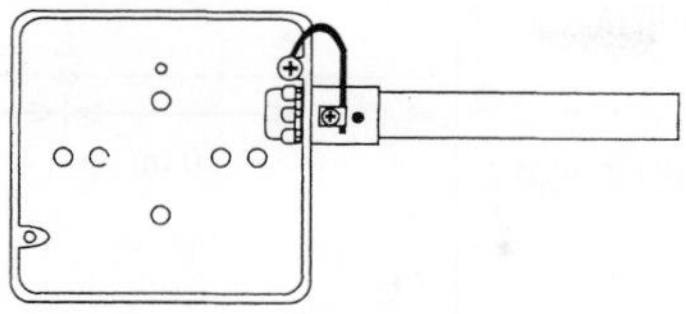

ロ．
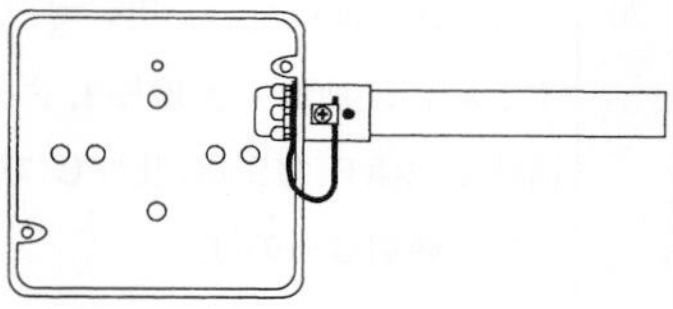

ハ．
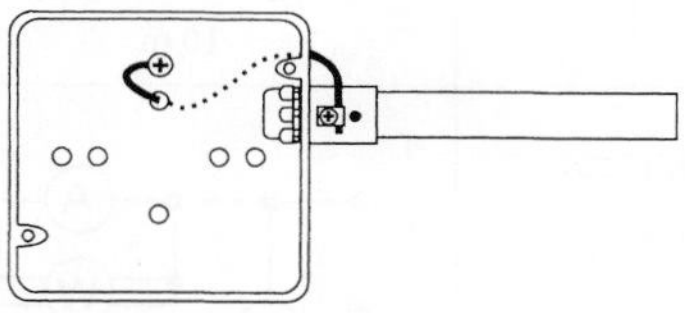

ニ．
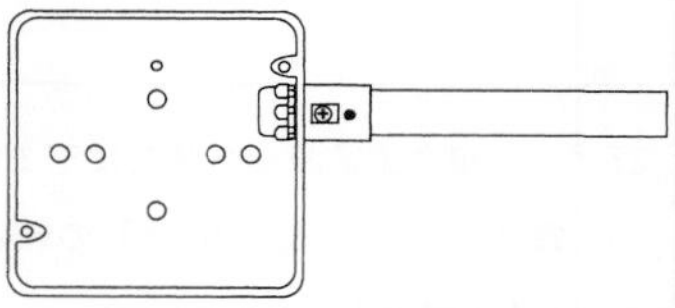

22　ケーブル工事による低圧屋内配線で，ケーブルと弱電流電線の接近又は交差する箇所がa～dの4箇所あった。a～dのうちから**適切なものを全て選んだ組合せとして，正しいものは。**

a：弱電流電線と交差する箇所で接触していた。
b：弱電流電線と重なり合って接触している長さが3 mあった。
c：弱電流電線と接触しないように離隔距離を10 cm離して施設していた。
d：弱電流電線と接触しないように堅ろうな隔壁を設けて施設していた。

イ．dのみ
ロ．c，d
ハ．b，c，d
ニ．a，b，c，d

23　低圧屋内配線の金属可とう電線管(使用する電線管は2種金属製可とう電線管とする)工事で，**不適切なものは。**

イ．管の内側の曲げ半径を管の内径の6倍以上とした。
ロ．管内に600Vビニル絶縁電線を収めた。
ハ．管とボックスとの接続にストレートボックスコネクタを使用した。
ニ．管と金属管(鋼製電線管)との接続にTSカップリングを使用した。

24　低圧電路で使用する測定器とその用途の組合せとして，**正しいものは。**

イ．検電器　と　電路の充電の有無の確認
ロ．回転計　と　三相回路の相順(相回転)の確認
ハ．回路計(テスタ)　と　絶縁抵抗の測定
ニ．電力計　と　消費電力量の測定

25　次表は，電気使用場所の開閉器又は過電流遮断器で区切られる低圧電路の使用電圧と電線相互間及び電路と大地との間の絶縁抵抗の最小値についての表である。

次の空欄(A)，(B)及び(C)に当てはまる数値の組合せとして，**正しいものは。**

電路の使用電圧区分		絶縁抵抗値
300 V以下	対地電圧150 V以下の場合	(A)　[MΩ]
	その他の場合	(B)　[MΩ]
300 Vを超えるもの		(C)　[MΩ]

イ．(A)0.1　(B)0.2　(C)0.3
ロ．(A)0.1　(B)0.2　(C)0.4
ハ．(A)0.2　(B)0.3　(C)0.4
ニ．(A)0.2　(B)0.4　(C)0.6

	問い	答え
26	直読式接地抵抗計を用いて，接地抵抗を測定する場合，被測定接地極 E に対する，2つの補助接地極 P(電圧用)及び C(電流用)の配置として，**適切なものは。**	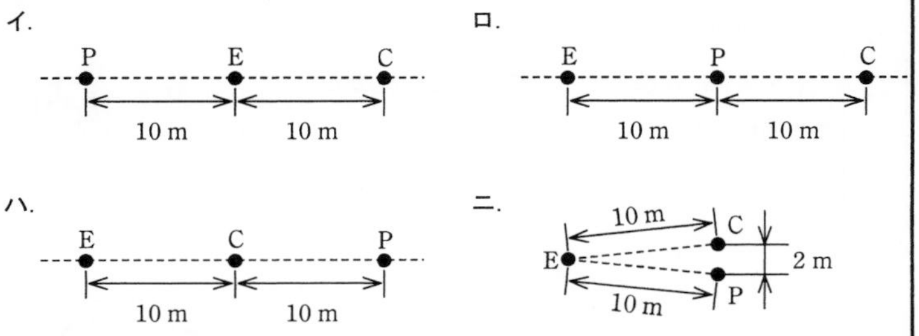
27	単相交流電源から負荷に至る回路において，電圧計，電流計，電力計の結線方法として，**正しいものは。**	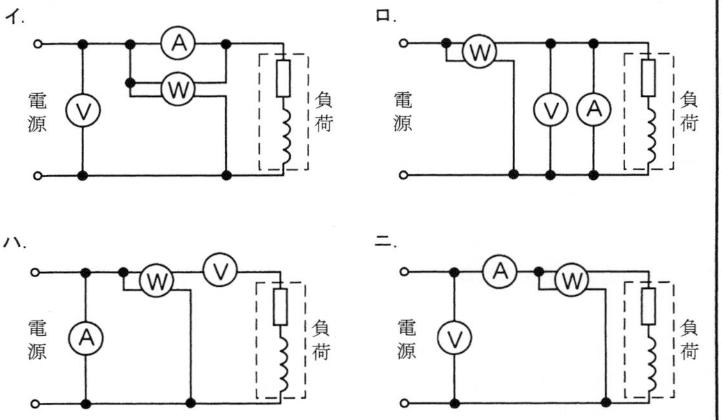
28	「電気工事士法」において，一般用電気工作物の工事又は作業で電気工事士でなければ**従事できないものは。**	イ．差込み接続器にコードを接続する工事 ロ．配電盤を造営材に取り付ける作業 ハ．地中電線用の暗きょを設置する工事 ニ．火災感知器に使用する小型変圧器(二次電圧が 36 V 以下)二次側の配線工事
29	「電気用品安全法」の適用を受ける次の電気用品のうち，特定電気用品は。	イ．定格電流 20 A の配線用遮断器 ロ．消費電力 30 W の換気扇 ハ．外径 19 mm の金属製電線管 ニ．消費電力 1 kW の電気ストーブ
30	一般用電気工作物の適用を**受けないものは。** ただし，発電設備は電圧 600 V 以下で，1 構内に設置するものとする。	イ．低圧受電で，受電電力の容量が 35 kW，出力 15 kW の非常用内燃力発電設備を備えた映画館 ロ．低圧受電で，受電電力の容量が 35 kW，出力 10 kW の太陽電池発電設備と電気的に接続した出力 5 kW の風力発電設備を備えた農園 ハ．低圧受電で，受電電力の容量が 45 kW，出力 5 kW の燃料電池発電設備を備えたコンビニエンスストア ニ．低圧受電で，受電電力の容量が 35 kW，出力 15 kW の太陽電池発電設備を備えた幼稚園

問題2．配線図 (問題数 20，配点は1問当たり 2 点)　　※図は 202 頁参照

図は，鉄筋コンクリート造集合住宅の1戸部分の配線図である。この図に関する次の各問いには4通りの答え（イ，ロ，ハ，ニ）が書いてある。それぞれの問いに対して，答えを1つ選びなさい。

【注意】
1．屋内配線の工事は，特記のある場合を除き 600V ビニル絶縁ビニルシースケーブル平形（VVF）を用いたケーブル工事である。
2．屋内配線等の電線の本数，電線の太さ，その他，問いに直接関係のない部分等は省略又は簡略化してある。
3．漏電遮断器は，定格感度電流 30 mA，動作時間 0.1 秒以内のものを使用している。
4．選択肢（答え）の写真にあるコンセント及び点滅器は，「JIS C 0303 : 2000 構内電気設備の配線用図記号」で示す「一般形」である。
5．ジョイントボックスを経由する電線は，すべて接続箇所を設けている。
6．3路スイッチの記号「0」の端子には，電源側又は負荷側の電線を結線する。

	問　い	答　え
31	①で示す図記号の機器の名称は。	イ．チャイム　ロ．タイムスイッチ ハ．ベル　ニ．ブザー
32	②で示す部分の小勢力回路で使用できる電圧の最大値[V]は。	イ．24　ロ．30　ハ．48　ニ．60
33	③で示す低圧ケーブルの種類は。	イ．600V ビニル絶縁ビニルシースケーブル丸形 ロ．600V 架橋ポリエチレン絶縁ビニルシースケーブル(単心3本のより線) ハ．600V ビニル絶縁ビニルシースケーブル平形 ニ．600V 架橋ポリエチレン絶縁ビニルシースケーブル
34	④で示す図記号の器具の種類は。	イ．位置表示灯を内蔵する点滅器　ロ．確認表示灯を内蔵する点滅器 ハ．熱線式自動スイッチ　ニ．遅延スイッチ
35	⑤で示すコンセントの極配置（刃受）は。	イ．　ロ．　ハ．　ニ．
36	⑥で示す部分はルームエアコンの屋外ユニットである。その図記号の傍記表示は。	イ．O　ロ．B　ハ．I　ニ．R
37	⑦で示す機器の定格電流の最大値[A]は。	イ．15　ロ．20　ハ．30　ニ．40
38	⑧で示す部分の電路と大地間の絶縁抵抗として，許容される最小値［MΩ］は。	イ．0.1　ロ．0.2　ハ．0.4　ニ．1.0
39	⑨で示す器具にコード吊りで白熱電球を取り付ける。使用できるコードと最小断面積の組合せとして，**正しいものは**。	イ．ビニルコード　1.25 mm^2 ロ．ビニルキャブタイヤコード　0.75 mm^2 ハ．丸打ちゴムコード　0.75 mm^2 ニ．袋打ちゴムコード　0.5 mm^2
40	⑩で示す部分の最少電線本数(心線数)は。	イ．2　ロ．3　ハ．4　ニ．5

	問い	答え イ	ロ	ハ	ニ
41	⑪で示す図記号の機器は。	イ. 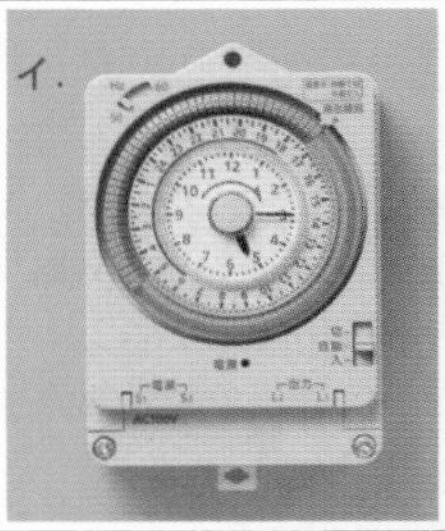	ロ. 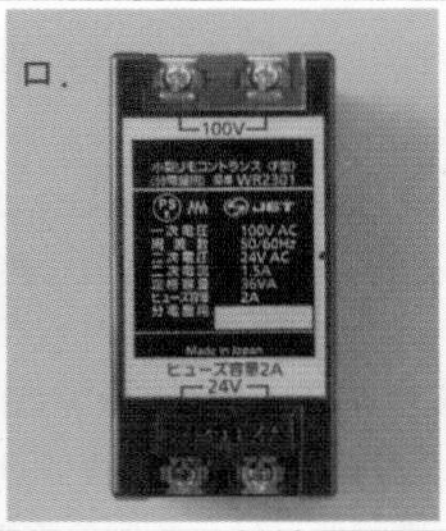	ハ. 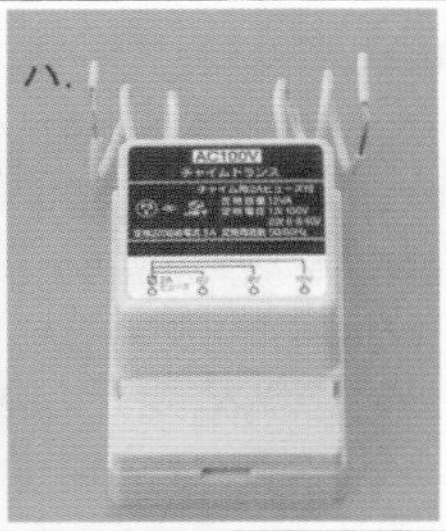	ニ. 
42	⑫で示す部分の工事において，**使用されることのないものは。**	イ. 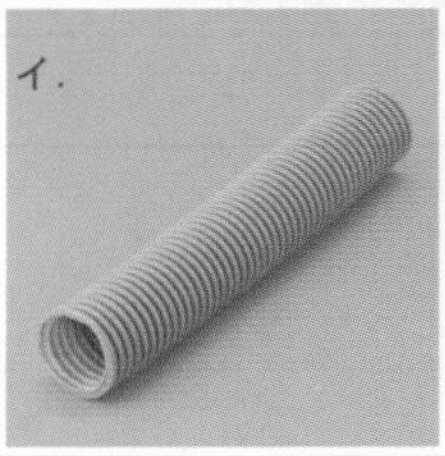	ロ. 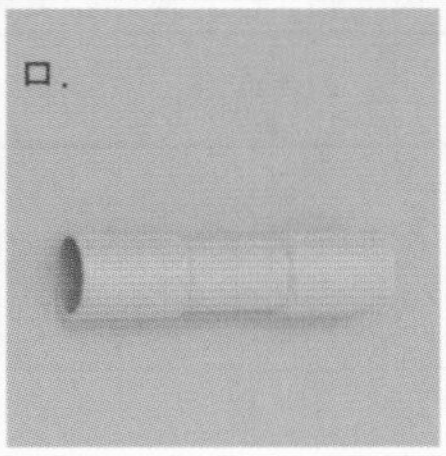	ハ. 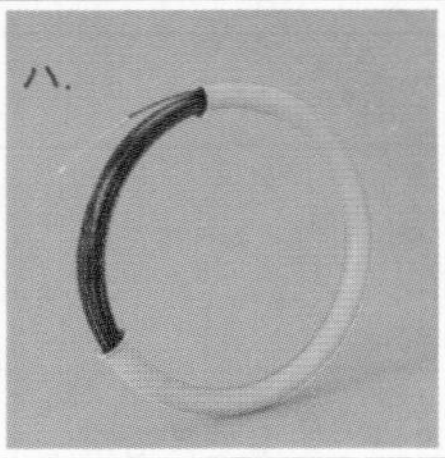	ニ. 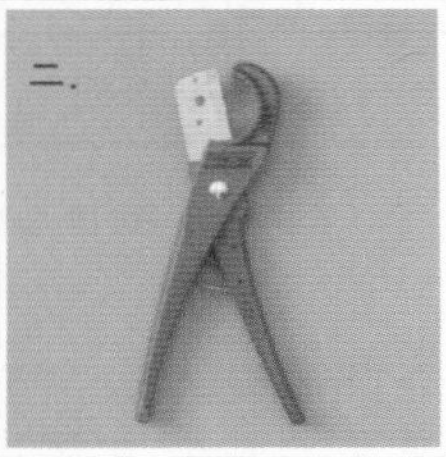
43	⑬で示す図記号の器具は。	イ. 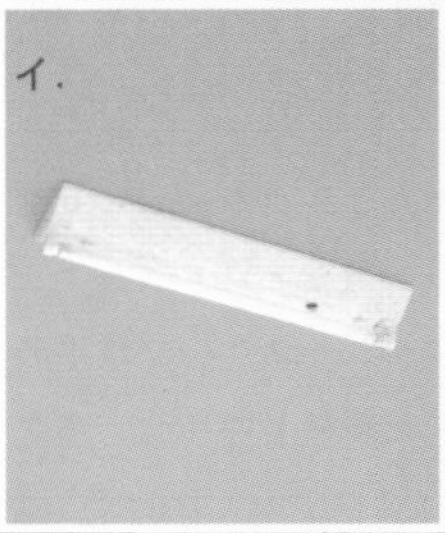	ロ. 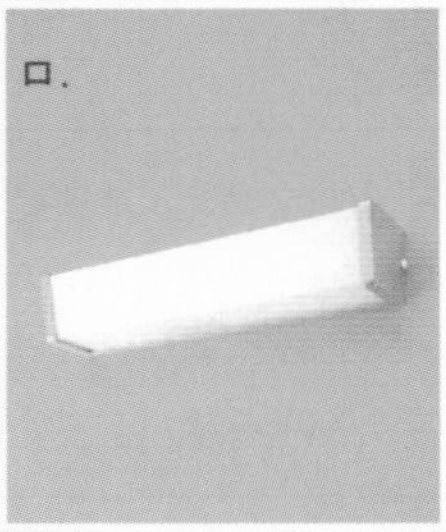	ハ. 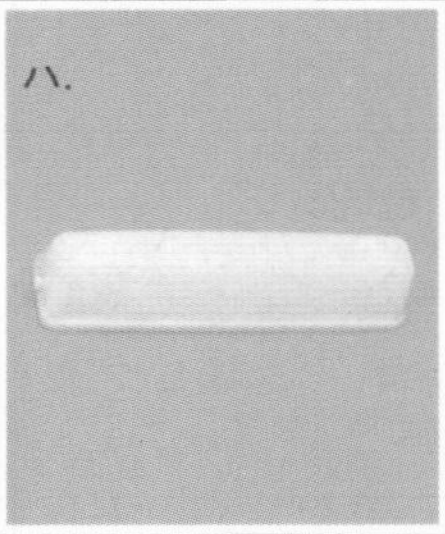	ニ. 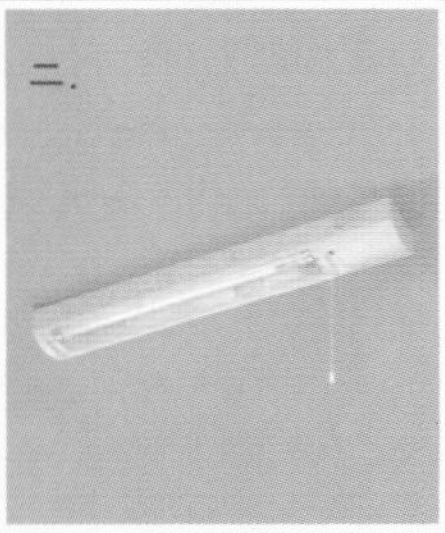
44	⑭で示すコンセントの電圧と極性を確認するための測定器の組合せで，**正しいものは。**	イ. 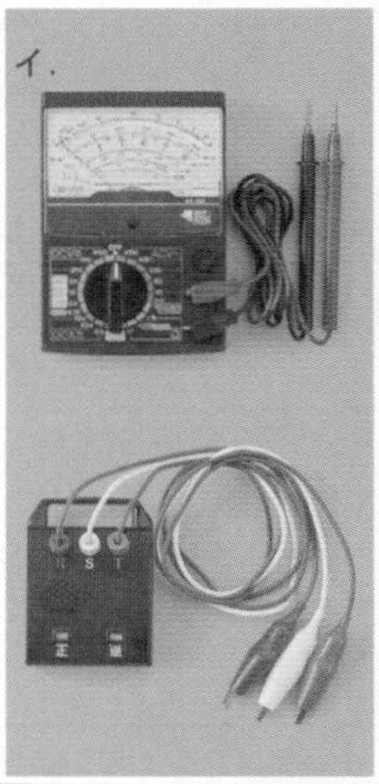	ロ. 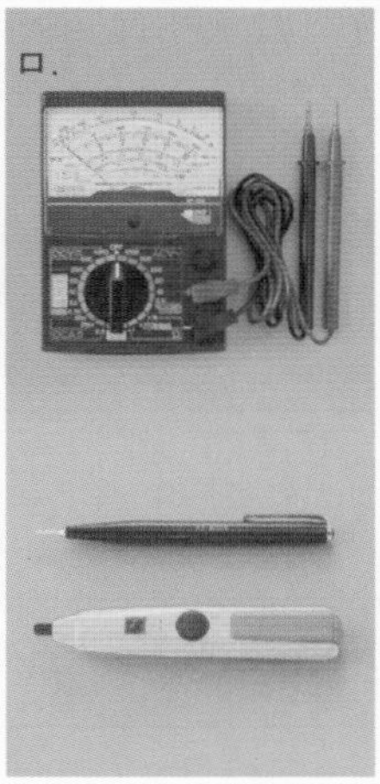	ハ. 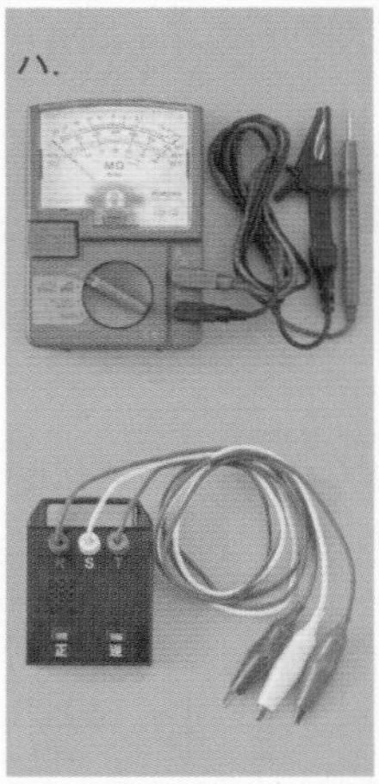	ニ. 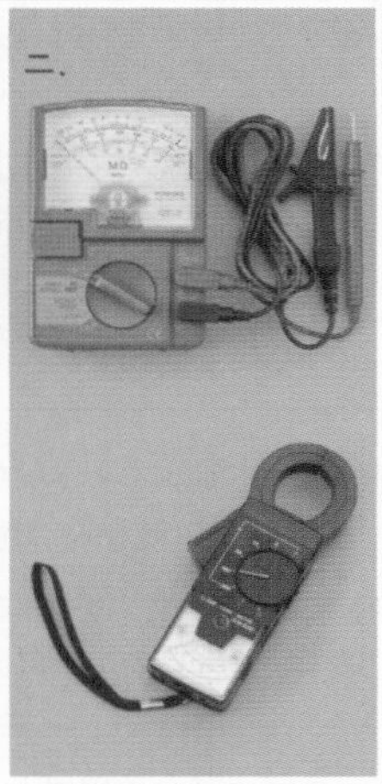
45	⑮で示す図記号の機器は。	イ. 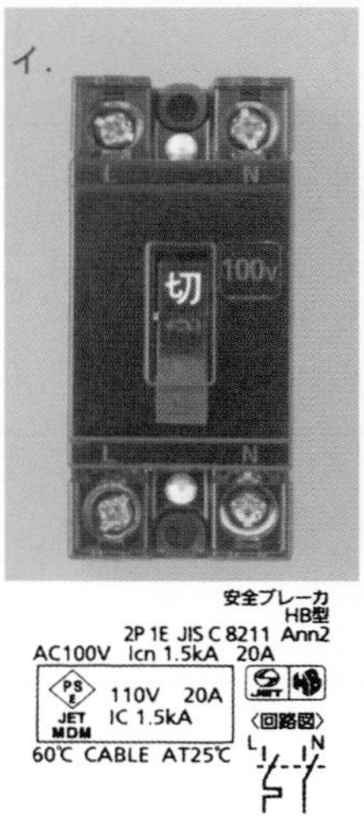	ロ. 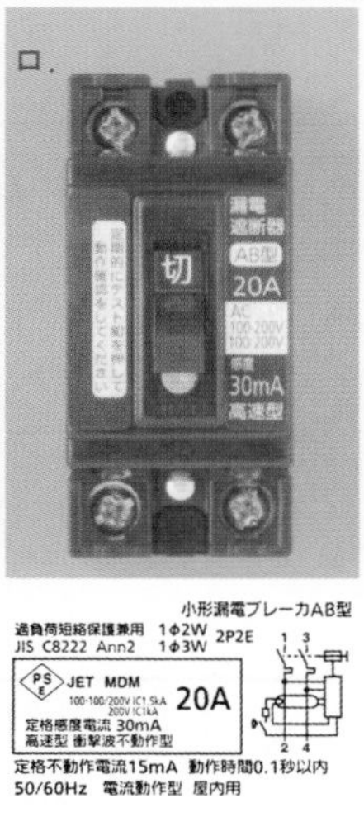	ハ. 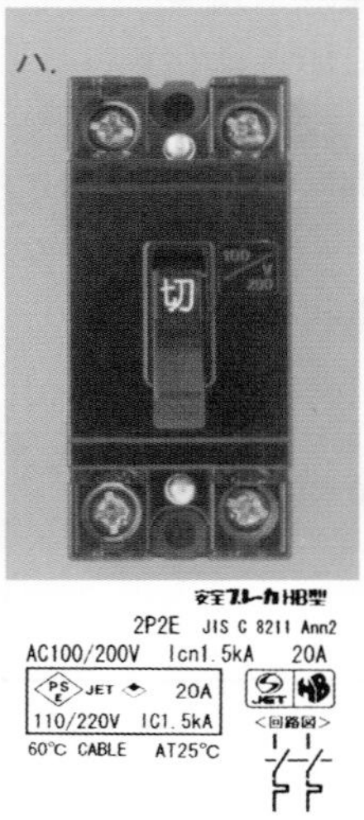	ニ. 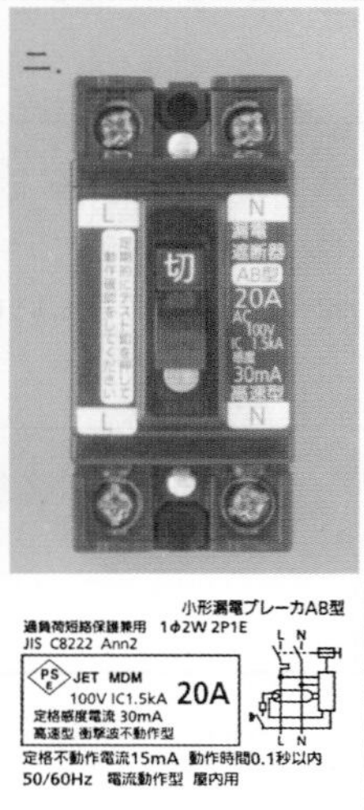

	問い	答え			
46	⑯で示すボックス内の接続をすべて圧着接続した場合のリングスリーブの種類，個数及び圧着接続後の刻印との組合せで，**正しいものは。** ただし，使用する電線はすべてVVF1.6する。 また，写真に示す**リングスリーブ中央の○，小，中**は刻印を表す。	イ．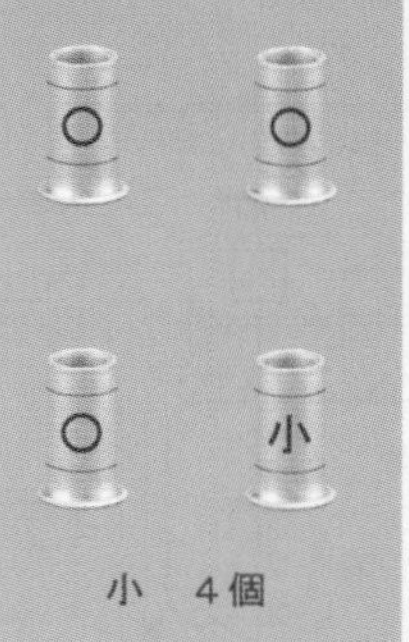 小　4個	ロ．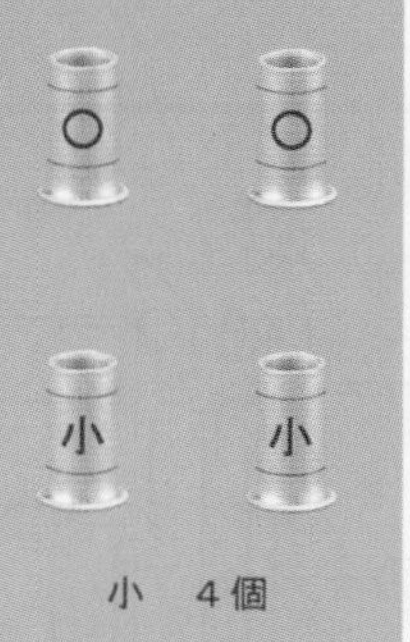 小　4個	ハ．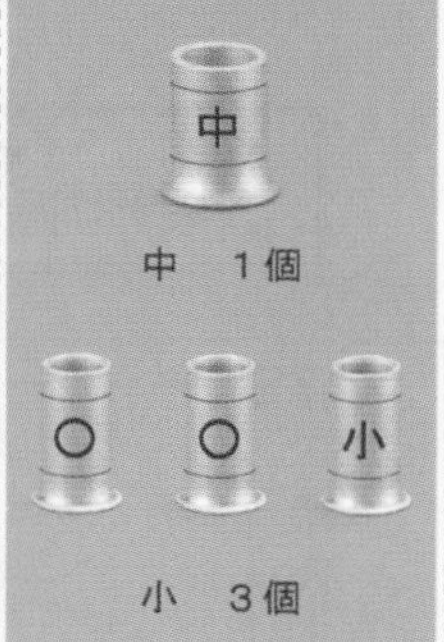 中　1個 小　3個	ニ． 中　1個 小　3個
47	⑰で示すボックス内の接続をすべて圧着接続とする場合，使用するリングスリーブの種類と最少個数の組合せで，**正しいものは。** ただし，使用する電線はすべてVVF1.6とする。	イ． 小 3個	ロ． 中 3個	ハ． 小 1個 中 2個	ニ． 小 2個 中 1個
48	⑱で示すボックス内の接続をすべて差込形コネクタとする場合,使用する差込形コネクタの種類と最少個数の組合せで,**正しいものは。** ただし，使用する電線はすべてVVF1.6とする。	イ． 1個 2個	ロ． 1個 2個	ハ． 1個 1個 1個	ニ． 2個 1個 1個
49	この配線図の図記号から，この工事で**使用されていない**コンセントは。	イ．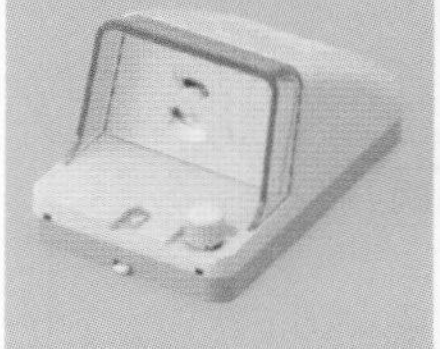	ロ．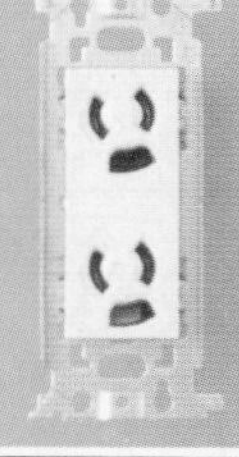	ハ．	ニ．
50	この配線図の図記号から，この工事で**使用されていない**スイッチは。 ただし，写真下の図は，接点の構成を示す。	イ．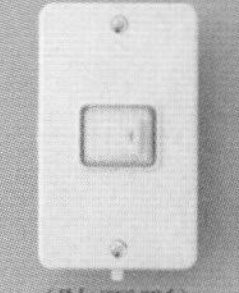 （防雨形）	ロ．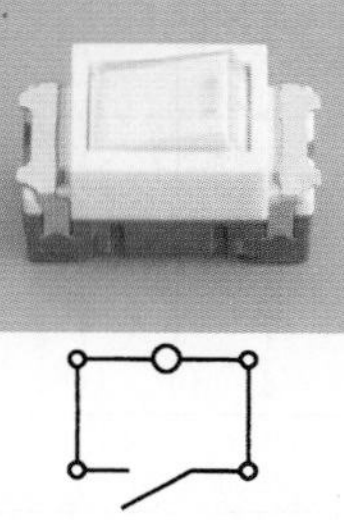	ハ．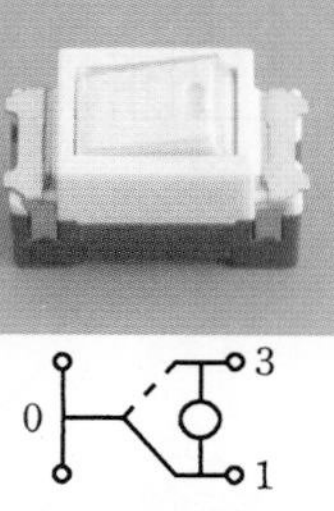	ニ．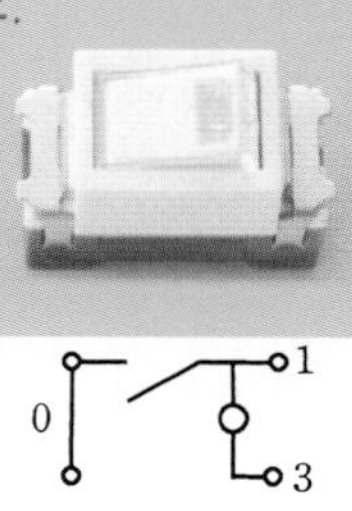

図面を引き抜いてご覧ください

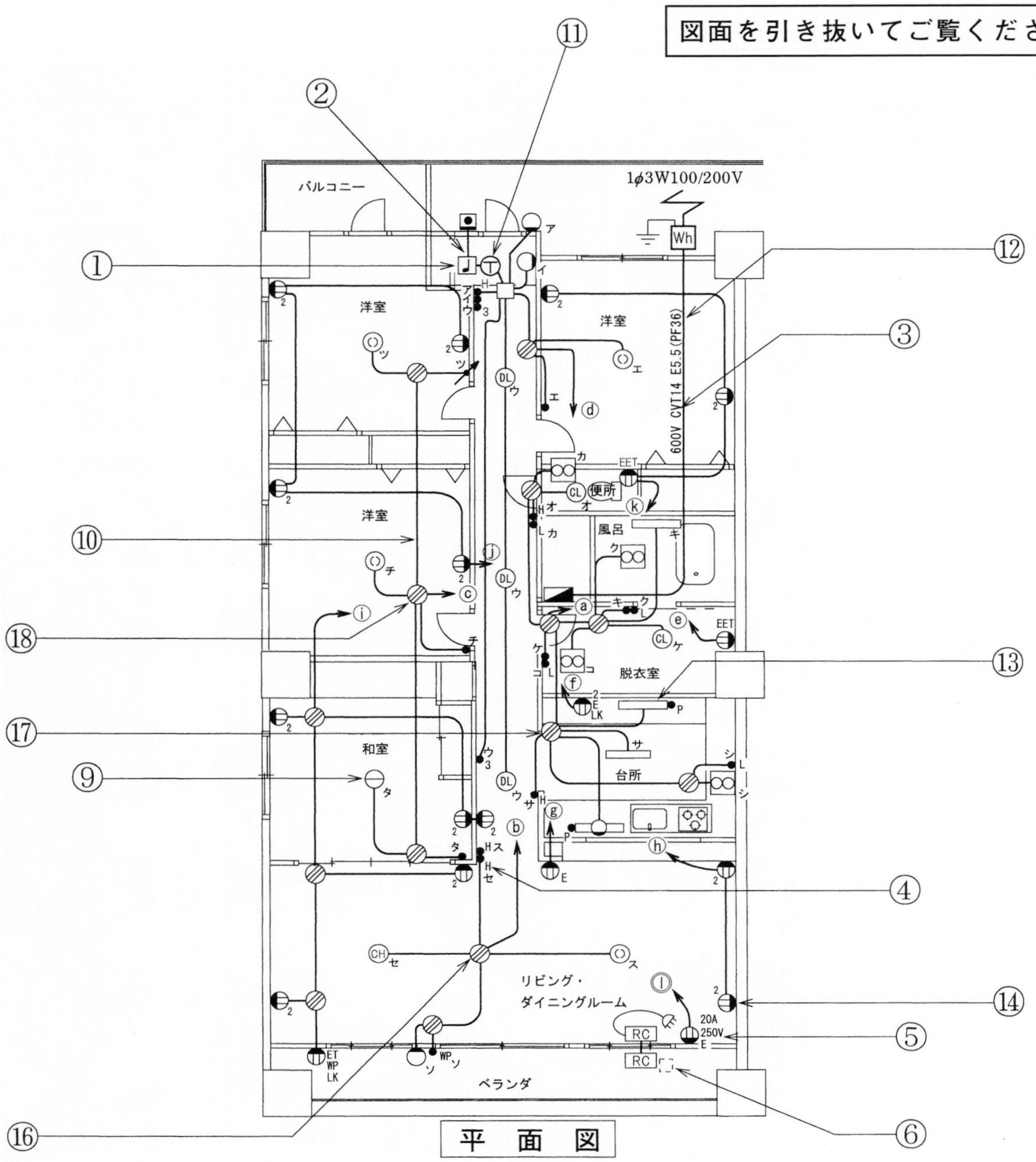

平面図

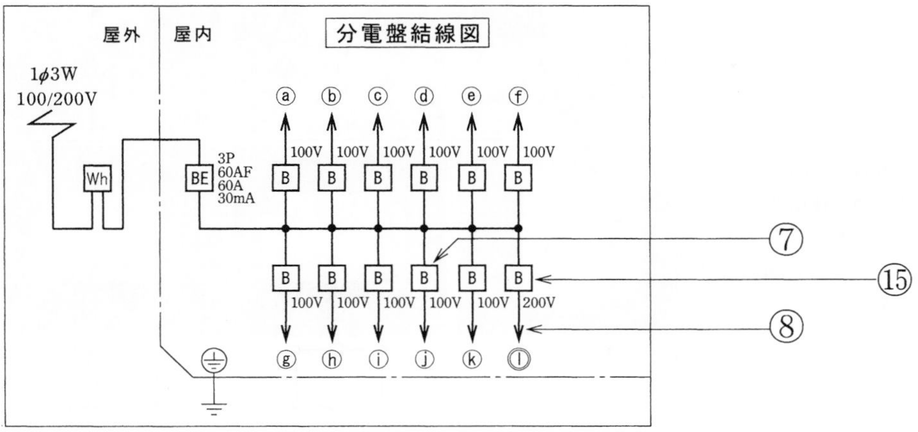

解答と解説

問題 1．一般問題の解答

1　ハ．50

スイッチSを閉じたときの回路は，**第1図**のようになる．

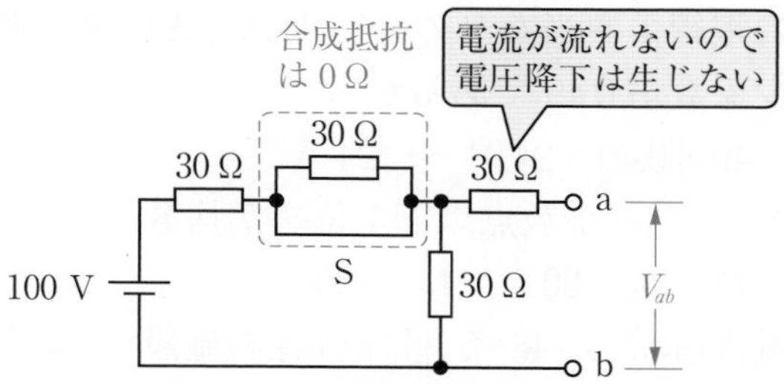

第1図

スイッチSを閉じると，電線の抵抗0Ωと抵抗30Ωの合成抵抗は，次のように0Ωとなる．

$$R=\frac{0\times30}{0+30}=\frac{0}{30}=0\ 〔\Omega〕$$

また，端子aに接続されている抵抗30Ωには電流が流れないので，電圧降下は生じない．

これらのことから，a-b端子間の電圧 V_{ab} は，**第2図**の回路で求めることができる．

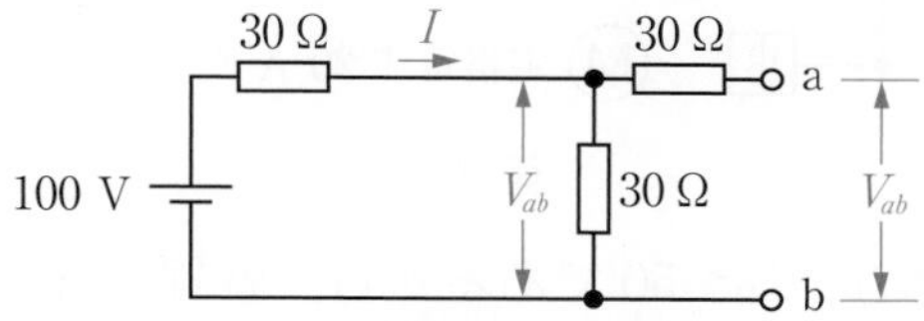

第2図

回路に流れる電流 I〔A〕は，

$$I=\frac{100}{30+30}=\frac{100}{60}\ 〔A〕$$

a-b端子間の電圧 V_{ab}〔V〕は，

$$V_{ab}=I\times30=\frac{100}{60}\times30=50\ 〔V〕$$

2　イ．$\frac{PI}{V}$

抵抗 R〔Ω〕に電圧 V〔V〕を加えた場合，流れる電流 I〔A〕，消費される電力 P〔W〕には，次の関係がある．

オームの法則から，

$$R=\frac{V}{I}\ 〔\Omega〕$$

となる．

また，電力の式により，

$$P=I^2R\ 〔W〕\quad から\quad R=\frac{P}{I^2}\ 〔\Omega〕$$

$$P=\frac{V^2}{R}\ 〔W〕\quad から\quad R=\frac{V^2}{P}\ 〔\Omega〕$$

となり，イの $\frac{PI}{V}$ は，抵抗R〔Ω〕を示す式ではない．

3　ハ．720

接続点の接触抵抗による電力 P〔kW〕は，

$$P=I^2R=20^2\times0.5=400\times0.5$$
$$=200\ 〔W〕=0.2\ 〔kW〕$$

1時間に発生する熱量 Q〔kJ〕は，

$$Q=3\,600Pt=3\,600\times0.2\times1=720\ 〔kJ〕$$

4　ロ．625

電力を消費するのは，抵抗16Ωだけである．消費電力 P〔W〕は，

$$P=\frac{V^2}{R}=\frac{100^2}{16}=\frac{10\,000}{16}=625\ 〔W〕$$

5　ロ．断線前116　断線後100

断線前（**第3図**）は，同じ大きさの抵抗 R がY結線されているので，a-o間の電圧 V_1〔V〕は，

$$V_1=\frac{200}{\sqrt{3}}=\frac{200}{1.73}\fallingdotseq116\ 〔V〕$$

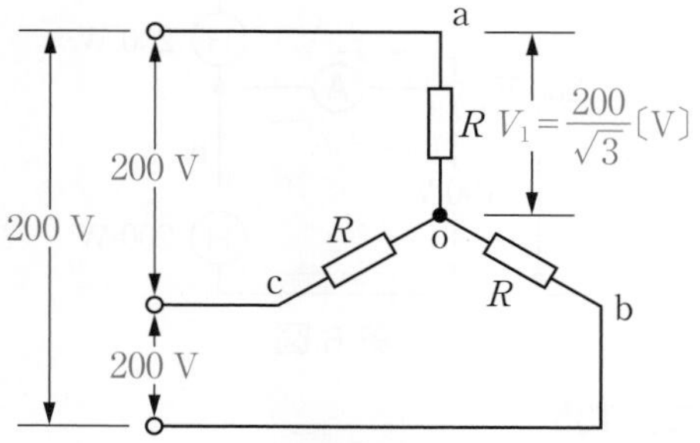

第3図

断線後（**第4図**）は，2つの抵抗 R が直列に接続されて200 Vの電圧が加わっているから，a-o間の電圧 V_2〔V〕は，

$$V_2=\frac{200}{R+R}\times R$$
$$=\frac{200R}{2R}=\frac{200}{2}=100\ 〔V〕$$

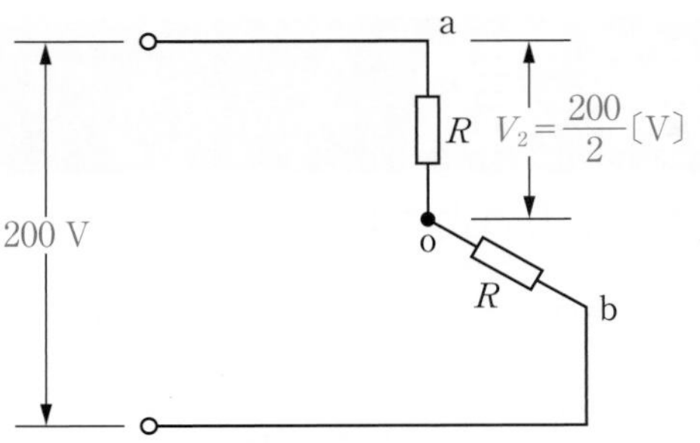

第 4 図

6 **ロ. I_1 2 I_2 0**

第 5 図のように，スイッチ a だけを閉じたときの電流計 Ⓐ の指示値 I_1〔A〕は，

$$I_1=\frac{P}{V}=\frac{200}{100}=2〔\mathrm{A}〕$$

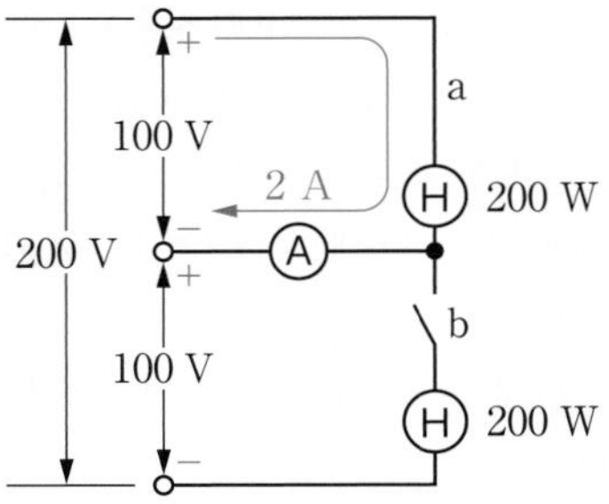

第 5 図

第 6 図のように，スイッチ a 及び b を閉じたときは，負荷が平衡しているので，電流計 Ⓐ の指示値 I_2〔A〕は，

$$I_2=2-2=0〔\mathrm{A}〕$$

となり，0 A となる．

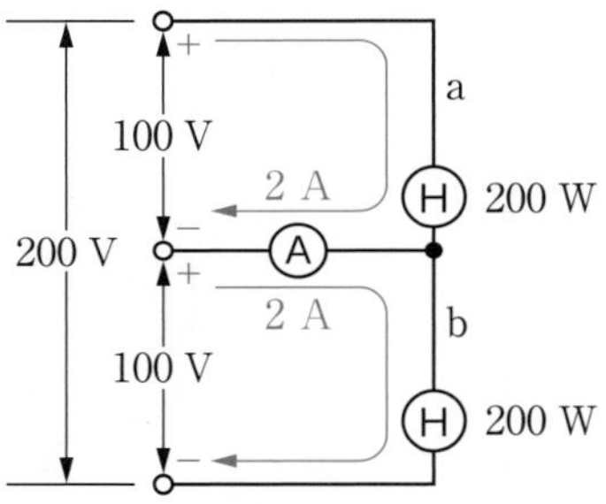

第 6 図

7 **ニ. 135**

三相交流回路の電線路の電力損失 P_l〔W〕は，電線 1 本の電力損失の 3 倍になる．

$$P_l=3I^2r=3\times15^2\times0.2=135〔\mathrm{W}〕$$

8 **ハ. 24**

電技解釈第 146 条(低圧配線に使用する電線)による．

600 V ビニル絶縁電線(IV)の許容電流は，周囲温度 30℃以下で，**第 1 表**のとおりである．

第 1 表　600 V ビニル絶縁電線の許容電流

電線の太さ	許容電流	電線の太さ	許容電流
1.6 mm	27 A	3.5 mm²	37 A
2.0 mm	35 A	5.5 mm²	49 A

断面積が 5.5 mm² の 600 V ビニル絶縁電線(軟銅線)の許容電流は 49 A である．電線 7 本を合成樹脂製可とう電線管(PF 管)に収めた場合の電線 1 本当たりの許容電流〔A〕は，電流減少係数が 0.49 であるから，

$$49\times0.49=24.01 \rightarrow 24\ \mathrm{A}$$

(小数点以下 1 位を 7 捨 8 入)

9 **ハ. I_W 60 I_B 130**

電技解釈第 148 条(低圧幹線の施設)による．

電動機の定格電流の合計 I_M〔A〕は，

$$I_M=20+20=40〔\mathrm{A}〕$$

電熱器の定格電流の合計 I_H〔A〕は，

$$I_H=10〔\mathrm{A}〕$$

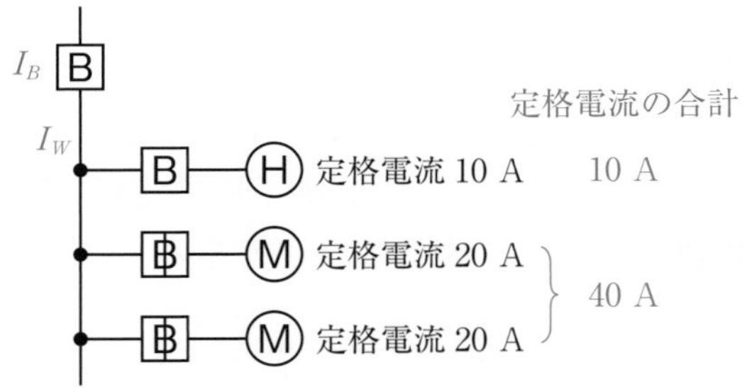

第 7 図

$I_M>I_H$，$I_M\leqq50$ であるから，幹線の許容電流 I_W〔A〕は，

$$I_W\geqq1.25I_M+I_H=1.25\times40+10=60〔\mathrm{A}〕$$

から，60 A 以上となる．

幹線を保護する過電流遮断器の定格電流 I_B〔A〕は，幹線の許容電流を 60 A とすると，

$$I_B\leqq3I_M+I_H=3\times40+10=130〔\mathrm{A}〕$$

$$I_B\leqq2.5I_W=2.5\times60=150〔\mathrm{A}〕$$

から，定格電流の小さい 130 A 以下となる．

10 **イ.**

電技解釈第 149 条(低圧分岐回路等の施設)による．

配線用遮断器の定格電流，電線の太さ，コンセントの定格電流の組み合わせは，**第 2 表**のようにしなければならない．

イは，20 A 配線用遮断器の分岐回路であり，電線の太さ 2.0 mm 及び接続されたコンセント

の定格電流 20 A は適切である．

ロは 30 A 配線用遮断器の分岐回路であり，2.0 mm の電線は接続できない．ハは 20 A 配線用遮断器の分岐回路であり，定格電流 30 A のコンセントは接続できない．ニは 40 A 配線用遮断器の分岐回路であり，5.5 mm^2 の電線は接続できない．

第２表　分岐回路

配線用遮断器の定格電流	電線の太さ（軟銅線）	コンセントの定格電流
20 A	1.6 mm 以上	20 A 以下
30 A	2.6 mm（5.5 mm^2）以上	20 A 以上 30 A 以下
40 A	8 mm^2 以上	30 A 以上 40 A 以下
50 A	14 mm^2 以上	40 A 以上 50 A 以下

11　イ．主として垂直な金属管の上端部に取り付けて，雨水の浸入を防止するために使用する．

エントランスキャップは，屋外における金属管工事で，垂直配管の上端部に取り付けたり，水平配管の末端部に取り付けて，雨水の浸入を防止する．

12　ハ．MI ケーブル

MI ケーブルは，外装に金属が使用され，酸化マグネシウムなどの無機質の絶縁体が充填されているケーブルで，約 1 000℃まで使用できる。

13　ハ．金属管工事とパイプベンダ

パイプベンダは，金属管を曲げるときに使用する．

リード型ねじ切り器は，金属管にねじを切る工具で，合成樹脂管工事には使用しない．合成樹脂管用カッタは，合成樹脂管を切断する工具で，ライティングダクト工事には使用しない．ボルトクリッパは，吊りボルトや鉄線等を切断する工具で，金属線ぴ工事には使用しない．

14　ロ．1 200

極数 6 の三相かご形誘導電動機を，周波数 60 Hz で使用するときの同期速度 N_s〔min^{-1}〕は，

$$N_s=\frac{120f}{p}=\frac{120\times 60}{6}=1\,200\ 〔\mathrm{min}^{-1}〕$$

無負荷時には同期速度に近い回転速度で回転し，負荷が増加すると徐々に回転速度が減少する．

15　イ．すべての蛍光灯照明器具にそのまま使用できる．

蛍光灯照明器具には，そのまま直管 LED ランプを使用できない場合もある．

予熱始動形蛍光灯器具は，グローランプを外して直管 LED ランプを使用できる場合と，グローランプを他の部品と交換して直管 LED ランプを使用できる場合とがある．

ラピッドスタート形や高周波点灯形（インバータ式）の照明器具は，既存の安定器を取り外し，直管 LED ランプと直結する配線工事が必要な場合がある．

16　ニ．600 V ポリエチレン絶縁耐燃性ポリエチレンシースケーブル平形

拡大したケーブルの写真には，＜PS＞E TAINEN EM600V EEF/F が見える．

EEF の「EE」が絶縁物とシースにポリエチレンを使用し，「F」が平形の形状であることを示す．「/F」が耐燃性であることを示す．

17　ハ．配線用遮断器（電動機保護兼用）

電動機の過負荷保護を兼用した配線用遮断器で，適合する電動機の定格（200 V　2.2 kW　相当）が，右下に表示されている．

18　イ．手動油圧式圧着器

P 形スリーブで太い電線相互を接続したり，太い電線を圧着端子に接続したりするのに使用する．

19　ロ．e のみ

電技解釈第 156 条（低圧屋内配線の施設場所による工事の種類）による．

ライティングダクト工事は，展開した場所及び点検できる隠ぺい場所で，乾燥した場所に限って施設できる．

合成樹脂管工事（CD 管を除く）及びケーブル工事は，施設場所に制限がない．

20　ニ．丸形ケーブルを，屈曲部の内側の半径をケーブル外径の 8 倍にして曲げた．

電技解釈第 167 条（低圧配線と弱電流電線等又は管との接近又は交差）・第 164 条（ケーブル工事），内線規程 3165-4（ケーブルの屈曲）による．

600 V ビニル絶縁ビニルシースケーブルの屈曲部の内側の半径は，多心・単心より合わせの場合は仕上がり外径の 6 倍以上，単心の場合は仕上がり外径の 8 倍以上である．

接触防護措置を施した場所で，造営材の側面に沿って垂直に取り付ける場合，支持点間の距離は 6 m 以下としなければならない．C 種接地工事を施した金属製遮へい層を有する電話用弱電流電線でなければ，低圧屋内配線のケーブルと同一の電線管に収めてはならない．臨時配線工事の場合を除いて，600 V ビニル絶縁ビニルシースケーブルを，コンクリート壁に直接埋設してはならない．

21 ハ.

ボンド線(裸銅線)を，ねじなしボックスコネクタの接地端子に結線し，その反対側のボンド線を，アウトレットボックス内の接地用取付ねじ穴に取り付ける方法が最も適切である．

22 ロ．c，d

電技解釈第 167 条(低圧配線と弱電流電線等又は管との接近又は交差)による．

低圧配線のケーブルが弱電流電線と接近し又は交差する場合は，ケーブルが弱電流電線と接触しないように施設しなければならない．

23 ニ．管と金属管(鋼製電線管)との接続に TS カップリングを使用した．

電技解釈第 160 条(金属可とう電線管工事)，内線規程 3120 節(金属製可とう電線管配線)による．

TS カップリングは，硬質ポリ塩化ビニル電線管相互を接続するものである．

24 イ．検電器　と　電路の充電の有無の確認

検電器は，電路の充電の有無や接地側・非接地側の極性を確認することができる．

回転計は，電動機の回転速度を測定するときに使用する．絶縁抵抗の測定は，電路の使用電圧に近い直流電圧を加えて測定するので，回路計で絶縁抵抗を測定することはできない．電力計は，消費電力を測定するときに使用する．

25 ロ．(A)0.1　(B)0.2　(C)0.4

電技第 58 条(低圧の電路の絶縁性能)による．

電気使用場所における使用電圧が低圧の電路の電線相互間及び電路と大地との間の絶縁抵抗は，開閉器又は過電流遮断器で区切ることのできる電路ごとに，**第 3 表**に示す値以上でなければならない．

第 3 表

電路の使用電圧の区分		絶縁抵抗値
300 V 以下	対地電圧が 150 V 以下の場合	0.1 MΩ
	その他の場合	0.2 MΩ
300 V を超えるもの		0.4 MΩ

26 ロ.

直読式接地抵抗計を用いて，接地抵抗を測定する場合は，**第 8 図**のように被測定接地極 E を端とし，一直線上に 2 箇所の補助接地極 P と C を順次 10 m 程度離して配置する．

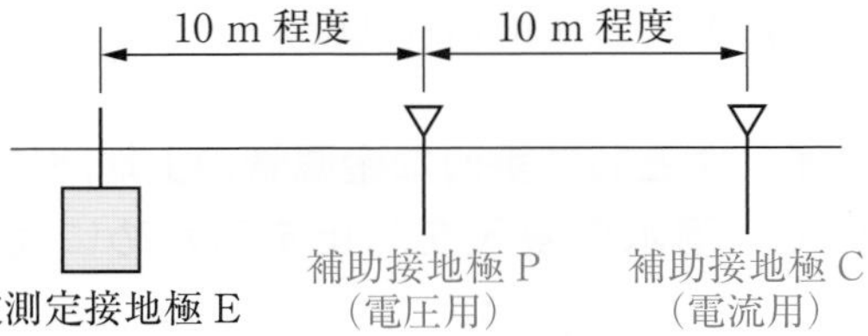

第 8 図　補助接地極の配置

27 ニ.

電圧計は負荷と並列に，電流計は負荷と直列に接続する．電力計は，電圧コイルを負荷と並列に接続し，電流コイルは負荷と直列に接続する．

28 ロ．配電盤を造営材に取り付ける作業

電気工事士法第 3 条(電気工事士等)，施行令第 1 条(軽微な工事)，施行規則第 2 条(軽微な作業)による．

イ，ハ，ニはいずれも軽微な工事に該当するので，電気工事士でなくても従事できる．

29 イ．定格電流 20 A の配線用遮断器

電気用品安全法施行令第 1 条の 2(特定電気用品)による．

配線用遮断器は，定格電圧が 100 V 以上 300 V 以下のものであって，定格電流が 100 A 以下のものが，特定電気用品の適用を受ける．

30 イ．低圧受電で，受電電力の容量が 35 kW，出力 15 kW の非常用内燃力発電設備を備えた映画館

電気事業法第 38 条，施行規則第 48 条(一般用電気工作物の範囲)による．

一般用電気工作物は低圧で受電するもので，同一構内に設置する小出力発電設備を有するものを含む．

イは，小出力発電設備に該当しない出力15 kWの非常用内燃力発電設備を備えているので，自家用電気工作物の適用を受ける．

小出力発電設備は，**第4表**に該当するものである．

第4表　小出力発電設備

発電設備の種類	出　力
太陽電池発電設備	50 kW 未満
風力発電設備 水力発電設備	20 kW 未満
内燃力発電設備 燃料電池発電設備 スターリングエンジン発電設備	10 kW 未満
複数発電設備の合計	50 kW 未満

問題 2．配線図の解答

31　イ．チャイム

図記号♩は，チャイムを表す．

32　ニ．60

電技解釈第181条(小勢力回路の施設)による．

小勢力回路の最大使用電圧は，60 V以下(最大使用電流等によって異なる)である．

33　ロ．600 V架橋ポリエチレン絶縁ビニルシースケーブル(単心3本のより線)

600V CVT14と表示されているので，600 V架橋ポリエチレン絶縁ビニルシースケーブル(単心3本のより線)である．

34　イ．位置表示灯を内蔵する点滅器

図記号●$_H$は，位置表示灯を内蔵する点滅器を表し，スイッチを切りにすると内蔵されているパイロットランプが点灯し，電灯が消灯してもスイッチの位置がわかる．

35　ロ．

図記号◐$^{20A250V}_{E}$のコンセントは，定格電流20 A，定格電圧250 Vの接地極付コンセント(**第9図**)である．

36　イ．O

ルームエアコンの屋外ユニットは，図記号にO(outdoor)を傍記する．

第9図　20 A 250 V 接地極付コンセント

37　ロ．20

電技解釈第149条(低圧分岐回路等の施設)による．

低圧分岐回路に接続するコンセントは，**第5表**によらなければならない．

分岐回路ⓙに接続されているコンセントは，図記号◐$_2$で，コンセントの定格電流は15 Aである．⑦で示す配線用遮断器の定格電流の最大値は，**第5表**から20 Aである．

第5表

分岐回路を保護する過電流遮断器の定格電流	コンセントの定格電流
15 A 以下	15 A 以下
20 A の配線用遮断器	20 A 以下
20 A のヒューズ	20 A
30 A	20 A 以上 30 A 以下
40 A	30 A 以上 40 A 以下
50 A	40 A 以上 50 A 以下

38　イ．0.1

電技第58条(低圧の電路の絶縁性能)による．

⑧で示す電路は，電源が1ϕ 3W(単相3線式)100/200 Vであるので，使用電圧が300 V以下で対地電圧が150 V以下に該当する．**第3表**により，電路と大地間の絶縁抵抗として，許容される最小値は0.1 MΩである．

39　ハ．丸打ちゴムコード　0.75 mm^2

電技解釈第170条(電球線の施設)による．

電球線の断面積は0.75 mm^{2}以上で，白熱電球は高温になるため，ビニルコード及びビニルキャブタイヤコードは使用が禁じられている．

40　イ．2

⑩で示す部分の複線図は，**第10図**のようになり2本である．

41　ハ．

図記号Ⓣは，小形変圧器を表す．

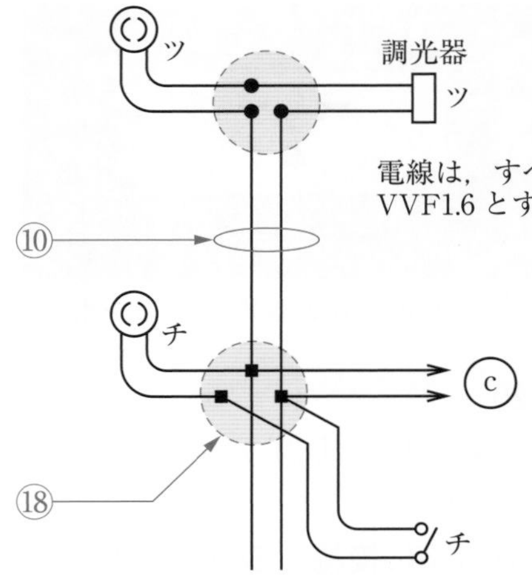

第10図

42 **ロ.**

⑫で示す部分の工事は，合成樹脂製可とう電線管(PF 管)を使用しているので，TS カップリングは使用されない．

43 **ニ.**

⑬で示す蛍光灯 ▭●P は，プルスイッチが付いている蛍光灯である．

44 **ロ.**

回路計で電圧を測定し，検電器で接地側・非接地側の極性を確認する．

45 **ハ.**

⑮で示す図記号 [B] は配線用遮断器で，200 V 回路に使用されているので，2 極 2 素子(2P2E)でなければならない．

46 **ロ.**

⑯で示すボックス内の接続は，**第 11 図**のようになる．

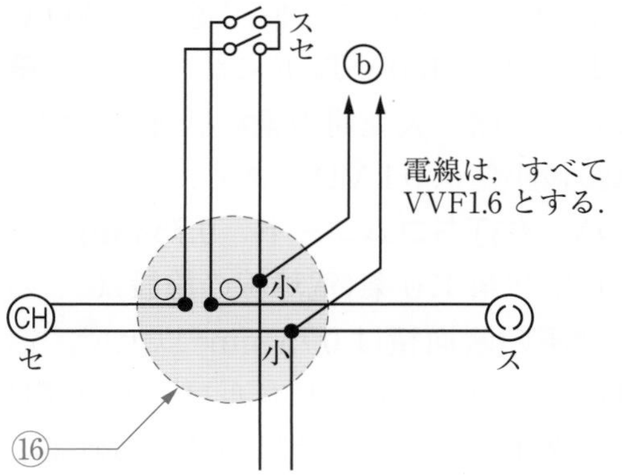

第11図

1.6 mm の電線をリングスリーブで接続する場合，リングスリーブの種類と刻印は**第 6 表**による．

小スリーブを 4 個使用して，刻印は○が 2 個で小が 2 個である．

第6表

リングスリーブ	1.6 mm の本数	刻印
小	2	○
	3～4	小
中	5～6	中
大	7	大

47 **ハ.**

⑰で示すボックス内の接続は，**第 12 図**のようになる．

電線を接続する箇所は 3 箇所で，**第 6 表**から，1.6 mm を 5 本接続する 2 箇所に中スリーブ，1.6 mm を 2 本接続する 1 箇所に小スリーブを使用する．

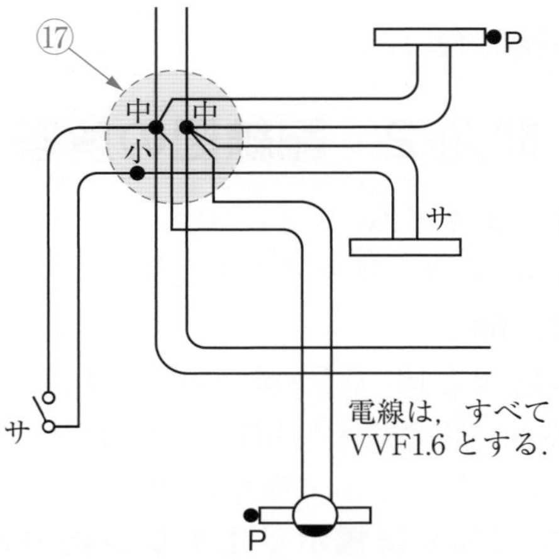

第12図

48 **ロ.**

⑱で示すボックス内の接続は，**第 10 図**のようになる．差込形コネクタによる 2 本接続が 1 箇所で，4 本接続が 2 箇所である．

49 **ニ.**

ニの図記号は ◐$_{\mathrm{ET}}$ で，この工事で使用されていない．

イの図記号は ◐$^{\mathrm{ET}}_{\mathrm{WP\,LK}}$ でベランダに，ロの図記号は ◐$^{2}_{\mathrm{E\,LK}}$ で台所に，ハの図記号は ◐$_{\mathrm{E}}$ でリビング・ダイニングルームに使用されている．

50 **ハ.**

ハの図記号は ●$^{\mathrm{H}}_{3}$(位置表示灯を内蔵する 3 路スイッチ)で，この工事で使用されていない．

イの図記号は ●$_{\mathrm{WP}}$ でベランダに，ロの図記号は ●$_{\mathrm{H}}$ で廊下に，ニの図記号 ●$_{\mathrm{L}}$ は廊下・脱衣所・台所に使用されている．

問題１．一般問題（問題数 30，配点は１問当たり２点）

【注】本問題の計算で $\sqrt{2}$，$\sqrt{3}$ 及び円周率 π を使用する場合の数値は次によること。$\sqrt{2}=1.41$ ，$\sqrt{3}=1.73$ ，$\pi=3.14$

次の各問いには４通りの答え（イ，ロ，ハ，ニ）が書いてある。それぞれの問いに対して答えを１つ選びなさい。

なお，選択肢が数値の場合は最も近い値を選びなさい。

	問　い	答　え
1	図のような回路で，８ Ωの抵抗での消費電力［W］は。 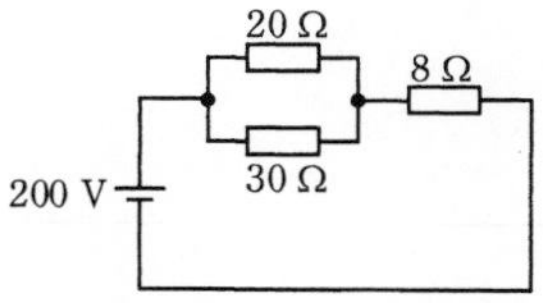 	イ．200　ロ．800　ハ．1 200　ニ．2 000
2	直径 2.6 mm，長さ 20 m の銅導線と抵抗値が最も近い同材質の銅導線は。	イ．断面積 8 mm^2，長さ 40 m ロ．断面積 8 mm^2，長さ 20 m ハ．断面積 5.5 mm^2，長さ 40 m ニ．断面積 5.5 mm^2，長さ 20 m
3	消費電力が400 Wの電熱器を1時間20分使用した時の発熱量［kJ］は。	イ．960　ロ．1 920　ハ．2 400　ニ．2 700
4	図のような回路で，電源電圧が 24 V，抵抗 $R=4\ \Omega$ に流れる電流が 6 A，リアクタンス $X_L=3\ \Omega$ に流れる電流が 8 A であるとき，回路の力率［%］は。 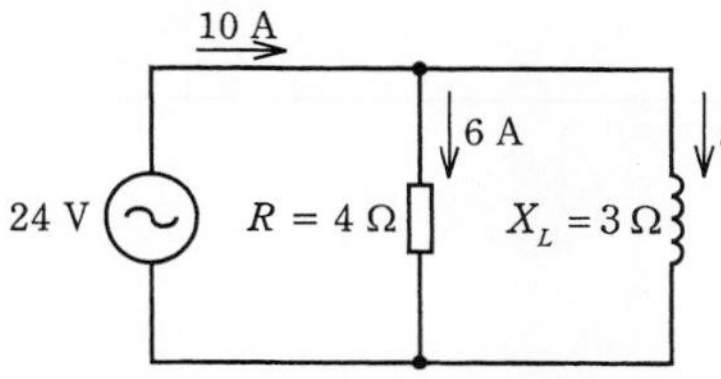 	イ．43　ロ．60　ハ．75　ニ．80
5	図のような三相 3 線式回路に流れる電流 I［A］は。 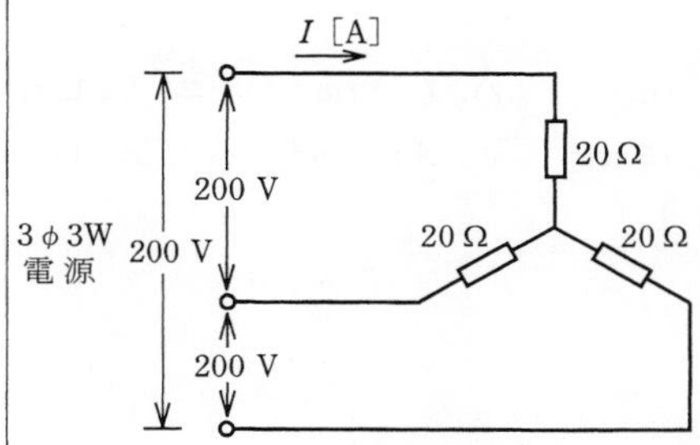 	イ．2.9　ロ．5.0　ハ．5.8　ニ．10.0

<table>
<tr><th></th><th>問　い</th><th colspan="4">答　え</th></tr>
<tr><td>6</td><td>図のような単相2線式回路で，c–c′間の電圧が100 Vのとき，a–a′間の電圧［V］は。
ただし，r_1及びr_2は電線の電気抵抗［Ω］とする。
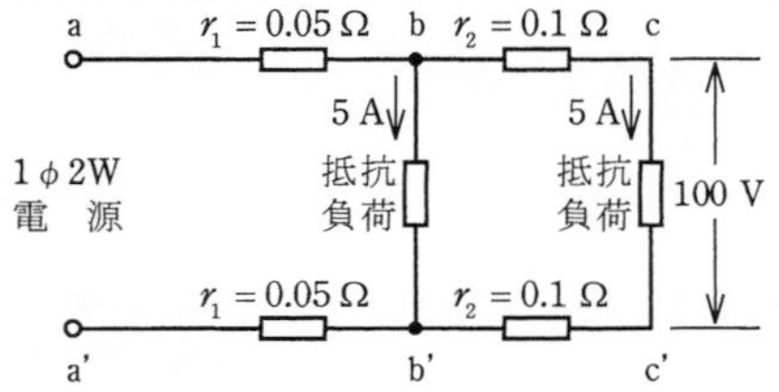
</td><td>イ．101</td><td>ロ．102</td><td>ハ．103</td><td>ニ．104</td></tr>
<tr><td>7</td><td>図のような単相3線式回路において，消費電力100 W，200 Wの2つの負荷はともに抵抗負荷である。図中の×印点で断線した場合，a–b間の電圧［V］は。
ただし，断線によって負荷の抵抗値は変化しないものとする。
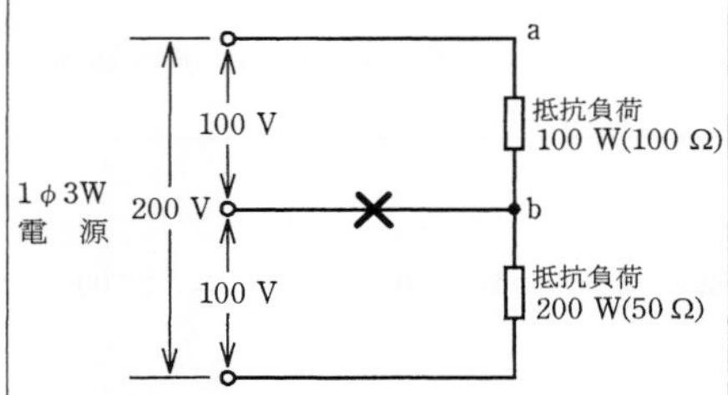
</td><td>イ．67</td><td>ロ．100</td><td>ハ．133</td><td>ニ．150</td></tr>
<tr><td>8</td><td>金属管による低圧屋内配線工事で，管内に直径1.6 mmの600 Vビニル絶縁電線（軟銅線）6本を収めて施設した場合，電線1本当たりの許容電流［A］は。
ただし，周囲温度は30℃以下，電流減少係数は0.56とする。</td><td>イ．15</td><td>ロ．19</td><td>ハ．20</td><td>ニ．27</td></tr>
<tr><td>9</td><td>図のように，定格電流100 Aの配線用遮断器で保護された低圧屋内幹線からVVRケーブルで低圧屋内電路を分岐する場合，a–b間の長さLと電線の太さAの組合せとして，不適切なものは。
ただし，VVRケーブルの太さと許容電流の関係は表のとおりとする。
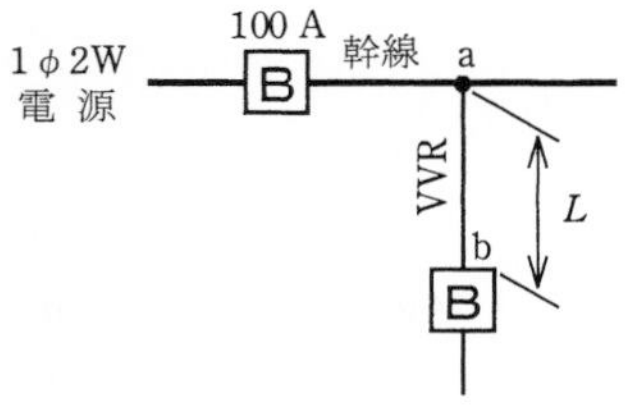

<table>
<tr><th>電線の太さA</th><th>許容電流</th></tr>
<tr><td>直径 2.0 mm</td><td>24 A</td></tr>
<tr><td>断面積 5.5 mm^2</td><td>34 A</td></tr>
<tr><td>断面積　8 mm^2</td><td>42 A</td></tr>
<tr><td>断面積 14 mm^2</td><td>61 A</td></tr>
</table></td><td>イ．L : 1 m
A : 2.0 mm</td><td>ロ．L : 2 m
A : 5.5 mm^2</td><td>ハ．L : 10 m
A : 8 mm^2</td><td>ニ．L : 15 m
A : 14 mm^2</td></tr>
</table>

	問い	答え
10	低圧屋内配線の分岐回路の設計で，配線用遮断器，分岐回路の電線の太さ及びコンセントの組合せとして，**不適切なものは。** ただし，分岐点から配線用遮断器までは3 m，配線用遮断器からコンセントまでは8 mとし，電線の数値は分岐回路の電線（軟銅線）の太さを示す。 また，コンセントは兼用コンセントではないものとする。	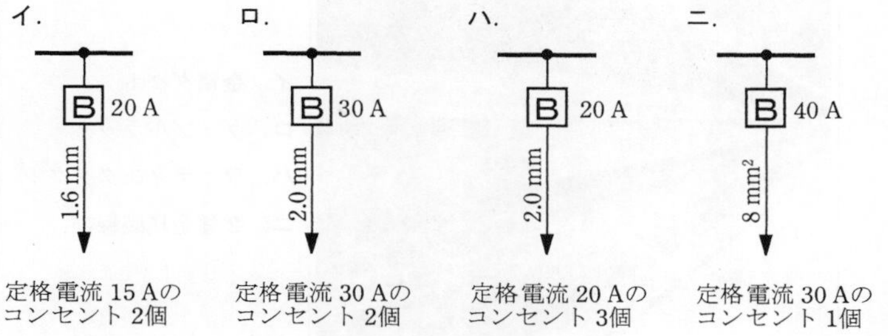
11	金属管工事に使用される「ねじなしボックスコネクタ」に関する記述として，**誤っているものは。**	イ．ボンド線を接続するための接地用の端子がある。 ロ．ねじなし電線管と金属製アウトレットボックスを接続するのに用いる。 ハ．ねじなし電線管との接続は止めネジを回して，ネジの頭部をねじ切らないように締め付ける。 ニ．絶縁ブッシングを取り付けて使用する。
12	低圧屋内配線として使用する600V ビニル絶縁電線（IV）の絶縁物の最高許容温度［℃］は。	イ．45　ロ．60　ハ．75　ニ．90
13	コンクリート壁に金属管を取り付けるときに用いる材料及び工具の組合せとして，**適切なものは。**	イ．カールプラグ　ステープル　ホルソ　ハンマ ロ．サドル　振動ドリル　カールプラグ　木ねじ ハ．たがね　コンクリート釘　ハンマ　ステープル ニ．ボルト　ホルソ　振動ドリル　サドル
14	三相誘導電動機が周波数60 Hzの電源で無負荷運転されている。この電動機を周波数50 Hzの電源で無負荷運転した場合の回転の状態は。	イ．回転速度は変化しない。 ロ．回転しない。 ハ．回転速度が減少する。 ニ．回転速度が増加する。
15	低圧三相誘導電動機に対して低圧進相コンデンサを並列に接続する目的は。	イ．回路の力率を改善する。 ロ．電動機の振動を防ぐ。 ハ．電源の周波数の変動を防ぐ。 ニ．回転速度の変動を防ぐ。

問　い		答　え
16	写真の矢印で示す材料の名称は。 	**イ**．金属ダクト **ロ**．ケーブルラック **ハ**．ライティングダクト **ニ**．２種金属製線ぴ
17	写真に示す器具の用途は。 	**イ**．器具等を取り付けるための基準線を投影するために用いる。 **ロ**．照度を測定するために用いる。 **ハ**．振動の度合いを確かめるために用いる。 **ニ**．作業場所の照明として用いる。
18	写真に示す工具の電気工事における用途は。 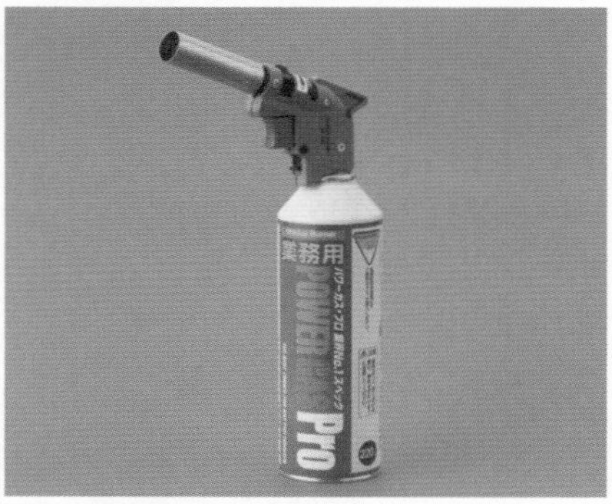 	**イ**．硬質塩化ビニル電線管の曲げ加工に用いる。 **ロ**．金属管（鋼製電線管）の曲げ加工に用いる。 **ハ**．合成樹脂製可とう電線管の曲げ加工に用いる。 **ニ**．ライティングダクトの曲げ加工に用いる。
19	単相 100 V の屋内配線工事における絶縁電線相互の接続で，次のような箇所があった。 a～d のうちから**適切なものを全て選んだ組合せとして，正しいものは。** a：電線の絶縁物と同等以上の絶縁効力のあるもので十分に被覆した。 b：電線の引張強さが 10%減少した。 c：電線の電気抵抗が 5%増加した。 d：電線の電気抵抗を増加させなかった。	**イ**．a のみ　**ロ**．b 及び c　**ハ**．b 及び d　**ニ**．a，b 及び d
20	使用電圧 300 V 以下の低圧屋内配線の工事方法として，**不適切なものは。**	**イ**．金属可とう電線管工事で，より線（600V ビニル絶縁電線）を用いて，管内に接続部分を設けないで収めた。 **ロ**．ライティングダクト工事で，ダクトの開口部を下に向けて施設した。 **ハ**．合成樹脂管工事で，施設する低圧配線と水管が接触していた。 **ニ**．金属ダクト工事で，電線を分岐する場合，接続部分に十分な絶縁被覆を施し，かつ，接続部分を容易に点検できるようにしてダクトに収めた。

<table>
<tr><th colspan="2">問　い</th><th>答　え</th></tr>
<tr><td>21</td><td>図に示す一般的な低圧屋内配線の工事で，スイッチボックス部分の回路は。ただし，ⓐは電源からの非接地側電線（黒色），ⓑは電源からの接地側電線（白色）を示し，負荷には電源からの接地側電線が直接に結線されているものとする。
なお，パイロットランプは 100 V 用を使用する。
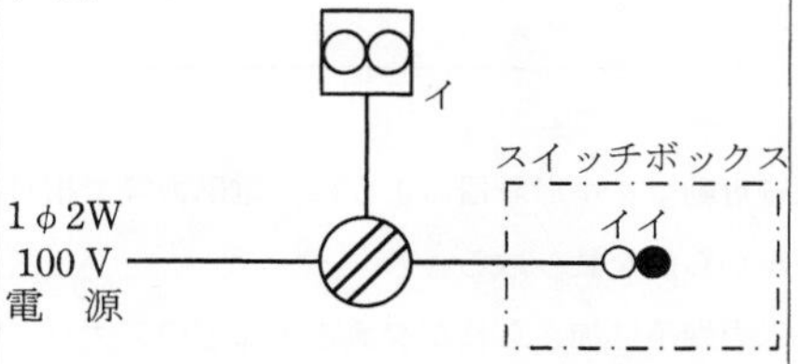
○ は確認表示灯（パイロットランプ）を示す。</td><td>イ．
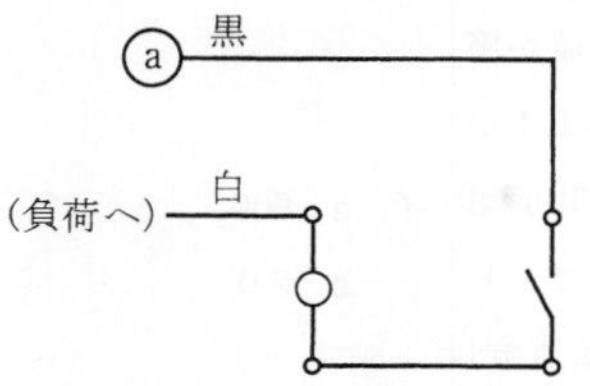
ロ．
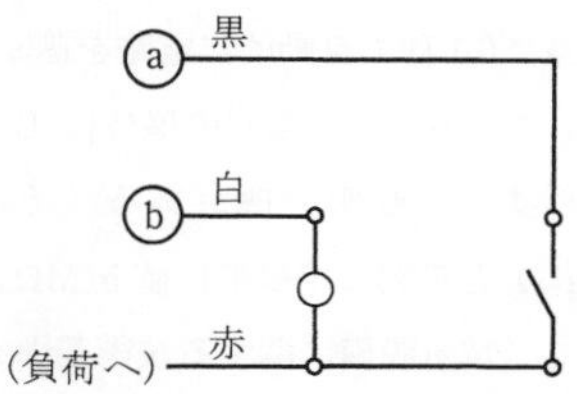
ハ．
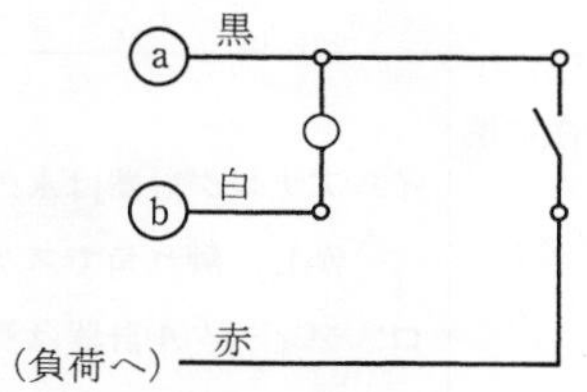
ニ．
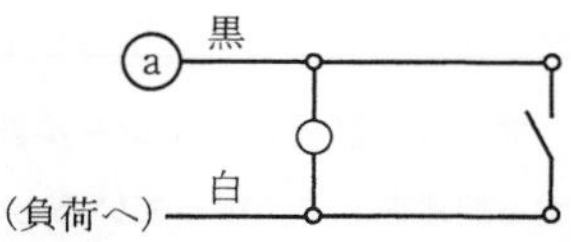</td></tr>
<tr><td>22</td><td>D 種接地工事を省略できないものは。
ただし，電路には定格感度電流 30 mA，動作時間 0.1 秒の漏電遮断器が取り付けられているものとする。</td><td>イ．乾燥した場所に施設する三相 200 V（対地電圧 200 V）動力配線を収めた長さ 4 m の金属管。
ロ．乾燥した木製の床の上で取り扱うように施設する三相 200 V（対地電圧 200 V）誘導電動機の鉄台。
ハ．乾燥したコンクリートの床に施設する三相 200 V（対地電圧 200 V）ルームエアコンの金属製外箱部分。
ニ．乾燥した場所に施設する単相3線式 100/200 V（対地電圧 100 V）配線の電線を収めた長さ 8 m の金属管。</td></tr>
<tr><td>23</td><td>低圧屋内配線工事で，600V ビニル絶縁電線を合成樹脂管に収めて使用する場合，その電線の許容電流を求めるための電流減少係数に関して，同一管内の電線数と電線の電流減少係数との組合せで，誤っているものは。
ただし，周囲温度は30℃以下とする。</td><td>イ．2 本　0.80
ロ．4 本　0.63
ハ．5 本　0.56
ニ．7 本　0.49</td></tr>
<tr><td>24</td><td>低圧回路を試験する場合の測定器とその用途の組合せとして，誤っているものは。</td><td>イ．回路計（テスタ）　と　導通試験
ロ．検相器　と　三相回路の相順（相回転）の確認
ハ．電力計　と　消費電力量の測定
ニ．クランプ式電流計　と　負荷電流の測定</td></tr>
<tr><td>25</td><td>アナログ形絶縁抵抗計（電池内蔵）を用いた絶縁抵抗測定に関する記述として，誤っているものは。</td><td>イ．絶縁抵抗測定の前には，絶縁抵抗計の電池容量が正常であることを確認する。
ロ．絶縁抵抗測定の前には，絶縁抵抗測定のレンジに切り替え，測定モードにし，接地端子（E：アース）と線路端子（L：ライン）を短絡し零点を指示することを確認する。
ハ．電子機器が接続された回路の絶縁測定を行う場合は，機器等を損傷させない適正な定格測定電圧を選定する。
ニ．被測定回路に電源電圧が加わっている状態で測定する。</td></tr>
</table>

問い		答え
26	使用電圧 100 V の低圧電路に，地絡が生じた場合 0.1 秒で自動的に電路を遮断する装置が施してある。この電路の屋外に D 種接地工事が必要な自動販売機がある。その接地抵抗値 a[Ω]と電路の絶縁抵抗値 b[MΩ]の組合せとして，「電気設備に関する技術基準を定める省令」及び「電気設備の技術基準の解釈」に**適合していないものは**。	イ．a 600 b 2.0 ロ．a 450 b 1.0 ハ．a 200 b 0.2 ニ．a 50 b 0.1
27	アナログ計器とディジタル計器の特徴に関する記述として，**誤っているものは**。	イ．アナログ計器は永久磁石可動コイル形計器のように，電磁力等で指針を動かし，触れ角でスケールから値を読み取る。 ロ．ディジタル計器は測定入力端子に加えられた交流電圧などのアナログ波形を入力変換回路で直流電圧に変換し，次に A-D 変換回路に送り，直流電圧の大きさに応じたディジタル量に変換し，測定値が表示される。 ハ．アナログ計器は変化の度合いを読み取りやすく，測定量を直感的に判断できる利点を持つが，読み取り誤差を生じやすい。 ニ．電圧測定では，アナログ計器は入力抵抗が高いので被測定回路に影響を与えにくいが，ディジタル計器は入力抵抗が低いので被測定回路に影響を与えやすい。
28	「電気工事士法」において，一般用電気工作物に係る工事の作業で，a, b ともに電気工事士でなければ**従事できないものは**。	イ．a：配電盤を造営材に取り付ける。 b：電線管を曲げる。 ロ．a：地中電線用の管を設置する。 b：定格電圧 100 V の電力量計を取り付ける。 ハ．a：電線を支持する柱を設置する。 b：電線管に電線を収める。 ニ．a：接地極を地面に埋設する。 b：定格電圧 125 V の差込み接続器にコードを接続する。
29	「電気用品安全法」について述べた記述で，**正しいものは**。	イ．電気工事士は，適法な表示が付されているものでなければ，電気用品を電気工作物の設置等の工事に使用してはならない（経済産業大臣の承認を受けた特定の用途に使用される電気用品を除く）。 ロ．特定電気用品には，(PS/E) または (PS)E の表示が付されている。 ハ．定格使用電圧 100 V の漏電遮断器は特定電気用品以外の電気用品である。 ニ．電気工作物の部分となり，又はこれに接続して用いられる機械，器具又は材料はすべて電気用品である。
30	「電気設備に関する技術基準を定める省令」で定められている交流の電圧区分で，**正しいものは**。	イ．低圧は 600 V 以下，高圧は 600 V を超え 10 000 V 以下 ロ．低圧は 600 V 以下，高圧は 600 V を超え 7 000 V 以下 ハ．低圧は 750 V 以下，高圧は 750 V を超え 10 000 V 以下 ニ．低圧は 750 V 以下，高圧は 750 V を超え 7 000 V 以下

問題２．配線図 (問題数 20，配点は１問当たり２点)

※図は２１８頁参照

図は，鉄筋コンクリート造の集合住宅共用部の部分的な配線図である。この図に関する次の各問いには４通りの答え（イ，ロ，ハ，ニ）が書いてある。それぞれの問いに対して，答えを１つ選びなさい。

【注意】 １．屋内配線の工事は，動力回路及び特記のある場合を除き 600V ビニル絶縁ビニルシースケーブル平形（VVF）を用いたケーブル工事である。

２．屋内配線等の電線の本数，電線の太さ，その他，問いに直接関係のない部分等は省略又は簡略化してある。

３．漏電遮断器は，定格感度電流 30 mA，動作時間 0.1 秒以内のものを使用している。

４．選択肢（答え）の写真にあるコンセント及び点滅器は，「JIS C 0303：2000 構内電気設備の配線用図記号」で示す「一般形」である。

５．配電盤，分電盤及び制御盤の外箱は金属製である。

６．ジョイントボックスを経由する電線は，すべて接続箇所を設けている。

７．３路スイッチの記号「0」の端子には，電源側又は負荷側の電線を結線する。

問い		答え			
31	①で示す引込線取付点の地表上の高さの最低値［m］は。 ただし，引込線は道路を横断せず，技術上やむを得ない場合で，交通に支障がないものとする。	イ．2	ロ．2.5	ハ．3	ニ．4
32	②で示す配線工事に**使用できない**電線の記号（種類）は。	イ．VVF	ロ．VVR	ハ．IV	ニ．CV
33	③で示す図記号の器具の種類は。	イ．熱線式自動スイッチ ロ．遅延スイッチ ハ．確認表示灯を内蔵する点滅器 ニ．位置表示灯を内蔵する点滅器			
34	④で示す図記号の機器は。	イ．電流計付箱開閉器 ロ．電動機の力率を改善する低圧進相用コンデンサ ハ．制御配線の信号により動作する開閉器（電磁開閉器） ニ．電動機の始動装置			
35	⑤で示す機器の定格電流の最大値［A］は。	イ．15	ロ．20	ハ．25	ニ．30
36	⑥で示す図記号の器具の名称は。	イ．リモコンリレー ハ．火災表示灯		ロ．リモコンセレクタスイッチ ニ．漏電警報器	
37	⑦で示す部分の接地工事における接地抵抗の許容される最大値［Ω］は。 なお，引込線の電源側には地絡遮断装置は設置されていない。	イ．10	ロ．100	ハ．300	ニ．500
38	⑧で示す図記号の器具の名称は。	イ．電磁開閉器用押しボタン ハ．圧力スイッチ		ロ．フロートスイッチ ニ．フロートレススイッチ電極	
39	⑨で示す部分の最少電線本数（心線数）は。	イ．2	ロ．3	ハ．4	ニ．5
40	⑩で示す部分は引掛形のコンセントである。その図記号の傍記表示は。	イ．T	ロ．LK	ハ．EL	ニ．H

	問い	答え			
41	⑪で示す図記号の機器は。	イ. 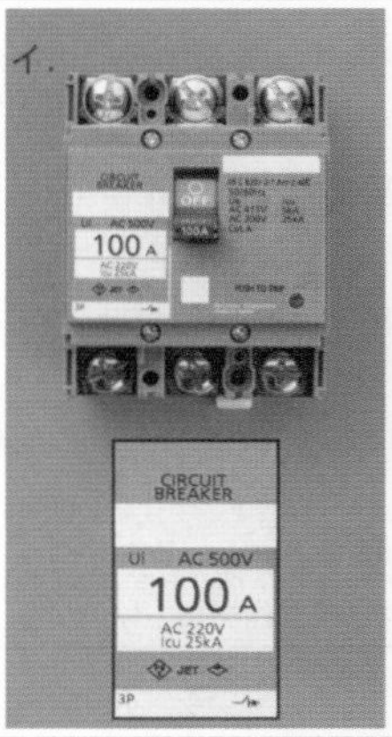	ロ. 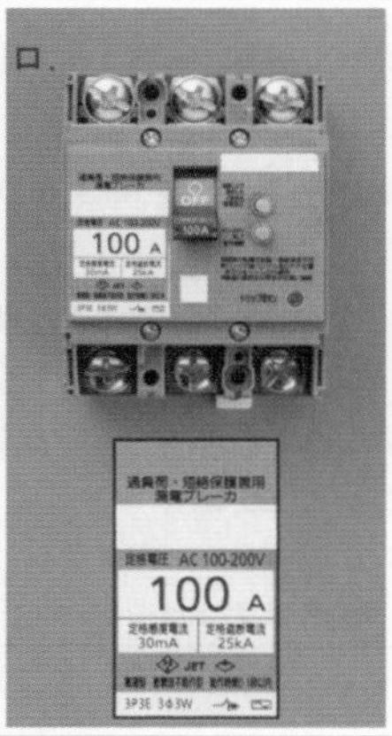	ハ. 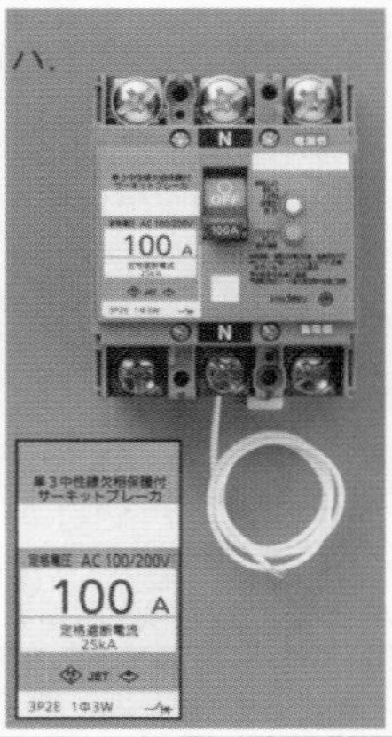	ニ. 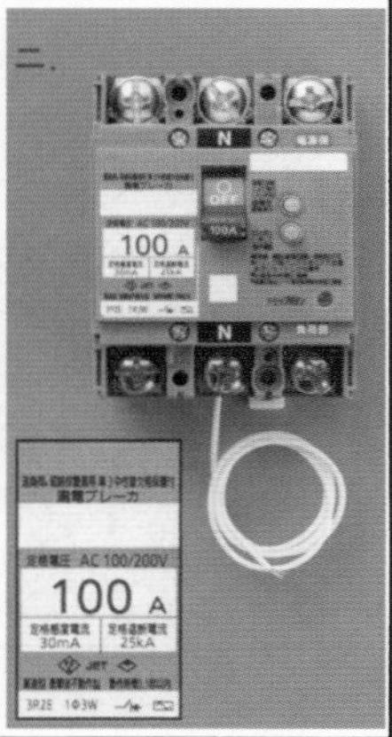
42	⑫で示すボックス内の接続をすべて圧着接続とする場合，使用するリングスリーブの種類と最少個数の組合せで，**正しいものは。** ただし，使用する電線はすべてVVF1.6とし，地下1階へ至る配線の電線本数(心線数)は最少とする。	イ. 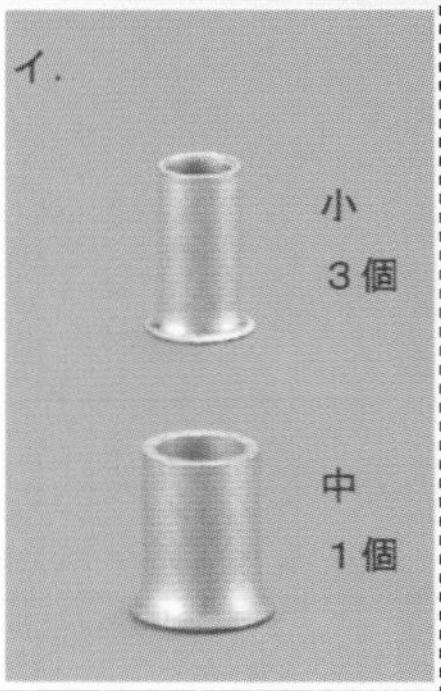 小 3個 中 1個	ロ. 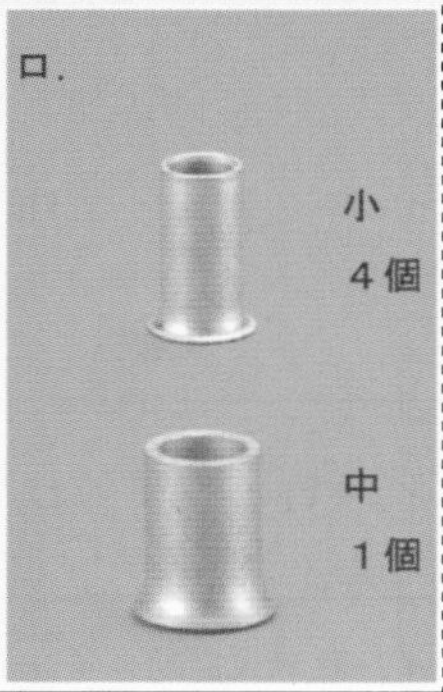 小 4個 中 1個	ハ.  小 4個	ニ. 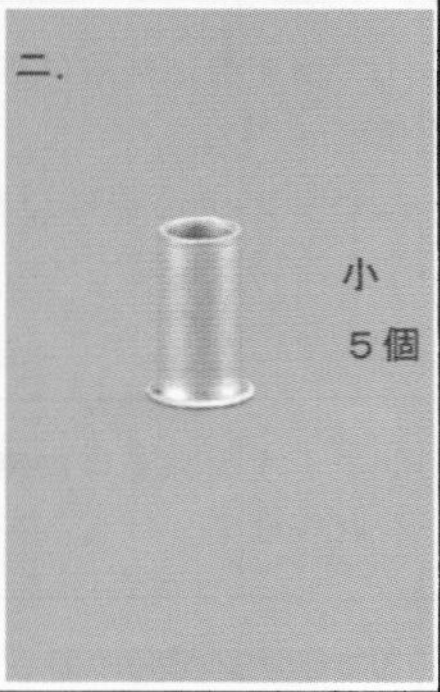 小 5個
43	⑬で示す地下1階のポンプ室内で**使用されていないものは。**	イ. 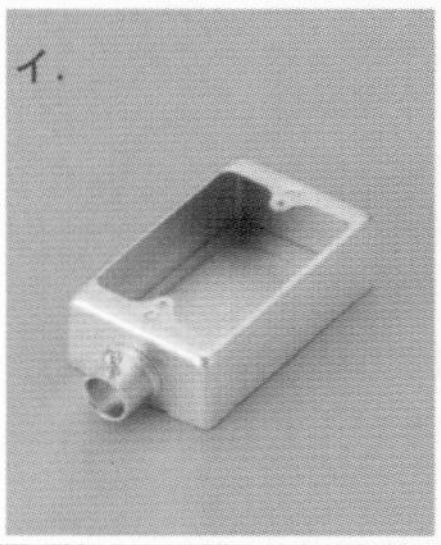	ロ. 	ハ. 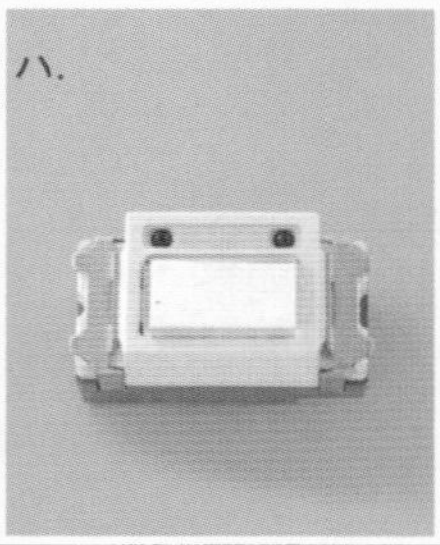	ニ. 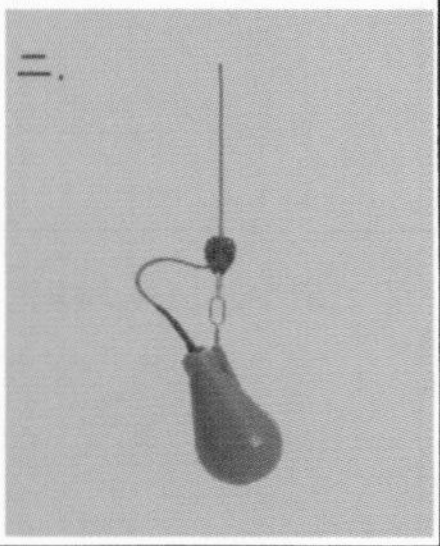
44	⑭で示す部分の配線工事に必要なケーブルは。 ただし，心線数は最少とする。	イ. 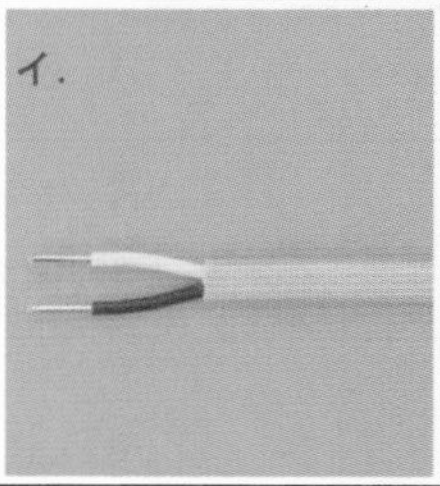	ロ. 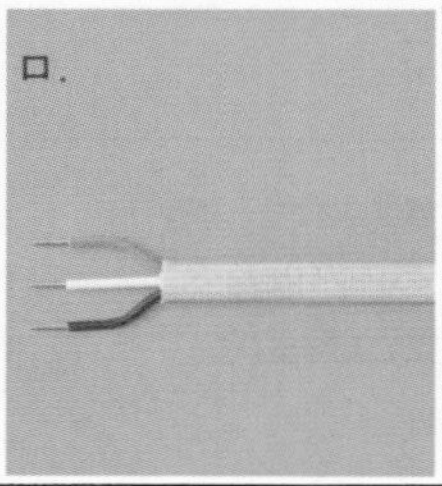	ハ. 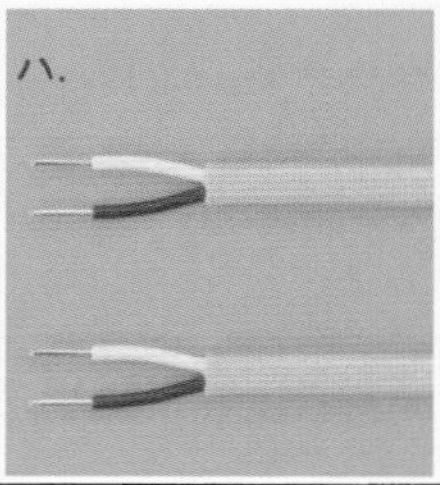	ニ. 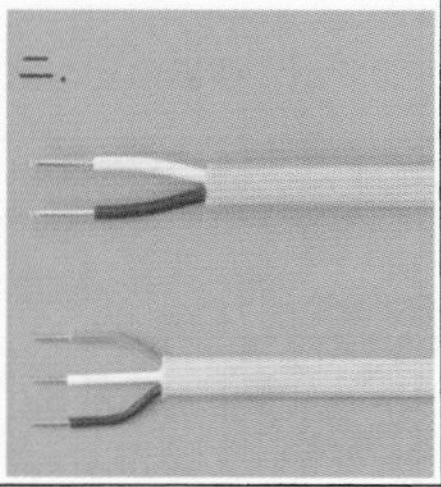
45	⑮で示す部分の工事で，一般的に**使用されることのないものは。**	イ. 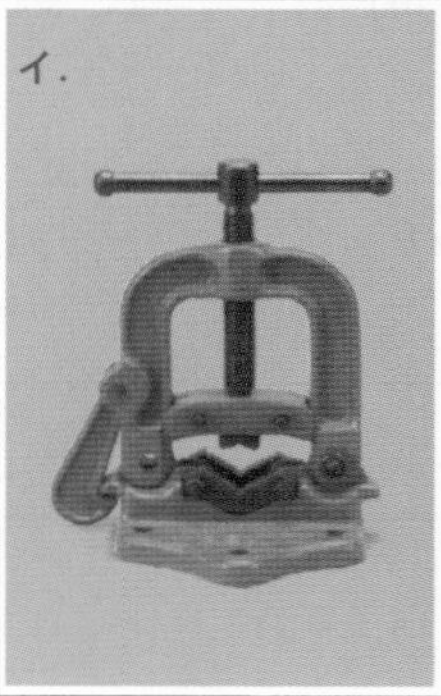	ロ. 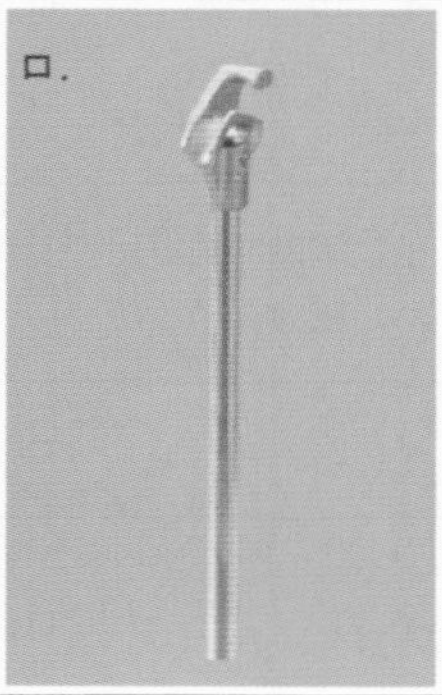	ハ. 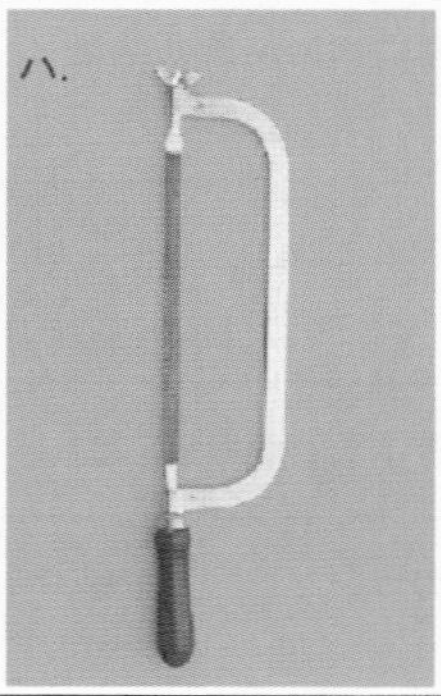	ニ. 

問い		答え			
46	⑯で示す部分の工事で，一般的に使用されることのないものは。	イ. 	ロ. 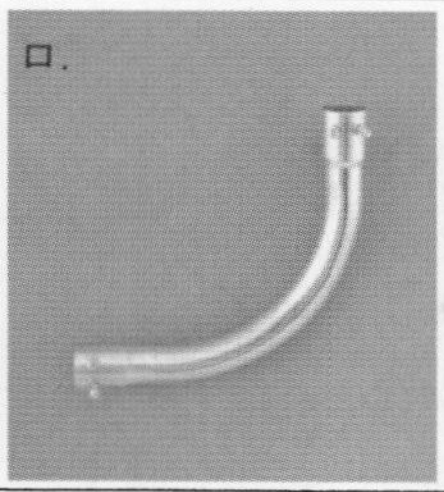	ハ. 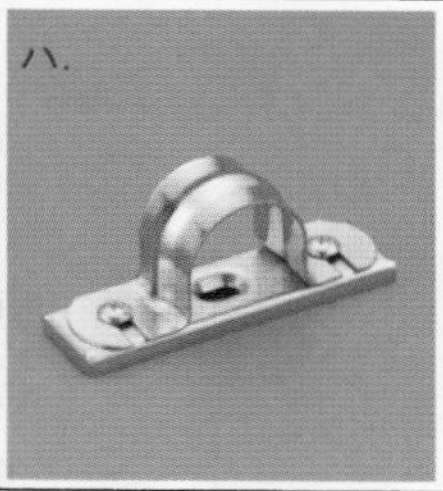	ニ. 
47	⑰で示すボックス内の接続をすべて差込形コネクタとする場合,使用する差込形コネクタの種類と最少個数の組合せで,**正しいものは**。 ただし，使用する電線はすべてVVF1.6とし，地下1階へ至る配線の電線本数（心線数）は最少とする。	イ. 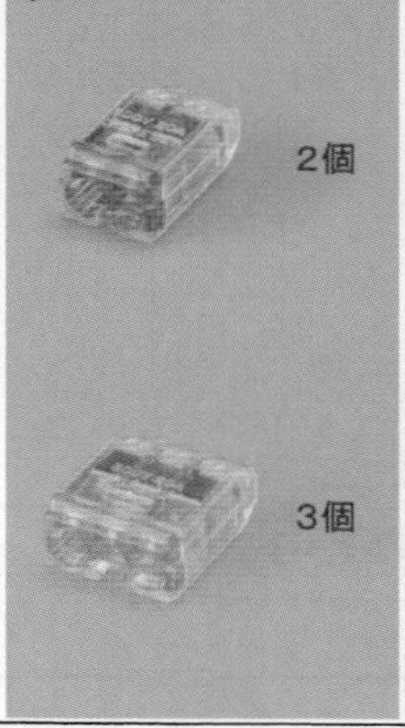	ロ. 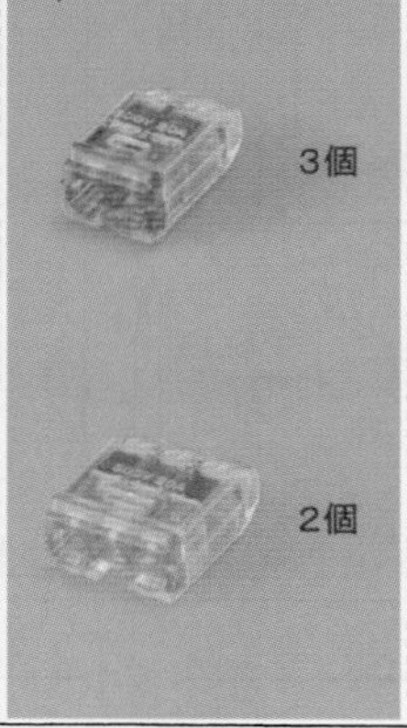	ハ. 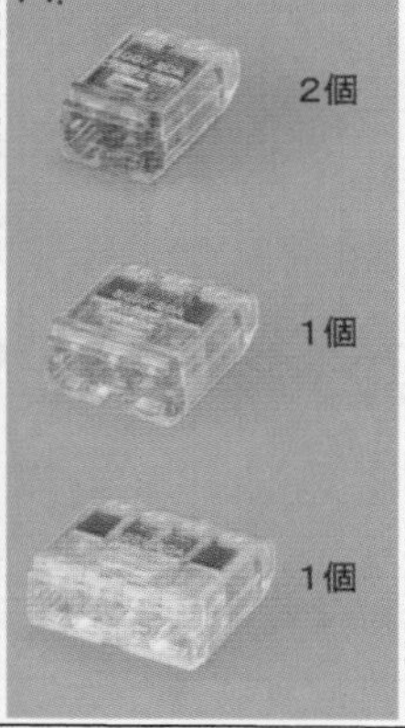	ニ. 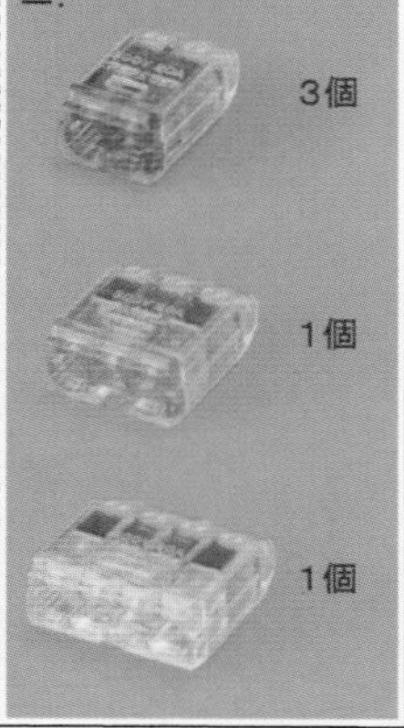
48	⑱で示すボックス内の接続をリングスリーブで圧着接続した場合のリングスリーブの種類，個数及び圧着接続後の刻印との組合せで，**正しいものは**。 ただし，使用する電線はすべてVVF1.6とする。 また，写真に示す**リングスリーブ**中央の○，小，**中**は刻印を表す。	イ. 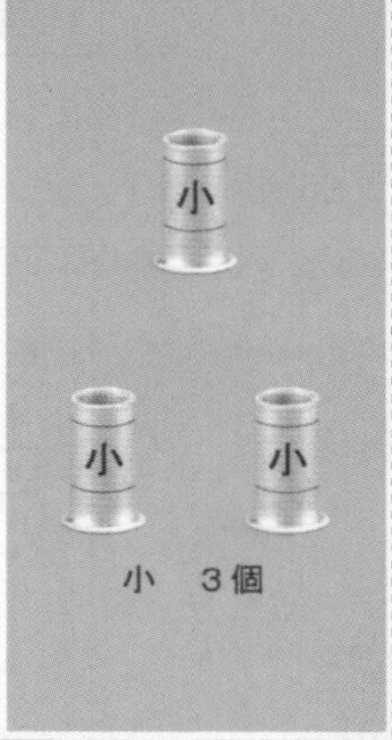	ロ. 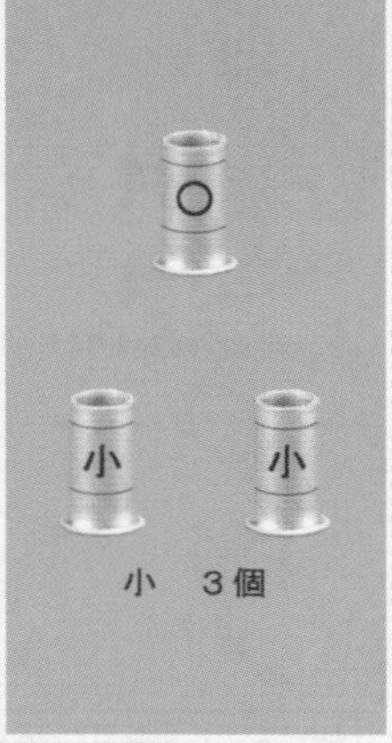	ハ. 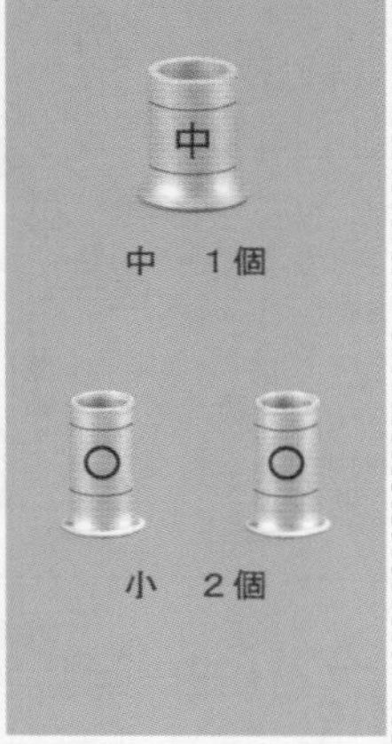	ニ. 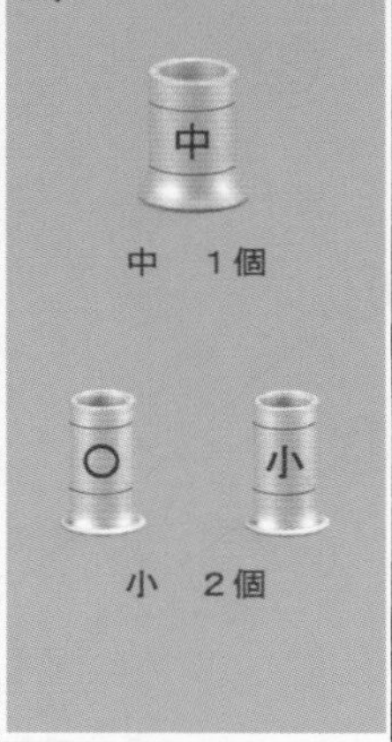
49	この配線図の図記号から，この工事で**使用されている**コンセントは。	イ. 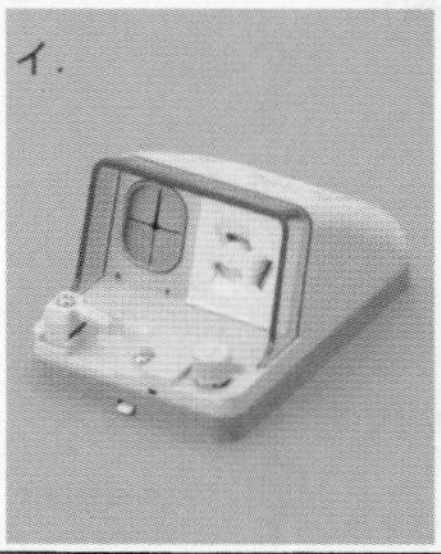	ロ. 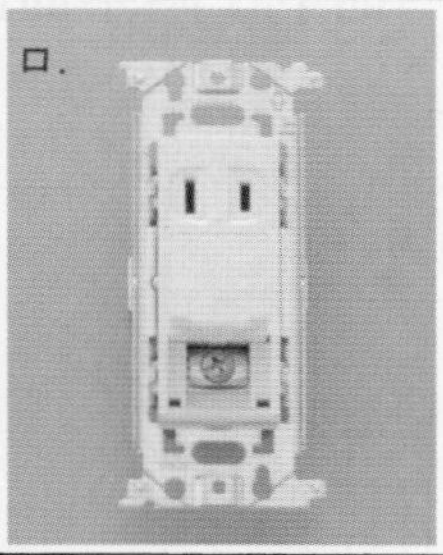	ハ. 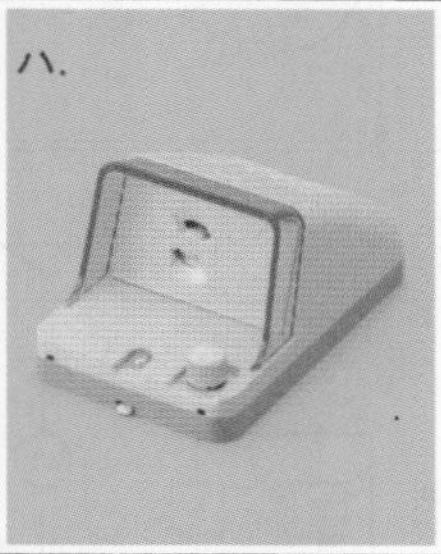	ニ. 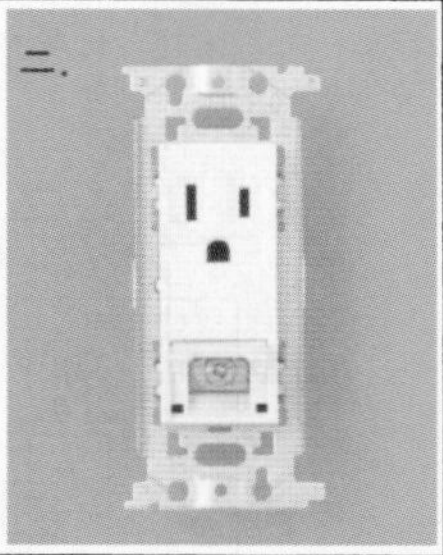
50	この配線図の図記号から，この工事で**使用されていない**スイッチは。 ただし，写真下の図は，接点の構成を示す。	イ. 	ロ. 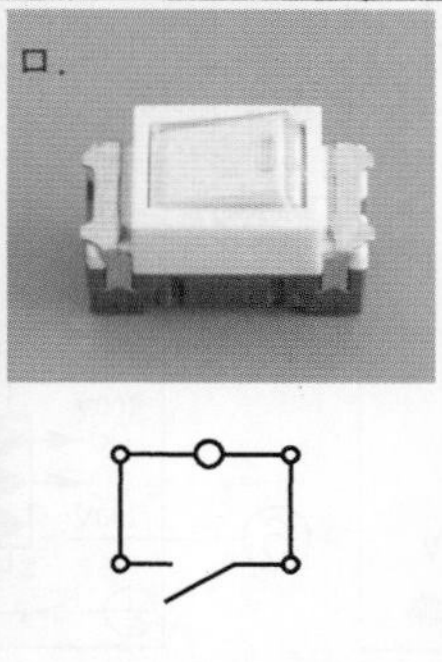	ハ. 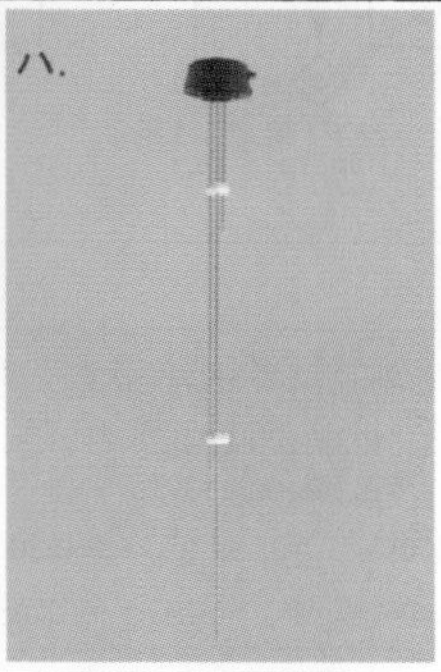	ニ. 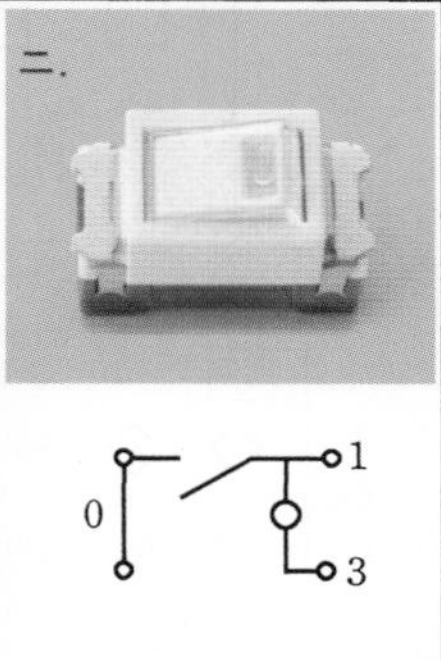

図面を引き抜いてご覧ください

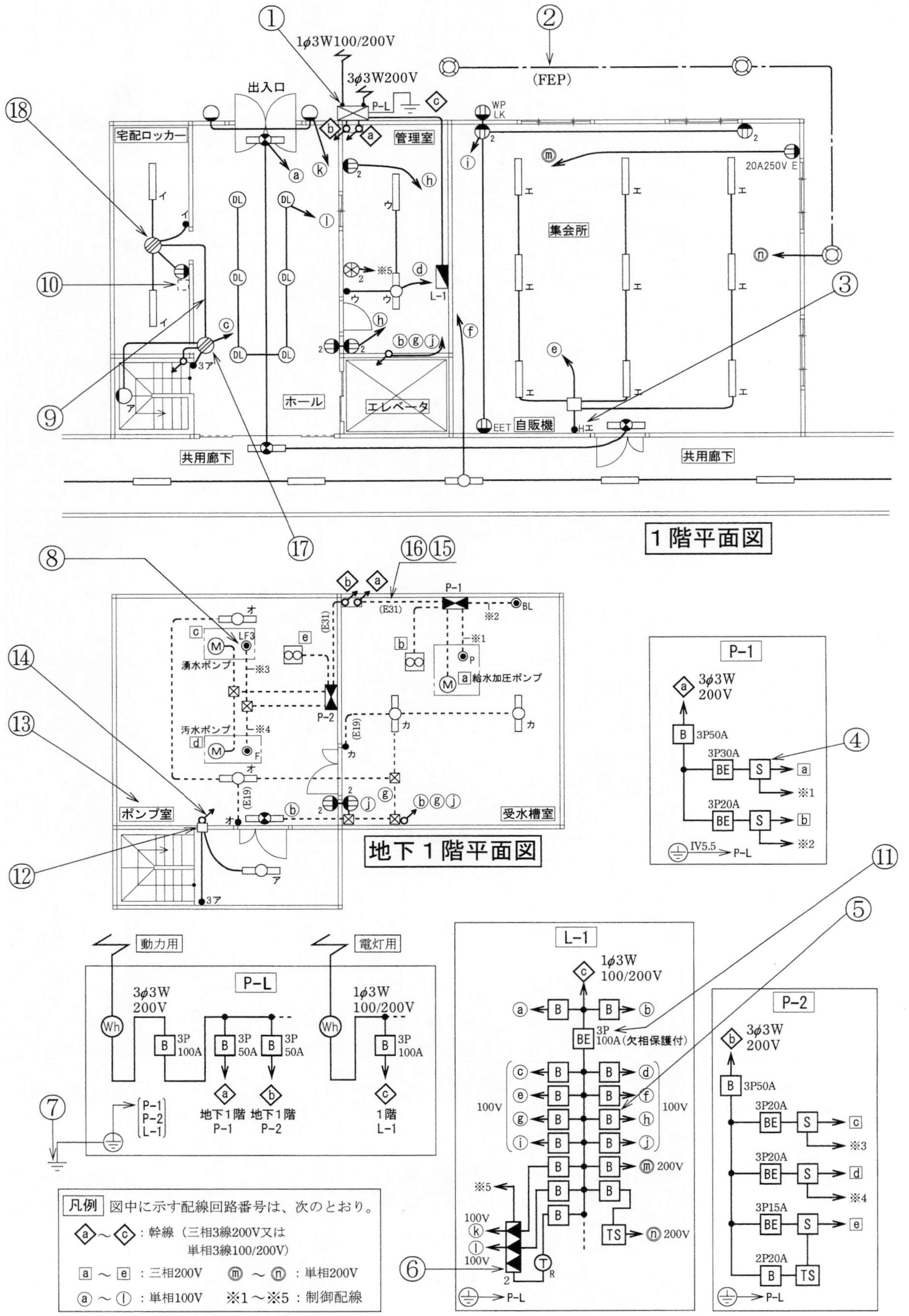

解答と解説

問題 1. 一般問題の解答

1　ロ. 800

第 1 図において，回路全体の合成抵抗 R〔Ω〕は，

$$R=\frac{30\times20}{30+20}+8=\frac{600}{50}+8=12+8=20\ 〔\Omega〕$$

抵抗 8 Ω に流れる電流 I〔A〕は，

$$I=\frac{V}{R}=\frac{200}{20}=10\ 〔\mathrm{A}〕$$

抵抗 8 Ω での消費電力 P〔W〕は，

$$P=I^2R=10^2\times8=800\ 〔\mathrm{W}〕$$

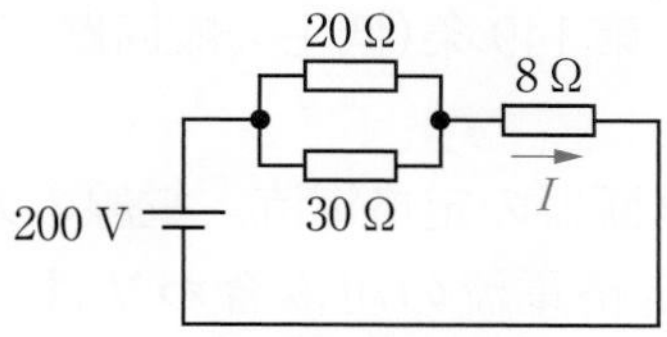

第 1 図

2　ニ. 断面積 5.5 mm²，長さ 20 m

直径 2.6 mm の銅導線の断面積 A〔mm²〕は，

$$A=\frac{\pi D^2}{4}=\frac{3.14\times2.6^2}{4}\fallingdotseq5.3\ 〔\mathrm{mm^2}〕$$

ニの銅導線は，断面積が 5.5 mm² でほぼ等しく，長さが 20 m と等しいので，抵抗値が最も近い．

3　ロ. 1 920

消費電力 400 W を，kW に換算すると，

$$P=\frac{400}{1\,000}=0.4\ 〔\mathrm{kW}〕$$

使用した 1 時間 20 分を，時間(h)に換算すると，

$$t=1+\frac{20}{60}=1+\frac{1}{3}=\frac{4}{3}\ 〔\mathrm{h}〕$$

消費電力量 1 kW·h が 3 600 kJ に相当するので，発熱量 Q〔kJ〕は，

$$Q=3\,600Pt=3\,600\times0.4\times\frac{4}{3}=1\,920\ 〔\mathrm{kJ}〕$$

4　ロ. 60

抵抗とコイルが並列に接続された回路の力率 $\cos\theta$〔%〕は，回路全体の電流を I〔A〕，抵抗に流れる電流を I_R〔A〕とすると，

$$\cos\theta=\frac{I_R}{I}\times100=\frac{6}{10}\times100=60\ 〔\%〕$$

5　ハ. 5.8

第 2 図において，抵抗 20 Ω に加わる相電圧 V〔V〕は，

$$V=\frac{200}{\sqrt{3}}\ 〔\mathrm{V}〕$$

Y結線の場合，相電流と線電流が等しいので，流れる電流 I〔A〕は，

$$I=\frac{\frac{200}{\sqrt{3}}}{20}=\frac{200}{20\sqrt{3}}=\frac{10}{\sqrt{3}}\fallingdotseq5.8\ 〔\mathrm{A}〕$$

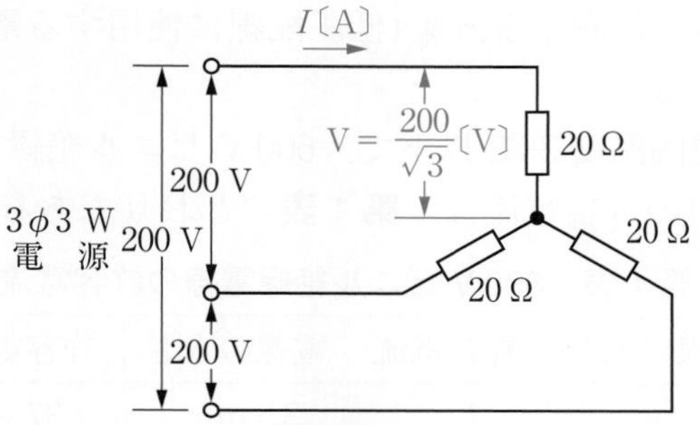

第 2 図

6　ロ. 102

第 3 図において，a-a' 間と b-b' 間の電圧降下 v_1〔V〕は，

$$v_1=2I_1r_1=2\times10\times0.05=1\ 〔\mathrm{V}〕$$

b-b' 間と c-c' 間の電圧降下 v_2〔V〕は，

$$v_2=2I_2r_2=2\times5\times0.1=1\ 〔\mathrm{V}〕$$

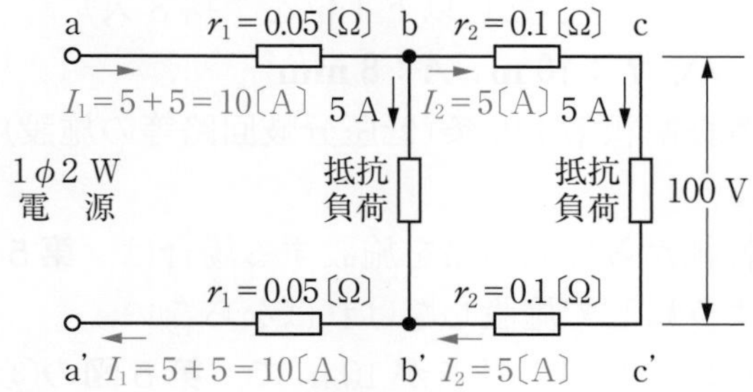

第 3 図

全体の電圧降下 v〔V〕は，

$$v=v_1+v_2=1+1=2\ 〔\mathrm{V}〕$$

a-a' 間の電圧 $V_{aa'}$〔V〕は，

$$V_{aa'}=100+v=100+2=102\ 〔\mathrm{V}〕$$

7　ハ. 133

中性線が断線すると，**第 4 図**の回路になる．

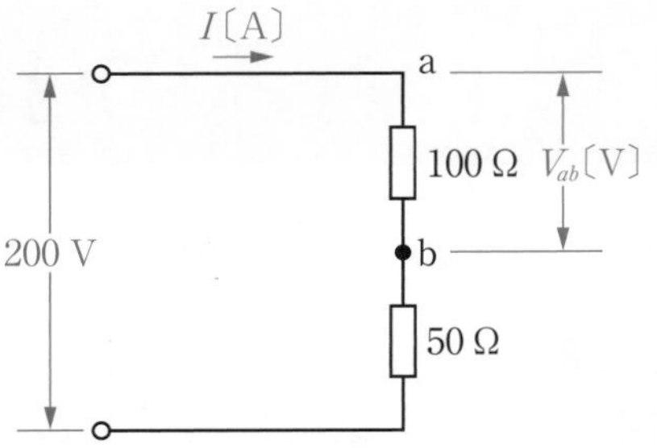

第４図

回路に流れる電流 I〔A〕は，

$$I=\frac{200}{100+50}=\frac{200}{150}=\frac{4}{3}\text{〔A〕}$$

a-b 間の電圧 V_{ab}〔V〕は，

$$V_{ab}=IR=\frac{4}{3}\times 100\fallingdotseq 133\text{〔V〕}$$

8　イ．15

電技解釈第 146 条（低圧配線に使用する電線）による．

周囲温度 30℃以下で，600 V ビニル絶縁電線（IV）の許容電流は，**第１表**のとおりである．

第１表　600 V ビニル絶縁電線の許容電流

電線の太さ	許容電流	電線の太さ	許容電流
1.6 mm	27 A	3.5 mm^2	37 A
2.0 mm	35 A	5.5 mm^2	49 A

直径 1.6 mm の 600 V ビニル絶縁電線（軟銅線）の許容電流は 27 A である．電線 6 本を金属管に収めた場合の電線 1 本当たりの許容電流〔A〕は，電流減少係数が 0.56 であるから，

$27\times 0.56=15.12\rightarrow 15$ A

（小数点以下 1 位を 7 捨 8 入）

9　ハ．L：10 m　A：8 mm^2

電技解釈第 149 条（低圧分岐回路等の施設）による．

幹線から分岐回路を施設する場合は，**第５図**のようにして施設しなければならない．

ハは a-b 間の長さが 10 m で，**第５図**の③に該当する．電線の許容電流 I_W〔A〕は，幹線を保護する過電流遮断器の定格電流の 0.55 倍以上でなければならない．

$I_W\geqq 0.55I_B=0.55\times 100=55$〔A〕

表から許容電流が 55 A 以上の電線は，断面積 14 mm^2 以上のものである．したがって，ハは誤りである．

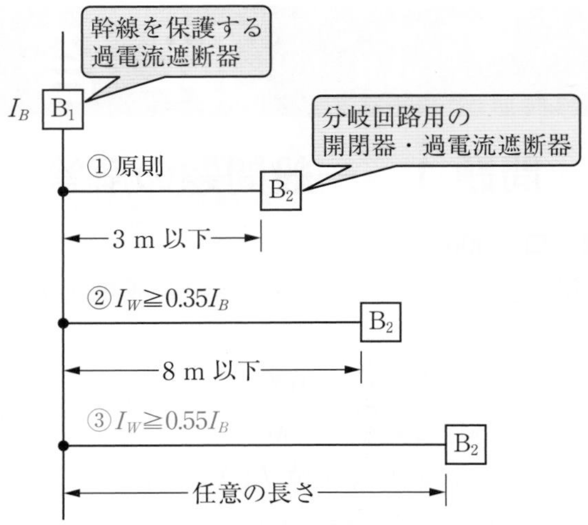

I_B：幹線を保護する過電流遮断器の定格電流
I_W：分岐回路の電線の許容電流

第５図

10　ロ．

電技解釈第 149 条（低圧分岐回路等の施設）による．

配線用遮断器の定格電流，電線の太さ，コンセントの定格電流の組み合わせは，**第２表**のようにしなければならない．

ロは 30 A 配線用遮断器の分岐回路であり，2.0 mm の電線は接続できない．

第２表　分岐回路

配線用遮断器の定格電流	電線の太さ（軟銅線）	コンセントの定格電流
20 A	1.6 mm 以上	20 A 以下
30 A	2.6 mm（5.5 mm^2）以上	20 A 以上 30 A 以下
40 A	8 mm^2 以上	30 A 以上 40 A 以下
50 A	14 mm^2 以上	40 A 以上 50 A 以下

11　ハ．ねじなし電線管との接続は止めネジを回して，ネジの頭部をねじ切らないように締め付ける．

ねじなし電線管との接続は，止めネジの頭部をねじ切るまで締め付けなければならない．ねじ切るまで締め付けることによって，止めネジの先端が金属管に食い込んで，金属管とねじなしボックスコネクタが堅ろうに，かつ電気的に完全に接続されたことになる．

ねじなしボックスコネクタと金属管との接続は，**第６図**のように行う．

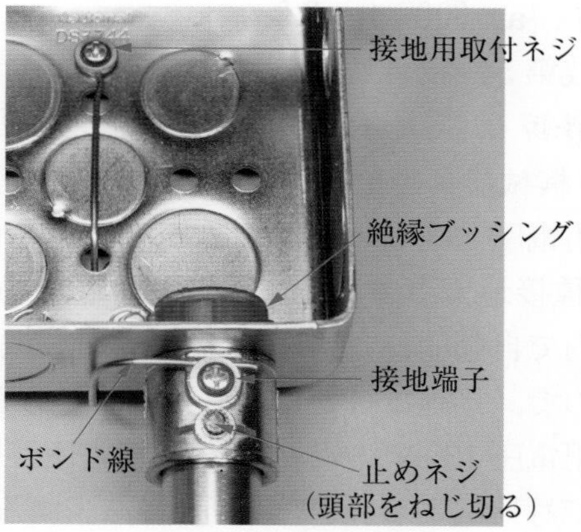

第６図

12　ロ．60

内線規程 1340-1(絶縁電線などの許容電流)の 1340-3 表による．

600 V ビニル絶縁電線(IV)の絶縁物の最高許容温度は，60℃である．

13　ロ．サドル　振動ドリル　カールプラグ　木ねじ

コンクリート壁に金属管を取り付けるには，まず，振動ドリルでコンクリート壁にカールプラグを埋め込むための穴をあける．次に，カールプラグを穴に埋め込む．続いて，ドライバで木ねじをカールプラグにねじ込んでサドルを固定する(**第７図**)．

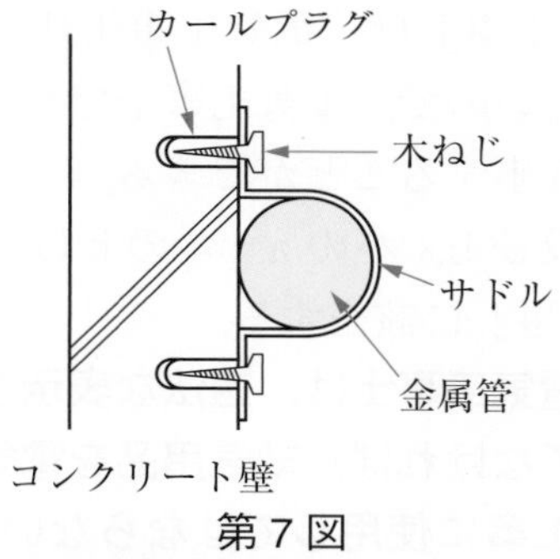

第７図

14　ハ．回転速度が減少する．

三相誘導電動機の同期速度 N_s〔min^{-1}〕は，極数を p，電源の周波数を f〔Hz〕とすると，次式のようになる．

$$N_s=\frac{120f}{p}\text{〔min}^{-1}\text{〕}$$

この式から，三相誘導電動機の同期速度は，電源の周波数に比例する．

無負荷の場合は同期速度に近い値で回転するので，電源の周波数が 60 Hz から 50 Hz に変わると，回転速度が減少する．

15　イ．回路の力率を改善する．

低圧進相コンデンサは，電動機と並列に接続して，力率を改善する．力率を改善することによって，電源側の電線に流れる電流を減少させることができる．

16　ロ．ケーブルラック

ケーブルラックは，ケーブルを支持・固定するのに用いる．

17　イ．器具等を取り付けるための基準線を投影するために用いる．

レーザー墨出し器である．

18　イ．硬質塩化ビニル電線管の曲げ加工に用いる．

ガストーチランプである．

19　ニ．a，b 及び d

電技解釈第 12 条(電線の接続法)による．

絶縁電線を接続する場合は，次のようにしなければならない．

- 電線の電気抵抗を増加させない．
- 電線の引張強さを 20％以上減少させない．
- 絶縁電線の絶縁物と同等以上の絶縁効力のあるもので十分に被覆する．

20　ハ．合成樹脂管工事で，施設する低圧配線と水管が接触していた．

電技解釈第 167 条(低圧配線と弱電流電線等又は管との接近又は交差)による．

合成樹脂管工事等により施設する低圧配線が，弱電流電線又は水管等と接近し又は交差する場合は，低圧配線が弱電流電線又は水管等と接触しないように施設しなければならない．

21　ロ．

確認表示灯(パイロットランプ)○に「イ」と傍記されているので，換気扇が運転しているときに確認表示灯が点灯する同時点滅の回路である．この場合，**第８図**のように確認表示灯と換気扇が並列に接続された回路になる．

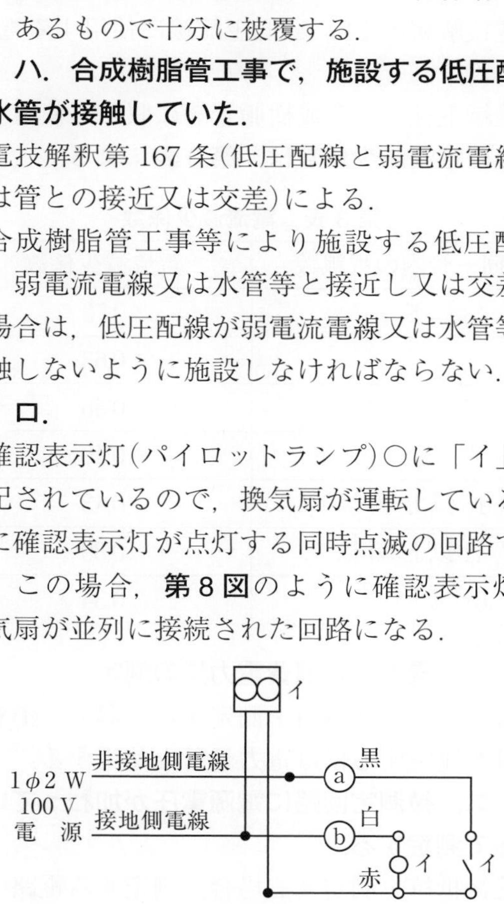

第８図

22 **ハ．乾燥したコンクリートの床に施設する三相 200 V（対地電圧 200 V）ルームエアコンの金属製外箱部分．**

電技解釈第 29 条（機械器具の金属製外箱等の接地）・第 159 条（金属管工事）による．

交流の対地電圧が 150 V を超える機械器具の D 種接地工事は，乾燥した木製の床その他これに類する絶縁性のものの上で取り扱うように施設する場合に省略できる．コンクリートの床は，絶縁性のものとみなされないので，ハの場合は D 種接地工事を省略できない．

金属管工事で，使用電圧が 300 V 以下の場合は，D 種接地工事を施さなければならないが，次の場合は省略することができる．

- 管の長さが 4 m 以下のものを乾燥した場所に施設する場合．
- 対地電圧が 150 V 以下の場合において，管の長さが 8 m 以下のものに簡易接触防護措置を施すとき又は乾燥した場所に施設するとき．

23 **イ．2 本　0.80**

電技解釈第 146 条（低圧配線に使用する電線）による．

絶縁電線を，合成樹脂管等に収めて使用する場合の電流減少係数は，**第 3 表**による．

第 3 表　電流減少係数

同一管内の電線数	電流減少係数
3 以下	0.70
4	0.63
5 又は 6	0.56
7 以上 15 以下	0.49
16 以上 40 以下	0.43
41 以上 60 以下	0.39
61 以上	0.34

24 **ハ．電力計と消費電力量の測定**

電力計は消費電力を測定する計器で，消費電力量を測定するには電力量計を使用する．

25 **ニ．被測定回路に電源電圧が加わっている状態で測定する．**

絶縁抵抗を測定する場合，測定する電路の遮断器を開放して停電時状態で測定する．

26 **イ．a．600　b．2.0**

電技第 58 条（低圧の電路の絶縁性能），電技解釈第 17 条（接地工事の種類及び施設方法）・第 29 条（機械器具の金属製外箱等の接地）による．

使用電圧が 300 V 以下であるので，接地工事は D 種接地工事である．地絡が生じた場合 0.5 秒以内で自動的に電路を遮断する装置が施してあるので，接地抵抗値は 500 Ω 以下である．

使用電圧 100 V の電路は，「使用電圧が 300 V 以下で対地電圧が 150 V 以下」に該当するので，絶縁抵抗値は 0.1 MΩ 以上あればよい．

27 **ニ．電圧測定では，アナログ計器は入力抵抗が高いので被測定回路に影響を与えにくいが，ディジタル計器は入力抵抗が低いので被測定回路に影響を与えやすい．**

電圧測定では，アナログ計器は入力抵抗が低いので被測定回路に影響を与えやすく，ディジタル計器は入力抵抗が高いので被測定回路に影響を与えにくい．

28 **イ．a：配電盤を造営材に取り付ける．**
b：電線管を曲げる．

電気工事士法第 2 条（用語の定義）・第 3 条（電気工事士等），施行令第 1 条（軽微な工事），施行規則第 2 条（軽微な作業）による．

「軽微な工事」は，電気工事士法の電気工事に該当しないので，電気工事士でなくても工事の作業に従事することができる．

ロの a 及び b，ハの a，ニの b は，いずれも「軽微な工事」に該当する．

29 **イ．電気工事士は，適法な表示が付されているものでなければ，電気用品を電気工作物の設置等の工事に使用してはならない（経済産業大臣の承認を受けた特定の用途に使用される電気用品を除く）．**

電気用品安全法第 2 条（定義）・第 10 条（表示）・第 28 条（使用の制限），施行令第 1 条の 2（特定電気用品），施行規則第 17 条（表示の方式）による．

特定電気用品には，◇PS E 又は <PS>E の表示が付されているので，ロは誤りである．定格電圧が 100 V 以上 300 V 以下，定格電流が 100 A 以下の漏電遮断器は特定電気用品であるので，ハは誤りである．一般用電気工作物の部分となり，又はこれに接続して用いられる機械，器具又は材料で，政令で定めるものが電気用品であるので，ニは誤りである．

30　ロ．低圧は 600 V 以下，高圧は 600 V を超え 7 000 V 以下

電技第 2 条（電圧の種別等）による．

電圧は**第 4 表**のように 3 種に区分される．

第 4 表　電圧の種別

種　別	直　流	交　流
低　圧	750 V 以下	600 V 以下
高　圧	750 V を超え 7 000 V 以下	600 V を超え 7 000 V 以下
特別高圧	7 000 V を超えるもの	

問題 2．配線図の解答

31　ロ．2.5

電技解釈第 116 条（低圧架空引込線等の施設）による．

低圧架空引込線の取付点の高さは，技術上やむを得ない場合において交通に支障のないときは，地表上 2.5 m 以上にできる．

32　ハ．IV

電技解釈第 120 条（地中電線路の施設），内線規程 3165-1（施設方法）による．

電線を地中に埋設する場合は，ケーブルを使用しなければならない．

33　ニ．位置表示灯を内蔵する点滅器

図記号 $●_H$ は，切りにすると電灯が消灯して内蔵されたパイロットランプが点灯する．

34　ハ．制御配線の信号により動作する開閉器（電磁開閉器）

S は開閉器の図記号であり，凡例で※1 は制御配線と示されているので電磁開閉器（**第 9 図**）である．

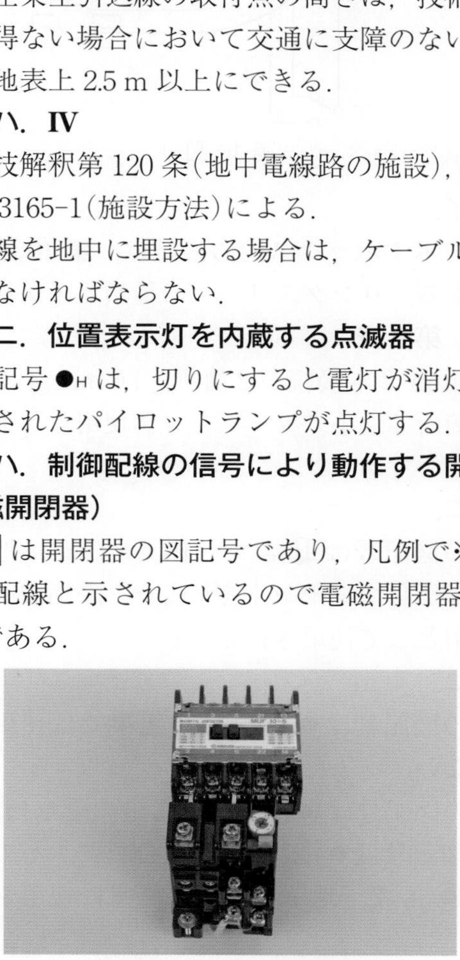

第 9 図　電磁開閉器

35　ロ．20

電技解釈第 149 条（低圧分岐回路等の施設）による．

低圧分岐回路に接続するコンセントは，**第 5 表**によらなければならない．

分岐回路 ⓗ に接続されているコンセントは，図記号 $⊕_2$ で，コンセントの定格電流は 15 A である．⑤で示す配線用遮断器の定格電流の最大値は，20 A である．

第 5 表

分岐回路を保護する過電流遮断器の定格電流	コンセントの定格電流
15 A 以下	15 A 以下
20 A の配線用遮断器	20 A 以下
20 A のヒューズ	20 A
30 A	20 A 以上 30 A 以下
40 A	30 A 以上 40 A 以下
50 A	40 A 以上 50 A 以下

36　イ．リモコンリレー

図記号 $▲▲▲_2$ は，リモコンリレーが 2 個集合して取り付けてあることを示す．

37　ロ．100

電技解釈第 29 条（機械器具の金属製外箱等の接地），第 17 条（接地工事の種類及び施設方法）による．

使用電圧が 300 V 以下なので，接地工事の種類は D 種接地工事である．

⑦で示す部分の電源側に地絡遮断装置が設置されていないので，接地抵抗の最大値は 100 Ω である．

38　ニ．フロートレススイッチ電極

図記号 $◉_{LF3}$ は，極数が 3 のフロートレススイッチ電極を示す．

39　イ．2

⑨で示す部分の複線図は，**第 10 図**のようになる．

40　イ．T

LK は抜け止め形，EL は漏電遮断器付，H は医用コンセントの傍記表示である．

41　ニ．

図記号 BE $^{3P}_{100A(欠相保護付)}$ は，定格電流 100 A，定格感度電流 30 mA の単 3 中性線欠相保護付漏電遮断器(過負荷保護付)である.

イは配線用遮断器，ロは漏電遮断器(過負荷保護付)，ハは単3欠相保護付配線用遮断器である.

42 **ハ.**

⑫で示すボックス内の圧着接続は，**第10図**のようになる.

1.6 mmの電線をリングスリーブで接続する場合，リングスリーブの種類と刻印は**第6表**による.

第6表

リングスリーブ	1.6 mmの本数	刻印
小	2	○
	3～4	小
中	5～6	中
大	7	大

1.6 mm 2本接続が3箇所，1.6 mm 3本接続が1箇所で，小スリーブ4個を使用する.

43 **ハ.**

ハは，図記号が●$_R$のリモコンスイッチで，地下1階のポンプ室内には使用されていない.

イは，ねじなし電線管用露出スイッチボックスで，ポンプ室内に使用されている．ロは，図記号が⊠のプルボックスで，ポンプ室内に使用されている．ニは，図記号が◉$_F$のフロートスイッチで，ポンプ室内に使用されている.

44 **ハ.**

⑭で示す部分の電線本数は4本(**第10図**)で，VVF1.6-2Cを2本必要とする.

45 **ニ.**

⑮で示す部分は(E31)と示されているので，ねじなし電線管を使用した工事である．ねじなし電線管は，ねじを切る必要がないので，ニのリード型ねじ切り器は使用しない.

46 **ニ.**

⑯で示す部分は(E31)と記載されているので，ねじなし電線管を使用した工事である．ニは，薄鋼電線管用のカップリングで使用されない.

47 **ニ.**

⑰で示すボックス内の接続は，**第10図**のようになる.

1.6 mm 2本接続が3箇所，1.6 mm 3本接続が1箇所，1.6 mm 4本接続が1箇所で，それぞれの差込形コネクタが必要となる.

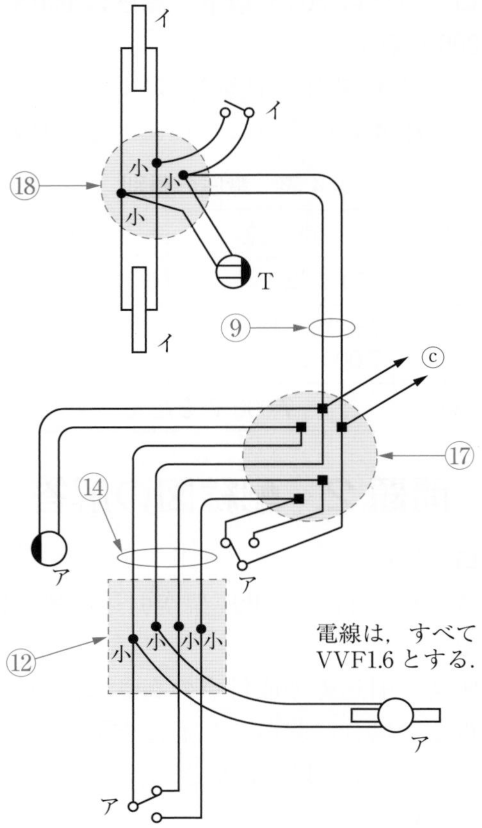

第10図

48 **イ.**

⑱で示すボックス内の接続は，**第10図**のようになる．リングスリーブの種類と圧着後の刻印は，**第6表**による.

1.6 mm 3本接続が2箇所，1.6 mm 4本接続が1箇所で，小スリーブを3個使用し，刻印はすべて小である.

49 **ニ.**

ニの図記号は◒$_{EET}$で，15 A 125 V接地極付接地端子付コンセントを表し，1階集会所の自販機用として使用されている.

50 **ニ.**

ニの図記号は●$_L$で，この工事では使用されていない.

イの図記号は◉$_{BL}$で地下1階の受水槽室に，ロの図記号は●$_H$で1階の集会所に，ハの図記号は◉$_{LF3}$で，地下1階ポンプ室に使用されている.

令和３年度
（下期）

学科試験
問題と解答・解説

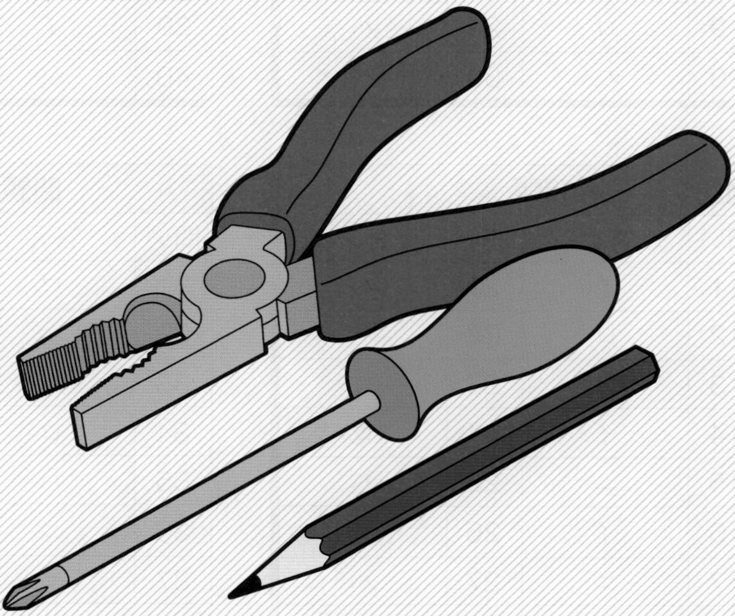

◆令和3年度(下期)問題の解答◆

〈下期試験・午前〉

問題1．一般問題					
問い	答え	問い	答え	問い	答え
1	ロ	11	イ	21	イ
2	ハ	12	ロ	22	イ
3	ハ	13	イ	23	ロ
4	ロ	14	ニ	24	ニ
5	ハ	15	ロ	25	ロ
6	ニ	16	イ	26	ニ
7	ニ	17	ロ	27	ハ
8	ハ	18	ハ	28	ロ
9	ニ	19	ロ	29	ハ
10	イ	20	ハ	30	ハ ※

問題2．配線図			
問い	答え	問い	答え
31	ニ	41	ハ
32	ニ	42	イ
33	ハ	43	ロ
34	イ	44	ニ
35	ロ	45	ハ
36	イ	46	ハ
37	ニ	47	イ
38	ニ	48	ロ
39	イ	49	ニ
40	ハ	50	ロ

〈下期試験・午後〉

問題1．一般問題					
問い	答え	問い	答え	問い	答え
1	ロ	11	イ	21	ハ
2	ロ	12	ロ	22	ハ
3	ニ	13	ロ	23	ロ
4	ニ	14	イ	24	ロ
5	ロ	15	ニ	25	ハ
6	ニ	16	イ	26	ニ
7	ハ	17	ニ	27	ハ
8	ロ	18	ニ	28	ニ
9	ニ	19	ハ	29	ハ
10	イ	20	イ	30	ハ

問題2．配線図			
問い	答え	問い	答え
31	ロ	41	ニ
32	ハ	42	ハ
33	ハ	43	イ
34	ロ	44	ニ
35	ハ	45	ハ
36	ニ	46	ハ
37	ニ	47	ロ
38	ロ	48	イ
39	イ	49	ロ
40	イ	50	イ

※電気事業法改正(令和５年３月20日施行)以前の「問い」と「解答」です．

問題1．一般問題（問題数 30，配点は 1 問当たり 2 点）

【注】本問題の計算で $\sqrt{2}$，$\sqrt{3}$ 及び円周率 π を使用する場合の数値は次によること。$\sqrt{2}=1.41$ ，$\sqrt{3}=1.73$ ，$\pi=3.14$

次の各問いには 4 通りの答え（イ，ロ，ハ，ニ）が書いてある。それぞれの問いに対して答えを 1 つ選びなさい。

なお，選択肢が数値の場合は最も近い値を選びなさい。

問い		答え			
1	図のような回路で，スイッチ S_1 を閉じ，スイッチ S_2 を開いたときの，端子 a－b 間の合成抵抗［Ω］は。 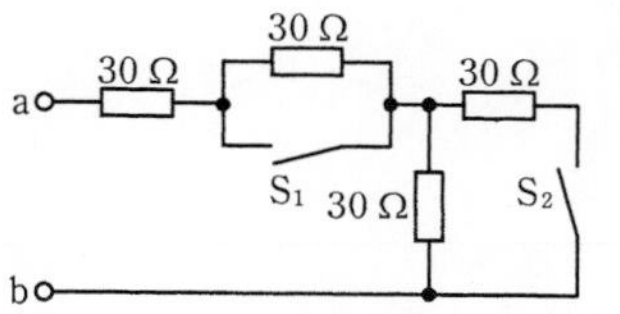	イ．45	ロ．60	ハ．75	ニ．120
2	電気抵抗 R［Ω］，直径 D［mm］，長さ L［m］の導線の抵抗率［Ω・m］を表す式は。	イ．$\dfrac{\pi DR}{4L\times10^3}$	ロ．$\dfrac{\pi D^2R}{L^2\times10^6}$	ハ．$\dfrac{\pi D^2R}{4L\times10^6}$	ニ．$\dfrac{\pi DR}{4L^2\times10^3}$
3	消費電力が300 Wの電熱器を，2時間使用したときの発熱量［kJ］は。	イ．600	ロ．1 080	ハ．2 160	ニ．3 600
4	図のような抵抗とリアクタンスとが直列に接続された回路の消費電力［W］は。 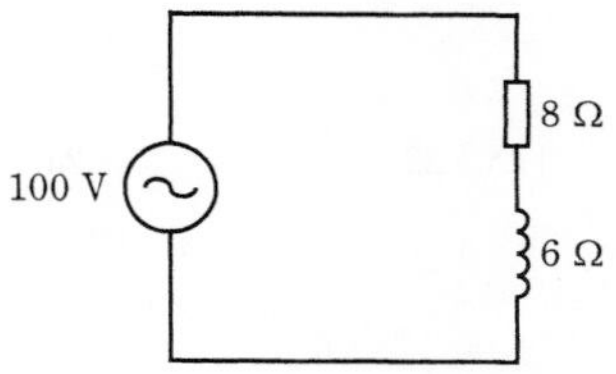	イ．600	ロ．800	ハ．1 000	ニ．1 250
5	図のような三相負荷に三相交流電圧を加えたとき，各線に20 Aの電流が流れた。線間電圧 E［V］は。 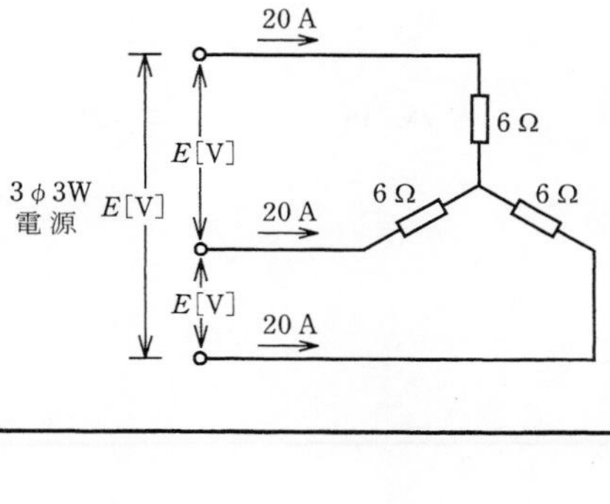	イ．120	ロ．173	ハ．208	ニ．240

問い		答え			
6	図のような単相2線式回路において，d−d′間の電圧が100 Vのときa−a′間の電圧[V]は。 ただし，r_1，r_2及びr_3は電線の電気抵抗［Ω］とする。 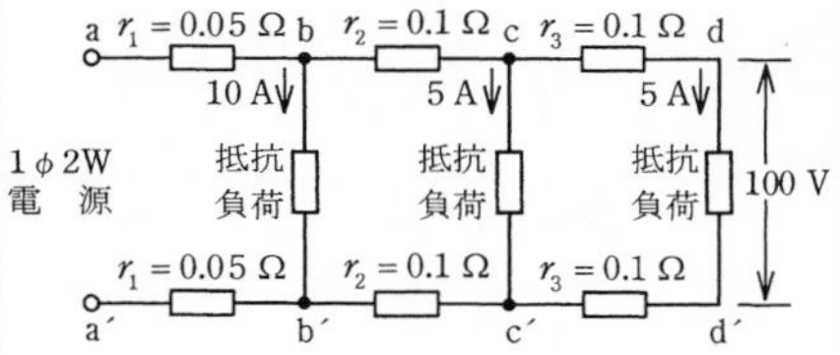 	イ．102	ロ．103	ハ．104	ニ．105
7	図のような単相3線式回路において，電線1線当たりの抵抗が0.05 Ωのとき，a−b間の電圧［V］は。 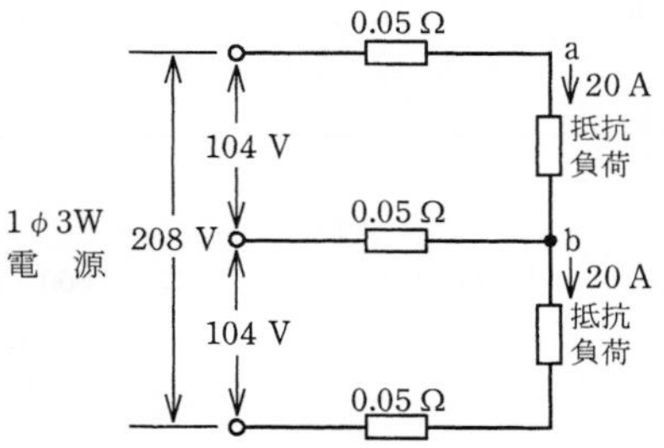 	イ．100	ロ．101	ハ．102	ニ．103
8	低圧屋内配線の合成樹脂管工事で，管内に直径2.0 mmの600Vビニル絶縁電線(軟銅線)を4本収めて施設した場合，電線1本当たりの許容電流［A］は。 ただし，周囲温度は30℃以下とする。	イ．17	ロ．19	ハ．22	ニ．24
9	図のように定格電流40 Aの過電流遮断器で保護された低圧屋内幹線から分岐して，10 mの位置に過電流遮断器を施設するとき，a−b間の電線の許容電流の最小値［A］は。 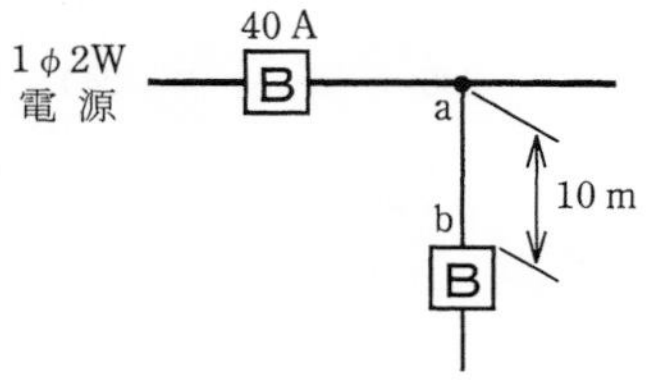 	イ．10	ロ．14	ハ．18	ニ．22

	問　い	答　え
10	低圧屋内配線の分岐回路の設計で，配線用遮断器，分岐回路の電線の太さ及びコンセントの組合せとして，**適切なものは。** ただし，分岐点から配線用遮断器までは3 m，配線用遮断器からコンセントまでは8 mとし，電線の数値は分岐回路の電線（軟銅線）の太さを示す。 また，コンセントは兼用コンセントではないものとする。	イ.　ロ.　ハ.　ニ. 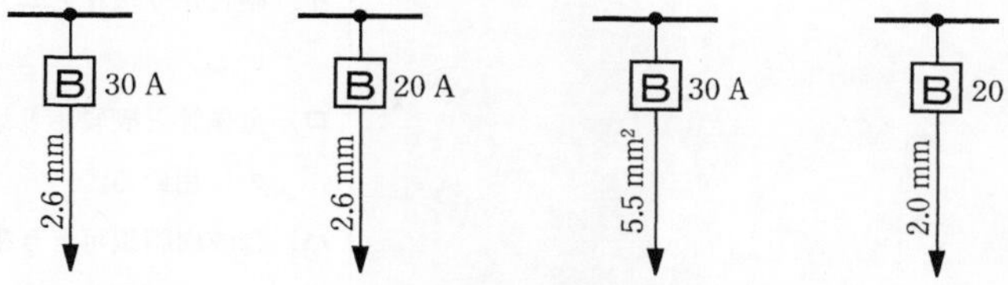 イ．定格電流 20 Aのコンセント 1個 ロ．定格電流 30 Aのコンセント 1個 ハ．定格電流 15 Aのコンセント 2個 ニ．定格電流 30 Aのコンセント 2個
11	金属管工事において使用されるリングレジューサの使用目的は。	イ．アウトレットボックスのノックアウト（打ち抜き穴）の径が，それに接続する金属管の外径より大きいときに使用する。 ロ．金属管相互を直角に接続するときに使用する。 ハ．金属管の管端に取り付け，引き出す電線の被覆を保護するときに使用する。 ニ．両方とも回すことのできない金属管相互を接続するときに使用する。
12	許容電流から判断して，公称断面積 1.25 mm² のゴムコード（絶縁物が天然ゴムの混合物）を使用できる最も消費電力の大きな電熱器具は。 ただし，電熱器具の定格電圧は 100 V で，周囲温度は 30℃以下とする。	イ．600 W の電気炊飯器 ロ．1 000 W のオーブントースター ハ．1 500 W の電気湯沸器 ニ．2 000 W の電気乾燥器
13	電気工事の種類と，その工事で使用する工具の組合せとして，**適切なものは。**	イ．金属管工事　と　リーマ ロ．合成樹脂管工事　と　パイプベンダ ハ．金属線ぴ工事　と　ボルトクリッパ ニ．バスダクト工事　と　ガストーチランプ
14	三相誘導電動機の始動電流を小さくするために用いられる方法は。	イ．三相電源の3本の結線を3本とも入れ替える。 ロ．三相電源の3本の結線のうち，いずれか2本を入れ替える。 ハ．コンデンサを取り付ける。 ニ．スターデルタ始動装置を取り付ける。
15	低圧電路に使用する定格電流20 Aの配線用遮断器に40 Aの電流が継続して流れたとき，この配線用遮断器が自動的に動作しなければならない時間［分］の限度（最大の時間）は。	イ．1　　ロ．2　　ハ．4　　ニ．60

問い	答え

16　写真に示す材料の用途は。

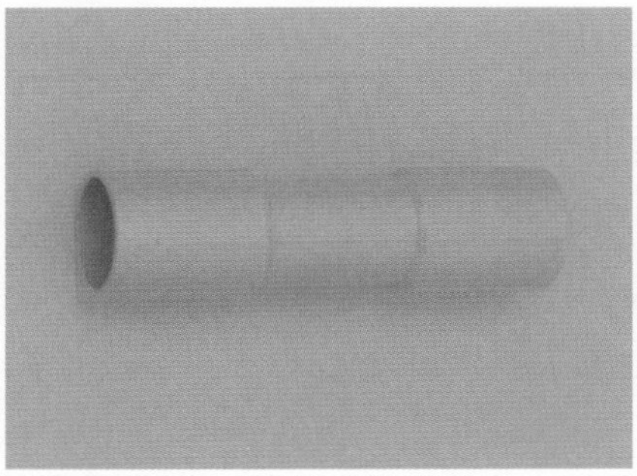

イ．硬質ポリ塩化ビニル電線管（硬質塩化ビニル電線管）相互を接続するのに用いる。

ロ．金属管と硬質ポリ塩化ビニル電線管（硬質塩化ビニル電線管）とを接続するのに用いる。

ハ．合成樹脂製可とう電線管相互を接続するのに用いる。

ニ．合成樹脂製可とう電線管とCD管とを接続するのに用いる。

17　写真に示す器具の名称は。

イ．キーソケット

ロ．線付防水ソケット

ハ．プルソケット

ニ．ランプレセプタクル

18　写真に示す測定器の名称は。

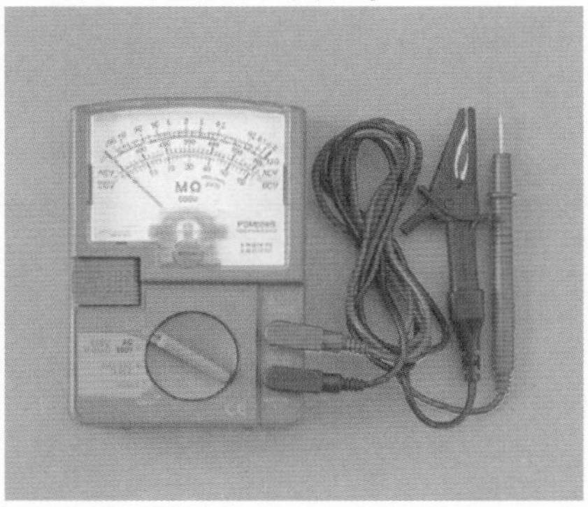

イ．接地抵抗計

ロ．漏れ電流計

ハ．絶縁抵抗計

ニ．検相器

19　低圧屋内配線工事で，600Vビニル絶縁電線（軟銅線）をリングスリーブ用圧着工具とリングスリーブE形を用いて終端接続を行った。接続する電線に適合するリングスリーブの種類と圧着マーク（刻印）の組合せで，a～dのうちから**不適切なものを全て選んだ組合せとして，正しいものは。**

	接続する電線の太さ（直径）及び本数	リングスリーブの種類	圧着マーク（刻印）
a	1.6 mm　2本	小	○
b	1.6 mm　2本と 2.0 mm　1本	中	中
c	1.6 mm　4本	中	中
d	1.6 mm　1本と 2.0 mm　2本	中	中

イ．a，b

ロ．b，c

ハ．c，d

ニ．a，d

	問い	答え
20	D種接地工事を**省略できないものは**。 ただし，電路には定格感度電流 15 mA，動作時間が 0.1 秒以下の電流動作型の漏電遮断器が取り付けられているものとする。	イ．乾燥した場所に施設する三相 200 V(対地電圧 200 V)動力配線の電線を収めた長さ 3 m の金属管。 ロ．乾燥した木製の床の上で取り扱うように施設する三相 200 V(対地電圧 200 V)空気圧縮機の金属製外箱部分。 ハ．水気のある場所のコンクリートの床に施設する三相 200 V(対地電圧 200 V)誘導電動機の鉄台。 ニ．乾燥した場所に施設する単相 3 線式 100/200 V(対地電圧 100 V)配線の電線を収めた長さ 7 m の金属管。
21	使用電圧 200 V の三相電動機回路の施工方法で，**不適切なものは**。	イ．湿気の多い場所に 1 種金属製可とう電線管を用いた金属可とう電線管工事を行った。 ロ．造営材に沿って取り付けた 600V ビニル絶縁ビニルシースケーブルの支持点間の距離を 2 m 以下とした。 ハ．金属管工事に 600V ビニル絶縁電線を使用した。 ニ．乾燥した場所の金属管工事で，管の長さが 3 m なので金属管の D 種接地工事を省略した。
22	三相誘導電動機回路の力率を改善するために，低圧進相コンデンサを接続する場合，その接続場所及び接続方法として，**最も適切なものは**。	イ．手元開閉器の負荷側に電動機と並列に接続する。 ロ．主開閉器の電源側に各台数分をまとめて電動機と並列に接続する。 ハ．手元開閉器の負荷側に電動機と直列に接続する。 ニ．手元開閉器の電源側に電動機と並列に接続する。
23	金属管工事による低圧屋内配線の施工方法として，**不適切なものは**。	イ．太さ 25 mm の薄鋼電線管に断面積 8 mm^2 の 600V ビニル絶縁電線 3 本を引き入れた。 ロ．太さ 25 mm の薄鋼電線管相互の接続にコンビネーションカップリングを使用した。 ハ．薄鋼電線管とアウトレットボックスとの接続部にロックナットを使用した。 ニ．ボックス間の配管でノーマルベンドを使った屈曲箇所を 2 箇所設けた。
24	低圧回路を試験する場合の試験項目と測定器に関する記述として，**誤っているものは**。	イ．導通試験に回路計(テスタ)を使用する。 ロ．絶縁抵抗測定に絶縁抵抗計を使用する。 ハ．負荷電流の測定にクランプ形電流計を使用する。 ニ．電動機の回転速度の測定に検相器を使用する。
25	分岐開閉器を開放して負荷を電源から完全に分離し，その負荷側の低圧屋内電路と大地間の絶縁抵抗を一括測定する方法として，**適切なものは**。	イ．負荷側の点滅器をすべて「切」にして，常時配線に接続されている負荷は，使用状態にしたままで測定する。 ロ．負荷側の点滅器をすべて「入」にして，常時配線に接続されている負荷は，使用状態にしたままで測定する。 ハ．負荷側の点滅器をすべて「切」にして，常時配線に接続されている負荷は，すべて取り外して測定する。 ニ．負荷側の点滅器をすべて「入」にして，常時配線に接続されている負荷は，すべて取り外して測定する。

問い		答え
26	接地抵抗計(電池式)に関する記述として，**正しいものは。**	**イ．** 接地抵抗計はアナログ形のみである。 **ロ．** 接地抵抗計の出力端子における電圧は，直流電圧である。 **ハ．** 接地抵抗測定の前には，P 補助極(電圧極)，被測定接地極(E 極)，C 補助極(電流極)の順に約 10 m 間隔で直線上に配置する。 **ニ．** 接地抵抗測定の前には，接地極の地電圧が許容値以下であることを確認する。
27	アナログ式回路計(電池内蔵)の回路抵抗測定に関する記述として，**誤っているものは。**	**イ．** 回路計の電池容量が正常であることを確認する。 **ロ．** 抵抗測定レンジに切り換える。被測定物の概略値が想定される場合は，測定レンジの倍率を適正なものにする。 **ハ．** 赤と黒の測定端子(テストリード)を開放し，指針が 0 Ωになるよう調整する。 **ニ．** 被測定物に，赤と黒の測定端子(テストリード)を接続し，その時の指示値を読む。なお，測定レンジに倍率表示がある場合は，読んだ指示値に倍率を乗じて測定値とする。
28	電気工事士の義務又は制限に関する記述として，**誤っているものは。**	**イ．** 電気工事士は，都道府県知事から電気工事の業務に関して報告するよう求められた場合には，報告しなければならない。 **ロ．** 電気工事士は，「電気工事士法」で定められた電気工事の作業に従事するときは，電気工事士免状を事務所に保管していなければならない。 **ハ．** 電気工事士は，「電気工事士法」で定められた電気工事の作業に従事するときは，「電気設備に関する技術基準を定める省令」に適合するよう作業を行わなければならない。 **ニ．** 電気工事士は，氏名を変更したときは，免状を交付した都道府県知事に申請して免状の書換えをしてもらわなければならない。
29	「電気用品安全法」の適用を受ける次の配線器具のうち，特定電気用品の組合せとして，**正しいものは。** ただし，定格電圧，定格電流，極数等から全てが「電気用品安全法」に定める電気用品であるとする。	**イ．** タンブラースイッチ，カバー付ナイフスイッチ **ロ．** 電磁開閉器，フロートスイッチ **ハ．** タイムスイッチ，配線用遮断器 **ニ．** ライティングダクト，差込み接続器
30	一般用電気工作物の適用を受けるものは。 ただし，発電設備は電圧 600 V 以下で，1 構内に設置するものとする。	**イ．** 低圧受電で，受電電力 30 kW，出力 40 kW の太陽電池発電設備と電気的に接続した出力 15 kW の風力発電設備を備えた農園 **ロ．** 低圧受電で，受電電力 30 kW，出力 20 kW の非常用内燃力発電設備を備えた映画館 **ハ．** 低圧受電で，受電電力 30 kW，出力 30 kW の太陽電池発電設備を備えた幼稚園 **ニ．** 高圧受電で，受電電力 50 kW の機械工場

問題2．配線図 (問題数 20，配点は1問当たり 2 点)

※図は 236 頁参照

図は，木造3階建住宅の配線図である。この図に関する次の各問いには4通りの答え（**イ**，**ロ**，**ハ**，**ニ**）が書いてある。それぞれの問いに対して，答えを1つ選びなさい。

【注意】 1．屋内配線の工事は，特記のある場合を除き 600V ビニル絶縁ビニルシースケーブル平形（VVF）を用いたケーブル工事である。
2．屋内配線等の電線の本数，電線の太さ，その他，問いに直接関係のない部分等は省略又は簡略化してある。
3．漏電遮断器は，定格感度電流 30 mA，動作時間 0.1 秒以内のものを使用している。
4．選択肢（答え）の写真にあるコンセント及び点滅器は，「JIS C 0303：2000 構内電気設備の配線用図記号」で示す「一般形」である。
5．ジョイントボックスを経由する電線は，すべて接続箇所を設けている。
6．3路スイッチの記号「0」の端子には，電源側又は負荷側の電線を結線する。

	問　い	答　え
31	①で示す図記号の名称は。	**イ**．プルボックス　**ロ**．VVF 用ジョイントボックス **ハ**．ジャンクションボックス　**ニ**．ジョイントボックス
32	②で示す図記号の器具の名称は。	**イ**．一般形点滅器　**ロ**．一般形調光器 **ハ**．ワイド形調光器　**ニ**．ワイドハンドル形点滅器
33	③で示す部分の最少電線本数(心線数)は。	**イ**．2　**ロ**．3　**ハ**．4　**ニ**．5
34	④で示す部分の工事の種類として，**正しいものは。**	**イ**．ケーブル工事(CVT) **ロ**．金属線ぴ工事 **ハ**．金属ダクト工事 **ニ**．金属管工事
35	⑤で示す部分に施設する機器は。	**イ**．3極2素子配線用遮断器(中性線欠相保護付) **ロ**．3極2素子漏電遮断器(過負荷保護付，中性線欠相保護付) **ハ**．3極3素子配線用遮断器 **ニ**．2極2素子漏電遮断器(過負荷保護付)
36	⑥で示す部分の電路と大地間の絶縁抵抗として，許容される最小値[MΩ]は。	**イ**．0.1　**ロ**．0.2　**ハ**．0.4　**ニ**．1.0
37	⑦で示す部分に照明器具としてペンダントを取り付けたい。図記号は。	**イ**．  　**ロ**．  　**ハ**． 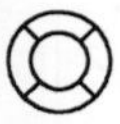　**ニ**． 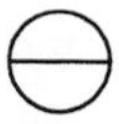
38	⑧で示す部分の接地工事の種類及びその接地抵抗の許容される最大値[Ω]の組合せとして，**正しいものは。**	**イ**．A 種接地工事　10 Ω　**ロ**．A 種接地工事　100 Ω **ハ**．D 種接地工事　100 Ω　**ニ**．D 種接地工事　500 Ω
39	⑨で示す部分の配線工事で用いる管の種類は。	**イ**．波付硬質合成樹脂管 **ロ**．硬質ポリ塩化ビニル電線管(硬質塩化ビニル電線管) **ハ**．耐衝撃性硬質ポリ塩化ビニル電線管(耐衝撃性硬質塩化ビニル電線管) **ニ**．耐衝撃性硬質ポリ塩化ビニル管(耐衝撃性硬質塩化ビニル管)
40	⑩で示す部分の図記号の傍記表示「LK」の種類は。	**イ**．引掛形　**ロ**．ワイド形　**ハ**．抜け止め形　**ニ**．漏電遮断器付

問い		答え			
41	⑪で示す部分の配線を器具の裏面から見たものである。**正しいものは。**ただし，電線の色別は，白色は電源からの接地側電線，黒色は電源からの非接地側電線とする。	イ．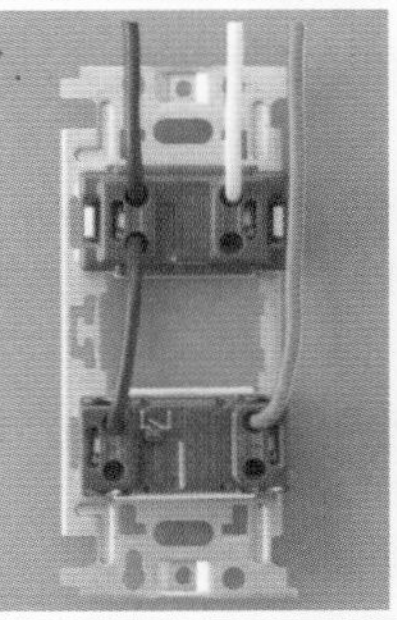	ロ．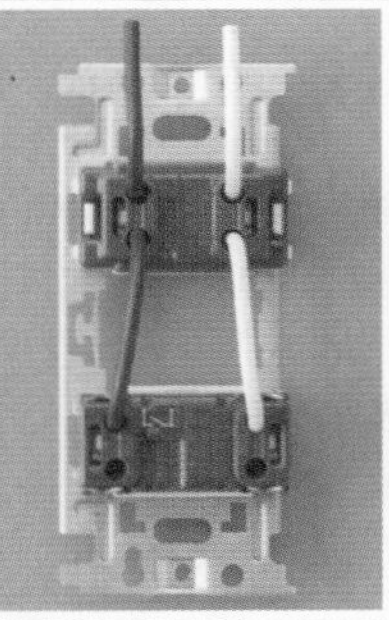	ハ．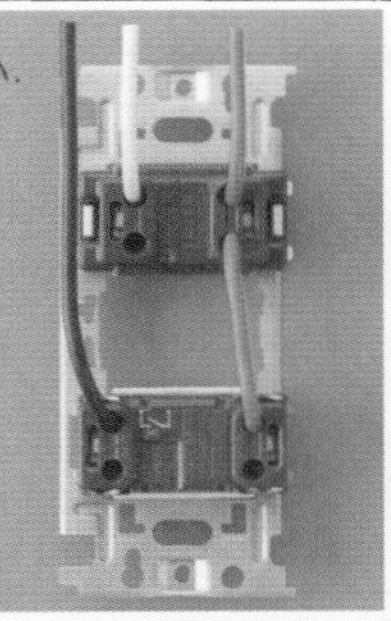	ニ．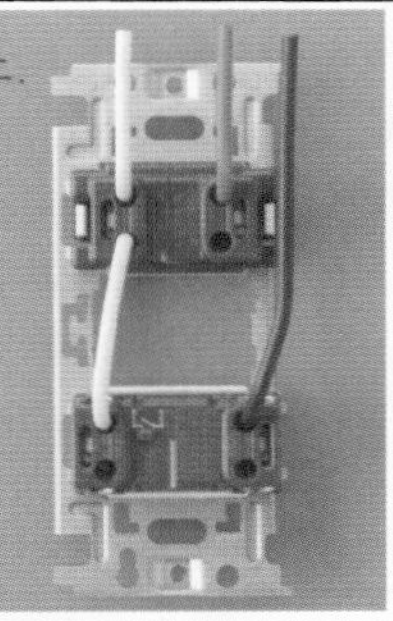
42	⑫で示す点滅器の取付け工事に使用する材料として，**適切なものは。**	イ．	ロ．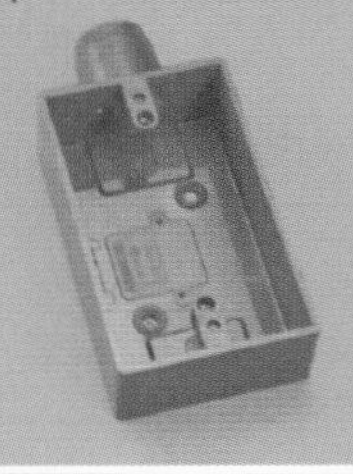	ハ．	ニ．
43	⑬で示す図記号の器具は。	イ．	ロ．	ハ．	ニ．
44	⑭で示すボックス内の接続をリングスリーブで圧着接続した場合のリングスリーブの種類，個数及び圧着接続後の刻印との組合せで，**正しいものは。**ただし，使用する電線は特記のないものはVVF1.6とする。また，写真に示す**リングスリーブ中央の**○，小，中は刻印を表す。	イ．	ロ．	ハ．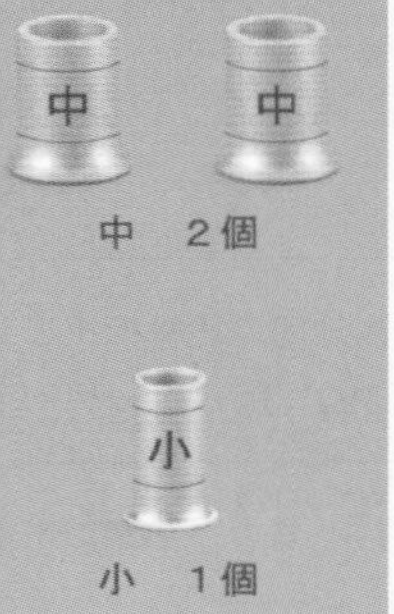	ニ．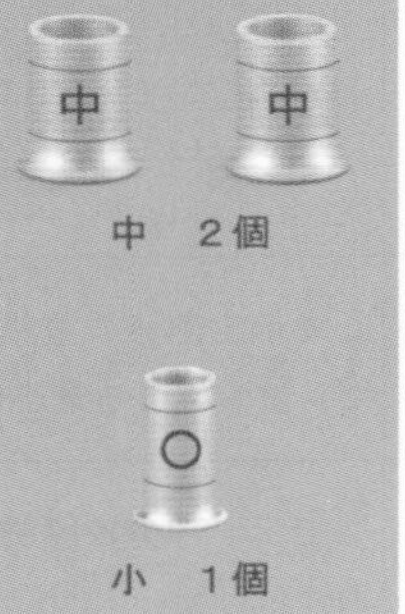
45	⑮で示すボックス内の接続をすべて差込形コネクタとする場合,使用する差込形コネクタの種類と最少個数の組合せで,**正しいものは。**ただし，使用する電線はすべてVVF1.6とする。	イ．	ロ．	ハ．	ニ．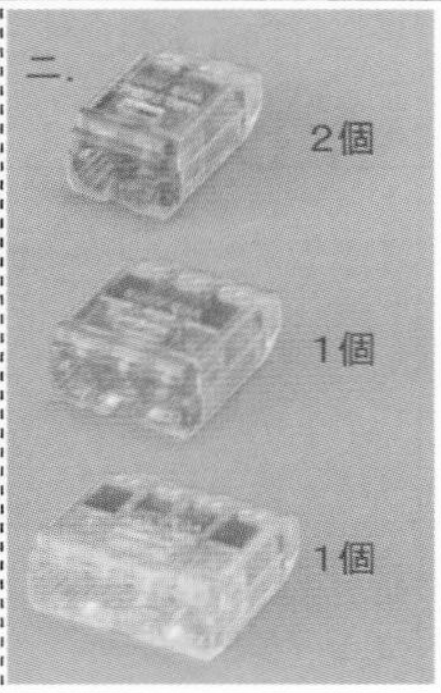

問い		答え
46	⑯で示す図記号の機器は。	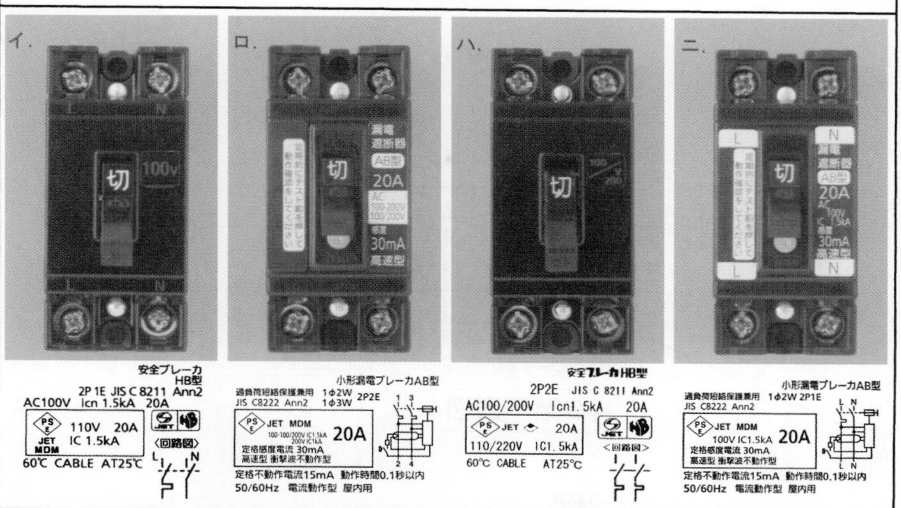
47	⑰で示すボックス内の接続をすべて圧着接続とする場合，使用するリングスリーブの種類と最少個数の組合せで，**正しいものは。** ただし，使用する電線はすべてVVF1.6とする。	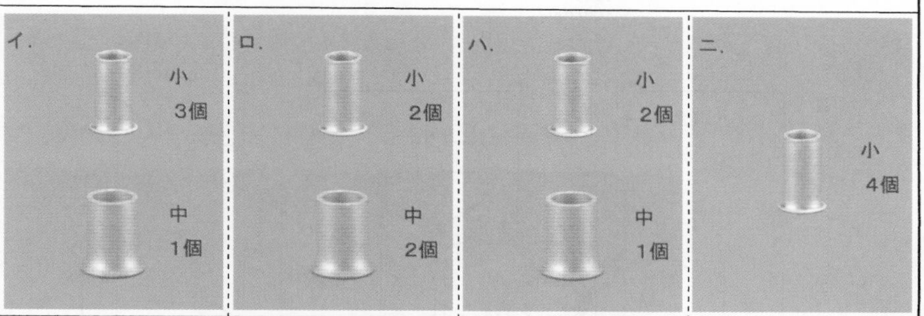
48	この配線図の図記号から，この工事で**使用されていない**スイッチは。ただし，写真下の図は，接点の構成を示す。	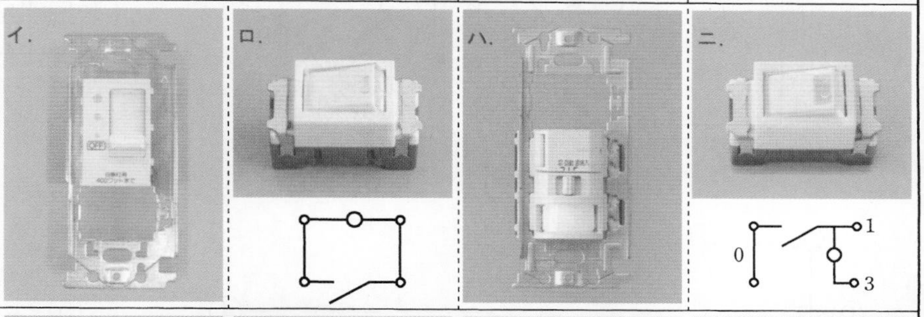
49	この配線図の施工で，**使用されていないものは。**	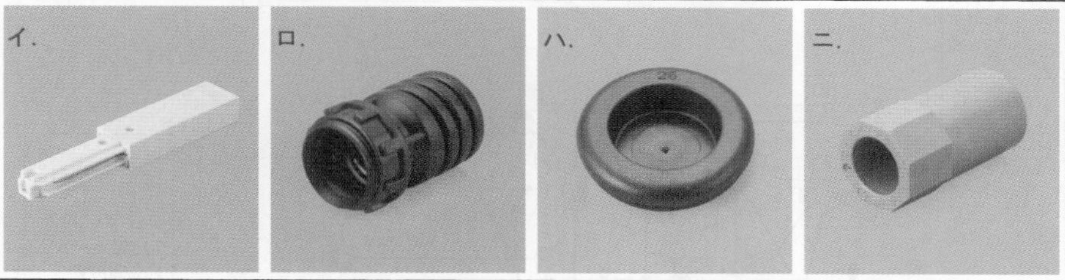
50	この配線図の施工に関して，一般的に**使用されることのないものは。**	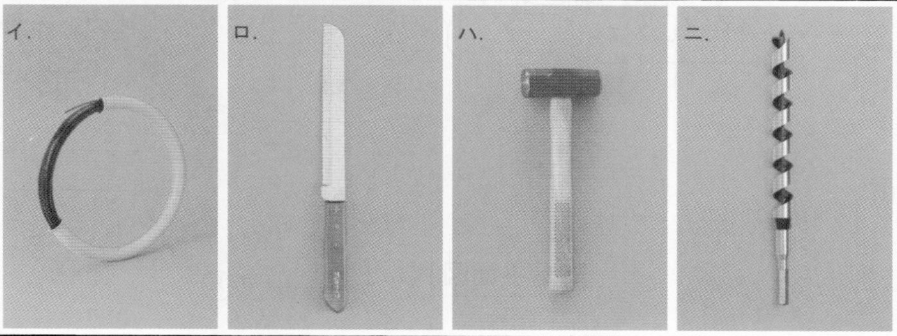

図面を引き抜いてご覧ください

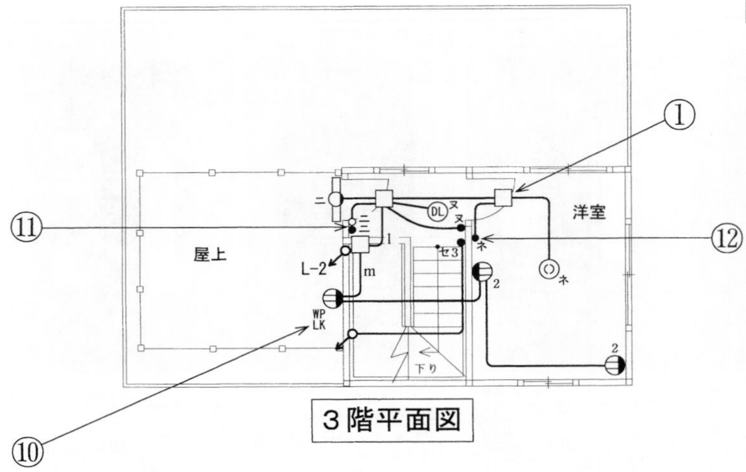

3階平面図

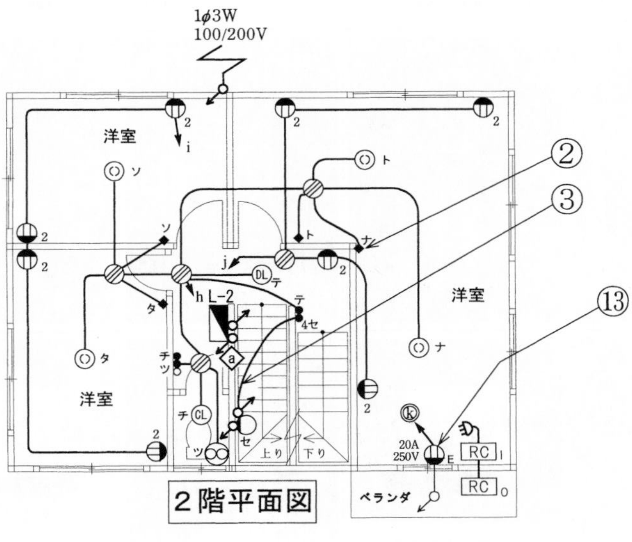

2階平面図

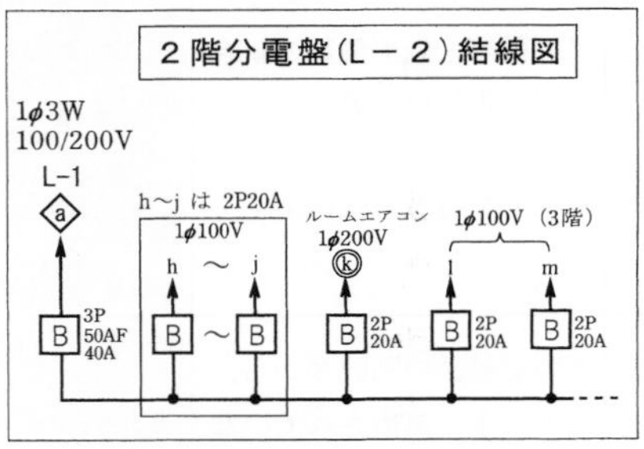

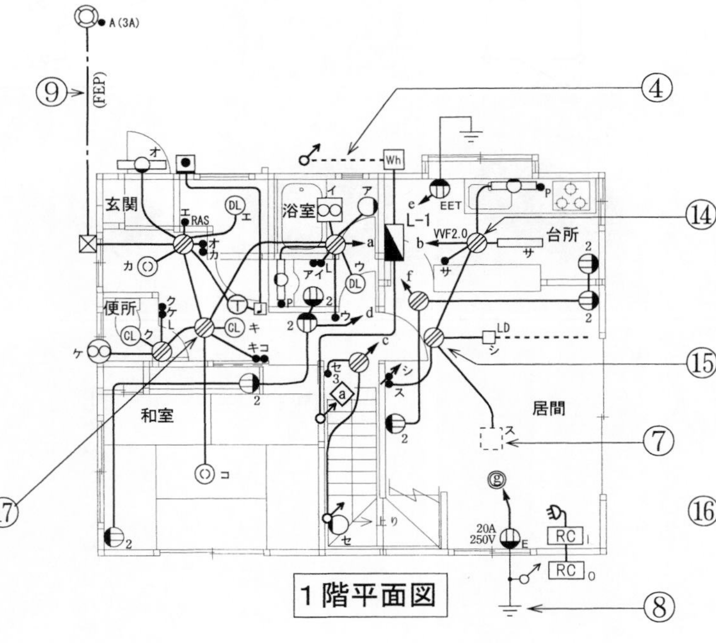

1階平面図

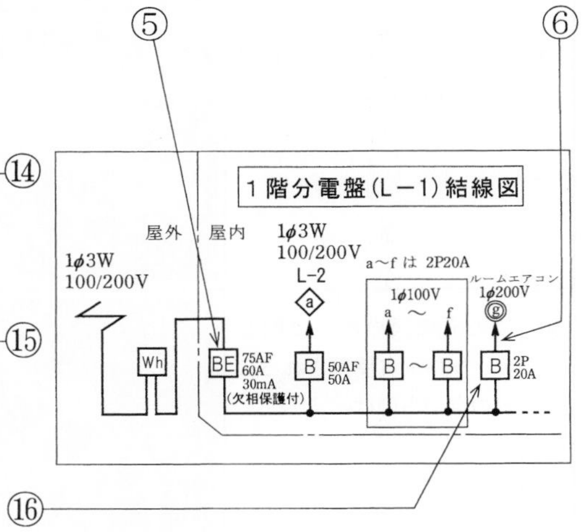

令和3年度(下期・午前)

解答と解説

問題 1．一般問題の解答

1　ロ．60

スイッチ S_1 を閉じ，スイッチ S_2 を開いたときの回路は，**第1図**のようになる．

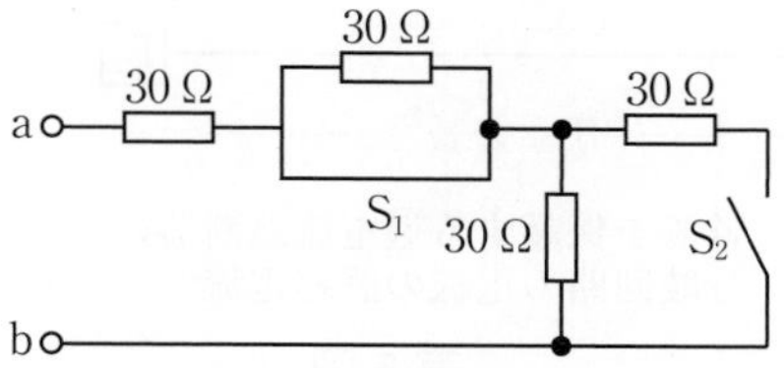

第1図

スイッチ S_1 を閉じると，電線の抵抗 0 Ω と抵抗 30 Ω の合成抵抗は，次のように 0 Ω となる．

$$R=\frac{0\times30}{0+30}=\frac{0}{30}=0\ 〔\Omega〕$$

端子 a-b 間の合成抵抗 R_{ab}〔Ω〕は，**第2図**で求めることができる．

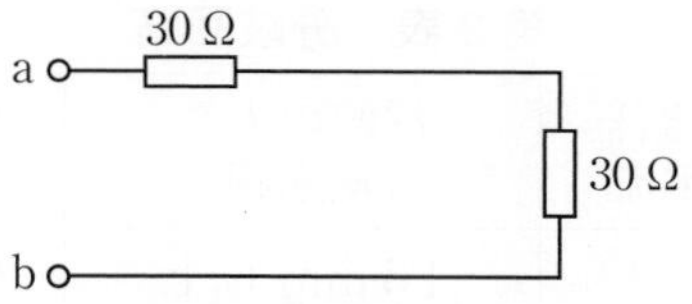

第2図

$$R_{ab}=30+30=60\ 〔\Omega〕$$

2　ハ．$\dfrac{\pi D^2 R}{4L\times10^6}$

第3図に示す導線の断面積 A〔m^2〕は，

$$A=\frac{\pi\times(D\times10^{-3})^2}{4}=\frac{\pi D^2\times10^{-6}}{4}\ 〔m^2〕$$

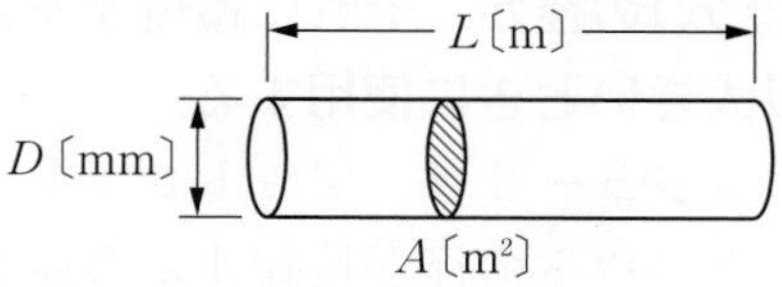

第3図

導線の抵抗率を ρ〔Ω·m〕，長さを L〔m〕とすると，導線の電気抵抗 R〔Ω〕は，

$$R=\rho\frac{L}{A}=\rho\times\frac{L}{\dfrac{\pi D^2\times10^{-6}}{4}}=\frac{4\rho L\times10^6}{\pi D^2}\ 〔\Omega〕$$

したがって，導線の抵抗率 ρ〔Ω·m〕は，

$$\rho=R\times\frac{\pi D^2}{4L\times10^6}=\frac{\pi D^2 R}{4L\times10^6}\ 〔\Omega\cdot m〕$$

3　ハ．2 160

消費電力 P〔kW〕の電熱器を t〔h〕使用したときの発熱量 Q〔kJ〕は，次式で計算できる．

$$Q=3\,600Pt\ 〔kJ〕$$

消費電力 300 W は，0.3 kW であるから，発熱量は，

$$Q=3\,600Pt=3\,600\times0.3\times2=2\,160\ 〔kJ〕$$

4　ロ．800

回路のインピーダンス Z〔Ω〕は，

$$Z=\sqrt{R^2+X_L{}^2}=\sqrt{8^2+6^2}=\sqrt{100}=10\ 〔\Omega〕$$

抵抗 8 Ω に流れる電流 I〔A〕は，

$$I=\frac{V}{Z}=\frac{100}{10}=10\ 〔A〕$$

回路の消費電力 P〔W〕は，

$$P=I^2R=10^2\times8=100\times8=800\ 〔W〕$$

5　ハ．208

Y結線において，線間電圧は相電圧の $\sqrt{3}$ 倍になる．

相電圧は，$20\times6=120$〔V〕であり，線間電圧 E〔V〕は次のようになる．

$$E=\sqrt{3}\times120=1.73\times120\fallingdotseq208\ 〔V〕$$

6　ニ．105

各部分に流れる電流は，**第4図**のようになる．

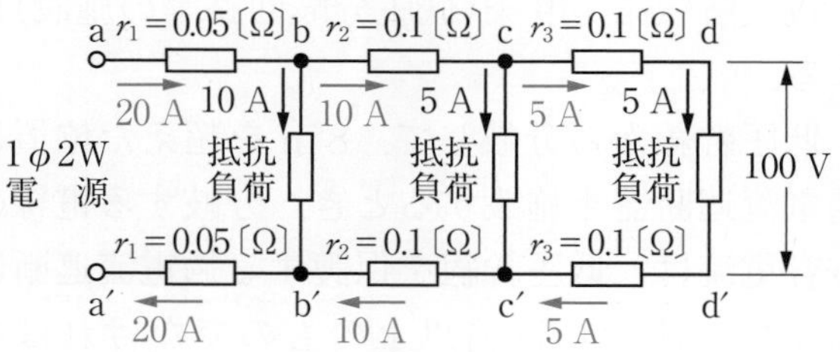

第4図

a-a′ 間から d-d′ 間の電圧降下 v〔V〕は，

$$v=2\times20\times0.05+2\times10\times0.1+2\times5\times0.1$$
$$=2+2+1=5\ 〔V〕$$

a-a′ 間の電圧 $V_{aa'}$〔V〕は，

$$V_{aa'}=100+5=105\ 〔V〕$$

7　ニ．103

負荷が平衡しているので，中性線には電圧降下が生じない．電圧降下 v〔V〕は，

$v = Ir = 20 \times 0.05 = 1$〔V〕

したがって，a-b 間の電圧 V_{ab}〔V〕は，

$V_{ab} = 104 - 1 = 103$〔V〕

8　ハ．22

電技解釈第 146 条(低圧配線に使用する電線)による．

周囲温度 30℃以下で，600 V ビニル絶縁電線(IV)の許容電流は，**第 1 表**のとおりである．

第 1 表　600 V ビニル絶縁電線の許容電流

電線の太さ	許容電流	電線の太さ	許容電流
1.6 mm	27 A	3.5 mm^2	37 A
2.0 mm	35 A	5.5 mm^2	49 A

絶縁電線を電線管に収めた場合の電流減少係数は，**第 2 表**のとおりである．

第 2 表　電流減少係数

同一管内の電線数	電流減少係数
3 以下	0.70
4	0.63
5 又は 6	0.56

直径 2.0 mm の 600 V ビニル絶縁電線(軟銅線)の許容電流は 35 A である．電線 4 本を合成樹脂管に収めた場合の電流減少係数が 0.63 であるから，電線 1 本当たりの許容電流〔A〕は，

$35 \times 0.63 = 22.05 \rightarrow 22$〔A〕

(小数点以下 1 位を 7 捨 8 入)

9　ニ．22

電技解釈第 149 条(低圧分岐回路等の施設)による．

低圧幹線から分岐して，8 m を超えた位置に過電流遮断器を施設するとき，分岐する電線の許容電流は，低圧幹線を保護する過電流遮断器の定格電流の 0.55 倍以上のものでなければならない(**第 5 図**)．許容電流の最小値を I_W〔A〕とすると，

$I_W = 40 \times 0.55 = 22$〔A〕

10　イ．

電技解釈第 149 条(低圧分岐回路等の施設)による．

配線用遮断器の定格電流，電線の太さ，コンセントの定格電流の組み合わせは，**第 3 表**のように施設しなければならない．

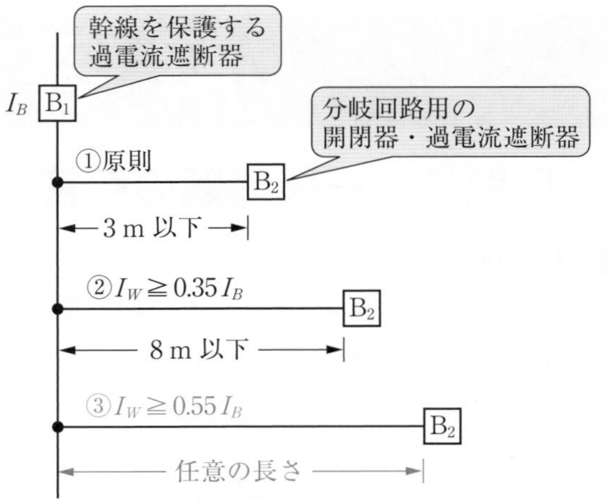

I_B：幹線を保護する過電流遮断器の定格電流
I_W：分岐回路の電線の許容電流

第 5 図

ロは 20 A 配線用遮断器の分岐回路であり，定格電流 30 A のコンセントは接続できない．ハは 30 A 配線用遮断器の分岐回路であり，定格電流 15 A のコンセントは接続できない．ニは 20 A 配線用遮断器の分岐回路であり，定格電流 30 A のコンセントは接続できない．

第 3 表　分岐回路

配線用遮断器 の定格電流	電線の太さ (軟銅線)	コンセント の定格電流
20 A	1.6 mm 以上	20 A 以下
30 A	2.6 mm (5.5 mm^2) 以上	20 A 以上 30 A 以下
40 A	8 mm^2 以上	30 A 以上 40 A 以下
50 A	14 mm^2 以上	40 A 以上 50 A 以下

11　イ．アウトレットボックスのノックアウト(打ち抜き穴)の径が，それに接続する金属管の外径より大きいときに使用する．

リングレジューサは，アウトレットボックス等のノックアウトの径が接続する金属管の外径より大きい場合，2 枚 1 組で取り付け，金属管の外径に合った径にする目的で使用される．

12　ロ．1 000 W のオーブントースター

内線規程 1340-2(コードなどの許容電流)により，公称断面積 1.25 mm^2 のゴムコードの許容電流(周囲温度 30℃以下)は 12 A である．1 000 W のオーブントースターに流れる電流は 10 A であり，これに使用できる．

13 イ．金属管工事　と　リーマ

金属管工事では，リーマをクリックボールに取り付けて，管端の内側の面取りをする．

パイプベンダは，金属管を曲げるときに使用する工具である．ボルトクリッパは，吊りボルトや鉄線等を切断するときに使用する工具である．ガストーチランプは，硬質塩化ビニル電線管を曲げるときに使用する工具である．

14 ニ．スターデルタ始動装置を取り付ける．

三相誘導電動機は，スターデルタ始動器を用いることにより，始動電流を小さくできる．

スターデルタ始動器によって，電動機の巻線を始動時にスター（Y）結線にし，運転時にデルタ（△）結線にする方法である．この始動方法は，じか入れ始動（全電圧始動）に比べて，始動電流を1/3に抑制できる．

15 ロ．2

電技解釈第33条（低圧電路に施設する過電流遮断器の性能等）による．

定格電流が30 A以下の配線用遮断器は，定格電流の2倍の電流が流れた場合，2分以内に自動的に動作しなければならない．

16 イ．硬質ポリ塩化ビニル電線管（硬質塩化ビニル電線管）相互を接続するのに用いる．

TSカップリングである．

17 ロ．線付防水ソケット

主に屋外用に使用するソケットで，お祭り等で提灯用のソケットとして使用する．

18 ハ．絶縁抵抗計

絶縁抵抗を測定する絶縁抵抗計で，目盛板に絶縁抵抗の単位である「MΩ」が見える．

19 ロ．b，c

JIS C 2806（銅線用裸圧着スリーブ）による．

主な接続の例を，**第4表**に示す．

bは，リングスリーブの種類は小スリーブで，圧着マークは小でなければならない．cは，リングスリーブの種類は小スリーブで，圧着マークは小でなければならない．

第4表　リングスリーブの選定及び刻印

スリーブ	電線の組み合わせ〔mm〕			刻印
	1.6	2.0	異なる場合	
小	2	−	−	○
	3〜4	2	2.0×1＋1.6×1〜2	小
中	5〜6	3〜4	2.0×1＋1.6×3〜5 2.0×2＋1.6×1〜3	中

20 ハ．水気のある場所のコンクリートの床に施設する三相200 V（対地電圧200 V）誘導電動機の鉄台．

電技解釈第29条（機械器具の金属製外箱等の接地）・第159条（金属管工事）による．

交流の対地電圧が150 Vを超える機械器具の金属製外箱等のD種接地工事を省略できるのは，乾燥した木製の床その他これに類する絶縁性のものの上で取り扱うように施設する場合である．水気のある場所では，定格感度電流が15 mA以下，動作時間が0.1秒以下の電流動作型の漏電遮断器が取り付けられていても，D種接地工事を省略することはできない．

金属管工事で，使用電圧が300 V以下の場合は，D種接地工事を施さなければならないが，次の場合は省略することができる．

- 管の長さが4 m以下のものを乾燥した場所に施設する場合．
- 対地電圧が150 V以下の場合において，管の長さが8 m以下のものに簡易接触防護措置を施すとき又は乾燥した場所に施設するとき．

21 イ．湿気の多い場所に1種金属製可とう電線管を用いた金属可とう電線管工事を行った．

電技解釈第159条（金属管工事）・第160条（金属可とう電線管工事）・第164条（ケーブル工事）による．

1種金属製可とう電線管を用いた工事は，展開した場所又は点検できる隠ぺい場所であって，乾燥した場所に限って施設できる．

22 イ．手元開閉器の負荷側に電動機と並列に接続する．

低圧進相コンデンサを接続する場合は，手元開閉器の負荷側に電動機と並列に接続する．

23 ロ．太さ25 mmの薄鋼電線管相互の接続にコンビネーションカップリングを使用した．

内線規程3110-5（管の太さの選定）・3110-7（管及び附属品の連結及び支持）・3110-8（管の屈曲）による．

コンビネーションカップリングは，金属製電線管と２種金属製可とう電線管を接続するものである．薄鋼電線管相互を接続するには，薄鋼電線管用のカップリングを用いる．

24　ニ．電動機の回転速度の測定に検相器を使用する．

電動機の回転速度の測定は，回転計を使用する．検相器は，三相回路の相順を調べるのに使用する．

回転計　　検相器

第６図

25　ロ．負荷側の点滅器をすべて「入」にして，常時配線に接続されている負荷は，使用状態にしたままで測定する．

低圧屋内電路と大地間の絶縁抵抗を一括測定する場合は，負荷側の点滅器はすべて「入」にし，電球は取り付けたままで，コンセントに接続された負荷は接続したままの状態で測定する．

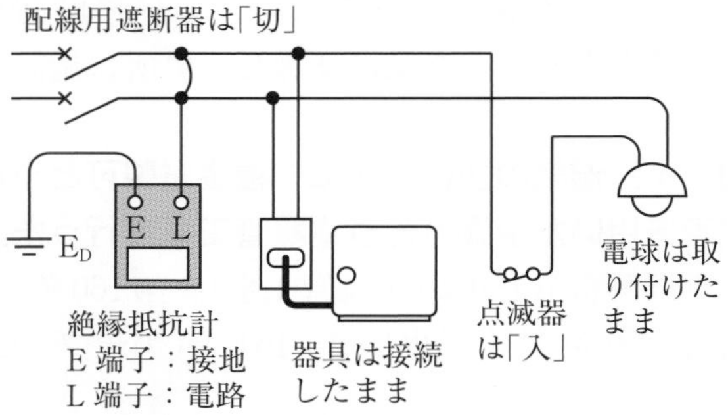

第７図　電路と大地間の絶縁抵抗測定

26　ニ．接地抵抗測定の前には，接地極の地電圧が許容値以下であることを確認する．

地電圧（測定する接地極と大地間の電圧）が大きいと測定誤差が大きくなるので，許容値以下であることを確認する．

接地抵抗計には，ディジタル形とアナログ形があるので，イは誤りである．接地抵抗計の出力端子の電圧は交流電圧であるので，ロは誤りである．補助極の配置は，被測定接地極（E 極）を端にして，P 補助極（電圧極），C 補助極（電流極）の順に約 10 m 間隔で直線上に配置するので，ハは誤りである．

27　ハ．赤と黒の測定端子（テストリード）を開放し，指針が 0 Ω になるよう調整する．

回路計（**第８図**）で抵抗を測定する場合，赤と黒の測定端子を短絡しながら，ゼロオーム調整ツマミで指針が 0 Ω になるように調整する．

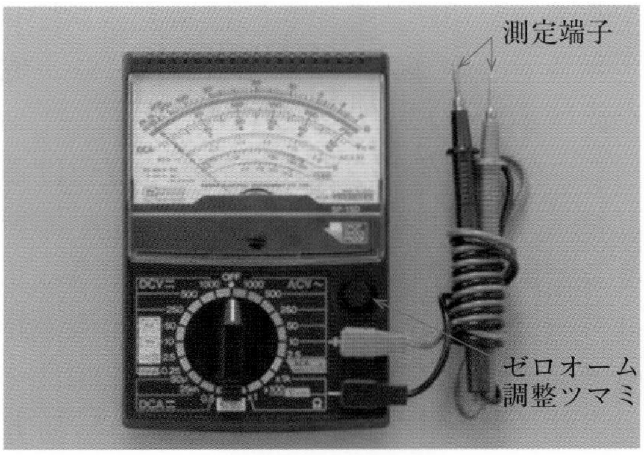

第８図　回路計

28　ロ．電気工事士は，「電気工事士法」で定められた電気工事の作業に従事するときは，電気工事士免状を事務所に保管していなければならない．

電気工事士法第５条（電気工事士等の義務）・第９条（報告の徴収），施行令第３条（免状の記載事項）・第５条（免状の書換え）による．

電気工事士は，「電気工事士法」で定められた電気工事に従事するときは，電気工事士免状を携帯していなければならない．

29　ハ．タイムスイッチ，配線用遮断器

電気用品安全法施行令第１条の２（特定電気用品）による．

イからニのうち，特定電気用品は，タンブラースイッチ，フロートスイッチ，タイムスイッチ，配線用遮断器，差込み接続器である．

30　ハ．低圧受電で，受電電力 30 kW，出力 30 kW の太陽電池発電設備を備えた幼稚園

電気事業法第 38 条，施行規則第 48 条（一般用電気工作物の範囲）による．

一般用電気工作物は，次のものである．

①低圧（交流 600 V 以下）で受電し，同一の構内で電気を使用する電気工作物

②小出力発電設備（**第５表**）を有するものを含む

内燃力発電設備は，出力 10 kW 以上のものは小出力発電設備に該当しない．複数の発電設備を有するものは，合計 50 kW 以上になると

小出力発電設備に該当しない．高圧で受電するものは，受電電力の容量，需要場所の業種にかかわらず，すべて自家用電気工作物となる．

第5表　小出力発電設備（600 V 以下）

発　電　設　備	出　力
太陽電池発電設備	50 kW 未満
風力発電設備 水力発電設備	20 kW 未満
内燃力発電設備 燃料電池発電設備 スターリングエンジン発電設備	10 kW 未満
複数発電設備の合計	50 kW 未満

問題 2．配線図の解答

31　**ニ．ジョイントボックス**

図記号□は，ジョイントボックスを示す．

32　**ニ．ワイドハンドル形点滅器**

②で示す図記号◆は，ワイドハンドル形点滅器を示す．

33　**ハ．4**

③で示す配線は，4路スイッチへのもので，最少電線本数（心線数）は4である．

34　**イ．ケーブル工事（CVT）**

電技解釈第110条（低圧屋側電線路の施設），内線規程1370-5（低圧引込線の引込線取付点から引込口装置までの施設）による．

引込線取付点から引込口装置までの工事は，次のいずれかによらなければならない．

①がいし引き工事（露出場所に限る）

②金属管工事（木造以外の造営物に限る）

③合成樹脂管工事

④ケーブル工事（シースが金属製の場合は木造以外の造営物に限る）

35　**ロ．3極2素子漏電遮断器（過負荷保護付，中性線欠相保護付）**

内線規程1360-12（電線を保護する配線用遮断器の過電流素子及び開閉部の数）による．

⑤で示す機器の図記号BEは，漏電遮断器（過負荷保護付）を表し，（欠相保護付）と傍記されているので，中性線欠相保護付のものである．

単相3線式（中性点接地）に施設する配線用遮断器は，素子を施設する極は中性極を除く他の極に1個ずつとされている．

36　**イ．0.1**

電技第58条（低圧の電路の絶縁性能）による．

⑥で示す電路は，電源が $1\phi 3$ W 100/200 V であるので，使用電圧が300 V 以下で対地電圧が150 V 以下に該当する．したがって，電路と大地間の絶縁抵抗として，許容される最小値は0.1 MΩである．

37　**ニ．**

イはシーリング（天井直付），ロはシャンデリヤ，ハは屋外灯を表す．

38　**ニ．D種接地工事　500 Ω**

電技解釈第17条（接地工事の種類及び施設方法）・第29条（機械器具の金属製外箱等の接地）による．

使用電圧が300 V 以下の機械器具の接地工事の種類は，D種接地工事である．

1階分電盤（L-1）に，動作時間0.1秒以内に自動的に遮断する漏電遮断器が施設してあるので，接地抵抗値は500 Ω以下にすればよい．

39　**イ．波付硬質合成樹脂管**

⑨で示す部分は（FEP）と示されているので，波付硬質合成樹脂管である．

40　**ハ．抜け止め形**

LKは，抜け止め形のコンセントを表す．

41　**ハ．**

⑪で示す部分は，スイッチ，パイロットランプ，蛍光灯に「ニ」と示されているので，スイッチ「ニ」によってパイロットランプと蛍光灯が同時に点滅することを表している．この複線図は，**第9図**のようになる．

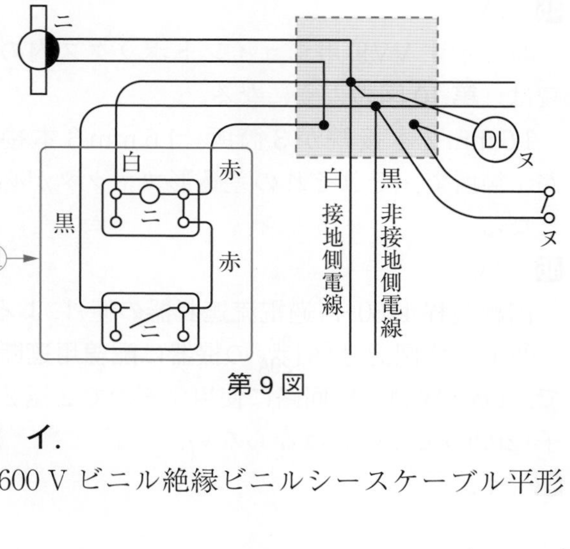

第9図

42　**イ．**

600 V ビニル絶縁ビニルシースケーブル平形

(VVF)を用いたケーブル工事の隠ぺい配線であるから，合成樹脂製埋込スイッチボックスを使用する．

43　ロ．

⑬で示す図記号 $\overset{20A}{250V}$◑E は，2 極 20 A 250 V 接地極付コンセントを表す．

44　ニ．

⑭で示す VVF 用ジョイントボックス内の接続は，**第 10 図**のようになる．

接続箇所は3箇所で，リングスリーブの種類，個数，刻印の組み合わせは，**第 4 表**から次のようになる．

第 6 表

接続電線の組み合わせ	スリーブ	個数	刻印
1.6 mm×2	小	1	○
2.0 mm×1＋1.6 mm×3	中	2	中

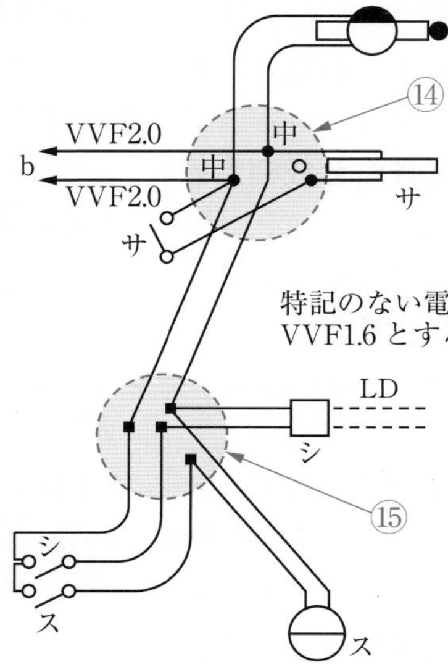

第 10 図

45　ハ．

⑮で示す VVF 用ジョイントボックス内の接続は，**第 10 図**のようになる．

1.6 mm 2 本接続が 3 箇所，1.6 mm 3 本接続が 1 箇所で，それぞれの差込形コネクタが必要となる．

46　ハ．

内線規程 1360-7(過電流遮断器の極)による．

⑯で示す図記号 [B] $\frac{2P}{20A}$ の機器は配線用遮断器で，1 ϕ 2 W 200 V 回路に使用するので 2 極 2 素子(2P2E)でなければならない．

47　イ．

⑰で示す VVF 用ジョイントボックス内の接続は，**第 11 図**のようになる．

使用するリングスリーブの種類と最少個数は，**第 4 表**から次のようになる．

第 7 表

接続電線の組み合わせ	スリーブ	個数
1.6 mm×2	小	3
1.6 mm×4		
1.6 mm×5	中	1

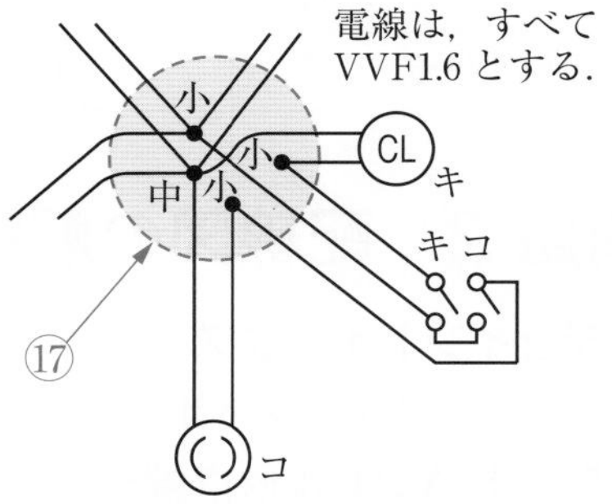

第 11 図

48　ロ．

ロは位置表示灯内蔵スイッチで，図記号は ●H であり，この工事で使用されていない．

イは調光器で，図記号は ●↗ であり，居間に使用されている．ハは熱線式自動スイッチで，図記号は ●RAS であり，玄関に使用されている．ニは確認表示灯内蔵スイッチで，図記号は ●L であり，浴室の入口に使用されている．

49　ニ．

ニは，硬質塩化ビニル電線管をボックスに接続する 2 号コネクタで，この配線図の施工では使用されていない．

イはフィードインボックスで，ライティングダクトに電源を供給するために使用されている．ロはコネクタで，波付硬質合成樹脂管(FEP)をプルボックスに接続するのに使用されている．ハはゴムブッシングで，VVF ケーブルをジョイントボックス(アウトレットボックス)のノックアウトに通すのに使用されている．

50　ロ．

ロは，2 種金属製可とう電線管を切断する工具(プリカナイフ)で，この配線図の施工に関して，一般に使用されることはない．

問題1．一般問題（問題数30，配点は1問当たり2点）

【注】本問題の計算で $\sqrt{2}$，$\sqrt{3}$ 及び円周率 π を使用する場合の数値は次によること。$\sqrt{2}=1.41$，$\sqrt{3}=1.73$，$\pi=3.14$

次の各問いには4通りの答え（イ，ロ，ハ，ニ）が書いてある。それぞれの問いに対して答えを1つ選びなさい。

なお，選択肢が数値の場合は最も近い値を選びなさい。

	問い	答え
1	図のような回路で，電流計Ⓐの値が2Aを示した。このときの電圧計Ⓥの指示値［V］は。 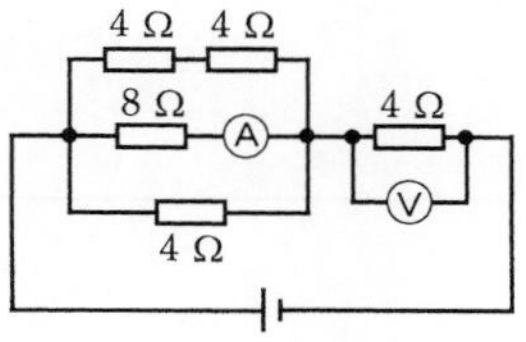 	イ．16　ロ．32　ハ．40　ニ．48
2	抵抗率 ρ［Ω・m］，直径 D［mm］，長さ L［m］の導線の電気抵抗［Ω］を表す式は。	イ．$\frac{\rho L^2}{\pi D^2}\times 10^6$　ロ．$\frac{4\rho L}{\pi D^2}\times 10^6$　ハ．$\frac{4\rho L^2}{\pi D}\times 10^6$　ニ．$\frac{4\rho L}{\pi D}\times 10^6$
3	消費電力が500 Wの電熱器を，1時間30分使用したときの発熱量［kJ］は。	イ．450　ロ．750　ハ．1 800　ニ．2 700
4	単相200 Vの回路に，消費電力2.0 kW，力率80 %の負荷を接続した場合，回路に流れる電流［A］は。	イ．7.2　ロ．8.0　ハ．10.0　ニ．12.5
5	図のような三相3線式回路に流れる電流 I［A］は。 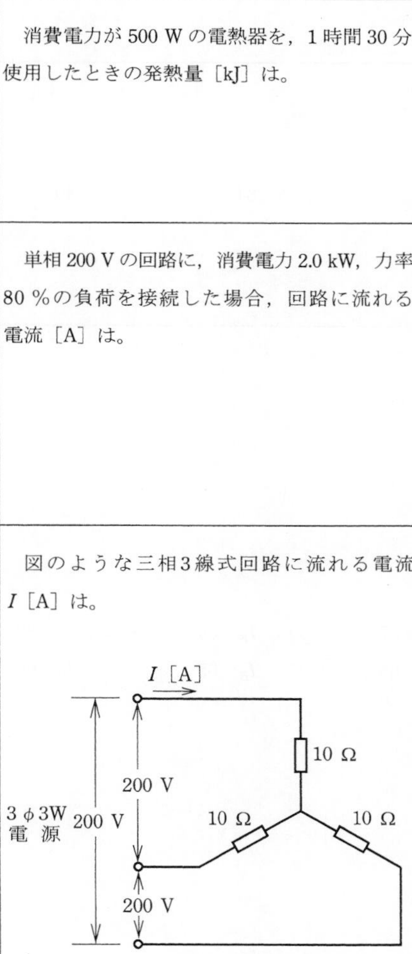 	イ．8.3　ロ．11.6　ハ．14.3　ニ．20.0

<table>
<tr><th></th><th>問い</th><th>答え</th><th></th><th></th><th></th></tr>
<tr><td>6</td><td>図のような単相2線式回路において，c－c′間の電圧が 100 V のとき，a－a′間の電圧［V］は。
ただし，r は電線の電気抵抗［Ω］とする。
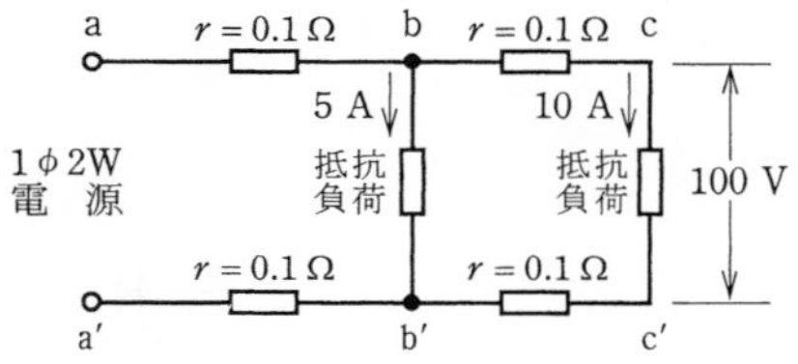
</td><td>イ．102</td><td>ロ．103</td><td>ハ．104</td><td>ニ．105</td></tr>
<tr><td>7</td><td>図のような単相3線式回路において，電線1線当たりの電気抵抗が 0.2 Ω，抵抗負荷に流れる電流がともに 10 A のとき，配線の電力損失［W］は。
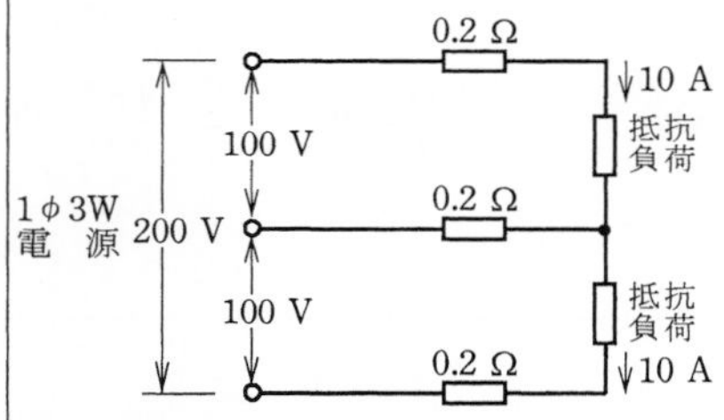
</td><td>イ．4</td><td>ロ．8</td><td>ハ．40</td><td>ニ．80</td></tr>
<tr><td>8</td><td>金属管による低圧屋内配線工事で，管内に断面積 3.5 mm^2 の 600V ビニル絶縁電線（軟銅線）3 本を収めて施設した場合，電線1本当たりの許容電流［A］は。
ただし，周囲温度は 30 ℃以下，電流減少係数は 0.70 とする。</td><td>イ．19</td><td>ロ．26</td><td>ハ．34</td><td>ニ．49</td></tr>
<tr><td>9</td><td>図のような電熱器 Ⓗ 1台と電動機 Ⓜ 2 台が接続された単相 2 線式の低圧屋内幹線がある。この幹線の太さを決定する根拠となる電流 I_W［A］と幹線に施設しなければならない過電流遮断器の定格電流を決定する根拠となる電流 I_B［A］の組合せとして，適切なものは。
ただし，需要率は 100 %とする。
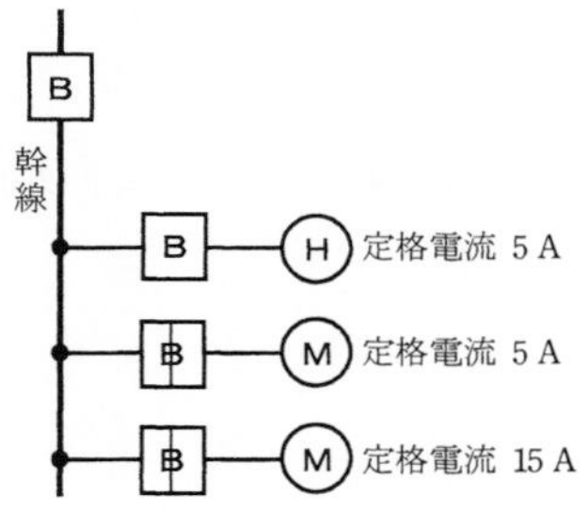
</td><td>イ．I_W 27
I_B 55</td><td>ロ．I_W 27
I_B 65</td><td>ハ．I_W 30
I_B 55</td><td>ニ．I_W 30
I_B 65</td></tr>
</table>

	問　い	答　え
10	定格電流 30 A の配線用遮断器で保護される分岐回路の電線(軟銅線)の太さと，接続できるコンセントの図記号の組合せとして，**適切なものは。** ただし，コンセントは兼用コンセントではないものとする。	イ．断面積 5.5 mm^2 ⊖ 20A 2 ロ．直径 2.6 mm ⊖ 2 ハ．直径 2.0 mm ⊖ 30A ニ．断面積 8 mm^2 ⊖ 2
11	金属管工事において，絶縁ブッシングを使用する主な目的は。	イ．電線の被覆を損傷させないため。 ロ．電線の接続を容易にするため。 ハ．金属管を造営材に固定するため。 ニ．金属管相互を接続するため。
12	低圧の地中配線を直接埋設式により施設する場合に**使用できるものは。**	イ．屋外用ビニル絶縁電線(OW) ロ．600 V 架橋ポリエチレン絶縁ビニルシースケーブル(CV) ハ．引込用ビニル絶縁電線(DV) ニ．600 V ビニル絶縁電線(IV)
13	金属管(鋼製電線管)の切断及び曲げ作業に使用する工具の組合せとして，**適切なものは。**	イ．やすり パイプレンチ パイプベンダ ロ．やすり 金切りのこ パイプベンダ ハ．リーマ 金切りのこ トーチランプ ニ．リーマ パイプレンチ トーチランプ
14	必要に応じ，スターデルタ始動を行う電動機は。	イ．三相かご形誘導電動機 ロ．三相巻線形誘導電動機 ハ．直流分巻電動機 ニ．単相誘導電動機
15	漏電遮断器に関する記述として，**誤っているものは。**	イ．高速形漏電遮断器は，定格感度電流における動作時間が 0.1 秒以下である。 ロ．漏電遮断器には，漏電電流を模擬したテスト装置がある。 ハ．漏電遮断器は，零相変流器によって地絡電流を検出する。 ニ．高感度形漏電遮断器は，定格感度電流が 1 000 mA 以下である。
16	写真に示す材料の用途は。 	イ．合成樹脂製可とう電線管相互を接続するのに用いる。 ロ．合成樹脂製可とう電線管と硬質ポリ塩化ビニル電線管(硬質塩化ビニル電線管)とを接続するのに用いる。 ハ．硬質ポリ塩化ビニル電線管(硬質塩化ビニル電線管)相互を接続するのに用いる。 ニ．鋼製電線管と合成樹脂製可とう電線管とを接続するのに用いる。

	問い	答え
17	写真に示す器具の用途は。 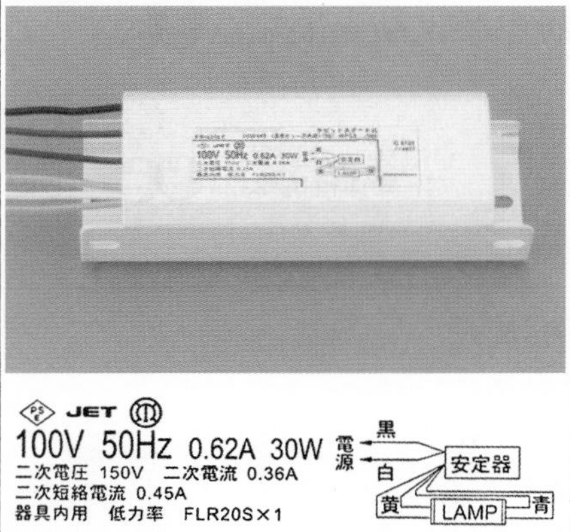	イ．手元開閉器として用いる。 ロ．電圧を変成するために用いる。 ハ．力率を改善するために用いる。 ニ．蛍光灯の放電を安定させるために用いる。
18	写真に示す工具の用途は。 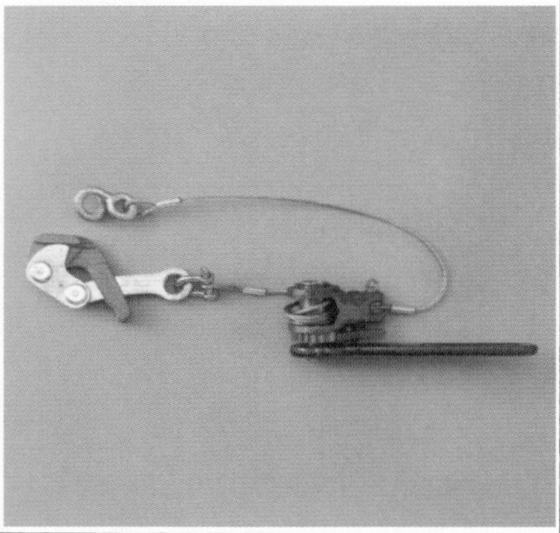	イ．電線の支線として用いる。 ロ．太い電線を曲げてくせをつけるのに用いる。 ハ．施工時の電線管の回転等すべり止めに用いる。 ニ．架空線のたるみを調整するのに用いる。
19	600 V ビニル絶縁ビニルシースケーブル平形 1.6 mm を使用した低圧屋内配線工事で，絶縁電線相互の終端接続部分の絶縁処理として，**不適切なものは**。 ただし，ビニルテープは JIS に定める厚さ約 0.2 mm の電気絶縁用ポリ塩化ビニル粘着テープとする。	イ．差込形コネクタにより接続し，接続部分をビニルテープで巻かなかった。 ロ．リングスリーブ（E 形）により接続し，接続部分を黒色粘着性ポリエチレン絶縁テープ（厚さ約 0.5 mm）で半幅以上重ねて 1 回（2 層）巻いた。 ハ．リングスリーブ（E 形）により接続し，接続部分をビニルテープで半幅以上重ねて 1 回（2 層）巻いた。 ニ．リングスリーブ（E 形）により接続し，接続部分にリングスリーブ用の絶縁キャップを被せ，ビニルテープで巻かなかった。
20	同一敷地内の車庫へ使用電圧 100 V の電気を供給するための低圧屋側配線部分の工事として，**不適切なものは**。	イ．1 種金属製線ぴによる金属線ぴ工事 ロ．硬質ポリ塩化ビニル電線管（硬質塩化ビニル電線管）（VE）による合成樹脂管工事 ハ．600 V 架橋ポリエチレン絶縁ビニルシースケーブル（CV）によるケーブル工事 ニ．600 V ビニル絶縁ビニルシースケーブル丸形（VVR）によるケーブル工事
21	単相 3 線式 100/200 V の屋内配線工事で漏電遮断器を**省略できないものは**。	イ．乾燥した場所の天井に取り付ける照明器具に電気を供給する電路 ロ．小勢力回路の電路 ハ．簡易接触防護措置を施してない場所に施設するライティングダクトの電路 ニ．乾燥した場所に施設した，金属製外箱を有する使用電圧 200 V の電動機に電気を供給する電路

	問　い	答　え
22	D 種接地工事の施工方法として，**不適切なものは。**	イ．移動して使用する電気機械器具の金属製外箱の接地線として，多心キャブタイヤケーブルの断面積 0.75 mm^2 の 1 心を使用した。 ロ．低圧電路に地絡を生じた場合に 0.5 秒以内に自動的に電路を遮断する装置を設置し，接地抵抗値が 300 Ω であった。 ハ．単相 100 V の電動機を水気のある場所に設置し，定格感度電流 30 mA，動作時間 0.1 秒の電流動作型漏電遮断器を取り付けたので，接地工事を省略した。 ニ．ルームエアコンの接地線として，直径 1.6 mm の軟銅線を使用した。
23	低圧屋内配線の合成樹脂管工事で，合成樹脂管(合成樹脂製可とう電線管及び CD 管を除く)を造営材の面に沿って取り付ける場合，管の支持点間の距離の最大値［m］は。	イ．1　　ロ．1.5　　ハ．2　　ニ．2.5
24	低圧電路で使用する測定器とその用途の組合せとして，**正しいものは。**	イ．電力計　と　消費電力量の測定 ロ．検電器　と　電路の充電の有無の確認 ハ．回転計　と　三相回路の相順(相回転)の確認 ニ．回路計(テスタ)　と　絶縁抵抗の測定
25	絶縁抵抗計(電池内蔵)に関する記述として，**誤っているものは。**	イ．絶縁抵抗計には，ディジタル形と指針形(アナログ形)がある。 ロ．絶縁抵抗測定の前には，絶縁抵抗計の電池容量が正常であることを確認する。 ハ．絶縁抵抗計の定格測定電圧(出力電圧)は，交流電圧である。 ニ．電子機器が接続された回路の絶縁測定を行う場合は，機器等を損傷させない適正な定格測定電圧を選定する。
26	工場の 200 V 三相誘導電動機(対地電圧 200 V)への配線の絶縁抵抗値［MΩ］及びこの電動機の鉄台の接地抵抗値［Ω］を測定した。電気設備技術基準等に適合する測定値の組合せとして，**適切なものは。** ただし，200 V 電路に施設された漏電遮断器の動作時間は 0.1 秒とする。	イ．0.1 MΩ　50 Ω ロ．1 MΩ　600 Ω ハ．0.15 MΩ　200 Ω ニ．0.4 MΩ　300 Ω

	問い	答え
27	アナログ計器とディジタル計器の特徴に関する記述として，**誤っているものは。**	**イ**．アナログ計器は永久磁石可動コイル形計器のように，電磁力等で指針を動かし，振れ角でスケールから値を読み取る。 **ロ**．ディジタル計器は測定入力端子に加えられた交流電圧などのアナログ波形を入力変換回路で直流電圧に変換し，次に A-D 変換回路に送り，直流電圧の大きさに応じたディジタル量に変換し，測定値が表示される。 **ハ**．電圧測定では，アナログ計器は入力抵抗が高いので被測定回路に影響を与えにくいが，ディジタル計器は入力抵抗が低いので被測定回路に影響を与えやすい。 **ニ**．アナログ計器は変化の度合いを読み取りやすく，測定量を直感的に判断できる利点を持つが，読み取り誤差を生じやすい。
28	「電気工事士法」において，第二種電気工事士であっても**従事できない作業は。**	**イ**．一般用電気工作物の配線器具に電線を接続する作業 **ロ**．一般用電気工作物に接地線を取り付ける作業 **ハ**．自家用電気工作物（最大電力 500 kW 未満の需要設備）の地中電線用の管を設置する作業 **ニ**．自家用電気工作物（最大電力 500 kW 未満の需要設備）の低圧部分の電線相互を接続する作業
29	「電気用品安全法」の適用を受ける電気用品に関する記述として，**誤っているものは。**	**イ**．電気工事士は，「電気用品安全法」に定められた所定の表示が付されているものでなければ，電気用品を電気工作物の設置又は変更の工事に使用してはならない。 **ロ**．〈PS E〉の記号は，電気用品のうち特定電気用品を示す。 **ハ**．(PS)E の記号は，輸入した特定電気用品を示す。 **ニ**．(PS E)の記号は，電気用品のうち特定電気用品以外の電気用品を示す。
30	「電気設備に関する技術基準を定める省令」において，次の空欄(A)及び(B)の組合せとして，**正しいものは。** 電圧の種別が低圧となるのは，電圧が直流にあっては (A) ，交流にあっては (B) のものである。	**イ**．(A) 600 V 以下　(B) 650 V 以下 **ロ**．(A) 650 V 以下　(B) 750 V 以下 **ハ**．(A) 750 V 以下　(B) 600 V 以下 **ニ**．(A) 750 V 以下　(B) 650 V 以下

問題2．配線図 (問題数 20，配点は1問当たり 2 点)

※図は 252 頁参照

図は，鉄骨軽量コンクリート造一部２階建工場及び倉庫の配線図である。この図に関する次の各問いには４通りの答え（イ，ロ，ハ，ニ）が書いてある。それぞれの問いに対して，答えを１つ選びなさい。

【注意】
1．屋内配線の工事は，特記のある場合を除き電灯回路は 600 V ビニル絶縁ビニルシースケーブル平形（VVF），動力回路は 600 V 架橋ポリエチレン絶縁ビニルシースケーブル（CV）を用いたケーブル工事である。
2．屋内配線等の電線の本数，電線の太さ，その他，問いに直接関係のない部分等は省略又は簡略化してある。
3．漏電遮断器は，定格感度電流 30 mA，動作時間が 0.1 秒以内のものを使用している。
4．選択肢（答え）の写真にあるコンセントは，「JIS C 0303:2000 構内電気設備の配線用図記号」で示す「一般形」である。
5．ジョイントボックスを経由する電線は，すべて接続箇所を設けている。
6．３路スイッチの記号「０」の端子には，電源側又は負荷側の電線を結線する。

	問い	答え
31	①で示す部分の最少電線本数(心線数)は。	イ．3　ロ．4　ハ．5　ニ．6
32	②で示す引込口開閉器が省略できる場合の，工場と倉庫との間の電路の長さの最大値 [m] は。	イ．5　ロ．10　ハ．15　ニ．20
33	③で示す図記号の名称は。	イ．圧力スイッチ ロ．押しボタン ハ．電磁開閉器用押しボタン ニ．握り押しボタン
34	④で示す部分に使用できるものは。	イ．引込用ビニル絶縁電線 ロ．架橋ポリエチレン絶縁ビニルシースケーブル ハ．ゴム絶縁丸打コード ニ．屋外用ビニル絶縁電線
35	⑤で示す屋外灯の種類は。	イ．水銀灯　ロ．メタルハライド灯 ハ．ナトリウム灯　ニ．蛍光灯
36	⑥で示す部分に施設してはならない過電流遮断装置は。	イ．２極にヒューズを取り付けたカバー付ナイフスイッチ ロ．２極２素子の配線用遮断器 ハ．２極にヒューズを取り付けたカットアウトスイッチ ニ．２極１素子の配線用遮断器
37	⑦で示す図記号の計器の使用目的は。	イ．電力を測定する。 ロ．力率を測定する。 ハ．負荷率を測定する。 ニ．電力量を測定する。
38	⑧で示す部分の接地工事の電線(軟銅線)の最小太さと，接地抵抗の最大値との組合せで，**正しいものは。**	イ．1.6 mm　100 Ω　ロ．1.6 mm　500 Ω ハ．2.0 mm　100 Ω　ニ．2.0 mm　600 Ω
39	⑨で示す部分に使用するコンセントの極配置(刃受)は。	イ．　ロ．　ハ．　ニ．
40	⑩で示す部分に取り付けるモータブレーカの図記号は。	イ．　ロ．　ハ．　ニ．

令和3年度（下期・午後）

	問い	答え
41	⑪で示す部分の接地抵抗を測定するものは。	イ．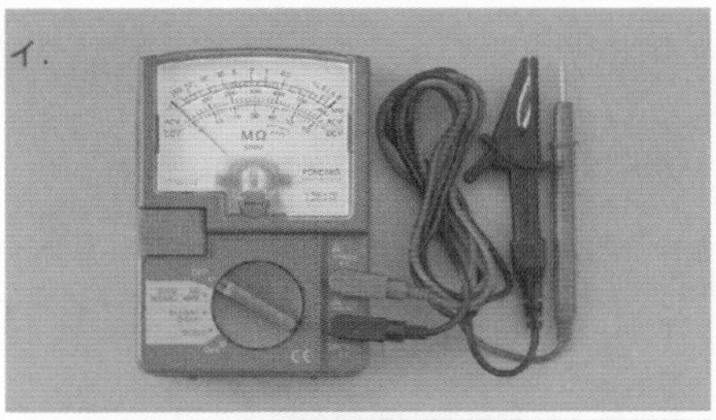 ロ．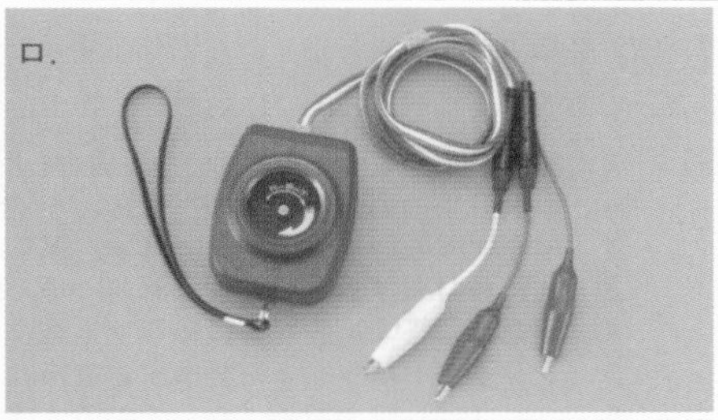 ハ．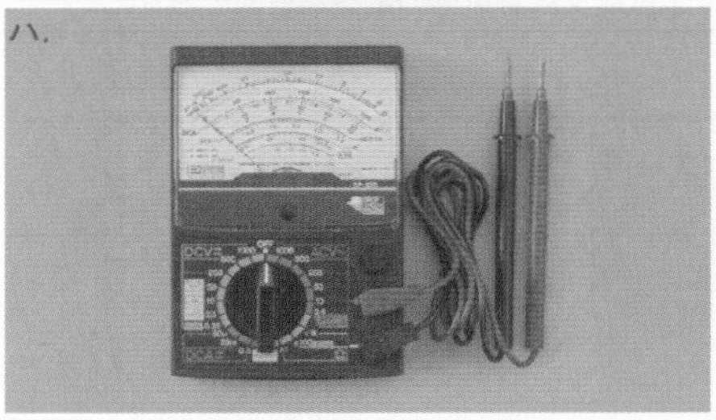 ニ．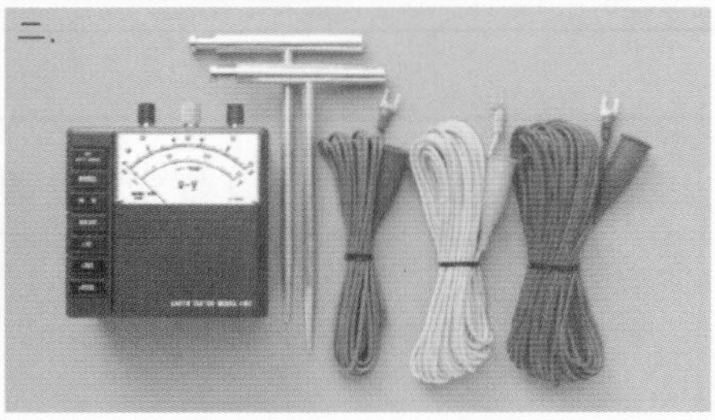
42	⑫で示すジョイントボックス内の接続をすべて圧着接続とする場合，使用するリングスリーブの種類と最少個数の組合せで，**正しいものは**。	イ． 小 6個 ロ． 中 3個 ハ． 大 3個 ニ． 小 3個
43	⑬で示すVVF用ジョイントボックス内の接続をすべて差込形コネクタとする場合，使用する差込形コネクタの種類と最少個数の組合せで，**正しいものは**。 ただし，使用する電線はすべてVVF1.6とする。	イ． 3個 1個 ロ． 2個 2個 ハ． 3個 1個 ニ． 2個 1個
44	⑭で示す点滅器の取付け工事に**使用されることのない**材料は。	イ．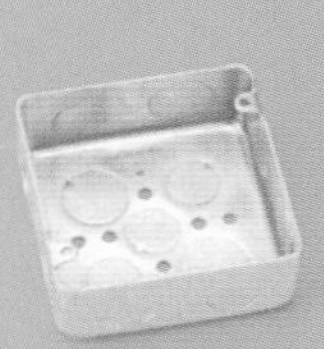 ロ．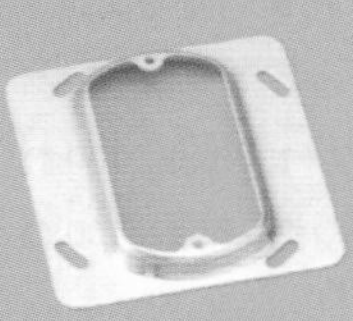 ハ． ニ．
45	⑮で示す図記号のコンセントは。	イ． ロ． ハ． ニ．

問い		答え			
46	⑯で示す部分の配線工事に必要なケーブルは。 ただし，心線数は最少とする。	イ．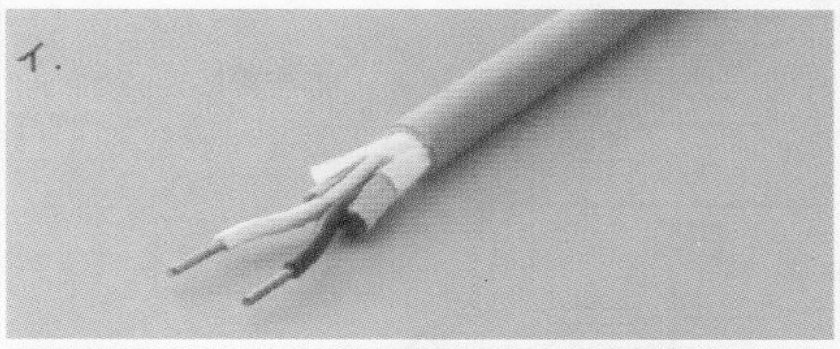	ロ．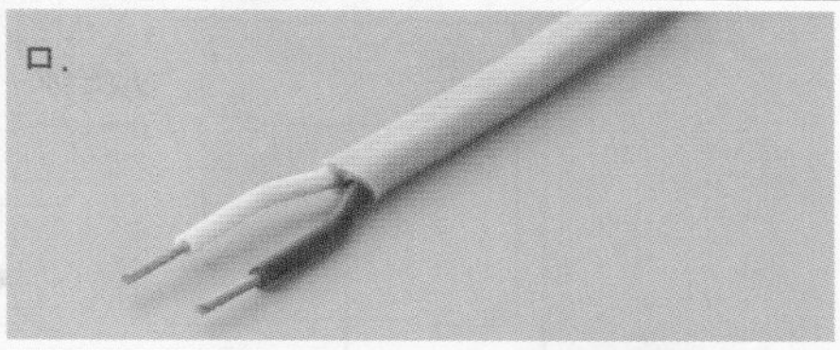	ハ．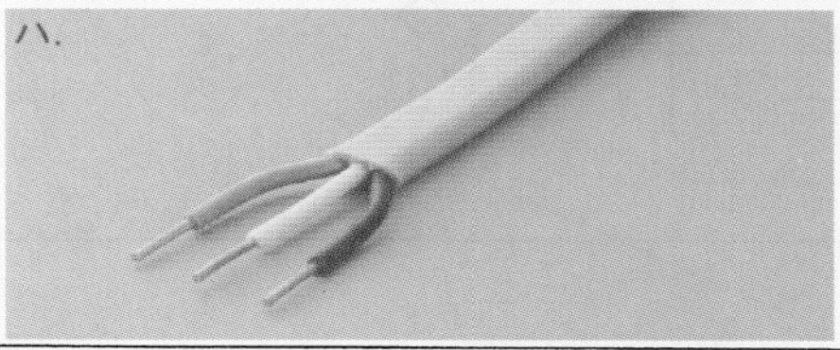	ニ．
47	⑰で示す部分に使用するトラフは。	イ．	ロ．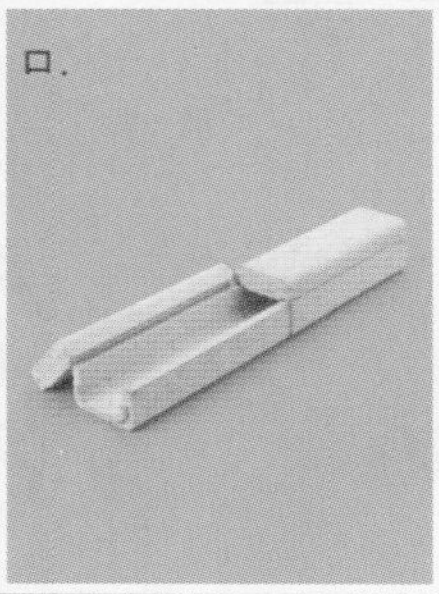	ハ．	ニ．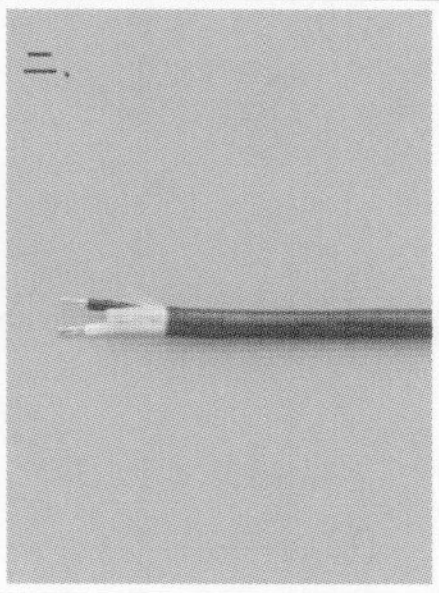
48	⑱で示す図記号の機器は。	イ．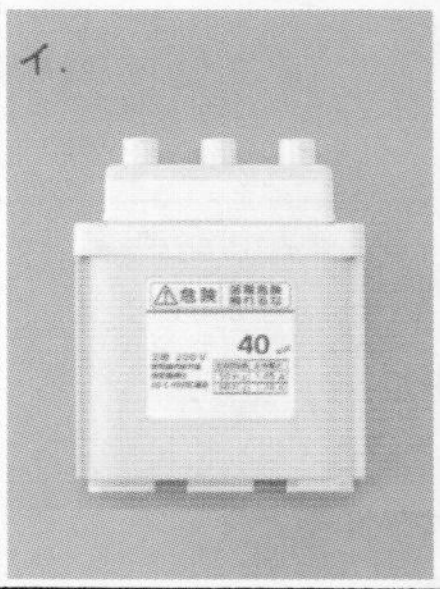	ロ．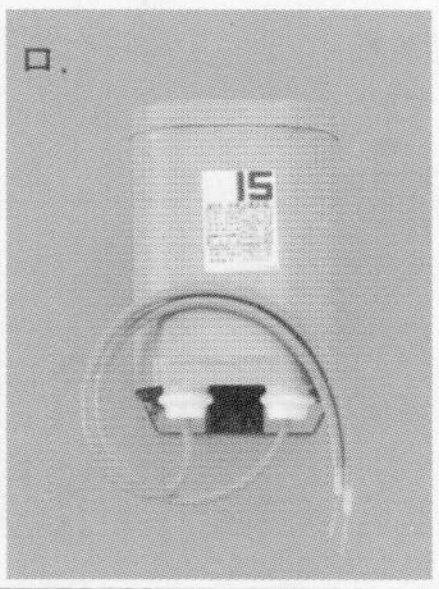	ハ．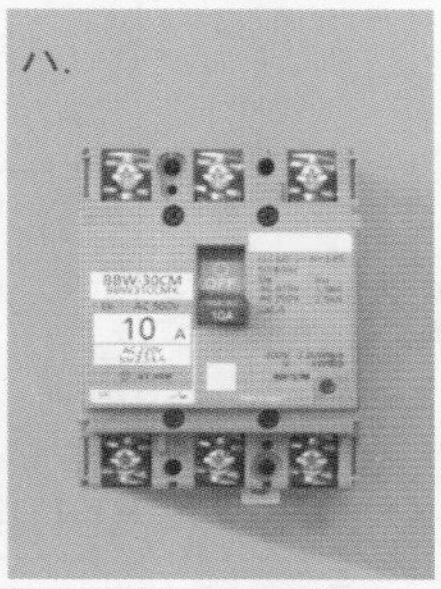	ニ．
49	⑲で示す部分を金属管工事で行う場合、管の支持に用いる材料は。	イ．	ロ．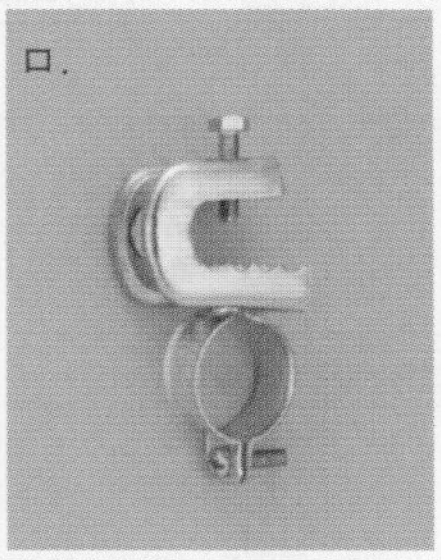	ハ．	ニ．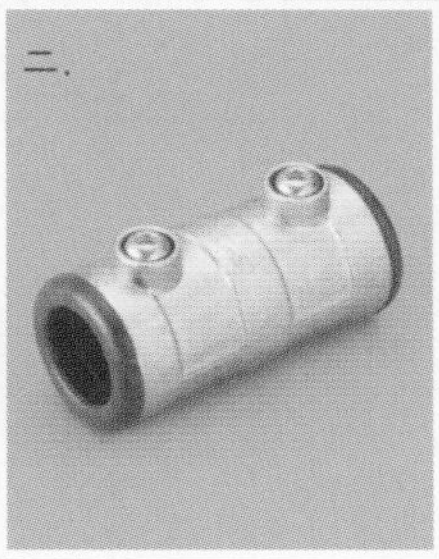
50	⑳で示すジョイントボックス内の電線相互の接続作業に**使用されることのないものは**。	イ．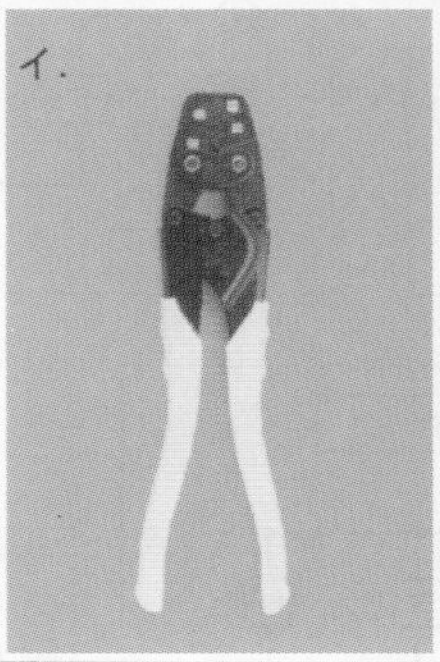	ロ．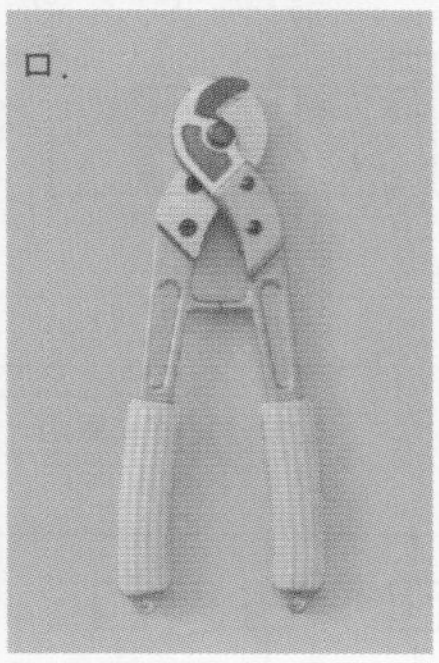	ハ．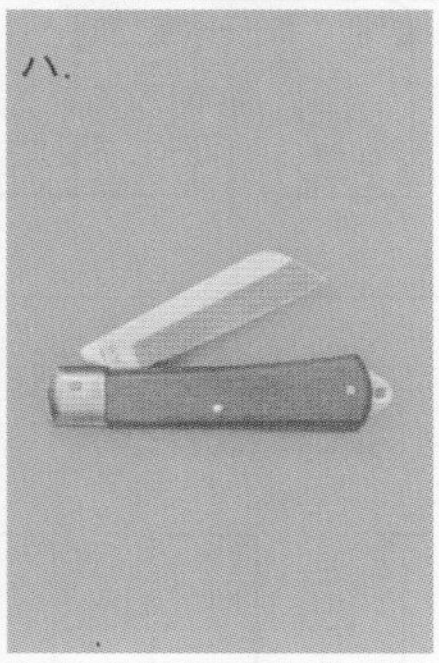	ニ．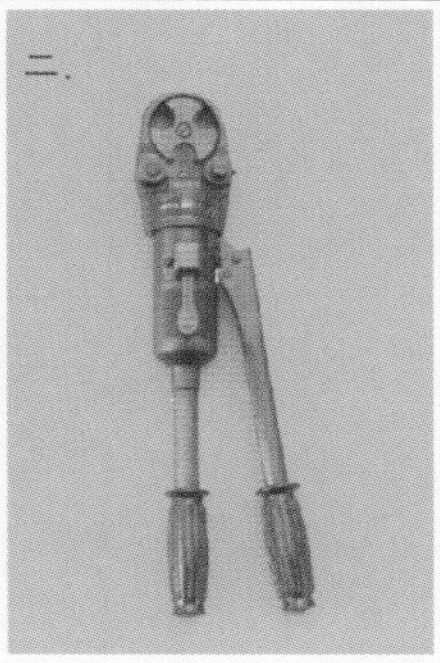

図面を引き抜いてご覧ください

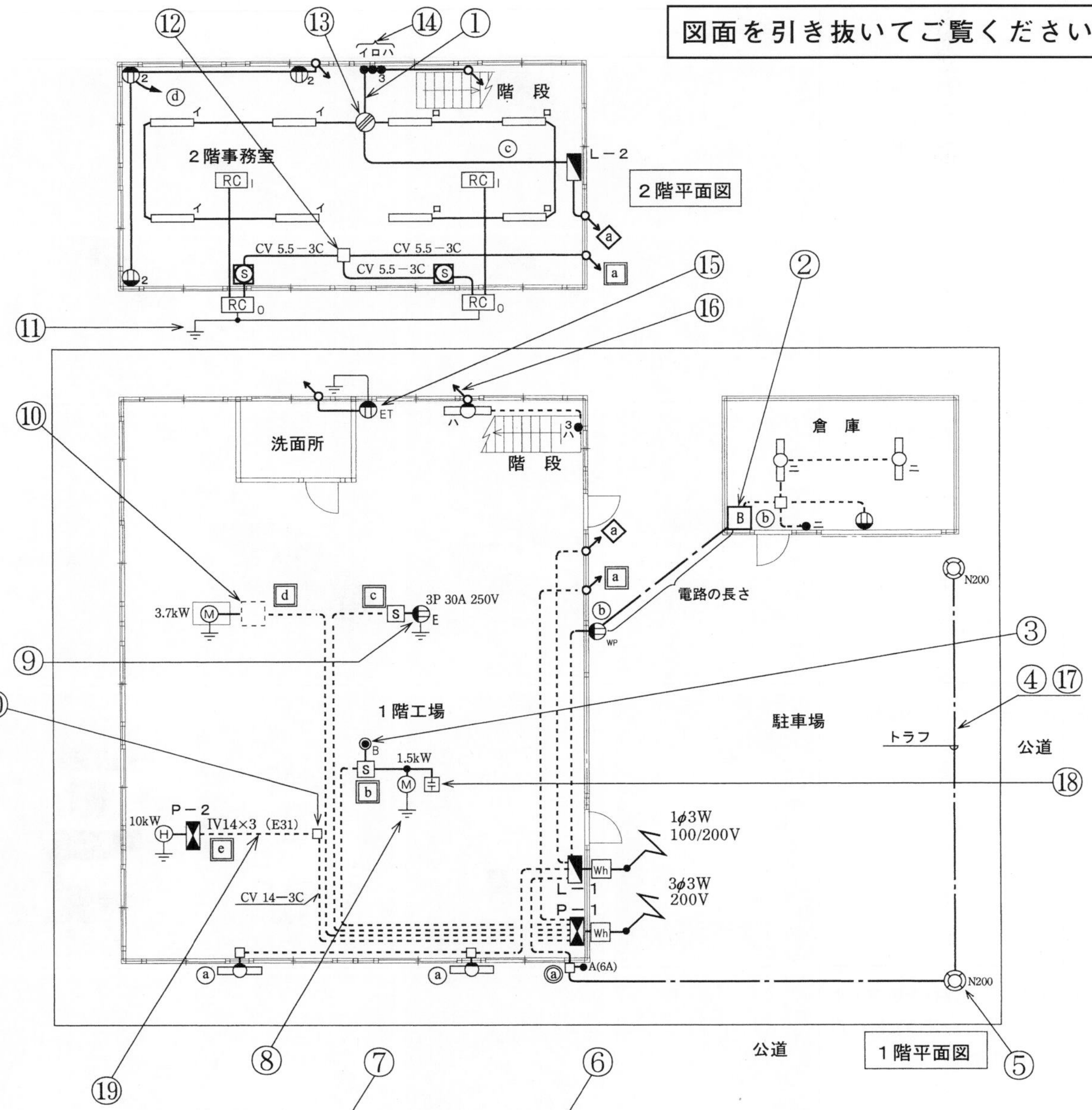

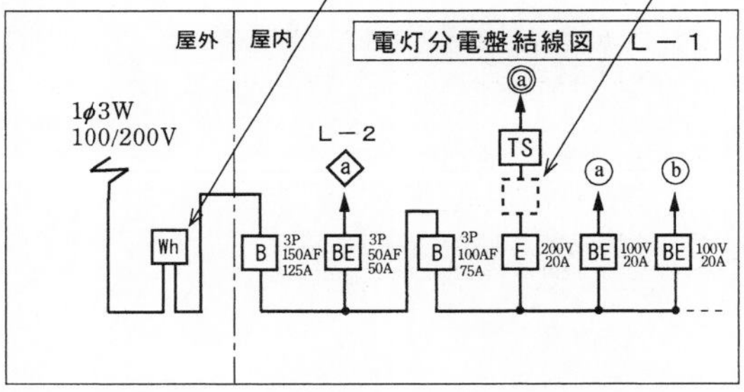

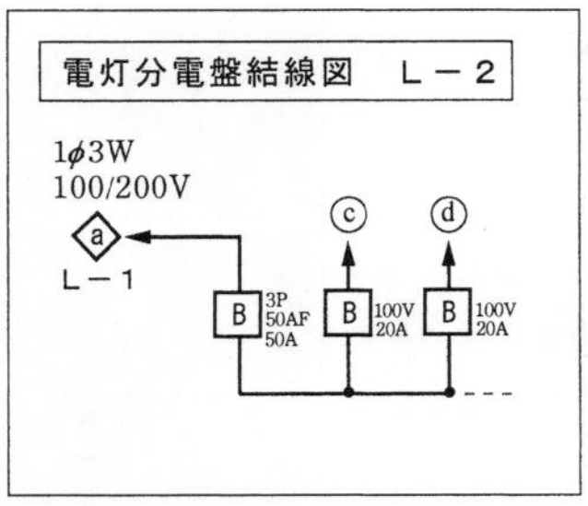

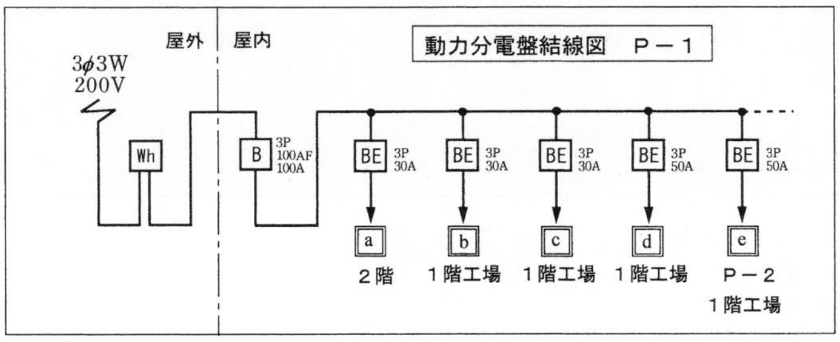

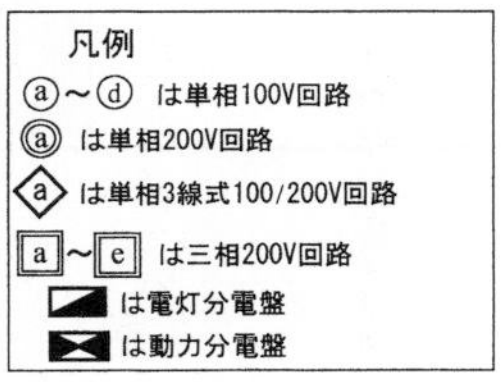

解答と解説

問題 1．一般問題の解答

1　ロ．32

第 1 図において，抵抗が直並列に接続された部分の電圧 V_0〔V〕は，8 Ω の抵抗に 2 A の電流が流れているので，

$$V_0=2\times 8=16〔V〕$$

電流 I_1〔A〕及び電流 I_2〔A〕は，

$$I_1=\frac{V_0}{4+4}=\frac{16}{8}=2〔A〕$$

$$I_2=\frac{V_0}{4}=\frac{16}{4}=4〔A〕$$

回路全体に流れる電流 I〔A〕は，

$$I=2+I_1+I_2=2+2+4=8〔A〕$$

電圧計 Ⓥ の指示値 V〔V〕は，

$$V=I\times 4=8\times 4=32〔V〕$$

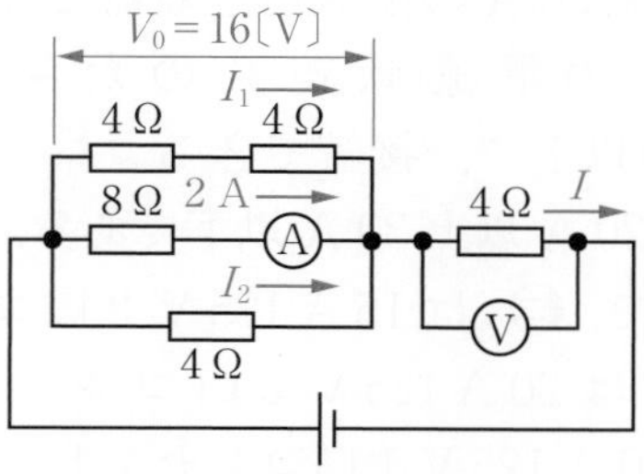

第 1 図

2　ロ．$\dfrac{4\rho L}{\pi D^2}\times 10^6$

導線の直径 D〔mm〕の断面積 A〔m²〕は，

$$A=\frac{\pi\times(D\times 10^{-3})^2}{4}=\frac{\pi D^2\times 10^{-6}}{4}〔m^2〕$$

抵抗率を ρ〔Ω·m〕，直径を D〔mm〕，長さを L〔m〕とすると，導線の抵抗 R〔Ω〕は，

$$R=\rho\frac{L}{A}=\rho\times\frac{L}{\dfrac{\pi D^2\times 10^{-6}}{4}}$$

$$=\rho L\times\frac{4}{\pi D^2\times 10^{-6}}=\frac{4\rho L}{\pi D^2}\times 10^6〔Ω〕$$

3　ニ．2 700

消費電力 P〔kW〕の電熱器を t〔h〕使用したときの発熱量 Q〔kJ〕は，次式で計算できる．

$$Q=3\,600Pt〔kJ〕$$

消費電力 P〔kW〕は，

$$P=\frac{500}{1\,000}=0.5〔kW〕$$

使用時間 t〔h〕は，

$$t=1+\frac{30}{60}=1+0.5=1.5〔h〕$$

電熱器の発熱量 Q〔kJ〕は，

$$Q=3\,600Pt=3\,600\times 0.5\times 1.5=2\,700〔kJ〕$$

4　ニ．12.5

単相交流電力 P〔W〕は，負荷に加わる電圧を V〔V〕，流れる電流を I〔A〕，力率を $\cos\theta$（小数）とすると，次式で表される．

$$P=VI\cos\theta〔W〕$$

したがって，回路に流れる電流 I〔A〕は，

$$I=\frac{P}{V\cos\theta}=\frac{2\,000}{200\times 0.8}=\frac{10}{0.8}=12.5〔A〕$$

5　ロ．11.6

第 2 図において，10 Ω の抵抗に加わる電圧 V〔V〕は，Y結線の相電圧になるから，

$$V=\frac{200}{\sqrt{3}}〔V〕$$

回路に流れる電流 I〔A〕は，

$$I=\frac{V}{10}=\frac{\dfrac{200}{\sqrt{3}}}{10}=\frac{200}{10\sqrt{3}}=\frac{20}{\sqrt{3}}\fallingdotseq 11.6〔A〕$$

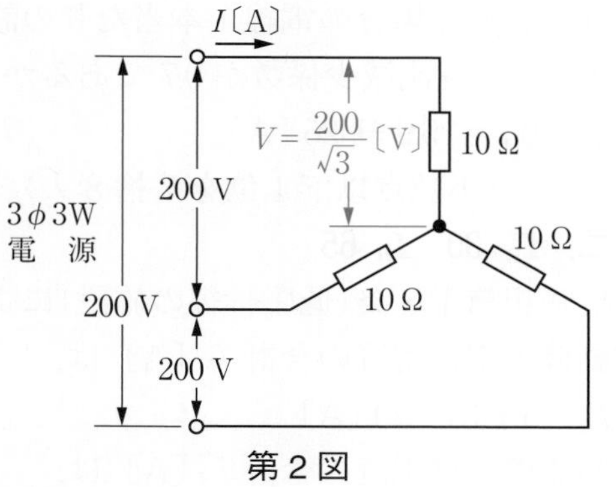

第 2 図

6　ニ．105

第 3 図において，a-a′ 間と b-b′ 間の電圧降下 v_1〔V〕は，

$$v_1=2I_1r=2\times 15\times 0.1=3〔V〕$$

b-b′ 間と c-c′ 間の電圧降下 v_2〔V〕は，

$$v_2=2I_2r=2\times 10\times 0.1=2〔V〕$$

回路全体の電圧降下 v〔V〕は，

$v=v_1+v_2=3+2=5$〔V〕

a-a′間の電圧 $V_{aa'}$〔V〕は，

$V_{aa'}=100+v=100+5=105$〔V〕

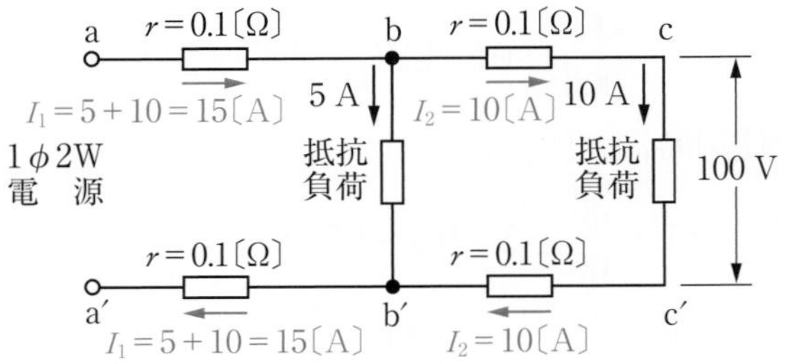

第３図

7　ハ．40

負荷が平衡しているので，中性線には電流が流れないため，中性線での電力損失はない．

配線の電力損失 P_l〔W〕は，

$P_l=2I^2r=2\times10^2\times0.2=40$〔W〕

8　ロ．26

電技解釈第 146 条(低圧配線に使用する電線)による．

周囲温度 30℃以下で，600 V ビニル絶縁電線(軟銅線)の許容電流は，**第１表**のとおりである．

第１表　600 V ビニル絶縁電線の許容電流

電線の太さ	許容電流	電線の太さ	許容電流
1.6 mm	27 A	3.5 mm²	37 A
2.0 mm	35 A	5.5 mm²	49 A

断面積 3.5 mm² の 600 V ビニル絶縁電線(軟銅線)の許容電流は 37 A である．電線 3 本を金属管に収めた場合の電線 1 本当たりの許容電流〔A〕は，電流減少係数が 0.7 であるから，

$37\times0.7=25.9\rightarrow26$〔A〕

(小数点以下 1 位を 7 捨 8 入)

9　ニ．I_W 30　I_B 65

電技解釈第 148 条(低圧幹線の施設)による．

電動機の定格電流の合計 I_M〔A〕は，

$I_M=5+15=20$〔A〕

電熱器の定格電流の合計 I_H〔A〕は，

$I_H=5$〔A〕

$I_M>I_H$，$I_M\leqq50$〔A〕であるから，幹線の許容電流 I_W〔A〕は，

$I_W\geqq1.25I_M+I_H=1.25\times20+5=30$〔A〕

となり，30 A 以上となる．

幹線を保護する過電流遮断器の定格電流 I_B〔A〕は，幹線の許容電流を 30 A とすると，

$I_B\leqq3I_M+I_H=3\times20+5=65$〔A〕

$I_B\leqq2.5I_W=2.5\times30=75$〔A〕

となり，定格電流の小さい 65 A 以下となる．

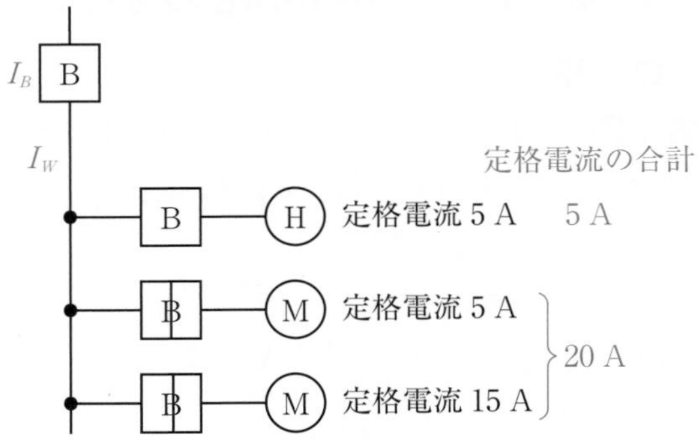

第４図

10　イ．断面積 5.5 mm²　$\ominus_{2}^{20A}$

電技解釈第 149 条(低圧分岐回路等の施設)による．

配線用遮断器の定格電流，電線の太さ，コンセントの定格電流の組み合わせは，**第２表**のようにしなければならない．

定格電流 30 A の配線用遮断器で保護される分岐回路の電線(軟銅線)の太さは 2.6 mm (5.5 mm²)以上で，接続できるコンセントの定格電流は 20 A 以上 30 A 以下である．

図記号で，$\ominus_2$ は 15 A 125 V 2 口コンセントを，$\ominus_{2}^{20A}$ は 20 A 125 V 2 口コンセントを，$\ominus_{30A}$ は 30 A 125 V 1 口コンセントを表す．

イは，断面積が 5.5 mm² の電線を使用して，定格電流 20 A のコンセントを接続しているので適切である．

ロとニは，定格電流 30 A 配線用遮断器で保護されているので定格電流 15 A のコンセントを接続することはできない．ハは，直径 2.0 mm の軟銅線を使用することはできない．

第２表　分岐回路

配線用遮断器の定格電流	電線の太さ(軟銅線)	コンセントの定格電流
20 A	1.6 mm 以上	20 A 以下
30 A	2.6 mm (5.5 mm²)以上	20 A 以上 30 A 以下
40 A	8 mm² 以上	30 A 以上 40 A 以下
50 A	14 mm² 以上	40 A 以上 50 A 以下

11　イ．電線の被覆を損傷させないため．

絶縁ブッシング(**第５図**)は，ねじなしボックスコネクタや金属管の端に取り付け，通線をするときに，絶縁電線の被覆を損傷させないようにするために使用する．

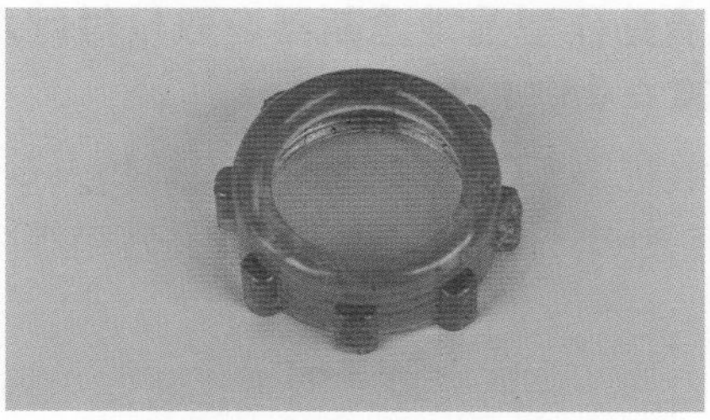

第５図　絶縁ブッシング

12　ロ．600 V 架橋ポリエチレン絶縁ビニルシースケーブル(CV)

電技解釈第 120 条(地中電線路の施設)，内線規程 3165-1(施設方法)による．

低圧の地中配線を直接埋設式で施設する場合，使用できる電線はケーブルに限る．

13　ロ．やすり　金切りのこ　パイプベンダ

第６図に，金属管(鋼製電線管)の切断及び曲げ作業に使用する工具を示す．

金切りのこで金属管を切断し，やすりで切断面を仕上げ，リーマをクリックボールに取り付けて金属管の内側の面取りをする．金属管を曲げるには，パイプベンダを用いる．

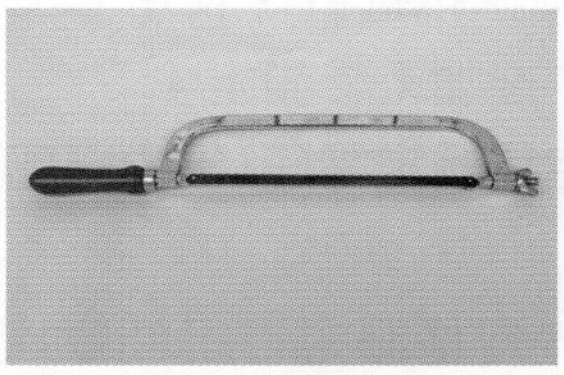

金切りのこ

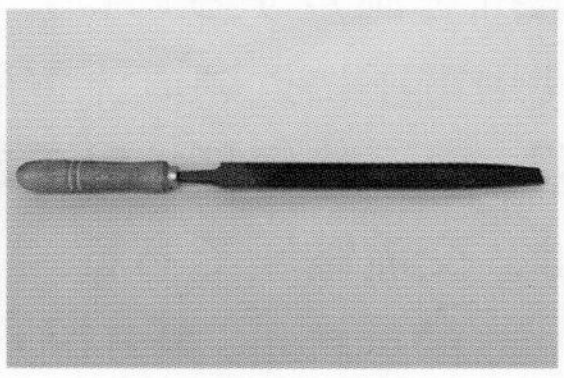

やすり

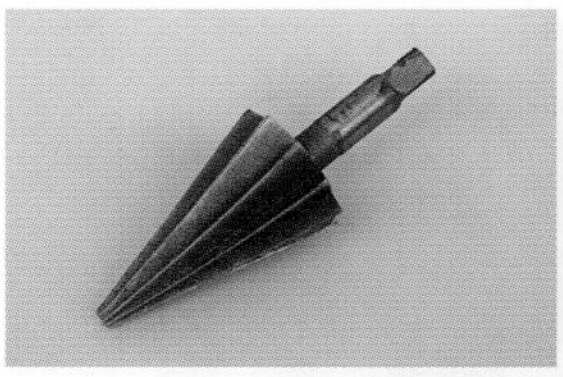

リーマ

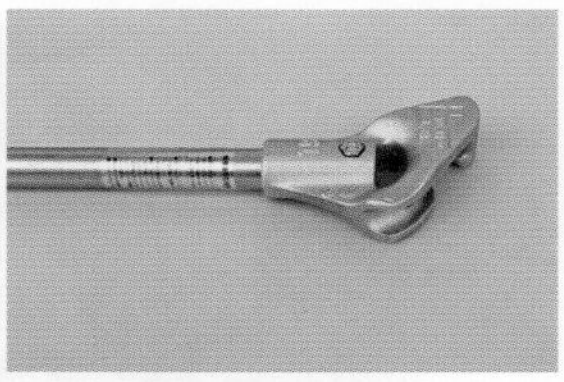

パイプベンダ

第６図　金属管用工具

パイプレンチは，太い薄鋼電線管や厚鋼電線管を接続するとき，カップリングを締め付けるのに用いる．トーチランプは，硬質塩化ビニル電線管を曲げるときに用いる．

14　イ．三相かご形誘導電動機

出力の大きい三相かご形誘導電動機は，始動電流を抑制するためにスターデルタ始動を行う．

スターデルタ始動は，**第７図**のようにスターデルタ始動器によって，電動機の巻線を始動時にスター(Y)結線にし，運転時にデルタ(△)結線にする方法である．

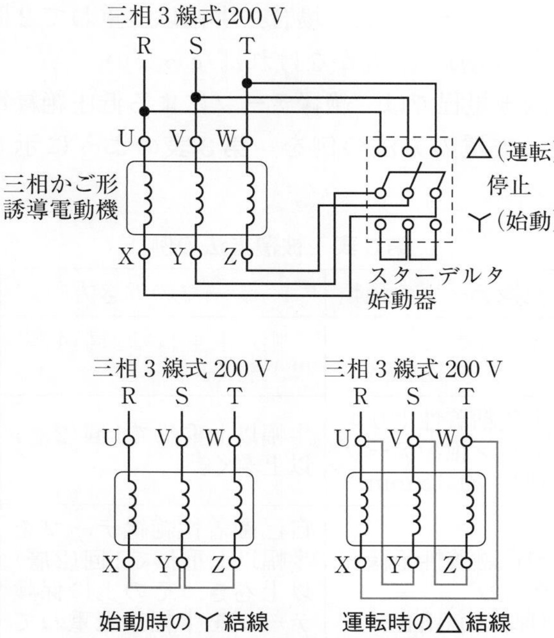

第７図　スターデルタ始動

15　ニ．高感度形漏電遮断器は，定格感度電流が 1 000 mA 以下である．

JIS C 8201-2-2(低圧開閉装置及び制御装置—第 2-2 部：漏電遮断器)による．

高速形漏電遮断器は，定格感度電流における動作時間が 0.1 秒以下である．高感度形漏電遮断器は，定格感度電流が 30 mA 以下である．

16　イ．合成樹脂製可とう電線管相互を接続するのに用いる．

写真に示す材料は，合成樹脂製可とう電線管(PF 管)用のカップリングである．

17　ニ．蛍光灯の放電を安定させるために用いる．

写真に示す器具は，ラピッドスタート形蛍光灯用の安定器である．

18　ニ．架空線のたるみを調整するのに用いる．

写真に示す工具は，張線器である．

19　ハ．リングスリーブ(E 形)により接続し，接続部分をビニルテープで半幅以上重ねて１回(２層)巻いた．

電技解釈第 12 条(電線の接続法)，内線規程

1335-7（電線の接続）による．

リングスリーブによって接続した場合は，接続部分を絶縁電線の絶縁物と同等以上の絶縁効力のあるもので，十分に被覆しなければならない．

600 V ビニル絶縁ビニルシースケーブル平形1.6 mm の絶縁電線の被覆は 0.8 mm であり，ビニルテープを巻く場合，半幅以上重ねて 2 回以上（4 層以上）巻かなければならない．

内線規程では，絶縁テープによる低圧絶縁電線の被覆の方法の例を，**第 3 表**のように示している．

第 3 表　被覆方法の例

絶縁テープの種類	テープの巻き方
ビニルテープ（厚さ約 0.2 mm）	半幅以上重ねて 2 回（4 層）以上巻く．
黒色粘着性ポリエチレン絶縁テープ（厚さ約 0.5 mm）	半幅以上重ねて 1 回（2 層）以上巻く．
自己融着性絶縁テープ（厚さ約 0.5 mm）	自己融着性絶縁テープを半幅以上重ねて 1 回（2 層）以上巻き，その上に保護テープを半幅以上重ねて 1 回（2 層）以上巻く．

〔備考〕テープの巻回数は，上表を最低とし，電線の太さに応じて増加すること．

20　イ．1 種金属製線ぴによる金属線ぴ工事

電技解釈第 166 条（低圧の屋側配線又は屋外配線の施設）による．

使用電圧が 300 V 以下で，屋側配線又は屋外配線を，展開した場所及び点検できる隠ぺい場所に施設する場合は，がいし引き工事，合成樹脂管工事，金属管工事，金属可とう電線管工事，バスダクト工事，ケーブル工事のいずれかによらなければならない．点検できない隠ぺい場所に施設する場合は，合成樹脂管工事，金属管工事，金属可とう電線管工事，ケーブル工事のいずれかによらなければならない．

21　ハ．簡易接触防護措置を施してない場所に施設するライティングダクトの電路

電技解釈第 36 条（地絡遮断装置の施設），第 165 条（特殊な低圧屋内配線工事）による．

ライティングダクトに簡易接触防護措置を施していない場合，ダクトの導体に電気を供給する電路には，漏電遮断器を施設しなければならない．

使用電圧が 60 V 以下の小勢力回路の電路，乾燥した場所に施設した機械器具に電気を供給する電路には，漏電遮断器を省略できる．

22　ハ．単相 100 V の電動機を水気のある場所に設置し，定格感度電流 30 mA，動作時間 0.1 秒の電流動作型漏電遮断器を取り付けたので，接地工事を省略した．

電技解釈第 17 条（接地工事の種類及び施設方法）・第 29 条（機械器具の金属製外箱等の接地）による．

水気のある場所では，漏電遮断器を施設しても D 種接地工事を省略できない．

23　ロ．1.5

電技解釈第 158 条（合成樹脂管工事）による．

硬質塩化ビニル電線管を造営材の面に沿って取り付ける場合は，支持点間の距離を 1.5 m 以下にしなければならない．

24　ロ．検電器　と　電路の充電の有無の確認

検電器で，電路の充電の有無と接地側・非接地側の極性を確認することができる．

電力計は消費電力を測定するもので，消費電力量の測定には電力量計を使用する．

回転計は電動機の回転速度を測定するもので，三相回路の相順（相回転）は検相器で確認する．

絶縁抵抗は，回路計では測定できない．絶縁抵抗を測定するには，絶縁抵抗計を使用して，使用電圧に近い直流電圧を加えて測定する．

25　ハ．絶縁抵抗計の定格測定電圧（出力電圧）は，交流電圧である．

絶縁抵抗計（**第 8 図**）の定格測定電圧（出力電圧）は，直流電圧である．

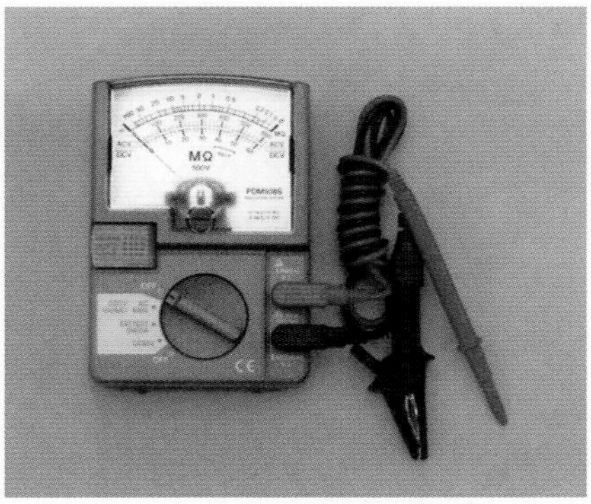

第 8 図　絶縁抵抗計

26　ニ．0.4 MΩ　300 Ω

電技第 58 条（低圧の電路の絶縁性能），電技解釈第 17 条(接地工事の種類及び施設方法)・第 29 条(機械器具の金属製外箱等の接地)による.

三相 3 線式 200 V の配線は，使用電圧が 300 V 以下で，対地電圧が 150 V を超えるので，絶縁抵抗値は 0.2 MΩ 以上となる.

低圧電路の絶縁抵抗は，開閉器又は過電流遮断器で区切ることのできる電路ごとに，**第 4 表**の値以上でなければならない

第 4 表　低圧の電路の絶縁性能

電路の使用電圧の区分		絶縁抵抗値
300 V 以下	対地電圧が 150 V 以下の場合	0.1 MΩ
	その他の場合	0.2 MΩ
300 V を超えるもの		0.4 MΩ

接地工事の種類は，使用電圧が 300 V 以下であることから，D 種接地工事である．施設された漏電遮断器の動作時間が 0.5 秒以内であるので，接地抵抗値は 500 Ω 以下になる.

27　ハ．電圧測定では，アナログ計器は入力抵抗が高いので被測定回路に影響を与えにくいが，ディジタル計器は入力抵抗が低いので被測定回路に影響を与えやすい.

電圧測定では，アナログ計器は入力抵抗が低いので被測定回路に影響を与えやすく，ディジタル計器は入力抵抗が高いので被測定回路に影響を与えにくい.

28　ニ．自家用電気工作物(最大電力 500 kW 未満の需要設備)の低圧部分の電線相互を接続する作業

電気工事士法第 2 条(用語の定義)・第 3 条(電気工事士等)，施行令第 1 条(軽微な工事)，施行規則第 2 条(軽微な作業)・第 2 条の 3(簡易電気工事)による.

自家用電気工作物(最大電力 500 kW 未満の需要設備)の低圧部分の電線相互を接続する作業は，簡易電気工事に該当する．簡易電気工事は，認定電気工事従事者認定証の交付を受けている者又は第一種電気工事士の免状を受けている者でなければ作業に従事できない.

29　ハ．(PS)E の記号は，輸入した特定電気用品を示す.

電気用品安全法第 10 条(表示)・第 28 条(使用の制限)，施行規則第 17 条(表示の方式)による.

(PS)E の記号は，電気用品のうち特定電気用品以外の電気用品を示す.

30　ハ．(A)750 V 以下　(B)600 V 以下

電技第 2 条(電圧の種別等)による.

電圧の種別が低圧となるのは，電圧が直流にあっては 750 V 以下，交流にあっては 600 V 以下のものである.

問題 2．配線図の解答

31　ロ．4

①で示す部分の複線図は，**第 9 図**のようになる.

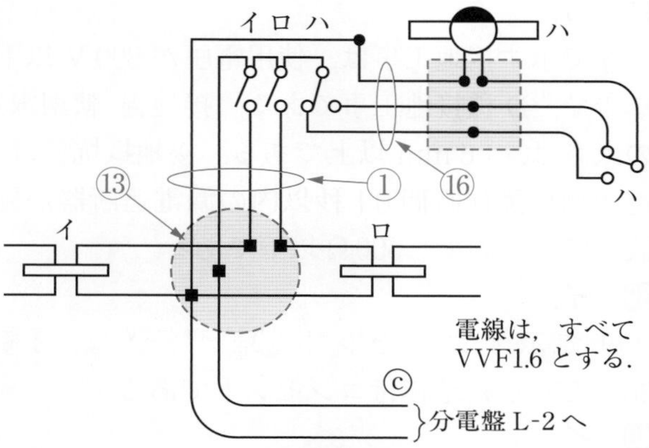

第 9 図

32　ハ．15

電技解釈第 147 条(低圧屋内電路の引込口における開閉器の施設)による.

引込口開閉器が省略できる場合は，工場と倉庫との間の電路の長さが 15 m 以下である.

33　ハ．電磁開閉器用押しボタン

③で示す図記号 ◉_B は，電磁開閉器用押しボタンを表す.

34　ロ．架橋ポリエチレン絶縁ビニルシースケーブル

電技解釈第 120 条(地中電線路の施設)，内線規程 3165-1(施設方法)による.

④で示す部分は，トラフを用いた直接埋設式の地中配線である．低圧の地中配線を直接埋設式で施設する場合，使用できる電線はケーブルに限る.

35　ハ．ナトリウム灯

⑤で示す図記号 ⊗_{N200} は，ナトリウム灯の屋外灯を表す.

36 **ニ．2 極 1 素子の配線用遮断器**

電技解釈第 149 条（低圧分岐回路等の施設），内線規程 1360-7（過電流遮断器の極）による．

⑥で示す部分は，$1\phi 3$ W 100/200 V からの単相 200 V の分岐回路であり，配線用遮断器を施設する場合は，2 極 2 素子でなければならない．

37 **ニ．電力量を測定する．**

⑦で示す図記号 $\boxed{\mathrm{Wh}}$ は，電力量計（箱入り又はフード付）を表す．

38 **ロ．1.6 mm　500 Ω**

電技解釈第 17 条（接地工事の種類及び施設方法）・第 29 条（機械器具の金属製外箱等の接地）による．

⑧で示す接地工事は，使用電圧が 300 V 以下なので，D 種接地工事である．接地線（軟銅線）の太さは，1.6 mm 以上である．接地抵抗値は，電源側に動作時間 0.1 秒以内の漏電遮断器が施設してあるので，500 Ω 以下である．

39 **イ．**

⑨で示すコンセント ◒$^{3P\ 30A\ 250V}_{E}$ は，3 極 30 A 250 V 接地極付コンセントである．

40 **イ．**

⑩で示すモータブレーカの図記号は，$\boxed{\mathrm{B}}_{\mathrm{M}}$ 又は $\boxed{\mathrm{B}}$ である．

41 **ニ．**

接地抵抗計には，補助接地極 2 本と接続用コード 3 本が付属している．

42 **ハ．**

⑫で示すジョイントボックス内の接続は，**第 10 図**のように，5.5 mm^2 の電線 3 本を 3 箇所で接続することになる．

5.5 mm^2 の電線をリングスリーブで圧着接続する場合，2 本接続には中スリーブを使用し，3 本接続には大スリーブを使用する．

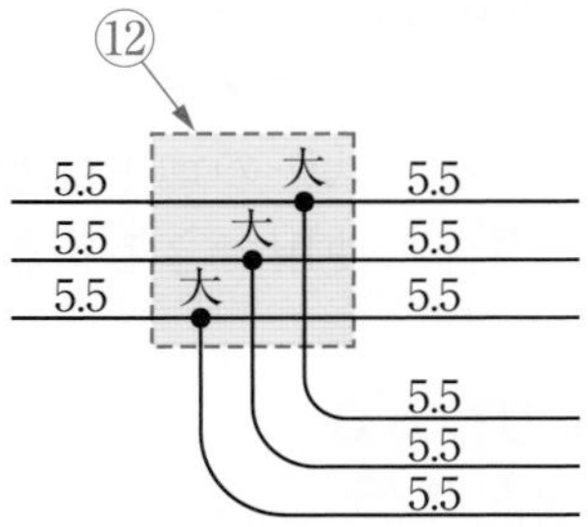

第 10 図

43 **イ．**

⑬で示す VVF 用ジョイントボックス内の接続は，**第 9 図**のようになる．

1.6 mm 2 本接続が 3 箇所，1.6 mm 4 本接続が 1 箇所で，それぞれの差込形コネクタが必要になる．

44 **ニ．**

ニは，ねじなし電線管用の露出スイッチボックスで，VVF ケーブルを使用した隠ぺい配線工事に使用されることはない．

45 **ハ．**

⑮で示す図記号 ◓$_{\mathrm{ET}}$ は，15 A 125 V 接地端子付コンセントである．

46 **ハ．**

⑯で示す部分の複線図は，**第 9 図**のようになる．使用するケーブルは，VVF ケーブル 1.6 mm 3 心である．

47 **ロ．**

ロのコンクリート製のトラフは，直接埋設式の地中配線に使用される．

イはケーブル標識シート，ハは波付硬質合成樹脂管（FEP），ニは 600 V 架橋ポリエチレン絶縁ビニルシースケブル（CV）である．

48 **イ．**

図記号 $\boxed{\substack{\perp\\\top}}$ は，低圧進相コンデンサを表す．

49 **ロ．**

ロはパイラック（商品名）で，金属管を鉄骨等に支持する場合に使用する．

50 **イ．**

⑳で示すジョイントボックス内の接続は，IV14 mm^2 と CV14 mm^2 との接続である．断面積 14 mm^2 の電線相互の接続には，P 形スリーブ（**第 11 図**）を用いて，ニの手動油圧式圧着器で圧着接続するので，イのリングスリーブ用圧着工具を使用することはない．

第 11 図　P 形スリーブ

令和２年度

学科試験
問題と解答・解説

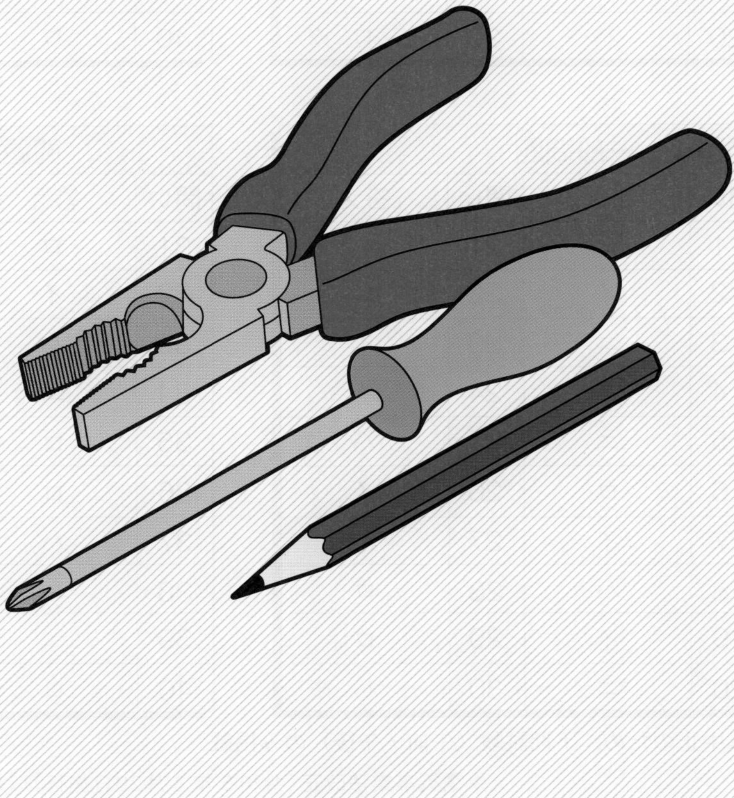

◆令和２年度問題の解答◆

〈下期試験・午前〉

問題１．一般問題					
問い	答え	問い	答え	問い	答え
1	ハ	11	イ	21	ハ
2	イ	12	ロ	22	ロ
3	ニ	13	ニ	23	イ
4	ロ	14	ハ	24	ニ
5	ニ	15	ハ	25	ロ
6	ハ	16	ニ	26	ハ
7	イ	17	ハ	27	イ
8	ハ	18	ロ	28	ニ
9	ロ	19	ロ	29	ロ
10	ニ	20	ハ	30	ロ ※

問題2．配線図			
問い	答え	問い	答え
31	イ	41	ロ
32	ロ	42	ニ
33	ロ	43	イ
34	イ	44	ハ
35	イ	45	イ
36	ニ	46	ハ
37	ハ	47	ニ
38	ハ	48	イ
39	ニ	49	ニ
40	ロ	50	ロ

〈下期試験・午後〉

問題１．一般問題					
問い	答え	問い	答え	問い	答え
1	ロ	11	ロ	21	ハ
2	ニ	12	イ	22	ニ
3	イ	13	ニ	23	イ
4	ニ	14	ハ	24	イ
5	ハ	15	ニ	25	ハ
6	ロ	16	ロ	26	イ
7	ハ	17	イ	27	イ
8	ロ	18	ハ	28	ロ
9	ロ	19	イ	29	ロ
10	ハ	20	ニ	30	ハ ※

問題2．配線図			
問い	答え	問い	答え
31	ロ	41	イ
32	イ	42	ハ
33	ハ	43	イ
34	ニ	44	ニ
35	ロ	45	イ
36	ロ	46	ロ
37	ハ	47	ハ
38	ニ	48	ニ
39	ニ	49	ニ
40	ロ	50	ロ

※令和2年度の上期試験は中止のため，下期試験（午前・午後）のみ掲載.

※電気事業法改正（令和５年３月20日施行）以前の「問い」と「解答」です.

問題１．一般問題 (問題数 30, 配点は１問当たり２点)

【注】本問題の計算で $\sqrt{2}$，$\sqrt{3}$ 及び円周率 π を使用する場合の数値は次によること。$\sqrt{2}=1.41$，$\sqrt{3}=1.73$，$\pi=3.14$

次の各問いには４通りの答え（イ，ロ，ハ，ニ）が書いてある。それぞれの問いに対して答えを１つ選びなさい。

なお，選択肢が数値の場合は最も近い値を選びなさい。

	問い	答え			
1	図のような直流回路に流れる電流 I [A] は。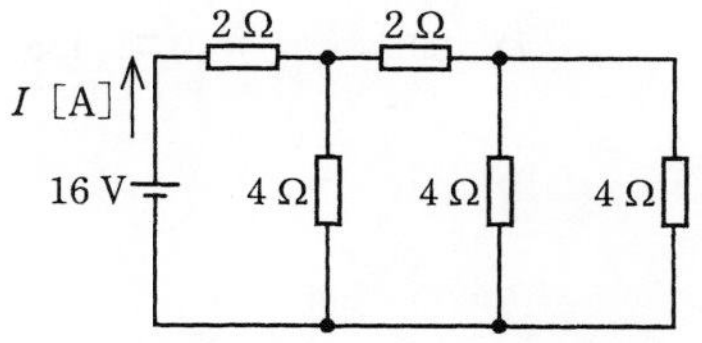	イ．1	ロ．2	ハ．4	ニ．8
2	A，B 2 本の同材質の銅線がある。A は直径 1.6 mm，長さ 20 m，B は直径 3.2 mm，長さ 40 m である。A の抵抗は B の抵抗の何倍か。	イ．2	ロ．3	ハ．4	ニ．5
3	電線の接続不良により，接続点の接触抵抗が 0.2 Ωとなった。この電線に 15 A の電流が流れると，接続点から１時間に発生する熱量 [kJ] は。 ただし，接触抵抗の値は変化しないものとする。	イ．11	ロ．45	ハ．72	ニ．162
4	図のような交流回路の力率 [%] を示す式は。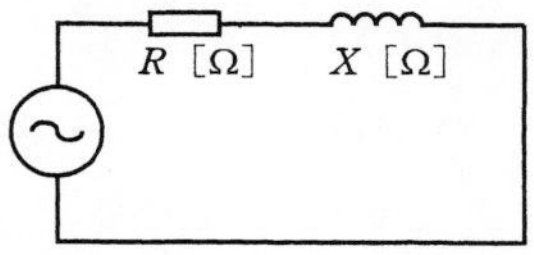	イ．$\frac{100RX}{R^2+X^2}$	ロ．$\frac{100R}{\sqrt{R^2+X^2}}$	ハ．$\frac{100X}{\sqrt{R^2+X^2}}$	ニ．$\frac{100R}{R+X}$
5	定格電圧 V [V]，定格電流 I [A]の三相誘導電動機を定格状態で時間 t [h] の間，連続運転したところ，消費電力量が W [kW・h] であった。この電動機の力率 [%] を表す式は。	イ．$\frac{W}{3VIt}\times10^5$	ロ．$\frac{\sqrt{3}VI}{Wt}\times10^5$	ハ．$\frac{3VI}{W}\times10^5$	ニ．$\frac{W}{\sqrt{3}VIt}\times10^5$
6	図のような三相3線式回路において，電線1線当たりの抵抗が r [Ω]，線電流が I [A] のとき，この電線路の電力損失 [W] を示す式は。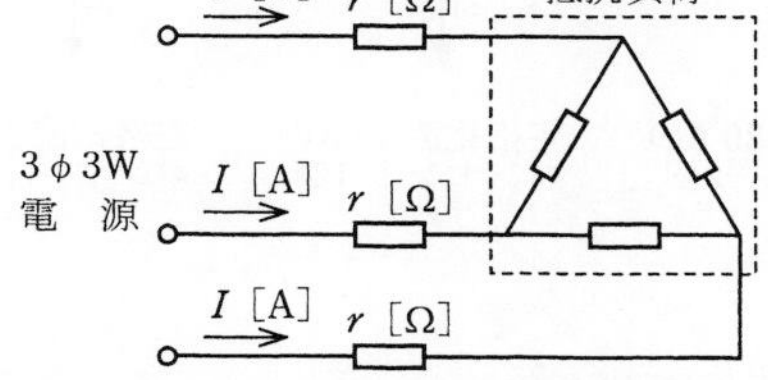	イ．$\sqrt{3}I^2r$	ロ．$3Ir$	ハ．$3I^2r$	ニ．$\sqrt{3}Ir$

	問い	答え			
7	図のような単相3線式回路において，電線1線当たりの抵抗が0.1 Ω，抵抗負荷に流れる電流がともに15 Aのとき，この電線路の電力損失［W］は。 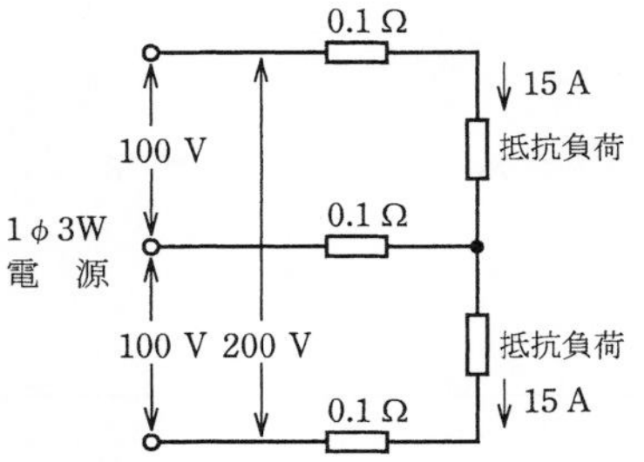	イ．45	ロ．60	ハ．90	ニ．135
8	金属管による低圧屋内配線工事で，管内に断面積 5.5 mm^2 の 600 V ビニル絶縁電線（軟銅線）4本を収めて施設した場合，電線1本当たりの許容電流［A］は。 ただし，周囲温度は30℃以下，電流減少係数は0.63とする。	イ．19	ロ．24	ハ．31	ニ．49
9	図のように，三相の電動機と電熱器が低圧屋内幹線に接続されている場合，幹線の太さを決める根拠となる電流の最小値［A］は。 ただし，需要率は100%とする。 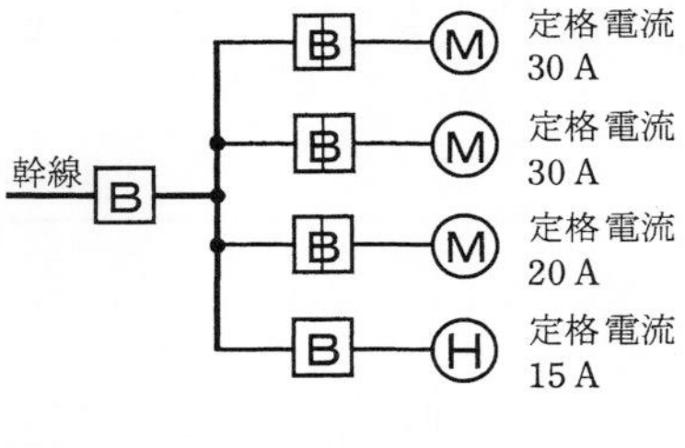	イ．95	ロ．103	ハ．115	ニ．255
10	低圧屋内配線の分岐回路の設計で，配線用遮断器，分岐回路の電線の太さ及びコンセントの組合せとして，**適切なものは**。 ただし，分岐点から配線用遮断器までは3 m，配線用遮断器からコンセントまでは 8 mとし，電線の数値は分岐回路の電線（軟銅線）の太さを示す。 また，コンセントは兼用コンセントではないものとする。	イ． 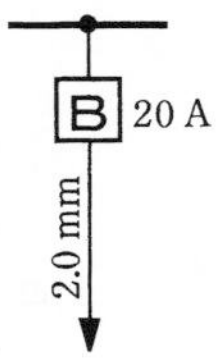 定格電流 30 Aのコンセント 1個	ロ． 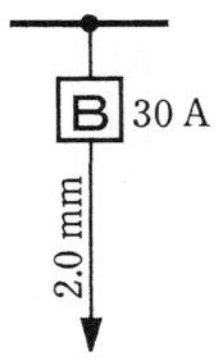 定格電流 20 Aのコンセント 2個	ハ． 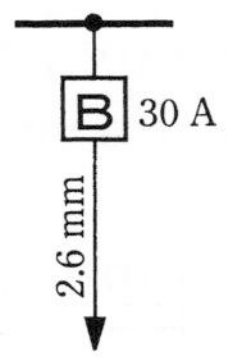 定格電流 15 Aのコンセント 1個	ニ． 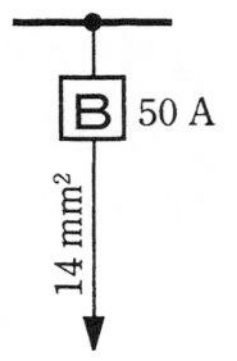 定格電流 50 Aのコンセント 1個

	問い	答え
11	低圧の地中配線を直接埋設式により施設する場合に**使用できるものは。**	イ．600V架橋ポリエチレン絶縁ビニルシースケーブル(CV) ロ．屋外用ビニル絶縁電線(OW) ハ．引込用ビニル絶縁電線(DV) ニ．600Vビニル絶縁電線(IV)
12	許容電流から判断して，公称断面積 1.25 mm^2 のゴムコード(絶縁物が天然ゴムの混合物)を使用できる最も消費電力の大きな電熱器具は。 ただし，電熱器具の定格電圧は 100 V で，周囲温度は 30℃以下とする。	イ．　600 W の電気炊飯器 ロ．1 000 W のオーブントースター ハ．1 500 W の電気湯沸器 ニ．2 000 W の電気乾燥器
13	電気工事の作業と使用する工具の組合せとして，**誤っているものは。**	イ．金属製キャビネットに穴をあける作業とノックアウトパンチャ ロ．木造天井板に電線管を通す穴をあける作業と羽根ぎり ハ．電線，メッセンジャワイヤ等のたるみを取る作業と張線器 ニ．薄鋼電線管を切断する作業とプリカナイフ
14	一般用低圧三相かご形誘導電動機に関する記述で，**誤っているものは。**	イ．負荷が増加すると回転速度はやや低下する。 ロ．全電圧始動(じか入れ)での始動電流は全負荷電流の 4～8 倍程度である。 ハ．電源の周波数が 60 Hz から 50 Hz に変わると回転速度が増加する。 ニ．3 本の結線のうちいずれか 2 本を入れ替えると逆回転する。
15	低圧電路に使用する定格電流30 Aの配線用遮断器に37.5Aの電流が継続して流れたとき，この配線用遮断器が自動的に動作しなければならない時間［分］の限度(最大の時間)は。	イ．2　　ロ．4　　ハ．60　　ニ．120
16	写真に示す材料が使用される工事は。 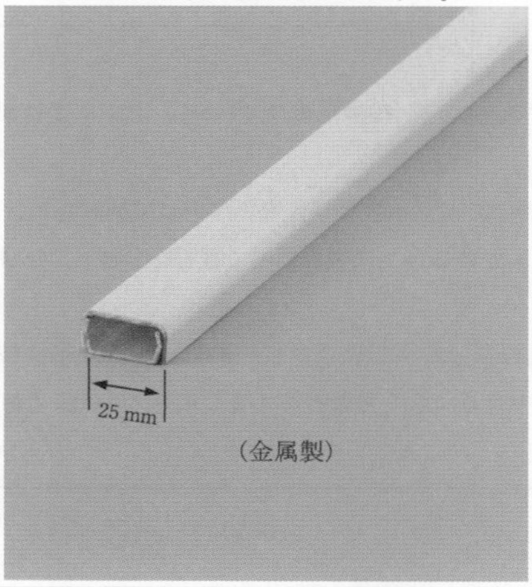 (金属製)	イ．金属ダクト工事 ロ．金属管工事 ハ．金属可とう電線管工事 ニ．金属線ぴ工事

	問　い	答　え
17	写真に示す器具の○で囲まれた部分の名称は。 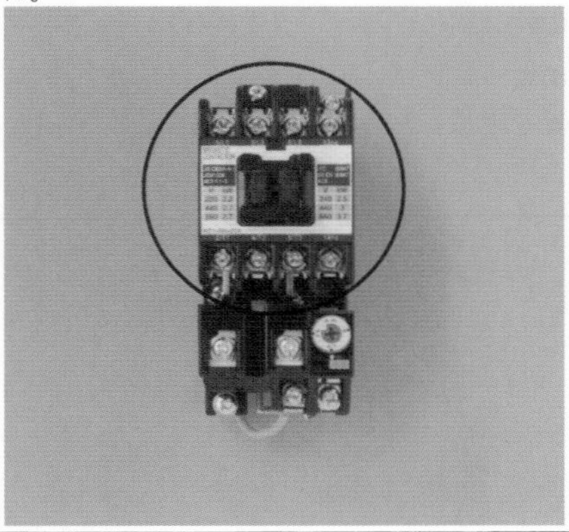	イ．熱動継電器 ロ．漏電遮断器 ハ．電磁接触器 ニ．漏電警報器
18	写真に示す工具の用途は。 	イ．金属管切り口の面取りに使用する。 ロ．鉄板の穴あけに使用する。 ハ．木柱の穴あけに使用する。 ニ．コンクリート壁の穴あけに使用する。
19	使用電圧 100 V の屋内配線で，湿気の多い場所における工事の種類として，**不適切なものは。**	イ．展開した場所で，ケーブル工事 ロ．展開した場所で，金属線ぴ工事 ハ．点検できない隠ぺい場所で，防湿装置を施した金属管工事 ニ．点検できない隠ぺい場所で，防湿装置を施した合成樹脂管工事(CD 管を除く)
20	低圧屋内配線の工事方法として，**不適切なものは。**	イ．金属可とう電線管工事で，より線(絶縁電線)を用いて，管内に接続部分を設けないで収めた。 ロ．ライティングダクト工事で，ダクトの開口部を下に向けて施設した。 ハ．金属線ぴ工事で，長さ 3 m の 2 種金属製線ぴ内で電線を分岐し，D 種接地工事を省略した。 ニ．金属ダクト工事で，電線を分岐する場合，接続部分に十分な絶縁被覆を施し，かつ，接続部分を容易に点検できるようにしてダクトに収めた。

	問　い	答　え
21	住宅の屋内に三相200Vのルームエアコンを施設した。工事方法として，**適切なものは**。 ただし，三相電源の対地電圧は200Vで，ルームエアコン及び配線は簡易接触防護措置を施すものとする。	イ．定格消費電力が1.5kWのルームエアコンに供給する電路に，専用の配線用遮断器を取り付け，合成樹脂管工事で配線し，コンセントを使用してルームエアコンと接続した。 ロ．定格消費電力が 1.5 kW のルームエアコンに供給する電路に，専用の漏電遮断器を取り付け，合成樹脂管工事で配線し，ルームエアコンと直接接続した。 ハ．定格消費電力が2.5kWのルームエアコンに供給する電路に，専用の配線用遮断器と漏電遮断器を取り付け，ケーブル工事で配線し，ルームエアコンと直接接続した。 ニ．定格消費電力が2.5kWのルームエアコンに供給する電路に，専用の配線用遮断器を取り付け，金属管工事で配線し，コンセントを使用してルームエアコンと接続した。
22	簡易接触防護措置を施した乾燥した場所に施設する低圧屋内配線工事で，D種接地工事を**省略できないものは**。	イ．三相 3 線式 200 V の合成樹脂管工事に使用する金属製ボックス ロ．三相 3 線式 200 V の金属管工事で電線を収める管の全長が 5 m の金属管 ハ．単相 100 V の電動機の鉄台 ニ．単相 100 V の金属管工事で電線を収める管の全長が 5 m の金属管
23	硬質塩化ビニル電線管による合成樹脂管工事として，**不適切なものは**。	イ．管の支持点間の距離は 2 m とした。 ロ．管相互及び管とボックスとの接続で，専用の接着剤を使用し，管の差込み深さを管の外径の 0.9 倍とした。 ハ．湿気の多い場所に施設した管とボックスとの接続箇所に，防湿装置を施した。 ニ．三相 200 V 配線で，簡易接触防護措置を施した場所に施設した管と接続する金属製プルボックスに，D 種接地工事を施した。
24	絶縁被覆の色が赤色，白色，黒色の 3 種類の電線を使用した単相 3 線式 100/200 V 屋内配線で，電線相互間及び電線と大地間の電圧を測定した。その結果として，電圧の組合せで，**適切なものは**。 ただし，中性線は白色とする。	イ．赤色線と大地間　200 V 白色線と大地間　100 V 黒色線と大地間　0 V ロ．赤色線と黒色線間　100 V 赤色線と大地間　0 V 黒色線と大地間　200 V ハ．赤色線と白色線間　200 V 赤色線と大地間　0 V 黒色線と大地間　100 V ニ．赤色線と黒色線間　200 V 白色線と大地間　0 V 黒色線と大地間　100 V
25	低圧屋内配線の電路と大地間の絶縁抵抗を測定した。「電気設備に関する技術基準を定める省令」に**適合していないものは**。	イ．単相 3 線式 100/200 V の使用電圧 200 V 空調回路の絶縁抵抗を測定したところ 0.16 MΩであった。 ロ．三相 3 線式の使用電圧 200 V(対地電圧 200 V)電動機回路の絶縁抵抗を測定したところ 0.18 MΩであった。 ハ．単相 2 線式の使用電圧 100 V 屋外庭園灯回路の絶縁抵抗を測定したところ 0.12 MΩであった。 ニ．単相 2 線式の使用電圧 100 V 屋内配線の絶縁抵抗を，分電盤で各回路を一括して測定したところ，1.5 MΩであったので個別分岐回路の測定を省略した。

	問　い	答　え
26	工場の三相 200 V 三相誘導電動機の鉄台に施設した接地工事の接地抵抗値を測定し，接地線(軟銅線)の太さを検査した。「電気設備の技術基準の解釈」に適合する接地抵抗値［Ω］と接地線の太さ(直径[mm])の組合せで，**適切なものは。** ただし，電路に施設された漏電遮断器の動作時間は，0.1 秒とする。	イ．100 Ω 1.0 mm ロ．200 Ω 1.2 mm ハ．300 Ω 1.6 mm ニ．600 Ω 2.0 mm
27	直動式指示電気計器の目盛板に図のような記号がある。記号の意味及び測定できる回路で，**正しいものは。** 	イ．永久磁石可動コイル形で目盛板を水平に置いて，直流回路で使用する。 ロ．永久磁石可動コイル形で目盛板を水平に置いて，交流回路で使用する。 ハ．可動鉄片形で目盛板を鉛直に立てて，直流回路で使用する。 ニ．可動鉄片形で目盛板を水平に置いて，交流回路で使用する。
28	「電気工事士法」の主な目的は。	イ．電気工事に従事する主任電気工事士の資格を定める。 ロ．電気工作物の保安調査の義務を明らかにする。 ハ．電気工事士の身分を明らかにする。 ニ．電気工事の欠陥による災害発生の防止に寄与する。
29	低圧の屋内電路に使用する次のもののうち，特定電気用品の組合せとして，**正しいものは。** A:定格電圧 100V，定格電流 20A の漏電遮断器 B:定格電圧 100 V，定格消費電力 25 W の換気扇 C:定格電圧 600 V，導体の太さ(直径)2.0 mm の3心ビニル絶縁ビニルシースケーブル D:内径 16 mm の合成樹脂製可とう電線管(PF 管)	イ．A 及び B ロ．A 及び C ハ．B 及び D ニ．C 及び D
30	一般用電気工作物に関する記述として，**正しいものは。** ただし，発電設備は電圧 600 V 以下とする。	イ．低圧で受電するものは，出力 55 kW の太陽電池発電設備を同一構内に施設しても，一般用電気工作物となる。 ロ．低圧で受電するものは，小出力発電設備を同一構内に施設しても，一般用電気工作物となる。 ハ．高圧で受電するものであっても，需要場所の業種によっては，一般用電気工作物になる場合がある。 ニ．高圧で受電するものは，受電電力の容量，需要場所の業種にかかわらず，すべて一般用電気工作物となる。

問題2．配線図（問題数 20，配点は１問当たり 2 点）　※図は 270 頁参照

図は，木造２階建住宅及び車庫の配線図である。この図に関する次の各問いには４通りの答え（イ，ロ，ハ，ニ）が書いてある。それぞれの問いに対して，答えを１つ選びなさい。

【注意】 1．屋内配線の工事は，特記のある場合を除き 600V ビニル絶縁ビニルシースケーブル平形（VVF）を用いたケーブル工事である。
2．屋内配線等の電線の本数，電線の太さ，その他，問いに直接関係のない部分等は省略又は簡略化してある。
3．漏電遮断器は，定格感度電流 30 mA，動作時間 0.1 秒以内のものを使用している。
4．選択肢（答え）の写真にあるコンセント及び点滅器は，「JIS C 0303：2000 構内電気設備の配線用図記号」で示す「一般形」である。
5．分電盤の外箱は合成樹脂製である。
6．ジョイントボックスを経由する電線は，すべて接続箇所を設けている。
7．3 路スイッチの記号「0」の端子には，電源側又は負荷側の電線を結線する。

	問　い	答　え
31	①で示す図記号の器具の種類は。	イ．シーリング（天井直付）　ロ．ペンダント ハ．埋込器具　ニ．引掛シーリング（丸）
32	②で示す部分の最少電線本数（心線数）は。	イ．2　ロ．3　ハ．4　ニ．5
33	③で示す部分の小勢力回路で使用できる電線（軟銅線）の導体の最小直径［mm］は。	イ．0.5　ロ．0.8　ハ．1.2　ニ．1.6
34	④で示す部分はルームエアコンの屋外ユニットである。その図記号の傍記表示は。	イ．O　ロ．B　ハ．I　ニ．R
35	⑤で示す部分の電路と大地間の絶縁抵抗として，許容される最小値［MΩ］は。	イ．0.1　ロ．0.2　ハ．0.4　ニ．1.0
36	⑥で示す部分の接地工事の種類及びその接地抵抗の許容される最大値［Ω］の組合せとして，**正しいものは。**	イ．C 種接地工事　10 Ω ロ．C 種接地工事　50 Ω ハ．D 種接地工事　100 Ω ニ．D 種接地工事　500 Ω
37	⑦で示す部分に使用できるものは。	イ．ゴム絶縁丸打コード ロ．引込用ビニル絶縁電線 ハ．架橋ポリエチレン絶縁ビニルシースケーブル ニ．屋外用ビニル絶縁電線
38	⑧で示す引込口開閉器が省略できる場合の，住宅と車庫との間の電路の長さの最大値［m］は。	イ．8　ロ．10　ハ．15　ニ．20
39	⑨で示す部分の配線工事で用いる管の種類は。	イ．耐衝撃性硬質塩化ビニル電線管 ロ．波付硬質合成樹脂管 ハ．硬質塩化ビニル電線管 ニ．合成樹脂製可とう電線管
40	⑩で示す部分の工事方法として，**正しいものは。**	イ．金属線ぴ工事 ロ．ケーブル工事（VVR） ハ．金属ダクト工事 ニ．金属管工事

問い		答え			
41	⑪で示す部分の配線工事に必要なケーブルは。 ただし，心線数は最少とする。	イ. 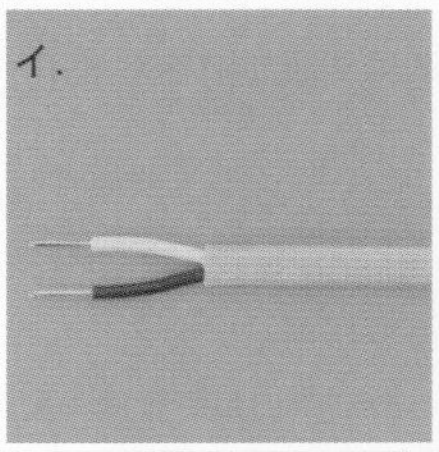	ロ. 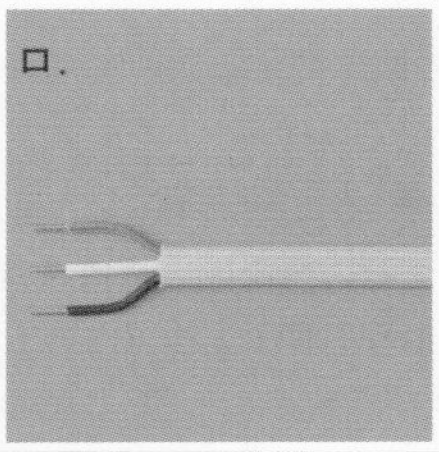	ハ. 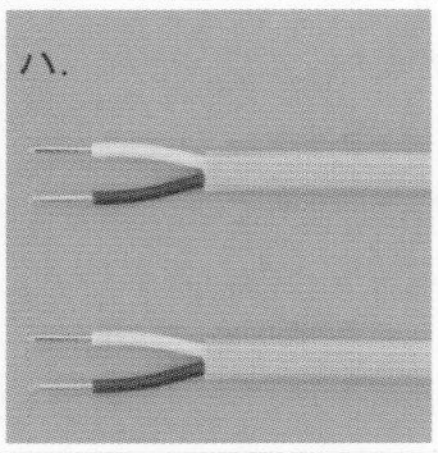	ニ. 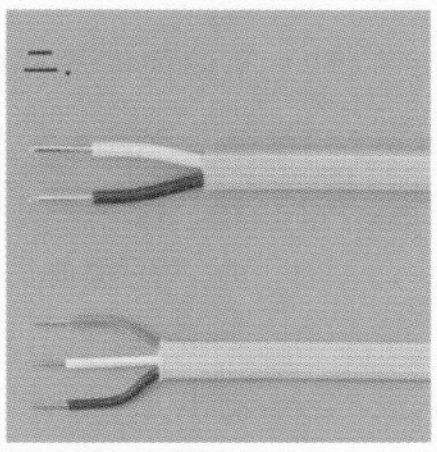
42	⑫で示すボックス内の接続をリングスリーブで圧着接続した場合のリングスリーブの種類，個数及び圧着接続後の刻印との組合せで，**正しいものは。** ただし，使用する電線は特記のないものは VVF1.6 とする。 また，写真に示す**リングスリーブ中央の○，小，中**は刻印を表す。	イ. 	ロ. 	ハ. 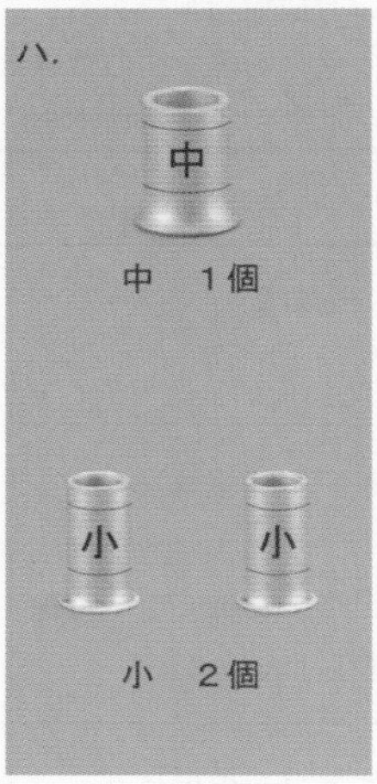	ニ. 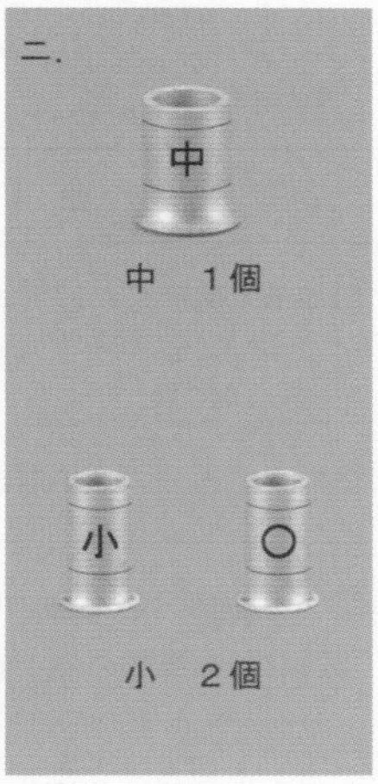
43	⑬で示すボックス内の接続をすべて差込形コネクタとする場合，使用する差込形コネクタの種類と最少個数の組合せで，**正しいものは。** ただし，使用する電線はVVF1.6 とする。	イ. 	ロ. 	ハ. 	ニ. 
44	⑭で示す図記号の器具は。 ただし，写真下の図は，接点の構成を示す。	イ. 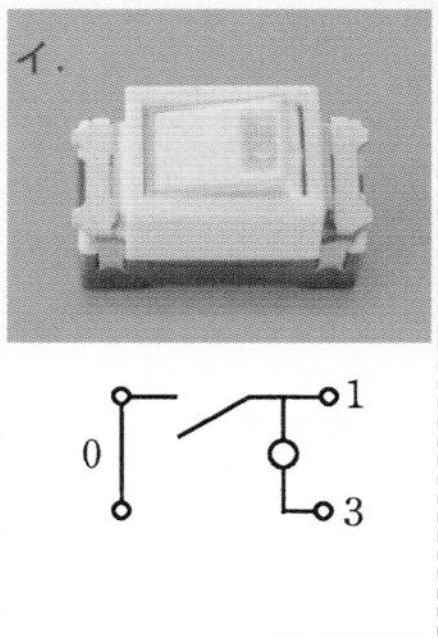	ロ. 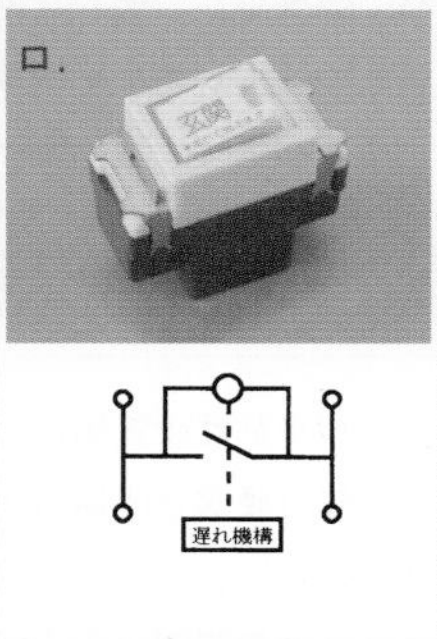	ハ. 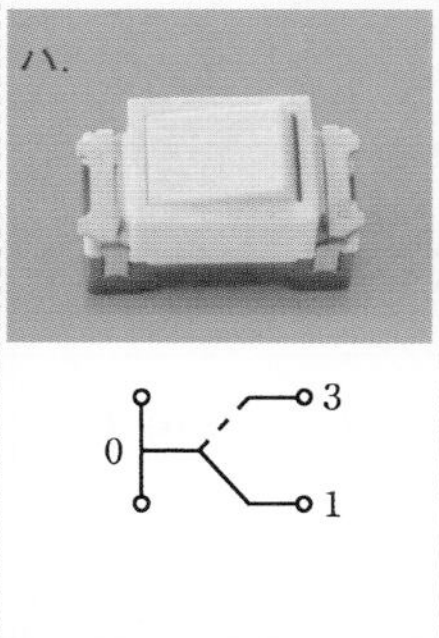	ニ. 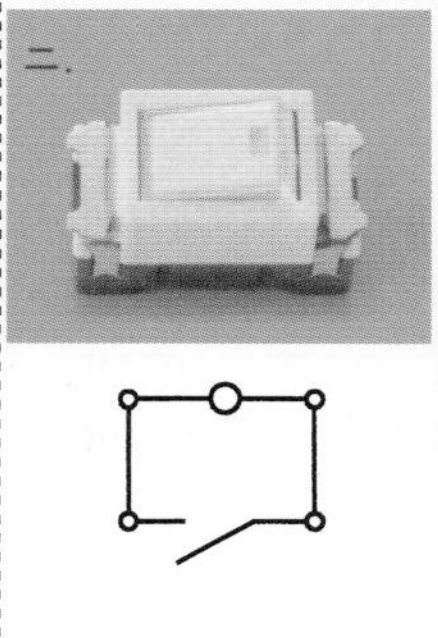
45	⑮で示す図記号の器具は。	イ. 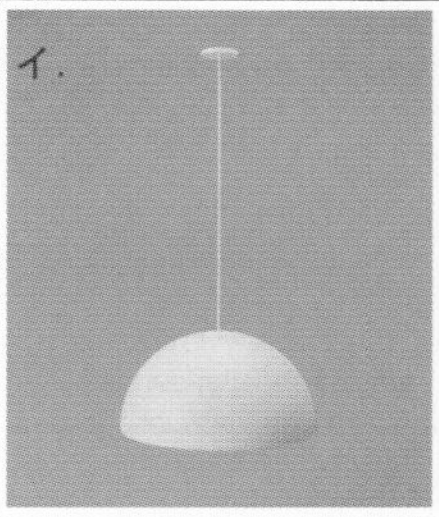	ロ. 	ハ. 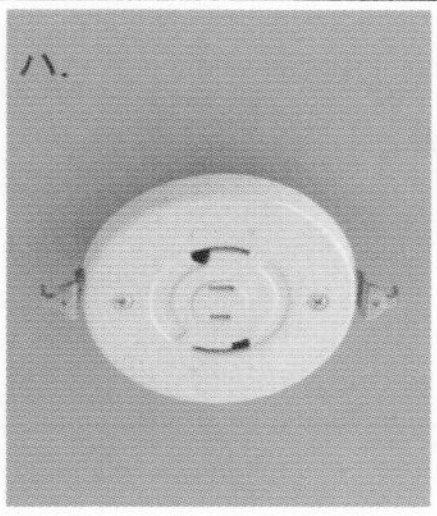	ニ. 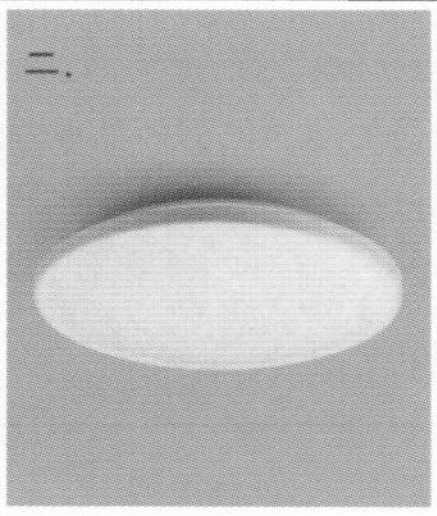

問い		答え			
46	⑯で示す部分に取り付ける機器は。	イ.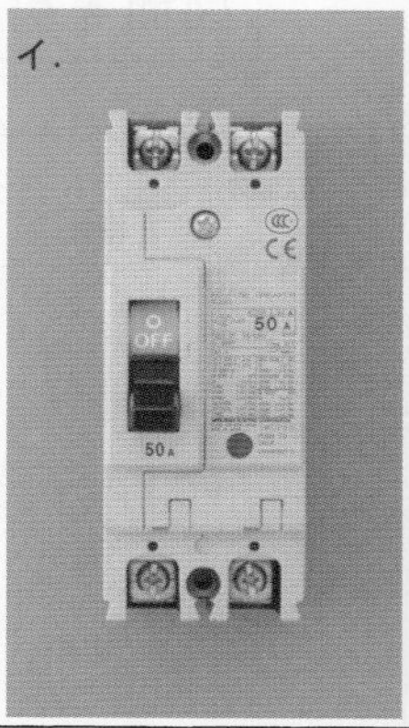	ロ.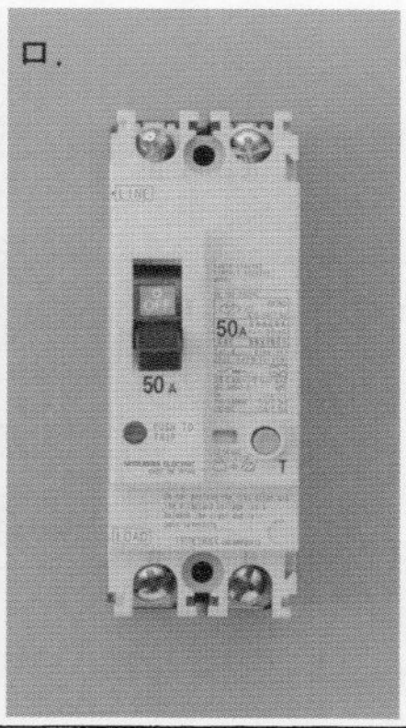	ハ.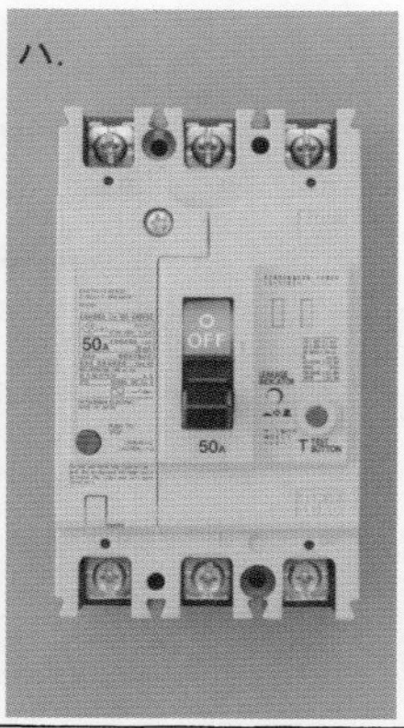	ニ.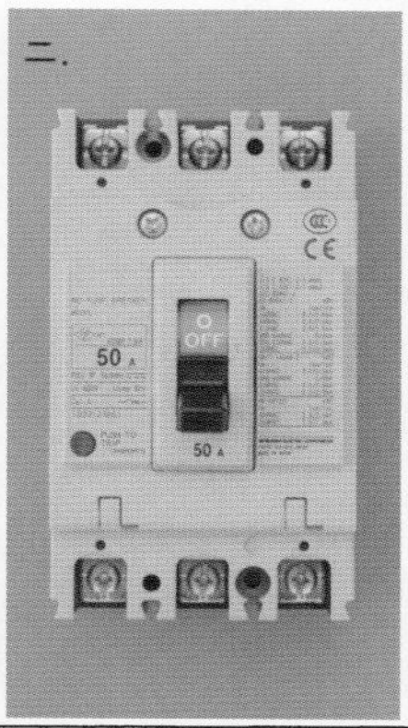
47	⑰で示す部分の配線工事で，一般的に**使用されることのない工具は。**	イ.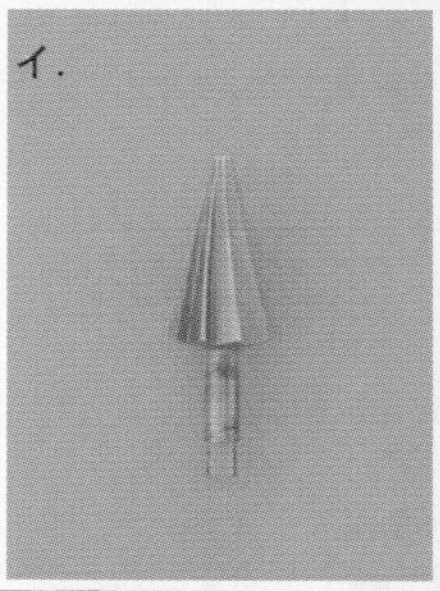	ロ.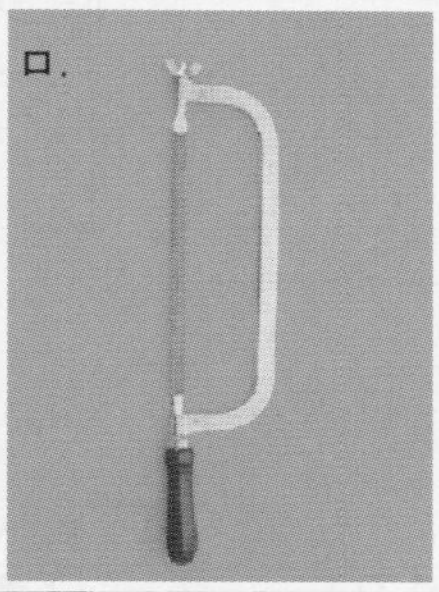	ハ.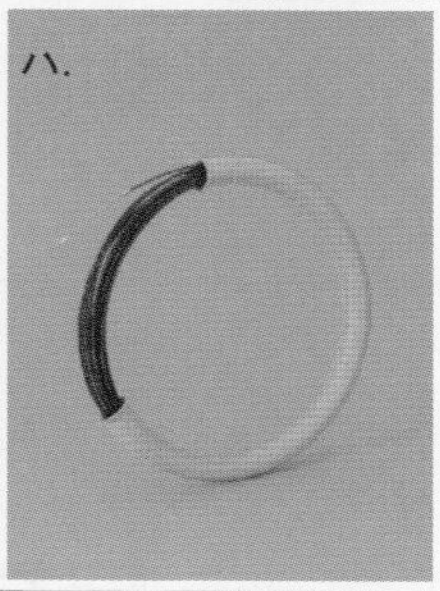	ニ.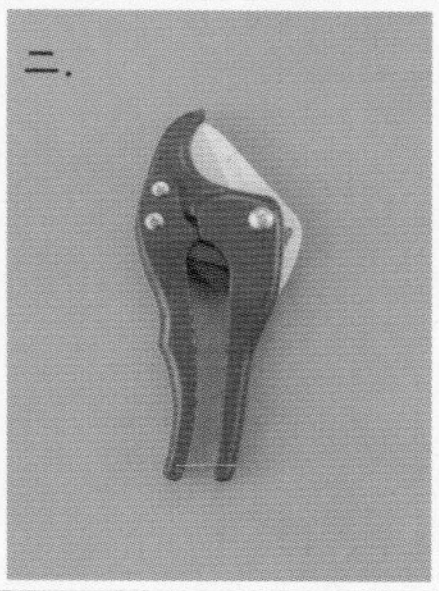
48	⑱で示すボックス内の接続をすべて圧着接続とする場合，使用するリングスリーブの種類と最少個数の組合せで，**正しいものは。** ただし，使用する電線は特記のないものは VVF1.6 とする。	イ.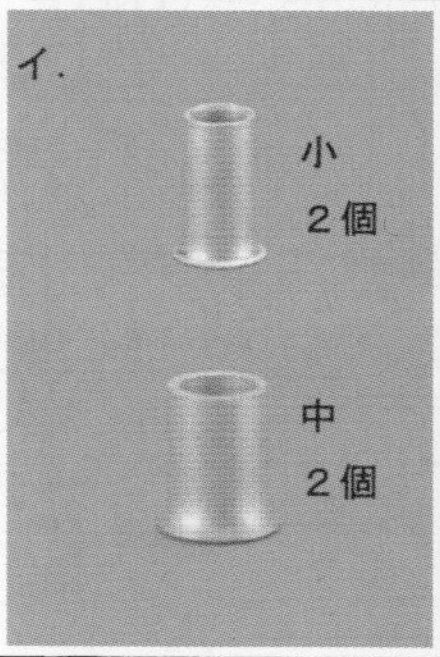	ロ.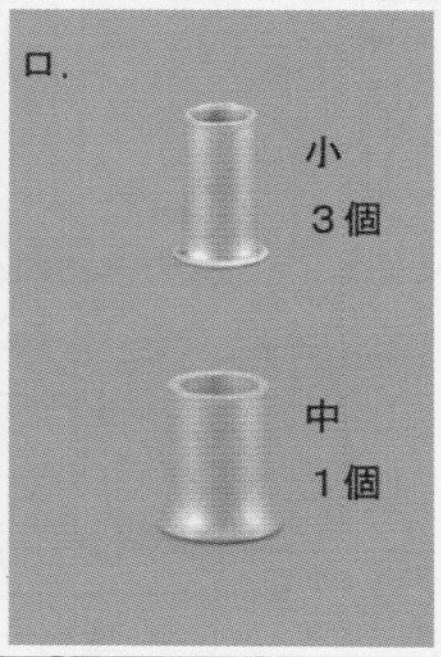	ハ.	ニ.
49	この配線図の図記号で，**使用されていない**コンセントは。	イ.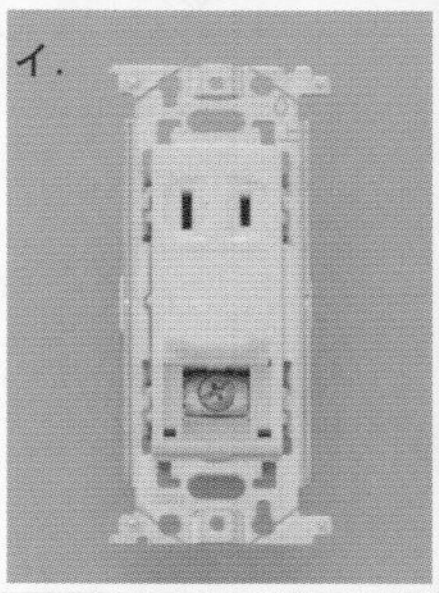	ロ.	ハ.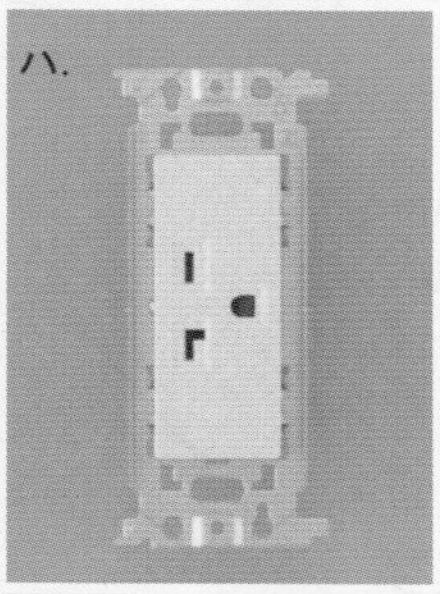	ニ.
50	この配線図の施工に関して，使用するものの組合せで，**誤っているものは。**	イ.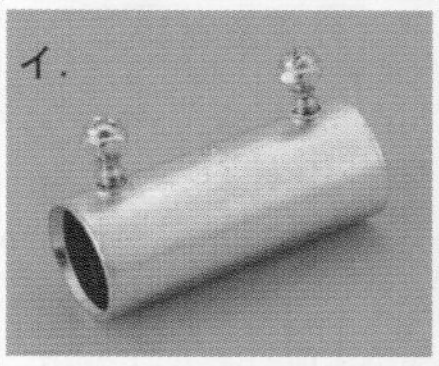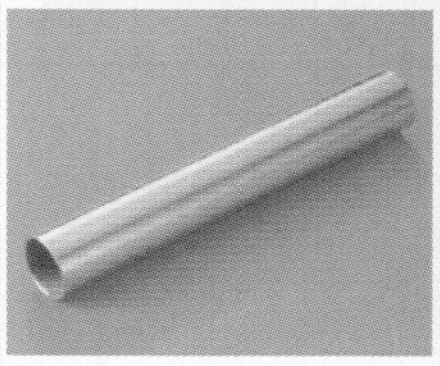	ロ.	ハ.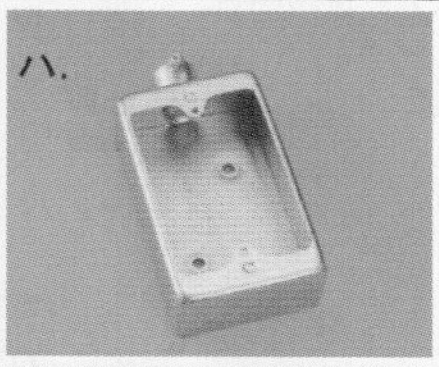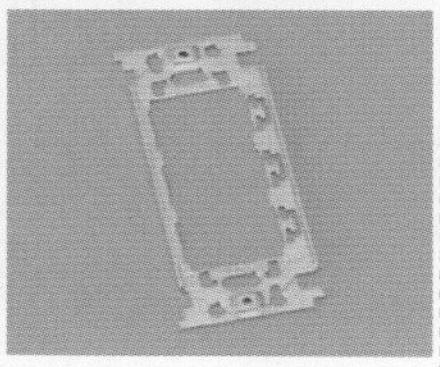	ニ.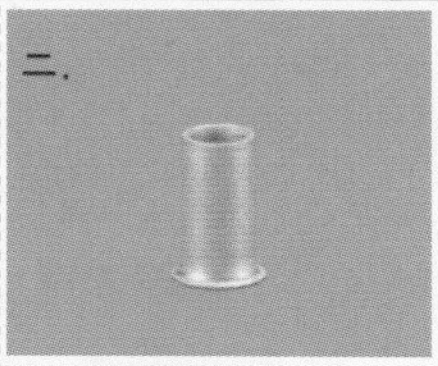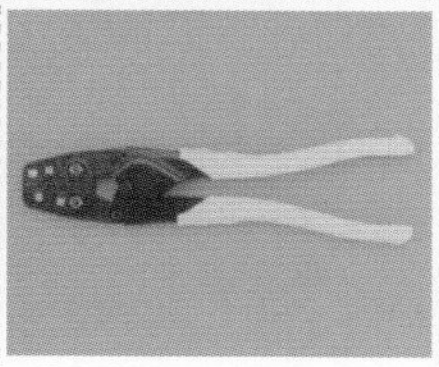

図面を引き抜いてご覧ください

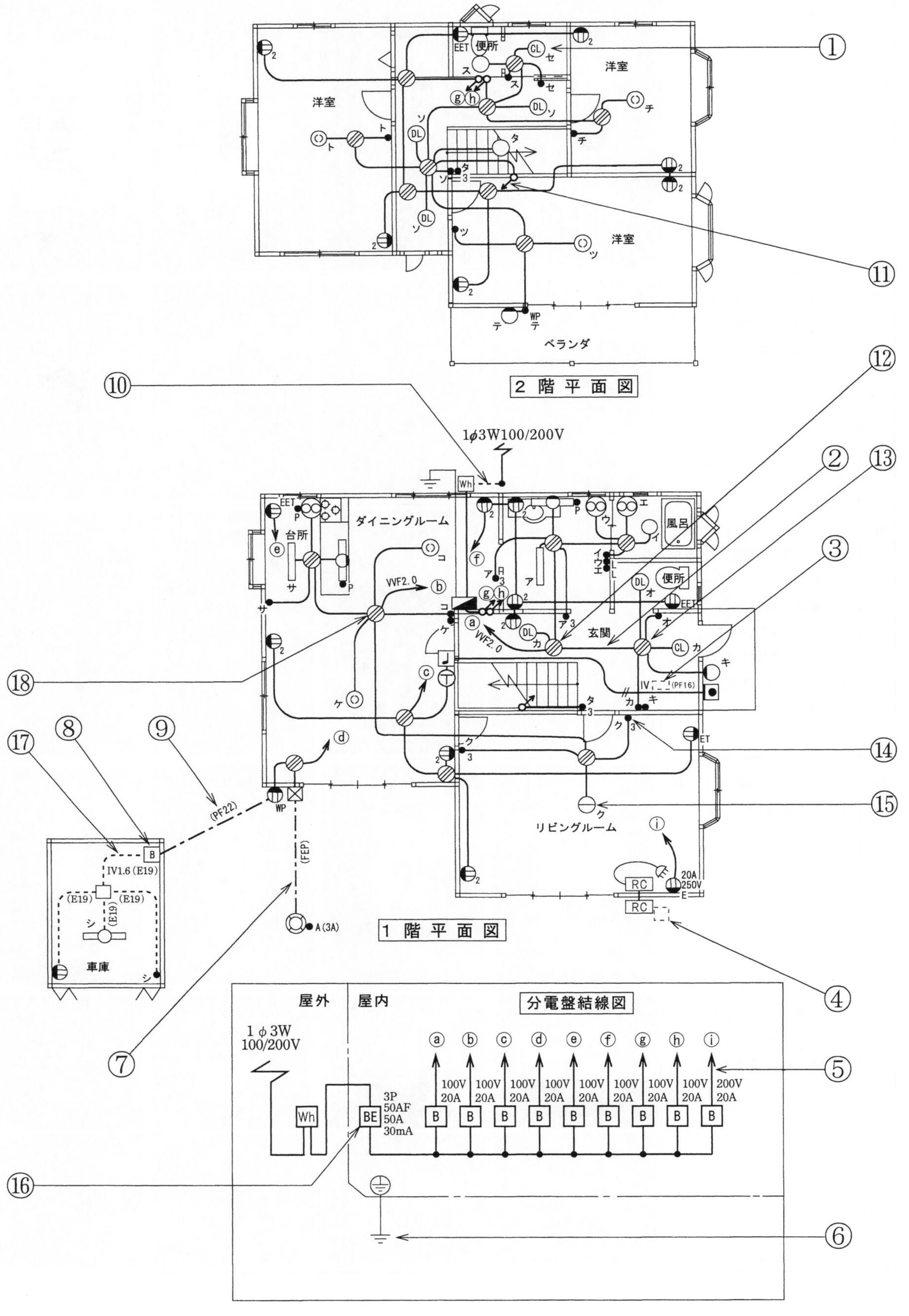

解答と解説

問題1．一般問題の解答

1　ハ．4

回路全体の合成抵抗 R〔Ω〕は，**第1図**のようにして求める．

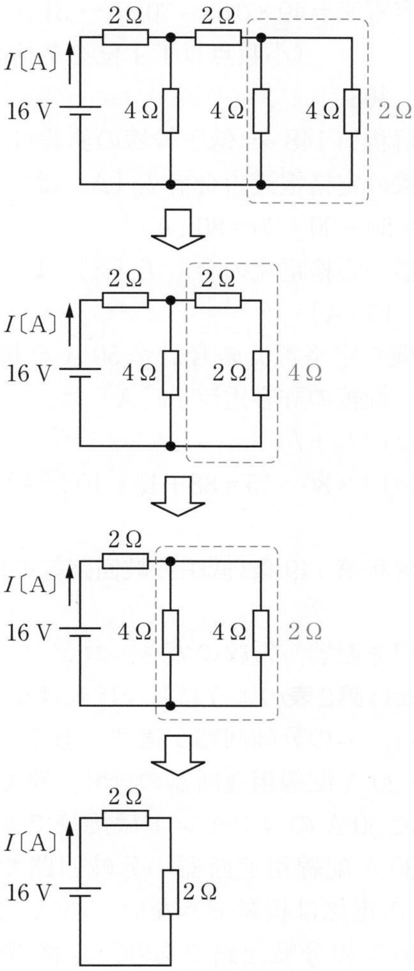

第1図

合成抵抗 R〔Ω〕は，

$$R=2+2=4〔\Omega〕$$

回路に流れる電流 I〔A〕は，

$$I=\frac{16}{4}=4〔\mathrm{A}〕$$

2　イ．2

第2図において，銅線Aの断面積 A_A〔$\mathrm{mm^2}$〕と，銅線Bの断面積 A_B〔$\mathrm{mm^2}$〕は，直径を D〔mm〕とすると，

$$A_A=\frac{\pi D^2}{4}=\frac{3.14\times1.6^2}{4}\fallingdotseq2〔\mathrm{mm^2}〕$$

$$A_B=\frac{\pi D^2}{4}=\frac{3.14\times3.2^2}{4}\fallingdotseq8〔\mathrm{mm^2}〕$$

銅線の抵抗率を ρ〔$\Omega\cdot\mathrm{mm^2/m}$〕とすると，銅線Aの抵抗 R_A〔Ω〕は，

$$R_A=\rho\frac{l_A}{A_A}=\rho\times\frac{20}{2}=10\rho〔\Omega〕$$

銅線Bの抵抗 R_B〔Ω〕は，

$$R_B=\rho\frac{l_B}{A_B}=\rho\times\frac{40}{8}=5\rho〔\Omega〕$$

したがって，

$$\frac{R_A}{R_B}=\frac{10\rho}{5\rho}=2$$

銅線Aの抵抗は，銅線Bの抵抗の2倍である．

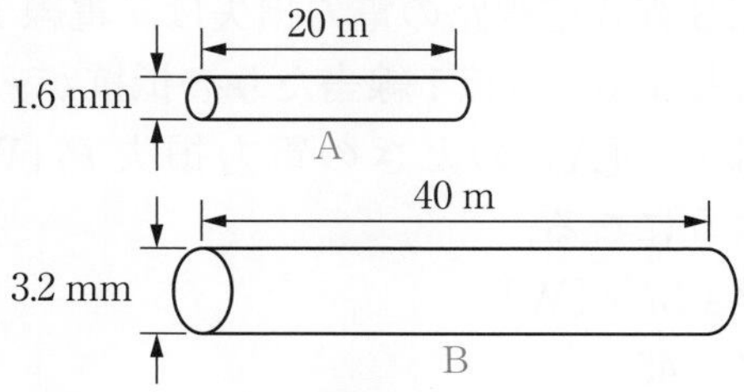

第2図

3　ニ．162

第3図において，接続点の接触抵抗による電力 P〔kW〕は，

$$P=I^2R=15^2\times0.2=225\times0.2$$
$$=45〔\mathrm{W}〕=0.045〔\mathrm{kW}〕$$

1時間に発生する熱量 Q〔kJ〕は，

$$Q=3\,600Pt=3\,600\times0.045\times1=162〔\mathrm{kJ}〕$$

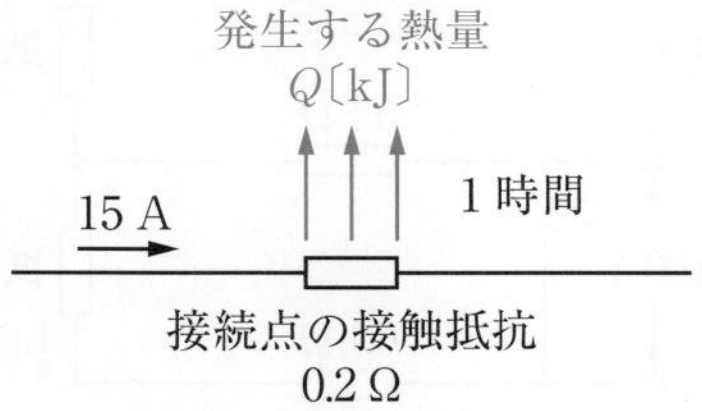

第3図

4　ロ．$\dfrac{100R}{\sqrt{R^2+X^2}}$

抵抗 R〔Ω〕と誘導性リアクタンス X〔Ω〕が直列に接続された回路の力率 $\cos\theta$〔%〕は，次のようになる．

$$\cos\theta=\frac{R}{Z}\times100〔\%〕$$

$$\cos\theta = \frac{R}{\sqrt{R^2+X^2}}\times 100 = \frac{100R}{\sqrt{R^2+X^2}}〔\%〕$$

5　ニ．$\dfrac{W}{\sqrt{3}VIt}\times 10^5$

定格電圧 V〔V〕，定格電流 I〔A〕，力率 $\cos\theta$〔%〕の三相誘導電動機を，定格状態で時間 t〔h〕の間，連続運転した場合の消費電力量 W〔kW･h〕は，

$$W=\sqrt{3}VI\times\frac{\cos\theta}{100}\times 10^{-3}t〔\mathrm{kW\cdot h}〕$$

これから，力率 $\cos\theta$〔%〕を求めると，

$$\cos\theta=\frac{W\times 100}{\sqrt{3}VIt\times 10^{-3}}=\frac{W}{\sqrt{3}VIt}\times 10^{2+3}$$

$$=\frac{W}{\sqrt{3}VIt}\times 10^5〔\%〕$$

6　ハ．$3I^2r$

三相３線式電線路の電力損失は，電線１本分の３倍となる．電線１線当たりの抵抗が r〔Ω〕，線電流が I〔A〕のときの電力損失 P_l〔W〕は次のようになる．

$$P_l=3I^2r〔\mathrm{W}〕$$

7　イ．45

負荷が平衡しているので，中性線には電流が流れない（**第４図**）．電線路の電力損失は，中性線を除いた２本の電線によって生ずる．

電線路の電力損失 P_l〔W〕は，

$$P_l=2I^2r〔\mathrm{W}〕$$
$$=2\times 15^2\times 0.1=45〔\mathrm{W}〕$$

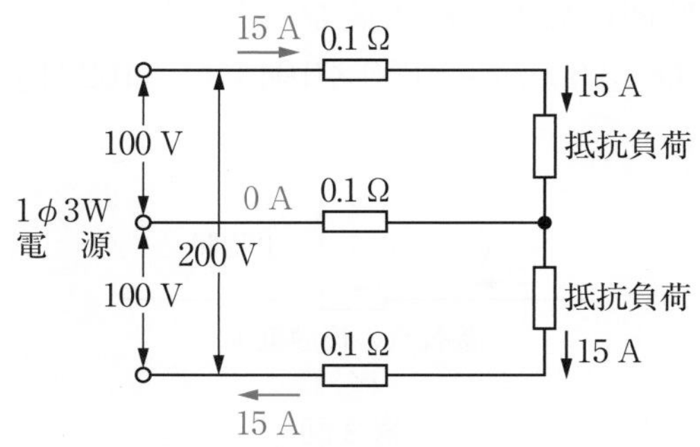

第４図

8　ハ．31

電技解釈第 146 条（低圧配線に使用する電線）による．

周囲温度 30℃以下で，600 V ビニル絶縁電線（IV）の許容電流は，**第１表**のとおりである．

断面積 5.5 mm² の 600 V ビニル絶縁電線（軟銅線）の許容電流は，49 A（周囲温度 30℃以下）である．電線４本を金属管に収めた場合の電流減少係数が 0.63 であるから，電線１本当たりの許容電流〔A〕は，

第１表　600 V ビニル絶縁電線の許容電流

電線の太さ	許容電流	電線の太さ	許容電流
1.6 mm	27 A	3.5 mm²	37 A
2.0 mm	35 A	5.5 mm²	49 A

許容電流＝49×0.63＝30.87 → 31 A
（小数点以下１位を７捨８入）

9　ロ．103

電技解釈第 148 条（低圧幹線の施設）による．

電動機の定格電流の合計 I_M〔A〕は，

$$I_M=30+30+20=80〔\mathrm{A}〕$$

電熱器の定格電流の合計 I_H〔A〕は，

$$I_H=15〔\mathrm{A}〕$$

電動機の定格電流の合計が 50 A を超えているので，幹線の許容電流 I_W〔A〕は，

$$I_W\geqq 1.1I_M+I_H$$
$$\geqq 1.1\times 80+15=88+15=103〔\mathrm{A}〕$$

10　ニ．

電技解釈第 149 条（低圧分岐回路等の施設）による．

配線用遮断器，電線の太さ，コンセントの組み合わせは**第２表**のようにしなければならない．

表から，ニの分岐回路が適切である．

イは，20 A 配線用遮断器の分岐回路であり，定格電流 30 A のコンセントは接続できない．ロは，30 A 配線用遮断器の分岐回路であり，2.0 mm の電線は接続できない．ハは，30 A 配線用遮断器の分岐回路であり，定格電流 15 A のコンセントは接続できない．

第２表　分岐回路

配線用遮断器の定格電流	電線の太さ（軟銅線）	コンセントの定格電流
20 A	1.6 mm 以上	20 A 以下
30 A	2.6 mm（5.5 mm²）以上	20 A 以上 30 A 以下
40 A	8 mm² 以上	30 A 以上 40 A 以下
50 A	14 mm² 以上	40 A 以上 50 A 以下

11　イ．600 V 架橋ポリエチレン絶縁ビニルシースケーブル（CV）

電技解釈第 120 条(地中電線路の施設)及び内線規程 3165-1(施設方法)により，地中配線に使用できる電線は，ケーブルに限る．

12　ロ．1 000 W のオーブントースター

内線規程 1340-2(コードなどの許容電流)により，公称断面積 1.25 mm^2 のゴムコード(絶縁物が天然ゴム混合物)の許容電流(周囲温度 30℃以下)は 12 A である．

1 000 W のオーブントースターに流れる電流は 1 000/100＝10〔A〕であり，これに使用できる．

13　ニ．薄鋼電線管を切断する作業とプリカナイフ

プリカナイフ(**第 5 図**)は，2 種金属製可とう電線管(プリカチューブ)を切断する作業に使用する．

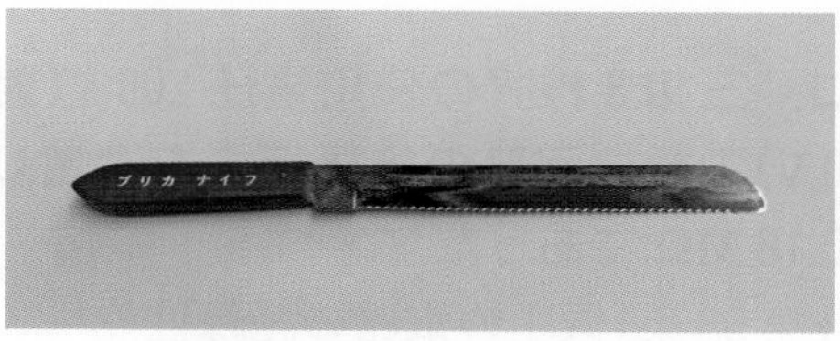

第 5 図　プリカナイフ

14　ハ．電源の周波数が 60 Hz から 50 Hz に変わると回転速度が増加する．

三相かご形誘導電動機の同期速度 N_s〔min^{-1}〕は，極数を p，電源の周波数を f〔Hz〕とすると，次式のようになる．

$$N_s=\frac{120f}{p}\ \text{〔min}^{-1}\text{〕}$$

この式から，三相かご形誘導電動機の同期速度は，電源の周波数に比例する．

無負荷の場合は同期速度に近い値で回転し，負荷が増加するに従って回転速度は減少する．

したがって，電源の周波数が 60 Hz から 50 Hz に変わると，回転速度が減少する．

15　ハ．60

電技解釈第 33 条(低圧電路に施設する過電流遮断器の性能等)による．

定格電流 30 A の配線用遮断器には，定格電流の 37.5/30＝1.25 倍の電流が流れる．

定格電流が 50 A 以下の配線用遮断器に，定格電流の 1.25 倍の電流を通じた場合は，60 分以内に自動的に動作しなければならない．

16　ニ．金属線ぴ工事

写真の材料は，幅が 4 cm 未満なので 1 種金属製線ぴで，金属線ぴ工事に使用される．幅が 4 cm 以上 5 cm 以下のものは 2 種金属製線ぴ，幅が 5 cm を超えるものは金属ダクトになる．

17　ハ．電磁接触器

写真全体では電磁開閉器であるが，○で囲まれた部分は電磁接触器である．

18　ロ．鉄板の穴あけに使用する．

ホルソで，電気ドリルに取り付けて，鉄板や金属製のボックスに電線管を接続する穴をあける工具である．

19　ロ．展開した場所で，金属線ぴ工事

電技解釈第 156 条(低圧屋内配線の施設場所による工事の種類)による．

金属線ぴ工事は，湿気の多い場所には施工できない．

20　ハ．金属線ぴ工事で，長さ 3 m の 2 種金属製線ぴ内で電線を分岐し，D 種接地工事を省略した．

電技解釈第 161 条(金属線ぴ工事)による．

金属線ぴ内では，電線に接続点を設けてはならないが，次の場合は除かれる．

- 電線を分岐する場合であること．
- 線ぴは，電気用品安全法の適用を受ける 2 種金属製線ぴ(**第 6 図**)であること．
- 接続点を容易に点検できるように施設すること．
- 線ぴには，D 種接地工事を施すこと．

したがって，2 種金属製線ぴ内で電線を接続した場合は，D 種接地工事を省略できない．

第 6 図　2 種金属製線ぴ

21　ハ．定格消費電力が 2.5 kW のルームエアコンに供給する電路に，専用の配線用遮断器と漏電遮断器を取り付け，ケーブル工事で配線し，ルームエアコンと直接接続した．

電技解釈第 143 条(電路の対地電圧の制限)に

よる．

住宅の屋内電路は，対地電圧を 150 V 以下としなければならない．定格消費電力が 2 kW 以上の電気機械器具及びこれに電気を供給する屋内配線を，次のように施設する場合は，対地電圧を 300 V 以下にできる．

- 屋内配線には，簡易接触防護措置を施す．
- 電気機械器具には，簡易接触防護措置を施す（絶縁性のある材料で堅ろうに作られたものである場合を除く）．
- 電気機械器具は，屋内配線と直接接続して施設する．
- 専用の開閉器及び過電流遮断器を施設する（過電流遮断器が開閉機能を有する場合は，過電流遮断器のみとすることができる）．
- 電気機械器具に電気を供給する電路には，漏電遮断器を施設する．

22 ロ．三相３線式 200 V の金属管工事で電線を収める管の全長が 5 m の金属管

電技解釈第 29 条（機械器具の金属製外箱等の接地）・第 158 条（合成樹脂管工事）・第 159 条（金属管工事）による．

三相３線式 200 V は対地電圧が 150 V を超えるので，管の長さが 4 m を超える場合は，乾燥した場所に施設しても D 種接地工事を省略できない．

使用電圧が 300 V 以下の金属管の接地工事については，次のように規定されている．

- D 種接地工事を施す．
  （省略できる場合）
  イ．管の長さが 4 m 以下のものを乾燥した場所に施設する場合．
  ロ．対地電圧が 150 V 以下の場合において，管の長さが 8 m 以下のものに簡易接触防護措置を施すとき又は乾燥した場所に施設するとき．

三相３線式 200 V の合成樹脂管工事に使用する金属製ボックスは，乾燥した場所に施設する場合は D 種接地工事を省略できる．

単相 100 V の電動機は，対地電圧が 150 V 以下であるので，乾燥した場所に施設する場合は D 種接地工事を省略できる．

23 イ．管の支持点間の距離は 2 m とした．

電技解釈第 158 条（合成樹脂管工事）による．

管の支持点間の距離は，1.5 m 以下としなければならない．

24 ニ．赤色線と黒色線間　200 V
白色線と大地間　0 V
黒色線と大地間　100 V

単相３線式 100/200 V 配線は，**第７図**のようになっている．

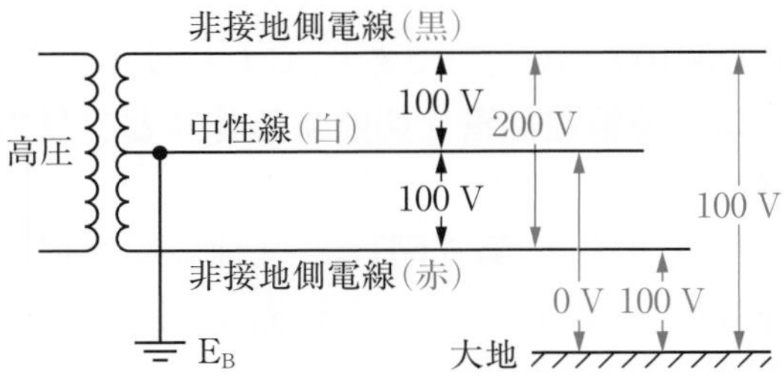

第７図

25 ロ．三相３線式の使用電圧 200 V（対地電圧 200 V）電動機回路の絶縁抵抗を測定したところ 0.18 MΩ であった．

電技第 58 条（低圧の電路の絶縁性能）による．

三相３線式の使用電圧 200 V（対地電圧 200 V）電動機回路の絶縁抵抗値は，0.2 MΩ 以上でなければならない．

低圧電路の絶縁抵抗は，開閉器又は過電流遮断器で区切ることのできる電路ごとに，**第３表**の値以上でなければならない．

第３表　低圧の電路の絶縁性能

電路の使用電圧の区分		絶縁抵抗値
300 V 以下	対地電圧が 150 V 以下の場合	0.1 MΩ
	その他の場合	0.2 MΩ
300 V を超えるもの		0.4 MΩ

26 ハ．300 Ω　1.6 mm

電技解釈第 17 条（接地工事の種類及び施設方法）・第 29 条（機械器具の金属製外箱等の接地）による．

使用電圧が 300 V 以下であるので，接地工事の種類は D 種接地工事である．接地線（軟銅線）の太さは直径 1.6 mm 以上である．接地抵抗値は，0.5 秒以内に動作する漏電遮断器が施設されているので 500 Ω 以下にできる．

27 イ．永久磁石可動コイル形で目盛板を水平

に置いて，直流回路で使用する．

は永久磁石可動コイル形を表し，は目盛板を水平に置くことを示す．永久磁石可動コイル形の計器は，直流回路で使用する．

28　ニ．電気工事の欠陥による災害発生の防止に寄与する．

電気工事士法第 1 条（目的）による．

電気工事士法の目的は，「電気工事の作業に従事する者の資格及び義務を定め，もって電気工事の欠陥による災害の発生の防止に寄与すること」である．

29　ロ．A 及び C

電気用品安全法施行令第 1 条の 2（特定電気用品）による．

漏電遮断器は，定格電圧が 100 V 以上 300 V 以下，定格電流が 100 A 以下のものが特定電気用品である．

ビニル絶縁ビニルシースケーブルは，定格電圧が 100 V 以上 600 V 以下，公称断面積が 22 mm^2 以下，線心が 7 本以下のものが特定電気用品である．

B の換気扇および D の合成樹脂製可とう電線管（PF 管）は，特定電気用品以外の電気用品である．

30　ロ．低圧で受電するものは，小出力発電設備を同一構内に施設しても，一般用電気工作物となる．

電気事業法第 38 条，施行規則第 48 条（一般用電気工作物の範囲）による．

一般用電気工作物は，次に該当するものである．

①低圧（600 V）以下で受電し，同一の構内で使用するもので，これに接続する小出力発電設備を含む．

②火薬類を製造する事業場，石炭坑を除く．

高圧で受電するものは，すべて自家用電気工作物となる．

問題 2．配線図の解答

31　イ．シーリング（天井直付）

①で示す部分の図記号 ⒸⓁ は，シーリング（天井直付）を表す．

32　ロ．3

②で示す部分の複線図は**第 8 図**のようになり，最少電線本数（心線数）は，3 本である．

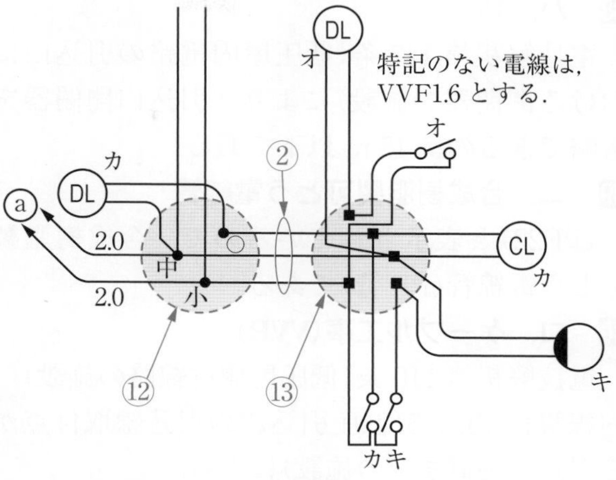

第 8 図

33　ロ．0.8

電技解釈第181条（小勢力回路の施設）による．

小勢力回路に使用できる電線は，ケーブルである場合を除き，直径 0.8 mm 以上の軟銅線又はこれと同等以上の強さ及び太さのものである．

34　イ．O

ルームエアコンの屋外ユニットの傍記表示には，outdoor の O を用いる．屋内ユニットには，indoor の I を用いる．

35　イ．0.1

電技第 58 条（低圧の電路の絶縁性能）による．

⑤で示す回路 ⓘ は，使用電圧が 200 V で，対地電圧が 100 V である．**第 3 表**から，電路と大地間の絶縁抵抗値として，許容される最小値は 0.1 MΩ である．

36　ニ．D 種接地工事　500 Ω

電技解釈第 17 条（接地工事の種類及び施設方法）・第 29 条（機械器具の金属製外箱等の接地）による．

分電盤の外箱が合成樹脂製であり，分岐回路に接続されるコンセントの接地線を接続する接地端子の接地である．

使用電圧が 300 V 以下であり，接地工事の種類は D 種接地工事になる．電源に動作時間が 0.1 秒以内の漏電遮断器が施設してあるので，接地抵抗値は 500 Ω 以下となる．

37　ハ．架橋ポリエチレン絶縁ビニルシースケーブル

電技解釈第 120 条（地中電線路の施設），内線規程 3165-1(施設方法)による.

地中配線に使用する電線は，ケーブルに限る.

38 ハ. 15

電技解釈第 147 条(低圧屋内電路の引込口における開閉器の施設)により，引込口開閉器を省略できるのは 15 m 以下である.

39 ニ. 合成樹脂製可とう電線管

(PF22) と表示されているので，合成樹脂製可とう電線管(PF 管)である.

40 ロ. ケーブル工事(VVR)

電技解釈第 110 条(低圧屋側電線路の施設)，内線規程 1370-5(低圧引込線の引込線取付点から引込口装置までの施設)による.

引込線取付点から引込口装置までの工事は，次のいずれかによらなければならない.

①がいし引き工事(露出場所に限る)
②金属管工事(木造以外の造営物に限る)
③合成樹脂管工事
④ケーブル工事(シースが金属製の場合は木造以外の造営物に限る)

41 ロ.

⑪で示す部分の配線は，1 階の 3 路スイッチへの配線で，VVF の 3 心である.

42 ニ.

リングスリーブの選定及び刻印は，**第 4 表**による.

第 4 表　リングスリーブの選定及び刻印

スリーブ	電線の組み合わせ〔mm〕			刻印
	1.6	2.0	異なる場合	
小	2	—	—	○
	3 ～ 4	2	2.0 × 1 + 1.6 × 1 ～ 2	小
中	5 ～ 6	3 ～ 4	2.0 × 1 + 1.6 × 3 ～ 5 2.0 × 2 + 1.6 × 1 ～ 3	中

⑫で示すボックス内の接続は**第 8 図**になり，使用するリングスリーブとその刻印は次のようになる.

- 2.0 mm × 1 + 1.6 mm × 3
  = 中スリーブ(刻印中)
- 2.0 mm × 1 + 1.6 mm × 2
  = 小スリーブ(刻印小)
- 1.6 mm × 2　= 小スリーブ(刻印○)

43 イ.

⑬で示すボックス内の接続は**第 8 図**になり，差込形コネクタの種類と最少個数の組み合わせは次のようになる.

- 2 本用 …… 2 個　• 3 本用 …… 2 個
- 4 本用 …… 1 個

44 ハ.

図記号 ●$_3$ は，3 路スイッチを表す.

45 イ.

図記号 ⊖ は，ペンダントを表す.

46 ハ.

⑯で示す機器は，3 極，定格電流 50 A，定格感度電流 30 mA の漏電遮断器(過負荷保護付)である.

47 ニ.

⑰で示す工事は金属管工事で，ニの合成樹脂管用カッタ(塩ビカッタ)は使用しない.

48 イ.

⑱で示すボック内の接続は**第 9 図**になり，使用するスリーブの組み合わせは次のようになる.

- 1.6 mm × 2　= 小スリーブ　2 個
- 2.0 mm × 1 + 1.6 mm × 3 = 中スリーブ　1 個
- 2.0 mm × 1 + 1.6 mm × 4 = 中スリーブ　1 個

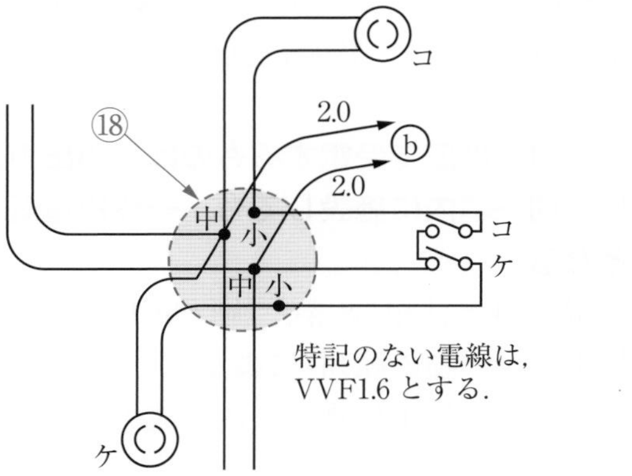

第 9 図

49 ニ.

ニの図記号は ⊖$^{2}_{E}$ で，使用されていない.

イの図記号は ⊖$_{ET}$ で，1 階のリビングルームに使用されている．ロの図記号は ⊖$_{EET}$ で，1 階台所や便所に使用されている．ハの図記号は ⊖$^{20A}_{250V}$$_{E}$ で，1 階リビングルームのルームエアコンのコンセントとして使用されている.

50 ロ.

ロの上の材料は，2 種金属製可とう電線管工事に使用されるストレートボックスコネクタで，この配線図の施工には使用しない.

問題１．一般問題（問題数30，配点は1問当たり２点）

【注】本問題の計算で $\sqrt{2}$，$\sqrt{3}$ 及び円周率 π を使用する場合の数値は次によること。$\sqrt{2}=1.41$，$\sqrt{3}=1.73$，$\pi=3.14$

次の各問いには４通りの答え（イ，ロ，ハ，ニ）が書いてある。それぞれの問いに対して答えを１つ選びなさい。

なお，選択肢が数値の場合は最も近い値を選びなさい。

	問い	答え			
1	図のような直流回路で，a－b 間の電圧［V］は。 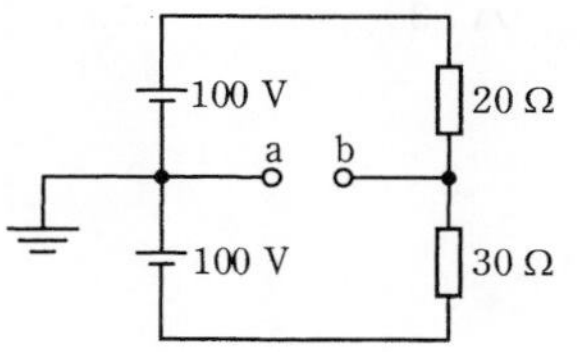 	イ．10	ロ．20	ハ．30	ニ．40
2	A，B 2 本の同材質の銅線がある。A は直径 1.6 mm，長さ 100 m，B は直径 3.2 mm，長さ 50 m である。A の抵抗は B の抵抗の何倍か。	イ．1	ロ．2	ハ．4	ニ．8
3	電線の接続不良により，接続点の接触抵抗が 0.2 Ωとなった。この電線に 10 A の電流が流れると，接続点から１時間に発生する熱量［kJ］は。 ただし，接触抵抗の値は変化しないものとする。	イ．72	ロ．144	ハ．288	ニ．576
4	図のような交流回路で，電源電圧 204 V，抵抗の両端の電圧が 180 V，リアクタンスの両端の電圧が 96 V であるとき，負荷の力率［%］は。 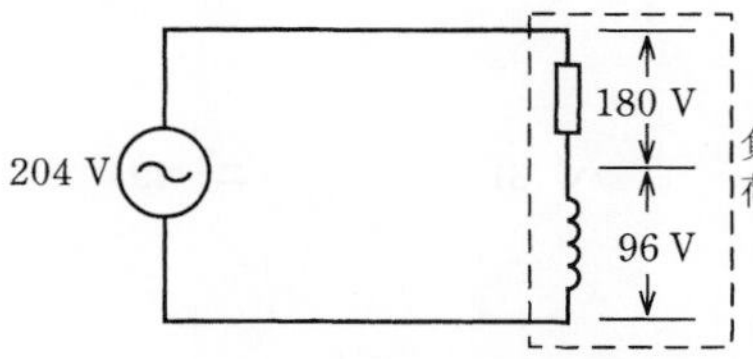 	イ．35	ロ．47	ハ．65	ニ．88
5	図のような三相負荷に三相交流電圧を加えたとき，各線に15 Aの電流が流れた。線間電圧 E［V］は。 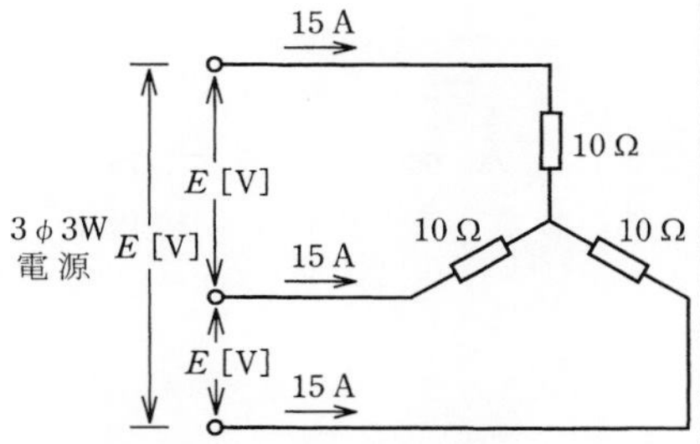 	イ．150	ロ．212	ハ．260	ニ．300

	問い	答え			
6	図のように，電線のこう長 12 m の配線により，消費電力 1600 W の抵抗負荷に電力を供給した結果，負荷の両端の電圧は 100 V であった。配線における電圧降下［V］は。 ただし，電線の電気抵抗は長さ1000 m当たり 5.0 Ωとする。 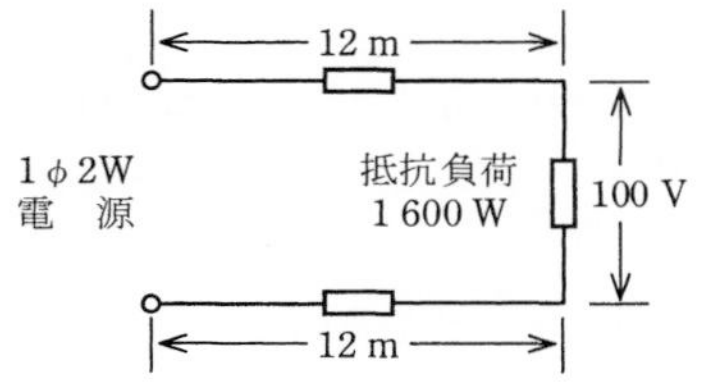 	イ．1	ロ．2	ハ．3	ニ．4
7	図のような単相3線式回路で，電線1線当たりの抵抗が 0.1 Ω，抵抗負荷に流れる電流がともに 20 A のとき，この電線路の電力損失［W］は。 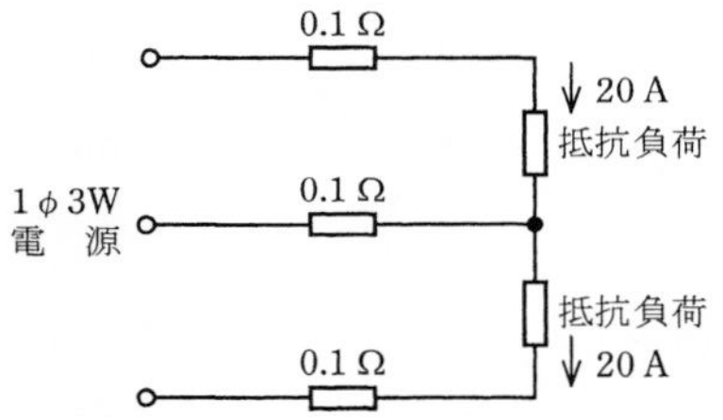 	イ．40	ロ．69	ハ．80	ニ．120
8	金属管による低圧屋内配線工事で，管内に断面積 $3.5\ mm^2$ の 600V ビニル絶縁電線（軟銅線）4本を収めて施設した場合，電線1本当たりの許容電流［A］は。 ただし，周囲温度は 30℃以下，電流減少係数は 0.63 とする。	イ．19	ロ．23	ハ．31	ニ．49
9	定格電流 12 A の電動機 5 台が接続された単相2線式の低圧屋内幹線がある。この幹線の太さを決定するための根拠となる電流の最小値［A］は。 ただし，需要率は 80％とする。	イ．48	ロ．60	ハ．66	ニ．75

	問　い	答　え
10	低圧屋内配線の分岐回路の設計で，配線用遮断器，分岐回路の電線の太さ及びコンセントの組合せとして，**適切なものは**。 ただし，分岐点から配線用遮断器までは3 m，配線用遮断器からコンセントまでは8 mとし，電線の数値は分岐回路の電線（軟銅線）の太さを示す。 また，コンセントは兼用コンセントではないものとする。	イ．　ロ．　ハ．　ニ． 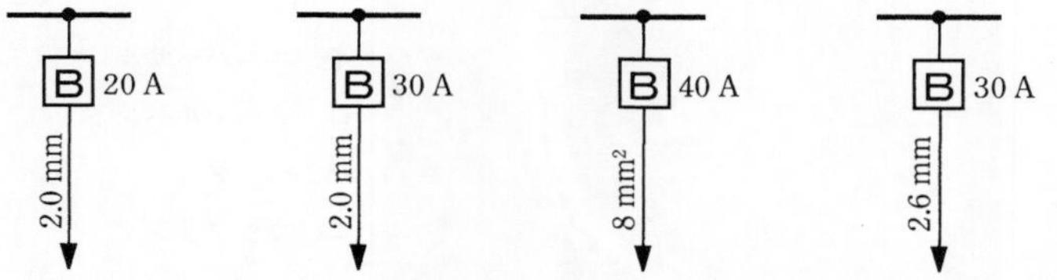 イ．定格電流 30 Aのコンセント 1個 ロ．定格電流 30 Aのコンセント 1個 ハ．定格電流 30 Aのコンセント 1個 ニ．定格電流 15 Aのコンセント 2個
11	多数の金属管が集合する場所等で，通線を容易にするために用いられるものは。	イ．分電盤 ロ．プルボックス ハ．フィクスチュアスタッド ニ．スイッチボックス
12	絶縁物の最高許容温度が最も高いものは。	イ．600V 架橋ポリエチレン絶縁ビニルシースケーブル（CV） ロ．600V 二種ビニル絶縁電線（HIV） ハ．600V ビニル絶縁ビニルシースケーブル丸形（VVR） ニ．600V ビニル絶縁電線（IV）
13	ねじなし電線管の曲げ加工に使用する工具は。	イ．トーチランプ ロ．ディスクグラインダ ハ．パイプレンチ ニ．パイプベンダ
14	定格周波数60 Hz，極数4の低圧三相かご形誘導電動機の同期速度［min^{-1}］は。	イ．1 200　ロ．1 500　ハ．1 800　ニ．3 000
15	漏電遮断器に内蔵されている零相変流器の役割は。	イ．不足電圧の検出 ロ．短絡電流の検出 ハ．過電圧の検出 ニ．地絡電流の検出

<table>
<tr><th colspan="2">問　い</th><th>答　え</th></tr>
<tr><td>16</td><td>写真に示す材料の名称は。
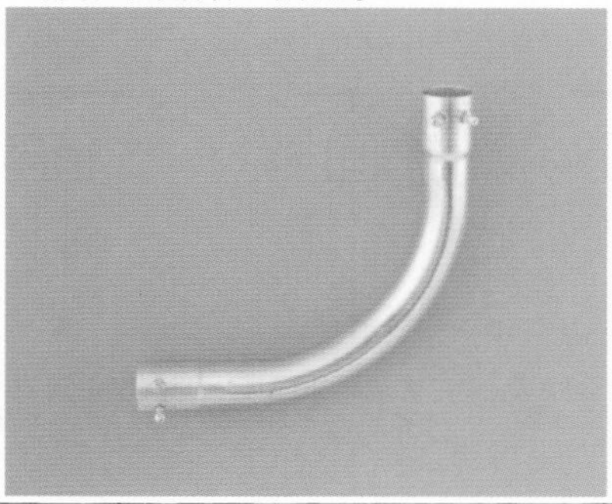</td><td>イ．ユニバーサル
ロ．ノーマルベンド
ハ．ベンダ
ニ．カップリング</td></tr>
<tr><td>17</td><td>写真に示す機器の用途は。
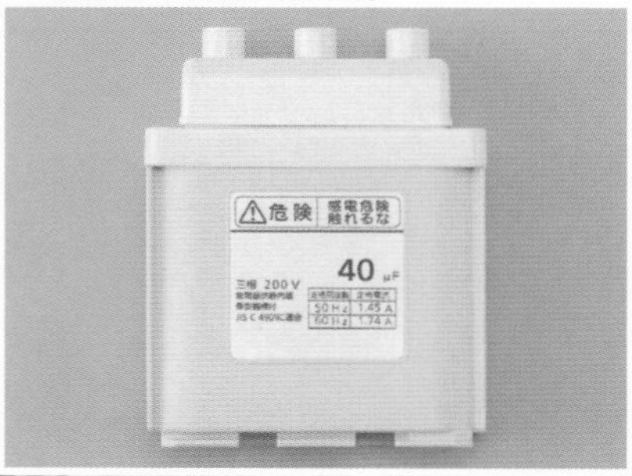
</td><td>イ．回路の力率を改善する。
ロ．地絡電流を検出する。
ハ．ネオン放電灯を点灯させる。
ニ．水銀灯の放電を安定させる。</td></tr>
<tr><td>18</td><td>写真に示す測定器の名称は。

</td><td>イ．周波数計
ロ．検相器
ハ．照度計
ニ．クランプ形電流計</td></tr>
<tr><td>19</td><td>600V ビニル絶縁ビニルシースケーブル平形 1.6 mm を使用した低圧屋内配線工事で，絶縁電線相互の終端接続部分の絶縁処理として，不適切なものは。
ただし，ビニルテープは JIS に定める厚さ約 0.2 mm の電気絶縁用ポリ塩化ビニル粘着テープとする。</td><td>イ．リングスリーブ(E 形)により接続し，接続部分を自己融着性絶縁テープ(厚さ約 0.5 mm)で半幅以上重ねて 1 回(2 層)巻いた。
ロ．リングスリーブ(E 形)により接続し，接続部分を黒色粘着性ポリエチレン絶縁テープ(厚さ約 0.5 mm)で半幅以上重ねて 3 回(6 層)巻いた。
ハ．リングスリーブ(E 形)により接続し，接続部分をビニルテープで半幅以上重ねて 3 回(6 層)巻いた。
ニ．差込形コネクタにより接続し，接続部分をビニルテープで巻かなかった。</td></tr>
<tr><td>20</td><td>使用電圧 100 V の屋内配線の施設場所による工事の種類として，適切なものは。</td><td>イ．点検できない隠ぺい場所であって，乾燥した場所の金属線ぴ工事
ロ．点検できない隠ぺい場所であって，湿気の多い場所の平形保護層工事
ハ．展開した場所であって，湿気の多い場所のライティングダクト工事
ニ．展開した場所であって，乾燥した場所の金属ダクト工事</td></tr>
</table>

	問い	答え
21	店舗付き住宅に三相 200 V，定格消費電力 2.8 kW のルームエアコンを施設する屋内配線工事の方法として，**不適切なものは。**	**イ**．屋内配線には，簡易接触防護措置を施す。 **ロ**．電路には，漏電遮断器を施設する。 **ハ**．電路には，他負荷の電路と共用の配線用遮断器を施設する。 **ニ**．ルームエアコンは，屋内配線と直接接続して施設する。
22	機械器具の金属製外箱に施すＤ種接地工事に関する記述で，**不適切なものは。**	**イ**．一次側 200 V，二次側 100 V，3 kV·A の絶縁変圧器（二次側非接地）の二次側電路に電動丸のこぎりを接続し，接地を施さないで使用した。 **ロ**．三相 200 V 定格出力 0.75 kW 電動機外箱の接地線に直径 1.6 mm の IV 電線（軟銅線）を使用した。 **ハ**．単相 100 V 移動式の電気ドリル（一重絶縁）の接地線として多心コードの断面積 0.75 mm^2 の 1 心を使用した。 **ニ**．単相 100 V 定格出力 0.4 kW の電動機を水気のある場所に設置し，定格感度電流 15 mA，動作時間 0.1 秒の電流動作型漏電遮断器を取り付けたので，接地工事を省略した。
23	電磁的不平衡を生じないように，電線を金属管に挿入する方法として，**適切なものは。**	**イ**． 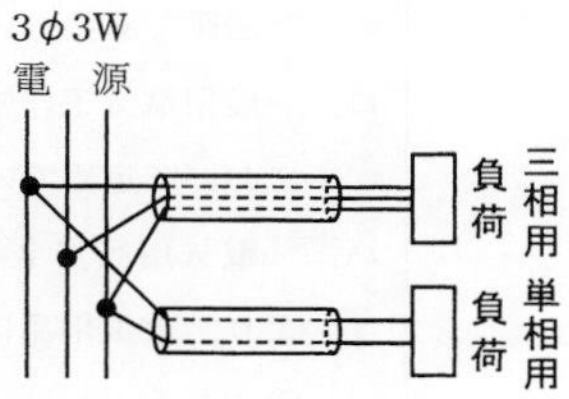 **ロ**． 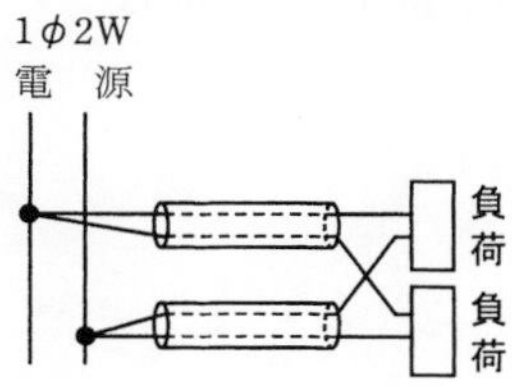 **ハ**． 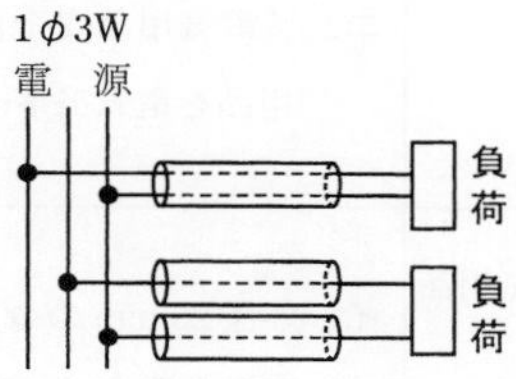 **ニ**． 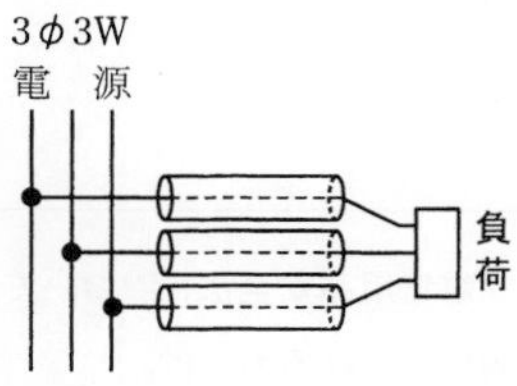
24	回路計（テスタ）に関する記述として，**正しいものは。**	**イ**．アナログ式で交流又は直流電圧を測定する場合は，あらかじめ想定される値の直近上位のレンジを選定して使用する。 **ロ**．抵抗を測定する場合の回路計の端子における出力電圧は，交流電圧である。 **ハ**．ディジタル式は電池を内蔵しているが，アナログ式は電池を必要としない。 **ニ**．電路と大地間の抵抗測定を行った。その測定値は電路の絶縁抵抗値として使用してよい。
25	単相３線式 100/200 V の屋内配線において，開閉器又は過電流遮断器で区切ることができる電路ごとの絶縁抵抗の最小値として，「電気設備に関する技術基準を定める省令」に規定されている値［MΩ］の組合せで，**正しいものは。**	**イ**．電路と大地間　0.2　電線相互間　0.4 **ロ**．電路と大地間　0.2　電線相互間　0.2 **ハ**．電路と大地間　0.1　電線相互間　0.1 **ニ**．電路と大地間　0.1　電線相互間　0.2

問い		答え
26	直読式接地抵抗計（アーステスタ）を使用して直読で接地抵抗を測定する場合，補助接地極（2 箇所）の配置として，**適切なものは**。	イ．被測定接地極を端とし，一直線上に2箇所の補助接地極を順次 10 m 程度離して配置する。 ロ．被測定接地極を中央にして，左右一直線上に補助接地極を 5 m 程度離して配置する。 ハ．被測定接地極を端とし，一直線上に 2 箇所の補助接地極を順次 1 m 程度離して配置する。 ニ．被測定接地極と 2 箇所の補助接地極を相互に 5 m 程度離して正三角形に配置する。
27	導通試験の目的として，**誤っているものは**。	イ．電路の充電の有無を確認する。 ロ．器具への結線の未接続を発見する。 ハ．電線の断線を発見する。 ニ．回路の接続の正誤を判別する。
28	電気の保安に関する法令についての記述として，**誤っているものは**。	イ．「電気工事士法」は，電気工事の作業に従事する者の資格及び義務を定めた法律である。 ロ．一般用電気工作物の定義は，「電気設備に関する技術基準を定める省令」において定めている。 ハ．「電気用品安全法」は，電気用品の製造，販売等を規制することなどにより，電気用品による危険及び障害の発生を防止することを目的とした法律である。 ニ．「電気用品安全法」では，電気工事士は，同法に基づく表示のない電気用品を電気工事に使用してはならないと定めている。
29	「電気用品安全法」において，特定電気用品の適用を受けるものは。	イ．外径 25 mm の金属製電線管 ロ．定格電流 60 A の配線用遮断器 ハ．ケーブル配線用スイッチボックス ニ．公称断面積 150 mm^2 の合成樹脂絶縁電線
30	一般用電気工作物の適用を受けるものは。 ただし，発電設備は電圧 600 V 以下で，同一構内に設置するものとする。	イ．低圧受電で，受電電力の容量が 40 kW，出力 15 kW の非常用内燃力発電設備を備えた映画館 ロ．高圧受電で，受電電力の容量が 55 kW の機械工場 ハ．低圧受電で，受電電力の容量が 40 kW，出力 15 kW の太陽電池発電設備を備えた幼稚園 ニ．高圧受電で，受電電力の容量が 55 kW のコンビニエンスストア

問題２．配線図（問題数 20，配点は１問当たり２点）

※図は２８６頁参照

図は，鉄骨軽量コンクリート造店舗平屋建の配線図である。この図に関する次の各問いには４通りの答え（**イ**，**ロ**，**ハ**，**ニ**）が書いてある。それぞれの問いに対して，答えを１つ選びなさい。

【注意】１．屋内配線の工事は，特記のある場合を除き 600V ビニル絶縁ビニルシースケーブル平形（VVF)を用いたケーブル工事である。
２．屋内配線等の電線の本数，電線の太さ，その他，問いに直接関係のない部分等は省略又は簡略化してある。
３．漏電遮断器は，定格感度電流 30 mA，動作時間 0.1 秒以内のものを使用している。
４．選択肢（答え）の写真にあるコンセント及び点滅器は，「JIS C 0303：2000 構内電気設備の配線用図記号」で示す「一般形」である。
５．ジョイントボックスを経由する電線は，すべて接続箇所を設けている。

	問い	答え
31	①で示すコンセントの極配置(刃受)は。	イ． ロ． ハ． ニ．
32	②で示す図記号の器具の取り付け場所は。	イ．天井面　ロ．壁面　ハ．床面　ニ．二重床面
33	③で示す図記号の配線方法は。	イ．天井隠ぺい配線　ロ．壁隠ぺい配線 ハ．床隠ぺい配線　ニ．露出配線
34	④で示す部分の配線工事で用いる管の種類は。	イ．硬質塩化ビニル電線管 ロ．耐衝撃性硬質塩化ビニル電線管 ハ．耐衝撃性硬質塩化ビニル管 ニ．波付硬質合成樹脂管
35	⑤で示す図記号の器具の名称は。	イ．配線用遮断器　ロ．漏電遮断器(過負荷保護付) ハ．モータブレーカ　ニ．カットアウトスイッチ
36	⑥で示す部分の電路と大地間との絶縁抵抗として，許容される最小値［MΩ］は。	イ．0.1　ロ．0.2　ハ．0.4　ニ．1.0
37	⑦で示す図記号の器具の名称は。	イ．電磁開閉器　ロ．押しボタンスイッチ ハ．リモコンリレー　ニ．リモコンセレクタスイッチ
38	⑧で示す部分の接地工事の種類と接地線の最小太さの組合せで，**正しいものは**。	イ．A 種接地工事　2.6 mm ロ．A 種接地工事　1.6 mm ハ．D 種接地工事　2.6 mm ニ．D 種接地工事　1.6 mm
39	⑨で示す図記号の器具を用いる目的は。	イ．不平衡電流を遮断する。 ロ．地絡電流のみを遮断する。 ハ．過電流と地絡電流を遮断する。 ニ．過電流のみを遮断する。
40	⑩で示す引込線取付点の地表上の高さの最低値［m］は。 ただし，引込線は道路を横断せず，技術上やむを得ない場合で，交通に支障がないものとする。	イ．2.0　ロ．2.5　ハ．3.0　ニ．3.5

問い		答え			
41	⑪で示す図記号のものは。			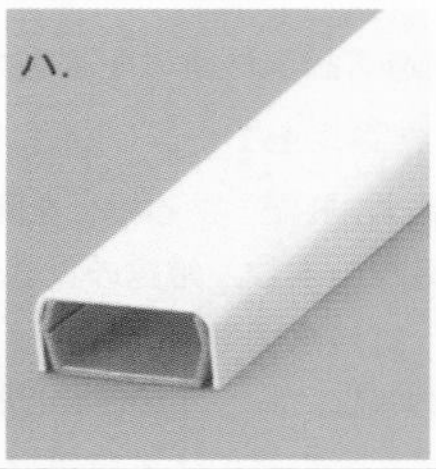	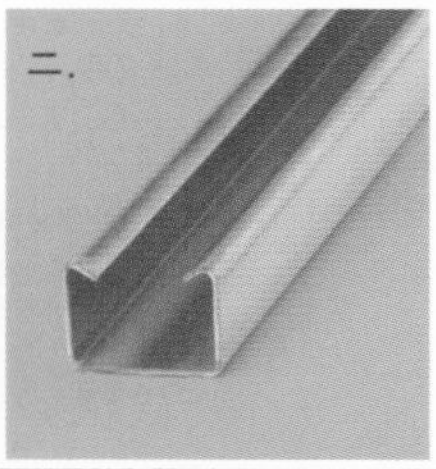
42	⑫で示す部分の接続作業に使用される組合せは。	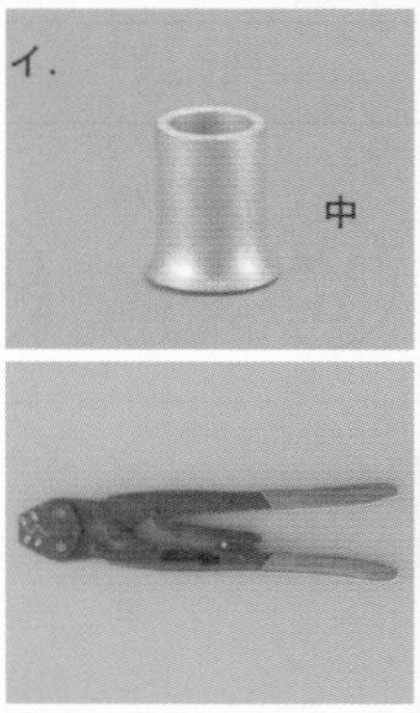	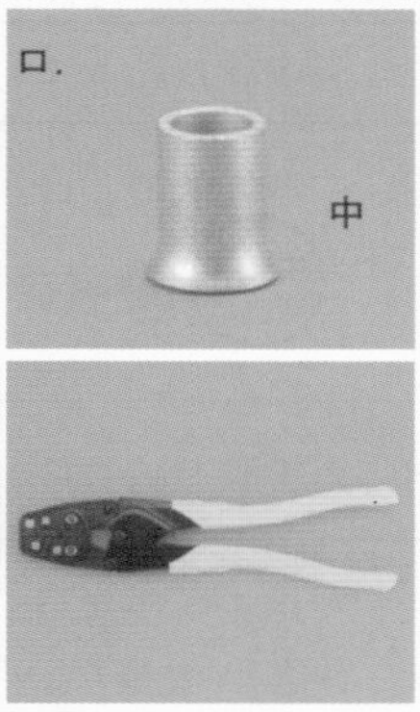	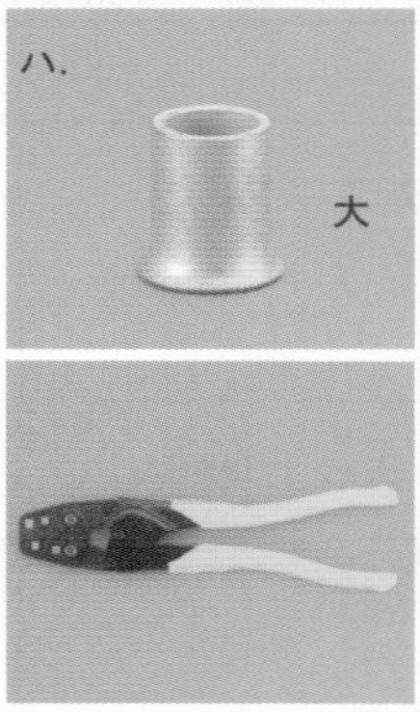	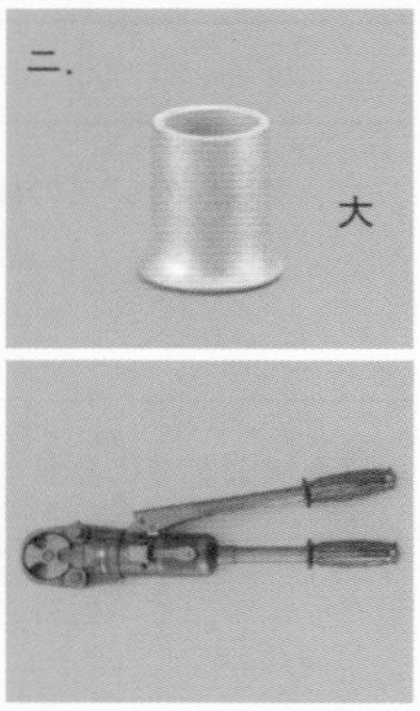
43	⑬で示す図記号の器具は。				
44	⑭で示す図記号の器具は。	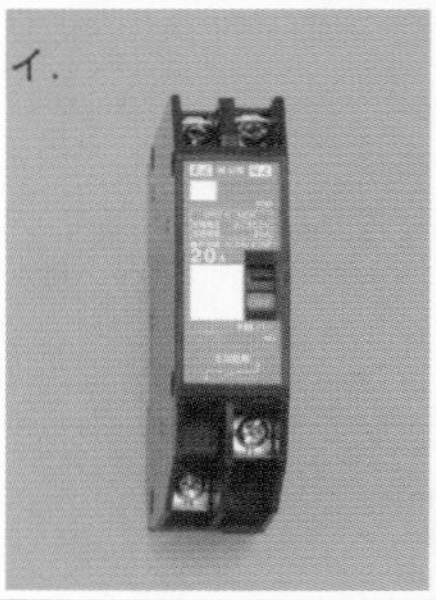	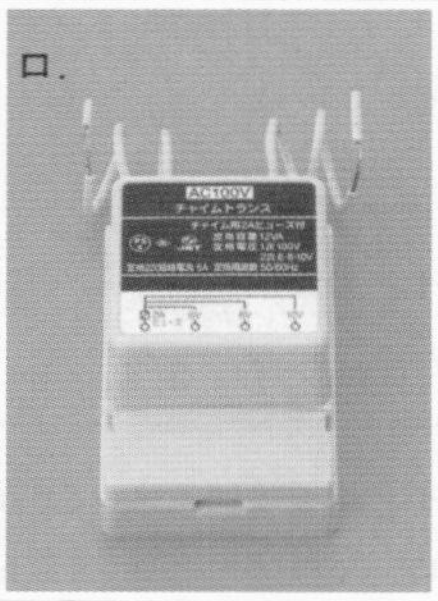	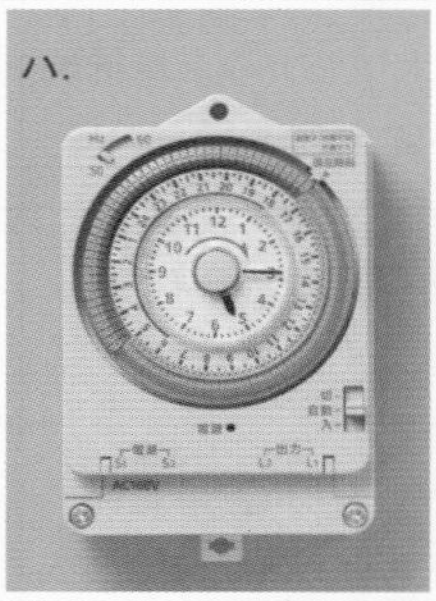	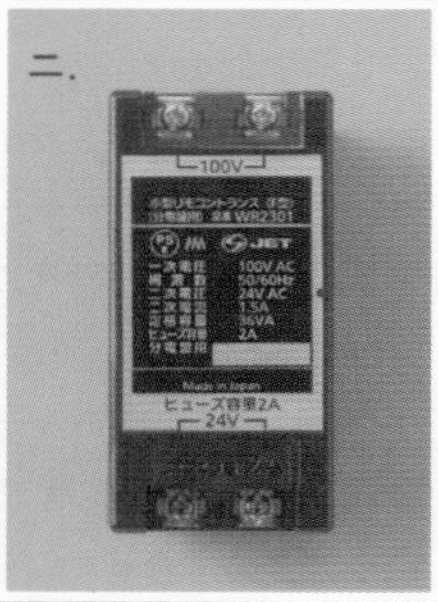
45	⑮で示すボックス内の接続をすべて差込形コネクタとする場合，使用する差込形コネクタの種類と最少個数の組合せで，**正しいものは**。ただし，使用する電線はVVF1.6とする。	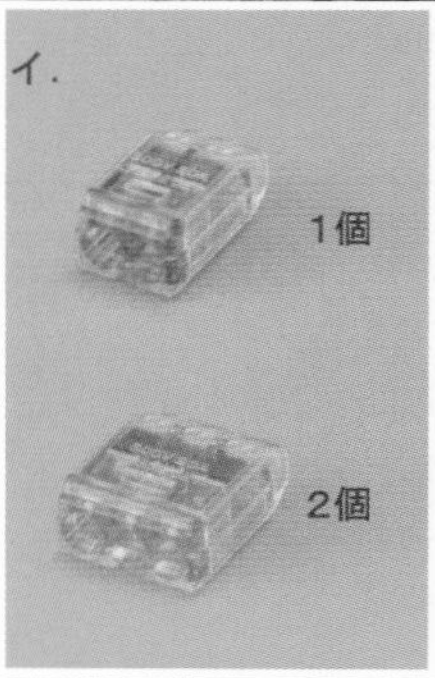	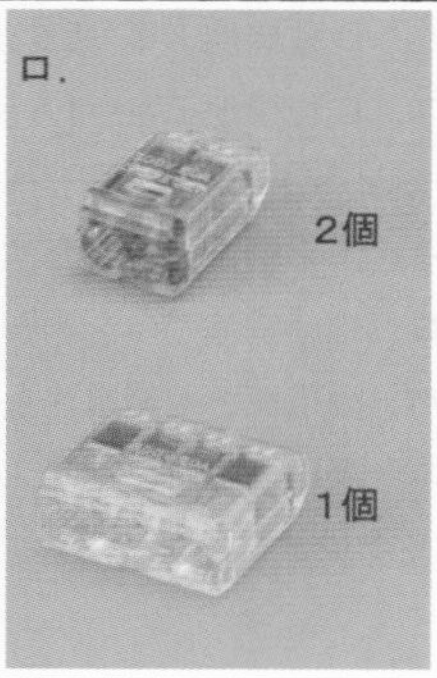	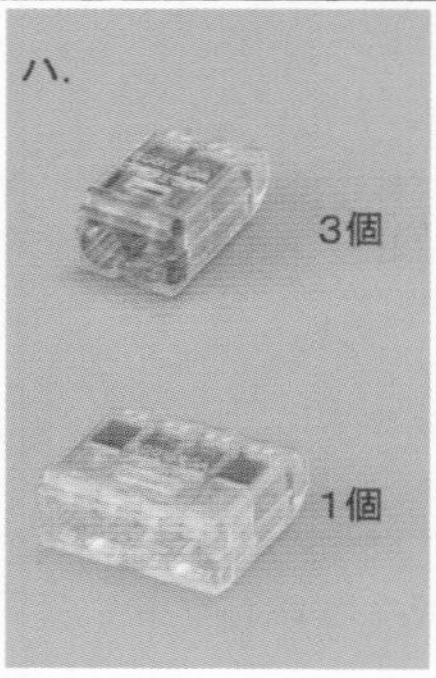	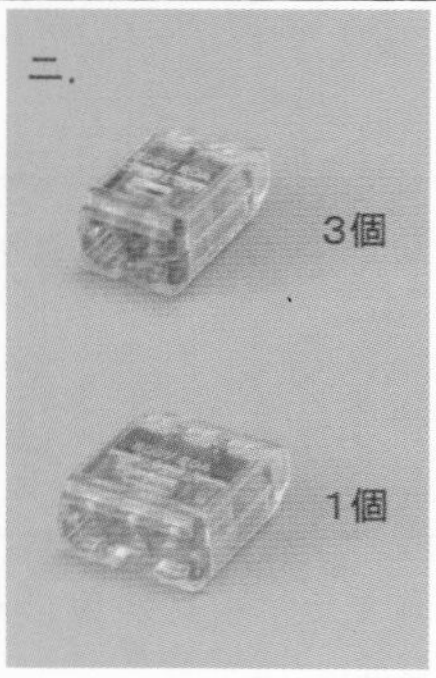

問い		答え			
46	⑯で示す部分の配線工事に必要なケーブルは。 ただし，心線数は最少とする。	イ.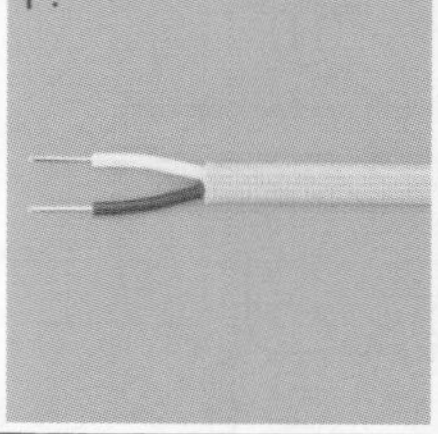	ロ.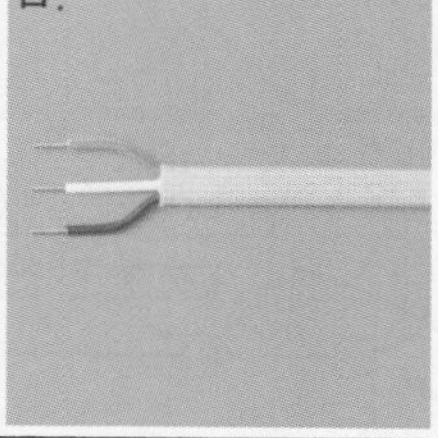	ハ.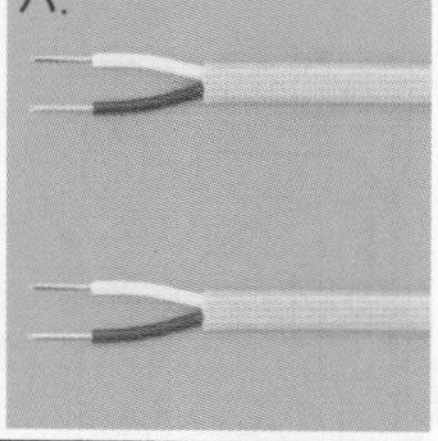	ニ.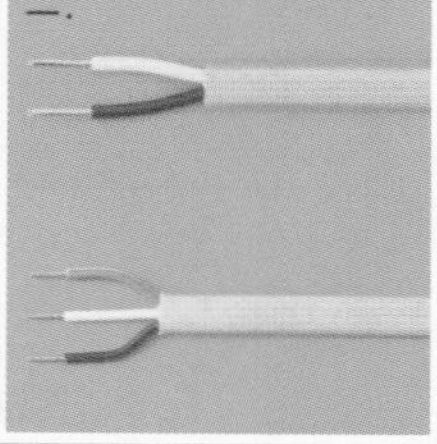
47	⑰で示すボックス内の接続をすべて圧着接続とする場合，使用するリングスリーブの種類，個数及び刻印の組合せで，**正しいものは。** ただし，使用する電線は特記のないものは VVF1.6 とする。 また，写真に示す**リングスリーブ中央**の○，**小**，**中**は刻印を表す。	イ. 小　4個	ロ. 小　2個 中　2個	ハ. 小　2個 中　2個	ニ. 小　3個 中　1個
48	⑱で示す分電盤(金属製)の穴あけに**使用されることのないものは。**	イ.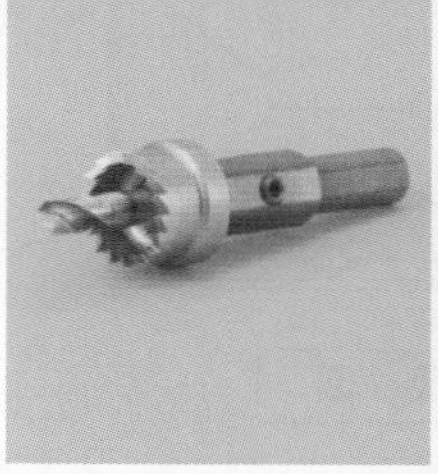	ロ.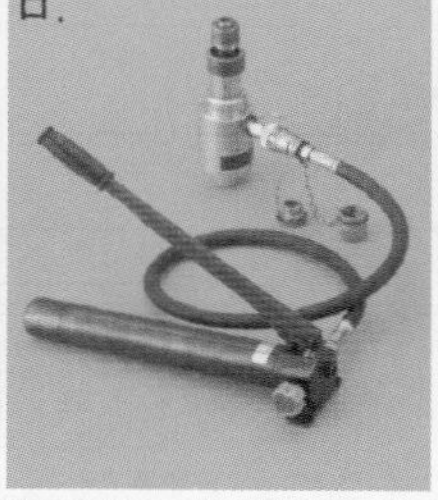	ハ.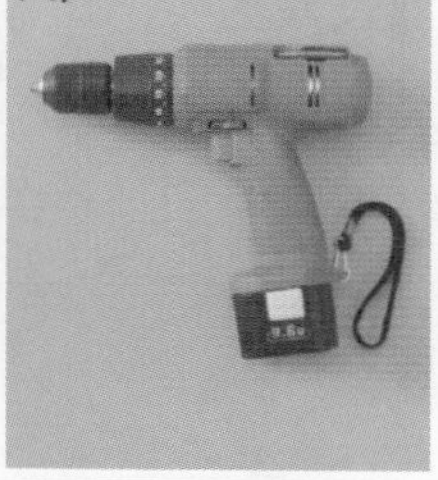	ニ.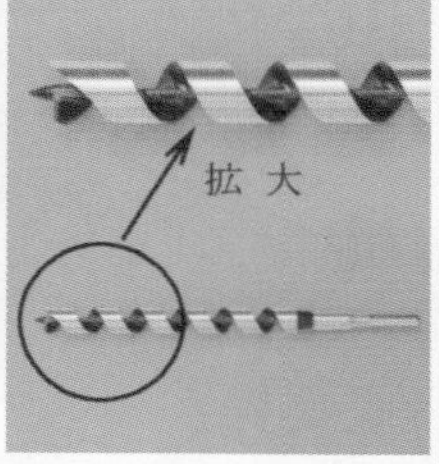
49	この配線図の図記号で，**使用されていない**コンセントは。	イ.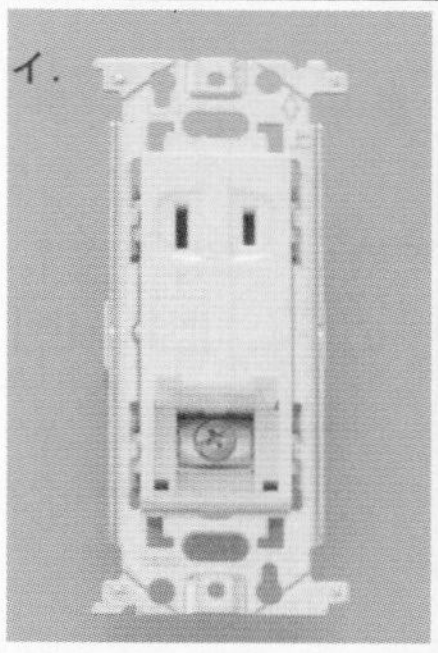	ロ.	ハ.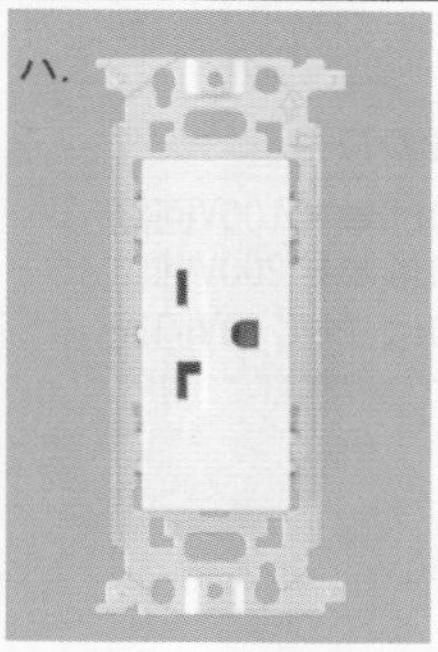	ニ.
50	この配線図の図記号で，使用されているプルボックスとその個数の組合せは。	イ.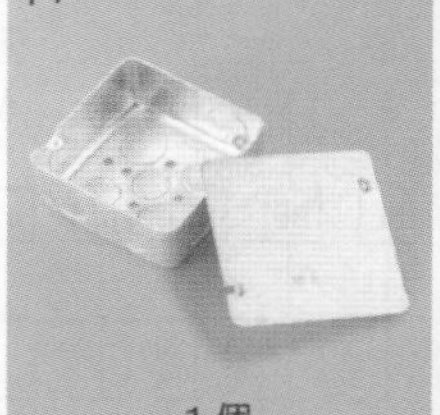 1個	ロ. 2個	ハ. 3個	ニ. 4個

図面を引き抜いてご覧ください

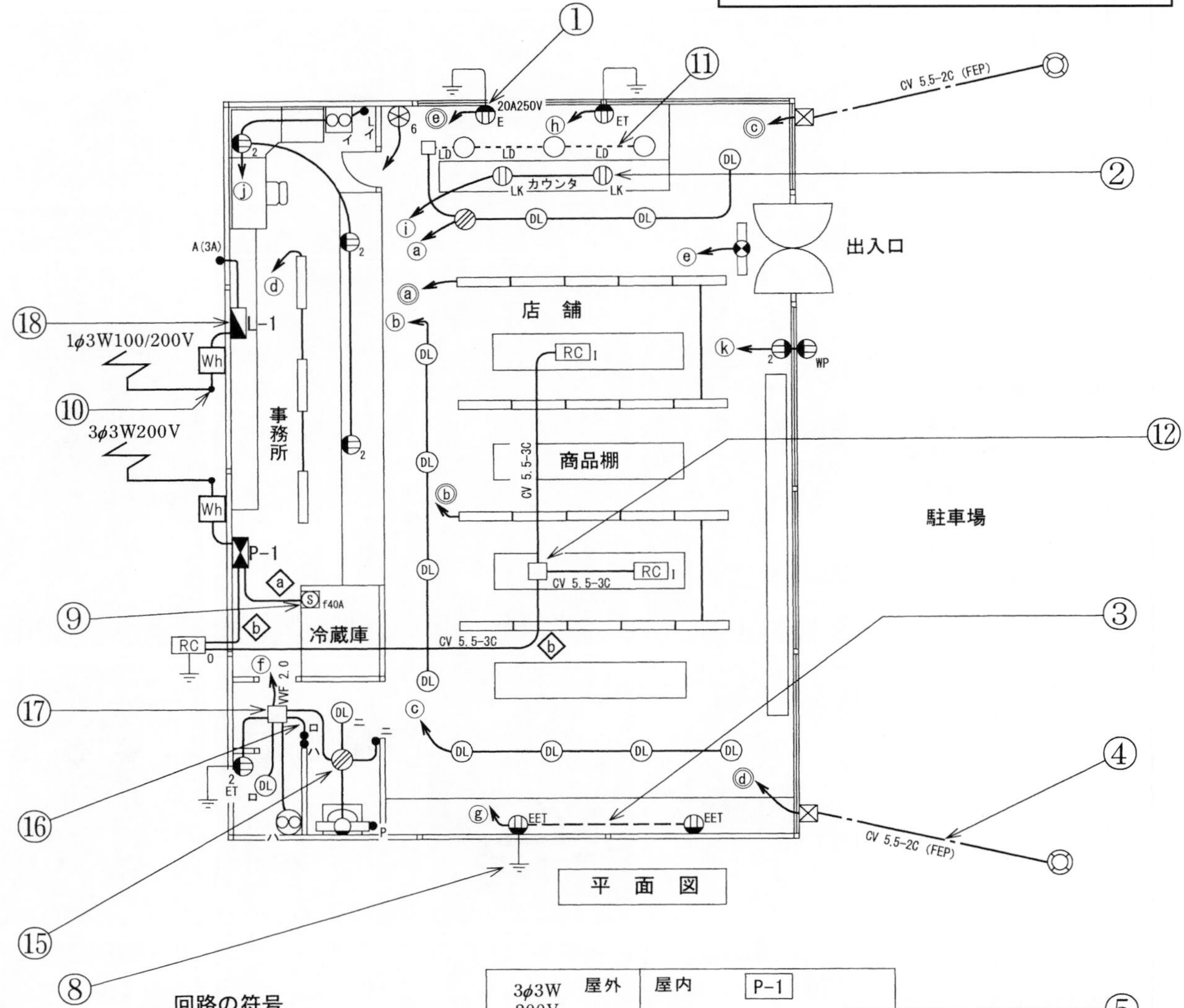

回路の符号

○ 印は単相100V回路
◎ 印は単相200V回路
◇ 印は三相200V回路

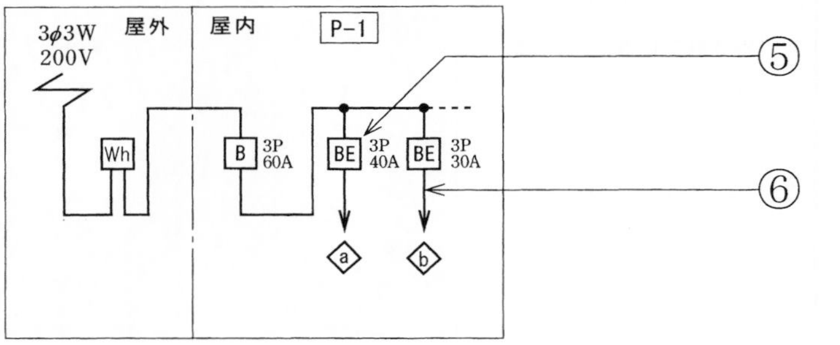

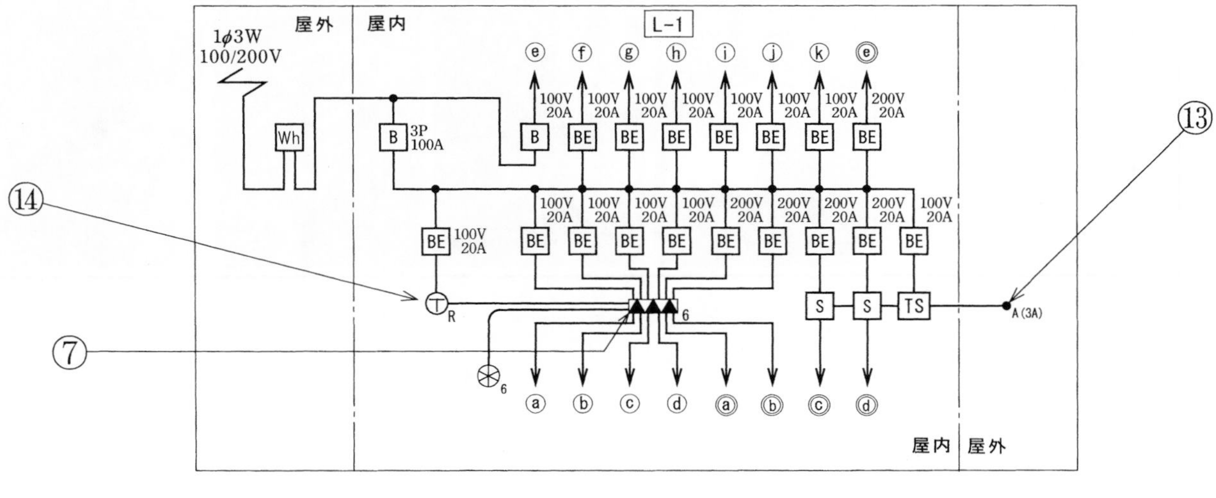

解答と解説

問題1．一般問題の解答

1　ロ．20

第1図において，回路に流れる電流I〔A〕は，

$$I=\frac{100+100}{20+30}=\frac{200}{50}=4\ 〔\mathrm{A}〕$$

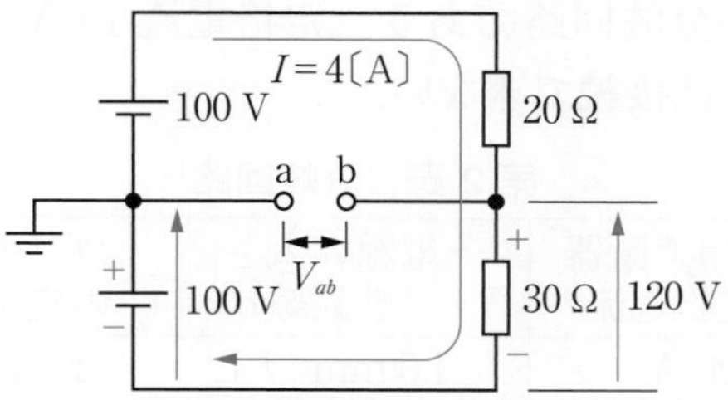

第1図

30 Ωに加わる電圧は，

$4\times 30=120$〔V〕

a-b 間の電圧 V_{ab}〔V〕は，電池の電圧と30 Ωに加わる電圧の極性に注意して，

$V_{ab}=120-100=20$〔V〕

2　ニ．8

第2図において，銅線Aの断面積 A_A〔mm^2〕と，銅線Bの断面積 A_B〔mm^2〕は，直径をD〔mm〕とすると，

$$A_A=\frac{\pi D^2}{4}=\frac{3.14\times 1.6^2}{4}\fallingdotseq 2\ 〔\mathrm{mm}^2〕$$

$$A_B=\frac{\pi D^2}{4}=\frac{3.14\times 3.2^2}{4}\fallingdotseq 8\ 〔\mathrm{mm}^2〕$$

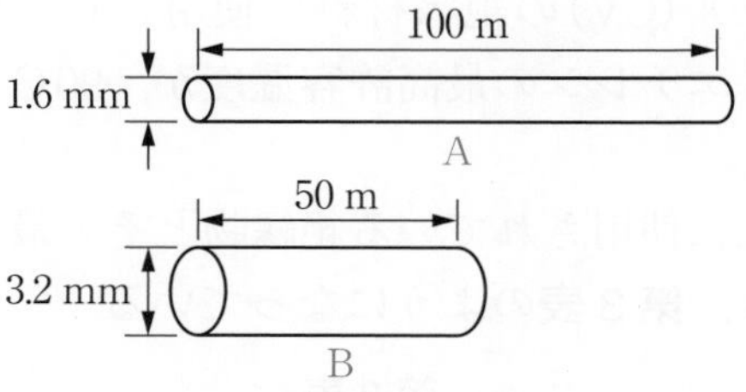

第2図

銅線の抵抗率をρ〔$\Omega\cdot\mathrm{mm}^2/\mathrm{m}$〕とすると，銅線Aの抵抗 R_A〔Ω〕は，

$$R_A=\rho\frac{l_A}{A_A}=\rho\times\frac{100}{2}=50\,\rho\ 〔\Omega〕$$

銅線Bの抵抗 R_B〔Ω〕は，

$$R_B=\rho\frac{l_B}{A_B}=\rho\times\frac{50}{8}=\frac{50\,\rho}{8}\ 〔\Omega〕$$

したがって，

$$\frac{R_A}{R_B}=\frac{50\,\rho}{\dfrac{50\,\rho}{8}}=50\,\rho\times\frac{8}{50\,\rho}=8$$

銅線Aの抵抗は，銅線Bの抵抗の8倍である．

3　イ．72

第3図において，接続点の接触抵抗による電力P〔kW〕は，

$$P=I^2R=10^2\times 0.2=100\times 0.2$$
$$=20\ 〔\mathrm{W}〕=0.02\ 〔\mathrm{kW}〕$$

1時間に発生する熱量Q〔kJ〕は，

$$Q=3\,600Pt=3\,600\times 0.02\times 1=72\ 〔\mathrm{kJ}〕$$

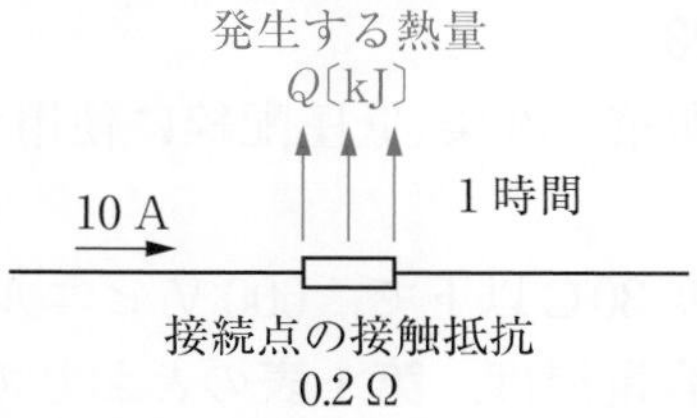

第3図

4　ニ．88

抵抗とリアクタンスが直列に接続された回路の力率 $\cos\theta$〔%〕は，回路全体の電圧をV〔V〕，抵抗に加わる電圧を V_R〔V〕とすると，次の式で求められる．

$$\cos\theta=\frac{V_R}{V}\times 100\ 〔\%〕$$

したがって，力率 $\cos\theta$〔%〕は，

$$\cos\theta=\frac{180}{204}\times 100\fallingdotseq 88\ 〔\%〕$$

5　ハ．260

線間電圧は，相電圧の$\sqrt{3}$倍になる．

相電圧は，$15\times 10=150$〔V〕であり，線間電圧E〔V〕は次のようになる．

$$E=\sqrt{3}\times 150=1.73\times 150\fallingdotseq 260\ 〔\mathrm{V}〕$$

6　ロ．2

第4図において，電線に流れる電流I〔A〕は，

$$I=\frac{P}{V}=\frac{1\,600}{100}=16\ 〔\mathrm{A}〕$$

電線の抵抗r〔Ω〕は，

$$r=\frac{5}{1\,000}\times 12=0.06\ 〔\Omega〕$$

電圧降下 v〔V〕は，

$$v = 2Ir = 2\times16\times0.06 \fallingdotseq 2\text{〔V〕}$$

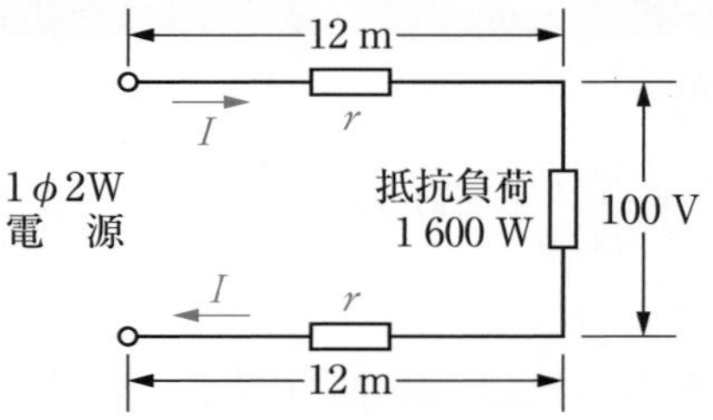

第４図

7　ハ．80

負荷が平衡しており，中性線には電流が流れないので，中性線の電力損失はない．

電力損失 P_l〔W〕は，中性線を除いた上下の2本の電線に生ずるので，

$$P_l = 2I^2r = 2\times20^2\times0.1 = 800\times0.1 = 80\text{〔W〕}$$

8　ロ．23

電技解釈第146条（低圧配線に使用する電線）による．

周囲温度30℃以下で，600 V ビニル絶縁電線（IV）の許容電流は，**第１表**のとおりである．

第１表　600 V ビニル絶縁電線の許容電流

電線の太さ	許容電流	電線の太さ	許容電流
1.6 mm	27 A	3.5 mm²	37 A
2.0 mm	35 A	5.5 mm²	49 A

断面積が3.5 mm²の600 V ビニル絶縁電線（軟銅線）の許容電流は37 A である．電線4本を金属管に収めた場合の許容電流は，電流減少係数が0.63であるから，

$37\times0.63 = 23.31 \rightarrow 23$ A

（小数点以下１位を７捨８入）

9　ロ．60

電技解釈第148条（低圧幹線の施設）による．

定格電流12 A の電動機5台の定格電流の合計 I_M〔A〕は，需要率が80％であるから，次のようになる．

$$I_M = 12\times5\times0.8 = 60\times0.8 = 48\text{〔A〕}$$

電動機の定格電流の合計 I_M〔A〕が50 A 以下，他の電気使用機械器具は使っていないので，幹線の許容電流 I_W〔A〕は，

$$I_W \geqq 1.25I_M + I_H = 1.25\times48 + 0 = 60\text{〔A〕}$$

10　ハ．

電技解釈第149条（低圧分岐回路等の施設）による．

配線用遮断器，電線の太さ，コンセントの組み合わせは**第２表**のようにしなければならない．

ハの分岐回路は，40 A 配線用遮断器の分岐回路で，電線の太さ及び接続されたコンセントの定格電流は適切である．

イは，20 A 配線用遮断器の分岐回路であり，30 A のコンセントは接続できない．ロは，30 A 配線用遮断器の分岐回路であり，2.0 mm の電線は接続できない．ニは，30 A 配線用遮断器の分岐回路であり，定格電流15 A のコンセントは接続できない．

第２表　分岐回路

配線用遮断器の定格電流	電線の太さ（軟銅線）	コンセントの定格電流
20 A	1.6 mm 以上	20 A 以下
30 A	2.6 mm（5.5 mm²）以上	20 A 以上 30 A 以下
40 A	8 mm² 以上	30 A 以上 40 A 以下
50 A	14 mm² 以上	40 A 以上 50 A 以下

11　ロ．プルボックス

プルボックスは，多数の金属管や太い金属管が集合する場所で，通線を容易にするために用いられる．

12　イ．600 V 架橋ポリエチレン絶縁ビニルシースケーブル（CV）

内線規程1340-1（絶縁電線などの許容電流）の1340-3表による．

600 V 架橋ポリエチレン絶縁ビニルシースケーブル（CV）の絶縁材料に使用されている架橋ポリエチレンの最高許容温度が，90℃で最も高い．

電線に使用されている絶縁物とその最高許容温度は，**第３表**のようになっている．

第３表

電線の種類	絶縁物	最高許容温度
600 V ビニル絶縁電線（IV）	ビニル	60℃
600 V ビニル絶縁ビニルシースケーブル丸形（VVR）	ビニル	
600 V 二種ビニル絶縁電線（HIV）	耐熱ビニル	75℃
600 V 架橋ポリエチレン絶縁ビニルシースケーブル（CV）	架橋ポリエチレン	90℃

13　ニ．パイプベンダ

金属管の曲げ加工に使用する工具は，パイプベンダ（**第 5 図**）である．

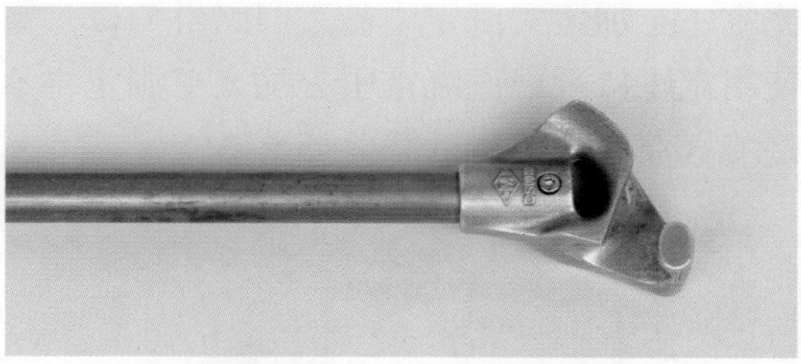

第 5 図　パイプベンダ

14　ハ．1 800

三相かご形誘導電動機の同期速度 N_s〔min^{-1}〕は，電源の周波数を f〔Hz〕，極数を p〔極〕とすると，

$$N_s=\frac{120f}{p}=\frac{120\times 60}{4}=1\,800\ \text{〔min}^{-1}\text{〕}$$

15　ニ．地絡電流の検出

漏電遮断器（**第 6 図**）には，地絡電流（漏れ電流）を検出する零相変流器が内蔵されている．

第 6 図　漏電遮断器

16　ロ．ノーマルベンド

ノーマルベンドは，金属管が直角に曲がる箇所に使用される．

17　イ．回路の力率を改善する．

電動機と並列に接続して，回路の力率を改善する低圧進相コンデンサである．

18　ハ．照度計

部屋の照度を測定する照度計である．

19　イ．リングスリーブ（E 形）により接続し，接続部分を自己融着性絶縁テープ（厚さ約 0.5 mm）で半幅以上重ねて 1 回（2 層）巻いた．

電技解釈第 12 条（電線の接続法），内線規程 1335-7（電線の接続）による．

リングスリーブによって接続した場合は，接続部分を絶縁電線の絶縁物と同等以上の絶縁効力のあるもので，十分に被覆しなければならない．

内線規程では，絶縁テープによる低圧絶縁電線の被覆の方法の例を，**第 4 表**のように示している．

第 4 表　被覆方法の例

絶縁テープの種類	テープの巻き方
ビニルテープ （厚さ約 0.2 mm）	半幅以上重ねて 2 回（4 層）以上巻く．
黒色粘着性ポリエチレン絶縁テープ （厚さ約 0.5 mm）	半幅以上重ねて 1 回（2 層）以上巻く．
自己融着性絶縁テープ （厚さ約 0.5 mm）	自己融着性絶縁テープを半幅以上重ねて 1 回（2 層）以上巻き，その上に保護テープを半幅以上重ねて 1 回（2 層）以上巻く．

〔備考〕テープの巻回数は，上表を最低とし，電線の太さに応じて増加すること．

600 V ビニル絶縁ビニルシースケーブル平形 1.6 mm の絶縁電線の被覆は 0.8 mm であり，絶縁テープの厚さは 0.8 mm 以上としなければならない．

イは，自己融着性絶縁テープを巻いた上に，保護テープを巻いていないので誤りである．

差込形コネクタによって接続した場合は，接続部分をテープ巻きする必要はない．

20　ニ．展開した場所であって，乾燥した場所の金属ダクト工事

電技解釈第 156 条（低圧屋内配線の施設場所による工事の種類）による．

金属ダクト工事は，展開した場所又は点検できる隠ぺい場所で，乾燥した場所に施設できるので，ニが適切である．

イの金属線ぴ工事は，展開した場所又は点検できる隠ぺい場所で，乾燥した場所に施設できる．ロの平形保護層工事は，点検できる隠ぺい場所で，乾燥した場所に施設できる．ハのライティングダクト工事は，展開した場所又は点検できる隠ぺい場所で，乾燥した場所に施設できる．

21　ハ．電路には，他負荷の電路と共用の配線用遮断器を施設する．

電技解釈第 143 条（電路の対地電圧の制限）による．

電路には，専用の配線用遮断器を施設しなければならないので，ハは不適切である．

住宅の屋内電路は，対地電圧を 150 V 以下としなければならない．定格消費電力が 2 kW 以上の電気機械器具及びこれに電気を供給する屋内配線を，次のように施設する場合は，対地電圧を 300 V 以下にできる．

- 屋内配線には，簡易接触防護措置を施す．
- 電気機械器具には，簡易接触防護措置を施す（絶縁性のある材料で堅ろうに作られたものである場合を除く）．
- 電気機械器具は，屋内配線と直接接続して施設する．
- 専用の開閉器及び過電流遮断器を施設する（過電流遮断器が開閉機能を有する場合は，過電流遮断器のみとすることができる）．
- 電気機械器具に電気を供給する電路には，漏電遮断器を施設する．

22　ニ．単相 100 V 定格出力 0.4 kW の電動機を水気のある場所に設置し，定格感度電流 15 mA，動作時間 0.1 秒の電流動作型漏電遮断器を取り付けたので，接地工事を省略した．

電技解釈第 17 条（接地工事の種類及び施設方法）・第 29 条（機械器具の金属製外箱等の接地）による．

水気のある場所では，定格感度電流 15 mA 以下，動作時間 0.1 秒以下の電流動作型漏電遮断器を取り付けても接地工事は省略できない．

23　イ．

内線規程 3110-2（電磁的平衡）による．

金属管工事では，イのように 1 回路の電線全部を同一の金属管に収めて，電磁的平衡を保たなければならない．電磁的平衡が保たれないと，金属管に渦電流が流れて，金属管が発熱する．

24　イ．アナログ式で交流又は直流電圧を測定する場合は，あらかじめ想定される値の直近上位のレンジを選定して使用する．

回路計（**第 7 図**）で電圧を測定する場合，測定するレンジより大きな電圧を加えると，内部の抵抗を焼損したり指針が振り切れたりする．想定される値の直近上位のレンジを選定して測定しなければならない．

抵抗を測定する場合の回路計の端子における出力電圧は，直流電圧であるのでロは誤りである．アナログ式も電池を必要とするのでハは誤りである．絶縁抵抗は，電路に使用電圧に近い直流電圧を加えて測定する．回路計では，電路に使用電圧に近い直流電圧を加えて測定することができないのでニは誤りである．

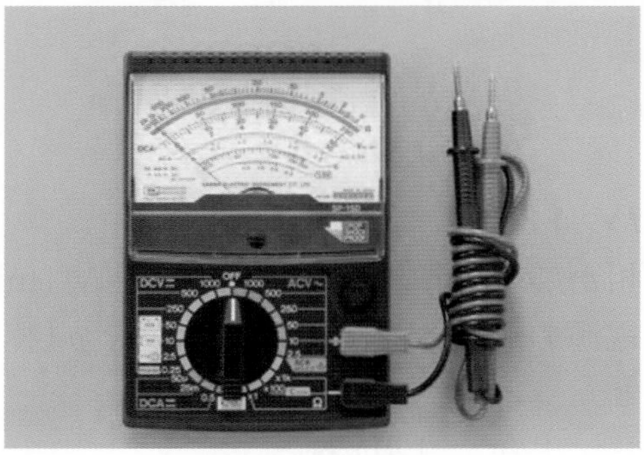

第 7 図　回路計

25　ハ．電路と大地間　0.1
電線相互間　0.1

電技第 58 条（低圧の電路の絶縁性能）による．

低圧電路の絶縁抵抗は，開閉器又は過電流遮断器で区切ることのできる電路ごとに，**第 5 表**の値以上でなければならない．

第 5 表　低圧の電路の絶縁性能

電路の使用電圧の区分		絶縁抵抗値
300 V 以下	対地電圧が 150 V 以下の場合	0.1 MΩ
	その他の場合	0.2 MΩ
300 V を超えるもの		0.4 MΩ

単相 3 線式 100/200 V の使用電圧は 200 V で，対地電圧が 100 V であることから，電路と大地間及び電線相互間の絶縁抵抗値は，いずれも 0.1 MΩ 以上あればよい．

26　イ．被測定接地極を端とし，一直線上に 2 箇所の補助接地極を順次 10 m 程度離して配置する．

接地抵抗を測定する場合には，**第 8 図**のように被測定接地極を端として，一直線上に 2 箇所

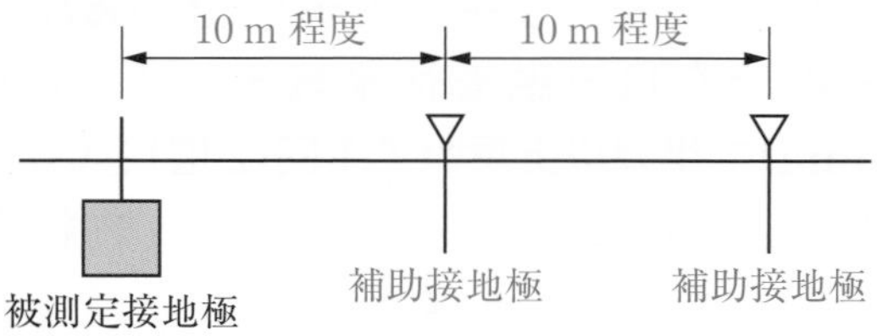

第 8 図　補助接地極の配置

の補助接地極を順次10 m程度離して配置する.

27　イ．電路の充電の有無を確認する.

導通試験は回路計を使用して，器具への結線の未接続や電線の断線・短絡を発見したり，回路の接続が正しく行われているかを調べることを目的に行う.

28　ロ．一般用電気工作物の定義は,「電気設備に関する技術基準を定める省令」において定めている.

一般用電気工作物の定義は，電気事業法第38条，施行規則第48条(一般用電気工作物の範囲)において定められている.

29　ロ．定格電流60 Aの配線用遮断器

電気用品安全法施行令第1条の2(特定電気用品)による.

配線用遮断器は，定格電圧が100 V以上300 V以下のものであって，定格電流が100 A以下のものが特定電気用品の適用を受ける.

イの金属製電線管及びハのケーブル配線用スイッチボックスは，特定電気用品以外の電気用品の適用を受ける．ニの合成樹脂絶縁電線は，100 mm^{2}以下のものが特定電気用品の適用を受け, 150 mm^{2}のものは電気用品の適用を受けない.

30　ハ．低圧受電で,受電電力の容量が40 kW, 出力15 kWの太陽電池発電設備を備えた幼稚園

電気事業法第38条，施行規則第48条(一般用電気工作物の範囲)による.

一般用電気工作物は低圧で受電し，同一構内に設置する小出力発電設備を有するものを含む.

太陽電池発電設備は出力50 kW未満，非常用内燃力発電設備は出力10 kW未満のものが，同一構内に設置する小出力発電設備に該当する.

イは低圧で受電しているが，小出力発電設備に該当しない出力15 kWの非常用内燃力発電設備を有しているので，自家用電気工作物に該当する．ロ及びニは, 高圧で受電しているので，自家用電気工作物に該当する.

問題２．配線図の解答

31　ロ.

①で示す図記号 ◐$^{20A250V}_{E}$ のコンセントは，20 A250 V接地極付コンセントである.

32　イ．天井面

②で示す図記号 ◫$_{LK}$ は，天井に取り付ける抜け止め形コンセントである.

33　ハ．床隠ぺい配線

③で示す図記号 - - - - - は，床隠ぺい配線を示す.

34　ニ．波付硬質合成樹脂管

④で示す部分の配線工事は，管の種類が(FEP)と示されているので，波付硬質合成樹脂管(**第９図**)を用いる.

第９図　波付硬質合成樹脂管(**FEP**)

35　ロ．漏電遮断器(過負荷保護付)

⑤で示す図記号 [BE] は，漏電遮断器(過負荷保護付)を表す.

36　ロ．0.2

電技第58条(低圧の電路の絶縁性能)による.

三相3線式200 Vの分岐回路で，使用電圧が300 V以下で対地電圧が150 Vを超えるので，絶縁抵抗の最小値は, **第5表**から0.2 MΩである.

37　ハ．リモコンリレー

⑦で示す図記号 ▲▲▲6 は，分電盤に6個のリモコンリレーを集合して取り付けるものを表す.

38　ニ．D種接地工事　1.6 mm

電技解釈第17条(接地工事の種類及び施設方法)・第29条(機械器具の金属製外箱等の接地)による.

⑧で示す部分の接地工事は，単相100 V用のコンセントの接地極に接続するもので，D種接地工事である．接地線の太さの最小は，軟銅線で直径1.6 mmである.

39　ニ．過電流のみを遮断する.

⑨で示す図記号 [S]$_{f40A}$ は，電流計付開閉器を示す．電流計付開閉器には，電流計付箱開閉器(**第10図**)があり，過電流が流れた場合に，ヒューズが溶断して回路を遮断する.

40　ロ．2.5

第 10 図　電流計付箱開閉器

電技解釈第 116 条（低圧架空引込線等の施設）による．

低圧架空引込線取付点の地表上の高さは，技術上やむを得ない場合において交通に支障のないときは，地表上 2.5 m 以上にできる．

41　**イ.**

⑪で示す図記号□- - - -LD- - - - は，ライティングダクトを表す．□は，フィードインボックスを示す．

42　**ハ.**

⑫で示す部分の複線図は，**第 11 図**のようになる．

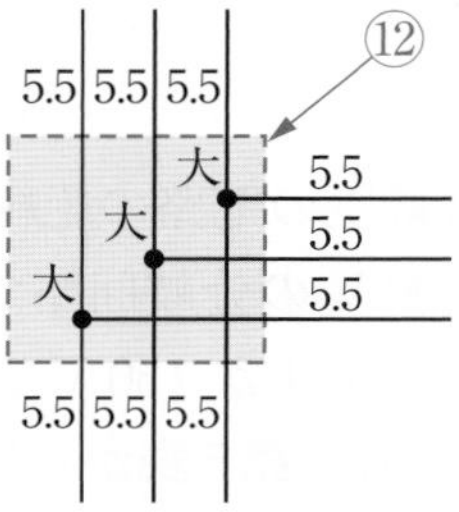

第 11 図

5.5 mm^2 の電線 3 本の接続には，リングスリーブの大が必要で，工具は黄色い柄のリングスリーブ用圧着工具を使用する．

43　**イ.**

⑬で示す図記号●$_{A(3A)}$ は，自動点滅器である．

44　**ニ.**

⑭で示す図記号Ⓣ$_R$ は，リモコントランスを表す．

45　**イ.**

⑮で示すボックス内の接続は，**第12図**になる．

使用する差込形コネクタの種類と最少個数の組み合わせは，次のようになる．

- 2 本用……1 個
- 3 本用……2 個

46　**ロ.**

⑯で示す部分の複線図は**第 12 図**になり，必

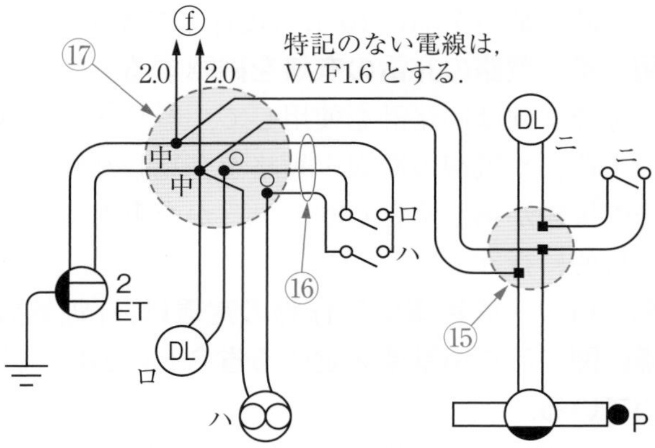

第 12 図

要なケーブルは VVF1.6-3C である．

47　**ハ.**

リングスリーブの選定及び刻印は，**第 6 表**による．

第 6 表　リングスリーブの選定及び刻印

スリーブ	電線の組み合わせ〔mm〕			刻印
	1.6	2.0	異なる場合	
小	2	—	—	○
	3 ～ 4	2	2.0×1＋1.6×1 ～ 2	小
中	5 ～ 6	3 ～ 4	2.0×1＋1.6×3 ～ 5 2.0×2＋1.6×1 ～ 3	中

⑰で示すボックス内の接続は**第 12 図**になり，使用するリングスリーブとその刻印は次のようになる．

- 1.6 mm×2　＝小スリーブ（刻印○）2 個
- 2.0 mm×1＋1.6 mm×3
  ＝中スリーブ（刻印中）1 個
- 2.0 mm×1＋1.6 mm×4
  ＝中スリーブ（刻印中）1 個

48　**ニ.**

ニは，木材に穴をあける木工用ドリルビットで，分電盤の穴あけに使用されることはない．

49　**ニ.**

ニの図記号は⊖^2_E で，使用されていない．

イの図記号は⊖$_{ET}$ で，店舗のカウンタ側に使用されている．ロの図記号⊖$_{EET}$ は，店舗に使用されている．ハの図記号は⊖$^{20A250V}_E$ で，店舗のカウンタ側に使用されている．

50　**ロ.**

プルボックスの図記号は⊠で，駐車場側に 2 個使用されている．

令和元年度

学科試験
問題と解答・解説

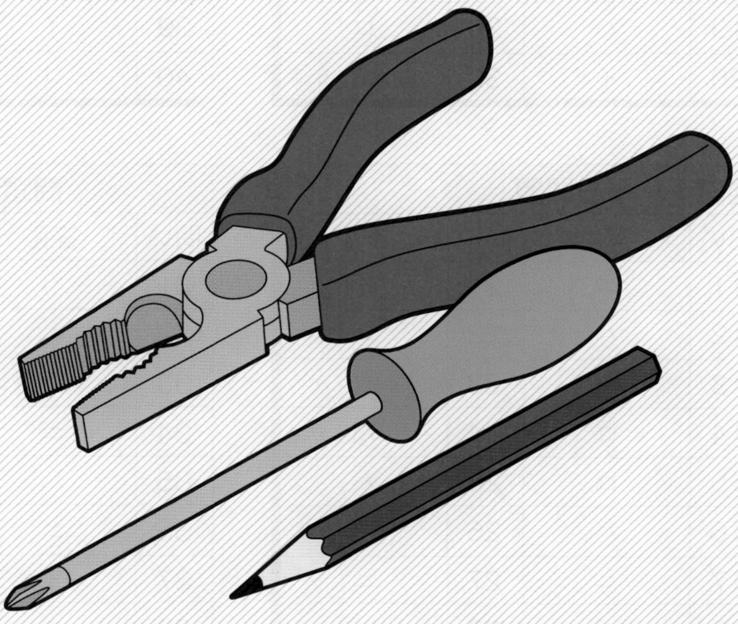

◆令和元年度問題の解答◆

〈上期試験〉

問題1．一般問題					
問い	答え	問い	答え	問い	答え
1	ニ	11	ハ	21	ロ
2	イ	12	イ	22	ハ
3	ハ	13	ロ	23	ニ
4	ニ	14	ロ	24	ニ
5	ハ	15	ニ	25	ハ
6	ニ	16	イ	26	イ
7	ハ	17	ロ	27	ニ
8	ハ	18	イ	28	ニ
9	ロ	19	ハ	29	ロ
10	ロ	20	イ	30	イ ※

問題2．配線図			
問い	答え	問い	答え
31	ハ	41	ハ
32	イ	42	ニ
33	ハ	43	ニ
34	ニ	44	ロ
35	ロ	45	ハ
36	ニ	46	ハ
37	イ	47	イ
38	イ	48	ロ
39	イ	49	ロ
40	ロ	50	ニ

〈下期試験〉

問題1．一般問題					
問い	答え	問い	答え	問い	答え
1	ロ	11	ニ	21	イ
2	イ	12	ハ	22	ニ
3	ニ	13	イ	23	ロ
4	ハ	14	ロ	24	ハ
5	ロ	15	ロ	25	ハ
6	ハ	16	ハ	26	イ
7	ロ	17	ニ	27	ニ
8	ロ	18	イ	28	ニ
9	ロ	19	ハ	29	ハ
10	ニ	20	イ	30	イ

問題2．配線図			
問い	答え	問い	答え
31	ハ	41	イ
32	ニ	42	ロ
33	ロ	43	ニ
34	ニ	44	ハ
35	ハ	45	ニ
36	ニ	46	ロ
37	イ	47	イ
38	ロ	48	イ
39	イ	49	ニ
40	ハ	50	ハ

※電気事業法改正（令和５年３月20日施行）以前の「問い」と「解答」です．

問題1．一般問題（問題数30，配点は1問当たり2点）

【注】本問題の計算で $\sqrt{2}$，$\sqrt{3}$ 及び円周率 π を使用する場合の数値は次によること。　$\sqrt{2}=1.41$，$\sqrt{3}=1.73$，$\pi=3.14$

次の各問いには4通りの答え（**イ**，**ロ**，**ハ**，**ニ**）が書いてある。それぞれの問いに対して答えを1つ選びなさい。

なお，選択肢が数値の場合は最も近い値を選びなさい。

	問　い	答　え
1	図のような回路で，スイッチSを閉じたとき，a－b端子間の電圧［V］は。 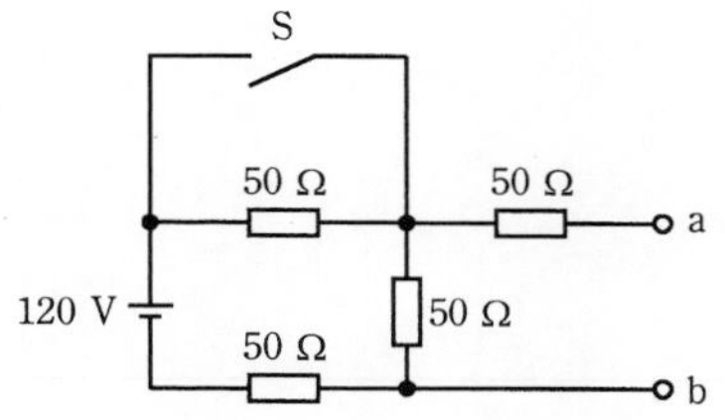	イ．30　ロ．40　ハ．50　ニ．60
2	ビニル絶縁電線（単心）の導体の直径を D，長さを L とするとき，この電線の抵抗と許容電流に関する記述として，**誤っているものは。**	イ．許容電流は，周囲の温度が上昇すると，大きくなる。 ロ．電線の抵抗は，D^2 に反比例する。 ハ．電線の抵抗は，L に比例する。 ニ．許容電流は，D が大きくなると，大きくなる。
3	電熱器により，60 kgの水の温度を20 K上昇させるのに必要な電力量［kW·h］は。 ただし，水の比熱は4.2kJ/(kg·K)とし，熱効率は100 %とする。	イ．1.0　ロ．1.2　ハ．1.4　ニ．1.6
4	図のような交流回路において，抵抗8 Ωの両端の電圧 V［V］は。 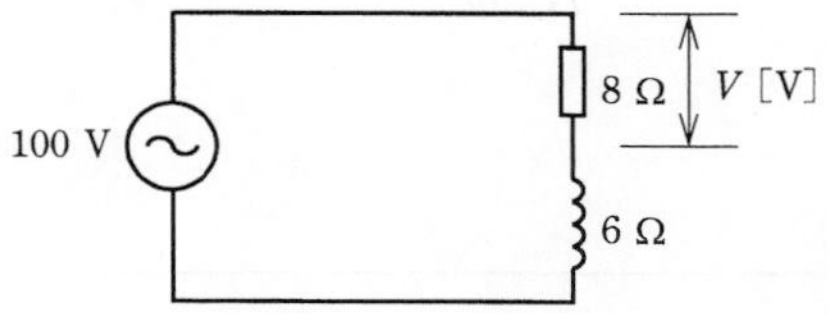	イ．43　ロ．57　ハ．60　ニ．80
5	図のような三相3線式回路の全消費電力［kW］は。 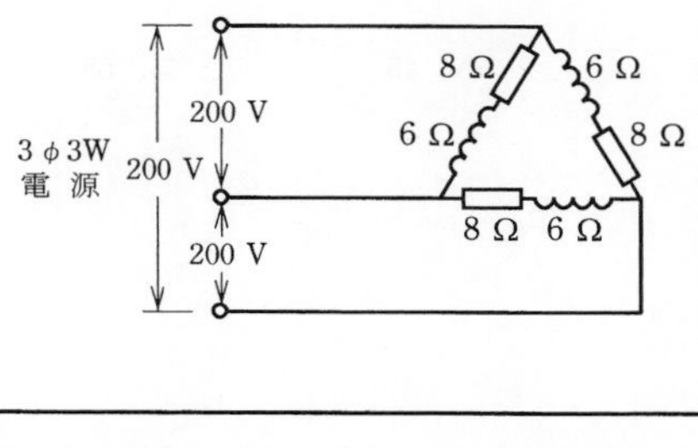	イ．2.4　ロ．4.8　ハ．9.6　ニ．19.2

	問 い	答 え			
6	図のような単相2線式回路において，c－c′間の電圧が100 Vのとき，a－a′間の電圧［V］は。 ただし，rは電線の電気抵抗［Ω］とする。 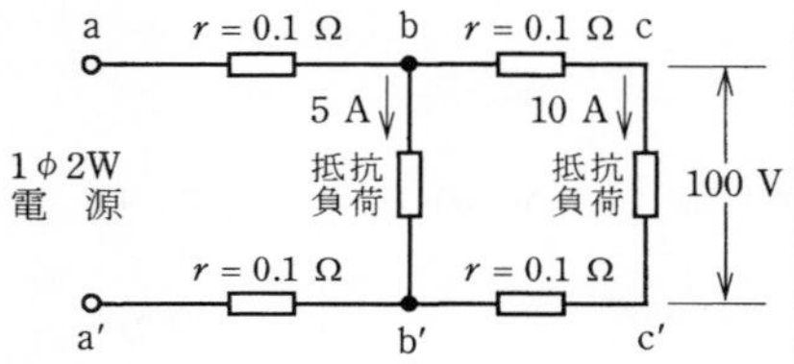 	イ．102	ロ．103	ハ．104	ニ．105
7	図のような単相3線式回路で，電線1線当たりの抵抗がr［Ω］，負荷電流がI［A］，中性線に流れる電流が0 Aのとき，電圧降下（$V_s - V_r$）［V］を示す式は。 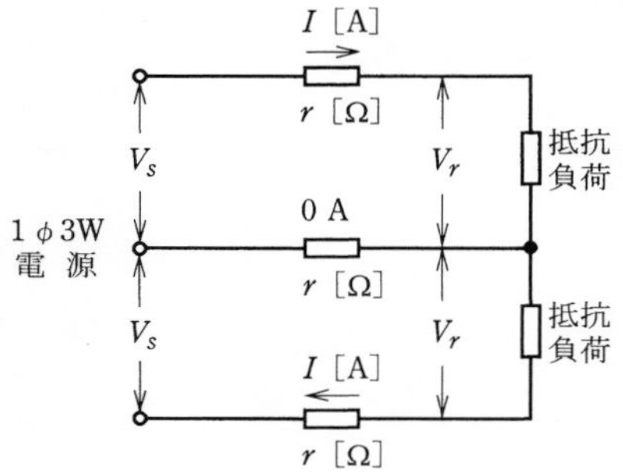 	イ．$2rI$	ロ．$3rI$	ハ．rI	ニ．$\sqrt{3}rI$
8	金属管による低圧屋内配線工事で，管内に直径2.0 mmの600 Vビニル絶縁電線（軟銅線）5本を収めて施設した場合，電線1本当たりの許容電流［A］は。 ただし，周囲温度は30 ℃以下，電流減少係数は0.56とする。	イ．10	ロ．15	ハ．19	ニ．27
9	図のように定格電流100 Aの過電流遮断器で保護された低圧屋内幹線から分岐して，6 mの位置に過電流遮断器を施設するとき，a－b間の電線の許容電流の最小値［A］は。 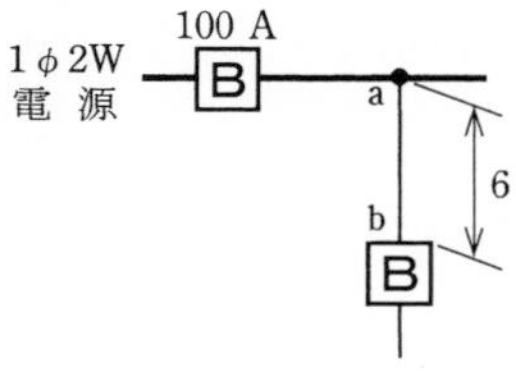 	イ．25	ロ．35	ハ．45	ニ．55

	問い	答え
10	低圧屋内配線の分岐回路の設計で，配線用遮断器の定格電流とコンセントの組合せとして，**不適切なものは。**	**イ．**　**ロ．**　**ハ．**　**ニ．** 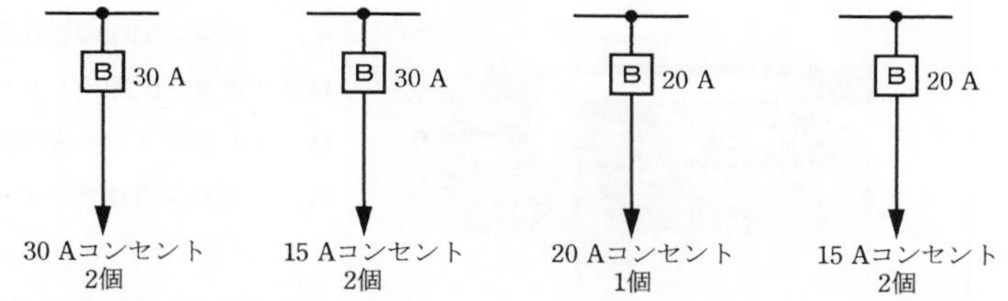
11	アウトレットボックス（金属製）の使用方法として，**不適切なものは。**	**イ．** 金属管工事で電線の引き入れを容易にするのに用いる。 **ロ．** 金属管工事で電線相互を接続する部分に用いる。 **ハ．** 配線用遮断器を集合して設置するのに用いる。 **ニ．** 照明器具などを取り付ける部分で電線を引き出す場合に用いる。
12	使用電圧が300 V以下の屋内に施設する器具であって，付属する移動電線にビニルコードが**使用できるものは。**	**イ．** 電気扇風機 **ロ．** 電気こたつ **ハ．** 電気こんろ **ニ．** 電気トースター
13	金属管（鋼製電線管）工事で切断及び曲げ作業に使用する工具の組合せとして，**適切なものは。**	**イ．** やすり　パイプレンチ　トーチランプ **ロ．** リーマ　金切りのこ　パイプベンダ **ハ．** やすり　金切りのこ　トーチランプ **ニ．** リーマ　パイプレンチ　パイプベンダ
14	極数6の三相かご形誘導電動機を周波数50 Hzで使用するとき，最も近い回転速度[min^{-1}]は。	**イ．** 500　**ロ．** 1 000　**ハ．** 1 500　**ニ．** 3 000
15	系統連系型の小出力太陽光発電設備において，**使用される機器は。**	**イ．** 調光器 **ロ．** 低圧進相コンデンサ **ハ．** 自動点滅器 **ニ．** パワーコンディショナ
16	写真に示す材料の用途は。  （合成樹脂製）	**イ．** 住宅でスイッチやコンセントを取り付けるのに用いる。 **ロ．** 多数の金属管が集合する箇所に用いる。 **ハ．** フロアダクトが交差する箇所に用いる。 **ニ．** 多数の遮断器を集合して設置するために用いる。

問い		答え
17	写真に示す器具の用途は。 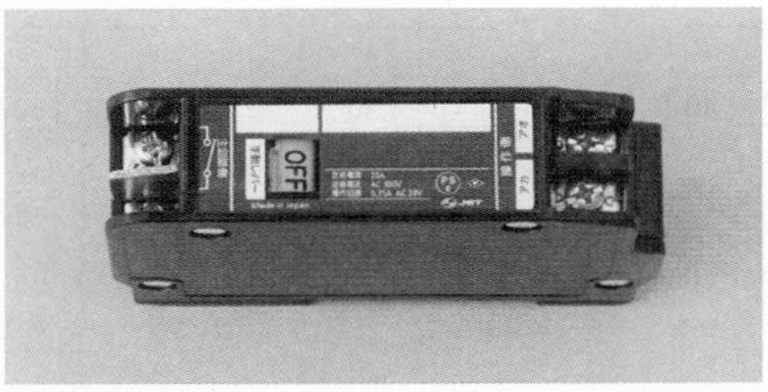 	**イ．** リモコン配線の操作電源変圧器として用いる。 **ロ．** リモコン配線のリレーとして用いる。 **ハ．** リモコンリレー操作用のセレクタスイッチとして用いる。 **ニ．** リモコン用調光スイッチとして用いる。
18	写真に示す工具の用途は。 	**イ．** 硬質塩化ビニル電線管の曲げ加工に用いる。 **ロ．** 合成樹脂製可とう電線管の接続加工に用いる。 **ハ．** ライティングダクトの曲げ加工に用いる。 **ニ．** 金属管（鋼製電線管）の曲げ加工に用いる。
19	単相100 Vの屋内配線工事における絶縁電線相互の接続で，**不適切なものは。**	**イ．** 絶縁電線の絶縁物と同等以上の絶縁効力のあるもので十分被覆した。 **ロ．** 電線の引張強さが15 %減少した。 **ハ．** 電線相互を指で強くねじり，その部分を絶縁テープで十分被覆した。 **ニ．** 接続部の電気抵抗が増加しないように接続した。
20	100 Vの低圧屋内配線工事で，**不適切なものは。**	**イ．** フロアダクト工事で，ダクトの長さが短いのでD種接地工事を省略した。 **ロ．** ケーブル工事で，ビニル外装ケーブルと弱電流電線が接触しないように施設した。 **ハ．** 金属管工事で，ワイヤラス張りの貫通箇所のワイヤラスを十分に切り開き，貫通部分の金属管を合成樹脂管に収めた。 **ニ．** 合成樹脂管工事で，その管の支持点間の距離を1.5 mとした。
21	店舗付き住宅の屋内に三相3線式200 V，定格消費電力2.5 kWのルームエアコンを施設した。このルームエアコンに電気を供給する電路の工事方法として，**適切なものは。** ただし，配線は接触防護措置を施し，ルームエアコン外箱等の人が触れるおそれがある部分は絶縁性のある材料で堅ろうに作られているものとする。	**イ．** 専用の過電流遮断器を施設し，合成樹脂管工事で配線し，コンセントを使用してルームエアコンと接続した。 **ロ．** 専用の漏電遮断器（過負荷保護付）を施設し，ケーブル工事で配線し，ルームエアコンと直接接続した。 **ハ．** 専用の配線用遮断器を施設し，金属管工事で配線し，コンセントを使用してルームエアコンと接続した。 **ニ．** 専用の開閉器のみを施設し，金属管工事で配線し，ルームエアコンと直接接続した。
22	床に固定した定格電圧200 V，定格出力2.2 kWの三相誘導電動機の鉄台に接地工事をする場合，接地線（軟銅線）の太さと接地抵抗値の組合せで，**不適切なものは。** ただし，漏電遮断器を設置しないものとする。	**イ．** 直径1.6 mm，10 Ω **ロ．** 直径2.0 mm，50 Ω **ハ．** 公称断面積0.75 mm^2，5 Ω **ニ．** 直径2.6 mm，75 Ω

	問い	答え
23	図に示す雨線外に施設する金属管工事の末端Ⓐ又はⒷ部分に使用するものとして，**不適切なものは**。 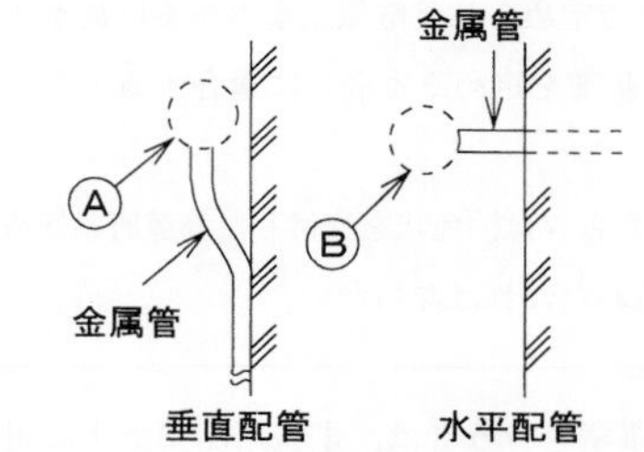	イ．Ⓐ部分にエントランスキャップを使用した。 ロ．Ⓑ部分にターミナルキャップを使用した。 ハ．Ⓑ部分にエントランスキャップを使用した。 ニ．Ⓐ部分にターミナルキャップを使用した。
24	図のような単相3線式回路で，開閉器を閉じて機器Aの両端の電圧を測定したところ150Vを示した。この原因として，**考えられるものは**。 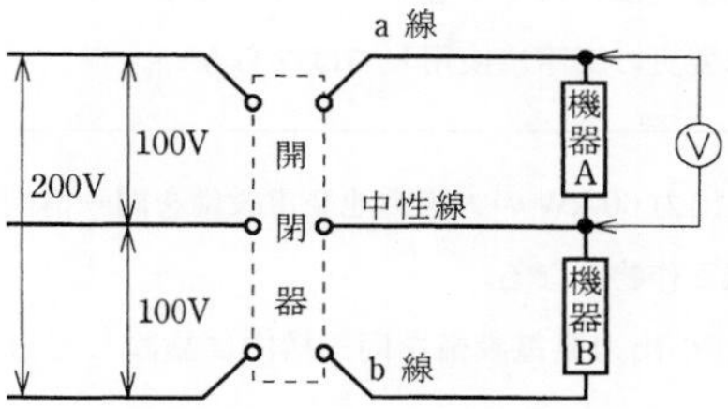	イ．機器Aの内部で断線している。 ロ．a線が断線している。 ハ．b線が断線している。 ニ．中性線が断線している。
25	使用電圧が低圧の電路において，絶縁抵抗測定が困難であったため，使用電圧が加わった状態で漏えい電流により絶縁性能を確認した。「電気設備の技術基準の解釈」に定める，絶縁性能を有していると判断できる漏えい電流の最大値［mA］は。	イ．0.1　　ロ．0.2　　ハ．1　　ニ．2
26	工場の200V三相誘導電動機（対地電圧200V）への配線の絶縁抵抗値［MΩ］及びこの電動機の鉄台の接地抵抗値［Ω］を測定した。電気設備技術基準等に適合する測定値の組合せとして，**適切なものは**。 ただし，200V電路に施設された漏電遮断器の動作時間は0.1秒とする。	イ．0.2 MΩ 300 Ω ロ．0.4 MΩ 600 Ω ハ．0.1 MΩ 200 Ω ニ．0.1 MΩ 50 Ω
27	単相3線式回路の漏れ電流の有無を，クランプ形漏れ電流計を用いて測定する場合の測定方法として，**正しいものは**。 ただし，▨▨▨は中性線を示す。	イ． 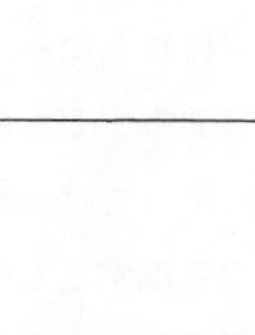 ロ． 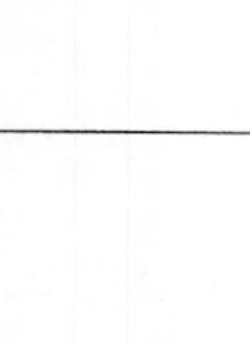 ハ． 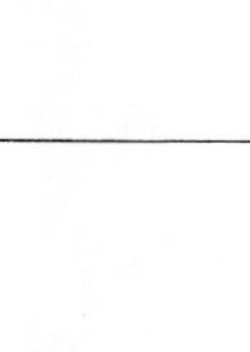 ニ． 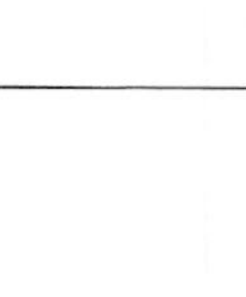

問い		答え
28	電気工事士の義務又は制限に関する記述として，**誤っているものは。**	**イ．** 電気工事士は，都道府県知事から電気工事の業務に関して報告するよう求められた場合には，報告しなければならない。 **ロ．** 電気工事士は，電気工事士法で定められた電気工事の作業に従事するときは，電気工事士免状を携帯しなければならない。 **ハ．** 電気工事士は，電気工事士法で定められた電気工事の作業に従事するときは，「電気設備に関する技術基準を定める省令」に適合するよう作業を行わなければならない。 **ニ．** 電気工事士は，住所を変更したときは，免状を交付した都道府県知事に申請して免状の書換えをしてもらわなければならない。
29	電気用品安全法における電気用品に関する記述として，**誤っているものは。**	**イ．** 電気用品の製造又は輸入の事業を行う者は，電気用品安全法に規定する義務を履行したときに，経済産業省令で定める方式による表示を付すことができる。 **ロ．** 特定電気用品には (PS/E) または(PS)E の表示が付されている。 **ハ．** 電気用品の販売の事業を行う者は，経済産業大臣の承認を受けた場合等を除き，法令に定める表示のない電気用品を販売してはならない。 **ニ．** 電気工事士は，電気用品安全法に規定する表示の付されていない電気用品を電気工作物の設置又は変更の工事に使用してはならない。
30	一般用電気工作物に関する記述として，**誤っているものは。**	**イ．** 低圧で受電するもので，出力 60 kW の太陽電池発電設備を同一構内に施設するものは，一般用電気工作物となる。 **ロ．** 低圧で受電するものは，小出力発電設備を同一構内に施設しても一般用電気工作物となる。 **ハ．** 低圧で受電するものであっても，火薬類を製造する事業場など，設置する場所によっては一般用電気工作物とならない。 **ニ．** 高圧で受電するものは，受電電力の容量，需要場所の業種にかかわらず，一般用電気工作物とならない。

問題２．配線図（問題数 20，配点は１問当たり２点）

※図は３０４頁参照

図は，木造３階建住宅の配線図である。この図に関する次の各問いには４通りの答え（**イ**，**ロ**，**ハ**，**ニ**）が書いてある。それぞれの問いに対して，答えを１つ選びなさい。

【注意】 １．屋内配線の工事は，特記のある場合を除き 600V ビニル絶縁ビニルシースケーブル平形（VVF）を用いたケーブル工事である。

２．屋内配線等の電線の本数，電線の太さ，その他，問いに直接関係のない部分等は省略又は簡略化してある。

３．漏電遮断器は，定格感度電流 30mA，動作時間 0.1 秒以内のものを使用している。

４．選択肢（答え）の写真にあるコンセント及び点滅器は，「JIS C 0303：2000 構内電気設備の配線用図記号」で示す「一般形」である。

５．ジョイントボックスを経由する電線は，すべて接続箇所を設けている。

６．３路スイッチの記号「0」の端子には，電源側又は負荷側の電線を結線する。

	問　い	答　え
31	①で示す図記号の器具の種類は。	イ．引掛形コンセント　ロ．シーリング（天井直付） ハ．引掛シーリング（角）　ニ．埋込器具
32	②で示す部分の電路と大地間の絶縁抵抗として，許容される最小値[MΩ]は。	イ．0.1　ロ．0.2　ハ．0.4　ニ．1.0
33	③で示すコンセントの極配置（刃受）は。	イ．　ロ．　ハ．　ニ．
34	④で示す図記号の器具の種類は。	イ．漏電遮断器付コンセント　ロ．接地極付コンセント ハ．接地端子付コンセント　ニ．接地極付接地端子付コンセント
35	⑤で示す図記号の器具を用いる目的は。	イ．不平衡電流を遮断する。　ロ．過電流と地絡電流を遮断する。 ハ．地絡電流のみを遮断する。　ニ．短絡電流のみを遮断する。
36	⑥で示す部分の接地工事における接地抵抗の許容される最大値［Ω］は。	イ．10　ロ．100　ハ．300　ニ．500
37	⑦で示す部分の最少電線本数（心線数）は。	イ．3　ロ．4　ハ．5　ニ．6
38	⑧で示す部分の小勢力回路で使用できる電線（軟銅線）の導体の最小直径［mm］は。	イ．0.8　ロ．1.2　ハ．1.6　ニ．2.0
39	⑨で示す部分は屋外灯の自動点滅器である。その図記号の傍記表示は。	イ．A　ロ．T　ハ．P　ニ．L
40	⑩で示す図記号の配線方法は。	イ．天井隠ぺい配線　ロ．床隠ぺい配線 ハ．露出配線　ニ．ライティングダクト配線

<table>
<tr><th colspan="2">問　い</th><th colspan="4">答　え</th></tr>
<tr><td>41</td><td>⑪で示す図記号の器具は。</td><td>イ．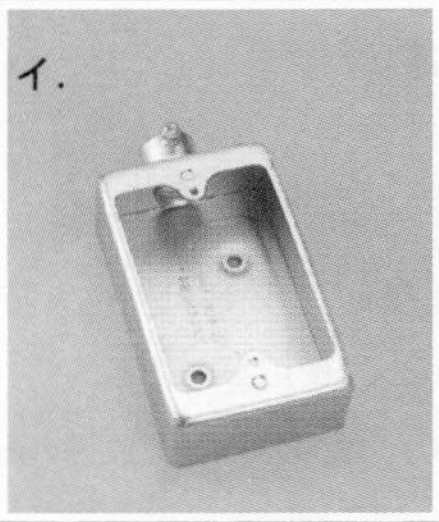</td><td>ロ．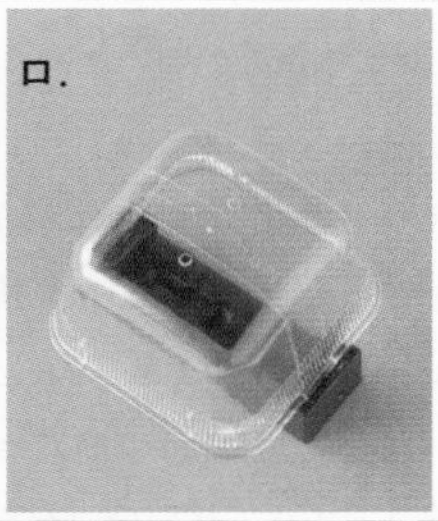</td><td>ハ．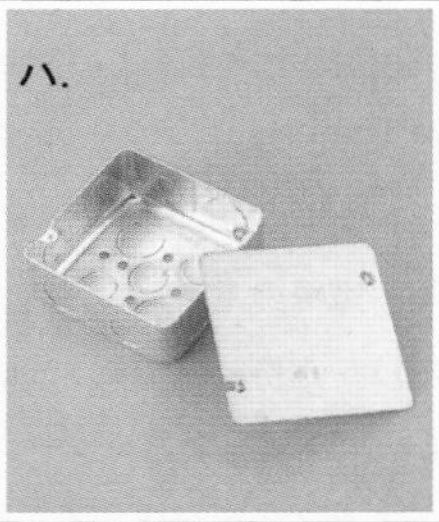</td><td>ニ．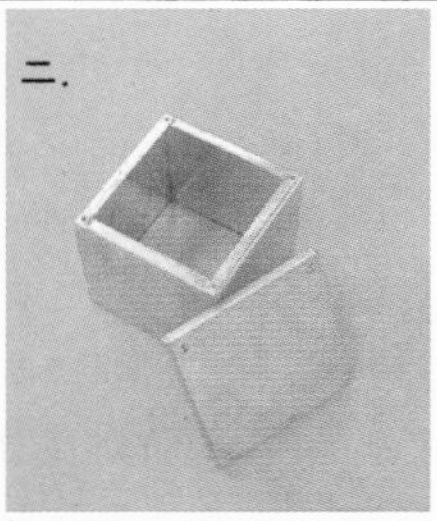</td></tr>
<tr><td>42</td><td>⑫で示す図記号の器具は。</td><td>イ．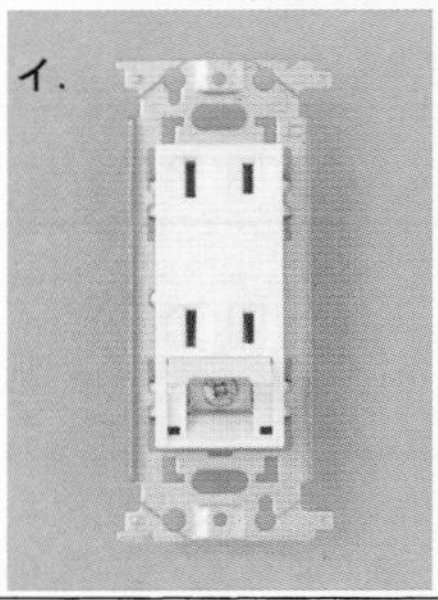</td><td>ロ．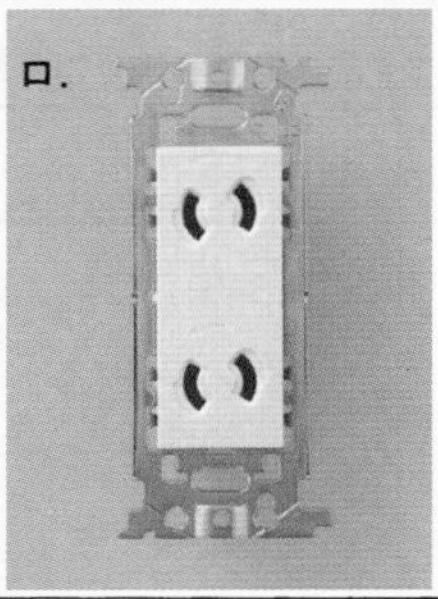</td><td>ハ．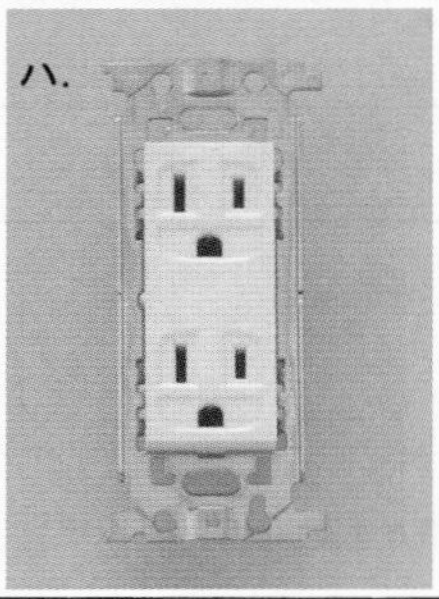</td><td>ニ．</td></tr>
<tr><td>43</td><td>⑬で示す図記号の機器は。</td><td>イ．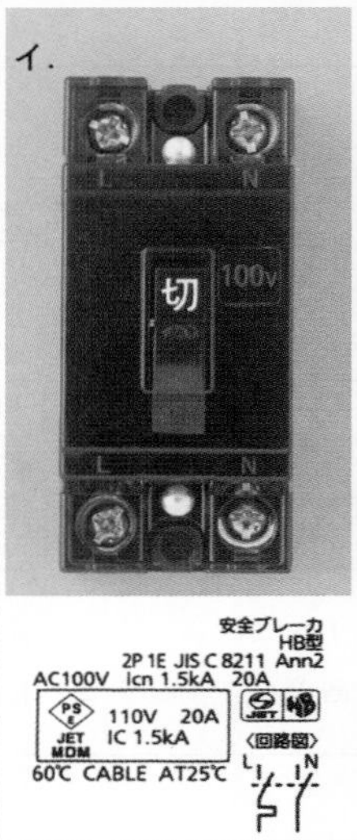</td><td>ロ．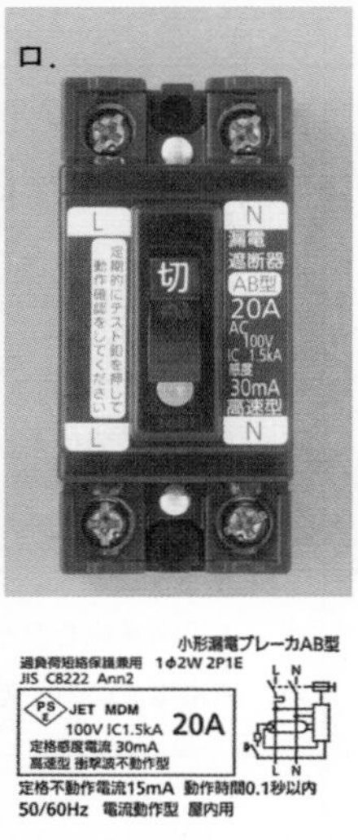</td><td>ハ．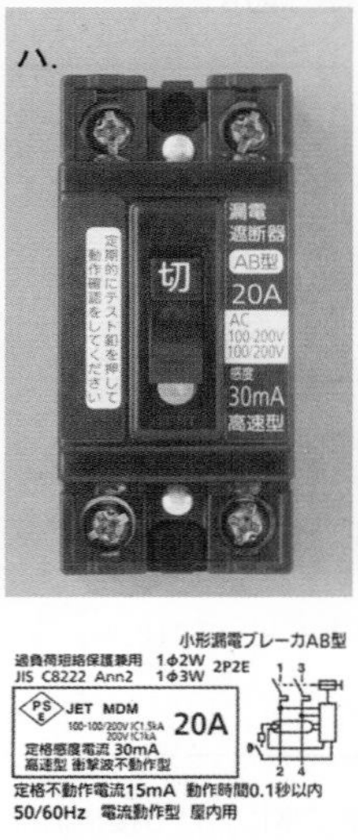</td><td>ニ．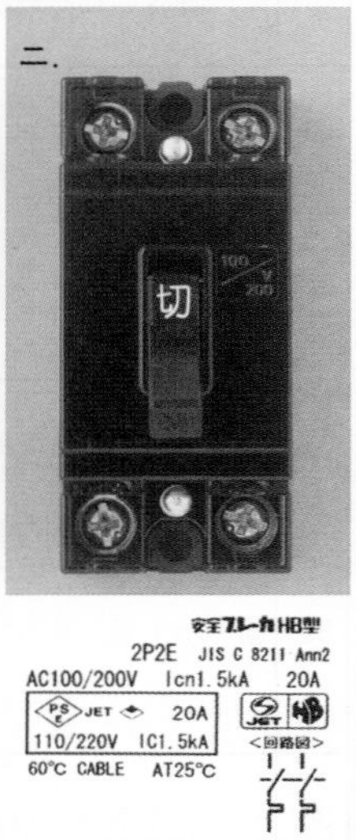</td></tr>
<tr><td>44</td><td>⑭で示すボックス内の接続をすべて圧着接続とする場合，使用するリングスリーブの種類と最少個数の組合せで，正しいものは。
ただし，使用する電線は，すべてVVF1.6とする。</td><td>イ．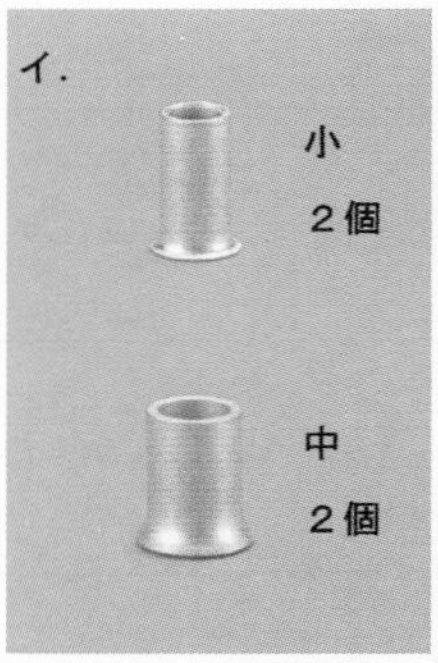</td><td>ロ．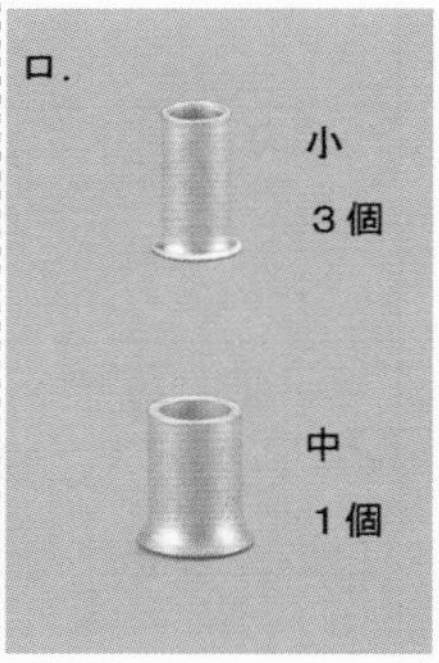</td><td>ハ．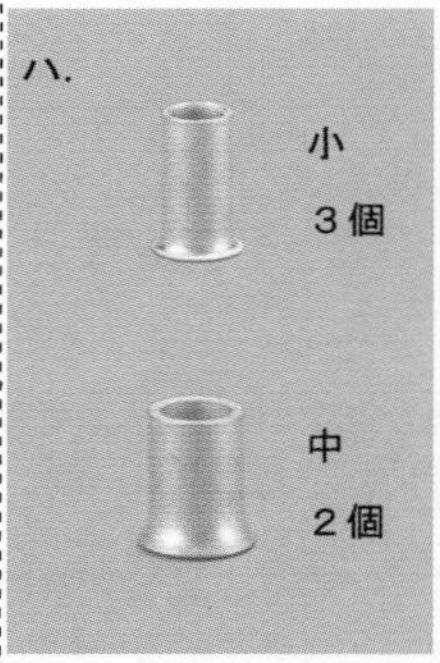</td><td>ニ．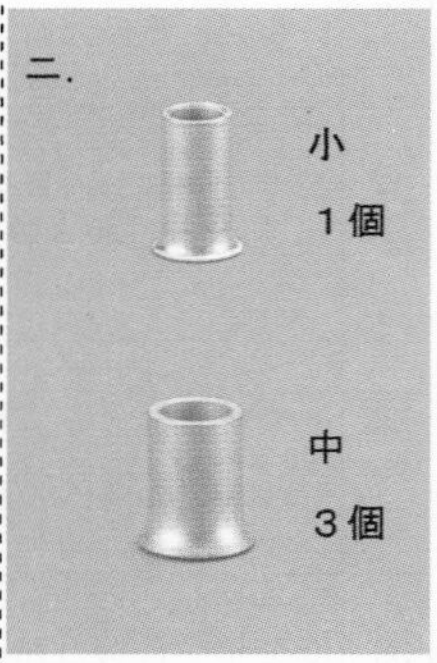</td></tr>
<tr><td>45</td><td>⑮で示す図記号の機器は。</td><td>イ．</td><td>ロ．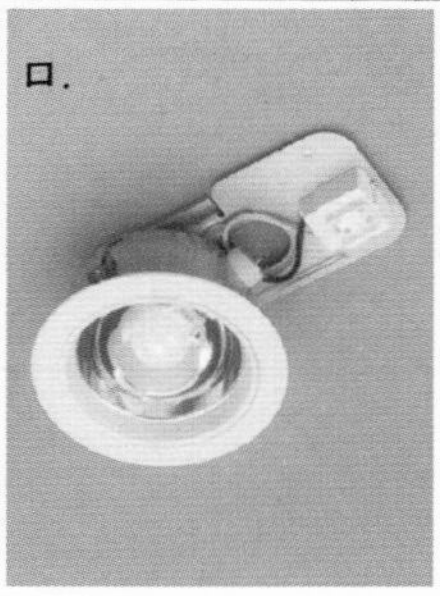</td><td>ハ．</td><td>ニ．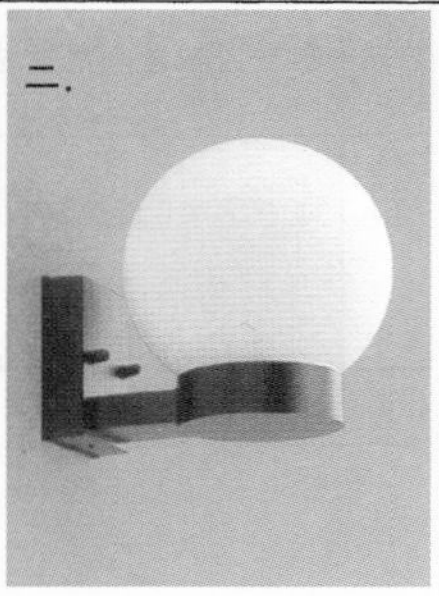</td></tr>
</table>

	問い	答え			
46	⑯で示す木造部分に配線用の穴をあけるための工具として，**正しいものは**。	イ．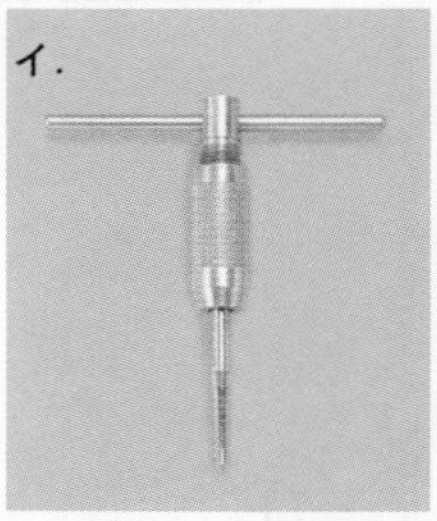	ロ．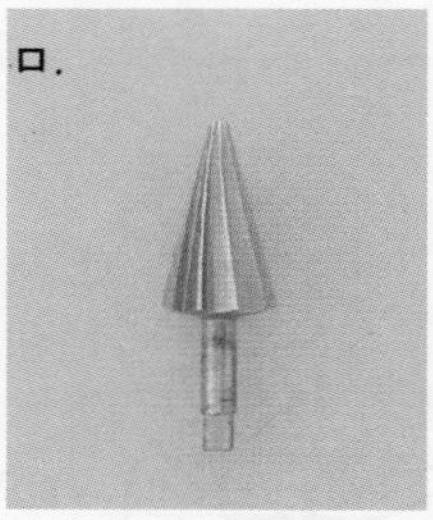	ハ．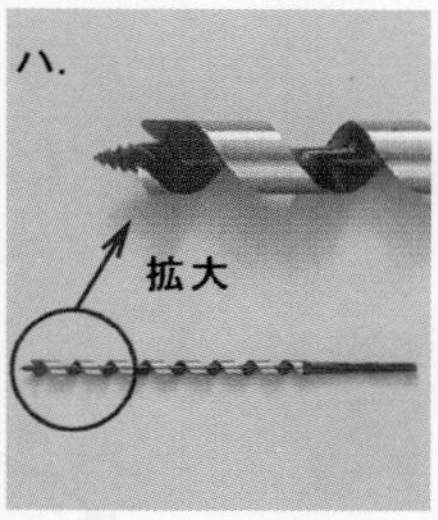	ニ．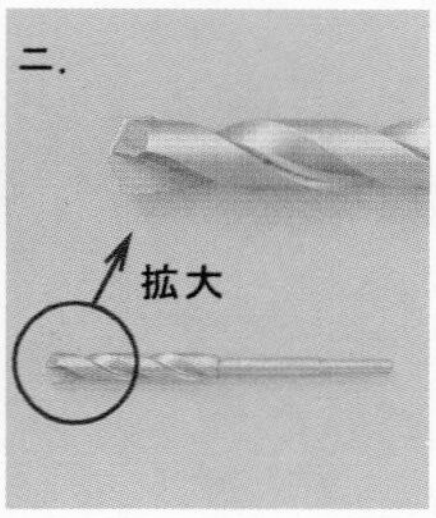
47	⑰で示すボックス内の接続をすべて差込形コネクタとする場合，使用する差込形コネクタの種類と最少個数の組合せで，**正しいものは**。ただし，使用する電線は，すべてVVF1.6とする。	イ．	ロ．	ハ．	ニ．
48	⑱で示す部分の配線工事に必要なケーブルは。ただし，心線数は最少とする。	イ．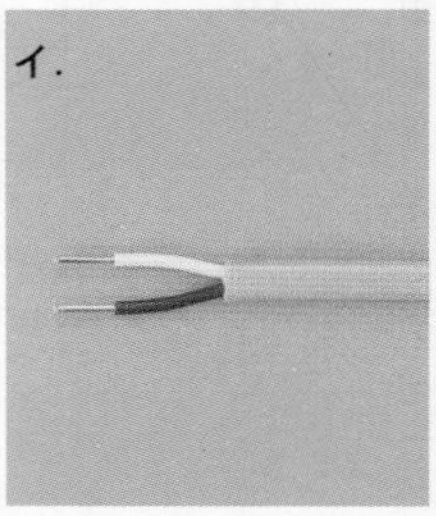	ロ．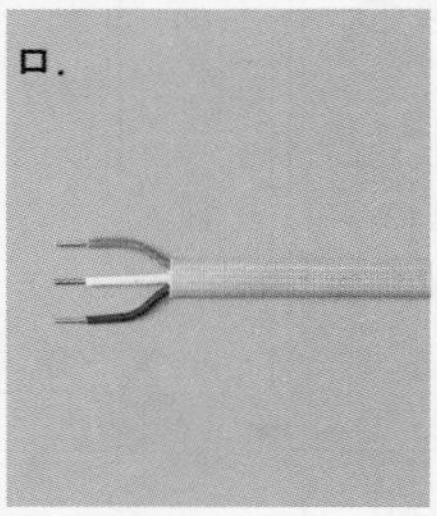	ハ．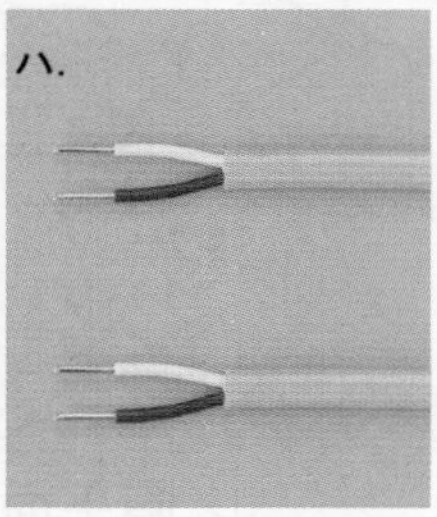	ニ．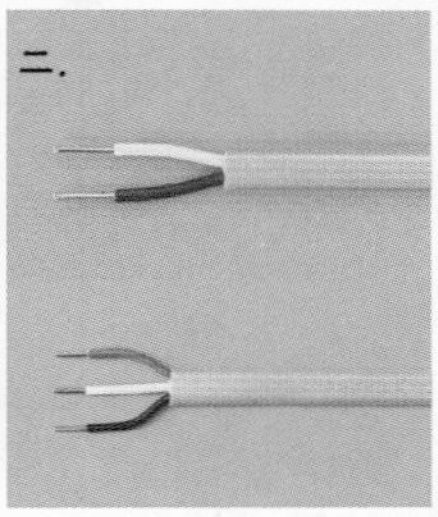
49	⑲で示す図記号の器具は。ただし，写真下の図は，接点の構成を示す。	イ．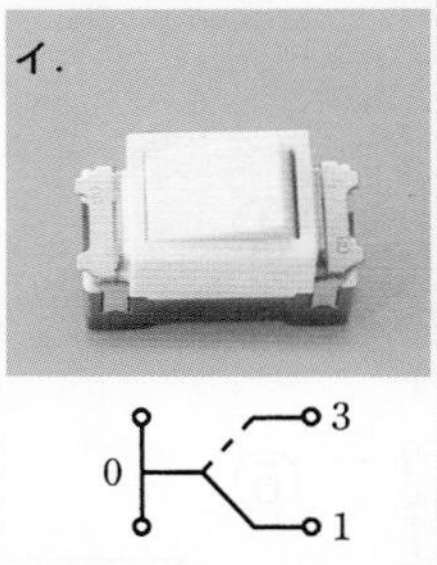	ロ．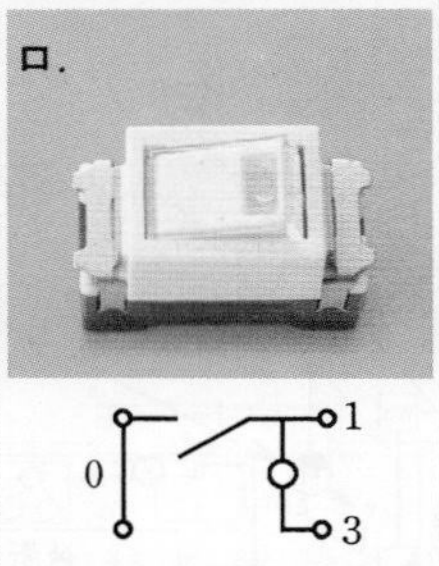	ハ．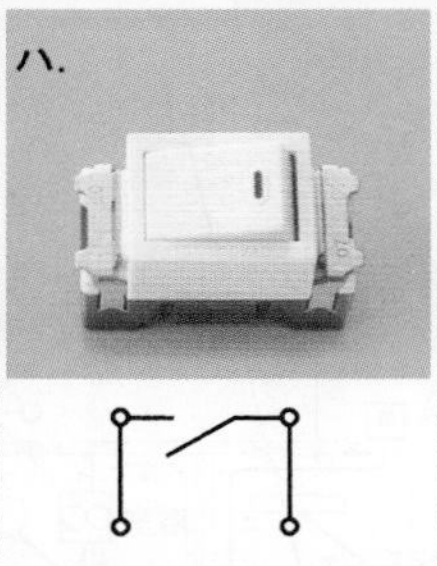	ニ．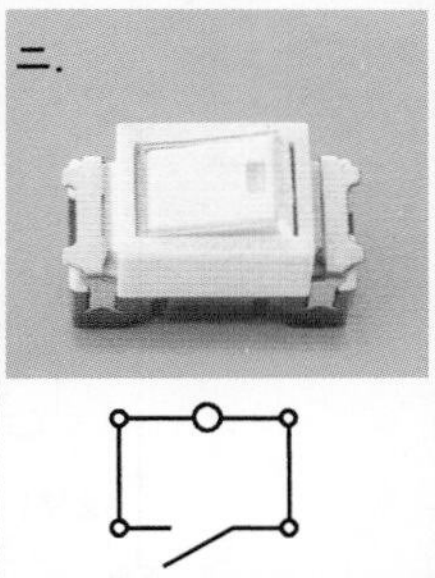
50	⑳で示す地中配線工事で防護管（FEP）を切断するための工具として，**正しいものは**。	イ．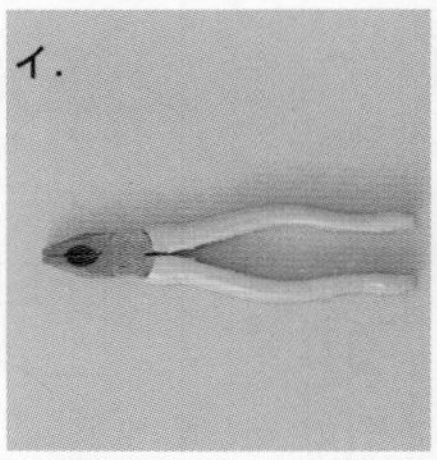	ロ．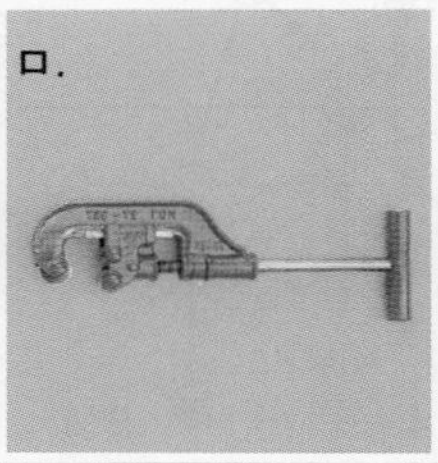	ハ．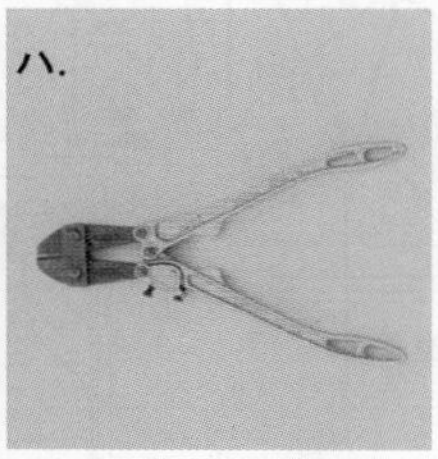	ニ．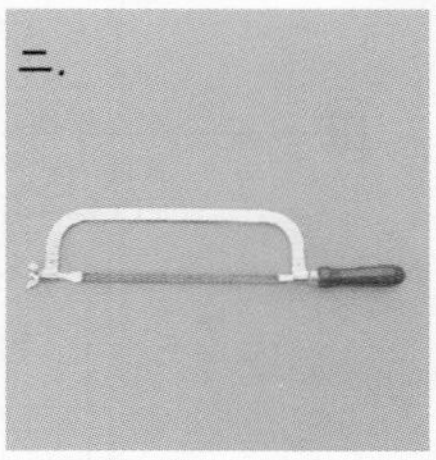

図面を引き抜いてご覧ください

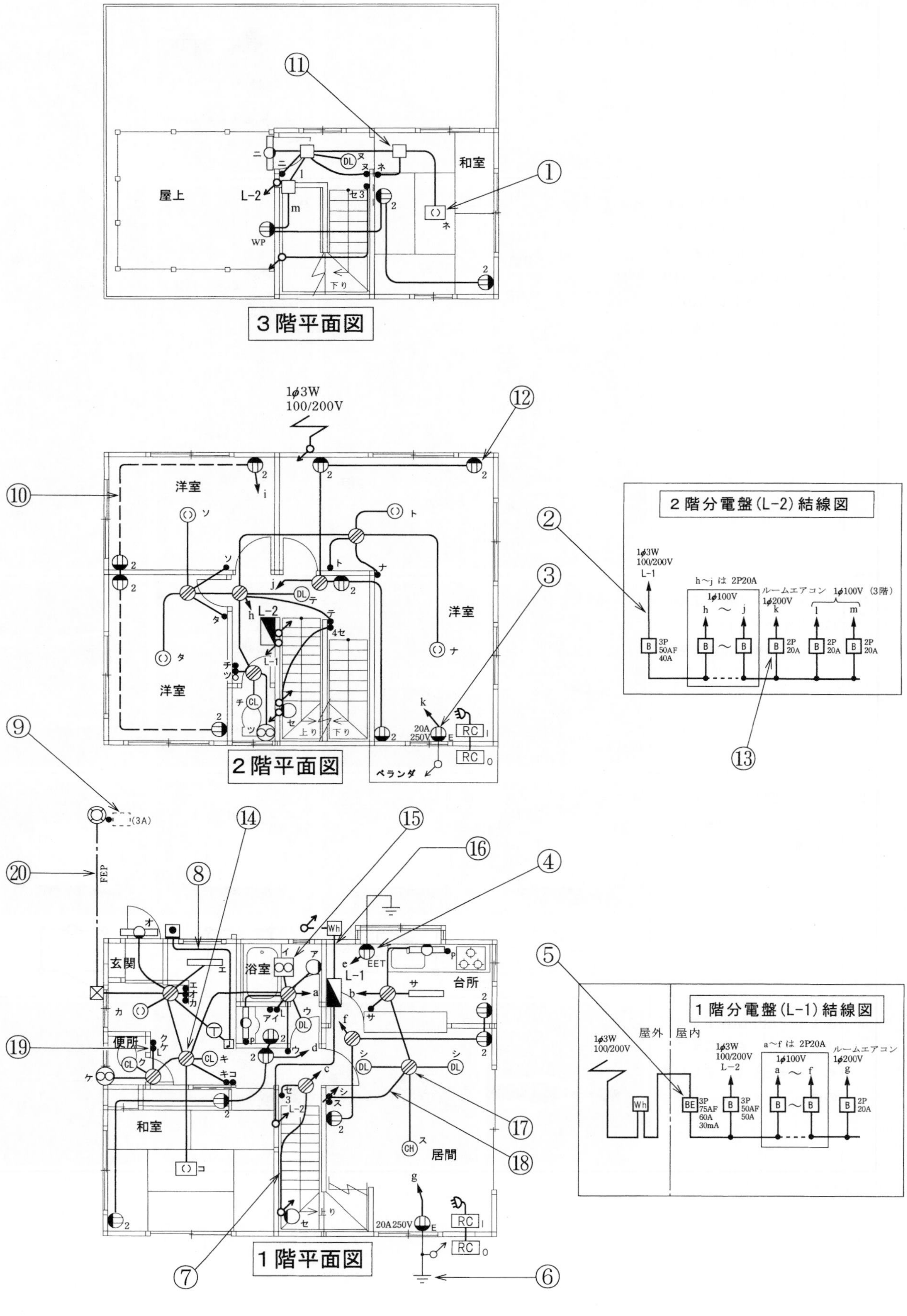

解答と解説

問題1．一般問題の解答

1　ニ．60

スイッチSを閉じたときの回路は，**第1図**のようになる．

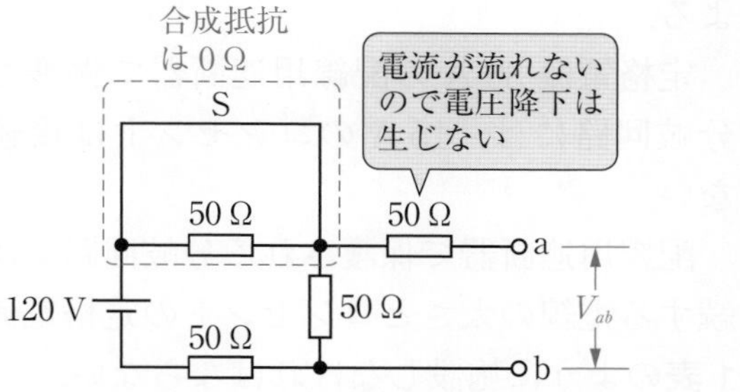

第1図

スイッチSを閉じると，電線の抵抗0Ωと抵抗50Ωの合成抵抗は，次のように0Ωとなる．

$$R=\frac{0\times50}{0+50}=\frac{0}{50}=0〔\Omega〕$$

また，端子aに接続されている抵抗50Ωには電流が流れないので，電圧降下は生じない．

これらのことから，a－b端子間の電圧 V_{ab} は，**第2図**の回路で求めることができる．

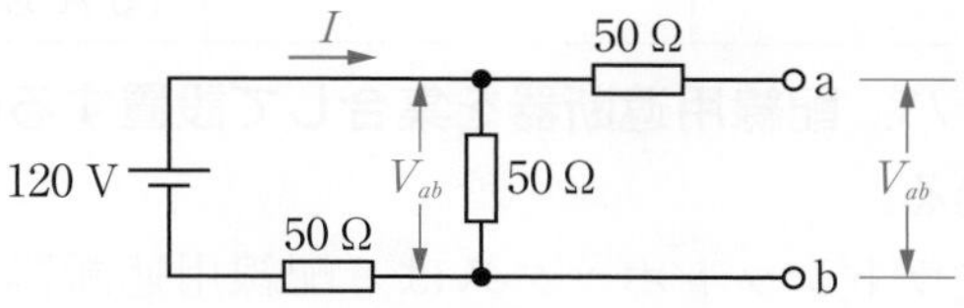

第2図

回路に流れる電流 I〔A〕は，

$$I=\frac{120}{50+50}=\frac{120}{100}=1.2〔\mathrm{A}〕$$

a－b端子間の電圧 V_{ab}〔V〕は，

$$V_{ab}=I\times50=1.2\times50=60〔\mathrm{V}〕$$

2　イ．許容電流は，周囲の温度が上昇すると，大きくなる．

絶縁電線は，周囲の温度が上昇すると放熱能力が低下して，許容電流が小さくなる．このため，イは誤りである．

許容電流は，導体の断面積が大きいほど大きくなるので，ニは正しい．

導体の長さを L〔m〕，直径を D〔mm〕，抵抗率を ρ〔$\Omega\cdot\mathrm{mm}^2/\mathrm{m}$〕とすると，電線の抵抗 R〔Ω〕は，次の式で表される．

$$R=\rho\frac{L}{A}=\frac{\rho L}{\frac{\pi D^2}{4}}=\frac{4\rho L}{\pi D^2}〔\Omega〕$$

したがって，電線の抵抗は L に比例し，D^2 に反比例するので，ロ及びハも正しい．

3　ハ．1.4

比熱は，1kgの水を1K(ケルビン)上昇するのに必要な熱量である．比熱が4.2〔kJ/(kg·K)〕の水60kgを，20K温度上昇させるのに必要な熱量 Q〔kJ〕は，熱効率を100%とすると，

$$Q=4.2\times60\times20〔\mathrm{kJ}〕$$

電力量1kW·hの熱量は3600kJであるので，必要な電力量 W〔kW·h〕は，

$$W=\frac{Q}{3600}=\frac{4.2\times60\times20}{3600}=1.4〔\mathrm{kW\cdot h}〕$$

4　ニ．80

第3図において，回路のインピーダンス Z〔Ω〕は，

$$Z=\sqrt{R^2+X_L{}^2}=\sqrt{8^2+6^2}=\sqrt{64+36}$$
$$=\sqrt{100}=10〔\Omega〕$$

回路に流れる電流 I〔A〕は，

$$I=\frac{V}{Z}=\frac{100}{10}=10〔\mathrm{A}〕$$

抵抗8Ωの両端の電圧 V〔V〕は，

$$V=IR=10\times8=80〔\mathrm{V}〕$$

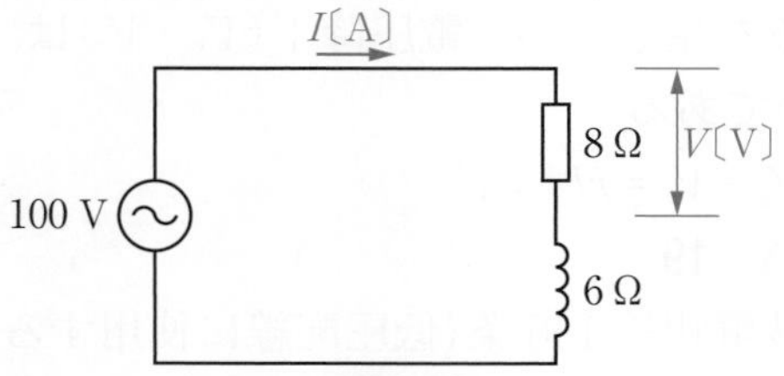

第3図

5　ハ．9.6

交流回路において，電力を消費するのは抵抗だけである．△結線の全消費電力は，1つの抵抗で消費する電力を3倍することによって求めることができる．

第4図において，1相のインピーダンス Z〔Ω〕は，

$$Z=\sqrt{8^2+6^2}=\sqrt{64+36}=\sqrt{100}=10〔\Omega〕$$

8 Ωの抵抗に流れる電流 I〔A〕は，

$$I=\frac{200}{Z}=\frac{200}{10}=20\text{〔A〕}$$

したがって，全消費電力 P〔kW〕は，

$$P=3I^2R=3\times 20^2\times 8=3\times 400\times 8$$
$$=9\,600\text{〔W〕}=9.6\text{〔kW〕}$$

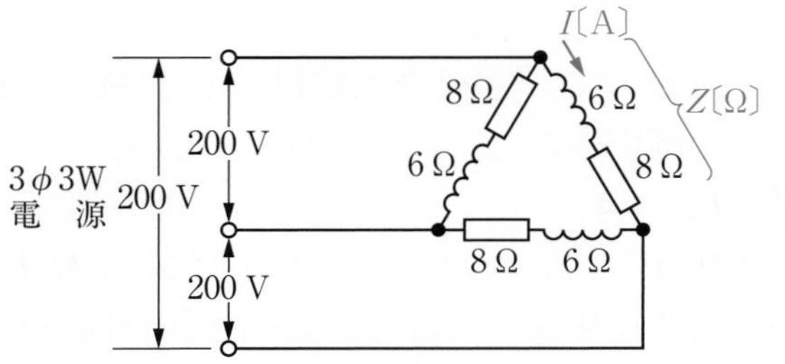

第 4 図

6　ニ．105

第 5 図において，a−b 間及び a′−b′間に流れる電流は，5＋10＝15〔A〕となる．

a−a′間から c−c′間の電圧降下 v〔V〕は，

$$v=2\times 15\times 0.1+2\times 10\times 0.1=3+2=5\text{〔V〕}$$

a−a′間の電圧 $V_{aa'}$〔V〕は，

$$V_{aa'}=100+v=100+5=105\text{〔V〕}$$

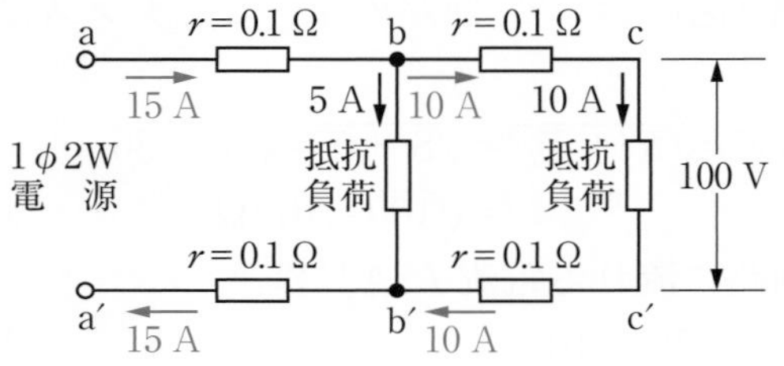

第 5 図

7　ハ．rI

中性線に電流が流れないので，中性線には電圧降下を生じない．電圧降下(V_s-V_r)は，電線 1 本分である．

$$V_s-V_r=rI\text{〔V〕}$$

8　ハ．19

電技解釈第 146 条(低圧配線に使用する電線)による．

直径 2.0 mm の 600 V ビニル絶縁電線(軟銅線)の許容電流は，35 A である．

この電線 5 本を金属管に収めた場合の許容電流〔A〕は，電流減少係数が 0.56 であるから，

$$35\times 0.56=19.6\rightarrow 19\text{ A}$$

(小数点以下 1 位を 7 捨 8 入)

9　ロ．35

電技解釈第 149 条(低圧分岐回路等の施設)による．

a−b 間が 6 m で，3 m を超えて 8 m 以下に該当するので，電線の許容電流 I_W〔A〕は幹線を保護する過電流遮断器の定格電流 I_B の 0.35 倍以上でなければならない．

$$I_W\geqq 0.35I_B=0.35\times 100=35\text{〔A〕}$$

10　ロ．

電技解釈第 149 条(低圧分岐回路等の施設)による．

定格電流 30 A の配線用遮断器で保護される分岐回路には，15 A のコンセントは接続できない．

配線用遮断器で保護される分岐回路では，接続する電線の太さとコンセントの定格電流は**第 1 表**のように施設しなければならない．

第 1 表　分岐回路

配線用遮断器の定格電流	電線の太さ(軟銅線)	コンセントの定格電流
20 A	1.6 mm 以上	20 A 以下
30 A	2.6 mm(5.5 mm²)以上	20 A 以上 30 A 以下
40 A	8 mm² 以上	30 A 以上 40 A 以下
50 A	14 mm² 以上	40 A 以上 50 A 以下

11　ハ．配線用遮断器を集合して設置するのに用いる．

アウトレットボックスは，配線用遮断器を集合して設置するのに用いることはない．

金属管工事で電線相互を接続したり，照明器具などを取り付ける部分で電線を引き出す場合などに用いる．

12　イ．電気扇風機

電技解釈第 171 条(移動電線の施設)による．

ビニルコードを移動電線として使用する場合は，電気を熱として利用しない電気扇風機や電気スタンドなどの電気機械器具に限られる．

13　ロ．リーマ　金切りのこ　パイプベンダ

第 6 図に，金属管の切断及び曲げ作業に使用する工具を示す．

金切りのこで金属管を切断し，やすりで切断面を仕上げ，リーマをクリックボールに取り付けて金属管の内側の面取りをする．金属管を曲

げるには，パイプベンダを用いる．

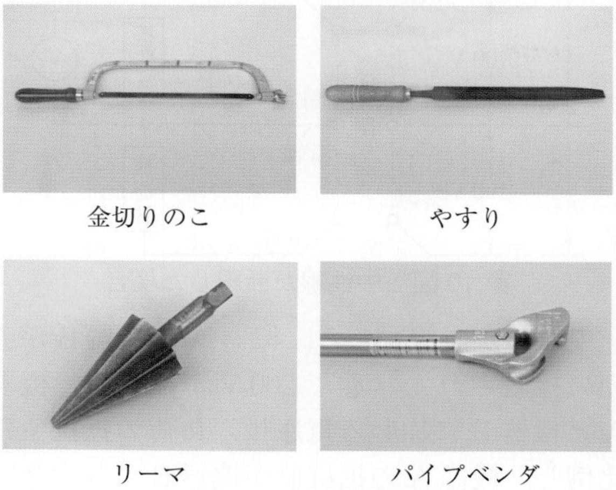

第6図　金属管用工具

パイプレンチは，太い薄鋼電線管や厚鋼電線管を接続するときに，カップリングを締め付けるのに用いる．トーチランプは，硬質塩化ビニル電線管を曲げるときに用いる．

14　ロ．1 000

極数$p=6$の三相かご形誘導電動機を，周波数$f=50$〔Hz〕で使用するときの同期速度N_s〔min^{-1}〕は，次のようになる．

$$N_s=\frac{120f}{p}=\frac{120\times 50}{6}=1\,000\ 〔\mathrm{min}^{-1}〕$$

三相かご形誘導電動機は，無負荷では同期速度に近い回転速度で回転し，負荷が増加するに従って徐々に回転速度が減少する．

15　ニ．パワーコンディショナ

配電線路に接続する系統連系型の太陽光発電設備(**第7図**)において使用されるのは，パワーコンディショナ(**第8図**)である．

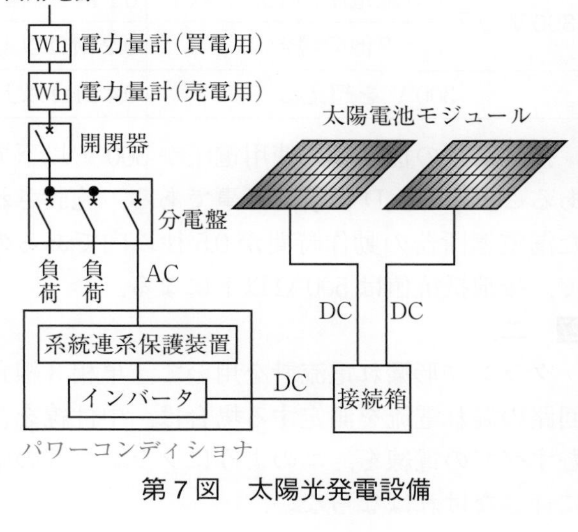

第7図　太陽光発電設備

第8図　パワーコンディショナ

パワーコンディショナは，太陽電池が発電した直流電力を交流電力に変換して，商用電源に接続できるようにする装置である．

16　イ．住宅でスイッチやコンセントを取り付けるのに用いる．

写真に示す材料は，VVFケーブル配線に使用する合成樹脂製のスイッチボックスである．

17　ロ．リモコン配線のリレーとして用いる．

写真に示す器具は，リモコンリレーである．

18　イ．硬質塩化ビニル電線管の曲げ加工に用いる．

写真に示す工具は，ガストーチランプで，硬質塩化ビニル電線管を加熱して柔らかくする．

19　ハ．電線相互を指で強くねじり，その部分を絶縁テープで十分被覆した．

電技解釈第12条(電線の接続法)による．

電線相互をねじって接続する場合は，接続部分には，ろう付けをしなければならない．

20　イ．フロアダクト工事で，ダクトの長さが短いのでD種接地工事を省略した．

電技解釈第165条(特殊な低圧屋内配線工事)により，フロアダクトにはD種接地工事を施さなければならない．フロアダクトが短くても，接地工事の省略はできない．

21　ロ．専用の漏電遮断器(過負荷保護付)を施設し，ケーブル工事で配線し，ルームエアコンと直接接続した．

電技解釈第143条(電路の対地電圧の制限)による．

住宅の屋内電路の対地電圧は，150 V以下にすることが原則であるが，定格消費電力が2 kW以上の電気機械器具及びこれのみに電気を供給する屋内配線を，次によって施設する場合は対地電圧を300 V以下にすることができる．

(施設方法)

①屋内配線には簡易接触防護措置を施すこと．

②電気機械器具には，簡易接触防護措置を施すこと（簡易接触防護措置を施さない部分が，絶縁性のある材料で堅ろうに作られたものである場合等を除く）．

③電気機械器具は，屋内配線と直接接続して施設すること．

④専用の開閉器及び過電流遮断器を施設すること（過電流遮断器が開閉機能を有する場合は，過電流遮断器のみとすることができる）．

⑤漏電遮断器を施設すること．

専用の過負荷保護付漏電遮断器を施設した場合は，④及び⑤を満足したことになる．

22　ハ．公称断面積 0.75 mm^2，5 Ω

電技解釈第 17 条（接地工事の種類及び施設方法）・第 29 条（機械器具の金属製外箱等の接地）による．

定格電圧が 200 V であることから，接地工事の種類はＤ種接地工事である．漏電遮断器を設置しないので接地抵抗値は 100 Ω 以下であり，接地線（軟銅線）の太さは直径 1.6 mm 以上でなければならない．

直径 1.6 mm の断面積は 2 mm^2 で，それより細い公称断面積 0.75 mm^2 の接地線は使用できない．

23　ニ．Ⓐ部分にターミナルキャップを使用した．

内線規程 3110-15（雨線外の配管）による．

雨線外とは雨のかかる場所をいい，雨線外における垂直配管の上端には，エントランスキャップ（**第 9 図**）を使用しなければならない．

ターミナルキャップは，垂直配管の上端に取り付けると，電線を挿入する穴が水平になって，雨水が浸入するので，取り付けてはならない．

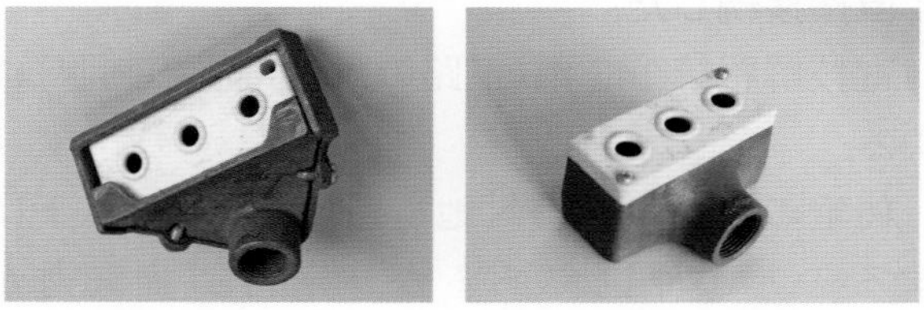

エントランスキャップ　　ターミナルキャップ

第 9 図

24　ニ．中性線が断線している．

中性線が断線した場合は，**第 10 図**のようになる．

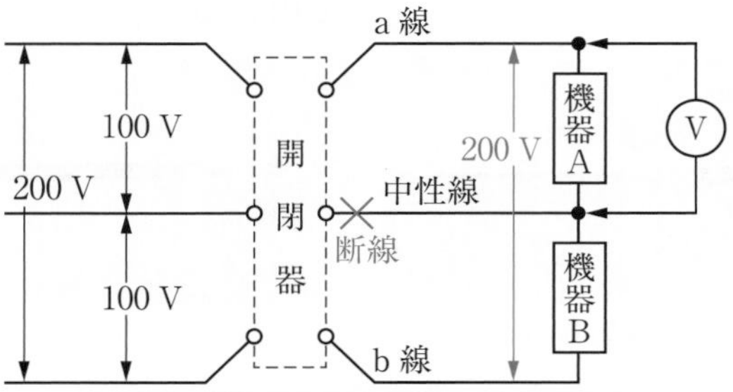

第 10 図　中性線が断線した場合

中性線が断線すると，機器Ａと機器Ｂが直列に接続された状態で 200 V が加わる．機器Ａと機器Ｂに加わる電圧は，負荷の抵抗値に比例し，機器Ａの抵抗値が機器Ｂより大きい場合は，100 V を超えた電圧が加わる．

a 線が断線した場合は，機器Ａの両端に電圧は加わらない．b 線が断線した場合は，機器Ａの両端に加わる電圧は 100 V になる．

25　ハ．1

電技解釈第 14 条（低圧電路の絶縁性能）により，絶縁抵抗測定が困難な場合においては，使用電圧が加わった状態における漏えい電流が，1 mA 以下であればよい．

26　イ．0.2 MΩ　300 Ω

電技第 58 条（低圧の電路の絶縁性能），電技解釈第 17 条（接地工事の種類及び施設方法）・第 29 条（機械器具の金属製外箱等の接地）により，三相 3 線式 200 V の配線は，使用電圧が 200 V で対地電圧が 200 V であるから，絶縁抵抗値は 0.2 MΩ 以上となる（**第 2 表**）．

第 2 表　低圧電路の絶縁性能

電路の使用電圧の区分		絶縁抵抗値
300 V 以下	対地電圧が 150 V 以下	0.1 MΩ 以上
	その他の場合	0.2 MΩ 以上
300 V を超える		0.4 MΩ 以上

接地工事の種類は，使用電圧が 300 V 以下であることから，Ｄ種接地工事である．施設された漏電遮断器の動作時間が 0.5 秒以内であるので，接地抵抗値は 500 Ω 以下になる．

27　ニ．

クランプ形漏れ電流計を用いて，単相 3 線式回路の漏れ電流を測定する場合は，中性線を含むすべての電線を，ニのようにクランプ部の中に通さなければならない．

28 ニ．電気工事士は，住所を変更したときは，免状を交付した都道府県知事に申請して免状の書換えをしてもらわなければならない．

電気工事士法第5条(電気工事士等の義務)・第9条(報告の徴収)，施行令第3条(免状の記載事項)・第5条(免状の書換え)による．

住所は，免状の記載事項にはないので，変更があっても免状を書き換える必要はない．

29 ロ．特定電気用品には (PS/E) または(PS)E の表示が付されている．

電気用品安全法第10条(表示)・第27条(販売の制限)・第28条(使用の制限)，施行規則第17条(表示の方式)による．

特定電気用品には，◇PS/E 又は<PS>E の表示が付されている．特定電気用品以外の電気用品には，(PS/E) 又は(PS)Eの表示が付されている．

30 イ．低圧で受電するもので，出力60 kWの太陽電池発電設備を同一構内に施設するものは，一般用電気工作物となる．

電気事業法第38条，施行規則第48条(一般用電気工作物の範囲)による．

出力50 kW以上の太陽電池発電設備は，小出力発電設備に該当しない．低圧で受電するものであっても，出力50 kW以上の太陽電池発電設備を同一構内に施設するものは，自家用電気工作物となる．

一般用電気工作物とは，次に該当するものである．

①低圧(600 V以下)で受電し，同一の構内で使用するもので，これに接続する小出力発電設備を含む．

②火薬類を製造する事業場，石炭坑を除く．

問題2．配線図の解答

31 ハ．引掛シーリング(角)

①で示す図記号 [( )] は，引掛シーリング(角)を表す．

32 イ．0.1

電技第58条(低圧の電路の絶縁性能)による．

②で示す1 ϕ 3 W 100/200 V電路は，使用電圧が300 V以下で対地電圧が150 V以下に該当するので，電路と大地間の絶縁抵抗は，0.1 MΩ以上である．

33 ハ．

③で示すコンセント 20A 250V ⊕E は，20 A 250 V接地極付コンセントである．

34 ニ．接地極付接地端子付コンセント

④で示す図記号 ⊕EET の器具は，15 A 125 V接地極付接地端子付コンセントである．

35 ロ．過電流と地絡電流を遮断する．

⑤で示す図記号 [BE] の器具は，過負荷保護付漏電遮断器であり，過負荷保護と地絡保護ができる．

36 ニ．500

電技解釈第17条(接地工事の種類及び施設方法)・第29条(機械器具の金属製外箱等の接地)による．

使用電圧が300 V以下の機械器具の接地工事の種類は，D種接地工事である．

分電盤(L-1)に0.1秒以内(【注意】3)に動作する漏電遮断器が施設してあるので，接地抵抗値は500 Ω以下にすればよい．

37 イ．3

⑦で示す部分の複線図は，**第11図**になる．

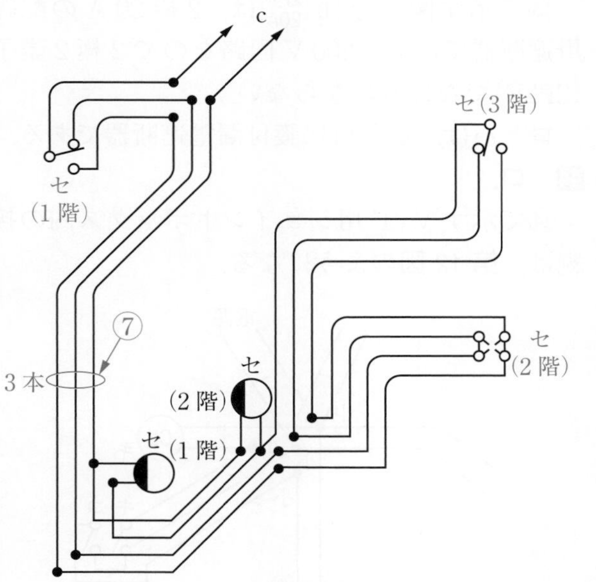

第11図

38 イ．0.8

電技解釈第181条(小勢力回路の施設)による．

小勢力回路に使用できる電線は，ケーブルである場合を除き，直径0.8 mm以上の軟銅線又はこれと同等以上の強さ及び太さのものである．

39 イ．A

自動点滅器の図記号は，●A(3A) のように表す．(3A)は定格電流が3 A であることを示す．

40　ロ．床隠ぺい配線

図記号 ━ ━ ━ ━ は，床隠ぺい配線を表す．

配線方法を示す図記号は，**第3表**のようになっている．

第3表

配　線	図記号
天井隠ぺい配線	―――――――
床隠ぺい配線	─ ─ ─ ─ ─ ─ ─
露出配線	- - - - - - - - - - - - -
地中配線	――――・――――・――――
ライティング ダクト配線	□- - - - -LD- - - - -

41　ハ．

⑪で示す図記号 □ は，ハのジョイントボックス(アウトレットボックス)を表す．

42　ニ．

⑫で示す図記号 ◐$_2$ は，ニの15 A 125 V の2口コンセントを表す．

43　ニ．

⑬で示す図記号 [B]$^{2P}_{20A}$ は，2極20 A の配線用遮断器である．200 V 回路なので2極2素子(2P2E)でなければならない．

ロとハは，過負荷保護付漏電遮断器である．

44　ロ．

⑭で示す VVF 用ジョイントボックス内の接続は，**第12図**のようになる．

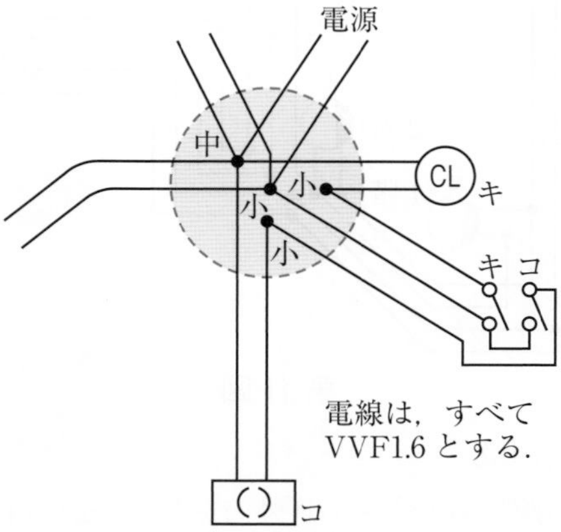

第12図

スリーブの種類は，次のようになる．

• 1.6 mm×2＝小　• 1.6 mm×4＝小

• 1.6 mm×5＝中

接続箇所は4箇所で，使用するスリーブは，小3個，中1個である．

45　ハ．

⑮で示す図記号 [∞] は，ハの天井付きの換気扇を表す．

46　ハ．

⑯で示す木造部分に配線用の穴をあける工具は，ハの木工用ドリルビットである．

47　イ．

⑰で示す VVF 用ジョイントボックス内の接続は，**第13図**のようになる．

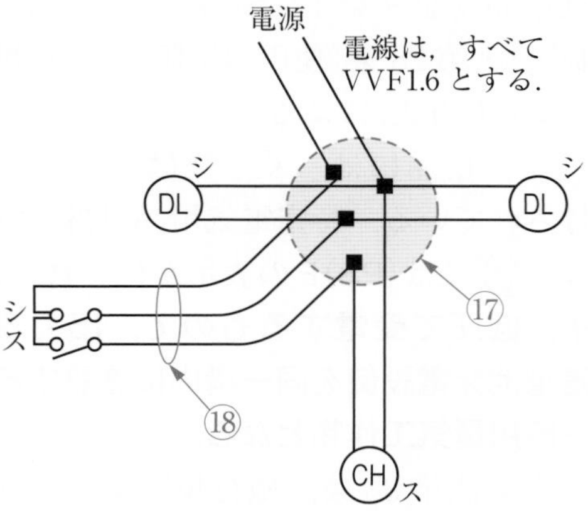

第13図

接続箇所は4箇所で，使用する差込形コネクタの組み合わせは，次のようになる．

• 2本用・・・・2個

• 3本用・・・・1個

• 4本用・・・・1個

48　ロ．

⑱で示す部分は**第13図**のようになり，ロのVVF1.6-3C を使用する．

49　ロ．

⑲で示す図記号 ●$_L$ は，ロの確認表示灯内蔵スイッチを表す．

50　ニ．

⑳で示す防護管(FEP)は，波付硬質合成樹脂管(**第14図**)で，ニの金切りのこで切断する．

第14図　FEP(波付硬質合成樹脂管)

問題１．一般問題（問題数 30，配点は１問当たり２点）

【注】本問題の計算で $\sqrt{2}$，$\sqrt{3}$ 及び円周率 π を使用する場合の数値は次によること。　$\sqrt{2}=1.41$，$\sqrt{3}=1.73$，$\pi=3.14$

次の各問いには４通りの答え（イ，ロ，ハ，ニ）が書いてある。それぞれの問いに対して答えを１つ選びなさい。

なお，選択肢が数値の場合は最も近い値を選びなさい。

	問　い	答　え
1	図のような回路で，端子 a－b 間の合成抵抗［Ω］は。 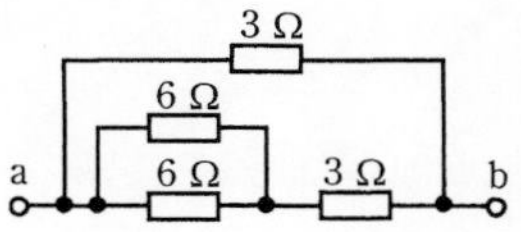 	イ．1　ロ．2　ハ．3　ニ．4
2	直径 2.6 mm，長さ 10 m の銅導線と抵抗値が最も近い同材質の銅導線は。	イ．断面積 5.5 mm^2，長さ 10 m ロ．断面積 8 mm^2，長さ 10 m ハ．直径 1.6 mm，長さ 20 m ニ．直径 3.2 mm，長さ 5 m
3	消費電力が 500 W の電熱器を，1 時間 30 分使用したときの発熱量［kJ］は。	イ．450　ロ．750　ハ．1 800　ニ．2 700
4	図のような正弦波交流回路の電源電圧 v に対する電流 i の波形として，**正しいものは**。 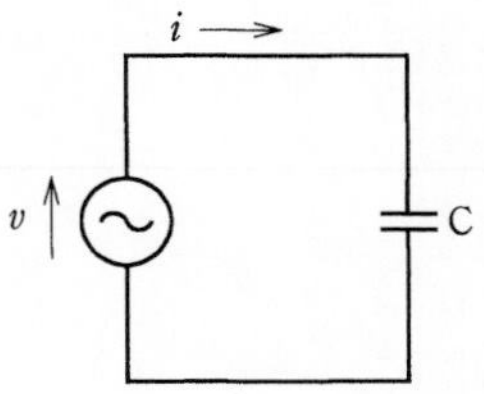 	イ． 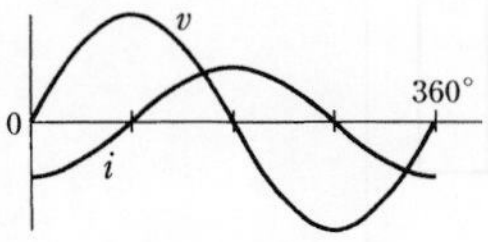 ロ． 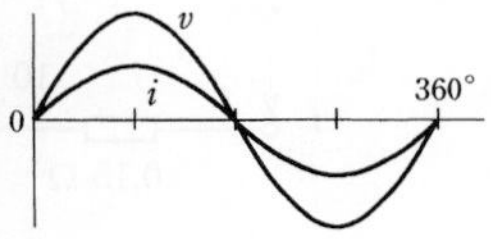 ハ． 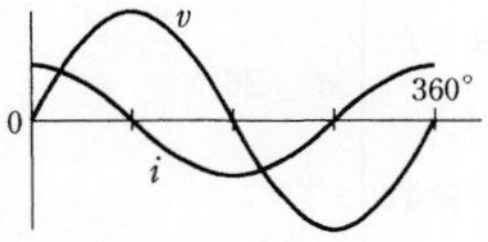 ニ． 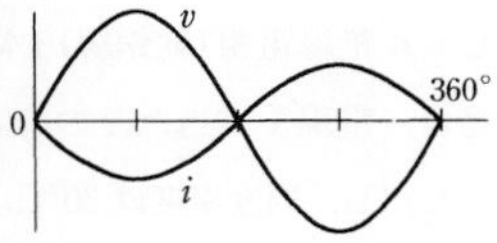
5	図のような三相３線式回路に流れる電流 I［A］は。 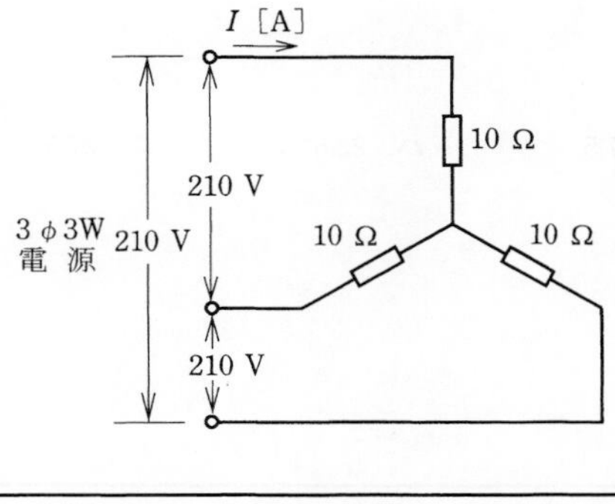 	イ．8.3　ロ．12.1　ハ．14.3　ニ．20.0

<table>
<tr><th colspan="2">問　い</th><th colspan="4">答　え</th></tr>
<tr><td>6</td><td>図のような単相 3 線式回路で，消費電力 100 W，500 W の 2 つの負荷はともに抵抗負荷である。図中の✕印点で断線した場合，a－b 間の電圧［V］は。
ただし，断線によって負荷の抵抗値は変化しないものとする。
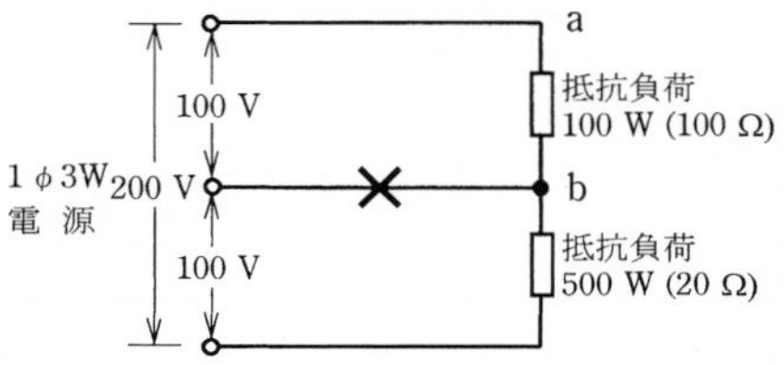
</td><td>イ．33</td><td>ロ．100</td><td>ハ．167</td><td>ニ．200</td></tr>
<tr><td>7</td><td>図のような三相 3 線式回路で，電線 1 線当たりの抵抗が 0.15 Ω，線電流が 10 A のとき，電圧降下($V_s - V_r$)［V］は。
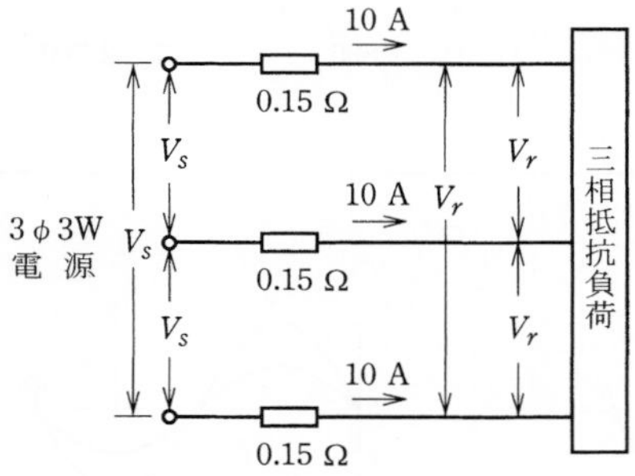
</td><td>イ．1.5</td><td>ロ．2.6</td><td>ハ．3.0</td><td>ニ．4.5</td></tr>
<tr><td>8</td><td>合成樹脂製可とう電線管(PF 管)による低圧屋内配線工事で，管内に断面積 5.5 mm^2 の 600 V ビニル絶縁電線(軟銅線)3本を収めて施設した場合，電線 1 本当たりの許容電流［A］は。
ただし，周囲温度は 30 ℃以下，電流減少係数は 0.70 とする。</td><td>イ．26</td><td>ロ．34</td><td>ハ．42</td><td>ニ．49</td></tr>
<tr><td>9</td><td>図のように定格電流 50 A の過電流遮断器で保護された低圧屋内幹線から分岐して，7 m の位置に過電流遮断器を施設するとき，a－b 間の電線の許容電流の最小値［A］は。
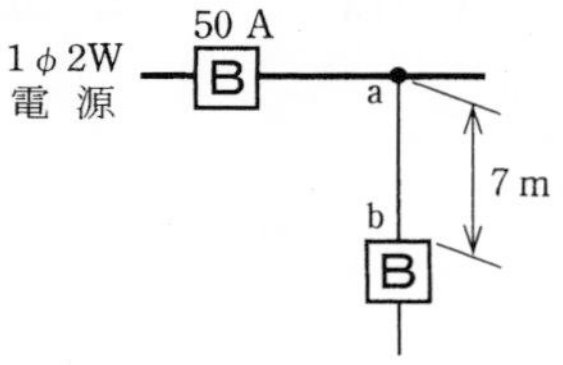
</td><td>イ．12.5</td><td>ロ．17.5</td><td>ハ．22.5</td><td>ニ．27.5</td></tr>
</table>

令和元年度(下期)

	問い	答え
10	定格電流 30 A の配線用遮断器で保護される分岐回路の電線(軟銅線)の太さと，接続できるコンセントの図記号の組合せとして，**適切なものは。** ただし，コンセントは兼用コンセントではないものとする。	イ．断面積 5.5 mm² 2 ロ．断面積 3.5 mm² 3 ハ．直径 2.0 mm 20A ニ．断面積 5.5 mm² 20A 2
11	住宅で使用する電気食器洗い機用のコンセントとして，**最も適しているものは。**	イ．引掛形コンセント ロ．抜け止め形コンセント ハ．接地端子付コンセント ニ．接地極付接地端子付コンセント
12	絶縁物の最高許容温度が**最も高いものは。**	イ．600 V 二種ビニル絶縁電線(HIV) ロ．600 V ビニル絶縁電線(IV) ハ．600 V 架橋ポリエチレン絶縁ビニルシースケーブル(CV) ニ．600 V ビニル絶縁ビニルシースケーブル丸形(VVR)
13	ノックアウトパンチャの用途で，**適切なものは。**	イ．金属製キャビネットに穴を開けるのに用いる。 ロ．太い電線を圧着接続する場合に用いる。 ハ．コンクリート壁に穴を開けるのに用いる。 ニ．太い電線管を曲げるのに用いる。
14	三相誘導電動機の始動において，全電圧始動(じか入れ始動)と比較して，スターデルタ始動の特徴として，**正しいものは。**	イ．始動時間が短くなる。 ロ．始動電流が小さくなる。 ハ．始動トルクが大きくなる。 ニ．始動時の巻線に加わる電圧が大きくなる。
15	低圧電路に使用する定格電流 30 A の配線用遮断器に 60 A の電流が継続して流れたとき，この配線用遮断器が自動的に動作しなければならない時間［分］の限度は。	イ．1　ロ．2　ハ．3　ニ．4
16	写真に示す材料の名称は。 	イ．銅線用裸圧着スリーブ ロ．銅管端子 ハ．銅線用裸圧着端子 ニ．ねじ込み形コネクタ

令和元年度(下期)

	問　い	答　え
17	写真に示す器具の名称は。 	イ．電力量計 ロ．調光器 ハ．自動点滅器 ニ．タイムスイッチ
18	写真に示す工具の用途は。 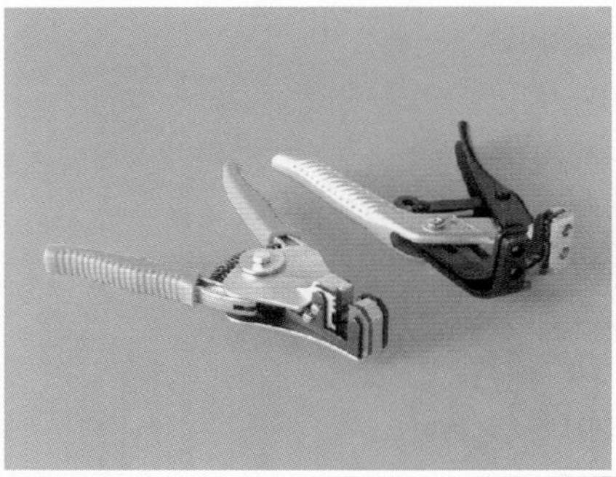	イ．VVF ケーブルの外装や絶縁被覆をはぎ取るのに用いる。 ロ．CV ケーブル（低圧用）の外装や絶縁被覆をはぎ取るのに用いる。 ハ．VVR ケーブルの外装や絶縁被覆をはぎ取るのに用いる。 ニ．VFF コード（ビニル平形コード）の絶縁被覆をはぎ取るのに用いる。
19	低圧屋内配線工事で，600 V ビニル絶縁電線（軟銅線）をリングスリーブ用圧着工具とリングスリーブ（E 形）を用いて終端接続を行った。接続する電線に適合するリングスリーブの種類と圧着マーク（刻印）の組合せで，**不適切なものは。**	イ．直径 2.0 mm　3 本の接続に，中スリーブを使用して圧着マークを **中** にした。 ロ．直径 1.6 mm　3 本の接続に，小スリーブを使用して圧着マークを **小** にした。 ハ．直径 2.0 mm　2 本の接続に，中スリーブを使用して圧着マークを **中** にした。 ニ．直径 1.6mm　1 本と直径 2.0mm　2 本の接続に，中スリーブを使用して圧着マークを **中** にした。
20	使用電圧 100 V の屋内配線の施設場所における工事の種類で，**不適切なものは。**	イ．点検できない隠ぺい場所であって，乾燥した場所のライティングダクト工事 ロ．点検できない隠ぺい場所であって，湿気の多い場所の防湿装置を施した合成樹脂管工事（CD 管を除く） ハ．展開した場所であって，湿気の多い場所のケーブル工事 ニ．展開した場所であって，湿気の多い場所の防湿装置を施した金属管工事
21	木造住宅の単相 3 線式 100/200 V 屋内配線工事で，**不適切な工事方法は。** ただし，使用する電線は 600 V ビニル絶縁電線，直径 1.6 mm（軟銅線）とする。	イ．合成樹脂製可とう電線管（CD 管）を木造の床下や壁の内部及び天井裏に配管した。 ロ．合成樹脂製可とう電線管（PF 管）内に通線し，支持点間の距離を 1.0 m で造営材に固定した。 ハ．同じ径の硬質塩化ビニル電線管（VE）2 本を TS カップリングで接続した。 ニ．金属管を点検できない隠ぺい場所で使用した。

	問い	答え
22	D種接地工事を**省略できないものは。** ただし，電路には定格感度電流 30 mA，定格動作時間 0.1 秒の漏電遮断器が取り付けられているものとする。	**イ．** 乾燥した場所に施設する三相 200 V（対地電圧 200 V）動力配線の電線を収めた長さ 3 m の金属管。 **ロ．** 乾燥した場所に施設する単相 3 線式 100/200 V（対地電圧 100 V）配線の電線を収めた長さ 6 m の金属管。 **ハ．** 乾燥した木製の床の上で取り扱うように施設する三相 200 V（対地電圧 200 V）空気圧縮機の金属製外箱部分。 **ニ．** 乾燥した場所のコンクリートの床に施設する三相 200 V（対地電圧 200 V）誘導電動機の鉄台。
23	電磁的不平衡を生じないように，電線を金属管に挿入する方法として，**適切なものは。**	**イ．** 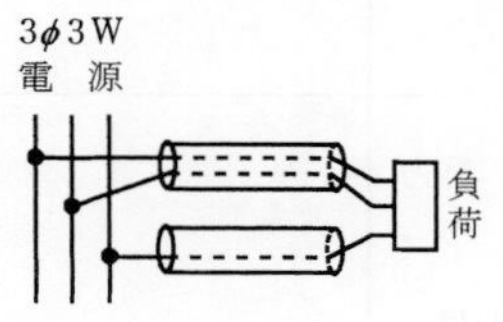 **ロ．** 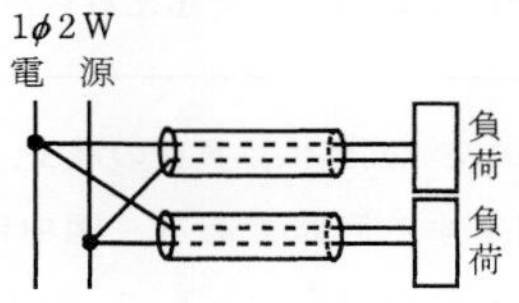 **ハ．** 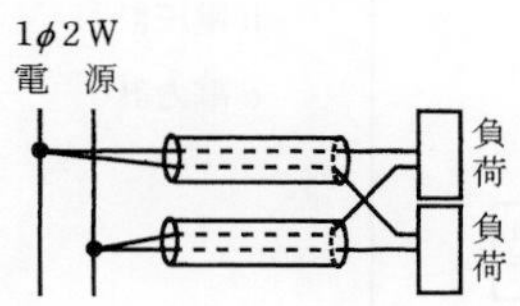 **ニ．** 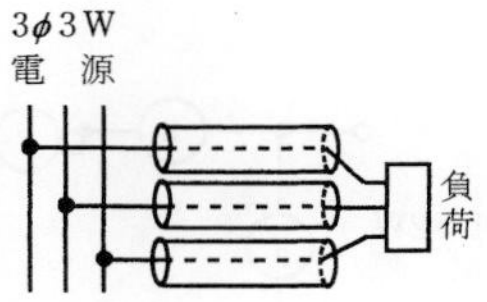
24	屋内配線の検査を行う場合，器具の使用方法で，**不適切なものは。**	**イ．** 検電器で充電の有無を確認する。 **ロ．** 接地抵抗計（アーステスタ）で接地抵抗を測定する。 **ハ．** 回路計（テスタ）で電力量を測定する。 **ニ．** 絶縁抵抗計（メガー）で絶縁抵抗を測定する。
25	分岐開閉器を開放して負荷を電源から完全に分離し，その負荷側の低圧屋内電路と大地間の絶縁抵抗を一括測定する方法として，**適切なものは。**	**イ．** 負荷側の点滅器をすべて「切」にして，常時配線に接続されている負荷は，使用状態にしたままで測定する。 **ロ．** 負荷側の点滅器をすべて「切」にして，常時配線に接続されている負荷は，すべて取り外して測定する。 **ハ．** 負荷側の点滅器をすべて「入」にして，常時配線に接続されている負荷は，使用状態にしたままで測定する。 **ニ．** 負荷側の点滅器をすべて「入」にして，常時配線に接続されている負荷は，すべて取り外して測定する。

	問　い	答　え
26	次の空欄(A)，(B)及び(C)に当てはまる組合せとして，**正しいものは。** 使用電圧が300Vを超える低圧の電路の電線相互間及び電路と大地との間の絶縁抵抗は区切ることのできる電路ごとに (A) ［MΩ］以上でなければならない。また，当該電路に施設する機械器具の金属製の台及び外箱には (B) 接地工事を施し，接地抵抗値は (C) ［Ω］以下に施設することが必要である。 ただし，当該電路に施設された地絡遮断装置の動作時間は0.5秒を超えるものとする。	**イ**．(A) 0.4　(B) C種　(C) 10 **ロ**．(A) 0.4　(B) C種　(C) 500 **ハ**．(A) 0.2　(B) D種　(C) 100 **ニ**．(A) 0.4　(B) D種　(C) 500
27	図の交流回路は，負荷の電圧，電流，電力を測定する回路である。図中にa，b，cで示す計器の組合せとして，**正しいものは。** 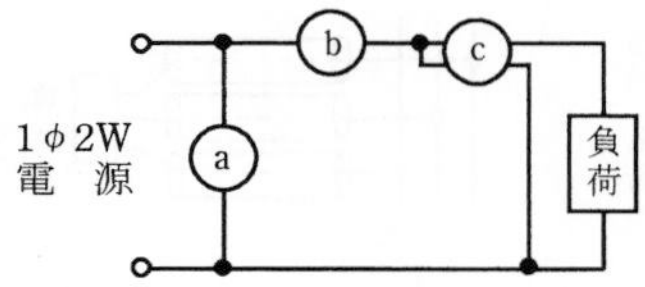	**イ**．a電流計　b電圧計　c電力計 **ロ**．a電力計　b電流計　c電圧計 **ハ**．a電圧計　b電力計　c電流計 **ニ**．a電圧計　b電流計　c電力計
28	電気工事士法において，一般用電気工作物の工事又は作業で電気工事士でなければ**従事できないものは。**	**イ**．インターホーンの施設に使用する小型変圧器(二次電圧が36 V以下)の二次側の配線をする。 **ロ**．電線を支持する柱，腕木を設置する。 **ハ**．電圧600 V以下で使用する電力量計を取り付ける。 **ニ**．電線管とボックスを接続する。
29	電気用品安全法における電気用品に関する記述として，**誤っているものは。**	**イ**．電気用品の製造又は輸入の事業を行う者は，電気用品安全法に規定する義務を履行したときに，経済産業省令で定める方式による表示を付すことができる。 **ロ**．特定電気用品は構造又は使用方法その他の使用状況からみて特に危険又は障害の発生するおそれが多い電気用品であって，政令で定めるものである。 **ハ**．特定電気用品には(PS E)又は(PS)Eの表示が付されている。 **ニ**．電気工事士は，電気用品安全法に規定する表示の付されていない電気用品を電気工作物の設置又は変更の工事に使用してはならない。
30	「電気設備に関する技術基準を定める省令」における電圧の低圧区分の組合せで，**正しいものは。**	**イ**．交流600 V以下，直流750 V以下 **ロ**．交流600 V以下，直流700 V以下 **ハ**．交流600 V以下，直流600 V以下 **ニ**．交流750 V以下，直流600 V以下

問題２．配線図 （問題数 20，配点は１問当たり２点） ※図は３２０頁参照

図は、鉄筋コンクリート造集合住宅の１戸部分の配線図である。この図に関する次の各問いには４通りの答え（イ、ロ、ハ、ニ）が書いてある。それぞれの問いに対して，答えを１つ選びなさい。

【注意】 1．屋内配線の工事は，特記のある場合を除き 600V ビニル絶縁ビニルシースケーブル平形（VVF）を用いたケーブル工事である。

2．屋内配線等の電線の本数，電線の太さ，その他，問いに直接関係のない部分等は省略又は簡略化してある。

3．漏電遮断器は，定格感度電流 30 mA，動作時間 0.1 秒以内のものを使用している。

4．選択肢（答え）の写真にある点滅器は，「JIS C 0303：2000 構内電気設備の配線用図記号」で示す「一般形」である。

5．ジョイントボックスを経由する電線は，すべて接続箇所を設けている。

6．３路スイッチの記号「0」の端子には，電源側又は負荷側の電線を結線する。

問 い		答 え
31	①で示す図記号の計器の使用目的は。	イ．負荷率を測定する。 ロ．電力を測定する。 ハ．電力量を測定する。 ニ．最大電力を測定する。
32	②で示す部分の小勢力回路で使用できる電圧の最大値［V］は。	イ．24 ロ．30 ハ．40 ニ．60
33	③で示す図記号の器具の種類は。	イ．位置表示灯を内蔵する点滅器 ロ．確認表示灯を内蔵する点滅器 ハ．遅延スイッチ ニ．熱線式自動スイッチ
34	④で示す図記号の器具の種類は。	イ．接地端子付コンセント ロ．接地極付接地端子付コンセント ハ．接地極付コンセント ニ．接地極付接地端子付漏電遮断器付コンセント
35	⑤で示す部分にペンダントを取り付けたい。図記号は。	イ． ロ． ハ．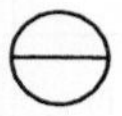 ニ．
36	⑥で示す部分はルームエアコンの屋内ユニットである。その図記号の傍記表示は。	イ．O ロ．R ハ．B ニ．I
37	⑦で示すコンセントの極配置（刃受）は。	イ． ロ．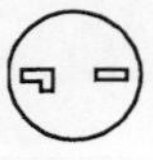 ハ．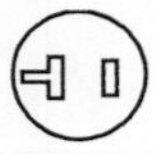 ニ．
38	⑧で示す部分の最少電線本数（心線数）は。	イ．2 ロ．3 ハ．4 ニ．5
39	⑨で示す部分の電路と大地間の絶縁抵抗として，許容される最小値［MΩ］は。	イ．0.1 ロ．0.2 ハ．0.4 ニ．1.0
40	⑩で示す図記号の器具の種類は。	イ．シーリング（天井直付） ロ．引掛シーリング（丸） ハ．埋込器具 ニ．天井コンセント（引掛形）

問い		答え			
41	⑪で示すボックス内の接続をすべて圧着接続とする場合，使用するリングスリーブの種類と最少個数の組合せで，**正しいものは。** ただし，使用する電線はすべて VVF1.6 とする。	イ. 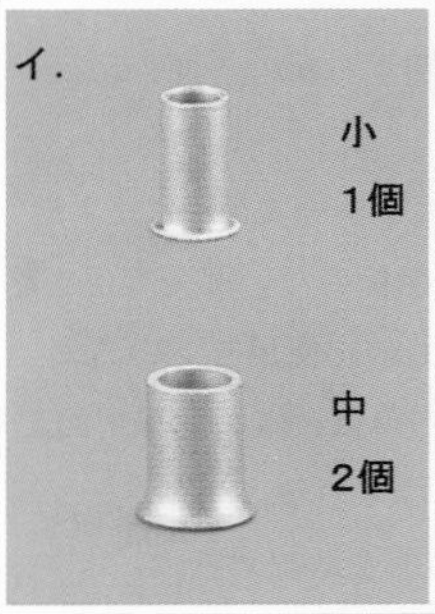 小 1個 中 2個	ロ. 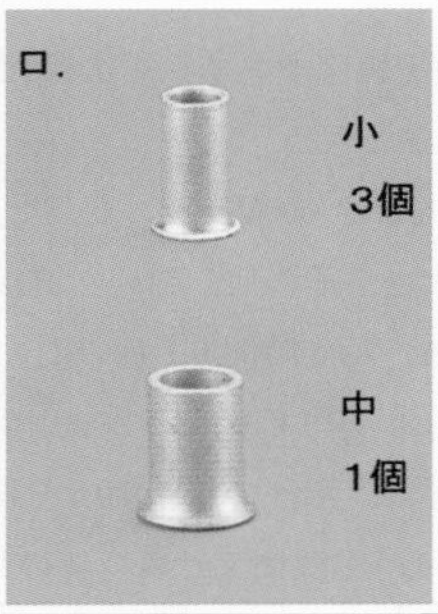 小 3個 中 1個	ハ. 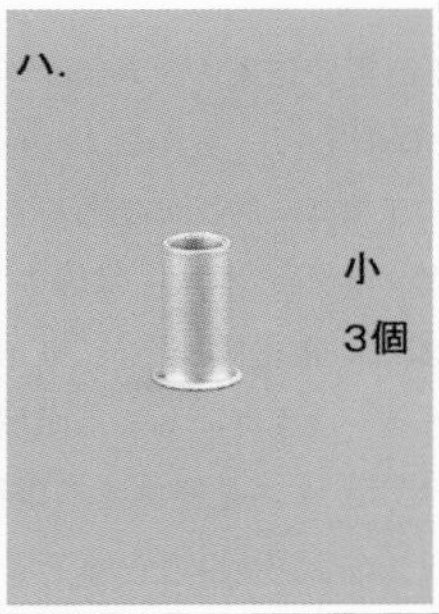 小 3個	ニ. 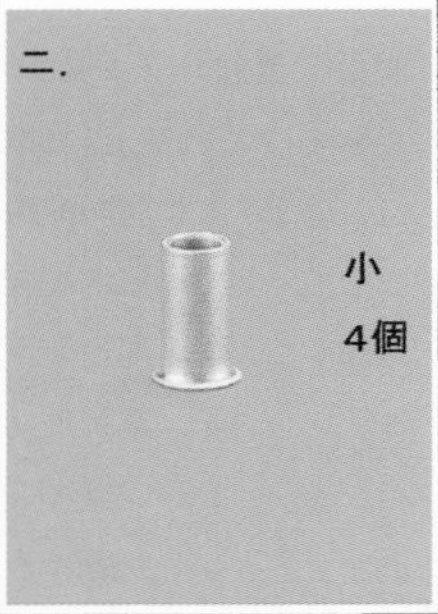 小 4個
42	⑫で示す部分の配線工事に使用するケーブルは。 ただし，心線数は最少とする。	イ. 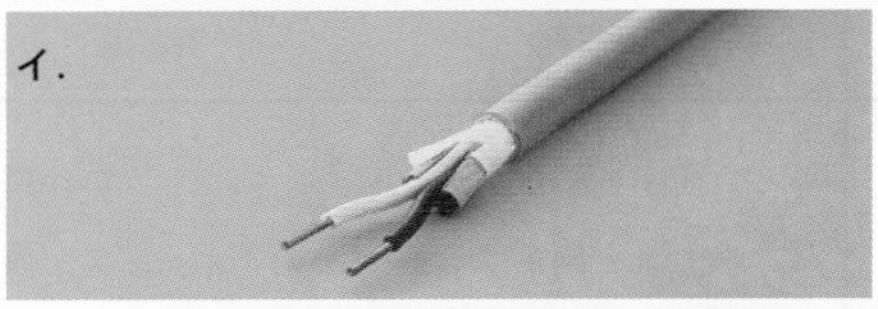		ロ. 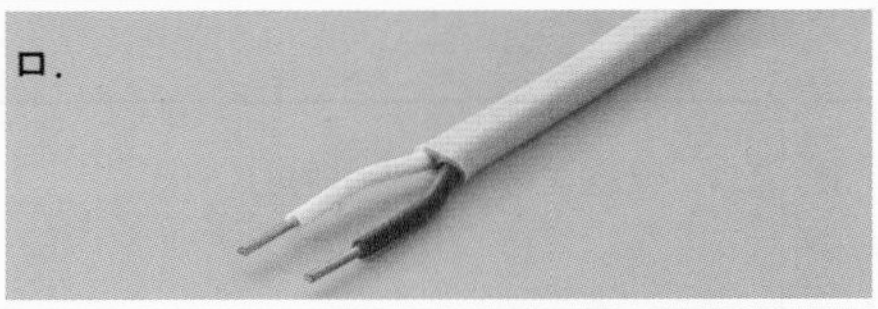	
		ハ. 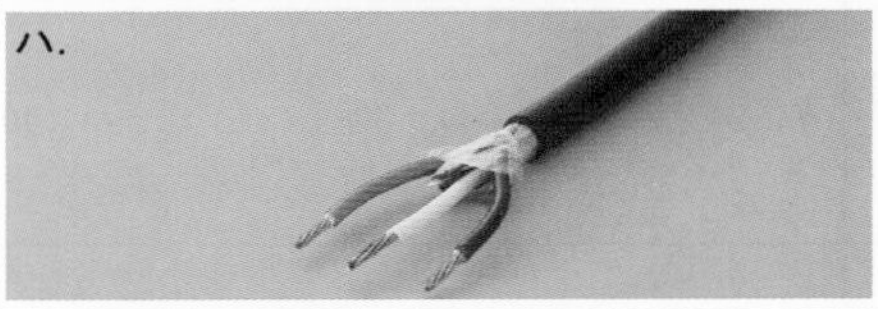		ニ. 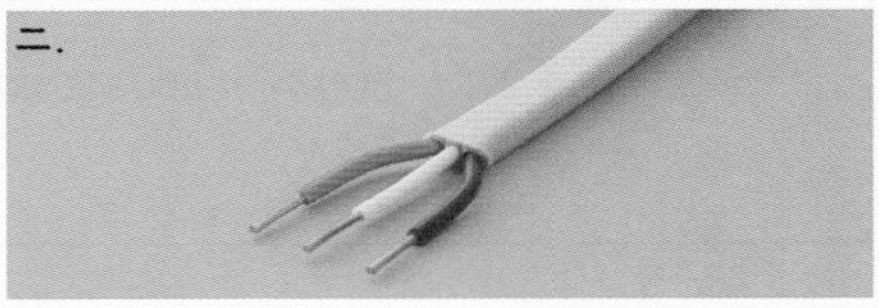	
43	⑬で示す図記号の器具は。	イ. 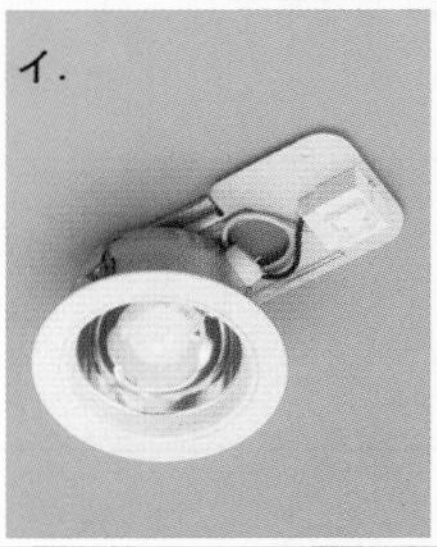	ロ. 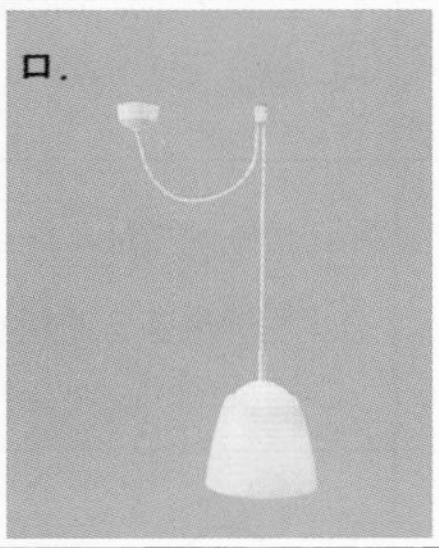	ハ. 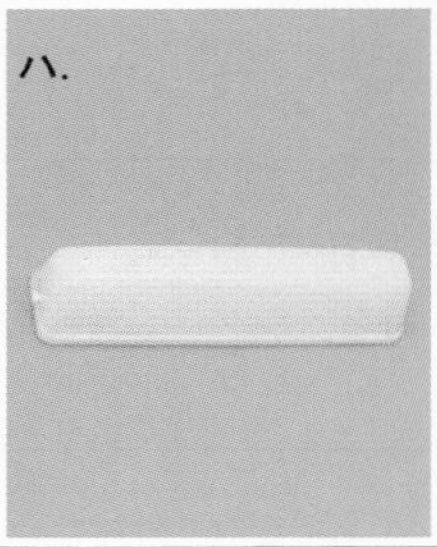	ニ. 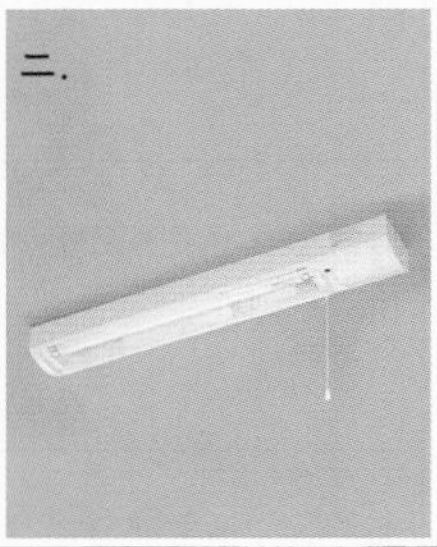
44	⑭で示す部分に取り付ける機器は。	イ. 	ロ. 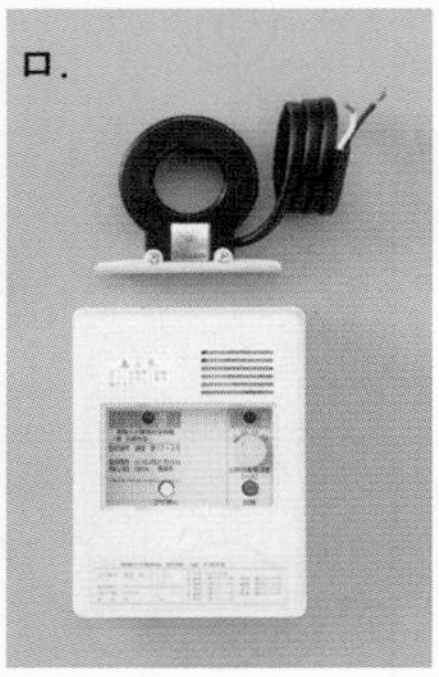	ハ. 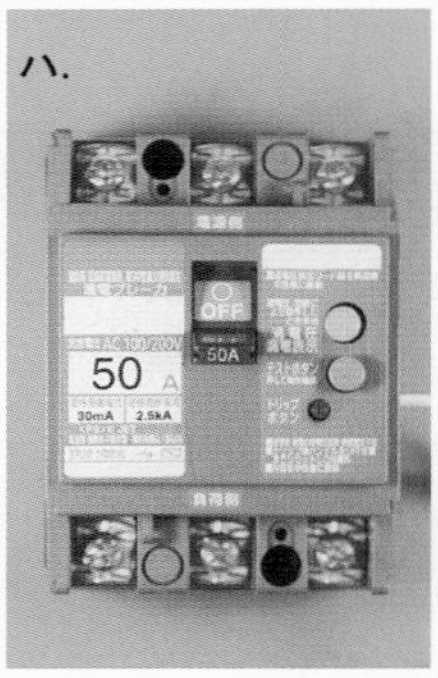	ニ. 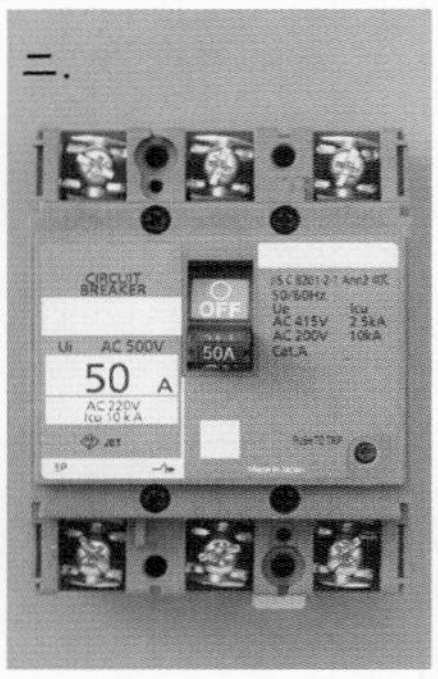
45	⑮で示す回路の負荷電流を測定するものは。	イ. 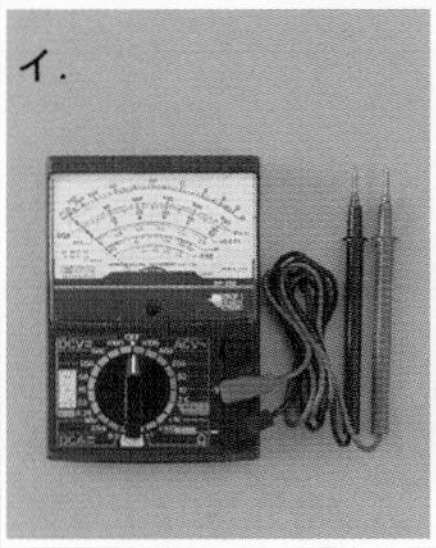	ロ. 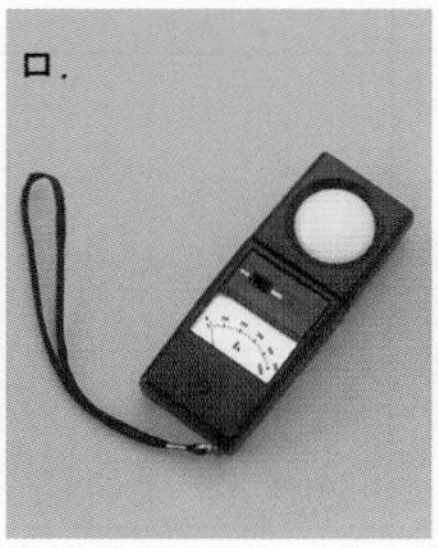	ハ. 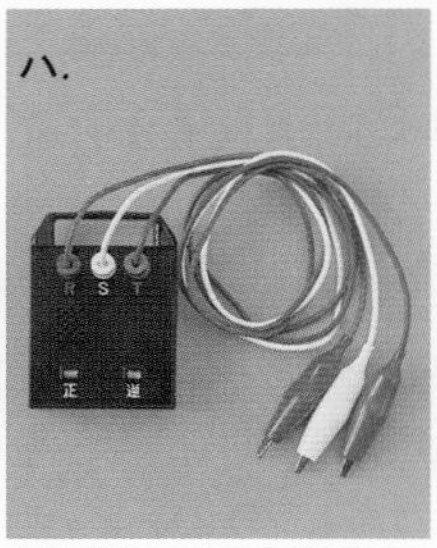	ニ. 

	問い	答え			
46	⑯で示す図記号の器具は。	イ．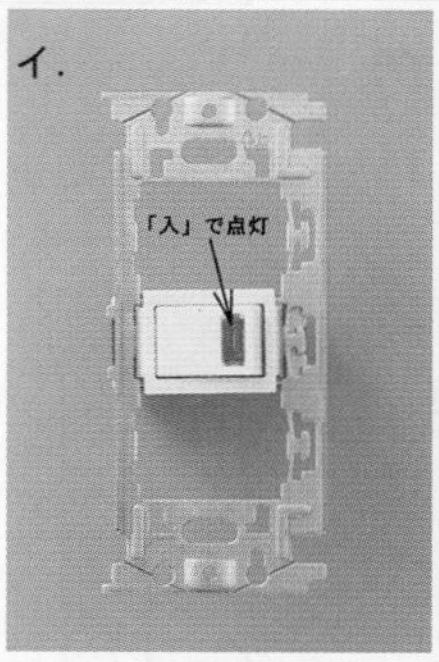	ロ．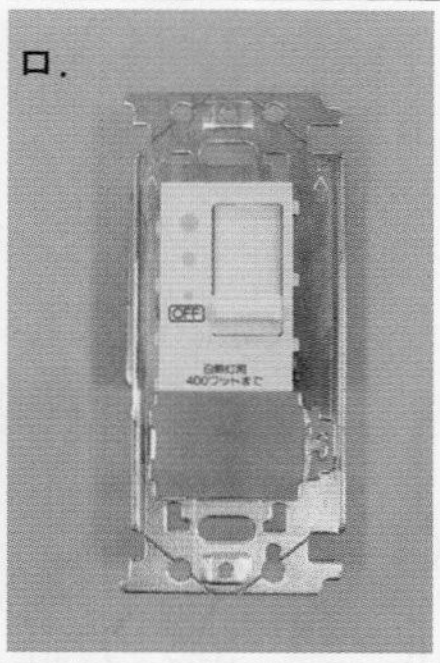	ハ．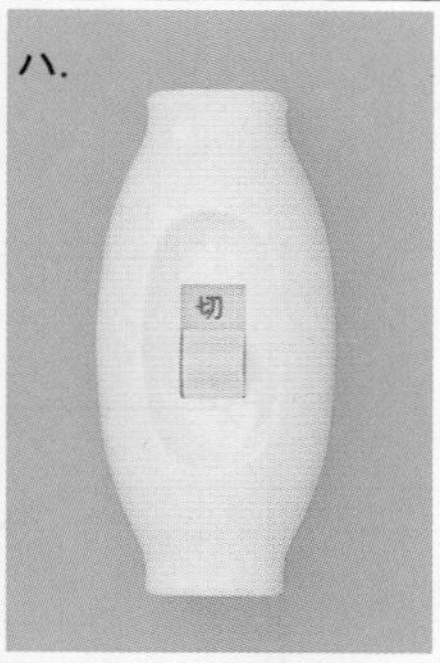	ニ．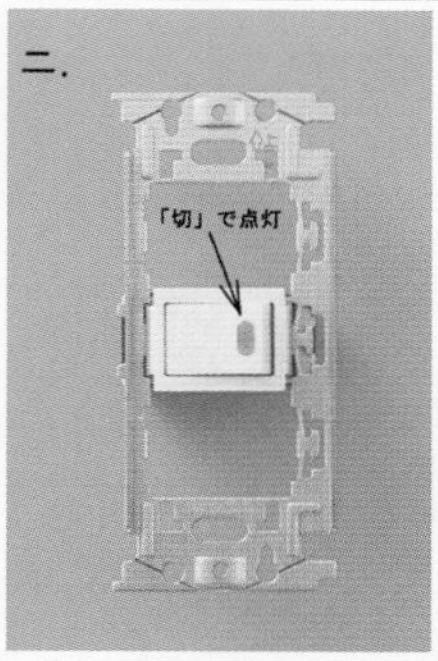
47	⑰で示すボックス内の接続をリングスリーブ小3個を使用して圧着接続した場合の圧着接続後の刻印の組合せで，**正しいものは**。 ただし，使用する電線はすべて VVF1.6 とする。 また，写真に示す**リングスリーブ中央の○，小**は刻印を表す。	イ．	ロ．	ハ．	ニ．
48	⑱で示す図記号のものは。	イ．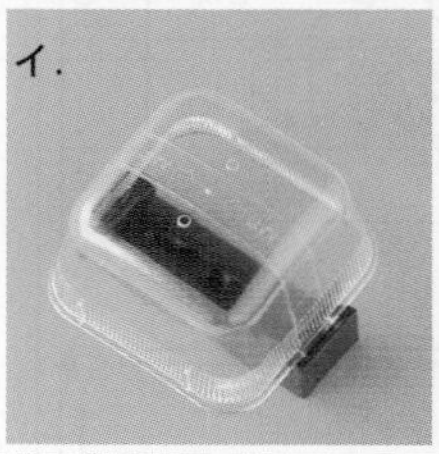	ロ．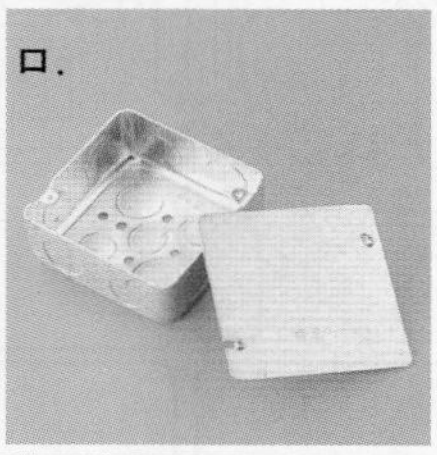	ハ．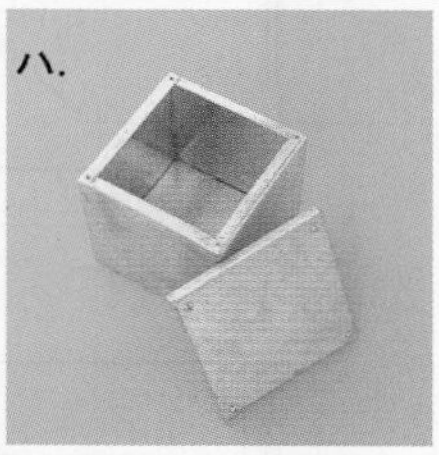	ニ．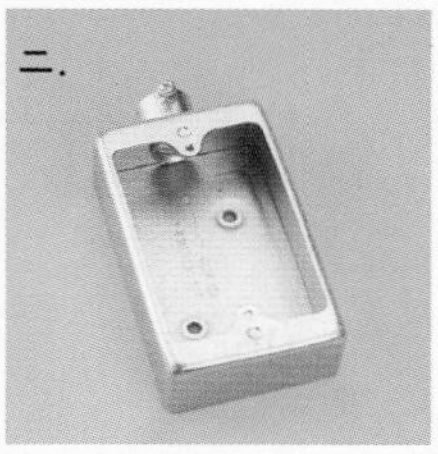
49	⑲で示すボックス内の接続をすべて差込形コネクタとする場合，使用する差込形コネクタの種類と最少個数の組合せで，**正しいものは**。 ただし，使用する電線はすべて VVF1.6 とする。	イ．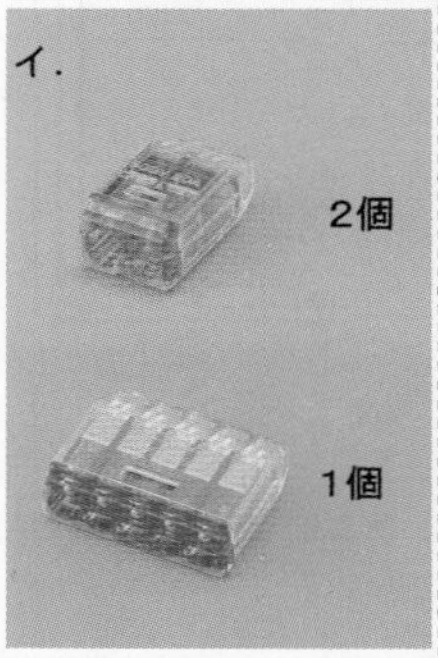	ロ．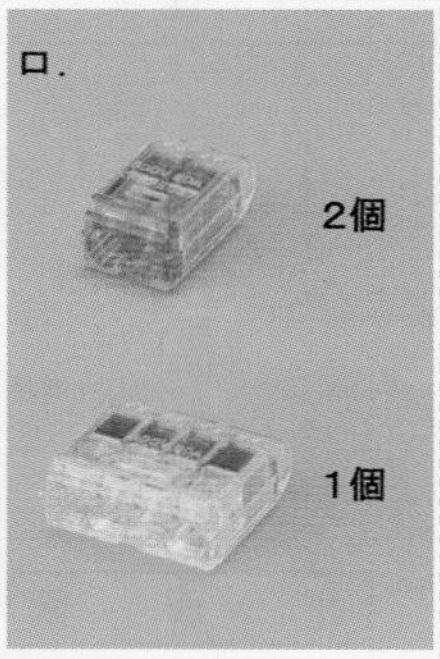	ハ．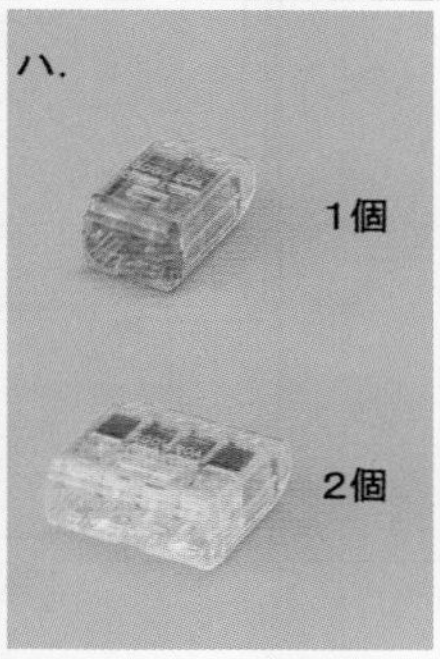	ニ．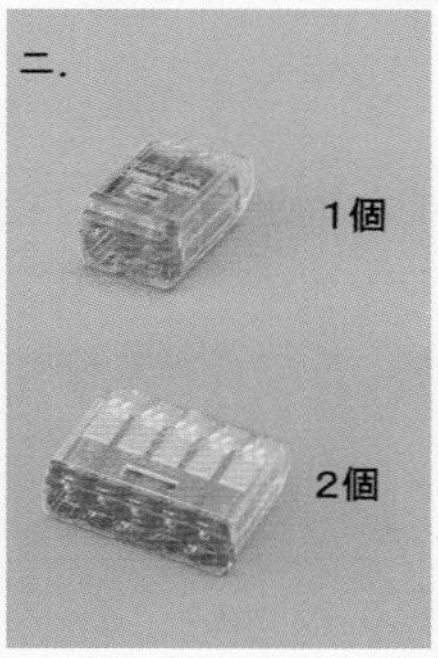
50	この配線図の図記号で**使用されていない**スイッチは。 ただし，写真下の図は，接点の構成を示す。	イ．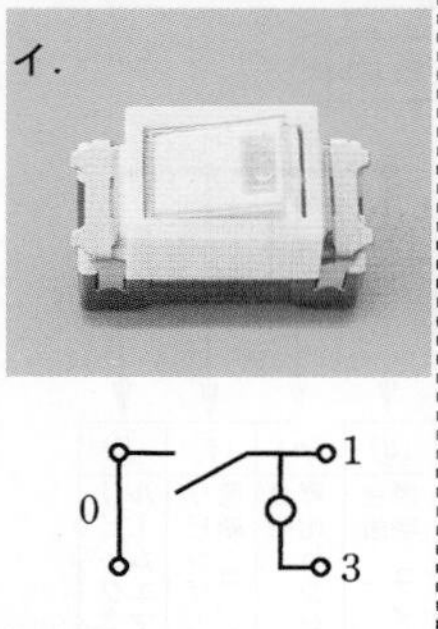	ロ．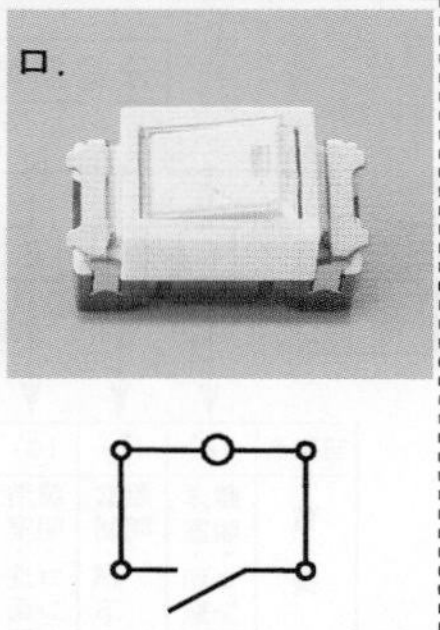	ハ．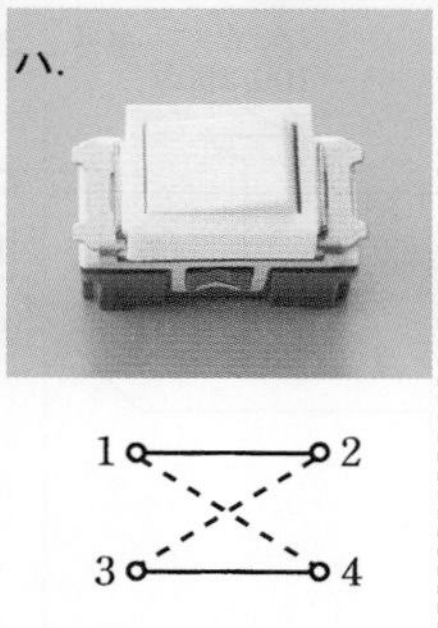	ニ．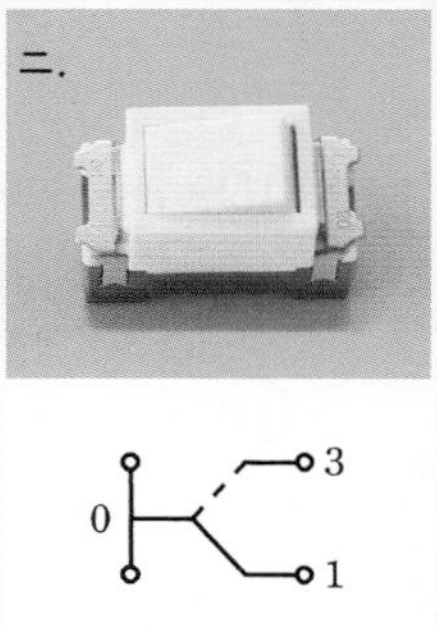

図面を引き抜いてご覧ください

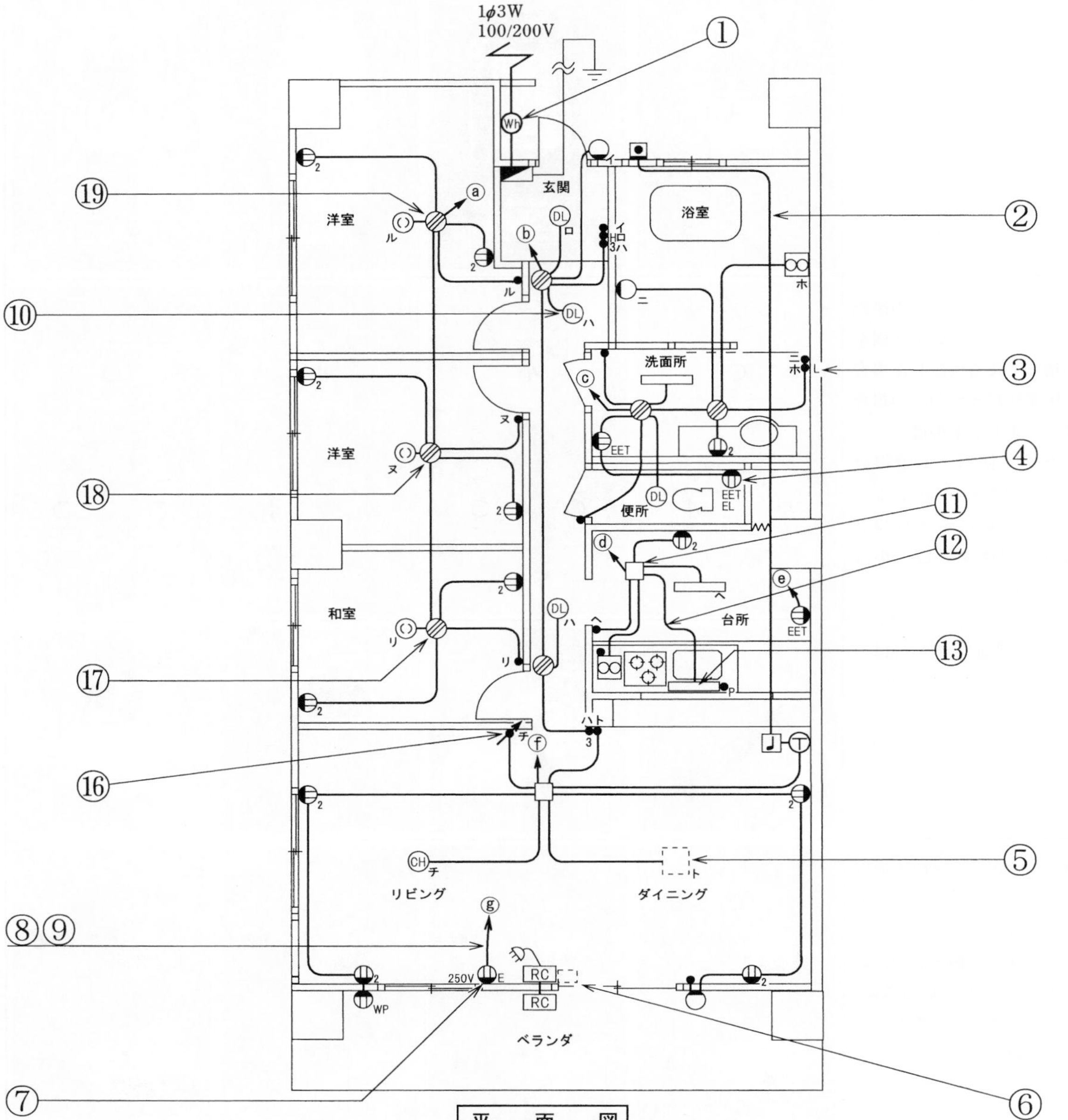

平　面　図

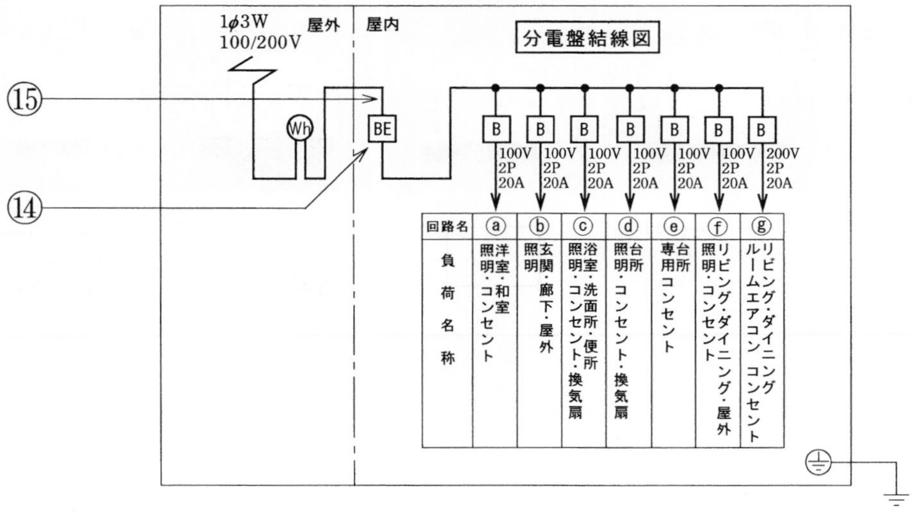

回路名	ⓐ	ⓑ	ⓒ	ⓓ	ⓔ	ⓕ	ⓖ
負荷名称	洋室・和室 照明・コンセント	玄関・廊下・屋外 照明	浴室・洗面所・便所 照明・コンセント・換気扇	台所 照明・コンセント・換気扇	台所 専用コンセント	リビング・ダイニング・屋外 照明・コンセント	リビング・ダイニング ルームエアコン コンセント

解答と解説

問題 1．一般問題の解答

1 **ロ．2**

第 1 図において，抵抗 6Ω と 6Ω の並列接続の合成抵抗は，

$$\frac{6\times6}{6+6}=\frac{36}{12}=3\,〔\Omega〕$$

抵抗 3Ω と 3Ω の直列接続の合成抵抗は，

$$3+3=6\,〔\Omega〕$$

a-b 間の合成抵抗 R〔Ω〕は，抵抗 6Ω と 3Ω の並列接続になるから，

$$R=\frac{6\times3}{6+3}=\frac{18}{9}=2\,〔\Omega〕$$

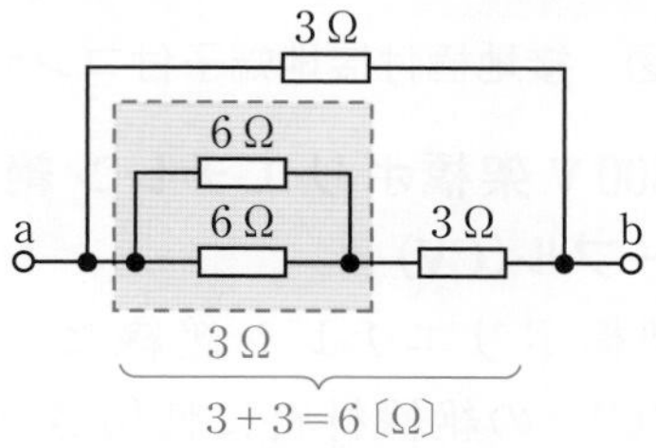

第 1 図

2 **イ．断面積 5.5 mm²，長さ 10 m**

直径 2.6 mm の銅導線の断面積 A〔mm²〕は，

$$A=\frac{\pi D^2}{4}=\frac{3.14\times2.6^2}{4}\fallingdotseq5.3\,〔\mathrm{mm}^2〕$$

である．

イは，銅導線の断面積が 5.5 mm² でほぼ等しく，長さも 10 m で等しいので，抵抗値が最も近い．

3 **ニ．2 700**

使用電力量 W〔kW·h〕は，

$$W=Pt=0.5\times\left(1+\frac{30}{60}\right)$$

$$=0.5\times1.5=0.75\,〔\mathrm{kW\cdot h}〕$$

電力量 1 kW·h を熱量に換算すると，3 600 kJ になるから，発熱量 Q〔kJ〕は，

$$Q=3\,600Pt=3\,600\times0.75=2\,700\,〔\mathrm{kJ}〕$$

4 **ハ．**

コンデンサ C に流れる電流 i は，電源電圧 v より位相が90°進むので，ハのような波形になる．

イは正弦波交流にコイルだけを接続した回路の波形で，ロは正弦波交流に抵抗だけを接続した回路の波形である．

5 **ロ．12.1**

第 2 図で，抵抗 10Ω に加わる相電圧 V〔V〕は，

$$V=\frac{210}{\sqrt{3}}\,〔\mathrm{V}〕$$

したがって，流れる電流 I〔A〕は，

$$I=\frac{\frac{210}{\sqrt{3}}}{10}=\frac{210}{10\sqrt{3}}=\frac{21}{\sqrt{3}}=\frac{21\sqrt{3}}{3}$$

$$=7\sqrt{3}=7\times1.73\fallingdotseq12.1\,〔\mathrm{A}〕$$

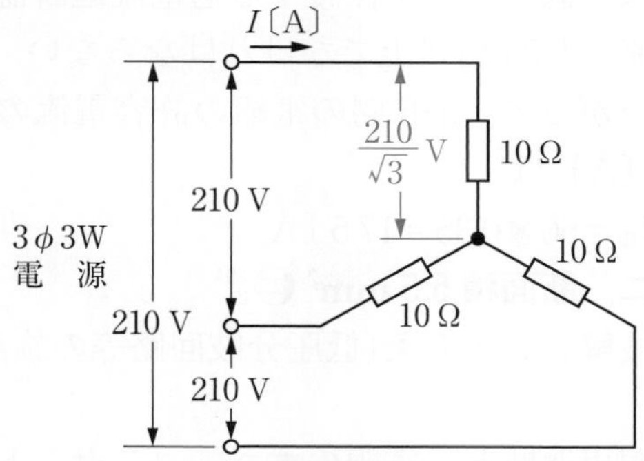

第 2 図

6 **ハ．167**

中性線が断線した場合，**第 3 図**のようになり，a-b 間に流れる電流 I〔A〕は，

$$I=\frac{200}{100+20}=\frac{200}{120}\fallingdotseq1.67\,〔\mathrm{A}〕$$

a-b 間の電圧 V_{ab}〔V〕は，

$$V_{ab}=1.67\times100=167\,〔\mathrm{V}〕$$

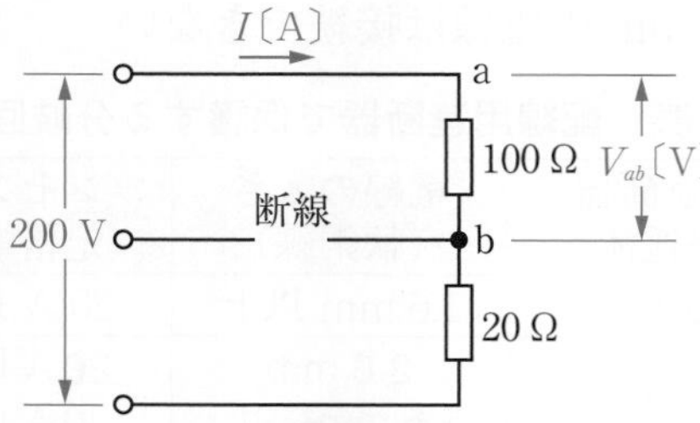

第 3 図

7 **ロ．2.6**

抵抗負荷の三相 3 線式回路の電圧降下 v〔V〕は，次式によって求められる．

$$v=\sqrt{3}Ir=1.73\times10\times0.15\fallingdotseq2.6\,〔\mathrm{V}〕$$

8 **ロ．34**

電技解釈第 146 条(低圧配線に使用する電線)による.

断面積 5.5 mm^2 の 600 V ビニル絶縁電線(軟銅線)の許容電流は，49 A である.

この電線 3 本を合成樹脂製可とう電線管(PF 管)に収めた場合の許容電流〔A〕は，電流減少係数が 0.70 であるから，

$$49 \times 0.70 = 34.3 \rightarrow 34〔A〕$$

(小数点以下 1 位を 7 捨 8 入)

9　ロ．17.5

電技解釈第 149 条(低圧分岐回路等の施設)による.

a-b 間の距離は 7 m で，分岐点から 3 m を超えて 8 m 以下である．分岐する電線の許容電流は，低圧幹線を保護する過電流遮断器の定格電流の 0.35 倍以上でなければならない.

したがって，a-b 間の電線の許容電流の最小値 I_W〔A〕は，

$$I_W = 50 \times 0.35 = 17.5〔A〕$$

10　ニ．断面積 5.5 mm^2 ⊖$^{20A}_{2}$

電技解釈第 149 条(低圧分岐回路等の施設)による.

配線用遮断器，電線の太さ，コンセントの組み合わせは**第 1 表**のようにしなければならない.

図記号 ⊖ は，定格電流 15 A のコンセントを示す．定格電流 30 A の配線用遮断器で保護された分岐回路であるから，ニの組み合わせが適切である.

イは，定格電流 15 A のコンセントは接続できない．ロは，断面積 3.5 mm^2 の電線と定格電流 15 A のコンセントは接続できない．ハは，直径 2.0 mm の電線は接続できない.

第 1 表　配線用遮断器で保護する分岐回路

配線用遮断器の定格電流	電線の太さ(軟銅線)	コンセントの定格電流
20 A	1.6 mm 以上	20 A 以下
30 A	2.6 mm (5.5 mm^2) 以上	20 A 以上 30 A 以下
40 A	8 mm^2 以上	30 A 以上 40 A 以下
50 A	14 mm^2 以上	40 A 以上 50 A 以下

11　ニ．接地極付接地端子付コンセント

内線規程 3202-3(接地極付きコンセントなどの施設)で,「電気食器洗い機用コンセントには，接地極付きコンセントを使用すること」となっており，「接地極付きコンセントには，接地用端子を備えることが望ましい」とされている.

接地極付接地端子付コンセント(**第 4 図**)を施設すれば，接地極付差込器又は接地線によって電気機器の接地をすることができる.

第 4 図　接地極付接地端子付コンセント

12　ハ．600 V 架橋ポリエチレン絶縁ビニルシースケーブル(CV)

600 V 架橋ポリエチレン絶縁ビニルシースケーブル(CV)の絶縁材料に使用されている架橋ポリエチレンの最高許容温度は 90℃で，最も高い.

電線に使用されている絶縁物とその最高許容温度は，**第 2 表**のようになっている.

第 2 表

電線の種類	絶縁物	最高許容温度
600 V ビニル絶縁電線(IV)	ビニル	60℃
600 V ビニル絶縁ビニルシースケーブル丸形(VVR)	ビニル	
600 V 二種ビニル絶縁電線(HIV)	耐熱ビニル	75℃
600 V 架橋ポリエチレン絶縁ビニルシースケーブル(CV)	架橋ポリエチレン	90℃

13　イ．金属製キャビネットに穴を開けるのに用いる.

ノックアウトパンチャ(**第 5 図**)は，油圧の力を利用して金属製のボックス等に穴を開けるのに用いる.

14　ロ．始動電流が小さくなる.

全電圧始動(じか入れ始動)は，始動時に電源

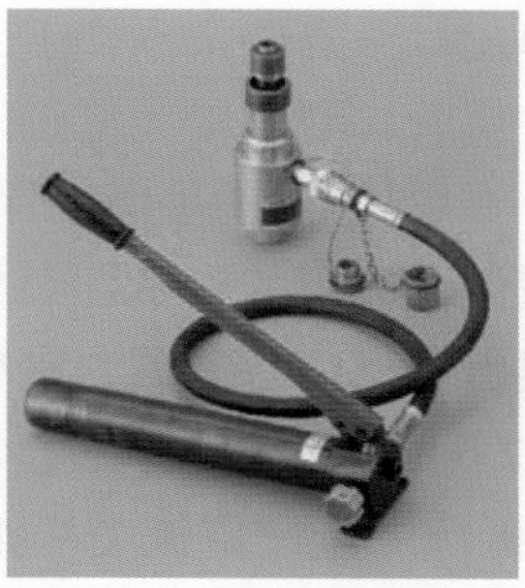

第5図　ノックアウトパンチャ

の電圧を巻線に加えて始動するもので，始動電流が定格電流の4～8倍程度になる．

スターデルタ始動（**第6図**）は，容量の大きい三相かご形誘導電動機の始動電流を小さくするものである．

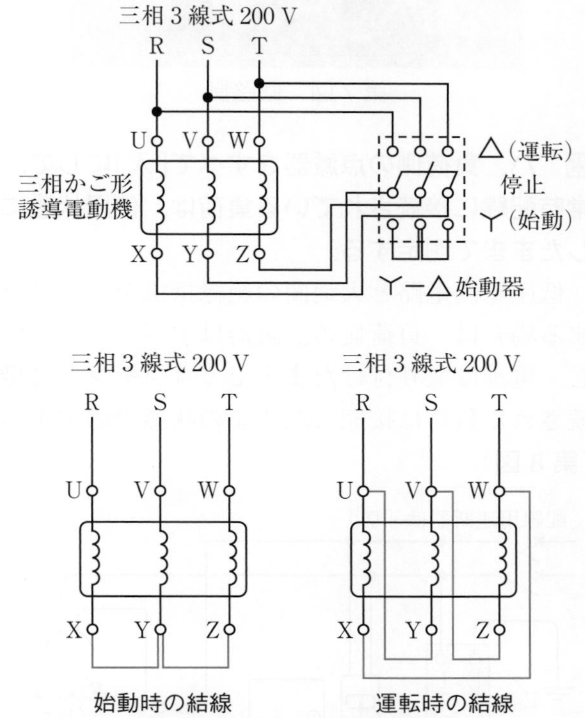

第6図　スターデルタ始動

始動時に電動機の巻線を丫結線にするため，巻線に加わる電圧は，全電圧始動の $1/\sqrt{3}$ 倍になる．

始動電流は，全電圧始動の1/3倍になり，始動トルクも1/3倍になる．

スターデルタ始動器を切り換えるので，全電圧始動より始動時間は長くなる．

15　ロ．2

電技解釈第33条（低圧電路に施設する過電流遮断器の性能等）による．

定格電流が30A以下の配線用遮断器は，定格電流の2倍の電流が流れた場合に，2分以内に動作しなければならない．

16　ハ．銅線用裸圧着端子

写真の材料は，銅線用裸圧着端子である．専用の圧着工具で電線を銅線用裸圧着端子に圧着して，電気機械器具の端子に結線する．

17　ニ．タイムスイッチ

屋外灯などで使用する．設定した時間に点灯・消灯を自動的に繰り返すことができる．

18　イ．VVFケーブルの外装や絶縁被覆をはぎ取るのに用いる．

VVFケーブル用のケーブルストリッパである．ケーブルストリッパは，ケーブルの外装と絶縁被覆をはぎ取ることができる．

左側の工具は，ワイヤストリッパに似ているが，刃の形状が外装と絶縁被覆をはぎ取るようになっているので，ケーブルストリッパと判断できる．

19　ハ．直径2.0 mm 2本の接続に，中スリーブを使用して圧着マークを中にした．

直径2.0 mm 2本の接続では，小スリーブを使用して圧着マークを小にしなければならない．

リングスリーブの種類と適合する電線の組み合わせ及び圧着マークは，**第3表**による．

第3表　リングスリーブによる接続

スリーブ	電線の組み合わせ			圧着マーク
	1.6 mm	2.0 mm	異なる組み合わせ	
小	2	—	—	○
	3～4	2	2.0 mm×1 +1.6 mm×1～2	小
中	5～6	3～4	2.0 mm×1 +1.6 mm×3～5	中
			2.0 mm×2 +1.6 mm×1～3	

20　イ．点検できない隠ぺい場所であって，乾燥した場所のライティングダクト工事

電技解釈第156条（低圧屋内配線の施設場所による工事の種類）・第158条（合成樹脂管工事）・第159条（金属管工事）による．

ライティングダクト工事が施設できる場所は，使用電圧が300V以下で，展開した場所及び点検できる隠ぺい場所の乾燥した場所である.

金属管工事, 合成樹脂管工事(CD 管を除く), ケーブル工事は施設場所に制限がない.

金属管工事及び合成樹脂管工事で, 湿気の多い場所または水気のある場所では, 防湿装置を施す.

21 イ. 合成樹脂製可とう電線管(CD 管)を木造の床下や壁の内部及び天井裏に配管した.

電技解釈第 156 条(低圧屋内配線の施設場所による工事の種類)・第 158 条(合成樹脂管工事)による.

CD 管は, 次のいずれかによって施設しなければならない.

- 直接コンクリートに埋め込んで施設する.
- 専用の不燃性又は自消性のある難燃性の管又はダクトに収めて施設する.

したがって, CD 管を木造の床下や壁の内部及び天井裏に配管することはできない.

22 ニ. 乾燥した場所のコンクリートの床に施設する三相 200 V(対地電圧 200 V)誘導電動機の鉄台.

電技解釈第 29 条(機械器具の金属製外箱等の接地)・第 159 条(金属管工事)による.

交流の対地電圧が 150 V 以下の機械器具を, 乾燥した場所に施設する場合は, 金属製外箱等の D 種接地工事を省略できる.

交流の対地電圧が 150 V を超える機械器具の金属製外箱等の D 種接地工事は, 乾燥した木製の床その他これに類する絶縁性のものの上で取り扱うように施設する場合に省略できる. コンクリートの床は, 絶縁性のものとみなされないので, ニの場合は D 種接地工事を省略できない.

金属管工事で, 使用電圧が 300 V 以下の場合は, D 種接地工事を施さなければならないが, 次の場合は省略することができる.

- 管の長さが 4 m 以下のものを乾燥した場所に施設する場合.
- 対地電圧が 150 V 以下の場合において, 管の長さが 8 m 以下のものに簡易接触防護措置を施すとき又は乾燥した場所に施設するとき.

23 ロ.

内線規程 3110-2(電磁的平衡)による.

金属管工事では, ロのように 1 回路の電線全部を同一の金属管に収めて, 電磁的平衡を保たなければならない. 電磁的平衡が保たれないと, 金属管に渦電流が流れて金属管が発熱する.

24 ハ. 回路計(テスタ)で電力量を測定する.

回路計(**第 7 図**)で測定できるものは, 電圧(直流・交流), 抵抗, 直流電流で, 電力量は測定できない. 電力量は, 電力量計で測定する.

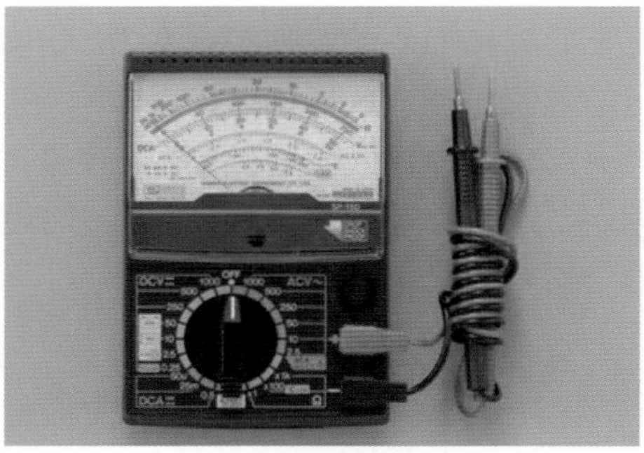

第 7 図　回路計

25 ハ. 負荷側の点滅器をすべて「入」にして, 常時配線に接続されている負荷は, 使用状態にしたままで測定する.

低圧屋内電路と大地間の絶縁抵抗を一括測定する場合は, 負荷側の点滅器はすべて「入」にし, 電球は取り付けたままで, コンセントに接続された負荷は接続したままの状態で測定する(**第 8 図**).

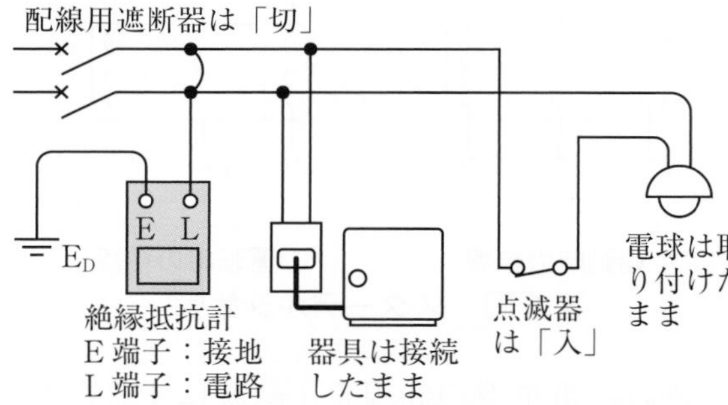

第 8 図　電路と大地間の絶縁抵抗の測定

26 イ. (A) 0.4 (B) C 種 (C) 10

電技第 58 条(低圧の電路の絶縁性能), 電技解釈第 17 条(接地工事の種類及び施設方法)・第 29 条(機械器具の金属製外箱等の接地)による.

低圧の電路の電線相互間及び電路と大地との間の絶縁抵抗は, 開閉器又は過電流遮断器で区切ることのできる電路ごとに, 使用電圧の区分に応じ, **第 4 表**の値以上でなければならない.

第4表　低圧の電路の絶縁性能

電路の使用電圧の区分		絶縁抵抗値
300 V 以下	対地電圧が150 V 以下の場合	0.1 MΩ
	その他の場合	0.2 MΩ
300 V を超えるもの		0.4 MΩ

機械器具の金属製外箱等には，使用電圧の区分に応じ，**第5表**に示す接地工事を施さなければならない．

第5表　機械器具の金属製外箱等の接地工事

機械器具の使用電圧の区分		接地工事
低圧	300 V 以下	D 種接地工事
	300 V 超過	C 種接地工事
高圧又は特別高圧		A 種接地工事

C 種接地工事の接地抵抗値は，10Ω(低圧電路において，地絡を生じた場合に 0.5 秒以内に当該電路を自動的に遮断する装置を施設するときは，500Ω)以下に施設しなければならない．

27　ニ．a 電圧計　b 電流計　c 電力計

電圧計は負荷と並列に，電流計は負荷と直列に接続する．電力計は，電流コイルを負荷と直列に，電圧コイルを負荷と並列に接続する．

28　ニ．電線管とボックスを接続する．

電気工事士法第 3 条(電気工事士等)，施行令第 1 条(軽微な工事)，施行規則第 2 条(軽微な作業)による．

電線管とボックスを接続する作業は，軽微な工事及び軽微な作業に該当しないので，電気工事士でなければ従事できない．

イ，ロ，ハはいずれも軽微な工事に該当し，電気工事士でなくても従事できる．

29　ハ．特定電気用品には (PS/E) 又は(PS)E の表示が付されている．

電気用品安全法第2条(定義)･第10条(表示)･第 28 条(使用の制限)，施行規則第 17 条(表示の方式)による．

特定電気用品には ◇PS/E 又は〈PS〉E の表示が付される．

30　イ．交流 600 V 以下，直流 750 V 以下

電技第 2 条(電圧の種別等)による．

電圧は**第 6 表**のように低圧，高圧，特別高圧の 3 種に区分されている．

第6表　電圧の種別

種　別	直　流	交　流
低　圧	750 V 以下	600 V 以下
高　圧	低圧を超え 7 000 V 以下	
特別高圧	7 000 V を超えるもの	

問題 2．配線図の解答

31　ハ．電力量を測定する．

①で示す図記号 Ⓦⓗ は，電力量計である．

32　ニ．60

電技解釈第 181 条(小勢力回路の施設)により，小勢力回路で使用できる電圧の最大値は 60 V である．

33　ロ．確認表示灯を内蔵する点滅器

③で示す図記号 ●L は，確認表示灯を内蔵する点滅器を表す．

34　ニ．接地極付接地端子付漏電遮断器付コンセント

④で示す図記号 ⦶EET EL で，EET は接地極付接地端子付，EL は漏電遮断器付のコンセントを表す．

35　ハ．⊖

ペンダントの図記号は ⊖ で，天井から吊り下げる照明器具である．

36　ニ．I

ルームエアコンの屋内ユニットには，indoor の I を傍記する．

37　イ．

⑦で示す図記号 250V⦶E のコンセントは，15A250V 接地極付コンセント(**第 9 図**)である．

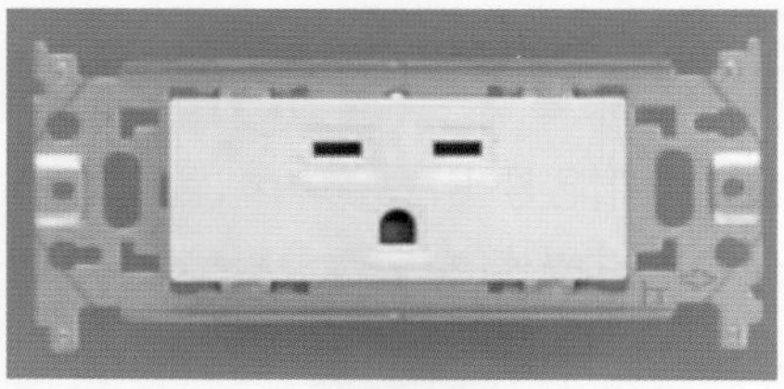

第 9 図　15A250V 接地極付コンセント

38　ロ．3

⑧で示す部分の配線は，15A250V 接地極付コンセントから分電盤への電線で，電源線が 2 本，接地線が 1 本で合計 3 本になる．

39　イ．0.1

電技第 58 条(低圧の電路の絶縁性能)による．

⑨で示す回路ⓖは，使用電圧が 200 V で，対

地電圧が 100 V である．**第 4 表**から，電路と大地間の絶縁抵抗値として，許容される最大値は 0.1 MΩである．

40　ハ．埋込器具

⑩で示す図記号 (DL) は，埋込器具(ダウンライト)を表す．

41　イ．

⑪で示すジョイントボックス内の接続は，**第 10 図**のようになる．

接続箇所は 3 箇所で，リングスリーブの種類は，**第 3 表**から次のようになる．

- 1.6 mm 2 本　1 箇所→小スリーブ 1 個
- 1.6 mm 5 本　2 箇所→中スリーブ 2 個

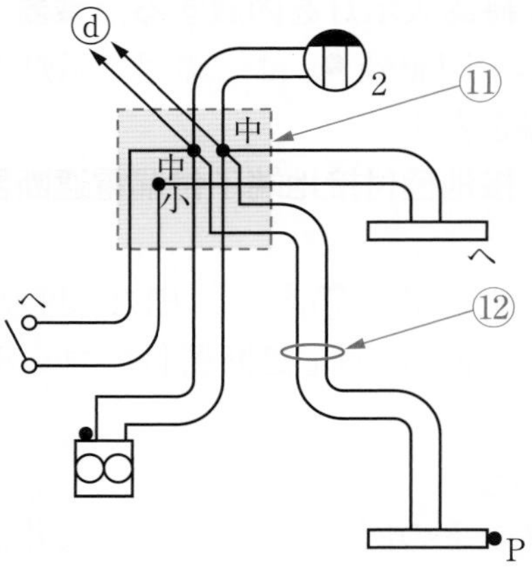

電線は，すべて VVF1.6 とする．

第 10 図

42　ロ．

⑫で示す部分の複線図は，**第 10 図**のようになり，心線数は 2 心である．

使用するケーブルは，【注意】1 から，ロの 600 V ビニル絶縁ビニルシースケーブル平形(VVF)の 2 心である．

43　ニ．

⑬で示す図記号 ▭•P は，ニのプルスイッチ付きの蛍光灯を表す．

44　ハ．

⑭で示す図記号 [BE] は，ハの過負荷保護付漏電遮断器を表す．

45　ニ．

負荷電流を測定するものは，ニのクランプ形電流計である．

46　ロ．

⑯で示す図記号 ↗● は，ロの調光器を表す．

47　イ．

⑰で示す VVF 用ジョイントボックス内の接続は，**第 11 図**のようになる．

リングスリーブ小 3 個を使用して圧着接続した場合の刻印の組み合わせは，**第 3 表**から次のようになる．

- 1.6 mm 4 本　2 箇所→刻印：小
- 1.6 mm 2 本　1 箇所→刻印：○

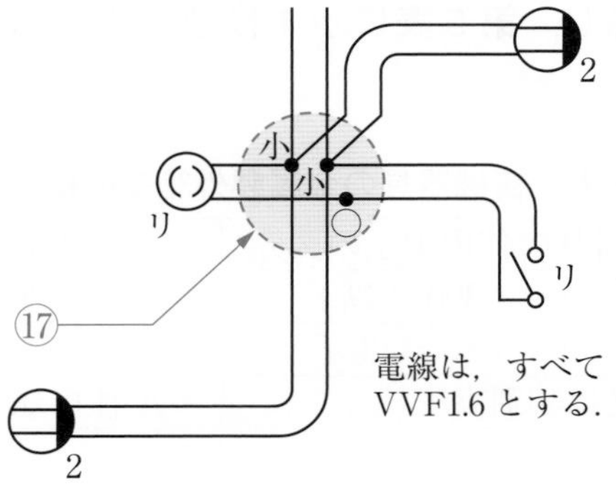

第 11 図

48　イ．

⑱で示す図記号 ⊘ は，イの VVF 用ジョイントボックスを表す．

49　ニ．

⑲で示す VVF 用ジョイントボックス内の接続は**第 12 図**のようになる．差込形コネクタの種類と最小個数の組み合わせは次のようになる．

- 2 本用 1 個
- 5 本用 2 個

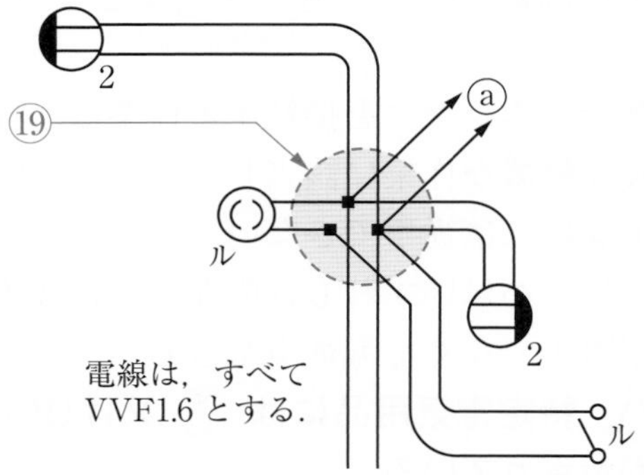

第 12 図

50　ハ．

ハの 4 路スイッチは，図記号 $\bullet_4$ で，配線図の中には使用されていない．

イの確認表示灯を内蔵した単極スイッチは図記号 $\bullet_L$ で洗面所に，ロの位置表示灯を内蔵した単極スイッチは図記号 $\bullet_H$ で玄関に，ニの 3 路スイッチは図記号 $\bullet_3$ で玄関及びダイニングに使用されている．

平成30年度

学科試験
問題と解答・解説

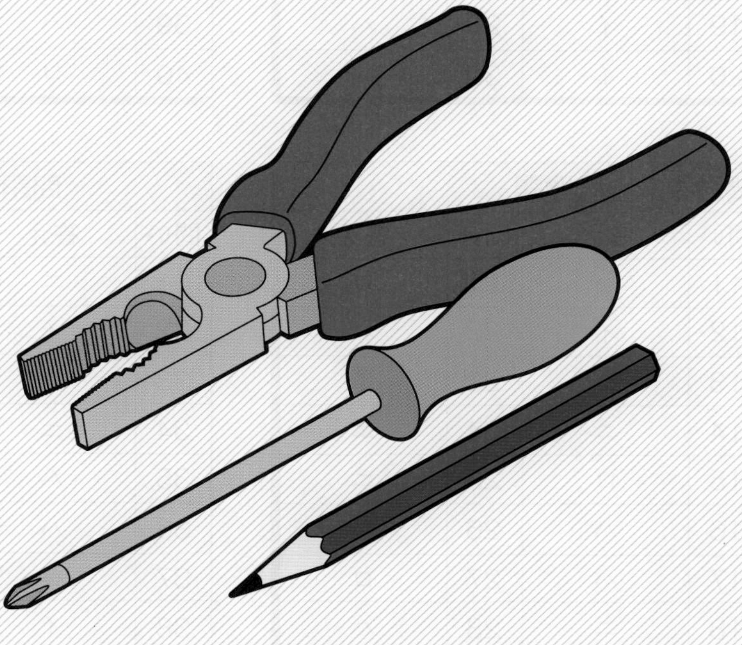

◆平成30年度問題の解答◆

〈上期試験〉

問題１．一般問題					
問い	答え	問い	答え	問い	答え
1	ハ	11	ハ	21	イ
2	ロ	12	ハ	22	イ
3	イ	13	ハ	23	ロ
4	ニ	14	ロ	24	ニ
5	ハ	15	ニ	25	ハ
6	ロ	16	イ	26	イ
7	ハ	17	ニ	27	ニ
8	ロ	18	ニ	28	イ
9	ロ	19	イ	29	ハ
10	ニ	20	イ	30	ニ ※

問題2．配線図			
問い	答え	問い	答え
31	ニ	41	イ
32	イ	42	ロ
33	ニ	43	ニ
34	ニ	44	ハ
35	イ	45	イ
36	イ	46	ニ
37	ロ	47	ロ
38	ハ	48	ハ
39	ハ	49	ロ
40	ロ	50	ハ

〈下期試験〉

問題１．一般問題					
問い	答え	問い	答え	問い	答え
1	ロ	11	ハ	21	ロ
2	ハ	12	イ	22	ハ
3	ニ	13	ロ	23	イ
4	ハ	14	ニ	24	ニ
5	ロ	15	ロ	25	ニ
6	イ	16	ハ	26	ハ
7	ハ	17	ハ	27	ロ
8	ロ	18	ニ	28	ハ
9	ハ	19	ロ	29	ニ
10	イ	20	イ	30	ロ

問題2．配線図			
問い	答え	問い	答え
31	ニ	41	イ
32	イ	42	ハ
33	ロ	43	イ
34	ニ	44	イ
35	ハ	45	ニ
36	ハ	46	ニ
37	ロ	47	ニ
38	イ	48	ロ
39	イ	49	ロ
40	ロ	50	ニ

※電気事業法改正（令和５年３月20日施行）以前の「問い」と「解答」です．

問題１．一般問題（問題数 30，配点は１問当たり２点）

【注】本問題の計算で $\sqrt{2}$，$\sqrt{3}$ 及び円周率 π を使用する場合の数値は次によること。$\sqrt{2}=1.41$ ，$\sqrt{3}=1.73$ ，$\pi=3.14$

次の各問いには４通りの答え（**イ**，**ロ**，**ハ**，**ニ**）が書いてある。それぞれの問いに対して答えを１つ選びなさい。

	問　い	答　え
1	図のような回路で，スイッチ S を閉じたとき，a−b 端子間の電圧[V]は。 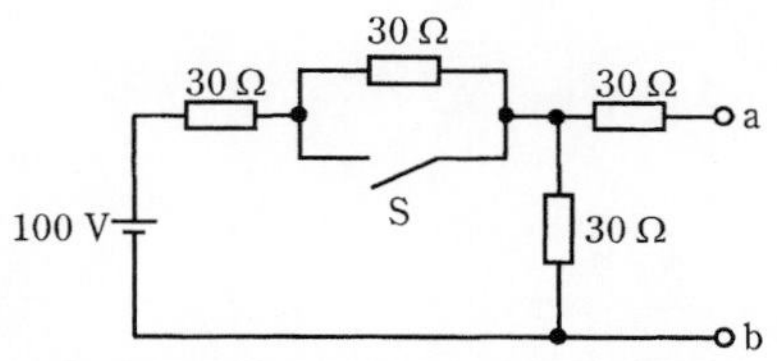 	**イ**．30　**ロ**．40　**ハ**．50　**ニ**．60
2	コイルに 100 V，50 Hz の交流電圧を加えたら 6 A の電流が流れた。このコイルに 100 V，60 Hz の交流電圧を加えたときに流れる電流[A]は。 ただし，コイルの抵抗は無視できるものとする。	**イ**．4　**ロ**．5　**ハ**．6　**ニ**．7
3	ビニル絶縁電線（単心）の導体の直径を D，長さを L とするとき，この電線の抵抗と許容電流に関する記述として，**誤っているものは**。	**イ**．許容電流は，周囲の温度が上昇すると，大きくなる。 **ロ**．許容電流は，D が大きくなると，大きくなる。 **ハ**．電線の抵抗は，L に比例する。 **ニ**．電線の抵抗は，D^2 に反比例する。
4	電線の接続不良により，接続点の接触抵抗が 0.2 Ωとなった。この電線に 15 A の電流が流れると，接続点から１時間に発生する熱量[kJ]は。 ただし，接触抵抗の値は変化しないものとする。	**イ**．11　**ロ**．45　**ハ**．72　**ニ**．162
5	図のような三相負荷に三相交流電圧を加えたとき，各線に 20 A の電流が流れた。線間電圧 E[V]は。 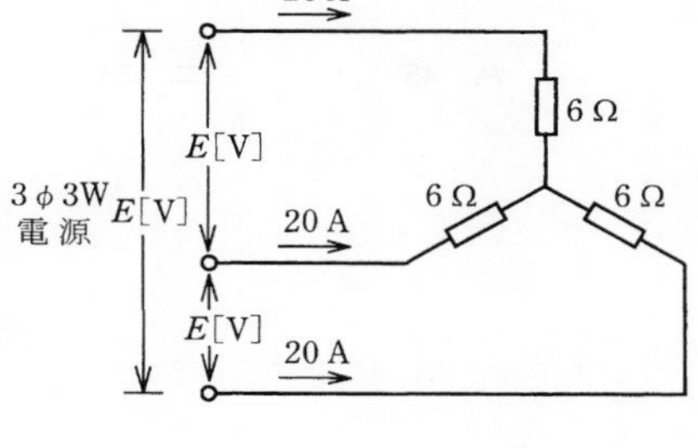 	**イ**．120　**ロ**．173　**ハ**．208　**ニ**．240

	問い	答え			
6	図のように，電線のこう長 16 m の配線により，消費電力 2 000 W の抵抗負荷に電力を供給した結果，負荷の両端の電圧は 100 V であった。配線における電圧降下[V]は。 ただし，電線の電気抵抗は長さ 1 000 m 当たり 3.2 Ωとする。 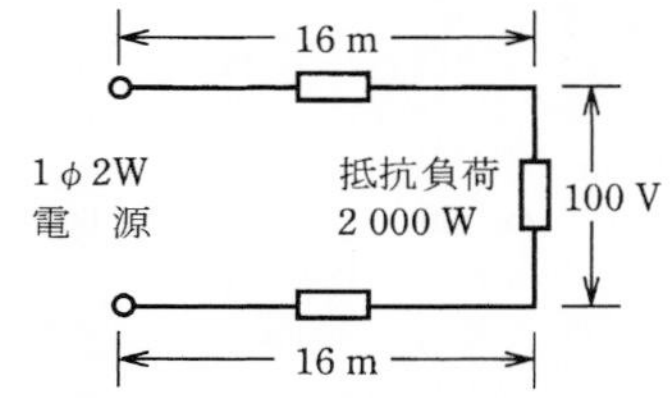	イ．1	ロ．2	ハ．3	ニ．4
7	図のような単相 3 線式回路において，電線 1 線当たりの抵抗が 0.2 Ωのとき，a−b 間の電圧[V]は。 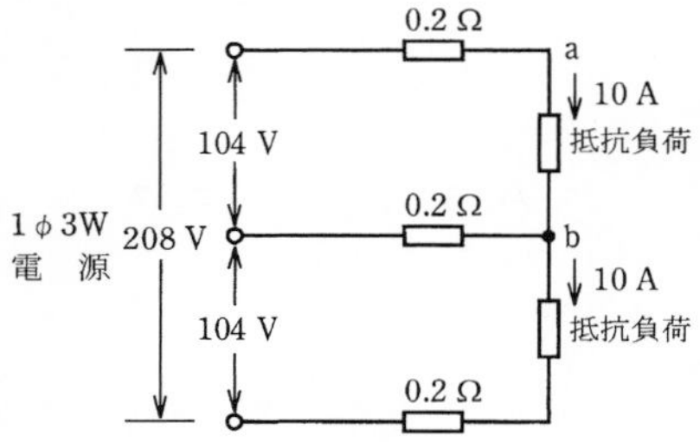	イ．96	ロ．100	ハ．102	ニ．106
8	金属管による低圧屋内配線工事で，管内に直径 2.0 mm の 600V ビニル絶縁電線（軟銅線）4 本を収めて施設した場合，電線 1 本当たりの許容電流[A]は。 ただし，周囲温度は 30 ℃以下，電流減少係数は 0.63 とする。	イ．17	ロ．22	ハ．30	ニ．35
9	図のように定格電流 100 A の過電流遮断器で保護された低圧屋内幹線から分岐して，6 m の位置に過電流遮断器を施設するとき，a−b 間の電線の許容電流の最小値[A]は。 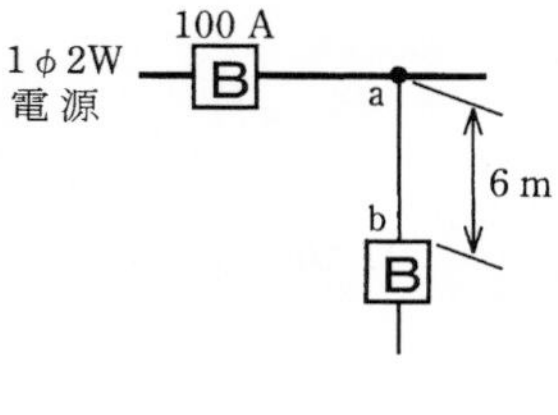	イ．25	ロ．35	ハ．45	ニ．55

	問　い	答　え
10	低圧屋内配線の分岐回路の設計で，配線用遮断器の定格電流とコンセントの組合せとして，**不適切なものは。**	イ．　ロ．　ハ．　ニ． 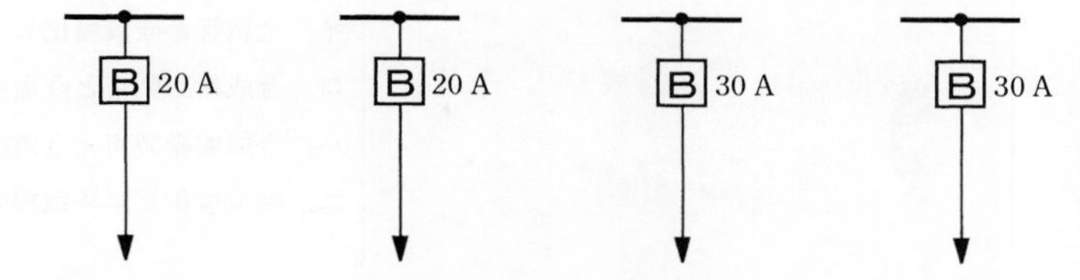 イ．15 Aコンセント 2個　ロ．20 Aコンセント 1個　ハ．30 Aコンセント 2個　ニ．15 Aコンセント 2個
11	低圧電路に使用する定格電流が 20 A の配線用遮断器に 25 A の電流が継続して流れたとき，この配線用遮断器が自動的に動作しなければならない時間[分]の限度（最大の時間）は。	イ．20　ロ．30　ハ．60　ニ．120
12	低圧屋内配線として使用する 600V ビニル絶縁電線（IV）の絶縁物の最高許容温度[℃]は。	イ．30　ロ．45　ハ．60　ニ．75
13	定格周波数 60 Hz，極数 4 の低圧三相かご形誘導電動機における回転磁界の同期速度[min^{-1}]は。	イ．1 200　ロ．1 500　ハ．1 800　ニ．3 000
14	金属管（鋼製電線管）の切断及び曲げ作業に使用する工具の組合せとして，**適切なものは。**	イ．リーマ パイプレンチ トーチランプ ロ．やすり 金切りのこ パイプベンダ ハ．リーマ 金切りのこ トーチランプ ニ．やすり パイプレンチ パイプベンダ
15	白熱電球と比較して，電球形 LED ランプ（制御装置内蔵形）の特徴として，**誤っているものは。**	イ．力率が低い。 ロ．発光効率が高い。 ハ．価格が高い。 ニ．寿命が短い。
16	写真に示す工具の用途は。 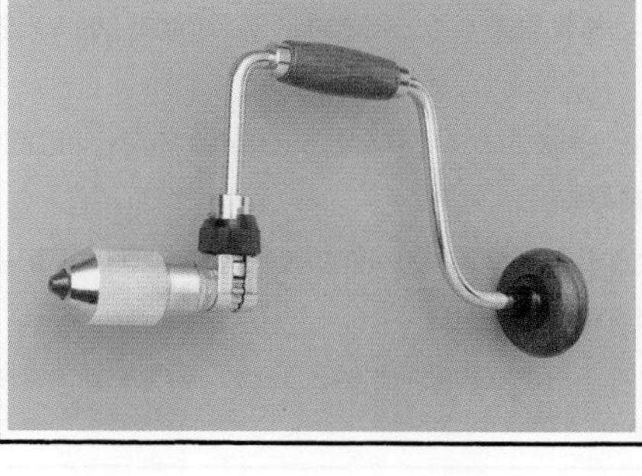	イ．リーマと組み合わせて，金属管の面取りに用いる。 ロ．面取器と組み合わせて，ダクトのバリを取るのに用いる。 ハ．羽根ぎりと組み合わせて，鉄板に穴を開けるのに用いる。 ニ．ホルソと組み合わせて，コンクリートに穴を開けるのに用いる。

平成30年度(上期)

	問 い	答 え
17	写真に示す材料の用途は。 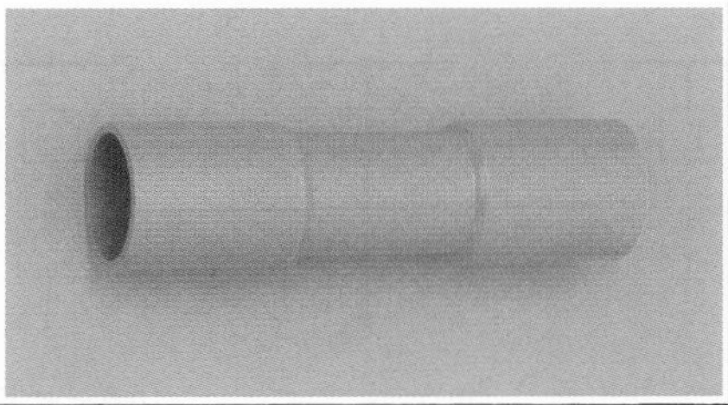	イ．金属管と硬質塩化ビニル電線管とを接続するのに用いる。 ロ．合成樹脂製可とう電線管相互を接続するのに用いる。 ハ．合成樹脂製可とう電線管と CD 管とを接続するのに用いる。 ニ．硬質塩化ビニル電線管相互を接続するのに用いる。
18	写真に示す機器の名称は。 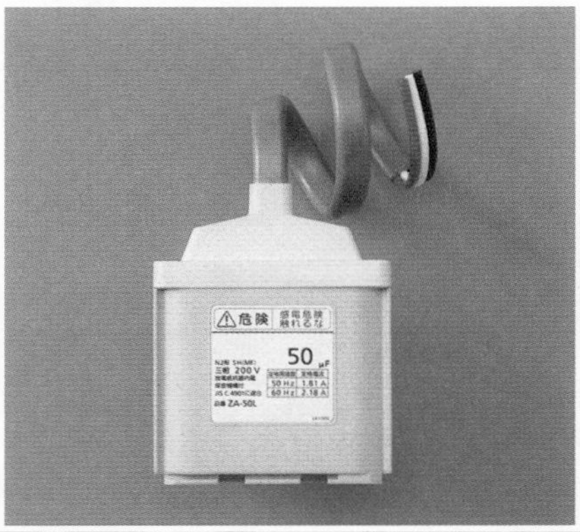	イ．水銀灯用安定器 ロ．変流器 ハ．ネオン変圧器 ニ．低圧進相コンデンサ
19	低圧屋内配線工事で，600V ビニル絶縁電線（軟銅線）をリングスリーブ用圧着工具とリングスリーブ（E 形）を用いて接続を行った。接続する電線に適合するリングスリーブの種類と圧着マーク（刻印）の組合せで，**適切なものは。**	イ．直径 1.6 mm 1 本と直径 2.0 mm 1 本の接続に，小スリーブを使用して圧着マークを **小** にした。 ロ．直径 2.0 mm 2 本の接続に，小スリーブを使用して圧着マークを **○** にした。 ハ．直径 1.6 mm 4 本の接続に，中スリーブを使用して圧着マークを **中** にした。 ニ．直径 1.6 mm 2 本と直径 2.0 mm 1 本の接続に，中スリーブを使用して圧着マークを **中** にした。
20	乾燥した点検できない隠ぺい場所の低圧屋内配線工事の種類で，**適切なものは。**	イ．合成樹脂管工事 ロ．バスダクト工事 ハ．金属ダクト工事 ニ．がいし引き工事
21	使用電圧 200 V の三相電動機回路の施工方法で，**不適切なものは。**	イ．湿気の多い場所に 1 種金属製可とう電線管を用いた金属可とう電線管工事を行った。 ロ．乾燥した場所の金属管工事で，管の長さが 3 m なので金属管の D 種接地工事を省略した。 ハ．造営材に沿って取り付けた 600V ビニル絶縁ビニルシースケーブルの支持点間の距離を 2 m 以下とした。 ニ．金属管工事に 600V ビニル絶縁電線を使用した。
22	D 種接地工事を**省略できないものは。** ただし，電路には定格感度電流 30 mA，動作時間が 0.1 秒以下の電流動作型の漏電遮断器が取り付けられているものとする。	イ．乾燥したコンクリートの床に施設する三相 200 V（対地電圧 200 V）誘導電動機の鉄台 ロ．乾燥した木製の床の上で取り扱うように施設する三相 200 V（対地電圧 200 V）空気圧縮機の金属製外箱部分 ハ．乾燥した場所に施設する単相 3 線式 100/200 V（対地電圧 100 V）配線の電線を収めた長さ 7 m の金属管 ニ．乾燥した場所に施設する三相 200 V（対地電圧 200 V）動力配線の電線を収めた長さ 3 m の金属管

	問い	答え
23	低圧屋内配線の合成樹脂管工事で，合成樹脂管（合成樹脂製可とう電線管及びCD管を除く）を造営材の面に沿って取り付ける場合，管の支持点間の距離の最大値[m]は。	イ．1　ロ．1.5　ハ．2　ニ．2.5
24	一般に使用される回路計（テスタ）によって**測定できないものは。**	イ．直流電圧　ロ．交流電圧　ハ．回路抵抗　ニ．漏れ電流
25	アナログ形絶縁抵抗計（電池内蔵）を用いた絶縁抵抗測定に関する記述として，**誤っているものは。**	イ．絶縁抵抗測定の前には，絶縁抵抗計の電池容量が正常であることを確認する。 ロ．絶縁抵抗測定の前には，絶縁抵抗測定のレンジに切り替え，測定モードにし，接地端子（E:アース）と線路端子（L:ライン）を短絡し零点を指示することを確認する。 ハ．被測定回路に電源電圧が加わっている状態で測定する。 ニ．電子機器が接続された回路の絶縁測定を行う場合は，機器等を損傷させない適正な定格測定電圧を選定する。
26	使用電圧100 Vの低圧電路に，地絡が生じた場合0.1秒で自動的に電路を遮断する装置が施してある。この電路の屋外にD種接地工事が必要な自動販売機がある。その接地抵抗値a[Ω]と電路の絶縁抵抗値 b[MΩ]の組合せとして，「電気設備に関する技術基準を定める省令」及び「電気設備の技術基準の解釈」に**適合していないものは。**	イ．a　600　b　2.0 ロ．a　500　b　1.0 ハ．a　100　b　0.2 ニ．a　10　b　0.1
27	電気計器の目盛板に図のような記号があった。記号の意味として**正しいものは。** 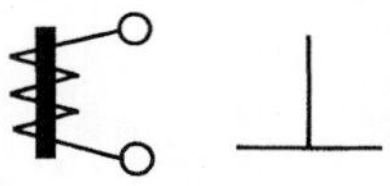	イ．永久磁石可動コイル形で目盛板を水平に置いて使用する。 ロ．永久磁石可動コイル形で目盛板を鉛直に立てて使用する。 ハ．誘導形で目盛板を水平に置いて使用する。 ニ．可動鉄片形で目盛板を鉛直に立てて使用する。
28	電気工事士法において，第二種電気工事士免状の交付を受けている者であっても**従事できない**電気工事の作業は。	イ．自家用電気工作物（最大電力500 kW未満の需要設備）の低圧部分の電線相互を接続する作業 ロ．自家用電気工作物（最大電力500 kW未満の需要設備）の地中電線用の管を設置する作業 ハ．一般用電気工作物の接地工事の作業 ニ．一般用電気工作物のネオン工事の作業

問い		答え
29	電気用品安全法における特定電気用品に関する記述として，**誤っているものは。**	**イ．** 電気用品の製造の事業を行う者は，一定の要件を満たせば製造した特定電気用品に <PS>E の表示を付すことができる。 **ロ．** 電線，ヒューズ，配線器具等の部品材料であって構造上表示スペースを確保することが困難な特定電気用品にあっては，特定電気用品に表示する記号に代えて ＜PS＞E とすることができる。 **ハ．** 電気用品の輸入の事業を行う者は，一定の要件を満たせば輸入した特定電気用品に (PS)E の表示を付すことができる。 **ニ．** 電気用品の販売の事業を行う者は，経済産業大臣の承認を受けた場合等を除き，法令に定める表示のない特定電気用品を販売してはならない。
30	一般用電気工作物に関する記述として，**誤っているものは。**	**イ．** 低圧で受電するものであっても，出力 60 kW の太陽電池発電設備を同一構内に施設した場合，一般用電気工作物とならない。 **ロ．** 低圧で受電するものは，小出力発電設備を同一構内に施設しても一般用電気工作物となる。 **ハ．** 低圧で受電するものであっても，火薬類を製造する事業場など，設置する場所によっては一般用電気工作物とならない。 **ニ．** 高圧で受電するものは，受電電力の容量，需要場所の業種にかかわらず，すべて一般用電気工作物となる。

問題２．配線図 (問題数 20，配点は１問当たり２点)

※図は３３８頁参照

図は，鉄筋コンクリート造の集合住宅共用部の部分的な配線図である。この図に関する次の各問いには４通りの答え（**イ**，**ロ**，**ハ**，**ニ**）が書いてある。それぞれの問いに対して，答えを１つ選びなさい。

【注意】１．屋内配線の工事は，動力回路及び特記のある場合を除き 600V ビニル絶縁ビニルシースケーブル平形（VVF）を用いたケーブル工事である。

２．屋内配線等の電線の本数，電線の太さ，その他，問いに直接関係のない部分等は省略又は簡略化してある。

３．漏電遮断器は，定格感度電流 30 mA，動作時間 0.1 秒以内のものを使用している。

４．選択肢（答え）の写真にあるコンセント及び点滅器は，「JIS C 0303：2000 構内電気設備の配線用図記号」で示す「一般形」である。

５．配電盤，分電盤及び制御盤の外箱は金属製である。

６．ジョイントボックス及びプルボックスを経由する電線は，すべて接続箇所を設けている。

７．３路スイッチの記号「0」の端子には，電源側又は負荷側の電線を結線する。

	問　い	答　え
31	①で示す低圧ケーブルの名称は。	イ．引込用ビニル絶縁電線 ロ．600V ビニル絶縁ビニルシースケーブル平形 ハ．600V ビニル絶縁ビニルシースケーブル丸形 ニ．600V 架橋ポリエチレン絶縁ビニルシースケーブル（単心３本より線）
32	②で示す部分はワイドハンドル形点滅器である。その図記号は。	イ．◆　ロ．$●_{D}$　ハ．$●_{WP}$　ニ．$●_{R}$
33	③で示す図記号の名称は。	イ．圧力スイッチ ロ．電磁開閉器用押しボタン ハ．フロートレススイッチ電極 ニ．フロートスイッチ
34	④で示す部分は引掛形のコンセントである。その図記号の傍記表示は。	イ．ET　ロ．EL　ハ．LK　ニ．T
35	⑤で示す部分は二重床用のコンセントである。その図記号は。	イ．　ロ．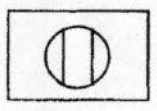　ハ．　ニ．
36	⑥で示す図記号の機器は。	イ．制御配線の信号により動作する開閉器（電磁開閉器） ロ．タイムスイッチ ハ．熱線式自動スイッチ用センサ ニ．電流計付箱開閉器
37	⑦で示す機器の定格電流の最大値[A]は。	イ．15　ロ．20　ハ．30　ニ．40
38	⑧で示す部分の接地工事の種類及びその接地抵抗の許容される最大値[Ω]の組合せとして，**正しいものは。** なお，引込線の電源側には地絡遮断装置は設置されていない。	イ．C 種接地工事　10 Ω ロ．C 種接地工事　50 Ω ハ．D 種接地工事　100 Ω ニ．D 種接地工事　500 Ω
39	⑨で示す部分の最少電線本数（心線数）は。	イ．2　ロ．3　ハ．4　ニ．5
40	⑩で示す部分の電路と大地間の絶縁抵抗として，許容される最小値[MΩ]は。	イ．0.1　ロ．0.2　ハ．0.4　ニ．1.0

	問　い	答　え			
41	⑪で示す部分の接続工事をリングスリーブ小3個を使用して圧着接続する場合の刻印は。 ただし，使用する電線はすべて VVF1.6 とする。 また，写真に示す**リングスリーブ中央**の○，**小**は刻印を表す。	イ．	ロ．	ハ．	ニ．
42	⑫で示すコンセントの電圧と極性を確認するための測定器の組合せで，**正しいものは。**	イ．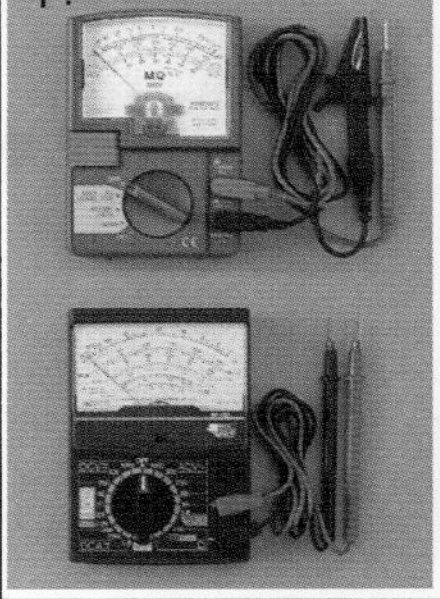	ロ．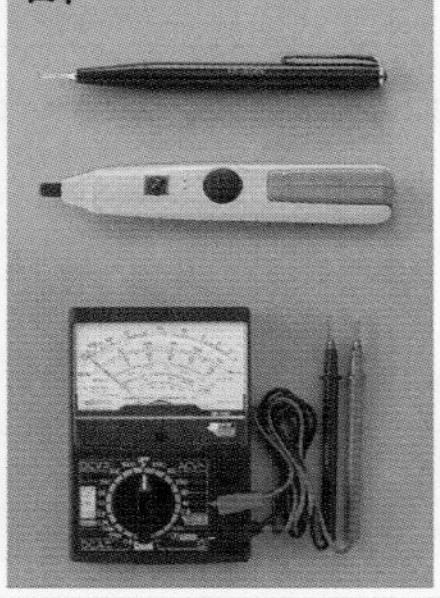	ハ．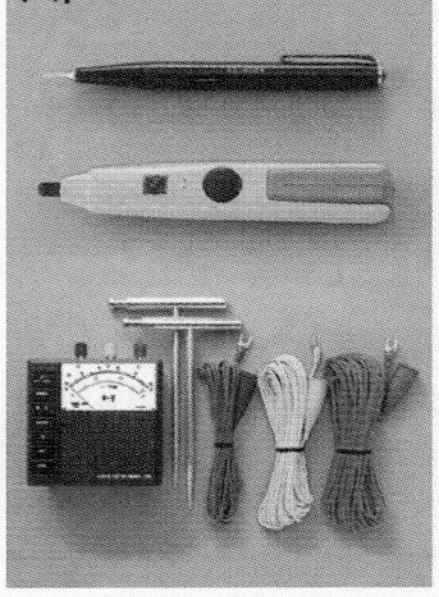	ニ．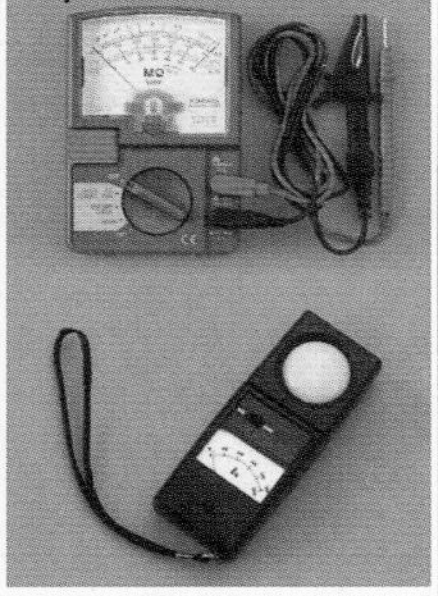
43	⑬で示す図記号の機器は。	イ．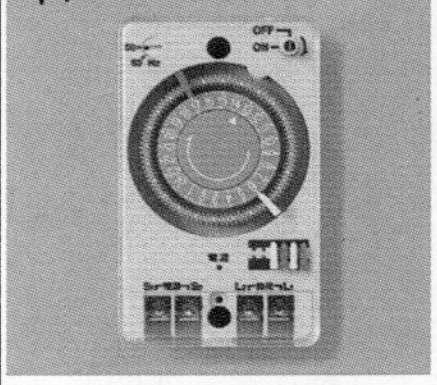	ロ．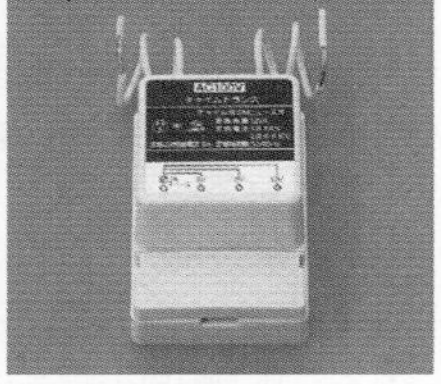	ハ．	ニ．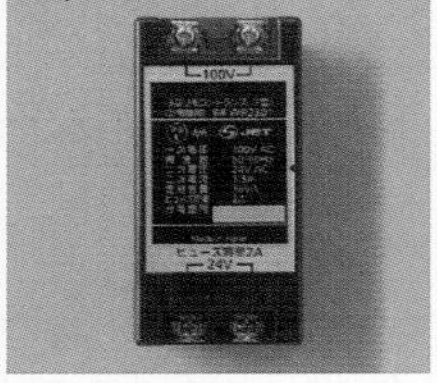
44	⑭で示す部分の工事で管とボックスを接続するために**使用されるものは。**	イ．	ロ．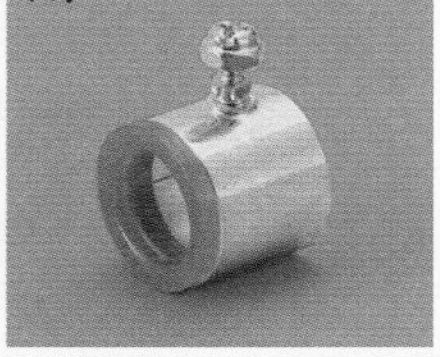	ハ．	ニ．
45	⑮で示すポンプ室及び受水槽室内で**使用されていないものは。** ただし，写真下の図は，接点の構成を示す。	イ．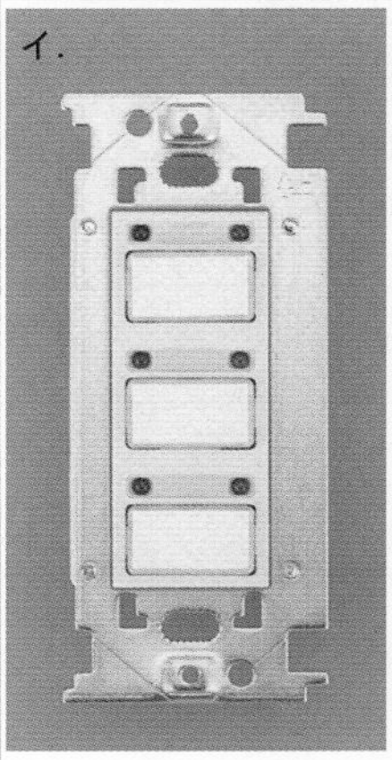	ロ．	ハ．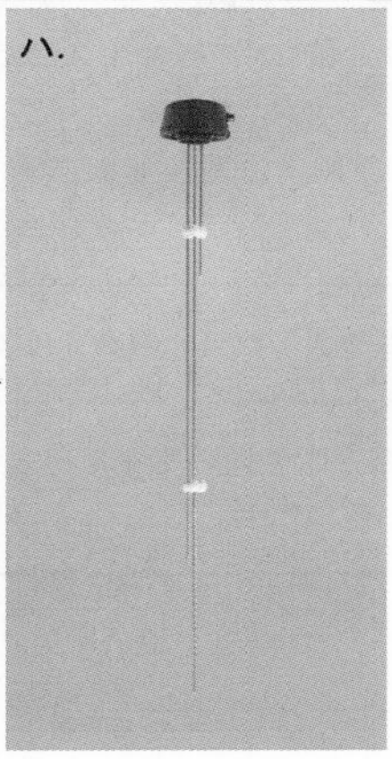	ニ．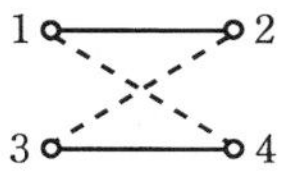

平成30年度（上期）

問い		答え			
46	⑯で示すプルボックス内の接続をすべて圧着接続とする場合，使用するリングスリーブの種類と最少個数の組合せで，**正しいものは。** ただし，使用する電線はすべてIV1.6とする。	イ．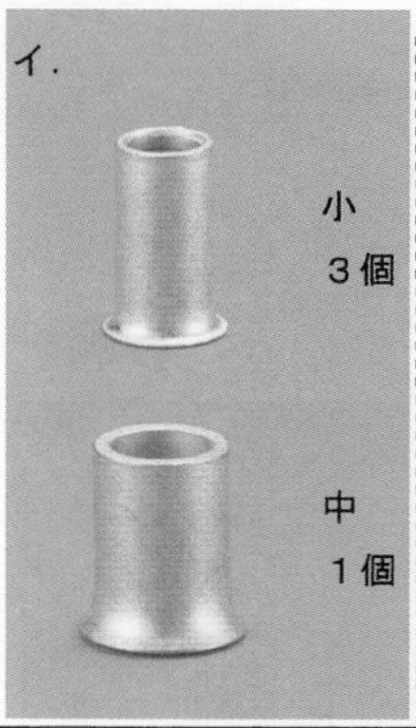	ロ．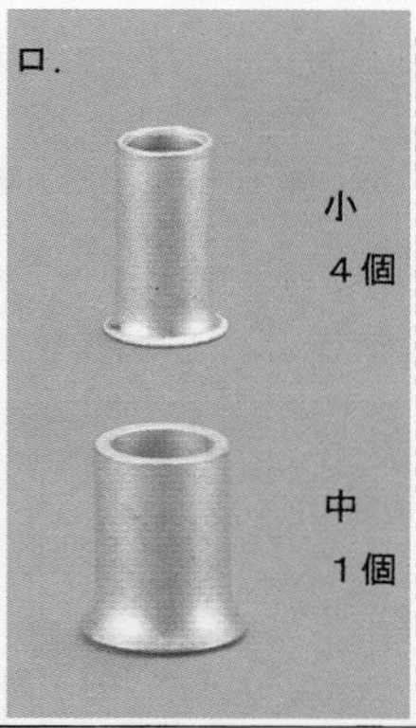	ハ．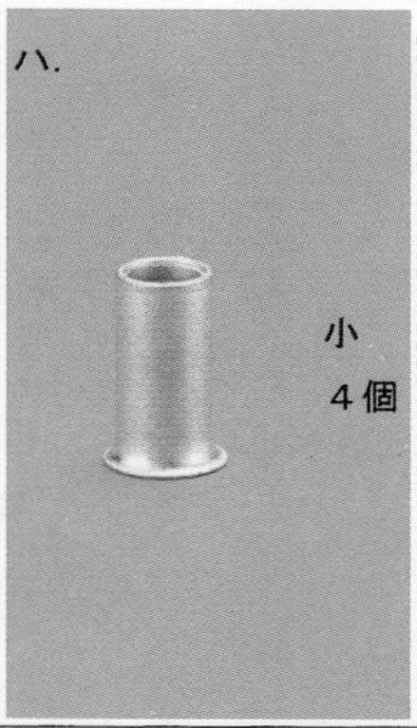	ニ．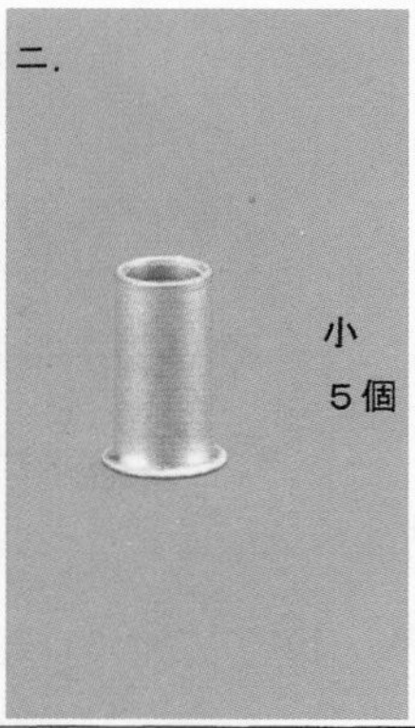
47	⑰で示すプルボックス内の接続をすべて差込形コネクタとする場合，使用する差込形コネクタの種類と最少個数の組合せで，**正しいものは。** ただし，使用する電線はすべてIV1.6とする。	イ．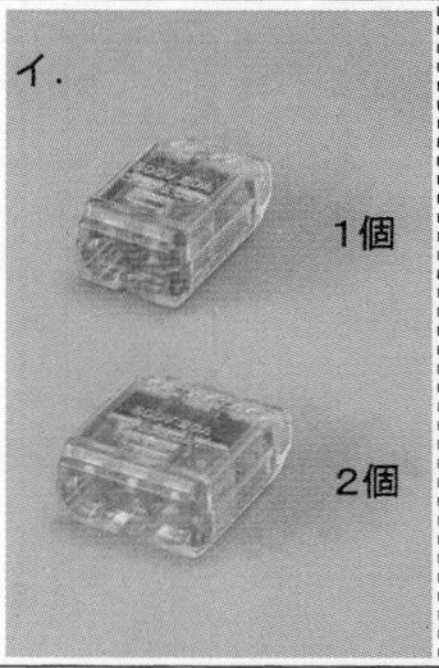	ロ．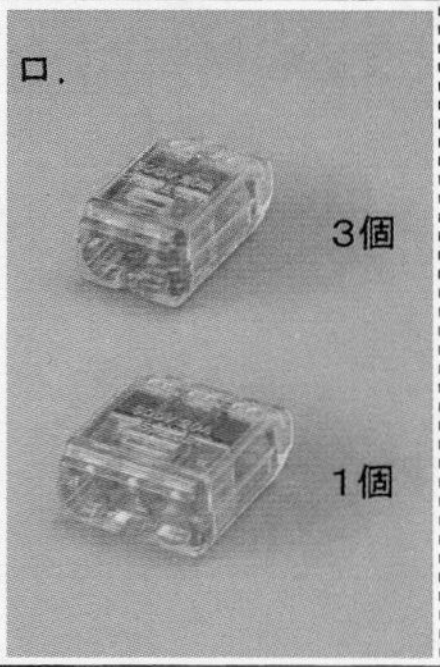	ハ．	ニ．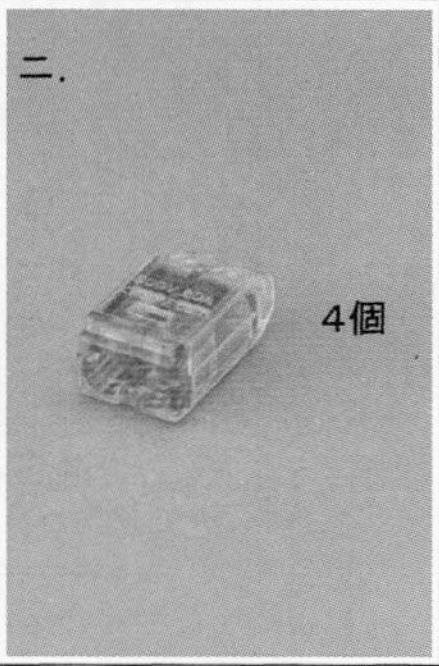
48	⑱で示す点滅器の取り付け工事に**使用するものは。**	イ．	ロ．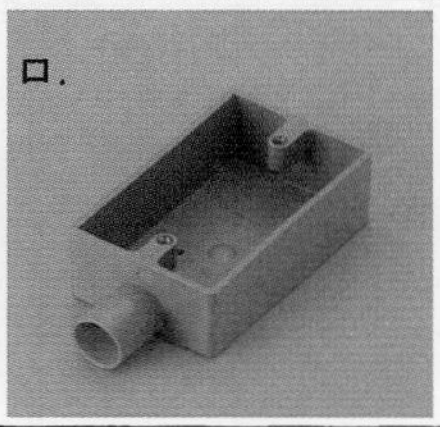	ハ．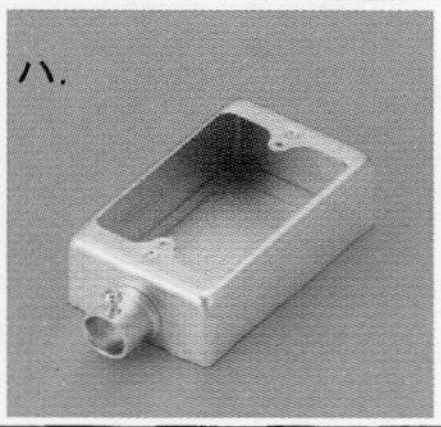	ニ．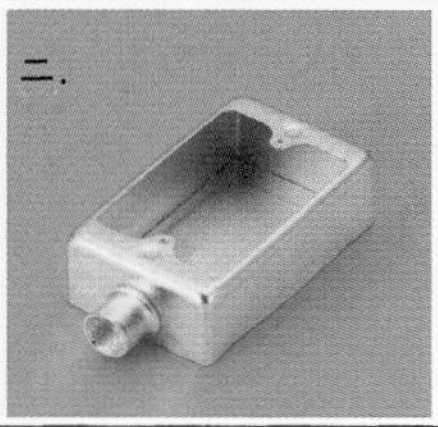
49	⑲で示す分電盤（金属製）に穴をあけるのに**使用されることのないものは。**	イ．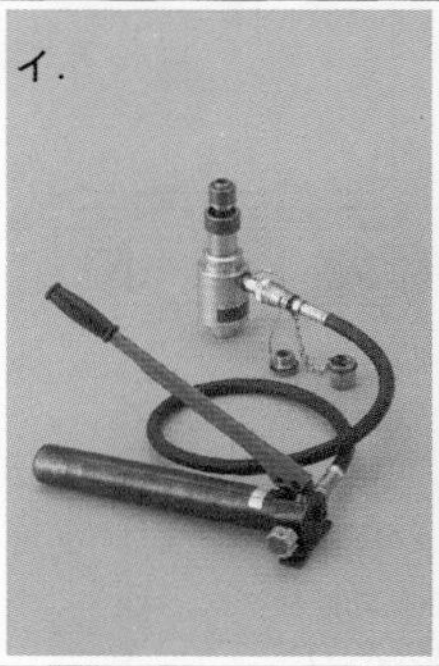	ロ．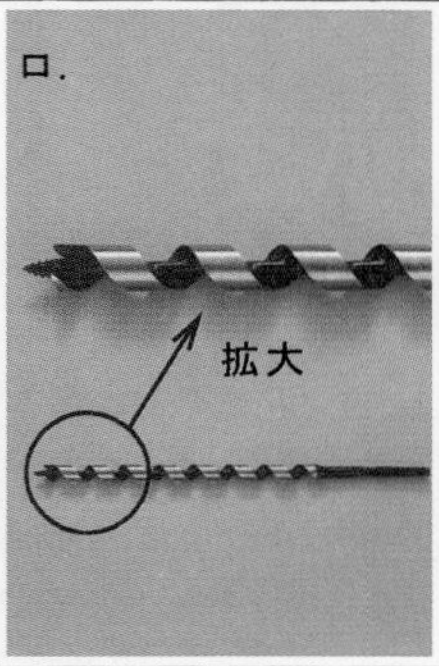	ハ．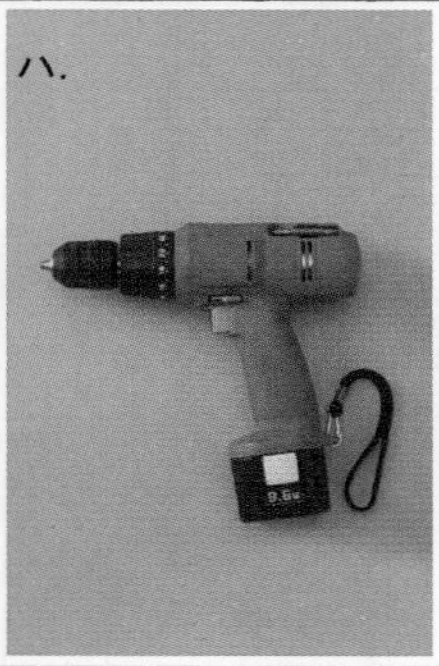	ニ．
50	この配線図で，**使用されていないものは。**	イ．	ロ．	ハ．	ニ．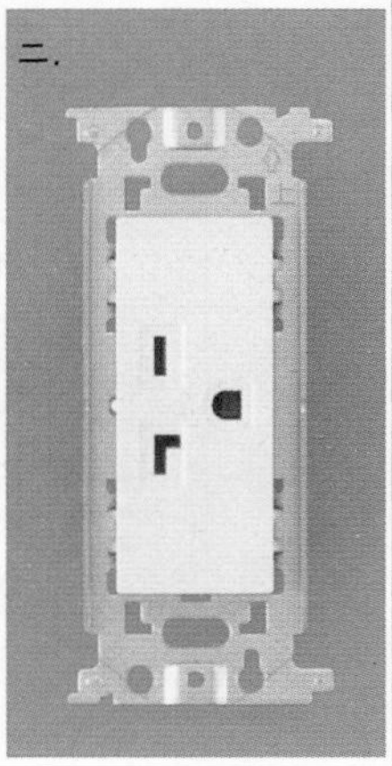

図面を引き抜いてご覧ください

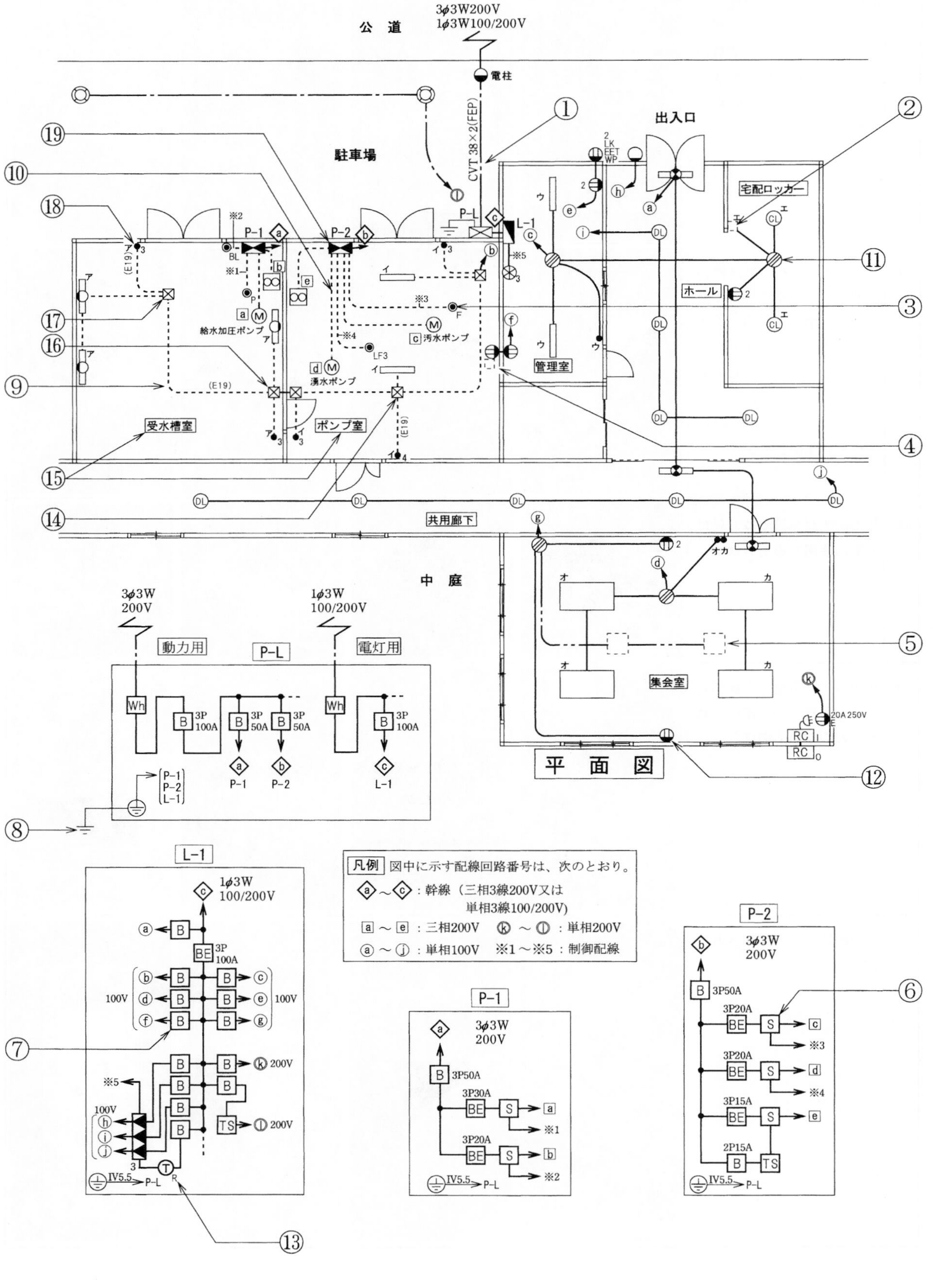

平成30年度（上期）

解答と解説

問題１．一般問題の解答

１　ハ．50

スイッチＳを閉じたときの回路は，**第１図**のようになる．

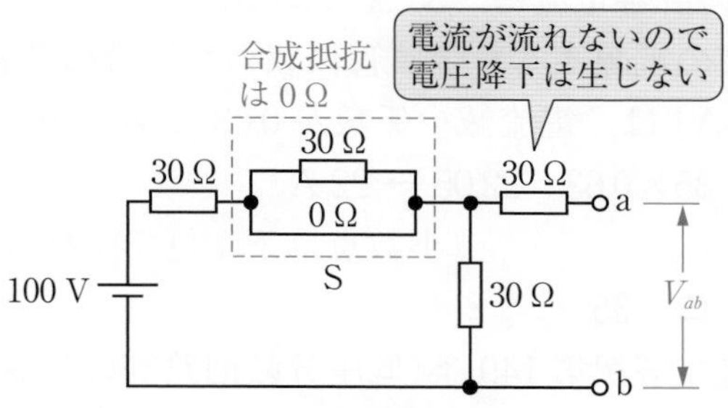

第１図

スイッチＳを閉じると，電線の抵抗０Ωと抵抗30Ωの合成抵抗は，次のように０Ωとなる．

$$R=\frac{0\times 30}{0+30}=\frac{0}{30}=0\ 〔\Omega〕$$

また，端子ａに接続されている抵抗30Ωには電流が流れていないので，電圧降下は生じない．

これらのことから，a－b端子間の電圧 V_{ab} は，**第２図**の回路で求めることができる．

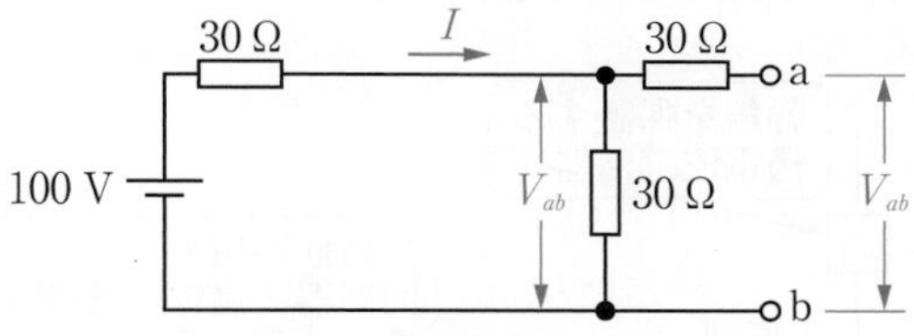

第２図

回路に流れる電流 I〔A〕は，

$$I=\frac{100}{30+30}=\frac{100}{60}\ 〔\mathrm{A}〕$$

a－b端子間の電圧 V_{ab}〔V〕は，

$$V_{ab}=I\times 30=\frac{100}{60}\times 30=\frac{100}{2}=50\ 〔\mathrm{V}〕$$

２　ロ．５

周波数が50 Hzのときの誘導性リアクタンス X_{L1}〔Ω〕は，次のようになる（**第３図**）．

$$X_{L1}=\frac{V}{I_1}=\frac{100}{6}\ 〔\Omega〕$$

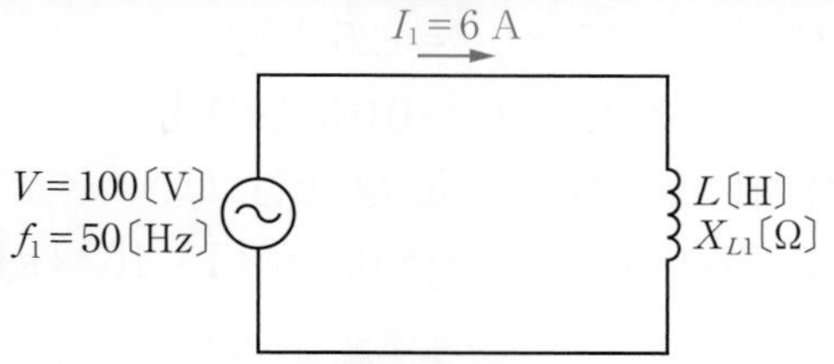

第３図

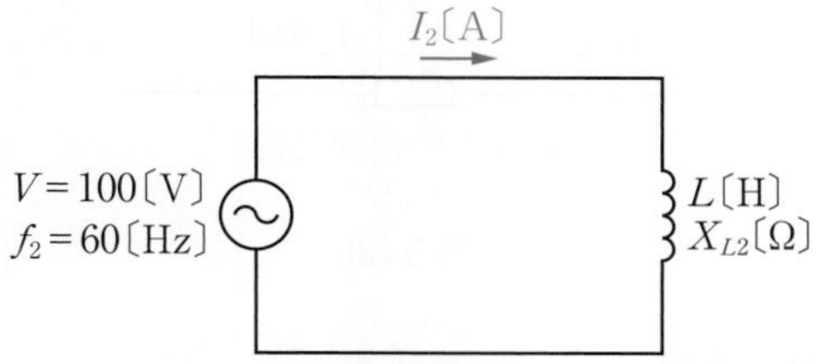

第４図

コイルの自己インダクタンスを L〔H〕とすると，周波数が50 Hzのときのコイルの誘導性リアクタンス X_{L1}〔Ω〕（**第３図**）と，周波数が60 Hzのときのコイルの誘導性リアクタンス X_{L2}〔Ω〕（**第４図**）は，次のように表される．

$$X_{L1}=2\pi f_1 L=2\pi\times 50L\ 〔\Omega〕$$

$$X_{L2}=2\pi f_2 L=2\pi\times 60L\ 〔\Omega〕$$

したがって，周波数が60 Hzのときのコイルの誘導性リアクタンス X_{L2}〔Ω〕は，

$$\frac{X_{L2}}{X_{L1}}=\frac{2\pi\times 60L}{2\pi\times 50L}=\frac{6}{5}$$

$$X_{L2}=\frac{6}{5}X_{L1}=\frac{6}{5}\times\frac{100}{6}=\frac{100}{5}=20\ 〔\Omega〕$$

コイルに100 V，60 Hzの交流電圧を加えたときに流れる電流 I_2〔A〕は，次のようになる．

$$I_2=\frac{V}{X_{L2}}=\frac{100}{20}=5\ 〔\mathrm{A}〕$$

３　イ．許容電流は，周囲の温度が上昇すると，大きくなる．

絶縁電線の許容電流は，周囲温度が上昇すると小さくなるので，イは誤りである．導体の直径 D が大きくなると，断面積が大きくなり，許容電流が大きくなるので，ロは正しい．

電線の抵抗は，導体の長さ L に比例し，断面積に反比例する．断面積は直径 D の２乗に比例するので，電線の抵抗は D^2 に反比例することになる．したがって，ハ及びニは正しい．

4　ニ．162

第5図において，接続点の接触抵抗による電力 P〔kW〕は，

$P=I^2R=15^2\times0.2=225\times0.2$

$=45$〔W〕$=0.045$〔kW〕

1時間に発生する熱量 Q〔kJ〕は，

$Q=3\,600Pt=3\,600\times0.045\times1=162$〔kJ〕

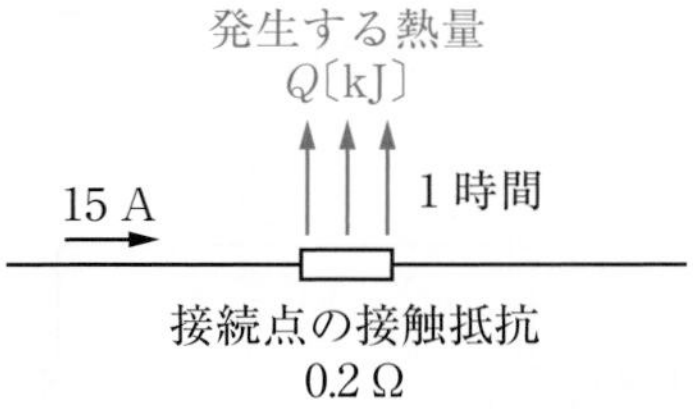

第5図

5　ハ．208

Y結線において，線間電圧は相電圧の$\sqrt{3}$倍になる．

相電圧は，$20\times6=120$〔V〕であり，線間電圧 E〔V〕は次のようになる．

$E=\sqrt{3}\times120=1.73\times120\fallingdotseq208$〔V〕

6　ロ．2

電線に流れる電流 I〔A〕は，$P=VI\cos\theta$〔W〕から，

$$I=\frac{P}{V\cos\theta}=\frac{2\,000}{100\times1}=20\text{〔A〕}$$

電線16 mの電気抵抗は，1 000 m当たり3.2 Ωであるから，

$$r=\frac{3.2}{1\,000}\times16=\frac{51.2}{1\,000}=0.0512\text{〔Ω〕}$$

第6図の単相2線式の電圧降下 v〔V〕は，

$v=2Ir=2\times20\times0.0512\fallingdotseq2.0$〔V〕

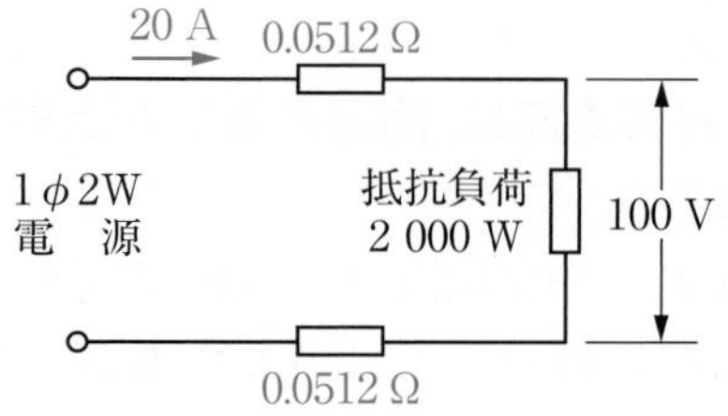

第6図

7　ハ．102

負荷が平衡しているので，中性線には電流が流れない．

中性線には電圧降下が生じないので，電圧降下 v〔V〕は，

$v=Ir=10\times0.2=2$〔V〕

a－b間の電圧 V_{ab}〔V〕は，

$V_{ab}=104-v=104-2=102$〔V〕

8　ロ．22

電技解釈第146条(低圧配線に使用する電線)による．

直径2.0 mmの600 Vビニル絶縁電線(軟銅線)の許容電流は，35 Aである．

この電線4本を金属管に収めた場合の許容電流〔A〕は，電流減少係数が0.63であるから，

$35\times0.63=22.05\rightarrow22$ A

(小数点以下1位を7捨8入)

9　ロ．35

電技解釈第149条(低圧分岐回路等の施設)による．

幹線から分岐回路を施設する場合，分岐点から3 m以下のところに配線用遮断器(開閉器及び過電流遮断器)を施設しなければならないが，**第7図**の②，③に該当する場合は，3 mを超えて施設することができる．

a－b間が6 mの場合，3 mを超えて8 m以下に該当するので，電線の許容電流 I_W〔A〕は幹線を保護する過電流遮断器の定格電流の0.35倍以上でなければならない．

$I_W\geqq0.35\times100=35$〔A〕

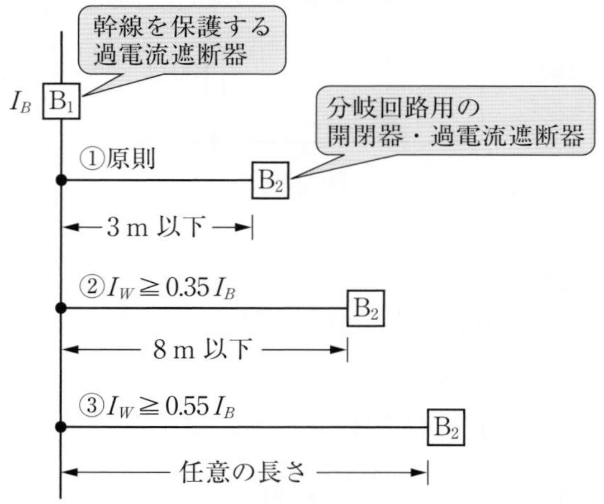

I_B：幹線を保護する過電流遮断器の定格電流
I_W：分岐回路の電線の許容電流

第7図

10　ニ．

電技解釈第149条(低圧分岐回路等の施設)による．

定格電流 30 A の配線用遮断器で保護される分岐回路には，15 A のコンセントは接続できない．

配線用遮断器の分岐回路では，接続する電線の太さとコンセントの定格電流は**第 1 表**のように施設しなければならない．

第 1 表　分岐回路

配線用遮断器の定格電流	電線の太さ（軟銅線）	コンセントの定格電流
20 A	1.6 mm 以上	20 A 以下
30 A	2.6 mm（5.5 mm²）以上	20 A 以上 30 A 以下
40 A	8 mm² 以上	30 A 以上 40 A 以下
50 A	14 mm² 以上	40 A 以上 50 A 以下

11　ハ．60

電技解釈第 33 条（低圧電路に施設する過電流遮断器の性能等）による．

定格電流 20 A の配線用遮断器に，定格電流の 25/20＝1.25 倍の電流が流れた場合は，60 分以内に自動的に動作しなければならない．

12　ハ．60

600 V ビニル絶縁電線（IV）の絶縁物の最高許容温度は 60℃である．

電線に用いられている主な絶縁物の最高許容温度は，**第 2 表**のとおりである．

第 2 表　絶縁物の最高許容温度

絶縁物	最高許容温度
ビニル	60℃
ポリエチレン	75℃
架橋ポリエチレン	90℃

13　ハ．1 800

三相かご形誘導電動機の同期速度 N_s〔min^{-1}〕は，電源の周波数を $f=60$〔Hz〕，極数を $p=4$〔極〕とすると，

$$N_s=\frac{120f}{p}=\frac{120\times 60}{4}=30\times 60=1\,800〔\mathrm{min}^{-1}〕$$

14　ロ．やすり　金切りのこ　パイプベンダ

第 8 図に，金属管の切断及び曲げ作業に使用する工具を示す．

金属管（鋼製電線管）は，金切りのこで切断して，やすりで切断面を直角に仕上げたりバリ取りをする．金属管の内側の面取りは，リーマをクリックボールに取り付けて行う．曲げるには，パイプベンダを用いる．

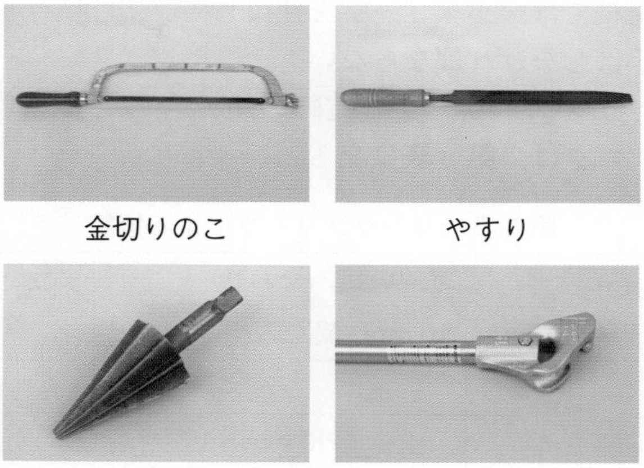

第 8 図　金属管用工具

15　ニ．寿命が短い．

白熱電球の寿命は約 1 000 ～ 2 000 時間であるが，電球形 LED ランプの寿命は約 40 000 時間で，電球形 LED ランプの方が寿命が長い．

電球形 LED ランプは，白熱電球と比べて次の特徴がある．

- 寿命が長い
- 発光効率が高い
- 価格が高い
- 力率が低い

16　イ．リーマと組み合わせて，金属管の面取りに用いる．

写真に示す工具はクリックボールで，リーマ（**第 8 図**）を先端に取り付けて，金属管の内側の面取りに用いる．

17　ニ．硬質塩化ビニル電線管相互を接続するのに用いる．

写真に示す材料は，TS カップリングである．

18　ニ．低圧進相コンデンサ

写真に示す機器は，電動機の力率改善に用いられる低圧進相コンデンサである．

19　イ．直径 1.6 mm 1 本と直径 2.0 mm 1 本の接続に，小スリーブを使用して圧着マークを小にした．

ロの直径 2.0 mm 2 本の接続では，小スリーブを使用して圧着マークを小にしなければならない．

ハの直径1.6 mm 4本の接続では，小スリーブを使用して圧着マークを小にしなければならない．

ニの直径1.6 mm 2本と直径2.0 mm 1本の接続では，小スリーブを使用して圧着マークを小にしなければならない．

リングスリーブの電線の組み合わせと圧着マークは，**第3表**になる．

第3表　リングスリーブによる接続

スリーブ	電線の組み合わせ			圧着マーク
	1.6 mm	2.0 mm	異なる組み合わせ	
小	2	—	—	○
	3〜4	2	2.0 mm×1 +1.6 mm×1〜2	小
中	5〜6	3〜4	2.0 mm×1 +1.6 mm×3〜5	中
			2.0 mm×2 +1.6 mm×1〜3	

20　イ．合成樹脂管工事

電技解釈第156条（低圧屋内配線の施設場所による工事の種類）による．

合成樹脂管工事は施設場所に制限はないが，バスダクト工事，金属ダクト工事，がいし引き工事は，乾燥していても乾燥していなくても，点検できない隠ぺい場所には施設できない．

21　イ．湿気の多い場所に1種金属製可とう電線管を用いた金属可とう電線管工事を行った．

電技解釈第160条（金属可とう電線管工事）による．

1種金属製可とう電線管（**第9図**）を用いた工事は，展開した場所又は点検できる隠ぺい場所であって，乾燥した場所に限って施設できる．

第9図　1種金属製可とう電線管

22　イ．乾燥したコンクリートの床に施設する三相200 V（対地電圧200 V）誘導電動機の鉄台

電技解釈第29条（機械器具の金属製外箱等の接地）及び第159条（金属管工事）による．

コンクリートの床は，絶縁性のものとみなされないので，D種接地工事は省略できない．この場合，電路に定格感度電流が15 mA，動作時間が0.1秒以下の電流動作型の漏電遮断器が取り付けてあれば，D種接地工事を省略することができる．

23　ロ．1.5

電技解釈第158条（合成樹脂管工事）による．

合成樹脂管の支持点間の距離は，1.5 m以下としなければならない．なお，内線規程3115-6（管及び附属品の連結及び支持）において，合成樹脂製可とう電線管の場合は，支持点間の距離を1 m以下とするのがよいとされている．

24　ニ．漏れ電流

回路計（テスタ）によって測定できるのは，直流電圧，交流電圧，抵抗，直流電流であり，漏れ電流は測定できない．

25　ハ．被測定回路に電源電圧が加わっている状態で測定する．

絶縁抵抗計で絶縁抵抗を測定する場合は，被測定回路の配線用遮断器や開閉器を「開（切）」にして測定しなければならない．

26　イ．a　600　b　2.0

電技第58条（低圧の電路の絶縁性能），電技解釈第17条（接地工事の種類及び施設方法）による．

D種接地工事の接地抵抗値は100 Ω以下であるが，地絡が生じた場合に0.5秒以内に電路を自動的に遮断する装置を施設するときは，500 Ω以下にすることができる．

絶縁抵抗値は，使用電圧が300 V以下で対地電圧が150 V以下の場合，0.1 MΩ以上でなければならない．

27　ニ．可動鉄片形で目盛板を鉛直に立てて使用する．

記号  は可動鉄片形の計器を表し，記号 ⊥ は目盛板を鉛直に立てて使用することを表す．

28　イ．自家用電気工作物（最大電力500 kW未満の需要設備）の低圧部分の電線相互を接続する作業

電気工事士法第2条（用語の定義）・第3条（電

気工事士等)，施行令第 1 条(軽微な工事)，施行規則第 2 条(軽微な作業)・第 2 条の 3(簡易電気工事)による．

自家用電気工作物(最大電力 500 kW 未満の需要設備)の低圧部分の電線相互を接続する作業は，簡易電気工事に該当する．認定電気工事従事者認定証の交付を受けている者又は第一種電気工事士の免状を受けている者でなければ従事できない．

29　ハ．電気用品の輸入の事業を行う者は，一定の要件を満たせば輸入した特定電気用品に ○PSE の表示を付すことができる．

電気用品安全法第 10 条(表示)・第 27 条(販売の制限)，施行規則第 17 条(表示の方式)による．

電気用品の製造又は輸入の事業を行う者は，一定の要件を満たせば，特定電気用品に ◇PSE 又は<PS>E の表示を，特定電気用品以外の電気用品に ○PSE 又は(PS)E の表示を付すことができる．

30　ニ．高圧で受電するものは，受電電力の容量，需要場所の業種にかかわらず，すべて一般用電気工作物となる．

電気事業法第 38 条，施行規則第 48 条(一般用電気工作物の範囲)による．

高圧で受電するものは，すべて自家用電気工作物となるので，ニは誤りである，

一般用電気工作物は，次に該当するものである．

①低圧(600 V)以下で受電し，同一の構内で使用するもの．

②火薬類を製造する事業所，石炭坑を除く．

③小出力発電設備を設置するものも含む．

問題 2．配線図の解答

31　ニ．600 V 架橋ポリエチレン絶縁ビニルシースケーブル(単心 3 本より線)

CVT 38×2(FEP)と表示されているので，CVT を使用した地中配線である．CVT は，単心の CV ケーブルを 3 本より合わせた 600 V 架橋ポリエチレン絶縁ビニルシースケーブル(**第 10 図**)を表す．

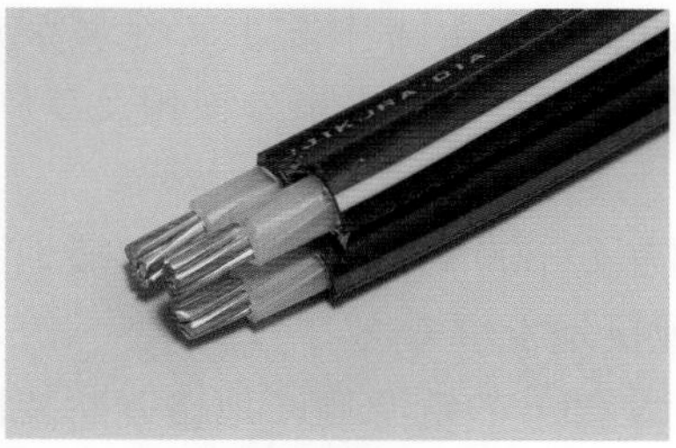

第 10 図　**CVT**

32　イ．◆

ワイドハンドル形点滅器(**第 11 図**)の図記号は ◆ である．図記号 ● は一般形点滅器を表す．

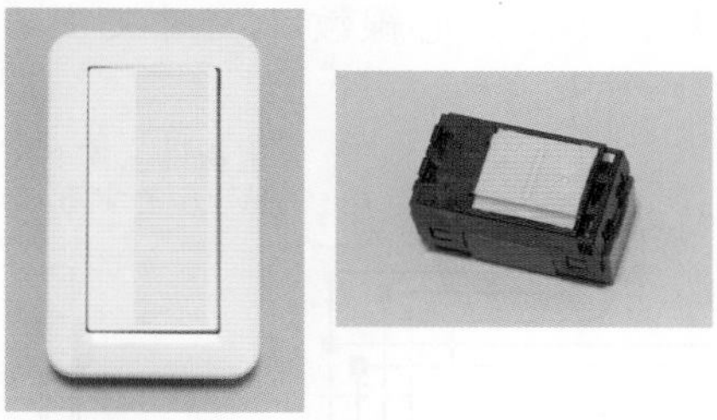

第 11 図　ワイドハンドル形点滅器

33　ニ．フロートスイッチ

図記号 ◉$_F$ は，フロートスイッチを表す．

34　ニ．T

引掛形コンセントの図記号の傍記表示は，T である．

傍記表示で，ET は接地端子付，EL は漏電遮断器付，LK は抜け止め形を表す．

35　イ．

二重床用のコンセントの図記号は，◫ である．

36　イ．制御配線の信号により動作する開閉器(電磁開閉器)

開閉器 S に制御配線が接続されているものは，電磁開閉器である．

37　ロ．20

電技解釈第 149 条(低圧分岐回路等の施設)による．

⑦で示す分岐回路ⓕに接続されているコンセントの定格電流は 15 A である．

定格電流 15 A のコンセントが接続されている分岐回路を保護する過電流遮断器は，定格電流が 15 A 以下の過電流遮断器(ヒューズ又は配線用遮断器)及び定格電流が 15 A を超え 20 A 以下の配線用遮断器でなければならない．このことから，配線用遮断器の定格電流の最大値は 20 A である．

38　ハ．D 種接地工事 100Ω

電技解釈第29条(機械器具の金属製外箱等の接地)，第17条(接地工事の種類及び施設方法)による．

使用電圧が300 V以下なので，接地工事の種類はD種接地工事である．

⑧で示す部分の電源側に地絡遮断装置が設置されていないので，接地抵抗の最大値は100 Ω である．

39　ハ．4

⑨で示す部分の複線図は**第12図**のようになり，最少電線本数(心線数)は4本である．

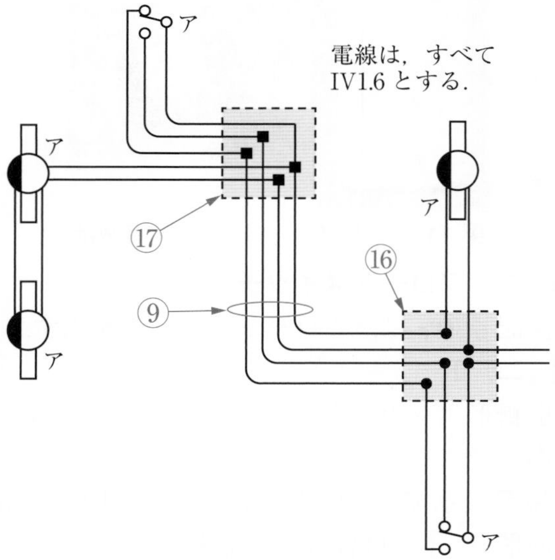

第12図

40　ロ．0.2

電技第58条(低圧の電路の絶縁性能)による．

⑩で示す電路は，三相3線式200 Vであり，使用電圧が300 V以下で対地電圧が150 Vを超えるので，電路と大地間の絶縁抵抗の最小値は0.2 MΩである．

41　イ．

⑪の部分の複線図は，**第13図**のようになる．

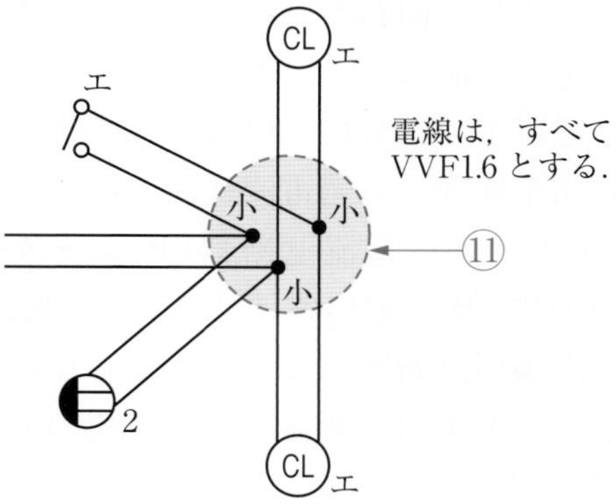

第13図

電線はすべてVVF 1.6とするので，3カ所の接続には小スリーブを用い，圧着マークもすべて小になる(**第3表**参照)．

42　ロ．

コンセントの電圧は回路計で，極性は検電器で確認する．

43　ニ．

図記号Ⓣ$_R$は，リモコントランスを表す．

44　ハ．

⑭で示すプルボックスには，ねじなし電線管E19が接続されているので，ハのねじなしボックスコネクタを使用する．

45　イ．

イは図記号⊗$_3$のリモコンセレクタスイッチで，ポンプ室，受水槽室では使用されていない．

ロの電磁開閉器用押しボタン(確認表示灯付)◉$_{BL}$は受水槽室に，ハのフロートレススイッチ電極◉$_{LF3}$とニの4路スイッチ●$_4$はポンプ室に使用されている．

46　ニ．

⑯で示すプルボックス内の接続は**第12図**のようになり，接続は5カ所で，すべて小スリーブを使用する(**第3表**参照)．

47　ロ．

⑰で示すプルボックス内の接続は**第12図**のようになり，電線の接続は4カ所で，使用する差込形コネクタは次のようになる．

2本用…3個　　　3本用…1個

48　ハ．

－－(E19)－－と示されており，ねじなし電線管を使用した露出配管工事であるので，ハのねじなし電線管用露出スイッチボックスを使用する．

49　ロ．

ロは木工用ドリルビットで，分電盤(金属製)の穴をあけるのには使用しない．

50　ハ．

ハの15 A 125 V抜け止め形1口防雨形コンセント⦶$^{LK}_{WP}$は，使用されていない．

イのプルボックス⊠は，受水槽室及びポンプ室に使用されている．ロのVVF用ジョイントボックス⊘は，管理室等に使用されている．ニの20 A 250 V接地極付コンセント⊖$^{20A250V}_{E}$は，集会室に使用されている．

問題１．一般問題 (問題数 30，配点は１問当たり２点)

【注】本問題の計算で $\sqrt{2}$，$\sqrt{3}$ 及び円周率 π を使用する場合の数値は次によること。$\sqrt{2}=1.41$，$\sqrt{3}=1.73$，$\pi=3.14$

次の各問いには４通りの答え（イ，ロ，ハ，ニ）が書いてある。それぞれの問いに対して答えを１つ選びなさい。

	問　い	答　え
1	図のような回路で，端子 a−b 間の合成抵抗[Ω]は。 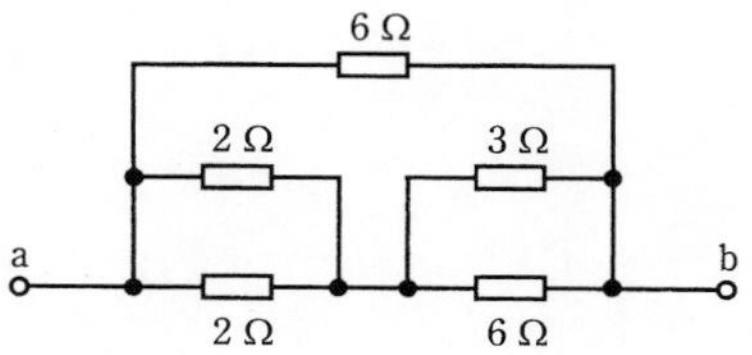	イ．1　ロ．2　ハ．3　ニ．4
2	図のような交流回路において，抵抗 12 Ω の両端の電圧 V [V]は。 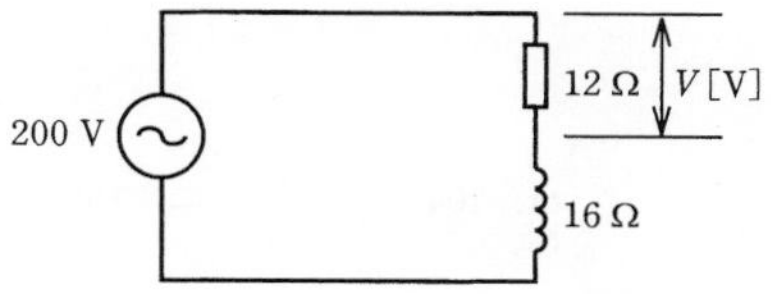	イ．86　ロ．114　ハ．120　ニ．160
3	直径2.6 mm，長さ10 m の銅導線と抵抗値が最も近い同材質の銅導線は。	イ．直径 1.6 mm，長さ 20 m ロ．断面積 8 mm²，長さ 10 m ハ．直径 3.2 mm，長さ 5 m ニ．断面積5.5 mm²，長さ10 m
4	電熱器により，60 kg の水の温度を 20 K 上昇させるのに必要な電力量[kW･h]は。 ただし，水の比熱は 4.2 kJ/(kg･K)とし，熱効率は 100 %とする。	イ．1.0　ロ．1.2　ハ．1.4　ニ．1.6
5	図のような三相 3 線式回路に流れる電流 I [A]は。 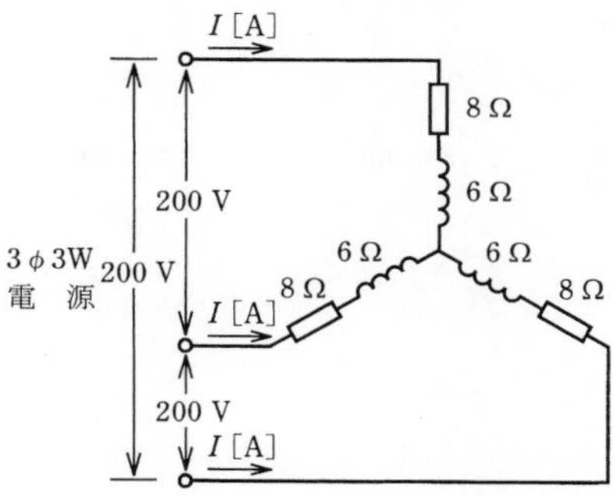	イ．8.3　ロ．11.6　ハ．14.3　ニ．20.0

問い		答え			
6	図のように，電線のこう長 8 m の配線により，消費電力 2 000 W の抵抗負荷に電力を供給した結果，負荷の両端の電圧は 100 V であった。配線における電圧降下[V]は。 ただし，電線の電気抵抗は長さ 1 000 m 当たり 3.2 Ωとする。 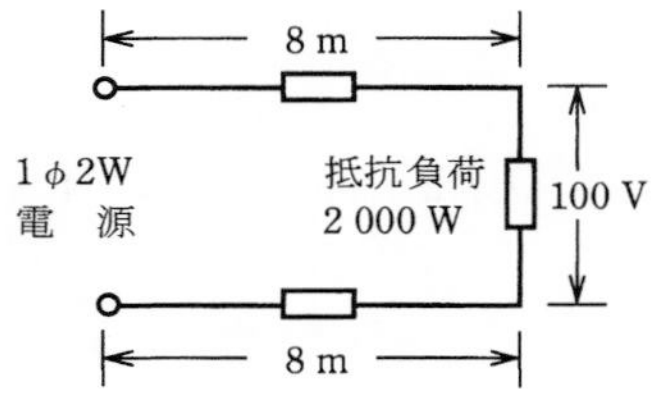 	イ．1	ロ．2	ハ．3	ニ．4
7	図のような単相 3 線式回路において，電線 1 線当たりの抵抗が 0.1 Ωのとき，a−b 間の電圧[V]は。 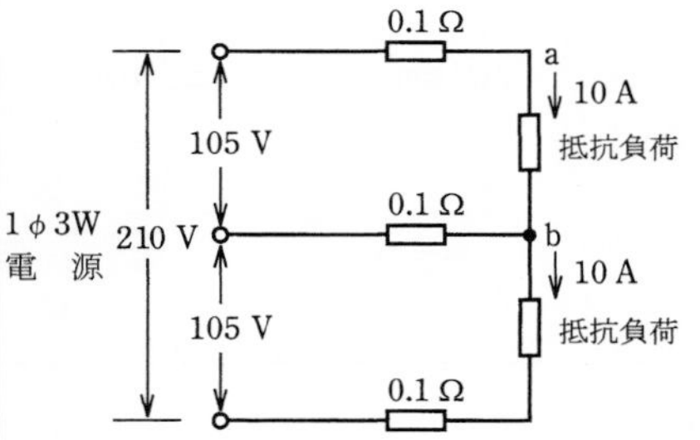 	イ．102	ロ．103	ハ．104	ニ．105
8	低圧屋内配線工事に使用する 600V ビニル絶縁ビニルシースケーブル丸形（銅導体），導体の直径 2.0 mm，3 心の許容電流[A]は。 ただし，周囲温度は 30 ℃以下，電流減少係数は 0.70 とする。	イ．19	ロ．24	ハ．33	ニ．35
9	図のように定格電流 125 A の過電流遮断器で保護された低圧屋内幹線から分岐して，10 m の位置に過電流遮断器を施設するとき，a−b 間の電線の許容電流の最小値[A]は。 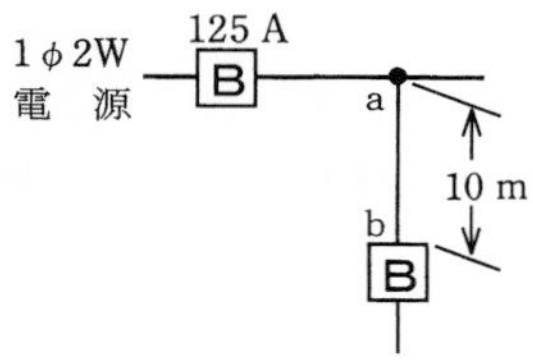 	イ．44	ロ．57	ハ．69	ニ．89

	問　い	答　え
10	低圧屋内配線の分岐回路の設計で，配線用遮断器,分岐回路の電線の太さ及びコンセントの組合せとして，**適切なものは。** ただし，分岐点から配線用遮断器までは 3 m，配線用遮断器からコンセントまでは 8 m とし，電線の数値は分岐回路の電線（軟銅線）の太さを示す。 また，コンセントは兼用コンセントではないものとする。	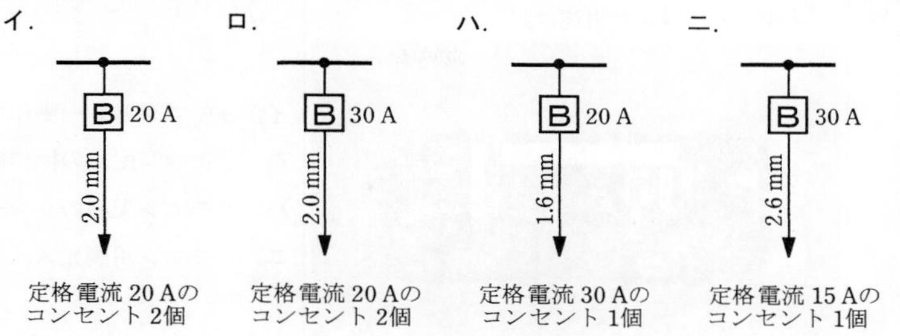
11	漏電遮断器に関する記述として，**誤っているものは。**	イ．高速形漏電遮断器は，定格感度電流における動作時間が 0.1 秒以下である。 ロ．漏電遮断器は，零相変流器によって地絡電流を検出する。 ハ．高感度形漏電遮断器は，定格感度電流が 1 000mA 以下である。 ニ．漏電遮断器には，漏電電流を模擬したテスト装置がある。
12	低圧の地中配線を直接埋設式により施設する場合に**使用できるものは。**	イ．600V 架橋ポリエチレン絶縁ビニルシースケーブル（CV） ロ．600V ビニル絶縁電線（IV） ハ．引込用ビニル絶縁電線（DV） ニ．屋外用ビニル絶縁電線（OW）
13	極数 6 の三相かご形誘導電動機を周波数 50 Hz で使用するとき，最も近い回転速度[min^{-1}]は。	イ．500　　ロ．1 000　　ハ．1 500　　ニ．3 000
14	電気工事の種類と，その工事で使用する工具の組合せとして，**適切なものは。**	イ．バスダクト工事 と ガストーチランプ ロ．合成樹脂管工事 と パイプベンダ ハ．金属線ぴ工事 と ボルトクリッパ ニ．金属管工事 と リーマ
15	系統連系型の太陽電池発電設備において使用される機器は。	イ．低圧進相コンデンサ ロ．パワーコンディショナ ハ．調光器 ニ．自動点滅器
16	写真に示す材料の名称は。 なお，材料の表面には「**タイシガイセン EM600V EEF/F1.6mm JIS JET<PS>E○○社タイネン 2017**」が記されている。 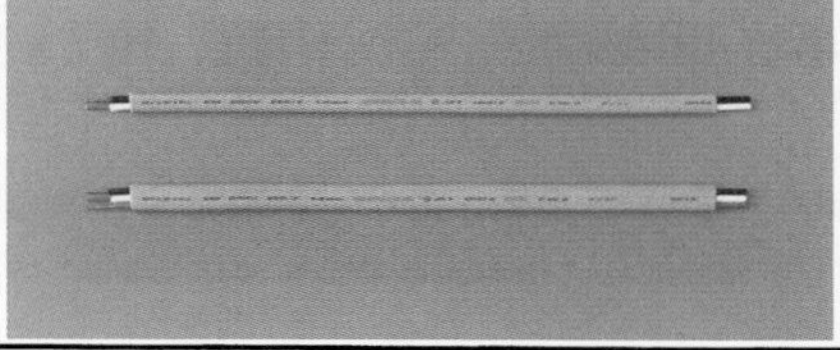	イ．無機絶縁ケーブル ロ．600V ビニル絶縁ビニルシースケーブル平形 ハ．600V ポリエチレン絶縁耐燃性ポリエチレンシースケーブル平形 ニ．600V 架橋ポリエチレン絶縁ビニルシースケーブル

平成30年度（下期）

	問い	答え
17	写真に示す器具の用途は。 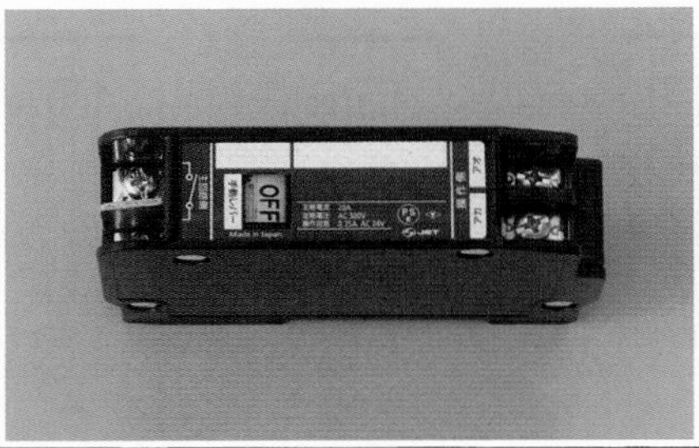 	イ．リモコンリレー操作用のセレクタスイッチとして用いる。 ロ．リモコン配線の操作電源変圧器として用いる。 ハ．リモコン配線のリレーとして用いる。 ニ．リモコン用調光スイッチとして用いる。
18	写真に示す工具の用途は。 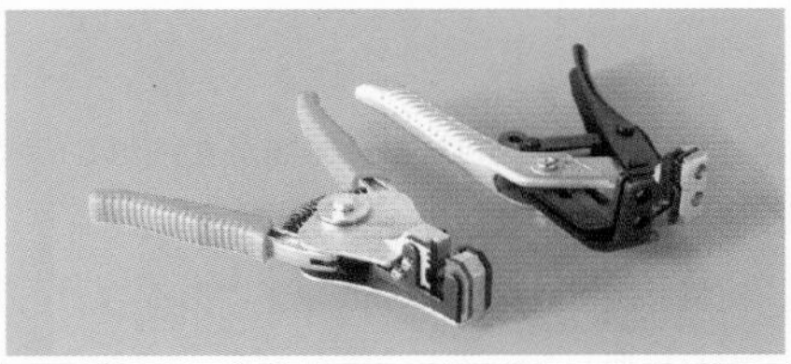	イ．VFF コード（ビニル平形コード）の絶縁被覆をはぎ取るのに用いる。 ロ．CV ケーブル（低圧用）の外装や絶縁被覆をはぎ取るのに用いる。 ハ．VVR ケーブルの外装や絶縁被覆をはぎ取るのに用いる。 ニ．VVF ケーブルの外装や絶縁被覆をはぎ取るのに用いる。
19	単相 100 V の屋内配線工事における絶縁電線相互の接続で，**不適切なものは。**	イ．絶縁電線の絶縁物と同等以上の絶縁効力のあるもので十分被覆した。 ロ．電線の電気抵抗が 10 %増加した。 ハ．終端部を圧着接続するのにリングスリーブ（E 形）を使用した。 ニ．電線の引張強さが 15 %減少した。
20	木造住宅の金属板張り（金属系サイディング）の壁を貫通する部分の低圧屋内配線工事として，**適切なものは。** ただし，金属管工事，金属可とう電線管工事に使用する電線は，600V ビニル絶縁電線とする。	イ．ケーブル工事とし，壁の金属板張りを十分に切り開き，600V ビニル絶縁ビニルシースケーブルを合成樹脂管に収めて電気的に絶縁し，貫通施工した。 ロ．金属管工事とし，壁に小径の穴を開け，金属板張りと金属管とを接触させ金属管を貫通施工した。 ハ．金属可とう電線管工事とし，壁の金属板張りを十分に切り開き，金属製可とう電線管を壁と電気的に接続し，貫通施工した。 ニ．金属管工事とし，壁の金属板張りと電気的に完全に接続された金属管に D 種接地工事を施し，貫通施工した。
21	木造住宅の単相 3 線式 100/200V 屋内配線工事で，**不適切な工事方法は。** ただし，使用する電線は 600V ビニル絶縁電線，直径 1.6 mm（軟銅線）とする。	イ．同じ径の硬質塩化ビニル電線管（VE）2 本を TS カップリングで接続した。 ロ．合成樹脂製可とう電線管（CD 管）を木造の床下や壁の内部及び天井裏に配管した。 ハ．金属管を点検できない隠ぺい場所で使用した。 ニ．合成樹脂製可とう電線管（PF 管）内に通線し，支持点間の距離を 1.0 m で造営材に固定した。
22	機械器具の金属製外箱に施す D 種接地工事に関する記述で，**不適切なものは。**	イ．三相 200 V 電動機外箱の接地線に直径 1.6 mm の IV 電線を使用した。 ロ．単相 100 V 移動式の電気ドリル（一重絶縁）の接地線として多心コードの断面積 $0.75\ mm^2$ の 1 心を使用した。 ハ．単相 100 V の電動機を水気のある場所に設置し，定格感度電流 15 mA，動作時間 0.1 秒の電流動作型漏電遮断器を取り付けたので，接地工事を省略した。 ニ．一次側 200 V，二次側 100 V，3 kV·A の絶縁変圧器（二次側非接地）の二次側電路に電動丸のこぎりを接続し，接地を施さないで使用した。

	問い	答え
23	低圧屋内配線工事で，600V ビニル絶縁電線を金属管に収めて使用する場合，その電線の許容電流を求めるための電流減少係数に関して，同一管内の電線数と電線の電流減少係数との組合せで，**誤っているものは。** ただし，周囲温度は 30 ℃ 以下とする。	イ．2 本　0.80 ロ．4 本　0.63 ハ．5 本　0.56 ニ．6 本　0.56
24	アナログ式回路計（電池内蔵）の回路抵抗測定に関する記述として，**誤っているものは。**	イ．回路計の電池容量が正常であることを確認する。 ロ．抵抗測定レンジに切り換える。被測定物の概略値が想定される場合は，測定レンジの倍率を適正なものにする。 ハ．赤と黒の測定端子（テストリード）を短絡し，指針が 0 Ωになるよう調整する。 ニ．被測定物に，赤と黒の測定端子（テストリード）を接続し，その時の指示値を読む。なお，測定レンジに倍率表示がある場合は，読んだ指示値を倍率で割って測定値とする。
25	単相 3 線式 100/200V 屋内配線で，絶縁被覆の色が赤色，白色，黒色の 3 種類の電線が使用されていた。この屋内配線で電線相互間及び電線と大地間の電圧を測定した。その結果としての電圧の組合せで，**適切なものは。** ただし，中性線は白色とする。	イ．赤色線と大地間　200 V 白色線と大地間　100 V 黒色線と大地間　0 V ロ．白色線と黒色線間　100 V 赤色線と大地間　0 V 黒色線と大地間　200 V ハ．赤色線と白色線間　200 V 赤色線と大地間　0 V 黒色線と大地間　100 V ニ．赤色線と黒色線間　200 V 白色線と大地間　0 V 赤色線と大地間　100 V
26	直読式接地抵抗計を用いて，接地抵抗を測定する場合，被測定接地極 E に対する，2 つの補助接地極 P（電圧用）及び C（電流用）の配置として，**最も適切なものは。**	イ． 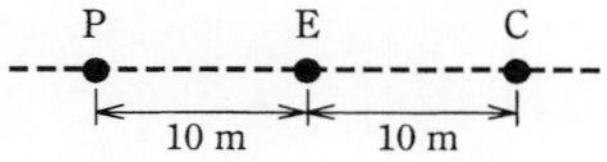 ロ． 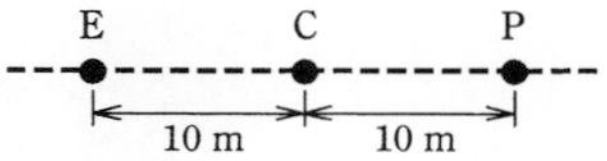 ハ． 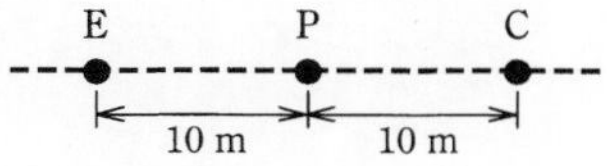 ニ． 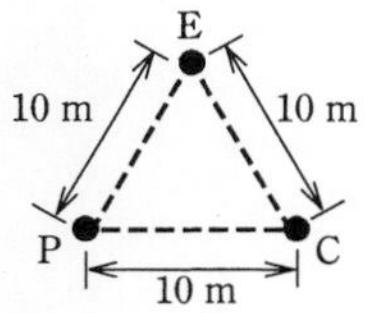
27	図のような単相 3 線式回路で，開閉器を閉じて機器 A の両端の電圧を測定したところ 120 V を示した。この原因として，**考えられるものは。** 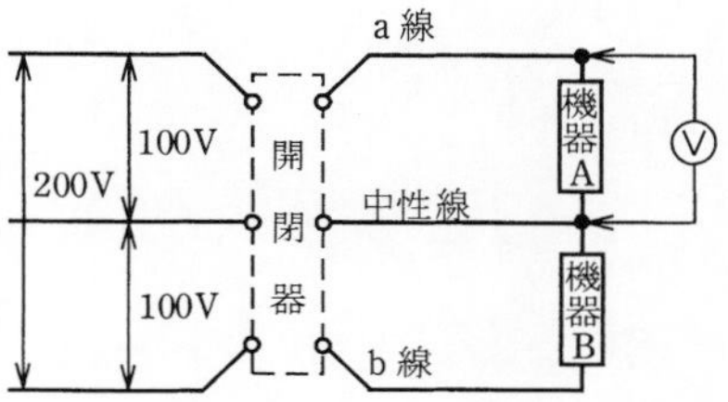 	イ．a 線が断線している。 ロ．中性線が断線している。 ハ．b 線が断線している。 ニ．機器 A の内部で断線している。

平成30年度（下期）

	問　い	答　え
28	電気工事士の義務又は制限に関する記述として，**誤っているものは。**	**イ．** 電気工事士は，電気工事士法で定められた電気工事の作業に従事するときは，電気工事士免状を携帯していなければならない。 **ロ．** 電気工事士は，氏名を変更したときは，免状を交付した都道府県知事に申請して免状の書換えをしてもらわなければならない。 **ハ．** 第二種電気工事士のみの免状で，需要設備の最大電力が 500 kW 未満の自家用電気工作物の低圧部分の電気工事のすべての作業に従事することができる。 **ニ．** 電気工事士は，電気工事士法で定められた電気工事の作業を行うときは，電気設備に関する技術基準を定める省令に適合するよう作業を行わなければならない。
29	電気用品安全法において，特定電気用品の適用を受けるものは。	**イ．** 消費電力 40 W の蛍光ランプ **ロ．** 外径 19 mm の金属製電線管 **ハ．** 消費電力 30 W の換気扇 **ニ．** 定格電流 20 A の配線用遮断器
30	「電気設備に関する技術基準を定める省令」における電圧の低圧区分の組合せで，**正しいものは。**	**イ．** 直流にあっては 600 V 以下，交流にあっては 600 V 以下のもの **ロ．** 直流にあっては 750 V 以下，交流にあっては 600 V 以下のもの **ハ．** 直流にあっては 600 V 以下，交流にあっては 750 V 以下のもの **ニ．** 直流にあっては 750 V 以下，交流にあっては 750 V 以下のもの

平成30年度（下期）

問題２．配線図（問題数 20，配点は１問当たり２点）　　※図は３５４頁参照

図は，鉄骨軽量コンクリート造店舗平屋建の配線図である。この図に関する次の各問いには４通りの答え（**イ**，**ロ**，**ハ**，**ニ**）が書いてある。それぞれの問いに対して，答えを１つ選びなさい。

【注意】 １．屋内配線の工事は，特記のある場合を除き 600V ビニル絶縁ビニルシースケーブル平形（VVF）を用いたケーブル工事である。
２．屋内配線等の電線の本数，電線の太さ，その他，問いに直接関係のない部分等は省略又は簡略化してある。
３．漏電遮断器は，定格感度電流 30 mA，動作時間 0.1 秒以内のものを使用している。
４．選択肢（答え）の写真にあるコンセント及び点滅器は，「JIS C 0303：2000 構内電気設備の配線用図記号」で示す「一般形」である。
５．電灯分電盤及び動力分電盤の外箱は金属製である。
６．ジョイントボックスを経由する電線は，すべて接続箇所を設けている。
７．３路スイッチの記号「0」の端子には，電源側又は負荷側の電線を結線する。

	問　い	答　え
31	①で示す部分は自動点滅器の傍記表示である。**正しいものは。**	**イ**．O　**ロ**．P　**ハ**．W　**ニ**．A
32	②で示す図記号の名称は。	**イ**．リモコンセレクタスイッチ **ロ**．漏電警報器 **ハ**．リモコントランス **ニ**．表示スイッチ
33	③で示す図記号の器具の取り付け場所は。	**イ**．床面 **ロ**．天井面 **ハ**．壁面 **ニ**．二重床面
34	④で示す部分に使用するコンセントの極配置（刃受）は。	**イ**．　**ロ**．　**ハ**．　**ニ**．
35	⑤で示す部分の配線で(VE28)とあるのは。	**イ**．外径 28 mm の硬質塩化ビニル電線管である。 **ロ**．外径 28 mm の合成樹脂製可とう電線管である。 **ハ**．内径 28 mm の硬質塩化ビニル電線管である。 **ニ**．内径 28 mm の合成樹脂製可とう電線管である。
36	⑥で示す部分の接地工事の種類及びその接地抵抗の許容される最大値[Ω]の組合せとして，**正しいものは。** なお，引込線の電源側には地絡遮断装置は設置されていない。	**イ**．C 種接地工事　10 Ω **ロ**．C 種接地工事　50 Ω **ハ**．D 種接地工事　100 Ω **ニ**．D 種接地工事　500 Ω
37	⑦で示す箇所に設置する機器の図記号は。	**イ**．　**ロ**．　**ハ**．　**ニ**．
38	⑧で示す部分の電路と大地間の絶縁抵抗として，許容される最小値[MΩ]は。	**イ**．0.1　**ロ**．0.2　**ハ**．0.4　**ニ**．1.0
39	⑨で示す図記号の器具を用いる目的は。	**イ**．過電流を遮断する。 **ロ**．地絡電流を遮断する。 **ハ**．過電流と地絡電流を遮断する。 **ニ**．不平衡電流を遮断する。
40	⑩の部分の最少電線本数（心線数）は。	**イ**．2　**ロ**．3　**ハ**．4　**ニ**．5

平成30年度（下期）

問い		答え			
41	⑪で示す部分の接続工事をリングスリーブで圧着接続する場合のリングスリーブの種類，個数及び刻印の組合せで，**正しいものは。** ただし，写真に示す**リングスリーブ中央の**〇，**小**，**中**は刻印を表す。	イ．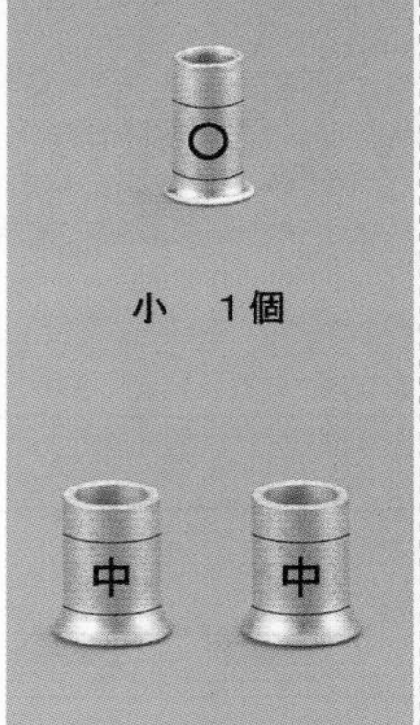 小　1個 中　2個	ロ． 小　1個 中　2個	ハ．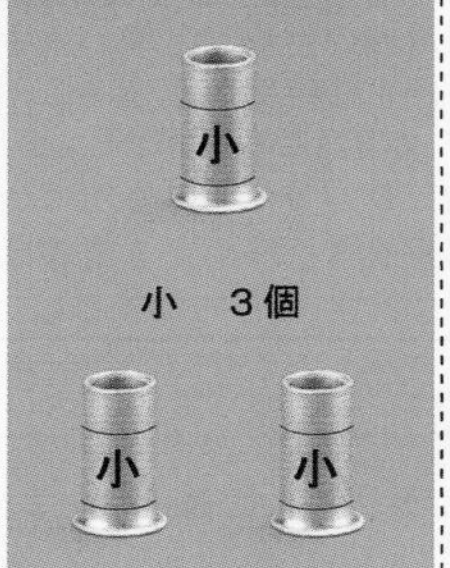 小　3個	ニ．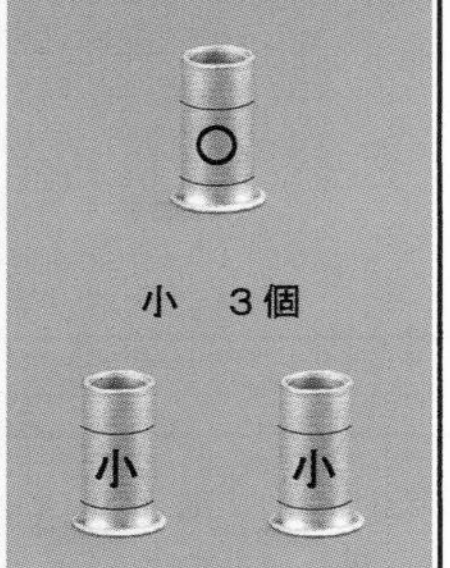 小　3個
42	⑫で示す電線管相互を接続するために**使用されるものは。**	イ．	ロ．	ハ．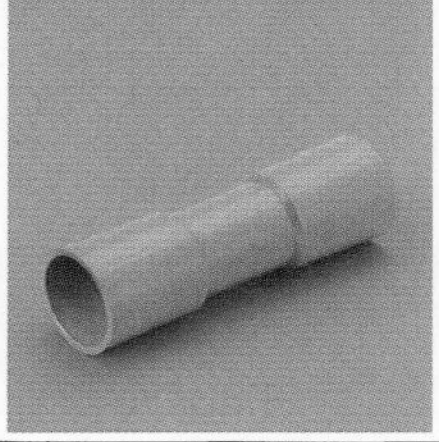	ニ．
43	⑬で示す部分の配線工事で一般的に**使用されることのない工具は。**	イ．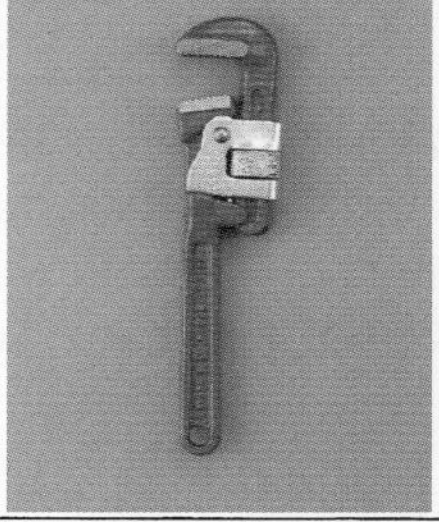	ロ．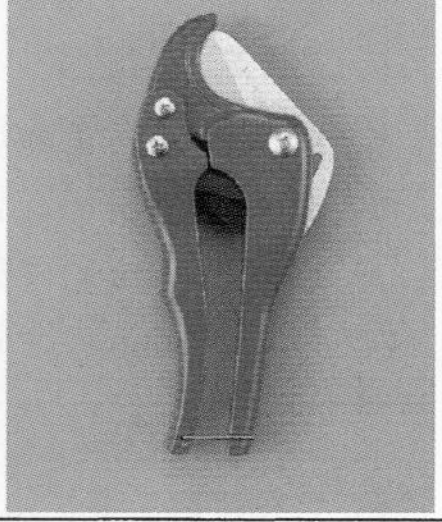	ハ．	ニ．
44	⑭で示す回路の漏れ電流を測定できるものは。	イ．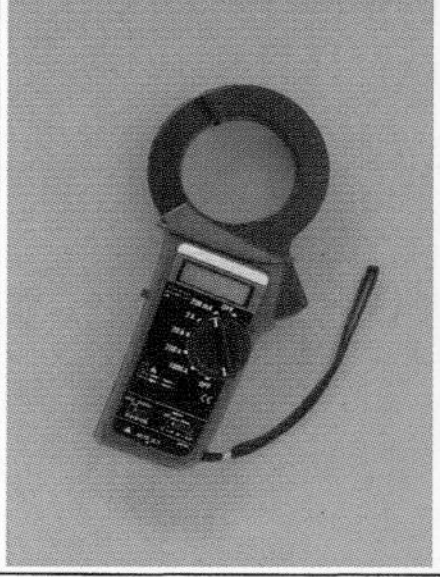	ロ．	ハ．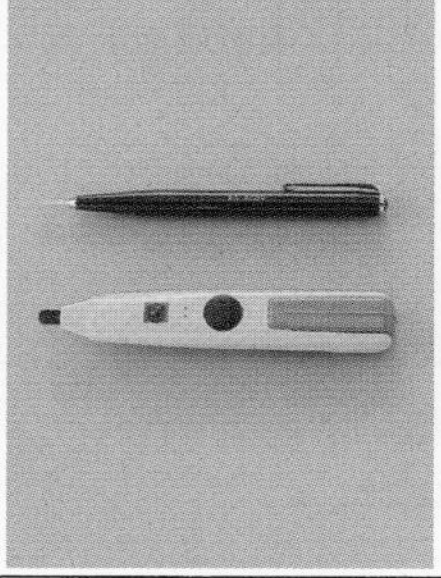	ニ．
45	⑮で示す図記号の部分に使用される機器は。	イ．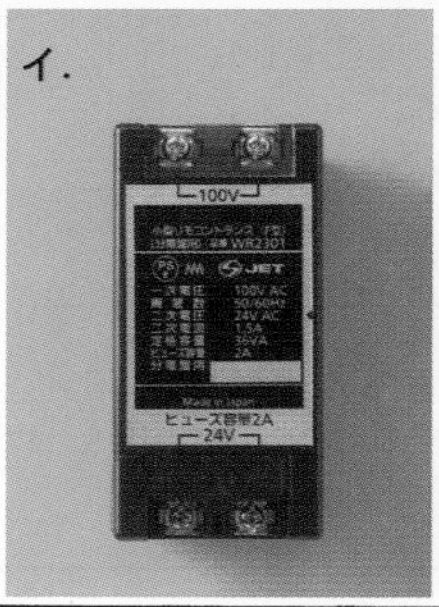	ロ．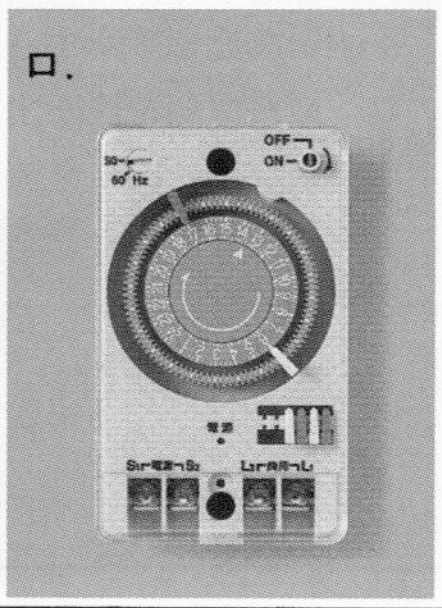	ハ．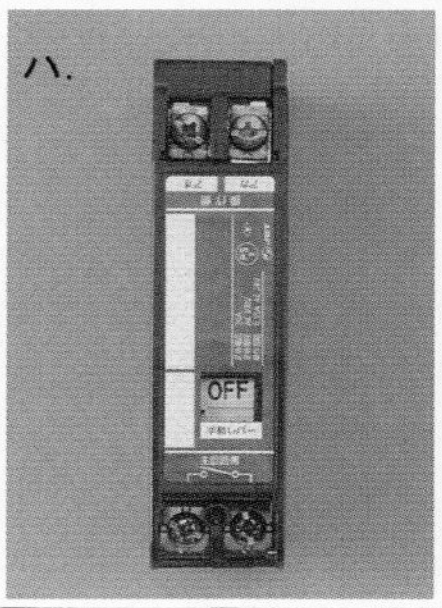	ニ．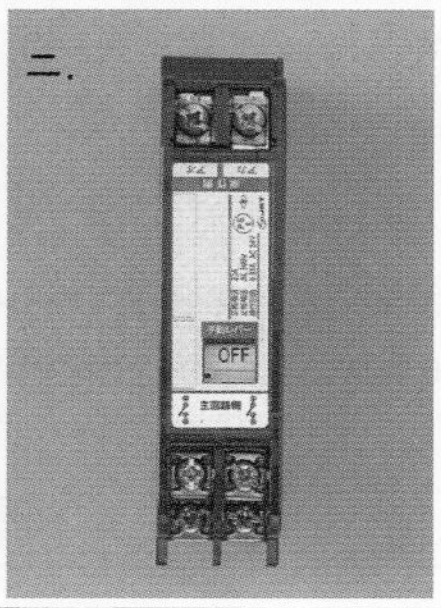

問い		答え			
46	⑯の部分で写真に示す圧着端子と接地線を圧着接続するための工具は。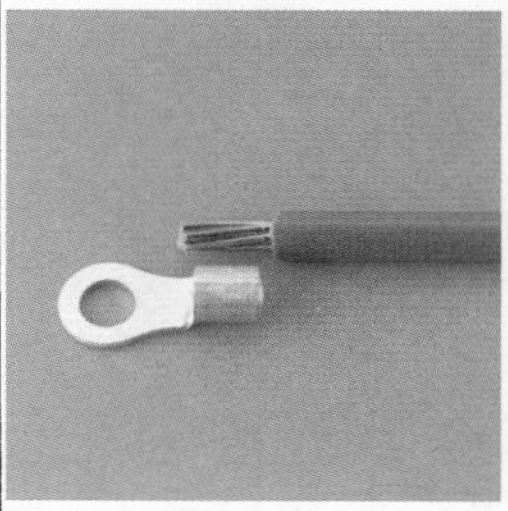	イ．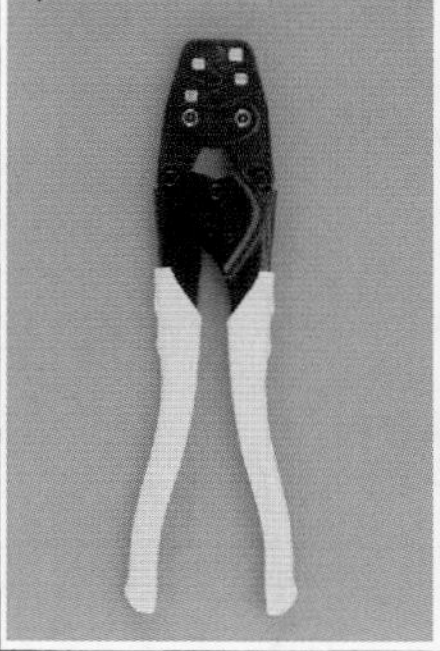	ロ．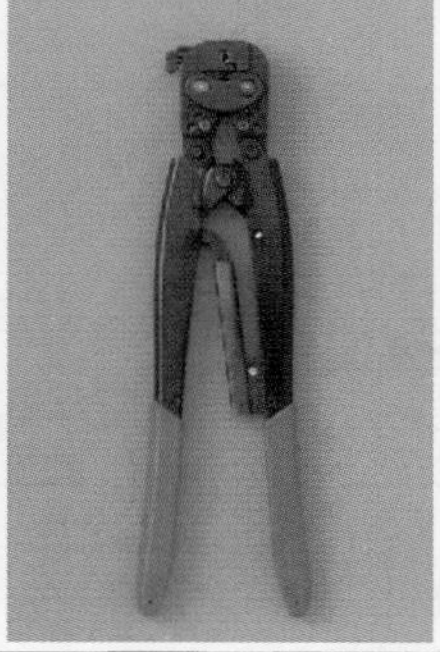	ハ．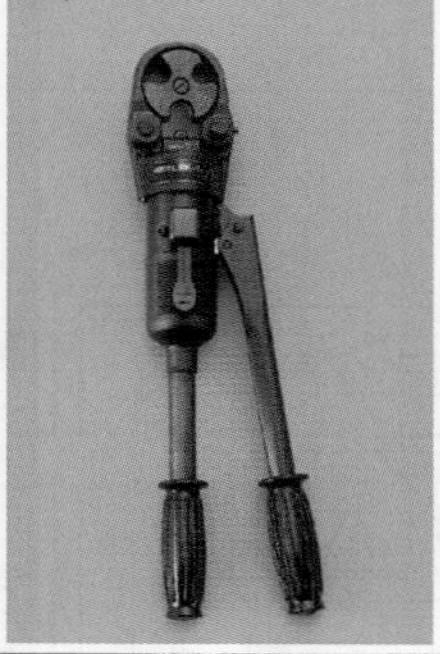	ニ．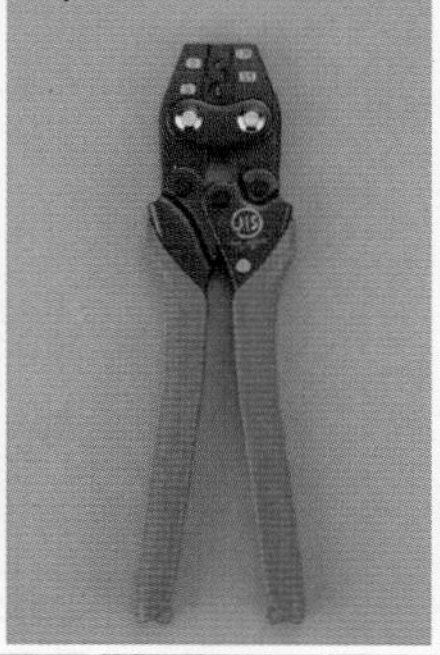
47	⑰で示す図記号の器具は。ただし，写真下の図は，接点の構成を示す。	イ．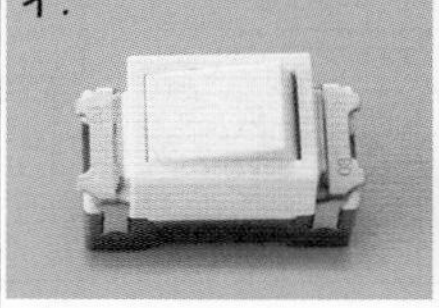 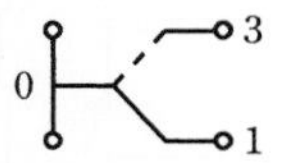	ロ． 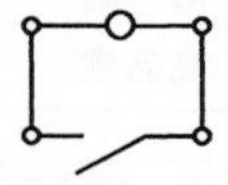	ハ．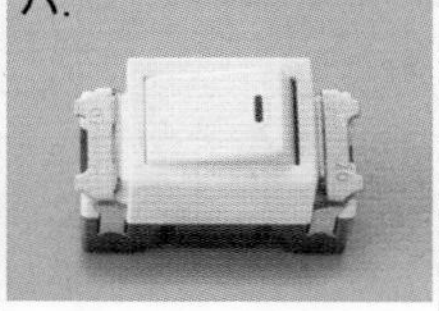 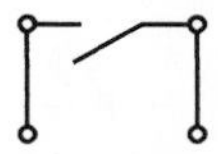	ニ． 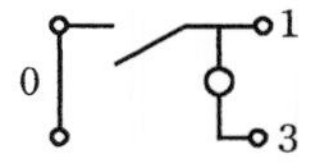
48	⑱で示す VVF 用ジョイントボックス内の接続をすべて圧着接続とする場合，使用するリングスリーブの種類と最少個数の組合せで，**正しいものは。** ただし，接地配線も含まれるものとする。	イ．	ロ．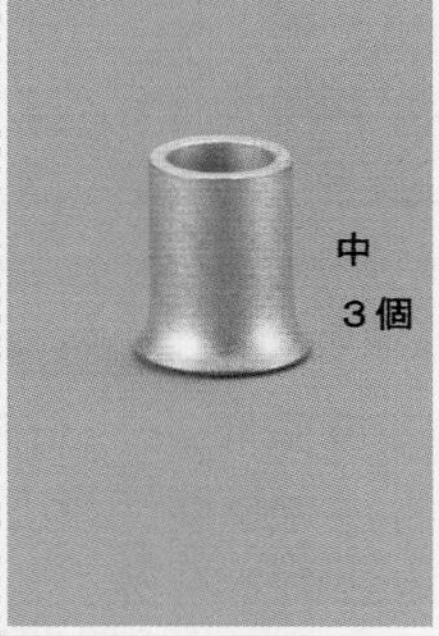	ハ．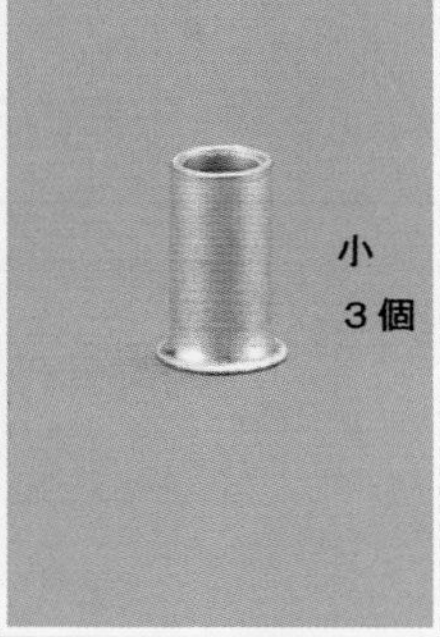	ニ．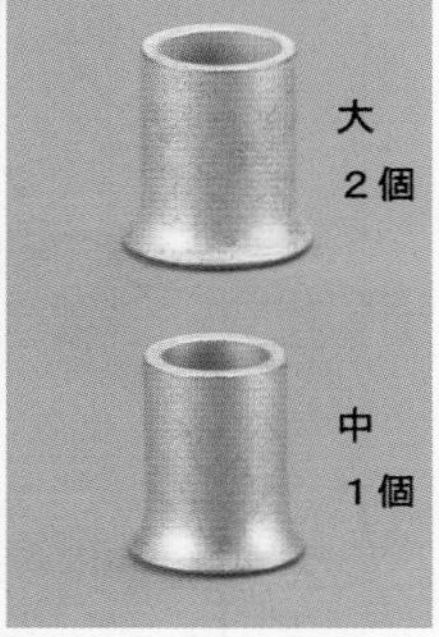
49	⑲で示す VVF 用ジョイントボックス内の接続をすべて差込形コネクタとする場合，使用する差込形コネクタの種類と最少個数の組合せで，**正しいものは。** ただし，使用する電線はすべて VVF1.6 とする。	イ．	ロ．	ハ．	ニ．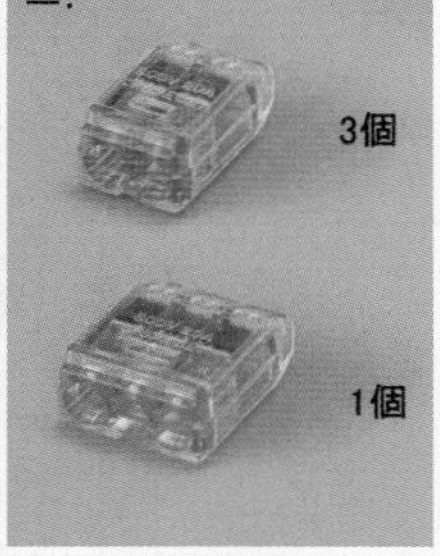
50	この配線図で，**使用されていない**コンセントは。	イ．	ロ．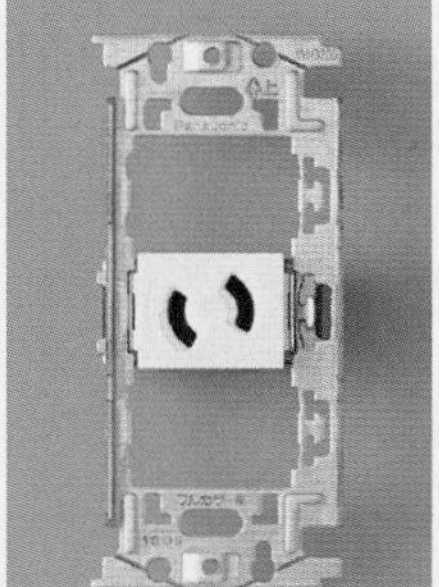	ハ．	ニ．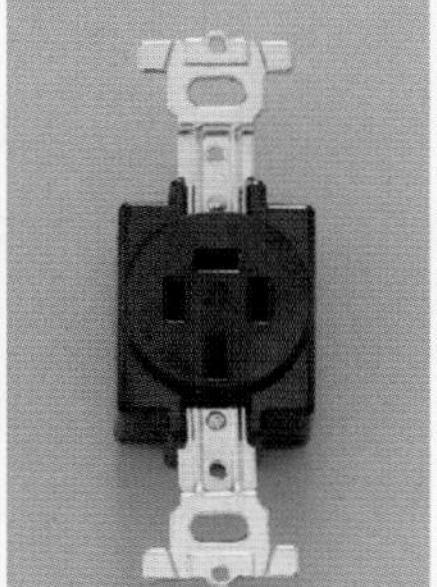

図面を引き抜いてご覧ください

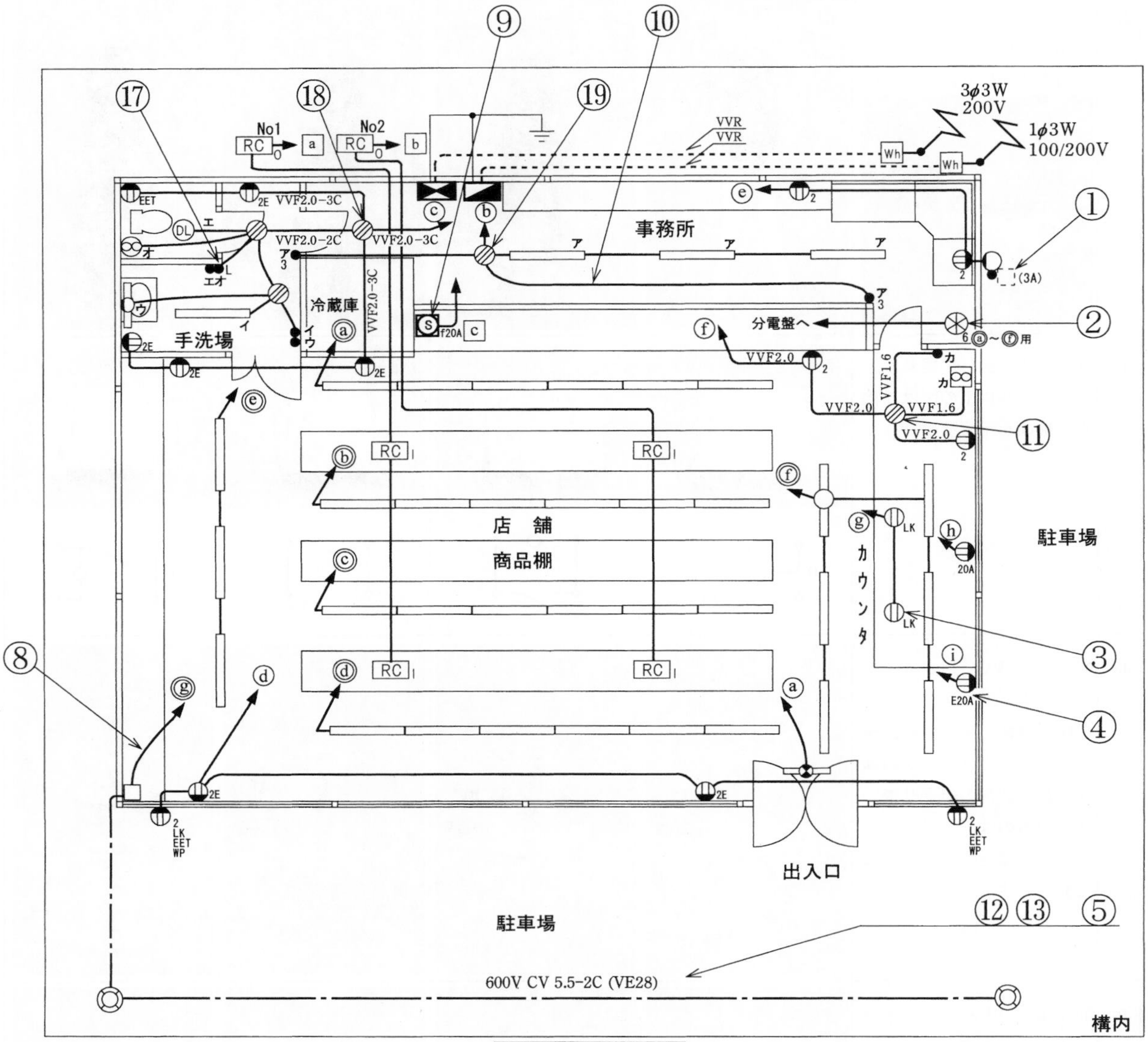

平 面 図

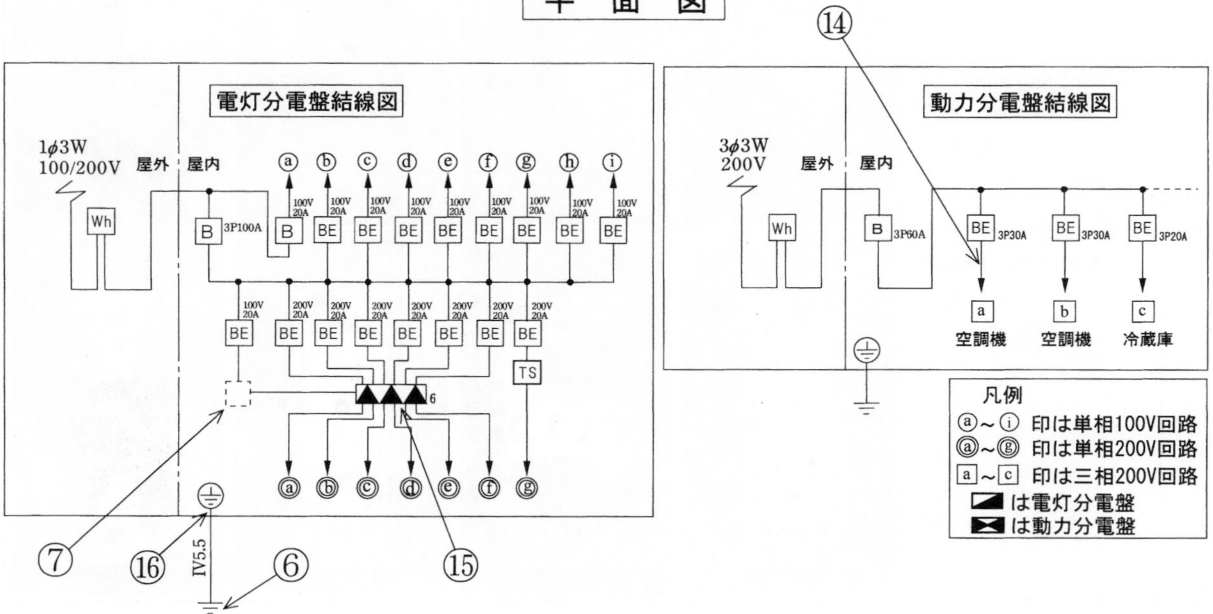

平成30年度（下期）

解答と解説

問題 1．一般問題の解答

1 ロ．2

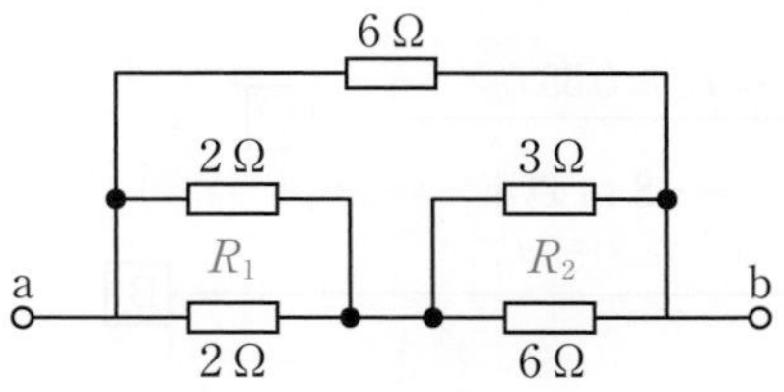

第１図

第１図において，抵抗 2 Ω と 2 Ω の並列接続の合成抵抗 R_1〔Ω〕は，

$$R_1=\frac{2\times2}{2+2}=\frac{4}{4}=1\ 〔\Omega〕$$

抵抗 6 Ω と 3 Ω の並列接続の合成抵抗 R_2〔Ω〕は，

$$R_2=\frac{6\times3}{6+3}=\frac{18}{9}=2\ 〔\Omega〕$$

問題の図は，**第２図**のように書き換えられる．

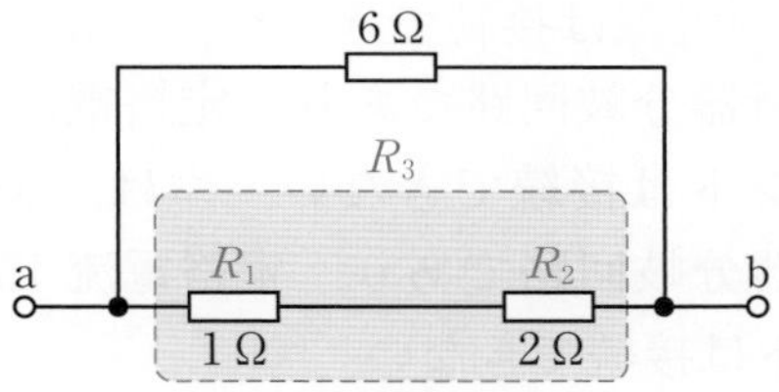

第２図

抵抗 1 Ω と 2 Ω の直列接続の合成抵抗 R_3〔Ω〕は，

$$R_3=1+2=3\ 〔\Omega〕$$

a-b 間の合成抵抗 R〔Ω〕は，抵抗 3 Ω と 6 Ω の並列接続の合成抵抗であるから，

$$R=\frac{3\times6}{3+6}=\frac{18}{9}=2\ 〔\Omega〕$$

2 ハ．120

回路のインピーダンス Z〔Ω〕は，

$$Z=\sqrt{12^2+16^2}=\sqrt{144+256}=\sqrt{400}=20\ 〔\Omega〕$$

回路に流れる電流 I〔A〕は，

$$I=\frac{E}{Z}=\frac{200}{20}=10\ 〔A〕$$

抵抗 12 Ω に加わる電圧 V〔V〕は，

$$V=IR=10\times12=120\ 〔V〕$$

3 ニ．断面積 5.5 mm², 長さ 10 m

直径 2.6 mm の銅導線の断面積 A〔mm²〕は，

$$A=\frac{\pi D^2}{4}=\frac{3.14\times2.6^2}{4}\fallingdotseq5.3\ 〔mm^2〕$$

である．

ニは，銅導線の長さ 10 m が等しく，断面積がほぼ等しいので，抵抗値が最も近い．

4 ハ．1.4

比熱は，1 kg の水を 1 K（ケルビン）上昇するのに必要な熱量である．比熱が 4.2 kJ/(kg·K) の水 60 kg を，20 K 温度上昇させるのに必要な熱量 Q〔kJ〕は，

$$Q=4.2\times60\times20\ 〔kJ〕$$

電力量 1 kW·h の熱量は 3 600 kJ であるので，必要な電力量 W〔kW·h〕は，

$$W=\frac{Q}{3\,600}=\frac{4.2\times60\times20}{3\,600}=1.4\ 〔kW\cdot h〕$$

5 ロ．11.6

第３図において，1 相のインピーダンス Z〔Ω〕は，

$$Z=\sqrt{8^2+6^2}=\sqrt{64+36}=10\ 〔\Omega〕$$

相電圧 V〔V〕は，

$$V=\frac{200}{\sqrt{3}}\ 〔V〕$$

三相 3 線式回路に流れる電流 I〔A〕は，

$$I=\frac{V}{Z}=\frac{\frac{200}{\sqrt{3}}}{10}=\frac{200}{10\sqrt{3}}=\frac{20}{\sqrt{3}}\fallingdotseq11.6\ 〔A〕$$

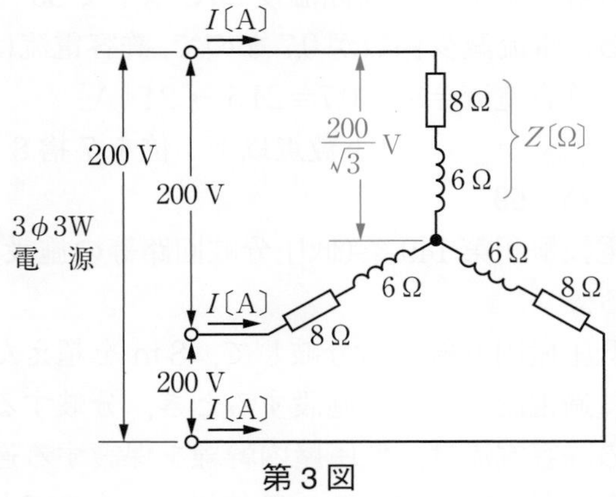

第３図

6　イ．1

電線 8 m の電気抵抗 r〔Ω〕は，長さ 1 000 m 当たり 3.2 Ω であるから，

$$r=\frac{3.2}{1\,000}\times 8=0.0256\ 〔\Omega〕$$

電線に流れる電流 I〔A〕は，$P=VI\cos\theta$〔W〕から，

$$I=\frac{P}{V\cos\theta}=\frac{2\,000}{100\times 1}=20\ 〔\mathrm{A}〕$$

配線の電圧降下 v〔V〕は，

$$v=2Ir=2\times 20\times 0.0256\fallingdotseq 1.02\ 〔\mathrm{V}〕$$

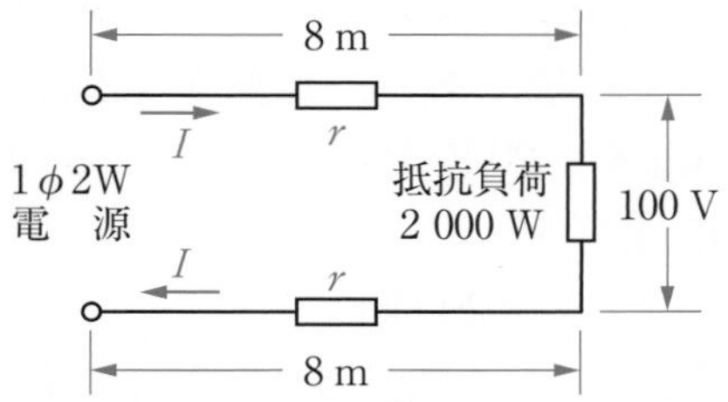

第 4 図

7　ハ．104

負荷が平衡しているので，中性線には電流が流れない．中性線には電圧降下が生じないので，電圧降下 v〔V〕は，

$$v=Ir=10\times 0.1=1\ 〔\mathrm{V}〕$$

したがって，a-b 間の電圧 V_{ab}〔V〕は，

$$V_{ab}=105-1=104\ 〔\mathrm{V}〕$$

8　ロ．24

電技解釈第 146 条(低圧配線に使用する電線)による．

600 V ビニル絶縁ビニルシースケーブル丸形には，600 V ビニル絶縁電線が使用されている．

導体の直径が 2.0 mm の 600 V ビニル絶縁電線の許容電流は，周囲温度 30℃以下で 35 A である．電流減少係数が 0.7 なので，許容電流は，

許容電流 $=35\times 0.7=24.5\rightarrow 24$〔A〕

(小数点以下 1 位を 7 捨 8 入)

9　ハ．69

電技解釈第 149 条(低圧分岐回路等の施設)による．

低圧屋内幹線から分岐して，8 m を超えた位置に過電流遮断器を施設するとき，分岐する電線の許容電流は，低圧屋内幹線を保護する過電流遮断器の定格電流の 0.55 倍以上のものでなければならない(**第 5 図**)．

許容電流の最小値 $=125\times 0.55\fallingdotseq 69$〔A〕

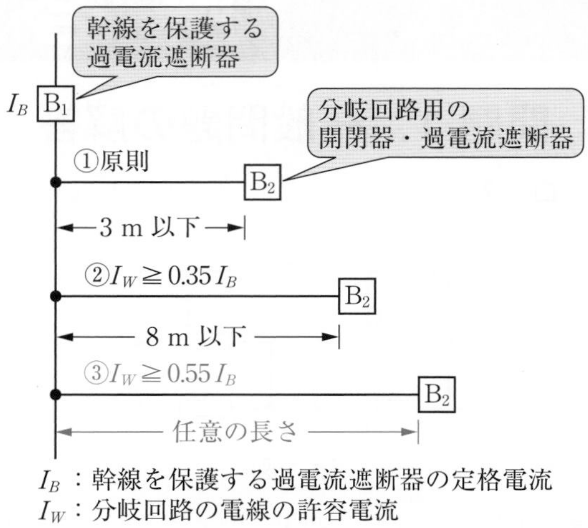

第 5 図

10　イ．

電技解釈第 149 条(低圧分岐回路等の施設)による．

配線用遮断器，電線の太さ，コンセントの組み合わせは**第 1 表**のようにしなければならない．

表から，イの分岐回路が適切である．

ロは，30 A 配線用遮断器分岐回路であり，2.0 mm の電線は接続できない．ハは，20 A 配線用遮断器分岐回路であり，定格電流 30 A のコンセントは接続できない．ニは，30 A 配線用遮断器分岐回路であり，定格電流 15 A のコンセントは接続できない．

第 1 表　分岐回路

配線用遮断器の定格電流	電線の太さ(軟銅線)	コンセントの定格電流
20 A	1.6 mm 以上	20 A 以下
30 A	2.6 mm (5.5 mm²) 以上	20 A 以上 30 A 以下
40 A	8 mm² 以上	30 A 以上 40 A 以下
50 A	14 mm² 以上	40 A 以上 50 A 以下

11　ハ．高感度形漏電遮断器は，定格感度電流が 1 000 mA 以下である．

JIS C 8201-2-2 による．

高速形漏電遮断器は定格感度電流における動作時間が 0.1 秒以下，高感度形漏電遮断器は定格感度電流が 30 mA 以下と分類されている．

12　イ．600 V 架橋ポリエチレン絶縁ビニルシースケーブル（CV）

電技解釈第 120 条（地中電線路の施設），内線規程 3165-1（施設方法）による．

地中配線に使用できる電線は，ケーブルに限られる．

13　ロ．1 000

三相かご形誘導電動機の同期速度 N_s〔min^{-1}〕は，電源の周波数を f〔Hz〕，極数を p〔極〕とすると，

$$N_s=\frac{120f}{p}=\frac{120\times50}{6}=20\times50=1\,000\,〔\mathrm{min}^{-1}〕$$

三相かご形誘導電動機は，負荷が増加するに従って同期速度より回転速度が減少する．

14　ニ．金属管工事とリーマ

金属管工事では，リーマをクリックボールに取り付けて，管端の内側の面取りをする．

ガストーチランプは硬質塩化ビニル電線管を曲げるときに使用する工具，パイプベンダは金属管を曲げるときに使用する工具，ボルトクリッパは吊りボルトや鉄線等を切断するときに使用する工具である．

15　ロ．パワーコンディショナ

配電線路に接続する系統連系型の太陽電池発電設備（**第 6 図**）において使用されるのは，パワーコンディショナ（**第 7 図**）である．

パワーコンディショナは，太陽電池が発電した直流電力を交流電力に変換して，商用電源に接続できるようにする装置である．

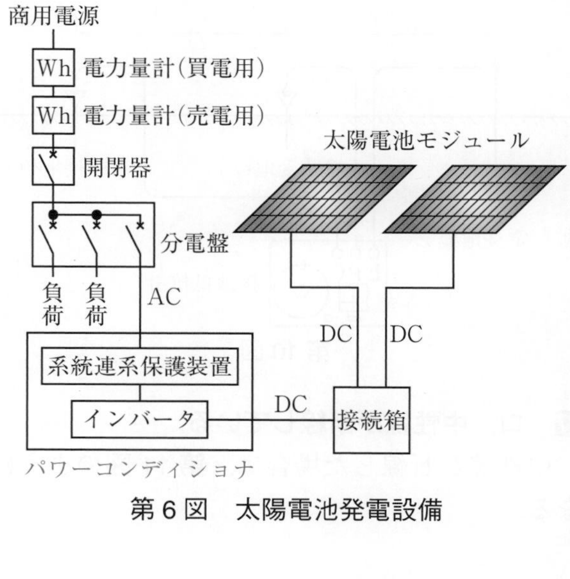

第 6 図　太陽電池発電設備

第 7 図　パワーコンディショナ

16　ハ．600 V ポリエチレン絶縁耐燃性ポリエチレンシースケーブル平形

EM はエコマテリアル（Eco Material）の略称で，EEF は絶縁材料とシース（外装）がポリエチレン（E）であること，形状が平形（F）であることを示し，/F は耐燃性を表す記号である．

絶縁材料にポリエチレンを，シースに耐燃性ポリエチレンを用いたもので，環境への影響を配慮した電線であり,エコケーブルともいわれる．

17　ハ．リモコン配線のリレーとして用いる．

リモコンリレーで，リモコンスイッチを操作することによって，主接点が開閉する．

18　ニ．VVF ケーブルの外装や絶縁被覆をはぎ取るのに用いる．

VVF ケーブル用のケーブルストリッパである．ケーブルストリッパは，ケーブルの外装と絶縁被覆をはぎ取ることができる．

左側の工具はワイヤストリッパと似ているが，刃の形状が外装と絶縁被覆をはぎ取るようになっているので，ケーブルストリッパと判断できる．

19　ロ．電線の電気抵抗が 10%増加した．

電技解釈第 12 条（電線の接続法）による．

電線を接続する場合には，電線の電気抵抗を増加させてはならない．

20　イ．ケーブル工事とし，壁の金属板張りを十分に切り開き，600 V ビニル絶縁ビニルシースケーブルを合成樹脂管に収めて電気的に絶縁し，貫通施工した．

電技解釈第 145 条（メタルラス張り等の木造造営物における施設）による．

金属管工事，金属可とう電線管工事，ケーブル工事による電線が，金属板張りの造営材を貫通する場合は，その部分の金属板張りを十分に切り開き，その部分の金属管，金属製可とう電線管又はケーブルを，耐久性のある絶縁管に収

めなければならない.

21　ロ.　合成樹脂製可とう電線管(CD管)を木造の床下や壁の内部及び天井裏に配管した.

電技解釈第156条(低圧屋内配線の施設場所による工事の種類)・第158条(合成樹脂管工事)による.

合成樹脂製可とう電線管(CD管)は，次のいずれかにより施設しなければならない.

- 直接コンクリートに埋め込んで施設する.
- 専用の不燃性又は自消性のある難燃性の管又はダクトに収めて施設する.

したがって，合成樹脂製可とう電線管(CD管)を，木造の床下や壁の内部及び天井裏に配管することはできない.

22　ハ.　単相100Vの電動機を水気のある場所に設置し，定格感度電流15mA，動作時間0.1秒の電流動作型漏電遮断器を取り付けたので，接地工事を省略した.

電技解釈第17条(接地工事の種類及び施設方法)・第29条(機械器具の金属製外箱等の接地)による.

水気のある場所では，定格感度電流15mA以下，動作時間0.1秒以下の電流動作型漏電遮断器を取り付けても接地工事は省略できない.

23　イ.　2本　0.80

電技解釈第146条(低圧配線に使用する電線)による.

同一管内に電線を2本収めた場合の電流減少係数は0.7である.

電流減少係数は，**第2表**のように規定されている.

第2表　電流減少係数

同一管内の電線数	電流減少係数
3以下	0.70
4	0.63
5又は6	0.56

24　ニ.　被測定物に，赤と黒の測定端子(テストリード)を接続し，その時の指示値を読む.なお，測定レンジに倍率表示がある場合は，読んだ指示値を倍率で割って測定値とする.

回路計(**第8図**)の測定レンジに倍率表示がある場合は，読んだ値と倍率の積を測定値とする.

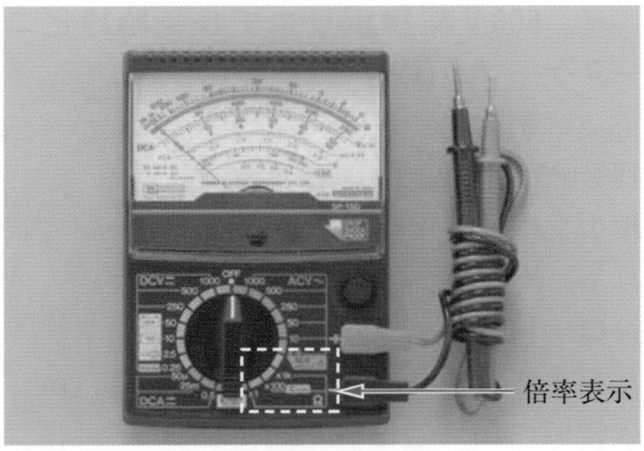

第8図　回路計

25　ニ.　赤色線と黒色線間　200V
白色線と大地間　0V
赤色線と大地間　100V

単相3線式100/200V配線は，**第9図**のようになっている.

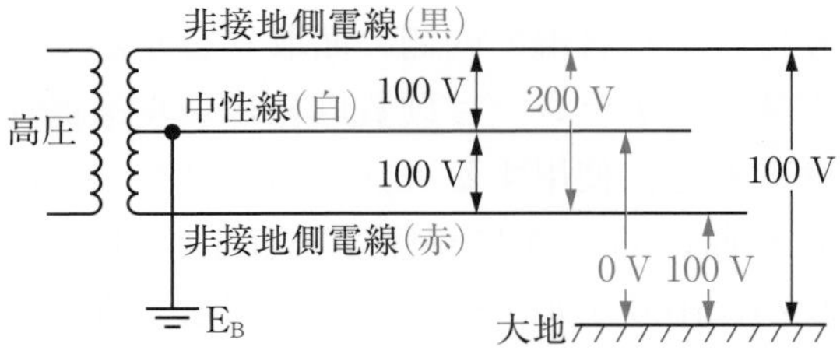

第9図

26　ハ.

直読式接地抵抗計を用いて，接地抵抗を測定する場合，被測定接地極Eを端にして，5～10m程度離して補助接地極P(電圧用)を配置し，同じ方向に5～10m程度離して補助接地極C(電流用)を配置する(**第10図**).

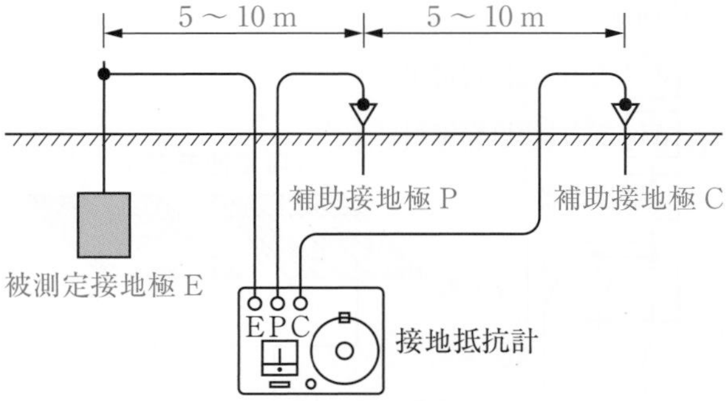

第10図

27　ロ.　中性線が断線している.

中性線が断線した場合は，**第11図**のようになる.

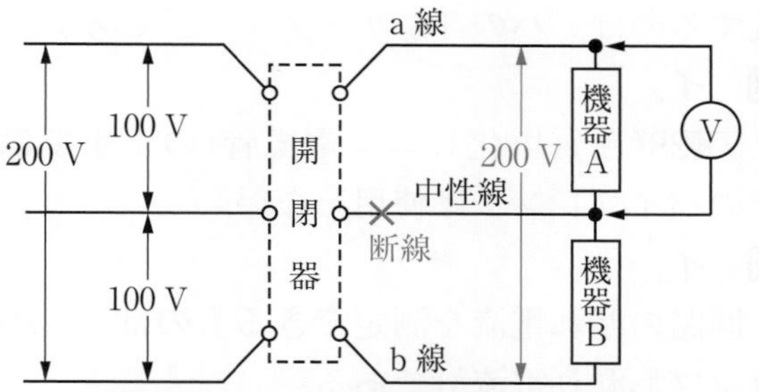

第 11 図　中性線が断線した場合

中性線が断線すると，機器 A と機器 B が直列に接続された状態で 200 V の電圧が加わる．機器 A と機器 B に加わる電圧は，負荷の抵抗値に比例し，機器 A の抵抗値が機器 B より大きい場合は，100 V を超えた電圧が加わる．

a 線が断線した場合は，機器 A の両端に電圧は加わらない．b 線が断線した場合は，機器 A の両端に加わる電圧は 100 V になる．機器 A の内部で断線すると，機器 A の両端に加わる電圧は 100 V になる．

28　ハ．第二種電気工事士のみの免状で，需要設備の最大電力が 500 kW 未満の自家用電気工作物の低圧部分の電気工事のすべての作業に従事することができる．

電気工事士法第 2 条(用語の定義)・第 3 条(電気工事士等)・第 4 条(電気工事士免状)・第 5 条(電気工事士等の義務)，施行令第 3 条(免状の記載事項)・第 5 条(免状の書換え)，施行規則第 2 条の 3(簡易電気工事)による．

需要設備の最大電力が 500 kW 未満の自家用電気工作物の低圧部分(電線路に係るものを除く)の電気工事は，「簡易電気工事」に該当するので，認定電気工事従事者又は第一種電気工事士でなければ作業に従事できない．

29　ニ．定格電流 20 A の配線用遮断器

電気用品安全法施行令第 1 条の 2(特定電気用品)による．

定格電流 100 A 以下の配線用遮断器は，特定電気用品の適用を受ける．

イ，ロ，ハは，いずれも特定電気用品以外の電気用品の適用を受ける．

30　ロ．直流にあっては 750 V 以下，交流にあっては 600 V 以下のもの

電技第 2 条(電圧の種別等)による．

電圧は**第 3 表**のように低圧，高圧，特別高圧の 3 種に区分されている．

第 3 表　電圧の種別

種　別	直　流	交　流
低　圧	750 V 以下	600 V 以下
高　圧	低圧を超え 7 000 V 以下	
特別高圧	7 000 V を超えるもの	

問題 2．配線図の解答

31　ニ．A

自動点滅器の傍記表示は A である．

32　イ．リモコンセレクタスイッチ

図記号⊗は，リモコンセレクタスイッチを，傍記の 6 は点滅回路数を表す．

33　ロ．天井面

図記号⦶は，天井に取り付けるコンセントを表す．

34　ニ．

図記号◐E20A は，20 A 125 V 接地極付コンセントを表す．

35　ハ．内径 28 mm の硬質塩化ビニル電線管である．

VE は硬質塩化ビニル電線管を表し，28 は管の内径が 28 mm であることを表す．

36　ハ．D 種接地工事　100 Ω

電技解釈第 17 条(接地工事の種類及び施設方法)・第 29 条(機械器具の金属製外箱等の接地)による．

電灯分電盤に施す接地工事は，引込線が単相 3 線式 100/200 V であるので，D 種接地工事である．引込線の電源側には地絡遮断装置が設置されていないので，接地抵抗値は 100 Ω以下でなければならない．

37　ロ．

⑦に設置する機器は，リモコントランスであり，ロの図記号を使用する．

38　イ．0.1

電技第 58 条(低圧の電路の絶縁性能)による．

⑧で示す配線は，単相 2 線式 100/200 V を電源とする単相 2 線式 200 V 回路である．使用電圧が 300 V 以下で対地電圧が 150 V 以下であるので，絶縁抵抗値は 0.1 MΩ以上である．

39　イ．過電流を遮断する．

図記号 $\boxed{\text{S}}_{f20A}$ は，定格電流 20 A のヒューズが取り付けてある電流計付開閉器（箱開閉器）を表す．過電流が流れた場合に，ヒューズが溶断して遮断する．

40　ロ．3

⑩で示す部分の複線図は**第 12 図**のようになる．

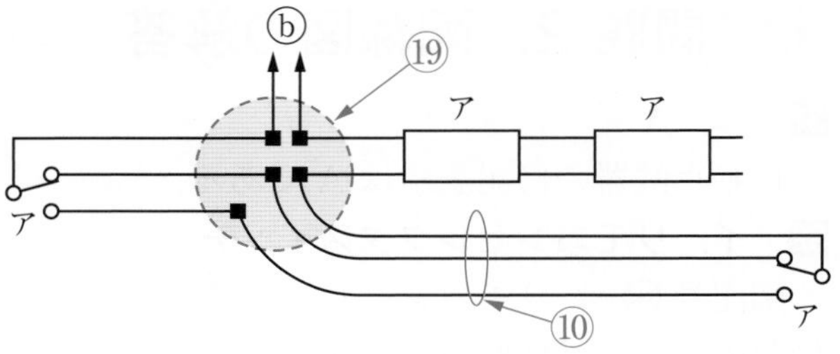

第 12 図

41　イ．

⑪で示す部分の複線図は**第 13 図**のようになる．

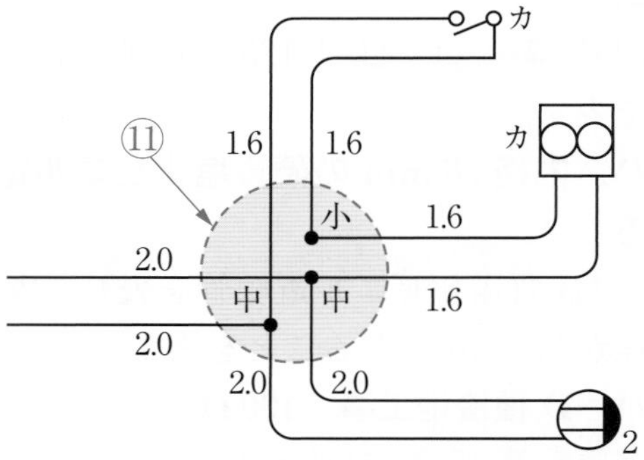

第 13 図

使用するスリーブは，小 1 個，中 2 個になり，刻印は次のようになる．

- 1.6 mm × 2 = ○（1 箇所）
- 2.0 mm × 2 + 1.6 mm × 1 = 中（2 箇所）

リングスリーブの選定及び刻印は，**第 4 表**による．

第 4 表　リングスリーブの選定及び刻印

スリーブ	電線の組み合わせ〔mm〕			刻印
	1.6	2.0	異なる場合	
小	2	－	－	○
	3 ～ 4	2	2.0 × 1 + 1.6 × 1 ～ 2	小
中	5 ～ 6	3 ～ 4	2.0 × 1 + 1.6 × 3 ～ 5 2.0 × 2 + 1.6 × 1 ～ 3	中

42　ハ．

VE28（硬質塩化ビニル電線管）の管相互を接続するのは，ハの TS カップリングである．

43　イ．

VE28（硬質塩化ビニル電線管）の工事では，イのパイプレンチは使用しない．

44　イ．

回路の漏れ電流を測定できるものは，イのクランプ形漏れ電流計である．

45　ニ．

内線規程 3202-6（点滅器の取付け）に，「点滅器は，電路の電圧側に施設（単相 3 線式の 200 V 回路の場合は，両切りを使用）するのがよい．」とされている．

したがって，ニの 2 極（両切り）のリモコンリレーを使用するのがよい．

46　ニ．

接地線は IV5.5 であり，これを裸圧着端子に圧着接続するには，ニの裸圧着端子・スリーブ用圧着工具を使用する．

47　ニ．

図記号 ●$_{L}$ は，確認表示灯を内蔵した単極スイッチである．

48　ロ．

⑱で示す部分の複線図は，**第 14 図**のようになる．

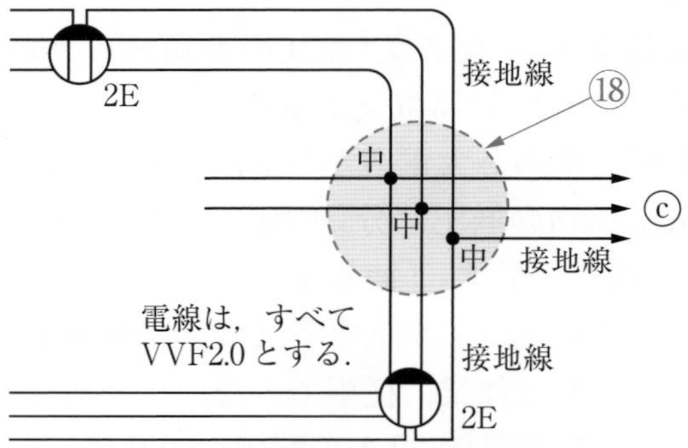

第 14 図

接続箇所は 3 箇所で，スリーブのサイズは**第 4 表**から，すべて中スリーブになる．

49　ロ．

⑲の複線図は**第 12 図**のようになり，2 本接続が 5 箇所である．

50　ニ．

イの ◒$_{2E}$ は店舗や手洗場などに，ロの ⦶$_{LK}$ はカウンタに，ハの ◒$_{EET}$ はトイレに使用されている．

平成29年度

学科試験
問題と解答・解説

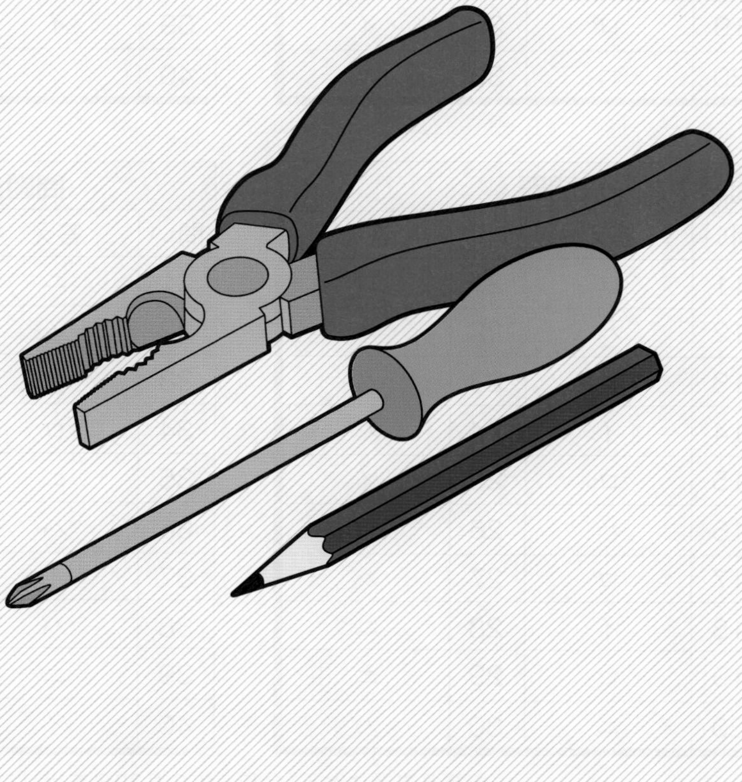

◆平成29年度問題の解答◆

〈上期試験〉

問題１．一般問題					
問い	答え	問い	答え	問い	答え
1	イ	11	イ	21	ニ
2	ニ	12	イ	22	ハ
3	イ	13	ハ	23	ロ
4	ニ	14	ロ	24	ハ
5	イ	15	イ	25	ハ
6	ハ	16	ハ	26	ロ
7	ロ	17	ニ	27	ハ
8	ハ	18	ニ	28	ロ
9	ロ	19	ロ	29	イ
10	ニ	20	ニ	30	ニ

問題2．配線図			
問い	答え	問い	答え
31	ハ	41	ハ
32	ニ	42	ニ
33	ロ	43	ニ
34	ハ	44	イ
35	ロ	45	ロ
36	ニ	46	イ
37	ロ	47	ハ
38	イ	48	ロ
39	イ	49	ロ
40	イ	50	ニ

〈下期試験〉

問題１．一般問題					
問い	答え	問い	答え	問い	答え
1	イ	11	ロ	21	ロ
2	ニ	12	ハ	22	イ
3	ロ	13	ニ	23	ハ
4	ロ	14	イ	24	ハ
5	ハ	15	ロ	25	イ
6	ニ	16	ハ	26	ロ
7	イ	17	ロ	27	ハ
8	イ	18	イ	28	ニ
9	ハ	19	ロ	29	ニ ※
10	イ	20	ニ	30	ハ

問題2．配線図			
問い	答え	問い	答え
31	ニ	41	ニ
32	イ	42	ロ
33	ロ	43	ハ
34	ロ	44	ロ
35	ニ	45	ニ
36	ハ	46	イ
37	イ	47	ロ
38	ハ	48	ニ
39	ニ	49	イ
40	イ	50	ハ

※電気事業法改正（令和５年３月20日施行）以前の「問い」と「解答」です．

問題１．一般問題 (問題数 30，配点は１問当たり２点)

【注】本問題の計算で $\sqrt{2}$，$\sqrt{3}$ 及び円周率π を使用する場合の数値は次によること。　$\sqrt{2}=1.41$，$\sqrt{3}=1.73$，$\pi=3.14$

次の各問いには４通りの答え（イ，ロ，ハ，ニ）が書いてある。それぞれの問いに対して答えを１つ選びなさい。

	問　い	答　え
1	図のような回路で，端子a－b間の合成抵抗［Ω］は。 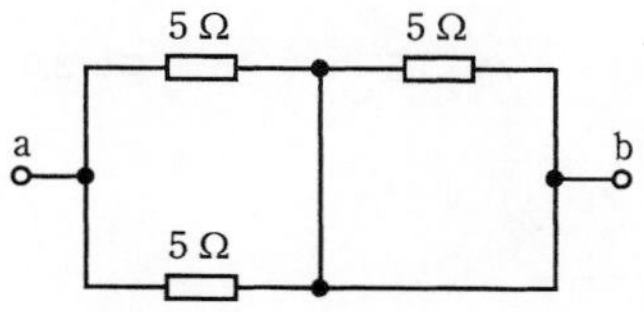 	イ．2.5　ロ．5　ハ．7.5　ニ．15
2	図のような交流回路で，電源電圧204 V，抵抗の両端の電圧が180 V，リアクタンスの両端の電圧が96 Vであるとき，負荷の力率［%］は。 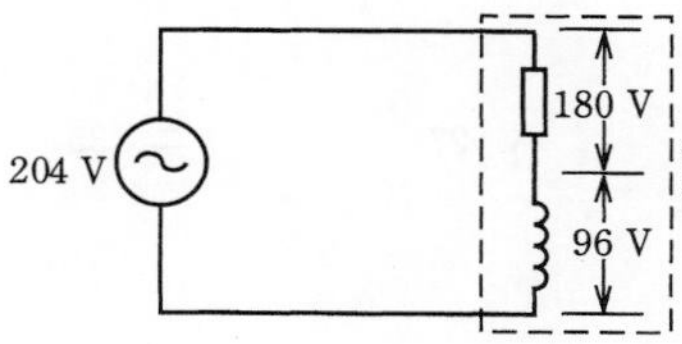 	イ．35　ロ．47　ハ．65　ニ．88
3	A，B 2本の同材質の銅線がある。Aは直径1.6 mm，長さ20 m，Bは直径3.2 mm，長さ40 mである。Aの抵抗はBの抵抗の何倍か。	イ．2　ロ．3　ハ．4　ニ．5
4	図のような交流回路で，負荷に対してコンデンサＣを設置して，力率を100 %に改善した。このときの電流計の指示値は。 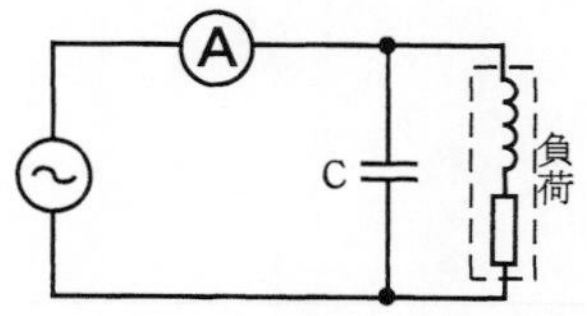 	イ．零になる。 ロ．コンデンサ設置前と比べて変化しない。 ハ．コンデンサ設置前と比べて増加する。 ニ．コンデンサ設置前と比べて減少する。
5	図のような三相3線式200 Vの回路で，c－o間の抵抗が断線した。断線前と断線後のa－o間の電圧 V の値［V］の組合せとして，**正しいものは**。 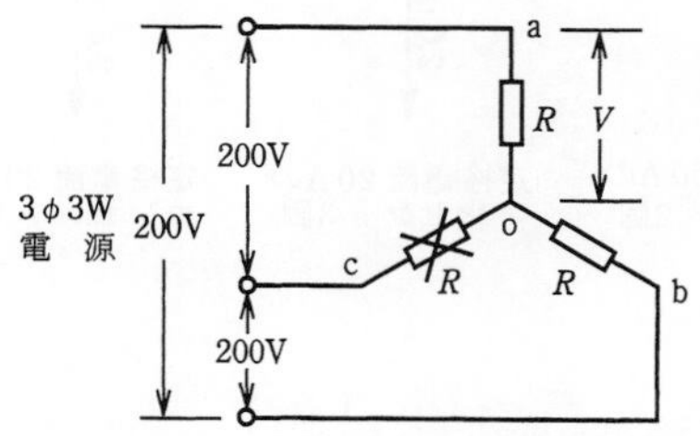 	イ．断線前116　断線後100 ロ．断線前116　断線後116 ハ．断線前100　断線後116 ニ．断線前100　断線後100

	問　い	答　え
6	図のように，電線のこう長10 mの配線により，消費電力1 500 Wの抵抗負荷に電力を供給した結果，負荷の両端の電圧は100 Vであった。配線における電圧降下[V]は。 ただし，電線の電気抵抗は長さ1 000 m当たり5.0 Ωとする。 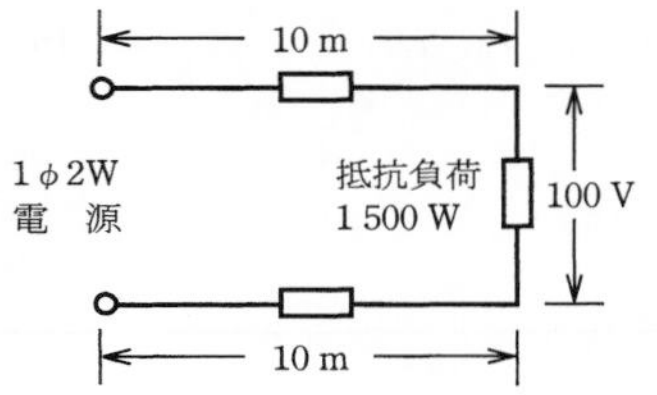	イ．0.15　　ロ．0.75　　ハ．1.5　　ニ．3.0
7	金属管による低圧屋内配線工事で，管内に直径2.0 mmの600Vビニル絶縁電線（軟銅線）2本を収めて施設した場合，電線1本当たりの許容電流[A]は。 ただし，周囲温度は30℃以下，電流減少係数は0.7とする。	イ．19　　ロ．24　　ハ．27　　ニ．35
8	図のように，三相の電動機と電熱器が低圧屋内幹線に接続されている場合，幹線の太さを決める根拠となる電流の最小値[A]は。 ただし，需要率は100%とする。 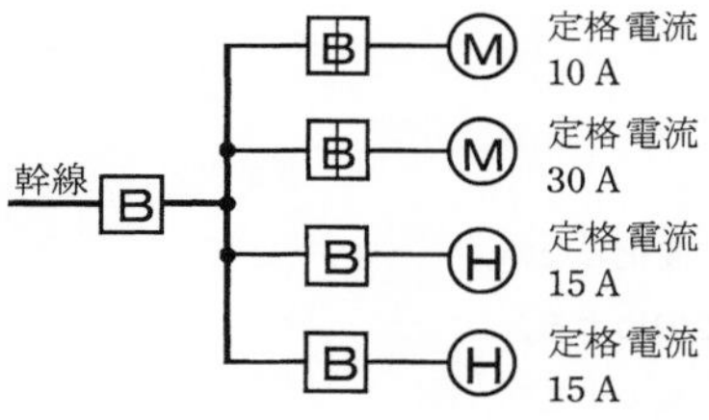	イ．70　　ロ．74　　ハ．80　　ニ．150
9	低圧屋内配線の分岐回路の設計で，配線用遮断器，分岐回路の電線の太さ及びコンセントの組合せとして，**不適切なものは**。 ただし，分岐点から配線用遮断器までは3 m，配線用遮断器からコンセントまでは8 mとし，電線の数値は分岐回路の電線（軟銅線）の太さを示す。 また，コンセントは兼用コンセントではないものとする。	イ． 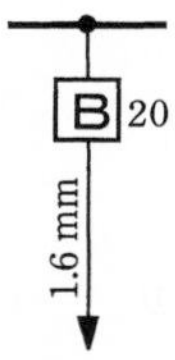 定格電流15 Aのコンセント2個 ロ． 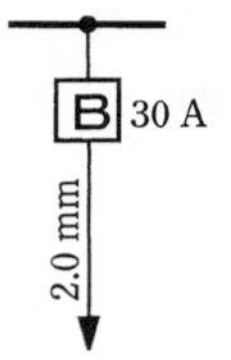 定格電流30 Aのコンセント2個 ハ． 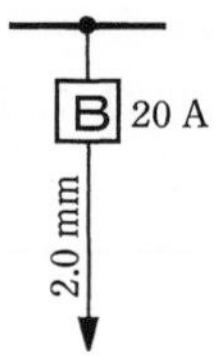 定格電流20 Aのコンセント3個 ニ． 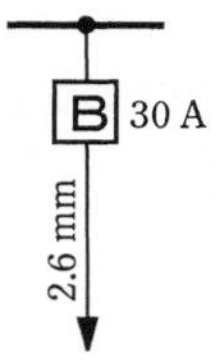 定格電流20 Aのコンセント1個

平成29年度（上期）

	問い	答え
10	図のように定格電流 50 A の配線用遮断器で保護された低圧屋内幹線から VVR ケーブル太さ 8 mm^2（許容電流 42 A）で低圧屋内電路を分岐する場合，a—b 間の長さの最大値[m] は。 ただし，低圧屋内幹線に接続される負荷は，電灯負荷とする。 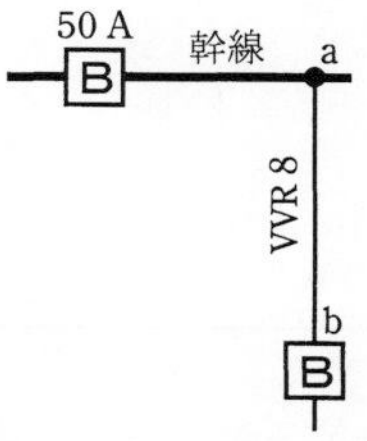 	イ．3　　ロ．5　　ハ．8　　ニ．制限なし
11	金属管工事において，絶縁ブッシングを使用する主な目的は。	イ．電線の被覆を損傷させないため。 ロ．金属管相互を接続するため。 ハ．金属管を造営材に固定するため。 ニ．電線の接続を容易にするため。
12	白熱電球と比較して，電球形 LED ランプ（制御装置内蔵形）の特徴として，**誤っているものは**。	イ．寿命が短い。 ロ．発光効率が高い（同じ明るさでは消費電力が少ない）。 ハ．価格が高い。 ニ．力率が低い。
13	一般用低圧三相かご形誘導電動機に関する記述で，**誤っているものは**。	イ．じか入れ（全電圧）始動での始動電流は全負荷電流の 4～8 倍程度である。 ロ．負荷が増加すると回転速度がやや低下する。 ハ．電源の周波数が 60 Hz から 50 Hz に変わると回転速度が増加する。 ニ．3 本の結線のうちいずれか 2 本を入れ替えると逆回転する。
14	コンクリート壁に金属管を取り付けるときに用いる材料及び工具の組合せとして，**適切なものは**。	イ．ホルソ カールプラグ ハンマ ステープル ロ．振動ドリル カールプラグ サドル 木ねじ ハ．ハンマ たがね ステープル コンクリート釘 ニ．振動ドリル ホルソ サドル ボルト
15	系統連系型の太陽電池発電設備において使用される機器は。	イ．パワーコンディショナ ロ．低圧進相コンデンサ ハ．調光器 ニ．自動点滅器
16	写真に示す工具の用途は。 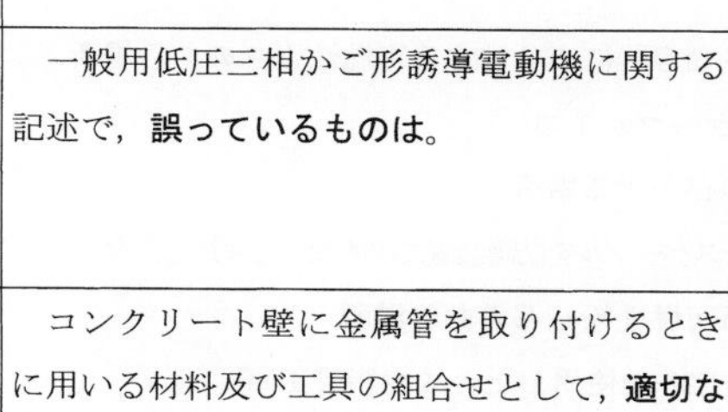	イ．金属管の切断に使用する。 ロ．ライティングダクトの切断に使用する。 ハ．硬質塩化ビニル電線管の切断に使用する。 ニ．金属線ぴの切断に使用する。

	問　い	答　え
17	写真に示す器具の名称は。 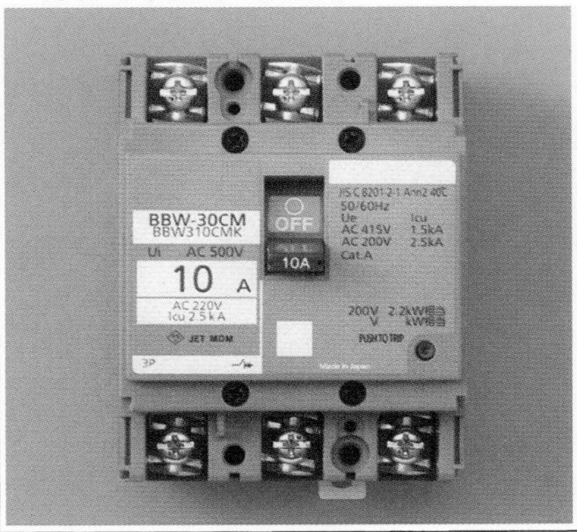	イ．漏電警報器 ロ．電磁開閉器 ハ．漏電遮断器 ニ．配線用遮断器（電動機保護兼用）
18	写真に示す測定器の名称は。 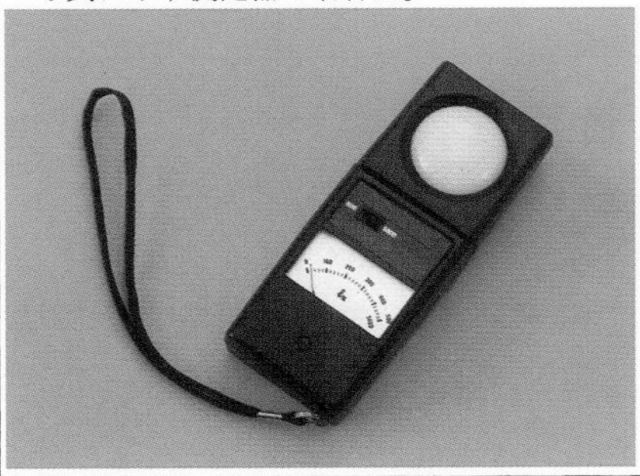	イ．検相器 ロ．周波数計 ハ．クランプ形電流計 ニ．照度計
19	特殊場所とその場所に施工する低圧屋内配線工事の組合せで，**不適切なものは。**	イ．プロパンガスを他の小さな容器に小分けする可燃性ガスのある場所 MI ケーブルを使用したケーブル工事 ロ．石油を貯蔵する危険物の存在する場所 600V ビニル絶縁ビニルシースケーブルを防護装置に収めないで使用したケーブル工事 ハ．小麦粉をふるい分けする可燃性粉じんのある場所 硬質塩化ビニル電線管 VE28 を使用した合成樹脂管工事 ニ．自動車修理工場の吹き付け塗装作業を行う可燃性ガスのある場所 厚鋼電線管を使用した金属管工事
20	単相 3 線式 100/200 V 屋内配線の住宅用分電盤の工事を施工した。**不適切なものは。**	イ．ルームエアコン（単相 200 V）の分岐回路に 2 極 2 素子の配線用遮断器を取り付けた。 ロ．電熱器（単相 100 V）の分岐回路に 2 極 2 素子の配線用遮断器を取り付けた。 ハ．主開閉器の中性極に銅バーを取り付けた。 ニ．電灯専用（単相 100 V）の分岐回路に 2 極 1 素子の配線用遮断器を取り付け，素子のある極に中性線を結線した。
21	使用電圧100 Vの屋内配線の施設場所における工事の種類で，**不適切なものは。**	イ．点検できない隠ぺい場所であって，乾燥した場所の金属管工事 ロ．点検できない隠ぺい場所であって，湿気の多い場所の合成樹脂管工事（CD 管を除く） ハ．展開した場所であって，湿気の多い場所のケーブル工事 ニ．展開した場所であって，湿気の多い場所のライティングダクト工事

	問　い	答　え
22	同一敷地内の車庫へ使用電圧100 V の電気を供給するための低圧屋側配線部分の工事として，**不適切なものは。**	イ．600V 架橋ポリエチレン絶縁ビニルシースケーブル（CV）によるケーブル工事 ロ．硬質塩化ビニル電線管(VE)による合成樹脂管工事 ハ．1 種金属製線ぴによる金属線ぴ工事 ニ．600V ビニル絶縁ビニルシースケーブル丸形（VVR）によるケーブル工事
23	D種接地工事の施工方法として，**不適切なものは。**	イ．ルームエアコンの接地線として，直径 1.6 mm の軟銅線を使用した。 ロ．単相 100 V の電動機を水気のある場所に設置し，定格感度電流 30 mA，動作時間 0.1 秒の電流動作型漏電遮断器を取り付けたので，接地工事を省略した。 ハ．低圧電路に地絡を生じた場合に 0.5 秒以内に自動的に電路を遮断する装置を設置し，接地抵抗値が 300 Ωであった。 ニ．移動して使用する電気機械器具の金属製外箱の接地線として，多心キャブタイヤケーブルの断面積 $0.75\ \mathrm{mm}^2$ の 1 心を使用した。
24	低圧電路で使用する測定器とその用途の組合せとして，**誤っているものは。**	イ．クランプ形電流計　と　負荷電流の測定 ロ．回路計（テスタ）　と　導通の確認 ハ．検相器　と　電動機の回転速度の測定 ニ．検電器　と　電路の充電の有無の確認
25	低圧屋内配線の絶縁抵抗測定を行いたいが，その電路を停電して測定することが困難なため，漏えい電流により絶縁性能を確認した。「電気設備の技術基準の解釈」に定める絶縁性能を有していると判断できる漏えい電流の最大値［mA］は。	イ．0.1　　ロ．0.2　　ハ．1.0　　ニ．2.0
26	接地抵抗計（電池式）に関する記述として，**誤っているものは。**	イ．接地抵抗測定の前には，接地抵抗計の電池容量が正常であることを確認する。 ロ．接地抵抗測定の前には，端子間を開放して測定し，指示計の零点の調整をする。 ハ．接地抵抗測定の前には，接地極の地電圧が許容値以下であることを確認する。 ニ．接地抵抗測定の前には，補助極を適正な位置に配置することが必要である。
27	図の交流回路は，負荷の電圧，電流，電力を測定する回路である。図中に a，b，c で示す計器の組合せとして，**正しいものは。** 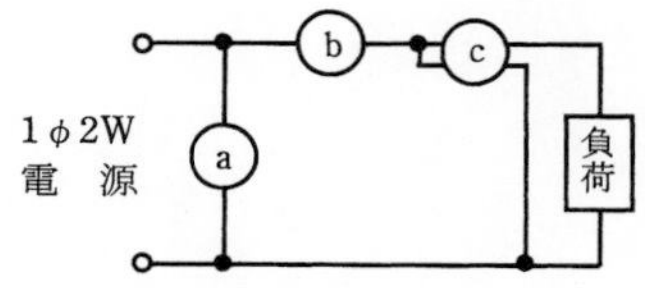	イ．a 電流計　b 電圧計　c 電力計 ロ．a 電力計　b 電流計　c 電圧計 ハ．a 電圧計　b 電流計　c 電力計 ニ．a 電圧計　b 電力計　c 電流計

問い		答え
28	電気工事士法に**違反しているものは。**	**イ．** 電気工事士試験に合格したが，電気工事の作業に従事しないので都道府県知事に免状の交付申請をしなかった。 **ロ．** 電気工事士が電気工事士免状を紛失しないよう，これを営業所に保管したまま電気工事の作業に従事した。 **ハ．** 電気工事士が住所を変更したが，30日以内に都道府県知事にこれを届け出なかった。 **ニ．** 電気工事士が経済産業大臣に届け出をしないで，複数の都道府県で電気工事の作業に従事した。
29	電気工事士法において，一般用電気工作物に係る工事の作業でa，bともに電気工事士でなければ**従事できないものは。**	**イ．** a：配電盤を造営材に取り付ける。 b：電線管を曲げる。 **ロ．** a：地中電線用の管を設置する。 b：定格電圧240Vの電力量計を取り付ける。 **ハ．** a：電線を支持する柱を設置する。 b：電線管に電線を収める。 **ニ．** a：接地極を地面に埋設する。 b：定格電圧125Vの差込み接続器にコードを接続する。
30	低圧の屋内電路に使用する次の配線器具のうち，特定電気用品の適用を受けるものは。 ただし，定格電圧，定格電流，使用箇所，構造等すべて「電気用品安全法」に定める電気用品に該当するものとする。	**イ．** カバー付ナイフスイッチ **ロ．** 電磁開閉器 **ハ．** ライティングダクト **ニ．** タイムスイッチ

問題２．配線図（問題数 20，配点は１問当たり ２ 点）

※図は ３７２ 頁参照

図は，鉄筋コンクリート造の集合住宅共用部の部分的配線図である。この図に関する次の各問いには４通りの答え（**イ**，**ロ**，**ハ**，**ニ**）が書いてある。それぞれの問いに対して，答えを１つ選びなさい。

【注意】 １．屋内配線の工事は，動力回路及び特記のある場合を除き 600V ビニル絶縁ビニルシースケーブル平形（VVF）を用いたケーブル工事である。
２．屋内配線等の電線の本数，電線の太さ，その他，問いに直接関係のない部分等は省略又は簡略化してある。
３．選択肢（答え）の写真にあるコンセント及び点滅器は，「JIS C 0303 : 2000 構内電気設備の配線用図記号」で示す「一般形」である。
４．ジョイントボックスを経由する電線は，すべて接続箇所を設けている。
５．３路スイッチの記号「0」の端子には，電源側又は負荷側の電線を結線する。

問い		答え
31	①で示す部分に取り付ける分電盤の図記号は。	**イ**. 　**ロ**. 　**ハ**. 　**ニ**. 
32	②で示す部分の配線工事で用いる管の種類は。	**イ**．波付硬質合成樹脂管 **ロ**．硬質塩化ビニル電線管 **ハ**．耐衝撃性硬質塩化ビニル電線管 **ニ**．合成樹脂製可とう電線管
33	③で示す外灯は，100 W の水銀灯である。 その図記号の傍記表示として，**正しいものは**。	**イ**．N100　**ロ**．H100　**ハ**．M100　**ニ**．W100
34	④で示す図記号の名称は。	**イ**．非常用照明 **ロ**．一般用照明 **ハ**．誘導灯 **ニ**．保安用照明
35	⑤で示す図記号の器具は。	**イ**．過負荷警報を知らせるブザー **ロ**．確認表示灯付の電磁開閉器用押しボタン **ハ**．運転時に点灯する青色のパイロットランプ **ニ**．負荷を運転させる為のフロートスイッチ
36	⑥で示す図記号の名称は。	**イ**．電力計 **ロ**．タイムスイッチ **ハ**．配線用遮断器 **ニ**．電力量計
37	⑦で示す部分の電路と大地間の絶縁抵抗として，許容される最小値[MΩ]は。	**イ**．0.1　**ロ**．0.2　**ハ**．0.4　**ニ**．1.0
38	⑧で示す部分の最少電線本数（心線数）は。	**イ**．2　**ロ**．3　**ハ**．4　**ニ**．5
39	⑨で示す部分は引掛形のコンセントである。 その図記号の傍記表示として，**正しいものは**。	**イ**．T　**ロ**．ET　**ハ**．EL　**ニ**．LK
40	⑩で示す引込線取付点の地表上の高さの最低値[m]は。 ただし，引込線は道路を横断せず，技術上やむを得ない場合で，交通に支障がないものとする。	**イ**．2.5　**ロ**．3.0　**ハ**．3.5　**ニ**．4.0

問い		答え			
41	⑪で示す図記号の器具は。	イ. 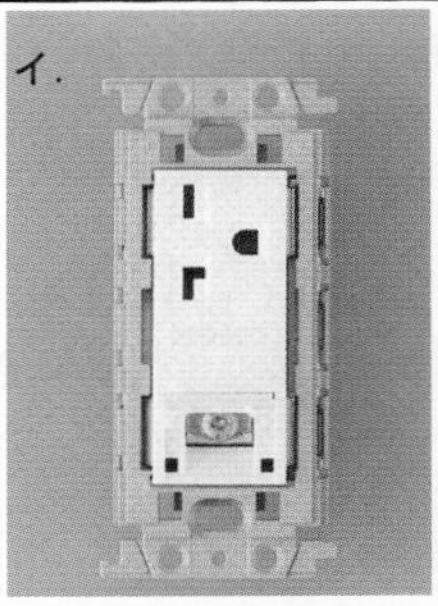	ロ. 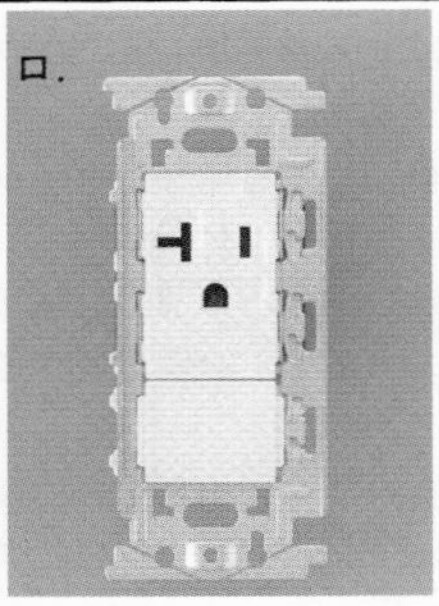	ハ. 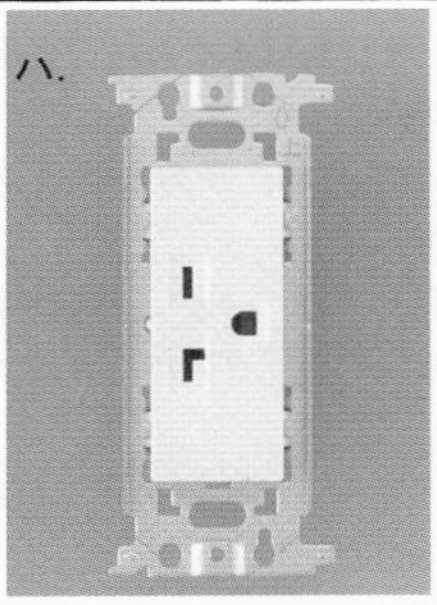	ニ. 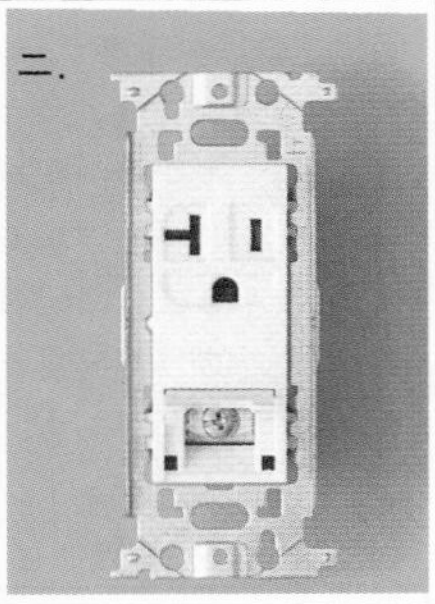
42	⑫で示す部分の天井内のジョイントボックス内において，接続工事をリングスリーブで圧着接続した場合のリングスリーブの種類，個数及び接続後の刻印との組合せで**正しいものは**。 ただし，使用する電線はすべてVVF1.6とする。また，写真に示す**リングスリーブ中央**の○，小，中は接続後の刻印を表す。	イ. 	ロ. 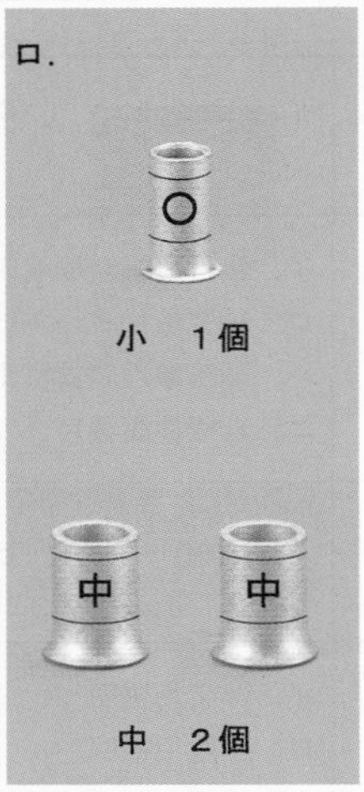	ハ. 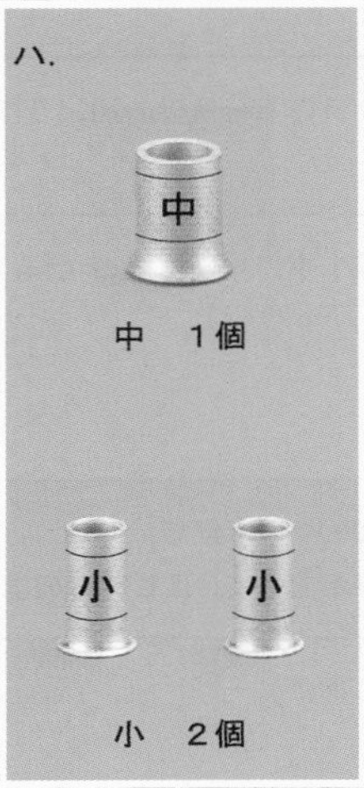	ニ. 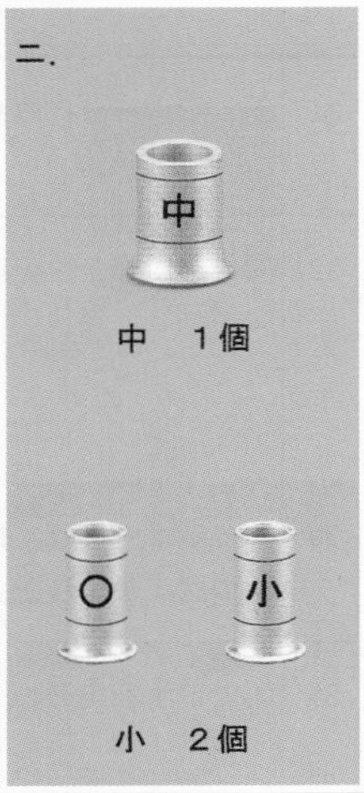
43	⑬の部分で，下の写真に示す圧着端子と接地線を圧着接続するための工具として，**適切なものは**。 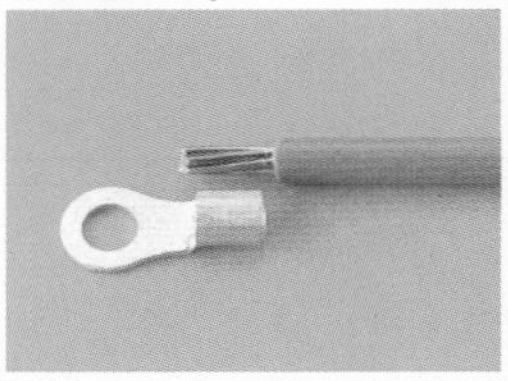	イ. 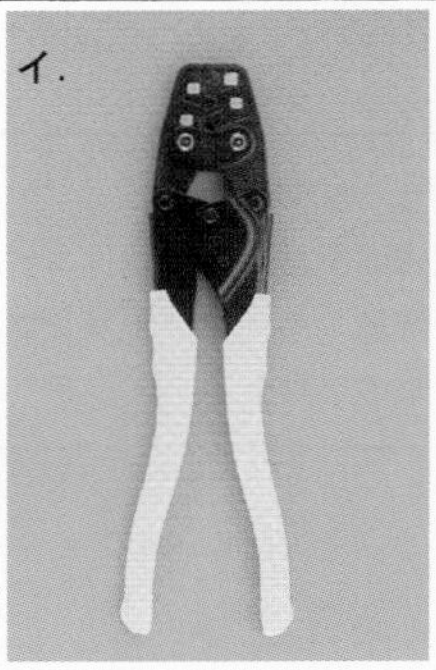	ロ. 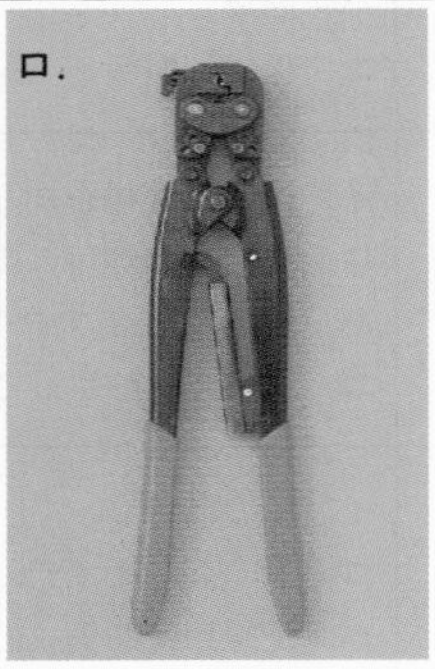	ハ. 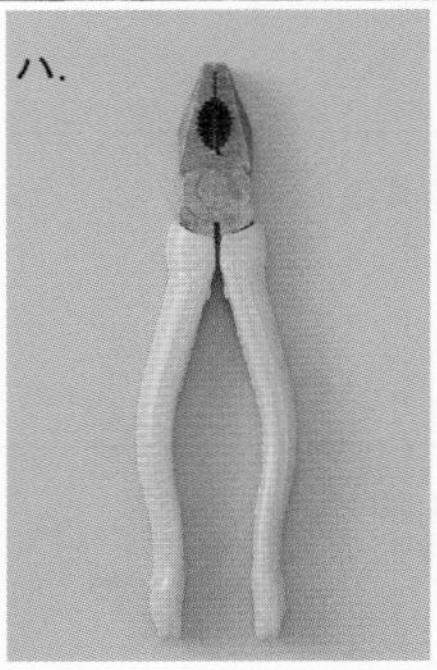	ニ. 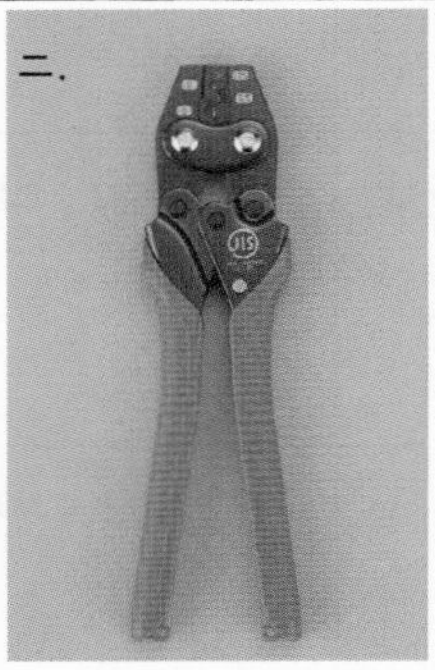
44	⑭で示す図記号の器具は。	イ. 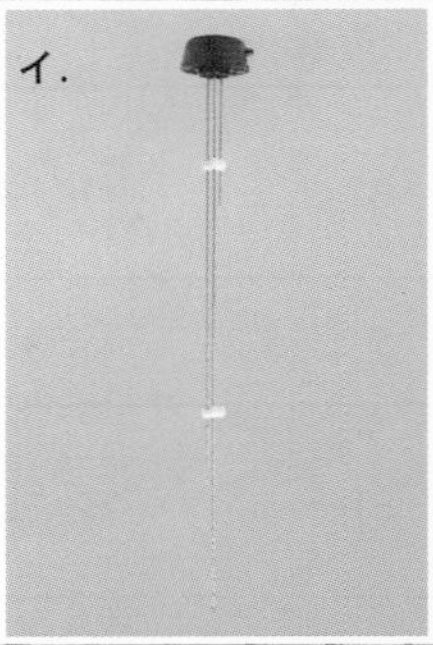	ロ. 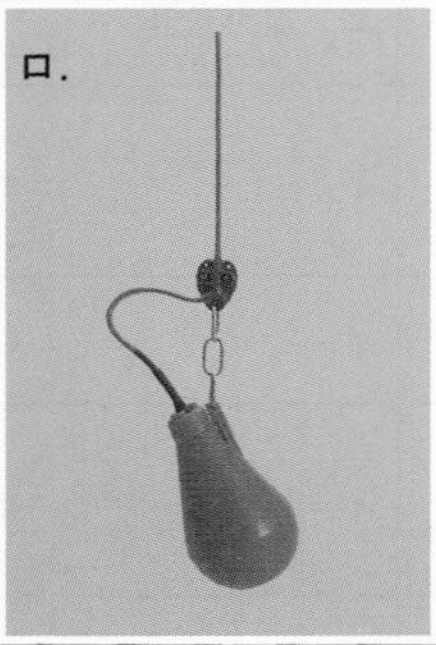	ハ. 	ニ. 
45	⑮で示す図記号のものは。	イ. 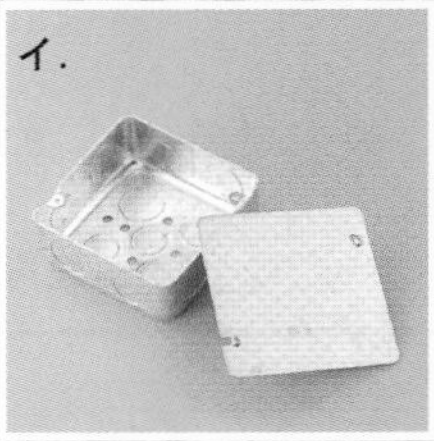	ロ. 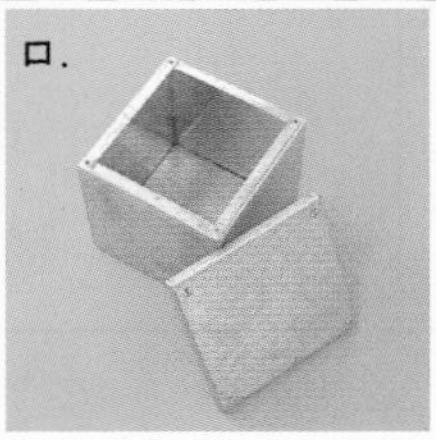	ハ. 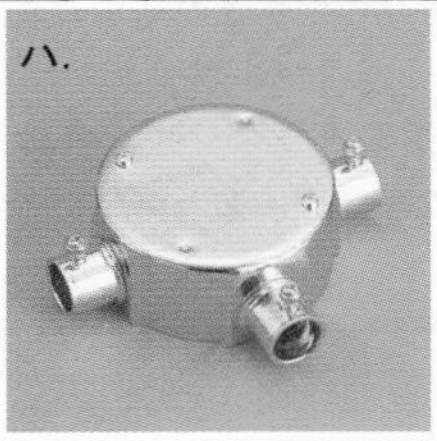	ニ. 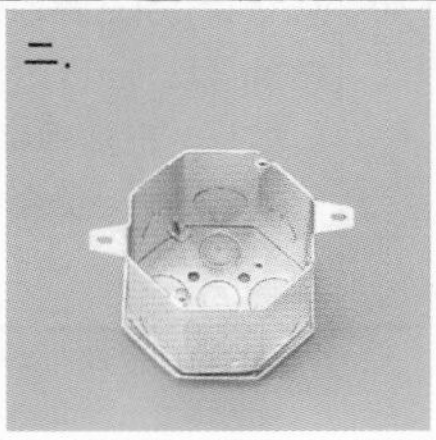

	問い	答え			
46	⑯で示す部分の工事において**使用されることのないものは。**	イ. 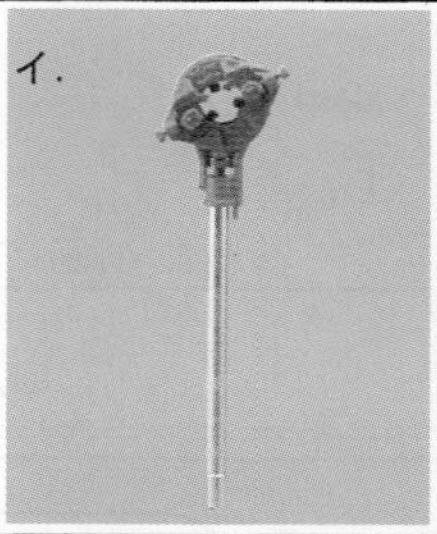	ロ. 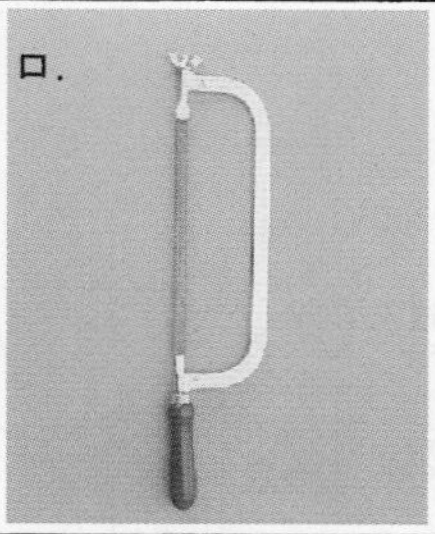	ハ. 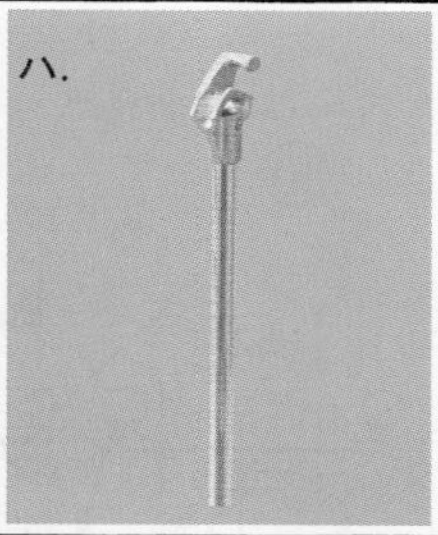	ニ. 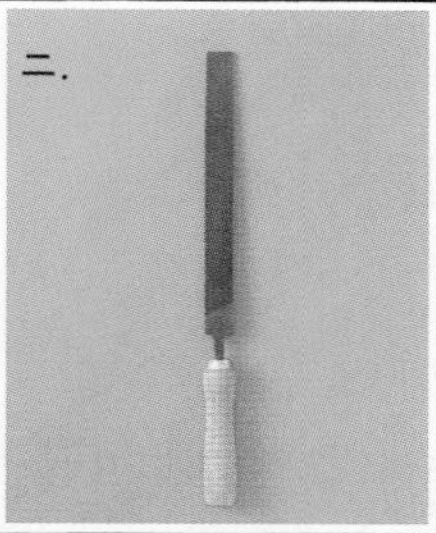
47	⑰で示すVVF用ジョイントボックス内の接続をすべて差込形コネクタとする場合，使用する差込形コネクタの種類と最少個数の組合せで，**適切なものは。** ただし，使用する電線はすべてVVF1.6とし，地下1階に至る配線の電線本数（心線数）は最少とする。	イ. 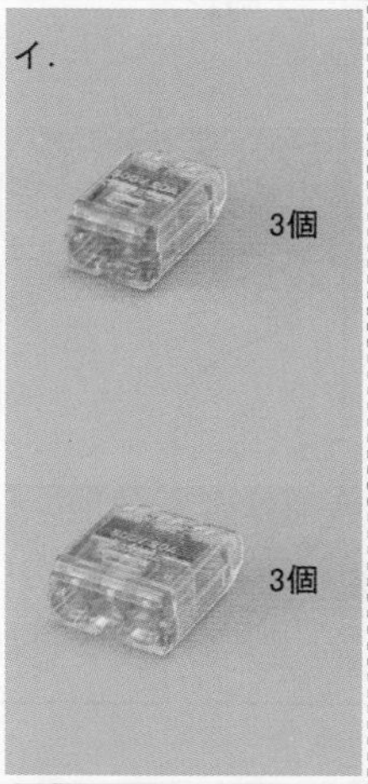 3個 3個	ロ. 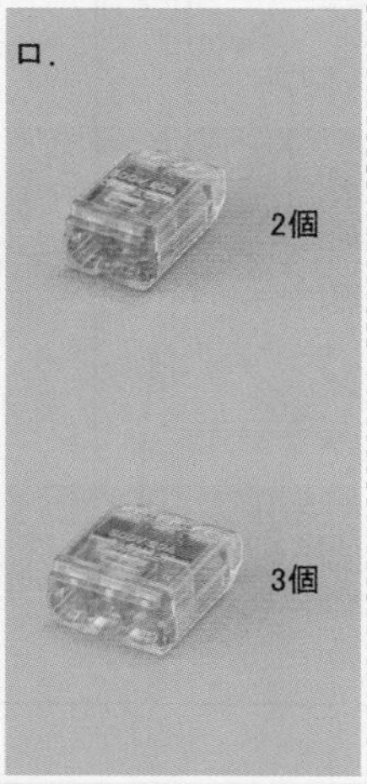 2個 3個	ハ.  3個 1個 1個	ニ. 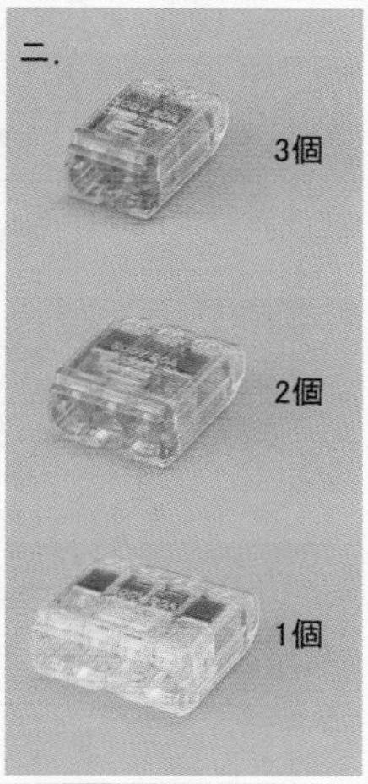 3個 2個 1個
48	⑱で示すVVF用ジョイントボックス内の接続をすべて圧着接続とする場合，使用するリングスリーブの種類と最少個数の組合せで，**適切なものは。** ただし，使用する電線はすべてVVF1.6とする。	イ. 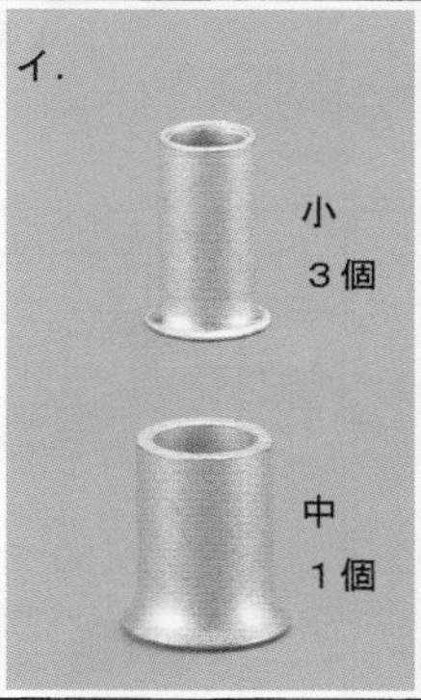 小 3個 中 1個	ロ. 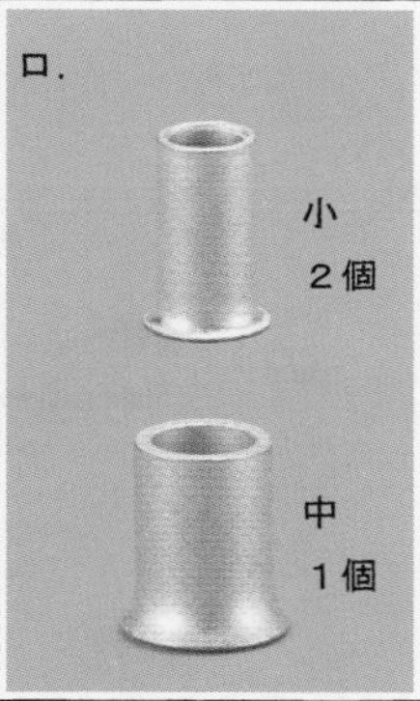 小 2個 中 1個	ハ.  小 4個	ニ. 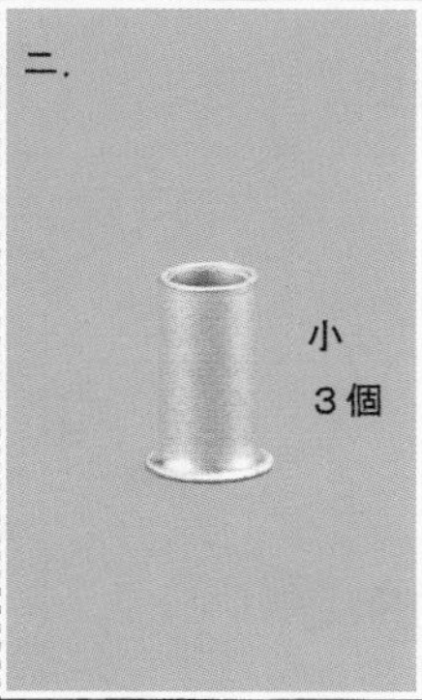 小 3個
49	⑲で示す図記号の器具は。	イ. 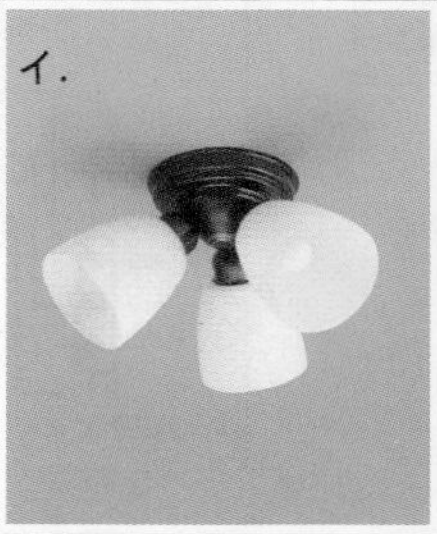	ロ. 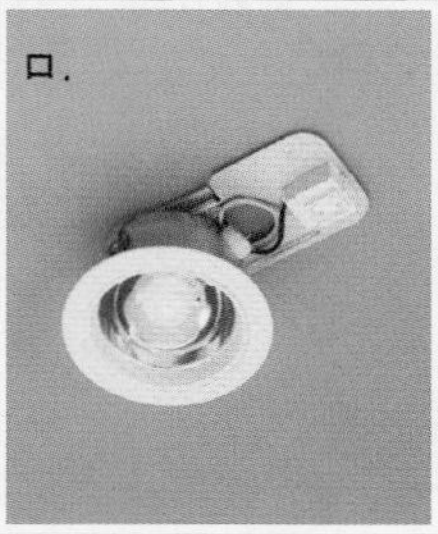	ハ. 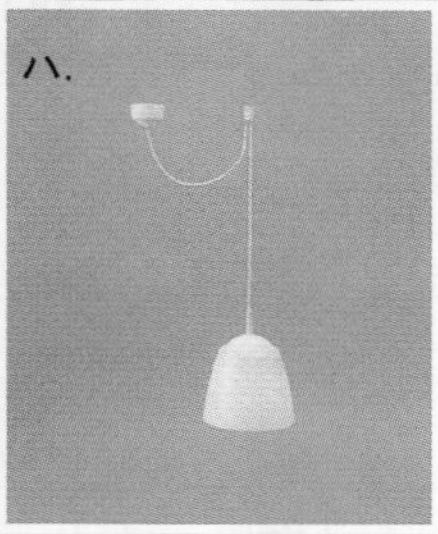	ニ. 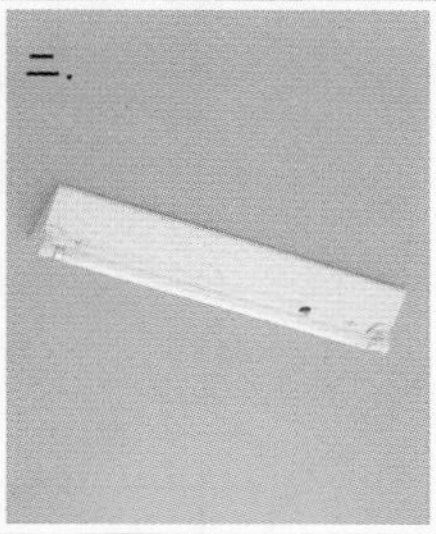
50	この配線図で，**使用されていない**スイッチは。 ただし，写真下の図は，接点の構成を示す。	イ. 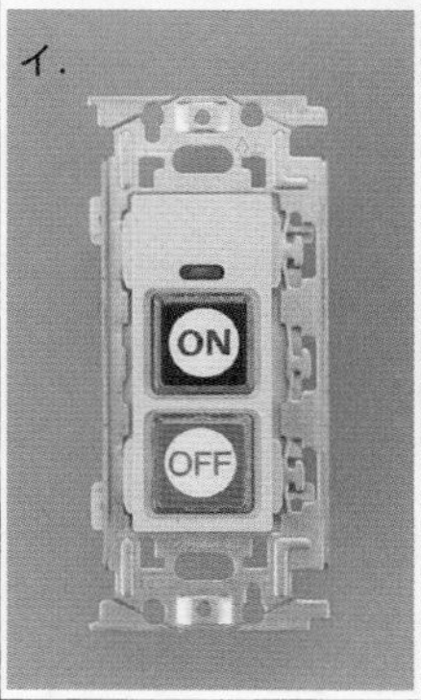	ロ.  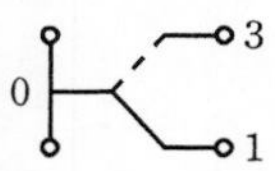	ハ. 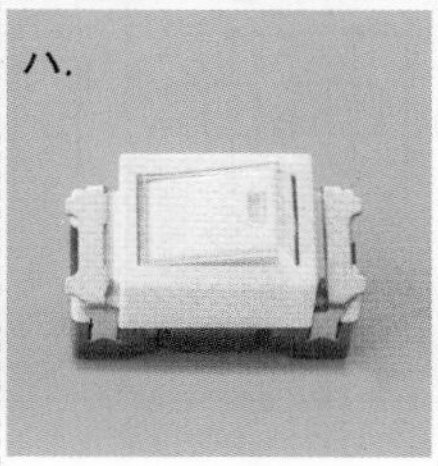 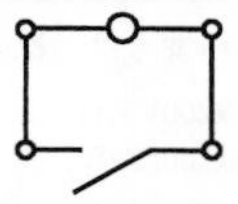	ニ. 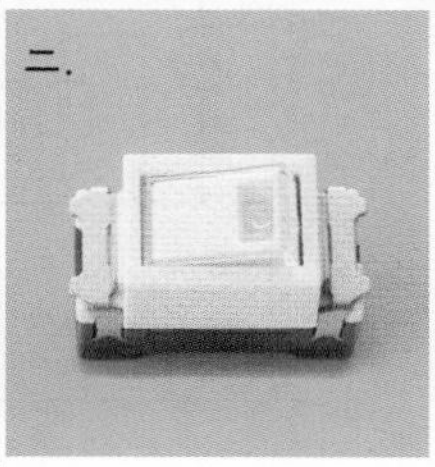 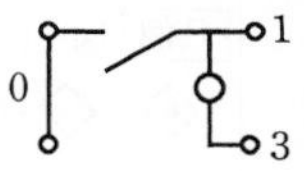

図面を引き抜いてご覧ください

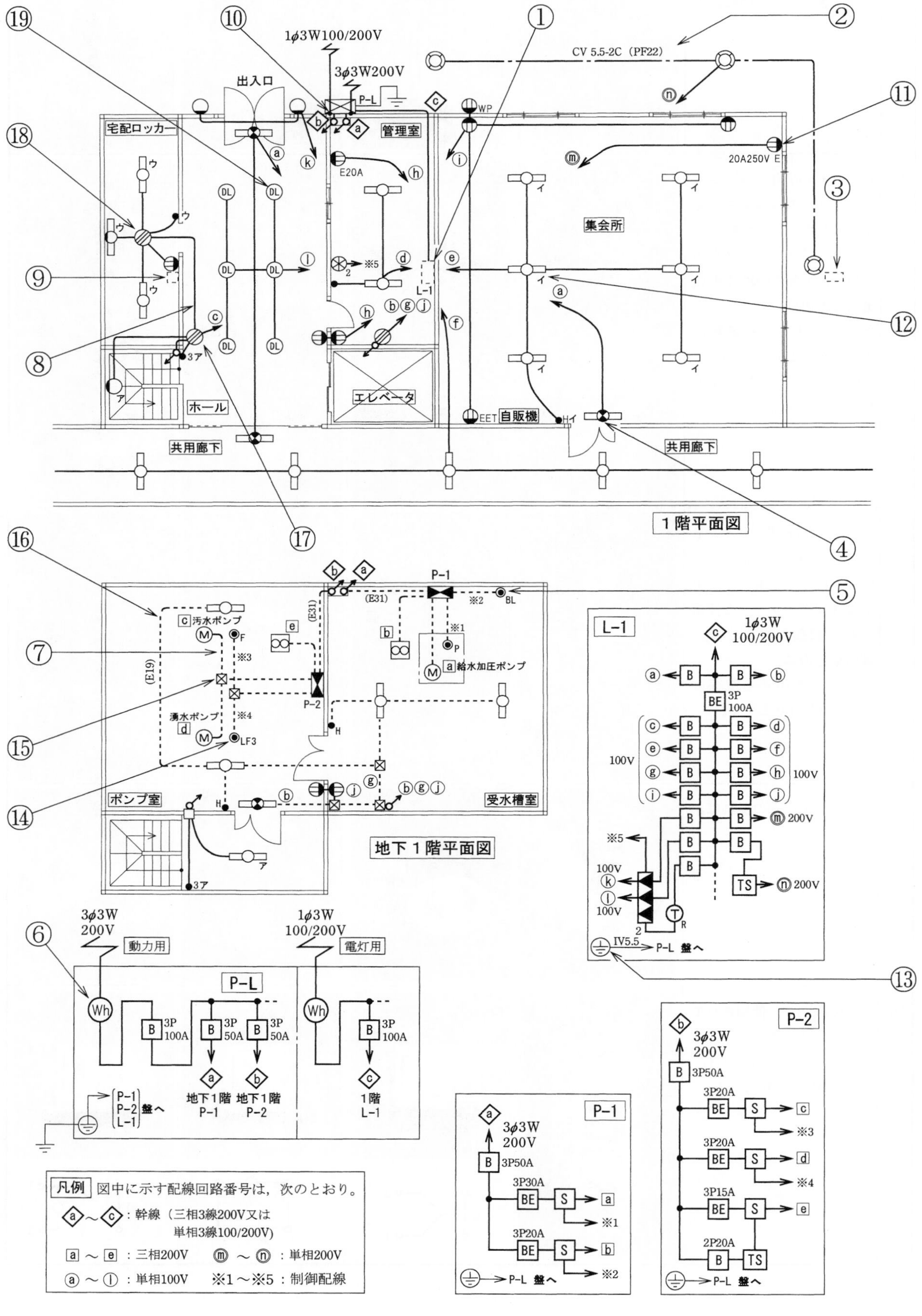

平成29年度（上期）

解答と解説

問題1．一般問題の解答

1　イ．2.5

問題の回路は，**第1図**のように書き換えられる．

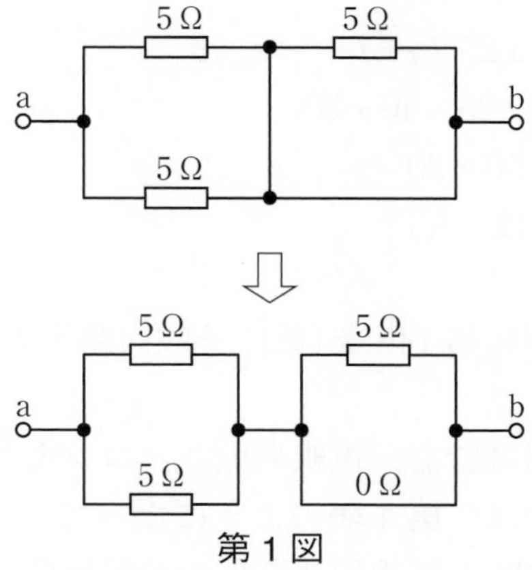

第1図

端子 a-b 間の合成抵抗 R〔Ω〕は，

$$R=\frac{5\times 5}{5+5}+\frac{5\times 0}{5+0}=\frac{25}{10}+0=2.5〔\Omega〕$$

2　ニ．88

抵抗とリアクタンスが直列に接続された回路の力率 $\cos\theta$〔%〕は，回路全体の電圧を V〔V〕，抵抗に加わる電圧を V_R〔V〕とすると次の式で求められる．

$$\cos\theta=\frac{V_R}{V}\times 100〔\%〕$$

したがって，力率 $\cos\theta$〔%〕は，

$$\cos\theta=\frac{180}{204}\times 100\fallingdotseq 88〔\%〕$$

3　イ．2

第2図において，A の断面積 A_A〔mm^2〕と，B の断面積 A_B〔mm^2〕は，

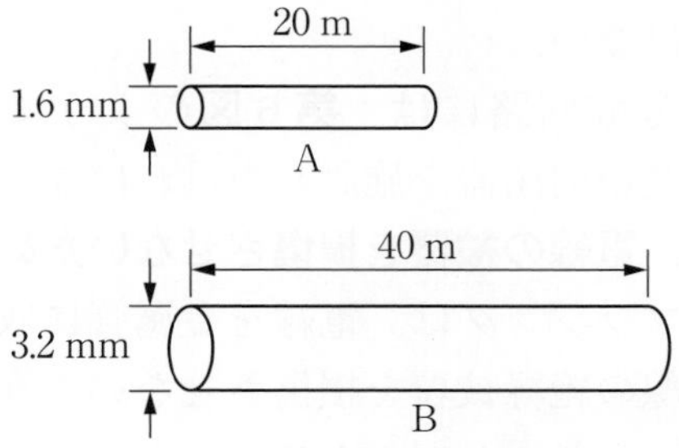

第2図

$$A_A=\frac{\pi D^2}{4}=\frac{3.14\times 1.6^2}{4}\fallingdotseq 2〔\mathrm{mm}^2〕$$

$$A_B=\frac{\pi D^2}{4}=\frac{3.14\times 3.2^2}{4}\fallingdotseq 8〔\mathrm{mm}^2〕$$

A の長さを l_A〔m〕，B の長さを l_B〔m〕，銅線の抵抗率を ρ〔Ω·mm^2/m〕とすると，A の抵抗 R_A〔Ω〕は，

$$R_A=\frac{\rho\times l_A}{A_A}=\frac{\rho\times 20}{2}=10\rho〔\Omega〕$$

B の抵抗 R_B〔Ω〕は，

$$R_B=\frac{\rho\times l_B}{A_B}=\frac{\rho\times 40}{8}=5\rho〔\Omega〕$$

したがって，

$$\frac{R_A}{R_B}=\frac{10\rho}{5\rho}=2$$

A の抵抗は，B の抵抗の 2 倍である．

また，次のようにして解いてもよい．

A の長さは B の長さの 20/40＝1/2 倍，A の断面積は B の断面積の 2/8＝1/4 倍である．

抵抗は長さに比例し，断面積に反比例することから，

$$\frac{1}{2}\times\frac{1}{1/4}=\frac{1}{2}\times 4=2$$

A の抵抗は，B の抵抗の 2 倍となる．

4　ニ．コンデンサ設置前と比べて減少する．

コンデンサに流れる進み電流により，負荷に流れる遅れ電流を打ち消して力率を 100% にするものである．電流計に流れる電流は電圧と同相となり（電圧と電流の変化が時間的にずれていない），コンデンサ設置前と比べて減少する．

5　イ．断線前 116　断線後 100

断線前（**第3図**）は，同じ大きさの抵抗 R が Y 結線されているので，a-o 間の電圧 V_1〔V〕は，

$$V_1=\frac{200}{\sqrt{3}}=\frac{200}{1.73}\fallingdotseq 116〔\mathrm{V}〕$$

断線後（**第4図**）は，2 つの抵抗 R が直列に接続されて 200 V の電圧が加わっているから，a-o 間の電圧 V_2〔V〕は，

$$V_2=\frac{200}{R+R}\times R=\frac{200}{2}=100〔\mathrm{V}〕$$

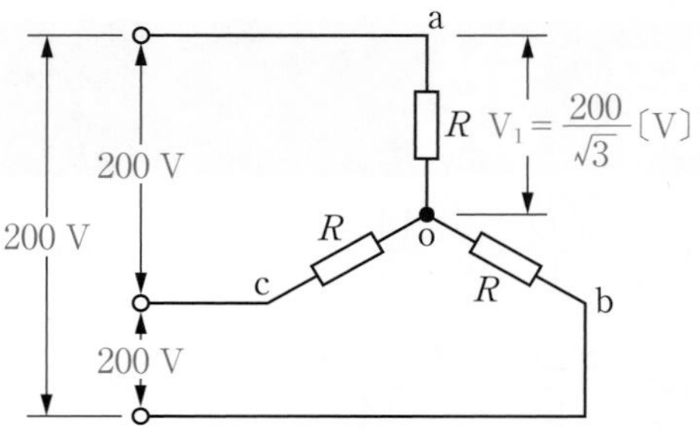

第 3 図

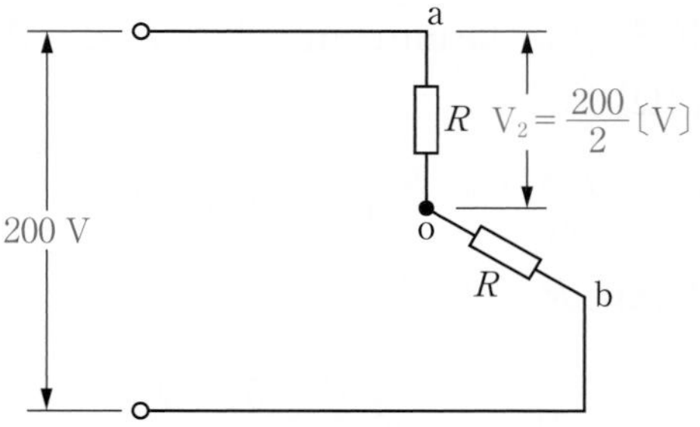

第 4 図

6 ハ．1.5

第 5 図において，消費電力 1 500 W の抵抗負荷に流れる電流 I〔A〕は，

$$I = \frac{P}{V} = \frac{1\,500}{100} = 15〔A〕$$

電線 10 m の電気抵抗 r〔Ω〕は，長さ 1 000 m 当たり 5.0 Ωであるから，

$$r = \frac{5}{1\,000} \times 10 = 0.05〔Ω〕$$

電圧降下 v〔V〕は，

$$v = 2Ir = 2 \times 15 \times 0.05 = 1.5〔V〕$$

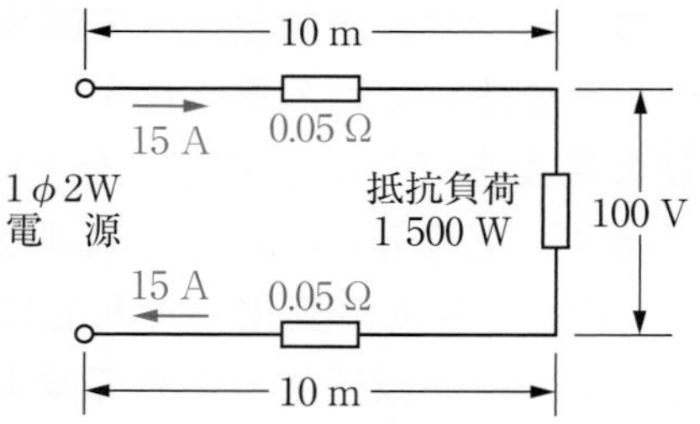

第 5 図

7 ロ．24

電技解釈第 146 条（低圧配線に使用する電線）による．

直径 2.0 mm の 600 V ビニル絶縁電線（軟銅線）の許容電流は 35 A である．

この電線 2 本を金属管に収めたときの許容電流は，電流減少係数が 0.7 であるから，

$35 \times 0.7 = 24.5 \rightarrow 24$ A

（小数点以下 1 位を 7 捨 8 入）

8 ハ．80

電技解釈第 148 条（低圧幹線の施設）による．

電動機の定格電流の合計 I_M〔A〕は，

$I_M = 10 + 30 = 40$〔A〕

電熱器の定格電流の合計 I_H〔A〕は，

$I_H = 15 + 15 = 30$〔A〕

$I_M > I_H$，$I_M \leqq 50$ に該当するので，幹線の許容電流 I_W〔A〕は，

$$
\begin{aligned}
I_W &\geqq 1.25\, I_M + I_H \\
&\geqq 1.25 \times 40 + 30 \\
&\geqq 50 + 30 \\
&\geqq 80〔A〕
\end{aligned}
$$

9 ロ．

電技解釈第 149 条（低圧分岐回路等の施設）による．

配線用遮断器，電線の太さ，コンセントの組み合わせは，**第 1 表**のようになっている．

ロは，30 A 配線用遮断器の分岐回路であり，2.0 mm の電線では不適切である．

第 1 表　分岐回路

配線用遮断器の定格電流	電線の太さ（軟銅線）	コンセントの定格電流
20 A	1.6 mm 以上	20 A 以下
30 A	2.6 mm（5.5 mm²）以上	20 A 以上 30 A 以下
40 A	8 mm² 以上	30 A 以上 40 A 以下
50 A	14 mm² 以上	40 A 以上 50 A 以下

10 ニ．制限なし

電技解釈第 149 条（低圧分岐回路等の施設）による．

分岐する電線の許容電流（42 A）が，幹線を保護する過電流遮断器の定格電流（50 A）の 0.55 倍以上（42/50 = 0.84）となるので，a-b 間の長さに制限はない．

低圧分岐回路には，**第 6 図**のように過電流遮断器及び開閉器を施設しなければならない．

11 イ．電線の被覆を損傷させないため．

絶縁ブッシングは，電線を金属管に収める際に，電線の絶縁被覆を損傷させないようにするために，ねじなしボックスコネクタや金属管の端に取り付ける．

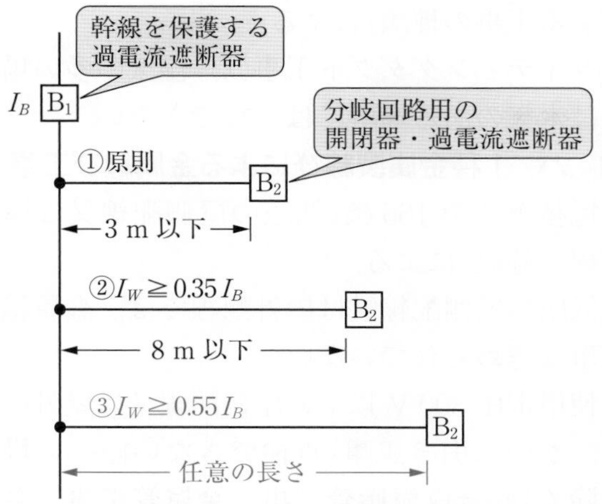

I_B：幹線を保護する過電流遮断器の定格電流
I_W：分岐回路の電線の許容電流

第６図

12　イ．寿命が短い．

白熱電球の寿命は約 1 000 ～ 2 000 時間であるが，電球形 LED ランプの寿命は約 40 000 時間で，電球形 LED ランプの方が寿命が長い．

電球形 LED ランプは，白熱電球と比べて次のような特徴がある．

- 寿命が長い
- 発光効率が高い
- 価格が高い
- 力率が低い

13　ハ．電源の周波数が 60 Hz から 50 Hz に変わると回転速度が増加する．

三相かご形誘導電動機の同期速度 N_s〔min^{-1}〕は，極数を p，電源の周波数を f〔Hz〕とすると次の式のようになる．

$$N_s = \frac{120f}{p} \text{〔}\mathrm{min}^{-1}\text{〕}$$

この式から，三相かご形誘導電動機の同期速度は，電源の周波数に比例することがわかる．

無負荷の場合は同期速度に近い値で回転し，負荷が増加するに従って回転速度が減少する．

したがって，電源の周波数が 60 Hz から 50 Hz に変わると，回転速度が減少する．

14　ロ．振動ドリル　カールプラグ　サドル　木ねじ

コンクリート壁に金属管を取り付けるには，まず，振動ドリルでコンクリート壁にカールプラグを埋め込むための穴をあける．次に，カールプラグを穴に埋め込む．続いて，ドライバで木ねじをカールプラグにねじ込んでサドルを固定する（**第７図**）．

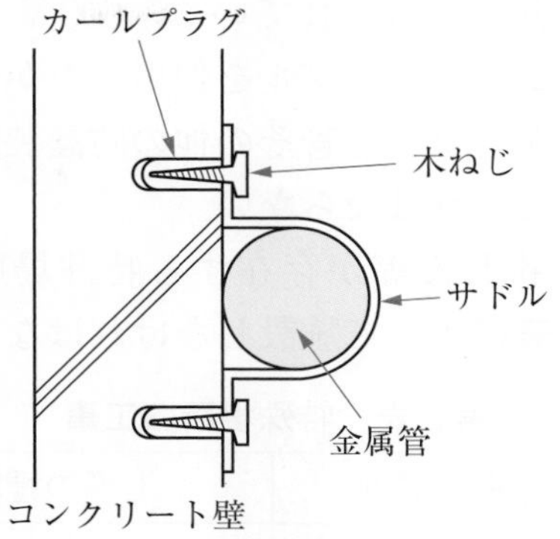

第７図

15　イ．パワーコンディショナ

配電線に接続して運用する系統連系型の太陽電池発電設備において使用されるのは，パワーコンディショナ（**第８図**）である．

パワーコンディショナは，太陽電池が発電した直流電力を，家庭などで使用できる交流電力に変換する装置である．

第８図　パワーコンディショナ

16　ハ．硬質塩化ビニル電線管の切断に使用する．

写真に示す工具は，合成樹脂管用カッタ（塩ビカッタ）である．

17　ニ．配線用遮断器（電動機保護兼用）

写真の器具は，定格電流 10 A の配線用遮断器として，また 200 V 2.2 kW の電動機のモータブレーカとしても使用できる．

18　ニ．照度計

写真に示す測定器は，照度を測定する照度計である．

19　ロ．石油を貯蔵する危険物の存在する場所　600 V ビニル絶縁ビニルシースケーブルを防護装置に収めないで使用したケーブル工事

電技解釈第 175 条（粉じんの多い場所の施設），第 176 条（可燃性ガス等の存在する場所の施設），第 177 条（危険物等の存在する場所の施設）による．

石油を貯蔵する危険物の存在する場所では，金属管工事，ケーブル工事，合成樹脂管工事の3つの工事が認められている．600 V ビニル絶縁ビニルシースケーブルを使用したケーブル工事では，ケーブルを管その他の防護装置に収めて施設しなければならない．

爆燃性粉じん等が存在する特殊場所の工事は，**第2表**によって施設しなければならない．

第2表　特殊場所の工事

<table>
<tr><th>特殊場所の種類</th><th>工事の種類</th></tr>
<tr><td>爆燃性粉じんの存在する場所(マグネシウム，アルミニウム)</td><td rowspan="2">• 金属管工事（薄鋼電線管以上の強度を有するもの）
• ケーブル工事（防護装置に収めて施設）</td></tr>
<tr><td>可燃性ガス等の存在する場所(プロパンガス，シンナー)</td></tr>
<tr><td>可燃性粉じんの存在する場所（小麦粉，でん粉）</td><td rowspan="2">• 金属管工事（薄鋼電線管以上の強度を有するもの）
• ケーブル工事（防護装置に収めて施設）
• 合成樹脂管工事（厚さ 2 mm 未満の合成樹脂製電線管，CD 管を除く）</td></tr>
<tr><td>危険物の存在する場所（石油）</td></tr>
</table>

20　ニ．電灯専用(単相 100 V)の分岐回路に2極1素子の配線用遮断器を取り付け，素子のある極に中性線を結線した．

電技解釈 148 条(低圧幹線の施設)，内線規程 1360-7(過電流遮断器の極)による．

電灯専用(単相 100 V)の分岐回路に2極1素子の配線用遮断器を取り付けた場合，素子のない極に中性線(接地側電線)を結線しなければならない．

単相3線式 100/200 V 屋内配線の分岐回路に用いる配線用遮断器は，中性線(接地側電線)に結線する極の素子を省略することができる．単相 200 V の分岐回路は，いずれの極とも非接地側となるため2極2素子の配線用遮断器を取り付けなければならない．単相 100 V 回路では，2極1素子又は2極2素子の配線用遮断器を取り付けることができる．

21　ニ．展開した場所であって，湿気の多い場所のライティングダクト工事

電技解釈第 156 条(低圧屋内配線の施設場所による工事の種類)による．

ライティングダクト工事は，湿気の多い場所又は水気のある場所には施設できない．

22　ハ．1種金属製線ぴによる金属線ぴ工事

電技解釈第 166 条(低圧の屋側配線又は屋外配線の施設)による．

低圧の屋側配線又は屋外配線では，金属線ぴ工事は認められていない．

使用電圧 300 V 以下の屋側配線又は屋外配線は，がいし引き工事(点検できない隠ぺい場所を除く)，合成樹脂管工事，金属管工事，金属可とう電線管工事，バスダクト工事(点検できない隠ぺい場所を除く)，ケーブル工事のいずれかによって施設しなければならない．

23　ロ．単相 100 V の電動機を水気のある場所に設置し，定格感度電流 30 mA，動作時間 0.1 秒の電流動作型漏電遮断器を取り付けたので，接地工事を省略した．

電技解釈第 17 条(接地工事の種類及び施設方法)・第 29 条(機械器具の金属製外箱等の接地)による．

水気のある場所では，漏電遮断器(定格感度電流 15 mA 以下，動作時間 0.1 秒以下，電流動作型)を施設しても D 種接地工事を省略することはできない．

24　ハ．検相器と電動機の回転速度の測定

検相器は，三相回路の相順を調べるのに用いる．電動機の回転速度は，回転計で測定する．

25　ハ．1.0

電技解釈第 14 条(低圧電路の絶縁性能)により，絶縁抵抗測定が困難な場合においては，使用電圧が加わった状態における漏えい電流が，1 mA 以下であればよい．

26　ロ．接地抵抗測定の前には，端子間を開放して測定し，指示計の零点の調整をする．

接地抵抗測定の前に，端子間を開放して測定し，指示計の零点の調整をすることはない．

接地抵抗測定の前に，次のことを確認する．

- 電池の容量が正常であること．
- 接地極の地電圧が許容値以下であること．

27　ハ．a．電圧計　b．電流計　c．電力計

電圧計は負荷と並列に，電流計は負荷と直列に接続する．電力計は，電流コイルを負荷と直列に，電圧コイルを負荷と並列に接続する．

28　ロ．電気工事士が電気工事士免状を紛失しないよう，これを営業所に保管したまま電気工事の作業に従事した．

電気工事士法第５条(電気工事士等の義務)，施行令第３条(免状の記載事項)・第５条(免状の書換え)による．

電気工事士が電気工事の作業に従事するときは，電気工事士免状を携帯していなければならない．

29　イ．a．配電盤を造営材に取り付ける．
b．電線管を曲げる．

電気工事士法第３条(電気工事士等)，施行令第１条(軽微な工事)，施行規則第２条(軽微な作業)による．

イの「配電盤を造営材に取り付ける」，「電線管を曲げる」作業は，電気工事士でなければ従事できない．

ロのａ及びｂ，ハのａ，ニのｂは，軽微な工事に該当し，電気工事士でなくても従事できる．

30　ニ．タイムスイッチ

電気用品安全法施行令第１条の２(特定電気用品)により，特定電気用品の適用を受けるものは，タイムスイッチである．カバー付ナイフスイッチ，電磁開閉器，ライティングダクトは特定電気用品以外の電気用品の適用を受ける．

問題２．配線図の解答

31　ハ． 

イは配電盤，ロは制御盤，ニは実験盤を表す．

32　ニ．合成樹脂製可とう電線管

(PF22)は，内径 22 mm の合成樹脂製可とう電線管(PF 管)を表す(**第３表**)．

第３表　管類の記号

配管の種類	記号
硬質塩化ビニル電線管	VE
合成樹脂製可とう電線管（PF 管）	PF
耐衝撃性硬質塩化ビニル電線管	HIVE
波付硬質合成樹脂管	FEP

33　ロ．H100

水銀灯の傍記表示はＨである．Ｎはナトリウム灯，Ｍはメタルハライド灯を表す．

34　ハ．誘導灯

図記号  は，蛍光灯の誘導灯を表す．

35　ロ．確認表示灯付の電磁開閉器用押しボタン

図記号 ◉$_{BL}$ は，確認表示灯付電磁開閉器用押しボタン(**第９図**)を表す．

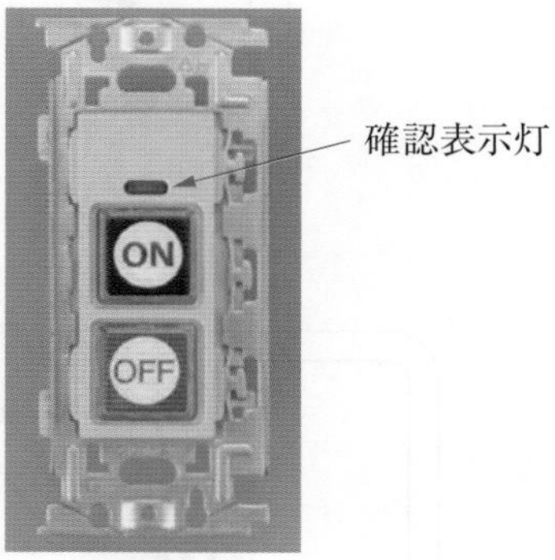

第９図

36　ニ．電力量計

図記号 Ⓦh は，電力量計を表す．

37　ロ．0.2

電技第58条(低圧の電路の絶縁性能)による．

⑦で示す電路は，$3\phi 3$ W 200 V 回路である．使用電圧が 300 V 以下で対地電圧が 150 V を超えるので，電路と大地間の絶縁抵抗値は 0.2 MΩ以上でなければならない．

38　イ．2

⑧で示す部分の複線図は，**第 10 図**のようになり，最少電線本数は２本である．

39　イ．T

引掛形コンセントの傍記はＴである．ET は接地端子付コンセント，EL は漏電遮断器付コンセント，LK は抜け止め形コンセントを表す．

40　イ．2.5

電技解釈第 116 条(低圧架空引込線等の施設)による．

引込線取付点の地表上の高さは，技術上やむを得ない場合において交通に支障のないときは地表上 2.5 m 以上にできる．

41　ハ．

図記号 20A250V ⊖E の器具は，20 A 250 V 接地極付コンセントである．

42　ニ．

⑫の部分の複線図は，**第 11 図**のようになる．

直径 1.6 mm の電線の接続で，スリーブの選

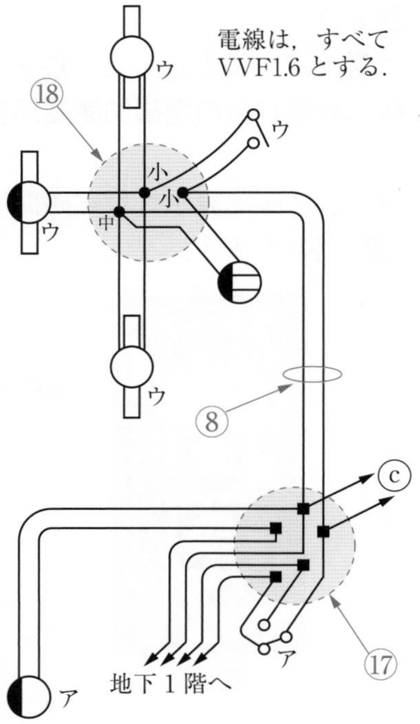

第 10 図

定と刻印は，**第 4 表**のようになる．

第 4 表　スリーブの選定と刻印

1.6 mm の本数	スリーブ	刻印
2	小	○
3 ～ 4	小	小
5 ～ 6	中	中
7	大	大

電線接続箇所は 3 箇所で，スリーブの種類，刻印，個数の組み合わせは次のようになる．

- 1.6 mm 2 本（1 箇所）：小スリーブ　刻印○
- 1.6 mm 4 本（1 箇所）：小スリーブ　刻印小
- 1.6 mm 5 本（1 箇所）：中スリーブ　刻印中

43　ニ.

裸圧着端子に接地線 IV5.5 を圧着するには，ニの裸圧着端子・スリーブ用圧着工具を使用する．

44　イ.

図記号 ◉$_{LF3}$ は，フロートレススイッチ電極（3 極）を表す．

45　ロ.

図記号 ⊠ は，プルボックスを表す．

46　イ.

⑯で示す部分の工事は ＿ ＿(E19)＿ ＿ と示されているので，ねじなし電線管を使用した金属管工事である．ねじなし電線管は，ねじを切る必要がないので，イのリード型ねじ切り器は使用しない．

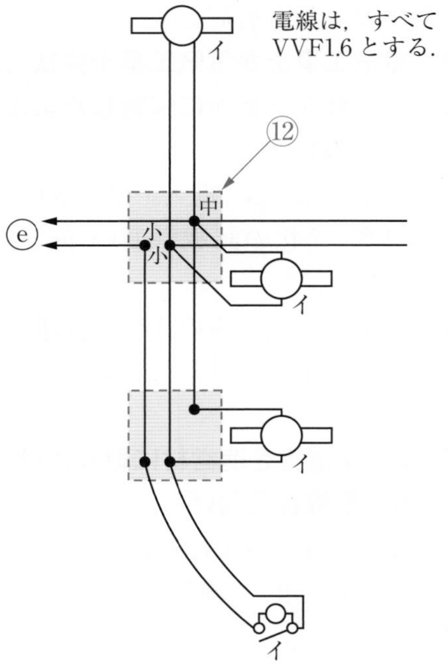

第 11 図

47　ハ.

⑰で示す VVF 用ジョイントボックス内の電線接続は，**第 10 図**のようになる．

使用する差込形コネクタと最少個数の組み合わせは次のようになる．

- 2 本用　3 個
- 3 本用　1 個
- 4 本用　1 個

48　ロ.

⑱で示す VVF 用ジョイントボックス内の電線接続は，**第 10 図**のようになる．

使用するリングスリーブは，**第 4 表**により次のようになる．

- 1.6 mm 3 本（1 箇所）：小スリーブ　刻印小
- 1.6 mm 4 本（1 箇所）：小スリーブ　刻印小
- 1.6 mm 5 本（1 箇所）：中スリーブ　刻印中

49　ロ.

図記号 ⒹⓁ は，埋込器具（ダウンライト）を表す．

50　ニ.

ニの確認表示灯内蔵スイッチ ●$_{L}$ は，この配線図で使用されていない．

イの確認表示灯付電磁開閉器用押しボタン ◉$_{BL}$ は受水槽室に，ロの 3 路スイッチ ●$_{3}$ はホールの階段に，ハの位置表示灯内蔵スイッチ ●$_{H}$ はポンプ室・受水槽室・集会所に使用されている．

問題１．一般問題（問題数 30，配点は１問当たり２点）

【注】本問題の計算で $\sqrt{2}$，$\sqrt{3}$ 及び円周率π を使用する場合の数値は次によること。 $\sqrt{2}=1.41$ ，$\sqrt{3}=1.73$ ，$\pi=3.14$

次の各問いには４通りの答え（**イ**，**ロ**，**ハ**，**ニ**）が書いてある。それぞれの問いに対して答えを１つ選びなさい。

	問い	答え
1	図のような直流回路で，a－b 間の電圧［V］は。 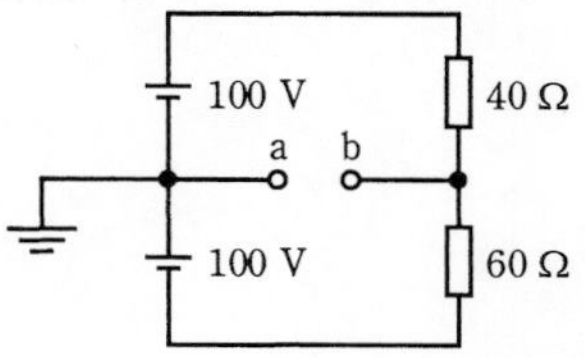 	イ．20　ロ．30　ハ．40　ニ．50
2	図のような交流回路で，抵抗 8 Ωの両端の電圧 V［V］は。 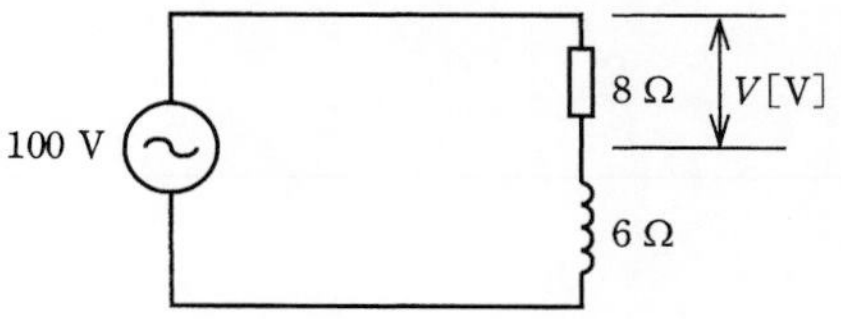 	イ．43　ロ．57　ハ．60　ニ．80
3	抵抗率 ρ［Ω・m］，直径 D［mm］，長さ L［m］の導線の電気抵抗［Ω］を表す式は。	イ．$\frac{\rho L^2}{\pi D^2}\times 10^6$　ロ．$\frac{4\rho L}{\pi D^2}\times 10^6$　ハ．$\frac{4\rho L}{\pi D}\times 10^6$　ニ．$\frac{4\rho L^2}{\pi D}\times 10^6$
4	消費電力が 400 W の電熱器を，1 時間 20 分使用した時の発熱量［kJ］は。	イ．960　ロ．1920　ハ．2400　ニ．2700
5	図のような三相3線式回路の全消費電力［kW］は。 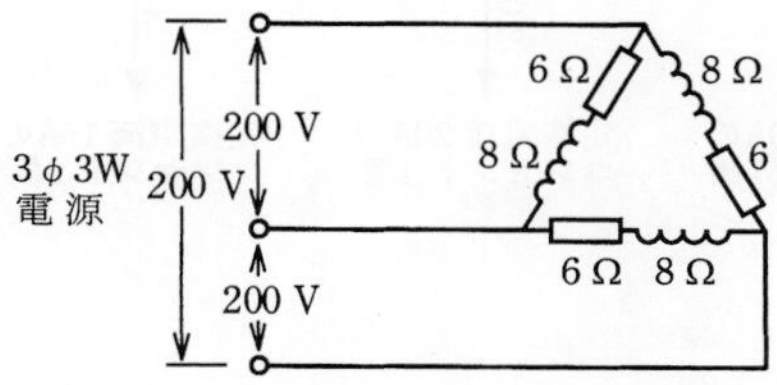 	イ．2.4　ロ．4.8　ハ．7.2　ニ．9.6

<table>
<tr><th colspan="2">問　い</th><th colspan="4">答　え</th></tr>
<tr><td>6</td><td>図のように，電線のこう長 L[m]の配線により，抵抗負荷に電力を供給した結果，負荷電流が 10 A であった。配線における電圧降下 V_1-V_2[V]を表す式として，正しいものは。
ただし，電線の電気抵抗は長さ 1 m 当たり r[Ω]とする。
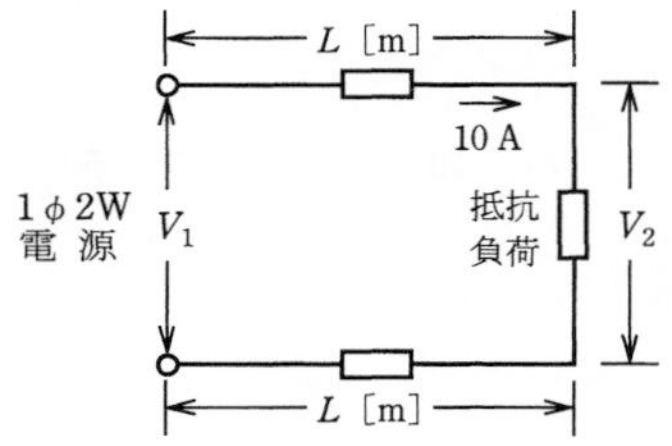
</td><td>イ．rL</td><td>ロ．$2rL$</td><td>ハ．$10rL$</td><td>ニ．$20rL$</td></tr>
<tr><td>7</td><td>金属管による低圧屋内配線工事で，管内に直径 1.6 mm の 600V ビニル絶縁電線（軟銅線）6 本を収めて施設した場合，電線 1 本当たりの許容電流[A]は。
ただし，周囲温度は 30℃以下，電流減少係数は 0.56 とする。</td><td>イ．15</td><td>ロ．19</td><td>ハ．20</td><td>ニ．27</td></tr>
<tr><td>8</td><td>図のように，三相の電動機と電熱器が低圧屋内幹線に接続されている場合，幹線の太さを決める根拠となる電流の最小値[A]は。
ただし，需要率は 100%とする。
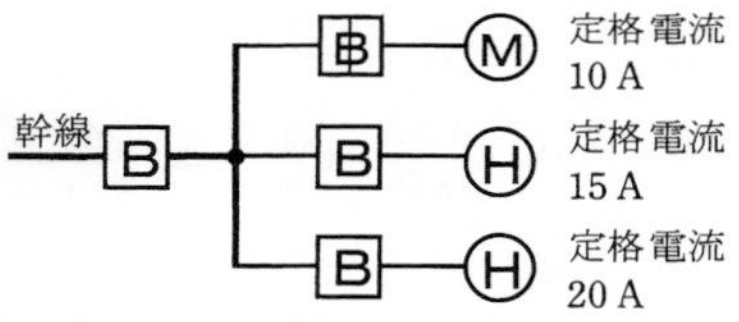
</td><td>イ．45</td><td>ロ．50</td><td>ハ．55</td><td>ニ．60</td></tr>
<tr><td>9</td><td>低圧屋内配線の分岐回路の設計で，配線用遮断器，分岐回路の電線の太さ及びコンセントの組合せとして，適切なものは。
ただし，分岐点から配線用遮断器までは 3 m，配線用遮断器からコンセントまでは 8 m とし，電線の数値は分岐回路の電線（軟銅線）の太さを示す。
また，コンセントは兼用コンセントではないものとする。</td><td>イ．
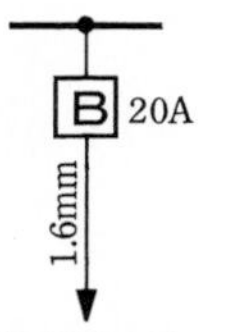

定格電流 30Aの
コンセント 1個</td><td>ロ．
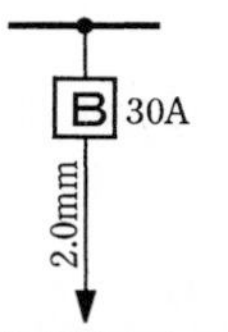

定格電流 30Aの
コンセント 1個</td><td>ハ．
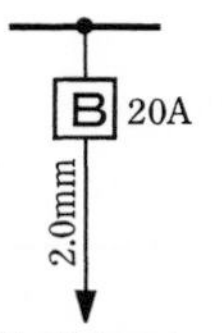

定格電流 20Aの
コンセント 1個</td><td>ニ．
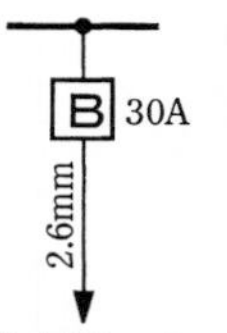

定格電流 15Aの
コンセント 2個</td></tr>
</table>

	問い	答え
10	図のように，定格電流 100 A の配線用遮断器で保護された低圧屋内幹線から VVR ケーブル太さ 5.5 mm^2（許容電流 34 A）で低圧屋内電路を分岐する場合，a－b 間の長さの最大値[m]は。 ただし，低圧屋内幹線に接続される負荷は，電灯負荷とする。 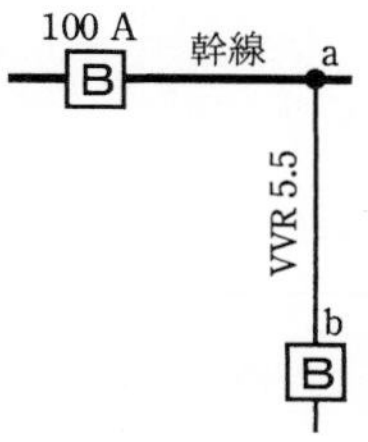 	イ．3　　ロ．5　　ハ．8　　ニ．制限なし
11	アウトレットボックス（金属製）の使用方法として，**不適切なものは。**	イ．金属管工事で電線の引き入れを容易にするのに用いる。 ロ．配線用遮断器を集合して設置するのに用いる。 ハ．金属管工事で電線相互を接続する部分に用いる。 ニ．照明器具などを取り付ける部分で電線を引き出す場合に用いる。
12	組み合わせて使用する機器で，その組合せとして，明らかに**誤っているものは。**	イ．光電式自動点滅器 と 庭園灯 ロ．零相変流器 と 漏電警報器 ハ．ネオン変圧器 と 高圧水銀灯 ニ．スターデルタ始動器 と 一般用低圧三相かご形誘導電動機
13	三相誘導電動機が周波数 50 Hz の電源で無負荷運転されている。この電動機を周波数 60 Hz の電源で無負荷運転した場合の回転の状態は。	イ．回転速度は変化しない。 ロ．回転しない。 ハ．回転速度が減少する。 ニ．回転速度が増加する。
14	電気工事の種類と，その工事で使用する工具の組合せとして，**適切なものは。**	イ．金属管工事 と リーマ ロ．合成樹脂管工事 と パイプベンダ ハ．金属線ぴ工事 と ボルトクリッパ ニ．バスダクト工事 と ガストーチランプ
15	白熱電球と比較して，電球形 LED ランプ（制御装置内蔵形）の特徴として，**正しいものは。**	イ．寿命が短い。 ロ．発光効率が高い（同じ明るさでは消費電力が少ない）。 ハ．価格が安い。 ニ．力率が高い。
16	写真に示す工具の用途は。 	イ．金属管切り口の面取りに使用する。 ロ．木柱の穴あけに使用する。 ハ．鉄板，各種合金板の穴あけに使用する。 ニ．コンクリート壁の穴あけに使用する。

	問　い	答　え
17	写真に示す器具の○で囲まれた部分の名称は。 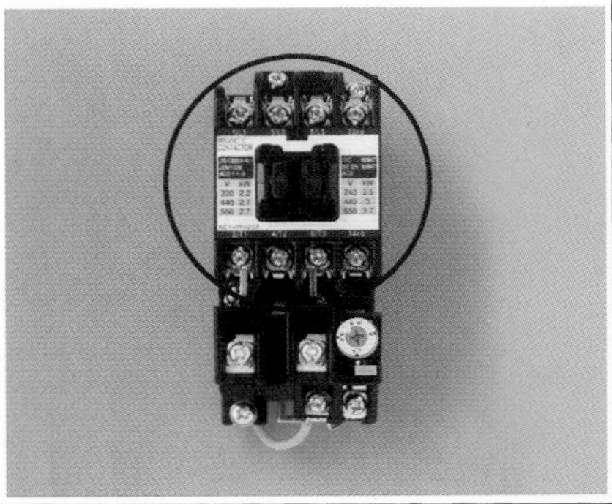	イ．漏電遮断器 ロ．電磁接触器 ハ．熱動継電器 ニ．漏電警報器
18	写真に示す材料の用途は。 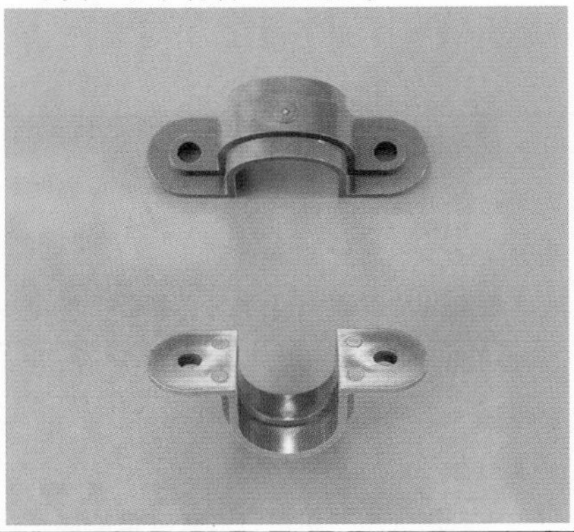	イ．PF 管を支持するのに用いる。 ロ．照明器具を固定するのに用いる。 ハ．ケーブルを束線するのに用いる。 ニ．金属線ぴを支持するのに用いる。
19	低圧屋内配線の図記号と，それに対する施工方法の組合せとして，**誤っているものは。**	イ．———///——— IV1.6（16）　厚鋼電線管で天井隠ぺい配線工事。 ロ．------///------ IV1.6（E19）　硬質塩化ビニル電線管で露出配線工事。 ハ．———///——— IV1.6（PF16）　合成樹脂製可とう電線管で天井隠ぺい配線工事。 ニ．------///------ IV1.6（F2 17）　2 種金属製可とう電線管で露出配線工事。
20	単相 100 V の屋内配線工事における絶縁電線相互の接続で，**不適切なものは。**	イ．絶縁電線の絶縁物と同等以上の絶縁効力のあるもので十分被覆した。 ロ．電線の引張強さが 15%減少した。 ハ．差込形コネクタによる終端接続で，ビニルテープによる絶縁は行わなかった。 ニ．電線の電気抵抗が 5%増加した。
21	使用電圧 200 V の三相電動機回路の施工方法で，**不適切なものは。**	イ．金属管工事に 600V ビニル絶縁電線を使用した。 ロ．湿気の多い場所に 1 種金属製可とう電線管を用いた金属可とう電線管工事を行った。 ハ．乾燥した場所の金属管工事で，管の長さが 3 m なので金属管の D 種接地工事を省略した。 ニ．造営材に沿って取り付けた 600V ビニル絶縁ビニルシースケーブルの支持点間の距離を 2 m 以下とした。

	問　い	答　え
22	低圧屋内配線の金属可とう電線管工事として，**不適切なものは。** ただし，管は2種金属製可とう電線管を使用するものとする。	イ．管と金属管（鋼製電線管）との接続にTSカップリングを使用した。 ロ．管相互及び管とボックスとは，堅ろうに，かつ，電気的に完全に接続した。 ハ．管内に600Vビニル絶縁電線を収めた。 ニ．管とボックスとの接続にストレートボックスコネクタを使用した。
23	屋内の管灯回路の使用電圧が1 000 Vを超えるネオン放電灯工事として，**不適切なものは。** ただし，接触防護措置が施してあるものとする。	イ．ネオン変圧器への100 V電源回路は，専用回路とし，20 A配線用遮断器を設置した。 ロ．ネオン変圧器の二次側(管灯回路)の配線を，点検できる隠ぺい場所に施設した。 ハ．ネオン変圧器の二次側（管灯回路）の配線を，ネオン電線を使用し，がいし引き工事により施設し，電線の支持点間の距離を2 mとした。 ニ．ネオン変圧器の金属製外箱にD種接地工事を施した。
24	低圧電路で使用する測定器とその用途の組合せとして，**正しいものは。**	イ．回路計（テスタ）と　絶縁抵抗の測定 ロ．回転計　と　三相回路の相順（相回転）の確認 ハ．検電器　と　電路の充電の有無の確認 ニ．電力計　と　消費電力量の測定
25	低圧屋内配線の電路と大地間の絶縁抵抗を測定した。「電気設備に関する技術基準を定める省令」に**適合していないものは。**	イ．三相3線式の使用電圧200 V（対地電圧200 V）電動機回路の絶縁抵抗を測定したところ0.18 MΩであった。 ロ．単相3線式100/200 Vの使用電圧200 V空調回路の絶縁抵抗を測定したところ0.16 MΩであった。 ハ．単相2線式の使用電圧100 V屋外庭園灯回路の絶縁抵抗を測定したところ0.12 MΩであった。 ニ．単相2線式の使用電圧100 V屋内配線の絶縁抵抗を，分電盤で各回路を一括して測定したところ，1.5 MΩであったので個別分岐回路の測定を省略した。
26	三相200 V，2.2 kWの電動機の鉄台に施設した接地工事の接地抵抗値を測定し，接地線（軟銅線）の太さを検査した。接地抵抗値及び接地線の太さ（直径）の組合せで，**適切なものは。** ただし，電路には漏電遮断器が施設されてないものとする。	イ．50 Ω　1.2 mm　　ロ．70 Ω　2.0 mm　　ハ．150 Ω　1.6 mm　　ニ．200 Ω　2.6 mm
27	単相3線式回路の漏れ電流を，クランプ形漏れ電流計を用いて測定する場合の測定方法として，**正しいものは。** ただし，▨▨は中性線を示す。	イ．　　ロ．　　ハ．　　ニ． 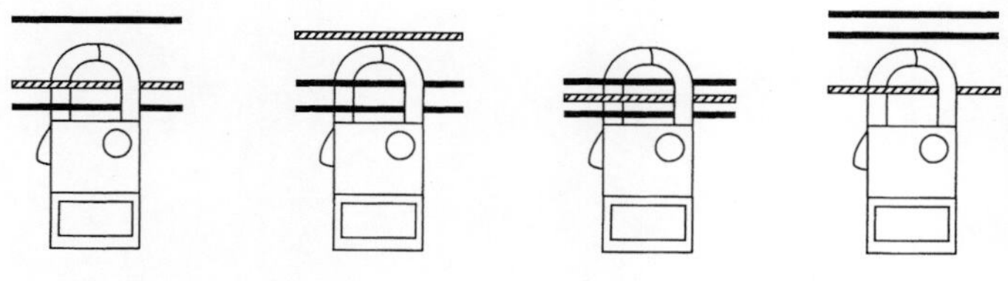

問　い		答　え
28	電気工事士法において，一般用電気工作物に係る工事の作業で電気工事士でなければ**従事できないものは**。	**イ**．定格電圧 100 V の電力量計を取り付ける。 **ロ**．火災報知器に使用する小型変圧器（二次電圧が 36 V 以下）の二次側の配線をする。 **ハ**．定格電圧 250 V のソケットにコードを接続する。 **ニ**．電線管に電線を収める。
29	一般用電気工作物の適用を**受けないものは**。 ただし，発電設備は電圧 600 V 以下で，1 構内に設置するものとする。	**イ**．低圧受電で，受電電力の容量が 35 kW，出力 15 kW の太陽電池発電設備を備えた幼稚園 **ロ**．低圧受電で，受電電力の容量が 35 kW，出力 10 kW の太陽電池発電設備と電気的に接続した出力 5 kW の風力発電設備を備えた農園 **ハ**．低圧受電で，受電電力の容量が 45 kW，出力 5 kW の燃料電池発電設備を備えたコンビニエンスストア **ニ**．低圧受電で，受電電力の容量が 35 kW，出力 15 kW の非常用内燃力発電設備を備えた映画館
30	「電気設備に関する技術基準を定める省令」における電圧の低圧区分の組合せで，**正しいものは**。	**イ**．直流 600 V 以下，交流 750 V 以下 **ロ**．直流 600 V 以下，交流 600 V 以下 **ハ**．直流 750 V 以下，交流 600 V 以下 **ニ**．直流 750 V 以下，交流 300 V 以下

問題２．配線図（問題数 20，配点は１問当たり ２ 点）　※図は３８８頁参照

図は，鉄骨軽量コンクリート造の工場，事務所及び倉庫の配線図である。この図に関する次の各問いには４通りの答え（**イ**，**ロ**，**ハ**，**ニ**）が書いてある。それぞれの問いに対して，答えを１つ選びなさい。

【注意】１．屋内配線の工事は，動力回路及び特記のある場合を除き 600V ビニル絶縁ビニルシースケーブル平形（VVF）を用いたケーブル工事である。

２．屋内配線等の電線の本数，電線の太さ，その他，問いに直接関係のない部分等は省略又は簡略化してある。

３．漏電遮断器は，定格感度電流 30 mA，動作時間 0.1 秒以内のものを使用している。

４．選択肢（答え）の写真にあるコンセント及び点滅器は，「JIS C 0303：2000 構内電気設備の配線用図記号」で示す「一般形」である。

５．ジョイントボックスを経由する電線は，すべて接続箇所を設けている。

６．３路スイッチの記号「0」の端子には，電源側又は負荷側の電線を結線する。

問い		答え
31	①で示す部分はルームエアコンの屋外ユニットである。その図記号の傍記表示として，**正しいものは**。	**イ**．R　**ロ**．B　**ハ**．I　**ニ**．O
32	②の部分の最少電線本数（心線数）は。	**イ**．2　**ロ**．3　**ハ**．4　**ニ**．5
33	③で示す図記号の名称は。	**イ**．位置表示灯を内蔵する点滅器　**ロ**．確認表示灯を内蔵する点滅器 **ハ**．遅延スイッチ　**ニ**．熱線式自動スイッチ
34	④で示す低圧ケーブルの名称は。	**イ**．600V ビニル絶縁ビニルシースケーブル丸形 **ロ**．600V 架橋ポリエチレン絶縁ビニルシースケーブル **ハ**．600V ビニル絶縁ビニルシースケーブル平形 **ニ**．600V ゴム絶縁クロロプレンシースケーブル
35	⑤で示す部分の地中電線路を直接埋設式により施設する場合の埋設深さの最小値[m]は。 ただし，車両その他の重量物の圧力を受けるおそれがある場所とする。	**イ**．0.3　**ロ**．0.6　**ハ**．0.9　**ニ**．1.2
36	⑥で示す屋外灯の種類は。	**イ**．水銀灯　**ロ**．メタルハライド灯 **ハ**．ナトリウム灯　**ニ**．蛍光灯
37	⑦で示す部分の電路と大地間の絶縁抵抗として，許容される最小値[MΩ]は。	**イ**．0.1　**ロ**．0.2　**ハ**．0.4　**ニ**．1.0
38	⑧で示す図記号の名称は。	**イ**．引掛形コンセント　**ロ**．接地極付コンセント **ハ**．抜け止め形コンセント　**ニ**．漏電遮断器付コンセント
39	⑨で示す部分の接地工事の種類及びその接地抵抗の許容される最大値[Ω]の組合せとして，**正しいものは**。	**イ**．A 種接地工事　10 Ω　**ロ**．A 種接地工事　100 Ω **ハ**．D 種接地工事　100 Ω　**ニ**．D 種接地工事　500 Ω
40	⑩で示す図記号の機器は。	**イ**．制御配線の信号により動作する開閉器（電磁開閉器） **ロ**．電動機の始動器 **ハ**．熱線式自動スイッチ用センサ **ニ**．力率を改善する進相コンデンサ

問い		答え			
41	⑪で示すVVF用ジョイントボックス内の接続をすべて圧着接続とする場合，使用するリングスリーブの種類と最少個数の組合せで，**適切なものは。** ただし，使用する電線はすべてVVF1.6とする。	イ．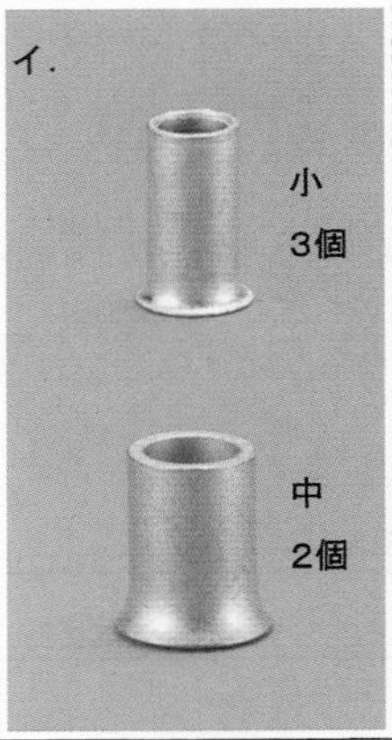	ロ．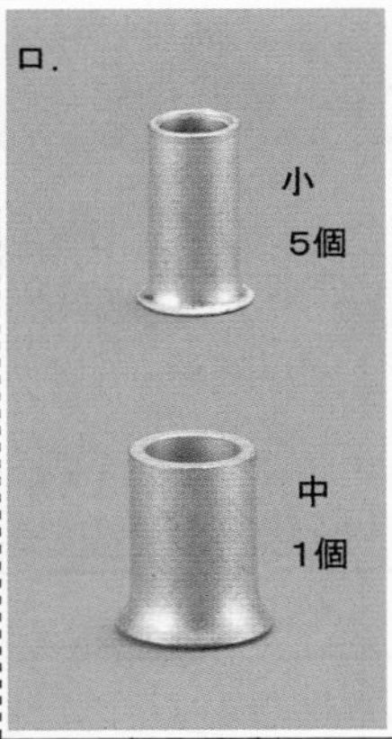	ハ．	ニ．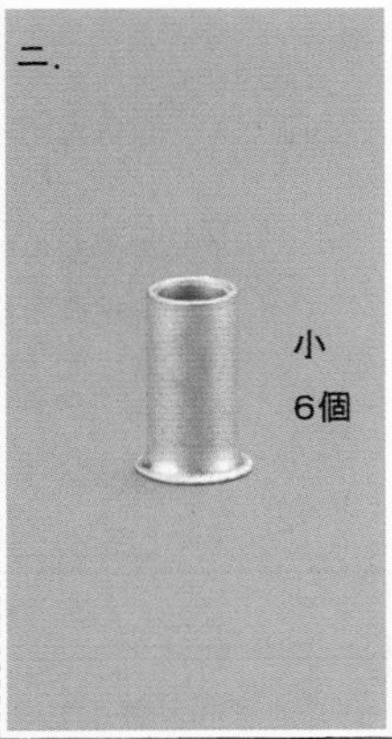
42	⑫で示すVVF用ジョイントボックス部分の工事を，リングスリーブE形による圧着接続で行う場合に用いる工具として，**適切なものは。**	イ．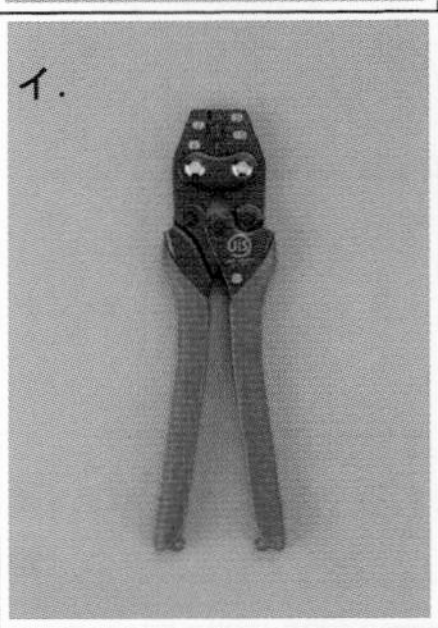	ロ．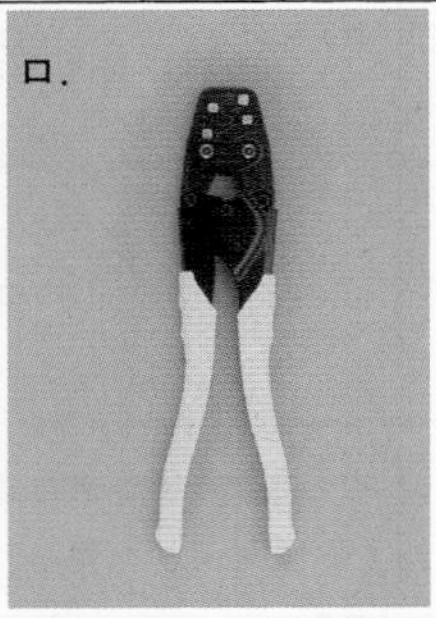	ハ．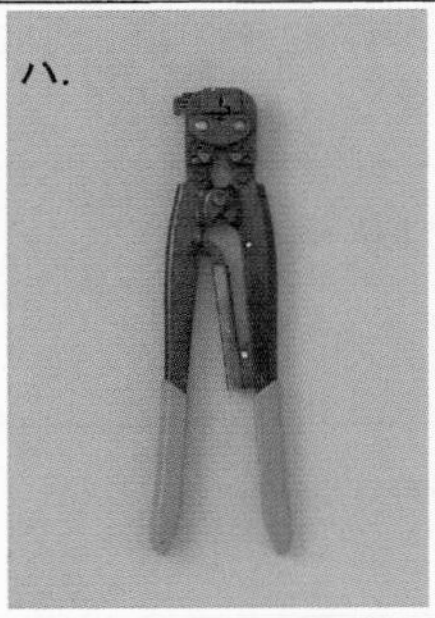	ニ．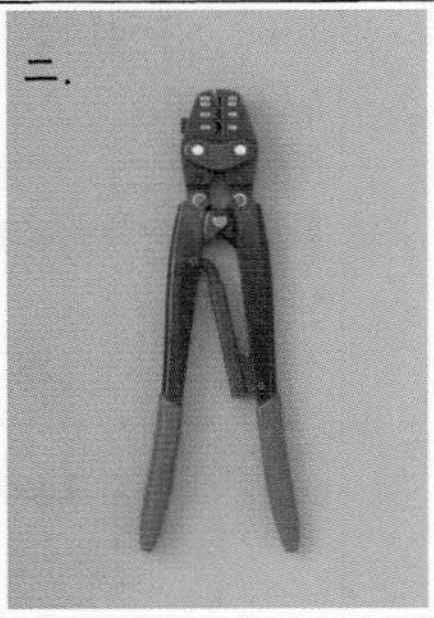
43	⑬で示す電線管相互を接続するために**使用されるものは。**	イ．	ロ．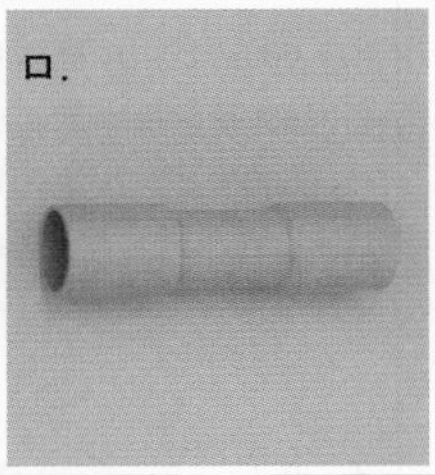	ハ．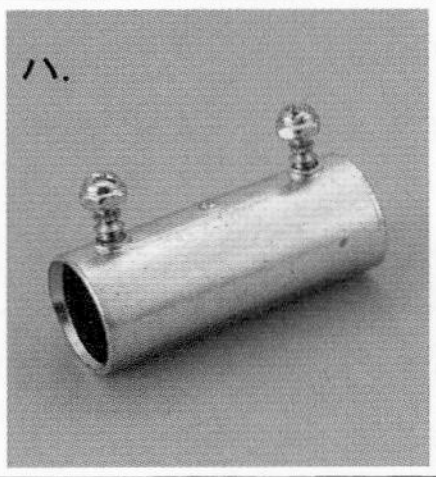	ニ．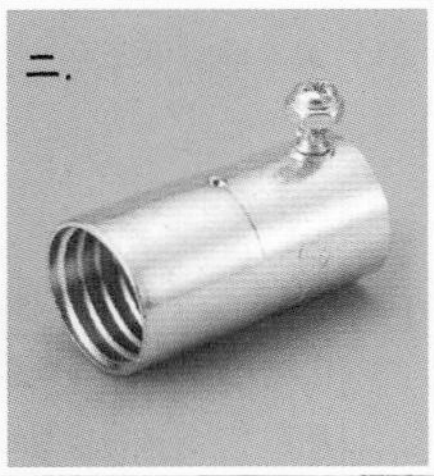
44	⑭で示すVVF用ジョイントボックス内の接続をすべて差込形コネクタとする場合，使用する差込形コネクタの種類と最少個数の組合せで，**適切なものは。** ただし，使用する電線はすべてVVF1.6とする。	イ．	ロ．	ハ．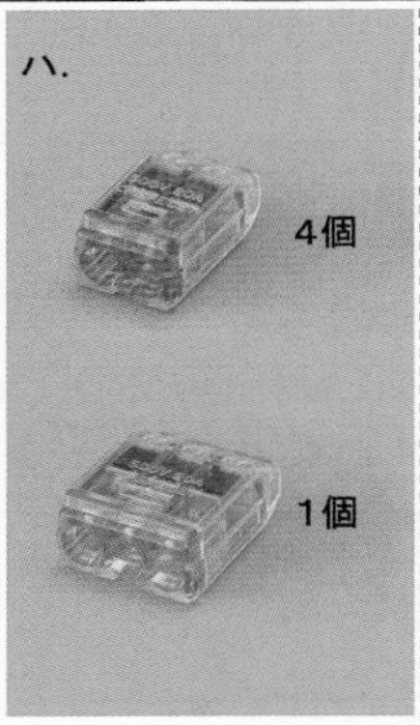	ニ．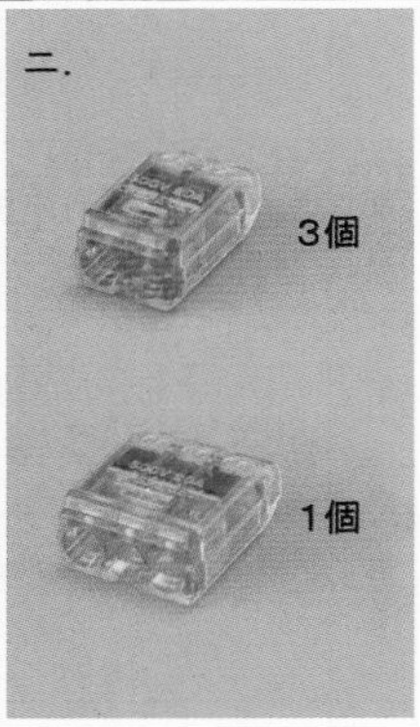
45	⑮で示す回路の絶縁抵抗値を測定するものは。	イ．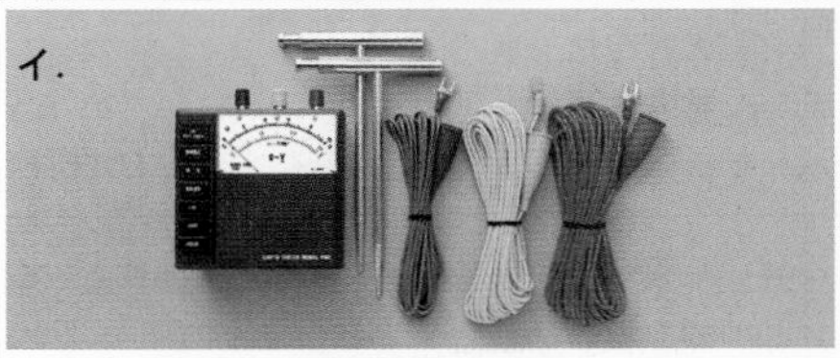	ロ．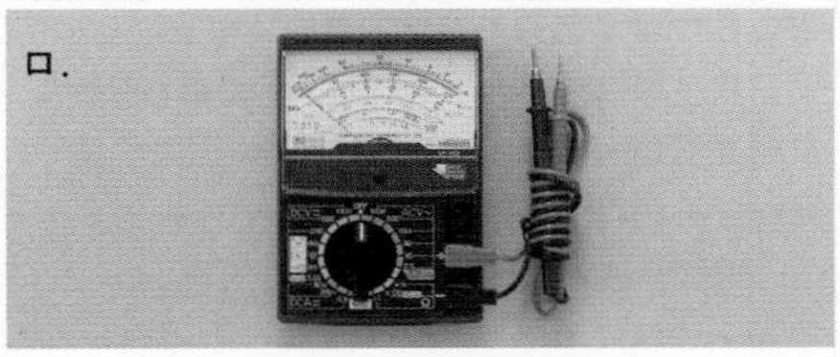	ハ．	ニ．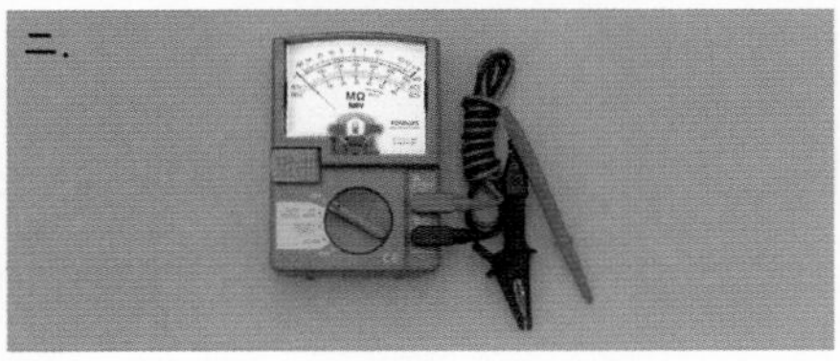

平成29年度（下期）

問い		答え			
46	⑯で示す部分の接続工事をリングスリーブ小3個を使用して圧着接続した場合の圧着接続後の刻印の組合せで，**正しいものは**。 ただし，使用する電線はすべて VVF1.6 とする。 また，写真に示す**リングスリーブ中央**の○，小は接続後の刻印を表す。	イ.  	ロ.  	ハ.  	ニ. 
47	⑰で示す地中配線工事で使用する工具は。	イ. 	ロ. 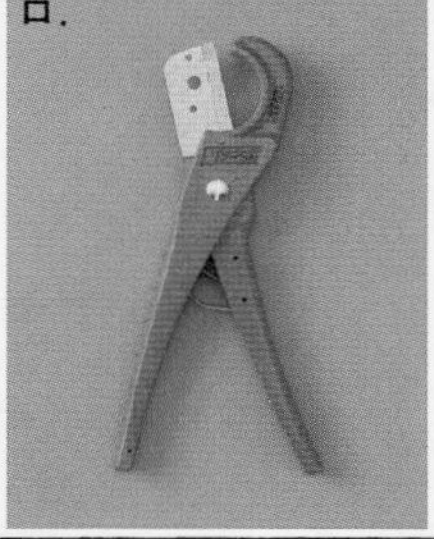	ハ. 	ニ. 
48	⑱で示す図記号の器具は。	イ. 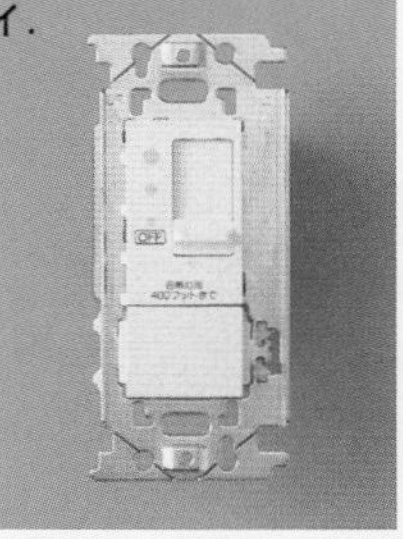	ロ. 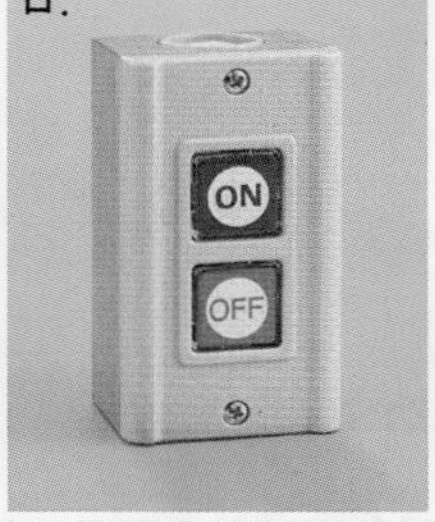 	ハ. 	ニ. 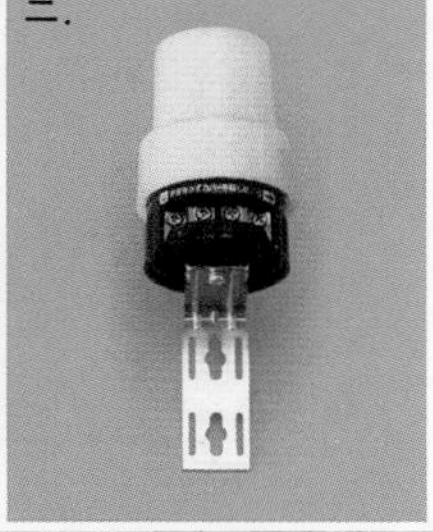
49	⑲で示す図記号の器具は。	イ. 	ロ. 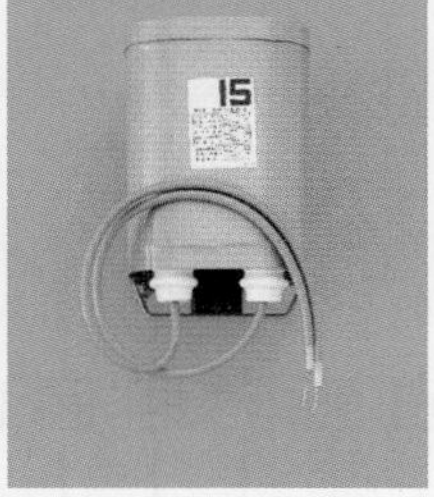 	ハ. 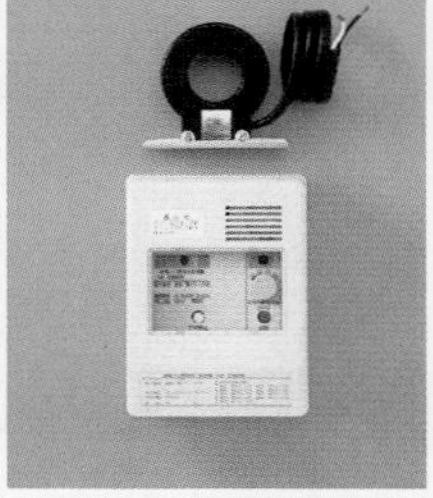	ニ. 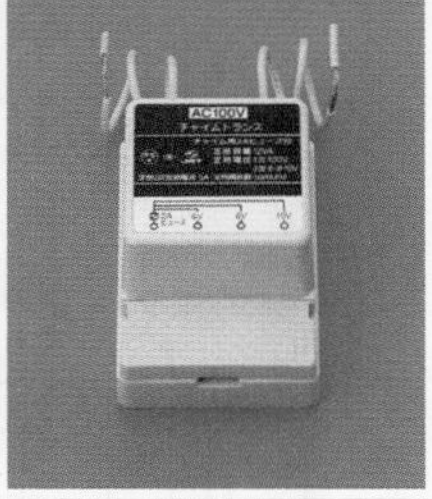
50	この配線図で，**使用されていない**スイッチは。 ただし，写真下の図は，接点の構成を示す。	イ. 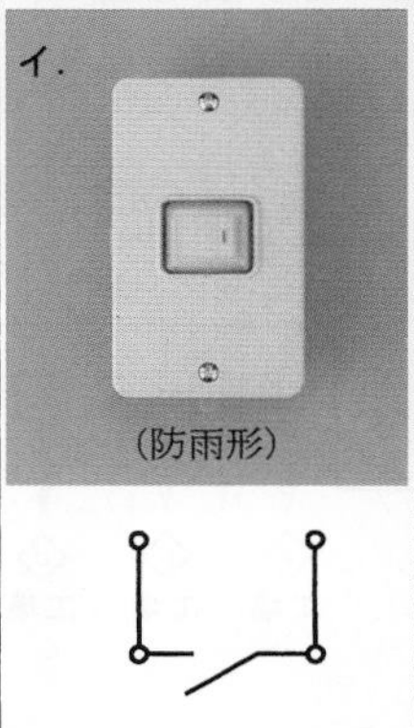 	ロ. 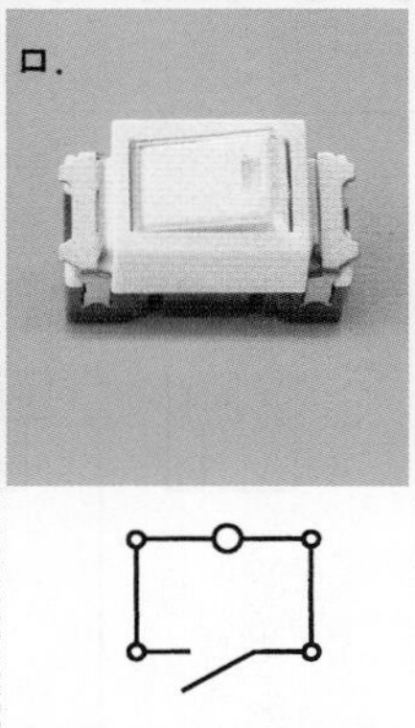	ハ. 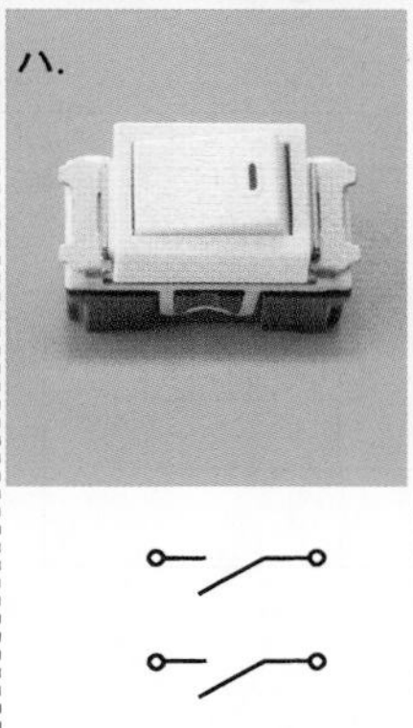	ニ. 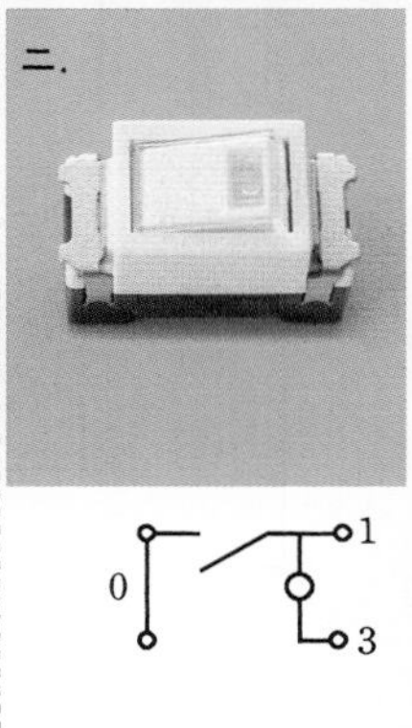

図面を引き抜いてご覧ください

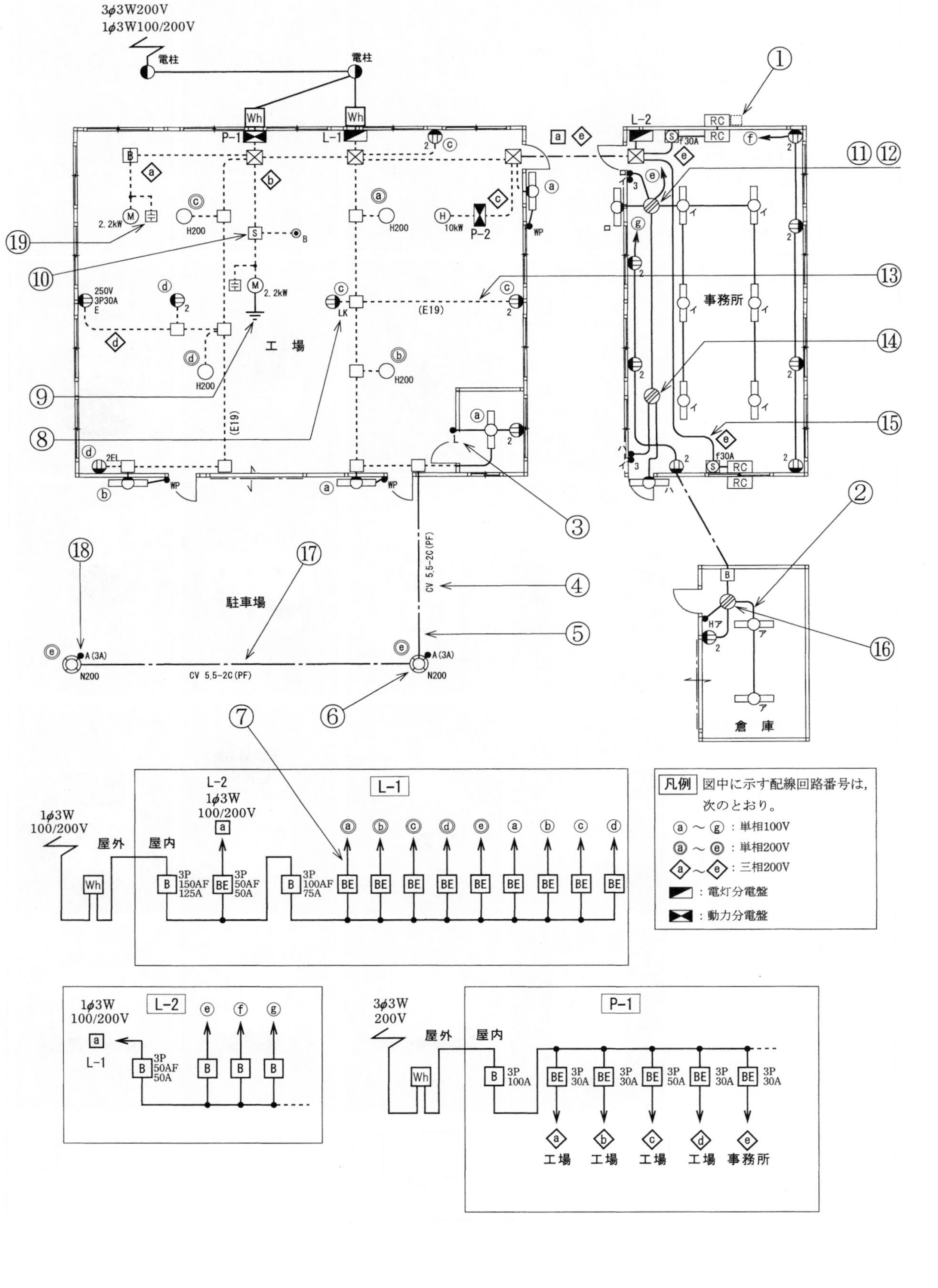

平成29年度（下期）

解答と解説

問題 1．一般問題の解答

1　イ．20

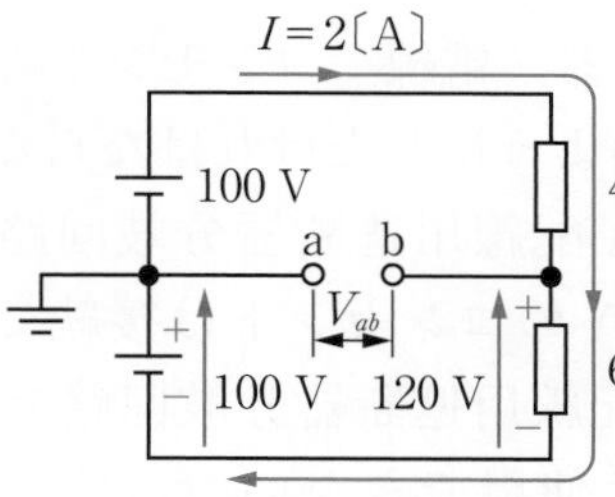

第 1 図

第 1 図において，直列に接続された抵抗 40 Ω と抵抗 60 Ω に流れる電流 I〔A〕は，

$$I=\frac{100+100}{40+60}=\frac{200}{100}=2\text{〔A〕}$$

抵抗 60 Ω に加わる電圧は，$2\times60=120$〔V〕であり，上側が＋極，下側が－極になる．

電池の電圧 100 V と抵抗 60 Ω に加わる電圧 120 V の極性が同じとなるため，a-b 間の電圧 V_{ab}〔V〕はその差になる．

$V_{ab}=120-100=20$〔V〕

2　ニ．80

回路（**第 2 図**）のインピーダンス Z〔Ω〕は，

$Z=\sqrt{8^2+6^2}=\sqrt{64+36}=\sqrt{100}=10$〔Ω〕

回路に流れる電流 I〔A〕は，

$$I=\frac{V}{Z}=\frac{100}{10}=10\text{〔A〕}$$

抵抗 8 Ω の両端の電圧 V〔V〕は，

$V=10\times8=80$〔V〕

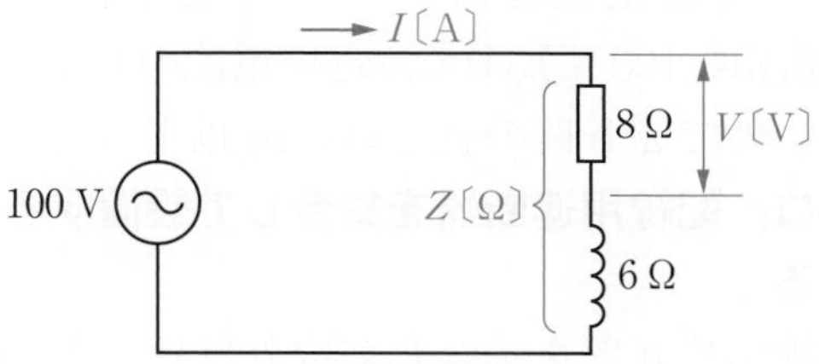

第 2 図

3　ロ．$\dfrac{4\rho L}{\pi D^2}\times10^6$

導線の電気抵抗を求める場合，抵抗率が ρ〔Ω・m〕で示されたときは，長さを〔m〕，断面積を〔m²〕の単位で計算しなければならない．

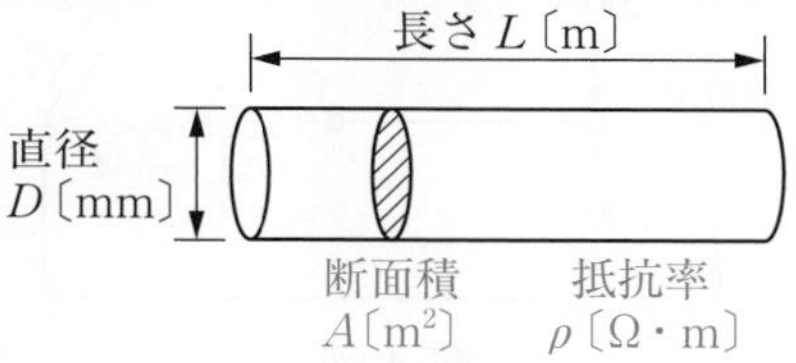

第 3 図

第 3 図において，直径 D〔mm〕は $D\times10^{-3}$〔m〕であるから，断面積 A〔m²〕は，

$$A=\frac{\pi\times(D\times10^{-3})^2}{4}=\frac{\pi D^2\times10^{-6}}{4}\text{〔m}^2\text{〕}$$

したがって，電気抵抗 R〔Ω〕は次式で表される．

$$R=\rho\frac{L}{A}=\frac{\rho L}{\dfrac{\pi D^2\times10^{-6}}{4}}$$

$$=\rho L\times\frac{4}{\pi D^2\times10^{-6}}=\frac{4\rho L}{\pi D^2}\times10^6\text{〔Ω〕}$$

4　ロ．1 920

消費電力を P〔kW〕，使用時間を t〔h〕とすると，発熱量 Q〔kJ〕は次式で求められる．

$Q=3\,600Pt$〔kJ〕

したがって，消費電力 400 W の電熱器を，1 時間 20 分使用したときの発熱量 Q〔kJ〕は，

$$Q=3\,600\times0.4\times\left(1+\frac{20}{60}\right)$$

$$=1\,440\times\left(1+\frac{1}{3}\right)$$

$$=1\,440+480=1\,920\text{〔kJ〕}$$

5　ハ．7.2

交流回路では，電力を消費するのは抵抗だけである．△結線の全消費電力は，1 つの抵抗で消費する電力を求めて，3 倍すればよい．

第 4 図において，1 相のインピーダンス Z〔Ω〕は，

$Z=\sqrt{6^2+8^2}=\sqrt{36+64}=\sqrt{100}=10$〔Ω〕

6 Ω の抵抗に流れる電流 I〔A〕は，

$$I=\frac{200}{10}=20\text{〔A〕}$$

したがって，全消費電力 P〔kW〕は，

$P=3I^2R=3\times20^2\times6$

$= 7\,200$〔W〕$= 7.2$〔kW〕

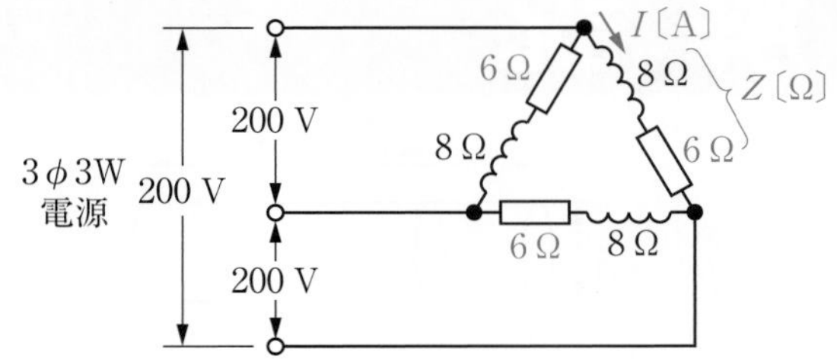

第４図

6　二．20*rL*

電線の電気抵抗は長さ 1 m 当たり r〔Ω〕であるから，L〔m〕の電線の電気抵抗は rL〔Ω〕になる．

第５図の単相２線式で，電線に流れる負荷電流が 10 A であるから，電圧降下 v〔V〕は，

$v = V_1 - V_2 = 2 \times 10 \times rL = 20rL$〔V〕

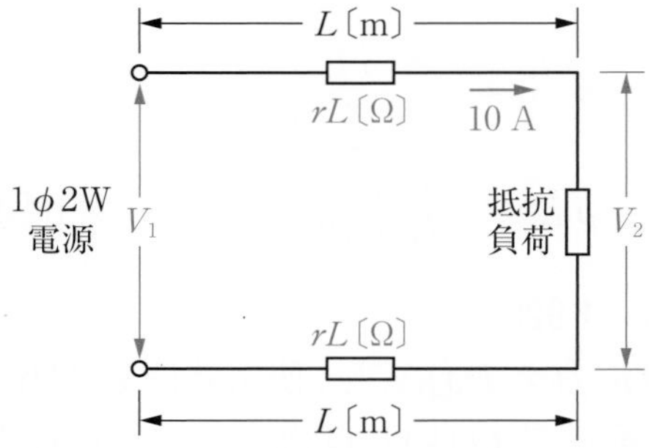

第５図

7　イ．15

電技解釈第 146 条(低圧配線に使用する電線)による．

直径 1.6 mm の 600 V ビニル絶縁電線(軟銅線)の許容電流は 27 A である．

この電線 6 本を，金属管に収めた場合の電流減少係数は 0.56 であるから，電線 1 本当たりの許容電流は，

許容電流 $= 27 \times 0.56 = 15.12 \rightarrow 15$ A

(小数点以下 1 位を 7 捨 8 入)

8　イ．45

電技解釈第 148 条(低圧幹線の施設)による．

電動機の定格電流の合計 I_M〔A〕は，

$I_M = 10$〔A〕

電熱器の定格電流の合計 I_H〔A〕は，

$I_H = 15 + 20 = 35$〔A〕

電動機の定格電流の合計 I_M が，電熱器の定格電流の合計 I_H より小さいので，幹線の許容電流は，電動機と電熱器の定格電流の合計以上であればよい．

したがって，幹線の太さを決める根拠となる電流の最小値 I_W〔A〕は，

$I_W = I_M + I_H = 10 + 35 = 45$〔A〕

9　ハ．

電技解釈第 149 条(低圧分岐回路等の施設)による．

配線用遮断器，電線，コンセントの組み合わせは**第１表**のようにしなければならない．

イは，20 A 配線用遮断器分岐回路であり，定格電流 30 A のコンセントは接続できない．ロは，30 A 配線用遮断器分岐回路であり，2.0 mm の電線は使用できない．ニは，30 A 配線用遮断器分岐回路であり，定格電流 15 A のコンセントは接続できない．

第１表　分岐回路

配線用遮断器の定格電流	電線の太さ(軟銅線)	コンセントの定格電流
20 A	1.6 mm 以上	20 A 以下
30 A	2.6 mm (5.5 mm²) 以上	20 A 以上 30 A 以下
40 A	8 mm² 以上	30 A 以上 40 A 以下
50 A	14 mm² 以上	40 A 以上 50 A 以下

10　イ．3

電技解釈第 149 条(低圧分岐回路等の施設)による．

幹線から分岐した低圧分岐回路には，**第６図**のように過電流遮断器及び開閉器を施設しなければならない．

分岐する電線の許容電流(34 A)が，幹線を保護する過電流遮断器の定格電流(100 A)の 0.34 倍(34/100 = 0.34)で，定格電流の 0.35 倍より小さいので a-b 間の長さは 3 m 以下にできる．

11　ロ．配線用遮断器を集合して設置するのに用いる．

配線用遮断器を集合して取り付けるものは，分電盤である．

12　ハ．ネオン変圧器と高圧水銀灯

ネオン変圧器は，ネオン管を放電させるための変圧器である．高圧水銀灯には，放電を安定させるための安定器が使用される．

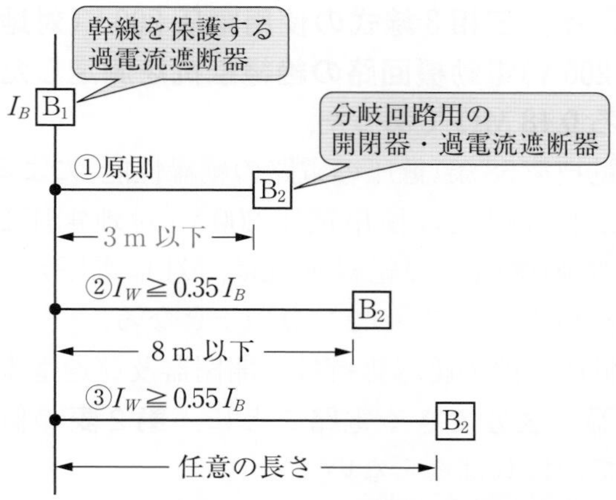

I_B ：幹線を保護する過電流遮断器の定格電流
I_W ：分岐回路の電線の許容電流

第 6 図

13　ニ．回転速度が増加する．

三相誘導電動機の同期速度 N_s〔min^{-1}〕は，極数を p，電源の周波数を f〔Hz〕とすると，次式のようになる．

$$N_s = \frac{120f}{p}\ [\mathrm{min}^{-1}]$$

この式から，三相誘導電動機の同期速度は，電源の周波数に比例する．

無負荷の場合は同期速度に近い値で回転するので，電源の周波数が 50 Hz から 60 Hz に変わると，回転速度が増加する．

14　イ．金属管工事とリーマ

金属管工事では，リーマをクリックボールに取り付けて，管端の内側の面取りをする．

パイプベンダは，金属管を曲げる工具で，合成樹脂管工事には使用しない．ボルトクリッパは，吊りボルトや鉄線等を切断するもので，金属線ぴ工事には使用しない．ガストーチランプは，硬質塩化ビニル電線管を曲げるときに使用するもので，バスダクト工事には使用しない．

15　ロ．発光効率が高い（同じ明るさでは消費電力が少ない）．

発光効率は，電球形 LED ランプが約 60 ～ 110 lm/W，白熱電球が約 10 ～ 15 lm/W で，LED ランプの方が高い．

寿命は，白熱電球が約 1 000 ～ 2 000 時間，電球形 LED ランプが約 40 000 時間で，LED ランプの方が寿命が長い．価格は，白熱電球より LED ランプの方が高い．力率は，白熱電球が 100％で，LED ランプは 100％より少し低い．

16　ハ．鉄板，各種合金板の穴あけに使用する．

写真に示す工具はホルソで，ドリルに取り付けて，金属製のプルボックス等の穴あけに使用する．

17　ロ．電磁接触器

写真に示す器具は電磁開閉器で，○で囲まれた部分の名称は，電磁接触器である．

18　イ．PF 管を支持するのに用いる．

PF 管（**第 7 図**）用のサドルである．サドルの裏側の凸部が PF 管の凹部に入って，PF 管が動かないように固定できる．

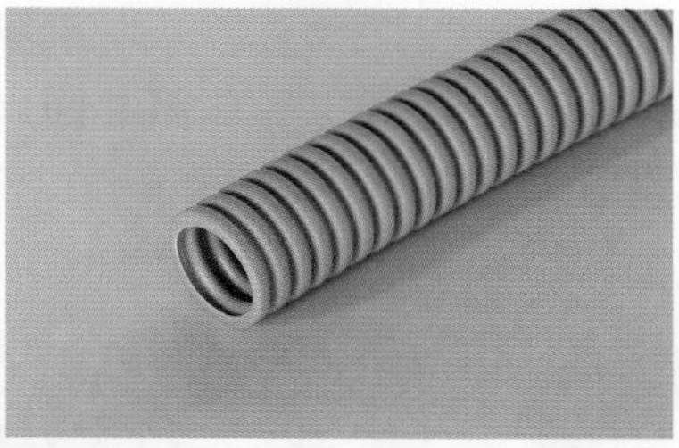

第 7 図　PF 管

19　ロ．------///------ IV1.6（E19）　硬質塩化ビニル電線管で露出配線工事．

JIS C 0303（構内電気設備の配線用図記号）による．

------///------ IV1.6（E19）は，ねじなし電線管による露出配線工事である．

———————は天井隠ぺい配線を表し，--------------は露出配線を表す．

（16）は厚鋼電線管，（E19）はねじなし電線管，（PF16）は合成樹脂製可とう電線管，（F2 17）は 2 種金属製可とう電線管を表す．

20　ニ．電線の電気抵抗が 5％増加した．

電技解釈第 12 条（電線の接続法）による．

電線を接続する場合には，電線の電気抵抗を増加させてはならない．

21　ロ．湿気の多い場所に 1 種金属製可とう電線管を用いた金属可とう電線管工事を行った．

電技解釈第 159 条（金属管工事）・第 160 条（金属可とう電線管工事）・第 164 条（ケーブル工事）による．

金属可とう電線管工事において，湿気の多い場所では，1 種金属製可とう電線管を用いることはできない．

金属可とう電線管工事に使用する電線管は，

2種金属製可とう電線管でなければならない．ただし，次に適合する場合は，1種金属製可とう電線管にすることができる．

①展開した場所又は点検できる隠ぺい場所であって，乾燥した場所であること．

②屋内配線の使用電圧が300 V を超える場合は，電動機に接続する部分で可とう性を必要とする部分であること．

③管の厚さは，0.8 mm 以上であること．

22　イ．管と金属管（鋼製電線管）との接続にTSカップリングを使用した．

2種金属製可とう電線管と金属管との接続には，コンビネーションカップリング（**第8図**）を使用する．TSカップリング（**第9図**）は，硬質塩化ビニル電線管相互を接続するのに使用する．

コンビネーションカップリング

第8図

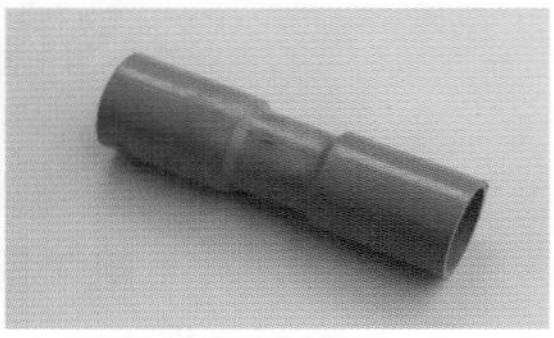

TSカップリング

第9図

23　ハ．ネオン変圧器の二次側（管灯回路）の配線を，ネオン電線を使用し，がいし引き工事により施設し，電線の支持点間の距離を2 m とした．

電技解釈第186条（ネオン放電灯の施設）による．

ネオン変圧器の二次側（管灯回路）の配線は，ネオン電線を使用したがいし引き工事により行い，ネオン電線の支持点間の距離を1 m 以下にしなければならない．

24　ハ．検電器と電路の充電の有無の確認

検電器は，電路の充電の有無と接地側・非接地側の極性を確認することができる．

絶縁抵抗は，回路計では測定できない．絶縁抵抗を測定するには，絶縁抵抗計を使用して，使用電圧に近い直流電圧を加えて測定する．

回転計は，電動機の回転速度を測定するもので，三相回路の相順（相回転）は検相器で確認する．

電力計は，消費電力を測定するもので，消費電力量の測定には電力量計を使用する．

25　イ．三相3線式の使用電圧200 V（対地電圧200 V）電動機回路の絶縁抵抗を測定したところ0.18 MΩであった．

電技第58条（低圧の電路の絶縁性能）による．

三相3線式の使用電圧200 V（対地電圧200 V）電動機回路の絶縁抵抗は，対地電圧が150 V を超えるので，0.2 MΩ以上となる．

低圧電路の絶縁抵抗は，開閉器及び過電流遮断器で区分できる電路ごとに，**第2表**の値以上でなければならない．

第2表　低圧の電路の絶縁抵抗

電路の使用電圧の区分		絶縁抵抗値
300 V 以下	対地電圧が150 V 以下の場合	0.1 MΩ
	その他の場合	0.2 MΩ
300 V を超えるもの		0.4 MΩ

26　ロ．70Ω　2.0 mm

電技解釈第17条（接地工事の種類及び施設方法）・第29条（機械器具の金属製外箱等の接地）による．

定格電圧が200 V であることから，接地工事の種類はD種接地工事である．接地抵抗値は漏電遮断器が施設されていないので100 Ω以下で，接地線（軟銅線）の太さは直径1.6 mm 以上でなければならない．

したがって，適切なものは接地抵抗が70 Ω，接地線の太さが2.0 mm のロである．

27　ハ．

クランプ形漏れ電流計を用いて，単相3線式回路の漏れ電流を測定する場合は，中性線を含むすべての電線をクランプの中に通さなければならない．

28　ニ．電線管に電線を収める．

電気工事士法第3条（電気工事士等），施行令第1条（軽微な工事），施行規則第2条（軽微な作業）による．

一般用電気工作物に係る工事の作業で，電線管に電線を収める作業は，軽微な工事及び軽微な作業には該当しないので，電気工事士でなければ従事できない．

イ，ロ，ハはいずれも軽微な工事に該当し，電気工事士でなくても従事できる．

29　ニ．低圧受電で，受電電力の容量が 35 kW，出力 15 kW の非常用内燃力発電設備を備えた映画館

電気事業法第 38 条(定義)，施行規則第 48 条(一般用電気工作物の範囲)による．

一般用電気工作物の適用を受けるものは，次のとおりである．

①低圧(交流 600 V 以下)で受電し，同一の構内で電気を使用する電気工作物

②小出力発電設備(**第 3 表**)を有するものを含む．

第 3 表　小出力発電設備

発電設備の種類	出　力
太陽電池発電設備	50 kW 未満
風力発電設備 水力発電設備	20 kW 未満
内燃力発電設備 燃料電池発電設備 スターリングエンジン発電設備	10 kW 未満
複数発電設備の合計	50 kW 未満

内燃力発電設備は，出力 10 kW 以上のものは小出力発電設備に該当しない．したがって，ニは一般用電気工作物の適用を受けない．

30　ハ．直流 750 V 以下，交流 600 V 以下

電技第 2 条(電圧の種別等)による．

電圧は**第 4 表**のように低圧，高圧，特別高圧の 3 種類に区分されている．

第 4 表　電圧の種別

種　別	直　流	交　流
低　圧	750 V 以下	600 V 以下
高　圧	低圧を超え 7 000 V 以下	
特別高圧	7 000 V を超えるもの	

問題 2．配線図の解答

31　ニ．O

ルームエアコンの屋外ユニットには，その図記号に O(Outdoor)を傍記表示する．

32　イ．2

②の部分の配線は，電源からの接地側電線 1 本とスイッチ「ア」からの電線 1 本で，合計 2 本になる(**第 11 図**を参照)．

33　ロ．確認表示灯を内蔵する点滅器

③で示す図記号●L は，確認表示灯を内蔵する点滅器を表す．点滅器を「入」にすると，内蔵された表示灯が点灯する．

34　ロ．600 V 架橋ポリエチレン絶縁ビニルシースケーブル

CV 5.5-2C (PF) と示されているのは，5.5 mm² 2 心の 600 V 架橋ポリエチレン絶縁ビニルシースケーブルである．ケーブルの種類は，文字記号の CV で表し，C は絶縁材料が架橋ポリエチレン，V はシースがビニルであることを示す．

35　ニ．1.2

電技解釈第 120 条(地中電線路の施設)，内線規程 3165-1(施設方法)による．

ケーブルを需要場所の構内に埋設する場合は，地中電線路の規定に準じて，直接埋設式又は管路式で施設しなければならない．

直接埋設式によって施設する場合，車両その他の重量物の圧力を受けるおそれがある場所では，埋設深さを 1.2 m 以上に，その他の場所では 0.6 m 以上にしなければならない．

36　ハ．ナトリウム灯

傍記記号の N は，ナトリウム灯を表す．水銀灯は H，メタルハライド灯は M を傍記する．

37　イ．0.1

電技第 58 条(低圧の電路の絶縁性能)による．

⑦で示す部分の電路は，単相 200 V(単相 3 線式 100/200 V を電源)であるが対地電圧は 150 V 以下なので，絶縁抵抗は 0.1 MΩ 以上あればよい(**第 2 表**を参照)．

38　ハ．抜け止め形コンセント

⑧で示す図記号⊖LK は，抜け止め形コンセントを表す．

39　ニ．D 種接地工事　500 Ω

電技解釈第 17 条(接地工事の種類及び施設方法)・第 29 条(機械器具の金属製外箱等の接地)による．

使用電圧が 300 V 以下の電気機器の金属製外箱には，D 種接地工事を施さなければならない．動作時間が 0.1 秒以内に自動的に遮断する漏電遮断器が施設してあるので，接地抵抗の最大値は 500 Ω である．

40　イ．制御配線の信号により動作する開閉器（電磁開閉器）

⑩で示す図記号の機器は，開閉器の図記号 S に電磁開閉器用押しボタン◉B が接続されているので，電磁開閉器である．

41　ニ．小 6 個

⑪で示す VVF 用ジョイントボックス内の接続は，**第 10 図**のようになる．

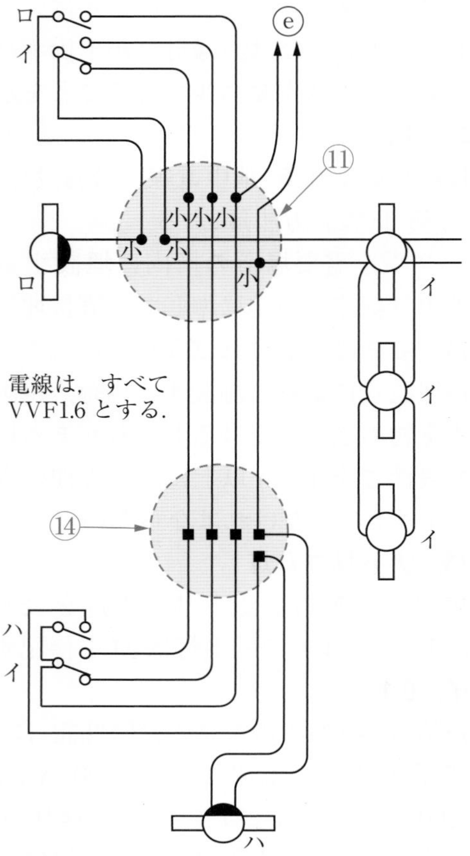

第 10 図

1.6 mm 2 本の接続が 4 箇所，1.6 mm 3 本の接続が 1 箇所，1.6 mm 4 本の接続が 1 箇所で，合計 6 箇所の接続箇所がある．小スリーブは，1.6 mm の電線を 4 本まで接続できるので，使用するリングスリーブは，小 6 個である．

42　ロ．

JIS C 9711（屋内配線用電線接続工具）による．リングスリーブ E 形による圧着接続に用いる工具は，柄の握り部分が黄色のものでなければならない．

43　ハ．

（E19）と示されているので，ねじなし電線管を用いた金属管工事である．ねじなし電線管相互を接続するものは，ハのねじなしカップリングである．

44　ロ．

⑭で示す VVF 用ジョイントボックス内の電線接続は，**第 10 図**のようになる．

1.6 mm 2 本の接続が 5 箇所で，2 本接続用の差込形コネクタを 5 個使用する．

45　ニ．

絶縁抵抗計はニである．

46　イ．

⑯で示す部分の電線接続は，**第 11 図**のようになる．リングスリーブ小の刻印は，次のようになる．

- 1.6 mm 2 本　刻印○・・・1 箇所
- 1.6 mm 3 本　刻印小・・・2 箇所

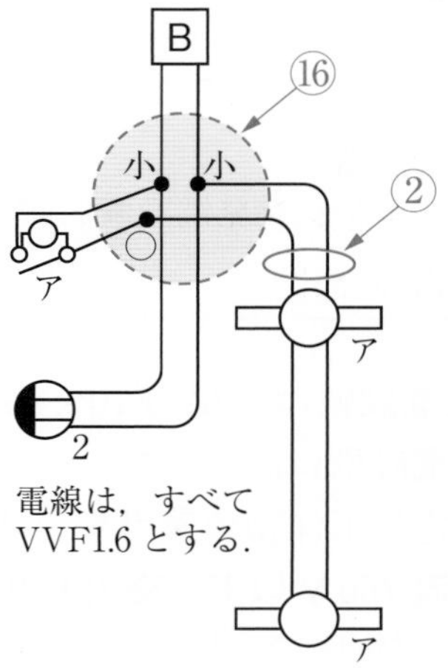

第 11 図

47　ロ．

地中配線工事には，PF 管が使用されている．PF 管を切断する工具には，ロのフレキシブルカッタを使用する．

48　ニ．

⑱で示す図記号●A(3A) の器具は，自動点滅器である．

49　イ．

⑲で示す図記号 ⫩ の器具は，低圧進相コンデンサである．

50　ハ．

ハの 2 極スイッチ●2P は，使用されていない．

イの防雨形単極スイッチ●WP は工場の出入口に，ロの位置表示灯内蔵スイッチ●H は倉庫に，ニの確認表示灯内蔵スイッチ●L は工場に使用されている．

第 3 編

第二種電気工事士試験に必要な

電気設備技術基準・解釈／構内電気設備の配線用図記号

（JIS C 0303）

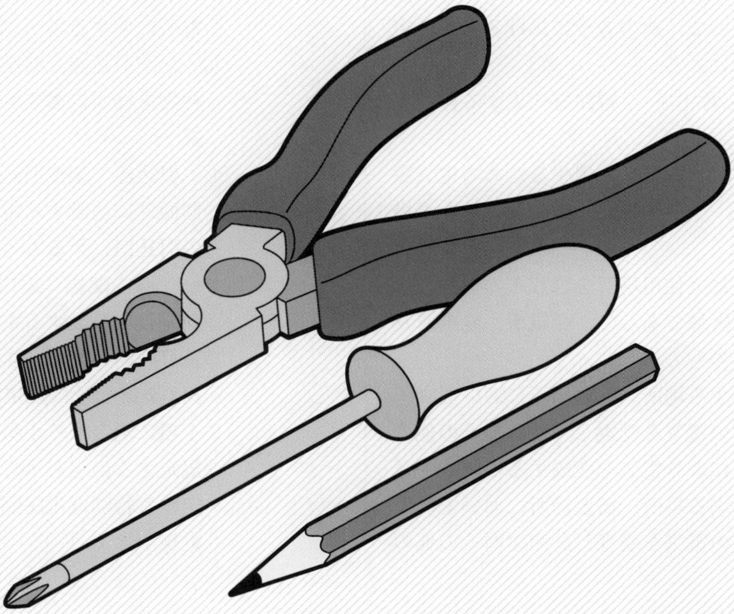

電気設備に関する技術基準（省令）
（重要条文の抜粋）

電圧の種別等

第 2 条　電圧は，次の区分により低圧，高圧及び特別高圧の３種とする．

一　**低圧　直流にあっては 750V 以下，交流にあっては 600V 以下のもの**

二　**高圧　直流にあっては 750V を，交流にあっては 600V を超え，7 000V 以下のもの**

三　**特別高圧　7 000V を超えるもの**

2　高圧又は特別高圧の多線式電路（中性線を有するものに限る．）の中性線と他の一線とに電気的に接続して施設する電気設備については，その使用電圧又は最大使用電圧がその多線式電路の使用電圧又は最大使用電圧に等しいものとして，この省令の規定を適用する．

低圧電線路の絶縁性能

第 22 条　低圧電線路中絶縁部分の電線と大地との間及び電線の線心相互間の絶縁抵抗は，使用電圧に対する漏えい電流が最大供給電流の 1/2 000 を超えないようにしなければならない．

低圧の電路の絶縁性能

第 58 条　電気使用場所における使用電圧が低圧の電路の電線相互間及び電路と大地との間の絶縁抵抗は，**開閉器又は過電流遮断器で区切ることのできる電路ごとに**，次の表の左欄に掲げる電路の使用電圧の区分に応じ，それぞれ同表の右欄に掲げる値以上でなければならない．

電路の使用電圧の区分		絶縁抵抗値
300V 以下	対地電圧（接地式電路においては電線と大地との間の電圧，非接地式電路においては電線間の電圧をいう．以下同じ．）が **150V 以下の場合**	**0.1MΩ**
	その他の場合	**0.2 M Ω**
300V を超えるもの		**0.4 M Ω**

電気設備の技術基準の解釈（電技解釈）
（重要条文の抜粋）

用語の定義

第 1 条　この解釈において，次の各号に掲げる用語の定義は，当該各号による．

一　使用電圧（公称電圧）　電路を代表する線間電圧

四　電気使用場所　電気を使用するための電気設備を施設した，１の建物又は１の単位をなす場所

五　需要場所　電気使用場所を含む１の構内又はこれに準ずる区域であって，発電所，変電所及び開閉所以外のもの

六　変電所に準ずる場所　需要場所において高圧又は特別高圧の電気を受電し，変圧器その他の電気機械器具により電気を変成する場所

七　開閉所に準ずる場所　需要場所において高圧又は特別高圧の電気を受電し，開閉器その他の装置により電路の開閉をする場所であって，変電所に準ずる場所以外のもの

九　架空引込線　架空電線路の支持物から他の支持物を経ずに需要場所の取付け点に至る架空電線

十　引込線　架空引込線及び需要場所の造営物の側面等に施設する電線であって，当該需要場所の引込口に至るもの

十一　屋内配線　屋内の電気使用場所において，固定して施設する電線（電気機械器具内の電線，管灯回路の配線，エックス線管回路の配線，第 142 条第七号に規定する接触電線，第 181 条第１項に規定する小勢力回路の電線，第 182 条に規定する出退表示灯回路の電線，第 183 条に規定する特別低電圧照明回路の電線及び電線路の電線を除く．）

十二　屋側配線　屋外の電気使用場所において，当該電気使用場所における電気の使用を目的として，造営物に固定して施設する電線（電気機械器具内の電線，管灯回路の配線，第142条第七号に規定する接触電線，第181条第1項に規定する小勢力回路の電線，第182条に規定する出退表示灯回路の電線及び電線路の電線を除く.）

十三　屋外配線　屋外の電気使用場所において，当該電気使用場所における電気の使用を目的として，固定して施設する電線（屋側配線，電気機械器具内の電線，管灯回路の配線，第142条第七号に規定する接触電線，第181条第1項に規定する小勢力回路の電線，第182条に規定する出退表示灯回路の電線及び電線路の電線を除く.）

十四　**管灯回路**　放電灯用安定器又は放電灯用変圧器から放電管までの電路

十五　**弱電流電線**　弱電流電気の伝送に使用する電気導体，絶縁物で被覆した電気導体又は絶縁物で被覆した上を保護被覆で保護した電気導体（第181条第1項に規定する小勢力回路の電線又は第182条に規定する出退表示灯回路の電線を含む.）

十六　弱電流電線等　弱電流電線及び光ファイバケーブル

十九　ちょう架用線　ケーブルをちょう架する金属線

二十一　接近　一般的な接近している状態であって，並行する場合を含み，交差する場合及び同一支持物に施設される場合を除くもの

二十二　工作物　人により加工された全ての物体

二十六　**水気のある場所**　水を扱う場所若しくは雨露にさらされる場所その他水滴が飛散する場所，又は常時水が漏出し若しくは結露する場所

二十七　**湿気の多い場所**　水蒸気が充満する場所又は湿度が著しく高い場所

二十八　**乾燥した場所**　湿気の多い場所及び水気のある場所以外の場所

二十九　**点検できない隠ぺい場所**　天井ふところ，壁内又はコンクリート床内等，工作物を破壊しなければ電気設備に接近し，又は電気設備を点検できない場所

三十　**点検できる隠ぺい場所**　点検口がある天井裏，戸棚又は押入れ等，容易に電気設備に接近し，又は電気設備を点検できる隠ぺい場所

三十一　**展開した場所**　点検できない隠ぺい場所及び点検できる隠ぺい場所以外の場所

三十二　難燃性　炎を当てても燃え広がらない性質

三十三　自消性のある難燃性　難燃性であって，炎を除くと自然に消える性質

三十四　不燃性　難燃性のうち，炎を当てても燃えない性質

三十五　耐火性　不燃性のうち，炎により加熱された状態においても著しく変形又は破壊しない性質

三十六　**接触防護措置**　次のいずれかに適合するように施設することをいう.

イ　設備を，屋内にあっては床上2.3m以上，屋外にあっては地表上2.5m以上の高さに，かつ，人が通る場所から手を伸ばしても触れることのない範囲に施設すること.

ロ　設備に人が接近又は接触しないよう，さく，へい等を設け，又は設備を金属管に収める等の防護措置を施すこと.

三十七　**簡易接触防護措置**　次のいずれかに適合するように施設することをいう.

イ　設備を，屋内にあっては床上1.8m以上，屋外にあっては地表上2m以上の高さに，かつ，人が通る場所から容易に触れることのない範囲に施設すること.

ロ　設備に人が接近又は接触しないよう，さく，へい等を設け，又は設備を金属管に収める等の防護措置を施すこと.

電線の接続法

第12条　電線を接続する場合は，第181条，第182条又は第192条の規定により施設する場合を除き，**電線の電気抵抗を増加させないように接続する**とともに，次の各号によること.

一　裸電線（多心型電線の絶縁物で被覆していない導体を含む.以下この条において同じ.）相互，又は裸電線と絶縁電線（多心型電線の絶縁物で被覆した導体を含み，平形導体合成樹脂絶縁電線を除く．以下この条において同じ.），キャブタイヤケーブル若しくはケーブルとを接続する場合は，次によること.

イ　**電線の引張強さを20%以上減少させないこと**．ただし，ジャンパー線を接続する場合その他電線に加わる張力が電線の引張強さに比べて著しく小さい場合は，この限りでない.

ロ　**接続部分には，接続管その他の器具を使用し，又はろう付けすること**．ただし，架空電線相互若しくは電車線相互又は鉱山の坑道内において電線相互を接続する場合であって，技術上困難であるときは，この限りでない.

二　絶縁電線相互又は絶縁電線とコード，キャブタイヤケーブル若しくはケーブルとを接続する場合は，前号の規定に準じるほか，次のいずれ

かによること．

イ　接続部分の絶縁電線の絶縁物と同等以上の絶縁効力のある接続器を使用すること．

ロ　接続部分をその部分の**絶縁電線の絶縁物と同等以上の絶縁効力のあるもので十分に被覆すること．**

三　コード相互，キャブタイヤケーブル相互，ケーブル相互又はこれらのもの相互を接続する場合は，**コード接続器，接続箱その他の器具を使用すること．**ただし，次のいずれかに該当する場合はこの限りでない．

イ　断面積 8 mm^2 以上のキャブタイヤケーブル相互を接続する場合において，第一号及び第二号の規定に準じて接続し，かつ，次のいずれかによるとき

（イ）　接続部分の絶縁被覆を完全に硫化すること．

（ロ）　接続部分の上に堅ろうな金属製の防護装置を施すこと．

ロ　金属被覆のないケーブル相互を接続する場合において，第一号及び第二号の規定に準じて接続するとき

低圧電路の絶縁性能

第 14 条　電気使用場所における使用電圧が低圧の電路（第 13 条各号に掲げる部分，第 16 条に規定するもの，第 189 条に規定する遊戯用電車内の電路及びこれに電気を供給するための接触電線，直流電車線並びに鋼索鉄道の電車線を除く．）は，第 147 条から第 149 条までの規定により施設する開閉器又は過電流遮断器で区切ることのできる電路ごとに，次の各号のいずれかに適合する絶縁性能を有すること．

一　省令第 58 条によること．

二　絶縁抵抗測定が困難な場合においては，当該電路の使用電圧が加わった状態における**漏えい電流が，1 mA 以下であること．**

接地工事の種類及び施設方法

第 17 条　**A 種接地工事**は，次の各号によること．

一　接地抵抗値は，10 Ω 以下であること．

二　接地線は，次に適合するものであること．

イ　故障の際に流れる電流を安全に通じることができるものであること．

ロ　ハに規定する場合を除き，引張強さ 1.04 kN 以上の容易に腐食し難い金属線又は直径 2.6 mm 以上の軟銅線であること．

ハ　移動して使用する電気機械器具の金属製外箱等に接地工事を施す場合において可とう性を必要とする部分は，3 種クロロプレンキャブタイヤケーブル，3 種クロロスルホン化ポリエチレンキャブタイヤケーブル，3 種耐燃性エチレンゴムキャブタイヤケーブル，4 種クロロプレンキャブタイヤケーブル若しくは 4 種クロロスルホン化ポリエチレンキャブタイヤケーブルの 1 心又は多心キャブタイヤケーブルの遮へいその他の金属体であって，断面積が 8 mm^2 以上のものであること．

三　接地極及び接地線を人が触れるおそれがある場所に施設する場合は，前号ハの場合，及び発電所又は変電所，開閉所若しくはこれらに準ずる場所において，接地極を第 19 条第 2 項第一号の規定に準じて施設する場合を除き，次により施設すること．

イ　接地極は，地下 75 cm 以上の深さに埋設すること．

ロ　接地極を鉄柱その他の金属体に近接して施設する場合は，次のいずれかによること．

（イ）　接地極を鉄柱その他の金属体の底面から 30 cm 以上の深さに埋設すること．

（ロ）　接地極を地中でその金属体から 1 m 以上離して埋設すること．

ハ　接地線には，絶縁電線（屋外用ビニル絶縁電線を除く．）又は通信用ケーブル以外のケーブルを使用すること．ただし，接地線を鉄柱その他の金属体に沿って施設する場合以外の場合には，接地線の地表上 60 cm を超える部分については，この限りでない．

ニ　接地線の地下 75 cm から地表上 2 m までの部分は，電気用品安全法の適用を受ける合成樹脂管（厚さ 2 mm 未満の合成樹脂製電線管及び CD 管を除く．）又はこれと同等以上の絶縁効力及び強さのあるもので覆うこと．

四　接地線は，避雷針用地線を施設してある支持物に施設しないこと．

2　**B 種接地工事**は，次の各号によること．

一　接地抵抗値は，**17-1 表**に規定する値以下であること．

17-1 表

接地工事を施す変圧器の種類	当該変圧器の高圧側又は特別高圧側の電路と低圧側の電路との混触により，低圧電路の対地電圧が 150 V を超えた場合に，自動的に高圧又は特別高圧の電路を遮断する装置を設ける場合の遮断時間	接地抵抗値（Ω）
下記以外の場合		150 ／ I_g
高圧又は 35 000 V 以下の特別高圧の電路と低圧電路を結合するもの	1 秒を超え 2 秒以下	300 ／ I_g
	1 秒以下	600 ／ I_g

（備考）　I_g は，当該変圧器の高圧側又は特別高圧側の電路の 1 線地絡電流（単位：A）

三　接地線は，次に適合するものであること．

イ　故障の際に流れる電流を安全に通じることができるものであること．

ロ　17-3表に規定するものであること．

17-3表

区　分	接　地　線
移動して使用する電気機械器具の金属製外箱等に接地工事を施す場合において，可とう性を必要とする部分	3種クロロプレンキャブタイヤケーブル，3種クロロスルホン化ポリエチレンキャブタイヤケーブル，3種耐燃性エチレンゴムキャブタイヤケーブル，4種クロロプレンキャブタイヤケーブル若しくは4種クロロスルホン化ポリエチレンキャブタイヤケーブルの1心又は多心キャブタイヤケーブルの遮へいその他の金属体であって，断面積が8mm^{2}以上のもの
上記以外の部分であって，接地工事を施す変圧器が高圧電路又は第108条に規定する特別高圧架空電線路の電路と低圧電路とを結合するものである場合	引張強さ1.04kN以上の容易に腐食し難い金属線又は直径2.6mm以上の軟銅線
上記以外の場合	引張強さ2.46kN以上の容易に腐食し難い金属線又は直径4mm以上の軟銅線

四　第1項第三号及び第四号に準じて施設すること．

3　C種接地工事は，次の各号によること．

一　接地抵抗値は，10Ω（低圧電路において，地絡を生じた場合に0.5秒以内に当該電路を自動的に遮断する装置を施設するときは，500Ω）以下であること．

二　接地線は，次に適合するものであること．

イ　故障の際に流れる電流を安全に通じることができるものであること．

ロ　ハに規定する場合を除き，引張強さ0.39kN以上の容易に腐食し難い金属線又は直径1.6mm以上の軟銅線であること．

ハ　移動して使用する電気機械器具の金属製外箱等に接地工事を施す場合において，可とう性を必要とする部分は，次のいずれかのものであること．

（イ）　多心コード又は多心キャブタイヤケーブルの1心であって，断面積が0.75mm^{2}以上のもの．

（ロ）　可とう性を有する軟銅より線であって，断面積が1.25mm^{2}以上のもの

4　D種接地工事は，次の各号によること．

一　接地抵抗値は，100Ω（低圧電路において，地絡を生じた場合に0.5秒以内に当該電路を自動的に遮断する装置を施設するときは，500Ω）以下であること．

二　接地線は，第3項第二号の規定に準じること．

5　C種接地工事を施す金属体と大地との間の電気抵抗値が10Ω以下である場合は，C種接地工事を施したものとみなす．

6　D種接地工事を施す金属体と大地との間の電気抵抗値が100Ω以下である場合は，D種接地工事を施したものとみなす．

高圧又は特別高圧と低圧との混触による危険防止施設

第24条　高圧電路又は特別高圧電路と低圧電路とを結合する変圧器には，次の各号によりB種接地工事を施すこと．

一　次のいずれかの箇所に接地工事を施すこと．（関連省令第10条）

イ　低圧側の中性点

ロ　低圧電路の使用電圧が300V以下の場合において，接地工事を低圧側の中性点に施し難いときは，低圧側の1端子

ハ　低圧電路が非接地である場合においては，高圧巻線又は特別高圧巻線と低圧巻線との間に設けた金属製の混触防止板

機械器具の金属製外箱等の接地

第29条　電路に施設する機械器具の金属製の台及び外箱（以下この条において「金属製外箱等」という．）（外箱のない変圧器又は計器用変成器にあっては，鉄心）には，使用電圧の区分に応じ，29-1表に規定する接地工事を施すこと．ただし，外箱を充電して使用する機械器具に人が触れるおそれがないようにさくなどを設けて施設する場合又は絶縁台を設けて施設する場合は，この限りでない．

29-1表

機械器具の使用電圧の区分		接地工事
低圧	300V以下	D種接地工事
	300V超過	C種接地工事
高圧又は特別高圧		A種接地工事

2　機械器具が小出力発電設備である燃料電池発電設備である場合を除き，次の各号のいずれかに該当する場合は，第1項の規定によらないことができる．

一　交流の対地電圧が150V以下又は直流の使用電圧が300V以下の機械器具を，乾燥した場所に施設する場合

二　低圧用の機械器具を乾燥した木製の床その他これに類する絶縁性のものの上で取り扱うように施設する場合

三　電気用品安全法の適用を受ける2重絶縁の構造の機械器具を施設する場合

四　低圧用の機械器具に電気を供給する電路の電源側に絶縁変圧器（2次側線間電圧が300V以下であって，容量が3kVA以下のものに限る．）を施設し，かつ，当該絶縁変圧器の負荷側の電路を接地しない場合

五　**水気のある場所以外の場所に施設する低圧用の機械器具**に電気を供給する電路に，電気用品安全法の適用を受ける**漏電遮断器（定格感度電流が 15mA 以下，動作時間が 0.1 秒以下の電流動作型のものに限る.）を施設する場合**

六　金属製外箱等の周囲に適当な絶縁台を設ける場合

七　外箱のない計器用変成器がゴム，合成樹脂その他の絶縁物で被覆したものである場合

八　低圧用若しくは高圧用の機械器具，第 26 条に規定する配電用変圧器若しくはこれに接続する電線に施設する機械器具又は第 108 条に規定する特別高圧架空電線路の電路に施設する機械器具を，木柱その他これに類する絶縁性のものの上であって，人が触れるおそれがない高さに施設する場合

低圧電路に施設する過電流遮断器の性能等

第 33 条　低圧電路に施設する過電流遮断器は，これを施設する箇所を通過する短絡電流を遮断する能力を有するものであること．ただし，当該箇所を通過する最大短絡電流が 10 000 A を超える場合において，過電流遮断器として 10 000 A 以上の短絡電流を遮断する能力を有する配線用遮断器を施設し，当該箇所より電源側の電路に当該配線用遮断器の短絡電流を遮断する能力を超え，当該最大短絡電流以下の短絡電流を当該配線用遮断器より早く，又は同時に遮断する能力を有する，過電流遮断器を施設するときは，この限りでない．

2　過電流遮断器として低圧電路に施設する**ヒューズ**（電気用品安全法の適用を受けるもの，配電用遮断器と組み合わせて 1 の過電流遮断器として使用するもの及び第 4 項に規定するものを除く.）は，水平に取り付けた場合（板状ヒューズにあっては，板面を水平に取り付けた場合）において，次の各号に適合するものであること．

一　**定格電流の 1.1 倍の電流に耐えること.**

二　**33-1 表**の左欄に掲げる定格電流の区分に応じ，**定格電流の 1.6 倍及び 2 倍の電流を通じた場合**において，それぞれ同表の右欄に掲げる時間内に溶断すること．

33-1 表

定格電流の区分	時　間	
	定格電流の 1.6 倍の電流を通じた場合	定格電流の 2 倍の電流を通じた場合
30A 以下	**60 分**	**2 分**
30A を超え 60A 以下	**60 分**	**4 分**
60 A を超え 100 A 以下	120 分	6 分

3　過電流遮断器として低圧電路に施設する**配線用遮断器**（電気用品安全法の適用を受けるもの及び次項に規定するものを除く.）は，次の各号に適合するものであること．

一　**定格電流の 1 倍の電流で自動的に動作しないこと.**

二　**33-2 表**の左欄に掲げる定格電流の区分に応じ，**定格電流の 1.25 倍及び 2 倍の電流**を通じた場合において，それぞれ同表の右欄に掲げる時間内に自動的に動作すること．

33-2 表

定格電流の区分	時　間	
	定格電流の 1.25 倍の電流を通じた場合	定格電流の 2 倍の電流を通じた場合
30A 以下	**60 分**	**2 分**
30A を超え 50A 以下	**60 分**	**4 分**
50 A を超え 100 A 以下	120 分	6 分

過電流遮断器の施設の例外

第 35 条　次の各号に掲げる箇所には，過電流遮断器を施設しないこと．

一　接地線

二　多線式電路の中性線

三　第 24 条第 1 項第一号ロの規定により，電路の一部に接地工事を施した低圧電線路の接地側電線

2　次の各号のいずれかに該当する場合は，前項の規定によらないことができる．

一　多線式電路の中性線に施設した過電流遮断器が動作した場合において，各極が同時に遮断されるとき

二　第 19 条第 1 項各号の規定により抵抗器，リアクトル等を使用して接地工事を施す場合において，過電流遮断器の動作により当該接地線が非接地状態にならないとき

地絡遮断装置の施設

第 36 条　**金属製外箱を有する使用電圧が 60V を超える低圧の機械器具に接続する電路には，電路に地絡を生じたときに自動的に電路を遮断する装置を施設すること.** ただし，次の各号のいずれかに該当する場合はこの限りでない．

一　機械器具に**簡易接触防護措置**（金属製のものであって，防護措置を施す機械器具と電気的に接続するおそれがあるもので防護する方法を除く.）**を施す場合**

二　機械器具を次のいずれかの場所に施設する場合

イ　発電所又は変電所，開閉所若しくはこれらに準ずる場所

ロ　**乾燥した場所**

ハ　機械器具の**対地電圧が 150V 以下の場合においては，水気のある場所以外の場所**

三　機械器具が，次のいずれかに該当するものである場合

イ　電気用品安全法の適用を受ける**2重絶縁構造**のもの

ロ　ゴム，合成樹脂その他の絶縁物で被覆したもの

ハ　誘導電動機の2次側電路に接続されるもの

ニ　第13条第二号に掲げるもの

四　機械器具に施された**C種接地工事又はD種接地工事の接地抵抗値が3 Ω以下の場合**

五　電路の系統電源側に**絶縁変圧器**（機械器具側の線間電圧が300V以下のものに限る.）**を施設するとともに，当該絶縁変圧器の機械器具側の電路を非接地とする場合**

低圧屋側電線路の施設

第110条　低圧屋側電線路（低圧の引込線及び連接引込線の屋側部分を除く．以下この節において同じ.）は，次の各号のいずれかに該当する場合に限り，施設することができる.

一　1構内又は同一基礎構造物及びこれに構築された複数の建物並びに構造的に一体化した1つの建物（以下この条において「1構内等」という.）に施設する電線路の全部又は一部として施設する場合

二　1構内等専用の電線路中，その構内等に施設する部分の全部又は一部として施設する場合

2　低圧屋側電線路は，次の各号のいずれかにより施設すること.

一　**がいし引き工事**により，次に適合するように施設すること.

イ　展開した場所に施設し，簡易接触防護措置を施すこと.

ロ　第145条第1項の規定に準じて施設すること.

ハ　電線は，**110-1表**の左欄に掲げるものであること.

ニ　電線の種類に応じ，電線相互の間隔，電線とその低圧屋側電線路を施設する造営材との離隔距離は，**110-1表**に規定する値以上とし，支持点間の距離は，**110-1表**に規定する値以下であること.

110-1表

<table>
<tr><th colspan="2">電線の種類</th><th>電線相互の間隔</th><th>電線と造営材との離隔距離</th><th>支持点間の距離</th></tr>
<tr><td rowspan="2">引込用ビニル絶縁電線又は引込用ポリエチレン絶縁電線</td><td rowspan="2">直径2mmの軟銅線と同等以上の強さ及び太さのもの</td><td rowspan="2">—</td><td>3cm</td><td>2m</td></tr>
<tr><td>30cm</td><td>15m</td></tr>
<tr><td>屋外用ビニル絶縁電線</td><td rowspan="2">引張強さ1.38kN以上のもの又は直径2mm以上の硬銅線</td><td rowspan="2">20cm</td><td rowspan="2">30cm</td><td rowspan="2">15m</td></tr>
<tr><td rowspan="2">上記以外の絶縁電線</td></tr>
<tr><td>直径2mmの軟銅線と同等以上の強さ及び太さのもの</td><td colspan="2">110-2表に規定する値</td><td>2m</td></tr>
</table>

110-2表

<table>
<tr><th>施設場所の区分</th><th>使用電圧の区分</th><th>電線相互の間隔</th><th>電線と造営材との離隔距離</th></tr>
<tr><td>雨露にさらされない場所</td><td>—</td><td>6cm</td><td>2.5cm</td></tr>
<tr><td rowspan="2">雨露にさらされる場所</td><td>300V以下</td><td>6cm</td><td>2.5cm</td></tr>
<tr><td>300V超過</td><td>12cm</td><td>4.5cm</td></tr>
</table>

ホ　電線に，引込用ビニル絶縁電線又は引込用ポリエチレン絶縁電線を使用する場合は，次によること.

（イ）　使用電圧は，300V以下であること.

（ロ）　電線を損傷するおそれがないように施設すること.

（ハ）　電線をバインド線によりがいしに取り付ける場合は，バインドするそれぞれの線心をがいしの異なる溝に入れ，かつ，異なるバインド線により線心相互及びバインド線相互が接触しないように堅ろうに施設すること.

（ニ）　電線を接続する場合は，それぞれの線心の接続点は，5 cm以上離れていること.

ヘ　がいしは，絶縁性，難燃性及び耐水性のあるものであること.

ト　第3項に規定する場合を除き，低圧屋側電線路の電線が，他の工作物（当該低圧屋側電線路を施設する造営材，架空電線，屋側に施設される高圧又は特別高圧の電線及び屋上電線を除く．以下この条において同じ.）と接近する場合又は他の工作物の上若しくは下に施設される場合における，低圧屋側電線路の電線と他の工作物との離隔距離は，**110-3表**に規定する値以上であること.

110-3表

区分	低圧屋側電線路の電線の種類	離隔距離
上部造営材の上方	高圧絶縁電線又は特別高圧絶縁電線	1 m
	その他	2 m
その他	高圧絶縁電線又は特別高圧絶縁電線	0.3 m
	その他	0.6 m

チ　電線は，平時吹いている風等により植物に接触しないように施設すること．

二　**合成樹脂管工事**により，第145条第2項及び第158条の規定に準じて施設すること．

三　**金属管工事**により，次に適合するように施設すること．

イ　**木造以外の造営物に施設すること．**

ロ　第159条の規定に準じて施設すること．

四　バスダクト工事により，次に適合するように施設すること．

イ　木造以外の造営物において，展開した場所又は点検できる隠ぺい場所に施設すること．

ロ　第163条の規定に準じて施設するほか，屋外用のバスダクトであって，ダクト内部に水が浸入してたまらないものを使用すること．

五　**ケーブル工事**により，次に適合するように施設すること．

イ　鉛被ケーブル，アルミ被ケーブル又はMIケーブルを使用する場合は，木造以外の造営物に施設すること．

ロ　第145条第2項の規定に準じて施設すること．

ハ　次のいずれかによること．

（イ）　ケーブルを造営材に沿わせて施設する場合は，第164条第1項の規定に準じて施設すること．

（ロ）　ケーブルをちょう架用線にちょう架して施設する場合は，第67条（第一号ホ及び第五号を除く．）の規定に準じて施設し，かつ，電線が低圧屋側電線路を施設する造営材に接触しないように施設すること．

低圧架空引込線等の施設

第116条　低圧架空引込線は，次の各号により施設すること．

一　電線は，絶縁電線又はケーブルであること．

二　電線は，ケーブルである場合を除き，引張強さ2.30kN以上のもの又は直径2.6mm以上の硬銅線であること．ただし，径間が15m以下の場合に限り，引張強さ1.38kN以上のもの又は直径2 mm以上の硬銅線を使用することができる．

三　電線が屋外用ビニル絶縁電線である場合は，人が通る場所から手を伸ばしても触れることのない範囲に施設すること．

四　電線が屋外用ビニル絶縁電線以外の絶縁電線である場合は，人が通る場所から容易に触れることのない範囲に施設すること．

五　電線がケーブルである場合は，第67条（第五号を除く．）の規定に準じて施設すること．ただし，ケーブルの長さが1 m以下の場合は，この限りでない．

六　**電線の高さ**は，**116-1表**に規定する値以上であること．

116-1表

区分		高さ
道路（歩行の用にのみ供される部分を除く．）を横断する場合	技術上やむを得ない場合において交通に支障のないとき	路面上3 m
	その他の場合	路面上5 m
鉄道又は軌道を横断する場合		レール面上5.5m
横断歩道橋の上に施設する場合		横断歩道橋の路面上3 m
上記以外の場合	**技術上やむを得ない場合において交通に支障のないとき**	**地表上2.5m**
	その他の場合	**地表上4m**

地中電線路の施設

第120条　地中電線路は，電線に**ケーブルを使用し**，かつ，**管路式，暗きょ式又は直接埋設式により施設すること．**

なお，管路式には電線共同溝（C.C.BOX）方式を，暗きょ式にはキャブ（電力，通信等のケーブルを収納するために道路下に設けるふた掛け式のU字構造物）によるものを，それぞれ含むものとする．

2　地中電線路を**管路式**により施設する場合は，次の各号によること．

一　電線を収める管は，これに加わる車両その他の重量物の圧力に耐えるものであること．

二　高圧又は特別高圧の地中電線路には，次により表示を施すこと．ただし，需要場所に施設する高圧地中電線路であって，その長さが15m以下のものにあってはこの限りでない．

イ　物件の名称，管理者名及び電圧（需要場所に施設する場合にあっては，物件の名称及び管理者名を除く．）を表示すること．

ロ　おおむね2 mの間隔で表示すること．ただし，他人が立ち入らない場所又は当該電線路の位置が十分に認知できる場合は，この限りでない．

3　地中電線路を**暗きょ式**により施設する場合は，次の各号によること．

一　暗きょは，車両その他の重量物の圧力に耐えるものであること．

二　次のいずれかにより，防火措置を施すこと．

イ　次のいずれかにより，地中電線に耐燃措置を施すこと．

（イ）　地中電線が，次のいずれかに適合する被覆を有するものであること．

（1）　建築基準法（昭和25年法律第201号）第2条第九号に規定される不燃材料で造られたもの又はこれと同等以上の性能を有するものであること．

（2）　電気用品の技術上の基準を定める省令の解釈別表第一附表第二十一に規定する耐燃性試験に適合すること又はこれと同等以上の性能を有すること．

（ロ）　地中電線を，（イ）（1）又は（2）の規定に適合する延焼防止テープ，延焼防止シート，延焼防止塗料その他これらに類するもので被覆すること．

（ハ）　地中電線を，次のいずれかに適合する管又はトラフに収めること．

（1）　建築基準法第2条第九号に規定される不燃材料で造られたもの又はこれと同等以上の性能を有するものであること．

（2）　電気用品の技術上の基準を定める省令の解釈別表第二附表第二十四に規定する耐燃性試験に適合すること又はこれと同等以上の性能を有すること．

（3）　民間規格評価機関として日本電気技術規格委員会が承認した規格である「地中電線を収める管又はトラフの「自消性のある難燃性」試験方法」の「適用」の欄に規定する要件に規定する試験に適合すること．

ロ　暗きょ内に自動消火設備を施設すること．

4　地中電線路を**直接埋設式**により施設する場合は，次の各号によること．ただし，一般用電気工作物が設置された需要場所及び私道以外に施設する地中電線路を日本電気技術規格委員会規格JESC E6007（2021）「直接埋設式（砂巻き）による低圧地中電線の施設」の「3．技術的規定」により施設する場合はこの限りでない．

一　地中電線の**埋設深さは，車両その他の重量物の圧力を受けるおそれがある場所においては1.2m以上，その他の場所においては0.6m以上であること**．ただし，使用するケーブルの種類，施設条件等を考慮し，これに加わる圧力に耐えるよう施設する場合はこの限りでない．

二　地中電線を衝撃から防護するため，次のいずれかにより施設すること．

イ　**地中電線を，堅ろうなトラフその他の防護物に収めること．**

ロ　低圧又は高圧の地中電線を，**車両その他の重量物の圧力を受けるおそれがない場所に施設する場合は，地中電線の上部を堅ろうな板又はといで覆うこと．**

ハ　地中電線に，第6項に規定するがい装を有するケーブルを使用すること．さらに，地中電線の使用電圧が特別高圧である場合は，堅ろうな板又はといで地中電線の上部及び側部を覆うこと．

ニ　地中電線に，パイプ型圧力ケーブルを使用し，かつ，地中電線の上部を堅ろうな板又はといで覆うこと．

三　第2項第二号の規定に準じ，表示を施すこと．

電気使用場所の施設及び小規模発電設備に係る用語の定義

第142条　この解釈において用いる**電気使用場所の施設に係る用語**であって，次の各号に掲げるものの定義は，当該各号による．

一　低圧幹線　第147条の規定により施設した開閉器又は変電所に準ずる場所に施設した低圧開閉器を起点とする，電気使用場所に施設する低圧の電路であって，当該電路に，電気機械器具（配線器具を除く．以下この条において同じ．）に至る低圧電路であって過電流遮断器を施設するものを接続するもの

二　低圧分岐回路　低圧幹線から分岐して電気機械器具に至る低圧電路

三　低圧配線　低圧の屋内配線，屋側配線及び屋外配線

四　屋内電線　屋内に施設する電線路の電線及び屋内配線

五　電球線　電気使用場所に施設する電線のうち，造営物に固定しない白熱電灯に至るものであって，造営物に固定しないものをいい，電気機械器具内の電線を除く．

六　移動電線　電気使用場所に施設する電線のうち，造営物に固定しないものをいい，電球線及び電気機械器具内の電線を除く．

九　電気使用機械器具　電気を使用する電気機械器具をいい，発電機，変圧器，蓄電池その他これに類するものを除く．

十　家庭用電気機械器具　小型電動機，電熱器，ラジオ受信機，電気スタンド，電気用品安全法の適用を受ける装飾用電灯器具その他の電気機械器具であって，主として住宅その他これに類する場所で使用するものをいい，白熱電灯及び放電灯を除く．

十一　配線器具　開閉器，遮断器，接続器その他これらに類する器具

十二　白熱電灯　白熱電球を使用する電灯のうち，

電気スタンド，携帯灯及び電気用品安全法の適用を受ける装飾用電灯器具以外のもの

十三　放電灯　放電管，放電灯用安定器，放電灯用変圧器及び放電管の点灯に必要な附属品並びに管灯回路の配線をいい，電気スタンドその他これに類する放電灯器具を除く．

電路の対地電圧の制限

第 143 条　**住宅の屋内電路**（電気機械器具内の電路を除く．以下この項において同じ．）**の対地電圧は，150 V 以下であること．**ただし，次の各号のいずれかに該当する場合は，この限りでない．

一　**定格消費電力が 2 kW 以上の**電気機械器具及びこれに電気を供給する屋内配線を次により施設する場合

イ　**屋内配線は，当該電気機械器具のみに電気を供給するものであること．**

ロ　電気機械器具の使用電圧及びこれに電気を供給する屋内配線の対地電圧は，300 V 以下であること．

ハ　**屋内配線には，簡易接触防護措置を施すこと．**

ニ　**電気機械器具には，簡易接触防護措置を施すこと．**ただし，次のいずれかに該当する場合は，この限りでない．

（イ）　電気機械器具のうち簡易接触防護措置を施さない部分が，絶縁性のある材料で堅ろうに作られたものである場合

（ロ）　電気機械器具を，乾燥した木製の床その他これに類する絶縁性のものの上でのみ取り扱うように施設する場合

ホ　**電気機械器具は，屋内配線と直接接続して施設すること．**

ヘ　電気機械器具に電気を供給する電路には，**専用の開閉器及び過電流遮断器を施設すること．**ただし，過電流遮断器が開閉機能を有するものである場合は，過電流遮断器のみとすることができる．

ト　電気機械器具に電気を供給する電路には，**電路に地絡が生じたときに自動的に電路を遮断する装置を施設すること．**ただし，次に適合する場合は，この限りでない．

（イ）　電気機械器具に電気を供給する電路の電源側に，次に適合する変圧器を施設すること．

（1）　絶縁変圧器であること．

（2）　定格容量は 3 kVA 以下であること．

（3）　1 次電圧は低圧であり，かつ，2 次電圧は 300 V 以下であること．

（ロ）（イ）の規定により施設する変圧器には，簡易接触防護措置を施すこと．

（ハ）（イ）の規定により施設する変圧器の負荷側の電路は，非接地であること．

二　当該住宅以外の場所に電気を供給するための屋内配線を次により施設する場合

イ　屋内配線の対地電圧は，300 V 以下であること．

ロ　人が触れるおそれがない隠ぺい場所に合成樹脂管工事，金属管工事又はケーブル工事により施設すること．

2　住宅以外の場所の屋内に施設する家庭用電気機械器具に電気を供給する屋内電路の対地電圧は，150 V 以下であること．ただし，家庭用電気機械器具並びにこれに電気を供給する屋内配線及びこれに施設する配線器具を，次の各号のいずれかにより施設する場合は，300 V 以下とすることができる．

一　前項第一号ロからホまでの規定に準じて施設すること．

二　簡易接触防護措置を施すこと．ただし，取扱者以外の者が立ち入らない場所にあっては，この限りでない．

3　白熱電灯（第 183 条に規定する特別低電圧照明回路の白熱電灯を除く．）に電気を供給する電路の対地電圧は，150 V 以下であること．ただし，住宅以外の場所において，次の各号により白熱電灯を施設する場合は，300 V 以下とすることができる．

一　白熱電灯及びこれに附属する電線には，接触防護措置を施すこと．

二　白熱電灯（機械装置に附属するものを除く．）は，屋内配線と直接接続して施設すること．

三　白熱電灯の電球受口は，キーその他の点滅機構のないものであること．

メタルラス張り等の木造造営物における施設

第 145 条　メタルラス張り，ワイヤラス張り又は金属板張りの木造の造営物に，がいし引き工事により屋内配線，屋側配線又は屋外配線（この条においては，いずれも管灯回路の配線を含む．）を施設する場合は，次の各号によること．

一　電線を施設する部分のメタルラス，ワイヤラス又は金属板の上面を木板，合成樹脂板その他絶縁性及び耐久性のあるもので覆い施設すること．

二　電線がメタルラス張り，ワイヤラス張り又は金属板張りの造営材を貫通する場合は，その貫通する部分の電線を電線ごとにそれぞれ別個の難燃性及び耐水性のある堅ろうな絶縁管に収めて施設すること．

2　メタルラス張り，ワイヤラス張り又は金属板張りの木造の造営物に，合成樹脂管工事，金属管工事，金属可とう電線管工事，金属線ぴ工事，金属ダクト工事，バスダクト工事又はケーブル工事により，屋内配線，屋側配線又は屋外配線を施設する場合，又はライティングダクト工事により低圧屋内配線を施設する場合は，次の各号によること．

一　メタルラス，ワイヤラス又は金属板と次に掲げるものとは，**電気的に接続しないように施設すること．**

イ　金属管工事に使用する金属管，金属可とう電線管工事に使用する可とう電線管，金属線ぴ工事に使用する金属線ぴ又は合成樹脂管工事に使用する粉じん防爆型フレキシブルフィッチング

ロ　合成樹脂管工事に使用する合成樹脂管，金属管工事に使用する金属管又は金属可とう電線管工事に使用する可とう電線管に接続する金属製のプルボックス

ハ　金属管工事に使用する金属管，金属可とう電線管工事に使用する可とう電線管又は金属線ぴ工事に使用する金属線ぴに接続する金属製の附属品

ニ　金属ダクト工事，バスダクト工事又はライティングダクト工事に使用するダクト

ホ　ケーブル工事に使用する管その他の電線を収める防護装置の金属製部分又は金属製の電線接続箱

ヘ　ケーブルの被覆に使用する金属体

二　金属管工事，金属可とう電線管工事，金属ダクト工事，バスダクト工事又はケーブル工事により施設する電線が，**メタルラス張り，ワイヤラス張り又は金属板張りの造営材を貫通する場合は，**その部分のメタルラス，ワイヤラス又は金属板を**十分に切り開き，**かつ，その部分の金属管，可とう電線管，金属ダクト，バスダクト又はケーブルに，**耐久性のある絶縁管をはめる，**又は耐久性のある絶縁テープを巻くことにより，**メタルラス，ワイヤラス又は金属板と電気的に接続しないように施設すること．**

3　メタルラス張り，ワイヤラス張り又は金属板張りの木造の造営物に，**電気機械器具を施設する場合は，**メタルラス，ワイヤラス又は金属板と電気機械器具の金属製部分とは，**電気的に接続しないように施設すること．**

低圧配線に使用する電線

第146条　**低圧配線は，直径1.6mmの軟銅線**若しくはこれと同等以上の強さ及び太さのもの又は断面積が1 mm^2 以上のMIケーブルであること．ただし，配線の使用電圧が300V以下の場合において次の各号のいずれかに該当する場合は，この限りでない．

一　電光サイン装置，出退表示灯その他これらに類する装置又は制御回路等（自動制御回路，遠方操作回路，遠方監視装置の信号回路その他これらに類する電気回路をいう．以下この条において同じ.）の配線に直径1.2mm以上の軟銅線を使用し，これを合成樹脂管工事，金属管工事，金属線ぴ工事，金属ダクト工事，フロアダクト工事又はセルラダクト工事により施設する場合

二　電光サイン装置，出退表示灯その他これらに類する装置又は制御回路等の配線に断面積0.75mm^2 以上の多心ケーブル又は多心キャブタイヤケーブルを使用し，かつ，過電流を生じた場合に自動的にこれを電路から遮断する装置を設ける場合

三　第172条第1項の規定により断面積0.75 mm^2 以上のコード又はキャブタイヤケーブルを使用する場合

四　第172条第3項の規定によりエレベータ用ケーブルを使用する場合

2　低圧配線に使用する，**600Vビニル絶縁電線，**600Vポリエチレン絶縁電線，600Vふっ素樹脂絶縁電線及び600Vゴム絶縁電線の**許容電流**は，次の各号によること．ただし，短時間の許容電流についてはこの限りでない．

一　単線にあっては**146-1表**に，成形単線又はより線にあっては**146-2表**にそれぞれ規定する許容電流に，第二号に規定する係数を乗じた値であること．

146-1表

導体の直径(mm)	許容電流(A)		
	軟銅線又は硬銅線	硬アルミ線，半硬アルミ線又は軟アルミ線	イ号アルミ合金線又は高力アルミ合金線
1.0以上1.2未満	16	12	12
1.2以上1.6未満	19	15	14
1.6以上2.0未満	**27**	21	19
2.0以上2.6未満	**35**	27	25
2.6以上3.2未満	48	37	35
3.2以上4.0未満	62	48	45
4.0以上5.0未満	81	63	58
5.0	107	83	77

146-2表

導体の公称断面積(mm^2)	許容電流(A)		
	軟銅線又は硬銅線	硬アルミ線，半硬アルミ線又は軟アルミ線	イ号アルミ合金線又は高力アルミ合金線
0.9以上　1.25未満	17	13	12

1.25 以上　2 未満	19	15	14
2 以上　3.5 未満	27	21	19
3.5 以上　5.5 未満	37	29	27
5.5 以上　8 未満	**49**	38	35
8 以上　14 未満	**61**	48	44
14 以上　22 未満	88	69	63
22 以上　30 未満	115	90	83

二　第一号の規定における係数は，次によること．

イ　**146-3 表**に規定する許容電流補正係数の計算式により計算した値であること．

146-3 表

絶縁体の材料及び施設場所の区分		許容電流補正係数の計算式
ビニル混合物（耐熱性を有するものを除く．）及び天然ゴム混合物		$\sqrt{\frac{60-\theta}{30}}$
ビニル混合物（耐熱性を有するものに限る．），ポリエチレン混合物（架橋したものを除く．）及びスチレンブタジエンゴム混合物		$\sqrt{\frac{75-\theta}{30}}$
エチレンプロピレンゴム混合物		$\sqrt{\frac{80-\theta}{30}}$
ポリエチレン混合物（架橋したものに限る．）		$\sqrt{\frac{90-\theta}{30}}$
ふっ素樹脂混合物	電線又はこれを収める線ぴ，電線管，ダクト等を通電による温度の上昇により他の造営材に障害を及ぼすおそれがない場所に施設し，かつ，電線に接触防護措置を施す場合	$0.9\sqrt{\frac{200-\theta}{30}}$
	その他の場合	$0.9\sqrt{\frac{90-\theta}{30}}$
けい素ゴム混合物	電線又はこれを収める線ぴ，電線管，ダクト等を通電による温度の上昇により他の造営材に障害を及ぼすおそれがない場所に施設し，かつ，電線に接触防護措置を施す場合	$\sqrt{\frac{180-\theta}{30}}$
	その他の場合	$\sqrt{\frac{90-\theta}{30}}$

（備考）θ は，周囲温度（単位：℃）．ただし，30℃以下の場合は30とする．

ロ　**絶縁電線を，合成樹脂管，金属管，金属可とう電線管又は金属線ぴに収めて使用する場合は**，イの規定により計算した値に，更に**146-4 表**に規定する**電流減少係数を乗じた値であること**．ただし，第 148 条第 1 項第五号ただし書並びに第 149 条第 2 項第一号ロ及び第二号イに規定する場合においては，この限りでない．

146-4 表

同一管内の電線数	電流減少係数
3 以下	**0.70**
4	**0.63**
5 又は 6	**0.56**
7 以上 15 以下	0.49
16 以上 40 以下	0.43
41 以上 60 以下	0.39
61 以上	0.34

低圧屋内電路の引込口における開閉器の施設

第 147 条　低圧屋内電路（第 178 条に規定する火薬庫に施設するものを除く．以下この条において同じ．）には，**引込口に近い箇所であって，容易に開閉することができる箇所に開閉器を施設すること**．ただし，次の各号のいずれかに該当する場合は，この限りでない．

一　低圧屋内電路の使用電圧が 300 V 以下であって，**他の屋内電路（定格電流が 15 A 以下の過電流遮断器又は定格電流が 15 A を超え 20 A 以下の配線用遮断器で保護されているものに限る．）に接続する長さ 15 m 以下の電路から電気の供給を受ける場合**

二　低圧屋内電路に接続する電源側の電路（当該電路に架空部分又は屋上部分がある場合は，その架空部分又は屋上部分より負荷側にある部分に限る．）に，当該低圧屋内電路に専用の開閉器を，これと同一の構内であって容易に開閉することができる箇所に施設する場合

低圧幹線の施設

第 148 条　低圧幹線は，次の各号によること．

一　損傷を受けるおそれがない場所に施設すること．

二　**電線の許容電流は**，低圧幹線の各部分ごとに，その部分を通じて供給される**電気使用機械器具の定格電流の合計値以上であること**．ただし，当該低圧幹線に接続する負荷のうち，**電動機又はこれに類する起動電流が大きい電気機械器具（以下この条において「電動機等」という．）の定格電流の合計が，他の電気使用機械器具の定格電流の合計より大きい場合は，他の電気使用機械器具の定格電流の合計に次の値を加えた値以上であること．**

イ　**電動機等の定格電流の合計が 50 A 以下の場合は，その定格電流の合計の 1.25 倍**

ロ　**電動機等の定格電流の合計が 50 A を超える場合は，その定格電流の合計の 1.1 倍**

三　前号の規定における電流値は，需要率，力率等が明らかな場合には，これらによって適当に修正した値とすることができる．

四　**低圧幹線の電源側電路には，当該低圧幹線を保護する過電流遮断器を施設すること**．ただし，次のいずれかに該当する場合は，この限りでない．

イ　低圧幹線の**許容電流が**，当該低圧幹線の電源側に接続する他の低圧幹線を保護する**過電流遮断器の定格電流の 55％以上である場合**

ロ　過電流遮断器に直接接続する低圧幹線又はイに掲げる低圧幹線に接続する**長さ 8 m 以**

下の低圧幹線であって，当該低圧**幹線の許容電流が**，当該低圧幹線の電源側に接続する他の低圧幹線を保護する**過電流遮断器の定格電流の 35％以上である場合**

ハ　過電流遮断器に直接接続する低圧幹線又はイ若しくはロに掲げる低圧幹線に接続する**長さ 3 m 以下の低圧幹線**であって，当該低圧幹線の負荷側に他の低圧幹線を接続しない場合

ニ　低圧幹線に電気を供給する電源が太陽電池のみであって，当該低圧幹線の許容電流が，当該低圧幹線を通過する最大短絡電流以上である場合

五　前号の規定における「当該低圧幹線を保護する過電流遮断器」は，その定格電流が，当該低圧幹線の許容電流以下のものであること．ただし，低圧幹線に電動機等が接続される場合の定格電流は，次のいずれかによることができる．

イ　**電動機等の定格電流の合計の 3 倍に，他の電気使用機械器具の定格電流の合計を加えた値以下であること．**

ロ　イの規定による値が当該低圧幹線の許容電流を 2.5 倍した値を超える場合は，その許容電流を 2.5 倍した値以下であること．

ハ　当該低圧幹線の許容電流が 100 A を超える場合であって，イ又はロの規定による値が過電流遮断器の標準定格に該当しないときは，イ又はロの規定による値の直近上位の標準定格であること．

六　第四号の規定により施設する過電流遮断器は，各極（多線式電路の中性極を除く．）に施設すること．ただし，対地電圧が 150 V 以下の低圧屋内電路の接地側電線以外の電線に施設した過電流遮断器が動作した場合において，各極が同時に遮断されるときは，当該電路の接地側電線に過電流遮断器を施設しないことができる．

低圧分岐回路等の施設

第 149 条　低圧分岐回路には，次の各号により過電流遮断器及び開閉器を施設すること．

一　**低圧幹線との分岐点から電線の長さが 3 m 以下の箇所に，過電流遮断器を施設すること．**ただし，分岐点から過電流遮断器までの電線が，**次のいずれかに該当する場合は，分岐点から 3 m を超える箇所に施設することができる．**

イ　電線の許容電流が，その電線に接続する低圧幹線を保護する**過電流遮断器の定格電流の 55％以上**である場合

ロ　電線の長さが **8 m 以下**であり，かつ，電線の許容電流がその電線に接続する低圧幹線を保護する**過電流遮断器の定格電流の 35％以上**である場合

二　前号の規定により施設する過電流遮断器は，各極（多線式電路の中性極を除く．）に施設すること．ただし，次のいずれかに該当する電線の極については，この限りでない．

イ　対地電圧が 150 V 以下の低圧電路の接地側電線以外の電線に施設した過電流遮断器が動作した場合において，各極が同時に遮断されるときは，当該電路の接地側電線

ロ　第三号イ及びロに規定する電路の接地側電線

三　第一号に規定する場所には，開閉器を各極に施設すること．ただし，次のいずれかに該当する低圧分岐回路の中性線又は接地側電線の極については，この限りでない．

イ　第 24 条第 1 項又は第 19 条第 1 項から第 4 項までの規定により接地工事を施した低圧電路に接続する分岐回路であって，当該分岐回路が分岐する低圧幹線の各極に開閉器を施設するもの

ロ　前条第 2 項第二号イ及びロの規定に適合する低圧電路に接続する分岐回路であって，開閉器の施設箇所において，中性線又は接地側電線を，電気的に完全に接続し，かつ，容易に取り外すことができるもの

四　第一号の規定により施設する過電流遮断器が，前号の規定に適合する開閉器の機能を有するものである場合は，当該過電流遮断器と別に開閉器を施設することを要しない．

2　低圧分岐回路は，次の各号により施設すること．

一　第二号及び第三号に規定するものを除き，次によること．

イ　第 1 項第一号の規定により施設する過電流遮断器の定格電流は，50 A 以下であること．

ロ　電線は，太さが **149-1 表**の中欄に規定する値の軟銅線若しくはこれと同等以上の許容電流のあるもの又は太さが同表の右欄に規定する値以上の MI ケーブルであること．

149-1 表

<table>
<tr><th>分岐回路を保護する過電流遮断器の種類</th><th>軟銅線の太さ</th><th>MI ケーブルの太さ</th></tr>
<tr><td>定格電流が 15 A 以下のもの</td><td rowspan="2">直径 1.6 mm</td><td rowspan="2">断面積 1 mm^2</td></tr>
<tr><td>定格電流が 15 A を超え 20 A 以下の配線用遮断器</td></tr>
<tr><td>定格電流が 15 A を超え 20 A 以下のもの（配線用遮断器を除く．）</td><td>直径 2 mm</td><td>断面積 1.5 mm^2</td></tr>
<tr><td>定格電流が 20 A を超え 30 A 以下のもの</td><td>直径 2.6 mm</td><td>断面積 2.5 mm^2</td></tr>
<tr><td>定格電流が 30 A を超え 40 A 以下のもの</td><td>断面積 8 mm^2</td><td>断面積 6 mm^2</td></tr>
</table>

定格電流が40Aを超え**50A以下のもの**	**断面積14mm^2**	断面積10mm^2

ハ　電線が，次のいずれかに該当する場合は，ロの規定によらないことができる．

（イ）　次に適合するもの

（１）　１のねじ込み接続器，１のソケット又は１のコンセントからその分岐点に至る部分であって，当該部分の電線の長さが，３m以下であること．

（２）　太さが**149-2表**の中欄に規定する値の軟銅線若しくはこれと同等以上の許容電流のあるもの又は太さが同表の右欄に規定する値以上のMIケーブルであること．

149-2表

分岐回路を保護する過電流遮断器の種類	軟銅線の太さ	MIケーブルの太さ
定格電流が15Aを超え20A以下のもの（配線用遮断器を除く.）	直径1.6mm	断面積1mm^2
定格電流が20Aを超え30A以下のもの		
定格電流が30Aを超え50A以下のもの	直径2mm	断面積1.5mm^2

（ロ）　使用電圧が300V以下であって，第146条第１項各号のいずれかに該当するもの

ニ　低圧分岐回路に接続する，コンセント又はねじ込み接続器若しくはソケットは，**149-3表**に規定するものであること．

二　電動機又はこれに類する起動電流が大きい電気機械器具（以下この条において「電動機等」という.）のみに至る低圧分岐回路は，次によること．

イ　第１項第一号の規定により施設する過電流遮断器の定格電流は，その過電流遮断器に直接接続する負荷側の電線の許容電流を2.5倍（第33条第4項に規定する過電流遮断器にあっては，１倍）した値（当該電線の許容電流が100Aを超える場合であって，その値が過電流遮断器の標準定格に該当しないときは，その値の直近上位の標準定格）以下であること．

ロ　電線の許容電流は，間欠使用その他の特殊な使用方法による場合を除き，その部分を通じて供給される電動機等の定格電流の合計を1.25倍（当該電動機等の定格電流の合計が50Aを超える場合は，1.1倍）した値以上であること．

149-3表

分岐回路を保護する過電流遮断器の種類	コンセント	ねじ込み接続器又はソケット
定格電流が**15A以下**のもの	定格電流が**15A以下**のもの	ねじ込み型のソケットであって，公称直径が39mm以下のもの若しくはねじ込み型以外のソケット又は公称直径が39mm以下のねじ込み接続器
定格電流が15Aを超え**20A以下の配線用遮断器**	定格電流が**20A以下**のもの	
定格電流が15Aを超え**20A以下のもの（配線用遮断器を除く.）**	定格電流が**20A**のもの（定格電流が20A未満の差込みプラグが接続できるものを除く.）	ハロゲン電球用のソケット若しくはハロゲン電球用以外の白熱電灯用若しくは放電灯用のソケットであって，公称直径が39mmのもの又は公称直径が39mmのねじ込み接続器
定格電流が20Aを超え**30A以下**のもの	定格電流が**20A以上30A以下**のもの（定格電流が20A未満の差込みプラグが接続できるものを除く.）	
定格電流が30Aを超え**40A以下**のもの	定格電流が**30A以上40A以下**のもの	
定格電流が40Aを超え**50A以下**のもの	定格電流が**40A以上50A以下**のもの	

三　定格電流が50Aを超える１の電気使用機械器具（電動機等を除く．以下この号において同じ.）に至る低圧分岐回路は，次によること．

イ　低圧分岐回路には，当該電気使用機械器具以外の負荷を接続しないこと．

ロ　第１項第一号の規定により施設する過電流遮断器の定格電流は，当該電気使用機械器具の定格電流を1.3倍した値（その値が過電流遮断器の標準定格に該当しないときは，その値の直近上位の標準定格）以下であること．

ハ　電線の許容電流は，当該電気使用機械器具及び第１項第一号の規定により施設する過電流遮断器の定格電流以上であること．

3　住宅の屋内には，次の各号のいずれかに該当する場合を除き，中性線を有する低圧分岐回路を施設しないこと．

一　１の電気機械器具（配線器具を除く．以下この条において同じ.）に至る専用の低圧配線として施設する場合

二　低圧配線の中性線が欠損した場合において，当該低圧配線の中性線に接続される電気機械器具に異常電圧が加わらないように施設する場合

三　低圧配線の中性線が欠損した場合において，当該電路を自動的に，かつ，確実に遮断する装置を施設する場合

電動機の過負荷保護装置の施設

第153条　屋内に施設する電動機には，電動機が焼損するおそれがある過電流を生じた場合に自動的にこれを阻止し，又はこれを警報する装置を設けること．ただし，次の各号のいずれかに該当する場合はこの限りでない．

一　電動機を運転中，**常時，取扱者が監視できる**

位置に施設する場合

二　電動機の構造上又は負荷の性質上，その電動機の巻線に当該**電動機を焼損する過電流を生じるおそれがない場合**

三　**電動機が単相**のものであって，その電源側電路に施設する**過電流遮断器の定格電流が 15A（配線用遮断器にあっては，20A）以下の場合**

四　**電動機の出力が 0.2kW 以下の場合**

電気設備による電磁障害の防止

第 155 条　電気機械器具が，無線設備の機能に継続的かつ重大な障害を及ぼす高周波電流を発生するおそれがある場合には，これを防止するため，次の各号により施設すること．

一　電気機械器具の種類に応じ，次に掲げる対策を施すこと．

イ　**けい光放電灯には，**適当な箇所に**静電容量が 0.006 μF 以上 0.5 μF 以下**（予熱始動式のものであって，グローランプに並列に接続する場合は，0.006 μF 以上 0.01 μF 以下）**のコンデンサを設けること．**

低圧屋内配線の施設場所による工事の種類

第 156 条　低圧屋内配線は，次の各号に掲げるものを除き，**156-1 表**に規定する工事のいずれかにより施設すること．

一　第 172 条第 1 項の規定により施設するもの

二　第 175 条から第 178 条までに規定する場所に施設するもの

がいし引き工事

第 157 条　がいし引き工事による低圧屋内配線は，次の各号によること．

一　電線は，第 144 条第一号イからハまでに掲げるものを除き，絶縁電線（屋外用ビニル絶縁電線，引込用ビニル絶縁電線及び引込用ポリエチレン絶縁電線を除く．）であること．

二　**電線相互の間隔は，6 cm 以上であること．**

三　**電線と造営材との離隔距離は，使用電圧が 300V 以下の場合は 2.5cm 以上，300V を超える場合は 4.5cm（乾燥した場所に施設する場合は，2.5cm）以上であること．**

四　電線の支持点間の距離は，次によること．

イ　電線を**造営材の上面又は側面に沿って取り付ける場合は，2 m 以下であること．**

ロ　イに規定する以外の場合であって，使用電圧が 300V を超えるものにあっては，6 m 以下であること．

五　使用電圧が 300V 以下の場合は，電線に簡易接触防護措置を施すこと．

六　使用電圧が 300V を超える場合は，電線に接触防護措置を施すこと．

七　電線が造営材を貫通する場合は，その貫通する部分の電線を電線ごとにそれぞれ別個の難燃性及び耐水性のある物で絶縁すること．ただし，使用電圧が 150V 以下の電線を乾燥した場所に施設する場合であって，貫通する部分の電線に耐久性のある絶縁テープを巻くときはこの限りでない．

八　電線が他の低圧屋内配線又は管灯回路の配線と接近又は交差する場合は，次のいずれかによること．

イ　他の低圧屋内配線又は管灯回路の配線との離隔距離が，10cm（がいし引き工事により施設する低圧屋内配線が裸電線である場合は，30cm）以上であること．

ロ　他の低圧屋内配線又は管灯回路の配線との間に，絶縁性の隔壁を堅ろうに取り付けること．

ハ　いずれかの低圧屋内配線又は管灯回路の配線を，十分な長さの難燃性及び耐水性のある堅ろうな絶縁管に収めて施設すること．

156-1 表

施設場所の区分		使用電圧の区分	工事の種類											
			がいし引き工事	合成樹脂管工事	金属管工事	金属可とう電線管工事	金属線ぴ工事	金属ダクト工事	バスダクト工事	ケーブル工事	フロアダクト工事	セルラダクト工事	ライティングダクト工事	平形保護層工事
展開した場所	乾燥した場所	300V以下	○	○	○	○	○	○	○	○			○	
		300V超過	○	○	○	○		○	○	○				
	湿気の多い場所又は水気のある場所	300V以下	○	○	○	○			○	○				
		300V超過	○	○	○	○				○				
点検できる隠ぺい場所	乾燥した場所	300V以下	○	○	○	○	○	○	○	○		○	○	○
		300V超過	○	○	○	○		○	○	○				
	湿気の多い場所又は水気のある場所	—	○	○	○	○				○				
点検できない隠ぺい場所	乾燥した場所	300V以下		○	○	○				○	○	○		
		300V超過		○	○	○				○				
	湿気の多い場所又は水気のある場所	—		○	○	○				○				

（備考）○は，使用できることを示す．

ニ　がいし引き工事により施設する低圧屋内配線と，がいし引き工事により施設する他の低圧屋内配線又は管灯回路の配線とが並行する場合は，相互の離隔距離が 6 cm 以上であること．

九　がいしは，絶縁性，難燃性及び耐水性のあるものであること．

合成樹脂管工事

第 158 条　合成樹脂管工事による低圧屋内配線の電線は，次の各号によること．

一　**絶縁電線（屋外用ビニル絶縁電線を除く.）であること．**

二　**より線又は直径 3.2mm（アルミ線にあっては，4 mm）以下の単線であること．**ただし，短小な合成樹脂管に収めるものは，この限りでない．

三　**合成樹脂管内では，電線に接続点を設けないこと．**

2　合成樹脂管工事に使用する合成樹脂管及びボックスその他の附属品（管相互を接続するもの及び管端に接続するものに限り，レジューサーを除く.）は，次の各号に適合するものであること．

一　電気用品安全法の適用を受ける合成樹脂製の電線管及びボックスその他の附属品であること．ただし，附属品のうち金属製のボックス及び第 159 条第 4 項第一号の規定に適合する粉じん防爆型フレキシブルフィッチングにあっては，この限りでない．

二　端口及び内面は，電線の被覆を損傷しないような滑らかなものであること．

三　管（合成樹脂製可とう管及び CD 管を除く.）の厚さは，2 mm 以上であること．ただし，次に適合する場合はこの限りでない．

イ　屋内配線の使用電圧が 300V 以下であること．

ロ　展開した場所又は点検できる隠ぺい場所であって，乾燥した場所に施設すること．

ハ　接触防護措置を施すこと．

3　合成樹脂管工事に使用する合成樹脂管及びボックスその他の附属品は，次の各号により施設すること．

一　重量物の圧力又は著しい機械的衝撃を受けるおそれがないように施設すること．

二　管相互及び管とボックスとは，**管の差込み深さを管の外径の 1.2 倍（接着剤を使用する場合は，0.8 倍）以上**とし，かつ，差込み接続により堅ろうに接続すること．

三　**管の支持点間の距離は 1.5m 以下**とし，かつ，その支持点は，管端，管とボックスとの接続点及び管相互の接続点のそれぞれの近くの箇所に設けること．

四　湿気の多い場所又は水気のある場所に施設する場合は，防湿装置を施すこと．

五　合成樹脂管を金属製のボックスに接続して使用する場合又は前項第一号ただし書に規定する粉じん防爆型フレキシブルフィッチングを使用する場合は，次によること．（関連省令第 10 条，第 11 条）

イ　低圧屋内配線の使用電圧が 300V 以下の場合は，ボックス又は粉じん防爆型フレキシブルフィッチングに D 種接地工事を施すこと．ただし，次のいずれかに該当する場合は，この限りでない．

（イ）　乾燥した場所に施設する場合

（ロ）　屋内配線の使用電圧が直流 300V 又は交流対地電圧 150V 以下の場合において，簡易接触防護措置（金属製のものであって，防護措置を施す設備と電気的に接続するおそれがあるもので防護する方法を除く.）を施すとき

ロ　低圧屋内配線の使用電圧が 300V を超える場合は，ボックス又は粉じん防爆型フレキシブルフィッチングに C 種接地工事を施すこと．ただし，接触防護措置（金属製のものであって，防護措置を施す設備と電気的に接続するおそれがあるもので防護する方法を除く.）を施す場合は，D 種接地工事によることができる．

六　合成樹脂管をプルボックスに接続して使用する場合は，第二号の規定に準じて施設すること．ただし，技術上やむを得ない場合において，管及びプルボックスを乾燥した場所において不燃性の造営材に堅ろうに施設するときは，この限りでない．

七　**CD 管**は，次のいずれかにより施設すること．

イ　**直接コンクリートに埋め込んで施設すること．**

ロ　専用の不燃性又は自消性のある難燃性の管又はダクトに収めて施設すること．

八　**合成樹脂製可とう管相互，CD 管相互及び合成樹脂製可とう管と CD 管とは，直接接続しないこと．**

金属管工事

第 159 条　金属管工事による低圧屋内配線の電線は，次の各号によること．

一　**絶縁電線（屋外用ビニル絶縁電線を除く.）であること．**

二　**より線又は直径 3.2mm（アルミ線にあって**

は，4 mm）以下の単線であること．ただし，短小な金属管に収めるものは，この限りでない．

三　**金属管内では，電線に接続点を設けないこと．**

2　金属管工事に使用する金属管及びボックスその他の附属品（管相互を接続するもの及び管端に接続するものに限り，レジューサーを除く．）は，次の各号に適合するものであること．

一　電気用品安全法の適用を受ける金属製の電線管（可とう電線管を除く．）及びボックスその他の附属品又は黄銅若しくは銅で堅ろうに製作したものであること．ただし，第4項に規定するもの及び絶縁ブッシングにあっては，この限りでない．

二　管の厚さは，次によること．

イ　**コンクリートに埋め込むものは，1.2mm以上**

ロ　イに規定する以外のものであって，継手のない長さ4m以下のものを乾燥した展開した場所に施設する場合は，0.5mm以上

ハ　イ及びロに規定するもの以外のものは，1mm以上

三　端口及び内面は，電線の被覆を損傷しないような滑らかなものであること．

3　金属管工事に使用する金属管及びボックスその他の附属品は，次の各号により施設すること．

一　管相互及び管とボックスその他の附属品とは，ねじ接続その他これと同等以上の効力のある方法により，堅ろうに，かつ，電気的に完全に接続すること．

二　管の端口には，電線の被覆を損傷しないように適当な構造のブッシングを使用すること．ただし，**金属管工事からがいし引き工事に移る場合**においては，その部分の管の端口には，**絶縁ブッシング**その他これに類するものを使用すること．

三　湿気の多い場所又は水気のある場所に施設する場合は，防湿装置を施すこと．

四　低圧屋内配線の**使用電圧が300V以下の場合は，管には，D種接地工事を施すこと**．ただし，次のいずれかに該当する場合は，この限りでない．（関連省令第10条，第11条）

イ　**管の長さ**（2本以上の管を接続して使用する場合は，その全長．以下この条において同じ．）**が4m以下のものを乾燥した場所に施設する場合**

ロ　屋内配線の使用電圧が直流300V又は**交流対地電圧150V以下の場合において**，その電線を収める**管の長さが8m以下のものに簡易接触防護措置**（金属製のものであって，防護措置を施す管と電気的に接続するおそれがあるもので防護する方法を除く．）**を施すとき又は乾燥した場所に施設するとき**

五　低圧屋内配線の**使用電圧が300Vを超える場合は，管には，C種接地工事を施すこと**．ただし，**接触防護措置**（金属製のものであって，防護措置を施す管と電気的に接続するおそれがあるもので防護する方法を除く．）**を施す場合は，D種接地工事によることができる**．（関連省令第10条，第11条）

六　金属管を金属製のプルボックスに接続して使用する場合は，第一号の規定に準じて施設すること．ただし，技術上やむを得ない場合において，管及びプルボックスを乾燥した場所において不燃性の造営材に堅ろうに施設し，かつ，管及びプルボックス相互を電気的に完全に接続するときは，この限りでない．

金属可とう電線管工事

第160条　金属可とう電線管工事による低圧屋内配線の電線は，次の各号によること．

一　**絶縁電線（屋外用ビニル絶縁電線を除く．）であること．**

二　**より線又は直径3.2mm（アルミ線にあっては，4 mm）以下の単心のものであること．**

三　**電線管内では，電線に接続点を設けないこと．**

2　金属可とう電線管工事に使用する電線管及びボックスその他の附属品（管相互及び管端に接続するものに限る．）は，次の各号に適合するものであること．

一　電気用品安全法の適用を受ける金属製可とう電線管及びボックスその他の附属品であること．

二　電線管は，2種金属製可とう電線管であること．ただし，次に適合する場合は，1種金属製可とう電線管を使用することができる．

イ　展開した場所又は点検できる隠ぺい場所であって，乾燥した場所であること．

ロ　屋内配線の使用電圧が300Vを超える場合は，電動機に接続する部分で可とう性を必要とする部分であること．

ハ　管の厚さは，0.8mm以上であること．

三　内面は，電線の被覆を損傷しないような滑らかなものであること．

3　金属可とう電線管工事に使用する電線管及びボックスその他の附属品は，次の各号により施設すること．

一　重量物の圧力又は著しい機械的衝撃を受けるおそれがないように施設すること．

二　管相互及び管とボックスその他の附属品とは，堅ろうに，かつ，電気的に完全に接続する

こと．
三　管の端口は，電線の被覆を損傷しないような構造であること．
四　２種金属製可とう電線管を使用する場合において，湿気の多い場所又は水気のある場所に施設するときは，防湿装置を施すこと．
五　１種金属製可とう電線管には，直径1.6mm以上の裸軟銅線を全長にわたって挿入又は添加して，その裸軟銅線と管とを両端において電気的に完全に接続すること．ただし，管の長さ（２本以上の管を接続して使用する場合は，その全長．以下この条において同じ．）が４m以下のものを施設する場合は，この限りでない．
六　低圧屋内配線の**使用電圧が300V以下の場合は，電線管には，D種接地工事を施すこと**．ただし，**管の長さが４m以下のものを施設する場合は，この限りでない**．（関連省令第10条，第11条）
七　低圧屋内配線の使用電圧が300Vを超える場合は，電線管には，C種接地工事を施すこと．ただし，接触防護措置（金属製のものであって，防護措置を施す管と電気的に接続するおそれがあるもので防護する方法を除く．）を施す場合は，D種接地工事によることができる．（関連省令第10条，第11条）

金属線ぴ工事

第161条　金属線ぴ工事による低圧屋内配線の電線は，次の各号によること．
一　**絶縁電線（屋外用ビニル絶縁電線を除く．）であること．**
二　**線ぴ内では，電線に接続点を設けないこと．**ただし，次に適合する場合は，この限りでない．
イ　電線を分岐する場合であること．
ロ　線ぴは，電気用品安全法の適用を受ける２種金属製線ぴであること．
ハ　接続点を容易に点検できるように施設すること．
ニ　線ぴには第３項第二号ただし書の規定にかかわらず，D種接地工事を施すこと．（関連省令第10条，第11条）
ホ　線ぴ内の電線を外部に引き出す部分は，線ぴの貫通部分で電線が損傷するおそれがないように施設すること．

2　金属線ぴ工事に使用する金属製線ぴ及びボックスその他の附属品（線ぴ相互を接続するもの及び線ぴの端に接続するものに限る．）は，次の各号のいずれかに適合するものであること．
一　電気用品安全法の適用を受ける金属製線ぴ及びボックスその他の附属品であること．
二　黄銅又は銅で堅ろうに製作し，内面を滑らかにしたものであって，幅が5cm以下，厚さが0.5mm以上のものであること．

3　金属線ぴ工事に使用する金属製線ぴ及びボックスその他の附属品は，次の各号により施設すること．
一　線ぴ相互及び線ぴとボックスその他の附属品とは，堅ろうに，かつ，電気的に完全に接続すること．
二　線ぴには，**D種接地工事を施すこと**．ただし，次のいずれかに該当する場合は，この限りでない．（関連省令第10条，第11条）
イ　**線ぴの長さ**（２本以上の線ぴを接続して使用する場合は，その全長をいう．以下この条において同じ．）**が４m以下のもの**を施設する場合
ロ　屋内配線の使用電圧が直流300V又は**交流対地電圧が150V以下の場合**において，その電線を収める**線ぴの長さが８m以下のものに簡易接触防護措置**（金属製のものであって，防護措置を施す線ぴと電気的に接続するおそれがあるもので防護する方法を除く．）**を施すとき又は乾燥した場所に施設するとき**

金属ダクト工事

第162条　金属ダクト工事による低圧屋内配線の電線は，次の各号によること．
一　**絶縁電線（屋外用ビニル絶縁電線を除く．）であること．**
二　**ダクトに収める電線の断面積**（絶縁被覆の断面積を含む．）**の総和は，ダクトの内部断面積の20％以下であること．**ただし，電光サイン装置，出退表示灯その他これらに類する装置又は制御回路等（自動制御回路，遠方操作回路，遠方監視装置の信号回路その他これらに類する電気回路をいう．）の配線のみを収める場合は，50％以下とすることができる．
三　**ダクト内では，電線に接続点を設けないこと．**ただし，**電線を分岐する場合において，その接続点が容易に点検できるときは，この限りでない．**
四　ダクト内の電線を外部に引き出す部分は，ダクトの貫通部分で電線が損傷するおそれがないように施設すること．
五　ダクト内には，電線の被覆を損傷するおそれがあるものを収めないこと．
六　ダクトを垂直に施設する場合は，電線をクリート等で堅固に支持すること．

2　金属ダクト工事に使用する金属ダクトは，次の各号に適合するものであること．

一　**幅が 5 cm を超え，かつ，厚さが 1.2mm 以上の鉄板**又はこれと同等以上の強さを有する金属製のものであって，堅ろうに製作したものであること．

二　内面は，電線の被覆を損傷するような突起がないものであること．

三　内面及び外面にさび止めのために，めっき又は塗装を施したものであること．

3　金属ダクト工事に使用する金属ダクトは，次の各号により施設すること．

一　ダクト相互は，堅ろうに，かつ，電気的に完全に接続すること．

二　ダクトを造営材に取り付ける場合は，**ダクトの支持点間の距離を 3 m（取扱者以外の者が出入りできないように措置した場所において，垂直に取り付ける場合は，6 m）以下**とし，堅ろうに取り付けること．

三　ダクトのふたは，容易に外れないように施設すること．

四　ダクトの終端部は，閉そくすること．

五　ダクトの内部にじんあいが侵入し難いようにすること．

六　ダクトは，水のたまるような低い部分を設けないように施設すること．

七　低圧屋内配線の**使用電圧が 300V 以下の場合は，ダクトには，D 種接地工事を施すこと．**（関連省令第 10 条，第 11 条）

八　低圧屋内配線の**使用電圧が 300V を超える場合は，ダクトには，C 種接地工事を施すこと．**ただし，**接触防護措置**（金属製のものであって，防護措置を施すダクトと電気的に接続するおそれがあるもので防護する方法を除く．）**を施す場合は，D 種接地工事によることができる．**（関連省令第 10 条，第 11 条）

バスダクト工事

第 163 条　バスダクト工事による低圧屋内配線は，次の各号によること．

一　ダクト相互及び電線相互は，堅ろうに，かつ，電気的に完全に接続すること．

二　ダクトを造営材に取り付ける場合は，**ダクトの支持点間の距離を 3 m（取扱者以外の者が出入りできないように措置した場所において，垂直に取り付ける場合は，6 m）以下**とし，堅ろうに取り付けること．

三　ダクト（換気型のものを除く．）の終端部は，閉そくすること．

四　ダクト（換気型のものを除く．）の内部にじんあいが侵入し難いようにすること．

五　湿気の多い場所又は水気のある場所に施設する場合は，屋外用バスダクトを使用し，バスダクト内部に水が浸入してたまらないようにすること．

六　低圧屋内配線の**使用電圧が 300V 以下の場合は，ダクトには，D 種接地工事を施すこと．**（関連省令第 10 条，第 11 条）

七　低圧屋内配線の**使用電圧が 300V を超える場合は，ダクトには，C 種接地工事を施すこと．**ただし，**接触防護措置**（金属製のものであって，防護措置を施すダクトと電気的に接続するおそれがあるもので防護する方法を除く．）**を施す場合は，D 種接地工事によることができる．**（関連省令第 10 条，第 11 条）

ケーブル工事

第 164 条　ケーブル工事による低圧屋内配線は，次項及び第 3 項に規定するものを除き，次の各号によること．

一　電線は，**164-1 表**に規定するものであること．

164-1 表

電線の種類		区分：使用電圧が 300V 以下のものを展開した場所又は点検できる隠ぺい場所に施設する場合	区分：その他の場合
ケーブル		○	○
2 種	キャブタイヤケーブル	○	
3 種	キャブタイヤケーブル	○	○
4 種	キャブタイヤケーブル	○	○
2 種	クロロプレンキャブタイヤケーブル	○	
3 種	クロロプレンキャブタイヤケーブル	○	○
4 種	クロロプレンキャブタイヤケーブル	○	○
2 種	クロロスルホン化ポリエチレンキャブタイヤケーブル	○	
3 種	クロロスルホン化ポリエチレンキャブタイヤケーブル	○	○
4 種	クロロスルホン化ポリエチレンキャブタイヤケーブル	○	○
2 種	耐燃性エチレンゴムキャブタイヤケーブル	○	
3 種	耐燃性エチレンゴムキャブタイヤケーブル	○	○
ビニルキャブタイヤケーブル		○	
耐燃性ポリオレフィンキャブタイヤケーブル		○	

（備考）○は，使用できることを示す．

二　**重量物の圧力又は著しい機械的衝撃を受けるおそれがある箇所に施設する電線には，適当な防護装置を設けること．**

三　**電線を造営材の下面又は側面に沿って取り付ける場合は，電線の支持点間の距離をケーブルにあっては 2 m（接触防護措置を施した場所において垂直に取り付ける場合は，6 m）以下，**キャブタイヤケーブルにあっては 1 m 以下とし，かつ，その被覆を損傷しないように取り付けること．

四　低圧屋内配線の**使用電圧が300V以下の場合**は，管その他の電線を収める**防護装置の金属製部分**，金属製の電線接続箱及び電線の被覆に使用する金属体には，**D種接地工事を施すこと**．ただし，次のいずれかに該当する場合は，管その他の電線を収める防護装置の金属製部分については，この限りでない．（関連省令第10条，第11条）

イ　防護装置の金属製部分の長さが**4m以下のものを乾燥した場所**に施設する場合

ロ　屋内配線の使用電圧が直流300V又は**交流対地電圧150V以下の場合において，防護装置の金属製部分の長さが8m以下のものに簡易接触防護措置**（金属製のものであって，防護措置を施す設備と電気的に接続するおそれがあるもので防護する方法を除く．）**を施すとき又は乾燥した場所に施設するとき**

五　低圧屋内配線の**使用電圧が300Vを超える場合は**，管その他の電線を収める防護装置の金属製部分，金属製の電線接続箱及び電線の被覆に使用する金属体には，**C種接地工事を施すこと**．ただし，**接触防護措置**（金属製のものであって，防護措置を施す設備と電気的に接続するおそれがあるもので防護する方法を除く．）**を施す場合は，D種接地工事によることができる**．（関連省令第10条，第11条）

2　電線を直接コンクリートに埋め込んで施設する低圧屋内配線は，次の各号によること．

一　電線は，MIケーブル，コンクリート直埋用ケーブル又は第120条第6項に規定する性能を満足するがい装を有するケーブルであること．

二　コンクリート内では，電線に接続点を設けないこと．ただし，接続部において，ケーブルと同等以上の絶縁性能及び機械的保護機能を有するように施設する場合は，この限りでない．

三　工事に使用するボックスは，電気用品安全法の適用を受ける金属製若しくは合成樹脂製のもの又は黄銅若しくは銅で堅ろうに製作したものであること．

四　電線をボックス又はプルボックス内に引き込む場合は，水がボックス又はプルボックス内に浸入し難いように適当な構造のブッシングその他これに類するものを使用すること．

五　前項第四号及び第五号の規定に準じること．

特殊な低圧屋内配線工事

第165条　**フロアダクト工事**による低圧屋内配線は，次の各号によること．

一　**電線は，絶縁電線（屋外用ビニル絶縁電線を除く．）であること．**

二　**電線は，より線又は直径3.2mm**（アルミ線にあっては，4mm）**以下の単線であること．**

三　**フロアダクト内では，電線に接続点を設けないこと．**ただし，**電線を分岐する場合において，その接続点が容易に点検できるときは，この限りでない．**

五　フロアダクト工事に使用するフロアダクト及びボックスその他の附属品は，次により施設すること．

イ　ダクト相互並びにダクトとボックス及び引出口とは，堅ろうに，かつ，電気的に完全に接続すること．

ロ　ダクト及びボックスその他の附属品は，水のたまるような低い部分を設けないように施設すること．

ハ　ボックス及び引出口は，床面から突出しないように施設し，かつ，水が浸入しないように密封すること．

ニ　ダクトの終端部は，閉そくすること．

ホ　**ダクトには，D種接地工事を施すこと．**（関連省令第10条，第11条）

3　**ライティングダクト工事**による低圧屋内配線は，次の各号によること．

一　ダクト及び附属品は，電気用品安全法の適用を受けるものであること．

二　ダクト相互及び電線相互は，堅ろうに，かつ，電気的に完全に接続すること．

三　ダクトは，造営材に堅ろうに取り付けること．

四　**ダクトの支持点間の距離は，2m以下とすること．**

五　**ダクトの終端部は，閉そくすること．**

六　**ダクトの開口部は，下に向けて施設すること．**ただし，次のいずれかに該当する場合は，横に向けて施設することができる．

イ　簡易接触防護措置を施し，かつ，ダクトの内部にじんあいが侵入し難いように施設する場合

ロ　日本産業規格 JIS C 8366（2012）「ライティングダクト」の「5 性能」，「6 構造」及び「8 材料」の固定Ⅱ形に適合するライティングダクトを使用する場合

七　**ダクトは，造営材を貫通しないこと．**

八　**ダクトには，D種接地工事を施すこと．**ただし，次のいずれかに該当する場合は，この限りでない．（関連省令第10条，第11条）

イ　合成樹脂その他の絶縁物で金属製部分を被覆したダクトを使用する場合

ロ　対地電圧が150V以下で，かつ，ダクトの長さ（2本以上のダクトを接続して使用する場合は，その全長をいう．）が4m以下の場

合

九　ダクトの導体に電気を供給する電路には，当該**電路に地絡を生じたときに自動的に電路を遮断する装置を施設すること．ただし，ダクトに簡易接触防護措置**（金属製のものであって，ダクトの金属製部分と電気的に接続するおそれがあるもので防護する方法を除く.）**を施す場合は，この限りでない．**

4　**平形保護層工事**による低圧屋内配線は，次の各号によること．

一　**住宅以外の場所**においては，次によること．

イ　**次に掲げる以外の場所に施設すること．**

（イ）　**旅館，ホテル又は宿泊所等の宿泊室**

（ロ）　**小学校，中学校，盲学校，ろう学校，養護学校，幼稚園又は保育園等の教室その他これに類する場所**

（ハ）　**病院又は診療所等の病室**

（ニ）　**フロアヒーティング等発熱線を施設した床面**

（ホ）　第175条から第178条までに規定する場所

ロ　造営物の床面又は壁面に施設し，造営材を貫通しないこと．

ハ　電線は，電気用品安全法の適用を受ける平形導体合成樹脂絶縁電線であって，20A用又は30A用のもので，かつ，アース線を有するものであること．

ニ　平形保護層（上部保護層，上部接地用保護層及び下部保護層をいう．以下この条において同じ.）内の電線を外部に引き出す部分は，ジョイントボックスを使用すること．

低圧の屋側配線又は屋外配線の施設

第166条　低圧の屋側配線又は屋外配線（第184条，第188条及び第192条に規定するものを除く．以下この条において同じ.）は，次の各号によること．

一　低圧の屋側配線又は屋外配線は，**166-1表**に規定する工事のいずれかにより施設すること．

166-1表

施設場所の区分	使用電圧の区分	工事の種類					
		がいし引き工事	合成樹脂管工事	金属管工事	金属可とう電線管工事	バスダクト工事	ケーブル工事
展開した場所	300V以下	○	○	○	○	○	○
	300V超過	○	○	○	○	○	○
点検できる隠ぺい場所	300V以下	○	○	○	○	○	○
	300V超過		○	○	○	○	○
点検できない隠ぺい場所	—		○	○	○		○

（備考）○は，使用できることを示す．

八　**低圧の屋側配線又は屋外配線の開閉器及び過電流遮断器は，屋内電路用のものと兼用しないこと．**ただし，当該配線の長さが屋内電路の**分岐点から8m以下の場合において，屋内電路用の過電流遮断器の定格電流が15A（配線用遮断器にあっては，20A）以下のときは，この限りでない．**

低圧配線と弱電流電線等又は管との接近又は交差

第167条　がいし引き工事により施設する低圧配線が，弱電流電線等又は水管，ガス管若しくはこれらに類するもの（以下この条において「水管等」という.）と接近又は交差する場合は，次の各号のいずれかによること．

一　**低圧配線と弱電流電線等又は水管等との離隔距離は，10cm**（電線が裸電線である場合は，30cm）以上とすること．

二　低圧配線の使用電圧が300V以下の場合において，低圧配線と弱電流電線等又は水管等との間に絶縁性の隔壁を堅ろうに取り付けること．

三　低圧配線の使用電圧が300V以下の場合において，低圧配線を十分な長さの難燃性及び耐水性のある堅ろうな絶縁管に収めて施設すること．

2　合成樹脂管工事，金属管工事，金属可とう電線管工事，金属線ぴ工事，金属ダクト工事，バスダクト工事，ケーブル工事，フロアダクト工事，セルラダクト工事，ライティングダクト工事又は平形保護層工事により施設する低圧配線が，弱電流電線又は水管等と接近し又は交差する場合は，次項ただし書の規定による場合を除き，**低圧配線が弱電流電線又は水管等と接触しないように施設すること．**

電球線の施設

第170条　電球線は，次の各号によること．

一　使用電圧は，300V以下であること．

二　電線の断面積は，**0.75mm²**以上であること．

三　電線は，**170-1表**に規定するものであること．

170-1表

電線の種類	施設場所	
	屋内	屋側又は屋外
防湿コード	○	○※2
防湿コード以外のゴムコード	○※1	
ゴムキャブタイヤコード	○	

1種	キャブタイヤケーブル	○	○※2
2種		○	○
3種			
4種			
2種	クロロプレンキャブタイヤケーブル	○	○
3種			
4種			
2種	クロロスルホン化ポリエチレンキャブタイヤケーブル	○	○
3種			
4種			
2種	耐燃性エチレンゴムキャブタイヤケーブル	○	○
3種			

※1：乾燥した場所に施設する場合に限る.
※2：屋側に雨露にさらされないように施設する場合に限る.
（備考）○は，使用できることを示す.

移動電線の施設

第171条　低圧の移動電線は，第181条第1項第七号（第182条第五号において準用する場合を含む.）に規定するものを除き，次の各号によること.

一　**電線の断面積は，0.75mm² 以上であること.**

二　電線は，**171-1表**に規定するものであること.

特殊な配線等の施設

第172条　**ショウウィンドー又はショウケース内の低圧屋内配線を**，次の各号により施設する場合は，**外部から見えやすい箇所に限り，コード又はキャブタイヤケーブルを造営材に接触して施設することができる.**

一　ショウウィンドー又はショウケースは，乾燥した場所に施設し，内部を乾燥した状態で使用するものであること.

二　配線の使用電圧は，300V以下であること.

三　電線は，**断面積0.75mm² 以上の**コード又はキャブタイヤケーブルであること.

四　電線は，乾燥した木材，石材その他これに類する絶縁性のある造営材に，その被覆を損傷しないように適当な留め具により，**1m以下の間隔で取り付けること.**

五　電線には，電球又は器具の重量を支持させないこと.

六　ショウウィンドー又はショウケース内の配線又はこれに接続する移動電線と，他の**低圧屋内配線との接続には，差込み接続器その他これに類する器具を用いること.**

171-1表

電線の種類		区分		
		使用電圧が300V以下のもの		使用電圧が300Vを超えるもの
		屋内に施設する場合	屋側又は屋外に施設する場合	
ビニルコード		△※1		
ビニルキャブタイヤコード		△※1	△※2	
耐燃性ポリオレフィンコード		△※1		
耐燃性ポリオレフィンキャブタイヤコード		△※1	△※2	
防湿コード		○	○※2	
防湿コード以外のゴムコード		○※1		
ゴムキャブタイヤコード		○		
ビニルキャブタイヤケーブル		△	△	▲
耐燃性ポリオレフィンキャブタイヤケーブル		△	△	▲
1種	キャブタイヤケーブル	○		
2種		○	○	○
3種				
4種				
2種	クロロプレンキャブタイヤケーブル	○	○	○
3種				
4種				
2種	クロロスルホン化ポリエチレンキャブタイヤケーブル	○	○	○
3種				
4種				
2種	耐燃性エチレンゴムキャブタイヤケーブル	○	○	○
3種				

※ 1：乾燥した場所に施設する場合に限る.
※ 2：屋側に雨露にさらされないように施設する場合に限る.
（備考）
1．○は，使用できることを示す.
2．△は，次に掲げるものに附属する移動電線として使用する場合に限り使用できることを示す.
（1）差込み接続器を介さないで直接接続される放電灯，扇風機，電気スタンドその他の電気を熱として利用しない電気機械器具（配線器具を除く．以下この条において同じ.）
（2）電気温水器その他の高温部が露出せず，かつ，これに電線が触れるおそれがない構造の電熱器であって，電熱器と移動電線との接続部の温度が80℃以下であり，かつ，電熱器の外面の温度が100℃を超えるおそれがないもの
（3）移動点滅器
3．▲は，電気を熱として利用しない電気機械器具に附属する移動電線に限り使用できることを示す.

粉じんの多い場所の施設

第175条　粉じんの多い場所に施設する低圧又は高圧の電気設備は，次の各号のいずれかにより施設すること.

一　**爆燃性粉じん**（マグネシウム，アルミニウム等の粉じんであって，空気中に浮遊した状態又は集積した状態において着火したときに爆発するおそれがあるものをいう．以下この条において同じ.）又は火薬類の粉末が存在し，電気設備が点火源となり爆発するおそれがある場所に施設する電気設備は，次によること.

イ　屋内配線，屋側配線，屋外配線，管灯回路の配線，第181条第1項に規定する小勢力回路の電線及び第182条に規定する出退表示灯回路の電線（以下この条において「屋内配線等」という.）は，次のいずれかによること.

（イ）**金属管工事**により，次に適合するよう

に施設すること．

（1） 金属管は，**薄鋼電線管又はこれと同等以上の強度を有するもの**であること．

（2） ボックスその他の附属品及びプルボックスは，容易に摩耗，腐食その他の損傷を生じるおそれがないパッキンを用いて粉じんが内部に侵入しないように施設すること．

（3） 管相互及び管とボックスその他の附属品，プルボックス又は電気機械器具とは，5山以上ねじ合わせて接続する方法その他これと同等以上の効力のある方法により，堅ろうに接続し，かつ，内部に粉じんが侵入しないように接続すること．

（4） 電動機に接続する部分で可とう性を必要とする部分の配線には，第159条第4項第一号に規定する粉じん防爆型フレキシブルフィッチングを使用すること．

（ロ） **ケーブル工事**により，次に適合するように施設すること．

（1） 電線は，キャブタイヤケーブル以外のケーブルであること．

（2） 電線は，第120条第6項に規定する性能を満足するがい装を有するケーブル又はMIケーブルを使用する場合を除き，**管その他の防護装置に収めて施設すること**．

（3） 電線を電気機械器具に引き込むときは，パッキン又は充てん剤を用いて引込口より粉じんが内部に侵入しないようにし，かつ，引込口で電線が損傷するおそれがないように施設すること．

二 **可燃性粉じん**（小麦粉，でん粉その他の可燃性の粉じんであって，空中に浮遊した状態において着火したときに爆発するおそれがあるものをいい，爆燃性粉じんを除く．）が存在し，電気設備が点火源となり爆発するおそれがある場所に施設する電気設備は，次により施設すること．

イ 危険のおそれがないように施設すること．

ロ 屋内配線等は，次のいずれかによること．

（イ） **合成樹脂管工事**により，次に適合するように施設すること．

（1） **厚さ2mm未満の合成樹脂製電線管及びCD管以外の合成樹脂管を使用すること．**

（2） 合成樹脂管及びボックスその他の附属品は，損傷を受けるおそれがないように施設すること．

（3） ボックスその他の附属品及びプルボックスは，容易に摩耗，腐食その他の損傷を生じるおそれがないパッキンを用いる方法，すきまの奥行きを長くする方法その他の方法により粉じんが内部に侵入し難いように施設すること．

（4） 管と電気機械器具とは，第158条第3項第二号の規定に準じて接続すること．

（5） 電動機に接続する部分で可とう性を必要とする部分の配線には，第159条第4項第一号に規定する粉じん防爆型フレキシブルフィッチングを使用すること．

（ロ） **金属管工事**により，次に適合するように施設すること．

（1） 金属管は，**薄鋼電線管又はこれと同等以上の強度を有するものであること**．

（2） 管相互及び管とボックスその他の附属品，プルボックス又は電気機械器具とは，5山以上ねじ合わせて接続する方法その他これと同等以上の効力のある方法により，堅ろうに接続すること．

（3） （イ）（3）及び（5）の規定に準じて施設すること．

（ハ） **ケーブル工事**により，次に適合するように施設すること．

（1） 前号イ（ロ）（2）の規定に準じて施設すること．

（2） 電線を電気機械器具に引き込むときは，引込口より粉じんが内部に侵入し難いようにし，かつ，引込口で電線が損傷するおそれがないように施設すること．

可燃性ガス等の存在する場所の施設

第176条 **可燃性のガス**（常温において気体であり，空気とある割合の混合状態において点火源がある場合に爆発を起こすものをいう．）又は引火性物質（火のつきやすい可燃性の物質で，その蒸気と空気とがある割合の混合状態において点火源がある場合に爆発を起こすものをいう．）の蒸気（以下この条において「可燃性ガス等」という．）が漏れ又は滞留し，電気設備が点火源となり爆発するおそれがある場所における，低圧又は高圧の電気設備は，次の各号のいずれかにより施設すること．

一 次によるとともに，危険のおそれがないように施設すること．

イ　屋内配線，屋側配線，屋外配線，管灯回路の配線，第181条第1項に規定する小勢力回路の電線及び第182条に規定する出退表示灯回路の電線（以下この条において「屋内配線等」という．）は，次のいずれかによること．

（イ）　**金属管工事**により，次に適合するように施設すること．

（1）　金属管は，**薄鋼電線管又はこれと同等以上の強度を有するものであること**．

（2）　管相互及び管とボックスその他の附属品，プルボックス又は電気機械器具とは，5山以上ねじ合わせて接続する方法その他これと同等以上の効力のある方法により，堅ろうに接続すること．

（3）　電動機に接続する部分で可とう性を必要とする部分の配線には，第159条第4項第二号に規定する耐圧防爆型フレキシブルフィッチング又は同項第三号に規定する安全増防爆型フレキシブルフィッチングを使用すること．

（ロ）　**ケーブル工事**により，次に適合するように施設すること．

（1）　電線は，キャブタイヤケーブル以外のケーブルであること．

（2）　電線は，第120条第6項に規定する性能を満足するがい装を有するケーブル又はMIケーブルを使用する場合を除き，**管その他の防護装置に収めて施設すること**．

（3）　電線を電気機械器具に引き込むときは，引込口で電線が損傷するおそれがないようにすること．

危険物等の存在する場所の施設

第177条　**危険物**（消防法（昭和23年法律第186号）第2条第7項に規定する危険物のうち第2類，第4類及び第5類に分類されるもの，その他の燃えやすい危険な物質をいう．）を製造し，又は貯蔵する場所（第175条，前条及び次条に規定する場所を除く．）に施設する低圧又は高圧の電気設備は，次の各号により施設すること．

一　屋内配線，屋側配線，屋外配線，管灯回路の配線，第181条第1項に規定する小勢力回路の電線及び第182条に規定する出退表示灯回路の電線（以下この条において「屋内配線等」という．）は，次のいずれかによること．

イ　**合成樹脂管工事**により，次に適合するように施設すること．

（イ）　合成樹脂管は，**厚さ2mm未満の合成樹脂製電線管及びCD管以外のものであること**．

（ロ）　合成樹脂管及びボックスその他の附属品は，損傷を受けるおそれがないように施設すること．

ロ　**金属管工事**により，**薄鋼電線管又はこれと同等以上の強度を有する金属管**を使用して施設すること．

ハ　**ケーブル工事**により，次のいずれかに適合するように施設すること．

（イ）　電線に第120条第6項に規定する性能を満足するがい装を有するケーブル又はMIケーブルを使用すること．

（ロ）　電線を**管その他の防護装置に収めて施設すること**．

臨時配線の施設

第180条　**がいし引き工事**により施設する使用電圧が300V以下の屋内配線であって，その設置の工事が完了した日から**4月以内に限り使用する**ものを，次の各号により施設する場合は，第157条第1項第一号から第四号までの規定によらないことができる．

一　電線は，絶縁電線（屋外用ビニル絶縁電線を除く．）であること．

二　乾燥した場所であって展開した場所に施設すること．

2　がいし引き工事により施設する使用電圧が300V以下の屋側配線であって，その設置の工事が完了した日から4月以内に限り使用するものを，次の各号のいずれかにより施設する場合は，第166条第1項第二号の規定によらないことができる．

一　展開した雨露にさらされる場所において，電線に絶縁電線（屋外用ビニル絶縁電線，引込用ビニル絶縁電線及び引込用ポリエチレン絶縁電線を除く．）を使用し，電線相互の間隔を3cm以上，電線と造営材との離隔距離を6mm以上として施設する場合

二　展開した雨露にさらされない場所において，電線に絶縁電線（屋外用ビニル絶縁電線を除く．）を使用して施設する場合

3　がいし引き工事により施設する使用電圧が150V以下の屋外配線であって，その設置の工事が完了した日から4月以内に限り使用するものを，次の各号により施設する場合は，第166条第1項第二号の規定によらないことができる．

一　電線は，絶縁電線（屋外用ビニル絶縁電線を除く．）であること．

二　電線が損傷を受けるおそれがないように施設すること．

三　屋外配線の電源側の電線路又は他の配線に接続する箇所の近くに専用の開閉器及び過電流遮断器を各極に施設すること．ただし，過電流遮断器が開閉機能を有するものである場合は，過電流遮断器のみとすることができる．

4　使用電圧が300V以下の屋内配線であって，その設置の**工事が完了した日から1年以内に限り使用するもの**を，次の各号により**コンクリートに直接埋設して施設する場合**は，第164条第2項の規定によらないことができる．

一　電線は，**ケーブル**であること．

二　配線は，低圧分岐回路にのみ施設するものであること．

三　電路の電源側には，電路に地絡を生じたときに自動的に電路を遮断する装置，開閉器及び過電流遮断器を各極（過電流遮断器にあっては，多線式電路の中性極を除く．）に施設すること．ただし，過電流遮断器が開閉機能を有するものである場合は，開閉器を省略することができる．

小勢力回路の施設

第181条　電磁開閉器の操作回路又は呼鈴若しくは警報ベル等に接続する電路であって，最大使用電圧が60V以下のもの（以下この条において「小勢力回路」という．）は，次の各号によること．

一　小勢力回路の最大使用電流は，**181-1表**の中欄に規定する値以下であること．

二　小勢力回路に電気を供給する電路には，次に適合する変圧器を施設すること．

イ　**絶縁変圧器**であること．

ロ　1次側の対地電圧は，300V以下であること．

ハ　2次短絡電流は，**181-1表**の右欄に規定する値以下であること．ただし，当該変圧器の2次側電路に，定格電流が同表の中欄に規定する最大使用電流以下の過電流遮断器を施設する場合は，この限りでない．

181-1表

小勢力回路の最大使用電圧の区分	最大使用電流	変圧器の2次短絡電流
15V以下	5A	8A
15Vを超え30V以下	3A	5A
30Vを超え**60V以下**	1.5A	3A

三　小勢力回路の電線を造営材に取り付けて施設する場合は，次によること．

イ　**電線は，ケーブル（通信用ケーブルを含む．）である場合を除き，直径0.8mm以上の軟銅線**又はこれと同等以上の強さ及び太さのものであること．

ロ　電線は，コード，キャブタイヤケーブル，ケーブル，第3項に規定する絶縁電線又は第4項に規定する通信用ケーブルであること．ただし，乾燥した造営材に施設する最大使用電圧が30V以下の小勢力回路の電線に被覆線を使用する場合は，この限りでない．

ハ　電線を損傷を受けるおそれがある箇所に施設する場合は，適当な防護装置を施すこと．

ネオン放電灯の施設

第186条

2　管灯回路の使用電圧が1 000Vを超えるネオン放電灯は，次の各号によること．

一　**簡易接触防護措置を施すとともに，危険のおそれがないように施設すること．**

二　屋内に施設する場合は，前条第1項第一号の規定に準じること．

三　放電灯用変圧器は，電気用品安全法の適用を受けるネオン変圧器であること．

四　**管灯回路の配線**は，次によること．

イ　**展開した場所又は点検できる隠ぺい場所に施設すること．**

ロ　**がいし引き工事**により，次に適合するように施設すること．

（イ）　電線は，**ネオン電線**であること．

（ロ）　電線は，造営材の側面又は下面に取り付けること．ただし，電線を展開した場所に施設する場合において，技術上やむを得ないときは，この限りでない．

（ハ）　**電線の支持点間の距離は，1m以下**であること．

（ニ）　**電線相互の間隔は，6cm以上**であること．

（ホ）　電線と造営材との離隔距離は**186-1表**に規定する値以上であること．

186-1表

施設場所の区分	使用電圧の区分	離隔距離
展開した場所	6 000V以下	2cm
	6 000Vを超え9 000V以下	3cm
	9 000V超過	4cm
点検できる隠ぺい場所	−	6cm

（ヘ）　がいしは，絶縁性，難燃性及び耐水性のあるものであること．

ハ　管灯回路の配線のうち放電管の管極間を接続する部分，放電管取付け枠内に施設する部分又は造営材に沿い施設する部分（放電管からの長さが2m以下の部分に限る．）を次により施設する場合は，ロ（イ）から（ニ）までの規定によらないことができる．

（イ）　電線は，厚さ 1 mm 以上のガラス管に収めて施設すること．ただし，電線の長さが 10cm 以下の場合は，この限りでない．

（ロ）　ガラス管の支持点間の距離は，50cm 以下であること．

（ハ）　ガラス管の支持点のうち最も管端に近いものは，管端から 8 cm 以上であって 12cm 以下の部分に設けること．

（ニ）　ガラス管は，造営材に堅ろうに取り付けること．

ニ　第 167 条の規定に準じて施設すること．

五　管灯回路の配線又は放電管の管極部分が造営材を貫通する場合は，その部分を難燃性及び耐水性のある堅ろうな絶縁管に収めること．

六　放電管は，造営材と接触しないように施設し，かつ，放電管の管極部分と造営材との離隔距離は，第四号ロ（ホ）の規定に準じること．

七　ネオン変圧器の外箱には，D 種接地工事を施すこと．（関連省令第 10 条，第 11 条）

■電気工事士の資格

ビル，工場，商店，一般住宅家屋などの電気設備は，その安全を守るために一定の資格（電気工事士）を持っている人だけに，工事を行うことが認められています．その資格取得には，国家試験を受験して合格することが最も一般的な方法です．

●電気の工事

一般住宅や小規模な店舗，事務所などの電圧 600 V 以下で受電する場所の配線その他の設備，それに 600 V を超えて受電する事業所でも最大電力が 500 kW 未満の規模の設備（需要設備）での電気に関する工事が対象です．

●無資格者の工事禁止

工事の内容（工事をしようとする設備の内容と電圧）によって，一定の資格のある人でなければその電気工事を行ってはならないことが，法令で決められていて，罰則があります．したがって，その資格は国が法令で定めた資格です．

●資　格

電気工事士の資格には，免状の種類により第一種電気工事士と第二種電気工事士があり，第一種電気工事士にあっては一般用電気工作物等及び自家用電気工作物（最大電力 500 kW 未満の需要設備に限る）の，第二種電気工事士にあっては一般用電気工作物等の作業に従事することができます．

ただし，自家用電気工作物で最大電力 500 kW 未満の需要設備における 600 V 以下で使用する設備の電気工事（簡易電気工事）は，第一種電気工事士の資格がなくても，認定電気工事従事者認定証の交付を受ければ従事することができます．

また，自家用電気工作物で最大電力 500 kW 未満の需要設備におけるネオン用の設備及び非常用予備発電装置の電気工事（特殊電気工事）は，特種電気工事資格者認定証の交付を受けているものでなければ，第一種電気工事士の資格があっても従事できません．

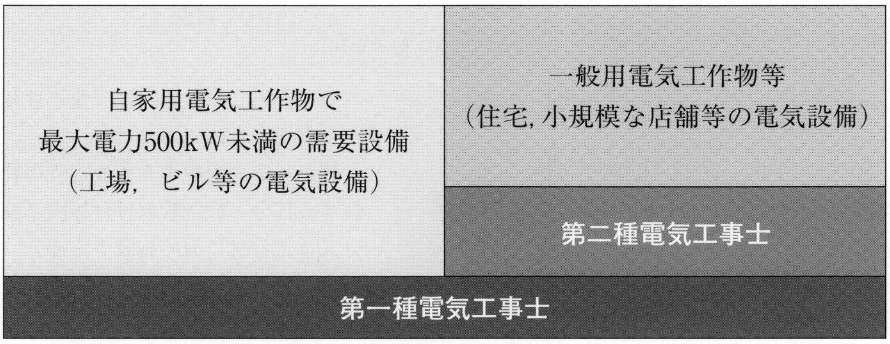

JIS C 0303 構内電気設備の配線用図記号（抜粋）

1. 適用範囲　この規格は，構内電気設備の電灯，動力，通信・情報，防災・防犯，避雷設備，屋外設備などの配線，機器及びそれらの取付位置，取付方法を示す図面に使用する図記号について規定する。

2. 配線

2.1 一般配線

名称	図記号	摘要
天井隠ぺい配線	―――――	a) 天井隠ぺい配線のうち天井ふところ内配線を区別する場合は，天井ふところ内配線に ━ ━ ━ ━ を用いてもよい。
床隠ぺい配線	━ ━ ━	b) 床面露出配線及び二重床内配線の図記号は，━ ━ ━ ━ を用いてもよい。
露出配線	- - - - - - - -	c) 電線の種類を示す必要のある場合は，**表1**の記号を記入する。

表1　電線の記号

記号	電線の種類	記号	電線の種類
IV	600 Vビニル絶縁電線	VVF	600 Vビニル絶縁ビニルシースケーブル（平形）
HIV	600 V二種ビニル絶縁電線	VVR	600 Vビニル絶縁ビニルシースケーブル（丸形）
IC	600 V架橋ポリエチレン絶縁電線	CVV	制御用ビニル絶縁ビニルシースケーブル
OW	屋外用ビニル絶縁電線	AE	警報用ケーブル
OC	屋外用架橋ポリエチレン絶縁電線	TIVF	屋内用平形通信電線
OE	屋外用ポリエチレン絶縁電線	TIEV	屋内用通信電線
DV	引込用ビニル絶縁電線	CPEV	市内対ポリエチレン絶縁ビニルシースケーブル
PDC	高圧引下用架橋ポリエチレン絶縁電線	CPEV-S	市内対ポリエチレン絶縁ビニルシースケーブル（シールド付き）
CV	600 V又は高圧架橋ポリエチレン絶縁ビニルシースケーブル	CPEV-SS	市内対ポリエチレン絶縁ビニルシースケーブル（自己支持形）
CVD	600 V又は高圧架橋ポリエチレン絶縁ビニルシースケーブル（単心2本のより線）	FCPEV	着色識別ポリエチレン絶縁ビニルシースケーブル
CVT	600 V又は高圧架橋ポリエチレン絶縁ビニルシースケーブル（単心3本のより線）	CPEE	市内対ポリエチレン絶縁ポリエチレンシースケーブル
CVQ	600 V又は高圧架橋ポリエチレン絶縁ビニルシースケーブル（単心4本のより線）	CPEE-S	市内対ポリエチレン絶縁ポリエチレンシースケーブル（シールド付き）
		CPEE-SS	市内対ポリエチレン絶縁ポリエチレンシースケーブル（自己支持形）

名称	図記号	摘要

表1　電線の記号（続き）

記号	電線の種類	記号	電線の種類
CCP	着色識別ポリエチレン絶縁ポリエチレンシースケーブル	EM-CCE	制御用架橋ポリエチレン絶縁耐燃性ポリエチレンシースケーブル
ⓝC-2V	高周波同軸ケーブル（ECX）	EM-CEE	制御用ポリエチレン絶縁耐燃性ポリエチレンシースケーブル
S-ⓝC-FB	衛星放送受信屋内用発泡ポリエチレン絶縁ビニルシース同軸ケーブル	MVVS	マイクロホン用ビニルコード
SD	SDワイヤ	EBT	電子ボタン電話用ケーブル
TOEV-SS	屋外用通信電線（自己支持形）	TKEV	通信用構内ケーブル
CVV-S	制御用ビニル絶縁ビニルシースケーブル（銅テープ遮へい付き）	UTP	UTPケーブル
FP-C	耐火ケーブル（電線管用）	OPT	光ファイバケーブル
HP	耐熱ケーブル	ITPEV	通信屋内用ポリエチレン絶縁ビニルシースケーブル
EM-IE	600 V耐燃性ポリエチレン絶縁電線	ITPEV-S	通信屋内用ポリエチレン絶縁ビニルシースケーブル（シールド付き）
EM-IC	600 V耐燃性架橋ポリエチレン絶縁電線		
EM-CE	600 V架橋ポリエチレン絶縁耐燃性ポリエチレンシースケーブル		
EM-EE	600 Vポリエチレン絶縁耐燃性ポリエチレンシースケーブル		
EM-EEF	600 Vポリエチレン絶縁耐燃性ポリエチレンシースケーブル平形		

d) 絶縁電線の太さ及び電線数は，次のように記入する。

単位の明らかな場合は，単位を省略してもよい。ただし，2.0は直径，2は断面積を示す。

例　―///―1.6　―//―2.0　―//―2　―///―8

数字の傍記の例　1.6×5　5.5×1

ただし，仕様書などで電線の太さ及び電線数が明らかな場合は，記入しなくてもよい。

名　称	図記号	摘　要
		(下記 e)～j) 参照)

e) ケーブルの太さ及び線心数(又は対数)は，次のように記入し，必要に応じ電圧を記入する。

例 1.6 mm　3心の場合　1.6-3C

0.5 mm　100対の場合　0.5-100P

ただし，仕様書などでケーブルの太さ及び線心数が明らかな場合は，記入しなくてもよい。

f) 電線の接続点は，次による。

g) 管類の種類を示す必要のある場合は，**表2**の記号を記入する。

表2　管類の記号

記号	配管の種類
E	鋼製電線管(ねじなし電線管)
PF	合成樹脂製可とう電線管(PF管)
CD	合成樹脂製可とう電線管(CD管)
F2	2種金属製可とう電線管
F	フロアダクト
FC	フロアダクト(コンベックス形)
MM1	1種金属線ぴ
MM2	2種金属線ぴ
SGP	配管用炭素鋼鋼管
STPG	圧力配管用炭素鋼鋼管
STK	一般構造用炭素鋼鋼管
PEG	ケーブル保護用合成樹脂被覆鋼管
PLP	ポリエチレン被覆鋼管
BST	黄銅管
VE	硬質塩化ビニル電線管
VP	硬質塩化ビニル管
HIVE	耐衝撃性硬質塩化ビニル電線管
HIVP	耐衝撃性硬質塩化ビニル管
FEP	波付硬質合成樹脂管

h) 配管は，次のように表す。

鋼製電線管(ねじなし電線管)の場合　1.6(E19)

合成樹脂製可とう電線管(PF管)の場合　1.6(PF16)

2種金属製可とう電線管の場合　1.6(F217)

硬質塩化ビニル電線管の場合　1.6(VE16)

電線の入っていない(PF管)の場合　(PF16)

ただし，仕様書などで明らかな場合は，記入しなくてもよい。

i) フロアダクトの表示は，次による。

例 (F7)　(FC6)

ジャンクションボックスを示す場合は，次による。

j) ケーブルラックの表示は，次による。

CR 又は 

サイズは傍記による。

名　称	図記号	摘　要
		k) 金属ダクトの表示は，次による。 MD l) 金属線ぴの表示は，次による。 MM1 m) ライティングダクトの表示は，次による。 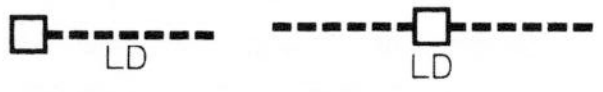 □は，フィードインボックスを示す。 必要に応じ，電圧，極数及び容量を記入する。 **例**  n) 接地線の表示は，次による。 **例** E2.0 o) 接地線と配線を同一管内に入れる場合は，次による。 **例** 2.0　E2.0(PF22) ただし，接地線の表示Eが明らかな場合は，記入しなくてもよい。 p) ケーブルの防火区画貫通部は，次による。 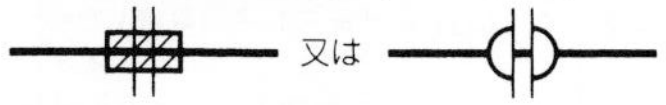
立上り 引下げ 素通し		防火区画貫通部は，次による。 立上り 引下げ 素通し 
プルボックス	⊠	a) 材料の種類，寸法を傍記する。 b) ボックスの大小及び形状に応じた表示としてもよい。
ジョイントボックス	□	
VVF用ジョイントボックス		
接地端子		医用のものは，Hを傍記する。
接地センタ	EC	医用のものは，Hを傍記する。
接地極		a) 接地種別は，次によって傍記する。 A種　E_A，B種　E_B，C種　E_C，D種　E_D **例**  E_A b) 必要に応じ，接地極の目的，材料の種類，大きさ，接地抵抗値などを傍記する。

名　称	図記号	摘　要
受電点		引込口にこれを適用してもよい。

2.2　バスダクト

名　称	図記号	摘　要
バスダクト	□	a)　バスダクトの種類を示す場合は，次による。 　フィーダバスダクト　FBD 　低圧絶縁形耐火バスダクト　FPBD 　プラグインバスダクト　PBD 　トロリーバスダクト　TBD b)　防雨形の場合は，WPを傍記する。 c)　材質，電気方式，定格電圧及び定格電流を示す場合は，次による。 例  Cu-Fe FBD 3ϕ3W 30V 600A d)　エキスパンションを示す場合は，次による。  e)　オフセットを示す場合は，次による。 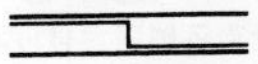 f)　タップ付を示す場合は，次による。 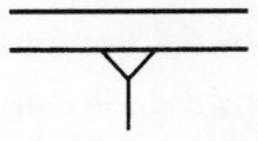 g)　立上り，引下げを示す場合は，次による。 立上り 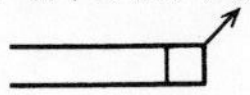　引下げ 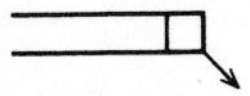 h)　定格電流によって幅を変えて表示してもよい。

2.3　合成樹脂線び

名　称	図記号	摘　要
合成樹脂線び		a)　電線の種類，太さ，条数，線びの大きさなどを示す場合は，次による。 例 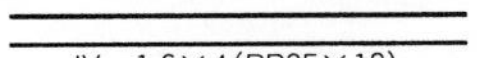 IV　1.6×4(PR35×18) 電線の入っていない場合  (PR35×18) b)　図記号  は， PR で表示してもよい。 c)　ジョイントボックスを示す場合は，次による。  d)　コンセントを示す場合は，次による。 

名　称	図記号	摘　要
		e)　点滅器を示す場合は，次による。  f)　引掛ローゼットを示す場合は，次による。 

2.4　増設　同一図面で増設・既設を表す場合には，増設は太線，既設は細線又は点線とする。

なお，増設，既設は色別してもよい。

2.5　撤去　撤去の場合は，×を付ける。

例 

3.　機器

名　称	図記号	摘　要
電動機	Ⓜ	必要に応じ，電気方式，電圧，容量などを示す場合は，次による。 例　Ⓜ 3ϕ200V 3.7kW
コンデンサ		電動機の摘要を準用する。
電熱器	Ⓗ	電動機の摘要を準用する。
換気扇		a)　必要に応じ，種類(扇風機を含む)及び大きさを傍記する。 b)　天井付きは，次による。 
ルームエアコン	[RC]	a)　屋外ユニットはO，屋内ユニットはIを傍記する。 [RC]O　[RC]I b)　必要に応じ，電気方式，電圧，容量などを傍記する。
電磁弁	(SV)	必要に応じ，電気方式，電圧などを傍記する。
電動弁	(MV)	必要に応じ，電気方式，電圧などを傍記する。
小形変圧器	Ⓣ	a)　必要に応じ，電圧，容量などを傍記する。 b)　必要に応じ，ベル変圧器はB，リモコン変圧器はR，ネオン変圧器はN，蛍光灯用安定器はF，HID灯(高効率放電灯)用安定器はHを傍記する。 Ⓣ$_B$　Ⓣ$_R$　Ⓣ$_N$　Ⓣ$_F$　Ⓣ$_H$ c)　蛍光灯用安定器及びHID灯用安定器で，器具に収めるものは，表示しない。
整流装置		必要に応じ，種類，電圧，容量などを傍記する。

名　称	図記号	摘　要
蓄電池		必要に応じ，種類，電圧，容量などを傍記する。
発電機		必要に応じ，発電機は，電気方式，電圧，容量及び原動機は，種類，出力などを傍記する。

4.　電灯・動力

4.1　照明器具

名　称	図記号	摘　要
一般用照明 白熱灯 HID灯		a)　器具の種類を示す場合は，文字記号などを記入する。 b)　a)によりにくい場合には，次の例による。 ペンダント  シーリング(天井直付)  シャンデリヤ  埋込器具  引掛シーリングだけ(角)  引掛シーリングだけ(丸)  c)　器具の壁付及び床付の表示 1)　壁付は，壁側を塗るか，又はWを傍記してもよい。  2)　床付は，Fを傍記してもよい。  d)　容量を示す場合は，ワット(W)×ランプ数で傍記する。 **例**  e)　屋外灯は  としてもよい。 f)　HID灯の種類を示す場合において，a)によりにくい場合は，容量の前に次の記号を傍記してもよい。 水銀灯　H メタルハライド灯　M ナトリウム灯　N **例** 
蛍光灯		a)　図記号  は， としてもよい。 ただし，図記号  は，ボックス付を示す。  は，ボックスなしを示す。 b)　器具の種類を示す場合は，文字記号などを記入する。 c)　器具の壁付及び床付の表示 1)　壁付きは，壁側を塗るか，又はWを傍記してもよい。  2)　床付は，Fを傍記してもよい。  d)　容量を示す場合は，ワット(W)×ランプ数で傍記する。 **例**  e)　器具内配線のつながり方を示す場合は，次による。 **例**  f)　器具の大小及び形状に応じた表示としてもよい。 **例** 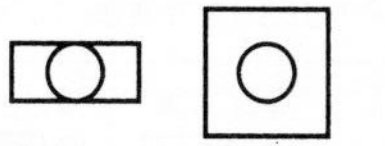
非常用照明 (建築基準法によるもの) 白熱灯		a)　器具の種類を示す場合は，文字記号などを記入する。 b)　白熱灯を一般蛍光灯に組み込む場合は，次の図記号でもよい。 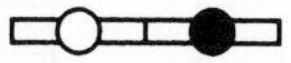 c)　階段に設ける通路誘導灯(蛍光灯形)と兼用のものは，次の図記号でもよい。  d)　壁付は，Wを傍記してもよい。 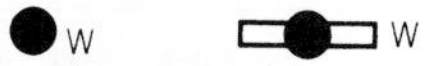
蛍光灯		
誘導灯 (消防法によるもの) 白熱灯		a)　器具の種類を示す場合は，文字記号などを記入する。 b)　客席誘導灯(白熱灯形)を示す場合は，Sを傍記してもよい。 
蛍光灯		c)　階段に設ける非常用照明(蛍光灯形)と兼用のものは，次の図記号でもよい。  d)　通路誘導灯の避難方向表示は，必要に応じ，矢印を記入する。 **例**  e)　壁付は，Wを傍記してもよい。  f)　床付は，Fを傍記してもよい。  g)　連動式誘導灯用信号装置を示す場合は，次による。 SD
保安用 発電回路用 (建築基準法， 消防法によらないもの) 白熱灯		一般用照明の摘要を準用する。
蛍光灯		

4.2 コンセント

名　称	図記号	摘　要
コンセント 一般形		a) 図記号は，壁付きを示し，壁側を塗る。 b) 図記号 ⊖ ◇ は，⊙ ◇ で示してもよい。 c) 天井に取り付ける場合は，次による。 ⦶ ◇ d) 床面に取り付ける場合は，次による。 ⦶▲ e) 二重床用は，次による。 ⊡ f) 定格の表し方は，次による。 1) 15 A 125 Vは，傍記しない。 2) 20 A以上は，定格電流を傍記する。 例 ⊖ 20A ◇ 20A 3) 250 V以上は，定格電圧を傍記する。 例 ⊖ 20A250V ◇ 20A250V g) 2口以上の場合は，口数を傍記する。 例 ⊖ 2 ◇ 2 h) 3極以上の場合は，極数を傍記する。 例 ⊖ 3P ◇ 3P i) 種類を示す場合は，次による。 抜け止め形 ⊖ LK ◇ LK 引掛形 ⊖ T ◇ T 接地極付 ⊖ E ◇ E 接地端子付 ⊖ ET ◇ ET 接地極付接地端子付 ⊖ EET ◇ EET 漏電遮断器付 ⊖ EL ◇ EL j) 防雨形は，WPを傍記する。 ⊖ WP k) 防爆形は，EXを傍記する。 ⊖ EX l) 医用は，Hを傍記する。 ⊖ H
ワイド形		
非常用コンセント (消防法によるもの)	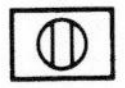	図記号 ⊡ は，⊡ としてもよい。

4.3 点滅器

名　称	図記号	摘　要
点滅器 一般形	●	a) 定格を示す場合は，次による。 1) 15 Aは，傍記しない。 2) 15 A以外は，定格電流を傍記する。 例 ●$_{20A}$ ◆$_{20A}$ 3) 必要に応じ，定格電圧を傍記する。 b) 極数を示す場合は，次による。 1) 単極は，傍記しない。 2) 3路，4路又は2極は，それぞれ3，4又は2Pを傍記する。 ●$_3$ ●$_4$ ●$_{2P}$ ◆$_3$ ◆$_4$ ◆$_{2P}$ c) プルスイッチは，Pを傍記する。 ●$_P$ d) 位置表示灯を内蔵するものは，Hを傍記する。 ●$_H$ ◆$_H$ e) 確認表示灯を内蔵するものは，Lを傍記する。 ●$_L$ ◆$_L$ f) 別置された確認表示灯は，○とする。 例 ○● g) 防雨形は，WPを傍記する。 ●$_{WP}$ h) 防爆形は，EXを傍記する。 ●$_{EX}$ i) タイマ付は，Tを傍記する。 ●$_T$ ◆$_T$ j) 遅延スイッチは，次による。 ●$_D$ ◆$_D$ ●$_{DF}$ ◆$_{DF}$(照明・換気扇用) k) 熱線式自動スイッチは，次による。 ●$_{RAS}$ ●$_{RA}$(センサ分離形) l) 熱線式自動スイッチ用センサは，次による。  m) 屋外灯などに使用する自動点滅器は，A及び容量を傍記する。 例 ●A(3A) n) 傍記の表示順序は，**表3**による。
ワイドハンドル形	◆	

名　称	図記号	摘　要
		表3　傍記の表示順序（下表）

表3　傍記の表示順序

分類		併記記号	表示順序
回路方式	2極 3路 4路	2P 3 4	1
タイマ機能		T	2
遅れ機能	 照明・換気扇用	D DF	3
スイッチ機能	熱線センサ付 熱線センサ分離形	RAS RA	4
ランプ表示機能	位置表示灯付 確認表示灯付	H L	5
スイッチ用途	防雨形 防爆形	WP EX	6

名　称	図記号	摘　要
調光器　一般形 ワイド形	●↗ ◆↗	定格を示す場合は，次による。 例　●↗800W　◆↗800W
リモコンスイッチ	●R	a)　別置された確認表示灯は，○とする。 例　○●R b)　リモコンスイッチであることが明らかな場合は，Rを省略してもよい。 c)　リモコンスイッチの種類を示す場合は，次による。 ●RM（多重伝送用） ●RG（グループ制御用） ●RP（パターン制御用）
リモコンセレクタスイッチ	⊛	点滅回路数を傍記する。 例　⊛9
リモコンリレー	▲	a)　リモコンリレーを集合して取り付ける場合は，▲▲▲を用い，リレー数を傍記する。 例　▲▲▲10 b)　ターミナルユニット付は，T/Uを傍記する。 ▲▲▲T/U

4.4　開閉器・計器

名　称	図記号	摘　要
開閉器	[S]	a)　箱入りの場合は，箱の材質などを傍記する。 b)　極数，定格電流，ヒューズ定格電流などを傍記する。 例　[S] 2P30A f 30A c)　電流計付は，(S)を用い，電流計の定格電流を傍記する。 例　(S) 2P30A f 30A A5
配線用遮断器	[B]	a)　箱入りの場合は，箱の材質などを傍記する。 b)　極数，フレームの大きさ，定格電流などを傍記する。 例　[B] 3P 225AF 150A c)　モータブレーカを示す場合は，次による。 [B]M 又は [B] d)　図記号[B]は[S]MCCBとしてもよい。
漏電遮断器	[E]	a)　箱入りの場合は，箱の材質などを傍記する。 b)　過負荷保護付は，極数，フレームの大きさ，定格電流，定格感度電流など，過負荷保護なしは，極数，定格電流，定格感度電流などを傍記する。 過負荷保護付の例　[E] 2P 30AF 15A 30mA 過負荷保護なしの例　[E] 2P 15A 30mA c)　過負荷保護付は，[BE]を用いてもよい。 d)　図記号[E]は[S]ELCBとしてもよい。
電磁開閉器用押しボタン	◉B	確認表示灯付の場合は，Lを傍記する。 ◉BL
圧力スイッチ	◉P	
フロートスイッチ	◉F	
フロートレススイッチ電極	◉LF	電極数を傍記する。 例　◉LF3
電極切替函	◪LFC	
タイムスイッチ	[TS]	
電力量計	(Wh)	a)　必要に応じ，電気方式，電圧，電流などを傍記する。 b)　図記号(Wh)は，(WH)としてもよい。
電力量計 （箱入り又はフード付）	[Wh]	a)　電力量計の摘要を準用する。 b)　集合計器箱に収納する場合は，電力量計の数を傍記する。

名　称	図記号	摘　要
		例 Wh 12
変流器（箱入り）	CT	必要に応じ，電流を傍記する。
電流制限器	Ⓛ	a）必要に応じ，電流を傍記する。 b）箱入りの場合は，その旨を傍記する。
漏電警報	 G	必要に応じ，種類を傍記する。
漏電火災警報 （消防法によるもの）	 F	必要に応じ，級別を傍記する。
地震感知器	EQ	必要に応じ，種類を傍記する。

4.5　配電盤・分電盤等

名　称	図記号	摘　要
配電盤，分電盤及び制御盤	▭	a）種類を示す場合は，次による。 配電盤 分電盤 制御盤 実験盤 OA盤 警報盤  b）直流用は，その旨を傍記する。 c）防災電源回路用配電盤等の場合は，二重枠とし，必要に応じ，種別を傍記する。 例  1種　 2種

5.　通信・情報

5.2　警報・呼出・表示・ナースコール設備

名　称	図記号	摘　要
押しボタン	⊡	a）壁付は，壁側を塗る。 b）2個以上の場合は，ボタン数を傍記する。 例 ⊡ 3 c）ナースコール用は，⊡ N とする。 d）復帰用は，⊡ R とする。
握り押しボタン	◉	ナースコール用は，◉ N とする。
ベル		警報用と時報用とを区別する場合は，次による。 警報用 A　時報用 T
ブザー		警報用と時報用とを区別する場合は，次による。 警報用 A　時報用 T
チャイム		

8.　屋外設備

名　称	図記号	摘　要
電柱		種類，長さ，末口径及び設計荷重などを傍記する。
支線	→	材質，太さなどを傍記する。
支柱	⊣	材質，長さなどを傍記する。
架空配線	―――	太さ，条数及び電線種別などを傍記する。
地中配線	— — —	ケーブル種別，太さ，線心数，条数及び保護材などを傍記する。
マンホール	M	図記号 M は， としてもよい。
ハンドホール	H	図記号 H は， としてもよい。
埋設標		種類を示す場合は，傍記する。

電気施設場所の用語

●**乾燥した場所**：ふだん湿気または水気のない場所

●**湿気の多い場所**：①浴室又はそば屋，うどん屋などの釜場のように水蒸気が充満する場所，②床下などの場所をいい，住宅の台所等は含まない．

●**水気のある場所**：魚屋，八百屋，クリーニング店の作業場などの水を取り扱う土間，洗い場又はこれらの付近の水滴が飛散する場所

●**高温場所**：周囲温度が通常の使用状態において30℃を超える場所

●**露出場所**：屋内の天井下面，壁面その他屋側のような場所

●**点検できるいんぺい場所**：点検口がある天井裏，戸棚，押入れなどはふだん外部からは見えないが，点検しようとすればできる場所

●**点検できないいんぺい場所**：点検口がない天井ふところ，床下，壁内，コンクリート床内，地中のような場所

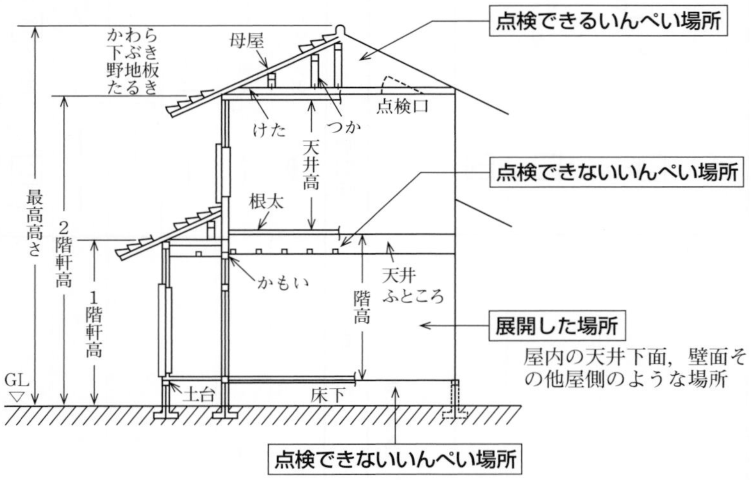

●**雨線内**：屋側において，のき，ひさしなどの先端から，鉛直線に対し，建造物の方向に45°の角度で下方に引いた線より内側の部分で，通常の降雨状態において雨のかからない部分

●**雨線外**：屋側において，雨線内以外の場所（雨のかかる部分）

●**接触防護措置**：次のいずれかに適合するように施設することをいう．

イ　設備を，屋内にあっては床上2.3 m以上，屋外にあっては地表上2.5 m以上の高さに，かつ，人が通る場所から手を伸ばしても触れることのない範囲に施設すること．

ロ　設備に人が接近又は接触しないよう，さく，へい等を設け，又は設備を金属管に収める等の防護措置を施すこと．

●**簡易接触防護措置**：次のいずれかに適合するように施設することをいう．

イ　設備を，屋内にあっては床上1.8 m以上，屋外にあっては地表上2 m以上の高さに，かつ，人が通る場所から容易に触れることのない範囲に施設すること．

ロ　設備に人が接近又は接触しないよう，さく，へい等を設け，又は設備を金属管に収める等の防護措置を施すこと．

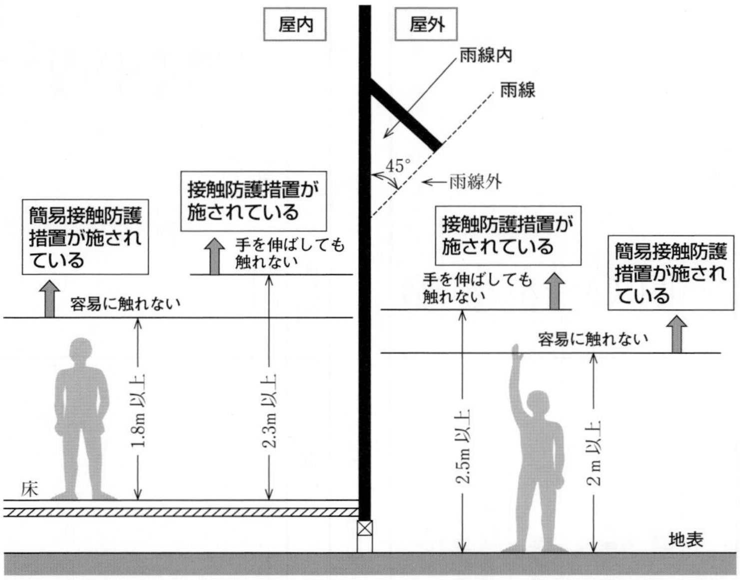

■令和５年度の学科試験・技能試験の実施結果

●学科試験（上期）
（5月28日実施）

地区別	受験者数（A）	合格者数（B）	合格率（B/A）
北海道	2 612	1 558	59.6
東　北	5 603	3 283	58.6
関　東	24 824	14 701	59.2
中　部	9 743	5 910	60.7
北　陸	1 706	1 097	64.3
関　西	11 319	6 855	60.6
中　国	4 289	2 627	61.2
四　国	1 876	1 180	62.9
九　州	7 366	4 460	60.5
沖　縄	1 076	516	48.0
合　計	70 414	42 187	59.9

●技能試験（上期）
（7月22・23日実施）

地区別	受験者数（A）	合格者数（B）	合格率（B/A）
北海道	1 791	1 287	71.9
東　北	3 949	2 793	70.7
関　東	17 154	12 690	74.0
中　部	7 043	4 920	69.9
北　陸	1 306	980	75.0
関　西	8 023	5 987	74.6
中　国	3 124	2 355	75.4
四　国	1 424	1 059	74.4
九　州	5 138	3 762	73.2
沖　縄	595	417	70.1
合　計	49 547	36 250	73.2

●学科試験（下期）
（10月29日実施）

地区別	受験者数（A）	合格者数（B）	合格率（B/A）
北海道	2 048	1 210	59.1
東　北	5 433	3 100	57.1
関　東	21 529	12 737	59.2
中　部	8 928	5 512	61.7
北　陸	1 745	1 081	61.9
関　西	9 963	5 832	58.5
中　国	4 061	2 279	56.1
四　国	1 882	1 152	61.2
九　州	6 952	4 018	57.8
沖　縄	1 070	547	51.1
合　計	63 611	37 468	58.9

（備考）合格率は小数点第２位を四捨五入

（注）技能試験（下期）の結果は，一般財団法人 電気技術者試験センターのホームページ等を参照．

■過去 15 年間の試験実施結果

年度	申込者数	学科試験				技能試験				総合合格率[%]
		対象者数	受験者数	合格者数	合格率[%]	対象者数	受験者数	合格者数	合格率[%]	
平 21	122 239	102 963	94 770	63 620	67.1	82 896	79 660	55 793	70.0	45.6
22	131 964	107 359	98 600	58 935	59.8	83 540	79 789	54 277	68.0	41.1
23	126 931	106 871	95 075	59 979	63.1	80 039	75 295	52 341	69.5	41.2
24	135 098	113 346	99 725	58 036	58.2	79 788	75 205	53 082	70.6	39.3
25	146 597	125 435	109 564	68 388	62.4	89 550	84 181	64 000	76.0	43.7
26	141 889	121 305	105 528	62 272	59.0	82 856	77 881	57 751	74.2	40.7
27	152 925	133 909	118 449	69 704	58.8	88 720	84 072	59 441	70.7	38.9
28	152 761	130 116	114 528	67 150	58.6	89 745	84 805	62 216	73.4	40.7
29	147 454	127 129	112 379	66 379	59.1	86 704	81 356	55 986	68.8	38.0
30	175 416	141 215	123 279	68 321	55.4	102 522	95 398	64 377	67.5	36.7
令 元	166 013	139 323	122 266	80 625	65.9	107 315	100 379	65 520	65.3	39.5
2	134 289	121 951	104 883	65 114	62.1	77 452	72 997	52 868	72.4	39.4
3	206 643	174 625	156 553	92 640	59.2	124 612	116 276	84 684	72.8	41.0
4	188 431	163 736	145 088	81 179	56.0	105 874	97 659	70 888	72.6	37.6
5	89 149	78 546	70 414	42 187	59.9	52 790	49 547	36 250	73.2	40.7
		72 300	63 611	37 468	58.9					

＊令和５年度は，上期試験（上段）及び下期・学科試験（下段）の結果のみ示す．

2024年版
第二種電気工事士学科試験 標準解答集

2023 年 12 月 25 日　　第 1 版第 1 刷発行

編　　集　オ ー ム 社
発 行 者　村 上 和 夫
発 行 所　株式会社 オーム社
郵便番号　101-8460
東京都千代田区神田錦町 3-1
電話　03(3233)0641(代表)
URL　https://www.ohmsha.co.jp/

組版　アトリエ渋谷　　印刷・製本　三美印刷
ISBN978-4-274-23138-4　Printed in Japan